AF826281

Griechische

GRAMMATIK

von

Theodor Benfey.

Erste Abtheilung.

Griechisches Wurzellexikon, als Grundlage der griechischen Grammatik; zweiter Band.

Berlin,
bei G. Reimer.
1842.

Griechisches

WURZELLEXIKON

von

Theodor Benfey.

Zweiter Band.

Berlin,

bei G. Reimer.

1842.

Vorrede.

Die in diesem Bande zur Sprache kommenden Artikel sind so kurz, als irgend möglich war, behandelt. Theils dadurch, theils durch einige unwesentliche Abkürzungen im Aeusseren [1]) ist es mir möglich geworden, die Etymologisirung der noch rückständigen Wörter des griechischen Sprachschatzes, dem früher mitgetheilten Plan gemäss, in diesem Bande zu beschliessen, und noch für vollständigere, auch auf die verglichenen Sprachen bezügliche, Indices, welche in einem derartigen Werk fast absolut nothwendig sind, Raum zu gewinnen. Denn — abgesehn von den leicht kenntlichen Etymologieen, welche sich aus Formationselementen ergeben, die in der behandelten Sprache klar vorliegen — ist die Etymologie eines Wortes nur dann — dann aber auch sicherlich — bis zur höchsten Evidenz beweisbar, wenn sich dasselbe in einer, oder mehreren der verwandten Sprachen in etymologisch entsprechender (höchstens in Bezug auf Präfix und ein nicht wesentlich abweichendes Suffix verschiedner) Form, entweder mit derselben, oder mit einer wenig abweichenden Bedeutung wieder findet und sich in beiden, oder mehreren Sprachen auf eine Wurzel reduciren lässt, welche vom Standpunkt der comparativen Sprachwissenschaft aus identisch ist. Es ist daher wichtig zu wissen, ob und wie alle die Hülfsmittel,

1) Diese Abkürzungen bestehn darin, dass die Bedeutungen der von Wurzeln und Wurzelformen derivirten Wörter, insofern deren Anführung für das Verständniss der Etymologie nicht wesentlich war, ausgelassen wurden, und diese Derivata selbst in einer abbreviirten, aber leicht kenntlichen, Gestalt mitgetheilt sind. Leider sind sogar bis S. 24 die Artikel nicht durch äussere Zeichen von einander getrennt; dieser Uebelstand ist aber von da an vermieden.

welche die verwandten Sprachen zur gegenseitigen wissenschaftlichen Aufhellung einander darbieten, bei Behandlung einer einzelnen benutzt sind, um Mängel in dieser Beziehung zu ergänzen und Fehler zu berichtigen. Was von mir aus den verwandten Sprachen zur Erklärung des Griechischen benutzt, und von diesem aus in etymologischer Beziehung wieder selbst seine Erklärung fand, weisen die Indices in ziemlicher Vollständigkeit nach.

Ich hätte gewünscht, mich in dieser Vorrede mit dem wohlwollenden Recensenten des ersten Bandes (*Aug. Fr. Pott:* in den Berl. Jahrbb. f. wissensch. Krit. 1840 Nr. 75—80) über einige, das Allgemeine betreffende, Ausstellungen zu verständigen; allein zu genauerer Erörterung bedürfte ich eines zu grossen Raums, und die wesentlichen, von demselben in Anregung gebrachten, Punkte werden schon in den beiden nächsten Abtheilungen ihre Betrachtung von meiner Seite finden. Ich beschränke mich daher auf eine einzige Stelle (a. a. O. 641), wo Hr. *Pott* mein Verfahren so bezeichnet, "dass ich Wurzeln, welche nach meiner Ansicht ursprünglich identisch seien, *mundartlich* zerfahren lasse." In diesen Worten ist entweder mein Verfahren missverstanden, oder auf eine Weise bezeichnet, dass derjenige, welcher es nur aus dieser Relation kennt, es leicht missdeuten kann. Die Wurzelvariation, welche ich mehrfach — neben der formativen — erkannt zu haben glaube, ist *keinesweges* eine *mundartliche.* Im Gegentheil habe ich mehrfach — im Gegensatz gegen das Verfahren älterer Etymologen — den Grundsatz hervorgehoben, dass man aus dialektischen Lautreflexen nur solche Wörter erklären darf, von denen es wahrscheinlich ist, dass sie aus Dialekten in die κοινὴ übergegangen seien. Die phonetische Wurzelvariation, welche ich annahm, ist vielmehr eine *historische,* eingetreten in Folge von Wortumwandlungen, wie sie sich im Fortgang der Zeit in jeder Sprache nach und nach machen. Wem aber die Zahl derartiger Wurzelvariationen, welche in meinem Buch vorkommen, sehr gross zu sein scheint, der berücksichtige folgende zwei Momente:

1. *Die Wurzelvariation ist keine unmittelbare.* Wurzeln, wie diess jeder weiss, giebt es — wenigstens in den indogermanischen Sprachen — nur für den Grammatiker; in der lebendigen Sprache *erscheinen* als letzte begriffliche Einheit nur Wörter; und das Sprachbewusstsein *fühlt* als letzte begriffliche Einheit, jedoch schon *dunkler* (daher mehrfache Spuren des Nominativs statt des Themas und eine

weitgreifende Ausbildung dieser Anomalie im Zend), die thematischen Formen. In diesen thematischen Formen *fühlbar* und in den Wörtern *hörbar* sind die Wurzeln aufgetreten und bleiben in ihnen eingeschlossen, so dass sie schon vom Moment ihrer ersten Manifestation an den verschiedenartigsten phonetischen Einwürkungen von dieser ihrer Umgebung her ausgesetzt waren. Die lebendige Sprache behält ferner gar kein festes Bewusstsein über *die* thematischen Formen, welche wurzelhaft zusammengehören, so dass eine und dieselbe Wurzel — indem sie in einer oft mehr oft minder grossen Anzahl von thematischen Formen die Sprachgeschichte von der Geburt bis zum Tode der Sprache mitmacht, ohne dass diese Formen in Folge dieser Verwandtschaft sich auf eine gleichmässig phonetische Weise entwickelten — in jedem einzelnen Thema an und für sich eine eigne Geschichte haben, das heisst, sich auf eine andre Weise variiren kann. Der Grammatiker — welchem es, gewöhnlich nur mit Hülfe der verwandten Sprachen, gelingt, alle diese Formen unter einer Urwurzel zu vereinigen — geräth daher in Gefahr, eben so viele Wurzelformen zu erhalten, als er Wörter hat, ja er wird nicht selten berechtigt sein, Formen einer Wurzel anzueignen, in denen, in der von ihm behandelten einzelnen Sprache, jede Spur dieser Wurzel verschwunden ist.

Die sorgsame Berücksichtigung dieses ersten Moments würde schon allein genügen, die Annahme einer grossen Masse von phonetischen Wurzelvariationen zu rechtfertigen. Allein es kommt noch ein zweites hinzu.

2. Alle mit dem Sanskrit verwandten Sprachen waren, ehe sie sich individualisirten, zunächst vor dieser Zeit mit einer — und dann, je höher hinauf, immer mit mehreren und endlich mit allen ihren verwandten *so* vereinigt, dass sie zusammen immer nur eine einzige Sprache bildeten. In diesen verschiednen Perioden ihres sprachlichen Zustandes vor ihrer Individualisirung haben sie eben so sehr eine Sprachgeschichte durchgemacht, als später nach ihrer Individualisirung und zwar unter prädominirenden, geistigen sowohl als phonetischen, Einflüssen, welche überaus häufig wesentlich verschieden sind von denen, welche sich — nach ihrer Individualisirung in ihnen würkend — als die ihnen individuell eigenthümlichen Gesetze kund geben.

Wer diese beiden Momente sorgsam berücksichtigt und ihrer ganzen Geltung nach durchdenkt, wird sich wahrlich nicht über die Menge der Wurzelformen wundern, welche, meiner Entwickelung gemäss, an der Stelle *einer* Wurzel, in der ausgebildeten griechischen Sprache erscheinen, sondern sie im Gegentheil sehr gering finden und daraus vornweg schon vermuthen, dass die Zurückführung der Wörter auf ihre Wurzeln noch lange nicht ihr Endziel erreicht habe.

Das wird sie nun zwar wohl auch niemals; es giebt eine Gränze, welche, obgleich man sie noch nicht erreicht hat, doch schon einigermaassen erkannt, aber, wie es scheint, nicht überschritten werden kann. Doch liegt auch zwischen unsern Forschungen und ihr noch manche breite Kluft, und es wird noch vieler Verbesserungen, Ergänzungen und Förderungen bedürfen, ehe wir diese ausfüllen und jene erreichen. An mir will ich es nicht fehlen lassen; dieser zweite Theil wird hinlänglich zeigen, dass ich mich nicht scheue, meine Fehler, wo ich sie verbessern kann, einzugestehn. Die Neuen Nachträge zum 1sten, die Nachträge zum 2ten Band (S. 329—377) und Einiges in den Indices haben schon Vieles in ein richtigeres Licht gestellt; auch in Zukunft hoffe ich noch manche Gelegenheit zu haben, Irrthümer zu berichtigen, und selbst diese Seiten mögen noch benutzt werden, um Einiges mitzutheilen, was ich schon jetzt besser erkannt zu haben glaube;

I, 39, 13 ff.: *σειρός heiss* ziehe ich jetzt mit Entschiedenheit zu Wzf. svr (I, 456 ff.); ob *σειρός* für organisch *σϝερ-jo* steht, will ich nicht mit Bestimmtheit behaupten. Da *σειραίνω trocknen* (wohl eig. *durchwärmt* und so *trocken werden*) von *σειρό* kommt, so gehört auch lat. seresco, ahd. sèrawen zu Wzf. svr; v ist, wie oft, eingebüsst (vgl. se, sich mit sskr. sva).

I, 88, 28: wegen des mit Unrecht verglichenen vedischen volha s. man *Rosen* Rig-Ved.[1]) Nott. p. III (zu I, 1), *Lassen* Anthol. sscr. p. 133.

I, 131 ff. verglichen mit II, 254 ff.; wegen der Ableitungen von para vergleiche man noch den Gebrauch von sskr. pâraj *zu Ende bringen* u. s. w. im Prakrit (*Höfer* Ueber den Infinitiv, besonders im Sanskrit S. 82).

I, 141, 20 *πρώξ* ziehe ich jetzt, gegen die II, 80 geäusserte Meinung, mit Entschiedenheit hieher. Ich nehme es wegen lat. prui-na für organisch: *πρωϊ-κο früh-ig, Frühreif*: *πρωκ*: *πρωκ*; vgl. *πρωϊρα* : *πρῶρα* (I, 138 u. II, 342 Neue Ntr. zu I, 138).

I, 227 verglichen mit den N. Ntr. (II, 346); zu ak'kh'a das Adverb. akkha (Rig-Ved. II, 1, 2 von dem Schol. abhilakshja *ansehend* interpretirt); da wir nun hier kh' für ksh in aksh-i u. s. w. eintreten sehn, so ziehe ich das sskr. sekund, kh

1) Ich muss hier bemerken, dass mir dieses Buch erst in den letzten Tagen zugekommen ist. Die hohe Bedeutung desselben für etymologische Untersuchungen lässt mich diess sehr bedauern; einige Folgerungen daraus werden hier mitgetheilt; an einem andern Ort werde ich die etymologische Ausbeute im Zusammenhang vorlegen.

zu der Wzf. aksh, identificire es also mit griech. ιοκ : σκ (I, 235, II, 247, 277); man vgl. nun z. B. ga-k'kh' mit griech. βα-σκ.

I, 386 ff. ξυνός, zunächst für organischeres σεχυνός, könnte einer sskr. Form sahu-na (vgl. Neue Ntr. zu I, 385 (II, 353) und II, 269) entsprechen; da aber in κοινός [in dessen Anlauten organischeres ἑκυ für ἑχυ : σεχυ liegt; χ ist κ geworden, damit nicht zwei Sylben aspirirt anlauten] ohne Zweifel οινο aus υνιο, d. i. Suff. νο + jo zu deuten, κοινός aber mit ξυνός identisch ist, so nehme ich auch ξυνό für organischeres ξυνιο (vgl. ähnlich στεινο : στενο für organ. στενιο II, 360, N. Ntr. zu I, 642).

I, 397, 6 ff. — 398, 27 verglichen mit N. Ntr. (II, 353); das griech. σεύω, σείω (für σεϝω) gehört zu der sskr. Wzf. su *agitare*, welche in der 5ten Conj. Cl. belegt ist (*Bhag*. Pur. III, 20, 35, Rig-Ved. II, 2, 3 mit der Bed. *praeparare*, vgl. auch II, 1, 2; 2, 1 und sonst); die griechischen Formen gehen nach der 1sten Conj. Cl., in welcher sskr. su in der Bed. *gehn* angeführt, aber noch nicht belegt ist.

I, 412, 12 σῶμα ziehe ich jetzt, wie mich dünkt, mit Wahrscheinlichkeit, zu Wzf. σαh (I, 360, 16 v. u.), deren eig. Bed. *tragen* ist; davon σω (zsgzgen aus σαhα *Kraft* durch Ausstossung des h, grade wie in σῶος I, 360) + Suff. ματ (s. Ind. II, 445) eig. *das Kraftbegabte*.

I, 421, 5 wegen des vedischen îl für îd', welches nur unter phonetischen Bedingungen eintritt, vgl. man die eben zu I, 88, 28 aa. Stellen; danach ist an eine Verbindung von ἱλ mit îl entschieden nicht mehr zu denken, die vermuthete Etymologie dagegen von îd' (aus ish) wohl kaum mehr zu bezweifeln (vgl. noch pîd' I, 446). Für ἱλ scheint mir jetzt Folgendes anzunehmen; ῐ und ῑ im Wechsel erklären sich aus dem äol. λλ (s. N. Ntr. hierzu II, 354); dieses aber ist, der grossen Majorität analoger Fälle gemäss, für Assimilation aus λj zu fassen, so dass die Form ἵληθι sich an ein Präsens: organisch ἱλ-jη-μι, 4te Conj. Cl., schliesst; nun wissen wir, dass organisches α im Griechischen in der Conjug. überhaupt gern vor zwei Consonanten zu ι hinabsinkt (vgl. σκαρ : σκιρτ, ὀρεγ : ὀριγν aa.); dieser Uebergang konnte im vorliegenden Fall durch den assimilirenden Einfluss des j nach λ noch mehr erleichtert werden; es ist also möglich, dass ἱλjημι für organischeres ἁλ-jη-μι steht. Vergleicht man nun alle Bedd., welche sich an die Wzf. ἱλ schliessen, so ergiebt sich als Grdbed. *im Zustand der Heiterkeit*, ganz wie sie in lat. ser-enus hervortritt. Letztres gehört zu einer Wurzel, deren consonantische Elemente svr sind, mit der Bed. *glühen, leuchten* (I, 456 ff.); im Griechischen entspricht ihr unter andern: Wzf. σϝελ : σελ : ἑλ; mit letztrer verbinde ich ἱλ-jα für organ. ἑλ-jα (4te Conj. Cl. mit neutraler Bed.) *leuchtend, heiter, freundlich, gnädig sein*; aus ἱλjα : ἱλλα : ἱλα durch Suff. ϝο : äol. ἵλλαος gewöhnlich ἵλαος für ἱλαϝος. Durch die Erkenntniss dieser Wzform verbreitet sich zugleich ein Licht über andre, über welche ich früher zu keinem genügenden Resultat gelangen konnte. Aus der Bed. *heiter sein* entwickelt sich mit Leichtigkeit (durch viele Analogieen belegbar) die Bed. *lächeln, lachen*, aus dieser *spotten, tadeln* (vgl. √smi I, 526, woraus unter andern μῶκος, μέμφομαι I, 528);

da nun die hier besprochene Wurzel svr im Sanskrit in der Gestalt svar auftritt, so werden wir hieher ziehen: sskr. svar *höhnen, verachten*; ferner aber auch griech. σέ-σηρ-α von Wzf. σερ für σϝερ, mit Verlust des ϝ, wie oft, *höhnisch lachen* (welches I, 216, 28 u. N. Ntr. dazu II, 345 noch nicht erkannt war); zu dieser Wzf. mit Erhaltung des organ. α : σαρ und Hinzutritt der Suffixe δανο (wohl für sskr. tana (vgl. I, 92) von Wzf. tan (II, 243)) und ιο : σαρ-δάν-ιος *höhnend* (welches I, 424, 23 noch gar nicht, aber in den N. Ntr. (II, 355) schon theilweis erkannt war).

I, 470, 6 v. u. in manâk ziehe ich das schliessende âk zu Wzf. ak', ank' (II, 22), deren eig. Bed. sich im suffixalen Gebrauch natürlich geschwächt, oder vielmehr verallgemeinert hat.

I, 629 zu στα scheint mir das, zufällig vergessene, *περί-στια, τά das bei der Lustration der Volksversammlung* (περίστασις) *gewöhnliche Reinigungsopfer* zu gehören.

II, 1, 11, verglichen mit den Nachträgen zu II, 366: λῖς, λέων sind zwar, auch nach meiner jetzigen Ueberzeugung, fremd und dem Semitischen entlehnt, aber einer Form, welche dem hebr. לְבִיא entspricht, also λῖς für λεϝις, λεοντ für λεϝοντ; die Endung ντ kann ich noch nicht genauer deuten; allein bemerkenswerth ist, dass sie auch in dem sicher fremden ἐλεφ-α-ντ (I, 46 u. N. Ntr. II, 335) hinzugetreten ist; der Form nach stimmt sie mit dem participialen ντ und nach einigen Eigennamen insbesondre zu schliessen — z. B. 'Αβαντ, Αἰαντ, 'Ατλαντ, Δρυαντ, Λυμαντ, Θοαντ aa. — scheint diese Endung einen umfassenderen Gebrauch — wohl in einem Dialekt — erhalten zu haben.

II, 32, 18 v. u. mox ist, wie *Ros.* (Rig-Ved. Annot. p. IX) bemerkt, dem vedischen makshu gleich. Dieses leite ich von der organ. Wzf. magh (II, 41); es ist Adverbium von einem Adjectivum desiderativum; die eig. Bed. wäre: *zu vermögen begierig*, verallgemeinert *begierig, gierig, schnell.*

II, 41, 16 v. u.; die abgeschwächte Form mah in der Bed. *vermögen, können* erscheint im Prakrit (*Höfer* über den Infinitiv 71).

II, 58, 3; die Wzf. gă mit kurzem a in den vedischen Imperativen gă-tam : gă-ta (*Ros.* Rig-Ved. Annot. p. IX), welche ursprünglich Imperative eines dem griech. Aorist II entsprechenden Tempus sind; — ebds. Z. 29: βασκ s. oben zu I, 227; — ebds. Z. 30: zu Form βιβα das vedische g'i-gâ (*Ros.* a. a. O.).

II, 84, 3 v. u. πραγ (πράσσω) verbinde ich jetzt mit lat. parare, sskr. pâraj eig. *zu Ende bringen*, dann überhaupt *machen*. πρα ist zusammengezogen aus παρα und γ die formative Weiterbildung, welche so oft vorkommt ($\sqrt{}$ γεν II, 116); ganz ähnlich ist τεμ : τμηγ (II, 245).

II, 104, 20 v. u.; wegen ê-bhis vgl. man II, 464 Anm.; derartige Assimilationen zeigen sich in allen Sprachen; im Sskr. erklärt sich noch daraus êthê, êtê für ă + âthê, âtê (2, 3 Dual. Präs. Atmanep. 1ste Conj.) und diese Form dehnt ihre Analogie auch auf ähnliche, nicht eigentlich unter diese Regel fallende, Formen aus, wie auch dieses sich in allen Sprachen zeigt. Im Griechischen erklären sich durch dieselbe Assimilationskraft die Endungen 2. 3 Sing. εις, ει; sie stehn für ε-σι, ε-τι, durch Assimilation ει-σι, ει-τι, mit Abstumpfung εις, (ειτ), ει.

II, 180, 12 l. *goth.* für ahd.

II, 228, 1 v. u.; in dråk gehört åk zu ak' (II, 22), vgl. oben zu I, 470.

II, 238, 8 v. u. mit tva zusammen gehört auch der sskr. Pronominalst. tvat (organ. tva) *der andere*; aus diesem fliesst, beiläufig bemerkt, das Suff. Abstr. sskr. -tva, griech. -τυ.

II, 246, 15 v. u. l. man ὑαγών und σιαγών.

II, 248, 8 die Bed. *zeugen* ist hier aus dem Begr. *dehnen* zunächst in der Modification *fortdehnen* hervorgegangen; hieraus dann Bed. *fortpflanzen* (vgl. sskr. tanaja eig. *proles, suboles.*)

II, 445, Col. 2 Z. 9 l. man statt *starke*: *organische*. Die Lehre von den *starken* und *schwachen* Declinationsformen im Sskr. ist dadurch, dass man sie an die Gestalt knüpfte, welche die indischen Grammatiker den Suff. geben, bei denen sie in Betracht kommt, sehr unwissenschaftlich gerathen; sie wird sogleich klar, erhält aber auch eine wesentliche Umgestaltung, wenn man die organische Gestalt der Suffixe zu Grunde legt. Darauf können wir jedoch hier nicht eingehen. Beiläufig bemerke ich noch, dass so wie lat. -min, ahd. -man, so auch sskr. man als eine verstümmelte Form vom mant anzusehn ist; dagegen entscheidet nicht, dass man gewöhnlich Krit-, mant aber Taddh.-Suff. ist (worüber an einem andern Orte); denn in dieser Eintheilung ist überhaupt Vieles anders zu fassen (vgl. z. B. I, 261, 268). Ich will die Sanskrit-Suffixe, in denen sich dasselbe Verhältniss, wie hier in mant : mat : man zeigt, zusammenstellen, ohne es jedoch für jetzt genauer zu entwickeln; es fallen dadurch im Sskr. eine Menge Suffixe zusammen, natürlich also auch die ihnen in den verwandten Sprachen entsprechenden. Zuvor bemerke ich aber noch, dass eine neue Verstümmelung von man das Suff. ma ist. So gehn aus dem organ. mant (mat) hervor: man, ma; mit Bindevokal i: iman, ima; aus vant (vat): van, va; aus nt durch Vokal a: ant (at), an; durch i: it (schwache, aber allein fixirte Form eines organischen int), in; ohne Bindevokal: t (in dem bei *Bopp* Gr. sscr. r. 643 vorkommenden Fall). Aus diesen Formen bilden sich neue Suffixe: aus ant, schwach at, verstümmelt an: ant-a, at-a, an-a, an-i, an-u; aus mant verstümmelt man (griech. μεν): griech. μενο (Ptcp. Med.), lat. minu (wie ant-a von ant); im Sskrit entspricht aus der starken, ursprünglich nur auf den Nominativ Singularis beschränkten Form mân (für mans, also mit rein phonetischer Entstehung des â ohne ursprünglich begrifflichen Werth) gebildet: mâna (vgl. jedoch II, 36, wo mna für mǎna); zu bemerken ist hierbei, dass der Gebrauch der nominativischen Form statt der thematischen, dem wir im Zend so oft begegnen, eine schon alte Unregelmässigkeit war (vgl. oben S. vii), aus der sich auch andre Formen erklären werden (z. B. viele Formen in Compositionen, so mahâ in Compos. für mahân, Nom. von mahat). Doch dieses möge als Andeutung genügen. Wie fruchtbar diese Bemerkung wird, davon nur ein Beispiel: durch den Wechsel der organischen und verstümmelten Form: sskr. **ant : an**, griech. *ουτ : ου* erklärt sich das Verhältniss von *θεράπ-αινα* (für *-πανια*) zu *θεραπ-οντ*, *λέ-αινα* zu *λεοντ*, und bei unsrer Etymologie von *δεσπότης* aus einem organischeren *δεσποντ* für *δεσ-ϝοντ* (II, 210), sowohl *δεσπότης* selbst, als insbesondre das Verhältniss von *δέσποινα*; in *δεσπότης* liegt die schwache Form des Suff. *ϝοντ* : *ϝοτ* durch Suff. *α* weiter formirt (vgl. sskr. **ant : anta**, **at : ata**); in *δέσποινα* dagegen die verstümmelte Form *ϝον* durch das femininale **î** + *α* movirt.

II, 448, Col. 1 Z. 3 l. I, 112 für II, 112.

Wurzeln und Wurzelformen, welche mit Λ oder P anlauten [1]).

Λ, nach einer, der hebräischen לָמֶד [2]) verwandten, phönicischen Benennung, *λάμβδα*, auch *λάβδα, τό* genannt. Davon *λαμβδοειδής* (*λαβδ.*), *ές*, *von der Gestalt des λ*; *λαμβδακίζω* (*λαβδ.*) *häufig λ brauchen*; *λαμβδακισμός* (*λαβδ.*), *ὁ der häufige Gebrauch des λ.*

P, nach einer, der hebr. רֵישׁ [2]) verwandten (etwa mit ח für שׁ, wie oft), phönic. Benennung, Ῥῶ, *τό* für älteres Ῥωτ, oder Ῥωτα, genannt, wie *ῥωτακίζω*, *ῥωτακισμός, ὁ*, zeigt.

Ῥᾶ, *τό* auch *ῥῆον*; fremd, vielleicht *Rhabarber*, nach einem Fluss im Pontus.

Λῖς (*λίς*), *ὁ Löwe*, fremd von Vorderasien her (obgleich es (*Ritter*, Asien IV, 2, 218) in Griechenland Löwen gab), aus einem dem hebr. לַיִשׁ verwandten Wort (vgl. *Pott* E. F. I, 119); es folgt daraus, dass die Griechen diess Thier kennen lernten, ehe sie nach Griechenland kamen. Aus einer, dem arabischen لَيْث verwandten, Form entstand *λειοντ* mit gräcisirter Endung und ej. *σ*, wie gewöhnlich. Durch Verlust des *ι* zwischen zwei Vokalen (vgl. *δαήρ* für *δαιηρ, δαιϝηρ*) ward *λέοντ* Nom. *λέων*, woher alle occidentalischen Namen. — Davon: *λεοντοειδής, λεοντώδης, ες*; *λεοντηδόν*; *λεόντεος, λεόντειος, λεόντιος, α, ον, löwenartig*; *λεοντιαῖος, α, ον, löwengross*; *λεοντική, ἡ eine Planzenart*, *λεοντίσκος, ὁ*; *λεοντιδεύς, ὁ*. In Compos. a princ. *λεοντο*. — *λέαινα, ἡ* (wie von einem Thema *λεαν*) *Löwin*. —

Ῥίον, *τό Bergspitze, Vorgebirge*; ähnlich celt. rhyn *Vorgebirge* (*Diefenbach* Celt. I, 145), fraglich ob verwandt; vielleicht zu der Wzf. rih oder vrih (vgl. Bd. I, 80) mit Ausstossung des h, wie oft.

Λυ. Im Sskr. heisst √lû (jetzt belegt) *schneiden*. Dazu gehört nun lŭ *das Schneiden, Beschneiden von Bäumen, Scheeren, Mähen*. Hier tritt kurzes u ein und die Bedd. neigen sich dem Begriff *mähen* zu, vgl. noch sskr. lava, lavi, lavaṅa; ferner lav-itra, lav-âṅaka *Sichel*. Danach scheint die erste Bed. dieser Wz. *mit einer Sichel abreissen* zu sein (vgl. wegen *reissen* die weiteren Formationen). — Hieher *λαῖον, τό Sichel* (für *λαϝιον* Gunaform). — Ferner *λήϊον* (= *λᾱϝ-ιον* ob = sskr. lâvja, *abzusichelndes*) *τό, Saat*; dor. *λαῖον* (vgl. *λαιοτομέω*); *λάϊνος* (*γῆ*), *Saatland*; *ληϊνόμος*; *βαθυλήϊος*; nicht verwandt ist gael. lon *Wiese*. Wohl aber mit r für l (vgl. sskr. ru *Schneiden*, welches mit lŭ identisch und weiterhin griech.) lett. rawcht *jäten* (*ausreissen*), raut lth. rauti *ausjäten*; ahd. riutjan (*Graff* II, 489).

---

1) Die ursprüngliche Identität oder wenigstens innigste Verwandtschaft der Laute *Λ* und *P* und die daraus fliessende gegenseitige Vertretung derselben macht diese Verbindung räthlich. —

2) vgl. *Gesenius* Hebr. Wörterb.

Zu der Bed. *mähen* ziehe ich griech. *ἀπο-λαύ-ω abmähen* und insofern *geniessen* u. s. w. Davon *ἀπόλαυσις, ἡ; ἀπόλαυσμα, τό Genuss; ἀπόλαυστος, ον; ἀπολαυστικός, ή, όν*. Ob goth. **l o u n** (*Graff* Ahd. Sprschtz II, 225), lat. **lŭ-crum** (vgl. **l u c a r = a e s** *Fest.*) sehr fraglich.

Aus *Reissen* geht der Begriff *entreissen, rauben* hervor (vgl. insbesondre die sekundären Formationen); schon im Sskr. in der einfachen Wzf. **lô-ta**, *Beute* u. s. w., noch mehr in den sekundären aller verwandten Sprachen. Griech. *λεία, ἡ* (für *λεϝια*, wofür ion. *ληΐη* spricht) *Beute* u. s. w. (*Pott* E. F. I, 209 kann ich nicht beistimmen); *ληΐς, ἡ; λεΐζομαι, ληΐζομαι* (*ληΐζω*); *ληϊστήρ, ληστήρ, ληϊστής, ληστής, ὁ, λήστειρα, ληστρίς, ἡ; ληστήριον, τό; ληστρικός, ή, όν; λεϊστός, ληϊστός, ληστός, ή, όν; ληστικός, ή, όν; ληστεύω; ληστεία, ἡ; ληϊάς, ἡ, ληΐδιος, α, ον; ληϊστύς, ἡ; ληΐτις, ἡ; ληϊάδης* (*Hes.*); *ληϊάνειρα, ἡ; ἀγελεία, ἡ = ληΐτις; ἀκρόλειον, τό*. — Hieher lat. **l a v e r n a, l a v e r n i o n e s** (*Fest.*); vielleicht goth. **v i - l v a n** (*rauben*).

Aus der Bed. *schneiden, zerschneiden* geht im Sskr. die Bed. *klein* in **l a v a** hervor (vgl. **a l p a** von der Sekundärform). Daher ziehe ich auch hieher: *λῑτός, ή, όν*, mit der, jedoch nicht ganz sichern Nebenform *λειτός* aus *λεϝιτος, dünn* u. s. w. (vgl. weiterhin *λεπτός*); *λιτότης, ἡ*; eben so *λειρός, ά, όν*. — Gehört zu einer Sekundärform dieser Wzf. (durch sskr. d) ahd. **luz-il**? (*Graff* a. Ssch. II, 321) zweifelhaft wegen goth. **l e i t i l s**.

(Wegen der sskr. Wzf. **lû** vgl. noch *Pott* E. F. I, 218 und 209, dem ich jedoch nur in sehr wenigem beistimme).

Sekundärformen 1., durch **p**: sskr. **lup** (vgl. *Pott* E. F. I, 258), *zerschneiden, zerreissen, rauben* (vgl. **l u p t a** *Beute*), also mit im Ganzen denselben Bedd. wie **l u**. Uebertragen auf geistige Affecte heisst es im Med. *verstört sein*. Eben so sskr. **r u p**, wo **r** für **l** eintritt. **r** auch im Lat. **r u m p o** (*rupfen, reissen*), goth. **r a u b o n** (*Graff* II, 356) u. aa. die man bei *Pott* (a. a. O.) sehe. Die so stark hervortretende Bed. *rauben* macht es diesem nach schon gewiss, dass auch lat. **r a p - e r e** hieher gehört; hier erscheint aber der Vokal **a**. Diess zeigt, dass hier, wie gewöhnlich, wo **r** oder **l** erscheint, der Laut zu Grunde liegt, welcher im Sskr. durch **ri** annäherungsweise wiedergegeben ist. Demnächst ist auch die bis jetzt aufgestellte erste Wzf. *λυ* nicht primär, sondern an ihre Stelle sskr. **ṙi** zu setzen. Schwerlich haben wir aber in diesem Vokal die erste Wzf., sondern was sich späterhin in so vielen Beispielen zeigen wird, ist auch hier anzunehmen. Fast in allen Wzff., welche scheinbar aus **r** oder **l** mit einem Vokal bestehn, wird sich nämlich der Verlust eines Consonanten zeigen. Dieser ist wohl auch bei dieser Wzf. anzunehmen; ob man aus *κλε-π* (*τω*) auf ursprünglich anlautendes griech. *κ* schliessen dürfe, ist fraglich. — Wenn demnach **ṙi** statt **lŭ** zu nehmen, so ist **ṙip** als Grundform für das stabilirte **l u p** zu setzen und es können alle Vertreter des sskr. **ṙi** erscheinen. Aus dem Sskr. gehört daher hieher **a l p - a** (für **a r p - a** Guna) *klein* (vgl. oben **l a v a**). Aus dem Griech. mit *ερε* = **ṙi**, wie schon oft, *ἐρεπ*, mit der Grdbed. der Wz. *rupfen, ἐρέπτομαι, sich* (*Futter*) *rupfen* (von weidenden Thieren vgl. *ἀνερέπτω, ὑπερέπτω*).

Sowohl die Bed. (*auf-, in die Höhe raffen*) als auch die thematische Form im Allgemeinen macht es wahrscheinlich, dass hieher das homerische ἀνηρείψαντο gehört. Die Wzf. ist jedoch nicht ganz sicher; nach Analogie von ἐριπ : ἐρειπ (vgl. √ϑϝri) ἐρικ : ἐρεικ (vgl. S. 16) möchte ερıπ anzunehmen sein, in welchem Fall ερι = sskr. ři, wie auch in diesen beiden und noch andern Fällen; von der nach falscher Analogie hier eingetretenen Gunirung des ι zu ει ist schon mehrfach die Rede gewesen (anders *Pott* E. F. I, 258). Uebrigens hat auch ε in ει einige Analogieen.

Der Bed. wegen folge sogleich die gunirte Form: Im Sskr. würde sie arp lauten, erhalten mit l = r in alpa. Griech. αρπ; allein hier ist vielleicht durch Einfluss des aspirirten ρ: ἁρπ eingetreten in: ἅρπ-η, ἡ *Sichel* u. s. w. Doch wird diese Erklärung des ʻ durch glbd. slav. crp (*Dobrowsky* I. L. Sl. 154) zweifelhaft. Sollen wir in beiden Sprachen eine Zusammensetzung mit dem Präf. sskr. sa (*zusammen*) annehmen? (vgl. *Pott* E. F. II, 153). Ohne Spur eines dem griech. ʻ entsprechenden Lautes erscheint diese Wzf. im lat. irp-ex, urp-ex von der Bed. *ausrupfen*. — ἁρπῶμαι *sicheln* (*Hes.*). —

Hieher: ἁρπ-αλέος, α, ον (ἁρπάλιμος (ungebr.)) *reissend*; ἁρπαλίζω, *empfangen*; ἁρπάλαγος, ὁ *Fangwerkzeug*. — ἁρπετός eretens. *Geier* (*Hes.*). — Ἅρπυιαι (Thema Ἁρπυ, Femin. eig. ἁρπϝι-α), αἱ. —

ἁρπ + δ-Bildung, Begr. *rupfen*: ἅρπεζος, ὁ, ἁρπέζα, ἡ *Dornhecke* u. s. w. ἅρπιξ, ἅρπισσα, ἁρπάνη (*Hes.*).

Begr. *rauben*, *fangen*: ἁρπεδών, ἁρπεδόνη, ἡ *Schlinge*; ἁρπεδονίζω. —

ἁρπ + γ und δ-Bildung, Begr. *rauben*: ἁρπάζω; ἁρπαγή, ἡ; ἅρπαξ (ἁρπαγεύς, ἅρπαγος spät), ἁρπακτήρ, ἁρπακτής, ὁ; ἁρπάγδην; ἁρπαγμός, ὁ; ἁρπακτύς, ἡ; ἁρπάγιμος, (η), ον; ἁρπαγιμαῖος, α, ον; ἁρπακτήριος, ον; — ἅρπαγμα, ἅρπασμα, τό; ἁρπακτός, ἁρπαστός, ή, όν; ἁρπακτικός, ἁρπαστικός, ή, όν. — ἁρπάγη, ἡ *ein Instrument zum Fangen*; ἁρπάγιον, τό *eine Art* κλεψύδρα, wie, der Namen von dieser, aus dem Begr. *stehlen*. — ἅρπαστον, τό *ein Fangball*. —

Im Lett. heisst lup-t einerseits *berauben* und zeigt also, dass es formell (= sskr. lup) und der Bed. nach hieher gehört; ferner heisst es auch *abschälen*; eben so litth. lup-ti *schälen, scheiden*; poln. lup-ić *schälen, scheiden, berauben*. Mag diese Bed. *schälen* aus *absicheln, abrupfen* hervorgegangen, oder anders entstanden sein, sie berechtigt hieher zu ziehn griech. λεπ, wo λε = ρε für sskr. ři, wie oft. — λέπω. *schälen*; λέπος, τό; λεπίζω; λέπισμα, τό; ἀλέπιστος, ον; ἐκλέπισις, ἡ; δυςλεπής, ές. — Hieher λέπας, τό *ein* (gleichsam abgeschälter) *glatter Fels*; λεπαῖος, α, ον *felsig*. — λεπ-τός, ή, όν *dünn* (geschabt, oder gerupft); λεπτότης, ἡ; λεπταλέος, α, ον; λεπτακινός, ή, όν; λεπτίζω, λεπτύνω (λεπτόω?) *dünn machen*; λεπτυνέω *dünn werden*; λέπτυνσις, ἡ; λεπτυντικός, ή, όν; λεπτυσμός, ὁ; λεπτεῖν (*Hes.*). — λεπτίς (λεπτῖτις), ἡ *eine Gerstenart*. —

λεπίς, ἡ *Rinde, Schuppe* u. s. w.; λεπίδιον, τό *Schüppchen, Schorf*; λεπιδοειδής, ές; λεπιδόω u. s. w. — λεπιδωτός, ή, όν; (hieher wohl ἔλ-λοψ der *In-Schuppige* (was I, 337 falsch behandelt).

λεπάς, *ἡ ein Schalthier*; *λεπαστή*, *λεπάστη*, *λεπαστίς*, *ἡ* ein diesem Thier ähnliches Gefäss; *λέπαστρον*, *τό Geräth zum Muschelfang*; *λεπαδεύομαι*. — *λεπρός*, *ά*, *όν*, *λεπράς*, *ἡ schorfig* (vgl. *λεπίδιον*); *λέπρα*, *ἡ*, *Räute*; *λεπρώδης*, *ες*; *λεπρικός*, *ή*, *όν*; *λεπρύνω*, *λεπρόω*, *schorfig machen*; *λεπράω*, *λεπριάω*, *den Aussatz haben*.

λέπῡρον, *τό Hülse*; *λεπύριον*, *τό* dim.; *λεπυρώδης*, *λεπυριώδης*, *ες*; *λεπυριόω*, *λεπυρόω*. — *λεπῠχανον*, *τό*. — *λεπῠρός*, *ά*, *όν*. —

λο = sskr. ri: *λοπός*, *ὁ Schale*, *Hülse*, *Hülle*, *Fell*. — *λοπίς*, *ἡ* = *λεπίς*; *λόπιμος*, *ον*; *λοπίζω*; *λόπισμα*, *τό* = *λεπίς*; *λοπία*, *ἡ*; *λοπάω*; *λοπητός*, *ὁ*. — *λοπάς*, *ἡ*. — *λοπάδιον*, *τό*.

Da *λοπός Fell* heisst, so mögen wir auch hieher ziehn: *λέπαδνον* (*δνο* = sskr. Suff. tana), *τό*, *ein lederner Riemen* (wie dann auch *Pott* lat. lo-rum zu der einfachen Wzf. lû zieht); *λεπαδνιστήρ*, *ὁ* das äusserste Ende des *λέπαδνον*; — *λέπαμνον* = *λέπαδνον* (wie von *λεπ-αμαι* Partic.). — vielleicht hieher (in gunirter Form) *ὄλπη*, *-πις*, *ἡ lederner* (Oel-) *Schlauch* (*Pott* I, 258). —

Hieher auch *λεπεῖν* (*λέπειν*) *mit Riemen peitschen* (*Hes.*; Sch. ad *Aristoph.*).

Bed. *Hülle*: *λῶπος*, *ὁ*, *λώπη*, *λωπάς*, *ἡ* (von *λοπ* mit Vriddhi), *λώπιον*, *τό*. — *λωπίζω*; *συλολωπία* (*συλωπία* vielleicht nicht falsch), *ἡ Kleiderdiebstahl*. —

Hieher (*λεπ*) auch *λέπανος*, *λέπανθος* (tarentin.) *apella*.

Wzf. *λοπ* mit Präf.: *ο* = *οτ* = sskr. ut (vgl. I, 283): *ὀλόπτω* mit beiden Grdbedd. *zupfen*, *ausjäten* u. s. w. *Πηνελόπη* (*Pott* E. F. II, 163.).

Sollte endlich zu dieser Wzf., Bed. *fangen*, *λάπαθος*, *ὁ Fallgrube* gehören?

Mit *υ* wie im Sskr. (lup) und in den meisten verwandten Sprachen, aber im Griech. nur in den Bedd., welche aus der sskr. Bed. *conturbari* hervorgetreten und auch hier grösstentheils nur in geistiger Beziehung; *geistig verwirrt sein*. Diese Bed. geht aus interrumpo hervor. *λῡπη* (*ῡ* vielleicht weil *λῡπη* für *λῠπjη*, dann *λύππα* steht, ähnlich wie im Litth. luppu für sskr. lup-j-âmi *Bopp* V. G. S. 724), *ἡ geistige Verwirrung*, *Leid* u. s. w. *λυπηρός*, *λυπρός*, *ά*, *όν*; *λυπρότης*, *ἡ*; *λυπέω* Denom. *kränken*; *λύπημα*, *τό*; *λυπητικός*, *ή*, *όν*; (*λυπησιλόγος*); *ἄλυπος*, *ον*; *ἀλυπία*; *ἀλύπητος*, *ον*; *ἀντιλύπησις*, *ἡ* (vgl. *Pott* E. F. I, 258).

Der Bed. nach hieher, der Form nach zu *λοπ* ziehe ich hypothetisch *λοπ-ο* in *ὀρσό-λοπος*, *ον*, *Verwirrung erregend* vgl. *ὀρσολοπέω*, *ὀρσολοπεύω verwirren* (vom Geist) u. s. w.

Tritt die sinnliche Bed. (rumpere) der Wzf. *λυπ* in *Ὄλυμπος* hervor? wäre diess etwa lat. praeruptus *steil*? oder *ὀ* = *ἁ* (I, 382) *der Zerrissene*?

Mit sekundärem *π* sahn wir schon oft *β* und *φ* im Wechsel; so gehört hieher (zu *λεβ*): *λεβηρίς*, *ἡ Schale*, *Hülle* u. s. w.; ferner *λοβ* in *λοβός*, *ὁ*; in der Bed. *Hülse* sicher; fraglich dagegen ob in der Bed. *Lappen*, das *Herabhängende*, *Ohrläppchen*, *Leberlappen* (vgl. *Pott* II, 598); hier ziehe ich es zu sskr. lab *hängen* (dass diess die eig. Bed., zeigt sskr. lambamâna, lambita, almbana u. aa.); wohin auch lat. lâbi (vielleicht auch limbus, welchem litth. rumbus *Einfassung* entspricht). — Zu *λοβός*

Hülse gehört λοβώδης, ες; ἔλλοβος, ον; ἐλλοβίζω; λόβιον, τό Dim. zu λοβός in allen Bedd.; dagegen zu λοβός *Lappen*, λοβόω *in Lappen zerlegen*; ἐλλόβιον, τό (ganz sskr. lambana) *Ohrgehäng*.

Das ahdeutsche lappa (*Graff* II, 38) dagegen ist *Zerrissenes* (*scissum*) und gehört zu der hier behandelten Wz. (vgl. auch sskr. lôpa *das Abschneiden*), so auch litth. lópas, lett. lahps, *Flicken*; lat. lamberat = *scindit, laniat* (*Fest.*).

Zu λοβός in der Bed. *Leberlappen* gehört wohl λεβίας, ὁ *Leberfisch*.

Mit φ: λοφνίς, λοφνία, ἡ *eine aus der Rinde der Weinrebe gemachte Fackel*; λοφνίδιον, τό. —

[Zu dieser Wzf. mit p gehört gael.: reab-aidh *scindere*; reubainn *rapina* u. s. w. cymr. rhaib (*Diefenb.* Celt. I, 55), engl. reap, lett. laupiht, *schälen, rauben*; andre bei *Pott* I, 258 dem ich jedoch nicht in allen beistimme].

2. Sekundärform durch k-Laut: sskr. luk, *Abschneiden*. Hieher lat. runcare, *jäten* (*ausrupfen*); ferner mit la (= ṛi), vielleicht (vgl. S. 16) lac-ero, *zerreissen* (lanio für lacnio), was jedoch auch anders etymologisirt werden kann. Vielleicht hieher griech. ῥυκ-άνη, ἡ, *Hobel* (womit man abschabt); ῥυκανάω, ῥυκανίζω, ῥυκάνησις, ἡ. —

Da sskr. sh häufig als sekundäres Element erscheint und sskr. lu-sh *stehlen, rauben* heisst, so dürfen wir diese Wzf. entschieden hieherziehn. Nun heisst aber ferner sskr. rush, *wüthen, zürnen* mit einer Bed., die nahe mit der schon in lup λυπ hervorgetretenen (*conturbari*) verwandt ist, und darf desswegen ebenfalls zu dieser Wz. gerechnet werden. Dass das sekundär schliessende sskr. sh für ursprünglicheres sskr. ksh stehe, ist von mir erst nach Vollendung des 1sten Bdes (in *Ersch* und *Gruber's* Allg. Encyclop. der W. u. K. Sekt. II. B. XVII. S. 173) bemerkt, und es erklären sich dadurch mehrere Formationen, über die ich früher keine hinreichende Auskunft geben konnte. So mag denn auch rush für urspr.ruksh stehn (letztre Form ist vielleicht in rûksha *rauh* erhalten). Dieser Form entspricht mit σσ = ksh und λ = r griech. λύσσ-α (λύττα), ἡ *Zorn, Wuth* u. s. w. λυσσηδόν; λυσσαλέος, α, ον; λυσσήεις, εσσα, εν; λυσσήρης, ες; λυσσητικός, ή, όν; λυσσώδης, ες; λυσσάς, ἡ; λυσσάω, λυσσαίνω; λύσσημα, τό; λυσσητήρ, λυσσητής, ὁ; λυσσόω; ἄλυσσος, ον.

[Da auch κτ sehr häufig = sskr. ksh, so ziehe ich jetzt hieher die I, 63 unsicher behandelten ἀλύσσω (wo ἀ = ἁ = sskr. sa I, 383), ἀλυσταίνω, ἀλυκταίνω, ἀλύκη u. daneben angeführten (vgl. auch *Pott* E. F. II, 42, 166), wo ἀλαλύκτημαι, ἀλάλυγξ, ἡ vergessen sind].

(Pυ) Im Sskrit erscheint die Wzf. ru, rav in der Bed. *tönen*; schwerlich ist sie unverstümmelt; ob die Wz. κρ *tönen* die vollere Form ist, ist zweifelhaft, doch mag man sie vergleichen. Diese Wz. mahlt ihren Begriff sehr lebhaft durch das schnarrende r. Nah verwandt ist sskr. ras, glbd., vgl. sskr. rasita, deutsch *rasseln*, goth. razda *Stimme* (= sskr. ras + dha). — Zu ru gehört wohl ὠ-ρῡω, *heulen* u. s. w. Die Formation nicht ganz sicher, nach *Pott* (I, 213) = sskr. â + ru; ich vermuthe, dass es ein Frequentativ ist und = sskr. rôruj *sehr heulen* (Bhagav. Puran. III, 31, 24), mit Verlust des r; ὠρυδόν; ὠρύωμα, τό; ὠρυθμός, ὁ; — hieher wohl auch ὀρύεται = ὑλακτεῖ (*Hes.*) (ob slovenisch rjovem, rjutï *brüllen*, *Metelko* Sl. Gr. 106).

Sekundärform durch γ: lat. rug-io, goth. rauhts, *fremitus Grimm* D. G. II, 203; gael. raoic-idh u. s. w. *brüllen*; griech. ὠρυγή, ἡ, ὠρυγμός, ὁ, ὤρυγμα, τό *das Geheul*.

Hieher auch: ὀρύγω, ὀρυγάνω = ὠρύω (*Hes.*); ὀρυγμαδός obgleich spät, doch wohl die regelrechtere Form, von der das glbd. ὀρυμαγδός, ὁ nur eine Umstellung.

Bei der Verwandtschaft von r und l mag auch eine Beziehung mit ὀλολύζω u. s. w. (I, 46) bestehn.

Im Sskr. wird durch Zsstzg mit kâ (für kă (vgl. κο Pron.) wie die verwandten Sprachen zeigen; *wie* (= hässlich) *tönend*) kârava *Krähe*, ags. crave, engl. crow gebildet (*Graff* A. Sprsch. IV, 587). Im Griech. entspricht κο-ρώνη glbd. für κο-ροϝώνη (Partic. Atmanep. sskr. Form). Daraus Lehnwort lat. cornix. κορωνιδεύς, ὁ *junge Krähe*; κορώνεως, ἡ *eine Art Feige*; κορωνίζω, *eine Art zu betteln*; κορώνισμα, τό; κορωνιστής, ὁ; πεντακόρωνος *fünf Krähen alt*.

Indem λ für ρ eintritt, gehört hieher: κολοιός (für κο-λοϝος oder κολοϝjος), ὁ *Dohle*; κολοιώδης, ες; κολοιάω, *krächzen*. — Hieher κολῳός, ὁ *Geschrei*; κολῳάω (vgl. auch *Buttm.* Lexil. II, 158).

Sekundärform durch d: im Sskr. rud, *heulen*, aber wie die Ableitungen zeigen, *tönen* überhaupt (rudatha, *Hund*) insbes. vor *Schmerz*, aber auch *Furcht* (Bhag. Pur. III, 12, 10), raudra, *furchtbar*, wie denn auch schon ru *Furcht*, raurava *furchtsam* heisst. Daher hieher griech. ἀῤ-ῥωδ-έω, ὀῤῥωδέω wohl für ἀναρ. und ορ dialektisch (äol.); ω ist Guna; ὀῤῥωδία, ἀῤῥωδία, ἡ *Furcht*; ὀῤῥώδης, ες, *furchtsam*; ὀῤῥωδέως (verwandte Sprachen vgl. *Pott* E. F. I, 245, wozu sl. ut-rüidajòn (*Kop.* Gl.); gegen meine Etym. *Pott* Berl. Jahrbb. f. wissensch. Krit. 1840. S. 637).

Tönen als *singen*: sskr. rudrî, *Leier*; goth. liuth (*Graff* II, 34, 158. *Pott* E. F. II, 204; H. A. L. Z. 1838. S. 231); hieher λύρα (für λυδ-ρα), ἡ *Leier*; λύριον, τό, dim.; λυρόεις, εσσα, εν, λυρικός, ή, όν; λυρίζω; λυριστής, ὁ; λυρισμός, ὁ; ἄλυρος, ον; εὔλυρης, dor. εὐλύρας, ὁ. —

Hieher lett. raudawa, *wilde Ente*; vielleicht auch griech.: ἐρωδιός (ardea Lehnwort?) *Reiher*, wo ε dann fraglich; ob zu √κρ *tönen* und ε für κ (vgl. daselbst) (*Pott* E. F. II, 302); ob alauda (celt. *Diefenb.* Celt. I, 14).

[Gehört la-trare und sl. la-jòn *bellen* (*Kopit.* Glag.) zu dieser Wz.?].

[(ϝρ, σϝρ). Im Sskr. heisst brû, *sprechen* (Zend. mrû). *Pott* vermuthet, dass es vi + ru sei (E. F. I, 217). Da ru höchst wahrscheinlich ursprüngliches sskr. ṛi darstellt, so liesse sich dafür vṛi-h geltend machen, welches schon I, 374 ff. besprochen. Im Griech. erscheint ϝρα (βρήτωρ = ῥήτωρ, ϝράτρα), ϝερ, ϝειρ (ϝερέω, ϝερέομαι *Thiersch* Gr. Gr. 232 ϝειράνα *Giese* Ueb. d. äol. Dial. 187) lat. ver-bum, die ebenfalls auf ursprünglicheres ṛi hindeuten. Ob hieher gael. brian, briathair, *Wort*, lth. burna, *Mund* (aa.

bei *Pott* a. a. O.), lett. bildeht, *reden*, goth. vaurd (*Graff* Ahd. Sprsch. I, 1020). Verwickelter wird die Frage nach der primären Wz. bei der folgenden Wortreihe noch durch lat. ser-mo, diser-tus u.s.w. Dieses steht, wie se = sskr. sva, für svermo und gehört zu der sskr. √ svṛi, *tönen* (I, 460). Da im Griechischen anlautendes σ vor ϝ verloren wird, so kann ϝϱ für σϝϱ stehn und dieselbe Etymologie fordern. Da aber im Lat. ver-bum kein s zeigt, so ist auf jeden Fall eine Wzf. ver anzunehmen. Denn die Römer geben das anlautende s nicht auf. Man kann nun zwar und vielleicht mit Recht auch svṛi für eine durch sa vermehrte Form von vṛi nehmen, allein es bleibt alsdann im Griech. stets die noch nicht sicher zu entscheidende Frage, zu welcher oder unter welche von beiden Formen die griech. Wörter zu ziehen oder zu vertheilen sind.

(ϝείϱω) εἴϱω (wohl = svarâmi) *sprechen*; εἴϱομαι, *anreden zur Widerrede, fragen*; ἔϱομαι, *fragen*; ἐϱέω, Denom. *fragen*; ἐϱεείνω Denom. glbd. — ἐϱωτάω (Denom. von ἐϱωτο?), εἰϱωτάω, *fragen*; ἐϱώτημα, ἐϱωτημάτιον, τό; ἐϱωτηματικός, ή, όν; ἐϱωτηματίζω; ἐϱώτησις, ἡ. —

Hieher der Namen des Gottes der Rede Ἑϱμῆς, Ἑϱμείας (ob für σϝεϱομεjο *tongestaltig?*) Ἑϱμίδιον, Ἑϱμάϱιον, τό; ἑϱμαῖος, ἕϱμαιος, ἑϱμαϊκός, ή, όν; ἕϱμαιον, τό; ἑϱμαΐζω.

ἑϱμηνεύω (Denom. von ἑϱμηνευ: ἑϱμην = lat. sermon), *ausdrücken, deuten*; ἑϱμηνεύς, ἑϱμηνευτής, ὁ; ἑϱμήνευμα, τό; ἑϱμηνεία, ἡ; ἑϱμηνευτικός, ή, όν; ἀνεϱμήνευτος, ον. —

Wzf. ϝϱε (oder σϝϱε) in ἐϱϱέθην, ἐϱϱήθην u. s. w. (vgl. *Pass.* unter ῥέω) *sagen*; ῥητός, ή, όν; ῥημάτιον, ῥῆμα, τό; ῥημάτιον, ῥηματίσκιον, τό; ῥηματικός, ή, όν; ῥῆσις, ἡ; ῥησείδιον, ῥησίδιον, τό; ῥήμων, ῥήτωϱ (βϱήτωϱ), ῥητήϱ, ὁ; ῥητοϱικός, ή, όν; ῥητοϱεύω; ῥητοϱεία, ἡ; ῥήτϱα (ϝϱάτϱα), ἡ; ῥητϱεύω. — ἀντιϱϱητικός; διαϱϱήδην; πϱοσϱητέος; ἀϱϱημοσύνη, ἀϱϱησία, ἡ; εὐθυϱϱημονέω; παϱϱησιάζομαι, παϱϱησιαστής, ὁ; παϱϱησιαστικός, ή, όν; ἀπαϱϱησίαστος, ον; ἀϱϱηφόϱος, ἡ f. ἀϱϱητοφ. *eine heilige Jungfrau in Athen.*

Hieher εἰϱήνη, ϝειϱανα (ϝϱάνα bei *Giese* ü. d. äol. Dial. 189 ist grundlos), ἡ, *Frieden* (eig. wohl der Friedensvertrag ungefähr wie ῥήτϱα); εἰϱηναῖος, α, ον; εἰϱηνικός, ή, όν; εἰϱηνεῖον, τό; εἰϱηνεύω, εἰϱηνέω; εἰϱήνευσις, ἡ. —

[Hieher das I, 320 falsch behandelte ὄαϱ für ὀϝαϱ, wo ὀ = ἁ = sskr. sa (I, 382) *die mit* (einem) *Redende, Gattin*, wie ὀαϱίζω *sich unterreden* zeigt; ὄαϱος, ὁ; ὀάϱισμα, τό; ὀαϱισμός, ὁ; ὀαϱιστύς, ἡ *trauliches Gespräch*; ὀαϱιστής, ὁ, *Genosse*].

Gehört lth. baru *schelten* hieher? Dann wohl auch ἀπειλή (für απο + ϝελ (= ϝεϱ)) und ἐπήϱεια u. s. w. (I, 320).

Ist in βϱαυῶσα, schreiend (*Hes.*) eine dem sskr. brû zunächst stehende Form erhalten? Wird dadurch βϱάξις, ἡ *Stimme* geschützt?

Da im Deutschen ursprüngliches sskr. v vor r leicht abfällt, so liesse sich auch hieher ziehn goth. rathjo *Rede* (*Graff* II, 444), ahd. ratan (ebds. 457), vgl. jedoch lth. rota *Rathsversammlung*, slav. rjejôn (*Kopitar* Glag.), gael. radh, *sagen*, raite *Wort*; lat. re-or (*spreche für mich?*) *glaube*]. —

ʽΡυ. Im Sskr. Wzf. sru, *fliessen* (vgl. *Pott* E. F. I, 216); wo man zu den Vergleichungen füge slav. rjejón (*Kopitar* Glag.), gael. srath, *ein Thal an einem Bach*, mit st für s, deutsch strömen, lett. straume, *Strom*, straust, *strömen* (vgl. I, 405 u. sonst; hier ist t zwischen s—r noch natürlicher). — ῥέω (ῥέϝω), ῥεύσομαι, ῥεῦμα, τό; ῥευμάτιον, τό; ῥευματώδης; ῥευματικός, ή, όν; ῥευματίζομαι; ῥευματισμός, ὁ. — ῥεῦσις, ἡ; ῥευστός, ή, όν; ῥευστικός, ή, όν; ῥευσταλέος, α, ον, *flüssig*. — ῥυέω, ῥυΐσκομαι = ῥέω; ῥύημα, τό = ῥεῦμα; ῥύσις, ἡ, (ῥυσίς, ἡ zw.); ῥυτός, ή, όν; ῥυδόν, ῥύδην. — ῥύαξ, ὁ; ῥυάς, ὁ, ἡ, τό; ῥυαδικός, ή, όν. — ῥέος (ῥέϝος), τό; ῥέεθρον, ῥεῖθρον, τό. — ῥοή (ῥοϝή), ἡ, ῥόος, ῥοῦς, ὁ; ῥοείδιον, τό, ῥοΐσκος, ὁ; ῥοάς, ἡ; ῥοϊκός, ή, όν. — ῥοία, ἡ *Pferdeschwemme*; ῥοΐζω; ῥοϊσμός, ὁ. — ἀκαλα-ῤῥείτης; βαθυρείων, ον; εὐρυρέεθρος, ον; αἱμοῤῥοΐς, ἡ; χρυσοῤῥόας (-ῥόης), ὁ; ἀργυροῤῥύτης, ὁ; χείμαῤῥος, ον = χειμάῤῥοος (ἄψοῤῥος I, 63). — Εὐρώτας (*Pott* I, 216); Στρύμων (*P.* II, 233 τ zwischen σ—ρ eingeschoben). — ῥυ-ᾱχετος (vgl. ἦχος).

Gehört hieher ῥυ-θμός (ion. ῥυσμός), ὁ (*Ebenmaass*, *Fluss*, z. B. der Rede? man kann auch an andre Verbindungen denken, aber alle sind unsicher, da das Wort in keiner recht greifbaren Bed. vorliegt; sollte lat. ord-o und slav. rendü, russ. rjad *Reihe*, *Ordnung* damit zu vgl. sein?) ῥυθμικός, ή, όν; ῥυθμίζω; ῥυθμιστής, ὁ; ἀῤῥυθμέω; εὐρυθμία, ἡ. —

Ich erwähne hier ῥητίνη, ἡ *Harz*, weil es, wenn griech. Ursprungs, wohl am ehesten zu ῥεϝ passt, allein ich halte es für fremd. Davon: ῥητινίτης, ὁ; ῥητινώδης, ες; ῥητινίζω, *harzig sein*.

Λυ, *lösen*, lat. lu (in so(= sskr. sva *für sich*)-lu-o, re-lu-o u. s. w.); ahd. lôs-jan von goth. lius-an (*Graff* II, 262) wird demnach für eine Sekundärformation gelten müssen. Im Sskr. gehört hieher lul (eine Reduplication einer Wz. die mit lu beginnt (vgl. I, 204)), *auflösen*, *zerbrechen* (anders *Pott*, E. F. I, 208); λύω (λύϝω); λύα, ἡ *Auflösung*; λύ̆σις, ἡ *Lösung*; λύ̄σιος, α, ον; λύ̆σιμος, ον; λυτός, ή, όν; λυτικός, ή, όν; λυτήρ, λύτωρ, ὁ, λύτειρα, λυτηριάς, ἡ; λυτήριος, α, ον; λύτρον, τό; λυτρόω; λύτρωσις, ἡ; λυτρωτής, ὁ; διαλυτής, ὁ (καταλύτης, ὁ, *der Einkehrende*); βουλυτός, ὁ; κοιλολυσία, ἡ; (ἅλυσις, ἡ, *Kette* fragl. ob hieher; ἀλυσίδιον, τό, dim. —).

(Λυ (Ρυ)). λαύρα, ἡ *Hohlweg*, *Strasse*, *Stadtviertel* und ῥύ̄μη, ἡ fast ganz glbd. Wäre an den Begr. *Krümmung* Wzf. ρυ für ϝερυ, λαυ für ϝελαυ (vgl. √ θϝri Wzf. ϝερ, ϝελ) zu denken? λαυροστάται, οἱ *die Mittleren des Chors*. —

(λαϝ (γλαϝ)). λᾶας, ὁ, *Stein*; dass ϝ zwischen den beiden α ausgefallen sei, zeigt 1. die Nebenform λεύς (dor.) mit ε = α und υ = ϝ (vgl. λεύ-ω u. s. w.), 2. lat. lap-id (wo p für v wie in ovis: opilio). Da anlautende Consonanten, insbesondre Gutturale, vor λ häufig abfallen, so identificire ich λαϝα mit sskr. grâvan *Stein*, m., im Adject. *hart*. Eine Etymologie kenne ich nicht. Dazu vielleicht gael. leac, *platter Stein* (vgl. auch *Diefenb.* Celt. I, 65 nr. 96). — Also λᾶας für γλᾱϝαν-ς, mit Zerstörung der thematischen Form (Gen. auch λάου) contr. λᾶς (λᾶ Fem. als N. p. *Eustath.*); λάϊνος, η, ον, λαΐνεος, α, ον; λάϊγξ, ἡ; ἀπολάω (Denom.); λαϊβολία, ἡ; λαξεύω; λαξάδαι (*Pott* E. F. II, 565.); λήβολος, *gesteinigt*; — ε = α: λέα, λεία (f. λεϝα), ἡ, *der Stein beim Weben*; — υ = ϝ: λεύς; λεύω; λευστός, ή, όν; λευσμός, ὁ; λευστήρ, ὁ; λεύσιμος, ον; λιθολεύστης, ὁ; λιθολευστέω. — (λάσος = λᾶς *Hes.*). —

(ῥις) sskr. √rĭsh *schlagen, verletzen, zerbrechen* (urspr. wohl *treffen*, daher rĭshṭa = τύχη, *Glück* und *Unglück*); 1ste Conj. Cl.: rêsh-âmi (9te Cl. rĭsh-nômi); an jenes griech. ῥαί-ω f. ῥαίσ-ω, *zerschlagen*; ῥαιστός, ή, όν; ῥαιστήρ, ὁ; ῥαιστής, ὁ; ῥαιστήριος, α, ον. — Obgleich in dieser Wzf. i schon behandelt ist, als wäre es Urvokal (in ê gunirt), so ist es doch höchst wahrscheinlich aus dem i des Vok. rĭ entstanden (wie in vielen ähnlichen Fällen); dafür spricht auch rĭsh-ṭi: rĭsh-ṭi *Schwerdt* und rĭksh *tödten* (wozu vielleicht ἄρκτος I, 112). Dann reicht diese Wzf. einerseits nach rĭ hinüber (I, 47) andrerseits nach ῥεγ (vgl. weiterhin). — In diesem Fall mag hieher (rĭsh), oder zu der einfacheren Form (rĭ) gehören: ἐν-αίρω (für ἀρ-j-ω zu sskr. rĭshj 4te Cl.) *zerstören, tödten*; ἔναρα, τά, spolia; ἐναρίζω. — Gehört hieher αἶρα, ἡ in der Bed. *Hammer* (vgl. ῥαιστήρ oben); vielleicht ist jedoch lett. wirruli *Hammerschlag* zu berücksichtigen. — Hierzu gael. àr *Mord*. —

Im Sskr. gehört zu dieser Wzf. rĭshja oder rĭshja, *Antilope, Hirsch* (eig. *das zu Tödtende*, das eig. *Jagdthier*). Formell liesse sich damit verbinden griech. ἐλλός, ὁ *Hirschkalb*; denn dass ʽ unorganisch sei, scheint mir aus ἔλα-φος, ὁ, ἡ *Hirsch* zu folgen, welches ich nicht davon zu trennen wage, da es, wenn man ἐλλό für ἐλσο nimmt, in demselben Verhältniss dazu steht wie ἔριφο zu ἔρσο (I, 331) und sskr. vrĭshabha zu vrĭsha (φο = bha Diminutiv zu √bhâ *Aehnlichkeit habend*). Ob die ähnlichen Wörter der verwandten Sprachen ahd. elah (*Graff* I, 235) lith. elnis, *Hirsch*, russ. jelenj, *Hirsch*, gael. eilid (vgl. auch *Eichhoff* Parallele übers. von *Kaltschmidt* S. 122) (und selbst hebr. אַיָּל, wenn fremd) hiermit zu verbinden sind, kann fraglich scheinen, mir ist es bei dem Wechsel zwischen r : l jedoch höchst wahrscheinlich. — Zu ἔλαφος (vgl. anders *Pott* I, 233): ἐλάφειος, ἐλάφιος, ον; ἐλαφίνης, ὁ; ἐλάφιαι (*Hes.*); ἐλαφηβόλος. —

λαζίνης, ὁ *ein Vogel*; *ein Fisch*, auch μαζίνας, μάζινος.

λαλ vgl. deutsch lallen, sskr. lal-ana *Zunge*, lalat *mit der Zunge berührend, leckend* u. s. w.; wohl rein onomatop.; sonst verwandt mit ρυ *tönen* (S. 5): λαλέω *schwatzen*; λάλη, ἡ *Stimme*; λάλημα, τό; λαλητός, ή, όν; λαλητικός, ή, όν; λαλητής, ὁ; λαλητρίς, ἡ; λάληθρος, ον; λάλος, ον; λάλιος, α, ον; λαλίστερος, α, ον; λαλόεις, εσσα, εν; λαλιά, ἡ; λάλαξ, ὁ; λαλάζω; λαλαγή, ἡ; λαλαγέω; λαλάγημα, τό; λαλαγήτης, ὁ. — Hieher λάλλη, ἡ der (Plätschern erregende) *Kiesel*. λαλ : λαρ in λαρύνω *girren*. — λᾱλ (Vriddhi) in λᾱρ : ληρ : λῆρος, ὁ, *Geschwätz*; ληρώδης, ες; ληρωδία, ἡ; ληραίνω, ληρέω; λήρημα, τό; λήρησις, ἡ.

λάριμνον, λάριμον, τό ein indisches Räucherwerk (ob sskr. lalitâ *Moschus* râla *Harz* der Shorea robusta).

ῥάρος, ὁ *Bauch*, dann *unzeitiges Kind* (Gr.), *ῥάριον*, τό, Dim. (ob fremd? oder zu rĭh (I, 82) *wachsen*? oder gar zu sskr. √ grah; in der Bed. concipere, woher das glbd. βρέφος u. aa. (vgl. letzteres)).

λάρβασον, τό *Stibium* (fremd).

λαρ in λάρ-ναξ, ἡ *Kasten*, λάρ-κος, ὁ, *Korb*; λαρκίδιον, τό, — kenne keine Etymologie.

(ρεμ : λεμ). Im Sskr. ram eig. *ruhen* (upa+ram), dann *sich ausruhen, freuen* (vgl. √ λεγ *lassen*); (*Pott* E. F. I, 262, wo man ahd. rastjan (Denom. von rast für ratt(i), wie ich beiläufig bemerke) und Rand (? *endend Graff* II, 531), so wie slav. radŭ *freudig* (*Kop.* Gl.) russ. rad hinzufüge). — Gr.: νω-λεμ-ής, ές *kein Aufhören habend*. — ἠρέμα (ἀ (η I, 1, *ein wenig*) + ram), ἠρέμας (trotz der Kürze wohl alter Genitiv), *ruhig*. — Gehört hieher: ἀράμεν (ἀ = ἀϝα I, 274) *bleiben, rasten* (*Hes.*); ἄῤῥατος *hart* (ἀ = ἁ = sa *sehr* I, 382)?

λῶμα, τό *Rand* (wie auch dieses), für λομ-μα? λωμάτιον, τό, Dim. —

ῥάμ-νος, ἡ *eine Art Dornstrauch* (für ῥαπ-νο? und zu I, 214 oder ἁρπ *rupfen* S. 3 vgl. ἄρπεζος u. s. w.); Ῥαμνοῦς (für ῥαμνόεις) N. p. ῥαμνούσιος, α, ον. —

λέμβος, ὁ (τό selten), *Fischernachen*; λεμβάδιον, τό, Dim.; λεμβώδης, ες, *lembosartig* (ob fremd und mit λιβυρνίς verwandt, welches vgl.).

ληνός, ἡ, ὁ, ein ausgehöhltes Gefäss, *Trog, Kelter* u. s. w. (Wenn *Kelter* die erste Bed. wäre, so liesse sich an sskr. √ lî für glì *flüssig machen* (vgl. γλ) denken); λήναιος, α, ον, *zur Kelter gehörig*; Ληναῖος *Bein. des Bacchus*, λήναια, τά; ληναϊκός, ή, όν; ληναΐτης, ὁ, ληναΐζω; Ληναιών, ὁ; ληνίς, ἡ; λήνη, ἡ; ληνάς, ἡ, = ἱστοπέδη; προλήνιον, τό.

(λωβ, γλωβ) : λώβ-η, ἡ *Schaden, Schmach*; wenn jenes die primäre Bed. ist, so denke ich an die sskr. causale Wzf. glăp glâp (vgl. βλαβ I, 523), wohin auch noch slav. globa (slav. b = sskr. bh) *Strafe* (*Kopit.* Glag.), lat. lâb-es in der Bed. *Seuche* (vgl. sskr. glâni *Abzehrung*). Die Bed. *Schmach* geht daraus hervor wie βλασ-φημεῖν aus βλάπτω. Allein wenn *Schmach, Beschimpfung, Besudelung* (vgl. λῦμα) an die Spitze zu stellen, so denke ich an die Wzf. gl in der Bed. *kleben* (vgl. γλ), von der es ebenfalls eine Bildung durch P-Laut wäre (vgl. *Pott* E. F. I, 209. II, 485); letzteres wahrscheinlicher; λωβήεις, εσσα, εν; λωβάομαι; λώβησις, ἡ; λωβητός, ή, όν (λωβός, ἡ, όν spät), λωβητήρ, λωβήτωρ, ὁ, λωβήτειρα, ἡ; λωβάζω, λωβέω = λωβάομαι; λωβεύω, λώβευσις, ἡ. — ἐπιλωβής, ές. —

λίβανος (fremd, hebr. לְבֹנָה (vgl. auch *Colebrooke* in As. Res. IX, 377)), ὁ *Weihrauchbaum*; λιβανώδης, ες; λιβανικός, ή, όν; λιβάνινος, η, ον; λιβανίδιον, τό; λιβανίζω; λιβανωτός, ὁ, ἡ (λ-όν, τό, zw.) *Weihrauch*; λιβανώτιον, τό; λιβανώ-

τινος, η, ον; λιβανωτρίς, ἡ; λιβανωτίζω; λιβανωτίς, ἡ; ἀλιβάνωτος, ον. —

---

*λιβυρνίς, ἡ; λίβυρνον, τό eine **Art Schiff**,* fremd celtisch (***Diefenb***. Celt. I, 61, nr. 93).

(*λαπ*(*γλαπ, σλαπ*)). *λαπ-αρός, ά, όν,* heisst *schlaff, schwach*; jene Bed. erinnert an das deutsche *schlaff*, slav. slab (b = sskr. bh) *schwach* (***Kop***. Gl. ***Dobr***. 153); da anlautendes s im Griech. abfällt, so liesse sich *λαπ* damit identificiren; allein sskr. glap heisst auch *schwächen* (vgl. I, 523. II, 10) und g fällt ebenfalls ab. Wäre etwa auch *schlaff* und slav. slab mit sskr. glap identisch vgl. weiterhin √*γλ kleben* u. aa.; für die Zsstllg des griech. *λαπ* mit glap spricht wohl *αλαπ*, da wir häufig anlautende Gutturale vor Liquidis durch Vokale werden ersetzt sehn (vgl. *ἔλαιον, ὄνομα* und unzählige andre): *λαπάρα, ἡ der schlaffe, weiche Leib; Weichen; λαπάζω den Leib weich machen* (weicher Leib, leichte Ausleerung); *λάπαγμα, τό; λαπαγμός, ὁ; λάπαξις, ἡ; λάπαθον, τό eine abführende Pflanze; λαπτικός, ή, όν, abführend.* —

ἀλαπάζω (*α* = g oder für *ἁ* = sa I, 382), *schwächen; ἀλαπαδνός, ή, όν; ἀλαπαδνοσύνη, ἡ.*

Eine primärere Wzf. von glap war gla (I, 489); von dieser ist eine Ausbildung durch Guttural *λαγ* (vgl. laxus *βληχ* u. aa. I, 504 u. sonst): *λαγαρός, ά, όν* = *λαπαρός* mit geringen Modificationen; *λαγαρότης, ἡ; λαγαρόω, λαγαρίζω, dünn werden; λαγών, όνος, ὁ* = *λαπάρα.* —

(*ῥωπ*): *ῥώψ, ἡ niedriges Gebüsch*; wahrscheinlich zu der sskr. Form rôp, Caus. von sskr. ruh *wachsen* (vgl. I, 73 ff.); *ῥωπεῖον, ῥωπήϊον, ῥώπιον, τό Gebüsch; ῥωπάς, ἡ; ῥώπαξ, ὁ* = *ῥώψ; ῥωπάκιον, τό; ῥωπεύω.*

(*λιπ*) lat. li(n)q-uo, goth. lif-nan (***Graff*** II, 48 fälschlich mit goth. liban u. s. w. vermischt; auch bei ***Grimm*** II, 13) litth. lièkmi *ich lasse*, lith. pa-lik-t *überbleiben*, slav. lich, lishiti (***Dobr***. 90) *berauben*. Diese Vgl. führen alle auf sskr. rĭk', da k' in allen, wie gewöhnlich, vertreten ist; rĭk' *trennen* in rèk'-ita (Raghuv. VI, 7) *verlassen* vgl. rikta (*verlassen* Raghuv. XV, 58) udrikta; riktaka, *leer*, riktha (eig. *Verlassenschaft*, wie rikthin *Erbe* zeigt, dann) ***Reichthum***; endlich rèka. √rĭk' gehört wohl, wie die Bed. *reichen* (welches damit identisch (***Graff*** II, 386); ist *verlassen: über etwas hinausreichen?*) zeigt zu √ri *gelangen* (I, 53) und rĭ steht also für ursprünglicheres ri (anders ***Bopp*** V. G. 452 Vokalism. 207 vgl. ***Pott*** I, 233). — *λείπω* (Gunaf. Conj. Cl. 1); *λεῖμμα, τό; λεῖψις, ἡ; λείψανον, τό; λοιπός, ή, όν; λοιπάς, ἡ, **Rest**; λοιπάζω; λιμπάνω,* = *λείπω; αἰγίλιψ, den Ziegen unzugänglich* (***Pott*** E. F. II, 481); *ἀδιάλειπτος, ον; ἐκλειπτικός, ή, όν; ἐκλιπής, ές;* — *λειποψυχία; λειπυρία* für *λειποπυρ.* (***Pott*** II, 110); *λειψόθριξ, λειψιφαής, λείψυδρος;* — *λιπερνής, ές* auch *λιφερνής* (wie *μισθάρνης* von *λιπ* + *ἀρνες **Gewinn*** von *ἀρ* I, 55 wo man dieses nebst *λιπερνής, ῆτος, λιπερνῆτις, λιπερνέω* hinzufüge) eig. *gewinnlos*, dann *arm*. — Zu *λοιπός* wohl *λοι-*

σϑος, ον für λοιπισϑος (ισϑο (= sskr. ishth'a, mit Erhaltung des ϑ = th für th', welches ursprünglicher als griech. τ in ιστο (vgl. sskr. k'atur-tha = τεταρ-το)) ist die Superlativendung), der *letzte*; λοίσϑιος, α, ον; λοισϑήϊος, α, ον = λοῖσϑος; λοίσϑημα, τό. —

ῥυππαπαί ein Ruf der Ruderer. —

(ῥοφ, σροφ). Lat. sorb-eo, litth. srēb-ju und surb-ju, *schlürfen* (vielleicht auch sulp-u *saugen*), lett. strehbt mit st (vgl. S. 8), gael. sruab (sl. tshripon *haurio Kop.* Gl.?); ob es eine Weiterbildung der Wz. ist, welche im Sskr. sru (S. 8) lautet, ist fraglich (vgl. *Pott* I, 112, II, 115, 196 und in Berl. Jahrbb. 1840 S. 634). — Griech. ῥοφ-έω, *schlürfen* (Nebenformen: ῥοφάω, ῥοφάνω, ῥομφάνω, ῥυφέω (ρυ wohl dialektisch) ῥυμφάνω; ῥόφημα, ῥόμμα, τό; ῥοφημάτιον, τό; ῥόφησις, ἡ; ῥοφητός, ῥοπτός, ή, όν; ῥοφητικός, ή, όν; ῥόφος, ὁ = ῥόφημα; ῥοβδέω, ῥοβλέω (*Hes.*). Das deutsche *schlürfen* hat in diesem vielleicht onomap. Wort ein r eingeschoben (über diese, nicht ganz zu leugnende, aber doch seltne Einschiebung a. O.).

λ = ρ, und α = ο; bekannt. Nah verwandt sind die Begr. *schlürfen* und *gierig schlingen*; sollte danach λαφ mit ῥοφ zu identificiren sein? In diesem Fall auch lat. la(m)b-o eig. *das Schlappen, Schlürfen der Hunde* und auf ähnliche Weise fressender Thiere; so erklärt sich auch lăb-rum, lăb-ia ahd. laffan *lecken* (*Graff* II, 204), mit lef-s (*Lefze, Lippe*), lth. lupa, *Lippe* (anders *Pott* I, 259), das anlautende s erhalten in deutsch: *schlappen* (vom Hund = *saufen*). — λαφύσσω *gierig verschlingen*; λάφυξις, ἡ; λαφυγμός, ὁ; λαφυκτής, ὁ; λαφύστιος, α, ον; — αι für α (vgl. I, 163 αἰχμή I, 219 und einige aa. Analoga) λαιφάζω = λαφύσσω; λαιφύς (*Hes.*); — λαυ in λαυφϑάσσω = λαφύσσω (*Hes.*; wohl dialekt.).

λάπτω (λέλαφα) *schlappen*. — λάβδα (*Arist.* Eccl. 920 etymologisches Wortspiel). —

β = φ: λάβ-ρος *gefrässig* u. s. w. (schwerlich mit ζα-βρός I, 513 zu vgl.); λαβρώνης, λαβροσύνη, λαβροσία, ἡ; λάβραξ, ὁ *ein gefrässiger Fisch*; λαβρεύομαι, λαβράζω, λαβρύσσω *dreist sprechen*; λαβράκτης, ὁ *Schwätzer*; λαβρεία, ἡ, *Geschwätzigkeit*; λαβρόω *fressen*. —

In den eben behandelten Wzff. ist der schliessende B-Laut wahrscheinlich sekundär. So lassen sich auch Wzff. hieherziehen, welche mit einem andern sekund. Wzelm. schliessen. So tritt der Form lat. sorb, litth. srēb, sl. srikati *schlürfen* (*Kop.* Gl.) deutsch schlucken gegenüber, gael. sluig-idh *schlucken*, dem ahd. laffan ahd. lekjan, lekon (*Graff* II, 100. 103) wozu lett. lakt (*lecken wie ein Hund*), litth. lakti *gierig fressen*, slav. lotschiti, lokati (*Dobr.* 90) *lecken*, die ich wegen der Verschiedenheit des Vokals und Abweichung in Bezug auf den Auslaut nicht mit sskr. √lih (vgl. λιχ) verbinde. Das anlautende s in deutsch *schleckern*, *schlucken* u. s. w. Wie nun im Deutschen *Schluchzen* und *Schlucken* verwandt sind, so mögen wir der griech. Form ῥυφ gegenüberstellen dürfen: λυγ *schluchzen* in λύζω; λύγδην, λυγμός, ὁ; λύγξ, ἡ *der Schluchzen*; λυγγώδης, λυγμώδης, ες; λυγγάνω, λυγγαίνω *den Schlucken haben*; ἄλυσσον, τό *eine Pflanze die den Schlucken hebt*; hieher ἀλάλυγξ, ἡ *Schluchzen* (*Nic.*).

(λαγ, ῥαγ) Im Sskr. ři g' *rösten* (bel. in řig'jarthê, als Erklärung der Wzf. řig', und rig'isha *Röstpfanne*) lat. e-lix-us *gesotten*, lix *Asche* (vgl. das sskr. rakshâ wo ra = ři (vgl. mradîjas : mřid-u) und ksh = lat. x); ferner lixa; g' so wie ksh sind höchstwahrscheinlich, wie gewöhnlich, sekundäre und tertiäre Elemente; daher hieher vielleicht sskr. râddha *gekocht*, radh *kochen*; ahd. rôst (*Graff* II, 552), wenn vorn unverstümmelt (sonst vielleicht sskr. √çrai), litth. rustas (vielleicht Lehnw.), mit la = ři sskr. lâg'â *geröstetes Korn*. — Gehört zu der einfacheren Wzf. řig' griech. λαγ in λάγ-ανον, τό *eine Art Kuchen* (vielleicht jedoch eher zu πλακ plac-enta); λαγάνιον, τό, Dim., λαγανίζω, λαγαρίζομαι *Kuchen essen*? — Mit Sicherheit zu der Wzf. laksh = raksh, mit σ = ksh, wie oft, λάσ-ανον, τό *Rost*. —

Wir sahn oft wie sich das Präf. abhi in seiner Verstümmelung bh mit Wz. verband; so ziehe ich hieher sskr. bhrig'g' eig. bhrisg' und bhrasg' (vgl. *Pott* I, 236) *rösten* (bharg'g'ana, bharga (Guna) *das Rösten*, bhrig'g'ana *Röstpfanne*); über das s vor g' habe ich mich schon früher erklärt (I, 107, 515) und desswegen ahd. brâtan u. s. w. (*Graff* III, 284) hieher gezogen; allein es konnte auch schon aus rig' : bhrig' entstehn. Dazu lat. frigere, gael. bruich-idh *rösten, sieden* u. s. w. (lett. bruzzinaht *brühen* (slav. prêshiti *rösten*? (*Kop*. gl. *Dobr*. 119)). — Griech. mit φ = bh und ρυ = ři, wie nicht selten: φρύγω, φρύττω *rösten*; φρυγμός, ὁ; φρυγεύς, ὁ (φρυγία, ἡ zw.); φρύγιος, α, ον; φρυγίνδα *ein Spiel mit gerösteten Bohnen*; φρύγανον, τό *dürres Holz*; φρυγάνιον, τό; φρυγανικός, ή, όν; φρυγανίτης, ὁ, -ῖτις, ἡ; φρυγανώδης, ες; φρυγανίζομαι *dürres Holz sammeln*; φρυγανισμός, ὁ; φρυγανιστής, -τήρ, ὁ, -τρια, ἡ; φρύγετρον, τό *ein Gefäss Gerste zu rösten*; φρυκτός, ή, όν; φρυκτεύω *anzünden*; — διφρυγής, ές; διαφρυκτόω. — Hieher zieht man φύγεθλον, τό (für φρυγ) *Geschwulst* (*Pass*. s. v. und *Pott* II, 100); ich setze es jetzt zu √sph in der Form sphug' *schwellen* (zu I, 557).

Schon im Sskr. tritt an die Stelle von ři überaus oft, wie schon gesehn, a; so entsteht bhag' für bhrig' belegt durch bhakta *gekocht*, bhaktakâra *Koch* (bhâg'ana (Koch-) Topf?); dahin griech. φώγω, φώζω, φωγνύω, φώγνυμι *rösten*, φώγανον, τό *ein Gefäss zum Rösten*.

Mit β = sskr. bh und ρα = ři βράζω, welches ich mit der Form bhrasg' identificire, βράσσω (Fut. βράσω) *sieden* (aus *kochen*, wie in elixus, deutsch brod, *Brühe*, gael. bruich-idh und vielen aa. hieher gehörigen); βράσμα, τό *das Uebergekochte*; βραστικός, ή, όν; ἀνάβραστος, ον; ἀνάβρασις, ἡ; ἐκβρασμός, ὁ. —

Mit ρυ = ři wie in φρυγ : βρυζ in ὄ-βρυζον, τό, ein technisches, ohne Zweifel dialekt. Wort, wo ὀ = ἀνά (äol.), *reines* (*aufgekochtes*) *Gold*.

Zweifelnd: da ahd. *Brot* zu *bratan* gehört (*Graff* III, 291), ist zu einer Form mit T-Laut (vgl. oben) oder zu der einfachen ři vielleicht: ἄρτος, ὁ *Brod* (Guna)? (anders *Pott* E. F. I, 197, *Die-*

fenb. Celt. I, 13); ἀρτίδιον, τό; ἀρτίσκος, ὁ; ἡμάρτιον, τό; ὀλιγαρτία, ἡ; τρωξάρτης, ὁ. —

(ῥᾱγ) ῥάξ und ῥώξ, ἡ *Weinbeere* lat. racemus (darf man slav. grozdü *Beere* oder loza *Weinstock Kop.* Gl. vgl.?); ῥάγιον, τό; ῥαγώδης, ες; ῥαγικός, ή, όν; ῥαγίζω *Beeren lesen*; εὐρώγης, ες.

(ῥαγ ři γ) ῥαγ *brechen*. Im Sskr. entspricht die Wz. rug' *brechen* (vgl. ava + rug' *abbrechen Ros.* Radd. sscr. und â + rug' *brechen* Yag'nad. 98). Das gr. ρα einerseits und sskr. ru andrerseits zeigt, dass hier der Laut, welchen sskr. ři ausdrückt, zu Grunde liegt. g' ist sekundär und die scheinbare, wahrscheinlich verstümmelte, Wz. ři.

Also ῥήγ-νυμι (η vertritt, wie in πήγ-νυμι das im Griech. durch νυ (Cl. 5) gebotene Guna (δικ : δεικ-νυ)), *brechen* (ἐῤῥάγην, ἔῤῥωγα); ῥήσσω (ῥηγ-jω Cl. 4); ῥῆξις, ἡ; ῥῆγμα, τό; ῥηγή, ἡ; ῥηγματώδης, ες; ῥηγματίας, ὁ; ῥήκτης, ὁ; ῥηκτός, ή, όν; ῥηκτικός, ή, όν. — ῥαγή, ῥαγάς, ἡ *Riss*; ῥάγος, τό; ῥαγώδης, ες; ῥαγόω; ῥαγόεις, εσσα, εν; ῥάγδην; ῥαγδαῖος, α, ον; ῥαγδαιότης, ἡ; — ῥώξ, ὁ, ἡ *Riss*; ῥωγή, ἡ; ῥωγάς, ὁ, ἡ; ῥωγαλέος, α, ον; ῥῶγμα, τό; ῥωγματίας, ὁ; ῥωγμή, ῥωχμή, ἡ; ῥωγμός, ῥωχμός, ὁ. — αἱμοῤῥαγία, ἡ; αἱμοῤῥαγέω; αἱμοῤῥαγικός, ή, όν; ἀῤῥαγής, ές.

Die Phrase ῥήγνυτο κῦμα entscheidet dafür, dass ῥηγμῖν, ὁ (ῥηγμός) *Ufer, Ort der Brandung* hieher gehöre. Nun entspricht aber der Bed. nach sl. brjegü (*Kop.* Gl.), welches, da b = sskr. bh sich mit lat. fra(n)g-o ahd. brikan (*Graff* III, 262), gael. bruch-d *Bruch* u. s. w., lett. braks, *zerbrechlich* (auch brakschkeht *knacken*, litth. brassku vielleicht) zusammenstellen lässt. Da im Sskr. r in Gruppen oft verloren geht, so gehört auch dazu sskr. bha(n)g' (für bhra(n)g' = fra(n)go) sammt bhâg' *brechen*. Dieser Zsstllg. nach könnte man als unverstümmeltere Wzf. von ῥαγ sskr. rug' eine mit sskr. bh anlautende Form statuiren wollen; dagegen aber ist zu bemerken, dass weder im Griech. noch im Sskr. in der Gruppe bhr der Anlaut bh abfällt, sondern gewöhnlicher das ρ (φατρία, ποτί aa.). Demnach nehme ich die Formen, welche einem sskr. bhrag' entsprechen, für Formation durch Präfix sskr. abhi (I, S. 144.).

Gehört zu ῥαγ: ἀττά-ραγος, ἀττάραγος, ὁ *Brödkrümchen* (steht ἀττα für ἀρτο S. 13? (anders *Pott* II, 29).

Der sskr. Form rug' entspricht lett. luhst und mit Guna laust *brechen* lth. laussti, ahd. mit l = r: liuhhan *ausreissen* (*Graff* II, 138 Gunaf.) lucha *Riss* (ebds. 142); sskr. ut + rug' *aufbrechen* (vom Boden), *graben* (Raghuv. IV, 2); dahin griech. ὀρυγ : ὀρυχ (χ = sskr. ksh tertiäre Form, wie oft aus g') ὀρύσσω (für γjω oder χjω) ὀρύγω, ὀρυγάνω, ὀρύχω (gegen diese Etym. *Pott* Berl. Jahrb. 1840 S. 637); ὄρυγμα, τό; ὀρυγμάτιον, τό; ὄρυξις, ἡ; ὄρυξ, ὄρυγξ, ὁ *ein Eisen zum Graben*; ob auch in der Bed.: *Gazelle, Walfisch* ist sehr fraglich. — ὀρυκτός, ή, όν; ὀρυκτήρ, ὁ; ὀρυχή, ἡ. — ἀπώρυξ, ὁ (ω eine Art Vriddhi); διορυγή, ἡ; κατώρυχος, ον; κατωρυχής, ές; μιλτωρυχία, ἡ; γεωρυχέω; τοιχωρύχημα, τό; τοιχωρυχικός, ή, όν; χαλκωρύχιον (-ρυχεῖον) τό. — φρεορύκτης, ὁ; φρεορυκτέω. —

Die Bed. *graben* schon im Simplex: lett. rakt (mit ra für das urspr. sskr. ři) *graben* (wohl auch rakkaht *wühlen*) gael.

ràc-adh *harken* (brz. rega *furchen Diefenb.* Celt. I, 54 nr. 70) ahd. recho (*Rechen Graff* II, 386) griech. mit λ = r: λαχ-αίνω *aufreissen, graben*; λάχανον, τό *Kraut aus gegrabnem Land*; λαχανάριον, τό; λαχάνιον, τό; λαχανηρός, ά, όν; -άνιος, α, ον; -ανικός, ή, όν; -νώδης, ες; -νιά, ή; -ανεύω; -ανεία, ή; -ανήτης, ό; -ανίζομαι; -ανισμός, ό; -ανίτης, ό. —

[ri in ορ gunirt: ὄρχ-ος, ὁ und ὄρχατος, die I, 111 zweifelnd anders angesetzt (*der gegrabene Garten* u. s. w.)].

Form ραγ in ῥάσσω und ἀράσσω (wo ἀ = ἁ = sa I, 382) *zusammenbrechen* (ob in der Bed. *krachen* zu einer andern Wz. gehörig, etwa κραχ (vgl. κρ tönen), und α für κ vor ρ wie nicht selten?) u. s. w.; ἀραγμός, ὁ; ἄραγμα, τό; ἀράγδην; (ἀραξί-χειρ); ῥακτός, ή, όν; ῥάκτος, ό; -κτήριος, α, ον; -κτρια, ἡ; ἐξάραγμα, τό.

Bed. *reissen*, Form ῥαχ: ῥάχος, ἡ, *Dornstrauch* u. s. w. ῥάχη, ἡ *eine dornige Ruthe*; ῥαχόω, *Setzlinge zuspitzen* (danach auch lat. sub-luc-are = supputare); ῥῆχος = ῥάχος; ῥηχώδης, ες. — ῥαχία, *Zaun*; ῥηχιάδης, ό. — ὄρηχος (ὀ = ἁ = sa), *Dornhecke* (*Hes.*). — ῥαχ: ῥαχία, ῥηχίη, ῥηχείη, ἡ, *Brandung* (vgl. ῥηγμίν); ῥηχίς (*Hes.*); ῥαχιώδης, ες. —

Form sskr. rug'. Aus der Bed. *brechen* geht die von *Erbrechen* hervor; sskr. rô-mantha für rôg-mantha (wie auch die indischen Gr.) *Wiederkäuen* (ma(n)th *hin und her drehn*), lat. ruc-to (ruminare? vgl. rumen und *Pott* II, 283), ahd. ruchjan (*Graff* II, 435), slav. rüiknón, ot-rüig-nón (*Kop.* Gl.), o-rüigati (*Dobr.* 412) (litt. rûgsta, wenn *gähren* die erste Bed., fraglich, aber vielleicht ist sie ructo). — Griech. ἐρυγ: ὀρυγ; das anlautende ε: ο scheint mir aus der vokalischen Natur des r entstanden (vgl. καλύπτω, κρύπτω, κορυφή u. viele aa. *Pott* II, 161 nimmt ε für ἐκ, was wegen des Wechsels mit ο nicht geht, vielleicht steht ερυ: ορυ nicht für sskr. ru, sondern das primärere ri, wofür viele Analogieen sprechen; dafür dass es dem sskr. u t entspräche, könnte man die slav. Form geltend machen): ἐρεύγομαι (Guna), ὀρυγάνω, ὀρυγγάνω, ἐρυγγάνω, ἐρυγγαίνω *brechen* u. s. w. — ἐρευγμός, ὁ; -γμα, τό; -γματώδης, ες; -γμώδης, ες; ἐρευκτικός, ή, όν. — ἐρυγμός, ὁ; -γή, ἡ; -γμα, τό; -γματώδης, ες; -γμαίνω; -γμέω; -γμηλος, η, ον; — ευ in ε verkürzt in ὀξυρεγμία, ὁ *das saure Aufstossen*; -γμιώδης, ες; -γμιάω. —

Aus dem Begr. *erbrechen*, als einem am ehesten in die Augen fallenden Symptom der Krankheit, geht der des *krank sein* hervor (vgl. I, 627); so im Sskr. von rug', rug', rug'â, rôga *Krankheit*, rugna *krank*. Griech. ἀργ, ἀλγ (Guna der Wzf. rig' und mit λ = r): ἄλγος, τό, eig. *Krankheit*, dann *Leid* jeder Art (anders *Pott* I, 16, 242. II, 98); ἀλγίων, ον; -γιστος, η, ον; ἀλγεινός und ἀλεγεινός (αλε = ri), ή, όν; ἀλγινόεις, εσσα, εν; — γύνω (Denom. von -γυ); -γέω; -γημα, τό; -γησις, ἡ; -γηδών, ἡ; ἀλγηρός, ά, όν. — ἀναλγής, ές; ἀνάλγητος, ον; ἀναλγησία, ἡ; καρδιαλγικός, ή, όν; καρδιαλγία, ἡ; κεφαλαλγός, όν; κεφαλαλγητικός, ή, όν; — hieher ziehe ich ἀλγ: ελγ in ἀσελγής, ές (ἀσάλγα *Hes.*), wo ἄλγος *die Sucht* ausdrückt; gehört ἀσ zu I, 248, so dass die erste Bed. *fresssüchtig*, dann überhaupt *ausschweifend* u. s. w.? davon ἀσέλγεια, ἡ; ἀσελγέω, -γαίνω. —

ἀργ in ἀργαλέος, α, ον, *leidvoll, mühevoll* u. s. w.; λήθαργος, ον, *vergesssüchtig*; ληθαργικός, ή, ον; -γία, ἡ; -γέω; -γίζω; ἀπαργία, ἡ *eine Pflanze*. — ἀργ und ἀλγ im Wechsel in Compos. γλώσσαλγος, γλώσσαργος, ον, *sprechsüchtig*; -γέω; -γία, ἡ.— [Gehört hieher lth. ligga *Krankheit*, ahd. arc (*Graff* I, 411), *geizig* eig. *süchtig*?]

Der sskr. Form rug' entspricht mit λ=r: λυγ in λυγρός, ά, όν, *leiderregend* (lat. lū-es für lu(g)es (vgl. fru-or, fruc-tus aa.)); mit Guna: λευγ-αλέος, α, ον, *leidvoll*. — οι=υ (oft): λοιγ-ός, ὁ, *Tod durch Seuche*; λοίγιος, ον, λοιγός, όν (*Nic.*), λοιγής, ές (*Nic.*), (λοιγαῖος, α, ον zw.); λοιγήεις, εσσα, εν. — cj. γ vor μ: λοι-μός, ὁ (vgl. I, 355 u. sonst oft) *Seuche*; λοιμία, ἡ; λοιμικός, ή, όν; -μώττω; μώδης, ες.—

sskr. g' galt uns in dem, allen bisher behandelten zu Grunde liegenden ṙi-g', der grossen Menge von Analogieen gemäss, für sekundär; statt dessen kann demnach auch ein andres sekundäres Element eintreten. Im Sskr. erscheint Wzf. vraçk' mit der Bed. *zerbrechen*, *zerspalten*; in ihr steht ra, wie gewöhnlich, für ṙi, wie das dazu gehörige vṙiçk'-ika *ein Dorn* (*reissen*), *Scorpion* (*stechen*) u.s.w. und vṙikna *zerbrochen* zeigt; an die Wzf. vraçk' lehnt sich vraçk'-ana *Säge*. Das anlautende v ist wohl Präf. vi zer (vgl. δϝι) und die auslautenden ç, k' Elemente der neuen Wz-bildungen; ç halte ich für Repräsentanten von t (vgl. I, 107), k' ist ein gewöhnliches sekundäres Element. Dem çk' treten wie sg' (vgl. I, 515) im Griech. die sonstigen Repräsentanten von sskr. ksh gegenüber. — Da neben ῥάκ-ος, τό, *Zerrissenes*, äol. βράκος, obgleich in dem Gebrauch abweichend, doch als dialekt. Form angeführt wird, so folgt daraus, dass jenes für ϝράκ-ος steht, und möchte daher mit vraçk' (vgl. vṙik-na) zu vgl. sein; (vgl. jedoch *Diefenb.* Celt. I, 212); ῥάκιον, τό; ῥακόεις, εσσα, εν; ῥακώδης, ες; ῥακόω, ῥάκωσις, ἡ; ῥάκωμα, τό. — ῥάχος = ῥάκος; ῥάκελος, ον. — Manche von diesen mögen zu ῥασσ(γ.) gehören, vielleicht jenes zu diesem, das lässt sich nicht entscheiden, da griech. ϝ selten Spuren hinterlässt; zu vraçk' noch ῥάκετρον, wegen βράκετρον; βράκετον = δρέπανον (*Hes.*), βράκαλον = ῥόπαλον. —

λάκος, τό, = ῥάκος; danach kann auch λακ zu vraçk' zu ziehn sein, vielleicht auch zu einer hieher gehörigen Form ohne v (vgl. lat. lac-ero, sl. lousha *Lücke* (*Kop.* Gl.), deutsch *Loch*, *Lücke* (*Graff* II, 140 ff.)); λακίς, ἡ, *Riss*; λακερός, ά, όν, in der Bed. *zerrissen*. λακίζω; λακιδόω; λάκισμα, τό; -κιστός, ή, όν. λάκκος (κκ = çk' oder sskr. ksh vgl. I, 228), λάκος, ὁ, *Loch*, *Grube* (vgl. λαχ-αίνω, ὀρύσσω); λακκαῖος, α, ον (lat. lacus, lacuna, gael. loch *See*).

Mit grösserer Sicherheit ziehe ich zu vṙiçk' griech. ἐρικ, wo ε für ϝ (vgl. εριπ (ἐρείπω) bei √ θϝri und sonst) ἐρείκω (ι nach falscher Analogie (vgl. ἐρείπω) gunirt) *zerbrechen*; ἔρειξις, ἡ; ἐρεικτός, ή, όν; ἔρειγμα, τό; ἔριγμα, τό; ἔρεγμα (ρε wohl nicht organisch, sondern Corrupt. von ρει), τό; ἐρεγμός, ὁ; ἐρέγμινος, η, ον; hieher ἐρέχθω, *zerreissen* (ob lat. ri(n)g-o ric-tus hieher, ist fraglich; damit identisch ist sl. rjeg'-on (*Kop.* Gl.)).

[(ἀγ, ἀκ, ἀχ). Im Sskr. √ ak (unbelegt) *gekrümmt gehn*, √ ag (unbel.) glbd., ank' glbd., nicht bei *Rosen* (Radd. Serc.), aber durch ank'ita *gekrümmt* (Bhattik. II, 31 ud-ank'ita ebds.)

und *verehrt* (wie ank' erklärt wird d. i. *einer vor dem man sich neigt*) bel. An ak, ag schliessen sich: ak-ta *verbunden*, *gegangen* (der Begr. *gehn* wird diesen Wzz. ebenfalls gegeben: *sich fortkrümmen*, *drehn*, vgl. √ϑϝri), ag-ru *Finger* (*der sich krümmende* vgl. die aus ang entwickelten analogen Bezeichnungen); an ank, ang (mit Nasal nach Art der 7ten Conj. Cl.) anka (*Umarmung* in ankôlikâ, anka-pâlî, anka-pâlikâ), *Flanke* (vgl. ahd. halba von sskr. √dhvři: *Krümmung*), *Schooss* (die Hauptkrümmung des Körpers vgl. *Bopp* Gloss. sscr. s. v.) u. aa.; (anki und ankja *eine längliche* (gekrümmte?) *Trommel*); ankuça, ankûsha *ein krummer Haken*; — anga *Glied* (Punkt wo sich eine Krümmung findet vgl. artus aa.), *nahe* (vgl. ἐγγύς weiterhin), aa.; angada *Arm* [diess hier die Bed. von anga wie in angî-kři *in Arm (machen) nehmen* (vgl. urî-kři *an die Brust nehmen*]-*Band* (d'a von √dâ *binden* vgl. √δε); anguři, angulî *Finger*, angurîja *Fingerring*; angula *Daumen*, angulika, angulîjâka *Fingerring*; angu *Hand* (*die sich zusammenkrümmen könnende*); angushtha *Daumen* (von sthâ *an der Hand stehend*; mit Präf. vi: vjanga *Krüppel*; hieher vjagra (verkrümmt), *verwirrt*. Wie neben ank die Form ank' nachgewiesen, so erscheint auch ang' in ang'ali *die gekrümmte hohle Hand*; andre hieher gehörige Formen und Belege für die Richtigkeit dieser Etymoll. s. weiter im Verlauf der Behandlung.

Die Wzff. a(n)k, a(n)k', a(n)g, a(n)g' können wir diesemnach mit den ind. Gramm. in der Bed. *krumm* aufstellen. Aber schon der Wechsel der schliessenden Consonanten k : k' : g : g' zeigt, dass sie sekundäre Elemente sind, a ist aber, wie diess ganze Werk fast durchgängig gezeigt hat, kein primäres Wzelement, und so geht uns die ganze Wz. unter der Hand verloren, oder mit andern Worten, wir haben in diesen 4 Formen nur Verstümmelungen der eigentlichen Wz. Welche diese sei wage ich nicht mit Entschiedenheit bestimmen zu wollen. Ich schwanke zwischen der sskr. √dhvři *krümmen* und zwischen der, welche in der Sprache uns in der Form ϱεγ (řig') *brechen* (S. 14) zuerst entgegen tritt.

In jenem Falle wäre die eig. Form dhvři {k, k', g, g'}, dhv verloren, was in dieser Wz. würklich geschieht (vgl. ϑϝři), und ři, wie oft, in a übergegangen; in diesem wäre neben řig' noch ři {k, k', g} und für *brechen* als ältere Bed. *biegen*, *krümmen* zu setzen (vgl. sskr. rug-na *gebogen*, *gebrochen*, und bhagna (S. 14) *gebrochen*, bhangura *krumm* und ἄγνυμι); bei letzterer Annahme könnte aber řig' selbst zu dhvři gehören. — Doch diess ist noch nicht zu entscheiden; als erste Form tritt uns entgegen a(n)k, a(n)k': a(n)g, a(n)g'.

1. a(n)g, a(n)g', lat. ang-ulus, und sl. ongl *Kop.* Gl. 1)

---

1) Dass der sl. Buchstab on sei, zeigen die verwandten Sprachen (vgl. noch onglï = sskr. angâra *Kohle*, u. aa.).

Krümmung, *Winkel*, ahd. ancha, *Bein*, ancha, *Nacken*, anchal, *Enkel* talus (*Graff* I, 344 ff. wegen der *Krümmungen*).

Griech. ἐγγυ = sskr. angu *Hand* (vgl. *Wils.* unter angushtha (vgl. sskr. ang'ali (oben), kara von hvṛi, καρπος)). Dazu: ἐγγύθι eig. *in der Hand*, *nahe* (vgl. sskr. anga *nahe*); ἐγγύθεν *von der Hand*, *aus der Nähe*, ἐγγύς für ἐγγύσι (Plur. Loc.) *in den Händen*, *nahe*; ἐγγίων, ἐγγύτερος; ἔγγιστος, ἐγγύτατος; ἐγγύτης, ἡ; ἐγγίζω (wie von ἐγγο = sskr. anga); ἐγγίσωμα, τό (*Galen.*).

sskr. ang war die nasalirte Form des primäreren ag; diesem entspricht griech. ἀγ-οσ-τός, ὁ *das Innere*, *Höhlung der Hand* (vgl. *Steph.* Thes.), aber auch *Elbogen*, *Winkel* (vgl. ἀγκ-ών weiterhin); hieher μεσ-ηγύς, für -γυσι *mitten in den Händen*, abj. s: μεσηγύ. — (Dem sskr. angulî u. aa. erwähnten *Fingerring* bed. WW. entspricht osc. ung-ulum (*Fest.* s. v.) *Ring*, diesem lat. mit rückwirkender Assimilation ann-ulus für angulus).

Bed. *zusammenkrümmen* lat. ang-o, ang-us-tus (wie rob-us-tus), goth. aggv-us (*Graff* I, 340 ff.), was vielleicht eher zu der Form ἀγχ (vgl. weiterhin) gehört, lth. anksstas, *eng*. Wie hieher lat. angi-portus (wo angi altes Fem. = sskr. ang-vî), lth. ankss tumas *enge Durchfahrt*, so griech. ἀγ-υιά, ἡ (für ἀγϝι vgl. I, 65) *Engpass*, *Strasse*: ἀγυιεύς, ὁ; ἀγυιαῖος, α, ον; -ιάτης, ὁ; -ιᾶτις, ἡ; εὐρυάγυιος, ον.

Da anlautendes α, bei grösserer Entfaltung eines Wortes nach hinten leicht eingebüsst wird (vgl. I, 156, 262), so ziehe ich hieher γείτων (für Thema ἀγϝιτον vgl. vicus:vicinus und des Suff. wegen πολι:πολιτα, da dieses τα jenem τον nah verwandt ist), ὁ *Nachbar*; -τaινα, ἡ; -τνιάω, -τνιάζω, -τνίασις, ἡ; -τνία, ἡ. — -τονία, ἡ; -τονέω; -τόνημα, τό; -τόνησις, ἡ; -τονιάω, -τονεύω, -τόσυνος, ον; ἀστυγειτονικός, ή, όν.

Zu der Form ἀγ ausserdem der Namen einer Art *Weidenbaums* (vgl. I, 288 und λύγος) ἄγνος, ἡ; ἄγνινος, η, ον; ἄγνιος, α, ον; ἀγνώδης, ες. —

Form ἀγγ: ἄγγος, τό (eig. *Krümmung*, dann *ein zusammengekrümmtes*, *enges*) *Gefäss*; ἀγγεῖον, τό; ἀγγείδιον, τό; ἀγγειώδης, ες; ἐξαγγίζω; κενεαγγία, -γείη, ἡ; -γικός, ή, όν; -γέειν. —

(σπάτ-αγγος, σπάτ-αγος, ὁ, -γγη, ἡ *eine Art Meerigel* hieher? σπατ zu I, 614).

Form ἀγ mit Verlust des α, wie in γειτον: γυῖον, τό *Glied* (vgl. sskr. anga aa. oben); aus dem Thema γυ für αγυ eig. *Krümmung* durch Suff. jo (*mit Krümmung begabt*?): ἀγλαόγυιος, ον; λυσιγυία, -γυΐα, ἡ; — (γυια, γυα in) ἐγ-γύη, ἡ *Einhändigung*; nimmt man es bloss für *Händigung*, so könnte man ἐγγυ als Simplex zu sskr. angu, griech. ἐγγυ *Hand* (s. oben) ziehen; wegen ἐγγυιόω, ἐγγυαλίζω ziehe ich jene Erklärung aus ἐν + γυ(ι)α vor: ἔγγυος, ον; ἐγγυάω, ἐγγύησις, ἡ; -γυητής, ὁ; -γυητός, ή, όν; -γυητικός, ή, όν. — ἐγγυιόω *einhändigen*.

Hieher γύ-αλον, τό *Krümmung* u. s. w.; ἐγγυαλίζω *einhändigen* (ob zu ἐγγυ = sskr. angu?).

Hieher: γύης, ὁ *Krummholz*, eine Krümmung am Körper (*Poll.*) —

γυιός, ή, όν verkrümmt (vgl. sskr. vjanga *Krüppel*), *lahm*; *γυιόω lähmen*; *γυήτης, ὁ lahm* (*Hes.*); *Ἀμφιγυήεις an beiden* (*ἀμφο*) (*Füssen*) *lahm* (*Thema γύη* (*Lähmung*) + Suff. *ϝεντ* (*begabt*)).

ὑπο-γυίως neu, eben (*unter, vor der Hand* vgl. *ἐγγύς* S. 18).

γύαια, τά Ankerseile (vgl. *ἄγκυρα* weiterhin und *κάλως, ἰλλάς* bei *θϝri krümmen*).

γῶνος (für *ἀγ-ωνο* Part. Med. alte Form vgl. I, 164), *ὁ Krümmung, Winkel* u. s. w.; *γωνία, ἡ*; *-νίδιον, τό*; *-νιαῖος, α, ον*; *-νιώδης, ες*; *-νιόω*; *-νιασμός, ὁ*; *ἀγώνιος, ον*; *ἐξάγωνος, ον*; *-γωνίζω*; *τετραγωνισμός, ὁ*; *-ωνέω*; *-ωνιά, ἡ eine Art Baum.*

Indem das sskr. Präf. vi vortritt, entsteht sskr. vjag (vgl. vjanga, vjagra oben); bei der alten Zsstzung fiel i aus (wie im Gr. *ἐπί* u. aa.), so sskr. √vag *hinken* (*verkrümmt, lahm sein*, vgl. *γυιός*), vanga *Blei* (*das sich leicht biegende*), *eine runde* (*gekrümmte*) *Pflanze* u. s. w. vangana (vgl. weiterhin Wzf. vak für vjak).

Hieher *ϝαγ* in *ἄγνυμι* (über *ϝ* vgl. *Thiersch* Gr. Gr. 234. *Daw.* Misc. cr. 277; *α* sicher lang wie in *ῥήγ-νυμι* S. 14) *biegen, krümmen, zerkrümmen, zerbrechen* (anders *Pott* I, 235, 249, II, 72); *ᾱγή* (Vriddhi), *ἡ*; *ᾱγής, ές* (*ἀ(ϝ)αγής*); *ἄγμα, τό*; *ἀγμός, ὁ*; *ἄγανος, ον*. — *ἄ(ϝ)ακτον* (*Hes.*). — *κατακτός, ή, όν*; (*κανάξαις* für *καταϝ*: *κατϝ*: *καϝϝ*: *καυϝ* vgl. *Buttm.* Gr. Gr. II, 63); *-άκτης, ὁ, -κτρια, ἡ*; *κάταξις, ἡ.* — *ναυαγός, όν*; *-άγιον, τό*; *-αγία, ἡ*; *-αγέω*; *ναυηγέτης, ὁ.* — *κατάσσω* (*γjω* vgl. *Pott* II, 33). — *ωγ*: *κυματωγή, ἡ*; *ἐπιωγή, ἡ Stelle, wo sich der Wind bricht*; so nun auch *ἰωγή, ἡ* glbd. (ob hier *ι* = *ϝ* für *ϝωγή* oder Verstümmelung von *ἐπιωγή* oder die organische Form *ϝjωγή* = sskr. vjag + *η*?). —

Hieher *ἀκτή, ἡ Ufer* (wo sich die Wellen brechen vgl. *κυματωγή, ῥηγμίν* aa.), *ἄκτιος, ον*; *ἀκταῖος, α, ον*; *ἀκτίτης, ὁ*; *παρακτίδιος, ον.* — *ἀκτή, ἡ* (*zerbrochenes*) *Korn*, kann auch zu (I, 220) sskr. (bei *Pott* I, 266) aksh von der √aç *essen* gehören. — *ἀκτέα, ἀκτῆ, ἡ Fliederbaum* (ob hieher? *Pott* II, 502); *ἄκτινος, η, ον.* —

Wir sahn aus *krümmen* die Bed. *zerkrümmen, brechen* hervorgehn. Aus *Brechen* war bei √*ῥεγ* die Bed. *Land aufbrechen* hervorgegangen (S. 14); sollen wir demnach auch zu der √*ἀγ biegen* in der Bed. *brechen*, *ἀγ* in der Bed. *pflügen* ziehn dürfen in *ἀγ-ρός, ὁ* (*pflügbar*) *Acker*; oder geht *pflügen* aus *krümmen, drehn* (terram vertere) hervor? (vgl. Analoges bei √*θϝri krümmen*); dass diess *αγ* kein anlautendes *ϝ* hat, folglich zum Simplex gehören würde, zeigt lat. ag-er, deutsch akrs (*Graff* I, 133). Uebrigens ist vielleicht auch zu berücksichtigen lat. occare, deutsch eggen (*Graff* I, 112), lth. ekkēju(-èti), lett. ezzeju (zeht), die ich nicht mit Entschiedenheit hieherzuziehn wage. Von *ἀγρός*: *ἀγρόθι*; *-όθεν*; *-όνδε*; *-όδε*; *ἀγρίδιον, τό*; *ἀγρότης, -τήρ, ὁ*; *-τις, -τειρα, ἡ* (auch mit *ω*); *-τικός, ή, όν*; (*ἀγρώστης, -τωρ, ὁ, -τις, ἡ* = *ἀγροτήρ* u. s. w.); *ἀγρότερος, α, ον*; *ἄγριος, α, ον*; *ἀγρίασθεν von fern* (*Hes.*); *ἀγριάς, ἡ*; *ἀγριότης, ἡ*; *-όεις, εσσα, εν*; *-ιοσύνη, ἡ*; *-ιώδης, ες*; *-ιόω, -ιαίνω, -ιάω*; *-ιωτός, ή, όν*; *-ιμαῖος, α, ον*; *-ιώτης, ὁ, -ιῶτις, ἡ*; — *ἀγρεῖος, α, ον*; *-ροιώτης, ὁ,*

-ῶτις, ἡ. — *αἴγαγρος, ὁ, ἡ; βοάγριον, τό* (vgl. *Pott* II, 393); *ἐξαγρίωσις, ἡ.*

Hieher *ἄγρ-ειφνα, ἡ* (*Harke?*)?

ο = α in *ὄγ-μος, ὁ* *Furche* (*Aufbruch*), *Linie*; allein aus lith. waggá, lett. wagga *Furche, Linie*, schliesse ich auf *ϝογ* und stelle es zu *ϝαγ* *brechen* (S. 19); *ὀγμεύω.* —

Wie vi + ag : vag, so wird (a)bhi + ag' : bhag', sskr. bha(n)gura, *krumm*, gael. bac, bacha *Krümmung* (vgl. *Diefenb.* Celt. I, 195 und nr. 16).

Wie sskr. a(n)k' *beugen*, dann *sich vor einem beugen, ehren* heisst (vgl. auch *Bopp* Gl. sscr. s. v.), wie eben so aus den Repräsentanten der sskr. Wzf. a(n)g, ahd. encho *Diener* (*Graff* I, 346 *der sich beugende* vgl. *Knecht* von √ hnu, *νεύω*) und *Enkel* (*der ehrende, Graff* I, 344), lat. anc-illa hervorgegangen ist (vgl. celt. bei *Diefenb.* Celt. I, nr. 18), so heisst auch sskr. bhag' *ehren*, wovon bhaga-vat *zu ehrend*, bhagôs aa., lat. fa-mulus für fag-mulus, sl. bog (*der zu ehrende*) *Gott* (aa. bei *Pott* I, 235), russ. bog'-itj *ehren*.

Durch Einfluss des anlautenden Lippenbuchst. bh wird a in bhag', oder der ursprüngliche Laut, den es vertritt (S. 17), in u gewandelt, daher Wzf. bhug' *biegen* vgl. bhugna *gekrümmt*, ava-bhugna, goth. biug-an (gunirt: *biegen, beugen Graff* III, 36 ff.), ahd. buoc (*Bug*), buh-il (*Buckel*), bûh (*Bauch*), sich krümmende Körpertheile (*Graff* III, 40 ff.), lith. bèg-u (*sich umbiegen*) *laufen*; wegen ê vgl. pa-bug-stu *sich scheuen* (*entfliehn*), lett. behgt (ent)*laufen*, sl. bjeg *die Umbiegung, Flucht*, lat. fug-io, griech. *φυγ*: (vgl. *ἀλεύω* bei √ *ϑϝ*rĭ) *den Rücken kehren, sich umbiegen, fliehn*: *φεύγω* (Guna Cl. 1.); *φεῦξις, ἡ; -ξιμος, ον; φευκτός, ή, όν; -κταῖος, α, ον; -κτικός, ή, όν; -κτιάω; φευξείω, -ξιάω; φύξις, ἡ; -ξιμος, ον; -ξιος, ον; -ξιον, τό; -ξηλις, ὁ, ἡ; -ξείω.* — *φυκτός, ή, όν.* — *φυγή, ἡ; φύγαδε; -γάς, ὁ, ἡ; -γαδικός, ή, όν; -δεύω; -δεῖον, τό; -δεία, ἡ; -δευσις, ἡ; -δευτικός, ή, όν; -δευτήριον, τό.* — *φύγδην, φύγδα; φυγγάνω; πεφύγω, πεφύγγω* (äol.). — *φύζ-ημι* (für *φυγ-jημι*, lat. fug-i-o), *φυζάνω; φύζα, ἡ, πεφυζώς; φυζαλέος, α, ον;* (*-ζηλός, ή, όν* zw.); *-ζακινός, ή, όν.* — (*πρόσφυξ, ὁ* spät.); *πρόσφυγος, ον; ἀειφυγία, ἡ; κρησφύγετον, τό* (*κρης = κάρα* *Hals über Kopf?*). —

Von bhug' sskr. bhug'a *Biegung, Arm, Hand*, ebenso ahd. elin-bogo (*Elnbogen Graff* III, 39). Daher ist es keinem Zweifel unterworfen (vgl. auch weiterhin *ἀγκάλη, ὠλένη* *Arm* bei √ *ϑϝ*rĭ), dass griech. *πυγ* in *πυγών, ἡ* *Elnbogen* hieher gehört. Das *π* dem sskr. bh gegenüber betreffend, so vermuthe ich, dass eine Form mit sskr. ksh : bhuksh hier zu Grunde liegt (dass in Formen auf Gutturale und Palatale sich diese durch Antritt von s (desid.) in ksh wandeln ist schon oft vorgekommen und wird sich auch weiterhin in dieser Wzf. zeigen); diesem ksh tritt aber gewöhnlich *χ* gegenüber (vgl. *π(τ)υχ*); dann geht aber durch Einfluss der schliessenden Aspirata die anlautende in die Tenuis über (vgl. sskr. budh = *πυϑ*); so wäre die organischere Form für *πυγ-ών, πυχών*; allein für dieses *χ* = sskr. ksh trifft überaus häufig im Griech. *γ* ein. Dieses wäre dann hier geschehn, ohne dass nach Wegräumung der Veranlassung des *π* dieses in *φ* = sskr. bh zurückgewichen wäre; wegen Suff. *όν* vgl. *ἀγκ-όν* neben *ἀγκαί.*— *πυγωνιαῖος, πυγονιαῖος, πυγονιμαῖος, πυγούσιος, α, ον.*—

Fraglich, ob hieher (*ω* = *αυ* Vriddhi?) oder zu bhag' (ksh) *krumm sein* *πώγ-ων, ὁ* eig. *die Biegung am Kinn*, dann erst *Bart* (vgl. die Bedd. von *Bart*, engl. beard und sskr. vjang'ana *Bart* von vi + ang' *krümmen*): *πωγώνιον, τό; -γωνίας, ὁ; -ωνιάτης, -ωνίτης, ὁ; -ωνιᾶτις, -ωνῖτις, ἡ; -ωνιαῖος, α, ον;*— *λειποπωγωνία, ἡ; προπωγώνιον, τό.*

Bed. *zusammenkrümmen, falten* *πτυχ*, wo, den Anlaut stützendes, *τ* wie in *πολι*:*πτολι* (die Formen ohne diess *τ* (s. weiterhin) sind zw.), und *χ* = sskr. ksh : *πτύσσω* (= *χjω* fraglich, da auch *σσ* = ksh); *πτύγμα, τό; -μάτιον, τό; πτυκτός, ή, όν; -τίον, τό; -τίζω; πτύξις, πτύξ, (χός), ἡ; πτυχή, ἡ, -χιον, τό; -χίς, ἡ; -χιος, α, ον; -χώδης, ες.*— *ἀνάπτυχος, ον; διπτυχής, ές; συμπτυκτικός, ή, όν.*

Formen ohne *τ*: *πυκτίς, ἡ; πυκτός, ή, όν; πυκτίον, τό* alle zw.

Dagegen sicher und identisch mit *πτυκτίον*, mit *ξ* = sskr. ksh, *πυξίον, τό.*

Gehört nun auch zu dieser Wzf. *πύξ-ις, ἡ* *Büchse* (vgl. *ἄγγος* S. 18)? *πυξίον, -ίδιον, τό.*

Ferner der Namen des *Buchsbaums* als eines sich leicht *biegenden* *πύξ-ος, ἡ; -ξώδης, ες; -ξινος, η, ον; -ξεών, -ξών, ὁ; -ξίζω.*—

2. Form sskr. a(n)k; deren Derivata s. oben (S. 17), dazu vielleicht auch ank-ura *ein Zweig* (*sich krümmend*); lat. unc-us, ahd. ang-al (*Graff* I, 345). Mit Präf. vi und Verlust des i: sskr. vak *gekrümmt sein*, wovon bak *biegen* nur verschiedne Schreibart; dazu vaka *eine Art Kreuz* (*mit einem Querholz*, *Wils.* s. v. Bed. 3, vgl. crux bei *ϑϝ*ri), vakra *krumm* u. s. w. vakri *ein Betrüger* (*ein verkrümmter*, oder *der krumme Wege geht*), hieher auch vakêruka, vakôt'a; mit eingeschobenem n: vanka *Elbogen*, vankja *krumm*, vankri *Rippe* (vankila *ein Dorn?*),— lat. vac-illo; ahdeutsch wanga (*Graff* I, 894), wank *Krümmung* (*Graff* I, 691), vielleicht auch zu der Wzf. die auf sskr. g schliesst, was sich bei sekundären Wzelementen im Deutschen nicht sichern lässt; wankôn, dazu mit Präf. s (= sskr. sa) schwanken, schwenken (zu dieser Wz. auch schwingen u. s. w.); wink, winkil (*Graff* I, 720) u. aa. eben so lett. sswenkotees.— poln. węgiel, russ. ygol *Winkel.*

Ich habe die mit Präf. v gleich hinzugenommen, weil sich bei den griech. Formen wegen Verlust des *ϝ* nicht immer entscheiden lässt, ob sie mit Vokal oder *ϝ* anlauten: *ἀγκ* (oder *ϝαγκ* vgl. sskr. vanka) in *ἀγκαί, αἱ* *die Biegungen der Arme*; *ἀγκάϑεν; ἀγκάζομαι; ἀγκή, ἀγκάλη, ἡ; -καλος, ὁ, -λίς, ἡ; -ίζομαι; -ισμα, τό; ὑπαγκάλιος, ον.*—

ἀγκών, ὁ *Elbogen*; *-ωνίσκος, ὁ* dim.; *-ωνίζω.*— *διαγκωνισμός, ὁ; ὑπαγκώνιον, τό.* *ἀγκοίνη* (für *αγκον* + ja vgl. *δέσποινα* aa.), *ἡ* *Elbogen.*— Hieher *ἐπ-ηγκενίδες*, *die* (*Bedecker* *ἐπί* *der*) *Schiffsrippen* (vgl. sskr. vankri).

Zu *ἀγκ* *Arm* mit *ε* für *α*, wie oft, gehört *ἐν* + *εγκ* *in die Arme nehmen, tragen* (vgl. *ἀγκάζομαι, ἀγκωνίζω, πηχύνω* u. aa.); anders *Pott* (I, 127; vgl. H. A. L. Z. 1838 Ergzbl. 320); *ἤνεγκον, ἤνεγκα,* ἐν-ήνεγκται (alte Reduplication *Bopp* Gr. ssc. 433, Wzllex. I, 77); ἐν-ήνοχα (für -ήνογχα (vgl. ἐν-ήνοθα I, 77.)), ἐγκ wird εικ (vgl. ἐνήνειγμαι für ἐν-ήνεγγμαι wie ἐν-ήνεγκται zeigt), ἤνεικα u. s. w. Davon ἀπενέγκωσις, ἐπένεγξις, ἡ. —

Die in ἠν-εγκ (Perf.) erkannte Redupl., sskr. ân-ank, mit Ausstossung des zweiten Nasals: ηνεκ, sskr. ânak, dient, wie alle Reduplicc., auch zu Nominalbildung; vgl. sskr. ankì, ankja mit dem glbd. ânaka *eine Art Trommeln*, die nach ihrer gewundenen (muschelartigen?) Gestalt benannt sind. Griech. würde so ein Thema ηνεκες (Nom. -κος, τό) *die Windung* entstehn; als Adject. könnte diese Form nur als Comp. Bahuvrihi erscheinen, so in δουρ-ηνεκής, ές *eines Speers Windung* (*Linie* vgl. sskr. anka), *Länge habend*: κεντρηνεκής, ποδηνεκής, διηνεκής; das spätere Griech. insbesondre braucht diese Formen auch im Simplex vielfach adjectivisch ἠνεκής, ές (*Nic.*), ἠνεκέως (*Emped.* wie denn die Philosophen unter den Sprachverderbern im ersten Glied stehn).

ἀγκ oder ϝαγκ vgl. sskr. vakra *krumm*: ἀγκ-ύλος, η, ον; -λόεις, εσσα, εν; -λόω; -λωσις, ἡ; -λωτός, ή, όν. — ἀγκύλη, ἡ; -λέομαι; -λόομαι; -λίζομαι; -λιστής, ὁ; -μεσάγκυλον. — ἀγκάλεοι = ἄγκυραι (*Hes.*).

ἄγκ-υρα, ἡ (*krummer Widerhaken*) *Anker*; -κύρια, τά; -ρόω, -ρίζω; -ρισμα, τό.

ἄγκ-ιστρον, τό *Widerhaken*, *Angel*; -ριον, τό; -ρόω; -ρωτός, ή, όν; -ρεύω; -ρεία, -ρία, ἡ; -ρευτής, ὁ; -τικός, ή, όν. — ζάγκλη (δι + α.), ἡ; -κλον, τό *krummes Winzermesser*.

ἄγκ-ος, τό (gekrümmte) *Bergschlucht* (vgl. vallum bei θϝri); ἀγκίον, τό; βαθυαγκής, ές; μεσάγκεια, ἡ. —

ο für α: ὄγκος, ὁ *Bug* u. s. w. (vgl. I, 439 wo *Pott* I, 127 hinzuzufügen); ὄγκη, ἡ *Winkel* (*Hes.*), ὄγκινος, η, ον. — ὄγκιον, τό (vgl. ἄγγος S. 17).

Zu sskr. vak sicher griech. ϝοκ in ϝόκ-νος (das ϝ zeigt ἄ(ϝ)οκνος), ὁ *Zaudern* (*eig. das sich Hin- und Herkrümmen*, vgl. ἑλιννύω, μέλλω bei θϝri; anders *Pott* I, 232); ὀκνία, ἡ zw.; ὀκνός, ή, όν; -νώδης, ες; -νέω, -νείω; -νηρός, ά, όν; -ρία, ἡ; ὀκναλέος, α, ον; ἀπόκνησις, ἡ. —

Wzf. ἀκ, ἀγκ in der Bed. (*sich beugen*: *verehren*:) *dienen* (vgl. S. 20): δι-ᾱκ-ονος, ὁ *Diener* (vgl. *Buttm.* Lexil. I, 219 ᾱ wie in εὐήνεμος aa. selbst διᾱβολία, Vriddhi); διακόνισσα, -κονία, ἡ; -νικός, ή, όν; -νέω, -νίζω; διάκτωρ, ὁ; διάκτορος, ὁ; διακτορία, ἡ; ζάκ-ορος, ὁ, ἡ (für διακ.) — ἀγκ in ἄγκονος, ὁ *Diener* (*Hes.*), ἀγκονίς, ἡ *Dienerin*; mit ε für α: ἐγκονίς = ἀγκονίς; ἐγκονέω *eifrig dienen* (vgl. ahd. encho *Diener*). — ἀκ mit Verlust des α (wie S. 18) in κονέω *dienen*, κονήτης *Diener* (beide nur *Hes.*). —

Zu der Form ak oder vak gehört noch sskr. kak mit Präf. ka (vgl. I, 18, 357 sonst) *wanken* (*Bopp* Gl. sscr. s. v.), so denn auch zu a(n)g: kangula *Hand*.

Wie vakri *Betrüger* zu ak (S. 21), so gehört zu der Wzf. a(n)k' sskr. va(n)k' *betrügen*, womit sich lat. văf-er verbindet; wegen griech. ϝατ vgl. I, 51; ich möchte es jetzt fast dazu ziehn (vgl. z. B. vank'ita in *Bhagav.* Pur. I, 15, 5). — Zu ank' gehört das sskr. Suff. ank' in prank', pratjank' aa. mit der Bed. *wärts* (*gekrümmt, gewendet*, vgl. *wärts* bei √ ϑϝrĭ), also hieher: -αντης ff. (I, 277—279).

3. ἀ(γ)χ. Wie ἀ(γ)γ, ἀ(γ)κ bis jetzt nachgewiesen, so treten uns nun Wörter entgegen, welche, ihrer Bed. nach entschieden dazu gehörig, sich nur durch χ für γ: κ unterscheiden; da auch χ ein häufig vorkommendes sekundäres Element ist, so gut wie γ, κ, so ist es keinem Zweifel zu unterwerfen, dass ἀ(γ)χ mit ἀ(γ)γ, ἀ(γ)κ zusammengehört. Allein welchem ursprünglicheren Laut entspricht griech. χ? Gewöhnlich ist χ = sskr. ksh; dass Formen auf ksh aus denen auf k(k'), g(g') entstehn können, ist schon bemerkt. Im Sskr. so (vankshu *Krümmung* des Ganges vgl. vanka) vankshana *die Krümmung in der Gegend des Schoosses* (vgl. anka), vielleicht auch vakshas *die* (*sich krümmende, wölbende*) *Brust* (lat. pectus vgl. auch sskr. uras u. aa. bei ϑϝrĭ); dafür vielleicht lat. anx-ius *einer der beengt* (zusammengekrümmt, geschnürt) *ist*, wenn diess nicht eine auf römischem Boden von dem, übrigens hieher gehörigen, ang (altes Pf. anc-tu: anxu: anx-iu) gebildete Form ist. Da ich jetzt der Ueberzeugung bin, dass hieher gehört griech. ὀνχ, ὀνυχ, lat. ung-uis, ung-ula (vgl. I, 124 u. 118) *der* (*krumme*) *Nagel* (vgl. sskr. angulî u. s. w. S. 17), wo sskr. nakha, für anakha: ankha (vgl. auch deutsch *Nagel*, lth. nagas, ltt. nags, nagla, celt. bei *Diefenb.* Celt. I, 30), so könnte man daraus schliessen, dass griech. αγχ sskr. ankh entspreche und das sekundäre Element kh sei. Allein kh erscheint selten als ursprünglicheres sekundäres Element, sondern ist ein schon alter Repräsentant von sskr. ksh (vgl. I, 187 und sonst vielfach). Daher neigt sich mir für jetzt noch alles dazu, ἀ(γ)χ einem sskr. a(n)ksh gleichzustellen und es für eine weitere Formation von ἀγκ oder ἀγγ durch s (desid.) zu nehmen. —

ἀγχο (zusammengekrümmt, *gedrängt, eng* (vgl. angustus, ahd. angi *Graff* I, 340)), ἄγχι (alter Loc.) *nahe* u. s. w., (vgl. ἐγγύ); ἀγχοῦ; -χόσε; -χόθεν; -χόθι; -χίων, ον; -χιστος, η, ον; -χότερος, α, ον; -χότατος, η, ον; -χιμος, ον; -χιστεύς, -τήρ, ὁ; -τικός, ή, όν; -τεύω; -τεία, ἡ; -τεῖον, τό; -τῖνος, η, ον (vgl. προμνηστῖνος), -τίνδην; (ἀγχίθεος, ἀγχέμαχος, ἀγχώμαλος, ἄγχρας f. ἄγχι + ὁρᾶν = μύωψ (*Hes.*)); ἔναγχος f. ἐνάγχοις (vgl. θεόσδοτος für θεοῖς δ.). — ἇσσον (f. ἀγχίον), ἀσσότερος, ἀσσύτερος, α, ον; ἄσσιστος, -σότατος. —

ἀγχ *zusammendrängen, zuschnüren* (contorqueo vgl. *würgen* von √ ϑϝrĭ): ἄγχω *erdrosseln*, dann *ängstigen*, vgl. lat. angi, ahd. angust *Angst* (*Graff* I, 342); ἀγχόνη, ἡ; -νιμαῖος, α, ον; -νιος, -νειος, α, ον; -νάω. — ἀγκτήρ, ὁ *Spange* (zum *Zuschnüren*); ἀγκταλιάζω *erdrosseln* (*Hes.*), ἄγχος *Erdrosselung* (*Hes.*), ἀπαγχονίζω; δειραγχής, ές; λιμαγχέω; συναγχικός, ή, όν.

Der Form wegen erwähne ich das, vielleicht hieher gehörige: ἄγχ-ουσα, att. ἔγχουσα, ἡ *eine Pflanze die zum Schminken dient*; -σιάζω. —

Geht aus dem Begr. *Angst* deutsch *anken* (für *stöhnen*) hervor? Es würde ein Grund mehr dafür sein hieher zu ziehn: griech. ἀν-ενείκ-ατο *auf-anken, dem beängstigten Zustand durch einen Seufzer Luft machen*; die Wzf. ist dann εγκ, welches wie ἐνεγκ : ἐνεικ (S. 21) behandelt ist (vgl. *Buttm.* Lex. I, 263); in ἐγκ erscheint κ = sskr. ksh, wie oft.

Eben so κ = ksh in ἄν-αγκ *zusammenschnüren, zwingen.* Ist αν hier Präf. ἀνά? für die Bed. ist diess nicht sehr passend; sollte es nicht eher eine, der oben erkannten Reduplication (ἠνεγκ S. 21) verwandte Form sein? Die Dehnung des Vokals in der Reduplic.-Sylbe gehört vielleicht mehr der Tempus-Bed. — ἀνάγκη, ἡ *Zwang* (vgl. *Pott* I, 184); -καῖος, α, ον; -ίη, -ία, ἡ; -ιότης, ἡ; ἀναγκάζω; -ασμα, τό; -καστός, ή, όν; -τικός, ή, όν; -τήριος, α, ον; — ἐπαναγκής, ές. —

Hieher mit ο = α, und χ : ὀγχ in ὄγχ-νη, ὄχνη, ἡ *die wilde Birne, die den Hals zusammenschnürt*; [ohne γ wie in ὄχ-νη und mit dem organischen ἀ das glbd. ἀχ-ράς (I, 163 falsch)]. —

Mit ξ = sskr. ksh wie gewöhnlich, hieher μεταξύ (vgl. μεσηγύ S. 18); anders *Pott* (II, 303); -ξύτης, ἡ. —

Wie sskr. kak aus ka + ak oder vak, was nicht zu entscheiden (S. 22), so zu einer Form vaksh (lat. (con)-vex-us), wie der Wechsel zwischen a : u (beides für ava, dort va elidirt, hier ava in u contrahirt) zeigt (vgl. I, 18; kaksh : καυχ und 357 sah : sôdhum aa.), sskr. kaksh : kuksh; davon kaksha *Achselhöhle* (*Krümmung*), *die Seite* (vgl. anka) aa. (einiges in der Gegend der Hauptkörperkrümmung des Schoosses), kakshâ-pat'a *ein Kleid welches* (die Hptkrümmung) *den Schooss bedeckt,* kakshâ-vêkshaka *einer der die* kakshâ *sucht, ein ausschweifender Mensch*; kakshja *Höhlung für die Wage, Gürtel* u. s. w.; kuksh in kuksha, kukshi *Bauch* (*der sich krümmende, wölbende* vgl. S. 23). Zu sskr. kaksha, lat. coxa vgl. cossim, welches zeigt, dass die eig. Bed. die *Hauptkrümmung des Körpers* ist; deutsch: Hackse; zu derselben Wzf. aber in der eig. Bed. deutsch hocken, d. h. *sich krümmen,* wie Höcker zeigt (wenn dieses nicht dialekt. für ahd. hofar (*Graff* IV, 838) eingetreten ist, welches zu griech. κα(μ)π gehört, vgl. √ϑṛi), ferner lat. con-qui-nisco für quic-nisco *sich zusammen hocken, niederkauern,* wie conquexi zeigt. Zu kuksh griech. (σσ = ksh): κυσσός, κυσός, ὁ *die weibliche Schaam, After,* also wohl auch wie urspr. coxa die ganze Hauptkrümmung; (κυσοδόχη, ἡ), κύσσαρος, ὁ. — Dazu ohne Zweifel κύστη, -τις, -τιγξ, ἡ *Harnblase* und κύσθος, ὁ. Vielleicht aber alles zu κυϑ *verbergen* (I, 613): κυϑτο = κυσϑο und κυστο und κυϑ-jo = κυσσο *das zu Bedeckende*; man kann auch an anderes denken. Zu κύστη gehört κύστιον, τό. —

Zu kaksh, mit χ = ksh : κοχ-ώνη, ἡ *die Stelle zwischen den Hüftbeinen und After,* also grade *die Krümmung.*

λαγ. Im Sskr. heisst *rah verlassen, ablassen;* die Spirans h ist gewöhnlich Vertreter einer früheren Aspirata; hier wohl gh, wie ich aus griech. λήγ-ω *ablassen von etwas* schliesse; γ: sskr. h für gh wie in ἐγώ u. sonst; λ = r, wie gewöhnlich; η Vriddhi: λῆξις, ἡ; ληκτός, ή, όν zw.; -τήριος, α, ον; βραχυκαταληκτέω. — Zu der Form mit sskr. h gehört ahd. ruowa, mit Verlust des h, *Ruhe* (*Graff* II, 554). Wenn gh sekundär, so ist zu verbinden ῥεμ (S. 10); wohl auch laz (*ruhend*) *träg* (*Graff* II, 297), wo z = sskr. d; lâzan (ebds. 298); vgl. auch lth. lau-ju *ablassen* (ej. h.): leid-mi *lassen*; lett. lau-ju, laischu (laist): griech. ἐρη für ερ*h* *verlassen* in ἔρημος (h ausgestossen vgl. I, 355 und oft auch √δah; ε vor ρ wegen der vokalischen Natur des r), ἐρῆμος,η,ον (anders *Pott* I, 262); -μαῖος,α,ον; -μάς,ἡ; -μιάς, ἡ; -μία,ἡ; -μικός,ή,όν; -μίτης,ὁ; -μοσύνη,ἡ; -μόω; -μάζω; -μωσις,ἡ; μωτής,ὁ. — Hieher: ἐρα in ἐξ-ερά ω *auslassen, ausleeren*, κατεράω, μετεράω, συνεράω; ἐξέρημα,τό; -ρησις,ἡ. —

Wird das *Verlassen* als *Einsamsein*, *Verbergen* gefasst, so hieher: sskr. rah-as *einsam*, *heimlich*, *Einsamkeit*, rahasja *Geheimniss*, rahâťa *Geheimbde-Rath*, râhu *Eclipse* (*verbergend*). Nach lat. lat-eo, griech. λαθ, vielleicht auch goth. liut-a *Heuchler* (*Graff* II, 322) zu schliessen, steht hier aber sskr. h für ursprünglicheres dh. Soll man desswegen rah : radh in der Bed. *heimlich*, von rah : ragh in der Bed. *lassen* ganz trennen, oder für eine durch ein andres sekundäres Element weiter gebildete Form nehmen?

λανθάνω (ἔλαθον, λέληθα); λάθρος, ον (*Hes.*); λάθρα, λάθρη (alter Instrument. fem. für λαθραјā); -ηδόν; -ηδά; λαθραῖος,α,ον; -ριος,α,ον; -ρίδιος,α,ον; ριμαῖος,α,ον; λᾰθ-ητικός,ή,όν; λᾶθος, λῆθος,τό; λάθα, λήθη,ἡ; λαθοσύνη (ληθ.),ἡ; ληθαῖος,α,ον; -θεδανός,ή,όν; -εδών,ἡ; ληθότης,ἡ; -θιος,ον; -θικός,ή,όν; -θήμων,ον; λήθω; ληθάνω. — λῆσις, λῆστις,ἡ; λήσμων,ον; λησμοσύνη (λησμόνη zw.),ἡ. — ἀλάθητος, ἄλαστος, ἄληστος,ον; λᾰθίνοστος; λᾱθίπονος. —

ἀληθής,ές (*was kein Geheimniss hat, sich offen sagen lässt*) *wahr* (vgl. *Pott* I, 139); ἀλήθεια, -θότης; -θοσύνη,ἡ; -θινός, ή,όν; -θεύω; -θίζομαι, -θευτής,ὁ; -θευτικός,ή,όν.

Zu ἄλαστος zieht man ἀλάστωρ,ὁ *einer der eine Blutschuld auf sich geladen hat* und andrerseits *einer, der zu einer Blutrache verpflichtet ist*. Nach dieser Etymol., die jedoch schwerlich richtig, *der Nichtvergesser*. Sollte bei dem so häufig eintretenden Wechsel von κ und σ vor τ in Ableitungen von Verben, die auf Gutturale auslauten, z. B. ἁρπαγ: ἁρπαστός, ἁρπακτός u. aa., ἀλάστωρ für ἀλάκτωρ stehn? (vgl. Ἀληκτώ). Dann identificire ich es mit ahd. vrach *rächen* (*Graff* I, 1132 ff.), lat. ulc-iscor, welche der sskr. √vrag', vrig' entsprechen. Diese heisst eigentlich *weggehn, ins Exil gehn*, so auch ahd. wrch *exul*. Die Bed. *Rächer*, weil wer eine Blutrache vollzogen oder gegen sich zu fürchten hatte ins Exil ging. ἀλάστωρ für ἀλάκτωρ (αλα = ϝρα: ϝλα mit Vokal = ϝ wie oft) wäre danach *der Bluträcher* activ und passiv. — Davon: ἀλάστορος,ὁ; -ρία,ἡ. — Wenn diese Etym. richtig, so gehört dazu Ἀληκτώ N. p. *die Rächende* (anders *Pott* II, 481, 486).

[(λογγ) λογγεύω = βάπτω (*Hes.*) vgl. sskr. ranga *Farbe* von rag', also zu griech. ἀργ I, 104 ff. (λο = ra).]

ῥόγος, ὁ *Schober* (sicilisch) ob zu ἀρκ = sskr. raksh I, 108 ff., mit γ = sskr. ksh, wie oft?

λιγ-νύς, ἡ *dampfendes Feuer* u. s. w. lat. ca-ligo, fuligo (in letztrem fu wie in fumus sskr. dhû vgl. θυ); ist an ραγ *kochen* (S. 13) zu denken? Die Form λι = ri passt; wegen Bed. vgl. αἰθ-άλη aa. λιγνυόεις, εσσα, εν; -νυώδης, ες.

(√λιγ). Im Sskr. liç *klein, schwach sein* als Verb. unbel.;

davon aber leca *klein, dünn*; dazu lth. lesas, lett. leess, *mager.* (Wenn sskr. c sekundär, so gehört vielleicht zu einer andern sekundären Form der Wz. ahd. luz-il *klein* u. s. w.? *Graff* II, 317 ff.). Griech. *ὀλίγος, η, ον klein, wenig* (ist ο Präf. = sskr. ut, oder entspricht ολι dem sskr. ṙi, welches auch wohl in lic zu Grunde liegt); *ὀλίζων, ον* (f. *-γιων*), *ὀλιζότερος* (*ὀλιγώτερος* spät); *ὀλίγιστος* (*ὀλιγίστατος* spät); *ὀλιγάκις; -γότης, ἡ; -γοστός, ή, όν; -γόω; -γαχοῦ; -γόθεν; ὀλιζόω.* —

Hieher vielleicht *λίγδος, ὁ der Mörser* (*verkleinernd? δο* = sskr. tja?) *λίγδα* glbd.; mit Verlust des λ (vgl. *λείβω : εἴβω*) *ἴγδη; ἴγδις, ἡ; -δίον, τό; ἰγδίζω; -ισμα, τό; auch ein Tanz*, wegen der *stampfenden Bewegung* und so auch *ἴγδη, ἴγδις* (*Poll.*). —

λύκ-ος, ὁ Wolf. Im Sskr. vṙika, wohl von vraçk (S. 16) (vgl. vṙik-na und der Bed. wegen *λυκόω zerreissen*), slav. vlk volk, vlükü (*Dobr.* 113, 270. *Kop.* Gl.), die letzte Form nähert sich fast ganz griech. *λυκο* für *ϝλυκο*, das *υ* vielleicht wegen *ϝ* (vgl. jedoch ähnlich (in der indischen Inschrift von Girnar) luksha = sskr. vṙiksha Journ. of Bengal. Febr. 1837 Edict. 2.), sabinisch irpus (p = k), lat. lupus (der griech. Form theilweis verwandt), goth. wulfs (f = lat. p) (*Graff* I, 848) (vgl. noch *Pott* E. F. I, 150, 258 in *Ersch* und *Gruber* Encyclop. d. K. u. W. Sekt. II. Bd. XVIII. S. 16); *λύκαινα* (Thema msc. *λυκαν*), *-νίς, λυκίς, ἡ; -κηδόν; -κιδεύς, ὁ; -κειος, α, ον; -εία, -έη, -ῆ, ἡ; λυκώδης, ες; -κόω; -κηθμός, ὁ. Λυκαῖον*, N. p.; *λυκαῖος, α, ον; λύκαια, τά; Λυκῖνος; λύκιον, τό eine Pflanze; λύκιος, ὁ eine Dohlenart* (zw.); *Λύκις* N. p. —

λαχ. Im Sskr. lagh *überspringen, springen* (vgl. langhana *das Springen*), wohl eigentlich *sich leicht bewegen*, denn davon laghu *leicht*; dazu lat. le(g)-vis, slav. lïgüi *leicht*; ob auch ljetì *leicht* mit Ausstossung des gh vort (vgl. ahd. lih-ti (*Graff* II, 160)? ferner lengwas *leicht*, lett. lehkt *hüpfen*, litth. lĕk-ti *fliegen* (sl. ljetajon *fliegen* zu ljeti *Kop.* Gl.); griech. *ἐλαχύς* (= sskr. laghu; *ελα* wegen der vokalischen Natur des λ = ϱ; daneben *λαχυ* in *λαχύφλοιος* zw. und *λάχεια* = *ἐλάχεια* zw.), *εῖα, ύ klein* (so auch schon sskr. laghu) (vgl. auch *Pott* I, 87, 233); *ἐλάσσων* (f. *χιων*), *ἐλάχιστος, -χιστότερος, -χιστότατος; ἐλαττονάκις; ἐλαττονότης, ἡ* (spät); *ἐλαττονέω; ἐλασσ(ττ)όω; -σ(τ)ωμα, τό; ἐλάττωσις, ἡ; -τωτικός, ή, όν.* —

Mit *φ* für *χ* (vgl. *Pott* II, 133, 167, 486) *ἐλαφ-ϱός, ά, όν leicht; -ϱότης, -ϱία; -ϱίζω, -ϱύνω.* — Da hier *φ* = *χ*, so kann man auch hieher ziehn: *λωφ-άω* (= sskr. lâgh-aj *leicht machen Bopp* gr. sskr. p. 233), *erleichtern, sich erholen* u. s. w.; allein eher ist es mit ahd. lâba, *Labe* (*Graff* II, 36) zu identificiren, und als erste Bed. *verschnaufen* zu nehmen. (*λωφέω*); *-φήϊος, α, ον; -φημα, τό; -φησις, ἡ; -φία; -φαϱ, τό; ἀλώφητος, ον.* —

lagh heisst im Sskr. *vilipendere*, tropische Anwendung der Bed. *transsilire. Pott* zieht desshalb dazu (E. F. I, 233) *ἐλεγχ* (so auch im Sskr. langh, *ε* wie in *ελαχ*) ags. leache (*vitupero*) ahd. lahan *tadeln* (*Graff* II, 97); am meisten stimmt *ἐλέγχω* in der Bed. mit lat. arg-uo, welches sich formal recht gut damit vereinigt, indem *ελε* = sskr. ṙi und lat. ar dessen Guna; lat. g = sskr. gh ganz regelrecht. Dagegen will die Primär-Bed.

von arg-uo ἐλε(ν)χ, die *überweisen* zu sein scheint, nicht recht zu der des sskr. lagh passen. ἐλέγχω *überweisen, tadeln, beschimpfen* (progressive Begriffsentwickelung); ἔλεγξις, ἡ; -γκτός, ή, όν; -τικός, ή, όν; ἔλεγχος, τό; -χής, ὁ; ἐλέγχιστος; ἐλεγχείη, ἡ; κλεπτέλεγχος, ον. —

Aus ahd. lahan entsteht lastar durch Verlust des h (*Graff* II, 98). Auch im Griech. geht ein dem wurzelschliessenden sskr. h entsprechender Laut leicht verloren (vgl. S. 25) und für gh in lagh konnte, wie oft (vgl. arh zu argh : arja I, 113), h eintreten. Da nun σθ in βιβα an den Stamm tritt (vgl. I, 266), so kann wie ahd. lastar zu lah so auch griech. λάσθη, ἡ der Bed. nach = ἔλεγχος zu sskr. lagh in der Form lah gehören. Möglich wären auch aa. Etymoll. λάσθω (*Hes.*) λασθαίνω *lästern*; λασθόν (*Hes.*).

Zu lagh mit γ = gh, wie oft (vgl. γέ aa.), λαγ-ωός, ὁ *Hase (der springende)*, λαγώς, λαγός; λαγώδιον; -γίον, -γίδιον, τό; λαγῷος, α, ον; λαγώειος, α, ον; λάγειος, ον; λάγινος, η, ον; λαγιδεύς, ὁ *junger Hase, Kaninchen*; λαγωδίας, ὁ. — (vgl. auch *Pott* I, 232).

λέπορις äol. = λαγώς (vgl. lat. lepus). — λεβηρίς, ἡ *Kaninchen* (vgl. λαγιδεύς); (π u. β dialektisch, oder aus λεghϝερίς? vgl. *Pott* a. a. O.)

Hieher, zu sskr. lagh, zieht *Pott* (a. a. O.) λάγ-νος, ον *geil*; allein näher steht vielleicht sskr. lang'â, lang'ikâ *Hure*, in denen der Nasal wie gewöhnlich unursprünglich; wenn man l für r nimmt, so erhält man √ra(n)g' *färben, roth sein, glühen, glühend lieben* (I, 104). Zu λάγνος: λάγνης, ὁ; -νικός, ή, όν; -νεύω; -νεία, ἡ; λωγάς, ἡ; -γάνιοι, οἱ *Hurer*; in der Bed. *Würfel* wohl zu lagh *die Springenden*; λώγασος, ὁ *Ochsenziemer* (ist σος = σος in Πήγασος I, 412?); -γάνιον, -γάλιον, τό fraglich ob hieher.

Damit (mit λάγνος) verbindet *Pott* λαικάω *huren*; zunächst stellt sich zu diesem, wenn man αι für α nimmt (wie I, 163, 219, vielleicht αι hier nur dialektisch; vgl. die Formen mit η), lat. lasc-ivus lett. lakstiht *geil sein* (ob nhd. laich (*Saamen*), ahd. leh-tar *Gebärmutter*? *Graff* II, 162), engl. lecher. Diese Formen führen regelrecht auf sskr. laksh und ein Prakritwort palakka, *lascivus* führt sehr nah auf sskr. pralakja (*Bohlen* zu Bhartrihar. p. 241): λαικάζω, ληκάζω, λήκημα, τό; ληκαλέος, α, ον; ληκώ, ἡ; λαικάς, ἡ; -καστής, -τήρ, ὁ; -τρια, ἡ.

λα(γ)χ. Im Sskr. (in den Veden) naksh ganz wie das entsprechende lat. na(n)c-isci *erlangen* (*Lass.* Anthol. sskr. p. 143). Bei dem Wechsel zwischen l und n (vgl. I, 366 sonst) kann man mit diesem gradezu griech. λαγχ-άνω *erlangen* identificiren. Allein die Form mit l ist auch schon im Sskr. in laksh-mî *die Göttin des Glücks*; im ahd. luch, nhd. *Glück* (*Graff* II, 145) lett. lehk-tees *sich ereignen*, wohl auch Laima (= sskr. lakshmî) *Glück*, und lth. laimu *erlangen, glücklich sein*; auch ahd. lang-en (*Graff* II, 223), lingan (ebds.), lak *berühren* (ebds. II, 100). Zu der Form naksh noch sskr. nakshatra *Glückstern* lett. nahkt *eintreffen*. — Diese Zsstellungen vereinigen sich am besten in der Primärbed. *erreichen, treffen*; wenn man alsdann die Form mit l für primär nimmt, so verbindet sich laksh (l = r) mit der sskr. Wzf. rĭk' deutsch *reichen* (S. 11 rĭ = ṛi und ṛi, wie oft in ra : la) ahd. rach-jan *reichen machen* (*Graff* II, 363) reich-jan *reichen* (ebds. 396), welche sich als weitere Formationen der Wz. ὀρ (I, 55 ff. insbes. 64) in Anspruch nehmen lassen. —

Bed. *erreichen*, lat. long-us *zu erreichen fähig*, *lang* ahd. lango (*Graff* II, 226), lat. lang-ueo *zu erlangen suchen* (vgl. *verlangen* ahd. langen): λόγχ-η (ο = a wie gewöhnlich, vgl. λόγχη = λάχος weiterhin), ἡ, *womit man nach etwas reicht, zielt, Lanze*; -χίς, ἡ; -χίδιον; -χάριον, τό; -χαῖος, α, ον; -χιμος, ον; -χίτης, ὁ; -χῖτις, ἡ; -χεύω; -χόω; -χωτός, ή, όν; ἀκαμαντολόγχης, ὁ; δίλογχος, ον. —

[Hieher λαγκία lancea celt. *Diefenb.* Celt. I, 62 nr. 86.]

Bed. *reichen, ohne zu erreichen*; *lang machen*, *zögern* (vgl. deutsch *langsam*) λα(γ)γ (γ = sskr. ksh, wie oft): λαγγάζω *zögern* u. s. w.; -γάω; -γέω; -γεύω; -γαρέω; -γανόομαι; -γανίζω; -γών, ὁ; -γώδης, ες. — ο = α: λογγάζω = λαγγάζω; λογγών = λαγγών. — Bed. *reichen* (*anbinden*?), λογγασία, ἡ, -γάσια, τά; λογγών, ὁ *Steine an die man die Schiffe bindet*.

Bed. *treffen* λαχ: λαγχάνω (ἔλαχον, λάξομαι, λήξομαι, λέλογχα); λάχος, τό, -χή, -χεσις, ἡ; -χμός, ὁ; λᾶξις, λῆξις, ἡ; λήχμος, ὁ (*Hes.*); ο = α: λόγχη, ἡ = λάχος (ion.). — μοιρολαχέω; -ρολογχέω; -ρόλογχος, ον. —

ῥόχ-ανον, τό *Streichholz beim Messen*, ob mit *streichen* (I, 670 √ στερ)?

λιχ. Im Sskr. lih *lecken* (verwandte, die ich jedoch nicht allesammt hicherziehe, bei *Pott* I, 283 sl. lig'ón *Kop*. Gl.) λείχω (Conj. Cl. 1.) λειχάζω, λιχάζω (*Hes.*); λιχνός, ή, όν; -νάω, -νεύω; -νευμα, τό; -νεία, -νία, ἡ. — λιχμάς, ἡ; -μαίνω, -μάω, -μάζω, -μώω; ἔκλειγμα, ἐκλεικτόν, τό; κνισολοιχός, όν; -χία, ἡ. — Dazu λιχ-ανός, ὁ *Leckfinger*, *Zeigefinger* (vgl. lith. lizus glbd. von lězu, laizu *lecken*); λιχάς, ἡ *Spanne*; ferner *Felsen* (*Hes.*); ob in letztrer Bed. hieher, fraglich; λιχάζω *von Felsen stürzen*; — λίχανος, ἡ *die mit dem λιχανός gespielte Saite*. — λειχήν, ῆνος, ὁ *Flechte* (weil das Brennen derselben mit Lecken verglichen wird?) λιχήν glbd. (zw.) — λειχηνιάω. —

λάδας *ein junger Hirsch* (*Hes.*); Λάδας, Λάδων NN. pp.

λῆδος, ὁ, λήδανον, λάδανον, τό fremd hebr. לֹט (*Herod.* III, 112 *Bähr*; *Wolf* Anall. IV, 457), *ein wohlriechendes Harz*. —

λαθυρίς, ἡ *eine Art Wolfsmilch* ob zu γλακτ (I, 491), mit Verlust des γ?

λάθυρος, ὁ eine *hülsentragende* Pflanze, ob zu λαθ S. 25?

ῥώθων, ὁ *Nase*, ob sskr. prôtha *Schnauze*, oder zu lat. rostrum von rod-ere, was einen Guttural als Anlaut verloren, vgl. lett. graust, sl. glodati (*Kop*. Gl.), russ. gruis-tj *nagen*.

(λυθ) λαός, ὁ *Volk*; goth. lauth-s *Mensch*, ahd. entspricht liut (*Graff* II, 193), lett. laud-is, sl. ljud-ïe (*Kop*. Gl.), gael. luchd (vgl. wal. llu, llnaws bei *Prichard* The eastern Origin of the Celtic nations u. s. w. 75); alle diese Formen führen auf sskr. rudh, die ältere Form von ruh *wachsen* (von √ ορ vgl. I, 73, *Pott* I, 250, II, 272, 443). Sonach wäre *der Mensch*, *das Volk*, *das Wachsende*. Die spätre Form von rudh ist ruh; wenn sich das Griech. an sie schloss, so ward (mit Vriddhi) λαυh-ός oder mit

Verlust des h, wie oft, zwischen Vokalen (vgl. I,154, II,27 sonst) λαυός; wenn von rudh, so ward λαυθός zu λαυός wie aus ἰθ: ἰαίνω (I, 259). Der Uebergang von λαυός in λᾶός bedarf keiner Rechtfertigung (ob λαυο in λᾶϝο nach indischer Weise?); att. λεώς; λαώδης, ες; λάϊτος, λήϊτος, λέϊτος, λαῖτος, λῆτος, λεῖτος, η, ον *das Volk betreffend*, λειτουργέω. — βασι-λεύς (für λευθος wie *Herzog*) *König*; abgekürzt βᾶ; -λεύτερος; -τατος; -λειος, (α), ον; -λήϊος, α, ον; -λῆϊς, ἡ; βασίλεια, -λίς, -λισσα, -λιννα (f. λινια wie von -λιν msc.), -λη, ἡ; -λείδιον, τό; -λίσκος, ὁ; -λικός, ή, όν; -λίνδα; -λεύω; -λίζω; -λευτός, ή, όν; -λεύτωρ, ὁ; -λεία, ἡ; -λειάω (*Eust.*); νεολαία, ἡ *junge Mannschaft*.

(λυθ : ελυθ): ἐλεύθερος (ευ Guna), α, ον *frei*, wird von ἐλυθ *kommen* abgeleitet und dafür spricht auch einigermaassen (vgl. jedoch √γρ *verschlingen*) das Zusammentreffen mit dem Sskr. Denn wenn ελυθ = sskr. ṙikh' (I, 64), so vergleicht sich mit ἐλεύθερος sskr. jad-ṙikh'â *Freiheit*, eig. *das Gehen wohin man will*. Möglich wären auch aa. Etymoll. z. B. λυ *lösen* (S. 8 vgl. *Hes.* πρωλυθίαι *freigelassen*), von dem es eine Bildung durch θ (√θε) wäre (vgl. auch *Pott* I, 136, II, 167); ἐλευθερόω, -ρωσις, ἡ, -ρωτής, ὁ. — ἐλευθέριος, α, ον; -ριότης, -ρία, ἡ; -ριάζω, -ριαστικός, ή, όν.

Gehört zu ἐλεύθερος, Ἐλευθώ, ἡ (*die Befreiende*), die Göttin welche die Kreisenden anrufen? Dann auch Εἰλείθυια (dialektisch, da diess ursprünglich gewiss nur eine Localgottheit war, für Εἰλευθ., sonderbarer Weise ein Part. Pf.).

Wurzeln und Wzformen, welche mit M anlauten.

M genannt μῦ, nach einem dem hebr. מֵים entsprechenden, phönic. Namen. Davon (nach falscher Analogie von ῥωτακίζω S. 1) μυτακίζω, *häufig* μῦ *gebrauchen*; -κισμός, ὁ.

(μ) Pronominalstamm. Im Sskr. 1. mit a : ma in der Zsstzg mit Pron. i (I, 1), im Acc. msc. i-ma-m, fem. i-mâ-m, wozu im Zend das Neutr. i-ma-ṭ tritt (vgl. *Bopp* V. G. S. 530), ferner im Sskr. Dual. N. A. msc. i-mau, fem. und neutr. i-mê; Plur. N. msc. i-mê, Acc. i-mâ-n; N. A. fem. i-mâ-s; N. A. n. i-mâni, welche Formen zu idam gerechnet werden. 2. mit u, in der Zsszg mit Pron. a (I, 1), Acc. m. a-mu-m, fem. a-mû-m; Inst. m. n. a-mu-nâ, fem. a-mu-jâ; Dat. m. n. a-mu-shmai, f. a-mu-shjai; Abl. m. n. a-mu-shmât; Ab. Gen. Loc. f. a-mu-shjâs; Gen. m. n. a-mu-shja; Loc. m. n. a-mu-shmin; Dual. N. A. m. f. n. a-mû; Inst. Dat. Abl. a-mû-bhjâm; Gen. Loc. a-mu-jôs; Plur. N. A. f. a-mû-s, n. a-mûni; Acc. m. a-mûn; Inst. fem. a-mû-bhis; Dat. Abl. a-mû-bhjas; Gen. a-mû-shâm; Loc. a-mû-shu. — 3. mit i (aber in der Decl. gedehnt) Plur. Nom. msc. a-mî; Instr. m. n. a-mî-bhis; Dat. Abl. a-mî-bhjas; Gen. a-mî-shâm; Loc. a-mî-shu; welche Formen allsammt zu adas gerechnet werden. Zu der Form mit u noch a-mu-tra *jenseits*. Wie hier a, i, u im Wechsel, so auch bei dem Pron. ka, na, ta u. s. w. (vgl.). Die Bed. scheint rein demonstrativ (vgl. I, 381), jedoch mehr ein Gegensatz von *dem, was im Auge ist*, mehr *jener*. Aus dem Griech. erwähne ich μο = sskr. ma, zsgstzt mit Pron. α (I, 1), ἀ-μο, *diess, was nicht im Auge, etwas unbestimmteres*: ἀμός (*Eustath.*); ἀμόθεν, ἀμόθι, ἀμῇ, ἀμῶς, ἀμοῖ; οὐδαμός, ή, όν; -μοῦ; -μινός, ή, όν; -μινότης, ή. — 2. μι = sskr. mi im Acc. μί-ν, 3 P. msc. f. n. im Sing. und Plur., ursprünglich bloss Acc. gen. msc. dann, weil er so einzeln dastand, auf alle Geschlechter und Zahlen übertragen, wie sich ähnliches nicht selten findet, vgl. z. B. deutsch *sind* ursprünglich die 3 Plur. jetzt auch 1 und dialekt. 2 (vgl. auch *Pott* E. F. II, 15. I, 129).

Zu ma ferner sskr. mâ *verbietende Negation*, wörtlich *anderes als das vor Augen*, dann Negation (vgl. Pron. ν u. I, 275), der Form nach alter Instrumental (vgl. ἄτερ), gael. mi, griech. μή, *dass nicht* (*Pott* I, 112).

Mit a zsgstzt im Sskr. amâ (alter Instrum.); heisst *mit*. Für die Entwickelung der Bed. vgl. I, 382. Mit Sicherheit ist sie bei Bildung aus Pronom. selten zu geben. Dieselbe Bed. hat im Zend die Neutralform des hier behandelten unzusammengesetzten Pron. maṭ. (vgl. *Bopp* V. G. 397, *Burnouf* Comm. s. l. Yaçn. N. LXVIII); dieser entspricht goth. mith (*Graff* II, 659). Demnach ist keine Frage, dass zu diesem Pron. auch griech. με-τά gehört, allein wie zend. maṭ eine andre Formation als sskr. amâ, so weicht μετά von beiden ab; ich nehme es für eine dem sskr. a-thă u. aa. analoge Formation durch das sskr. Suff. thă (verwandt mit thâ (*Bopp* Gr. sscr. p. 277) und dem superlativen thă, so wie tra in kutra aa. mit dem comparativen tara); τ = sskr. th oft (vgl. √πατ). Dazu μέταζε (αδjο I, 388); μέτασσαι (für μετα-tjo vgl. sskr. apa-tja so auch ἔπι-σσαι von ἐπί (I, 136)). Das äol. πέδα für μετά ist höchst sonderbar (vgl. μῆδος wegen δ).

Aus Pronominalstämmen werden ferner häufig Adverb. durch sskr. dha gebildet (I, 383), so entstände altsskr. ma-dha; wie nun schon griech. μετά *zwischen* heisst, so kann auch dieses *zwischen*, in der Modification *in der Mitte*, heissen. Durch Suff. ja wird daraus sskr. madh-ja (dieses Suff. ja ist wahrscheinlich mit dem sskr. Comparativsuff. îjans verwandt (vgl. μῆδος, ἄλλος und *Höfer* Beiträge zur Etym. I, 72)): *Mittlere*; lat. mediu-s, sl. medü (*Kop.* Gl.), mejdou, mejdina (*Dobr.* I. L. Sl. 89, 290), goth. midja u. s. w. (*Graff* II, 669 ff.), und missa, *was zwischen ist*, also *nicht ganz gleich* (anders *Bopp* V. G. 601), gael. meadhon, lith. mit w = m: widdus; vgl. noch *Pott* E. F. I, 115, II, 38. Griech. θj in σ (σσ): μέσος, μέσσος, η, ον; -σόθι (σσ); -σόθεν (σσ); -σοι (σσ); -μέσατος (σσ), η, ον; -άτιος, α, ον; μεσαίτερος (vom alten Dat.), -τατος; μεσότης, ἡ; -σόω; -σωτήρ, ὁ; -σάζω; -σεύω; -σίτης, ὁ; -σῖτις, ἡ; -ιτεύω; -ιτεία, ἡ; -σίδιος, α, ον; -ιδιόομαι; -σήεις, εσσα, εν; -σης, ὁ; -σήρης, (σσ), ες; -σηρεύω (μεσαι-πόλιος, μεσο-λαβής). — μέσφα, alter Dat. Plur. für μεσ-ο-φα(ς); μεσφι (zw.) alter Instrum. für μεσ-ο-φι(ς). —

sskr. dh in δ (vgl. I, 71 und sonst) j verloren und η (Vriddhi) μῆδος, τό (vgl. sskr. madhjama); ist hier die ächte Comparativendung sskr. îja(n)s, griech. im Nom. ιον (ursprünglich ιο(ν)ς erhalten, oder ist diese Form neu, aus με-δα = ma-dha gebildet? Γανυμήδης (*Pott* II, 204).

Hieher das glbd. *μέζεα, τά*, wo *μεδj-ος* zu Grunde liegt und *δj* in *ζ* wie oft (vgl. I, 388 sonst).

(*μα*) Der zweite Naturlaut der Kinder (vgl. *πάππας*) ist mam mam; das Kind wird belehrt, ihn zur Bezeichnung seines ersten Bedürfnisses, der *Brust* (vgl. *Pott* I, 193, 112 und dazu gael. mam *Brust, Mutter*) und der *Mutter* (vgl. *πάππας*) zu verwenden. Daher *μάμμα, -μη, -μαία, ἡ; -μία, ἡ; -μίον, τό; -μάριον, -μίδιον, τό; -μάω; μαμμάκυθος, μαμμάθρεπτος, ὁ.* — *νν = μμ: μαννάριον, τό.*

Die Sprache versucht auch aus diesem Naturlaut wie aus pap (vgl. √*πα*) eine Wz. zu bilden, die sich aber in sehr engen Gränzen beschränkt. Nach Analogie von pa-ter aus der aus pap hervorgegangenen Wz. på wird sskr. mâ-tṛi *Mutter* gebildet (vgl. die verwandten bei *Pott* I, 112, wozu slav. mati, tere (*Kop*. Gl.); griech. *μή-τηρ, ἡ; -τειρα, ἡ; -τέριος, -τριος, α, ον; -τριάς, ἡ; -τρικός, ή, όν; -ρίδιος, α, ον; -ρίς, ἡ; -ράζω; -ριάζω; -ράριον, τό; -ρυιά, ἡ; -ρυιός, ὁ* (Suff. sskr. vja *Pott* II, 505); *-ρως, ὁ* (Suff. sskr. vja *Pott* II, 443, 504); *-ρυιώδης, ες; -ρῷος, -ρώϊος, α, ον; -ρωακός, ή, όν; -ρῴας, ὁ; -ρυιάζω, -ρωάζω, -ρωασμός, ὁ; μήτρα, ἡ; ἀμήτωρ, ορ; Δημήτριος; ὑλομήτρα, ἡ Holzwurm.*

√*με*. Im Sskr. √mâ *messen* (vgl. *Pott* I, 194), dazu ausser den bei *Pott*: sl. mje-ra *Maass* (*Kop*. Gl.), lett. mehrs; wohl lat. mâ-turus (*zeitgemäss*), mâ-tutinus, mâne (*zeitig*), wo gael. maduinn (*der Morgen*) zu vgl.; endlich lat. mă-nus *die messende* (*Hand* vgl. sskr. mâ-na *Nehmen*). — Griech. *μά-ρις, ὁ ein Maass* (= slav. mje-ra aa.); *μέ-τρον* (= sskr. mâ-tra), *τό Maass* u. s. w.; *-ρέω; -ρημα, τό; -ρησις, ἡ; -ρητής, ὁ; -τός, ή, όν; -τικός, ή, όν; μετρηδόν; -ριος, α, ον; -ότης, ἡ; -ριάζω, -ριάω* (dor.); *-ριεύομαι* (zw.), *-τρισμα, τό; -ρικός, ή, όν.* — *διάμετρος, ον; συμμετρία, ἡ; γεωμέτρης, ὁ; σιτομέτριον, τό.* — Hieher cretisch *ἄμιτρα = μικρά kein Maas habend* (*Hes.*).

Das Part. prät. pass. im Sskr. ist mi-ta (vgl. auch sskr. mi-ti aa.); daran reiht sich griech. *μί-τος, ὁ der Faden* (*abgemessenes*); *μιτόω; τρίμιτος, ον; -τινος, η, ον* (*ἑξάμιτος* vgl. *Pott* II, 215). — Gehört hieher sskr. mi-tra *Sonne* (als *Zeitmaass* vgl. weiterhin *Mond*), *freundlich* (vgl. sskr. abhi-ma-ta, vi-ma-ta von man weiterhin). — Griech. ferner *μί-τρα, ἡ* (was man *ummisst, umbindet*) *Gürtel, Binde* u. s. w.; *-τρίον, τό; -τρώδης, ες; -τρόω; ἀβρομίτρης* (*Hes.*); *ἄμιτρος, ον.*

[Anm. *μίτυς, ἡ* eine Art Wachs gehört zu *σμ* I, 467 ff. (Form *μι*)].

Wie griech. *στα-το* neben sskr. sthi-ta, *θε-το* neben sskr. hi(für dhi)-ta, so neben sskr. mi-ta 1. mit o: *μο-το* in *ἄμοτον ungemessen, unersättlich*; ferner *μοτόν* (*μότον*), *τό; -ός, -ος, ὁ Charpie* (vgl. *μίτος*); *μοτή, ἡ; -τάριον, τό; -τόω; -τωμα, τό, -τωσις, ἡ.* — 2. mit *α* und *ε* in *ματάξα, μετάξα, ἡ Faden* (vgl. *μίτος*) (ob *ξα = ἐξ* wie *ἐξάμιτος*, oder wie *ξυ* in *μεταξύ* (S. 24)?), *-ξιον, τό.* —

Passiv von mâ im Sskr. mî-jê, daher wohl dazu mî *gehn* (*ausmessen*), lat. meo (oder = sskr. mâ-j Conj. 4), sl. minon *gehn* (*Kop*. Gl.), vgl. sskr. mîm (Redupl.) *gehn*. —

Messen, Gleichmaass, Aehnlichkeit (vgl. sskr. mâ mit Präf. upa, sam); daher hieher sskr. Suff. maja (von der primäreren Wz. mă + ja, oder mi?), griech. μεο für μεjο, *Aehnlichkeit habend.*

Aus dem Begr. des *Gleichmaasses* ferner griech. μῖ-με *nachahmen* Reduplicationsform (vgl. sskr. man : mîmânsâ, aa. mîm *gehn* (*Wils.*) u. *Pott* I, 194, II, 473): μῖμος, ὁ; μιμώ, μιμάς, ἡ; μιμικός, ή, όν; μιμέομαι; -μημα, τό; -μησις, ἡ; -μητής, (τωρ), ὁ; -τός, ή, όν; -τικός, ή, όν; μιμηλός, ή, όν; -λότης, ἡ; -λάζω; μιμέρα, ἡ; — (μιμία, ἡ zw.). — Μιμαλλώ (Vgl. *Pass.*). — θεομιμησία, ἡ; μίμαρκυς; — Guna in der Reduplication (*Bopp* Gr. sscr. 561): μαιμάκυλον (vgl. I, 219).

Hieher lat. imi-tor für mimi-tor, aemulus für maemulus. Wie in diesen m eingebüsst, so auch im Griech. αἱμ-ύλος (η), ον mit unorganischem ῾, wie nicht selten. Die eig. Bed. ist *nachahmend, verstellerisch, listig* u. s. w. -ύλιος, ον; -υλία, ἡ (-μύλλω zw.).

Vom Begr. *messen* sskr. mâ-sa, mâ-s *Mond* (Zeitmaass κατ' ἐξοχήν, vgl. litth. mêtas *Jahr*, sskr. mânsa *Zeit*), lat. mensis, aa. (*Pott* I, 194, II, 290, 474), wozu zend. mâo (*Bopp* V. G. 54), maogha (*Burn.* C. s. l. Y. 35), sl. menso (*Kop.* Gl.), ahd. mâno (*Graff* II, 794), gael. mios. — Griech. μήν (vgl. χήν = sskr. hansa, mit Verlust des auslautenden a und dadurch herbeigeführter consonant. Decl.), μείς (für μενς), ὁ *Mond* u. s. w.; μήνη, -νάς, -νίς, ἡ; -νίσκος, ὁ; -νιαῖος, α, ον. — ἡλιτόμηνος, ον; διχομηνία, ἡ; ἐμμήνιος, ον; καταμηνιώδης, ες; νουμηνία, ἡ; -άζω; -αστής, ὁ; — σκοτόμαινα (f. -μήνη), ἡ (att.). —

Zu mâ lat. mô-s (*das Angemessene*) *Sitte*; — ferner lat. mê-t-a (Zeichen für einen abgemessenen Raum), mê-ta-re, meti-or (ment vgl. mensu, mensis), griech. μά-τιον, τό *ein Maass*; gehört zu einer sekundären Form μετ (= lat. metior) griech. μεστός (was I, 94 wohl falsch), also (*voll*) *gemessen*? —

Sekundäre Form. Durch sskr. d: sskr. mâd' *messen* (unbelegt), goth. mit-an, ahd. mez-an (*Graff* II, 891 ff.), gael. meadh, meidh (*wägen* eig. *messen*), lat. mod in mod-o (mox von modic?), mod-ero u. s. w., griech. μόδ-ιος, ὁ *ein Maass*; μοδισμός, ὁ. Mit ε = o: μέδ-ιμνος (altes Prtc. med.), ὁ *Maass*; -ναῖος, α, ον; διμέδιμνον, τό.

Bed. wie modero *ein Maass setzen*, μέδ-ομαι *ordnen, fürsorgen, herrschen* u. s. w.; -δέω, -δω; μεδέων, μέδων, ὁ; μέδουσα, ἡ. — Hieher lat. mĕd-eri *ein Ziel setzen, heilen.*

Messen im Geiste, ermessen, denken (sskr. anu + mâ-na, pra-mâ-na aa.), lat. mĕd-itor, griech. mit η (Vriddhi), μῆδος, τό *Verstand, Fürsorge* u. s. w.; -δοσύνη, ἡ; μήδομαι; μήστωρ, ὁ; ἀλιμήδης, ες. —

Wie sahn aus mâ (*gleichmässig*) den Begr. *nachahmen, täuschen* (αἱμύλος) hervortreten; so auch *tauschen*: im Sskr. ni + mâ *commutando acquirere*; ni-ma-ja, ni-mê-ja, ava-mê-ja *Tausch* (vgl. wegen ê in mêja *Bopp* Gr. s. v. 626); danach gehört die als Verbum unbelegte Wz. mê, *mutuare* hieher; sie wäre eine gunirte F. von mi = mâ. Dazu sl. mje-njôn *tauschen* (*Kop.* Gl. *Dobr.* I. L. S. 276), litth. mai-n-au (mainas *Tausch*); lett.

mihit, meetoht, mainiht *tauschen*, lat. mu-to, goth. (sekund. Form) maidjan *tauschen* (*Graff* II, 701). — Die Causalform von mâ ist im Sskr. mâp(aj), vgl. mâpana *Maass, Wage, Leiter* (wie im Gael. meadh). Damit verbinde ich griech. ἀμειβ für ἀμεβ(εj), wo ἀ = ava (I, 274 eins an dem andern abmessen, *abtauschen*) oder = ἁ = σα (I, 382 *zusammen, gegeneinandertauschen*): ἀμείβω, *tauschen, wechseln* u. s. w. — ἄμειψις, ἡ; -ἀμοιβή, ἡ; -βός, ὁ; -βάς, ἡ; -βάδιος, α, ον; -βαδίς, -βαδόν; -βαῖος, α, ον; — ἐπαμοίβιος, ον; ἐπημοιβός, όν. —

Im Sskr. wird √pâ *trinken* in der Redupl. statt pipâ : pivâ (piv); so erkläre ich lat. mov-eo für mopeo als = sskr. map-aj von mâ : mî in der Bed. *gehn; gehn machen, bewegen* (vgl. auch lat. pul-ver für pul-per (pulvis)). Ganz eben so erklärt sich ἀ-μεύ-ω = ἀμείβω für ἀ-μεπ-ω : ἀμεϝω (anders *Pott* I, 126, 199, II, 127).

Aus *tauschen : täuschen, eins* (betrügerisch) *an die Stelle des andern setzen*; daher hieher sskr. Form mit th: mi-th in mithjâ *trügerisch*; ferner: Begr. *Vertauschbarkeit, Gleichheit*, daher sskr. mi-th-una, zend. mi-th-vana *Paar*, sskr. mi-th-as *mutuo, gegenseitig*; griech. μοῖτ-ος, ὁ (das gegen ein anders Getauschte) *Vergeltung, Dank*; gael. mùth-aidh, *mutare*.

Aus dem Begr. *Vergeltung*: goth. maith-ms *Lohn, Miethe* (*Graff* II, 703), vgl. auch sskr. apa-mi-tjaka *Schuld*. Wurde die hier zu Grunde liegende Form, sskr. mith mit der Wz. dhâ *setzen, thun* componirt (wie in çrat + dhâ u. aa.), so entstand sskr. middhâ. Wie aber daddhi im Zend dazdi wird (*Bopp* V. G. 652), so würde dieses im Zend mizda und so heisst *Lohn* (*Burn.* Comm. s. l. Y. Pr. LXXXVI); ihm entspricht slav. mïzda (*merces*), griech. geht T-Laut vor T-L. in σ über, also μισθο (vgl. *Pott* I, 112, ähnlich im Goth. mizdo) eig. *zum Tausch setzen*: μισθός, ὁ *Lohn* u. s. w., -θάριον, τό; -θιος, (α), ον; -θόω; -θωμα, -μάτιον, τό; -θωσις, ἡ; -σιμος, ον; -μαῖος, α, ον; -θωτής, ὁ; -τρια, ἡ; -τός, ή, όν; -τικός, ή, όν; -θωτεύω; — ἀμισθί, -θεί (alter Dat. fem.); ἱματιομίσθης, ὁ.

Lat. würde misde entsprechen; hier aber assimilirt sich das d dem s wie gewöhnlich, so entsteht mise; mit Uebergang des s in r zwischen zwei Vokalen, wie stets im Lat., mire, daraus durch Assimilation des i an e : mereo; das i ist erhalten, aber dafür r in l in mil-it(es) *Söldner*, zu der Form mer-e noch merc in merced u. s. w.

Wir haben als entsprechen müssende sskr. Form middha erwähnt; von dieser sind Spuren in den verwandten Sprachen erhalten, slav. müïto (*Kop.* Gl.), lett. muita, wenn sie nicht freie Bildungen aus der Wz., welche sskr. mith lautet, sind, wie goth. maithms.

[Gehört zu mâ noch lat. ma-nus *gut (abgemessen), einer der sich innerhalb der* (richtigen) *Gränzen hält*? Dann hieher oder eher wohl zu sskr. samâna (von sama? *gleichmässig* (I, 387)) *gut, tugendhaft*, griech. ἀ-μείνων, ον für ἀ-μεν-ιων *besser* (anders *Pott* I, 195, 254, II, 170. *Bopp* V. G. 421); sl. ounc *besser* (*Kop.* Gl.) nicht zu vgl.] —

Sekundärform von $\sqrt{}$ mă durch n, oder genauer gesprochen eine ursprüngliche Bild. der 5ten Conj. Cl. ma-nu (Praes. manvê u. s. w.), welche durch Modification der Bed. u. aa. sich als thematische Form man fixirt (Conj. 4. man-jê). Die Bed. ist *denken*; welche auch schon in mâ (mita *erkannt*, miti *Kenntniss*) und insbesondre mit Präfixen hervortrat (vgl. oben S. 32 meditor u. aa.). Zu man vgl. *Pott* (I, 254 und De Lithuano-Borussicae . . . principatu p. 39, 50), wozu gael. miann (*μένος*), minich (*monere*), muin (dass.), sl. mĭnjôn (4te Conj. Cl. = sskr. manjâmi), und meñon (= lat. *me-min-*(*i*) (*Kop.* Gl.)— griech. 1. *μεν* : *μένος* (sskr. manas), *τό das Denken, Wollen, Sinn* u. s. w.; *δυςμενής, ές*; *-νεια, ἡ*; *-νέων, ουσα, ον*; *-νίδης, ὁ*; *-νικός, ή, όν*; *-ναίνω*; *εὐμενίζω*; *-νέω*; *-νέτης, ὁ*; *-νία, ἡ*; *Εὐμενίδες, αἱ.*— *μενεαίνω* (f. *ε*(*σ*)*αίνω*) *Absicht haben* (*gedenken*); *μενοινή, ἡ* (wie von Thema *μενον* vgl. *μεναν* in *δυς-μεναίνω*), *-νάω, -νέω, -νώω.*— *ἀμενηνός, όν* (altes Partic. Med. suff. sskr. âna) *nicht denkend*; *-νόω.*— *μέντωρ, ὁ* (sskr. mantrĭ) (*Gedenkenmacher*) *Rather* (vgl. lat. moneo, ahd. manon *Graff* II, 767 und *Pott* II, 69). — 2. *μον* : *μέ-μον-α in dem Gedenken sein.*— 3. *μαν*; das Part. praet. von man heisst im Sskr. mata. Diese Form ist bewahrt im griech. *ματο*, in *αὐτόματος*, (*η*), *ον* (selbst gesinnt) *freiwillig*; *-τεί, -τί*; *-τία, ἡ*; *-τίζω, -τισμός, ὁ*; und in *ἠλέματος, η, ον thöricht* (I, 63) *gesinnt.* — *μάν-τις, ὁ* (monitor; *Pott* I, 254 zu *μαίνομαι*) *Wahrsagen* u. s. w.; *-τικός, ή, όν*; *-τόσυνος, η, ον*; *-τοσύνη, ἡ.* — *τώδης, ες*; *-τῷος, -τεῖος, -τήϊος, α, ον*; *-τεῖον, -τήϊον, τό*; *-τεύω*; *-τευμα, τό*; *-τευτός, ή, όν*; *-τικός, ή, όν*; *-τευτής, ὁ*; *-τεία, ἡ*; (*μάντης, ὁ* zw.); *βελομαντία, ἡ*; *προμαντεύς, ὁ*; *-τιον, τό.*— *ἀμφιμάντωρ, ὁ* (*Hes.*) eig. *der von zwei Seiten her einen* (*bösen*: euphemistisch) *Propheten hatte, der beide Eltern verlor, unglücklich.* —

Durch Suff. *τι* (fem.), Verlust des n, aber Ersatz durch Dehnung von *α* in *η* (nicht wie im Sskr. wo mă-ti entspricht) entsteht *μῆτις, ἡ* (vgl. lat. ment für menti : mens, wo die organische Form) *Klugheit* u. s. w. Derselbe Vorgang im goth. môds (ô = Dehnung von ă) (*Graff* II, 670); dagegen wie im Sskr. in lat. mĕ-t-us (eig. *heftige Gedankenbewegung, Affect*, vgl. *μαίνομαι* weiterhin, hier in spec. *Furcht*); *μητιάω, -όω*; *-τίομαι, -τίζω, -τιμα, τό*; *-τος, τό*; *μητιόεις, εσσα, εν*, für *ο̄ϝενς* von Suff. *ϝεντ* = sskr. va(n)t; so von *μητι* : *μητιέτης* (*τα*) für *μητιϝετ* + neuem Suff. *α mit Verstand begabt.* — *ἀγκυλομήτης, ὁ, ἡ*; *ἀγλαομητία* (*Hes.*), *ἡ*; *θεομητέω* (*Hes.*). —

Dass zu dieser Wz. in dieser Bed. *Μίνως* N. p. gehört, ist wohl keine Frage; die Form aber? ob für *μι-μεν-ως*?

Bed. *gesinnt sein* modif. in *heftig g. s.* (vgl. *μενεαίνω*, sskr. manju *Zorn* u. s. w., ahd. mein *Schmerz* u. s. w. (*Graff* II, 780)), *μαίνο-μαι* (4te Conj. Cl. vgl. sskr. manjê für organ. man-jamê, *ανj* in *αιν*, wie gewöhnlich) *wüthen* u. s. w., *-νάς, ἡ*; *-νόλης, ὁ*; *-λις, ἡ*; *-νόλιος, α, ον*; (*μανέομαι* in) *μεμάνημαι*; *μανία, ἡ*; *-νιάς, ἡ*; *-νιώδης, ες*; *-νικός, ή, όν*; *ἐκμαίνω*; *ἐκμανής, ές*; *ἀεσίμαινα* (*Hes.*); *ἀρειμάνιος, ον*; *-ότης, ἡ*; *ἀσελγομανέω* (vgl. S. 15); *εἰδωλομάνεια, ἡ* (spät); *χερσομανέω.*

Hieher *μαίνη, μαινίς, μαινομένη, ἡ, μαινομένια, τά ein stark laichender* (liebetoll) *Fisch; μαινίδιον, τό.*

α durch Vriddhi in η: *μῆν-ις, ἡ Wuth, Zorn* u. s. w., *-νίω, -νιάω; -νιμα, -νίαμα, τό; -νιθμός, ὁ.— ἀμήνιτος, ον; βαρυμήνιος, αν.* —

Wzf. man nach der 1sten Conj. mana, zsgzg. sskr. mnâ (vgl. dessen angebliche Conjug.: Präs. man-âmi, Part. mnâta u. s. w. und ähnliches schon in Menge vorgekommene) *denken*; als Verb. unbelegt, erscheint in â-mnâ-ja *Lehre* u. s. w., griech. *μνά-ομαι sich erinnern* (gedenken Conj. 4 für *μνα-joμαι*); *μνῆμα, τό; -μάτιον, τό; -τίτης, ὁ; μνήμη, ἡ; -μεῖον, -μήϊον, τό; -μων, ον;* (*-μόνιος* zw.); *-νειος, ον; -νικός, ή, όν; -νεύω; -νευμα, τό; -νευτός, ή, όν; -τικός, ή, όν; -μόσυνος, η, ον; -σύνη, ἡ; μνῆσις, ἡ; μνῆστις, ἡ; μνηστήρ, -τωρ, ὁ.— μι-μνή-σκω; μνεία, ἡ.— ἄμνηστος, ον; -τία, ἡ; -τέω; ἀναμνηστικός, ή, όν; ὑπομνηματικός, ή, όν; -τίζω; -τισμός, ὁ; -τιστής, ὁ.— ἀμνημονέω; ἀπομνημόνευσις, ἡ.* —

μνα in der 1sten Bed. *messen: μνασίον, τό, -σίς, ἡ ein* (cyprisches) *Maass.* —

Aus der Bed. *denken* wird *in Gedanken, Absicht, haben, trachten, freien* in *μνά-ομαι nach jemand für sich trachten, μνηστός, ή, όν; -τύς, ἡ; -τήρ, -τωρ, ὁ, -τειρα, -τρια, ἡ; -τήριος, α, ον; -ιώδης, ες; -τρον, τό; -τεύω; -τευμα, τό; -τευσις, ἡ; -τευτικός, ή, όν; -τεία, ἡ;* (*-τέω* zw.). — *ἀμνήστευτος; προμνηστικός, ή, όν; -τρίς, ἡ.* —

Μνανόοι heissen die *Musen* (*Hes.*). So wie dessen erster Theil zu *μνα erinnern* gehört, so ohne Zweifel auch Μοῦσα, ἡ selbst, für *μνουσα* von einer Form *μνε* (vgl. *μνεία*) oder *μνο*. Das *ν* ist verloren wie in *νώνυμος* für *νώνυμνος* aa. (I, 530, 470, 473); die Musen sind *die das Geschehene ins Gedächtniss zurückrufenden* (vgl. homer. Gebr. und *Pott* I, 470, 473, 530); *μουσικός, ή, όν; -σικεύομαι; -σειος, α, ον; -σεῖον, τό; -σειόω; -σείωσις, ἡ; -σίζω (ίσδω, ίδδω); -σίκτας, ὁ; -σόω;— ἄμουσος, ον; -σία, ἡ; φιλομουσέω.*

Wie hier *ν* eingebüsst, so auch in *μέμαα* (für *μεμναα*) *Absicht haben* (= *μέμονα*), (*μάομαι*) *μῶμαι, μαίομαι* (4te Conj. Cl. für *μνα-joμαι*) *trachten*; [aber *μάσομαι* (*μᾰ*) *berühren* gehört zu der √ sm (I, 467) *schaben*; s ist abgefallen, wie oft und insbes. in dieser Wz.] *μαιμάω* (Intensiv vgl. S. 32), *μαιμώω, μαιμώσσω, μαιμάζω, μαιμάσσω; μαῖμαξ, ὁ; μαιμάκτης, ὁ; μαιμακτήρια, τά; μαιμακτηριών, ὁ.* —

Da *μνήστρια Kupplerin* heisst und *ν* ausfällt, so ziehe ich zu *μνα* in der Bed. *freien: μαστρύλιον, ματρύλλιον, ματρυλεῖον* (*λλεῖον*), *ματρύλη* (*ύλλη*), *ἡ Kupplerin* (vielleicht dialektisch; schwerlich mit sskr. masûrikâ *Kupplerin* zu verbinden, eher vielleicht zu *μήτηρ Pott* II, 498); ferner *μαστροπός* (dessen *π* mir noch unklar; ob mit *ὀπ* componirt I, 228? *Diefenb.* für celtisch Celt. I, 76 nr. 104), *-ρωπός, ὁ Kuppler* (lat. masturbare Lehnwort), *-ροπίς, ἡ; -πιον, τό; -πικός, ή, όν; -πέω, -πεύω; -πεία, ἡ.*

Mit *υ* = *σ* (vgl. *φαυ* bei √ *φα* aa.) *μαυλίς* (für *μασ-λι*), *-λία, ἡ Kupplerin; -λίζω; -ιστής, ὁ; -ίστρια, ἡ.*

Im Sskr. wird mân in der Bed. *indicare* angeführt. Es ist unbelegt; aber ihm entspricht griech. μηνυ, welches zeigt, dass es eigentlich eine Bild. nach Conj. Cl. 5 aus mà ist. Bed. wie lat. *monere, monstrare* (monstrum Form = sskr. mantra mit eingeschobenem s), *ins Gedächtniss rufen*: μηνύω; -νυμα, τό; -νυσις, ἡ; -νύτης, -τήρ, -τωρ, ὁ; -τρον, τό; -τικός, ή, όν. — [Im Sskr. mân *ehren* (ob hieher?), dazu lat. mûn-us *Ehrengeschenk*, ob auch *Ehrenamt?*]

Bildungen durch √θε sind sehr häufig; gehört daher hieher (μεν + θε) μενθῆραι, (ρες), αἱ eig. *Gedanken, Sorgen*; μενθηρίζω. Wohl auch μα-θ: μανθάνω *ins Gedächtniss nehmen* (I, 258 zweifelnd).

[Im Sskr. mas *messen*, mânsa *Zeit*, mîmânsâ aa., griech. μενσ (S. 32), lat. mensu(s), slav. müïslï (*Geist*), lth. myslys *Räthsel*, gael. measraichidh *denken*].

Von man sskr. manu und mans (in pu-mâns : puṅs), lat. mas, goth. man; davon sskr. mânu-sha, mănu-shja (*mannartig*): goth. mannisks (*Graff* II, 753), sl. mòng'ü (*Kop.* Gl.), zend. mashja, mashjaka (*Burn.* Comm. s. l. Y. N. LXIX, LXXIV). Andrerseits von sskr. manu, mànava *ein Mensch*; ist diess in dem kretischen μνοία, μνωΐα, μνῴα, μνώα, ἡ *die Sclavenfamilie* (*Mannschaft*) erhalten? Daher μνοΐ (ωΐ, ῴ, ώ) της, ὁ. —

Im Sskr. wird der Wzf. man die Bed. *arcere, impedire* gegeben (aber unbelegt); sie geht von dem Begr. *ein Maass setzen* aus; mit ihr stimmt vielleicht nord. meina, *impedire* (*Graff* II, 782); schliesst sich daran nun zend. upa + man *bleiben* (*Burn.* Comm. s. l. Y. Nott. CXLI insbes. CXLIII), so dass es eigentlich wäre *sich ein Maass setzen, einhalten*. Mit dem zend. stimmt griech. μένω *bleiben* (ob lett. miht *treten*, lth. minnu, verglichen mit lth. mintu *unterhalten*, vgl. werden können? celtisch bei *Diefenb.* Celt. I, 69 Anm. a und aa. verwandte *Pott* I, 254): μενετός, ή, όν; -τέος (-νητέος schlecht), α, ον; -τικός, ή, όν; μονή, ἡ; -νιμος, η, ον; -μότης, ἡ; μίμνω (für μιμεν Intens.); -νάζω; ἐμμενής, ές; ἔμμονος, ον; ὑπομενητός, -μονητός, όν; -μενητικός (μονητ.), ή, όν; καμμονίη (für καταμ.), ἡ (*Lehrs* Aristarch. 112); ἀγρομένης (*Hes.*); θρασυμέμνων, ον; — hieher μέμνων, ὁ *Esel* (*stehen bleibend*); μεμνόνια, τά. —

[Hieher zog man προμνηστῖνοι, ναι, να *einer nach dem andern*; es ist aber eine höchst interessante Bildung von πρό (I, 157). Das erste formative Suff. ist = sskr. mna (bei *Bopp* nicht erwähnt), welches in sskr. ni-mna (Adj. 3) *tief* erscheint, vom Pron. ni (vgl. ν), wie das ahd. ni-dar (*Graff* II, 986) und mit derselben Bed. Dasselbe Suff. erscheint in dju-mna *Reichthum* u. s. w. (von √div glänzen) und führt schon von hier aus zur Vermuthung, dass es identisch sei mit dem Suff. Part. Atmanêp, im Sskr. mâna, im Griech. μενο. Diese Vermuthung erhält sogleich ihre Bestätigung 1. durch die Bildung saha-mâna (Adj. 3) aus dem Adverb. saha (I, 386 und Nachträge dazu p. XVI); 2. durch das lat. zwischen mâna : μενο in die Mitte tretende minus in co-minus : e-minus (ganz wie ni-mna, saha-mâna), alte Dat. Plur. für e-minoes (nis später); die Bed. betreffend, so hiess saha *mit*, ni *nach unten*, saha-mâna (Zustand), *wo mehrere zusammen*; ni-mna *wo nach unten*, also griech προ + μνο *wo mehrere nach vor*, d. h. *einer vor dem andern*; aus προμνο ist προμνηστῖνο fast ganz so gebildet wie aus ἀγχι: αγχι-στινο. Dass in στο das Superlativsuff. ιστο stecke, bedarf keiner Bemerk.; das Suff. ῑνο ist = sskr. ìna (*Bopp* Gr. sscr. p. 273), vgl. z. B. parampara : -arìn'a; para : pârìn'a, parôvarìn'a und drückt die *Zuständlichkeit* aus, also προ-μνη-στ-ῖνο *wo einer immer vor dem andern ist.*

Diese Entdeckung bestätigt im Allgemeinen die Etym. von πρύμνα (I, 135), in welchem sskr. para *andre* (*hintere*) zu Grunde liegt, nur dass wir jetzt auch da als Suff. sskr. mna wie in ni-mna nehmen (also πρύμνα = para-mna).]

μῆον, τό *ein Kraut.* —

(μη (Naturlaut der *Ziegen*, *Schaafe* (vgl. μυ)) in): μηκάομαι, -κάζω *meckern* u. s. w., μηκάς, ἡ Beiw. der *Ziege*; μήκη, ἡ; -κασμός, -κηθμός, ὁ; -κητικός, ή, όν. —

μι in μιμίζω (Redupl.) *wiehern*; ob Naturlaut der Pferde (vgl. μη, μυ), oder eher zu √smi *lachen* (I, 526 ff.) und zwar zu der ssk. Form mish (I, 529 für miksh II, 5) wegen μιμιχμός, ὁ. —

(μυ Naturlaut der Kühe (vgl. μη) in): μυκάομαι (mugire) *brüllen* (vgl. auch *Pott* I, 213); μύκη, -κησις, ἡ; -κημα, τό; -κηθμός, ὁ; -κητής, -κήτωρ, ὁ; -τίας, ὁ; -τικός, ή, όν; -τινος, η, ον; ἀμύκητος, ον; βούμυκοι, οἱ; ταναιμυκής, ές (-κος, ον);

μύ, μῦ der Ton, welcher bei geschlossnen Lippen entsteht als Ausdruck des Schmerzes: μύζω *seufzen*, μυγμός, μυχμός, ὁ.

μυ. μῦ-νη, ἡ *Vorwand*, wegen ἀ-μύ-νο-μαι (ᾱ = αϝα I, 274) *abwehren*, eig. *Schutzwehr*, vgl. lat. moe-nia (Suff. ni), mû-nire, ahd. mu-nd (*Schutz*, *Graff* II, 813). Der lange Vokal selten primär, so gehört wohl auch hieher lat. mŭ-rus. Diesem entspricht sskr. mu-ra *Umgebung*; zu griech. μύνομαι; ἄμυνα, ἡ; -νάθω; -νητί; -ντωρ, -ντήρ, ὁ; -ντήριος, α, ον; -ντικός, ή, όν; -νίας, ὁ. —

μυελός, ὁ *Mark*. Ist an eine Verbindung mit sskr. mêd-as, mêd-ura u. s. w. (vgl. I, 477 Anm. und 505) zu denken? also μυελο für μαιδυλο : μαιυλο : μαυλο : μυελο (durch Einfluss des μ vgl. μυῖα)? -λόθεν; -λόν, τό; -λινος, η, ον; -λόεις, εσσα, εν; -λώδης, ες; -λόω. —

μαῖα, ἡ; die Bedd. *Mütterchen*, *Grossmutter*, *Hebamme*, *Säugamme*, laufen wohl alle auf *Mütterchen* hinaus. Im Sskr. dient mahì in Verbindung mit pità : pitâmahì zur Bezeichnung von *Grossmutter*, eben so pitâmaha *Grossvater*. Hier gehört maha ohne Zweifel zu mahat *gross* (I, 90), hier in der Bed. von *alt* (vgl. das zu derselben Wz. gehörige vriddha (I, 78) *alt*, und deutsch *Altvater*). So könnte mahì auch an und für sich *die Alte* sein. Durch Ausstossung des h (vgl. I, 154 sonst) und griech. Femininalb. (α) wird diess regelrecht (vgl. πότνια = sskr. patnì): μαῖα, eig. *Alte* (vgl. *Pott* I, 112, II, 178); μαιάς, ἡ; μαιήϊος, ον; μαιεύω; -ευσις, ἡ; -ευμα, τό; -ευτικός, ή, όν; -ευτής, -τήρ, -τωρ, ὁ, -τρια, ἡ; μαιεία, ἡ. — μαιόω; μαίωσις, ἡ; -ωτικός, ή, όν; -ωτρον, τό; μαιήτωρ, ὁ. — ἀμαίευτος (ωτος), ον. —

μυς. Im Sskr. mûsh *stehlen*, ahd. missjan (*Graff* II, 866 Conj. Cl. 4 *um etwas bestohlen sein, es missen*). Davon in allen verwandten Sprachen die Bez. der *Maus* (*Pott* I, 271, II, 480), sskr. mûsha, griech. μῦς (für μῦσο-ς, wie oft, durch Verlust des ος in die dritte Decl. hinübergezogen, daher Gen. μυ-ός für μυ(-σ-)ος und wegen des Zusammentreffens von υ-ο Verkürzung des ῡ), ὁ; μυώδης, ες; μυΐνος, η, ον, μυών, ὁ; μυωνία, ἡ; μυωτός, ή, όν; (μυωτόν für μυόςωτον); μυοξός, μυωξός (μυξός?), ὁ *Hamster* (ξο?); -ωξία, ἡ; μύαξ, ὁ; μυάκιον, τό. —

μόσσυν (μόσυν), ὁ *ein hölzernes Haus* (fremd oder dialektisch?); μόσυνον, τό; -νος, ὁ.

[μοσσύνω *langsam kauen* (*Hes.*) gehört zu μας I, 512].

[μαίσων, ὁ *Koch*, ob für μαγιων (vgl. μᾶσσον I, 91 u. wegen ι: μεῖζον 90) zu μαγ (I, 516); *Aristoph.* N. p. (*Fest.* p. 134 *M.*)].

μεσπίλη, ἡ, -ιλον, τό *Mispel* (gael. meidil), -λώδης, ες. —

μίσχος, (σκος), ὁ *Stiel, Stengel* (ob zu I, 93 Wzf. ϝεξ (σχ: σκ = ξ) mit unorg. ι = ο?).

μαστός, μασθός, μασδός, μαζός, ὁ *Brustwarze* u. s. w. Ist μαζο von diesen Ff. die erste, dann σδ = ζ, σθ = σδ u. s. w. dialektisch? ist μαζο mit μέζεα (S. 31) zu vgl. *die in der Mitte* (*der Brust*?)? oder an μαμ (S. 31) zu denken (vgl. gael. mam *Brust*, altn. masti = μαζο)? (*Pott* I, 105): μαστάριον, τό. — ἐπιμάζιος, (-αστιος, -σθιος), ον; ὑπερμαζάω; εἰαρόμασθος, ον; ὑπομασθίδιος, ον; ἐπιμαστίδιος, ον. — Ἀμαζών, ἡ (*Pott* II, 161).

μαλάβαθρον (auch οβαθ.), τό *Betel*, sskr. tamâlapatra, mit Verlust des anlautenden ta; davon μαλαβάθρινος, η, ον.

μᾶλός, ἡ, όν *weiss* (*Hes.*); ob dazu μήλωθρον, τό *eine weisse Rebenart* (oder zu μῆλον I, 90).

μέλη, ἡ *eine Art Becher*. — μολόθουρος, ὁ *ein Gewächs*.

μίλφ-αι, αἱ, -φωσις, ἡ *das Ausfallen der Haare an den Augenbraunen*. Dieselbe Bed. hat Wzf. μαδ I, 513; sollte man es daher zu derselben Wz. σμ, in der Form μ + ri + φ und ιλ = ri, wie oft, ziehn? (I, 467 ff. insbesondre μορφ 495).

μολγός auch μοργός (nach *Hes.*), ὁ lat. bulga, ahd. balg (*Graff* III, 106), gael. bolg (vgl. *Diefenb.* Celt. I, 200); ob fremd? μόλγης, ὁ; -γινος, η, ον.

μίλτος, ἡ *Mennig, Röthel* u. s. w. Diese Form gäbe sich zu einer Etymol. von der sskr. Wzf. mrid her (I, 508) *das womit man reibt, färbt* (vgl. ähnlich bedeutendes von dieser Wz. bei *Pott* I, 253); allein lat. min-ium und sskr. man-ah'çila *Zinnober*, manika *pulverisirtes Antimonium* als Schönheitsmittel scheint auf organisches n zu deuten, wofür griech. λ, wie bisweilen, eintrat. Danach wäre das Wort fremd und von Indien her; da es schon bei Homer vorkömmt, Beweis alter Handelsverbindung (vgl. *Ersch* und *Gruber* Encycl. d. K. u. W. II, Bd. XVII S. 28); μίλτος heisst wegen seiner rothen Farbe auch *Meelthau*, davon entlehnt ahd. militau (*Graff* II, 713). — μιλτώδης, ες; -τειος, α, ον; τινος, η, ον; -τίτης, ὁ; -τεῖον, τό; -τόω; -τωτός, ή, όν; Μιλτώ (*Pott* II, 487).

√ μαρ (σμαρ). Im Sskr. smri *erinnern* u. s. w. vgl. verwandte bei *Pott* (I, 225), wozu ahd. mâri (*Graff* II, 821) gael. meorach-adh; griech. μαρ (Guna) in μάρ-τυρ (Suff. = sskr.

tṙi *Erinnerer*), μάρτυς (ebenfalls Suff. τυρ), ὁ, ἡ; μάρτυρος, ὁ, ἡ; -τυρία, ἡ; -τύριον, τό; -ρικός, ή, όν; -τύρομαι, -ρέω; -ρημα, τό; ἐπιμαρτύρησις, ἡ; ψευδομαρτυριάω. —

Das *Erinnern*, *häufig* (an etwas) *Denken*, als etwas *Schmerzhaftes* schon im Sskr. smṙi, *anxium esse*, smar-ana *Bedauern* vgl. deutsch *Schmerz* (weiterhin) griech. ε = α : μερ (Guna) : μέριμνα (Part. Med. substantiv.) ἡ *Aengstlichkeit*, *Sorge* u.s.w.; -μνάω; -μνημα, τό; -μνητής, ὁ; -τικός, ή, όν; ἀμέριμνος, ον; -μνία, -μνησία, ἡ. —

reduplicirt: μερ-μερ: μέρμερος, ον *sorgenvoll*; -ριος, α, ον; — μαρ redupl. μερμαίρω (für ρjω), μέρμηρα, ἡ (η Vriddhi) *Sorge*; -ρίζω. —

Diesen Analogieen nach ziehe ich hieher μελ (λ = ρ) *zur* (Erinnerung) *Sorge sein* (anders *Pott* I, 195, 245) μέλω, -λομαι (μέμ(β)λετο (vgl. μίμνω, wegen ej. ε; Einschiebung des β bekannt) μέμηλα, μελήσω); μέλημα, τό; -λησις, ἡ; (-σμός, ὁ zw.); μελέτωρ, ὁ. — μελέτη, ἡ; -τηρός, ά, όν; -τάω; -τημα, τό; -τήριον, τό; -τητός, ή, όν; -τητικός, ή, όν; μελέδη (Suff. δα = sskr. tja), -λεδών (ληδών), ἡ; -δώνη, ἡ; -δωνός, -νεύς, ὁ; -δαίνω; -δημα, τό; -δήμων, ὁ. — ἀμελής, ές (*gedankenlos*); -λεια, ἡ; -λέω; ἀμέλει; ἀμελητί; -λησία, ἡ; ἐπιμελητής, ὁ; -τικός, ή, όν; -μεταμέλει, μεταμέλομαι; -λητος, η, ον; -λίη, ἡ; μετάμελος, ὁ; πασιμέλουσα. — τημελέω (vom Pron. το vgl. τήμερον) *dieses* (d. h. *sorgfältig*) *besorgen*. τημέλη, ἡ. — ἀμελέτητος, ον; -τησία, ἡ.

[Hieher auch wohl πλημμελής, ές (πλην *über hinaus* d. i. *gegen*) (sorglos) *fehlend* u. s. w.; was I, 463 besprochen].

Sekundärformen mit sskr. d: ahd. mel-d-en (*Graff* II, 723) und mit Erhaltung des Anlauts: Schmerz (vgl. μέρ-ιμνα ff.).

Gehört zu μερ (gedenken): Ἁμέροψ, ὁ Beiwort der Menschen im *Homer* (vgl. *Pott* I, 195)? eine sichere Deutung kenne ich nicht; unsichres liesse sich in grosser Menge geben; μεροπήϊος, α, ον; -πηΐς, ἡ. —

μάραος, ὁ, -ραον, τό *Cornelkirsche* (ob zu μόρον? I, 480).

μαρίς, cretisch *Schwein* (*Hes.*) (ob zu I, 478 Wzf. μαρ *beschmutzen*?).

μάραθρον, μάραθον, τό *Fenchel* (ob zu μαρ I, 498); -θρών, ὁ. — Μαραθών N. p.

μηρυκ in μηρυκάω, -κίζω, -κάζω *wiederkäuen* (ob als *ein Ziehen* gefasst und zu μηρύω zu setzen?); -κισμός, ὁ; μήρυξ, ὁ *ein wiederkäuender Fisch*.

μορ Naturlaut des *Murrens* (mrr) sskr. mar-mar-a *Rascheln von Blättern*, lat. mur-mur-o, ahd. mur-mur-ôn u.s.w. (*Graff* II, 859 ff.), lth. murmu *brummen* (vgl. mur-mullis), gael. monmhur (n in der Red. für r, ähnlich wie im Sskr. *Bopp* Gr. sscr. r. 569). Im Griech. geht aus dem Begr. des *dumpfen Tons* die Bezeichnung des Gefühls hervor, welches er hervorruft: *Schrecken* (vgl. übrigens I, 326) μόρ-μορος *Schrecken* (*Hes.*), μορμορωπός, όν; ρ in λ: μορμολ-ύττω *erschrecken*; -λυκτόω; -λυκτεῖον, -λύκειον, τό; -λύκη, ἡ. Durch Einfluss des μ, oder noch genauere Nachahmung des Naturlauts μορμύρω, μυρμύρω (*Hes.*) *schrecken*; μόρμυρος, μόρμυλος, ὁ *ein Fisch*; die Reduplicationsform in μορμ verkürzt (nach I, 204) μόρμος, ὁ

Schrecken (*Hes.*). Μορμώ, ἡ (*μορμών Hes.*), *μορμωτός, ή, όν; μορμύσσομαι; μορμύνω.*

μοῤῥία, μόῤῥια, μοῤῥίνη, μουῤῥίνη, ἡ **fremd (chinesisch?), *chinesisches Porcellain.*** —

μύρος, ὁ ***Meeraal*** (ob zu √ sm *schaben* **I, 467 ff.** wegen seiner *Glätte*, vgl. auch *σμυρ* I, 534); dazu *μύραινα, σμύραινα, ἡ; σμύραινος, ὁ.* — *μυρῖνος, ὁ ein* ***Fisch.***

μύρον, τό fremd, hebr. מֹר und מוֹר (eig. ***Myrrhe***) ***Balsam***: *μυρηρός, ά, όν; μυρίς, ἡ; -ίδιον, τό; -ρίζω; -ισμα, τό; -ισμός, ὁ; -ιστικός, ή, όν; ἀμύριστος, ον; -μυρόω; -ρωσις, ἡ; -ρωμα, τό.* Später *μύῤῥα* und *σμύρνα* (*ζμύρνα*), *ἡ* wo auch eine etwas von מֹר abweichende orient. Form zu Grunde liegt; *σμυρναῖος, α, ον; -νινος, η, ον; -νεῖον, -νίον, τό; -νίζω, -νιάζω; κατάσμυρνος, ον.* —

√ *μερσ.* Im Sskr. mṙish im Atmanèp. 1ster Cl. (marshê) Parasmaip. und Atmanêp. 4ter (der passivischen, mṙishjâmi, -jê) *sich unterziehn.* Diess lässt für das Activ den Begriff *verhängen, zutheilen* voraussetzen, so dass das Atmanèp. eig. ist: *sich verhängen lassen, sich dem Verhängten, Zugetheilten unterwerfen.* Hieher goth. marzjan, ahd. marrjan (*Graff* II, 829), wie marrisal *laesio*, gamarrida (*praejudicium*) zeigt, so dass dessen eig. Bed. *verhängen*, aber mit der Modification des ***Bösen*** ist. Griech. entspricht *μερς* u. s. w. (wegen *σ* vgl. *μόρσιμος*), in dessen Formen der Begriff *zutheilen* so entschieden hervortritt, dass wir ihn wohl auch für das Sskr. und Deutsche als primären nehmen können. Dann gehört aus dem Sskrit auch hieher mṙish mit der Bed. *denken*, wo das *Denken* als ein *Scheiden, Theilen* gefasst ist (vgl. z. B. den Gebrauch der √ çish *scheiden, unterscheiden, denken*), und deren Nebenform mṙiç, in welcher der Begriff *scheiden* noch klar hervortritt, ava + mriç *scrutari* (Chandogj. Upan. bei *Windischm.* Sank. 181), parâ + mṙiç *quaero* (Sacunt. p. 106), parâmarça ***Urtheil***, vimarça ***Unterscheidung.*** —

Griech. 1. *μερσ* in *μερρ* : *μερ*: *zutheilen* *μείρομαι* für *μερσjο* : *μερρjο* = sskr. mṙishjè, 4te Cl. (*ich unterziehe mich*) *erhalte zu Theil.* Davon *μέρος, τό; -ρικός, ή, όν; -ρίτης, ὁ; -ρίς, ἡ; -ρίζω; -ρισμα, τό; -ρισμός, ὁ; -ριστής, ὁ; -στός, ή, όν; -στικος, ή, όν; ἀμερής, ές; -ρία, ἡ; -ριαῖος, α, ον; ἀμείρω* (vgl. ***Pott*** II, 127. I, 245).

2. *μορσ* : *μόρσ-ιμος, ον*; in *μορ* (wie *μερσ* : *μερ*): *ἔμμορα, μεμόρημαι* (zu *μείρ-ομαι*), *μόρος, ὁ* das ***Zutheilende, Schicksal*** u. s. w. — *μόριος, α, ον; μορία, ἡ; -ριον, τό; -ρα, ἡ; -ριμος, ον; μορόεις, εσσα, εν* *zugetheilt* und vielleicht auch wenn es *künstlich* heisst (vgl. I, 480) zu der Bed. *dulden*; *κάμ-μορος, ον,* für *κακ-μορος* (vgl. *κακός*); *-ράζω; μορτή, ἡ* (*μοργή, -γιον?* s. ***Pass.***). — *τριτη-μορίς; συμμορίτης, ὁ.* — *ορς* in *οιρ* (vgl. *μερς* : *μειρ*) *μοῖρα, ἡ* ***Schicksal***; *-ραῖος, α, ον; -ρίδιος, α, ον; -ριαῖος, α, ον; -ράς, -ρίς, ἡ; -ράω, -ράζω.* — *ἄμοιρος, ον; ἀμοιρέω; -ρημα, τό; διαμοιρηδά; -ρίζω; -ρία, ἡ; διμοιρίτης, ὁ.* —

3. *μαρς* in *μαρ* (vgl. *μερ* : *μορ*) *εἵμαρμαι* (vgl. *εἴληφα*; unorganisch, wie oft); volle Form vielleicht in Μαρσ-ύας ***Dulder***; gehört hieher, zu der Bed. *tragen* (aus *über sich nehmen*) *μάρσ-ιππος, μάρσ-ιπος, μάρσ-υπος, ὁ* ***Beutel*** und *μύρσος, ὁ* ***Korb?*** —

4. μρα für μαρ: ἐ-μβραμένη, ἔμβραται (*Hes.*) = εἱμαρμένη für ε-μρα; wie βροτός aus μβροτος, so aus μβρα für μρα: βρα in βέβραται, βαβραμένη (*Hes.*)

[ἅμορβός, ὁ *Begleiter*. Ist es ἁμ (= sam I, 380) und sskr. arp (Causale von ṛi *gehn* I, 53)? -βάς, ἡ; -βαῖος, α, ον; -βεύς, ὁ; -βεύω, -βέω.]

μάργ-αρον, τό *Perle*, fremd, sskr. mang'ara für organisches marg'ara (von mṛig' *rein*) (vgl. auch *Pott* I, 262. II, 195, 470. *Ritter* Asien IV, 2, 160; 179). — μαργαρίτης, ὁ, -ῖτις, ἡ; -ρίς, ἡ; -ρίδης, ὁ; ἀμάργαρος, ον; λ für ρ: μαργέλλιον, τό; -γηλίς, ἡ. —

μαργέλλια, ἀργέλλια, τά, μαργηλίδες, αἱ *Nargel* = sskr. nâd'ikèla, nârikèla (*Vans Kennedy* bei *Pott* II, 195).

μόργος, ὁ *Wagenkorb* (fremd?) -γεύω. —

μύρτος, ἡ *Myrte*, ein ächt griechisches Gewächs (ob von der Wzf. sskr. mṛid I, 510 *die zarte*) -τον, τό; -τός, όν; -τίς, -τάς, -τία, ἡ; -τίτης, ὁ; -τεών, ὁ; -των, ὁ; -τινος, η, ον; -τίνη, ἡ; -ταλίς, ἡ; -τίδανον, τό; χαμαιμύρτη. — σ für τ: μύρσινος, η, ον; -ίνη, ἡ, -νινος, η, ον; -σινίτης, ὁ; μυρσινών, ὁ; — ρσ in ῤῥ: μυῤῥίνη, ἡ; -νος, η, ον; -νών, ὁ; -νίτης, ὁ; μυῤῥίτης, ὁ; μυῤῥίς, ἡ; μυρρίνης, und ρ = ῤῥ: μυρίνης, ὁ.

μάν-ος, μάννος, μόννος, ὁ *Halsband*; fremd; sskr. man'i *Perle* u. s. w. (vgl. *Pott* I, 89, wo ahd. menni (*Graff* II, 798) und celt. mon hinzuzufügen (*Diefenb.* Celt. I, 69)); μανιάκης, ὁ; -ίακον, τό (*Diefenb.* I, 6); μανάκιον (νν), τό. —

μῆνιγξ, -νιξ, ἡ *die Hirnhaut* (wohl zu μᾶνός I, 470, 474). —

μαγ-άς, ἡ *Steg*, über den die Saiten gespannt werden; -γάδιον, τό; wohl fremd und eben so das damit zusammenhängende: μαγάδις, ιδος, ἡ *die Magadis*; -δίζω, -δεύω; μαγάζω; μαγῳδός f. μαγαδῳδός (nicht zu vgl. ist das zufällig ähnliche sskr. magadha *Sänger*). —

[μαγ. slav. mog-ôn *können* (*Kop.* Gl. *Dobr.* 89, 274), lth. moku, ahd. mag-an *können* (*Graff* II, 604) sammt maht gamah (ebds. 632) machon (640) mâjan (für moh-jan) (ebds. 600) u. s. w. sind fürs erste als besondre Wz. (nicht wie I, 353) zu fassen und dazu griech. μόγ-ος, μόχθος und μόλις (I, 353, 354). Im Sskr. würde wahrscheinlich eine Wzf. magh, mit einer Nebenform mah (h für gh wie oft) entsprechen, aus welchen sich alle hier und I, 353 angegebenen erklären; zu magh vielleicht der Name des Indra Magha-vat, Magha-van (*der Mächtige*) und zu mah: mah-at, wenn diess urspr. *mächtig*, nicht *lang* heisst (I, 90); alsdann gehören natürlich auch die damit zusammengestellten Formen (a. a. O.) hieher. —

Dazu: ε = α in μέγ-αρον (vgl. *Gemach*, *Graff* II, 634), μάγαρον, τό *Gebäude* (gemachtes, anders *Pott* II, 108) u. s. w. -ρονδε. Μέγαρα N. p.; -ρεύς, ὁ; -ρικός, ή, όν; -ρίζω.]

μογγός, όν *heiser*; ob Fehler für γογγο von γογγύζω? vgl. jedoch sskr. mang' *tönen*, welches aber unbelegt.

μιγ: μισγ *mischen*. Im Sskr. erscheint miç in miç-ra u. s. w. *gemischt* (mish't'a *ein Zuckerwerk* gehört auch hieher, vgl. mish-t'ânna *Mischspeise*) und miksh in â-miksha *Lab von zwei Milch-Molken*. Wie hier ksh hervortritt, so weisen auch fast alle verwandten Sprachen darauf; lat. **misc-eo**, ahd. **misc-jan** (*Graff* II, 877), pers. امیختن, wo kh wie oft = sskr. **ksh.**, slav. **mjeshón** (*Kop.* Gl. *Dobr.* 89 wo je Guna, sh = sskr. **ksh**, wie fast immer) gael. **masg-aidh**, **measg** *zwischen* (aa. s. bei *Pott* I, 268 vgl. 144), so endlich griech. *μισγ*. Danach nehmen wir für diese Bed. eine Form auf sskr. **ksh** an; **ksh** wird im Sskr. aber häufig **sh** (vgl. mehrere schon in diesem Buch vorgekommene Fälle und *Ersch* u. *Grub.* Encycl. d. K. u. W. II, Bd. XVII, S. 174); **sh** aber wechselt mit **ç** (vgl. S. 40 u. sonst); eben so betrachten wir griech. *μιγ* neben *μισγ* für eine unorganische Form: also *μίσγω, μίσγα; μισγάγκεια, ἡ* (vgl. *Pott* II, 382): — *σκ* = sskr. **ksh** (oft): *μίσκοι* (*Poll.* die Mischlinge) *Abfall der Speisen*; *μίσκελλος* schlechter (*gemischter*) Wein (*Hes.*). — *ξ* = sskr. **ksh** (oft): *μίξ, μιξέλληνες* u. s. w. — *γ* für *σγ*: *μίγνυμι, -γνύω; -γα, -γάδην; -γδα; -γδην;* (*-γής, ές* zw.); *-γάς, ἡ; -γάζομαι; -γμα, τό; -γμός, ὁ; μίξις, ἡ; -ξίας, ὁ; μικτός, ή, όν. ἀμφιμιγής, ές; πολυμιγία, ἡ; ἐπιμιξία, ἡ.* [Hieher auch gael. **maistrich** *mischen*].

μάκερ ein indisches Gewürz, sskr. **makar-and'a** *eine wohlriechende Mangoart.*

μαχ. Im Sskr. wird eine Wzf. (als Verb. unbel.) **maksh** mit der Bed. *irasci* angeführt; an diese Form lehnt sich **maksh-îkâ**, mit den Nebenformen **maç-aka** (ç = sh = ksh, wie oben) **maça** (in **maça-kh'ada, maçahari**), für welche die Wzf. **maç** mit derselben Bed. wie **maksh** angegeben wird, und (mit höchst unregelmässiger Aenderung von ksh in k') **mâk'ikâ**, *Fliege, Stechfliege, Muskito.* Wenn **maksh** *stechen* hiesse, so würde, wie jeder sieht, der Name für die *Stechfliege* sehr passend daraus abgeleitet sein; auch die Bed. *zürnen* (im Zustand des *gestochen* (beleidigt) *Seins* sein), wenn sie sich belegen liesse, würde leicht daraus hervortreten. Dem sskr. **maksh-ika** oder einer einfacheren Form **maksha** (die in **maça** vorliegt) entsprechen in den verwandten Sprachen grösstentheils Formen, welche statt sskr. a ein u haben (wohl durch Einfluss des m); vgl. sie bei *Pott* (I, 85), wo man slav. **müchü**, **moucha** (*Kop.* Gl.) hinzufüge, und die bei *Dobr.* (I. L. Sl. 89) erwähnten sl. **mech**, russ. **moch**, serb. **mach**, deren Vokale dem sskr. a entsprechen. Nun erscheint ebenfalls mit u lat. **muc-ro** *der stechende Dolch* (wo c = sskr. **ksh** sein kann, wie oft), eben so griech. *μυσσ* (*σσ* = **ksh**) *ritzen, stechen* (was I, 521 falsch), in denen beiden der Begr. *stechen* schon ziemlich entschieden hervortritt; endlich sskr., mit kh = ksh, wie so oft (I, 187 u. sonst), **makh-a** und mit h = kh, wie so oft, **mah-a** *Opfer* (was *abgestochen* wird). Diess wird fürs erste genügen, *stechen* als Primärbed. der sskr. Wzf. **maksh** wahrscheinlich zu machen. Das Folgende wird es zur Gewissheit erheben. Für sskr. **maksh** erscheinen also in Bezug auf den Vokal Formen, welche einen dem sskr. a entsprechenden Vokal haben u. aa. mit einem u entsprechenden.

1, a: *μαχ stechen* (*χ* = **ksh** wie oft): *μάχη, ἡ das Stechen, Schlacht.* Dass diese Ableitung richtig, zeigt lth. **mussis** *Schlacht* (von **mussu** *schlagen* f. *stechen* ss = **ksh** ähnlich wie in lth. **musse** = sskr. **maksh(a)**), wo die Form mit u dieselbe Bed. hat;

μάχιμος, η, ον; -μώδης, ες. — μάχομαι *einander stechen, kämpfen* u. s. w. -χέομαι (-χειόμενος, -χεούμενος), -χάω; -χήμων, ον; -χησμός, -χισμός, ὁ; -χητός, ή, όν; -τικός, ή, όν; -χητής, ὁ; -μάχ-αιρα, ἡ (*stechende*) *Dolch, Messer* (*Lehrs* Arist. 95); -ριον, -ρίδιον, -ρώνιον, τό; -ρίς, ἡ, -ρωτός, ή, όν. — ἀντιμάχησις, ἡ; -χος, ον; ἐπιμαχία, ἡ; προμαχέω; -χεών, -χών, ὁ; -χίζω; — συμμαχικός, ή, όν; -χίς, ἡ; ἀκαμαντομάχης, ὁ; ἀμάχετος, ον; ἀμαχί, -χεί, -χητί; λυσιμάχιον, τό; ναυμαχησείω.

[Hieher von den verwandten sskr. makha, maha lat. macellum *Fleischbank* (wo Thiere abgestochen werden), mac-tare, slav. mach (*vibratio ensis Dobr.* 269), ags. mëce, altn. moekir *Schwerdt* (μάχαιρα) (*Grimm* d. G. II, 511. III, 440), slav. mek'ü glbd. (*Kop*. Gl.)].

Zur Bed. *stechen* Form μακ (κ = sskr. ksh, wie oft) griech. μάκ-ελον, μάκελλον, τό, μάκελος, ὁ ursprünglich wohl *Dorn* (der *stechende*), dann *Dornhecke* (vgl. ἄρπεζος S. 3), dann *Hecke* u. s. w. lat. mac-eria.

2. Form mit u, griech. μυσσ (I, 521 falsch); μυῖα, μουΐα, ἡ *Stechfliege* u. s. w. für: μυῖκα: μυσικα = sskr. makshika (dann mashika : mushika) (vgl. *Pott* I, 85 und oben); μυιώδης, ες; Ἀπόμυιος, ὁ;

[von den verwandten noch lat. muc-ro litth. mussu und auch muczìju *peinigen*, muka, slav. mouka, ltt. mohka (*Pein*) mahza, mahkt (*peinigen*), russ. mutschitj].

Zu μυῖα ziehe ich μύριος, α, ον, *so viel wie Mücken* d. h. *unendlich viel* (anders *Pott* II, 221. *Diefenb*. Celt. I, 229) -ότης, ἡ; -οστός, ή, όν; -οστύς, ἡ; μυριάς, ἡ; -ιάκις; -ιαχοῦ. —

μιχ. Im Sskr. mih für migh (wie mêgh-a *Wolke* zeigt) *befeuchten* u. s. w. (vgl. *Pott* I, 283, wo zu den verw. noch ahd. maih-stus (*Graff* II, 882), gael. muig *Umwölkung*, muin-idh *pissen*, maistir *Pisse*; aus dem Sskr. gehört zu mih: mîna *Fisch*, mîra *Meer* und mû-tra *Pisse*, in denen allen das h, wie oft, verloren, und im letzten u durch Einfluss des m), griech. ὀ-μίχ (wo ὀ = ἁ I, 383): ὀμίχλη, ἡ *Wolke* u. s. w. -λήεις, εσσα, εν; -λώδης, ες; -λαίνω; ἀνόμιχλος, ον. — ὄμιχμα, τό *Pisse* ὀμῖχέω (wo ῖ statt Guna zu bemerken), ὤμιξα. — Guna: μοιχός, ὁ *Ehebrecher* (vgl. haran *pissen* und hôrs *Ehebrecher*, *Grimm* d. G. II, 42); -χάς, -χή, -χίς, ἡ; -χιος, -χίδιος, α, ον; -χικός, ή, όν; -χάτης, ὁ; -χαλίς, -χαινα, ἡ; -χάω; -χάζω; -χεύω; -χευτός, ή, όν; -χευτήρ, -τής, ὁ; -τρια, ἡ; -χεία, ἡ. —

[Im Sskr. durch suff. ta aus dem nasalirten Stamm miñh regelrecht mêndh'a *Bock* (vgl. auch mêdh'ra glbd.) wegen seiner Saamenmenge (vgl. I, 329 ff.). Damit stimmt das aus dem Aegyptischen ins Griech. übergegangene Μένδης *Bock* und Namen eines Gottes].

[Da μ im Anlaut verloren wird (S. 32), so entsteht die Frage ob nicht hieherzuziehn ἰχ-ώρ für μιχ (vgl. I, 682 wo anders) und ἰχ-θύς für μιχ-θύς, nach Analogie von sskr. mîna (vgl. jedoch I, 245 wo etwas künstlich)].

μυχ-ός, ὁ *das Innre*; ich verbinde es mit sskr. mukha *Mund*, so dass im Griech. nur die tropische Bed. des Worts erhalten ist. Für diese Uebertragung vgl. man den Gebrauch des hebr. פָּנֶה *Gesicht* פְּנִים *Innre* und das homerische *ἐνώπια die innren Wände.* Man könnte auch an aa. noch unsicherere Etymoll. denken. Zu mukha stellt *Pott* (I, 213) poln. mówić *sprechen* und einiges aa., durch welches die Form der Wz. jedoch noch nicht klar wird; *μυχοί; -χοίτατος, -χαίτατος, η, ον; -χόθεν, -χόνδε; -χή, ἡ; -χατος, -χώτατος, -χέστατος, η, ον; -χιος, -χιαῖος, α, ον; -χώδης, ες; ἐνδόμυχος, ον; -χί; -χέω.* — Hieher *μύχων* und mit *κ* = sskr. kh *μύκων, ὁ Ohrhöhle*, aber mit der Bed. *Haufen* (Gr.) fraglich (ob sskr. mû *binden* (unbel.) zu vgl.?). — Hieher Μυκήνη N. p.

μαδ umgeben. Im Sskr. ma(n)d' 1. *umgeben* mand'-ala *Kreis, Scheibe* (lat. mund-us *runde Himmel*); 2. *umwerfen, kleiden, schmücken* (sskr. mand'a, mand'ana, lat. mundus *geschmückt*). Damit identisch ist sskr. mand in mand-ura (umgeben, eingehägt) *Stall*, mand-ira *Haus*. Griech. zu sskr. mand'ala *μάνδαλος, ὁ Riegel* (womit man einhägt); *-λόω; -λωτός, ή, όν.* — Zu sskr. mand-ura *μάνδρα, ἡ Stall* (vgl. *Pott* II, 203); *-δρεύω; -δρευμα, τό; ἀρχιμανδρίτης, ὁ.* — Zu der Bed. *kleiden* das aus dem Persischen entlehnte *μανδύας, ὁ, -δύς, -δύη, ἡ, eine Art Kleid.* Zu der Bed. *schmücken* vielleicht: *μανδάκη, ἡ das Einbrennen eines gewissen Zeichens in die Pferde* (vgl. jedoch *Diefenb.* Celt. I, 74); *-κηδόν.* —

μάταρις celt. (*Diefenb.* Celt. I, 76 nr. 107).

μαθαλλίς, ἡ, auch *μασθαλίς eine Art Becher*, ob zu *μέθυ* (I, 523)? vgl. auch matula (*μεθ : μαδ* I, 513).

μνᾶ, ἡ Mine; von Babylon her entlehnt (*Boeckh* Metrologie) hebr. מָנֶה (celt. *Diefenb.* Celt. I, 71) ion. *μνέα; μναδάριον, τό; μνααῖος, μναιαῖος, μναϊαῖος, μναΐος, α, ον; εἰκόσιμνος, ον; τρίμναιος, α, ον; τρίμνως, ὁ.* —

μναρόν, μνοῖον weich (*Hes.*), *μνόος* (*μνοῦς*), *ὁ weiche Flaum* ziehe ich zu $\sqrt{}$ *σμ(ι) schaben* I, 467 ff. *sich schabend* (weich) (vgl. I, 492, 504) *berühren lassen.* [*μ(ι)* für *σμ(ι)* (I, 469 ff.) durch *ν*-Bildung (5te Conj. Cl.?) wird *μιν(υ)*, durch Auslassung des *ι*, wie gewöhnlich (vgl. z. B. I, 470, 473) *μν(υ)*; davon *μνοϝο* (für *ϝ* entscheidet *μνοῖον*), *μνόο*, mit *α* für *ο*: *μναϝ(α?)ρο* : *μναρο*] *μνούδιον, τό*, Dim. von *μνοῦς.* — Hieher auch *μνίον, τό das weiche Moos; -ιαρός, ά, όν; -ιόεις, εσσα, εν; -ιώδης, ες; πολύμνιος, ον;* — und *μνοῦνες* (*Hes.*) *die weichen μηροί.* —

Wurzeln und Wzformen, welche mit N anlauten.

N heisst Νῦ, von einem phönicischen Worte = hebr. נוּן.

(*ν*) Pronominalstamm. N ursprünglich wohl, wie *μ* (S. 29), rein demonstrativ; es erscheint ebenfalls mit den drei Vokalen a, i, u. 1. na: im Pali als Demonstrativ (*Bopp* V. G. 531; allein es ist fraglich, ob diess nicht, wie manche andre Formen, die ich noch erwähnen werde, vorn verstümmelt ist); in lat. nam (*Bopp* a. a. O. 534), lth. nes *denn*. In Zsstzg. tritt na mit der Bed. *jener* entgegen (litth. ans *Bopp* V. G. 537); gewiss dürfen wir diese Modification der Demonstration schon dem Simplex zuschreiben;

das *Jener* bed. *Nicht-dieser*; in dieser Verbindung wird 1. entweder nur die höchste Potenz der *Diess-heit*, die *Identität* (*nicht ganz dieser* vgl. nêma weiterhin) geleugnet, also eine *Aehnlichkeit* zugestanden, oder 2. die *Diessheit* wird ganz geleugnet (*gar nicht dieser*), wodurch reine Negation entsteht (vgl. diese Erscheinung bei ϝα I, 273, 275). Aus der ersten Bed.: sskr. na in der Bed. *wie* (vgl. va I, 273), gael. nô in der Bed. *oder* (vgl. vâ I, 273); lth. ney *als ob* (*wie*); griech. ναί affirmatives *wie* (suppl. *du sagst*) d. h. *so* (vgl. sskr. êva u. s. w. I, 273 und nû-nam), *ja*. Die Form des ναί ist unsicher (vielleicht alter Locativ = einem sskr. nê, man kann aber auch die sskr. Form vai von va vergleichen und an eine Zsstzg aus να + hi (vgl. sskr nahi *nicht*) denken (vgl. I, 154 und Pron. X, anders *Pott* II, 139, 323)); dazu lat. nae, wälisch neu *ja*; davon ναιχί (mit χι vgl. Pron. X); hieher auch νή Betheuerungspartikel *so*, *fürwahr* (böot. νεί). — Aus der zweiten Bed. geht die Bez. der Negation hervor: sskr. na, zend. na, sskr. nô für na + u (vgl. I, 282), nâ (alter Instrum.) zend. nao (*Burn.* Comm. s. l. Y. N. CXLII), lat. nê, zend. noit (für nô + it (Pron. i)), slav. ni (*Dobr.* 90), ahd. na u. s. w. (*Graff* II, 968 ff.), lth. ne, lett. ne (vgl. nawa *ist nicht* u. s. w.), gael. na, neo, ni; lat. non (ob ne + un? vgl. ahd. nein *Graff* I, 326).

na angehängt sskr. kaçk'a-na; zend. paç-nê u.s.w. (I, 127), griech. δεῖ-να, κεῖ-νο-ς, τη-νί-κα (für τη-νει vgl. I, 403, wo noch nicht ganz genau), ahd. fo-na, hi-na (*Graff* III, 523. IV, 697); sskr. nû-nam (vgl. nu) *sicherlich*; griech. νῦ-νί alter Loc. *in diesem* (Moment), wie sl. nüï-*nje* zeigt (*Kop.* Gl.), abgekürzt νῦν, νύν. — lat. non-ne.

[Verdoppelt sskr. nâ-nâ *dieses-jenes*, *manches*; zend. naema *halb*, sskr. nêma (*Bopp* V. G. 432) eig. *nicht ganz diess* (sondern nur halb).] Hierhin Suff. na griech. νο.

Zsgstzt mit gunirtem Pron. i (I, 1): sskr. ê + na in der Declination des Pronominalst. ê-tat (ênat I, 3. *Bopp* Gr. s. 269), goth. ai-na (ebds.), griech. οἰνο u. s. w. (I, 4 ff.). — Ferner mit Pronom. a (I, 1); sskr. a-na in der Declin. des Pronomst. idam (*Bopp* Gr. s. r. 270), sl. onü (*Kop.* Gl.) vgl. *Bopp* (V. G. 531 ff.), lth. ans *jener*, diese Bed. auch in sskr. ana-ka *der untere* (nicht an *dieser* sondern *jener* Seite).

Hieher die privativen Präfixe (vgl. *Pott* II, 130 ff.) mit der eig. Bed. *jene* (nicht *diese*, d. i. *andre*, d. i. *nicht*), vgl. das ähnliche deutsche ver (= sskr. para *jener*: *andre*) in *ver-gessen*, *ver-wünscht* u. s. w. Die griech. Urform ist ἀνα vgl. ahd. una (in unaholda *Grimm* d. G. II, 725); ἀνά-(ϝ)εδνος, ἀνά-(ϝ)ελπτος (die I, 356 falsch), ἀνά-πνευστος (I, 605 ebenf. noch nicht richtig). Wie sich sskr. nâ zu na verhält, so würde sich ἀνᾱ, ἀνη zu ἀνᾰ verhalten; diese Form ist wegen νη anzunehmen (vgl. weiterhin); in den folgenden Beisp. mit Ausnahme von ἀνή-πυστος trifft das privative Präf. mit Vokalen zusammen, daher zweifelhaft ob ἀνᾰ oder ἀνᾱ(η): ἀνήγρετος (spät); ἀνήκεστος, ἀνηκές; ἀνηκοΐα, ἀνηκουστέω, ἀνηλεγής, ἀνηλεής, ἀνήλιπος, ἀνηλιφής, ἀνήνεμος, ἀνήπυστος, ἀνήριθμος, ἄνηστις, ἀνώδυνος (ω wegen ο in ὀδύνη), ἀνώνυμος. Manche der hier erwähnten Formen lassen sich vielleicht auf das privative Präf. ἀν mit unregelmässiger

Dehnung des folgenden Vokals beziehn. Allein für meine Deutung entscheidet ἀνή-πυστος und die sichern Formen mit νη.— Denn da eine Menge Formen eben so wohl mit ἀνη als νη beginnen, so betrachten wir letztres als vorn verstümmelt: vgl. zu den erwähnten νή-πυστος; νήγρετος, νή-δυμος (vgl. δύω), νήκεστος, νηκουστέω, νηλεγής, νηλεής, νήλιπος, νηλιφής, νήνεμος, νήριθμος, νῆστις, νώδυνος, νώνυμος; ferner sicher mit νη anlautend: νῆϊς (νηϝιδ), νη-κερδής; νή-κερος (ρως); νή-λευστος; νή-λωπος, νη-παθής, νή-παυστος, νή-πεκτος; νη-πελέω (fragl. wegen εὐηπελέω); νη-πενθής, νη-πευθής; νή-πλεκτος; νή-ποινος; νή-ποτμος; νή-τιτος; νη-τρεκής (vgl. I, 674).

Mit Vokalen zusammentreffend und daher fraglich ob für νη oder νᾰ(ε): νηλητής (zw.); νηλιτής; νημερτής; νήριστος; νήριτος; νηΰγμιος; νηΰτμιος. — Mit ω (wegen folgenden ο) νώδος, νωπέομαι.

[Ferner das oben (I, 339) vergessene νήπιος, α, ον; *nicht sprechend, Kind* (vgl. in-fans); -ιάα, -ιέη, ἡ; -ίειος, -ίεος, α, ον; -ίαχος, η, ον; -ιότης, ἡ; -ιώδης, ες; -ιάω, -ιάζω; -ιεύομαι; -ιάχω, -ιαχεύω; ferner dahin, oder zu ἀπύω: νηπύτιος, α, ον; -ία, ἡ; -ιεύομαι. —]

νω mit ω für â in νωλεμής (vgl. S. 10) νωθής (andre zweifelhafte Formen unter den Wzw.).

So wie griech. νη sich als Abkürzung von ἀνη erwies, so kann man wohl auch die in den Sskrit-Sprachen erscheinenden, sskr. nă entsprechenden, Formen für Abkürzungen von ana (= griech. ἀνᾰ) nehmen; doch können sie auch sskr. na (S. 45) entsprechen; na privat. in sskr. na-kula *familienlos*; na-ga *nicht gehend, Berg* u. s. w.; na-muk'i u. aa. nicht so sichre; lat. nĕ in nĕ-fas, nĕ-go (go = sskr. khjâ, vgl. magis = mahîjas) aa., lth. ne in Zsstzg. (vgl. *Pott* I, 106); eine entsprechende Form im Griech. nicht ganz sicher νε-ποινῆ (*Poll.?*); über νέ-ποδες und νό-θος vgl. a. O.

Wie wir νη für ἀνη, na für ana nehmen, so tritt eine andre Verkürzung des privat. Präf. ana durch Verlust des schliessenden a ein, sskr. an, lat. in, goth. un (*Graff* I, 302. *Grimm* d. G. II, 775), griech. ἀν. Im Sskr. und Griech. hat sich diese vollere Form an, ἀν nur vor Vokalen erhalten; vor Consonanten ist das n eingebüsst: a : α (eine Ausnahme bildet vielleicht ἀμφασία (vgl. *Pott* II, 130) und das *hesych.* ἀγ-κορές = ἀκόρεστον, wenn richtig). Wo vor Vokalen blosses ἀ steht, ist es bei alten organischen Bildungen ein Zeichen, dass der auf das ἀ folgende Theil einen consonantischen Anlaut eingebüsst hat; nachweislich ist diess bei vielen einst mit ϝ angelauteten der Fall: ἀ(ϝ)αγής u. s. w. Als das ϝ spurlos verschwunden war, wurden auch viele von diesen Wörtern in die Analogie der vokalisch anlautenden hinübergezogen: ἄνυλος neben ἄϋλος; andre erhielten sich durch den Gebrauch. Falsche Analogie mag auch einige vokalisch anlautende mit blossem ἀ versehn haben (vgl. I, 230). Beginnt das auf ἀ priv. folgende Wort mit einer Liquida (λ, μ, ν, ρ), so tritt bisweilen Verdoppelung der Liq. ein: ἄ-λ-ληκτος, ἄ-μ-μορος, ἀ-ν-νέφελος, ἄ-ῤ-ῥιν.— Das α ist von Natur kurz. Die Fälle, wo es gedehnt erscheint ᾱ-θάνατος, ᾱ-κάματος, entstanden durch metrischen Zwang und sind hier durch usus fixirt. Höchst auffallend ist das homer. ἥκεστος, wohl ebenfalls für metrisch entstandenes ᾱ̓-κεστος, dessen ᾱ sich ion. in η trübte.

Die eig. Bed. ist nicht negativ, obgleich die damit gebildeten Wörter gewöhnlich so am leichtesten übersetzt werden können, sondern eig. bezeichnet ana : an : a und seine Repräsentanten in allen verwandten Sprachen, dass *etwas jenes*, d. h. *nicht dieses hat* (in der Zusammensetzung Bahuvrîhi, wie sie im Sskr. heisst), oder *ist* (karmadharaja), d. h. nicht *das, was es eigentlich haben oder sein sollte*. Diese Bed. sowohl, als die Zusammensetzungsfähigkeit hat in den verschiednen Sanskritsprachen vieles im Detail beachtungswerthe, was einer genaueren Auseinandersetzung werth wäre. Im Sskr. und Griech. erscheint 1. die Composition Bahuvrîhi, d h. die Zusammensetzung des Präfixes mit einem Substantiv, wodurch alsdann ein Adjectiv, mit der Vermittlung *habend*, entsteht, am häufigsten; so im Sskr. agha *Schuld*, an-agha *der keine Schuld hat*, griech. δολο *Trug*, ἄ-δολο-ς *der keinen Trug hat*. Auch das Latein hat diese Zusammensetz. aber seltner: barba : imberbus. Das Deutsche hat gar keine Spur mehr von dieser reichen Quelle der Composition. Wenn in dieser Zsstzg das zweite Glied ein Adjectiv der Form nach ist, so hat es der Sprachgeist doch als Substantiv begriffen. z.B. φιλο *lieb* aber in ἀ-φιλο (*freundlos* u. s. w.) liegt φίλος *Freund*, φίλον *Freundschaft* u. s. w. zu Grunde. — 2. Karmadharaja (wo der 2te Bestandtheil nur durch die Bed. des privat. Präf. afficirt wird). Im Griechischen fast nur in Adjectiven und Participien (im Sskr. auch Pronominaladjectiven); ἀμέτρητος, ον *ungemessen*; so auch im Sskr., Lat., Deutschen vorwiegend. Im Sskr. ferner aber schon mit Substantiven, z. B. krama *Reihe, Ordnung*, akrama *Unordnung*. Dieser Gebrauch ist vorwiegend im Deutschen: *Undank, Unmensch*. Im Griech. ist er sehr selten, in ἀΐστωρ, ἀκράτωρ, ἀδώτης sind die Suff. ursprüngliche Participia; bloss ἀνήνωρ, ἄνανδρος, ἄγαμος, ἄπολις, in welchen auch die ursprüngliche Bed. des ἀν (ähnlich wie in sehr vielen deutschen Bildungen der Art) anzumerken ist. Im Lateinischen ist ursprünglich dasselbe Verhältniss wie im Griech. in dieser Beziehung zu statuiren; die scheinbaren Ausnahmen finden sogleich ihre Erklärung. — Hieher gehört auch die Zsstzg mit Verben, wie im Lat. ne bei Verben erscheint: ne-scio, (ne-volo) nolo aa. Diese kennt mit an und den Repräsentanten desselben keine der verwandten Sprachen; bloss in einem der Sanskrit-Dialekte findet sich a-bhû *nicht sein* (Asoka-Inschrift Journ. of Beng. 1837 March. S. 260).

Aus diesen beiden Compositionsweisen (z. B. 1. ἄβουλος, 2. ἄβατος) lassen sich nun der individuellen Bildungsfähigkeit nach neue Derivationen machen: ἀβουλέω, ἀβατόω u. s. f. Hier darf man sich nicht irren lassen, wenn Bildungsarten hervortreten, bei denen diese ihre Grundform fehlt. Im Sprachgeist liegt der Sprachorganismus so vollständig gegliedert, dass auch diejenigen Formen sich herausstellen können, denen die Unterlage, auf welcher sie im Sprachgeiste ruhen, historisch fehlt; so erklären sich lat. Formen wie illuvies, obgleich der Sprachgeist der Römer Formen wie immoderatio u. s. w., infirmo (Verba) u. s. w. auch schon als reine Gegensätze von moderatio, firmo, nicht als aus immoderatus, infirmus hervorgegangen betrachtet haben mag. — Hieher gehören denn auch die Adverbia, deren Nomina oder Adjectiva verloren, oder nie gebraucht sind, wie *ἄκην*, die man vom Standpunkt des Sskrits zur 6ten Classe der Composita rechnen müsste. —

Wie in dem letzten privat. Präf. an das schliessende a verloren war, so auch im lat. Fragwort an (vgl. non-ne, sskr. na-nu). Die Frage geht vom dualistischen Gegensatz aus: *jenes oder dieses* (vgl. auch I, 273, oben gael. nò *oder*, sskr. na-vai *oder wohl, vielleicht*, das goth. ebenf. fragende an (*Bopp* V. G. 537)). Hieher griech. *ἄν*, welches aber nur die Unsicherheit, die noch nicht zur Frage geworden ist, ausdrückt (*Bopp* a. a. O. *Pott* II, 135, 138): *ἐάν* (f. *εἰ* (I, 401 wo falsch; es gehört zu I, 452, steht für ʽϝει = lat. si), + *ἄν*), *ἤν*, *κἄν*. —

[Sskr. anô für ana + u (vgl. S. 45) *nein*].

Wie hier ana in an verkürzt erschien, so auch im Sskr. in an-tas *innen*, eig. *von jenem her* (Suff. tas = lat. tus). Da diesem griech. *ἐν-τός* lat. in-tus entspricht, so ist es keine Frage, dass auch hieher gehört: griech. *ἐν*, lat. in, goth. in (vgl. *Bopp* V. G. 538), lith. i, lett. ee; obgleich diese Formen allsammt einem sskr. an entsprechen würden, so ist doch vielleicht ein Schlusslaut abgestossen. Dazu *ἔν-θα* (Suff. altsskr. dha S. 30), lat. indu; *ἐνθάδε* (über *δε* I, 388); *ἐνταῦθα, ἐνταυθοῖ* (vgl. I, 274). — *ἔν-δον* (Acc. N. des Suff. *δjο* I, 388, anders *Pott* II, 61, 310, I, 261); *ἐνδοῖ* (Loc.), *ἔνδοι, ἐνδόθι, -δόθεν; ἔνδινα, τά Innre, Eingeweide*; *ἐνδ-απός, ή, όν* (vgl. I, 127 wo falsch); *ἐνδογενής, ἐνδουχία, ή*. — *ἐντός, ἐντόσθι, -τόθι, -τοσθε; ἐντόσθια, τά*. — *ἐνί* = *ἐν* + hi (I, 154 und Pron. χ), aber *ἔνι* eine Contraction von *ἔνεστι*.

ἐν + tja in der Form *σε* (I, 388), *ἐνσε* mit Verlust des *ε*: *ἐς, εἰς; ἔςτε*. — im Ablat. *ἔσω* für *ἐσωτ; εἴσω; ἔσωθεν; ἐσώτερος, α, ον; -ριον, τό; -ρικός, ή, όν; ἐσώτατος, η, ον*. —

[*ἴν* = *ἐν* cretisch; ferner in *ἰγνύα, ἡ* (*Pott* II, 162), *ἰσχερώ* (= *ἐνσχερώ* I, 385); *ἴγκρος* (f. *ἐν* + *καρα Hes.*) und auch *ἴγνητες* (I, 3) = *ἐνδογενεῖς*].

Das hieher gehörige sskr. anaka *unter* ist schon erwähnt, demnach kann der Bed. nach sskr. adhas hieher gehören. Dass hier n vor dh eingebüsst sei, zeigt Folgendes; an eine Form ohne s: adha (sskr. dhas: dha wie *θε*: *θεν* vgl. *θεν*) schliesst sich das alte comparativische adhara *untere*. Diesem entspricht genau, aber mit n, goth. undar und, mit f = dh, wie so oft (ruf-us sskr. rudhira), lat. inferu; wir dürfen also als organische sskr. Form a(n)dhas nehmen (vgl. nun auch sskr. a-dhi *oben* mit *ἀνά* und also für an-dhi). An a(n)dhara schliesst sich griech. *ἐνερο* für *ἐνθερο*, wo durch rückwirkende Assimilation (*ἐννερο*) *θ* eingebüsst: *ἔνεροι, οἱ* inferi; *ἔνερ-θε, -θεν*; und mit Verlust des anl. *ε*: *νέρθε, -θεν* (für *ροθε*); *ἐνέρτερος, νερθέριος, α, ον* (anders *Pott* II, 167).

Eine Art Comparativ-Bildung von sskr. an in der Bed. *in* ist sskr. antra *Eingeweide* (ἔνδινα, ἐντόσθια), griech. ἔντερον, τό; -ρικός, ή, όν; -ρεύω; διεντέρευμα, τό; δυσεντερία, ή; λειεντερέω; -τεριώδης, ες; μεσεντέριον, τό. —

Volle Form: griech. ἀνά (vgl. *Pott* II, 132, 151) *oben* (auf *jener* Seite, Gegens. *von unten nach oben*, wie in adhas *unten*: *von oben nach unten*; man hat sich des Menschen Hand als Maassstab in die Mitte zu denken), goth. ana (*Graff* I, 273), slav. na (verstümmelt) und weiter formirt nadü (*Kop*. Gl. dü = sskr. dha); ἄνω (vgl. ἔσω), ἄνωθεν, ἀνώτερος, α, ον; -τατος, η, ον; ἐπάνωθι (äol. ὀν = ἀνά). — In Zsstzg. zu ἀν und vor σ zu ἀ verkürzt (ἀσκαίρω I, 621 u. sonst); ἀνεκάς, -κάθεν (vgl. I, 349).

Wie aus pra sskr. pra-ti (vgl. I, 141), aus Pron. a sskr. a-ti, so aus der verkürzten Form an: an-ti (erst jetzt belegt durch *Bhag*. Pur. II, 7, 8; III, 4, 26); ich werde weiterhin vermuthen, dass das t hier superlativisch sei (i ist wohl alte Verstümmelung von ê: Locativ); dann heisst an-ti *im jenesten*, *grade jenseits*, *gegenüber*, an den angeführten Stellen coram; davon das schon früher bekannte sskr. anti-ka *Nähe*, antikât *gegenüber*. Griech. ἀντί (*Pott* I, 176; II, 148; *Graff* I, 352, 363) *gegenüber* u. s. w., ἀντίος, α, ον (Suff. ja vgl. sskr. antja *letzte*, von dem gleich zu bemerkenden anta); [ἀντιάς, ή *die Mandeln am Halse*?]; ἀντιάω, ἀντιάζω, ἀντιόω, ἀντάω, ἀντέω, ἄντομαι (vgl. I, 11, von denen einiges besser hieher käme und ἐναντιωματικός, ή, όν hinzuzufügen ist).

Haben wir mit Recht bei sskr. anti eine Form an-ta zu Grunde gelegt, so ergiebt sich ἄντην als dessen Acc. Fem. und ἄντα, wohl als Instrument. für antajâ. Dazu lat. ante; ἀνταῖος, α, ον (vgl. auch *Pott* I, 116). — Nun auch hieher sskr. anta *das jeneste, Ende* (vgl. νεα-το novissimus μέσατος, πρῶτος und sskr. antima), goth. andi (*Graff* II, 354). —

Durch Comparativ-Suff. tara: an-tara eig. *ein jener-er*, d. h. *ein andrer* (im Sskr. Bed. 15 bei *Wils*. 1ste Ed. *Bopp* Gloss. sscr. Ed. 2), goth. anthar (*Graff* I, 370), litth. antras, lett. othrs, lat. alter (für anter). Ihm würde griech. ἐντερο entsprechen; daraus durch Assimilation εττερο und mit Verlust des einen τ: ετερο. Endlich tritt unorganischer Spir. asp. vor, wie in I, 6, 15, 26, 27, 66, 149, 160, 246, 307, 325, 418, 438, 501, 502 und sonst vielfach; so entsteht ἕτερος, α, ον (anders *Pott* II, 303 ff.); -ρῃ; -ρηφι; -ρωθεν; (-ρῶτα äol.); -ρωθι; -ρωσε; -ρότης, ή; -ρόω; -ρωσις, ή; -ροῖος, α, ον; -ροιότης, ή; -ροιόω, -ροίωσις, ή. ἀνετεροίωτος, ον; ἄτερος (für ὁ ἕτ.), θατέρου u. s. w. (vgl. noch *Pott* I, 107).

Sskr. antarâ alter Instrumental *ohne*, d. h. *durch anderes als* (etwas) (vgl. H. A. L. Z. 1838 Ergzb. 327 und deutsch *sonder*, welches aus sskr. sva + antar besteht), griech. mit Verlust des n und der Endung: ἄτερ *ohne*, ἄτερθε, -θεν; ἀταρ in ἀτάρμυκτος (*ohne zu blinzen* von μυσσ I, 532), dann *furchtlos* (das *hesychische* ταρμύζομαι ist aus ἀταρμυκτο von Sprachunkundigen formirt).

[Mehr zu der Bed. *in* gehört sskr. antar *zwischen* (organisch verschieden von antas), oscisch anter (*Grotefend* Rudim. ling. Oscae 10), lat. inter, zend. antare (*Burn.* Comm. s. l. Y. I, 284)].

An das Comparativsuff. îja(n)s lehnt sich die 2te comparative Bildung sskr. anja, ebenfalls *andrer* (vgl. S. 30. *Höfer* Beiträge I, 74 und sskr. dvi-tîja mit griech. δευ-τερο und wiederum sskr. tur-ja mit dvi-tîja). Verwandte bei *Bopp* (V. G. 539), *Pott* (I, 107, 114, 128, II, 136 ff. 147, 309), *Diefenbach* (Celt. I, 17); slav. inü (*Kop.* Gl.) nje (in Compos., wie lat. ali *Kop.* Gl.), lat. aliu, lth. alle und griech. ἀλλο (für αλjο, wie im Latein): ἄλλος, η, ο (für οτ; lat. aliud = sskr. anjat); -λά; -λη; -λην; -λοθεν; -λοθι, -λοθα, -λοσε; -λυδις (vgl. I, 388); -λαχόθι (Suff. sskr. ha = dha); -λαχόθεν; -λαχόσε; -λαχοῦ; -λαχῆ; ἄλλοτε, ἄλλοκα (sskr. anja k'a?); ἀλλοῖος, α, ον; -ιότης, ἡ; -ιόω; -ίωσις, ἡ; -ίωμα, τό; -ιωτός, ή, όν; -ωτικός, ή, όν. — ἀλλότριος, α, ον (gebildet aus einem dem sskr. anjatra *anderswo* entsprechenden Adverb.); -ότης, ἡ; -όω; -ωσις, ἡ; ἀλλοδ-απός (vgl. I, 127). ἀλλ-άσσ-ω; ἀλλάξ; -λαξις, ἡ; -λαγμα, τό; -λαγή, ἡ; -λακτικός, ή, όν. — ἀντάλλαγος, ον; ἀνταλλαγματικός, ή, όν; ἀπαλλαξείω; εὐαπάλλακτος, ον; διαλλακτής, -τήρ, ὁ; -τήριος, α, ον; ἐναλλάγδην.

ἀλλα + αλλα wird ἀλληλο (so sskr. anja + anja : anjônja): ἀλλήλων *einander* u. s. w., -λίζω; — ἐπάλληλος, ον; -λία, ἡ; καταλληλότης, ἡ; παραλληλισμός, ὁ. —

[Hieher *Pott* (II, 392) μέταλλον (weil es *mit andern* gemischt gefunden wird), vgl. meine Etym. I, 257 die eben so unsicher; ich vergleiche jetzt slav. mjedi *Erz* (*Kop.* Gl.)].

Wie antarâ *ohne* ward, so auch aus anja : anjatra (*Bhag.* Pur. I, 4, 13); so im Griech. ἄνις (= sskr. anjais Instrum. Plur.) *ohne* und ἄνευθεν, ἄνευθε für ἄνεοθεν für ἀνjοθεν (vgl. über sskr. ja = εο *Pott* I, 114); wo das organische ν erhalten ist (θεν = sskr. dhas vgl. θε); ἄνευθεν ward dann verstümmelt in ἄνευ *ohne* (vgl. H. A. L. Z. 1838 Ergzbl. S. 327, aber auch weiterhin ὕπερφεν).

Pronom. n mit i; als Pronom. 3 bloss im Griech. νίν *ihn*. Im Sskr. in dem Suff. nîm (in idâ-nîm *Bopp* Gr. sscr. p. 277) Acc. fem. — Ferner in Fortbildungen: ni-mna *tief* (*jenes nach unten* vgl. S. 36), ahd. ni-dar (= einem sskr. ni-tra), slav. nizük niz'ï (*K.* G.); ferner sskr. ni-tja (eig. sich nach *jener* Richtung fort und fort bewegend d. h.) *ewig*; nî-k'a *niedrig* mit langem î gehört auch hieher. Eben so die sskr. Präf. ni, nis, deren Bedd. sich aus den, in diesem Pronominalstamm hervorgetretenen, erklären. Von ni erscheinen einige Spuren im Griech. (vgl. I, 301 ff., 339, 365, 394, 395, 682, vielleicht auch in νενίηλος I, 63).

n mit u: lat. num (vgl. nonne, ne u. aa. vorgekommene) Neutr. (wie nam) und nun-c. Hieher sskr. nu (*eben*), goth. nu, slav. nü (*K.* G.), lett. nu (vgl. noch *Pott* II, 149, 303), griech. νύ; vgl. noch sskr. nanu; nû oben (S. 45) in νῦνι u. s. w. u. sskr. nû-nam (S. 45).

Mit a (Pronom. S. 45) zsgstzt gehört hieher sskr. anu *nach* (d. h. *hinten* für *unten*: Gegensatz (*jenes*) von oben).

In νῦν tritt die Bed. *jetzt, eben* hervor; im sskr. anu die von *nach* (*unten*). Im griech. νεο, νειο sind die Bedd. *oben, nach* und *unten* verbunden (vgl. *neu*, νέατος, novissimus und νείαιρα). Daher hieher sskr. nava *neu: was eben* (*ist, erscheint* u. s. w.) (vgl. auch *Pott* I, 160, II, 132), lat. novo, slav. novü (*Kop.* Gl.), griech. νέϝο: νέος, α, ον *neu*; νεώτερος, α, ον; νεωτερίζω, -ρισμός, ὁ; -ριστής, ὁ; -ρικός, ή, όν; νεώτατος, νέατος, η, ον; νεάτη, νήτη, ἡ; νεόω; νέωμα, τό; -ωσις, ἡ; (νεωτός, όν zw.). — νεάω, -άζω; -ασις, ἡ; -άσιμος, ον; -ασμός, ὁ; νεατός, ή, όν; -τίς, ἡ. — νεότης, ἡ; -τήσιος, ον; νεοίη, ἡ. — νεαρός, ά, όν; νεῖος, α, ον (durch Suff. ja vgl. sskr. navja, lth. naujas, goth. niwis) *neu* und *unten*; νειόθι, νειόθεν (auch νεόθεν); νειότατος, νείατος; νειάτιος, α, ον; νειός, ὁ.

Zu der Bed. *unten*: νείαιρα, ἡ, *untere* (fem. Form von νεϝαρο würde mit sskr. î νεϝαρî; diesem î entspricht griech. ja νεϝαρja, welches auf gewöhnliche Weise νεϝαιρα wird; εϝαι in ει zsgzog. entsteht) νεῖρα, νείρη, ἡ *der Unter-(leib)*.

νεάν, νεᾶν, ὁ (Suff. an); νεᾶνις, νεῆνις, ἡ *Jüngling, Mädchen*; νεανίας, ὁ (Suff. ja); νεανικός, ή, όν; -νίσκος, ὁ; -νεια, ἡ; -νιεύομαι; -νίευμα, τό; -νιεία, ἡ; νεανίζω; νεανισκεύω; -σκευμα, τό. —

[Zu der Form νεϝαν: νέανσις, ἡ = νέασις].

νέᾱξ, ὁ.

An die Form mit Suff. ρο (νεϝ-ρο) νεβρός (mit β = ϝ: v wie oft), ὁ *das Junge vom Hirsch* (vgl. *Pott* II, 235); -βρώδης, ες; -βρίας, ὁ; -βρειος, ον; -βρῆ, -βρίς, ἡ; -βρίδιον, τό; -βρίτης, ὁ; -βρίζω; -βρισμός, ὁ. —

Durch Suff. σσο = sskr. tja: νεοσσό-ς (nava-tja vgl. S. 30), νεοττός, νοσσός (εο = ο), ὁ *junges Thier* (vgl. *Pott* I, 45, 53, II, 43); νοσσάς, νοσσίς, νεοττίς, ἡ; νεοσσίον, νεόσσιον, -όττιον, νοσσίον, νοττάριον, τό; νόσσαξ, ὁ; νεοσσία, νεοττία, νοσσία, ἡ; νεοσσιά, νεοττιά, ἡ; νεοσσεύω, νεοττεύω, νοττεύω, νοσσεύω; νεόττευσις, νεοττεία, ἡ. —

νεώσσω; νεοχμός, όν; -χμόω; -χμωσις, ἡ; -χμησις, ἡ; -χμία, ἡ; -χμίζω. —

νέωτα (wohl dialektisch (mit Verschiebung des Accents) wie ἑτερῶτα äol. für ἑτέρωθεν), νηγάτεος, wo νη für νεη.

[Im Sskr. wird aus nava durch die Suff. ta, tana (contrah. tna), nû-ta, nû-tana, nû-tna, dahin gael. nuadh *neu*, naoidhean *Kind*].

Wie nava aus nu, so kann aus sskr. anu (S. 50) anava entstehn; dies wird mit aus *nach* hervorgegangener Bed. *nachherig, folgend* heissen. Wenn sich nun die Bezeichnung der Zahlen aus der Abzählung mit dem Daumen an den übrigen 4 Fingern jeder Hand entwickelte (vgl. I, 243), so war *acht* in diesem Sinn die letzte Zahl und *neun* die *folgende*. Daher lässt sich griech. ἐννέα für ἐνεϝα hieherziehn. Die übrigen Sprachen haben übrigens nichts dem im Griech. anlautenden ε entsprechendes (sskr. navan u. s. w. *Bopp* V. G. 445. *Pott* I, 107, II, 137, 167. De Lith. Bor. Princ. 22. *Graff* II, 1091); wenn man dieses daher für einen unorganischen Zusatz erklärt, so kann sskr. navan auch zu nava (die *neue* Zahl) gehören. Im Griech. ist jede Spur des suffixalen sskr. n verloren; aus dem lat. novem kann man fast schliessen, dass es für ursprünglich m stehe und eine neutrale Form vorliege. Zu ἐννέα: ἔννατος, ἔνατος, η, ον; -ταῖος, α, ον; ἐννεάκις; ἐννεάς, ἡ; ἐννεαδικός, ή, όν; ἐνενήκοντα, ἐννενήκοντα (wo ἐννε-νο für ἐννα-το zu Grunde liegt, mit Suff. sskr. na = sskr. ta), ἐννακόσιοι, αι, α; -σιοστός, ή, όν. Mit ειν = εννν: εἴνατος, εἰνάς, εἰνάκις (vgl. noch δέκα).

[Wir haben oben (S. 49) sskr. anta *Ende* zu diesem Pronomst. gezogen, so vielleicht auch zu sskr. anu ἀνύω (I, 127)].

Zu diesem Pronst. (ν) gehört endlich wahrscheinlich: ἔνιοι *einige*; allein die Formation ist nicht genauer zu bestimmen; am ehesten zu ϝεν (*eins* I, 5), wie ahd. einag zu goth. aina (*Graff* I, 327, vgl. Wzllex. I, 5), mit Abfall des Digamma. Die Ableitung ἔνι (für ἔντι dor.) οἵ (welche selbst *Pott* II, 290 zu billigen scheint) ist nicht haltbar. Denn aus Dialekten dringen dialektische Wörter im Allgemeinen nur dann in die κοινή, wenn sie etwas der Provinz, welcher der Dialekt gehört, eigenthümliches, von daher aufgenommenes bezeichnen (z. B. *technisches*; Bezeichnung von Maritimen, z. B. von den Aeoliern insbes. u. s. w.); ein so allgemeines Wort wie *einige* aber existirt eher in allen Dialektformen zugleich. Dazu: ἐνιότε, ἐνιαχοῦ, ἐνιαχῇ. [An ahd. wenag *miser, wenige* (*Graff* I, 889) ist nicht zu denken; zu letzterm gehört sskr. ûn-a, lat. un(-de-viginti), gael. fann *schwach*, griech. εὖνις (I, 125); diese gehören alle zu einer Wz., welche im Sskrit van lautet (vgl. I, 335); ihre eig. Bed. ist *abnehmen* (wie jene Formen zeigen), *mangeln*; aus letztrer Bed. tritt die von *verlangen* hervor, in welcher sie uns am a. O. entgegentrat; ob sich die weiteren *bitten, helfen, nützen* (in denen sie dort ebenfalls erscheint) daraus entwickelt haben, oder noch eine andre im Sskr. u. s. w. gleichförmige, aber verschieden bed. Wz. anzunehmen ist, will ich noch nicht entscheiden. van in der Bed. *abnehmen* mit sa componirt würde savan, nach alter Sitte (wie gewöhnlich) contrahirt: svan; dieses erscheint in goth. suin-an *schwinden* (I, 177 falsch), mit Verlust des v (I, S. 462 u. oft), in lat. sen-ex, goth. sineigs u. s. w. (*Pott* II, 148), celt. sean (*Diefenb.* Celt. I, 164). Da a durch Vriddhi gedehnt wird, so ziehe ich jetzt zu van lat. vān-us *nichtig* (*zusammengeschwunden*) wegen der Bed. von van-esco (falsch I, 262)].

(√ ν: σν mit den drei Urvokalen a : i : u). Im Sskr. snâ *sich waschen*. Die Wzbed. ist, wie sich im Fortgang durch die Vgl. ergiebt, *im Zustande des Feuchtseins* (vgl. *Pott* I, 198, *Bopp* V. G. 146), zend. çnâ (*Burn.* Comm. Y. N. XVII). Verlust des s schon im Sskr. nâ-ra *Wasser*, ahd. na-tra (*Graff* II, 1051), N. p., nâva (*Grimm* d. Gr. I, 148) aa., lat. nare, griech. νο, mit kurzem (ursprünglicheren) Vokal: νο-τίς, ἡ *Feuchtigkeit*; Νότος, ὁ der (*feuchte*) *Südwind*; νότος, ὁ *Regen*; νοτερός, -τηρός, ά, όν; νότιος, α, ον; -τιώδης, ες; νοτία, ἡ; -τίζω, -τέω, -τιάω; -τισμός, ὁ; ἀνότιστος, ον. —

Mit langem Vokal: νᾱ: ναρός, ά, όν (vgl. sskr. nâra) *feucht*; νηρός, ά, όν: Νηρεύς N. p. νηρίτης, ὁ auch ἀναρίτης eine *Meerschnecke*; vertritt hier α das organ. σ (wie in ἐννο = ννο = sskr. snushâ I, 303, wo ich meine Etym. gegen die von *Höfer* (Beitr. I, 393) aufgestellte von sunu *Sohn* (√ su *zeugen* I, 410), so dass es die *Sohnesfrau* (sunu-sbjâ) heisst, aufgebe)? (vgl. *Pott* II, 167). Gehört hieher νήριον, τό *Oleander*? νάρω, ναίρω *saugen*?

wahrscheinlich *νῶροψ* (*νω* = sskr. **nâ**), *ὁ* (*wasserfarbig?* vgl. sskr. **nîla** *dunkelblau*, was vielleicht zu **nîra** *Wasser*).

Wzf. mit i in sskr. **nîra** *Wasser* und sekundären Bildungen (vgl. weiterhin).

Wzf. mit u: **snu** *tropfen*, als Verbum im Prakrit belegt (*Delius* Radd. Pracr. 25), dazu im Sskr. **snava** *Tröpfeln*, **snuta** *tröpfelnd* u.s.w., gael. **snamh-aidh** *schwimmen* u.s.w., griech. mit Verlust des *σ*: *νάω* (wegen des äol. *ναύω*) für *νάϝω* *fliessen* u.s.w., *ναϊάδες, αἱ.* Zweifelhaft ob zu *νᾱ* oder *νυ*: *νᾶμα, -μάτιον, τό; ναματιαῖος, α, ον; -τώδης, ες; ἀνάματος, ον;* sicher zu *νυ*: *ἀείναος, ἀένναος, ον; ἀειναής, ες;* — zweifelhaft ob zu *να, νυ* oder zu einer dem ahd. **naz** ((*Graff* II, 1014) = einem sskr. **nad**) analogen sekundären Bildung *νασμός, ναθμός, ὁ; νασμώδης, ες.*

νέω für *νέϝω* (wie *νεύσομαι* zeigt) *schwimmen; νεῦσις, ἡ; νευστάς, ἡ; νευστικός, ή, όν; νευστήρ, -στης, ὁ.*

Sskr. mit Verlust des s und Vriddhi **nau** (das *schwimmende*) *Schiff*; griech. *ναῦς, νηῦς, ἡ; ναύτης, ὁ; ναύτρια, ναῦτις, -τίς, ἡ; -τικός, ή, όν; -τίλος* (ob zu √ sskr. **trî** *übersetzen?*), *ὁ; -λία, ἡ; -τίλλομαι; ναυτία, ναυσία* (*τ* vor *ι* in *σ*); *ναυτιόεις, -σιόεις, εσσα, εν; -τιώδης, -σιώδης, ες; ναυτιάω, ναυττιάω, -σιάω; -σίασις, -σίωσις, τίωσις, ἡ;* [*ναῦσθλον* (aus *ναυστολον* zsgzg., *θ* wegen *λ*), daraus *ναῦλον, τό, -λος, ὁ; -λόω*].

sskr. **au** in *ευ* vor Vokalen *εϝ*: *νεών, ὁ; νεώριον, τό* (vgl. *ὁράω* *ϝορ* *wahren*); *νεῖος, α, ον* (Gramm.); sskr. **au** in *ηυ*: *ηϝ*: *νήϊος, α, ον; νηΐτης, ὁ; νηϊτικός, ή, όν.* — [*ἀναυλεῖ*]; *λειποναύτιον, τό; ταχυναυτέω; ἀρχένεως, ων; ἐντερόνεια, ἐντεριώνη* (*ἐντερο* vgl. S. 49); *ἐπίνειον, τό; μεσόνεοι, οἱ* (ahd. **nacho** *Graff* II, 1004); [ob hieher *ναυρός, ὁ leichtsinnig?* Gramm.].

Hieher ziehe ich *αἰοναίω betröpfeln*, anlautend *αι* = sskr. **abhi** (vgl. zend. **aiwi** = sskr. **abhi** und (*τιμ*)-*αις* = sskr. **âbhis**) und *ο* in *οναω* = dem organisch. *σ* (S. 52); *αἰόνησις, ἡ; -νημα, τό.*

Sekundäre Formen: sskr. Causale von **snâ** heisst **snâp-aj** *reinigen*; dahin, mit Schwächung des a in *ι* wegen folgender 2 Consonanten (vgl. *ὀρεγ*: *ὀριγνα* aa.) *νίπτω waschen*; thematisches *β* für sskr. p, wie oft; *νίμμα, τό, νιπτήρ, ὁ, -τρίς, ἡ; -τρον, τό; ἄνιπτος, ον; ἔκνιψις, ἡ; κατανίπτης, ὁ; χέρνιψ, ἡ, χέρνιβον, -βιον, τό* (vgl. noch *Pott* II, 31, 196, *Bopp* V. G. 131).

Als eine auf griech. Boden gebildete Nebenform von *νιπτ* durch *νιττ*: *νισσ* lässt sich *νίζω* betrachten; vielleicht ist es aber auch eine sekundäre Form durch Guttural (vgl. sskr. **nir-nikta** *gewaschen*). Durch *χ*: *νή-χω schwimmen*; (*νηχεῖον, τό* zw.); *νῆξις, ἡ; νηκτός, ή, όν; -τικός, ή, όν; νήκτης, -τωρ, ὁ, -τρίς, ἡ; ἀερονηχής, ές; ἁλινήκτειρα, ἡ.*

[Gehört hieher *νήχυτος, ον reichlich fliessend?* Will man die Composition mit *χέω* festhalten, so muss man in der That annehmen, dass sich hier jemand durch die zufällige Uebereinstimmung des privativen und epitatischen *ἀ* auch zu einem ähnlichen Gebrauch des privativen *νη* verleiten liess].

Wie *Νάξος*, dialektisch für *νασσος* = *νᾶσος, νῆσος Insel, ἡ* zeigt, gehört letztres auch hieher; *χιο* in *σσ* (vgl. *θᾶσσον* aa.) und um die Verdoppelung zu meiden der Vokal gedehnt. *νησίον, -σί-*

διον, τό; -σίς, ἡ; -σίτης, ὁ, -σῖτις, ἡ; -σιώτης, ὁ; -σιῶτις, ἡ; -ωτικός, ή, όν; -σαῖος, α, ον; -σίζω, -σιάζω; χερσονήσιος, α, ον; -σιώδης, ες.

Wegen der Formähnlichkeit erwähne ich hier νῆσσα, ἡ *Ente* (die schwimmende), allein wie lat. anat (vgl. auch ahd. anut (*Graff* I, 335), lith. antis, russ. ut-ka) zeigt, ist hier σσα = Suff. sskr. tja (vgl. S. 30) [lat. a für das organische s?]; νησσάριον, νηττάριον, νήττιον, τό; νησσαῖος, α, ον.

[sekund. Form durch √ dhâ zend. ç nàdh *Burn.* Comm. s. l. Y. 361].

Sekundäre Form aus der Wz. mit i durch Gutturale, gael. nigh-idh *waschen*, sskr. (nir)nik-ta (Wzf. nig'?); mit sskr. h in snih *feucht sein, zerfliessen*, wie snêha *Oel*, snêhana, snêhin *Maler* zeigt; die gew. Bed. von snih als Verbum *lieben* ist eig. *in Liebe zerfliessen*. An diese Form lehnt sich mit Verlust des s sskr. nihara und Dehnung des i (wie in sskr. nîra) nîhâra (der zerfliessende, *schmelzende*) *Reif.* Der vollen Form snih entspricht im Zend regelrecht çniz (vgl. *Burn.* Comm. s. l. Y. I, N. XCIV. *Lassen*, Keilinschriften 77) vom Fallen des *zerfliessenden, schmelzenden Schnees* (vgl. zend. çnao-dha *Schnee* von der Wzf. snu + √ dhâ). Der Schnee heisst goth. snaivs für snai(h)v(a)s, mit Guna (ai für i) Verlust des h, wie so oft, und Suff. va, wörtlich *der Schmelzende*; davon das Denominativ snaivan *schneien*; eben so ist, wenn auch nicht der Form, doch dem Begriff nach, zend. çniz *schneien* aufzufassen; vgl. noch litth. snėgas (wo ė Guna) *Schnee*, snigti *schneien* u. s. w., lett. ssnigt, slav. cnjegü (*Kop.* Gl.), wo je Guna, *Schnee*; gael. sneachd *Schnee* und snidh *tröpfeln*, wo dh für gh, wie im Gael. oft. — Indem s abfällt und wie im Goth. Suff. va angehängt wird, entsteht lat. nih-v(a)s Nom. nix, mit Ausstossung des a, wie im Goth., und v zwischen hs, so dass diess x wird, Gen. u.s.w. ni(h)v-is; dass diese Erklärung richtig, zeigt ausser der Analog. des Goth. das Denomin. ni(n)gv-o für nihvo; wegen ng für h vgl. angui = sskr. ahi u. aa. Ganz eben so wie im Goth. und Lat. ist nun auch im Griech. aus νιχ = nih = snih durch Suff. ϝα : νιχϝα gebildet, allein durch Einfluss des Digamma und, da auch sonst χ und φ verwandt, ist νιχϝ in νιφ übergegangen. Auf dieselbe Weise wie im Lat. nihva ist auch νιχϝα : νιφα in die consonantische Flexion hinübergezogen, wovon wir schon viele Beispiele im Griech. hatten; daher Acc. νίφα, τὴν *Schnee*, die einzige erhaltne Form des Thema νιφ = νιχϝ. Davon: νιφάς, ἡ; -φόεις, εσσα, εν; -φετός, ὁ; -τώδης, ες; νίφω; gunirt νείφω (vgl. snai(h)van), welches jedoch zw. — ἀγάννιφος, ον; πολυνιφής, ές.

Wir sahn aus der Wz. sn(â, i, u) Wörter mit der Bed. *tröpfeln, regnen* hervortreten, sahn ferner in allen verwandten Sprachen s abfallen, drittens eine Form mit kurzem a (vgl. νό-τος), wissen endlich, dass sskr. bh ein sekundäres Wzelelement ist. Daher ziehe ich hieher sskr. nabh in nabhas (die *regnende* Wolke); anders *Pott* (I, 199), *A. Benary* (Röm. Lautl. I, 121); verwandte bei *Pott* (I, 107), wozu slav. nebo (*Kop.* Gl.); griech. νέφος, τό *Wolke* u. s. w.; -φιον, τό; -φώδης, ες; -φόω, -φωσις, ἡ.

νέφω, νένοφα, wie *νίφω* formirt, aber nicht damit zu identificiren (wie selbst *Lobeck* in *Buttmann* Gr. Gr. II, 247). — *νεφέλη* (vgl. **nebula**, goth. **nibls**), *ἡ; -ληδόν; -λιον, τό; -λώδης, ες; -λωτός, ή, όν.* — *ἀγχινεφής, ές;* [*ἀεινεφίς* (*Etym. M.*)]; *ἐκνεφίας, ὁ; ἐπινεφέω; ἐπίνεψις, ἡ; συννέφεια, -φία, ἡ;* — *ἀνέφελος, ον; πολυνεφέλας, ὁ.*

[Wenn **umb-ra**, der *durch* ***Wolken*** *entstehende* ***Schatten*** ursprünglich ist, so verhält sich **umb** zu sskr. **nabh** wie **ung** in **ung-ula** zu sskr. **nakh-a** und ähnlich wie **umb-ilicus** zu sskr. **nâbh-i**].

ναῖρον, τό ein indisches Gewürz, vgl. sskr. **nara-m** nach *Wils.* **a fragrant grass, commonly Ramcapoor.**

νάρκαφθον, νάσκαφθον, λάκαφθον (λ für ν wie oft), *τό* ein indisches Gewürz, wohl aus dem sskr. **nakha**, **nakhî**, **nakharî**, Namen von Parfüms; *αφθο* könnte zu I, 267 *anzünden* gehören.

(*ναρκ, σναρκ*). Im Deutsch. entspricht der Form nach *schnarchen* vom Ton, der durch die Nase kommt, beim tiefen Schlaf, daher im Griech. *tief schlafen.* Mit *schnarchen* identisch ist lett. **ssnurg-ulas** *Rotz* (durch *Schnäuzen* hervorgebracht), **sschnurg-t** *den Schnupfen haben,* **sschnarg-als** *Rotz;* lith. **snarg-las** u. s. w.; **sznurkssle** *Schnauze;* der schliessende Guttural ist sekundär, wie goth. **snairr-an** *schnarren* und *schnurren* zeigt. Dieses verbindet sich mit sskr. **nard** *tönen* (vom Brüllen des Löwen), da d gewöhnlich sekundär ist und anlautendes s abfällt, und **nar-man** *heitres Spiel,* eig. wohl das *Lärmende, Rauschende* (vgl. den Namen des rauschenden Flusses **Narmadâ**). Die hier entgegentretende Wzf., aus **snr** bestehend, ist ursprünglich onomatop., dem *Nasenton* beim *Schnarchen, Niesen* u. s. w. nachgebildet, sehr tonmalend. Insofern damit verwandt ist wohl lett. **sschnahkt** *schnarchen,* **sschnukt** *mit der ungeschnäuzten Nase orgeln;* nhdeutsch **Schnut** (Rotz) und die von *Pott* (I, 199) zu **snâ** gestellten Wörter, litt. **snukkis**, ags. **snote** *Schnauze,* engl. **sneeze**, ahd. **niusjan** (*Graff* II, 1104) *niesen,* russ. **sniuchatj** (ch = s) *schnupfen,* litth. **sznypti**, nhd. *schnieben, schnauben* u. s. w., in denen das Onomatp. auf **sn** beschränkt ist und dann sekundäre Elemente antreten, so wie sskr. **nas** *Nase* u. s. w. (*Pott* I, 199), slav. **nocŭ**, **nozdrĭ** (*Kop.* Gl.), in denen s eingebüsst (vgl. S. 54).

Also *νάρκη, ἡ tiefer Schlaf,* dann *Erstarren* u. s. w. Acc. *νάρκα; -κώδης, ες; -κάω; -κημα, τό; -κησις, ἡ; -κόω, -κωσις, ἡ; -κωτικός, ή, όν.* — Hieher der Name des betäubend duftenden *νάρκισσος, ὁ, (ἡ);* durch Suff. **tja** gebildet (*ναρκι-τjo* vgl. S. 54); *-σινος, η, ον; -σίτης, ὁ, -ῖτις, ἡ.* —

νάρδος, ἡ hebr. נֵרְדְּ (vgl. *Rosenmüller* Bibl. Archäol. IV, 1, 165 und Asiat. Research. II, 416) *Narde; -δινος, η, ον; -δίτης, ὁ, -δῖτις, ἡ; -δίζω.* —

νάρτη, ἡ indisches Gewürz.

νάρταλος, ὁ ein geflochtenes Gefäss (fremd?).

νέρτος, ὁ Habicht (fremd?).

νάρθηξ, ὁ eine Doldenpflanze, dann *Stengel* (desselben),

Kästchen (daraus gemacht); -θηκία, ἡ; -κιον, τό; -κινος, η, ον; -κίζω, -κισμός, ὁ; -κώδης, ες. —

νάννας, νέννος, ὁ, νάννη, νέννη, ἡ (Mutter- oder Vater-) *Bruder* oder *Schwester*. Im Sskr. heisst nandâ, nandinî, nanandṛi *Schwägerin*, von derselben Wzf. nand werden aber auch andre Verwandtschaftswörter formirt nand-anå *Sohn*, *Tochter*; nandanta *Sohn*. Sollte man mit diesem das Griech. verbinden? Die Wz. vielleicht nam + dâ in der Bed. *ehren* (vgl. √hνυ: νυ *krümmen*: νέμω); nand selbst heisst im Sskr. *erfreuen* u. s. w.

νάννος, ὁ *Zwerg* ob von hνυ: νυ in der Wzf. nam *krümmen* (namja: νανjο: ναννο *ein verkrümmter?*); -νώδης, ες; -νίον, τό; -νίσκος, ὁ, Ναννώ.

νεννός *dumm* (*Hes.*); engl. ninny wohl entlehnt (ob νενίηλος I, 63 hieher?); νεννάζω *schimpfen* (*Hes.*).

νάβλα (ναῦλα spät), ἡ fremd, hebr. נֵבֶל *ein musikal. Instrument*; -βλας, ὁ; -βλιστής, ὁ.

(νεπ). Im Sskr. heisst nap-tṛi und nap-ât *Enkel* und *Sohn* (*Lassen*, Anthol. sscr. p. 101, *Th. Benfey* — *Stern*, Monatsnamen 209). Wahrscheinlich zu ahd. Knabe mit Verlust des gutturalen Anlauts und dann zu Wzf. κν *sich neigen*, *verehren*; anders *Bopp* (V. G. 400), *Pott* (I, 93). — Hieher gehört das dialekt. νέποδες, οἱ *Kinder* (*Eustath.* u. alexandrin. Dichter), welches in der κοινή und bei *Homer* eine ganz andre Form hätte haben müssen, entsprechend sskr. napât, lat. nepôt; daher das homer. νέποδες ein Beinamen der Robben, sicher nicht hieher gehört; sollte man dieses zu snâ in der Causalform snăp (S. 53) und in der Bed. *schwimmen machen* ziehn, so dass die Robben νέποδες καλῆς Ἁλοσύδνης *die Geleiterinnen der schönen Meerbenetzten* (I, 451) wären? Die Endung: οδες hat einige Schwierigkeiten, die sich jedoch wohl erklären lassen.

Ahd. nefo (*Graff* I, 1052) und auch schon lat. nepot heisst ferner *Neffe*. Wie nun aus sskr. svasṛi *Schwester*, svasrìja (eine Art Comparativf. S. 50), lat. sobrinus *Schwesterkind* wird, so würde aus sskr. napât napâtìja oder ej. â: naptìja. Dieser Form entspricht mit ε vor ι in υ, wie so häufig, griech. νεψιο in ἀνεψιός, ὁ eig. *einer der mit* (ἀ = ἀ I, 382) *einem andern Neffe ist*, *Geschwisterkinder* (vgl. lat. con-sobrinus), *Vettern*. Das ι in ιο ist wegen des folgenden Vokals kurz geworden; -ψιά, ἡ; -ψιότης, ἡ; -ψιάδης, ὁ; -δῆ, ἡ; -δοῦς, ὁ.

Wie das fremde Νάφθα, ἡ, τό hiermit zusammenhängt, darüber vgl. man *Th. Benfey* — *Stern*, Monatsnamen 215 und füge als meine Etymologie bestätigend das glbd. ναπτάλιος, ὁ hinzu, welches sich an die Form naptar lehnt (ebds. 208 ff.).

νεφρός, ὁ *Niere*, schwerlich von ahd. nie-ro (*Graff* II, 1094) zu trennen; dieses, wie gewöhnlich, für niu-ro genommen, steht νεφ-ρό für νευ-ρο νεϝ-ρο; ϝ in φ wie in σφε (I, 453), φορ (I, 461), vielleicht hier durch Einfluss des ρ; lat. rien, ren, müsste, um hieher zu gehören, für nu-ren stehn; sehr fraglich. Eine sichre Etym. kenne ich nicht. Dazu νεφρίτης, ὁ; -τικός, ή, όν; νεφρώδης, ες; -ρίδιος, α, ον.

(νωγ, κνωγ) νώγαλον, τό *Näscherei* u. s. w. zum *Nachtisch* stelle ich mit ahd. nag-an gnagan (*Graff* II, 1105. IV, 295) zusammen und betrachte es als eine weitre Formation von *κνυ κνα* (I, 184) also nach I, 191 gehörig; *νωγαλεύω*; *-λευμα, τό*; *-γαλίζω*; *-λισμα, τό*.

[zu *κνυ* auch ahd. gnitan *schaben, reiben* (*Graff* IV, 296)].

νῖγλαρος, ὁ eine Ruderpfeife (ob zu Wzf. *νιγ* von *σν* S. 53?).

√ *νεκ*. Im Sskr. naç *umkommen* u.s.w. (*Pott* I, 267, wo die verw. Spr. vgl. dazu lat. ve-ne-num f. (a) ve-nec-num *abtödtend* (ve = sskr. ava vgl. I, 274)) : *νεκ-ρός, ά, όν todt*, *-ρός, ὁ Leiche*; *-ρότης, ἡ*; *-κρικός, ή, όν*; *-κριμαῖος, α, ον*; *-ρώδης, ες*; *-ρών, ὁ*; *-ρόω*; *-ρωσις, ἡ*; *-ρώσιμος, ον*; *νεκ-άς, ἡ*; *νέκ-υς, ὁ*; *νεκυδόν*; *νεκυία*, (f. *νεκϝῖ-α*), *ἡ*; *νεκύσια, τά*; *νεκυισμός, ὁ*. — Hieher *νέκταρ* (vgl. √ *τερ*); ob *νεκύδαλος, ὁ Puppe der Seidenraupe?*

νυκτ (ang'). Im Sskr. entspricht nakt-a, lat. noct, ahd. naht (*Graff* II, 1019), lith. naktis, lett. nakt-s, slav. noschtï (*Kop.* Gl.) u.s.w., also im Sskr. a und in allen verw. Sprachen Repräsentanten von a; bloss im Griech. *υ* in *νύξ, κτος, ἡ Nacht*, mit *υ* dem Repräs. von sskr. u. Ein eingeschobnes *υ* neben *ν* erschien in *ὄνυξ* (I, 124 u. II, 23), welches lat. ung-ula sskr. nakha gegenüberstand. Dieses nakha erklärten wir aus einer Wzf. ankh (II, 23). Wenn das Verhältniss von *νυκτ* zu sskr. nakt-a u.s.w. diesem ähnlich ist, so steht griech. *νυκτ* für *ὀνυκτ*, dieses für *ογκτ*, dagegen ssk. nakta für ankta. Letzteres ist Partic. der Wz. ang' *färben*, von welcher ang'ana kömmt und ebenfalls *die Nacht* heisst, *die Gefärbte, Dunkle* (über √ ang' *Pott* I, 235). Von *νύξ*: *νύκτιος, α, ον*; *-τιμος, ον*; *-τέλιος, ον*; *-τέριος, ον*; *-τερος, ον*; *-τερινός, ή, όν*; *-ρίδιος, α, ον*; *-ρήσιος, ον*; *-ρείσιος, ον*; *-ρεύω*; *-ρευτής, ὁ*; *-τικός, ή, όν*; *-ρευμα, τό*; *-ρεία, ἡ*; *-ρεια, τά*; *-ρίς, ἡ*; *νυκτῷον, τό*. — *νύκτωρ* (vgl. *ϝωρα ὥρα Zeit*). *νυχ* = *νυκτ*; die Entstehung des *χ* ist hier sehr zweifelhaft, ob durch Vermittelung des nominativen und adverbialen *ξ* in *νύξ* (vgl. *προνύξ*): *νύχα*; *-χιος, α, ον*; *-χεύω*; *-χευμα, τό*; *-χεία, ἡ*. — *ἐπινυκτίς, ἡ*; *ἡμερονύκτιον, τό*; *αὐτονυκτί*; *προνύξ*; *ἀκρόνυχος, ον*; *-χία, ἡ*; *-αὐτονυχί*; *-χεί*; *εἰνάνυχες*; *παννυχίς, ἡ*; *-χικός, ή, όν*; *-χίζω*; *-χισμα, τό*; *-χισμός, ὁ*; *χιστής, ὁ*.

νυκτάλωψ, ὁ (*νυκταλο* nächtlich und *ὀπτ* I, 229) *nur bei Nacht sehend.* — *νυκτιμένη, ἡ*.

[sskr. niç *Nacht* gehört nicht hieher, sondern zu çî *liegen* (*Pott* I, 160), ist aber auch schon alt, dazu lat. nig-er *schwarz* (vgl. sskr. naktaka von nakta *schmutzig*) und vielleicht sskr. nîla für niç-la *dunkel* (vgl. jedoch S. 53).

νηδύς, ἡ Bauch; ich kenne keine etwas wahrscheinlichere Etymologie (ob an *ἐν* S. 48); *νήδυια, τά Eingeweide.*

νίτρον, τό fremd hebr. נֶתֶר (*Rosenmüller* Bibl. Archäol. IV, 1, 9); anders *Pott* II, 29), att. *λίτρον Natron*; *νιτρώδης, ες*; *-ρίτης, ὁ*; *-ῖτις, ἡ*; *-ρια, ἡ*; *-ρόω*.

Wurzeln und Wzformen, welche mit B anlauten.

B genannt *Βῆτα* fremd von einem phönicischen W. = hebr. בַּיִת.

√*βα* (*γα*.). Im Sskr. gâ *gehn* (*Pott* I, 181 *Bopp* V. G. 145, Gloss. sscr. unter gâ, gam, wo die verwandten, wozu noch ahd. ga-gan (*Graff* IV, 135) (= sskr. (sa) ha (vgl. I, 227) + ga *zusammentreffend, obviam*); eine zweite Form durch m : sskr. gam, wo sich das primäre kurze a zeigt; woraus die reduplic. Form sskr. g'an-gam-a und auch gang-â (vgl. I, 204); an letztre goth. gagg-a u. aa. verwandte (*Bopp* a. a. O. gam); eine dritte Form ist sskr. ga-k'kh' (vgl. ṙi : ṙi-k'kh' I, 63 aa.). Auffallend ist goth. g als Repräsentant von sskr. g; vielleicht ist letztres nicht ursprünglich; ob Vertreter von hv, welches häufig zu g wird (vgl. √*ϑϝ*ři)? Doch findet sich keine sichrere Spur dafür. So würde sich auch lat. venio = gam-jâ-mi leichter (durch Abfall des anlautenden h, wie oft, vgl. *βοάω* aa.) erklären, obgleich dieses eine nahe Analogie in vivo = sskr. g'iv (I, 684) findet; eben so alsdann griech. *βα* = sskr. gà, obgleich auch hier *β* = sskr. g uns häufig entgegentreten wird (vgl. *βρέφ-ος* aa.); wie im Griech. *βα* so auch im Lat. bu in super-bu-s (vgl. *ὕβρις* I, 10) und bitere; ob wie venio so nun auch va-d-ere durch d-Bildung (vgl. griech. *βαδ*)? in diesem Falle auch vielleicht deutsch wanderen, wenn dieses nicht identisch mit *wandelen* (*drehen* von √*ϑϝ*ři, in der sskr. Form vřit).

βα : Präs. *βαίνω* für *βαμjámi* (ven-io) *βανjω* (*ἔβαν* = sskr. agâm *βείομαι* (f. *βε-σ-ι-ομαι*), *βείω*; *βεβαώς*, *βεβώς* u.s.w.); *βῆμα, τό*; *-ματίζω*; *-τιστής, ὁ*; *βάσις* (= sskr. gati), *ἡ*; *-σιμος, ον*; *βατήρ, ὁ*; *-τήριος, ον*; *-ρία, -ρίς, ἡ*; *βάτης, ὁ*; *βατός, ή, όν*; *-τέω, -τεύω*; *βάδην* (Suff. tja : dja I, 388); *βάδος, τό*; *-δίζω*; *-δισμα, τό*; *-δισμός, ὁ*; *-δισις, ἡ*; *-διστής, ὁ*; *-διστός, ή, όν*; *βαθμός*, (*-σμός* ion.) *ὁ*; *-θμίς, ἡ*; *-θμηδόν*; *βάθρον* (vgl. sskr. gatra), *τό*; *-θρα, -θρεία, ἡ*; *βάσκω*, vielleicht = sskr. gak'kh'; *βαβάζω, βάβαξ, ὁ*; *βιβάς, ᾶσα, άν*; *βιβάω*; *βίβασις, ἡ*; *βιβάζω*; *βιβαστής, ὁ*; *βιβάσθων, ουσα, ον*. — *ἀμφισβητέω* (vgl. I, 117); *-βήτημα, τό*; *-βήτησις, ἡ*; *-σιμος, ον*; *-βητικός, ή, όν*; *-βητητικός, ή, όν*; *-βησία, -βασία, ἡ*. — *ἀναβατικός, ή, όν*; *ἀναβαθμικός, ή, όν*; *-βαδόν*; *διαβησείω*; *ἐκβάω*; *ἐκβάσιος, ον*; *ἐμβάς, ἡ*; *ἐπιβήτωρ, ὁ*; *ὑπερβάθμιος, ον*. — *ἀκροβάμων, ον*; *δίβαμος, ον*; *ἀκροβάζω* (**Hes.**); *λυκοβατίας, ὁ*; *ὀνοβάτις, ἡ*; *σκωλοβατίζω* (vgl. I, 612); *ἐκβιβασμός, ὁ*; *ἐκβιβαστικός, ή, όν*. — *ἀμφίσβαινα, ἡ*. —

[Gehört hieher *ἄμβων, ὁ, -βη, ἡ* der *erhöhte* (*aufwärts gehende* *ἀνα*+*βα*) *Rand* u.s.w? dann wohl auch *ἄμβη, ἡ, -βιξ, -βυξ, -βικος, ὁ* *eine Art* (hohen) *Gefässes*. — *Ὀπισαμβώ* (*Pott* I, 486 vgl. oben I, 127)].

Hieher: *βη-λός, ὁ* *Schwelle* (vgl. *οὐδός* I, 443 von sad *gehn*).

Ferner: *βέ-βη-λος, ον*, *jedem* (Redupl.) *zugänglich, profan*; *-λόω*; *-λωσις, ἡ*; *ἐμβεβηλέω*.

Ferner: *βέ-βαιος, α, ον* *oft* (Redupl.) *betretbar, fest*; *-ιότης, ἡ*; *-ιόω*; *-ίωσις, ἡ*; *-ωτής, ὁ*; *-ωτικός, ή, όν*. auch : *βω* (mit *ω* = sskr. â) *βωμός, ὁ* eig. *Tritt, Stufe* u. s. w. *Altar* (vgl. *Passow*); *-μίς, ἡ*; *-μίσκος, ὁ*; *-μιος, α, ον*; *-μίστρια, ἡ*; *-μαξ, ὁ, ἡ*; *ἐπιβωμίζω*; *-ίτης, ὁ*. —

[Wegen der Bed. von *βατηρία* kann hieher gehören, zu einer Form *βακ* (wohl = sskr. gak'hk', vgl. übrigens lat. fi-(o) :

fac-(io)aa.), griech. *βάκ-τρον, τό Stab*. Zu vgl. ist lat. bac-ulus, vielleicht aber auch gael. bach-all *krummer Hirtenstab*. Da aber letztres zu gael. bac (*krumm* S. 20) gehört, dieses aber zu sskr. bha(n)g-ura *krumm*, so ist dann auch griech. *βακ* lat. bac vielleicht zu sskr. bhag √ag (S. 20.) zu ziehn. Zu *βάκτρον* : *βακτηρία, -ρίς, ἡ; -ριον, -ρίδιον, τό; -ρεύω; βακτρεύω; -ρευμα, τό*].

Da von sskr. path *gehn* lat. pont eig. *Pfad*, dann *Brücke* kömmt, so ziehe ich hieher das dialektische *βαβύξ* (redupl.), *βαβύκα, ἡ Brücke* (ob ahd. brucca (*Graff* III, 281) zu vgl.?).

[Man zieht gewöhnlich hieher *πρόβατον, τό zahmes Vieh*, indem man als eig. Bed. *alles Vorwärtsgehende* nimmt. Diese Etymol. ist zu allgemein; ich denke daher eher an eine Etym. von *βό-σκω* (mit *α* für *ο*, wie so oft), so dass *πρόβατον das Weidende* ist (vgl. *Lehrs* Aristarch 108); davon : *-τιον, τό; -τειος, α, ον; -τικός, ή, όν; -τώδης, ες; -τεύς, ὁ; -τεύω; -τευσις, ἡ; -τεύσιμος, ον; -τευτής, ὁ; -τευτικός, ή, όν; -τεία, -τία, ἡ; -τημα, τό. — πολυπρόβατος, ον*].

[(*βῐ, ϝῐ*) Wegen *βάτης, βιβάζω, -σις, -στής*, die das Besteigen in *coitu* bezeichnen, könnte man auch hieher zu ziehn versucht sein : *βῐ-νέω coire*; allein dagegen entscheidet die Form; ich verbinde es zunächst mit sskr. vî *generare, concipere* (vgl. *Ros. Wils.*); obgleich diess noch nicht als Verbum belegt ist, so zeigt es sich doch in vî-ti *engendering, production*; ob dieses vî aus vi + √i (*gehn*) entstanden ist (vgl. vîti *Gang*) oder zu Wz. *ϝι winden* (I, 285 ff.) gehört, kann ich nicht entscheiden; erstres ist wahrscheinlicher, so dass es also zu I, 10 ff. gehört und eigentlich so viel als *δί* (vi) *-ειμι* ist. In *βῐ-νέω* ist *β* = sskr. v wie oft, und die Formation denominativisch, oder durch *νυ* (Conj. Cl. 5) gebildet für *βῐνέϝω*; für letztere Deutung spricht *βεινέω* (gunirt). Davon *βινητιάω; ἱππόβινος* (anders *Pott* I, 205). [Von vî würde die Causalform vâp-aj (*Bopp* Gr. s. r. 521) sein oder nach Analogie von snăp-aj : văp-aj; dazu gehört *ϝοπ* u. s. w. (I, 340); regelrechtere p-Bildung ist vî-p dazu *οἰφ* u. s. w. (I, 341), welche beide Formen früher (a. aa. Oo.) in so fern falsch behandelt sind]].

Bisher haben wir nur Formen gehabt, in denen dem sskr. g griech. *β* entsprach. Ich glaube auch einige mit *γ* erkannt zu haben. Zunächst höchst wahrscheinlich : *ἀ-γών, ὁ Versammlung* u.s.w., von *ἀ* = *ἁ zusammen* (vgl. I, 382) und *γα gehn*, vgl. sskr. sanga, *meeting*; es liegt eine Form *ἀ-γο zusammengehend* zu Grunde, woraus *ἀγών* durch das pluralitative Suff. *ων*; *ἀγωνίζομαι; -νισις, ἡ; -νισμός, ὁ; -νισμα, τό; -νιστής, ὁ; -νιστικός, ή, όν; -νιστήριος, α, ον; -νιος, α, ον; -νία, ἡ; -νιάω; ἀναγώνιστος, ον; δευτεραγωνιστέω*.

Zweifelhafter ist ob hiehergehört *γη* in *ὀξύγη* (I, 163), *ὠγύγης* (I, 161) und *γυ* in *πρεί-γιστος* u. s. w. (I, 139).

βάϊς, ἡ, βάϊον, τό Palmzweig ist fremd, ob vorderasiatisch und aus einem dem glbd. hebr. כִּפָּה verwandten Wort? russ. vaïja ist aus dem Griech. entlehnt.

βῆ Nachahmung der Stimme der Schaafe, daher *βήζω* (*Hes.*) = *φωνέω*.

βιό-ς, ὁ Bogen entspricht dem sskr. g'jâ *Bogensehne* (über *β* = sskr. g' I, 685). Die Wz. ist vielleicht dâ *binden*, dessen d schon im Sskr. in g' übergeht (vgl. √ *δε* und H. A. L. Z. Ergzb. 1837 S. 909).

(*βοj* u. aa. Ff. √hu). Im Sskr. wird √hvê mit der Bed. *rufen* angegeben; davon heisst das Pf. g'u-hâv-a und deutet also schon auf eine Wz. hu; noch mehr in den Veden â-huv-ê (Conj. Cl. 2 vgl. *Lass.* Anthol. sscr. 101), und das sskr. hav-a (gunirt) *Ruf* (vgl. noch *Lassen* a. a. O., Gloss. s. hu). Danach lässt sich in hva-j-âmi (von hvê) das j als Classen- oder denominativisches Element nehmen und hva für eine Contraction von hava aus hu. Ob diess hu verwandt ist mit hâ (*Pott* I, 230 und 200), in welchem h malerisch das *Mundaufsperren* bezeichnet (vgl. √ *χα*), wage ich nicht zu entscheiden. — Dem sskr. hvê : hvaj entspricht genau ahd. hveion (*Graff* IV, 1223), slav. zvati, zovon (= sskr. havâ(mi), *Kop.* Gl. vgl. russ. na-zuivatj), pri-zvanü (*Kop.* Gl.); griech. mit Verlust des h und *β* = v : *βοj* in *βοή* (für *βοjή*), *ἡ Geschrei* u. s. w.; so auch im Slav. (abj. h) vüjon (K. G.) *ululo*, voi *Geschrei*; diess heisst auch *Heer* und sskr. hvê *expugno*; so erklärt sich griech. *βοή* in der Bed. *Schlacht*, obgleich diess auch an slav. boi *Schlacht* (von sskr. √bhî *fürchten*) erinnert; hieher auch lat. re-boare; *βοάω* (*βώσω*); *βοάτης, ὁ*; *-ᾶτις, ἡ*; *βόημα, τό*; *-ησις, ἡ*; *-ητύς, ἡ*; *-ης, ὁ*; *βωστρέω* (Denom. von einer Form *βωστερ*, vgl. *ἐβώσθην*). — *ἀμφιβόητος, ον*; *ἀναβόαμα, τό*; *ἀβοητί*; *αὐτοβοεί*; *ἀστυβοώτης, ὁ*. — *ἀβοαί* (*Hes.* *ἀ* = *ἁ* I, 382) *preces*.

βόαξ, ὁ, eine Fischart. — [Zu der Form hav-âmi, lat. havere *fordern* und havere *grüssen*].

Verlust des h und ursprünglich anlautendes, später verlornes Digamma *ϝαι-το* in *αἰτέω* (vgl. *ἀϋτέω*; anders *Pott* I, 233 *A. Benary* R. Ll. I, 21, 262) *fordern*, dessen *ϝ* lat. in-vit-o für in-hvit-o zeigt; *αἴτημι*; *αἴτης, ὁ*; *αἴτημα, τό*; *-ησις, ἡ*; *-ητής, ὁ*; *-ητός, ή, όν*; *-ητικός, ή, όν*; *αἰτίζω*. —

Hieher *αἴτιος, α, ον*, (sskr. hvê-tja *was anzuführen ist*), *ursächlich schuldig* u.s.w.; *-τιον, τό*; *-τία, ἡ*; *-τιώδης, ες*; *αἰτιάομαι*; *-ιάζω*; *-ίασις, ἡ*; *-ιατός, ή, όν*; *-ιατικός, ή, όν*; *-ίαμα, τό* (anders *Pott* I, 123 aber vic-ium gehört, wie conviciari zeigt, zu sskr. vak' (I, 336) vgl. sskr. vâk'-ja *zu besprechendes, tadelndes*).

[Da in der Gruppe hv das v eingebüsst wird (vgl. sskr. tvaksh : taksh, tvam : tê, svar, saraka aa. *Lassen* I. L. Pr. 257), so gehört hieher das mit *αἰτία* glbd. hêtu für hvêtu oder auch havêtu (I, 357); eben so goth. haiton (durch sekundäres sskr. d, *Graff* IV, 1077)].

[Ebenfalls mit t und voll erhaltenem Anlaut hv goth. hvôtjan *schelten*; ohne h und mit t : litth. waitoju *klagen, ächzen*; hieher wahrscheinlich das goth. reduplicirte veit-vôd-jan *testari* (*Grimm* D. G. I, 10)].

Von hvê in der Bed. *rufen, sprechen*, kömmt die Bed. *Aus-*

spruch, Urtheil in δίαιτα (διϝαιτα), ἡ (vgl. I, 684); διαιτάω; -τη-τής, ὁ; -διαιτήσιμος, ον; -τητικός, ή, όν; -τητήριος, α, ον; -δυσδιαίτητος, ον. —

[Hieher lat. vo-ve-o eine reduplic. Form für hva-hvajâ *laut* (ausrufen) *geloben* (votum), eben so ziehe ich jetzt (vgl. I, 546, wo falsch) hieher fa-veo, wo das reduplicirte hv in f gewandelt ist (vgl. foveo), eig. *einem laut zurufen, Beifall geben*].

Dass zu dieser Wz. griech. ἀΰω *schreien* gehört, ist keine Frage (vgl. *Pott* I, 230). Zweifelhafter die Erklärung der Form. Ich nehme ἀ = ἁ (I, 282) in der Bed. *sehr* (ἐπιτατ.) und ῠ-ω für huv-âmi (wie in den Veden, Conj. Cl. 2). Die unorganische Dehnung des υ wegen Ausfalls des ϝ (υϝω) ist in diesen Fällen im Griech. gewöhnlich (vgl. φῦω aa.); zsgzg. αὔω; ἀϋτή, ἡ (vgl. βοή); -τέω. αὐΐαχος, ον. — Hieher Ἐν-ῡώ (I, 123), *ad bellum in-vit-ans*.

Hieher oder zu sskr. â-hva-s (Präf. â 1, 1 vgl. lat. a-jo = sskr. â-khjâ), mit Verlust des h (vgl. I, 154) αὐος in ἄναυος, mit Ausstossung des ϝ (υ) ἄναος, sogenannt att. ἄνεως *stumm*. War die organische Bildung dieser Form durch ἀν στερητ. ganz vergessen, so konnte sie sich in ἐνεός wandeln (I, 123).

Die Causalform von hvê wäre im Sskr. hvâp-aj. Ihr entspricht goth. vôp-jan (*Graff* I, 780) *schreien* (engl. weep *weinen*), slav. vüp-ïjón *schreien* (*Kop.* Gl.), griech. ϝαπ in ἀπύω, ἠπύω; ἀπύτης, ἠπύτης, ἠπύτα, ὁ; βριήπυος, ον.

Durch sskr. Präf. vi bildet sich vi-hvê. Zu dieser Formation mit Verlust des h: ϝιϝωη (= sskr. vi-hvàja) ἰωή, ἡ *Geschrei* (über dessen ϝ *Thiersch* Gr. Gr. 233); ähnlich ist vielleicht zu erklären aus vi + hva (vgl. sskr. â-hva): ἰή, ἰά, ἡ *Geschrei*, obgleich sich diess auch dem Simplex, einer sskr. Form hvaja entsprechend, zutheilen lässt; zu letztrem ἰο in ἰό-μωροι *kriegsrasend* (vgl. βοή, ἀϋτή und I, 508) wegen ῐ, da ῑο Pfeil ῑ hat u. aa. Gründe (vgl. *Passow* s. v.).

hv erscheint schon im Sskr. häufig in g übergegangen (vgl. √θϝri), daher identificire ich mit hvê sskr. gai *singen* (vgl. *Pott* I, 230) und aus dem Lat. ge-mere *ächzen* (vgl. lith. waitoju oben u. aa.). Insbesondere erscheint gu für hv + Vokal (vgl. √θϝri); daher hieher sskr. gu *tönen*. Hieher griech.: γόος, ὁ *Geheul* (vgl. oben slav. vüjón); diess kann für γο-j-ο (vgl. βο-j-ή, sskr. hva-j-a, ga-j-a), oder für γο-ϝ-ο von sskr. gu stehn; γοάω, γοέω; γοήμων, ον; γοηρός, γοερός, ά, όν, γοεδνός, ή, όν. ὀρθρογόη, ἡ. —

Dazu γόης, ὁ *Zaubrer* (von dabei vorkommendem Gewinsel); γοήτης, ὁ, -ῆτις, ἡ; -τικός, ή, όν; τεύω; -τευμα, τό; -τευτικός, ή, όν; -τεία, ἡ. — ἀγοήτευτος, ον; μισογόης, ὁ.

Zu sskr. gu *tönen* ziehe ich sskr. gô *der* (*Brüllende*) *Stier* (vgl. verwandte bei *Pott* I, 87, wo man ahd. kô (*Graff* IV, 354), slav. go in govenda (*Kop.* Gl.) hinzufüge. Im Gaelischen, Gr. und Lat. β = sskr. g, gael. bo, lat. bov, gr. βοῦ-ς, ὁ, (ähnlich in slav. volü); βοΐδιον, βώδιον, βοϊδάριον, τό; βόειος, βόεος, α, ον (= sskr. gavja); βοειακός, βοεικός, βοϊκός, ή, όν; βοών, ὁ; βοεύς, ὁ; βοΐστί; βοώτης (f. βοϝωτ.), βούτης, ὁ; βοωτέω; hieher mit ι = ϝ (vgl. I, 23 sonst): Βοιωτία, ἡ (eig. *Ackerland*) ἀλφεσίβοιος, α, ον; ἀβούτης, ὁ; ἑκατόμβη, ἡ; -βαῖος, α, ον; -βαιών, ὁ; ἰστοβόη, ἡ (-οεύς, ὁ); μέσαβον, τό (vgl. *Pott* II, 383) -βόω; βυ für βου in βύζας; βος = βοϝός in βόσπορος.

Sonderbar βόνασος, ὁ *wilder Ochs*. Im Sskr. gônasa *eine Schlangenart*. Ist jenes griech. Wort nicht fremd, so ist νασο = sskr. nasa *Nase* u.s.w. (S. 55) darin erhalten.

[Gehört das βου, welches in Zsstzgen *gross* bedeutet, wirklich hieher? dem griech. βο(ϝ)ῶπις, ἡ tritt formell fast identisch sskr. gavâksha gegenüber (vgl. I, 229); gô heisst im Sskr. aber auch *Auge, Strahl, Himmel*. Allein βου könnte auch zu der Wzf. βυ *aufgeblasen sein* (I, 553) gehören (vgl. βουβών u.s.w. weiterhin). Die Ww., in denen βου so ausgelegt wird, sind: βού-βρωστις, βουγ'ἄϊος, βουκόρυζος, βούλιμος, βούμασθος, βούνεβρος, βούπαλις, βούπεινα, βουφάγος, βούσυκον aa.] — [Gehört βου-βάλια, τά *Armbänder* hieher? ist βαλια fremd = sskr. glbd. valaja?]

Im Sesskr. heisst gavala *der wilde Büffel*; entspricht dieser Formation griech. βούβαλος, ο, -λις, ἡ glbd.? oder ist es fremd?

Form mit γ = sskr. g in Γη-ρύων *Stier wahrend* und in γαῖος, = ἐργάτης βοῦς (*Hes*. *Pott* II, 179).

Eine sekundäre Formation von gu durch g' ist sskr. gug' *unarticulirt tönen, murmeln* u. s. w., belegt und in gung'akṛit, (*Bopp* Gl. sscr.) Dahin litth. gudz-ius (*winseln*) und gaudz-iu (gunirt) *summen, klagen*, lett. gauschu; redupl. (ähnlich dem Sskr. *Bopp* Gr. s. r. 570) slav. göngniv (*Kop*. Gl.), griech. γογγύζω *murmeln*, -γυσις, ἡ; -γυσμός, ὁ; -στής, ὁ; -στικός, ἡ, όν.

Sek. Form durch d aus ga = hva (j) ist sskr. gad *sprechen*, litth. ged-u *klagen*; eben so gehört nun zu einer sek. Form hvad mit Verlust des h, vad, griech. ϝαδ (I, 361 ff.), so wie zu einer durch sekundäres k' gebildeten hvak' : vak', ϝεπ (I, 336), deren Zusammenhang mit hvê, hu ich früher noch nicht entschieden erkannt hatte.

Ob nun griech. βάζω *sprechen* zu gad (β = g wie in βοῦς und sonst), oder vad (β = v wie oft) oder selbst vak' zu ziehn, ist nicht mit Sicherheit zu entscheiden. Dazu βάγμα, τό; βάξις, ἡ, redupl. βαβάζω; βάβαξ, βαβάκτης, ὁ. — Dieselbe Unsicherheit trifft noch einige der unter ϝαδ, ϝεπ behandelten Ff.

[Dagegen könnte zu gad wegen sskr. gadgada *stotternd* gehören griech. βαμ-βαίνω für βαδ-βαδ-νω (vgl. I, 115, 368) *stammeln*; dafür spräche wohl βάττ-ος I, 340; andrerseits aber tritt βαμ-βάλ-ω zu lat. bal-bus; jenes wäre nach sskr. Weise aus einer Wzf. βαλ reduplicirt (*Bopp* Gr. s. r. 570), dieses aus bal-bul verkürzt (nach oben I, 204); auf letztere Weise wäre dann auch βαμ-βαίνω aus βαμβ gebildet. Die Wz. βαλ wäre onmtp.].

[Zu sskr. gad auch lth. gied-mi *singen* vgl. sskr. gai].

[hv erscheint ferner im Sskr. durch gh vertreten (vgl. √θϝri); daher hieher sskr. ghu *tönen* (ob ghush? vgl, I, 42), sodann auch ghû-ka *Eule* (vgl. *Pott* I, 230). Nach dieser Analogie gehört vielleicht zu einer reduplic. Form von hva mit Verlust des h und h = v lat. bû-bere, bûbo(n) griech. βύ-ας, ὁ, für βυ-ϝας (βυ-hϝας), *Uhu*. Doch können diese so wie die verwandten Formen (bei *Pott* I, 110) auch onmtp. aus dem Ton βυ (vgl. auch sskr. bukk) sein. *βῦζα, ἡ*. Denselben Zweifel kann man auch in Bezug auf ahd. uvo, iuwila (*Graff* I, 172) lth. ywas hegen; denn es fällt hv ganz ab (vgl. √ *ϑϝri*)].

Für hv erscheint ferner im Sskr. k (vgl. Pronom. *κ* und √ *ϑϝri*); daher hieher sskr. kai *tönen*, ferner insbesondre mit u : ku (vgl. gu ghu); daher hieher sskr. kû *tönen, seufzen*, kavi *Sänger*; griech. *κυ* redupl. zur Intensivf. nach sskr. Weise (*Bopp* Gr. s. r. 560) *κωκύ-ω heulen*; *κώκυμα, τό*; *κωκυτός, ή, όν*; *κώκυτος, ὁ*. [hieher lth. kauk-iu, lett. kauk-t *heulen*].

[Weitre Form. durch g' : sskr. kûg']. Form durch n : sskr. kvan (goth. quainôn *Graff* I, 888) kun' *tönen*; aus der Form ka = sskr. hva(jâmi) : kan in sskr. kan-kanî *Glocke*, kankana *ein Gürtel mit Glöckchen*, lat. can-o, ahd. han-o *der (schreiende) Hahn* (*Graff* IV, 958), vgl. weiterhin *Huhn*; griech. *καν* : *κον* in *καν-άζω tönen*; *καναχός, ή, όν*; *-χή, ἡ*; *χηδόν, -χηδά*; *-χής, ές*; *-χέω, -χίζω* — und *κόν-αβος, ὁ*; *-βηδόν*; *-βίζω*; *-βέω*. Das hier eintretende *β*. ist wahrscheinlich die, so oft vorkommende p-Bildung, wie wir denn dieses p, wo es im Sskr. erscheint, schon oft durch griech. *β* vertreten sahn. Von diesem Gesichtspunkt aus identificirt sich damit griech. *κόμπος, ὁ Lärm* u. s. w. (schwerlich zu *κόπτειν*) *κομπός, ὁ*; *-πώδης, ες*; *-πέω*; *-πηρός, ά, όν*; *-πάζω*; *-πασμα, τό*; *-σμός, ὁ*; *-στής, ὁ*; *-στικός, ή, όν*; *κομπισμός, ὁ*. — *ἀκόμπαστος, ον*; *ψολοκομπεία (πία), ἡ*.

[So wie sich kan zu ku verhält, würde sich *γαν* : *γον* zu *γυ* verhalten, daher hieher *γέ-γων-α schreien* (anders *Pott* I, 183 allein nach seiner Etymologie könnte es nur heissen : *ich weiss*); dazu : *-νέω, -νω*; *-νησις, ἡ*; *-νίσκω*; *-νός, όν*].

Indem in der Formation ka-nu (nach Conj. Cl. 5) das a ausgestossen wird (vgl. I, 184, 605, 617. II, 44), entsteht sskr. knû *tönen* (*Wils.* vgl. knûj); dasselbe geschieht bei Verlängerung der Form kan im deutschen huohn aus huo-han, mit sskr. ku (Pronom. vgl. *κ*) zusammengesetzt : *wie schreiend* (vgl. *Grimm* D. G. II, 989. *Graff* IV, 958) (vgl. slav. kokoschï (*Kop.* Gl.) kok (*Dobr.* 107), sskr. kukkut'a, was vielleicht auch hieher, *wilder Hahn*). Dem deutschen huohn entspricht griech. *κύκνος, ὁ (wie singend) Schwan* (Ueber das Singen der Schwäne vgl. *Voss* Mythol. Briefe II, 94. *Hesiod.* Scut. H. 316); *κύκνειος, α, ον*; *-νίας, ὁ*; *-νίτης, ὁ*; *-νῖτις, ἡ*. —

Durch Spaltung des *κυ*, in der Form knu, in *κιν* entsteht *κινυρός, ά, όν klagend*; *-ύρομαι*. *κινύρα, ἡ* ein *Saiteninstrument*; hebr. כִּנּוֹר ist dem Griech. entlehnt.

An sskr. knûj lehnt sich *κνύζω, -ζέω, -ζάω knurren*; *-ζηθμός, -ζισμός, ὁ*; *-ζημα, τό*.

[Hieher deutsch knurren, lth. knaukiu *miauen* (vielleicht gael. cianail *traurig*)].

Eine Form. durch th ist sskr. katha : kathaj *sagen* für hvatha und dieses wohl für hvad + tha (vgl. vad (S. 62) und *πατ* bei √ *παδ gehn*) zu letztrem abj. h. lat. vat-es; griech. *κωτ-ίλος, η, ον geschwätzig* (vgl. *Pott* I, 241); *-ιλάς*; *-ίλλω*; wenn zu *κόπτω*, so ist die Form = *κώτ-αλις, ἡ*.

Ferner hieher durch s : sskr. kâs *keuchen, husten* in kâsa auch kâça geschrieben; dass auch hier k für hv steht, zeigt ahd. huos-to (*Graff* IV, 1062), ags. hvosta. Das sskr. s und ç ist aber schwerlich organisch, sondern Vertreter von ksh, welches alsdann wie im Sskr. oft in sh, ç, s überging. Dafür spricht die deutsche Nebenform *keuchen* (vgl. engl. cough) und das χ in dem gleich zu erwähnenden griech. Repräsentanten dieser Wzf. Lith. kos-tu *husten*, lett. kahsseht, slav. kaschlї (*Kop.* Gl.) *Husten* küїchati (*Dobr.* 107), irisch kasachd (wäl. pesuch) schliessen sich an die Sskrf. mit k. Bei dem Griech. liegt der organ. Anlaut hv zu Grunde, dessen h verloren und v in β übergegangen ist. Daher βήσσω (ττω) für βηχjω *husten*; βήξ, ή; βηχικός, ή, όν; -χώδης, ες; -χία, ή; -χίας, ό; -χιον, τό. —

Für hv tritt ferner kh ein (vgl. √ ϑϝrĭ), insbesondre khu (vgl. gu, ku); daher hieher sskr. khu *tönen*. Indem im sskr. hvê, Praes. hvajâ-mi, hv in kh übergeht, entsteht khajâ-mi; mit ausgestossnem a : khjâ-mi. Diess ist das Präs. von sskr. khjâ *rufen, reden* u. s. w. vgl. *Pott* (I, 180), wo zu den verwandten noch lat. â-jo (für akhjo : ahjo = sskr. â-khjâmi) und ne-go (für nekhjo vgl. majus und magis = sskr. mahîjas) und freque-ns (vgl. sskr. pra-khjâta *celeber*), ferner goth. aikan (afaikan *nego Graff* I, 581); eine sskr. Nebenform von â-kha ist das nur im Pf. vorkommende âh, dessen erste Personen sogar fehlen (kh im Sskr. in h wie so oft, dahin auch kha *Mund* vgl. auch I, 678).

Griech. κο = khja in ἀ-κήν *schweigend* (ἀ στερητ.), ἀκᾷ; ἀκᾶ (Abl. für ἀκᾶτ); ἄκασκα (-σκᾶ) (für ἀκατ (od. ἀκας Gen.) + κα vgl. Pronom. κ(ο); ἀκασκαῖος, α, ον; [ἀκαλός, ή, όν wohl hieher (vgl. I, 348)]; ἦκα (ebds.) ist vielleicht in ϝηκα *willig, unterworfen* (I, 348 zu sskr. vaç) und ἦκα *leise*, welches dann hieher gehört, zu trennen; ἀκαλαῤῥείτης *still fliessend* (ἤκαλος gehört nicht der Sprache, sondern nur den Gramm.); ἀκέων, ουσα, ον (für ἀ-κεjων = sskr. khjâ-jat); ἀκασμένα = πεπαυμένα (*Hes.*); ἀγκής *widerhallend* (ἀγ = ἀνά *Hes.*).

Mit Präf. sskr. â : â-khjâ, lat. âjo; griech. ἠχο (χ = kh(j?)) hat ϝ anlautend (*Thiersch* Gr. Gr. 233), daher wohl Decompositum = sskr. vi+â+khjâ : vjâkhjâ; ἦχος, τό; -χή, -χώ, ή; -χικός, ή, όν; -χώδης, ες; -χήεις, εσσα, εν; -χέω (ἀχέω Dor.), ἠχέτης, ἠχέτα, ἠχητής, ό; ἠχετικός, ἠχητικός, ή, όν; ἤχημα, τό; ἤχησις, ή; ἠχεῖον, τό. — εὐηχής, ες; (ἀζηχής, ές; wo ἀ = ἀ I, 382 und ζα = διά); εὔηχος, εὐήχητος, ον; κατηχίζω; -χιστής, ό; -χιστικός, ή, όν; -χισμός, ό; [ῥυάχετος, ό? vgl. II, 8].

An sskr. âha schliesst sich griech. ἦ für ἦhε (vgl. I, 154 und sonst); ἦν; daraus ist ἠμί erst formirt, wie aus ϝοῖδα (οἶδα) : ϝοίδημι (*Hes.* s. γοίδημι) vgl. *Pott* (I, 281. I, 321), *Buttmann* (Gr. Gr. I, 565), *Lehrs* (Aristarch 104).

Von sskr. khâ heisst Part. fut. Pass. khjêja für khjâja *zu rühmend*; dieser Form entspricht griech. χάϊος, α, ον (lakon.) *edel*; die Gramm. erwähnen auch χαιός, χαός, όν; χάσιος.

Dazu Ἀχαιοί (vo ἀ = ἀ I, 382) *die sehr edlen*.

[sskr. khjâ-ta heisst berühmt, dahin griech. ἀ-γαθό für ἀ-χατο (ἀ = ἀ I, 382), mit Umsetzung der Aspiration, goth. guth

u. s. w., die I, 145 zweifelhaft gelassen. ᾰ gegenüber sskr. â im Ptcp hat viele Analogieen].

βαι, βοι erscheint in mehreren Interjectionen, wohl als Nachbildung unmittelbarer interjectioneller Töne, so βαβαῖ, βαβαιάξ *Interj. des Erstaunens* u. s. w. (vgl. unser bah, pah, lat. papai, griech. παπαῖ); βοῖ *Interj. des Unwillens*; αἰβοῖ; ἰαιβοῖ; σαβοῖ (ob hier σα = τύ, sskr. tva *du*?); daher σαβός, ή, (ό, ή); σαβάζιος (oder ist diess fremd? phrygisch? Dann muss es aber, um eine sichre Etymologie zu versuchen, historisch im Phrygischen nachgewiesen werden), ό; σαβάζω; -βασμός, ό. —

βαυ Ton des Einschläferns der Kinder (wau wau), βαυβάω, βαυβαλίζω *einschläfern*; Βαυβώ; βαυκαλάω, -λίζω; -λημα, τό (dahin συόβαυνος u. s. w., die I, 300 falsch).

βαυ Nachahmung des Hundegebells: βαΰζω *bellen* (vgl. βυκ).

[(βου): βουβών, ό = φαλλός (I, 572) und *Schwulst*, ziehe ich zu der Wzf. βυ (I, 553), mit welcher auch φαλλός verwandt (I, 572); es ist eine Intensivf., durch Redupl. gebildet: βουβώνιον, τό; -βωνόομαι, -νιάω. — Eben dahin βουνός, ό (*Schwulst*) *Erhöhung* u. s. w., vgl. πύργος (I, 589) u. aa. (schwerlich mit gael. bein *Hügel* verwandt); -νώδης, ες; -νίς, ή; -νίτης, ό; -νῖτις, ή; -νίζω. — βούνιον, τό; βουνιάς, ή.

Gehört zu βυ auch βύνη, ή *geröstetes Malz* (weil es beim Rösten sich aufbläht *Pott* (II, 287))?].

βάσανος, ή fremd; von בָּשָׁן Basaltland nach *Ritter* (Palästina 62); im Sskr. heisst kasha *der Probirstein* und pâshâṇ'a *Stein* überhaupt und eine bes. Art. βασανίζω, -νεύω; -νισμός, ό; -νιστής, τήρ, ό, -τρια, ή; -νιστήριος, α, ον; ἀβασάνιστος, ον.

βασσάρα, ή *Fuchs* u. s. w. fremd (*Jablonsky* Opusc. ed. *de Wat.* III, 84, *Pott* II, 116, 189); -ρειος, α, ον; -ρίς, ή, -ρεύς, -ρος, ό; -ριον, τό; -ρικός, ή, όν; -ρέω. —

βύσσος, ή fremd; hebr. בּוּץ (*Rosenmüll.* Bibl. Archäol. IV, 1, 175), ursprünglich ägyptisch (vgl. I, 554); -σα, ή; -σινος, η, ον.

βαλαύστιον, τό *Blüthe des wilden Granatbaums.*

βάλσαμον, τό fremd, hebr. בֶּשֶׂם (mit Verlust des organischen ל, vgl. *Rosenm.* Bibl. Archäol. IV, 1, 146); -μος, ή; -μώδης, ες; -μίνη, ή; mit Metathes. βλάσαμον (vgl. *Pott* II, 115).

(βαλδ). βάλανος, ή *Eichel.* Im Lat. entspricht gla(n)d(i); slav. g'elondi (vgl. g'ljeza) (*Kop.* Gl.) und so andre in den verwandten Sprachen (vgl. *Pott* I, 87 u. Lth. Bor. Princ. 56), die alle darauf führen, dass im Griech. ein δ eingebüsst ist und β für g, oder vielmehr sskr. g' steht (vgl. S. 58). Eine sichre Wz. kenne ich nicht; βαλανηρός, ά, όν; -νώδης, ες; -νίτης, ό; -νινος, ον; -νιον, τό; -νόω; -νωτός, ή, όν; -νίζω. —

βάρις, ή *ein Nachen*; ägyptisch (*Jablonsky* Voc. Aegypt. p. 49, *Champollion* L'Egypte sous les Pharaons II, 202, *Peyron* Lex. Copt. 25; *Herod.* ed. *Bähr.* II, 96).

βέρβερι, τό *Perlmuschel* vgl. sskr. varvarî *Cochenille.*

βύρσα, ή *Haut, Fell.* An die √σφ lehnen sich im Sskr. mehrere Wörter, die *Haut* bedeuten (vgl. I, 537 ff.); ferner tritt daraus eine Wzf. sskr. sphurg' hervor (ebds. 538, 586); für sskr. sph in dieser Wz. trat aber mehrfach griech. β ein (ebds. 553 (vgl.

563), 575, 576, 597); soll man desswegen βυρσ mit sphurg' formal identificiren? über g' = σ vgl. I, 685. Vielleicht ist das Wort jedoch fremd. Davon: βυρσίς, ἡ; -σινος, η, ον; -σίνη, ἡ; -σεύς, ὁ; -σόω.

βίβλος, ἡ *Bast der Papyrusstaude*; diese selbst heisst βύβλος, ἡ und diente zu *Tauen* u. s. w.; beide Wörter sind daher identisch. Hebr. heisst nun גָּבַל *flechten* (*Gesen.* s. v.), und da in der Uebertragung des phönicischen Stadtnamens, welcher im Griech. Βύβλος heisst und im Hebr. גְּבַל griech. β dem hebr. ג gegenübertritt, so dürfen wir dasselbe wohl auch bei βίβλος, βύβλος annehmen und dieses für phönicisch erklären; vielleicht hat es aber seinen Namen von der Stadt Byblos selbst, im Fall die daraus bereiteten Gegenstände von da aus zu den Griechen kamen. Zu βίβλος: -λίς, ἡ; -λίον, -λάριον, -λαρίδιον, -λίδιον, -λιδάριον, τό; -λιακός, ή, όν. Zu βύβλος: -λάριον, -λίον, τό; -λινος, η, ον. —

(βα(φ) u. s. w.). Im Sskr. heisst die Wzf. gâh in Zsstzg. mit Präf. anu, ava, vi *untertauchen, benetzen, baden*, das Simplex ohne Zweifel *tauchen*. Das schliessende h ist hier wie gewöhnlich sekundär; daher ist es wohl keine Frage, dass ga-tha in ava-gatha (= avagâha) *Bad* ebenfalls hieher gehört, wodurch uns neben gâh eine Wzf. găth geboten wird. Nun wird von gâh gebildet a-gâdha eig. *unertauchbar*, d. h. (unergründbar) *tief* und â-gâdha *fort und fort tauchbar*, d. h. ebenfalls *sehr tief*; ganz eben so heisst ni-gûdha *tief*, von der Wzf. guh, welche *bedecken* ausgelegt wird, aber ganz eben so gut eig. (*ein-, unter-*) *tauchen* heissen kann, so dass gâh und guh zusammengehören. Dafür spricht folgendes: von găh mit kurzem a (vgl. gath) kommt gah-ana, wo die Bed. *tief* in *dicht, unwegsam* (vgl. βαθύς und unser *tiefer* Wald u. s. w.) übergegangen ist, und gah-vara, wo *tief* in *vertieft, ausgehöhlt*; so auch von guh: guhina *Dickicht*, guhâ *Vertiefung*, nirgûdha aa. So wird es denn hierdurch wahrscheinlich und durch das sogleich zu erwähnende Verhältniss von griech. βαθ : βυθ bestätigt, dass sskr. găh : guh zusammengehören. Die erste Bed. ist *tauchen* : *untertauchen, baden*. Wenn aber gah und guh identisch, so ist der Wechsel von a : u zu erklären. Nun erscheint im Sskr. selbst vâd' *tauchen, baden*, wo d' sekundär sein kann (wenn diese Wzf. nicht eine bloss dialektische ist); vâdh'a neben gâdh'a (*tief, dicht*) *sehr* (vgl. udgâdh'a, pragâdh'a und griech. βαθύς *tief, reichlich*); wenn sich hier vâ zu gâ verhält wie sskr. vad zu gad (vgl. S. 62), so würde das in gâh u. s. w. anlautende g ein ursprüngliches hv vertreten (vgl. S. 61), dessen h in vâd' eingebüsst wäre. So erklärt sich als hieher gehörig denn auch gael. bàth-aidh *tauchen* (obgleich b im Gael. auch gradezu dem sskr. g gegenüber tritt) und ahd. bad (*Graff* III, 46 vgl. weiterhin); vielleicht auch slav. banen (*Dobr.* 278); nur müsste man bei letzteren beiden eine Verhärtung des Anlauts (sskr. v) durch Einfluss der die folgende Sylbe beginnenden Spirans (h), oder Aspirata (dh vgl. weiterhin) zu sskr. bh (vgl. sskr. vahu : bhû-jas und ghana für gahana) annehmen. In sskr. guh endlich wäre hv zu gu geworden (vgl. S. 61).

[Eine andre hieher gehörige sekundäre Bildung ist wahrscheinlich sskr. gad' *tröpfeln, fliessen* und vad, die Wzf. der Wörter, welche *Wasser* bedeuten (I, 447), sammt ahd. watan und lat. vad-um (*wo man* (ohne Gefahr) *tauchen kann*)].

An die sskr. Form gǎh schliesst sich mit β = g (vgl. S. 58) und Verlust des h (vgl. S. 25) βᾰ-λανεῖον, τό (lat. balneum entlehnt) *Bad*; -λανεύς, ὁ; -λανείτης, -λανεώτης, ὁ; -νεύτρια, ἡ; -νίς, -νισσα, ἡ; -λανεύω. —

Ein, Wzf. schliessendes, h im Sskr. ist nicht organisch, sondern Vertreter einer älteren Aspirata; in gåh wohl eines sskr. dh; dafür spricht gael. bath-aidh, deutsch bad und griech. βαϑ in βαϑύς, εῖα, ύ *tief* (vgl. âgâdha *tief* u. aa. erwähnte, anders *A. Benary* Berl. Jahrbb. 1834 S. 229); βάϑος, τό; -ϑύτης, ἡ; -ϑύνω; -υνσις, ἡ; -υσμα, τό; ἀβαϑής, ές; βῆσσα, ἡ *Dickicht* (vgl. gahana u. aa.), βησσήεις, εσσα, εν. — βένϑος, τό (zu βάϑος wie πένϑος: πάϑος u. aa.)

[Zu βαϑ oder dem gleich zu erwähnenden βυϑός gehört ohne Zweifel lat. fu(n)d in profundus und (?) ahd. bodam (*Graff* III, 86) mit demselben Recht, wie bad oben hiehergezogen ist. Allein wir konnten bad nicht anders deuten, als indem wir es an die hypothetisch angenommene Urform (h) vadh lehnten; aus dieser würde sich auch lat. fu(n)d am besten erklären (vgl. S. 61). Allein in diesem Falle dürften wir auch wohl nicht βαϑ gradezu mit sskr. gadh identificiren, sondern, nach Analogie des ahd., mit (h) vadh (β = v)].

Wie guh zu gah, so verhält sich βυϑός, ὁ *Tiefe* zu βάϑος, wenn letztres = sskr. gah (für gadh); ist aber letztres = vadh, dann wäre für βυϑ ein durch Einfluss des β oder ϝ (vgl. I, 265, 281, 364, 449) herbeigeführter Uebergang des α in υ anzunehmen. βυϑοῖ; -ϑιος, α, ον; -ϑίτης, ὁ; -ϑίζω; -ϑάω. Wie βῆσσα zu βαϑ, so βυσσός, ὁ zu βυϑ. -σόϑεν; -σωμα, τό; ἄβυϑος, ἄβυσσος, ον; dialektisch ἀβυδόν = βαϑύ (*Hes.*), dahin Ἄβυδος. — Hieher vielleicht Βύνη (für Βυϑνη) *eine Göttin der Meerestiefe*.

Durch Verhärtung des β in π, ganz ähnlich, wie sskr. budh griech. πυϑ wird, entsteht πυϑ-μήν, ὁ *Tiefe*; -μενόϑεν; -μένιον, τό; -μενικός, ή, όν; -μενέω: ἀπύϑμενος, ον.

Ein hieher gehöriges dialektisches Wort ist wohl das einzeln stehende πύνδ-αξ, ὁ (= πυϑμήν) *Boden* (δ wie in ἀβυδόν und ν wie in lat. fundus); ἀπυνδάκωτος, ον. —

Eine sekundäre Bildung durch bh ist sskr. gabh in gabhîra: ga(m)bhîra *tief, dicht*. Dieser Form entspricht griech. βαφ, aber in der Primärbed. *tauchen, netzen*; βάπτω; βάμμα, τό; βάψις, ἡ; -ψιμος, ον; βαπτός, ή, όν; βαφή, ἡ; -φικός, ή, όν; -φεύς, ὁ; -φεῖον, τό; βάμβα, τό (dor. = βάμμα wohl für βαββα mit rückwirkender Assimilation wie ὄππα = ὄμμα), βαμβακεύω; -κεύτρια, -κία, -κίς, ἡ. — βαπτίζω, -ισις, ἡ; -σμός, ὁ; -σμα, τό; -στής, ὁ; -στήριον, τό; ἄβαφος, ον; αἱμοβαφής, ές; ἐμβάφιος, ον; ἀβάπτιστος, ον. —

Wir sehn auch im Lat. dem sskr. g gradezu b gegenüber treten (vgl. bos: gô S. 61). Wir werden also, da die Bed. fast ganz mit βαφ übereinstimmt, zu sskr. guh lat. bu-o für buh-o mit dem, im Lat. so häufigen, Verlust des h setzen; die eig. Bed. ist *tauchen*, imbuere *eintauchen, benetzen* (wie sskr. gâh), wozu auch tri (= trans, sskr. tiras)-buo (*Pott* I, 217 falsch). Im Griech. würde uns eine Form *βύ-ω* für *βύhω* gar nicht überraschen, da auch hier h oft verloren geht. Nun wissen wir aber, dass im Griech. anlautende P-Laute gern einen stützenden T-Laut hinter sich nehmen, der sich in Bezug auf seine Classe nach der des Anlauts richtet (*π : πτ; φ : φϑ; β : βδ*); danach würde *βυ : βδύω*, und diese Form erscheint in *ἁλι-βδύω ins Meer tauchen* und gilt für äolisch. In der *κοινή* entspricht ihr mit Verlust des anlautenden *β* (ganz ähnlich wie *μβροτ* zu *βροτ* ward I, 501 und sonst) *δύ-ω*, welches wir demnach unbedenklich hieher ziehen dürfen, wie denn auch seine erste Bed. *tauchen* ist. Daneben *δῦμι, δύνω*; insbesondre vom *Tauchen* in ein Gewand, *anziehn*; *δύσις, ἡ Eintauchen, Untertauchen* (der Sonne); *δύτης, ὁ; -τικός, ή, όν; δυσμή, ἡ; -μόϑεν; -μικός, ή, όν; ἄδυτος, ον; ἀπόδυτρον, -τήριον, τό; ἔκδυμα, τό; -δύσιος, ον; πανδυσία, ἡ; ῥακοδυτέω; ἀμφίδυμος, ον* und so auch *νή-δυμος, ον tief* (vgl. sskr. agâdha S. 66), eig. *nicht ertauchbar, grundlos; -μος, η, ον*; in ähnlicher Beziehung auf den Schlaf steht *Ἐνδυμίων* N. p. (vgl. sskr. âgâdha S. 66); endlich *νηδύπους der den Fuss nicht* (in ein Gewand) *getaucht hat, barfuss ist* (*Hes.*). — *Δυναμένη* N. p. einer Nereide.

Wie hier *δύω* für *δύhω*, so lässt sich nun auch *δεύ-ω*, ebenfalls für *δευh-ω* mit gunirtem *υ* nehmen. Die Bed. *benetzen* u.s.w. *färben*, passt wieder ganz hieher. Aber hier entsteht schon die Frage, ist das *δ* eben so zu fassen wie in *δύω*? es steht hier kein *βδεύω*, wie dott *βδύω*, daneben, und es ist gewiss, dass griech. *δ* dem sskr. g gradezu gegenüber tritt (vgl. *δραχ-μή* u. a.); andre Schwierigkeiten werden sogleich erwähnt. Dazu *δεῦμα, τό; δευτήρ, ὁ; ἐλαιόδευτος, ον; δευσο-ποιός, όν.* — mit *αυ = ευ* : *Ἐπίδαυρος* N. p. (*ἡ λιμηρά das benetzte*). —

Wie sich *δυ : δευ* zu lat. buh-o : sskr. guh verhält, so *δεφ* zu *βαφ* : *δέφ-ω benetzen, anfeuchten* u. s. w.; *δεψέω, δέψω; ἀδέψητος, ον; βυρσοδέψης, ὁ; -ψικός, ή, όν; -ψιον, τό.* —

Mit *α = ε* ziehe ich hieher *δάφ-νη, ἡ*; aus der Bed. *benetzen* ging *waschen*, dann *reinigen* hervor (vgl. lav-o, lustro, laurus), der dem *reinigenden* Apoll heilige Lorbeer ist selbst der *Reinigende*. *δαφναῖος, α, ον; -νικός, ή, όν; -νήεις, εσσα, εν; -νιακός, ή, όν; -νινος, η, ον; -νίς, ἡ; -νίτης, ὁ, -ῖτις, ἡ; -νώδης, ες; -νωτός, ή, όν; -νών, ὁ.* —

Endlich: wie neben sskr. gah sskr. gabh (*βαφ*) nachgewiesen ist, so kann neben guh ein gubh bestanden haben und diese Annahme bestätigt slav. po-goub-ljón (*sich unterziehn*); ihm entspräche mit *δ* griech. *δυφ*, welches sich in griech. *δύπτω tauchen* erkennen lässt, *δύπτης, ὁ.* —

Eine dialektische, in die *κοινή* in ursprünglich technischen Wörtern übergegangne, Nebenform ist *διφ* (*ι* für *υ* äol. vgl. *ἴψος = ὕψος; ἴπαρ = ὕπαρ; ἰπέρ = ὑπέρ Ahrens*, de Gr. L. Diall. Lib. I, p. 81); davon *διφή, ἡ* eig. *Tauchen*, dann *Suchen, Forschen*; *-φάω*, vom Taucher, der Austern sucht (*Hom.* Il. XVI, 747) u. s. w., *-φήτωρ, ὁ; τρυγοδίφησις, ἡ; πραγματοδίφης, ὁ.*

Alle diese Zusammenstellungen werden aber schwierig durch

die Vergleichung der verwandten Sprachen. Zunächst: neben lat. b u o besteht u-o in ex-u-o u.s.w., *Tauchen* als *Anziehn* gefasst; diess liesse sich nun noch für exbuo nehmen, indem durch die Verwandtschaft von b und u jenes verdrängt wäre; daneben aber besteht slav. ob-ou-ti und iz-ou-ti, welches zwar nur von den Schuhen gebraucht wird (vgl. *Kop.* Gl. s. ou-ti), allein doch schwerlich von lat. uo zu trennen ist. Soll man für das slav. denselben oder einen ähnlichen Uebergang annehmen, oder an eine andre Wurzel denken? (vgl. *Pott* II, 38, 491). — Noch schwieriger wird die Entscheidung über die mit δ anlautenden Formen, nicht zwar wegen lat. induo; denn dieses ist indu + uo, nicht in-du-o; sondern wegen einer Menge mit T-lauten anlautender und begrifflich hieher passender Formen der aa. verwandten Sprachen, z. B. goth. daupjan *eintauchen*, welches (abgesehn von dem nicht beobachteten Verschiebungsgesetz) ganz zu δύπ-τω passt und früher (I, 658) nicht gehörig beachtet ist (aa. hieher gehörige s. bei *Pott* I, 210, vgl. de Lth. Bor. Princ. 42, wozu noch gael. dubh *tief* (vgl. auch *Diefenb.* Celt. I, 157 Anm. γ)); zu der Form mit schliessendem sskr. h ahd. dunkon (*Graff* V, 195), nhd. tauchen, lth. dazau *tauchen, färben* (vgl. βαφ, δεύω); zu der Form mit sskr. dh noch gael. dath *färben*; endlich ist slav. o-djeja-ti *anziehn* (*Dobr.* 401) zu berücksichtigen? So entsteht die Frage: gehören auch diese mit T-Laut beginnenden Wurzeln hieher, oder sind sie ganz von den sskr. mit g zu trennen? Wenn sie hieher gehören, sind diese T-Laute innerhalb der separirten Sprachen separat entstanden, oder hat sich schon vor der Trennung mehrerer von diesen Sprachen, in ihrer gemeinschaftlichen Sprache eine Nebenform mit T-Laut fixirt? Im letztern Fall sowohl, als auch wenn die Wzff. mit anlautendem D ganz abzutrennen sind und eine Wz. mit D neben der mit sskr. g anzunehmen ist, entsteht in Bezug auf die griech. Formen die Frage, ob nicht einige mit δ zu der entweder ursprünglich verschiednen, oder in einer späteren Periode separirten mit D gehören.

[Zu goth. diup u. s. w. (*Pott* a. a. O.) möchte ich jetzt τύμβος (I, 658) ziehen in der Bed. *Vertiefung, Grube*; eben so vielleicht ταφ (I, 654) in der Bed. *vertiefen, graben* zu einer Wzf., welche sskr. a zum Vokal hätte, die sich jedoch noch nicht sicher nachweisen lässt].

βεκκε in βεκκεσέληνος. — βέκος, τό *Brod*; phrygisch; ob mit sskr. pak' *backen* (vgl. πεπ u. *Pott* I, 233)?

βῖκος, ὁ *ein Gefäss* zu Wein u. s. w. — Ist ahd. bechar (*Graff* III, 46), gael. biccir zu vgl.? βικίον, -κίδιον, τό. —

βυκ. Im Sskr. bukk *bellen*, in der Bed. *schreien* belegt (*Delius* Radd. Pracr. s. vukk) dazu sskr. bukkana *Bellen*, bukkâra *Brüllen*; dahin gael. beuc-aich *brüllen*, lat. bucc-ina. Die Wz. ist wohl eine onmtp. Bildung, dem Hundelaut nachgeahmt (vgl. S. 65); griech. βυκ *tönen* überh. in βυκ-άνη *Trompete*, -νίζω; -νιστής, ὁ; -σμός, ὁ; -στήριον, τό; βυκανάω; -νητής, ὁ; -νημα, τό. — Gehört hieher σαμ-βῦκ-η, ἡ *ein Saiteninstrument*? oder ist es fremd? (schwerlich sskr. çambûka (*eine Muschel*) und hebr. סַבְּכָא ist eher aus dem Griech. (*Gesen.* s. v.))

es hiesse: *die Zusammentönende*; -κίζω, -κιστής, ὁ; -τρια, ἡ. —
[Gehört hieher sskr. bukkas *Bock*? als *Schreiender*; dann auch ahd. boch (*Graff* III, 30), celt. bukkis, gael. boc; vielleicht griech. βήκη *Ziege* (*Hes.*), welches aber auch zu βη (S. 60) gehören kann].

In der Bed. *trompeten* wird auch ἰβύζω, ἰβυκινέω, ἰβυκτήρ, ἰβυκινητής, ὁ erwähnt (Gramm.), gehört es auch zu βυκ und steht es für βιβυκ, oder ist ἰ = ἐν (vgl. S. 48)?

Onmtp. ist auch der Namen eines Vogels ἴβυξ (*Hes.*); Ἴβυκος N. p.

Onmtp. von dem Laut buk buk beim Ausschütten enghalsiger Gefässe: βαύκαλις (αυ Guna von υ), ἡ; βαυκάλιον, τό. Derselbe Laut klingt auch fast wie kuk kuk; daher καύκαλις = βαύκαλις. Ich erwähne nun auch βαυκ-ίς und καυκίς, ἡ eine Art *Schuhe*, weil auch sie vielleicht nach dem Ton benannt sind (vgl. unser *Klappen*) und wegen des Wechsels von β : κ auch βαυκός, ή, όν *weichlich* u. s. w.; βαυκίζω; καυκίζομαι; βαύκισμα, τό; -σμός, ὁ.

[Onmtp. wohl auch sskr. bukka *Herz*, etwa das *pochende*? onmtp. auch deutsch *pochen*].

βάκχαρις, ἡ *eine unbekannte Pflanze*, βακκάρινος, η, ον.

βαδάς = κίναιδος (*Hes.*); ob zu ϝαδ *gefallen* (I, 366 ff.)?

βοῦτις, βύτις, ἡ *Flasche*, ist ahd. butin (*Graff* III, 87), nhd. *Buttel* zu vgl.? (s. *Diefenb*. Celt. I, 175), βούτιον, -τινον, τό; βυτίνη, ἡ. —

βοθ *graben*, lett. beddiht *graben*, bedre *Gruft*. Im Sskr. heisst bah-uka *ein Graber* und da h für dh oft steht, so kann bah = badh = βοθ sein; in diesem Fall ist in lat. fod-ere das f durch Verschiebung der Aspiration (bhad für badh) entstanden. βόθ-ρος, ὁ *Grube* (fovea für fod-vea); -ριον, τό; -ρόω; -ρεύω; -ρίζω; βόθῡνος, ὁ.

[Gehört hieher βάραθρον, βέρεθρον, arcad. ζέρεθρον, τό *Schlucht*? (*Pott* I, 105, 118, Berl. Jahrb. f. w. Kr. 1840 S. 630). Ich kenne noch kein sichres Beispiel, dass innerhalb einer Wzf. ein ρ eingeschoben sei. Ich denke daher eher an die Wz. ϑϝṝ in der Form βαρ (vgl. βάρβαρος und was daselbst vorkommen wird) und der Bed. sich *krümmen*, so dass βάραθρον eig. *Windung*, *Schlucht* wäre; dafür spricht mir auch die Form ζέρεθρον (vgl. ζέλλω unter √ϑϝṛi). Zu βάραθρον: -θρώδης, ες; βέθρον, τό (zsgzg. oder zu βοθ *graben*?)].

(βλη, onmtp. Nachahmung ähnlicher Naturlaute, davon) βληχ-ή, ἡ *Geblök* (vgl. *Pott* I, 110, wozu slav. blejón (*Kop*. Gl.), ahd. blazan (*Graff* III, 259)), -χάομαι; -χάς, ἡ; -χώδης, ες; -χητά, τά; ἀβληχής, ές.

βλαύτη, ἡ *eine Art Schuh*; ob zu μβλω *gehn* (I, 497)? -τίον, τό; -τόω; ἄβλαυτος, ον. —

βρόμ-ος oder βόρμος, ὁ *Hafer*; ob zu βρω (I, 612)?

βρῦν onmtp. Nachbildung eines Lauts der Kinder, wenn sie trinken wollen? — βρύλλω *schlürfen* (?). —

βράβυλον, -βηλον, τό, βράβυλος, βάρβιλος, ἡ *wilder Pfirschenbaum*.

βροῦκ-ος, βροῦχος, ὁ eine Heuschreckenart; ist lat. eruca zu vgl.? (s. auch *Diefenb.* Celt. I, 217).

βραχ-ύς, εῖα, ύ; im Lat. brevi für breh-vi (ist sskr. hrasva *kurz* zu vgl. (sskr. h für bh ist nicht selten) oder eher fra(n)go, wie *kurz* von dem Begriff *schneiden* √krit (*Pott* I, 240); über fra(n)go vgl. S. 14); *-χύτης, ἡ*; *-χύνω*; *-χυντικός, ή, όν.*— Gehört hieher: *βράχος, τό Untiefe* (vgl. auch *Diefenb.* Celt. I, 219)?

βράθ-υ, τό, auch *βράθυς, βάραθρον, βάρον, βάρυτον Sade*, cretische *Cypresse* (*Steph.* Thes.) fremd, hebr. בְּרוֹת (*Rosenmüll.* Bibl. Archäol. IV, 1, 252).

βρένθος, ὁ ein unbekannter Vogel; *βρενθύομαι, -ύνομαι.*

(*βδα* in) *ἐπί-βδα, ἡ Tag nach dem Fest* u. s. w. ohne genaue Kenntniss der Vorgänge nicht zu erklären, ob zu *ἴβδη* (I, 645): *wo man den Zapfen zuschlägt?*

βδέλλα, ἡ, βδέλλιον, τό, das hebr. בְּדֹלַח (*Rosenmüll.* Bibl. Archäol. IV, 1, 462).

Wurzeln und Wzformen, welche mit Π anlauten.

Π, genannt *πῖ*, von einem phönic. W. = hebr. פֵּא; davon *πιτάριον, τό eine Figur, wie π gestaltet.*

[Ist ein Pronominalst. *πα* anzunehmen und daraus sskr. pa im sskr. apa (I, 126 ff.), u-pa (I, 284), pa-ja in sskr. kati-pa-ja (*Bopp* Gl. sscr. s. v.), und pi in api (I, 136) zu erklären?]

(*πᾰ*). Bei den Völkern, welche die Lippen zusammenzudrücken fähig sind, ist p der erste Kinderlaut, und da *Nahrung* das erste Bedürfniss, so wird er natürlich die Wz. zur Bezeichnung des *Nährens* und der damit zusammenhängenden Begriffe. Das Kind hat nämlich nichts weiter als die Lautfähigkeit; der dasselbe umgebende Kreis lehrt es seinen Laut auf einen bestimmten Gegenstand zu fixiren; so wird denn der erste Kindeslaut pap pap (im Deutschen in der Kindersprache fixirt zu *pappen*) = *essen.* Die Sehnsucht der Eltern sich von ihren Kindern benannt zu sehn und die Nachgiebigkeit der Mütter gegen die Väter bewirkt aber auch alsdann, dass das Kind gelehrt wird mit dem ersten Laut pap pa seinen Vater zu bezeichnen, während sich die Mutter begnügt, seinen zweiten Laut mam mam für sich in Anspruch zu nehmen (vgl. S. 31). — Eng an den Naturlaut, aber auch schon durch den Sprachgeist fixirt, schliesst sich also: griech. *πάππας, πάπας, ὁ Pappa* (vgl. *Pott* I, 193, II, 258); *παππάζω; -ασμός, ὁ; παππίας, ὁ; -πίδιον, τό; -πίζω; πάππος, ὁ Grossvater* u. s. w.; *-πικός, ή, όν; -πῷος, α, ον; -πώδης, ες; ἀποπαππόω.*— Als Nachahmung dieses ersten Kinderlauts fassen wir auch *ἄππα, ἄπφα, ἀπφά*; zweifelhafter könnte man wegen *ἀπφύς, ἀπφῦς, ὁ* sein, da es sich zu √*φυ* (vgl. *Pott* I, 217) ziehn liesse; doch gehört es ebenfalls der Kindersprache an, die so wenig an *φυ* denken mochte, als unsre Kinder: *Erzeuger* sagen. Dazu *ἀπφίον, -φίδιον, -φάριον, τό.*

Indem sich der Sprachgeist des consonant. Bestandtheils dieses Naturlauts zur Wortbildung bedient, entsteht eine Wz. zunächst mit der Bed. *nähren* überhaupt, dann *tränken.*

1. *nähren*; ist die primäre Bed. des sskr. pâ, wie sskr. pi̊-ta *Brod* (in den Veden *Ros.* Spec. Rigv. 9) zeigt (wegen pi-ta zu pâ vgl. S. 31), vgl. lith. pĕ-tas *Mittagsmahl*; pĕ-nas *Frass* u. s. w. (*Pott* I, 193), lat. pa-nis, messapisch πα-νός, ὁ *Brod*; griech. παίω (4te Conj. Cl.) *essen*; πανία, ἡ *Ueberfüllung* (vgl. ahd. fat-unga (*Graff* III, 378)); πάνια, τά. —

Das â in sskr. pâ ist nicht ursprünglich lang (vgl. mâ, με, 31 u. aa.); daher Wzf. πᾰτ (vgl. φάτνη), goth. fad (*Grimm* II, 43 nr. 480), fod-jan *nähren* (*Graff* III, 378), πατ-έομαι (für πατ-joμαι, wie goth. und ἐπασάμην u. s. w. zeigt, 4te Conj. Cl.) *sich nähren, essen* u. s. w.; ἄπαστος, ον; ἀπαστί; ἀπαστία, ἡ. —

[Ob hieher πατάνη, welches früher (I, 544) wohl falsch (vgl. *Pott* II, 571)?].

Das eben erwähnte goth. fad setzt eig. griech. παθ voraus, und θ ($\sqrt{}$ θε) ist ein gewöhnliches sekundäres Bildungsmittel; auch erscheint παθ in πάθ-νη, mit Umsetzung der Aspiration: φάτνη, und mit Verlust derselben πάτνη, ἡ *Gefäss*, in welches das *Futter* der Thiere gelegt wird, *Krippe*; wäre daher oben πατ für eine unorganische Corruption von παθ zu erklären? Zu φάτνη: -τνίζω, -τνόω, -τνωτός, ή, όν; -τνωμα, τό; -ματικός, ή, όν; -τνεύω; ἐκφάτνισμα, τό; ἐπιφάτνιος, -νίδιος, α, ον. —

Zu sskr. pâ in der Bed. *nähren*, sskr. pĭ-tṛi *Vater*. Die verwandten Sprachen haben das organische ă erhalten (*Pott* I, 108, 193, slav. otĭzĭ hat p eingebüsst und sich durch z' (*Dobr.* I. L. Sl. 304) weiter formirt). πᾰτήρ, ὁ; πατρόθεν; -τέριον, -τρίδιον, τό; -τρικός, ή, όν; -κότης, ἡ; -τριος, α, ον; -τρώιος, -τρῷος, α, ον; -τερίζω; -τριάζω, -τρώζω; -τρίς, ἡ; -τριώτης, ὁ; -ῶτις, ἡ; -τρα, ἡ; -τραθε, -τρηθε (θεν); πατριά, ἡ; πάτρως, -τρωός, -τρυιός (Suff. sskr. vja), ὁ; ἀμφιπάτωρ, ορ; εὐπατέρεια, ἡ; εὐπατρίδης, ὁ; ὀβριμοπάτρη, ἡ; προπατορικός, ή, όν; φιλοπατρία, ἡ. —

Aus *füttern* geht der Begriff *weiden* hervor. Im Lat. pa-sco, slav. pa-c-ti (*Kop.* Gl.) vgl. *Pott* (I, 188); im Sskr. in gô-pa (*Kuh-hirt*). Wie nun pâ *trinken* lat. bib (= sskr. piv), so wird auch im Griech. das π unorganisch zu β in βό-σκω (— lat. pasco); βοσκός, ὁ; βοσκή, βόσκη, ἡ; -κάς, ἡ; -κάδιος, α, ον; -κημα, τό; -κηματώδης, ες; -κησις, ἡ. Wie lat. pa in pa-vi zu pa-sc-o, so griech. βο zu βό-σκω in βόσις, ἡ; βοτήρ, ὁ; -τειρα, ἡ; -τηρικός, ή, όν; βοτός, ή, όν; βοτέω; -τάμια, τά; -τάνη, ἡ; -νώδης, ες; -νιον, τό; -νικός, ή, όν; -νίζω; -νισμός, ὁ; βώτης, -τις, ὁ, ἡ; -τήρ, τωρ, ὁ. — πολύβοσκος, ον; ἀβοσκής, ές; γηροβοσκία, ἡ; -κέω; προβοσκίς, ἡ; χηνοβοσκεῖον, -κιον, τό. — ἀγροβότης, ὁ; γερανοβοτία, -βωτία, -βοσία, ἡ; βουβόσιον, τό; λειποβοτανέω; παμβότανος, ον; συβωτέω; -τικός, ή, όν; -τρια, ἡ. —

Im Sskr. heisst push *nähren* (*Pott* I, 271); dass es hieher gehört, ist kaum zweifelhaft. Man kann seine Form entweder vom Standpunkt der allgemeinen Grammat. der Sskrit-Sprachen oder dem speciellen des Sskrits erklären. In jener Beziehung haben wir die Vokale a : i : u schon oft in einer Wz. wechseln sehn; in dieser wissen wir, dass im Sskr. insbesondre die Labiales gern den ihnen verwandten Vokal: u anziehn. sh ist sekundär, also eine Wzf. pu erkennbar, welche vielleicht in sskr. pa-pu

Pflegevater (redupl.) zu Grunde liegt (vgl. auch pôta aa. weiterhin); dahin lth. pĕw-a *Wiese* und griech. πόϝ-α (gunirt), πόα, ποία (ι für ϝ), ἡ *Futter*; ποάριον, τό; ποώδης, ποιώδης, ες; ποάζω; -σμός, ὁ; -στήρ, ὁ; -στρια, ἡ; -στριον, τό; ποιήεις, εσσα, εν; -ηρός, ά, όν.

πῶϋ, τό *das weidende Vieh* (Vriddhi = einem sskr. pâvu) [schwerlich ist an sskr. paçu *Vieh* zu denken (*Pott* I, 108), da organisches sskr. ç im Griech. nicht ausfällt (über ἐκυρός vgl. weiterhin)].

ποι-μήν ganz das lith. pie-mů (-mene), ὁ *Hirt*, ob für ποϝιμαν, oder οι für sskr. u, darüber giebt auch die lith. Form keine Entscheidung (*Pott* I, 191); ποιμένιος, α, ον; -νικός, ή, όν; -νιον, τό; ποίμνη, ἡ; -νιον, τό; -νήϊος, α, ον; -ναῖος, α, ον; -νίτης, ὁ; -νῖτις, ἡ; ποιμαίνω; -μαντέον; -τικός, ή, όν; -τήρ, -τωρ, ποιμάνωρ (*Pott* II, 111 für ποιμαν + ανερ), ὁ; -νόριον, τό; ποιμασία, ἡ; ποιμανεύς, ὁ; -νεύω; φιλοποίμνιος, ον.

Hieher Πάν für παϝ-αν (αϝ Auflösung des Gunas von υ) *der Gott der Hirten*.

Von dieser Wzf. scheint die Bezeichnung *junger, des Ernährt-werdens bedürftiger Geschöpfe* auszugehn, sskr. pô-ta *das Junge* (vgl. *Pott* I, 193), lat. pŭtus *Knabe*, griech. πῶ-λος, ὁ, ἡ, ahd. folo (*Graff* III, 476) *junges Thier, Fohlen*; πωλίον, -λάριον, τό; -λικός, ή, όν; -λεύω; -λευσις, ἡ; -λευτής, ὁ; -λευμα, τό; -λεία, ἡ.

Eben so dann auch sskr. pu-tra *Sohn* (lat. pŭer wegen pūbes fraglich), griech. παϝ-ιδ, πάϊς, παῖς (für das ϝ entscheiden die Vaseninschriften παυς und selbst πους (*Müller* ad Fest. Supplem. p. 257)), ὁ *Junge* u. s. w.; παιδόθεν; -δίον, τό; -διόθεν; -δάριον, -δαρίδιον, -δαρύλλιον, τό; -ρίσκος, ὁ; παιδίσκος, η, ὁ, ἡ; -κάριον, τό; παιδικός, ή, όν; -δειος, ον; -δήϊος, η, ον; -δία, -διά, ἡ; -διώδης, ες; δαριώδης, ες; -δισκεῖον, τό; -δνός, ή, όν; -δεύω, -δευσις, ἡ; -δευμα, τό; -δευτήρ, -τής, ὁ; -τήριον, τό; -τός, ή, όν; -τικός, ή, όν; -δεία, ἡ; -δαριεύομαι; -δόω; -δωσις, ἡ; παμπαιδί; ἀπαιδευσία, ἡ.

Denominat. von παιδ durch j (*Bopp* Gr. sscr. r. 582 ff.) παιδjω, παιδιω : παίζω (Dor. παίδδω : παίσδω). παῖγμα, τό; -γμός, ὁ; -γμοσύνη, ἡ; παίγνιος, ον; -γνιά, ἡ; -γνιον, τό; -ιώδης, ες; -ιήμων, ον; παικτός, ή, όν; -τικός, ή, όν; -της, ὁ; -τειρα, ἡ; παιστικός, ή, όν; συμπαικτήρ, -τωρ, ὁ; -τρια, ἡ; συμπαίστης, -τωρ, ὁ; -τρια, ἡ; σφαιροπαικτέω; φιλοπαίγμων, ον.

[Hieher auch lat. pupus, ahd. buabo (*Graff* III, 22), gael. bàb, bobug, alle reduplicirt; zu der Form sskr. push wohl lat. pūs-us, pŭsillus, pullus, lett. puissis, puisssch (vgl. auch *Diefenb.* Celt. I, 168); wie ist es mit lat. pūbes u. s. w.?]

Ob πηός, παός, ὁ *Verwandter* hieher, indem die Verwandten als zum *Nähren, Schützen* Verpflichtete gefasst werden (*Pott* I, 193). Die Form passt ganz zu zend. pâju (*Burnouf* Journ. d. Sav. 1833, S. 595). Dazu πηοσύνη, ἡ; lak. παώτης, ὁ.

2. die erste Nahrung ist *Milch*; so tritt denn aus dem ersten Kindeslaut (pap), indem sich der Sprachgeist desselben, oder vielmehr nur seines wesentlichen consonant. Bestandtheils bemächtigt, die Bezeichnung des *Trinkens, Trinkbaren* hervor. Mit sskr.

â vokalisirt: pâ (vgl. *Pott* I, 188, wo die verwandten, und *Diefenb.* (Celt. I, nr. 26 u. 266)); sskr. pâ-thas *Wasser*; pâ-this *See*; pâ-na *Trank*; pâtra *Trinkgefäss*, pânasa, pânìja, pânila, pipâsa, pampâ (redupl.); ferner mit î vokalisirt: sskr. pî als Verbum unbelegt, aber sskr. pì-ta, pì-ti, papìti (redupl.) (papi, papis *Mond* fraglich ob hieher); pì-tha *Wasser*; pì-jûsha *Milch*; pê-tva *Nectar*; pê-ru *Meer*; paja u. s. w. pâja, pâjasa, pêja, pêjûsha. Zu den a. den aa. OO. sich findenden Vgl. füge man noch lth. pyda *Milch*, ltt. peens glbd., litth. pywas *Bier*, ahd. biar, bia (*Graff* III, 5) und lat. papilla (vgl. sskr. reduplic. papì-ti u. s. w.), lth. papas (woran die Kinder trinken). Indem endlich das vokalische Element vortritt, sskr. a: entsteht sskr. ap *Wasser*, lat. aqu-a. Im Sskr. ist die Conj. von pâ durch eine reduplicirte Form piv für pipà (vgl. S. 33 u. pipâsa u. s. w.) und im Pass. durch pì ergänzt; piv-âmi im Lat. bib-o. Im Griech. erscheint Präs. u. s. w. πῖνω. Diess lässt sich aus der Form sskr. pì erklären (als 9te Conj. Cl.); da aber ἔπιον augenscheinlich für ἔπιϝον aus πιϝ = sskr. piv und für piv die 7te Conj. Cl. angegeben wird (*Wils.* s. v.), so ziehe ich vor πίνω für πίνϝ-ω zu nehmen; so ist wohl auch πῖομαι (Fut.) für πῖϝσομαι, πῖσομαι, πῖομαι, πἴομαι zu nehmen; so denn auch πῖθι; obgleich sich beide auch zu sskr. pì ziehn lassen, welches wir weiterhin im Griech. finden werden. Andre Ff. schliessen sich an πω und πο = sskr. pà (vgl. δο = dâ, με = mâ u. aa.): πέπωκα, πῶθι, πῶ, πέπομαι u. s. w.; ποτός, ή, όν; ποτόν, τό; πότος, ὁ; -τικός, ή, όν; -τιμος, ον; πότης, ὁ; -τις, ἡ; πότης (τητ), ἡ; ποτήρ, ὁ; -τήριος, α, ον; -ον, τό; πόμα, τό; πόσις (sskr. pìti), ἡ; πόσιμος, η, ον; ποτίζω, -τισις, ἡ; -σμα, τό; -σμός, ὁ; -στήρ, στής, ὁ; -στήριον, τό; -στρα, ἡ; πότημα, τό. πῶμα, τό. Mit η = sskr. â: πηλόν *Wein* (*Hes.*); πιπίσκω (redupl.) -πίζω (zw.). — ἔκπωμα, τό; -μάτιον, τό; ἄμπωτις, ἄμπωσις, ἡ; ἀμπωτίζω; καταπότιον, τό; συμποτίς, ἡ; -τρια, ἡ; συμποσία, ἡ; -σιον, τό; -σιακός, ή, όν; -σιάζω; -σιαστής, ὁ. αἱματοποτέω; -πώτης, ὁ; οἰνοποτάζω. σκυθοπιεῖν; ἐμπίσαι (*Hes.*).

Wie im Sskr. pâ-tha u. s. w. *Wasser*, so auch hieher: ποταμός, ὁ *Fluss* (*trinkbar*); -μηδόν, -μιον, τό; -μίσκος, ὁ; -μιος, α, ον; -μήϊος, α, ον; -μηΐς, ἡ; -μίτης, ὁ; [hieher lat. puteus].

Wie lat. ventus zu sskr. vâta, so verhält sich zu sskr. pâtha griech. πόντος, ὁ *Meer* (vgl. sskr. pêru *Ocean*); -τόθεν; -τιος, α, ον; -τιάς, ἡ; -τικός, ή, όν; -τίζω; -τισμα, τό; -στής, ὁ. — ἑλλησποντίας, ὁ; ἐπιποντίς, ἡ; καταποντισμός, ὁ; -τόω.

Zu πῖ = sskr. pì: πιστός, ή, όν *trinkbar* (ob von der anomal behandelten Form πισκω in πιπίσκω?); πιστικός, ή, όν; πίστρα, ἡ; -τρον, τό; πισμός, ὁ; wohl auch πῖσος, πεῖσος, πίσσος, τό *feuchtes Land*; wenn *Weideland*, vielleicht zu dem Begr. weiden (πεϝισο S. 72).

Ferner πῖνον, τό *Bier*.

Indem in πιϝ das ϝ auf π zurückwirkt (vgl. θεός sskr. dêva), wird π zu φ in φιάλη (für πιϝαλη) *Trinkschale* (vgl. po-culum, sskr. pâ-tra aa.); -λίς, ἡ; -λιον, τό; -λίτης, ὁ; -λώδης, ες; -λόω; -λωτός, ή, όν [ob φιάλλω *eine Sache angreifen* hieher ist sehr fraglich; ich denke an ἐπι + ἁλ, φ entstand durch Rückwirkung des ʽ; also zu I, 60)]; ὑπερφίαλος, ον (eig. *überschäumend*).

Wie ahd. bia (*Graff* III, 12), lat. api hieher gehört (*Pott* I, 188, vgl. sskr. madhupa *honigtrinkend*, *Biene*), so auch ahd. im-pi (*Graff* I, 257); gehört dazu griech. σίμβλος, ὁ *Bienenstock* (σ = sskr. sa (I, 382) *wo die Bienen zusammen* sind)? -βλη, ἡ; -βλιος, -βλήϊος, α, ον; -βλίς, -βλη̃ΐς, ἡ; -βλεύω.

Der Form nach stimmt zu ahd. im-pi griech. ἐμπίς, ἡ die *Stechmücke (bluttrinkend?)*, so auch hieher ἑλες-πίς, (δος), ἡ *Sumpfgegend* (eig. *Sumpf-trinkend*). Hieher εἰλα-πίνη, ἡ; -νάζω; -ναστής, ὁ.

Wir zogen oben (S. 74) sskr. ap *Wasser* hieher. Daneben besteht sskr. ambu (amba-ra), ambhas *Wasser*, deren Wzf. ab, abh ist; sollten sie alte Umlautungen von ap sein? zu abh ziehe ich lat. eb in eb-rius *trunken* (vgl. mad-idus von mad-eo); den Gegensatz von eb-rius bildet sobrius (sva : se + ebrius). Mit diesem ist der Bed. nach identisch griech. νηφ; dieses ist demnach να στερ. (S. 46) + εφ = eb, *der noch nicht getrunken hat* (vgl. ahd. nuohturn = lat. nocturnus der den Trunk, welcher die *nächtliche* Unreinigkeit im Munde wegspült, noch nicht genommen hat). νήφω (νήφοσι), νηφόντως; νη̃ψις, ἡ; νήπτης, ὁ; -τικός, ή, όν; νηφάλιος, (α), ον; -ότης, ἡ; νηφαλέος, α, ον; -ότης, ἡ; -λέωσις, ἡ; -λιεύς, ὁ; -εύω; -λίζω; -λισμός, ὁ; νηφαίνω (zw.); -φαντός, ή, όν; -τικός, ή, όν.

[Da die Wörter, welche *Milch* bedeuten, fast in allen verwandten Sprachen zu dieser Wz. gehören, so ziehe ich πυ̃ος in der Bed. *Muttermilch* (I, 270) und was sich daran schliesst, jetzt hieher und zwar zu πιϝ : πιϝ-ος in πινος : πυος.]

Aus dem Begriff *nähren* geht der Begr. *schützen* hervor, in sskr. √pâ; daraus *Schützer*, *Herr sein*. Daher sskr. pa-ti *Herr* (mit Erhaltung des ursprünglichen ă), *Gemahl* (vgl. *Pott* I, 92, 189 und über lat. poti u. s. w. II, 41); griech. (mit σ = t) πόσις, ὁ *Gemahl*. Das Feminin. zu sskr. pati heisst patnî (vgl. *Pott* a. a. O.), als ob das Msc. pat-an wäre; dieser Form entspricht griech. πότνια, πότνα, ἡ; dazu ποτνιάω; -άζω, -ασις, ἡ; -σμός, ὁ; ποτνιάδες, αἱ. —

Aus *Herr sein* geht der Begr. *besitzen* hervor: griech. πάομαι (Conj. Cl. 4. für παjομαι); πα̃μα, τό; πα̃σις, ἡ. παμπησία, ἡ; βουπάμων, ον; [ob Ἀμφαμιω̃ται, οἱ, cretisch, ?].

Im Sskr. von pâ : pâla *Herrscher* und davon Denom. pâl *herrschen*; dazu griech. πάλμυς, ὁ *König*.

Aus dem Begr. *schützen* geht *bedecken* hervor, griech. πω (ω = â) in πω̃μα, τό *Deckel*; -μάτιον, τό; -τίας, ὁ; -τίζω; πωμάζω; -μαίνω, -μαννύω. So vielleicht zu fassen, oder zu pâ in der Bed. *trinken* (*Pott* I, 193) gehörig, ist auch πή-ρα (η = â), ἡ *Tasche* (*Zehrsack?*); πηρίδιον, τό; ἄπηρος, ον.

[Ob Ποτειδάων, Ποσειδάων, Ποσειδω̃ν hieher? vgl. *Pott* (I, 92, II, 31); um solche Namen zu erklären, muss der Begriff und ihre ursprüngliche Localität erst festgestellt sein.]

πω̃ρος, ὁ *Tuffstein*. Da dies ein löcheriger Stein, so ist mir eine Verbindung mit lat. (per)-for-(are), ahd. borjan, griech.

πρι (I, 580) nicht unwahrscheinlich; ωρ wäre Vriddhi von r̆i. Dazu: -ρειος, -ριαῖος, α, ον; -ρινος, η, ον; -ρόω; -ρωσις, ἡ; -ρωμα, τό; -ρώδης, ες; ἀπώρωτος, ον.

(πῖ). Im Sskr. √pjai, pjâj *zunehmen, wachsen* (jetzt belegt *Kath. Upan.* I, 1.) schwerlich aus pi+√i, *accedere* d. h. *addi* (wie *Pott* I, 231); eher scheint es mir zu sskr. pâ (*im Zustand des Nährens* S. 72) zu gehören; pajâ wird pjâ (wie S. 64) und das hinzutretende j ist ein Zeichen der Conjug. Cl. (vgl. jedoch auch die Causalf. von pâ: pâjaj *Bopp* Gr. sscr. r. 519); die eig. Bed. wäre dann *nähren, fett machen* (die verwandten s. *Pott* I, 231; eine sekund. Bildung durch sskr. d ist feit (*Grimm* II, 45 nr. 502) in altn. fei-t-r, ahd. fei-z-t (*Graff* III, 738) u. s. w.). Im Sskr. geht jâ (in pjâ-j) in î über: in pî-na *fett*, pî-van, pî-va-ra glbd. Mit pî-van stimmt griech. πῖ-ϝον, πίων, ον *fett*; -ότερος, α, ον; -τατος, η, ον; πῖος, τό; (dazu lat. pingui für pinvi, wie sanguis I, 409 formirt); πιώδης, ες; πιήεις, εσσα, εν; πιότης, ἡ; πιαίνω (für πιϝαν-jω); πιαντήριος, α, ον; πίασμα, τό; -σμός, ὁ.

An sskr. pî-vara: griech. πῖαρός, ά, όν (πῖϝαρός); πιερός; an das sskr. fem. griech. πίειρα (für πιϝερία vgl. S. 75); Πιερία (= πιϝερία); πῖαρ, τό (für πιϝαρ-ον mit Verlust der Endung, wie oft, und insbesondre wenn ρ oder λ dem das Thema schliessenden ο vorhergeht); mit λ = ρ: πίαλος, ον; dazu πιάλλω (= πιϝαλjω, welches auch für πιϝανjω stehen könnte wie ἄλλο = sskr. anja); πιαλέος, α, ον.

Endlich gehört hieher πιμέλη, ἡ. Da μ für sskr. v oft erscheint, so kann es ebenfalls mit sskr. pîvara identificirt werden; -μελής, ές; -λώδης, ες; ἀπίμελος, ον. [Zu lat. pinguis gehört ohne das unorganische n: pĭger *fett, träg* und pig-et es macht mich *träg, langweilt mich.*]

Die *Fichte* ist ein *harziger, fetter* Baum und der lat. Namen derselben pî-nus stimmt fast ganz zu dem sskr. pî-na *fett*. Daher ich ihn ohne Anstand hicherziehe. Im Sskr. heisst eine *Fichtenart* pîta-dâru, pîtana; pîta könnte eine andre Participialf., mit pîna identisch, sein. Es heisst zwar *gelb*; allein die Bezeichnung der Farben ist auf eine Weise entstanden, die es sehr gut möglich macht, dass *gelb* ursprünglich *fettig, harzig* hiess.

Im Griech. heisst die *Fichte* πῖτυς, πεύκη, nhd. fichte (ahd. ficta *Graff* III, 451). Diese Combination so wie das hieher gehörige griech. πίσσα, πίττα, lat. pic macht mir wahrscheinlich, dass alle diese Formen der Form sskr. pîv oder vielmehr pĭv (mit aj in i zsgzg.) durch einen Laut, welchem im Griech., Lat., Deutschen κ, c, ch entsprechen, gemehrt ihren Ursprung verdanken. Nehmen wir an, es sei k, so entstände pĭvaka, welches leicht in πιϝεκο: πιυκο: πευκη übergeht. Allein die Sylben mit v fallen schon in den ältesten Zeiten aus (I, 357 u. sonst); so entstände pik; daran lehnte sich πίσσα für πικ-ja: pic: πιτυ für πιττυ und durch ein Suff. mit t: fichte. Jene deutsch. griech. lat. Laute entsprechen aber auch sskr. ç, und da im Sskr. piç-una ungefähr gleiche Bed. mit pî-ta hat (vgl. z. B. die Bed. *Saffran* bei beiden), so konnte die Form sskr. piv-aç zu Grunde liegen. Lith. pussis *Fichte* zeigt ebenfalls auf v.

Also πεύκη, ἡ (für πιϝεκο); -κήεις, εσσα, εν; -κινος, η, ον; ἄπευκος, ον. — πιϝεκ in πικ: πικ-έριον, τό *Butter* (fettig, soll übrigens phrygisch sein). Mit Suff. sskr. ja: πικjο (lett. pikkus) in πισσο: πίσσα, πίττα, ἡ *Pech* (ῐ wie pix, pĭc zeigt, slav. pjeklo (*Kop.* Gl.)); πισσώδης, ες; -σήεις, εσσα, εν; -σηρός, ά, όν; -σήρης, ες; -σινος (ττινος), η, ον; -σίτης, ὁ; -σίζω; -σόω; -σωσις (ττωσις), ἡ; -σωτής, ὁ; -σωτός (ττωτός), ἡ, όν; πιττάκιον, τό. ὑγρόπισσον, τό.

Hieher wohl πίτταξις (-ξυς), ἡ *Frucht der Kornelkirsche*.

πίτυς (f. πιττυς vgl. λιτή), ἡ; -τύϊνος, η, ον; -τυΐς, ἡ; -τυόεις, εσσα, εν; -τυώδης, ες; -τυών, ὁ (vgl. *Pott* I, 235, II, 246, 285).

(πῐ) πῖνος, ὁ *Schmutz*; schwerlich von lat. quĭ in inquino zu trennen. Wenn *Fettigkeit* als *Schmutz* gefasst wird, könnten sie hieher gehören (wegen lat. q = sskr. p vgl. quinque = pank'an: πέντε), doch leiten π: q auch auf sskr. k' (da k' = π und lat. qu), und lat. in-quino in der Bed. *färben* (beflecken) passt zu sskr. k'i-tra *bunt*, und sskr. k'i-k'i-la (welches eine Redupl. von k'i ist, vgl. g'i: g'igish) heisst *Koth*. Die sskr. √k'i heisst *sammeln*, vielleicht ursprünglich *untereinander mischen*. Daraus würden sich jene Bedeutungen ergeben (vgl. auch τίνω); von πίνος: -νόεις, εσσα, εν; -νώδης, ες; -νωδία, ἡ; -νάω; -νόω; -νωσις, ἡ; -ναρός, -νηρός, ά, όν; -αρόω; -άριον, τό; ἀπινής, ές.

(πυ). Lat. păv-io *schlagen*, *treten* (pav-imentum) neben puvio (*Fest.*), depuvere = caedere, führt auf eine Wz., die im Sskr. pu lauten würde, und in der That finden wir hier eine Wzf. puns bei *Rosen* (vgl. weiterhin) mit der Bed. *conterere*, *conculcare* (vgl. lat. pavimentum). Da s gewöhnlich sekundär ist und n der 7ten Conj. Classe angehört, so führt dieses auf pu (anders über lat. pavire *Pott* II, 277). Diese Wz. pu erinnert an deutsch puffen, engl. put (vgl. weiterhin aa.) und macht es mir nicht ganz unwahrscheinlich, dass wir in der Wzf. eine aus dem den Schlag nachahmenden Laut (puf: puf vgl. deutsch pif: paf: puf) emporgehobene Wurzel haben (ähnlich wie oben (S. 71) p aus pap). Dem lat. pav-io entspricht griech. παίω (für παϝjω) *schlagen* u. s. w.; ἀνάπαιστος, ον; -τικός, ή, όν; ἐμπαιστός, όν; -σμα, τό.

[Gehört hieher πρόςπαιος, ον *neu* (vgl. *Passow*)? und ἔμπαιος, ον *kundig*? ich kenne nichts sichres.]

Nebenf. von παίω durch τ gestützt (πόλι: πτόλι u. aa.): πταίω *stossen* (vgl. lat. pu-(n)g-o weiterhin), πταῖσμα, -μάτιον, τό; ἄπταιστος, ον; -σία, ἡ (anders, aber zweifelnd, *Pott* II, 295).

Der erwähnten sskr. Wzf. pu(n)s wird (bei *Wils.*) die Bed. *bestrafen*, *peinigen* gegeben. Dazu passt entschieden altlat. poes-na (oe = u wie oft, vgl. pû-nire für pŭs-nire), später poena und so auch griech. ποινή für ποιο-νη, ἡ *Strafe* (anders *Pott* I, 217); ποιναῖος, α, ον; -νιμος, ον; -νάω (-νάζω zw.); -νάτωρ, -νήτωρ, -νητήρ, -νήτης, ὁ; -νήτειρα, ἡ; -νῆτις, ἡ; -νημα, τό; ἄποινα, τά (wo ἁ = ἁ (I, 382) das Tauschverhältniss ausdrückt), vgl. *Pott*(II, 128); ἀποινεί; -νητος, ον; ἀξιόποινος, ον; μεταποίνιος, ον; νηποινῆ; -νί.

[Zu der Bed. *peinigen* gehört vielleicht ahd. pîna (*Graff* III, 339) aber i für das bisherige u (vgl. weiter); man könnte auch an andres denken, z. B. sskr. pîd' (I, 446)].

Da schon sskr. pu(n)s eine sekundäre Formation war, lat g aber gewöhnlich sekundär ist, so kann hieher gehören pu-g *stossen* (pungo); daran lehnt sich pug-nare, welches begrifflich und auch wohl wurzelhaft identisch ist mit ahd. feh-tan (*Graff* III, 442), worin uns aber ein Vokal entgegentritt, welcher sskr. a entsprechen würde. An lat. pug lehnt sich wohl ohne Zweifel pug-nus *die Faust* (womit man zuschlägt); damit stimmt griech. πυγ in πυγ-μή, ἡ *Faust*. Im Sskr. heisst nun mush-t'i *die Faust* und da p in m leicht übergehn kann, so könnte diess für push-t'i stehn. In diesem Fall läge allen bisherigen Ff. eine Wzf. zu Grunde, welche im Sskr. puksh lauten würde (lat. g, griech. γ = sskr. ksh, wie oft, und ksh im Sskr. in sh, wie oft). Auf diese Form, aber schon mit sskr. sh führt auch ahd. fûst (*Graff* III, 726) und slav. penstĭ (*Kop*. Gl.). — Zu πυγμή; -γμαῖος, α, ον; πύκτης, ὁ; -τοσύνη, ἡ; -τικός, ή, όν; -τεύω; -τευσις, ἡ; -τευτής, ὁ; -τεῖον, τό; -ταλίζω; πύξ.

Da sskr. ksh auch griech. κ entspricht, so gehört hieher πυκ, gunirt πευκ in πευκήεις, εσσα, εν *scharf*; ἐχεπευκής, ές; περιπευκής, ές (vgl. weiter πυκ *bitter*). — Da ferner in pavire und sskr. puns die Bed. *conculco* hervortritt, so ziehe ich hieher πυκ in der Bed. *zusammenstampfen*, *dicht machen* in πύκα; -κάζω; -κασμός, ὁ; -σμα, τό; πυκινός, -κνός, ή, όν; -ότης, ἡ; πυκνόω, -νωσις, ἡ; -ωμα, τό; -ωτικός, ή, όν; -πυκνάζω (zw.); -νάκις. — Dazu zieht man: πνύξ (Gen. πυκνός wie von einem Nom. πυκ-ήν, später πνυκός), ἡ (vgl. *Passow*, *Pott* I, 55, II, 114); fraglich ob mit Recht; dazu πυκνίτης, πνυκίτης, ὁ.

Wir haben schon auf eine Form mit Vokal i aufmerksam gemacht; eben so erscheint neben sskr. pu(n)s in derselben Bed. (*conterere*) pish (pingo neben lat. pu(n)go, in impingo ist vielleicht ein Umlaut von pungo, schwerlich von pango, zu dem die Bed. nicht passt); ahd. pichan (*Graff* III, 324), lett. pikts *scharf*, klingt ebenfalls an. Darf man desswegen pish hieherziehn, so dass der bisherigen Entwickelung zu Folge die erste Bed. *zerschlagen*, *zerstossen* wäre? Zu sskr. pish gehört griech. mit stützendem τ: πτίσσω (f. σω) *zerstampfen*, (so) *enthülsen* (aa. Verwandte *Pott* I, 271); πτίσμα, τό; -σμός, ὁ; -στής, ὁ; -στικός, ή, όν; -σάνη, ἡ; -νον, τό. — ἄπτιστος, ον.

Hieher zieht *Pott* (I, 271) πίτ-υρον, τό *Kleie* (*die Hülse*); diese Etymol. ist nicht unwahrscheinlich; doch ist mir die eigentliche Formation noch nicht klar; -ρώδης, ες; -ριος, α, ον; -ρηνός, ή, όν; -ρίας, -ρίτης, ὁ; -ρίς, ἡ; -ρίασις, ἡ; -ρισμα, τό; -ρόομαι. —

Zu πισ ohne stützendes τ gehört πίσος, πισός, πίσσος, ὁ; πίσον, τό *Hülsenfrucht*; -σινος, η, ον.

pisht'a heisst im Sskr. *Mehl*; daran reiht sich der pers.

Namen der mehlreichen *Pistacien* ڢستق im Talmud פסתקא (vgl. *Reland* Dissert. Misc. II, 147), griech. *πιστάκη, ἡ; -κία, τά.* —
Wenn diese Form pish mit Recht hieher gezogen ist, so konnte ihr (da sskr. sh für älteres ksh gewöhnlich steht und diesem *κ* entspricht) griech. *πικ* gegenüberstehn. Nun heissen im Griech. die Wzff. *πικ, πυκ* beide *bitter*; *πυκ* würde sich an das oben erwähnte *πυκ*, aber etwa in der Bed. von pungo (vgl. goth. baitr-s von bit *beissen*, sskr. bhid, lat. findo), schliessen, so wie *πικ* an das sskr. pish (ksh, in der Bed. des ahd. pichan, lett. pikts *herbe*). Will man beide Formen trennen, dann ergeben sich eine grosse Menge von Möglichkeiten, die aber keine grössere Sicherheit gewähren. Vielleicht lässt sich übrigens annehmen, dass *πυκ* die organische Wzf. in der Bed. *bitter* war und *πικ* eine auf griech. Boden eingetretene unorganische Abschwächung des *υ* in *ι* enthalte; möglich wäre auch, dass umgekehrt *ι* in *υ* wegen *π* gewandelt sei (vgl. auch *κτι* in *κτυ* in *Ἀμφικτύων, κλυδ* = sskr. klid u. aa. wenige); also *πυκ* gunirt *πευκ* in *πευκεδανός, ή, όν; -νον, τό; -νος, ἡ; πευκάλιμος, η, ον* (vgl. jedoch *πυκνός* ebenfalls vom Verstand, so dass es auch zu jener Modification der Bed. gehören könnte); *ἐμπευκής, ές.* — *πικ* in *πικρός, ά, όν; -ρότης, ἡ; -ράς, ἡ; -ρία, ἡ; -ρίδιος, α, ον; -ρίς, ἡ; -ρόω, -ρίζω; -ράζω; -ραίνω; -ρασμός, ὁ.* —

(*παυ, σπαρ*) *παῦρος, α, ον klein, wenig*; da das verwandte lat. pau-cu, pau-lu ebenfalls mit pau anlautet, so kann man an eine Zusammenstellung mit goth. fav-ai (*Graff* III, 430) denken, andrerseits aber tritt zu *παῦρος* parvu (parum), zu diesem parcus und dazu lith. sparus, *sparsam* und deutsch sparen. Da anlautendes s in der Gruppe sp so oft abfällt (vgl. I, 544 ff.), so werden wir dieses der Grundform aneignen dürfen; ob diese Bildungen alsdann zu der Wz. *σφ* (I, 537) gehören können, wage ich nicht zu entscheiden, da uns mit dieser Bed. nichts sicher dazu gehöriges begegnet ist. Der Begr. *klein* u. s. w. könnte übrigens aus *blasen* (verwehbar) hervorgehn. Die Form *παυ* (für *σπαυ*) u. s. w. würde sich an die Wzf. *σφυ* (I, 545) lehnen; die Form spar-en könnte zu *σφαρ* (I, 576) gerechnet werden. Aber auch lat. pau-per scheint hieher zu gehören; darin eine Verbindung beider Formen zu sehn, wäre sehr gewagt; eher scheint es mir eine Reduplication (*sehr sparsam*); in diesem Falle würde es wohl am ersten für paupaurus stehn, so dass nach dem bei r gewöhnlich eintretenden Verlust der Endung (und daraus hervorgegangenem Uebertreten in die 3te Declin.) paupaur in pauper geschwächt ward. Sollte eine ähnliche Schwächung von au in a auch in parvus für paurvo, sparen, parc-us u. s. w. eingetreten sein? par-cu für paurico (*ärmlich*) stehn? Auffallend wäre, dass alsdann dieselbe unorganische Veränderung auch im Deutschen und Litth. erscheint. Nimmt man diess nicht an, so erhält man zwei augenscheinlich eng zusammenhängende und doch sehr verschiedne Grundformen (sphu : sphar) bei fast ganz identischer Bed. Bei griech. *παῦρος* würde man alsdann im Zweifel sein, ob *παυ-ρος* zu theilen oder *παῦρος* für *παρϝος* = parvus zu nehmen sei (vgl. *γαῦρο* = sskr. garva). Zu *παῦρος: -ράς, ἡ;*

-ρίδιος, α, ον; -ράκις. Die goth. Form fav (= sphu) glaube ich in βαι-ὸς (ι = ϝ und β = sph I, 553), ά, όν zu erkennen (anders *Pott* II, 168); ἠβαιός (vgl. I, 1).

(πεϝ √σφ); *πέος, τό das männliche Glied.* Nach Analogie von φαλλός (I, 572), ψωλός (I, 545), sskr. sêpha (geschrieben çêpha von √sph mit eingeschobenem Vokal I, 548 u. sonst), und da die Nebenform σπέ-ος noch anlautendes σ hat, ziehe ich diese Form zu √σφ (I, 537 ff.) in der Form σφυ : σπυ (vgl. I, 540 ff.), also σπέος : πέος für σπέϝος *das sich aufblähende, schwellende*. Davon πειώλης, πειόλης (wo ι = ϝ), ὁ; πεώδης, ες.

[*Pott* (I, 138) stellt es zu lett. pis-t (*coire*); dieses ist aber identisch mit lett. pischcht und deutsch *pissen* (vgl. analog μοιχός S. 43). Letztre gehören aber zu sskr. su (I, 408), oder eher sik' *befeuchten* (vgl. seichen I, 439 und *Pott* I, 234) mit Präf. pi für api. Lat. penis ist ganz davon zu trennen und weder wie *Lassen* (Inst. L. Pracr. 260) noch wie *Doederlein* (aus pendere) will, zu erklären. Die umbrische Form ist persnis und diese zeigt, dass die Wz. pers = sskr. přish *tröpfeln* (belegt durch přishat u. s. w.) wozu vielleicht πρώξ (I, 141)) ist (and. *Pott* II, 230)].

πάσσω, ττω (Fut. πάσω) *bestreuen*, ziehe ich jetzt zu √as (I, 390) mit Praef. pi für api, so dass mit alter Contraction πας entsteht; davon ist Praes. (4te Conj. Cl.) πασ-jω-μι (a. a. O.), πασιω : πάσσω (anders *Pott* II, 670). παστός, ή, όν; -τη, ἡ; διάπασμα, τό. —

πεσσός, ὁ *das Bret zum Bretspielen, welches durch fünf Linien in die Länge und eben so viele in die Quere getheilt war.* Ganz eben so eingetheilt war das indische Spielbrett (As. Research. II, 207) und daher die, sich dort deutlich auf pank'an *fünf* beziehenden, zu diesem Spiel gehörigen Namen: pank'ami *a chequered cloth for playing at draughts; a chess board;* pank'âri, pank'âlì, pank'anì (mit nì *ziehen* zsgstzt; vgl. parinâja), daher von einer aus pank'an im Sskr. gebildeten Verbalwurzel pank' (*fünfen*, auch, wie griech. πεμπάζω, *zählen* I, 542), pankti *Linie*. Wie nun pank'ami durch das superlative ma gebildet ist, so würde aus griech. πέντε durch das dort zu diesem Zweck dienende superl. το : πεντ-τος (vgl. πέμπτος), durch σ für τ (wie so oft) πεντ-σος : πενσσος : πεσσός (also zu I, 542). Diese Uebereinstimmung entstand schwerlich, als Griechen und Sanskritvolk schon von einander getrennt waren, sondern, wie wir schon selbst wissenschaftliche, ökonomische Begriffe u. s. w. bis über die Sprachtrennung hinaus reichen sahn, so werden wir uns wohl entschliessen müssen, auch ein Bretspiel so hoch hinauf zu rücken. Zu πεσσός; -σσόν, τό; -σσεύω (ττ.); -ευτής (ττ.), -τήρ, ὁ; -τήριος, α, ον; -τικός, ή, όν; πέσσευμα (ττ), τό; -σεία (ττ), ἡ; -σειάω.

παλία, ἡ = ἐπίβδα (S. 71), ob zu πάλιν (I, 130 vgl. weiterhin √θϝřì)?

παλάθη, ἡ *eine Masse von getrockneten Früchten, die in*

eine längliche Form zusammengedrückt ward. Vielleicht zu *πλασσ* (I, 520) in der Form *πλαϑ*, mit durch *α* gespaltner Anlauts-Gruppe (vgl. *Pott* II, 225); mit der Bed. *kneten* (vgl. I, 515); doch ist auch andres möglich; *-ϑίς, ἡ*; (*-ϑον, τό* zw.); *-ϑώδης, ες*; *-ϑιον, τό*.

(*παλ, σπři*). Im Sskr. heisst pal-ita *grau*, woran sich litth. palwas und die übrigen von *Pott* (I, 120) angeführten Verwandten schliessen. Der Bildung palwa u.s.w. entspricht sskr. palva in palvala *ein kleiner Teich*, nach lat. palu-d(s) zu schliessen, *Sumpf*, welche Bed. wenig modificirt auch pal-ita und das damit zusammenhängende pal-ala hat, nämlich *Schmutz*, *Koth*, *Lehm*.

Diese Bed. zeigt sich wieder in lith. purwas *Koth*, wo r für l schon den Laut, welchen das Sskrit durch ři ausdrückt, indicirt. Diese Indication tritt noch stärker in sskr. pi-plu (redupl.) *Fleck* hervor. Wir haben sonach den Begriff *fleckig sein* als allgemeineren. Dieser tritt nun zunächst griech. in *παλ-άσσ-ω* hervor, *besudeln*, *besprützen*; mit diesem stimmt fast ganz in der Form überein ahd. fleccho (*Graff* III, 757), insofern nämlich griech. *σσ* und ahd. cch gewöhnlich einem sskr. ksh, oder dessen Schwächung in sh entsprechen. Unter diesem Gesichtspunkt entspricht aber ganz sskr. přish *besprengen* (vgl. penis S. 80). Da nun aber anlautendes s schon im Sskrit in der Gruppe sp abfällt (vgl. I, 539 ff. oft), so kann přish für spřish stehn, und nhd. sprengen, engl. sprinkle, lat. sparg-o (falsch I, 587 behandelt), deren g, k, g ganz regelrecht = sskr. ksh, entscheiden für diese Annahme. Diesemnach ist die Wz. spři mit der ersten Bed. *sprengen*, dann *besudeln* u. dazu ziehe ich jetzt auch *σπείρω* (falsch I, 578) und sprudeln, sprützen (I, 597). Die Bed. *besprengen* noch in griech. *παλύνω* (Denom. eines Themas auf *υ*). [Zu fleccho vielleicht sl. luica (*Kop*. Gl.) mit Verlust des p]. An die Wzf. *παλ* tritt Suff. sskr. va; dahin lth. purwas, sskr. palvala (aa. Formen s. *Pott* I, 120), lat. palu-d, griech. *πηλός* (für *παλϝο : παλλο*), *ὁ Schmutz*, *Lehm* (vgl. sskr. palala, lett. palli *morastiges Ufer*; palts *Pfütze*, palze *Schwemme*, aa. bei *Pott* II, 580); *-λώδης, ες*; *-λώεις, εσσα, εν* (zw.); *-λινος, η, ον*; *-λόω*; *-λύνω* (zw.); *-λωσις, ἡ*. *πήλαξ, ὁ*; *πηλακίζω*; *-ισμός, ὁ*; *Πηλούσιον* *Pott* (II, 493). — *πηλαμύς, -μίς, ἡ*; *-μύδιον, -δεῖον, τό*; *-δεία, -δία, ἡ*. *Πηλεύς*, N. p. *πελ+ϝο* in der Bed. *grau* (vgl. sskr. pal-ita, goth. falv (*Graff* III, 468) u. aa. bei *Pott* I, 120), wird *πελλός* (eben so lat. palli-dus u. pullus für palv : pulv), *πελός, ἡ, όν*, *πελιός grauschwarz* (vgl. *πολιός*); *-λειος, α, ον*; *πελλαῖος, α, ον*; *-αιχνός, -χρός, όν*; *-λόω*; *πελιότης, ἡ*; *-λιόω*; *-λιαίνω*; *-λίωμα, τό*; *-ωσις, ἡ*; *πελία, ἡ*; *-ιάς, ἡ*; *-ιδνός, ή, όν*; *-ιτνός* (att. und organisch richtiger, da *δνο : τνο* = sskr. Suff. tana : tna vgl. I, 92, 388, II, 51); *-δνη, -δνότης, ἡ*; *-δναῖος, α, ον*; *-δνήεις, εσσα, εν*; *-δνόω*; *δνωμα, τό*; *-δνωσις, ἡ*; *Πέλοψ*; *πελαργός* (I, 105); *ὑποπελιάζω* [lat. sper-no eig. *besudeln* (1, 578 falsch)].

Hieher wohl *πέλεια, -άς, -ληϊάς, ἡ die wilde* (*schwärzliche?*) *Taube* (vgl. jedoch *περιστερά*, mit dem es vielleicht zusammengehört).

Wzf. *πολ* + *ϝο* wird (mit *ι* = *ϝ* wie oft) *πολιός, ά, όν* *grau*; *-ιότης, ἡ; -ιώδης, ες; -ιόω; -ίωσις, ἡ;* — hieher *πόλιον, τριπόλιον, τό.*

Dem sskr. ksh entspricht ferner griech. *κ*; also der Form přish (für organ. přiksh): *περκ* in *πέρκος, η, ον* = *πελιός; -κάς, ἡ; -κάζω, -καίνω; περκνός, ή, όν; -νόω; -νωμα, τό; πρεκνός, πρακνός, ή, όν.* Hieher *πέρκη, ἡ* ***Barsch*** (von der Farbe), *-κίς, ἡ; -κίδιον, τό;* wohl auch *πέρκανα, τά* *eine* ***Art*** ***Gewebe***.

Hieher gael. breac *fleckig machen*. Eben so mit Erhaltung des anlautenden s lat. spurc-us *besudelt* und ohne s der Name des schmutzigsten Thieres porc-us, altatt. *πόρκ-ος, ὁ* *Schwein*; ahd. farh (*Graff* III, 681) ***Ferkel***; [borc (*Graff* III, 207) ist wohl dem Lat. entlehnt], slav. pracen (*Kop.* Gl.), lth. parssas (celt. bei *Diefenb.* Celt. I, 42).

Zu der Bed. *gefleckt sein* ziehe ich sskr. přish-at, přish-ata *porcine deer* und identificire damit griech. *πρόξ, ὁ, ἡ* *eine* ***Art*** ***Reh***; *προκάς, ἡ.* —

Hieher ferner: Wzf. *φορ* : *φυρ* ***bespritzen, besudeln, färben, mengen.*** Die Form entstand aus spři durch Verlust des *σ* und Aspirirung des *π* vor *ρ*, also *φρι*, durch Guna *φορ* (vgl. *φίλος*), durch Einfluss des Lippenlautes: *φυρ*. Also *φορ-ύνω, -ύσσω; -υτός, ὁ; αἱμοφόρυκτος, ον; ἀναφορίσσω.* — Hieher *φορ-ειά, ἡ.* Mit *λ* = *ρ*: *φολ-ύνω* (***Hes.***). — Ob dazu *φόλυνες* (***Hes.***) ***eine Art Hunde*** (gefleckte?).

φυρ : *φύρω* (vgl. *ἀναφορίσσω*) ***mengen***; *-ρμα, τό; -μός, ὁ; -ρδην; -ρσις, ἡ; -σιμος, ον; -ρτός, ή, όν; φυράω; -ράδην; -αμα, τό; -ασις, ἡ; -ατής, ὁ; αἱματόφυρτος, ον; χειροφυρής, ές.*

Hieher *πορ-φυρ* (redupl. vgl. S. 39) in der Bed. *stark färben.* — Davon *πορφύρα, ἡ* ***Purpurschnecke***; *-ρω* ***purpurn färben*** (spät.). Davon ist ganz zu trennen das homerische *πορ-φύρ-ω* in der Bed. *stark zittern*; dieses gehört zu Wzf. *σφυρ* = sskr. sphur (I, 538) in der Form *φυρ* und Bed. *zittern* (zu I, 584). Zu *πορφύρα* dagegen gehört: *-ριον, τό; -ρίς, ἡ; -ρίτης, ὁ; -ῖτις, ἡ; -ρειος, -ρεος, -ροῦς* (*ραῖος* zw.), *α, ον; -ρεύς, ὁ; -ρεύω; -ρευτής, ὁ; -τικός, ή, όν; -ρέω; -ρόω; -ρίζω; -ρόεις, εσσα, εν; -ρώδης, ες; πορφυρίων, ὁ. ἀκροπόρφυρος, ον.*

Mit *α* = o wohl hieher: *φᾶρικόν, τό* (***Gemengsel?*** vgl. I, 516 *ᾱ* Vriddhi) ***Gift.***

Zu der Form mit ksh (spřiksh) ziehe ich (*κ* = ksh): *φορκ* in *φορκ-ός, ή, όν* (*meer*)*grau* (vgl. palita oben u. s. w.); dazu *Φόρκυς, -κος, -κύν, ὁ* N. p. *-κίς, ἡ* N. p.

παλ. Im Sskr. erscheint k'ar-man ***Haut, Fell, Leder*** u.s.w., *Schild*; k'ar-ma *Schild*; k'arma-křit und k'arma-kâra *Schuhmacher* (d. i. *Lederarbeiter*); k'armin *Schildbewaffneter, Soldat.* Die Wzf., auf welche diese Formen führen, k'ar heisst im Sskr. *gehn, bewegen* (vgl. k'ara *beweglich*). Das ar indicirt hier den ursprünglicheren, dem sskr. ři verwandten, Laut. Diess leitet auf die sskr. Wzf., welche in k'îr-n'a zu Grunde liegt und nach indischer Weise auf k'ři reducirt werden müsste. Daran schliesst sich k'îra mit der Bed. ***Haut*** (wie k'ar-ma u. s.w.), aber auch mit dem Begriff *reiben.* Die Bed. *gehn, bewegen* ist demnach als ein *terere* aufgefasst (vgl. auch μολ I, 497). Zu der Bed. *gehn* gehört als Nebenform von k'ar : k'al (vgl. *Pott* I, 264); zu der Bed. *reiben* k'ûrn (mit ûr = urspr. ṛi, wie oft, und n urspr. Conj.-Classenzeichen), ferner k'ir-a (mit ir = ṛi, wie oft) *lang* (d. i. *zögernd, reibend* vgl. *tempus terens*). An einen tropischen Gebrauch des Begr. *bewegen* (*geistig bewegen*) lehnt sich k'ark' (formirt nach I, 204) in k'ark'â *Ueberlegung* u. s. w. k'ark'ita; k'ark' *reiben* dagegen in k'ark'ikâ u. aa. ist Redupl. von k'ar in der Bed. *reiben*; Redupl. mit n für l : r in der Reduplicat.-Sylbe ist k'an-k'ala *beweglich* und k'ank' in k'ank'u (vgl. I, 204) u. aa. So haben wir als primärere Bed. dieser Wz. *reiben*; ob und wie daraus die Bez. für *Haut, Fell* hervorgegangen sei, will ich nicht entscheiden. Ist die *Haut*, als *reibendes* und *reibbares*, als Sitz des activen und passiven *Gefühls* gefasst? Dafür spricht das ahd. formell ganz hieher passende fôljan *fühlen* (*Graff* III, 476), lat. palpo (nach I, 204) und das formell sich als eine sekundäre (p-) Formation fassen lassende sskr. k'arp-at'a *die flache Hand*, welches wie lat. palma und was damit zusammengehört (vgl. weiterhin) zeigt, hieher gezogen werden muss. Eine andre noch hieher gehörige Form ist sskr. k'arv in k'arvan *mit der flachen Hand berühren* und k'arvita *gegessen* d. h. *zerrieben* (vgl. mando u. s. w. I, 511).

Sskr. k'arma (-man) hiess *Schild*; daran schliesst sich deutlich lat. parma, griech. πάλμη, ἡ (πάρμη ist fremd). Der Begr. *Schild* war erst aus der Bed. *Leder, Haut* hervorgegangen. Schon im sskr. k'arpat'a, k'arvan war insbesondre *die Haut der flachen Hand, die flache Hand* damit bezeichnet, daher hieher: griech. παλμαν = sskr. k'arman; lat. palma, ahd. volma (*Grimm* D. Gr. II, 259); die Form παλμαν gespalten durch einen Vokal und durch ein neues Suffix gemehrt wird παλαμνη; dieses hat sich jedoch nur in παλαμναῖος und ἀπάλαμνος, ον erhalten (I, 530); παλαμνη selbst hat ν eingebüsst: παλάμη, ἡ; -μάομαι; -μημα, τό; ἀπάλαμος, ον; πυρπάλαμος, η, ον (vgl. *Diefenb.* Celt. I, 95).

Hieher παλαι-στή, att. -λαστή, ἡ, alex. -στής, ὁ; zusammengesetzt aus Dat. von παλα = παλμαν und στα; -στιαῖος, α, ον; διπάλαιστος, ον. —

Mit ε = α zur Bed. *Schild*: πέλτη, ἡ; -τάριον, τό; -τάζω; -ταστής, ὁ; -τικός, ή, όν.

Zur Bed. *Haut*: *Fussfläche*, wie *Handfläche*: πέλμα, τό; -ματώδης, ες; καταπελματόω.

Zur Bed. *Fell* überhaupt: πέλλα, ἡ pellis, goth. fill (*Graff* III, 469); anders *Pott* (I, 264); πελλοράφος, ον; πελλαστή, -λυτή, πέλυντρα, πέλυτρα, ἡ. — ἐρυσίπελας, τό; -λατώδης, ες.

ο = α; *Haut als Oberfläche* ἐπι-πολῆς, -λαῖος, ον; -λάζω; -λασις, ἡ; -λασμός, ὁ; -λαστικός, ή, όν; -λεύω. — Da der alte Helm von *Leder* war, so gehört vielleicht hieher πήληξ, ὁ. —

Ob zu der sskr. Form k'ir in der Bed. *reiben* griech. πῖλ-ος, ὁ, ahd. filz (*Graff* III, 519), slav. plet (*Dobr.* 118), wage ich nicht zu entscheiden; -λίον, -λίδιον, τό; -λίσκος, ὁ; -λινος, η, ον; -λώδης, ες; -λόω; -λωσις, ἡ; -λωτός, ή, όν; -λέω; -λησις, ἡ; -λημα, τό; -λητός, ή, όν; -τής, ὁ; -τικός, ή, όν. —

[Hieher πάλ-αι (falsch I, 139) = sskr. k'irâja, aber mit

αλ(αρ) = r̆i; ferner *πάλη Mehl* (von k'r̆i *reiben, zerreiben*) (I, 569), vielleicht auch πόρος u. s. w. (I, 133); ferner ahd. fal-g (*Graff* III, 499), mit sekundärem g, *reiben* und folgan *gehn*].

παλματίας, -τιανός, ὁ *Palmwein* (zu lat. palma), vgl. *Pott* (II, 513); lat. palma ist aus dem Phönicischen vgl. תָּמָר und תַּדְמֹר in Palmyra.

πάρωος, -ός, -ῶος, -όν *kupferroth*; ob zu Wzf. ρυ *glühen* (vgl. ῥοιά); dann wäre πα Ueberbleibsel von ὑπό (sskr. upa), es scheint aber eher παρ-ωος etymol. zu theilen zu sein; jedoch ohne sichere Etymol.

πορ, πολ u. s. w. sskr. pr̆i mit der Bed. *handeln* (nicht von den Gramm. angeführt) erscheint in vjâ-pr̆i-ti (Auslegung von √van) *Kauf, Verkauf* (wozu denn auch vjâpr̆ita, vjâpâra, -rin); deutlicher in zend. pere-ta *Kauf* (welches ich aufnotirt habe, ohne die Stelle, wo es vorkommt, wieder finden zu können) und â-pereiti *Loskaufung* (*Burn.* C. Y. 499); nach letzterm wird viell. sskr. ati-pâr-aje *liberare* (*Bhagav.* Pur. III, 25, 40) hieher gehören. Hierzu ahd. feil (*Graff* III, 495), lth. pel-nyti, lett. pel-niht (*durch Handeln verdienen*), lat. for-um *Verkaufsplatz*. Endlich treten dazu weitre Formationen durch Guttural: lat. prec in prec-ium *Kaufpreis*, lth. perk-u, ltt. pehrk-u (*kaufen*), vgl. auch lith. prek-ius *das Bieten* (wo fast dieselbe Form wie in lat. prec-ium) und lett. prezze (*Waaren*). — Zu pr̆i griech. πρι in πρίαμαι (anders *Pott* I, 207) *kaufen*; ἀπρίατος, ον; -την (Acc. fem. als Adverb.) (vgl. *Buttm.* Lex. I, 15); πιπρᾱ́σκω (σκ griechisch, nicht zu lat. prec u. s. w. zu ziehn); πρᾶσις, ἡ; -σιμος, η, ον; πρατέος, α, ον; -τός, ή, όν; -τήρ, -της, -τίας, ὁ; -τρια, ἡ; -τήριος, α, ον; -ον, τό; ἀπρασία, ἡ; ἐλευθεροπρασίου, τοῦ; προπράτωρ, ὁ; — gunirt περ in περνάω (9te Conj. Cl. vgl. lth. pelnyti oben); -νημι, (-νασκον); νεκροπέρνας, ὁ; — mit ο = ε: ἔμπορος, ον *handelnd* (nicht zu πόρος I, 133); -ρικός, ή, όν; -ριος, α, ον; -ρία, -ρεία, ἡ; -ρεῖον, τό; -ρέω, -ρεύομαι; -ρευμα, τό; -ρευτικός, -ρητικός, ή, όν. Nun auch wohl πόρ-νος, ὁ, -νη, ἡ *deren Körper feil ist* (vgl. meretrix); -νης, ὁ; -νίδιον, τό; -νικός, ή, όν; -νεύτρια, ἡ; -νεία, -νοσύνη, ἡ; -νεῖον, τό; καταπόρνευσις, ἡ.

Mit λ = ρ: πολ: ἐμπολάω (έω); -λημα, τό; -λησις, ἡ; -λητός, ή, όν; -λή, ἡ; -λαῖος, α, ον; -λεύς, ὁ; ἀπεμπολητής, ὁ.

ο in ω gedehnt (Vriddhi) πωλέω; -λησις, ἡ; -λημα, τό; -λητής, ὁ; -τικός, ή, όν; -τήριον, τό; πωλή, ἡ; -λης, ὁ; ἁλατοπωλία, ἡ; ἁλουργοπωλική; ἀρτοπωλεῖον, τό; ἰχθυοπώλαινα, ἡ.

Im Sskrit hat das aus pr̆i hervorgegangene vjâpâra u. s. w. die Bed. *Geschäftigkeit, Thätigkeit* überhaupt, zend. pârem heisst *Handlung* (*Burn.* C. Y. I, 516), umgekehrt ist das deutsche *handeln* eigentlich *handthieren* u. s. w. Bezeichnung des kaufmännischen Treibens geworden. Danach ist es mir höchst wahrscheinlich, dass hieher griech. πρᾱ́σσω, πρήσσω, welches sich der Form nach sehr gut an lith. prek-ius, lat. prec- lehnt (πραγjω 4te Conj. Cl. oder aus einer Wzf., die im Sskr. ursprünglich auf ksh auslauten würde). Wegen *α* vgl. *πιπρᾱσκω*. Dafür spricht, dass in *πράσσω* die Bed. *gewinnen* primär zu sein scheint (anders *Pott* II, 33, 153, 328, *Bopp* V. G. 126); russ. u-prag'-njatj *beschäftigen*, ist Lehnwort. Davon: *πρᾶγμα, -μάτιον, τό; -τικός, ή, όν; -ιώδης, ες; -τίας, ὁ; -τιστήριον, τό; -τεύομαι; -τευτής, ὁ; -τευτικός, ή, όν; -τεία, ἡ; -τειώδης, ες; πρᾶγος, τό; πρᾶξις (ρη), ἡ; -ιμος, ον; πρακτός, ή, όν; -τικός, ή, όν; -τήρ (ρη), -της, -τωρ, ὁ; -τορεία, ἡ; -τύς, ἡ; ἀλλοτριοπραγέω; -γία, ἡ; -γμων, ον; -γμοσύνη, ἡ; κακοπραγμονέω; δικαιοπράγημα, τό; δυςπραγής, ές; ἀπραγμάτευτος, ον; μονοπραγματέω; ἀπραξία, ἡ; ἀπρακτέω.*

(*π*ři). Im Sskrit wird √ pri und prī in der Bed. *füllen* angeführt (letztre, im Praes. pi-par-mi, jetzt belegt durch *Bhag. Pur.* III, 18, 12); das ři erscheint als ra in prâ-n'a (lat. plenus), prâ-jas; als ur in puru *viel* u. aa. (purv unbel.), als ûr in pûr *füllen* u. Derivaten. Verwandte grösstentheils bei *Pott* (I, 264), dazu goth. full u. s. w. (*Graff* III, 477 ff.), slav. plünü (*K. G.*) u. s. w. lett. pil-diht (sekundäre Bild. durch sskr. √ dhâ). Griech. *πλε*: *πίμπλημι* für *πίπλημι* = sskr. pi-parmi oder Redupl. nach Anal. von sskr. dan-dram zu dram: drâ (*laufen*); *πίμπλαμαι; -πλάω, -πλέω; -πλάνω; πλεῖος, πλέος, α, ον*; (durch Suff. *ϝα* oder sskr. ja); *πλῆμα* (*πλεῖμα*), *τό; πλήμνη, ἡ* (alt. Partic. Präs. Med.); *πλήμη* (I, 325); *ἐμπλήδην*. — *πλήρης, ες; -ρότης, ἡ; -ρόω; -ρωμα, τό; -ρωσις, ἡ; -ρωτής, ὁ; -τικός, ή, όν; ἀπλήρωτος, ον; ἀναπληρωματικός, ή, όν*. — *πλήθω* (vgl. lett. pildiht); *πλῆσμα, τό; -σμη, ἡ* (I, 325); *-μιος, α, ον; -μονή, ἡ; -νικός, ή, όν; -νώδης, ες; πλῆθος, τό; -θύς, ἡ; -θύω, -θύνω; -θυσμός, ὁ; -θυντικός, ή, όν; -θώρη, -ρία, ἡ; -ρικός, ή, όν; -ρέω*. — *ἀρσενοπληθής, ές; παμπληθεί; -θία, ἡ; πολυπλήθεια, ἡ; -θέω; χειροπληθιαῖος, α, ον; ἄπληστος, ον; -τία, ἡ; -τεύομαι; ἀναπληστικός, ή, όν*. — Hieher mit *φ* für *π* (dialekt.?): *φολ-ύνω füllen* (*Hesych.*)?

[Wie lat. (e)rub-esco zu griech. (*ε*)-*ρυθ*-, so zu *πληθ* lat. pleb in plebes. po-pul-us dagegen ist Reduplicat.-Bild. von pri ebenfalls *Menge*].

Von prī sskr. pur-u *viel*, mit u wegen p; daran zend. pouru (*Burn.* C. Y. I, 421, *Bopp* V. G. 401) und sskr. pùl *häufen*. Die übrigen verwandten Sprachen haben ři gunirt und r in l gewandelt (*Pott* I, 251, 264, *Graff* III, 472, 476); griech. *πολ-ύ-ς, πολλή* (für *πολϝί* + *α* vgl. auch *Pott* II, 53), *πολύ; πολλόν, -οστός, ή, όν* (Superl.); *-λαχο* (vgl. sskr. puruha, puruhu u. I, 471) in *-λαχῆ, -χοῦ, -χῶς, -χόθι, -χόθεν, -χόσε; -λάκις* (*κι*) (über *πολύκτωρ* *Pott* II, 491).

Der Comparat. hat sskr. prâ-jas für pra + ìja(n)s, griech. mit *λ* = r: *πλε-ιον*(*ς*) (vgl. auch *Pott* I, 137), lat. ple-us für plejus. Daher Plur. msc. plures für plejuses (alt noch pleores) pleri (nach falscher Analogie declinirt), eben so vielleicht plera, welches aber auch für pleura von pleus stehn kann; plurimu für plusimu, daneben alt plisima (*Fest.* 205); *πλείων, ον* und cj. *ι*: *πλέων, ον; πλεονάκις; πλειόνως* (*εον*); *πλειονότης* (*εον*), *ἡ; -ναχῶς; -άζω; -ασις, ἡ; -ασμός, ὁ; -ασμα, τό; -αστικός, ή, όν*; für *πλέον* att. *πλεῖν* (aus *πλέεν*), Plur. ep. *πλέες* (aus der alten Declin. πλεjεσ-ες). — An sskr. prâ-ja(n)s lehnt sich πλήν für πληjον(ς) Neutr. *mehr als, ausser* (vgl. auch *Pott* II, 323).

Superl. πλε-ῖστο-ς,η,ον; -τάκις, -τάκι; -ταχόθεν; -τήρης, ες; -ρίζομαι; -ριάζω; -ριασμός, ὁ (lat. amplus (wo am = amb), am-plius, -plissimus). —

Hieher sskr. puram, purĭ, purî (eig. *die volle*) *Stadt*; griech. πόλις (= purĭ, wie πολύ = puru), ἡ (vgl. auch *Pott* II, 118); -λίδιον, -λίδριον, -λίεθρον, τό; -λίχνη, ἡ; -νιον, τό; -λιεύς, ὁ; -λιάς, ἡ; -λίζω; -ισμός, ὁ; -σμα, τό; -μάτιον, τό; -λιστής, ὁ. — πολιήτης, -λῖτης, ὁ; -ιῆτις, -ῖτις, ἡ; -ιήτωρ, ὁ; -λιτικός, ή, όν; -τίζω; -ισμός, ὁ; -τεύω; -τευτής, ὁ; -τευμα, τό; -τεία, -τηΐη, ἡ; ἄπολις, ἡ; -λιστος, ον; -λίτευτος, ον. — πολι-ορκέω; πολισσοῦχος, πολι-ή-οχος, -άοχος, -οῦχος, πολισσονόμιος; (προπόλιος zw.); -λεος, ον.

Mit stützendem τ: πτόλις, πτολίεθρον, πτόλισμα. —

An die Form πλεο *füllen*: πλοῦτος, ὁ *Ueberfluss*, *Reichthum*; -ταξ, ὁ; -τεύς, ὁ; -των, ὁ; -τηρός, ά, όν; -τίζω, -τισμός, ὁ; -τίνδην; (τ in σ) πλούσιος, α, ον; -σιακός, ή, όν; -σιάω, -άζω. — φιλοπλουτία, ἡ.

πλέ-θρον, πέλεθρον, τό *ein Maass* (ελε = ri vgl. H. A. L. Z. 1838 Ergzbl. S. 333); πλέθριον, τό; -θριαῖος, α, ον; -θρίζω; -θρισμα, τό; πελεθρίζω; -θρισμα; ἀπέλεθρος, ον. — Hieher lat. pelvi-s, griech. πελίς, πέλις (für πελϝι = sskr. purv + i) ὁ, ἡ *Gefäss*, ein *Maass* (vgl. auch *Pott* II, 60), πέλλα (vgl. πολλή), ἡ; -λλάς, -λλίς, ἡ; πελλαντήρ, -λητήρ, -τής, ὁ; πέλιξ, ὁ; -λίκη, ἡ; -κάνιον, τό; πελίνη, -λίχνη, ἡ; πέλυξ, πέλυς, ὁ (υ wegen Einfluss des ϝ).

Ob hieher πλειών, ὁ *Zeit* (*erfüllend, vollendet* vgl. aber πέλομαι).

[*Pott* betrachtet přì als zsgstzt aus pi + ri (I, 264) und erklärt so pura *Haus*, *Stadt*, als das in das *man geht*. Diese Hypothese ist sehr unsicher; auf sie gestützt zieht er auch hieher griech. πύλη, ἡ *Thor*. Ich bemerke dazu, dass dem griech. πύλη sskr. pura in gô-pura *Stadtthor* entspricht, eben dahin gehört auch sskr. pôla *Thor* (jedoch nur aus *Tod* Annals of Rajasth. I, 589 mir bekannt); ob aber diese zu dieser Wz. gehören, will ich nicht versichern. Man kann auch an pra in der Form pur-a (vgl. I, 136, 139, 140 so wie purâṅa u. a.) denken, so dass das *Thor* das *Vordere* und in so fern der Eingang wäre; gehört vielleicht auch porta dazu (vgl. jedoch I, XIV, *Pott* II, 329). Zu πύλη: -λος, ὁ; -λίς, ἡ; -λαιος, α, ον; -λαΐτης, ὁ, -ῖτις, ἡ; -λαῖτις, -λᾶτις, ἡ; -λεών, -λών, ὁ; -λόω, -λωμα, τό; πυλαία, ἡ; -λαιαστής, ὁ; -λαιστής, ὁ; -λαϊκός, ή, όν; ἀμφίπυλος, ον; εὐρυπυλής, ές; διαπύλιος, ον; ἀπύλωτος, ον; πρόπυλον, τό].

πυρός, syrak. σπυρός, ὁ *Weizen*, lett. (dialekt.) pûrji und puhri *Winterweizen*, slav. püiro (*Dobr.* 280), vielleicht mit sskr. pura *yellow barleria* zusammengehörig. Das griech. πυρήν, ὁ *Kern* scheint darauf zu führen, dass es eigentlich nur *Kern* (vgl. deutsch *Korn*) bedeutete. Man kann an mehrere gleich unsichere Etymologieen denken (z. přì der *füllende Kern* oder wenn in σπυρός die Urform liegt an σπείρω *Saat* (S. 81), in welchem Fall das Gemeingriech. Lett. Slav. das anlautende s eingebüsst hätten). Zu πῦρός: -ρινος, -ριμος, -ράμινος, η, ον, -ρίτης, ὁ; -ῖτις, ἡ; -ραμίς, ἡ; -ραμοῦς (f. μόεις), ὁ; -ρνον, τό; -ρνος, ὁ; -ναῖος, α, ον; ζεόπυρον, τό; πυρητόκος. Zu πυρήν: -ηνώδης, ες; πυρίνη, ἡ; -νιον, τό; ἀπύρηνος, ον; ἐκπυρηνίζω. —

περσεία, -σέα, -σία, ἡ *eine ägyptische Pflanze.*

πάρνωψ auch κόρνωψ, ὁ *Heuschreckenart.* Ohne Kenntniss der Gestalt, wonach sie, wie ωπ zeigt, benannt ist, nicht sicher abzuleiten. Dann wohl mit Leichtigkeit.

πέρνα, ἡ *Schinken*, mit stützendem τ: πτέρνα; πτέρνα heisst aber ausserdem die *Ferse*, dessen organischere Form ebenfalls πέρνα ist, wie sskr. přish-ni, pârsh-ni, goth. fairz-na (*Graff* III, 699), slav. plec-na (*Fusssohle*), lat. perna in compernes (*nominantur homines genibus plus justo conjunctis*) und pernix (einer der gut auf den Fersen ist, wie slav. plencoti *tanzen* (*Dobr.* 117) von plecna) zeigen. πτέρνα steht also für περσ-να; dazu πτερνίς, ἡ; -νίον, τό; πτερνίζω; -νισμός, ὁ; -νιστήρ, -τής, ὁ. — Wie aber nun πέρνα neben π(τ)έρνα *Schinken* (d. i. eine Seite des Rückens) heisst, so steht neben sskr. přishni: přish-ťa *Rücken*, ferner pârç-va (wo ç für sh wie oft) *Seite, Schinken*, endlich nhd. Flanke mit eingeschobenem Nasal (vgl. das erwähnte slav. plenc), ahd. lancha (*Graff* II, 222). Die Wzf. ist přish, ob mit dem obigen (S. 81) identisch, wage ich nicht zu entscheiden.

Gehört hieher πτερνίς, πέρνης, ὁ *ein Raubvogel?* (vgl. lat. pernix oben).

Wir sahn in slav. plec-na sskr. přish zu plash werden; diesem entspräche griech. πλεσ; an diese Form scheint sich mir griech. πλευρά, ἡ *Seite, Rippe* zu lehnen (entweder für πλε-σ-υ-ρα, vgl. sskr. pârçva und noch übereinstimmender parçu-kâ *Rippe*, oder mit υ = s, wie nicht selten (vgl. χλευ aa.); dazu: -ρόν, τό; -ρόθεν; -ρίον, τό; -ριάς, ἡ; -ρίτης, ὁ; -ῖτις, ἡ; -τικός, ή, όν; -ρωμα, τό; -ράξ; ἔμπλευρος, ον; -όω; παραπλευρίδιος, α, ον. —

Schon im deutschen fla(n)ke sehn wir dem sskr. sh (ç) k gegenübertreten, ohne Zweifel, weil es ein organisches ksh vertritt. Diesem entspricht griech. γ. Daher hieher auch πλᾶγ-ος, τό *Flanke*, πλάγ-ιος, α, ον *schief*; -ιόω; -ιάζω; -ιασμός, ὁ. — ähnlich wie μεῖζον aus μεγ-ιον (I, 91) u. aa., entsteht aus πλαγιο als Nebenform: πλαισός, ή, όν *schief-* (*füssig*); -σιον, τό. — Als eine (vielleicht dialekt.) Nebenform von πλαισό ist βλαισός, ή, όν zu erkennen; -σότης, ἡ; -σόω; -σωσις, ἡ.

Eben so ist eine Nebenform von πλος f. πλες (in πλευρά oben): βλος in βλοσ-υρός, ά, όν *schief*, von *drohenden Blicken*, wie ὑπόδρα *torve* (von torqueo), limus von liq in *obliquus*.

περδ. Im Sskr. pard (vgl. *Pott* I, 245, wo die Verwandten), belegt durch pardda, pardana, griech. πέρδω *farzen* (παρδήσομαι, ἔπαρδον, πέπορδα); πέρδησις, ἡ; πορδή, ἡ; πόρδων, ὁ; -δαλέος, α, ον; πεπραδίλη, ἡ; ὀνόπορδον, τό; σιληπορδέω (vgl. I,

527); *-δία, ἡ.* — Hieher wohl *παρδακός, πορδακός, όν* *feucht* (für beschmutzt?) [ob hieher *ἀφόρδιον* für *ἀποπορ.* (I, 443)?].

Der Form nach scheint hieher zu gehören (mit ṙi für Guna: ar) sskr. pṙid-âku *Leopard* (*Eichhoff* in Parallèle übers. von *Kaltschmidt* (123) führt pardaka mit derselben Bed. an, das mir nicht bekannt); aus welchem Begriff diese Bezeichnung geflossen wäre, erkenne ich nicht; sskr. pardda heisst auch *eine Menge Haare*; ob daraus? An eine einfachere Form von pṙid-âku lehnt sich das griech. (aus dem Orient erhaltene) *πάρδ-ος, ὁ, -δαλις, -δολις, ἡ; -δαλιδεύς, ὁ; -δαλέος (ορ), α, ον; -δάλειος, ον; -δαλέη, -λῆ, ἡ; -δαλώδης, ες; -λωτός, ή, όν; -δάλια, τά; -διον*, auch *ἱππάρδιον* (für *ἱπποπ.*), *τό*.

πέρδῑξ, ὁ, ἡ **Rebhuhn**; *-δίκιον, τό; -κιάς, ἡ; -κιδεύς, ὁ; -κικός, ή, όν.*

Πάνεμος, ὁ ein Monatsnamen (böot.).

πάννυσσα, ἡ *Stirnbinde* (zu I, 544 *πῆνος*).

πίννα, -νη, ἡ *Stechmuschel*, zunächst wohl den Phöniciern entlehnt; vgl. hebr. פְּנִינִים (*Rosenmüll.* Bibl. Archäol. IV, 2, 417). Dieses könnte dem sskr. punja *rein* entsprechen, welches vielleicht, wie mang'ara, mukta ebenfalls eig. *rein*, *Perlen* bezeichnete. *πιννικόν, πινικόν, πίννινον, τό.* —

πανδοῦρα, -ρίς, φάνδουρα, ἡ *ein Saiteninstrument* (wohl fremd?), *πάνδουρον, τό* (zw.); *-ρος, ὁ; -ρίζω; -ριστής, ὁ.* —

πάνθηρ, ὁ fremd; im Sskr. pund'arîka (*Leopard*) von der Wzf. pud' *conterere*, welches eine dialektische Form von pish (S. 78) + t ist, indem sh t prakritisch t' wird (*Lass.* I. L. Pr. 260, 401) und i wegen p zu u, also eig. put', welche Wzf. auch in ders. Bed. erwähnt wird; dann d' für t' (*Lass.* a. a. O. 203), also pud'.

(*παπ* u. s. w.). Einige aus Wiederholung des p mit Vokal gebildete Interjectionen, Nachahmungen von Naturlauten, nehme ich hier zusammen (vgl. *βαι* S. 65): *παπαῖ, παπαιάξ, ῥυπαπαί*; — *πόπαξ* (vgl. unser potz); *πάξ, παππάξ, πύπαξ, πύππαξ; πόποι.* —

ποπ-ίζω vom Ton des *ἔποψ* (I, 141), dessen Name, wie das lat. zeigt, dessen Ton: up-up ausdrücken soll. — *ποππύζω*, pop: pop *machen* Bezeichnung mehrerer Thätigkeiten, bei denen dieser Ton gebraucht ward; *-υσμός, ὁ; -υσμα, τό; -υλιάζω.* — Nachahmung des Vögeltons pip: pip (vgl. I, 534); *πίπος, ὁ; πίπος, πῖπος, πιπώ, ἡ* **Baumhacker**; *πίπρα* glbd.; hieher auch *ἵππα, ἴπνη, ἡ* glbd.

(*πεπ*). Im Sskr. pak' *kochen* (*Pott* I, 233 (wozu lat. coquo, cu-lîna für cuc-lina, ahd. bachan (*Graff* III, 24), slav. pekon (*Kop.* Gl.)) und *Giese* Aeol. Dial. 241); griech. *πέσσω* (4te Conj. Cl. für *πε* k' + j), *πέπ-τω* (*π* = sskr. k' wie oft); *πεπτός, ή, όν; -τικός, ή, όν; -τήριος, α, ον; πέψις, ἡ; πέμμα, -μάτιον, τό*; — ο = ε: *πόπανον, τό; -νώδης, ες; -νευμα, τό; ἀπεψία, ἡ; ἀπεπτέω.* — *πέπων, ον* *reif*, vgl. sskr. pakka (von pak') glbd., *πεπαίτερος (τατος); πέπειρος, ον; πέπανος, ον; πεπαίνω; πέπανσις, ἡ; -ντικός, ή, όν; πεπασμός, ὁ; δρυπεπής, ές; δρύπεψ.* —

Mit ο = ε würde das Partic. ποπ-τος heissen; dieses büsste π ein (vgl. ἄδ-ες (*Hes.*) = πόδ-ες = sskr. pad-as); so entstand ὀπτός, ή, όν; -τάω; -τησις, ἡ; -τήσιμος, ον; -τητός, ή, όν; -τητικός, ή, όν; -ταλέος, α, ον; -τανός, ή, όν; -τάνω; -τάζω; -ταίνω; -τανεύς, -νεῖον, -νιον, τό; -νία, ἡ; ἀρτόπτης, ὁ; -τεῖον, τό. — Mit α = ο : ε (sskr. a) und πτ assimilirt (dialekt.) ἄττανον, τό; -νίτης, ὁ (ion.), vgl. *Pott* (II, 29).

Eine durch (desiderat.) s gemehrte Form von πεπ würde πεψ lauten; mit Verlust des π (wie in ὀπτ-ός): εψ und mit unorganischem Spir. asp. ἕψω (vgl. I, 430 und ἵπταμαι): ἑψάω (zw.); ἕψημα, τό; -ατώδης, ες; ἕψησις, ἡ; -ητής, -τήρ, ὁ; -τός, ή, όν; -τικός, ή, όν; -τήριον, τό; ἑψανός, ή, όν; -νη, ἡ; ἑψαλέος, α, ον; ἑφθός, ή, όν für ἑψ + το in ἑφ + το (vgl. I, 267 und das eben so aus οψ = sskr. aksh zu erklärende οφθο in ὀφθαλμός I, 231, anders *Pott* II, 30, 123); -θότης, ἡ; -θόω; -θαλέος, α, ον. — ἄφεψις, ἡ; καθεψής, ές; μυρεψός, όν; -ψικός, ή, όν; -ψία, ἡ. — Πυανέψια, τά; -ψιών, ὁ; ὑελέψης, ὁ; χρυσοεψητεῖον, τό; ob χόρδαψος, ὁ (*Darmentzündung?*).

Zweifelhaft ob hieher ἰπ-νός, ὁ sammt ahd. ofan (*Graff* I, 176), russ. otsch-ag *Heerd*; alle hätten das anlautende p eingebüsst. Die Vokalschwächung im Griech. zu ι erklärt sich aus der folgenden Consonanz πν (vgl. σκαρ : σκιρτ u. aa. auch *Pott* II, 31). Wie ist es mit goth. auhns? es könnte von einer Form = sskr. pak' + s (griech. πεψ) : paksh kommen (vgl. goth. augo zu sskr. aksh I, 228); ἰπνόω; -νεύω; -νιος, α, ον; -νίτης, ὁ.

Gehört hieher nun auch ἴτριον, τό *ein Backwerk*, dialekt. (ἰτ für ιττ = ιπτ wie oben ἀττ = ἀπτ)?

[*Pott* (II, 290) und *Giese* (241) ziehn hieher ὠμός, ή, όν *roh*. Mit Unrecht; da es nicht damit zu vermitteln und genau zu sskr. âma, ăma *unreif*, *ungekocht*, irisch amh, omh stimmt; es gehört zu √am *krank sein* in amatâ, âma *Krankheit*; ὠμότης, ἡ].

πέπερι, τό *Pfeffer* aus dem Indischen: *pippali* (vgl. *v. Schlegel* in Berl. Kalend. 1829, *Ersch* u. *Grub*. Encycl. II, XVII, 41), -ρίς, ἡ; -ριον, τό; -ρίτης, ὁ; -ῖτις, ἡ; -ρίζω (vgl. φιβάλεως).

(παγ u. s. w.). Im Sskr. erscheint Wzf. paksh in der Bed. *nehmen*, *empfangen*; an sie schliesst sich paksha zunächst in der Bed. *Nehmen*, *Annahme*, ferner in der Compos. mit Wörtern, welche *Haar* bedeuten, wo es dann eine *Menge* bezeichnet, wie die Verbindung zeigt, eigentlich einen *Griff*, eine *Handvoll*. Hierdurch werden wir darauf geleitet, dass paksha einst *Hand* bedeutete (das *Glied*, womit man nimmt, vgl. χείρ und deutsch *Hand* (pre-hend-o)), oder auch *Arm*, woraus sich einerseits die Bed. *Armband* ergiebt, und andrerseits die Bed. *Flügel*, der *Arm* des Vogels (vgl. lat. ala). Der *Flügelbegabte*, sskr. pakshin, ist der *Vogel*, aber durch Erweiterung der Bed. oder vielleicht aus dem Wzbegriff *nehmen*, *fangen* (vgl. weiterhin) heisst auch paksha selbst schon so; daran schliesst sich goth. fug-l-s (*Graff* III, 360), litt. paukšstis *Vogel*, aber auch (was für die Erklärung aus dem Wzbegr. spricht) *Wild* überhaupt; dazu wohl auch slav. ptak (mit nach griech. Sitte eingeschobenem t, wenn es nicht zu √πετ vgl. πτερόν gehört). Aus der Bed. *Arm* geht endlich die Bed. *eine Seite* des Körpers hervor, aus der sich alle übrigen Bdd. von paksha mit Leichtigkeit deuten. — Mit sskr. keça-*paksha* identisch ist keça-*pâça*; das â ist Vriddhi und ç = ksh erklären wir durch den nun schon oft erkannten Wechsel zwischen sskr. ksh und sh, für welches letztre alsdann ç eintritt, und in der That werden die Wzff. pash, paç und auch pas (letztres ist eigentlich dialektisch), in denselben Bedd. angeführt, nämlich *binden, berühren, einschränken, zügeln* u. s. w. (*Wils.* und *Rosen*). Als Verba sind diese Formen noch nicht belegt; allein paç erscheint in pâça *Strick* u. s. w., pâç-ita *gebunden*, pâçi-kṛita, und nach Analogie des schon erwähnten litth. pauksstis und des gleich zu erwähnenden *fangen* ziehe ich hieher paç-u (pecus u. Verwandte *Pott* I, 108) und gebe ihm als eig. Bed. *Wild (fangbares)*. Ferner wird diese Wz. aus den verwandten Sprachen belegt; lat. pa(n)g-o, pac-(isc-or) *fest machen*, pesc in compesco eig. *zusammenbinden* vgl. dispesco (vgl. *Pott* I, 267, wo einiges falsch), goth. fahan (*Graff* III, 385), mit der Nebenform fang (mit eingeschobenem Nasal und g = sskr. ksh, wie oft), figgrs (der Nehmende *Graff* III, 527), fôgjan *zusammenbinden* (*Graff* III, 421), ga-fag-jan (= sskr. (sa)ha (1, 227, 1) + paksh-jâmi) *zusammenbinden* und so *ordnen* (*Graff* III, 419), wie denn auch schon im Sskr. die erwähnten Wzff. die Bed. *adornare* haben. Dazu dann ahd. fah-jan (*componere, zufrieden stellen*, ebds.), gafehan *zufrieden sein, sich freuen* (ebds. 417); fag-ar (*passend, schön*, ebds. 420), nhd. packen, gael. bac *hindern* (*coercere*). — Griech. mit σσ = ksh: πάσσ-αλος (ττ), ὁ *Nagel, Pflock* (woran man etwas *bindet, befestigt*); -λιον, τό; -λίσκος, ὁ; -λόω; -λεύω; -λευτός, ή, όν; πάσσαξ, ὁ; -ακίζω. —

[lat. palus *Pfahl* für paclus, pīla *Pfeiler* für pig-la (pango impingo); pig-nus *das Eingehändigte*].

Dialekt. (?) υ = ο (vgl. ὄνυμα = ὄνομα u. aa.) πύσσαχος, -σαλος, ὁ *Knebel*.

γ = sskr. ksh (wie oft): πᾰγ: πήγνυμι (η wie ῥήγνυμι S. 14) *festmachen* (ob lat. fīgo, mit f unorganisch — p, vgl. jedoch I, 557); πῆγμα, τό; πῆξις, ἡ; πηκτός, ή, όν; -τικός, ή, όν; -τίς, ἡ; πακτός; -τίς, ἡ; -τόω; -τωσις, ἡ; πακτών, ὁ. — πηγός, ή, όν; -γάς, ἡ; -γετός, ὁ; -γυλίς, ἡ; πάγος, ὁ; *Eis* (festgewordenes) u. s. w., *Feste, Hügel* (schwerlich = gael. bac); -γόω; -γώδης, ες; -γερός, ά, όν; -γετός, ὁ; -τώδης, ες; πάγη, ἡ *Schlinge* (womit man *fängt*, vgl. sskr. pâça); -γίς, ἡ; -ιδεύω; πάγιος, α, ον; -ότης, ἡ; -όω; ἀμφιπαγής, ές; περιπηγής, ές; ἀντίπηξ, ἡ; καταπήξ, ὁ; διαπηγμάτιον, τό; ἐμπήκτης, ὁ; εὐπηξία, ἡ; ἁλοπηγία, ἡ; ἀσπιδοπηγεῖον, -γιον, τό; ναυπηγέω; -γέτης, ὁ; -γικός, ή, όν; -γησία, ἡ; -σιμος, ον.

Hieher auch πήγανον, -νιον, τό *Raute*; -νόεις, εσσα, εν; -νώδης, ες; -νινος, η, ον; -νίτης, ὁ; -νῖτις, ἡ; -νίζω. — wohl auch πάγρος, ὁ *ein unbek. Vogel*. —

χ = sskr. ksh (wie oft): παχύς, εῖα, ύ *festgeworden* u. s. w. (vgl. die Bedd., die in den Derivaten von παγ hervortreten; anders *Pott* II, 221, *A. Benary* R. L. I, 56, 195); -χύτης, ἡ; -χλός, ἡ, όν; -ύνω; -υνσις, ἡ; -υντικός, ή, όν; — πάχος, τό; -χετος, τό (?), ἰσοπαχής, ές. — πάχνη, ἡ; -νήεις, εσσα, εν; -νίζω, -νόω, -νώδης, ες.

ξ = sskr. ksh. in πάξ *Griff, Handvoll* = sskr. paksha in keça-paksha, und pâça in sapâça, welchem griech. ἄπαξ ganz entspricht. Dasselbe Wort mit ders. Bed. ist d. fach in einfach (*Pott* I, 129, 130, II, 515); hieher wohl mit unorganischem φ = π: ἀτρά-φαξ-ις, vgl. atriplex, obgleich diess auch zu sskr. bhâga *Theil* von bhag' *brechen* (√αγ S. 20) gezogen werden könnte. —

πηγή, ἡ *Quelle*; ich kenne keine sichere *Ableitung*; mögliches liesse sich in Menge vermuthen (*Höfer* Beitr. I, 286 nichts; soll man an sskr. âpa-gâ *Fluss*, an ap *Wasser* (S. 74) + γεν *zeugen* denken? an √vah (vgl. sskr. vaha *Fluss* parîvâha), oder an vâg'a *Wasser* (wegen π = v vgl. I, 354)? πηγίον, -γίδιον, τό; -γαῖος, -γιμαῖος, α, ον; -γάζω.

πυγή, ἡ *Hintere*; ich identificire es mit sskr. puk'kh'a *Hintere, Schwanz*. Dieses ist identisch mit pik'kh'a *Schwanz* von √kh' σκ (I, 609 ff.) *bedecken*, indem der Schwanz als der bei den Thieren den Hinteren u. s. w. bedeckende gefasst wird. Das sskr. k'kh' wechselt mit ksh (vgl. I, 610 u. oft) und wird im Griech. oft wie sskr. ksh repräsentirt; so tritt ihm denn auch γ gegenüber. sskr. pu für pi entstand durch Einfluss des p (anders *Pott* I, 236); πυγίδιον, τό; -γηδόν; -γαῖος, α, ον; -γίζω; -ισμα, τό; -στής, ὁ; — εὔπυγος, ον; -γία, ἡ; καταπυγέω; -γίζω; -γων, ον; -γών, ὁ; -γόσυνος, η, ον; -ύνη, ἡ; (ὀρθοπύγιον, τό; -ιάω zw.); ἀνοῤῥοπύγιος, ον; σεισοπυγίς, ἡ.

(πικ) ποικ-ίλος (οι ist Guna von ι), η, ον *bunt, mannigfarbig, listig*. Im Sskr. wird Wz. piç mit der Bed. *enlighten* angeführt (*Wils.*), ihr entspricht zend. piç mit derselben Bed. (*Burn.* Comm. Y. I, 410[n]); daran sskr. piç-una, piç-anga (*lichtfarbig*), pèç-ala *schön, listig*; goth. faih-u *bunt* (vgl. *Graff* III, 325, wo die verwandten mit ihren Bedd. auf *Licht* als Grdbegr. zeigen), slav. pic (pishòn) *färben, schreiben*, pïctrü *bunt* (*Kop.* Gl.). *Pott* (I, 235, II, 600) denkt an sskr. pi(n)g' *färben*, wozu lat. pingo. Diess kann verwandt sein, wenn man annimmt, dass sskr. piç für pish: piksh (S. 90 u. sonst) steht, piksh aber eine Formation von pi(n)g' durch sekundäres s sei. In diesem Fall ist wahrscheinlich a(n)g', lat. ung-uo *Pott* (a. a. O.) die primärere Wz. und pi(n)g' = (a)pi + a(n)g' auf alte Weise zsgzgen. Griech. πικ u. s. w. gehören aber zunächst zu sskr. piç. Zu ποικίλος: -λία, -λίς, ἡ; -κίλλω (für -κιλjâmi); -ιλμα, τό; -μός, ὁ; -ιλσις, ἡ; -λτής, ὁ; -τρια, ἡ; -τός, ή, όν; -τικός, ή, όν; ποικιλεύς, ὁ. —

(ποδ u. s. w.). Im Sskr. pad *gehn* (*Pott* I, 244, wo die Verw.), griech. ποδ in πούς (für ποδς: ποος), ποδός, ὁ (sskr. pad) *Fuss*; ποδότης, ἡ; πόδιον, -δάριον, τό; -δίσκος, ὁ; -δόω; -δωμα, τό; -ωτός, ή, όν; ποδιαῖος, α, ον; -δεῖον, -δειον, -διον, τό; -δεών, ὁ;

-δίζω (vgl. im-ped-ire); -ισμός, ὁ; -στήρ, ὁ; -τρα, ἡ; ἀποδία, ἡ; αὐτοποδί; -δητί; ἀκροποδιτί; γυμνοπόδης, ὁ (vgl. sskr. pada); -δέω; -δεία, ἡ; γειτνιποδίζω; -ισμα, τό; ἐμπόδιος, ον; -δισμα, τό; -στής, ὁ; -τικός, ή, όν; κυλλοποδίων, ὁ; πολυπόδειος, ον; -δίνη, ἡ; -δίτης, ὁ; -δώδης, ες; τετραποδηδόν; -διστί; τριποδίσκιον, τό; ἀπαρεμπόδιστος, ον. — ἀέλλοπος (für πους); eben so ἀν-ήλι-πος (ηλι zu $\sqrt{}$ ϑϝri : ϝελ *bedecken*, welches vgl.), ἀνέλιπος, ον (*Hes.*); νηλίπους, und -πος, ον; ἦλιψ, ὁ (*Fuss bedeckend* für π(ο)ς dor., aber zw.).

ε = ο (= sskr. a): πέδ-ῑλον, τό; ἀδαμαντοπέδιλος, ον; πέδον, τό (vgl. sskr. pada *Platz*, ahd. bodam (*Graff* III, 86) vgl. oben 67, wohin es nicht gehört); -δοῖ; -δόθεν; -δονδε, -δόσε; -δίον, τό; -δανός, -δινός, ή, όν; (-δεινός zw.; -διακός zw.); -διαῖος, α, ον; -διάς, ἡ; -διεύς, ὁ; (-διος zw.); -δόεις, εσσα, εν; -διάσιος, ον; -άσιμος, ον; ἄπεδος, ον (ἀ = ἁ I, 382); -δίζω; ἀρπεδής, ές (ἀρ für ἀρτ von ἀρτο (I, 57), fast ein umgekehrtes πεδιήρης); ϑειλοπεδεύω (ϑειλο = τό + εἴλο zu $\sqrt{}$ σϝελ I, 456); ἐμπεδόω; στρατοπέδευσις, -δεία, ἡ. — hieher: ζά-πεδον und δάπεδον (beide für διαπ. *Pott* I, 211, vgl. διά).

πεδ + Suff. ja: πεδιο wird πεζο in πέζα, ἡ; -ζός, ή, όν; -ζῆ; -ζίς, ἡ; -ικός, ή, όν; -ίτης, ὁ; -ζεύω; -ευμα, τό; -ευτικός, ή, όν; ἀργυρόπεζα; περιπέζιος, α, ον; -ζιδες, αἱ.

Hieher πέζιξ, -ις, ἡ *Pilz* (am Boden); — τράπεζα (für τετράπεζα *vier Füsse habend*), ἡ *Tisch*; -ζιον, τό; -ζεύς, ὁ; -ζίτης, ὁ; -τεύω; -τικός, ή, όν; -ζήεις, εσσα, εν; -ζώδης, ες; -ζότης, ἡ; -ζόω; -ζωμα, τό; -ζωσις, ἡ; δυςτράπεζος, ον; ἐντραπεζῖτις, ἡ; ἐπιτραπέζιος; -ζίδιος, ον. — κρούπεζα, τά (von κρούω) *Klappschuh*; -ζιον, τό; -ζόω.

πεδ mit eingeschobenem Nasal (nach Analog. der 7ten Conj. Cl.) σκολό-πενδρα (vgl. I, 623), ἡ; -ρειος, α, ον; -ρώδης, ες; -ριον, τό.

Vokal vriddhirt: sskr. pâda, goth. fôtu, aa. (*Graff* III, 733), griech. παδ: ὀ-πᾱδ-ός, όν (ὀ = ἀ = ἁ I, 382, vgl. *Pott* II, 164.) *mitgehend*; ὀπηδός, ον; -δέω; -δεύω; -δησις, ἡ; -δητήρ, ὁ.

Hieher ὀπάζω *gewähren* (wie im Sskr. prati + pad, lat. sup-ped-ito *einholen, erlangen machen* (Causal)).

ὀπάων, ὁ *Gefährte* gehört ohne Zweifel mit ὀπαδός zusammen; ob δ, wie in alo (I, 70) u. sonst ausgestossen ist, oder etwa durch ein mit j anlautendes Suff. assimilirt und dann eingebüsst (etwa von ὀπᾱδο : ὀπᾱδjο, dann ὀπαδjων : ὀπαjjων, ὀπαjων : ὀπάων), kann ich nicht entscheiden.

πηδάω *springen*; -δημα, τό; -δηθμός, ὁ; -δησις, ἡ; -δητής, ὁ; -τικός, ή, όν; für dialektisch halte ich ι in πῑδ-ύω *springen* (vom Wasser); (πιδάω; πιδύεις zw.); πιδήεις, εσσα, εν; πῖδαξ, ἡ *Quelle*; -ακόεις, εσσα, εν; -κῖτις, ἡ; -κώδης, ες.

Hieher ohne Zweifel πηδόν, τό *Ruder*; ob aber von der Bed. *Fläche* (weil es das *flache* Ende des Ruders eig. bezeichnen soll), welche in den Derivaten von ποδ: πεδ so oft hervortritt, oder von dem Causalbegriffe von pad: *gehn machen* (das Schiff *in Bewegung setzen*), will ich nicht entscheiden: (πήδινος zw.); πηδάλιον, τό; -λιώδης, ες; -ωτός, ή, όν.

[ἄδες = πόδες; ἀδεῖν = ὀπαδεῖν (*Hes.*) vgl. S. 89].
Im Sskr. wird mit derselben Bed. mit pad : path *gehn* erwähnt, erscheint aber nur in Nominalbild. path-a u. s. w. und panthan; eben so in den verwandten Sprachen; (vgl. *Pott* I, 241, wo zend pathin (*Burn.* C. Y. 511 n), ahd. pad (*Graff* III, 326), lat. pons (eig. *Pfad*) = sskr. panthan *Pfad*, slav. pontĭ (*Kop.* Gl.) hinzuzufügen); wir nehmen patha daher für pad + tha, (vgl. katha S. 63), woraus dann panthan durch ein anderes Suffix und nach Anal. der 7ten Conj. Cl. eingeschobnen Nasal: griech. πάτ-ος (τ = th vgl. στα I, 628), ὁ; -τέω; -τημα, τό; -τητός, ή, όν; -τής, ὁ; -τήριον, τό; πατησμός, ὁ; μονοπάτιον, τό; περιπάτησις, ἡ; -ητικός, ή, όν; πηλυπατίδες, αἱ. [βατέω = πατέω delphisch].
[sskr. pathja *passend*, ob daher nhd. passen hieher?]

πατάσσ-ω *schlagen, klappen* u. s. w., ist aus Nachahmung des Schlagtons patsch (vgl. unser patschen) hervorgegangen (vgl. πλατάσσω); πάταγος, ὁ; -γή, ἡ; -γέω; -γημα, τό; -γητικός, ή, όν; -γειον, τό *Klappe am Kleid*; ἀπαταγί. —

√πετ. Im Sskr. pat *in fallender Bewegung* (vgl. *Pott* I, 241 wozu noch slav. padón *fallen* (*Kop.* Gl.)); griech. πετ *fallen*, ἔπεσον (σ für τ); πίπτω für πιπετ (Redupl.), πέπτωκα; πέσημα, τό; πιτνέω (vgl. σκαρ : σκιρτ aa.), ἔπιτνον; πτο (für πετο) in πτῶμα, τό; -ματίζω; -τίς, ἡ; πτῶσις, ἡ; -σιμος, ον; πτωτός, ή, όν; -τικός, ή, όν; γονυπετής, ές; -τέω; ἀποδυςπέτησις, ἡ; εὐπέτεια, ἡ; προπετεύομαι; -τεία, ἡ; ἀπτώς; εὐεμπτωσία, ἡ. — (lat. peto (vgl. sskr. abhipat) eig. *auf etwas fallen, sich stürzen*, davon: im-pet-ro.]
ο = ε (= sskr. a): πότ-μος, ὁ *Zufall* u. s. w. δυςποτμέω, -μία, ἡ.
Gehört hieher πίτυλος, ὁ, eig. *fallende*, sich *senkende* Bewegung, z. B. die von *Regentropfen, fallenden Rudern* u. s. w., oder zu πισ (S. 78), wie πίτυρον, so dass es eig. *Stoss* hiesse? -λεύω: -λίζω; -λισμα, τό.
Die *fallende* Bewegung dient zur Bezeichnung des *Fliegens*; sskr. gewöhnlich utpat *fliegen*, eig. *in die Höhe fallen*; aber auch im Simpl. (*Raghuv.* XV, 48) und pat-at u. s. w., *Vogel* pat-atra u. aa. *Instrument des Fliegens, Feder*; ahd. fedara (*Graff* III, 488), lat. penna für alt pes-na (*Fest.* 205 *Müll.*), lett. putns *Vogel*, slav. ptiz'a (*K. G.*); griech. πέτ-αμαι, -ομαι, -άομαι; πετεε-ινός, πετεηνός, πετεινός, πετηνός, ή, όν; ἀεροπέτης, ὁ, ἡ.
ο = ε: ποτή, ἡ; ποτηνός, ή, όν; ποτάομαι; -τέομαι; -τητός, ή, όν; ἀερσιπότης, ὁ. ω als Vriddhi ὑπερ-πωτάομαι.
Redupl. und Vokal ausgestossen ἵ-πτ-αμαι (f. πιπτ; ʽ unorganisch vgl. S. 89); ἑπτάμην u. s. w. (*Pott* II, 68, 691); ἰθυπτίων, ὁ. —
πτε (für πετε): πτῆμα, τό; -ῆσις, ἡ; -ητικός, ή, όν; -ηνός, ή, όν; ἀπτήν; χθαμαλοπτήτης, ὁ.
ferner πτε-ρόν, τό; -ρινος, η, ον; -ρόεις, εσσα, εν; -ρότης, ἡ; -ρόω; -ρωμα, τό; -ρωσις, ἡ; -ρωτός, ή, όν; -τής, ὁ; πτέρισμα, τό; πτέρυξ, ἡ; -ύγιον, τό; -ύσσομαι; -υγίζω; -γισμα, τό; -γώδης, ες;

-γόω; -γωμα, τό; -γωτός, ή, όν; πτέρυξις, ή; -ρυσμα, τό. κατάπτερος, ον; ἀπτερύομαι; ἀπτέρυγος, ον.

hieher: *πτέρις, ἡ Farrenkraut*; τετραπτερυλλίς, ἡ.

Ferner: πτ-ίλον, τό *Feder* u. s. w. (vgl. *Pott* II, 295); πτίλωσις, ἡ; -λωτός, ή, όν: *πτίλος, ὁ einer der sich gleichsam mausert.*

Das *Fliegende* als Bezeichnung des *Blatts*: sskr. pat-ra, griech. πέτ-αλον (ion. -τηλον), τό (vgl. auch πτίλον in ders. Bed.); -λειον, τό; -λώδης, ες; -λόω; -λωσις, ἡ; -λωτός, ή, όν; -λίζω; -λισμός, ὁ; -λῖτις, ἡ. ἀπέτηλος, ον.

Gehört hieher πτ-ελ-έα, ἡ (*blätterreiche*) *Ulme* (für πετ-ελ-εα)? -λεώδης, ες; -λέϊνος, η, ον; -λεών, ὁ. (vgl. *Pott* II, 295).

Zur Bed. von lat. pet-ere πτέλας, -λος der (*blind stürzende*) *Eber* (*Lycophr.*, Gr.)

πέτ-ρος, ὁ, -ρα, ἡ *Stein, Fels, Klippe*; ist slav. peschtschera *Grotte* (*Dobr.* 120), poln. pestka, böhm. pecka *Stein im Obste* u. s. w. zu vgl.? Die hier auf das e folgenden Laute deuten auf einen Laut, welcher im Sskr. k' oder ksh lauten könnte (vgl. slav. peschtsch = sskr. pak' S. 88); ist mit diesen *und* dem griech., oder dem griech. allein verwandt sskr. pat't'a *Stein* (*zum Zermalmen*)? ist hier t't' dialektisch, etwa für sht (vgl. ähnlich *Lass.* I. L. Pr. 260), und sskr. pâsh-âna *Stein* weiter zu vgl.? In diesem Falle wäre vielleicht an die Wzf. pas in der Bed. *destruere* zu denken, woran sich pânsu (auch pânçu geschr.) *Staub* lehnt. πετρο stände für πεστρο und wäre eigentlich *Mühlstein*. Ob diese Wzf. pas für paç, pash weiter mit pish S. 78) verwandt sei, lässt sich dann ebenfalls fragen, aber noch nicht entscheiden. — πετρηδόν; -ρίδιον, τό; -ραῖος, -ρίδιος, α, ον; -ρινος, η, ον; -ρήεις, -ρώεις, εσσα, εν; -ρώδης, ες; -ρών, ὁ; -ρόω; -ρωμα, τό. [*πέτριον, τό ein Kraut* zw.] περιπετρίζεσθαι. —

πῡτ-ίνη, ἡ *eine Weinflasche.* Ist ahd. butin *Fass* u. s. w. (*Graff* III, 87) sammt botaha (ebds. 85) zu vgl.? (vgl. oben S. 70); -τιναῖος, α, ον. —

√πεθ: πενθ. Im Sskr. badh, bandh (*Pott* I, 251, wo zu den Verwandten noch: ahd. fad-am (*Graff* III, 450), fas-ti (711), faz (730), fazzan (732), fez-il (736), slav. veng'ón, vedón und durch Umsetzung der Aspiration bodï in cvobodï (*Kop.* Gl.) *frei* eig. *von sich abhängig*; lett. bende *Henker* (der Anbindende)). Wie sskr. budh = lat. put-o, so pend-ere *anbinden* hieher; derselbe Uebergang in litth. pancz-ios, *Fessel* und slav. pouto *Fessel* (*Dobr.* 281); andrerseits mit Vertauschung der Aspiration lat. fed in mani-festus (für manu-f. *mit der Hand gefasst*); vgl. noch *Diefenb.* (Celt. I, 180 nr. 271). Im Griech. ebenfalls π (vgl. πυθ) in πεῖσμα (f. πενθ-μα vgl. σπενδω: σπείσω), τό *Band, Strick* u. s. w.; -μάτιον, τό; -ιος, α, ον; (-ίας, ὁ zw.); in der Bed. *Fruchtstiel* erscheint daneben πάσμα, τό (von πανθ mit Erhaltung des α).

Sskr. bandhu *Verwandter*, badhû *Frau* (*die Verbundene*); so griech. πενθ-ερός, ὁ *Schwiegervater*; -ρά, ἡ; -ριος, α, ον; εὐπένϑερος, ον. — [Begr. *binden* wird *constringo*, dann *vexo* in sskr. bâdh, lett. behda *Kummer*; wozu παϑ, πάσχω (I, 254) wie lat. fat-igare, (fet in) fessus, slav. bjeda (mit Umsetzung der Aspiration *afflictio* (*Kop.* Gl.)), die ebenfalls dazu gehören, zeigen].

δ = ϑ (vgl. I, 71 u. sonst oft) πέδ-η, ἡ *Fessel*; -διον, τό; -δάω; -δήτης, -δητής, ὁ; -δίζω (zw.); -δων, ὁ; — ἐμπεδέω. — ο = ε ἀνδρά-ποδ-ον (and. *Pott* I, 211), τό (*gebunden*) *Kriegsgefangener* u.s.w.; -δώδης, ες; -δωδία, ἡ; -ποδία, ἡ; -δίζω; -διοις, ἡ; -ισμός, ὁ; -ιστής, ὁ; -τήριος, α, ον; -τικός, ή, όν.

Wie πάσχω aus παϑ + σκ so lat. fasc-es aus fad + sc; daher hieher wahrscheinlich griech. φά-κ-ελος, ὁ *Bündel* (für φαδ-σκε-λος mit Vertauschung der Aspiration wie im Lat.) φακελόω; (φακίολος zw.).

Der Form nach lässt sich hieherziehn φϑάνω für φαδ-άνω, mit Ausstossung des α, wie lat. fes-tino, an welches schon *Pott* (II, 28, 295) erinnert, zeigt. Dieses *Eilen* so wie die Bed. von φϑάνω *zuvoreilen*, ist, wie die Vergleichung von lat. (prae-oc)cup (-are) zeigt, ein *Ueberpacken*, *Fassen* (vgl. auch engl. fast *schnell* und *gebunden*, sskr. anu + bandh *retinere, folgen*). Daher darf man schwerlich an andre Etymologien denken (and. *A. Benary* I, 176); φϑατάω; προφϑαδίην.

[Aus der Bed. *constringo* geht *krümmen* hervor, vgl. sskr. bandh-ura u. aa., eng. bend, dazu ziehe ich jetzt lat. pand-us (falsch I, 544) und ped-um]. [An sskr. bandh schliesst sich wenigstens der Form nach bandh-ûla, bandha-kinêja; ist daher auch das glbd. nhd. bastard daraus zu erklären?].

√πιϑ. πείϑω (-ϑημι äol.), *bitten, überreden*, πείϑεσϑαι *sich erbitten, überreden lassen, vertrauen*. Diese Bedd. weisen auf Verbindung mit goth. bidjan (*Graff* III, 51; was oben I, 256 bemerkt, lässt sich nicht halten) und lat. fīd (mit Versetzung der Aspiration; in fīdo ist i = griech. ει Guna); dazu gael. im-pidh *Bitte* u. s. w. (vgl. *Pott* I, 251, II, 124). Zu πείϑω: πεῖσις, ἡ; -σα, ἡ; -σμα, τό; -ματικός, ή, όν; -μονή, ἡ; πειστήρ, ὁ; -τήριος, α, ον; -τικός, ή, όν; πειϑώ, ἡ; -ϑήμων, ον; -ϑήνιος, ον; πεποιϑία; -ϑησις, ἡ; πίσυνος, η, ον; πιϑανός, ή, όν; -νότης, ἡ; -νόω; -νεύομαι; ἀπειϑής, ές; -ϑεια, -ϑία, ἡ; ἀνάπειστος, ον; ἀπειστέω; πίστις, ἡ; -τικός, ή, όν; -τιος, ὁ; -τεύω; -τευμα, τό; -τευσις, ἡ; -τευτός, ή, όν; -τευτικός, ή, όν; πιστός, ή, όν; -τότης, ἡ; -τόω; -τωμα, τό; -τωσις, ἡ; -τωτικός, ή, όν; ἀξιοπιστία, ἡ; ἀπιστοσύνη, ἡ.

πίϑ-ηξ, -ϑων, -ϑηκος, ὁ *Affe*, wie ich glaube, fremd, ob zu sskr. kapi (I, 270), etwa in einer Form, wie sskr. kapittha, welches jedoch eine andre Bed. hat? -ϑηκιδεύς, ὁ; -ϑήκειος, α, ον; -κώδης, ες; -κίζω; -ισμός, ὁ. τριπιϑήκινος, ον. —

πίϑ-ος, ὁ *Fass* oder vielleicht *Krug*. Keine irgend sichere Etymologie (vgl. *Diefenb*. Celt. I, 173); -ϑίσκος, ὁ; -ϑάριον, τό; -ϑίτης, ὁ; -ϑῖτις, ἡ; -ϑώδης, ες; -ϑεών, ὁ. — πιϑάκνη, φιδάκνη, ἡ (mit Umsetzung der Aspiration vgl. *Pott* II, 296); πιϑάκνιον, τό.

√πυϑ. Im Sskr. budh (vgl. *Pott* I, 251) πεύϑ-ομαι (ευ

Guna); πυνθ-άνομαι *erkunden* u.s.w.; πύσμα, τό; -ματικός, ή, όν; πυστός, ή, όν; -τις, ἡ; -ιάομαι; πεῦμα, τό; πεῦσις, ἡ; πευστός, ή, όν; -στής, -τήρ, ὁ; -τήριος, α, ον; -τικός, ή, όν; πεύθη, -θώ, ἡ; -θήν, ὁ; ἀπευθής, ές; φιλοπευστέω; -πυστέω; -πευστία, ἡ.

√πλυ. Im Sskr. plu *fliessen, schwimmen*, bezeichnet aber überhaupt *wogende, ungleiche Bewegung: springen, hinken* (vgl. plava), vgl. die Verwandten bei *Pott* (I, 212, Lth. Bor. Princ. 39), slav. ploujon (*Kop.* Gl.), griech. πλέϝω, πλέω (erste Conj. Cl.), πλεύσομαι; (πλῶσις, ἡ); πλευστικός, ή, όν; πλοϝος: πλόος, ὁ; (πλοϊκός, ή, όν zw.); -ιμος, ον; πλοῖον (f. πλοϝjον), τό; -ιάριον, τό; -ΐζω; πλοάς, ἡ; mit ω (Vriddhi): πλώω (ἔπλων); πλωτός, ή, όν; -τικός, ή, όν; -τήρ, -τωρ, -της, ὁ; -τεύω; πλώς, ὁ; πλωάς, -ϊάς, -ΐς, ἡ; πλώσιμος, πλώϊμος, ον; -ΐζω; ἀντίπλοια, ἡ; συμπλοϊκός, ή, όν; βραδυπλοέω.

Hieher πλειάς (f. πλεϝιάς), πληϊάς, ἡ (*Schiffsgestirn*), πελειάς (vgl. *Pott* II, 225); Ναυπλία *Pott* II, 516).

â + plu im Sskr. *befeuchten, waschen*, schon im Simplex ahd. flawjan (*Graff* III, 740), lith. plauju, griech. πλύνω (9te Conj. Cl.); πλύμα, τό; πλύσις, ἡ; -σιμος, ον; (-σμα, τό zw.); -σμός, ὁ; πλυτός, ή, όν; -της, ὁ; -τικός, ή, όν; πλυνός, ὁ; -νεύς, ὁ; -ντήρ, -της, ὁ; -τρια, -τρίς, ἡ; -τήριος, ον; -τρον, τό; δυσέκπλυντος, ον; εὐπλυνής, ές; λινοπλύνας, ὁ; ἀπλυσία, ἡ; -ίας, ὁ; χρυσοπλύσιον, τό. [dialekt., maced. ἀ-βλο-έω (wo ἀ = ἁ I, 382), ἄβλος (*Hes.*)].

[slav. plak-ati *waschen* ist durch k weiter formirt; es heisst aber auch *weinen* (vgl. lat. plôro) und desswegen stelle ich dazu lat. plango (anders *Pott* I, 54)].

Hieher πύελος (für πλύελος), ἡ *Waschtrog* (vgl. *Pott* II, 100); πύαλος, ἡ; πυέλιον, τό; -λίς, ἡ; -λώδης, ες; ἐμπυελίδιον, τό.

Indem π vor λ abfällt (vgl. λίθος, λεκ-άνη, λαταγέω aa.), entsteht λυ = πλυ; so λούω für λοϝω (1ste Conj. Cl.), wie λόε (λοϝε) und lat. lavo zeigen (anders *Pott* I, 281); dass auch gael. ionnlaid *waschen* hieher gehöre, ist fraglich; derselbe Verlust des p zeigt sich jedoch auch in lith. ly-ti, lett. lih-t = lat. pluo. Zu λυ: λουέω; λοῦμαι; λοέω; λουτήρ, ὁ; -ριον, -ρίδιον, τό; -ρίσκος, ὁ; λουτριον, -τρόν, τό; -τρίς, ἡ; -τρών, ὁ; λοῦσις, ἡ; λούστης, ὁ; λουτιάω; λοετρόν (f. λοϝετ.), τό; ἄλουτος, ον; -τέω; -σία, ἡ; θερμολουτία, ἡ; -τρέω.

(πλοϝο). Um Vermannichfaltigung anzuzeigen, dienen im Griech. die Zusätze πλοο, πλαδιο (πλασιο), πλακ, πλγγ (vgl. weiterhin); sie klingen sich alle so ähnlich, dass man schwerlich gut umhin kann, ihnen dieselbe Abstammung zuzuschreiben; lat. plu (in simplus) und plic (in simplex) lässt sich natürlich nicht davon trennen; πλαδιο (σιο) enthält das Suff. διο (vgl. I, 388), führt also auf πλα; πλοο kann das Suff. ϝο oder jo enthalten, hätte also als Thema πλο; πλακ: πληγ scheinen mir wegen des Wechsels von κ: γ keine organische, sondern corrumpirte Formen; entweder, — und das ist mir das Annehmlichste —

sind sie aus einer Form auf s entstanden, in welcher, wie im Griech. und Lat. schon oft gesehn, ξ für ς im Nominat. eingetreten war und dann durch falsche Analogie ein auf Guttural schliessendes Thema vorspiegelte, oder *κ* rührt von einem Suff. *κο* her, welches im Nomin. sein *ο* einbüsste, so dass dieser ξ (st. *κος*) ward (wie wir diess nun schon oft gesehn) und die 3te Declin. herbeiführte. Ist diese Darstellung wahrscheinlich, so wird damit Ableitung von *πλέκω* so wie Zsstll. mit deutsch falt (ein-fältig u. s. w.), welches übrigens für falh-t steht und organisch dieselbe Form wie flechten ist (also auch zu *πλεκ* gehört), ganz abgewiesen, wobei jedoch die Möglichkeit anerkannt werden muss, dass *πλέκω* dennoch damit zusammenhängen kann, insofern es nämlich wahrscheinlich eine sekundäre Form von *πλε* ist. Ich vermuthe, dass beide mit přì *füllen* in der Bed. *πολ-ύ viel* (S. 85) zusammenhängen, so dass *δι-πλο-ϝος* eigentlich *zwievielfacht* wäre. Dass auch *πλέκω flechten* als ein *Vermannigfachen* gefasst sein könnte, wird niemand in Abrede stellen, und dafür, dass auch die primärere Form, welche griech. *πλε* lauten würde, schon die Bed. *flechten* hatte, spricht gael. fill-idh = plicare (vgl. *Pott* I, 130, II, 515).

Also *πλοο* (für *πλοϝο*) in *ἁπλόος, -λοῦς, η, ον*; (*-λούστερος, -τατος* auffallend); *-λός, ή, όν; -λόη, -λότης, ἡ; -λοϊκός, ή, όν; -λοΐς, ἡ; -λοΐζομαι; -λόω; διπλῆ, ἡ; -λωμα, τό; -λωσις, ἡ; ἡμιδιπλοΐδιον, τό; ποσαπλῶς.— διπλάδιος, ον;— διπλάσιος, α, ον; -ίων, ον; -ιάω; -ιάζω; -ιασμός, ὁ; πολλαπλασίασις, ἡ; πολλαπλασίωσις, ἡ.*

(*πλεκ*). In wie fern *πλέκ-ω flechten* mit dem vorhergehenden zusammen zu přì gehören könne, ist schon oben bemerkt; auch die Formen der verwandten Sprachen entscheiden nicht dagegen; lat. plic-are, ahd. vlah-s, ferner lat. plec-t-o, ahd. flaht (*Graff* III, 769), mit Verlust des Gutturals vor t slav. plet in plecti (*Dobr.* 117) und mit Metathesis des l ahd. fald (*Graff* III, 513); ob alle diese Formen vielleicht mit sskr. Wzf. přì-k' zu vergleichen, wage ich nicht zu entscheiden, da in ihr die Bed. *flechten* zwar nicht hervortritt, wohl aber die nicht unverwandte: *verbinden*. Eine Schwierigkeit bietet nur griech. *σπλεκ-όω Beischlaf treiben*; allein dabei ist fraglich, ob es hieher gehört; vielleicht heisst es *besprützen, besudeln* (vgl. stupro Nachtr. zu I, 415) und gehört zu S. 81 und hätte die organische Form = sskr. spřì(ksh) erhalten; wenn es aber hieher gehört, so hätte das *σ* ein Seitenstück in *στυρβάζω*.— Zu *πλέκω*: *πλέγμα, -μάτιον, τό; -τεύω; πλέγδην; πλεγνύω; πλεκτός, ή, όν; -τικός, ή, όν; -τάνη, ἡ; -τανόω, -τανάω; πλέκος, τό.*— *ο* = *ε*: *πλοκή, ἡ; -κος, ὁ; -κιον, τό; -κάς, ἡ; -κιος, -κερός, ά, όν; -κιμος, η, ον; -κεύς, ὁ; -καμος, ὁ; -κανον, τό (πλόχανον); -κίζω; πλόχμος, ὁ.— ἐμπλεκτήρ, -της, ὁ; -τρια, ἡ; ἔμπλεξις, ἡ; συμπλεκής, ές; -κτειρα, ἡ; ἐμπλόκιον, τό; δολοπλοκία, ἡ; στεφανοπλοκέω.*

Da in der Wzf. *πλεκ* das *λε* den Laut sskr. řì vertritt, so kann auch *ορ* dafür erscheinen, also hieher *πόρκ-ος, ὁ Geflecht, Netz*; *-κεύς, ὁ*; und wohl auch *πόρκ-ης, ὁ eine Art Ring am Speer.* –

(*πληγ*) *πλήσσω schlagen*. Die Wz. ging aus der Nachahmung des Schlaglautes (wenn man die Hände zusammenschlägt, etwa platsch vgl. S. 93) hervor, ist aber schon vor der Sprachtrennung in bestimmter Form fixirt; lat. flag (flag-rum, -ellum, f wegen des folgenden l), ahd. fleg-il (*Graff* III, 769), sl. pljeck-ati, *plaud-ere* (*Kop*. Gl., *Dobr*. 118), litth. plak-u ff., plek-u ff. (vgl. lett. plakssch *Schall* des *Klatschens auf Wasser*, plauksch *Ton einer Ohrfeige*, auch plaudo und viele andre vielfach noch als Laut nachahmend gebrauchte Wortformen sind der Entstehung nach hiermit verwandt, aber einem oder dem andern Volk allein eigen). Zu πλήσσω: πλῆγμα, τό; -μός, ὁ; πληγή, ἡ; -γάς, ἡ; -γανον, τό; πλήκτης, ὁ; -τικός, ή, όν; -τίζομαι; -τισμός, ὁ; -τρον, τό. πλάστιγξ, πλήστιγξ, ἡ *Peitsche* (vgl. I, 290 μάστιξ), ob auch in der Bed. *Zunge am Wagebalken* ist mir sehr zweifelhaft (ob darin zu πλατ-ύ in der Bed. *flach, eben, gleichmachend?*); ἀπόπληκτος, ον; -ηξία, ἡ; παραπλήξ; -ηγία, ἡ; -γικός, ή, όν; ἔκπληξις, ἡ; -ήγθην; -ήγνυμι; ἐκπλαγής, ές; πλαγ in παγλ umgesetzt ἔκπαγλος, ον; -λέομαι.

Durch Nachahmung desselben Tons ist auf griech. Boden gebildet: πλαταγ: πλατάσσω (vgl. plätschern) *klatschen* u. s. w.; -ταγή, ἡ; -γέω; -γημα, τό; -γίζω; -γών, ἡ; -γώνιον, τό; -νέω. πλάταξ, ὁ *ein Fisch*.

Durch Verlust des π (vgl. S. 96): λάταξ, ἡ *Tropfen* (vgl. plätschern); -ταγή, ἡ; -γέω; -γεῖον, τό.

Aus demselben Ton: πλατυγ: πλατυγίζω; durch Verlust des π: λατυγ in λατύσσω, [λασταγέω *tönen* (vgl. πλάστιγξ); λαστάρνη flagellum (*Hes*.)].

πλάγγος, ὁ *eine Adlerart*.

√πλιχ. Im Sskr. wird plih in der Bed. *gehn* angeführt, ist aber dort unbelegt. Dagegen entspricht ihm griech. πλίσσω (f. πλιχjω 4te Conj. Cl.); πλίξ; πλίξις, ἡ; πλιχάς, ἡ.

(πλατ: pri: ri). Im Sskr. prith-u *breit*, Comparat. prathîjas wird auf eine Wzf. prith: prath mit der Bed. *projicere* reducirt (vgl. I, 583. 584) (vgl. Verwandte bei *Pott* I, 93, wozu noch lett. plaht-iht *ausbreiten*, zend. frâtha u. aa., goth. braid (*Graff* III, 294), ahd. flaz (ebds. 777) und nhd. platt, lat. latus hat anl. p eingebüsst vgl. S. 97); griech. πλατύς, εῖα, ύ (λα = ri; τ = th oft); -τύτης, ἡ; -τύνω; -τυσμα, τό; -σμός, ὁ; πλάτος, τό; πλατή, ἡ; -τίον, τό; -τόω; -τιγξ, -τυγξ, ἡ; -τειάζω (f. -τεϝάζω); -ασμός, ὁ; ἀπλατής, ές; πλάτ-ανος, ἡ; -νώδης, ες; -νιος, α, ον; -νών, ὁ; -νιστος, ἡ; -στής, ὁ; -στινος, η, ον; -στοῦς, ὁ; πλατ-αμών (vgl. *Pott* II, 588 -μων aus μεο = sskr. maja S. 32).

Da πλατ = sskr. prath, so würde πρετ eben so gut entsprechen können. Da in der Anlautgruppe πρ das ρ leicht ausfällt (vgl. φρατρία: φατρία u. aa.), so ziehe ich hieher πετ-άννυμι *breiten* (Denominat.), -νύω (πετάω, -τάζω zw.); πέτασμα, τό; πέτηλος, η, ον; -λίας, ὁ; περιπεταστός, ή, όν; πέτασος, ὁ *ein (breiter) Hut*, -σιον, τό; -σίτης, ὁ; -σώδης, ες; πετασών, ὁ *ein Stück vom Vorderplatt des Schweins* (vgl. *Pott* II, 513). πέτ-ακνον, -αχνον, πάτακνον, τό; -χνόω (vgl. I, 584).

Hieher πλαϑ (ϑ = th I, 583, 632 sonst) in πλάϑ-ανος, ὁ; -νον, τό; -νη, ἡ *Platte* u. s. w., vgl. ahd. flado (*Graff* III, 771).

Mit der Bed. flach, die auch in den Derivatt. von πλατ durchweg hervortritt, und, bloss in κ statt τ, abweichend, erscheint πλακ. Dieselbe Erscheinung zeigt sich fast in allen verwandten Spr. (vgl. *Pott* I, 94, ahd. flah (*Graff* III, 755), lat. pla(n)ci, *qui supra modum pedibus plani* (vgl. noch für beide Formen lett. plassch *weit und breit werden*, plahze, plazzinaht u. aa. der Art, lth. plasstakà u. aa.)). Diese Formen können einem sskr. pra-k' entsprechen, wie πλατ u. s. w. = pra-th. Sowohl k' als th sind aber gewöhnlich sekundär. Wenn man nun prak' für eine alte Composition (a)p(i) + rak' nimmt und letztres = sskr. (ṙik') rĭk' *reichen* (S. 11) setzt, so heisst prak' eig. *bereichen, sich erstrecken*, eine Bed., die etymologisch sehr gut passt. ṙi-k' führten wir aber auf √ṙi (S. 53 ff.), und auf diese würde denn auch pṙi-th zu reduciren sein (vgl. ra-tha u. s. w. I, 55). — Also πλάξ, ἡ; πλακ-ερός, ά, όν; -κινος, η, ον; -κώδης, ες; -κόεις, εσσα, εν; πλακοῦς, ὁ; -κούντιον, -τάριον, τό; -τώδης, ες; πλακίς, ἡ (vgl. planca); -κίτης, ὁ; -κῖτις, ἡ; -κόω; -κωτής, ὁ; ὑπόπλακος, ον; -κιος, α, ον. [lat. plānus für placnus, oder plat-nus]. —

ν für λ (vgl. λίτρον : νίτρον S. 57) und πν durch den leichtesten Vokal: ι gespalten: πίναξ (vgl. *Pott* II, 225), ὁ; -άκιον, -κίδιον, τό; -κίς, ἡ; -κίσκος, ὁ; -κηδόν; -κωσις, ἡ. πλακ : πλεκ mit Verlust des π (vgl. latus): λεκ-άνη (vgl. πέτακνον), λακάνη, ἡ; λεκανίς, -νίσκη, ἡ; -νιον, -νίδιον, -νάριον, τό.

(πλι(ν)ϑ : πṙi): πλίνϑος, ὁ *Ziegel*, litth. plyta, lett. plihte, russ. plita, nhd. fliess (vgl. *Pott* II, 444); formell stimmt ahd. flins (*Graff* III, 773), nhd. flint, und wenn man annimmt, dass πλίνϑος eig. *Ziegelstein* ist, so mag es eine Specialisirung der Bed. *Stein* überhaupt sein. Zu πλίνϑος: -ϑίον, τό; -ϑίς, ἡ; -ϑινος, η, ον; -ϑιακός, ή, όν; -ϑεύω; -ϑευσις, ἡ; -ϑευτής, ὁ; -ϑεῖα, ἡ; -ϑεῖον, τό; -ϑόω; -ϑωτός, ή, όν.

Wenn πλίνϑος eig. *Stein* bedeutete, wie ahd. flins, so ist damit, auf jeden Fall mit dem letzteren identisch: λίϑ-ος, ὁ, ἡ *Stein*; π ist abgefallen (vgl. S. 98 u. sonst) und ν ist in πλίνϑος nach Art der 7ten Conj. Cl. eingeschoben (anders *Pott* II, 272). -ϑίον, -ϑίδιον, -ϑάριον, -ρίδιον, τό; -ϑάς, -ϑίς, ἡ; -ϑώδης, ες; -δία, ἡ; -ϑειος, -ϑεος (-ϑιαῖος zw.), α, ον; -ϑινος, η, ον; -ϑιακός, ή, όν; -ϑαξ; -ϑεία, -ϑία, ἡ; -ϑάω, -ϑάζω; -ϑαστής, ὁ; -τικός, ή, όν; -ϑίζω; -ϑόω; -ϑωσις, ἡ; -ϑωτός, ή, όν; -ϑιάω; -ϑίασις, ἡ.

Wenn πλιϑ (für πλι(ν)ϑ) : λιϑ die Wzf. ist, so ist ϑ höchst wahrscheinlich wie gewöhnlich sekundär, und auf πλι zunächst zu reduciren; dafür spricht sskr. pala in pala-gand'a *Ziegeldecker*; ahd. fel-is *Stein* und griech. πέλα, ἡ *Stein*. Es bedarf keiner Bemerkung, dass sskr. al, ahd. u. griech. ελ darauf führen, dass der Vokal: sskr. ṙi zu Grunde liegt. Zu πέλα aber mit α = ε : παλ gehört: παι-παλ-όεις, εσσα, εν *steinig* (sicher die passendste Bed. für dieses bisher so schwierige Wort); die Form ist die gewöhnliche Intensivform (vgl. I, 569 u. sonst). παίπαλος, ον. —

Neben πέλα wird glbd. πέλλα erwähnt, dazu maced. Πέλλα, aber auch arkad. Πελλήνη. Mit Unrecht, sieht man hieraus, gelten jene Formen für bloss macedonisch. Dialektisch, aber auf keinen Fall macedonisch, sind die Nebenformen: φέλα, φέλλα, ἡ; φελλός, ὁ; davon φελλεύς, ὁ; -λεών, ὁ; -λιον, τό; -λίς, -λῖτις, ἡ; -λάτας, ὁ.

[Zu sskr. pala gehört endlich auch wohl sskr. upala *Fels* und was damit I, 144 identificirt].

πράσ-ον, τό *Lauch*, vgl. *Pott* (II, 51), der an sskr. palâça *Blatt* erinnert; vgl. auch sskr. parn'a *Blatt*, lat. prâ-tum. -σιος, ον; -σινος, ον; -νώδης, ες; -σίτης, ὁ; -ῖτις, ἡ; -σόεις, εσσα, εν; -σώδης, ες; -σιά, ἡ (*Pott* II, 498); -σίζω; -σιον, τό; Πρασσαῖος, ὁ.

πράμνειος, ὁ von Pramne N. p.

πρῖνος, ἡ *Stecheiche*, *Steineiche*, wohl zu πρί-ω (I, 580), entweder als *stechende*, oder *zersägbare* (weil sie zum Bauen insbesondre dient); πρινίδιον, τό; -νινος, η, ον; -νώδης, ες; -νών, ὁ.

(πτυ : πυ (σφυ)) πτόα und πτοία, ἡ *Furcht*, neben einander, zeigen, dass die Grundf. πτοϝα; da nun τ so oft stützend eingeschoben wird, so bleibt ποϝ-α; dieses stimmt mit lat. pav in pavor u. s. w. Die Etymologie des deutsch. fürchten, lat. formido (I, 581) macht es mir wahrscheinlich, dass auch hier √σφ (I, 537) und zwar in der Form πυ = σπυ (wie so oft vgl. I, 545 ff.) zu Grunde liegt und in der Bed. *zittern* (*hin und her geblasen werden*); anders *Pott* (I, 26, 208); zu πτόα : πτοέω, πτοιέω (Denom. für πτοϝεjω); πτοιάω; πτόησις (πτοι), ἡ; πτοητός (πτοι), ή, όν; πτοαλέος (πτοι), α, ον; πτοιώδης, ες; πτοιωτός, ή, όν; dazu: πτάξ, ἡ; -κίς, ἡ; -ισμός, ὁ; -κωρέω : πτήσσω.

Ferner: πτώξ; -ωκάς, ἡ; -κάζω; πτώσσω. [ob dazu πτωχ-ός, ή, όν *bettelnd*, oder zu sskr. prak'kh' (I, 16), indem πωχ für πρωχ (vgl. S. 98), wage ich nicht zu entscheiden; dazu: πτωχίζω; -χεύω; -χεία, ἡ; -χεῖον, τό; -χικός, ή, όν]. πτύ-ρω Denom. von πτυρο f. πτυρjω); -ρμός, ὁ; -ρμα, τό; -ρτικός, ή, όν. —

πτόρθος, ὁ *Keim* u. s. w. (*Pott* II, 295); ich denke an goth. spriuzan (I, 597) und die vielen das *Schwellen*, *Treiben* und *Platzen* der Früchte bezeichnenden Wortformen, welche aus √σφ hervorgehn, und ziehe es ebenfalls dazu, so dass es für πορθ = σφορ + θ steht (vgl. I, 584); πτορθεῖον, τό.

πτύγξ, πῶυγξ, ἡ *ein Wasservogel*.

Wurzeln und Wzformen, welche mit Φ anlauten.

Φ, der zweite [1]) der von den Griechen zum phönicischen Alphabet gefügten Buchstaben, nach seinem Laute und der Analogie von πῖ (S. 71) genannt φῖ.

1) Wir sagten: *der zweite*. Da, selbst in den neusten griech. Grammatiken, die Geschichte und das Verhältniss des griech. Alphabets zum

√*φα*. Im Sskr. bhâ *leuchten* u. s. w. (vgl. *Pott* I, 194); mit kurzem ă sskr. *bhă*-pati; ferner in Compos. mit Pron. i (I, 1): *i-bha* eine *Aehnlichkeit* ausdrückend (wie *dieses* scheinend), *wie*; im Griech. *φή* (*φῆ*) *wie* (vgl. *Buttm.* Lexil. I, 237); die Form ist wohl der alte Instrum. (vgl. S. 49); in derselben Bed. dient bha als Diminutivsuffix, in dem die Diminutive als ähnlich den Subst., welche sie diminuiren, gefasst werden (vgl. *σκ* I, 235), vgl. sskr. bali-bha (ähnlich vrĭsha-bha u. aa.); deutlicher und umfassender tritt dieses Diminutivsuff. im Griech. hervor: *φιο* (zsgsz. aus *φajo* = sskr. bha + ja), *ξυλή-φιον*, *ζωΰ-φιον* u. aa. (*Buttm.* II, 336 nicht gut); eben so *φεο* : *φο* (für *φεjo*), aber noch mit der eig. Bed.: *-artig*, *ähnlich*, in *ἀργύ-φεο* u. s. w. (I, 105) und die würklichen bisher verkannten Dimin. *ἐλα-φο* (S. 9), *ἐρι-φο* (I, 331), *ἔδα-φος* (I, 443). — Endlich ziehe ich hieher sskr. bh : *φ*, wo es als *sekundäres Wzelement* erscheint, so dass es also der Bed. nach ganz identisch mit dem griech. sekundären *σκ* ist (vgl. I, 235).

---

phönicischen ganz falsch dargestellt wird, wir aber im Verlauf dieser Grammatik erst spät zur genaueren Betrachtung desselben kommen werden, so wollen wir hier kurz unsere Resultate mittheilen: 1. Die Griechen überkamen von den Phöniciern dieselbe Zahl von Buchstaben, in derselben Ordnung und mit wesentlich denselben Namen wie sie noch die Juden haben. Diesen Satz wird die Zusammenstellung der Namen klar machen:

hebräisch:	1. Aleph	2. Bet	3. Gimel	4. Dalet	5. He
griechisch:	*ἄλφα*	*βῆτα*	*γάμμα*	*δέλτα*	*ἒ* (*ψιλόν*)
	6. Waw	7. Sain	8. Chet	9. Theth	10. Jod
	ϝαῦ (Digamma äol.)	*σῖ*	*ἦτα*	*Θῆτα*	*Ἰῶτα*
	11. Kaph	12. Lamed	13. Mem	14. Nun	15. Samech
	κάππα	*λάμβδα*	*μῦ*	*νῦ*	*σᾶμα*, *σάμ*, *σάν*
	16. Ain	17. Pe	18. Zade	19. Koph	20. Resh
	Ὂ (*μικρόν*)	*πῖ*	*Ζῆτα*	*κόππα*	*ῥῶ* (vgl. II, 1)
	21. Sin (Schin)	22. Tav			
	Σῖγμα *)	*Ταῦ*			

2. eben so erhielten die Griechen auch die phönicischen Zeichen für diese Buchstaben; 3. von diesen Buchstaben passten die Zischlaute nr. 7, 15, 18 für das sich schriftlich ausbildende Griechisch gar nicht; so erhielten sich ihre Zeichen nur, ohne dass sie in allgemeinerem Gebrauch bewahrt wurden; eben so ging im Ionischen u. s. w. nr. 6 verloren, so dass hier zwischen 5 und 8 zwei Zeichen ausfielen, von denen sich jedoch eins im Zahlgebrauch (nr. 7) erhalten hatte; 4. bei der genaueren Anpassung der überlieferten Zeichen an die griechischen Laute machte sich jedoch die Nothwendigkeit geltend, für die griechischen Laute ζ und ξ Zeichen zu besitzen; für diesen wählte man nun das Zeichen für Samech (nr. 15), für jenen das für Zade (nr. 18); die Nothwendigkeit zwei Zahlzeichen zwischen nr. 5 und 8 zu erhalten, bewirkte, dass nun nr. 18 die Zahl 7 und nr. 7 die Zahl 6 bezeichnete; 5. bei der lautlichen Ununterscheidbarkeit der Zeichen für *κάππα* (nr. 11) und *κόππα* (nr. 19) im Griechischen, ging in dem litterarisch sich ausbildenden Griech. endlich auch nr. 19 im Buchstabengebrauch verloren, erhielt sich dagegen als Zahlwerth; weil aber nr. 18 seine Stelle verloren hatte und zu nr. 7 geworden war, so verlor nr. 19 seinen von den Phöniciern überlieferten Zahlwerth (100) und ward Zeichen für 90. So sieht man, dass die Griechen von den Phöniciern ihr Buchstabensystem vollständig, selbst mit dem Zahlenwerth überkamen. 6. Zu diesen so ineinander geordneten überlieferten Zeichen traten nun zur Vervollständigung der Zeichen für das griech. Lautsystem υ, φ, χ, ψ, ω.

---

*) wohl ursprünglich *Σιν* und der begrifflichen Verwandtschaft mit *σίζω* wegen: *σῖγμα* (vgl. I, 438 wo falsch).

[Der Form nach könnte hieher gehören σα-φές, wenn man σα = sskr. sa (I, 381) setzt (*Pott* I, 194 vgl. aber 109); allein dieses sa hat sonst aa. Repräsentanten im Griech. Es müsste demnach diese Formation vorgriechisch sein; aber sie findet sich in keiner der verwandten Sprachen; ausserdem hat σαφές mehr die Bed. *geistig hell*, weniger *physisch*; daher ist es doch wohl eher mit σοφός (I, 432) zu vgl. und also in der Bed. *verständig* sammt σοφός (vgl. a. a. O.) zu √σφ (I, 537 vgl. πινυτός I, 606) zu ziehn; σφ ist durch α gespalten; σαφής, ές *verständlich, klar* u. s. w.; σάφα (vgl. ὦκα); -φέως; -φῶς; -φηνής, ές; -νεια, νία, ἡ; -νίζω; -ισμός, ὁ; -στικός, ή, όν; σαφήτωρ, ὁ; ἀσάφεια, ἡ; διασαφέω; -φησις, ἡ; -ητικός, ή, όν; Σαπφώ N. p.].

Dagegen zu φα: φοιβ reduplicirt, in Bezug auf φ-β wie φέβομαι (q. cf.) in Bezug auf οι = sskr. ê nach *Bopp* Gr. ssc. r. 561 (vgl. I, 569, 600, 604 u. sonst); also φοῖβος, η, ον *sehr leuchtend* (anders *Pott* II, 252); -βάς, ἡ; -βειος, -ήϊος, α, ον; -ηΐς, ἡ; -βάω; -βάζω; -βαίνω; -βαστήρ, -τής, ὁ; -τρια, ἡ; -στικός, ή, όν; -βητής, -τωρ, ὁ; -τρια, ἡ; -τός, ή, όν; -τεύω (hieher lat. feb-ruus u. s. w. ?).

zu φᾱ = bhâ: φᾱ-νός, ή, όν (vgl. sskr. bhâ-nu *Licht* u. s. w.); -νότης, ἡ; -νός, ὁ; -νίον, -νάριον, τό; -νόω; ω = â: φώσκω; φωστήρ, ὁ.

Nebenformen von sskr. bhâ sind bhas (als Verb. unbelegt, aber in bhas-at *Sonne* erscheinend) und bhâs; im Griech. erscheint φαυ in φαῦσις, ἡ; -στήριος, ὁ; πιφαύσκω (φαύ-ω, -ύσκω, -ύζω, -ῦζω erwähnen nur die Gramm.); διαφαύσκω (ion. διαφώσκω belegt); hier steht wohl φαυ für organisches φας (vgl. χλεύη u. aa.). An welche dieser Wzff., ob φαυ = bhas, oder bhâs oder bhâ sich φάω lehnt, kann ich nicht entscheiden; dass zwischen α — ε ein υ, σ oder j ausgestossen ist, ist nicht zu bezweifeln; dazu φά-ος, τό; παμφαής, ές; hieher κατηφής, ές (für κατηφαής); -φεια, -φία, ἡ; -φέω; -φιάω; -φών, ὁ.

φαέ-θω (durch √θε); -θων, ὁ; -θοντιάς, -τίς, ἡ.— φᾰεννός (ob = φασ-εντ-jo? vgl. φααν-τερος, -τατος für φααντ + τερο eine Ptcpialform), -εινός, ή, όν; φαείνω; φαίνω (vgl. auch *Pott* II, 678), ἐφᾰνην u. s. w., φᾰνή, ἡ; -ναῖος, α, ον; -νερός, ά, όν; -ρόω; -ρωσις, ἡ; φᾰνης, ὁ; -νητιάω; φαινίς, ἡ; -νολίς, ἡ; -νίνδα; φαντάζω; -ασμα, τό; -μάτιον, τό; -μός, ὁ; -σία, ἡ; -σιώδης, ες; -σιόω; -σιαστικός, ή, όν; φανταστός, ή, όν; -τής, ὁ; -τικός, ή, όν; φάσμα, τό (könnte auch zu φας = bhas gehören); -ματώδης, ες; φάσις, ἡ (kann eher zu φᾰ = bhă gehören); -σιμος, η, ον.— ἀφανής, ές; -νεια, ἡ; -νίζω; -ισις, ἡ; -ιστής, ὁ; -στός, ή, όν; ἐπιφανία, ἡ, -νια, τά; ἐμφανίσκω; -νισμός, ὁ; -νιστικός, ή, όν; -φάνσις, ἡ; ἀναφανδά; -δόν; ἔκφαντος, ον; ἀποφαντικός, ή, όν; συκοφάντης, ὁ; -τρια, ἡ; -τώδης, ες; -τίας, ὁ; -τέω; -τητός, ή, όν; -τημα, τό; -τία, ἡ; ἐκφάντωρ, ὁ; -τορία, ἡ; -ρικός, ή, όν; ἀφαντασίωτος, -ίαστος, ον; παμφανόων, ωσα; τρυγηφάνιος, ὁ; Γεωφάνιον, τό.— ὑπερηφανής, ές; -νος, ον; -νέω; -νεύομαι.

Zu φα: ἐμφατικός, ή, όν; ἀμφαδόν; -δήν, -δά; -διος, α, ον; ἐπαμφάδησε (*Hes.*).

Hieher φώς, ωτός, τό wahrscheinlich = sskr. bhâsvat also

für φωςϝοτ:φωσυοτ : φωυοτ : φωτ : (vgl. *Pott* II, 464, I, 194); φωτεινός, ή, όν; -τίζω; -ισμα, τό; -σμός, ὁ; -στικός, ή, όν; -στήριον, τό; φωςφόρος (f. φωτφ.); ἀρχίφωτος, ον; ἀφώτιστος, ον; λυκόφως, τό (da β oft = φ (insbes. dialekt.), so kann auch λυκάβας, ὁ (*lichtleuchtend, Sonne, Jahr*) hieher gehören).

Zu φᾰ = bha : φᾰλός, όν; -λιος, α, ον; -λίς, ἡ (s. *Pass.*); -λᾱρός, (ληρός), ά, όν; -ρίς, ἡ; -ριάω; φάλαινα, ἡ in der Bed. *Lichtmotte* (über φάλᾰρα vgl. I, 678).

Da ἀλλο-φάσσω, παρα-φάσσω *irre blicken* hieher gehört, so ziehe ich jetzt auch παι-φάσσω hieher (falsch I, 557); Intensivform.

Dass φαίδιμος, ον; φαιδρός, ά, όν hieher gehört, ist keine Frage, die Form. zweifelhaft, ob φασ-ιδ, oder ist wegen sskr. bhê-na *Sonne* eine alte Nebenform: sskr. bhê = φαι anzunehmen, zu der sich φαι-δρο verhielte wie sskr. bha-dra zu bhă? -ρότης, ἡ; -ρόω; -ρύνω; -υντής, ὁ; -τρια, ἡ; -υσμα, -υμα, τό; zu φαίδιμος: -μόεις, εσσα, εν.

Dieselben Zweifel bei φαι-κ-ός, ή, όν (nur Gr.); -κάς, ἡ; -κάσιον, τό (*Pott* II, 116).

An sskr. bhă lehnt sich als sekundäre Formation sskr. bhad (Causalform in der späten *Râgatar.* I, 309 sonst nur in) bha-d-ra, bha-d-âka u. aa.; dazu ahd. baz (*Graff* III, 219) [slav. vedro *schön* (*Dobr.* I. L. S. 280) schwerlich]; eine andre sek. Form durch g' ist sskr. bhag' : (bhang') unbelegt; mit diesem identificire ich jetzt griech. φεγγ (falsch I, 107).

Aus dem Begr. *leuchten, zeigen*, geht *anzeigen, sprechen* hervor (vgl. sskr. k'aksh I, 232, laksh weiterhin u. aa.). Daher zu √bha auch sskr. bhâsh *sprechen* (vgl. *Pott* I, 271); sh hinter â auffallend (*Pott* II, 75), wohl für organisches ksh (vgl. S. 81), aber schon vor der Sprachtrennung abgeschwächt; daher lat. fēs-iae, feriae, fas-ti, fes-ti, nefar-ius, slav. bacnï (*Dobr.* 301); griech. φη-μί für φησμι (vgl. sskr. âs : ἧ-μαι I, 418, anders *Pott* a. a. O.), wie φής zeigt, welches φησ-εις : φηεις : φής ist; allein der Verlust des σ in φημί zog dieses Verbum in die falsche Analogie der Themen auf ᾰ (φαμέν u. s. w.): φᾰ : φάσις, ἡ; φάτις, ἡ; φατός, ή, όν; -της, ὁ; -τέος, -τειός, ά, όν; -τίζω, -τισις (τιξις), ἡ; φά-σκω; πιφάσκομαι; ἀντιφατικός, ή, όν; παραιφασία, ἡ; προφασίζομαι; -σιστικός, ή, όν; ἀπροφάσιστος, ον; διφάσιος (bifar-ius): φη = sskr. bhâ(sh) : φήμη, ἡ; -μα, τό; -μις, ἡ; -μίζω; -μισμός, ὁ; προφήτης, ὁ; -τις, ἡ; -τικός, ή, όν; -τίζω, -τάζω; -τεύω; -τεία, ἡ; -τεῖον, τό. — συμφήτωρ, ὁ; ἄφημος, -μων, ον; βλασφημοσύνη, -μία, ἡ; -μέω (vgl. I, 524); ἐπιφήμισμα. — φω = bhâsh : φωνή, ἡ wegen slav. bacnï und sskr. bhan' *tönen* (für bhashn wie n' zeigt) nehme ich es für φοσ-νή (anders *Bopp* V. G. 470); φωνάριον, -νίον, τό; -νήεις, εσσα, εν; -νέω; -νημα, τό; -νησις, ἡ; -νητικός, ή, όν; -τήριος, α, ον; ἀντίφωνος, ον; -νία, ἡ; ἀφώνητος, ον; -νίζω; ἀναντιφωνησία, ἡ; συμφωνία, ἡ; ἐπιφωνημάτιον, τό; -ματικός, ή, όν.

Die schon in der Bed. *scheinen* eben erwähnte Wzf. sskr. bhag' (bhang') hat auch die Bed. *sprechen*. Ihr entspricht mit stützendem T-Laut griech. φθεγγ für φεγγ (vgl. *Pott* II, 294): φθέγγομαι; φθεγκτός, ή, όν; φθέγμα, τό; -ματικός, ή, όν; ο =

ε = sskr. a: φθογγή, ἡ; -γος, ὁ; -γάριον, τό; -γάζομαι; πρόςφθεγξις, ἡ; -θεγκτικός, ή, όν; -τήριος, α, ον; καλαμοφθέγγης, ὁ. Da β oft für φ eintritt (vgl. βροντή aa.), so ziehe ich hieher: βασκ (vgl. φασκ) in βασκ-αίνω *besprechen*; dafür spricht lat. fasc-ino, wo f = φ; auch vielleicht sskr. bhâsh in der Bed. *maledicere*, welches jedoch unbelegt, wo sh = organischem ksh sein könnte (vgl. jedoch *Bökh* Corp. Inscr. 2059, 31); βάσκανος, ὁ; -νία, ἡ; -νιον, τό; -νίζω; -νητικός, ή, όν; βασκαντικός, ή, όν; ἀβάσκανος, ον; -καντος, ον; [ἀβάκτητον = ἀνεπίφθονον (*Hes.*)].

(φο). Wie ein Pronominalst. pa (S. 71), so scheint auch ein Pronomst. sskr. bha anzunehmen zu sein. Denn Präpositionen und Casusendungen schliessen sich daran. Zu bha verhält sich abhi (vgl. I, 144), slav. obü (*Kop.* Gl.), lat. ob, wie api zu pa (a. a. O.). Als Präpos. ist diess im Griech. wohl nur in Bildungen, welche der Zeit vor der Sprachtrennung angehören, erhalten, und gewöhnlich zu φ abgestumpft (vgl. oft); αἰ für abhi (vgl. II, 53 u. aa. OO.). Zur Bildung von Casusendungen dient bhi, im Dat. Sing. lat. ti-bi, si-bi, im Sskr. tu-bhi + am (für gham: ham: am vgl. Pron. χ), griech. φι, φιν (vgl. *Pott* II, 629, 308), nur in etwas ausgedehnterem Gebrauch, aber schon stagnirend, fast adverbial in der epischen Poësie. Diese Stagnation herrscht auch schon im Sskr. in diesem Casus; die Nomina haben diese Endung nicht mehr und sie hat sich hier bloss adverbial erhalten, aber mit h für bh (vgl. mahi + am neben tu-bhi + am, lat. mi-hi neben ti-bi) in uttarâ-hi (für bhi; *Bopp* nimmt es fälschlich für dhi), welches ganz zu griech. ἑτέρηφι stimmt, und ähnlichen Bildungen durch das Suff. âhi (*Bopp* K. Sskr. Gr.); ferner durch das pluralitative s gemehrt sskr. bhis, im Sskr. Instrument. Plur.; lat. vo-bis; in der Declination der Themen auf a (Msc. Neutr.), wird im Sskr. organ. abhis, êbhis, mit ê für a (vgl. çivê-bhjas), durch Schwächung von bh in h: êhis und Ausstossung des h: ais, eben so griech. λογο-ις für λογο-hις, deren Analogie auch die Feminina τιμαῖς folgen. Dieselbe Erscheinung auch in: μο-ι für μο-hι (mihi), μο-bhι; σοι für σο h ι = si-bi, ὑμῖν = sskr. jushmabhjam (vgl. Pron. τϝα). Die organischere Form φις, und mit Verlust des ς: φι und Ersatz durch ν ἐφελκ. φιν hat sich ebenfalls erhalten, aber wie das singulare φι fast zu Adverbialform herabgesunken: φις nur in λικρι-φίς (q. cf.), φι, φιν öfter (vgl. I, 303 u. τϝα). Ferner bhi durch as gemehrt, sskr. bhjas, bildet Dat. Abl. Plur., ihm entspricht lat. bus; endlich durch âm: bhjâm (âbhjâm vgl. uttar-â-hi) Dual. Inst. Dat. Abl.; zu einer dieser beiden Endungen, der Form nach eher zu ersterem, der Bed. nach eher zu letzterem, gehört: φα in μέσ-φα (S. 30).

(φῑ). Im Sskr. bhî *fürchten* (vgl. *Pott* I, 208, Lith. Bor. Princ. 26 ff. und füge zu den Verwandten: lett. bihdiht (mit di = sskr. dhâ) *schrecken*; bihjatees *sich fürchten*, beedeht, baideht *schrecken*, bai-gi *Schreckbild*, baiss, bail *ängstlich* u. die Derivate von allen diesen, slav. boitücen *er fürchtet sich* (*Kop.* Gl.), ou-bojôn-cen (ebds.)). Im Sskr. nach 3ter Conj.

Cl. bi-bhêmi, dazu ahd. biben (*Graff* III, 21) [1]; eben so griech. φεβ (φοβ) für φεβι mit Redupl. nach indischer Sitte βεφι (nicht πεφι) und Umsetzung der Aspiration φεβι; dann Verlust des Vokals, wie sskr. dhâ : dadh u. aa. — φέβομαι *scheuen*, *entfliehn* (*Lehrs* Aristarch 89, 90): φόβος, ὁ; -βερός, ά, όν; -ρότης, ἡ; -ρίζω; -ισμός, ὁ; φοβέω; -βημα, τό; -βητής, ὁ; -τικός, ή, όν; -τρον, τό; ἄφοβος, ον; -βία, ἡ; -βητος, ον; ἐκφόβηθρον, τό; προεκφόβησις, ἡ; ἱπποφοβάς, ἡ; ὑπνοφόβης, ὁ; ὑδροφόβας, ὁ; -βικός, ή, όν; -βιάω.

An φεβ mit α für ε: φαβ: φάψ, ἡ *die schüchterne Taube*; eine Art Femininalform davon ist φάσσα, ἡ glbd. (für φαβ-ἰ + α vgl. S. 75 und *Pott* I, 208, II, 40, 482).

(φῡ). Im Sskr. bhû *werden*, *sein* u. s. w. (*Pott* I, 217, Lith. Bor. Princ. 21; wozu slav. büï-ti, bje, bon-dòn (*Kop*. Gl.), ahd. bu (*Graff* III, 13), bûan (*Graff* III, 16), boda (*Graff* III, 68), lith. bude u. s. w. (vielleicht entlehnt)); griech. φύϝω (2te Conj. Cl.), φύω; πεφυκότως, πεφύκω; φύσις, ἡ; -ικός, ή, όν; -κεύομαι; -σιμος, ον; -σιόω; -ίωμα, τό; -ωσις, ἡ; φύστις, ἡ; φυτός, ή, όν; -τάριον, τό; -τάς, ἡ; -τιος, ον; -τικός, ή, όν; -τεύω; -τευσις, ἡ; -σιμος, ον; φύτευμα, τό; -τευτός, ή, όν; -τικός, ή, όν; -τής, ὁ; -τήριον, τό; φυτεία, ἡ; φυτώδης, ες; -τόω; -τών, ὁ; -τωρ, ὁ; -τώριον, -ρειον, τό; φυταλιά, ἡ; -λιμος, ον; umgesetzt -λμιος, ον; -λιος, ον; -λίζω; (φυτάνη, ἡ zw.); φύτρα, -τλη, ἡ; φυή, ἡ. ἀμφιφύα, ἡ; ἀποφυάς, ἡ; ἐκφυής, ές; συμφυΐα (für φυϝι-α; erklärt diess die Form φυή?); καρποφυέω (Causalf.); δίφυιος, -υος, ον; — ὑπέρφευ (ist das Thema φεο = sskr. bhava, also φεϝο und φευ für φεϝωτ alter Ablat. Dann erklärt er die Form ἄνευ (S. 50) vielleicht noch einfacher). φυσίζοος. — Hieher φυ-λία, ἡ *wilde Oelbaum*; -ίκη, ἡ.

φῑτύω *pflanzen* gehört ohne Zweifel hieher, scheint aber dialektisch für φυ-τόω zu stehn, und aus einem Dialekt in die κοινή übergegangen zu sein: φῖτυ, τό; -τυς, ὁ; -τυμα, τό.

[ob φῦμα (att. φῦμα), τό eig. *Gewächs* ist und hieher, oder *Geschwulst* und zu σφυ (√ σφ I, 537) mit Verlust des σ gehört, wage ich noch nicht zu entscheiden. Letztres ist mir wahrscheinlicher, da es nicht von *Pflanzen* u. s. w. gebraucht wird; dazu -μάτιον, τό; -τώδης, ες; -τόω, -τίας, ὁ. — Eben so muss ich als zu σφυ (Wzf. φυσ I, 551) gehörig nachtragen: φύ-σ-τη, oder -τή, -τίς, ἡ *eine Art Kuchen*, wahrscheinlich, wie unser *Pust-Kuchen*, vom *Aufblähen* der oberen Rinde benannt; eben so nun auch φυ-σικίλλος, ὁ (*Pustküchelchen*?) und φω-ΐς, φῴς, ἡ *Blase*].

Dagegen zu φῡ: φύ-λη, ἡ (vgl. γένος von γεν) eig. *Geschlecht* u. s. w.; -λίον, τό; -λον, τό; -λέτης, ὁ; -τις, ἡ; -τικός, ή, όν; -τεύω; -λάζω; -λώ; ἀλλόφυλος, ον; -λία, ἡ; -λισμός, ὁ (spät); -λέω; ἀποφύλιος, ον; καταφυλαδόν. [Ob so auch bu in lat. tribus hieher? vgl. jedoch gadhel. treabh (*Diefenb*. Celt. I, 147)].

Im Sskr. bhav-at (eig. *seiend*) *Mann*, griech. φοϝοτ in φώς, ωτός, ὁ (vgl. *Pott* I, 194, II, 464, 561).

---

1) aber fi-ant (II, 380), faih-an *hassen* (384) gehört zu sskr. piç in piçuna *grausam*.

β für φ in πρές-βυς, ὁ *alt* (vgl. I, 138), *ehrwürdig*, *Gesandter* (ob man wegen cret. πρείγιστος, -γευτής, πρες-βυ in den Bedd. *würdig* und *Gesandter* zu βα (vgl. S. 59) zu ziehen habe, wage ich noch nicht zu entscheiden); -βύτερος, α, ον; -τέριον, τό; -βύτατος, -βιστος, -βίστατος (spät), η, ον; -βα, -βηΐς, -βις, -βειρα, ἡ; -βύτης, ὁ; -τις, ἡ; -τικός, ή, όν; -τής, ἡ; -βεία, ἡ; -βεῖον (βήϊον), τό; -όω; -βος, τό; -βεύς, ὁ bloss *Gesandter*; πρεσβεύω *alt*, *würdig*, *Gesandter sein*; -βευμα, τό; -βευσις, ἡ *Gesandtschaft*; (-βυσις, -βευσία, ἡ zw.); -βευτής, ὁ; -τειρα, ἡ; -τικός, ή, όν.

Hieher βρα-βεύς (βρα dialektisch für πρό = sskr. pra I, 137), ὁ *Vorsitzer beim Kampfspiel* (ein dialekt. Wort); -βευτής, ὁ; (-βης, ὁ zw.); -βεύω; -βεία, ἡ; -βεῖον, τό.

sskr. bhû-mi *Erde* wird lat. humi (-mus) (vgl. horda = for-da (von fer-o)) : humanus : hŏmin (homo); auch bhû heisst im Sskr. *Erde*; mit dieser Art Wörtern wird im Sskr. oft laja (von lî) in der Bed. *Lager* verbunden. So könnte einem denkbaren bhû-laja griech. φωλειός, -λεός, ὁ *Höhle, wo wilde Thiere sich aufhalten* entsprechen. Diese Etymol. ist natürlich höchst unsicher; dazu: -λεά, ἡ; -λίον, τό; -λάς, ἡ; -λέω; -λεύω (-λείω zw.); -λάζω; -λευσις, ἡ; -λεία, -λία, ἡ; -λητήρ, ὁ; -τήριον, τό. φωλίς, ἡ (vgl. jedoch γωλεός).

(φιλ). Im Sskr. heisst prî *lieben*; durch aspirirenden Einfluss des r entstände griech. φρι; umgesetzt und λ = ρ φιλ (vgl. ganz analog tras : θρασσ : θάλασσα); verwandte bei *Pott* (I, 207), wozu slav. prijati (*Kop.* Gl.), ahd. brût (die *Geliebte*, *Braut* *Graff* III, 293), gael. breid, vgl. brideach *Braut* (ob auch lth. iss-per-u *brüten*?), griech. ἐφῑλάμην, φίλος [für φίλιος = sskr. prija, daher ῐ, hieher lat. fil-ius (anders *Pott* I, 217), daneben fid-ius, wie adeps : ἀλ(ε)ιφ(ω)], η, ον; -λώτερος, -λαίτερος, -λτερος; -λίων; -λωτ., -λαιτ., -λτατος; -λιστος; φίλιος, α, ον; -όω; -ωτής, ὁ; -ωσις, ἡ; φιλία, ἡ; -λιάζω; φιλέω; -λημα, τό; -μάτιον, τό; φίλησις, ἡ; -ητός, ή, όν; -τικός, ή, όν; -τής, -τωρ, ὁ; -τρον, τό; φίλτρον, τό; -τάτιον, τό; φιλικός, ή, όν; φιλότης, ἡ; (-τησις zw.); -τήσιος, α, ον; γυναικοφίλης, ὁ; δυςφιλής, ές; προςφίλεια, ἡ; πολύφιλτρος, ον; τηλέφιλον, τό *eine Blume* (wie *Vergiss mein nicht*). φίντις (ν dorisch = λ) vgl. *Pott* (II, 500). — Die organischere Form πρι in Πρίαπος N. p. *Gott der Liebe* (απο mir noch unerklärlich vgl. ηπ in Ἀσκλ-ηπιος); -πίσκος, ὁ; -σκόω; -κωτός, ή, όν; -πίζω; -πισμός, ὁ. Πρίαμος (alter Superlat. von πριjο = sskr. prija).

Von *Lieben* sind die *Tauben* benannt (von sskr. lubh : lat. co-lumb-a, pa-lumb-a, sskr. ka-pôta (viele *Jungen habend*) und prî-tu (*Vogel*)); daher sicher hieher περ-ιστερά (mit Guna ερ), ἡ; die Form zweifelhaft, ob aus περ-ιστο (alter Superlativ) eine neue Comparativform : *sehr verliebt*? -ρός, ὁ; -ριον, -ρίδιον τό; -ριδεύς, ὁ; -ρεών, -ρών, ὁ; -ρώδης, ες; -ρόεις, εσσα, εν.

φύλοπις, ἡ *Schlacht* u. s. w.; nichts irgend sicheres.

√φερ. Im Sskr. bhṛi *tragen* (*Pott* I, 220, wo zu den Verwandten noch lett. behre *Trage* u. s. w., slav. brje-men *Last*

(*Kop*. Gl.), ahd. bar (*Graff* III, 139), brah (ebds. 192)); griech. φέρω (φέρ-τε 2te Conj. Cl.) [οἴσομαι (I, 356), ἤνεγκα (II, 21)]; φέρνω (9te Conj. Cl. zw.); φερτός, ή, όν; -τάζω; φέρμα, τό; -μιον, τό; φέρ-ετρον, φέρτρον, τό; -ρετρεύω; φερνή, ἡ (altes Particip Pf. Pass.) *Mitgift*; -νίζω; -νιον, τό. Mit ο = ε: φορός, όν; -ρος, ὁ; -ρά, ἡ; -ρηδόν; -ράδην; -ράς, ἡ; -ρεύς, ὁ; -ρεῖον, τό; -ρέω (-ρημι); -ρημα, -ρεμα, τό; -ρεσία, ἡ; -ρετρον, τό; -ρησις, ἡ; -ρητός, ή, όν; -ριμος, ον. ἐμφερής, ές; -ρεια, ἡ; ἀντιφερίζω; -ρνα, τά; -ρνος, ον. — ἀμφορίδιον (von ἀμφορεύς zsgzg. aus ἀμφιφορεύς), -ρείδιον, τό; -ρίσκος, ὁ; ἡμιαμφόριον, τό; μυριάμφορος, ον. — ἀνάφορον, τό; -ρικός, ή, όν; διαφορότης, ἡ; -ρία, ἡ; -ρητικός, ή, όν; θεσμοφοριάζω; τυροφορεῖον, τό.

φόρτος (vgl. ahd. burdi *Graff* III, 162); -τίον, τό; -τίς, ἡ; -τίζω; -τικός, ή, όν; -κότης, ἡ; -κεύομαι; φόρταξ, ὁ.

φορμός, ὁ; -μίον, τό; -μίς, ἡ; -μίσκος, ὁ; -σκιον, τό; -μηδόν.

ω (Vriddhi) φωριαμός, ὁ *Kasten*.

ᾰ = sskr. a φαρ-έτρα, ἡ; -τριον, τό; -ρεών, ὁ; εὐρυφαρέτρης, ὁ.

ᾱ (Vriddhi) φᾶρος, τό (wie *Tracht* u. sskr. bhâra) *Gewand*; -ριον, τό. ἀφαρής, ές; -ρος, ον; -ρέω.

Vokal ausgestossen (vgl. πίπτω S. 93 u. oft): δίφρος, ὁ (*zwei tragend*) *Sitz* (vgl. *Pass.*) (syrak. δρίφος *Pott* II, 114), -ραξ, ἡ; -ρίον, τό; -ρίσκος, ὁ; -ριος, α, ον; -ρεύω; -ρευτής, ὁ; -ρευσις, -ρεία, ἡ. ἐπιδιφριάς, ἡ.

φερ mit stützendem θ (vgl. φθεγγ S. 103): διφθέρα, ἡ (wie διπλοΐς *Doppelgewand* vgl. φᾶρος, schwerlich zu δέφω, δέψω *gerben* (vgl. S. 68), δεφθο in διφθο (wie S. 89)); -ρίς, ἡ; -ρινος, η, ον; -ρίας, -ρίτης, ὁ; -ρῖτις, ἡ; -ρόω. ὑποδίφθερος, ον.

[Dialekt. β = φ. Βερενίκη].

bhṛi im Sskr. heisst ferner *sustentare, nutrire*, dazu ziehe ich sskr. bhrâ-tṛi *Bruder* (Verwandte bei *Pott* I, 111, wozu lth. brot-ussis *Brudersohn* u. s. w., slav. bratŭ (*K*. G.), gael. bràthair); griech. φρατήρ, -τωρ, ὁ; (-τορία zw.); φρατρία (φατρία), φράτρα, φρήτρη, ἡ; φράτριος, α, ον; -ιακός, ή, όν; -ικός, ή, όν; -ιάζω; -ιαστής, ὁ; -ιεύς, ὁ; -ίζω; -ιατικός, ή, όν.

In der Bed. *nähren* redupliciert nach Analogie von φεβ (S. 104) u. aa. φερβερ, verkürzt nach Regel (I, S. 204) φέρβω (lat. herba vgl. horda = forda); (φερβά, τά zw.); mit ο = ε: φορβή, ἡ; -βά, τά; -βαῖος, α, ον; (-βαιά, ἡ zw.); -βάς, ἡ; -βειά, -βιά, -βεά, -βασία, ἡ; βουφορβός, όν; -βια, τά, -βέω; εὐφορβία, ἡ; -βιον, τό; ἐμφορβιόω; ἱπποφορβεύς, ὁ.

χρ. Im Sskr. heisst hṛi *nehmen, fassen*; dafür nach *Lassen* (Ind. Bibl. III, 37) in den Veden bhṛi, so dass h eine Schwächung von bh wäre, wie oft (vgl. S. 104). Da in den verw. Spr. keine Form mit einem Laute = sskr. bh in der Bed. *nehmen* u. s. w. erscheint, so liegt die Vermuthung nah, dass hṛi aus sskr. bhṛi *tragen* hervorgetreten ist, ursprünglich *heben* u. dann *nehmen* u. s. w. hiess. Diese letztere Bed. knüpfte sich insbesondre dann an die Form mit h. Für diese Verbindung sprechen eine Menge Bedd. von hṛi mit Präfix, die sich leichter aus einer Grdbed. *tragen* als *nehmen* entwickeln, z. B. â-hṛi = ad-fer-o; pra + ut + hṛi

= pro-fer-o; upa + hṛi: ob-fer-o, pari + hṛi: au-fer-o u. aa. (vgl. weiterh.). Zu hṛi griech. χερ in χείρ (ει Dehnung von ε), ἡ *Hand* (die *fassende* vgl. sskr. haran'a *Hand*), lat. hir (vgl. *Pott* I, 226; 142, 200, II, 480, 482); χερύδριον, χειρίδιον, τό; χείριος, α, ον; -ρίζω; -ριξις, -ρισις, ἡ; -ρισμα, τό; -σμός, ὁ; -στής, ὁ; χειρόω; -ρωσις, ἡ; -ρωτός, ή, όν; -τικός, ή, όν; χειρίς, ἡ; -ριδόω; -δωτός, ή, όν; χέρνης (vgl. I, 55); ἀκροχεριστής, ὁ; -ειρία, ἡ; αὐτόχειρος, ον; -χερί; ἀχειρής, ές; ἐγχειρέω; -ρημα, τό; -ρησις, ἡ; -ρητής, ὁ; -τικός, ή, όν; ἐγχειρίδιος, ον; ἐπίχειρον, τό; -ρηματικός, ή, όν; ἀνεπιχείρητος, ον; ἀμεταχείριστος, ον. δυσχερής, ές; -ρεια, ἡ; -ραίνω; -ρασμα, τό; -ραντικός, ή, όν; χέρνιψ (S. 53).

sskr. hṛi mit Präf. ut + â eig. *aus-an-heben* (*verba proferre*) heisst *antworten*; daran schliesst sich griech. χράω, χρέω, χρείω (für χράjω 4te C. C.) eig. *antworten* überhaupt, speciell: *Orakel geben*; χρῆσις, ἡ; χρήστης, -τήρ, ὁ; -τήριος, α, ον; -τήριον, τό; -ριάζω; χρησμός, ὁ; χρήζω. [Hieher lat. hor-t-or].

Durch d-Bildung entsteht hṛi + d, dazu lat. hered: heres; eine Bild. mit germ. t (= sskr. dh √dha?) aus dieser Wzf. ist wohl ahd. halt-an (*Graff* IV, 897 ff., wegen h vgl. ḫandu weiterhin).

Indem in dieser Wzf. (hṛi + d), wie so oft, ṛi eingebüsst wird, entsteht Wzf. had (mit Nasal hand); ich erkenne sie in sskr. has-ta (wo d wie mastaka (I, 512) nach zend. Weise vor t in s übergegangen ist) *Hand* (vgl. χείρ); lat. has-ta; hed in hed-era, praeda (I, p. xvi) für prae-hida (*Pott* I, 209), praedium = heredium (*Fest.* p. 99); pre-hend-o; goth. mit anomaler Entsprechung hand-u, hinth-an *greifen* (*Grimm* D. G. II, 35, 395); ferner mit regelrechter Entsprech. ahd. gaz *erlangen* (*Graff* IV, 276), und wohl ganz (*umfassend*? ebds. 221), griech. χανδ: χανδάνω *fassen* (χείσομαι f. χενδ-σ (vgl. S. 94), ἔχαδον, κέχανδα); χανδός, ή, όν *fassend*, *geräumig*; (εὐρυχαδής, ές, ob zu χα *gähnen*?); πολυχανδής, ές; hieher χηλός, ἡ (f. χαδ-λο) *Kiste*.

Mit Vertauschung der Aspirat. καθ = χαδ; dahin: κηθίς, ἡ *Gefäss* (vgl. *Pass.*); -θιον, -θάριον, -θίδιον, τό. Mit κηθίς glbd. ist κη-μός (f. κηθ-μο), ὁ, auch *Maulkorb* u. s. w. (*Pott* II, 124, 287); -μόω; -μωσις, ἡ.

φώρ, ὁ *Dieb*, lat. fûr. Im Sskr. ist k'aura, k'ôra glbd.; k'urâ *Diebstahl*, k'ôraj *stehlen* (Denom.); trotz der unregelmässigen Entsprechung φ = k' gehören sie zusammen; φ vielleicht für π = k' (vgl. πεπ S. 89 und φορ-ύνω S. 82, φίλος S. 106); auffallend ist, dass auch Lat. f hat, vielleicht ist es daher für ein Lehnwort zu nehmen; ob k'ur-â zu k'ṛi (S. 82) gehört? (vgl. k'ûr-n' eig. *terere*, dann *frangere*: *Einbrecher*?) vgl. dagegen *Pott* (I, 32, II, 329). φωρότατος; -ρά, ἡ; -ριον, τό; -ριος, ον; -ρίδιος, α, ον; -ρης, ὁ; -ράω (-ριάω zw.); -ρασις, ἡ; -ρατής, ὁ; αὐτόφωρος, ον; ἀφώρατος, ον.

Wenn k'ur auf eine Wz. mit ṛi zu reduciren, wie höchst wahrscheinlich, so gehört dazu in organischerer Form lat. pīl-are (vgl. sskr. k'ir-n'a *zerbrochen*) *einbrechen*; dazu φīλ-άω (unbelegt) (-λήτης, ὁ zw. L. für φηλητής I, 568), φιλητεύω.

φοίνιξ, ὁ entspricht, wie lat. Poen-us zeigt, dem einheimischen Namen der *Phönicier*, Φοινίκη, ἡ *Phönicien*; ob hebr. כְּנַעַן, wo ע wie g gesprochen wird, eine dialektische Veränderung desselben war, wage ich nicht zu entscheiden. Dazu φοίνισσα (für ικια), ἡ; -κίδιον, τό; -κίας, ὁ; -κίζω, -κιστί; -κικός, ή, όν. Ferner Bezeichnung von aus Phönicien herrührenden Gegenständen: 1. φοίνιξ, ὁ *Purpur*; ὁ, ἡ *purpurroth*; -νισσα, ἡ; -νίκεος, -κειος, -κιος, α, ον; -κιοῦς, οῦν; -κάω (zw.); -κίζω; -κιστής, ὁ; -κόεις, εσσα, εν; -κίς, ἡ; φοινίζω; -νίσσω; -νιξις, ἡ; -νιγμός, ὁ; -γμα, τό. Hieher als mehr gräcisirte Nebenform von φοίνιξ: φοινός, ή, όν (falsch I, 183); -νιος, α, ον; -νήεις, εσσα, εν; δαφοινός (δα = δια), όν, -νεός, όν. — 2. φοίνιξ, ὁ die phönicische *Palme*; -νικίτης, ὁ; -νίκεος, κειος, κιος, α, ον; -κινος, η, ον; -κιοῦς, οῦν; -κήϊος, η, ον; -ίς, ἡ; -κών, ὁ; 3. φοινίκιον, τό *ein musikalisches Instrument*. —

φιβ-άλεως, ἡ *eine Art Feigenbaum*; ob fremd, und dem sskr. pippala (*ficus religiosa*) entsprechend (vgl. πέπερι S. 89)? dazu -λέα, -λις, ἡ; -λέον, τό.

φώκη, ἡ *Robbe*; φώκαινα, ἡ; -κος, ὁ *eine Art Wallfisch* (ob zu √σφ (I, 537): Form σφω: φω = sphâ in der Bed. *angeschwollen*, d. i. *gross sein*?); φωκίς, ἡ *eine Art Birnen* (ob ebendahin?); φῦκος, τό *Meertang* (ob ebendahin zu Wzf. σφυ: φυ vgl. lat. spu-ma I, 585, nicht an sskr. bhûkeça *eine Meerpflanze* zu denken); (-κία, ἡ zw.), -κίον, -κιον, τό; -κόω, -κιόω; -κώδης, ες; -κιόεις, εσσα, εν. ἄφυκος, ον; — φύκης, -ήν, ὁ; -η, -ίς, ἡ *ein im* φῦκος *lebender Fisch*; -κίδιον, τό.

√φιδ. Im Sskr. bhid: findo (*Pott* I, 245, wo zu den Verwandten noch slav. po-bjeda (*K. G.*) *Sieg*; litth. bind-okas *Axt*; ahd. beiten (*Graff* III, 83), bittar (ebds. 48), biz (228), lat. fi-nis (für fidnis) *Scheidung*, *Gränze*; griech. φιτρός (I, 174 falsch), ὁ (*gespaltenes Holz* für φιδ-τρο?); φιδ: φειδ (gunirt) in φείδομαι (vgl. *Pott* a. a. O.) *sich abscheiden von etwas* (τινός), *abstinere se* (vgl. ausser den von *Pott* angeführten Analogieen noch sskr. nir-bhâg' *abstinere* von bhâg *frungo*); φειδήσομαι, πεφιδόμην; φειδός, ή, όν; -δώ, ἡ; -δύλος, ὁ; -δωλός, ή, όν; -λή, -λία, ἡ; -δων, ὁ; -δασμός, ὁ; φεισμόνη, ἡ; φειδίτης (Theilnehmer an einer auf gemeinsame Kosten eingerichteten Mahlzeit; bedeutet hier φιδ *theilen*? wo die Kosten getheilt sind? vgl. ἔρανος), φιδίτης, ὁ; φιδός, ή, όν; -δίτιον, φειδίτειον, -τιον, τό (φιλίτιον vielleicht zu φίλος S. 106); ἀφειδής, ές; -δία, ἡ; -δείως; -δέω. —

Da, wie bemerkt, ahd. beiten hieher, so auch griech. φῖμός, ὁ, -μά, τά *Maulkorb* (eig. *Beisser*); -μώδης, ες; -μόω; -μωσις, ἡ; -μωτρον, τό.

(φρε) φρέω in ἐκ- εἰς- δια-φρέω *aus- ein- durch-lassen* und Imp. φρές (E. M.) halte ich für eine Contraction von πρα + ἑ *lassen* (√ as I, 390). Zu vergleichen ist jedoch insbesondre wegen φρειαρτ, wenn es dazu gehört, slovenisch pla-tï *ausschöpfen* (*Metelko* slov. Gr. 104); φρεαρτ: φρειαρτ *Brunnen*. Ich vergleiche, ohne zu einer Sicherheit zu gelangen, goth. brunna und ags. burna (*Born*), gael. fuaran; allein die griech. Form kann sich auch an sskr. prahi *Brunnen* lehnen, welches wohl nicht mit Unrecht von hrĭ *nehmen* (*hervornehmen, herausschöpfen*) geleitet wird; φρεαρτ wäre fast ganz pra-hrĭt (nur gunirt und mit Verlust des h, wie oft); allein dann bleibt die Form φρειαρτ schwierig: φρέαρ, φρείαρ (τος), τό; φρεάτιον, τό; -τιος, -τίδιος, -τιαῖος, -τειος, α, ον; -τίας, ὁ; -τία, ἡ; -τώδης, ες.

√φρι (ksh). Im Sskr. heisst √hrish *in die Höhe starren* und bezeichnet alsdann eine Menge Gemüthsbewegungen, welche sich durch ein *in die Höhe Starren der Haare* kund geben. Dass hier h für organisches bh stehe, hat schon *Lassen* bemerkt (Ind. Bibl. III, 38). Diess wird bestätigt durch sskr. bhrêsh : bhlêsh (*Wils.*) (unbelegt) Bez. des *Fürchtens* (die Form ist gunirt aus bhrĭsh für bhrĭsh, von welcher Unregelmässigkeit schon mehr Beispiele vorkamen) und die Verwandten: ahd. borste, burst (*Graff* III, 215, 216) *die* in die Höhe starrende *Borste*, aber auch first (ebds. 698 das *Obere*), ob nhd. fries? ferner Forst (ebds.) *starrender Wald*; wohl auch (zu Wzf. sskr. brêsh) fraisan (*fürchten* u. s. w. ebds. 830); griech. gehört hieher wohl zunächst φορ-ίνη, ἡ *Schweineschwarte* (wohl eig. *Borste*); φορινόω. Die Form verhält sich zu bhrĭsh wie χαρ-ις (vgl. weiterhin) zu hrĭsh. In bhrĭsh steht sskr. sh für ursprünglicheres ksh, wie so oft (vgl. S. 81 und oft); doch ist die Form mit sh schon älter als die Sprachtrennung; an bhriksh, griech. (mit κ = ksh wie oft): φρικ: φρῖσσω (ρῖ = sskr. ri; σσω für κjω?) *starren*; φρίξ, ἡ; -ξός, ή, όν; -ξος, ὁ (vgl. *Pott* II, 406); φρίκη, ἡ; -κος, τό; -κτός, ή, όν; -κνός, ή, όν; -καλέος, α, ον; -κια, τά; -κίαι, αἱ; -κώδης, ες; -δία, ἡ; -κόω, -κάζω; -κασμός, ὁ; -κιάω; -ασις, ἡ; -σμός, ὁ.

Starren vor Kälte lat. frīg-ere (g = ksh wie oft), ahd. frius-an (*Graff* III, 828), mit s = sskr. sh (vgl. I, 328 u. lesen bei λεγ); in Guna von u, indem ru = sskr. ri (wie oft) eintrat; hieher mit Verlust des f lat. rīg-eo, vielleicht jedoch auch zu der Nebenform von bhrĭsh, die, wie sich gleich zeigen wird, ebenfalls schon vor der Sprachtrennung existirte, sskr. hrish für hriksh; zu einer von beiden endlich lat. alg-eo für halg-eo, wo h für f auch auf lat. Boden entstehn konnte (vgl. horda : forda), al für ar, Guna von ri; endlich griech. mit Verlust des φ: ῥῖγ in ῥῖγος, τό; -γεδανός, ή, όν; -γιος, ον; -γιον (Compar.), -γιστος, η, ον; -γηλός, όν; -γόω; -γέω; ἄῤῥιγος, ον; -γητος, ον; δυσρι-γής, ές.

Starren vor Freude, vorzüglich in der Nebenform mit h (sskr. hrĭsh, griech. χαίρω), aber auch in der organischeren Form in ahd. fraw (*Graff* III, 794) für frah-(wa) (vgl. snaivs S. 54), wo h = sskr. ksh, wie oft; dahin wohl auch lat. horc-tum, forc-tum = bonum (*Fest.* p. 102) *Freudiges*.

Hieher zur Bed. das *Emporstarrende* (vgl. first), *Oberste* wohl βρέγ-μα, τό, -γμός, ὁ; βρέχμα, τό, -χμός, ὁ (oder ist engl. brain zu vgl.?) *Vorderkopf* (β für φ vgl. βρέμω).

[Hieher ahd. frish (*Graff* III, 832) von sich *erhebenden* Blumen vgl. sskr. hrĭshita (*Ros.* Radd.) in derselben Bed.].

Nebenform mit sskr. h für bh: hṛish (*Pott* I, 272); letzteres in der Bed. in die Höhe *starren*: in hṛish-t'a u. aa. Hieher χέρσ-ος, ον in der Bed. *wüst* (*starrend* horridus) sammt den Derivaten und wohl zu trennen von χέρσ-ος *festes Land* (vgl. I, 385); ferner χερσο in χήρ *der Igel* (*mit starrenden Borsten* vgl. χήν = sskr. hansa); glbd. ist σχῦρος, ob auch damit wurzelhaft verwandt (vgl. στυρβάζω), wage ich nicht zu entscheiden.

Mit Verlust des χ und λα = ρα = ṛi: λάσ-ιος, α, ον eig. *mit in die Höhe starrenden Haaren, rauh* (vgl. hirs-utus, hirtus für hirc-tus); -σιών, ὁ; λάσταυρος (für λασιοτ. vgl. I, 640), λάστρις, ὁ.

[Hieher ebenfalls mit Verlust des Anlauts, mit ru = ṛi (vgl. friusan S. 110) und h = ksh (wie oft), ahd. ruh (*Graff* III, 438)].

Zu λασιο durch Umsetzung des ι (vgl. S. 87) λαίσεα (*Hes.*) *rauhe Schaafpelz* [Fliess, welches ebenfalls zu dieser Wz. gehört, wenn es ächt deutsch]; λαισάς (*Hes.*) *ein dickes Gewand*; λαισήϊον, τό: ἀσπιδίσκιον ἐκ λασιῶν βυρσῶν αἰγειῶν [λαισήϊα πτερόεντα sind *Schilde mit Handhaben*]; λαισαιοφόρος. —

Eben hieher, aber zu der Form mit ksh, gehört λάχ-νη (χ = sskr. ksh wie gewöhnlich), ἡ die *rauhe, zottige Wolle* (lat. la(h)na, la(h)nugo); -χνος, ὁ; -νήεις, εσσα, εν; -ναῖος, α, ον; -νώδης, ες; -νόω; -νωσις, ἡ; [hieher ziehe ich jetzt auch ἀράχ-νη (I, 101), wo die Form hραχ = hṛi(ksh) zu Grunde liegt und α für den Anlaut h eingetreten ist (vgl. ἔλαιον, ὄνομα u. aa.)]; hieher mit Verlust des χ: λῆνος, τό = λάχνη und ληνίσκος (Diminut. von λη-μνο für ληχ-μνο altes Ptcp. Med.), ὁ.

Gehört zu der Form λας für χλας = hṛish χλανίς, ἡ, so dass es ein *zottiges, wolliges Gewand* eigentlich wäre? (oder ist an ahd. hlad-an (*Graff* IV, 1113), russ. klad in klactj *legen* (*anlegen*) zu denken?); -νίδιον, τό, -δίσκιον, τό; -νίσκος, ὁ; -σκιον, τό; -σκίδιον, τό; χλανιδόω; -δωτός, ή, όν; dazu χλαῖνα (für χλα-νῖ + α?) mit Verlust des χ: λαῖνα; χλαίνιον, τό; -νόω; -νωμα, τό. ἄχλαινος, ον; -νία. Dazu wohl auch: χλα-μύς, ἡ; -ύδιον, τό; -δόω; -δωτός, ή, όν. Ich erwähne auch λαῖδος, τό *ein leichtes Gewand*, da ich doch keine irgend sichere Etymol. dafür kenne; (ob nhd. kleiden zu vgl., ahd. hlit (*Graff* IV, 1115)?); λῆδος, τό; -δίον, τό, -δάριον, τό; λήδιον, -δάριον, τό. —

Zu hṛiksh in der Form λο(ksh) (λο = ρο = ṛi) könnte griech. λόκκη = χλαμύς gehören (κκ = ksh vgl. I, 228 ὄκκος).

Zu der Form hṛiksh gehört endlich lat. hirc-us (*der zottige Bock*).

Das *Emporstarren der Haare*, als Zeichen *freudiger Ueberraschung*: sskr. hṛish *freuen*; griech. χαρ für χαρσ: χαίρω (4te Conj. Cl. für χαρ-jω); χάρμα, τό; -μη, ἡ in der Bed. *Freude*; zw. ob hieher in der Bed. *Schlacht*, da der Form nach sskr. √hṛi *nehmen* (108) passt, woraus die Bed. *Angriff* und sskr. pra + hṛi *kämpfen* heisst (vgl. *Pott* I, 272); -μόνη, -μοσύνη, ἡ; -μονικός, ή, όν; -μόσυνος, η, ον; χαρτός, ή, όν; χαρά, ἡ; χαιρετίζω; -τισμός, ὁ; χαιρηδών, -ρoσύνη, ἡ; ἐπιχαρής, ές; -ρσις, ἡ; περιχάρεια, -ρία, ἡ; ἰοχέαιρα (ε auffallend vgl. κέαρ), ἡ; ἱπποχάρμης, ὁ; πατελλοχάρων, ὁ.

χάρις, ἡ; -ρίεις, εσσα, εν; -ίεντως; -τότης, ἡ; -τίζομαι;

-τισμός, ὁ; -σμα, τό; χαρίζομαι; -ισμα, τό; -ιστήριος, α, ον; -τικός, ή, όν; χαριτία, ἡ; -ρίσιος, α, ον; -ριτόω; -τήσια, τά. ἄχαρις, ι; -ριτος, ον; -ριστος, ον; -τία, ἡ; -τέω; γλωσσοχαριτέω; δημοχαριστής, ὁ.

(√ φρεμ). Im Sskr. heisst das, der Form nach entsprechende, bhram *herumirren*. Aber bhrama und bhr̆imi heisst *Wirbelwind*; diess führt auf eine primärere Bed. *wirbeln* und zeigt, dass ra wie gewöhnlich aus r̆i hervorgegangen ist. Ferner schliessen sich eine Menge Namen von kleinen Insekten (*Fliegen*, *Käfern* u. s. w.) sowohl im Sskr., als in den verwandten Sprachen an diese Wz. Diese könnten nun zwar als die *Herumwirbelnden*, *Fliegenden* gefasst sein, da aber die dem sskr. bhram entsprechenden lat. frem-o, ahd. brem-an (*Graff* III, 303), lett. brammeht, brambeht (*brausen*) u. aa. (vgl. weiterhin) *brummen*, *summen* bezeichnen, so halte ich letzteres für die erste Bed. der Wz. sskr. bhram, in welcher sie sich eng an den Naturlaut *summender Thiere* (brm) schliesst, aus welchem sie hervorgegangen ist. Im Sskr. hat sich diese Bed. nur in der Bez. der *brummenden*, *summenden* Insekten erhalten (bhramara, -raka, -rakit'a; bhràmaka *Bremse*). Da diese brummend *hin und her fliegen*, so hat im Sskr. die Verbalwurzel sogleich diese Bed. angenommen und sie dann verallgemeinert zu: *umherirren*. Hieher aus dem Griech. zunächst: reduplic. πεμ-φρη-δών, ἡ *die* (*stark summende*) *Wespe*. Die Form betreffend, so wäre die Intensivf. von bhram (nach *Bopp* Gr. sscr. r. 569) bam-bhram, griech. πεμ-φρεμ, indem hier das schliessende m verloren geht (vgl. I, 204), entsteht bam-bhra oder, mit organischerem r̆i: bam-bhr̆i; diese Form erscheint in sskr. bam-bhara *Biene*, bam-bharâli *Fliege*; so griech. mit ρε = r̆i πεμφρε und davon das angef. Wort. Lett. erscheint dieselbe Bildung in bam-bal-s *Käfer* (vgl. ähnliche und noch stärkere Verkürzungen in den Reduplff. weiterhin, weswegen ich nicht eine einfachere Wzf. bhr̆i zu Grunde lege).

Ferner mit ρῐ = r̆i (wie oft): φριμ-άσσομαι, -μάω *schnauben*, *hin und her springen* (wie sskr. bhram), *sich übermüthig gebährden*; -μαγμός, ὁ; — fast ganz dieselbe Bed. hat: φρυ-άσσομαι, welches sich daher schwerlich trennen lässt; steht es zu bhram vielleicht ungefähr in dem Verhältniss wie nhd. brausen zu brummen (etwa für φρυσ-ατ)? Dazu φρύαγμα, τό; -ματίας, ὁ; -μός, ὁ; φρυακτής, ὁ.

β für φ (oft): βρέμ-ω *brummen*, *brausen* u. s. w. βρόμος, ὁ; -μέω; -μώδης, ες; -μιος, ὁ; -άς, ἡ; -άζομαι; βρομιώδης, ες; -ώτης, ὁ; ἄβρομιος, ον; βαρυβρεμέτης, τήρ, ὁ; -τειρα, ἡ. [Hieher noch lat. fren-do (vgl. credo = cret + dhâ) und ahd. brema *Bremse* (*Graff* III, 303), ags. briosa (erklärt sich daraus die Form des nhd. brausen?)].

βρομ + τη: βροντή, ἡ (*der brummende*) *Donner*; -ταῖος, α, ον; -τεῖον, τό; -τώδης, ες; -τάω; -τημα, τό; αἰολοβρόντης, ὁ; ἐλασίβροντος, ον; ἐμβρόντητος, ον; -τησία, ἡ.

ρῐ = r̆i (vgl. φρῖσσω S. 110 aa.): βρῖμ-η, ἡ (*Brummen*,

Brausen als) *Zorn* (gefasst); -μάομαι; -μόομαι; -μηδόν; -μημα, τό; (-μάζω, -μαίνω Gr.); Βριμώ N. p. (*Pott* II, 486).

Da das *Schnauben* in φριμάομαι, φρυάσσομαι die Bed. *sich übermüthig betragen* erhalten hat, so gehört wohl zu βρεμ mit λ = ρ: βλεμ-εαίνω (Denomin. für βλεμεσ-αινω) glbd. und ἀβλεμής, ές.

Zu **bhram** lat. **form-ica** *die (summende) Ameise* (gunirt), ebenso griech. βόρμ-αξ, durch Einfluss des β: βύρμαξ (*Hes.*); mit μ = β (vgl. μεμβράς und slav. **mrabiï** (*K. G.*), gael. **moirb** *Ameise*, wo m ebenfalls für bh, vgl. weiter), vielleicht hier durch Assimilation an das μ der folgenden Sylbe: μύρμαξ, μύρμηξ, ὁ; -ήκιον, τό; -κώδης, ες; -κιά, ἡ; -κίας, ὁ; -κίτης, ὁ; -κειος, α, ον; -κιάω: -κίζω; -κίασις, ἡ; -κιασμός, ὁ; μυρμηδών, ὁ.

Reduplicirte Formen: 1. aus **bhra**, **bhṛi** (statt **bhram** wie oben) mit ba in der Redupl.: sskr. **ba-bhṛi** (*Donner* vgl. βροντή), **babhra**; griech. βα-βράζω *schwirren*; βαβραδών *Cicade*: mit ε: βεβράζω; βεβράς.

[Eine andre Reduplf. (*Bopp* Gr. s. r. 569) ist vielleicht βορβορ (Guna) in βορβορύζω (vielleicht rein onomatop. vgl. κορκορυγή) *das Brummen, Kollern im Leibe*; -ρυγή, ἡ; -γμός, ὁ.] Hieher litth. **bur-ble-nu** (mit l = r) *unter dem Bart brummen* (vgl. aa. bei *Pott* I, 110).

Indem diese Reduplic.-Form verkürzt wird (nach I, 204), entsteht, mit m = b slav. **mrabiï** und gael. **moirb** *Ameise* (s. oben).

Indem in der Reduplicationssylbe μ für ρ eintritt (vgl. *Bopp* Gr. s. 569), entsteht sskr. **bambhara**, griech. πεμφρε (s. oben) und mit β = φ: βεμβρα in βεμβράς und μ für β: μεμβράξ *Cicade* [ob auch βεμβράς, μεμβράς, ἡ *eine kleine Sardelle*, fraglich].

Indem diese Reduplform verkürzt wird (I, 204), entsteht sskr. (mit Erhaltung beider Aspiraten) **bhambha** *Fliege*; **bhambharâlî**, **-likâ**; lth. **bub** in **bub-nas** *Trommel*, lett. **bambaht** *tönen*, griech. βομβ *summen*, βόμβ-ος, ὁ; -βηδόν; -βέω; -βαίνω; -βησις, ἡ; -βητής, ὁ; -τικός, ή, όν; -βήεις, εσσα, εν; [ob hieher βομβάξ oder ein reiner Naturlaut (Interjection)?] βομβύλιος, ὁ; hieher ziehe ich auch βόμβυλος, ὁ *das Glucksen eines Gefässes*, anders *Pott* (I, 213, II, 497, 690); -λη, -λίς, ἡ; -λιάζω = βορβορύζω.

Hieher βόμβ-υξ, ὁ *Seidenraupe*, aber fremd; pers. **pembeh**, kurd. **bambra** (Fundgruben des Orients IV, 315), wohl eigentlich der *herumschwirrende Seidenvogel*; -βύκιον, τό.

Mit ε = ο: βεμβ in der Bed. *wirbeln*, wie sskr. **bhram**: βέμβιξ, ἡ *Wirbelwind* (vgl. **bhrama** oben), *Kreisel*; -βικώδης, ες; -κίζω; -κιάω.

Wurzeln und Wzformen, welche mit Γ anlauten.

Γ, genannt Γάμμα nach dem phönicischen, dem hebr. גמל verwandten Namen; δίγαμμα, -μον, τό *Doppelgamma*, spätrer Namen des F, wegen seiner Gestalt.

(γαϝ) Im Sskr. heisst gô *Erde, Platz, Raum, Sitz* (*Bopp* Gl. sscr. s. v.); im Zend entspricht gava (*Burn.* Comm. s. l. Y. I, N. XXI, 48), goth. gavi und gauja (*Provinz Graff* IV, 274) = einem sskr. gavja (durch Suff. ja vgl. gavja von gô *Stier*). Dieser letztern Form entspricht griech. γαια für γαϝια *zur Erde gehörig, Provinz*. Die Etymol. betreffend, so vermuthe ich, dass sskr. gô eine Contraction von ga-va ist und dieses zu gă *gehn* (S. 58) gehört, woher auch sskr. gam, gmâ *Erde* (*Bopp* Gl. sscr. s. v. wo auch die verwandten, *Burnouf* Journ. As. 1840, S. 334) und g'a-gat *Welt*; also eig. *die, auf welcher gegangen wird*; Suff. va wie in ûrdh-va (I, 69), dhru-va, hras-va u. aa. Also γαῖα, γᾶ (mit ε=α: γεϝια), γέα, γῆ, ἡ; γαίηθεν, γειόθεν, γῆθεν; γαιήϊος, α, ον; γαιώδης, ες; γαιών, ὁ; γαιόομαι; γεηρός, ά, όν; γεώδης, ες; γήδιον, τό; γήϊνος, γήϊος; γηΐτης, γήτης, ὁ; ἀγχίγειος, ον; ἀνώγαιον, -γεων (att.), -γεον, τό; -γεως, ὁ, ἡ; ἀπόγαιος, ον; καταγεωτής, ὁ; ἐπιγῆτις, ἡ *eine Pflanze*.

Mit Verlust des γ: αἶα, ἡ glbd.

δ für γ (vgl. δελφύς u. aa.): δῆ, ἡ (anders *Pott* I, 184, 211, Berl. Jahrb. 1840, S. 642). Dazu δη in Δη-μήτηρ; δέα (=γεα =γεια=γαϝια) nach *Pott* (II, 211).

Die Form, welche bei γαῖα zu Grunde lag: ga-va, würde mit alter Femininalend. ga-vî. Diese gräcisirt (vgl. ἅρπυιαι (S. 3) πότνια (S. 75) u. aa.) ga-vî+α wird zsgszg. in γυία, γύα, ἡ, γύης, ὁ *Land*; ἀγχίγυος, ον.

An die Form gava, vriddhirt gâva, mit δ=γ (wie in δῆ) und μ=v (wie ἦμος I, 402, πιμέλη II, 76 u. oft) schliesse ich δῆμος, ὁ *Gau* (and. *Pott* I, 186, *Bopp* Gloss. sscr. s. v. g'an); -μόθεν; -μίδιον, τό; -μακίδιον, τό; -μιος, (α), ον; -μώδης, ες; δημότης, ὁ; -τις, ἡ; -τικός, ή, όν; -τεύομαι; -τερος, α, ον; δημόσιος, α, ον; -σιακός, ή, όν; -σιόω; -σιεύω; -ευσις, ἡ; δημόομαι; -μόω; -μωμα, τό; -μεύω; -ευσις, ἡ; -μίζω; δημιωστί. ἀπόδημος, ον; -μία, ἡ; -μέω; -μητής, ὁ; -τικός, ή, όν; ἐπιδήμησις, ἡ; κοινοδημεί; νεοδαμώδης; [ἀκαδημία (*Pott* II, 497)]; ἀκαδημαϊκός, ή, όν.

Die sskr. Form gô heisst ausserdem *Strahl, Pfeil*; eine Wz. kenne ich nicht; aber in dieser Bed. entspricht ahd. ko in kochar (*Graff* IV, 363) und griech. γω in γω-ρυτός, ὁ, ebenfalls *Köcher* [ahd. -char und griech. -ρυ-τός vielleicht zu √ sskr. dhvṛi (vgl. θϝρ) in den Wzff. welche hvṛi entsprechen und in der Bed. *umgeben* (vgl. ῥύ-ομαι)].

(γαϝ) γαϝ lat. gav (gav-isus) *in freudiger Bewegung sein*; die Bedd., welche in den hieher gehörigen Formen hervortreten, basiren am besten auf dem Begriff *in Gluth, Wallung sein* und ich vermuthe daher, dass γαϝ, Gunaform von γυ, zu der Wz. sskr. g'va : g'u *kochen* (I, 680 ff.) gehöre; also γαίω *sich freuen, brüsten* (für γαϝω 1ste Conj. Cl.); βουγάϊος; vriddhirt und durch √ θε gemehrt γηϝι-θε, lat. gâvi-de, zsgz. griech. γηθέω, γήθω, lat. gaudeo (vgl. *Pott* II, 209, 210, 273); γῆθος, τό; -θόσυνος, η, ον; -νη, ἡ; δακρυογηθής, ές; εὐγήθητος, ον. [ob dazu γήθ-υον, τό *Lauch*, -θυλλίς, ἡ; att. γήτειον, -τιον, τό?].

γαυ in ἀ-γαυ-ός, ή, όν (wo ἀ=ἀ I, 382 *sehr*) *stolz*: eben

so ἄγη, ἡ eig. *grosse Wallung*, Bezeichnung von mehreren Affecten, bei denen sie eintritt: *Staunen*, *Bewunderung*, *Neid*, *Zorn* (vgl. ζῆλος I, 682); ἄγη für ἀγαϝη (vgl. γῆ S. 114), wie ἀγαῖος (für ἀγαϝιο), α, ον (*Suid.*) und ἀγαίομαι *zürnen* u. s. w., und ἀγαύομαι (zw.), ἀγάομαι (für ἀγαϝομαι), ἀγάασθαι u. s. w. (für ἀγαϝασθαι) zeigt; ἄγαμαι (für ἀγαϝαμαι) schwerlich mit ahd. ahton *Graff* I, 105 zu vgl.); ἀγητός, ἀγατός, ή, όν; ἀγάζομαι; ἀγαστός, ή, όν; -σμα, τό.

γαϝ in γάνυμαι (für org. γαϝνυμαι) (-μι spät) (anders *Bopp* Gl. ss. s. v. kan); γαυρός, ά, όν (*Hes.*); -νυσμα, τό; γάνος, τό; -νόω; -νωμα, τό; -νωσις, ἡ; -νώδης, ες; γανάω; ἀγανός (wo ἀ = ἁ I, 382), ή, όν. Γανυ-μήδης (vgl. S. 30).

√γυς. Im Sskr. √g'ush *lieben* u. s. w., aber auch *kosten*, *versuchen* (*Bhag.* Pur. III, 21, 13) wie lat. gus-to, ahd. koston (*Graff* IV, 518); letztre beiden sind sekundäre Formationen im Verhältniss zu sskr. g'ush; diesem entspricht ahd. kus (*Graff* III, 507), in welchem als Grundbed. *wählen*, *vorziehn* hervortritt. Auf diese Bed. sind auch, abgesehn von der Bed. *schmecken*, die des sskr. g'ush zu reduciren (vgl. z. B. griech. ἔραμαι I, 320); geht nun die Bed. *wählen* aus dem Begr. *schmecken* hervor, oder umgekehrt (vgl. *Pott* I, 270)? Lat. gus-to und ahd. koston zeigt den letzteren Weg, wie aber schon sskr. g'ush diese Bed. hat, so auch das griech. ihm entsprechende γυς, gunirt γευσ, Präs. γεύω mit Verlust des σ zwischen Vokalen, wodurch dann γευ die thematische Form ward. Dieselbe Bed. scheint auch bei lat. guttur für gus-tur (tur = sskr. trĭ) zu Grunde zu liegen. Zu γεύω: γεῦμα, τό; γεῦσις, ἡ; -στός, ή, όν; -τικός, ή, όν; -τήριον, τό; γευθμός, ὁ. ἀγευστία, ἡ; προγευματίζω; -γευτής, -γεύστης, ὁ; οἰνογευστέω.

γαισός, ὁ, -σόν, τό *Wurfspiess*; fremd, vgl. goth. gais (*jaculum Grimm* d. G. II, 455, *Pott* II, 533, *Diefenb.* Celt. I, 126, nr. 189).

γεῖσον, γεῖσσον, τό *Vorsprung des Daches*; fremd, karisch; γείσιον, τό; -σόω; -σωμα, τό; -σωσις, ἡ; ἀγείσωτος, ον; ὑπόγεισος, ον.

γύψος, ἡ *Kreide*, *Gyps*; -ψόω.

γάζα, ἡ *Schatz*. Aus dem Persischen entlehnt (vgl. *Benfey-Stern* Monatsnamen 190).

Γάλλος (λός), ὁ, phrygisch; ein *entmannter Priester* der Cybele; dann jeder *Entmannte* (sind vielleicht mit dem phryg. Wort sskr. klîva *entmannt*, gael. caill-idh *kastriren*, vgl. caillteanach *Eunuch* u. aa. verwandt? letzteres gehört sicher zu sskr. krit *schneiden* (verschneiden), vgl. κερτ (bei κόλος), vielleicht auch erstres).

(γαμφ, √γριφ) Im Sskr. g'ambha *Kinn*, *Speise*. Mit Recht zieht es *Bopp* (Gl. sscr. s. v.) zu g'abh *oscitare* (vgl. g'abh ebds. wo die verwandten) und dieses ist identisch mit g'ribh; den Uebergang von ri in ra und Verlust des r, so wie häufigen Ersatz desselben durch den Nasal haben wir schon kennen gelernt (vgl. auch g'ribh, g'rimbh *spalten*, bei *Bopp* (a. a. O.); bh in dieser

Wzf. ist ohne Zweifel, wie gewöhnlich, sekundär, allein die Wz. noch nicht mit Sicherheit zu erkennen. Zu Form: sskr. g'ambh von der Bed. *oscitare*, woher g'ambha *Kinn*, gehört γαμφαί (*Lyc.*), -φηλαί, αἱ *Kinnbacken*; slav. zónbü, lett. sohbs *Zahn*, griech. γόμφ-ιος, ὁ *Backenzahn*, kann entweder aus der Bed. *Kinnbacke* hervorgegangen sein, oder aus dem Wzbegr. *spalten*; davon: -φιάζω; -ασις, ἡ; -σμός, ὁ.

(νεγ). γυμνός, ή, όν *nackt*; diese Form hat ganz die Gestalt eines alten Part. med. mit υ als Classenzeichen, so dass als radikal bloss γ bleibt. Im Sskr. entspricht, der Bed. nach und in dem die Wzf. schliessenden γ, nag-na (ebenf. Partic.), ahd. nach-at (*Graff* II, 1015) ebenf. Partic.; slav. nagü, lth. nog-as, lat. nudus für nug-dus, oder vielmehr nug + tus (ebenf. Part. wie im Ahd.) vgl. *Pott* (I, 235 II, 182); danach nehme ich keinen Anstand γυμνός für νεγ-υμνός zu erklären. Durch den Accent auf der letzten wurde der Verlust des radikalen Vokals und somit auch der Liquida herbeigeführt. Der Wz. sskr. nag' wird die Bed. *erubescere*, *pudere* gegeben; da n für l eintritt (vgl. λαχ S. 27), so würde sie mit lasg', lag'g' (I, 107) zu identificiren sein. Zu γυμνός: -νότης, ἡ; -νόω, -νωσις, ἡ; -νάζω; -νασμα, τό; νασις, ἡ; -σία, ἡ; -σιον, τό; -σιώδης, ες; -στής, ὁ; -τικός, ή, όν; -τήριον, τό; γυμνάς, ἡ; -νικός, ή, όν; -νης, ὁ; -νήτης, ὁ; -τις, ἡ; -τία, -τεία, ἡ; -τεύω; -τικός, ή, όν. γυμνησίαι, αἱ; γυμνίτης, ὁ; φιλογύμναστος, ον; -τία, ἡ; -τέω.

√γαν. Im Sskr. g'an *zeugen*, für organischeres gan (vgl. bei γυνή); verwandte bei *Pott* (I, 253); dazu ahd. kunni (*Graff* IV, 438), kind (ebds. 456) und goth. knôd-s, *gens* (572), lat. na-sci für gna-sci, prae-gnans (vgl. sskr. prag'ana), indi-ge-tes (s. weiterhin). — In der Wzf. g'a-n ist n schwerlich ursprünglich (vgl. S. 34 man); zu ihr gehört das so häufig als sekundäres Wzelement antretende sskr. g', griech. γ u.s.w. — Griech. γαν zunächst ähnlich dem sskr. g'a-g'an-mi (3te Conj. Cl.): γί-γν-ομαι (mit Verl. des Vokals wie πί-πτ-ω S. 89 u. oft), unorgan. γῖνομαι (ῑ wegen Assimilirung des γ); γεν nach 4ter Conj. Cl. wie im Sskr. (wo aber g'an + j (am) ê durch Assimil. g'âje wird) γεν-jo-μαι in γείνομαι, wie gewöhnlich. Aor. ἐγεινάμην (*Archimedes* γενάμενος) Pf. γέγαα neben dem regelrechten γέγονα (= sskr. g'ag'ăna); ob = sskr. g'ag'âna mit Verlust des n, also für γεγᾱ(ν)ᾰ und γεγᾱᾰ wegen des Zusammentreffens der Vokale? auf jeden Fall ist eben so das oben (S. 33) falsch gedeutete μέμαα zu erklären, und also nicht zu Form mnâ sondern zu man zu stellen. Zeigt μαίομαι (a. a. O.) die richtige Deutung vielleicht? Sskr. g'an + jê wird, wie bemerkt, g'âjê, eben so ist man + joμαι griech. μαίομαι geworden. j ist in diesen Fällen das Zeichen der Conjugations-Classe. Wäre dieses wider die Regel, aber nach im Griechischen überaus häufigen, und auch im Sanskrit nicht ganz seltnen Analogieen in die Pfectform eingedrungen? also γαν : γεγανjα : γεγαjα : γέγαα; μαν : μεμανjα : μεμαjα : μέμαα geworden? Plur. γεγάαμεν in γέγαμεν u. s. w.; γεγαώς, γεγώς (fem. att. γεγῶσα für γεγαj-ushj-α (gewöhnl. γεγα-υια), neut. γεγώς für γεγαjαϝός); γενήσομαι (vgl. sskr. g'anishjê); ἐκ-γε-γά-ονται zu γέγαα für γεγα-σ-ονται; neues Präs.-Perf. γεγάκω (wie von Pf. γέγακα); ἔγεντο wohl für ἐγένετο, obgleich es auch nach der 3ten Conj. Cl. so gebildet sein könnte, wie im Sskr. (aa. leichter zu deutende Ff. bei *Buttm. Lob.* II, 135 ff.). Zu Form γεν: γένεσις, (für τις), ἡ; -σιος, α, ον; γενετήρ, ὁ; -τειρα, ἡ; -της, -τωρ, ὁ; -τήσιος, ον; -τή, ἡ; -τυλλίς, ἡ; γενέθλη, ἡ; -λον, τό; -λειος, -λήϊος, α, ον; -λιος, -λίδιος, ον; -λιάς, ἡ; -λιακός, ή, όν; -λιάζω; γένος, τό; -νικός, ή, όν; γενήτης, ὁ (?); γενούστης, ὁ; γεννητός, ή, όν; γενεᾱ (für γενjα = sskr. g'anjā), ἡ; γέννᾰ (ebenf. für γενjα), γένα (mit spurlosem Verlust des j), ἡ; γεννάδας, ὁ; -ναῖος, α, ον; -ότης, ἡ; -νικός, ή, όν; γεννάω; -ημα, τό; -νησις, ἡ; -νητήρ, -τωρ, ὁ, -τρια, ἡ; -τής, ὁ (-της?) -τός, ή, όν; -τικός, ή, όν;; — Mit ο: γονή, ἡ; -νος, ὁ; -νάς, ἡ; -νιος, α, ον; -νιμος, (η), ον; -ικός, ή, όν; -ιμώδης, ες; γονόεις, εσσα, εν; -νεύς, ὁ (formal = sskr. g'an-u); -εύω; -εία, ἡ. γεν-ε in γνε: γνη (vgl. sskr. g'nâ in g'nâ-ti, lat. (co) gna-tus aa.) zsgzgen: γνήσιος, α, ον; -ότης, ἡ. Das sskr. Partic. würde (nach Analogie von man: mata S. 34) von g'an: g'ata heissen müssen; von dieser Form weicht es nur durch Dehnung des ā: g'â-ta ab; im Griech. ist sie aber rein erhalten: γετο in τηλύ-γετος, η, ον; (vgl. ἀφυςγετός I, 586 und lat. Indi-getes (wo indi für indu S. 48)); mit α würde diese Form γατο lauten; daran schliesst sich das Gerundivum γατεο (für γατjο, formal = sskr. g'â-tja (*Bopp* Gr. sscr. 629 und 635, 1)) in νη-γάτεος, η, ον. — ἀειγενής, ές; ἀνδρογένεια, ἡ; ἐπιγένημα, τό; περιγενητικός, ή, όν; προγενέστερος, α, ον; -τατος, η, ον; θεογενεσία, ἡ; παγγενεί, -νί; συγγενίς, ἡ; -νέτις, ἡ; ἀγένεθλος, ον; ἀγεννής, ές; -νεια, ἡ; -νητος, ον; -νία; -νίζω; ἐπιγέννημα, τό; -ατικός, ή, όν; ἄγονος, ον; -νία, ἡ; -νέω; νεογνός, όν; ὁμόγνιος, ον; διόγνητος, ον; ἴγνης (vgl. S. 48). [Hieher lat. ger-men, ger-manus für gens-men wie carmen von cano für cansmen vgl. casmena für cansmena, camena und wegen s: mon-s-trum (S. 36); anders *Pott* (I, 132. II, 29)].

Hieher wohl auch γέγειος, ον, *alt* (wie Pf. γέγαα für γεγενjο?); ferner γῐγας, ὁ (*zeugend?*); γιγάντειος, -ταῖος, α, ον; -τώδης, ες; -τιάω.

γῑλο in νεογῑλός, ή, όν *neugeboren* (γιλο für γῑνο (vgl. λοιδ I, 366 u. aa.) für γιγνο (s. oben γῑνομαι)); -λής, ές; -λαῖος, α, ον.

γουνός, ὁ (erzeugend) *Fruchtfeld* (ion. für γονός).

γλη für γνη (wie oben) in τρίγλη, ἡ, *Barbe* weil er drei Mal gebiert (*Aristot.*); -λα, -λίς, ἡ; -λίον, τό.

[p-Bildung von √g'an in celt. gnabat (*Diefenb.* Celt. I, 139 nr. 212)].

Hieher γασ-τήρ (für γαν-(σ)-τήρ vgl. lat. mon-s-tro (von √man S. 36)), ὁ *der Erzeuger* d. i. uterus, wie sskr. g'a-th'ara (wozu *Bopp* Gl. s. v. mit Recht lat. venter u. s. w. dem ich jetzt auch ἦ-τρον (für γητρον beifüge (I, 373 falsch)) zeigt, welches ebenfalls zu √g'an gehört; über γαστήρ anders *Bopp* (Gl. s. v. ghas vgl. auch *Pott* I, 278, II, 554); dass es *Mutterleib* eig. ist zeigt γάστρα, ἀγάστωρ u. aa.; alsdann *Leib* überhaupt. Davon: *-τρίον, -τρίδιον, τό; -τρα, -τρη, ἡ; -τρις, ἡ; -τρίζω — ισμός, ὁ; γάστρων, ὁ; -ώδης, ες; ἀγάστωρ.*

γυνή, ἡ (vgl. *Pott* I, 253, De Lth. Bor. Princ. 63). In den Veden gnâ, welches schon im Zend mit Spaltung der Anlaut-Gruppe genâ wird (*Burnouf* in Journ. as. 1840 Oct. S. 334). Im Griech. ist die Gruppe durch *υ* gespalten wie in *ὄνυχ* (vgl. S. 23), doch die dorische Form *γάνα* hat den einfacheren Vokal. Da der Begr. ***Frau*** aus *zeugen*, *gebären* sich am besten entwickelt (vgl. auch sskr. g'ani, g'anja und wohl auch slav. g'ena (*Kop.* Gl.) u. aa.), so scheint mir das vedische gnâ mit g'nâ (in g'nâ-ti), g'an identisch. Gen. u. ff. Cass. von *γυνή* bildet *γυναικ* für *γυνα+ϝικ* (I, 233 *εἴκω*) ***Frauensbild*** (vgl. *Pott* II, 45); *γύναιον, τό; -ναιος, α, ον; -νις, ὁ* (?); *-ναίκιον, -ναικάριον, τό; -κεῖος, α, ον* (*-κήϊος*); *-κίας, ὁ; -κικός, ή, όν; -κώδης, ες; -κηρός, ά, όν; -κών, ὁ; -κωνίτης, ὁ; -κῖτις, ἡ; -κόω; -κίζω; -κισις, ἡ; -κισμός, ὁ; -κιστί; ἄγυνος, -νής, -ναικος* (**Poll.**); (*καλλιγυναικ*), *-κος, τοῦ, τῆς, τοῦ; ἀπογυναίκωσις, ἡ; μισογύνης, ὁ; -νέω; -νεία, ἡ; φιλογυνία, ἡ.*

Dorisch *γάνα, ἡ,* dazu böot. mit *β* für *γ* (vgl. S. 58, 61 u. sonst) *βανά, βανῆκος, ἡ* (***Hes.*** vgl. ***Pott*** I, 88).

(*γεν*). Im Sskr. heisst hanu ***Kinnbacke***; griech. entspricht *γένυ-ς, ἡ,* lat. gena, goth. kinnus (***Graff*** IV, 450 vgl. ***Pott*** I, 142), deren Anlaut darauf hinweist, dass sskr. h für organischeres gh steht; [die Wzf. ist daher vielleicht sskr. han (mit der Nebenf. ghan) *hauen*, *hacken* (vom *essen*?) vgl. jedoch $\sqrt{}$ *θεν*) oder hâ, *oscitare* (wie oben sskr. g'ambha), vgl. jedoch $\sqrt{}$ *χα*]. Zu *γενυ*: *γένειον, τό* (für *γενεϝιον*) ***Kinn, Bart***; *-νειάς, ἡ; -άτης,* (*-ήτης*), *ὁ; -ᾶτις, ἡ* und *γενεᾶτις, ἡ; -νειάω, -άζω; -άσκω; γενηΐς, ἡ* (f. *γενεϝίς*) ***Bart eines Beils*** (wie schon *γένυς*); *ἀμφίγενυς, υ; αἰνογένειος, ον.*

Im Sskr. ist die Form han-u mit h erkannt; hatte diese schon vor der Sprachtrennung sich fixirt, so konnte sie neben der organischeren zugleich in die verwandten übergehn; im Griech. erkenne ich sie in *ὑπήνη, ἡ* ***Bart***, für *ὑπ(α)+hεν-η* (mit Ausstossung des h; vgl. I, S. 154 u. oft) aus einem Adj., welches *τὸ ὑπὸ τῷ* h-*έν*-u bedeutete (vgl. *γένειον*); *ὑπηνήτης, ὁ; ἀνύπηνος, ον.*

Griech. *γενυ* u. s. w. nährte sich, wie bemerkt, der organischen Form mehr, als sskr. hanu; in entschiedenen Zusammenhang mit jenem tritt nun griech. *γνάθ-ος, ἡ* ***Backe***. Mit diesem verbindet sich aber wieder das glbd. sskr. gand'a; dass wir in ihm eine desorganisirte Form haben, zeigt schon d'; vielleicht stand an dessen Stelle eine dem griech. *θ* entsprechende Aspirata, durch deren Einfluss das anlautende organische gh seine Aspiration verlor; vielleicht ist aber auch umgekehrt im Griech. die Aspiration des anlautenden g auf den die folgende Sylbe beginnenden T-Laut übergetreten. Bis jetzt ist, wie gewöhnlich wo uns das Sskr. im Stich lässt, keine Entscheidung möglich. Litth. zanda glbd. scheint schon auf sskr. h (wie in hanu) zu deuten; dazu lett. schohds, glbd. (vgl. auch ***Pott*** I, 142 u. ***Bopp*** Gl. sscr. s. v. gand'a. ***Diefenb.*** Celt. I, 228). Zu *γνάθος*: *-θόω; -θων, ὁ; -θμός, ὁ; ἑτερόγναθος, ον; παραγναθίς, ἡ; -θίδιος, ον. γνυθ* wohl dialektisch in *ὑπογνύθα* (*Hes.*); daher vielleicht hieher *γνύθος* (I, 191) mit sehr umgewandelter Bed.

(*γεν*). Im Sskr. g'ânu *Knie*, wozu mit Verlust des Vokals: pra-g'nu, pra-g'na, san-g'nu, sa-g'na; ebenso ahd. kniu (*Graff* IV, 575); griech. *γόν-υ, τό* mit kurzem Vokal (vgl. *Pott* I, 253 *Diefenb.* Celt. I, 228). Eine Wz. kenne ich nicht; zu *γόνυ* Gen. *γόνατ-ος* u.s.w. (vgl. I, 97); das Suff. *ατ* scheint alte Partic. Form zu sein; *γονάτιον, τό; -τίζω; -τόω; -τώδης, ες;* (ion. ου=ο): *γοῦνα, τά* (für *γουνεϝα*?) u. s. w.; *γουνάζομαι; -νόομαι; -νασμα, τό.* Mit Verlust des Vokals wie im Sskr. u. Ahd. *γνύξ* (vgl. *γνυπετός*); *χνυ* (*χ* durch Einfluss des *ν*?) in *πρόχνυ* (vgl. *Pott* II, 59, 60, 162); *ἀγόνατος, ον; βαρύγουνος; -νατος, ον; ἐπιγουνατίς, ἡ; -γουνίς, ἡ; -ίδιος, α, ον; μεσογόνιον, τό. ἰγνύα* (vgl. S. 48), *ἰγνύς, ἡ.*

(*γεφ* : *γλεφ*) *γέφ-ῦρα, ἡ Damm, Brücke* u.s.w.; lak. *δίφ-ουρα;* aber auch *βλέφ-υρα,* wofür theb. *φλέφ-υρα;* da nun *ρ* häufig in Anlaut-Gruppen ausfällt, aber nie eingeschoben wird, ferner leicht in *λ* übergeht, *β* für *γ* grade in der Gruppe *γρ* gern eintritt (vgl. *βρέφος* und sonst), so scheint mir die organische Form von *γεφυρα* : *γρεφ-υρα* zu sein. Dieses verbindet sich am leichtesten mit der Wzf. *γραφ* (I, 207), etwa in der Bed. *aufgraben,* so dass *Erdaufwurf*, oder mit *γλαφ* (I, 209), so dass (*hohle*) *Brücke* die erste Bed. wäre; dazu *γεφύριον, τό; -ρίζω; -ρισμός, ὁ; -στής, ὁ; -ρόω; -ρωσις, ἡ; -ρωμα, τό; -ρωτής, ὁ; καλλιγέφυρος, ον; δυσγεφύρωτος, ον.*

γλ mit der Bed. *klebrige Feuchtigkeit;* lat. mit i: gl-is, -itis *humus tenera* (Gl. *Isid.*), glis, glidis (*mucor*), gli-ttis, *subactis* u.s.w. (*Fest.* 98); mit u: gluo (*zusammenkleben*), glu-tus (*klebrig, locker*), glu-tea (*Leim*); ahd. i in kliban (p-Bildung vgl. weiterh.) *kleben* (*Graff* IV, 542), kleimjan (ebds. 557); nhd. kleister; andld. clethar (*Gummi*); ahd. e: kletta (ebds. 554 vgl. 546), kle-nan *kleben* (ebds. 558); engl. clay (*Leim*); slav. i: glina (*limus*), gli-sta (*lumbricus*), glj eb-nôn (*luto inhaereo*) (*K.* Gl.); mit a: glad-ok (*Dobr.* 198) *glatt* fraglich (vgl. *γρ glänzen* u. s. w.), russ. kleĭ, pol. kley u. s. w. (*Leim*); lett. i: glihdeht *schleimen*, glihsts (*Lehm*), glihst (*glatt*), glihts (*geputzt*); mit u: gluds (*schlüpfrig*), gluhds (*Lehm*); glumt (*schleimig*), glussch (*glatt*), glumssch (*glatt*), glummiba (*Glätte*), mit ô: glohta (*Schlamm*), glohtes (*Schleim*), mit au: glaums (*glatt*), glaust (*streichen, glätten?*), mit ê: gleemesis (*Schnecke* vgl. *λείμαξ*), (glehws *schlapp?*), glemmi (*Schleim*); lth. i: glittus (*glatt*), klijei (*Leim*). — Griech. *γλυ* in *γλοιός, ά, όν klebrig* u. s. w. (für *γλοϝ-ός* vgl. *ἐλάϝα* und die verwandten); *γλοιόω; -ιώδης, ες; γλοίης, ὁ; -άς, ἡ ein stetiges Pferd* (welches *an der Stelle klebt,* nicht aus d. Stelle zu bringen); *γλοιάζω die Augen zufallen lassen* (*zusammenkleben lassen*: wie wir *der Sandmann Hes. Gal.* Dieses Zusammendrücken der Augen als Zeichen des Spotts Et. M.). — endlich *γλοῖος, ὁ klebrige Feuchtigkeit, Oel.* Wie in *ὀλιθ* (= nhd. gleiten, glitschen, lat. glit-tus u. s. w.) für *γλιθ* das *γ* in *ο* übergeht (vgl.

auch ὀ-*νομ-αν* von sskr. g'nâ u. aa.), so tritt auch *ε* dafür ein und für *ο* das organischere *α*; so entspricht der organischen Form *γλυ*, gunirt, oder vriddhirt *γλου*: *γλαυ*, *γλοϝ*, griech. *ἐλαϝ* (für *γλαϝ*) in *ἐλαϝα*, *ἐλάα*, *ἐλαία*, *ἡ* *Oelbaum* (lat. oliva, lith. allejus ff. (*Pott* Lth. Bor. Pr. 31), goth. alew u. s. w. entlehnt (*Graff* I, 233), anders *Pott* (I, 208)); *ἐλάδιον, τό*; *ἔλαιος, ὁ*; *ἐλαιάεις, εσσα, εν*; *ἐλαιάς, ἡ*; *ἐλαιών*, *ἐλαών, ὁ*; *ἔλαιον, τό* (oleum entlehnt); *ἐλαιόω*; *ἐλαιωτός, ή, όν*; *-τήρ, ὁ*; *ἐλαιηρός, ά, όν*; *ἐλαιώδης, ες*; *ἐλᾱϊνός, ή, όν*; *-νεος, α, ον*; *ἐλαϊκός, ή, όν*; *ἐλαΐς, ἡ*; *-ΐζω*; *-ϊστής, ὁ*; *ἀνέλαιος, ον*; *θυμελαία, ἡ*.

Hieher *ἐραῖα, ἡ* *Olivenzweig* (*Steph.*) mit *ρ* = *λ* (vgl. *γλήμη* = gramea).

Zu *γλᾱϝ* (vgl. *ἐλᾱα*) mit spurlosem Verlust des *γ* (vgl. weiterhin oft) *λη* in *λή-κυθ-ος* (*κυθ* zu I, 613), *ἡ* *Oelflasche* (Oel enthaltend); *-θιον, τό*; *-θειος, α, ον*; *-θίζω*; *-ισμός, ὁ*; *-στής, ὁ*; *αὐτολήκυθος, ὁ*; *διλήκυθον, τό*; *κομπολᾱκύθης, ὁ*.

Zur organischeren Form: *γλοῖα* für *γλοϝα* (*Hes.*) und durch Zszhg. *γλία, ἡ* *Leim*; glbd. ist *κόλλα, ἡ*, welches ich daher auch hieher ziehe; in *γλυ* ist hier die Anlautgruppe durch Vokal gespalten *γολ* und dadurch wohl die unorganische Verhärtung von *γ* zu *κ* (vgl. *κορέννυμι*) herbeigeführt; durch Suff. *α* ward dann *κολϝα* und dieses durch rückwürkende Assimilation *κόλλα* (vgl. *πολλή* (S. 85); vielleicht liegt auch bei *κολλα*, wie bei *πολλή*, *κολϝῖ* + *α* dazwischen); hieher *κολλήεις, εσσα, εν*; *-λώδης, ες*; *-λάω* (f. *λαjω* Denom.); *-λησις, ἡ*; *-λημα, τό*; *-λητός, ή, όν*; *-τής*, *-τήρ, ὁ*; *-τικός, ή, όν*; *-τήριος, α, ον*; *ἄκολλος, ον*; hieher *κόλλοψ, ὁ* in der Bed. *die dicke Haut am Halse, aus welcher der Leim gekocht wird*, bei *Hes.* *κόλλα*; davon *κολλοπόω* *zusammenleimen* (daher nicht an lat. collum zu denken); ob hieher *κολλύ̄ριον, τό* *Augensalbe* und *eine* (*klebrige*) *Masse*, *um Siegel abzudrucken*, will ich nicht entscheiden. Die Etym. von *κολλύρα* eine Art *Brod* ist noch unsicherer. *Heusinger* (zu *Royle* Ueber d. Alterth. d. Ind. Med. übers. von *Wallach* S. 198) hält es (vielleicht nicht mit Unrecht) für fremd (arab.). — *κολλῡρίων*, oder umgesetzt *κορυλλίων, ὁ*, erwähne ich hier, ohne es etymologisiren zu können.

Wie *λη* in *λήκυθος* (für *γλη*), so *γλα* in *γλά-μη*, *γλήμη, ἡ* *Triefäugigkeit* (vgl. lip-pus bei lip unten); *γλαμυρός, ά, όν*; *-μων, ὁ*; *-μώδης, ες*; *-μάω*; *γλημίον, τό*; *γλά-μυξος* (f. *γλαμομ*. vgl. I, 518, *Pott* II, 111, 204); *-ξιάω*. Mit Verlust des *γ*: *λήμη, ἡ*; *-μάω*; *-μαλέος, α, ον*; *-μότης, ἡ*. —

Wie *ι* in *γλία*, so wohl auch in *γλί-νη* = *ῥύπος* (vgl. jedoch slav. gli-na u. aa. Ff. mit i oben). Wenn der *Rüster* ein *Harz* hat, so ziehe ich auch hieher *γλεῖνος* (für *γλεϝινος*) und *γλῖνος, ὁ* (oder zu *γλ* *glänzen?*).

Sek. Ff.: durch *θ*: *γλι-θ* (wegen *θ* in *ὀλισθ* und *χ* in *γλι-σχ*), nhd. gleiten, glitschen, lat. glit-tus; *γλι-σχ* für *γλιθ* + *σκ* (vgl. *πασχ* I, 254, II, 95): *γλίσχρος, α, ον* *klebrig* u. s. w., *geizig* (vgl. *ῥύπος*); *-ρότης, ἡ*; *-ρώδης, ες*; *-ρεύομαι*; *-ρία, ἡ*; *-ρων, ὁ*; *-ραίνω*; *-ρασμα, τό*; mit Suff. *το*: *γλίττον, τό* *Schmutz* (*Eust.*), *Leim* (*Hes.*). — Mit Verlust des *γ*: *λίσχρος* (*Suid.*); *ο* für *γ*: *ολιθ* mit Suff. *το*: *ολισθο* (vgl. slav. glista); *ὄλισθος, ὁ*; *-θάνω*,

-*θαίνω; (-θήσω, ὤλισθον); -θάζω; -θημα, τό; -θήεις, εσσα, εν; -θηρός, ά, όν; -θησις, ἡ; -θητικός, ή, όν.*

Wir sahn in *λή-κυθος, λήμη, λίσχρος* das *γ* eingebüsst werden. Dieser Verlust ist so natürlich, dass er in jeder der Sskritsprachen unabhängig von einander eintreten konnte. Da er aber fast in allen erscheint, und sich sogar schon vorn gemehrte Wzff. daran schliessen, so vermuthe ich, dass sich schon vor der Sprachtrennung Formen in dieser verstümmelten Gestalt fixirt hatten; so lat. mit u : lu-tum, il-luv-ies, pol-luo für pot-luo (vgl. *Pott* I, 209); lu-bri-cus (ob lumbrīcus?); mit i : lì-mus, limax (entlehnt vgl. *λείμαξ*); von (*klebriger*) Feuchtigkeit: liquidus, limpidus; mit a : lappa *die* (*anklebende*) *Klette* (vgl. ahd. cliba, kletta); ahd. lîm (*Graff* II, 211), leim (ebds. 212), lett. lihme (*Leim*), lihpt, lipt, lth. lipti (limpu) (*kleben*); lth. laistyti *beschmieren.* So ziehe ich denn hieher sskr. lì, welches ursprünglich den Begr. des *klebrig flüssigen* vereinigte, dann aber beide trennte; verbunden sind sie in laja *adhering, embracing,* und *melting,* getrennt in lì (Conj. Cl. I, 4, IV, 9) *umarmen* eig. *sich an jemand kleben* und lì (Conj. Cl. I, 1; 10) *schmelzen, flüssig machen* (vgl. *Pott* I, 208). Die organischere Form (entsprechend der griech. mit *γλ* anlautenden) kann ich im Sskr. nicht mit Sicherheit nachweisen; allein da slav. lejón *fundo* (*flüssig sein*), wozu loĭ *Talg* (*klebrig sein*) gehört, zu sskr. lì zu ziehn, dahin ferner formal slav. ljedü (*glacies*) passt, das *Eis* aber, zumal in südlicheren Gegenden, als *zusammengeklebte Flüssigkeit* sich fassen lässt, so scheint mir die organischere Form in sskr. g'al-a *Wasser* und *Kälte* (lat. gelu, glacies u. s. w.) erhalten zu sein. Diese Form ist durch die, so häufige, Spaltung des Anlauts g'l erlangt und in dieser fixirten Bed. älter als die Sprachtrennung; denn an sie lehnt sich auch ahd. kuol (*Graff* IV, 379 ff.), lth. sza'la, lett. ssalts (*kalt*). — Aus dem Sskr. gehört auch hieher, aber mit Verlust des Anlauts (g') lâlâ *Schleim* (die Form ist redupl. und dann verkürzt (nach I, 204), daher der Wzvokal nicht zu erkennen); davon lâlâsrâva *Spinne,* wegen der klebrigen Feuchtigkeit, aus der sie ihr Gespinnst zieht; nach dieser Analogie ziehe ich auch hieher lû-tâ *Spinne,* wo die Wzf. mit u. Im Präs. lĭ-nâmi (lat. lĭ-no) und den hieher gehörigen Formen tritt lĭ hervor: lip (vgl. weiterhin), li-kh (eig. *einschmieren*) *schreiben,* zu lì noch lat. lì-ra (*Furche* eig. *Linie*), limes aa. (s. weiterh.); vgl. verwandte bei *Pott* (I, 208), wozu noch lett. laistiht (*giessen*).

griech. *λῠ* in *λῠ-μα, τό Schmutz* u.s.w. (vgl. pol-luo u.s.w.), *λύ-μη, ἡ Beschmutzung, schmähliche Behandlung* u.s.w., -*μαρ, τό; -μώδης, ες; -μαίνομαι; -μαντήρ, -τής, -τωρ, ὁ; -τήριος, α, ον; -τικός, ή, όν; λύμασις, ἡ; λυμήτης, ὁ; λυμάχη* (*Hes.*), *ἡ; λυμεών, ὁ; -ωνεύομαι; ἀλύμαντος, ον.* — *λΰθρον, τό; -θρος, ὁ; -ρώδης, ες; -ρόω.* —

gunirt *λευ* in: *λεῖος, α, ον;* lat. lēv-is *glatt* eig. *glitschig, schlüpfrig* (vgl. die vielen Ff. mit diesen Bedd. oben); also griech. für *λεϝ-ος* (oder *λεϝjος*?); die lat. Schreibart laevis konnte auf griech. *λειϝος* schliessen lassen, dagegen scheint mir aber *λευ-ρός, ά, όν* glbd. zu entscheiden. Zu *λεῖος*: -*ότης, ἡ; λειώδης, ες; λειόω;*

λείωμα, τό; -ωσις, ἡ; λειαίνω, λεαίνω (f. λεϝαίνω); λειαντήρ, λεαντήρ, ὁ; -τειρα, ἡ; λεαντικός, ή, όν; λεῖος, ὁ; λειεῦμαι; ἀλείαντος, ον. Hieher ziehe ich λῖς, ἡ *glatt*, indem ich es fürs erste (vgl. auch λισσός weiterhin) für eine Contraction von λεϝιτο (gleichsam glav-ita) nehme, in welcher im Nom. — eig. λιτος — das thematische ο eingebüsst (vgl. χήρ S. 111 u. oft) und dadurch das Wort in die 3te Declin. gezogen ist, wie denn auch λιτόν daneben besteht (vgl. auch *Pott* II, 272, 277).

λείμαξ, ὁ, ἡ *die (klebrige) Schnecke* (vgl. lett. gleemesis und *Pott* I, 208).

Wie oben λη in λήκυθος, so λᾱ in λᾱ-ρῑνός, ή, όν *Fett* (vgl. adeps unten u. aa. ähnliche Bedd. die schon vorgekommen), lat. la-ridum *Speck*; λαρινεύω. Vielleicht hieher λᾱ-ρῖνός, ὁ *eine Fischart*; ohne Zweifel Λάρισσα N. p. (*fetter Boden*). Wegen ᾰ vielleicht fraglich ob λά-ριξ, ὁ, ἡ *der (harzige) Lerchenbaum* (vgl. *Diefenb.* Celt. I, 62 nr. 85).

Wzf. λῐ (vgl. noch sskr. âlî neben âlî *Freundin* (die *umarmende, sich anklebende, anlehnende*) und *fortgehende* (eine an die andre lehnende) *Linie* (vgl. lat. lī-nea); ob dahin λι-μήν, ὁ (*Ort, wo man anlegt?*) *Hafen*; ebenso lat. lî-tus (wegen ī vgl. lītera, lī-nea : lĭ-no); doch könnte man auch für λιμήν an anderes, aber mit nicht grösserer Sicherheit denken; dazu -μένιον, τό; -νίσκος, ὁ; -νιος, α, ον; -νίτης, ὁ; -ῖτις, ἡ; -νίζω; λιμηρός, ά, όν; ἀλίμενος, ον; -νία, -νότης, ἡ; -νωτος, ον; ἐλλιμενικός, ή, όν; -νισις, ἡ; -νιστής, ὁ.

Sekundäre Form: sskr. lip = ahd. klib vgl. verwandte oben und *Pott* (I, 258), welcher mit Recht salpôn hieher zieht; i ist hier ausgestossen grade wie in sskr. lp-î *umarmen* (vgl. lî in dieser Bed.). Die Zusammensetzung mit sa (I, 380) gehört der Zeit vor der Sprachtrennung an (vgl. ἀλιφ), und daraus erklären sich auch aa. Ff. lat. sa-līv-a, slav. slina (*Kop.* Gl.), glbd. nhd. schleim, schlamm, goth. slîfau (*glitschen J. Grimm* II, 13, 122), schleifen, schlüpfrig, Schlitten u. aa. (vgl. auch *Pott* I, 208); da auch anlautendes s leicht abfällt, so gehören vielleicht manche im Latein und Griech. u. aa. mit l anlautende erst hieher.

Der sskr. Form lip entspricht griech. λιπ; λίπος, -πας, τό; λίπα; -πώδης, ες; -πάζω; -παίνω, -πάω; -πασμα, τό; -μός, ὁ; λιπαρός, ά, όν; -ρότης, -ρία, ἡ; ἀλιπής, ες; -πιστος, ον.

Das *Kleben* als *anhangen, beharren* gefasst in λῑπ-αρής, ές *beharrlich* (ῑ statt Guna); -ρία, ἡ; -ρέω; προςλιπάρησις, ἡ.

Mit dem goth. salpôn für sa-lip-ôn identificire ich griech. ἀλιφ für ἀλιπ; der Verlust des ʽ führte die Aspiration des π herbei; gunirt: ἀλείφω (ἀλήλιφα); ἄλειψις, ἡ; ἄλειφαρ (Thema -αρτ, ob wie I, 311?), τό (ἄλειφας, -φα, ἄλιφα zw.); -φατίτης, ὁ; ἀλειπτής, ὁ; -τρια, ἡ; -τήριον, -τρον, τό; ἄλειμμα (äol. ἄλιππα für ἀλιπ-μα, ἄλιμμα), τό; -ματώδης, ες; ἀλοιφή, ἡ; -φαῖος, α, ον; ἄλοιμα, τό; -μός, ὁ. ἀνάλειπτος, ον; -λειφος, ον; -φία, ἡ; ἀνήλιφος, ον; -λειψία, ἡ; -λιφής, ές; ἰατραλειπτική, ἡ; φιλαλειπτέω; μυραλειφέω; -λοιφέω; -φία, ἡ [lat. adip (adeps) hieher, aber Lehnwort].

Zu λιπ ziehe ich ferner λιπ + σ (σ fraglich, vgl. καμψός von κάμπτω aa.; ob für τ?): λιψ *glit-schen* in λαιψ-ηρός (αι Guna), ά, όν *schnell* (schwerlich λα *sehr*, + αἰψηρός (I, 279)?).

Als verwandt betrachtet man mit Recht λίσπος, η, ον (att. λίσφος); λισσός, ή, όν *glatt* (anders *Pott* II, 37, 690); schwierig ist die Deutung der Form; sollte σπ σφ dialektisch für ψ stehn, so dass sie zur eben erwähnten Wzf. λιψ gehörten? und stände ψ, σσ für πτ (vgl. oben und νίπτω : νίσσω aa.)? oder wäre es λιπ + σκ und diese Formation höchst unorganisch zu λισπ : λισφ : λισσ geworden? Zu λισσός: -σάς, ή. Zu λισπ: ὄλισβος, ὁ ein (*glattes*?) Instrument, welches geilen Frauen zur Friction diente; sicher dialektisch, wohl lesbisch, und ὀ für ἀνα (äol.).

Begr. d. *Feuchtigkeit* überhaupt (sskr. lî u. *Pott* I, 208, wozu viell. (vgl. 96) lett. liht *regnen*, leetus, lihja *Regen*, litth. lyti *regnen*, lytus *Regen*; gehört dazu ahd. lenzo (*Graff* II, 242) *Lenz* (eig. *Regenzeit*), sammt slav. ljeto (*Jahr Kop.* Gl.), wo das *Jahr*, wie gewöhnlich, durch eine Jahreszeit bezeichnet ist (vgl. *Benfey* — *Stern* Monatsnamen S. 224)?); hieher durch β gemehrt griech. λιβ *giessen* u. s. w., womit wohl slav. liv in iz-livajón (*effundo K.* G.), pre-liv-ati (*transfundo*, *Dobr.* 418) zu vgl., wodurch es nicht unwahrscheinlich wird, dass das griech. β für organischeres v (ϝ) steht; in welchem Fall lat. libare wahrscheinlich für entlehnt gelten muss. Zu λῐβ : λείβω (gunirt); -βηθρον (λῐβηθρον), τό; λοιβή, ἡ; -βεῖον, τό; -βαῖος, α, ον; -βάω; βάσιον, τό. — λῐβος, τό; -βάς, ἡ (-βα); -βρός, ά, όν; (-βηρός?); -βάδιον, τό; -βάζω; λίψ, ἡ *Nass*, ὁ *feuchte Südwestwind* (*Africus*); daher hieher Λιβύη, ἡ *Südwestland*, *Afrika* (lat. Nubia daher entlehnt, mit Umsetzung der Vokale u. Ν = Λ vgl. *Pott* II, 191); -βυς, ὁ; -βυσσα, ἡ, -βυκός, -βυστικός, ή, όν; -τίς, ἡ. — Mit eingeschobenem μ: λιμβρός, ά, όν. — ἀειλιβής, ές; ἀλίβας, ὁ; φ = β in πυρσολεῖφοι (*Hes.*).

Mit Verlust des λ (vgl. S. 26 λίγδος, ἴγδη): εἴβω (ion.) = λείβω; εἴβιμος, ον; ιβ in ἰβάνη, ἡ; -νος, ὁ (*Giess-*) *Eimer*; -νέω; -νατρίς, ἡ. [ob ἴβδη I, 645 hieher?] ἰβηρίς, ἡ *Kresse*, weil sie an feuchten Plätzen wächst.

λίμνη für λιβ-νη (vgl. *Pott* I, 208) *Sumpf* (*klebrig-feucht*); λιμνίον, τό; λιμναῖος, α, ον; -νάς, ἡ; -νήτης, ὁ; -τις, ἡ; -νώδης, ες; [-νακίς, ἡ zw.]; -νάζω; -νασία, ἡ; -νόω [-νιάζω zw.]; -νῆστις, ἡ; παράλιμνος, ον.

Da λιβάδιον schon *Wiese* (wasserreicher Platz) heisst, so mag zu λειβ gehören λει-μών (für λειβμων vgl. auch *Pott* (I, 208), ὁ *Wiese*; -νόθεν; -νιον, τό; -νιος, α, ον; -νίς, ἡ; -νίτης, ὁ; -τις, ἡ; -νιάς, ἡ; -νήρης, ες; -νιάτης, ὁ; -τις, ἡ; λεῖμαξ, ὁ (ἡ?); -μακώδης, ες; -κίς, ἡ; βαθυλείμων, ον; -μος, ον; -μής, ές.

Vokal a trat schon mehrfach hervor (s. oben); daher hieher sskr. lamb mit eingeschobenem Nasal eig. *ankleben*, *hängen* (ganz wie lî), dann *herabhängen*, *fallen* (vgl. lamba *hängend*, lambana *Hängen*, *Fallen*, lambita, lambushâ), lat. lābi; derselbe Vokal in griech. λάπη (p-Bildung vgl. lat. lappa u. aa. oben), ἡ *Schleim*; λάμπη *Schlamm* (vielleicht wegen der begrifflichen Identität mit *Schleim*, *Schlamm* ebenfalls zu den Ff. mit anlautendem s S. 122); λαμπηρός, ά, όν; hieher auch wohl λέμ-να, ἡ (f. λεπ-να) eine *Sumpfpflanze*; und mit φ: λέμφος, ὁ *Nasenschleim*; -φώδης, ες.

λ ist gewöhnlich für ursprüngliches ρ (ṛi-Vokal) eingetreten, r noch in ahd. griupo (Wzf. grup) *ausgeschmelztes Speck* (*Graff* IV, 310), welches hieher gehört; danach hieher (ebenfalls zur Form mit υ u. π) ῥύπ-ος, ὁ *Schmutz*, *Siegelwachs* (also *klebrig*) für γρῦπ-ος; [gael. raip u.s.w. und roib u.s.w. *Schmutz*]; hieher wohl auch ῥύπος, -πον, -πόν, τό *Molken*; zu der Bed. *Schmutz*: -παξ, ὁ; -πόεις, εσσα, εν; -παρός, ά, όν; -ρότης, -ρία, ἡ; -ρεύομαι; ῥυπώδης, ες; -πάω, -πόω, -παίνω; -πασμα, τό; -πτω; -τήρ, ὁ; -τειρα, ἡ; -τικός, ή, όν; ῥύμμα, τό; ῥύψις, ἡ; ἄῤῥυπτος, ον; -παντος, ον; -πωτος, ον; -πος, όν. Hiezu in gunirter Form: ῥῶπ-ος, ὁ *Schmiererei* u. s. w. (vgl. ῥωπογράφος = ῥυπαρογράφος); -πικός, ή, όν; -πεύω.

Γρ, Γλ; ρ und λ durchgängig im Wechsel; daher der sskr. Wzf. ṛi-Vokal zuzusprechen; sonst tritt a, u als Wzvokal insbesondre hervor. Diese Wz. bezeichnet die *Gluth des Feuers*, dann *glänzen* u.s.w. *sehn* u.s.w. (vgl. das Folg.). Im Sskr. erscheint die Wzf. mit gl und Vokal u nur in glau *Mond* (*der leuchtende*? vgl. γλαυ-κός); in allen übrigen hieher gehörigen Ff. ist das anlautende g eingebüsst (vgl. S. 121), so dass sie mit r oder l anlauten. Am meisten hat sich der organischere Anlaut im Deutschen erhalten; mit a: ahd. glat (*glänzend Graff* IV, 287; oben (I, 209) falsch), glanz (Wzf., die sskr. glad lauten würde, mit Nasal *Graff* 288), glas u. s. w. (ebds.), goth. glaggv ahd. glaw *perspicax* u. s. w. (*Graff* ebds. 294); mit Verlust des g: ahd. law-er *tepidus*, nord. mit h (für g): hlû-a *fovere* u. s. w. (ebd. II, 294) mit g: ahd. glonko (*massa stanni* ebd. 293). Vokal i als Schwächung von a in mhd. glinzen (*J. Grimm* II, 59, 594), so wohl auch in ahd. glimmen (ebds. 33 nr. 364) mit unorganischem ei ahd. gleimo (*Graff* ebds. vgl. *J. Grimm* 45, 495), glimo (*Graff* ebds.), ahd. glîzan (ebds. 289), glîz (ebds. 290) mit ahd. ô für organisches â ahd. glôjan (*Graff* ebds. 291); slav. glipati *sehen* (russ. *Dobr.* 197) glend-jeti (*sehen K. G.*) (ob glad-ok *glatt* vgl. S. 119) lat. gli-sco (für glid+sco vgl. ahd. glizan), *entglimmen* (vielleicht gloria und clarus *hell*). Formen mit Verlust des anlautenden g werden sich weiterhin zeigen. Griech. mit Vokal u, vriddhirt αυ: γλαυκός, ή, όν eig. *glühend*, *leuchtend* (vgl. weiterhin sskr. lô-k für glôk); -κότης, ἡ; -κινος, η, ον; -κόω, -κωμα, τό; -κωσις, ἡ; -κιάω; -κίζω; γλαύξ, ἡ; -υκώδης, ες; γλαύκιον, (-κίον) τό; -κος, ὁ; -κίσκος, ὁ; -κίδιον, τό; γλαύσσω (für κjω 4te Conj. Cl.).

[Hieher ἀ-γλαϝ-ος (wo ἀ = ἁ I, 382), welches I, 148 falsch; eig. *mit Glanz begabt*].

γλαυρόν = σεμνόν; γλαυσόν = λαμπρόν (*Hes.*), und wohl auch γλαῦ-νος (*Poll.*) *ein Gewand* (*glänzendes*).

Wie λη zu γλυ (S. 120), so hieher γλῆνος, ὁ *Schaustück* (glänzend); γλήνη, ἡ *Augenstern*, τρίγληνος. [γλη in αἴγλη (I, 148) vielleicht auch, wenn αἰ für sskr. abhi vgl. S. 104)].

Da anlautendes g eingebüsst wird (vgl. S. 124 und weiterhin), ferner der bei dieser Wz. dem l und r zu Grunde liegende Laut: sskr. ṛi als ra : la hervortreten kann, sskr. ksh aber überaus oft an die Wz. tritt, so gehört hieher sskr. laksh für organisch glaksh *sehn* (Conj. Cl. I, 10). Diese organische Form erkenne ich im griech. γλεφ, und mit β für γ wie oft (S. 119): βλεφ : βλεπ : äol. βλεσσ *sehn*. Was σσ : π : φ gegenüber von sskr. ksh betrifft, vgl. man ὀσσ : ὀπ : ὀφ = aksh (I, 228, 231). Also γλέφαρον, βλέφαρον, τό, *Auge* (vgl. γλήνη), *Augenlied*. Wenn lat. palpebra damit zu verbinden wäre, so wäre es entlehnt (vgl. übrigens *Pott* I, 87 und *Höfer* I, 120); zu βλέφαρον; -ρίς, ἡ; -ρίζω; ἀγανοβλέφαρος, ον. βλέπω (βλέσσω *Giese* 120); -πος, τό; -πησις, ἡ; -πτός, ή, όν; -τικός, ή, όν; βλέμμα, τό [βλέψις, ἡ, Et. M.]. ἀβλεπής, ές; (*Hes.*); -πτέω; -πτημα, τό; -ψία, ἡ. κυνοβλώψ.

[Der Form sskr. laksh für glaksh lag wahrscheinlich eine auf Palatal zu Grunde; ich erkenne sie jetzt in rag', ṛig' für grag', gṛig' *glänzen*, so dass also ἀργ I, 104-108 hieher gehört, aber zur vorn verstümmelten Wzf. die sich schon vor der Sprachtrennung fixirt hatte. An die Wzf. ṛi für gṛi lehne ich jetzt auch die Wzf. ṛish *sehn*, für ursprünglich ṛi-ksh mit der Nebenform ṛiç (wie wir dieses Verhältniss nun mehrfach erkannt haben) und aç, so dass auch die Wzf. ΑΚ (ΕΡΚ) (I, 223 ff. vgl. insbes. 224 raç-mi und ṛish) hieher gehören; eben so ṛi mit Präf. d (I, 224): dṛi (verwandte a. a. O.), dessen eig. Bed. *sehn* ist (vgl. prati+â+dṛi), daraus dṛi-ç für organ. dṛiksh (I, 226)].

Sek. Form. aus gru durch dh (√dhâ : θε) würde grudh werden; im Griech. ε für g (vgl. S. 119 ἐλαία) ἐρυθ (*glänzen*, modificirt zu) *roth sein*. In den verwandten Sprachen ist jedoch jede Spur von g verloren: sskr. rudh-ira, goth. rauds (*Graff* II, 481), wozu auch ahd. rost (robigo ebds. 552), slav. rüig'dï (*rufus*), rïg'eti (*rubeo*) roucüiï (*rufus*), sammt rüg'ï, eig. das *Rothe*, dann *Roggen*, woher unser Roggen, welches dem Slavischen entlehnt (*Kop.* Gl.); lth. ruddas, lett. ruds (*rufus*) u. aa. (bei *Pott* Lth. Bor. Princ. 42), gael. ruadh *roth* (wozu auch ruadh *Reh*, wovon das ahd. Reh entlehnt) vgl. auch *Diefenb.* (Celt. I, 60 nr. 81); lat. rut-ilus (für rudh+tilus), ruf-us (f=dh), rub-eo (b für f), rob-igo. Daher griech. ε vielleicht auch anders zu deuten (vgl. *Pott* I, 27, 105 II, 167). Zu ερυθ: ἐρυθρός, ά, όν; -ρότης, ἡ; -ρώδης, ες; -ραῖος, α, ον; -ρίας, ὁ; -ρόδανον, τό; -νόω; -ράδιον, τό; -ριον, τό; -ραίνω; -ριάω; -ρίασις, ἡ; (-ρημα, τό zw.); -ρῖνος, ὁ. — Gunirt (vgl. sskr. rôh in rôh-ita (= rudh-ira), wo h für dh wie oft (I, 380 u. sonst)): ἐρεύθω; -θος, τό; -θέω; -θήεις, εσσα, εν; -θαλέος, α, ον; -θιάω. ἀνερευθής, ές; zur nicht gunirten noch: ἐρυθαίνω, ἐρύθημα, τό; -θῖνος, ὁ; (ἐρυθίβη rhodisch, wie ἐρυθίβιος zeigt, in der κοινὴ σ = θ) ἐρυσίβη, ἡ *Mehlthau* (βη für φη zu √ φα *scheinen*) -βάω; -βόω; -βώδης, ες; -βιος, η, ὁ, ἡ.

Da schon bei ἐρυθ zweifelhaft war, ob hier eine Spur des Anlauts g erhalten, so will ich sogleich auch die dazu gehörigen Ff. erwähnen, in denen sich gar keine Spur des g findet. Diess sind: ῥούσιος, ον (wohl dialekt. (ου für υ äol.) für ρυθ-ιο); -σίζω; ῥουσσαῖος, α, ον.

Mit spurlosem Verlust des g: sskr. la-s für glas *glänzen*, griech. λυ (für γλυ) in (λάϝω, λάω) λαϝων: λάων, λάε von der *Gluth* der *Augen* (*blitzen Hom.* Od. τ, 229); λάετε = σκοπεῖτε (*Hes.*) λᾶν = ὁρᾶν (*Suid.*) bestätigt durch ἀ-λαϝ-ος: ἀλαός, όν *blind*, ἀλάϊος (ι = ϝ), α, ον; ἀλαόω; -ωτύς, ἡ. —

ρυ (für γρυ) in ῥοϝά: ῥοά, ῥοιά (vgl. S. 73 πόα), ἡ *die* (*glühende, rothe*) *Granate*; ῥοΐσκος, ὁ; — ῥοΐτης, ὁ; ῥοών, ὁ.

Zu dieser Wzf. gehören, durch Palat. und Guttur. gemehrt: sskr. ru-k' *leuchten*, mit ark' (gunirte Form des zu Grunde liegenden ři-k') in ark'i, ark'is *Glanz*, *Licht*, *Flamme*, arka *Sonne*; ferner mit l = r: lô-k' (gunirte Form von luk') *leuchten*, *sehen* (*bemerken*), *sprechen*; lug' *leuchten* (unbel.); lôk (*Pott* I, 232, 234); die Wzf. luh in lôh-ita *roth* u. s. w. lôh-a *Blut*, *Eisen* u. s. w. ist ganz mit ruh in rôh-ita zu identificiren und dieses ist, wie schon bemerkt, aus rudh (S. 125) entstanden. — Hieher slav. loutschï *Fackel*, ou-loutsch-ón *bestrahlen* (*K.* Gl.), lett. luhkoht *sehn*, litth. laukti *warten*, *expectare*. ahd. luh in lioht *Licht* u. s. w. (*Graff* II, 146), lat. luceo, lustra (*freie helle Plätze in Wäldern*, *Fest.*); griech. (gunirt) λευκός, ή, όν (vgl. γλαυ-κός S. 124) *licht*, *glänzend* u. s. w. -κίτης, ὁ; -ῖτις, ἡ; -κότης, ἡ; -κάς, ἡ; -κόω; -κωμα, τό; -κωματώδης, ες; -τίζω; -κωσις, ἡ; -κάζω; -κασμός, ὁ; -καίνω; -κανσις, ἡ; -καντής, ὁ; -τικός, ή, όν; λεύκη, ἡ; -κών, ὁ; -κινος, η, ον; -κίσκος, ὁ; -καία, -κέα, ἡ; -καῖναι, αἱ. — λεύσσω *glänzen*, *sehen* (vgl. γλαύσσω = sskr. lòk (nach der 4. Conj. Cl.) λευκjω); νήλευστος, ον. — Mit ου als Guna von υ: λοῦσσον, τό *der weisse Kern des Tannenholzes* [wie (νη)-λευστ(ος) zu λευκ so könnte sich λυστ zu λυκ verhalten; daher ἀλυστᾶται = τηρεῖ zu λυκ mit Präf. ἀ = ἁ (I, 382) oder zu γλυ, mit α für γ (S. 119); über ἀλπνός vgl. I, 52]. λυκ in ἀμφι-λύκη, ἡ *zwielichtig*; hier, wie in den folgenden hat λυκη, oder wie das verlorne Substantiv, welches ihnen zu Grunde liegt, heisst, die Bed. *Sonnenaufgang*; λυκαυγής, ές; λυκόφως, τό; in λυκάβας, ὁ ist λυκα viell. *Sonne* (vgl. S. 103 und *Pott* II, 252).

λυγ (vgl. sskr. lug') in ἠ-λύγ-η, ἡ, *Dämmerung* (eig. *Licht an sich habend* vgl. I, 1), da das Präf. η aus dem griech. Sprachbewusstsein verloren ging, so fiel es auch in diesem Worte ab; daher λύγη, ἡ glbd.; λυγαῖος, α, ον; ἦλυξ; ἠλυγαῖος, α, ον; ἠλυγάζω (λυγάζω zw.); ἠλυγίζω; -ισμός, ὁ. λυγόφως, τό.

λύγδος (für λυγ-τος? wie ὄγ-δοος aa.), ὁ, *ein blendend weisser Stein*; -δινος, η, ον.

λυ(γ)κ: λύγξ, ὁ, der *scharfsehende Luchs* (verwandte bei *Pott* I, 119, wozu slav. rüicü (*K.* G.) wo das organischere r) λυγκίον, τό; -κειος, α, ον; -κικός, ή, όν; Λυγκεύς, N. p.; λυγκούριον, τό *eine Bernsteinart* (?).

λυχ, wenn man es an die erwähnte sskr. Wzf. luh schliessen will, so muss diese schon vor der Sprachtrennung sich neben ludh : rudh fixirt gehabt haben: λύχνος, ὁ; -νίον, -νίδιον, τό; -νίσκος, ὁ; -ναῖος, ὁ; νίτης, ὁ; -ῖτις, ἡ; -νεύς, ὁ; -νεῖον, τό; -νεών, ὁ; -νίας, ὁ; -νία, ἡ; -νιαῖος, α, ον; -νικόν, τό; -νίς, ἡ; -νεύω; (-νωμα, τό?); ἐλλυχνιάζω; -νιωτός, ή, όν.

(Aus dem Sskr. noch mit sek. t: ru-t *leuchten* (unbel.) lu-t' *leuchten* u. s. w. (unb.)).

Wzf. mit Vokal a (ra, la = ṙi) ist uns schon mehrfach vorgekommen; dazu noch sekundäre: sskr. la-gh *leuchten*, (*bemerken*), *reden* (aber unbel.), rak' *leuchten* (unbel.), lâkh' *bemerken, unterscheiden* (vgl. laksh); râg' (vgl. S. 125), lag' *leuchten* (unbel.) lag', lasg' (*rothwerden*) *sich schämen* (I, 107 wozu man ati+ruk' *sich schämen* (*Bhag*. Pur. III, 14, 21) vgl.), lang' *leuchten* u. s. w. (unbel.); ra-t' *leuchten, reden* (unbel.) laksh, *sehn, bemerken*; griech. mit sek. π: λαπ (vgl. slav. glipati (oben), sskr. lap; anders *Bopp* V. G. 16. *Pott* I, 257 II, 10) in λάμπω, *leuchten* u. s. w.; λάμψις, ἡ; λαμπτήρ, ὁ; λαμπάς, ἡ; -πάδιον, τό, -δίας, ὁ; -δικός, ή, όν; -δόεις, εσσα, εν; -δίζω; -διστής, ὁ; -δεύω; λαμπάζω; -πηδών, ἡ; -πώδης, ες; (-πεύω zw.); -πέτης, ὁ; -τις, ἡ; λαμπτρίς, ἡ; λαμπετάω; λαμπρός, ά, όν; -ρότης, ἡ; -ρύνω; -ρυσμα, τό; -ρυντής, ὁ; -τικός, ή, όν; λαμπουρίς (mit οὐρά I, 276), -πυρίς, ἡ; -ρίζω; ἀλαμπής, ές; -πετος, ον; -πία, ἡ; πυγολαμπίς, ἡ. [gehört hieher λαμπ-ήνη, ἡ *eine Art Wagen? -νικός, ή, όν*].

λαπ (ohne Nasal) *sich zeigen, prahlen*; λαπίζω; -ισμα, τό; -ιστής, ὁ; Λαπίθαι, οἱ.

[Hieher vielleicht mit sekundärem β: ἀλαβή, ἡ *Kohle* (ἀ=ἀ I, 382 oder für γ II, 126); -βώδης, ες; mit φ: ἀλφός (I, 52) ἀλάβαστρος (ebds.)].

Mit κ vielleicht λεκ in λέκ-ιθος, ἡ *Eidotter* (das *Gelbe*) ob auch in der Bed. *Brei* noch fraglicher; -θώδης, ες; -θίτης, ὁ.

Zu sskr. laksh in der Bed. *sehen* zunächst griech. λοξ in Λοξίας, ὁ, Beiname des Apollo: *Seher*; ahd. luogen *sehen* (*Graff* II, 128); ferner (mit h = sskr. ksh) lah *Zeichen* (*Graff* II, 100) vgl. sskr. lakshana. Nebenform von sskr. laksh ist das schon erwähnte lâkh' (kh' im Wechsel mit ksh wie schon mehrfach). Aus dem Begr. *sehn* geht durch das Medium *bemerken* die Bed. *sagen* hervor; griech. (mit γ = ksh wie oft) λέγω (anders *Pott* I, 258), *sagen*; ebenso aus dem Begr. *bemerken*: *scheiden*, an welchen sich die Bed. *zählen* (vgl. sskr. â-laksh), *lesen* knüpft; lat. lego, lett. lassssiht *sammeln, lesen*, ahd. lis-an (s = sskr. sh für ksh S. 81 vgl. *Mor. Haupt* Ztschr. für deutsche Alterth. I, 1, S. 40 ff.), hieher wahrscheinlich, aber mit Erhaltung des organischeren r: rah-njan *rechnen* (*Graff* II, 381) und dann vielleicht lat. ra-tio (für rah-tio) und reor (für reh-or vgl. S. 7). Zu λέγω, in allen *diesen* (vgl. λεγ *legen* bei √θṙi) Bedd. λέξις, ἡ; -ξείδιον, -ξίδιον, τό; -ξικός, ή, όν; -ξείω; λεκτός, ή, όν; -τικός, ή, όν; -της, ὁ; mit ο: λογάς, ἡ; -γάδην; -γαῖος, α, ον; -γία, ἡ; -γος, ὁ; -γάριον, τό; -γίδιον, τό; -γιον, τό; -γιος, α, ον; -ιότης, ἡ; -ιεύς; λογεύς, ὁ; -γικός, ή, όν; -κεύομαι; -γιμος, η, ον; -γεῖον, τό; -γάω; -γίζομαι; -ισμα, τό; -σμός, ὁ; -στής, ὁ; -τικός, ή, όν; -τία, ἡ; -τεύω; -τήριον, τό; λογαριάζω; -ασμός, ὁ; -στής, ὁ; στωμυλιοσυλλεκτάδης, ὁ; κυριολεκτέω; -λεξία, ἡ; αὐτολεξεί; ἐκλογή; -γία, ἡ; συλλογιμαῖος, α, ον; ἀργυρολογέω; ἀπολόγημα, τό; -γητικός, ή, όν; ἀναπολόγητος, ον; ὁμολόγησις,

-σία, ἡ; ὡρολογητής, ὁ; μυϑολογεύω; ἀλόγιστος, ον; -τί; -τέω, -τευτος, ον; -τία, ἡ.

An die sskr. Form lakh' schliesst sich (σχ = kh' wie gewöhnlich): λεσχ; oder ist es eine reingriech. Formation λεγ + σκ? (*Pott* I, 37 woher aber χ?); λέσχη, ἡ *Schwatzen, Ort zum Schwatzen*; -χαῖος, α, ον; -χάζω, -χαίνω; -χημα, τό; -χηνεύω; -νεία, ἡ; -νευτής, -νίτης, -νώτης, ὁ; -νωρ, -νόριος, ὁ; λέσχης, ὁ; -χηρέω; ἀδολέσχης (ἀδ zu I, 247), ὁ; -χος, ὁ; -χία, ἡ; -χέω; -χικός, ή, όν; ἔλλεσχος, ον; περιλεσχήνευτος, ον.

[Ob wie zu sskr. laksh : lakshana *Zeichen*, so hieher, mit ο = ε und Nasal: griech. λόγγη = τύμβος *Denkmal* (*Hes.*)?]

[Mit entschieden organischem i tritt uns diese Wz. gr nicht entgegen; wo i erscheint, ist es wohl durch Umlaut entstanden; z. B. auch in lett. liktees *scheinen* (vgl. leckams u. s. w.); und so auch ê in sskr. rêg' (von rag'), v-lêksh (von vi + laksh) und rêt' (unbelegt)].

√γρ. Im Sskr. g'â-gr̆i *wachen*; diess ist eine redupl. Intensivform von gr̆i nach Analogie von sâ-smr̆i (nach *Bopp* Gr. s. r. 563); nach Analogie von săsmr̆i (ebds.) könnte sie auch g'ăgr̆i lauten; damit identificire griech. εγρ für γεγρ vgl. *Pott* (I, 219, II, 161); ἐγείρω *wecken* (für γεγερjω gunirt); ἔγερσις, ἡ; -σιμος, ον; ἐγερτί; -τικός, ή, όν; -τήριος, α, ον; ἐγρ-ήγορα, -ρέω; -ρικός, ή, όν; -ρόω; -ρσις, ἡ; -ρτί; mit Verlust des ε: γρηγορέω, -ρησις, ἡ; -ρικός, ή, όν; nicht gunirt: ἔγρομαι (ἐγρεμάχος u. s. w. für ἐγρετμ.); ἐγρήσσω; ἀνέγερτος, ον; -ρμων, ον; νυκτεγερσία, νυκτηγρεσία, ἡ; -γρετέω; νήγρετος, ον. Mit α = ε: ἀγρ in ἄγρ-υπνος, ον *schlaflos* (*Pott* II, 68); die sskr. Form g'â-gr̆i ist vielleicht ganz erhalten in ζω-γρέω in der Bed. *beleben*, d. h. *erwecken* (zu scheiden von ζωγρέω I, 151).

√γρ. Im Sskr. g'r̄i (g'r̆i, g'rī) *zerrieben, alt werden* (eben so gh'r̄i; ob verwandt mit k'r̄i (S. 82)?); dazu (mit ir = r̄i) g'îrn'i *Alter*, g'îr-n'a; (mit ar = r̄i Guna): g'ara-th'a, g'ar-at, g'ara-n'a, g'arasâna, g'arâ, g'arin u. aa. alle insbes. mit dem Begr. des *Alters*; (mit ŭr = r̆i und l für r): g'ul *reiben* (unbel.); (mit ûr = r̆i) g'ûr *reiben*, *alt werden* (unbel.); lth. gir-nos *Mühle*, ltt. dsirna; slav. g'rïnovü *Mühlstein* (*K.* Gl. *Dobr.* 143), ahd. quirn (goth. quairnu *Graff* IV, 680); vgl. noch *Pott* (I, 228), *Bopp* (Gl. sscr. s. v. g'r̄i und g'rī), nach denen auch goth. kaurn hieher gehört; dann aber auch nhd. kern (*Graff* IV, 493) und lat. granum, griech. γί-γαρ-τον, τό (*Pott* II, 75) *Weinbeerenkern* (redupl. eig. *schwer zerreibbar*, also *hart*, wie auch sskr. g'arath'a); -τώδης, ες; ἐκγιγαρτίζω.

Mit ῡρ = r̆i (sehr oft) γῦρ-ις, ἡ (*sehr zerriebnes*) *feinstes Weizenmehl*; -ρίτης, ὁ.

Redupl. Intensivum und λ = ρ: γαρ-γαλίζω und mit Nasal in der Redupl. (nach *Bopp* Gr. s. r. 569) γαγ-γαλίζω (stark reiben) *kitzeln* u. s. w. (vgl. lat. titillo bei terere), γάργαλος, ὁ; -λισμός, ὁ; γαγγαλάω; -λιάω (Gr.); δυςγάργαλις, ι; -λιστος, ον und mit ρ: δυςγαργάριστος, -γαγγάλιστος.

Durch das Medium *aufgerieben* entsteht: *alt sein*: γέρων

(Part. Präs. sskr. g'arat), ον; γερόντειος, α, ον; -τιαῖος, α, ον; -τικός, ή, όν; -τιον, τό; -τία, ἡ; -τιάω; γερούσιος (für γεροντ + jo), α, ον; -σία (γερωσία, -ωχία lakon., eig. sicher γερωϊα), ἡ; -σιάζω; -ιαστής, ὁ. Die organischere Particpform in γεράν-δρυον (vgl. sskr. g'arad-gava u. ähnliche).

Hieher γεραιός, ά, όν, wie mir scheint, aus γερ-υ (vgl. γραῦς, γραῖος), durch Suff. ιο (= sskr. ja) und Gunirung von υ, also für γεραϝιός; γεραίτερος, -τατος; durch Suff. υ mit Ausstossung des ε: γρυ, gunirt γραῦς (Gen. γραϝος, γραός, ion. γρηός), ion. γρηῦς, ἡ; eig. Femin. γραῖα (für γραϝι + α), ἡ; γραΐς, ἡ; γραΐδιον, γράδιον, τό; γραϊκός, ή, όν; γραιόομαι; γρήϊος, ον; γραώδης, ες; γραῖος (γραϝ + ιο), α, ον.

Mit Vriddhi γῆρ-ας, τό; -ραιός, ά, όν; -ραός, όν; -ραλέος, α, ον; -ράω; -ράσκω (γηράς, -ρᾶναι); ἀγήρατος, -ραντος, -ραος, ον; ἐγγήραμα, τό; ἐσχατόγηρος, ον; -ρως, ων; εὐγηρία, ἡ.

[Gehört hieher γῆραμα, γήρειον, τό *eine Federkrone* auf dem *reifenden* (in so fern *alternden*?) Saamen einiger Pflanzen?, ἀγήρατος, ὁ eine Steinart, die *geschabt* ward (ob zu γρ in der Bed. *reiben*?) u. s. w.?].

(√ γρ, κρ, χρ *tönen*). Diese Wzff., die ich hier zusammennehme, sind aus malender Nachbildung des Tons von Thieren (z. B. κρ vgl. mit dem Ton der Raben kra : kra) und Menschen hervorgegangen. Manche von den im Folgenden aufzuzählenden Ff. mögen sich erst nach der Sprachtrennung bei einzelnen Völkern individuell onomatop. gebildet haben. Ein Kennzeichen ist, wenn sich statt der organischen (z. B. h = sskr. k in goth. hrukjan = sskr. kruç) die phonetische Lautgleichheit (ebenfalls k, z. B. nhd. krächzen) findet. Diess lässt sich aber nicht immer scheiden. — Von den vorn verstümmelten Wzff. kann man nicht entscheiden, zu welcher der 3 Wzz. (γρ, κρ, χρ) sie gehören, in den verwandten Sprachen ist diess selbst bei andern schwer. — Wegen ρυ vgl. S. 5 ff.

I. γρ (vgl. γρῦ) im Sskr. gṝi (Präs. gṛinâ-mi 9te Conj. Cl.) *tönen* (*Raghuv*. X, 64, *Ros*. Sp. Vedd. p. 21), *melden* (*Bhag*. Pur. I, 1, 14; 4, 9) (6te Conj. Cl. girâmi *Bhattik*. III, 8); dazu gir, gìrn'a, gìrn'i; mit Schwächung des g in g' und Guna g'ar in g'aramâna *besungen* (*Ros*. Sp. Vedd. p. 15), vgl. *Pott* (I, 227); und vielleicht aa. die bei κρ erwähnt werden; slav. glacŭ *Ton* und redupl. gla-gol (*Kop*. Gl.), lat. gar-rire (für gar-nî (= sskr. gṛi-nâ) vgl. ἀγγέλλω). Griech. mit Vriddhi (vgl. γῆρας): γῆρυς, ἡ *Stimme*; -ρύω; -ρυμα, τό; ἐρίγηρος (*Hes*.).

Dem sskr. gir-nâ-mi *nuntio* entspricht mit Guna und λ = ρ γέλ-λω für γέλνω (vgl. ὄλλυμι f. ὄλνυμι I, 47) in ἀγγέλλω (f. ἀνά + γελλω) *melden* (vgl. *Pott* I, 184); ἄγγελμα, τό; -λτικός, ή, όν; ἄγγελος, ὁ; -λική; -λία, ἡ; -λιώτης, ὁ; -ῶτις, ἡ; -λιεία, ἡ; ἀπαγγελτήρ, ὁ; εἰςαγγελεύς, ὁ; -λικός, ή, όν; ἐξάγγελτος, ον; παραγγελματικός, ή, όν; -λσις, ἡ; εὐαγγέλιον, τό; -λιος, ον; -λέω; -λίζω; -λιστής, ὁ; -τρια, ἡ.

[Ich will hier das vergessene, dem Persischen entlehnte ἄγγ-αρος, ὁ *Eilbote* erwähnen; es findet sich auch in chald. אגרת; pers. انکاریدن und انکاریدن von einer Wz., die sskr. ang ank *notare* (vielleicht von ag *krümmen* (in anguri *Finger*), *ziehen, schreiben* S. 17?). Dazu griech. ἄγγαρα, τά; -ρήϊος, ὁ; -ρεύω; -ρευτής, ὁ; -ρεία, ἡ].

Hieher kann als Intensivform (*Bopp* Gr. sscr. r. 569 wie oft) γιγγρ (für γαγγρ S. 89) in γίγγρας, -ρος, ὁ; -ρα, ἡ *ein Instrument*, gehören, wenn dieses nicht fremd (ob nhd. zingern zu vgl.?); vgl. *Pott* (II, 75); γιγγραίνω; -ραντός, ή, όν; -ρασμός, ὁ.

Vielleicht gehört auch hieher γέρ-ανος, ἡ *Kranich*, slav. g'eravlï (*K*. G.), lith. gerwe, lett. dschrwe, lat. grus, ahd. chranuch (*Graff* IV, 673), wälsch garan, ers. kryr (vgl. *Diefenb*. Celt. I, 130, *Pott* II, 241); γεράνιον, τό; -νίας, ὁ; -νίτης, ὁ.

Eine Wzf. durch g' (√g'an) oder eine Reduplications-Form (nach I, 204) ist sskr. gṙig' *schreien*, auch garg', g'arg'. In ihnen tritt auch die Bed. *drohen, schrecken* hervor, z. B. sskr. garg'ana *Wuth, Zorn, Streit* (dazu lat. jurg-o *streiten*); daher wohl hieher γοργός, ή, όν *wild* (eig. *schreiend*); -γότης, ἡ; -γόομαι; -γεύω; Γοργώ (vgl. *Pott* I, 235, 487).

II. κρ. An die Spitze tritt mit ṙi, gunirt ερ und λ = ρ: griech. κελ *tönen, rufen*; welches *Pott* (I, 214) zu sskr. çru *hören* stellt; allein 1. erscheint kein Formativelement, durch welches die Bed. *rufen* (etwa Caus. *hören machen*, wie goth. hrô-p-jan) hervorgebracht wäre, und 2. wird uns in den weiter folgenden sekk. Ff. eine Wz. mit sskr. kr, also phonetisch verschieden von çr(u), und mit der Bed. *tönen*, also auch begrifflich verschieden von *hören*, entschieden entgegen treten; dazu lat. căl-are (3te Conj. in kăl-endae *die auszurufenden* angedeutet); mit Erhaltung des r: ahd. har-en *rufen* (*Graff* IV, 978); (quer-an *quarren* ebds. 679 eher zu sskr. gṙi (S. 129)); κέλομαι *rufen* u. s. w. bis *befehlen, nöthigen*; anders *Bopp* (Gl. sscr. s. v. k'al) (ἐκε-κλό-μην, κελήσομαι u. s. w.); κεληημοσύνη, ἡ (*Hes*.). Gehört κέλωρ, ὁ *Sohn* (*Rufer* κατ' ἐξοχήν) hieher? κελωρύω *rufen* (*Hes*.).

ὁμοκλή (ὁμο I, 387), ἡ; -κλέω, -κλάω; -κλησις, ἡ; -ητος, ον; -τήρ, ὁ; -τειρα, ἡ.

(Als wie von κελ-αρο): κελαρύζω (gael. ceilear *Musik*) *kreischen, rauschen*; -ρυξις, ἡ; -ρυσμα, τό; -σμός, ὁ; κελάρυζα, ἡ *die krächzende Krähe*.

α für ε: κἄλ-έω (Denom.); -λήτωρ, ὁ; Verlust des Vokals, wie oft: κλῆσις, ἡ; κλήδην; κλητός, ή, όν; -τικός, ή, όν; -τήρ, -τωρ, ὁ; -τεύω; -τευσις, ἡ; κικλήσκω; ἀνάκλημα, τό; -ητήρια, τά; ἐγκληματικός, ή, όν; (-μων, ον zw.); -ματόομαι; ἐκκλησία, ἡ; -σιάζω; -αστής, ὁ; -τικός, ή, όν; -τήριον, τό; ἐπίκλην (vgl. ὁμοκλή oben, *Pott* II, 39); προκαλίζομαι; ἀκλητί; ψευδοκλητεία, -τία, ἡ.

ru = ṙ(i) in sskr. kru-ç (vgl. weiterh.); griech. κλυ *schreien, weinen* (wegen der Bed. vgl. sskr. kru-ç, kra-d, lat. lugeo und aa. weiterhin); ahd. hlû-t *laut, tönend* (*Graff* IV, 1097), vielleicht auch zu çru *hörbar*; κλάϝω in κλάω (u. ι = ϝ wie oft) κλαίω (κλαύσομαι, -σοῦμαι = σέομαι = organ. σϳομαι); anders *Pott* (I, 213, II, 200); κλαῦμα, τό; -μονή, ἡ; κλαῦσις, ἡ; -σιάω; -σιμος, ον; -σός, ή, όν; -τικός, ή, όν; -τήρ, ὁ; κλαυτός, ή, όν; κλαυθμός, ὁ; -μονή, ἡ; -μών, ὁ; -μώδης, ες; -μυρίζω; -ρισμός, ὁ; -ριάω; κλαυμυρίζομαι; ἀκλαυστεί; ἀκλαυτεί.

Anlautgruppe gespalten: κελυ Bed. *rufen*, *befehlen* (daher vielleicht Denom. eines Themas von κελ S. 130); κελεύω (f. κελεϝω); -λεύτωρ, ὁ; -τιάω; κέλευμα, τό; -λευσις, ἡ; κέλευσμα, τό; -σμός, ὁ; -σμοσύνη, ἡ; -στής, -στωρ, ὁ; -τός, ή, όν; -τικός, ή, όν; (-τιάω zw.). προκελευσματικός, ὁ.

[Wenn in sskr. kru dieselbe Spaltung statt fand, so entstand karu, davon konnte kârava kommen, und wie das glbd. κελάρυζα, u. aa. weiterhin, mit allen oben (S. 6) dazu gestellten hieher gehören, so dass hierin die einfache Wzf. auch im Sskr. bewahrt wäre; vgl. auch sskr. karat'a glbd.].

1. Sekk. Formen mit P-Laut; sskr. klap *reden* (unbel.), litth. kalpu *sprechen*, da k in Anlautgruppen häufig abfällt, vielleicht auch sskr. lap (verwandte bei *Pott* I, 257, wozu litth. lep-ti (= κελεύω), gael. labhairt *sprechen*) mit Nebenf. rap glbd.; ahd. klaphon *klappen* (*Graff* IV, 555); ahd. hrab-an (*Graff* IV, 1146 vgl. κόραξ), slav. klep-ati *klappen* (*Dobr.* 230), lth. klibbu, klabu *klappern*; lett. klabbeht *klappern*; gael. clapaidh *klappen* (gilt für engl.); lat. crĕp-are; wegen lat. crepitaculum hieher mit sek. β: κρέ(μ)β-αλον, τό *Klapper*; -λίζω; -λιάζω; -αστής, ὁ; -τύς, ἡ.

κραβ in ἀραβ (α für κ wie ε, ο für γ S. 120 und ἄραδος, oder α + ραβ, wo ἀ = ἁ (I, 382) und ῥαβ den Anlaut eingebüsst hätte, wie oft), ἄραβος, ὁ *Rasseln* (anders *Pott* I, 213, II, 153); -βέω; mit spurlosem Verlust des κ: ῥαβ-άσσω, ἀῤῥαβάσσω (f. ἀνα-ραβ), auch ἀραβάσσω; ἀῤῥάβαξ, ὁ.

2. Sekk. Ff. mit sskr. ç: sskr. kru-ç (vgl. *Pott* I, 166); griech. entspricht κρυγ: κ(η)ρυκ, litth. krykstauti, krykstoti, lett. kraukls, goth. hruk-jan aa. (*Pott* a. a. O., wozu noch lat. lug-eo für clugeo); diese deuten alle auf auslautendes sskr. ksh, wofür, wie wir aus vielen Beispielen wissen, sskr. sh : ç oft eintritt; danach kruksh und dieses erwiesen durch ruksh-a *heiser* (vgl. weiterhin krächzen u. aa.), mit Verlust des Anlauts, wie oft; danach auch hieher lat. rauc-us (Guna); κρυγ: κραυγή (Guna), ἡ *Gekreisch*; -γός, -γών, ὁ; -γίας, ὁ; -γάζω; -γασμός, ὁ; -στής, ὁ; -τρια, ἡ; -τικός, ή, όν; κραύγασος, ὁ; -γάνομαι.

κρ gespalten und der Spaltungsvokal gedehnt, wie oft: κήρῡξ, ὁ (*Schreier*) *Herold*; -ύκαινα, ἡ; -κειος, α, ον; -κικός, ή, όν; -κινος, η, ον; -κώδης, ες; -κειον, -κιον, -κήϊον, τό; κηρύσσω; -υγμα, τό; -μός, ὁ; -υξις, ἡ; -υκτής, ὁ; -υκεύω; -κευσις, -κεία, -κηΐη, ἡ; -κευμα, τό; -κευτικός, ή, όν; ἀκήρυκτος, ον; -τεί; -τί.

[Im Sskr. von kruç: kruç-van, krôsh'tri *Schakal*, Nom. krôsh't'â, dialektisch (mit kh für sh), wie im Bengalischen, etwa krôkhtâ, daher κροκόττας, κροκούτας, ὁ].

3. Sekk. Ff. mit sskr. Guttur. u. Palat.: germanisch krâhan *krähen*, mit Verlust des h: krajan (*Graff* IV, 584), wozu krôn *geschwätzig* (612); croccezan (593) vielleicht von dem wurzelhaft gleichen lat. croc-ito entlehnt; ahd. krachjan *krachen* (589), ahd. hruoh (1149 = lat. grac-ulus); nord. krûnkr *Rabe*; krûnka (= crocitare ebds.); klaga (549) vgl. lugeo, oben; klingan (563); glokka (292) aa. (ich erwähne hier auch kreischen, und rauschen vgl. wegen der F. sskr. ruksha (oben), wegen der Bed. κελαρύζω und κέλαδος aa.); slav. krik

Geschrei (*Dobr.* 251), krak-ati, = crocitare (250); kerk-ati (251), wohl krag-ouĭ *Habicht* (*K.* Gl.), grak-ati = gloc-itare (ebds.); klik *Geschrei*, klikati (*Dobr.* 237); lth. kark-inu = crocito; krankiu (lett. krahzu) *wie ein Rabe schreien*, krokiu *röcheln*; kurkiu *wie ein Frosch schreien*; klagga *glucken*; klugzda glbd.; lett. kahrkt = crocitare u. s. w.; krahkt *schnarchen*, *krachen*; kraksschkeht *krachen* u. s. w.; krauksch u. s. w.; kleegt *kreischen*; kladseht = crocito; klaudseht *klappern*, gael. clag, clog, cluig *Glocke* (entlehnt?); lat. crocio, glocio, clango, graculus.

a. griech. mit sek. γ: κρά́ζω *krächzen*; κραγέτης, ὁ; κρᾱγόν; (κράκτης, ὁ zw.); κρακτικός, ή, όν; κεκράκτης, ὁ; κεκραγμός, ὁ; -μα, τό; (κραγγάνομαι zw.); κράγγη, ἡ; κραγγών, ὁ; ἀκραγής, ές. — λ = ρ: κλάζω (ἔκλᾰγον, κλάγξω) *klingen*; κλαγγή, ἡ; (-γόν zw.); -γηδόν; -γέω; -γάζω; -γαίνω; -γάνω; κλαγερός, ά, όν; κλαγκτός, ή, όν; ἐρικλάγκτης, ὁ; γλάζω = κλάζω (vgl. lat. glocio = clocio)

κρώζω *krächzen*; κλώζω *glucken* u. s. w.; κλωγμός, ὁ; κλωσμός, ὁ (spät.).

κρίζω (ἔκρῐγον) *knarren*; κριγμός, ὁ; -γή, ἡ; mit λ und Verlust des κ λιγ: λίγγω *klingen*; λίγα; -γύς, εῖα, ύ; -γειος, α, ον; -υρός, ά, όν; -ρίζω; λιγαίνω.

b. mit sek. κ: κρέκω *tönen* (eig. Bed. kann *klappen*, *klopfen* sein; ob sie aber die Bedd. *tönen* und *weben* (vgl. κρέκω in dieser Bed. bei θϝρῐ) vermittelt, bezweifle ich); κρεγμός, ὁ *Gekreisch*; κρέκη, ἡ *unangenehmer Ton*; κρέκελος *Klage* (*Hes.*); κρέξ, ἡ; εὔκρεκτος, ον.

mit α und Spaltung der Anlautgruppe κ(ο)ρακ in κόραξ, ὁ *der krächzende Rabe* (vgl. oben ahd. hraban, slav. krouk glbd. (*Dobr.* 250), litth. krankiu (oben) und *Pott* (I, 260); danach nun auch corvus zu dieser Wz., aber ob zu Wzf. kru (S. 130)? Zu κόραξ: -άκιον, -ακίδιον, -κινίδιον, τό; -κίσκος, ὁ; -κειος, α, ον; -κινος, η, ον; -κώδης, ες; -κίας, ὁ; -κεύς, ὁ; -κεύομαι; -κῖνος, ὁ; κοράττω; κοραξός, ή, όν; -ξός, -ξος, ὁ; σκορακίζω (für ἐς + κορ.); -κισμός, ὁ. κρᾰκ in λακ (vgl. λιγ): λᾰκος, ὁ *Geschrei*; -κάζω. λακ + σκ: λάσκω (ἐλᾰκον, ἐλάκησα u. s. w.); λασκάζω; ληκέω, λακέω; ἀπολάκησις, ἡ; hieher λακερύζα (vgl. κελάρυζα S. 130), ἡ; -ζω.

κρίκε defectiv.

c. mit sek. χ. [hieher 1. κέρχ-ω *heiser sein* (vgl. raucus S. 131) u. s. w., die I, 205 falsch; (wozu noch κέγχρων, ὁ *ein Wind* (der *Heiserkeit* herbeiführt?)) und κέχραμος, κέγχραμος, -μις, κέκρανος, κιγκράμας, κύγχρανος, κύγχραμος, ὁ *Ortolan* und vielleicht ῥέγχω (I, 377)].

Ob ἀράσσω (II, S. 15) (vgl. ἄραβος S. 131)?

4. mit sekk. T-Lauten; sskr. krad *schreien*, *weinen*; germ. goth. grêt-an *weinen*; slav. ou-krad-ǫn *toben* (*Kop.* Gl.); gael. collaid *Geschrei*; lat. clamor (für clad-mor), lamentari (für clad-men-t-ari), griech. mit Spaltung der Anlautgruppe: κέλαδος (vgl. *Pott* I, 243), ὁ *das Rauschen*; -δέω; -δω; -δημα, τό; -δήτης, ὁ; -ῆτις, ἡ; -δεννός, -δεινός, ή, όν; dazu κάλανδρος, ὁ

(=sskr. krand), -ρα, ἡ *eine Lerchenart*; vielleicht, mit Erhaltung des organischeren ρ: ἄραδ-ος, ὁ (vgl. ἄραβος S. 131) *das Klopfen*; [ob ἀράζω I, 101].

Hieher slav. klad-enzï *Quelle*, wenn als *die rauschende* gefasst (vgl. κελαρύζω *rauschen* u. viele aa. von den bisher zusammengestellten WW., welche diese Bed. haben); dazu gehört aber griech. κρή-νη für κραδ-νη (anders *Pott* II, 183), ἡ *Quelle*; -νῆθεν; -ναῖος, α, ον; -νῖς, -νίς, ἡ; -νιάς, ἡ; εὔκρηνος, ον; διακρηνόω.

Wohin κρήνη, dahin wohl auch κρουνός, ὁ (wenn die Etym. von κρήνη recht) für κροδ-νό; κρουνηδόν; -νίσκος, ὁ; -νία, ἡ; -νεῖον, τό; -ναῖος, α, ον; -νίζω; -νισμα, -μάτιον, τό; -νίτης, ὁ; -ῖτις, ἡ; κρούνωμα, τό.

Sollte zu dieser Wz. (κρ) auch κρό-τος, ὁ gehören? Wie die Derivata wahrscheinlich machen, insbes. κροτέω in allen seinen Bedd., drückt es ziemlich allgemein *rauschenden Lärm* aus; κρότημα, τό; -τησις, ἡ; -τητός, ή, όν; -τησμός, -τισμός, ὁ; -ταίνω; -ταλον, τό (vgl. κρέμβαλον S. 131); -τάλια, τά; -λίζω; -ισμός, ὁ; -σμα, τό (συγκροτούσιος, ον zw.).

Hieher κρόταφος (φο Diminut. vgl. S. 101), ὁ *Schläfe*, vom *Klopfen* der *Schlagader*; -φίτης, ὁ; -φίς, ἡ. Die nicht diminuirte Form erkenne ich in κόρση (für κορτη = κροτη), κόῤῥη, ἡ *Schläfe* (anders *Pott* I, 128); κορσεῖον, -σεον, -σιον, τό; (ob κόρσιον, τό *knollige Wurzel des Lotus*, wegen irgend einer Aehnlichkeit?).

Wohin κρο-το dahin auch κρούω (für κρόϝω wie κροαίνω zeigt (also wenn zu dieser Wz. zu Form κρυ (S. 130), gunirt)), welches auch ein *Lärmen*, *Rasseln* ausdrückt (vgl. κρούπαλα = κρόταλον); anders *Pott* (II, 199, 271); dazu κροῦμα, -μάτιον, τό; -ματικός, ή, όν; κροῦσις, ἡ; κροῦσμα, τό; -ματικός, ή, όν; κρουστός, ή, όν; -τικός, ή, όν; συγκρούσιος, ον; κεφαλοκρούστης, ὁ; ποδοκρουστία, ἡ. In: κρούπαλα, κρούπανα, κρούπεζα gehört κρου hieher, vgl. κρού-πεζα (S. 92); allein παλα u. s. w. mir unerklärlich; aus κρούπαλα = κρόταλον möchte man schliessen, dass auch hier eine p-Bildung zu Grunde liegt; allein diess wird durch κρού-πεζα zweifelhaft, wo πεζα zu πεδ (S. 92).

III. χρ. Die einfache Wzf. scheint im Sskr. hil *spielen* (eig. *laute Munterkeit zeigen* vgl. andre Analogien weiterhin), wo il = ṛi, wie oft; dazu lat. hilaris (wenn hier nicht r für s steht u. die Wzf. hlas ist (vgl. weiterh.)); ahd. geil (vgl. *Grimm* D. G. II, 560, *Graff* IV, 181); verschieden davon griech. ἰλ (I, 422), anders *Diefenb.* (Celt. I, 139); ferner ahd. gellan (*Graff* IV, 178); sskr. h ist, wie gewöhnlich, unursprünglich und Vertreter eines aspirirten Lauts; dafür spricht sskr. khelâ *Spiel*, khêli *Sang*, wo ê Gûna von i; wenn khal oder ghal beide als onomatop. Wzff. von gleicher Bed. zu Grunde liegen, so lassen sich die *Lachen* bezeichnenden sskr. Wzff. kakh, kakkh, khakkh, gaggh, ghagh, ghaggh (und unorg. kakk), als nach (I, 204) reduplicirte u. verstümmelte Formen derselben betrachten. Bloss kakh ist belegt durch kankha *Freude*; für diese Deutung spricht griech. καγχαλ in καγχαλάω; -λίζομαι (*Hes.*), obgleich αλ auch suffixal sein könnte; an sskr. kakh lehnt sich lat. cach-innus, ahd. hôh *Hohn* (*Graff* IV, 686), griech. καχάζω; καγχ-άζω; -ασμός, ὁ; -στής, ὁ; -τικός, ή, όν; καγχάς, ὁ (ahd. kichern wohl individuell onomatop. vgl. S. 129 aber auch κιχλίζω S. 135.

Sekk. Wzf. durch sskr. s sskr. hras *tönen*; hrâsa *Geräusch*; l = r: hlas *tönen*; slav. (ch = s, wie oft) groch-otati *lachen* (*K. G.*); sl. g = sskr. gh für h oder zu √gr (S. 129); dasselbe ist bei γελας, wo ε zwischen γλ eingeschoben, zweifelhaft: γελάω *lachen*; -λασείω; -λασμός, ὁ; -σμα, τό; -στής, ὁ; -τύς, ἡ; -τός, ή, όν; -τικός, ή, όν; γελάσιμος, ον; -σῖνος, η; γελάζω (*Gr.*); γέλως, ὁ, (-λος, ὁ äol.); -λοιος, -λοῖϊος, α, ον; -οιότης, ἡ; -ιώδης, ες; -ιάω; -άζω; -ασμός, ὁ; -στής, ὁ; γελᾱνής, ές *lachend*, *heiter*; ἀγελαστί; -τία, ἡ; -τέω. — Mit α : ε : γαλ-ερός, -ληρός, ά, όν; -ληνός, όν; -νότης, ἡ; -νής, ές; -νη, ἡ; -ναία, -νεια, ἡ; -ναῖος, α, ον; -νιος, ον; -νιάω; -νόω; -νίζω; -ισμός, ὁ.

υ = sskr. s (vgl. S. 102): χλεύ-η, ἡ *Hohn*, *Scherz* u. s. w.; χλευάζω; -ασμα, τό; -σμός, ὁ; -στής, ὁ; -τικός, ή, όν.

Mit Verlust des h hieher sskr. ras (S. 6) *tönen*, goth. raz-da, ahd. rartjan, rerjan (*Graff* II, 534, 533); ferner sskr. las (mit Reduplict. lîl in lîlâ) *spielen*, goth. lus-tus (*Graff* II, 285), litth. lossti *Muthwillen treiben*, griech. ἀλαστέω, -ταίνω *unlustig sein*.

Hieher ziehe ich ferner sskr. hr-ê-sh, aus hrĭ (vgl. weiterh.) für hrĭ, gunirt hrê + s, welches *wiehern* bedeutet; dazu ahd. hros *Ross* (*Graff* IV, 1179), vgl. *Pott* (I, 273), wozu noch slav. chrjest *strepere* (*Dobr.* 216) und rg'ati (*Dobr.* 91); dass griech. glbd. χρεμ damit nah verwandt, ist keine Frage, zweifelhaft aber, ob es sich an diese Wzf. schliesst, oder eine sek. Form durch das so oft eintretende sek. m ist. χρεμίζω, -μέθω; -μετάω; -μετίζω; -τισμός, ὁ; -σμα, τό; -στικός, ή, όν; χρόμαδος, -μος, ὁ; -μη, ἡ; χρόμις, ὁ *eine Art Fisch* und so wohl auch: χρέμυς, κρέμυς, ὁ ebenf. *ein Fisch*.

Mit Verlust des r, wie so oft, entsteht sskr. hêsh = hrêsh, nicht gunirt: hrĭsh : hĭsh; ihm entspricht lat. hinnio für hisnio (anders *Pott* I, 143); dazu lat. hinnulus (*Plin.* N. H. VIII, 44 *Equo et asina genitos hinnulos antiqui vocabant*), griech. mit γ = sskr. h (für gh? vgl. γελάω): γίννος, ὁ ebenf. *Blendling von Hengst* u. *Eselin*; als ein Wort der Volkssprache und Dialekte hat es verschiedne Schreibarten u. dialekt. Ff. γιννός, γῖνος, ἴννος, ἰννός, ἵννος, (ὕννος zw.).

Sek. F. durch p sskr. hrap, hlap *sprechen*, sl. chrapati *schnarchen* (*Dobr.* 214); griech. mit eingeschobenem Nasal χρέμπ-τομαι *sich räuspern* (anders *Pott* II, 31 für dessen Erklärung aus χρεμ-το mit eingeschobenem π, wie in lat. prom-ptus vielleicht χρέμ-ης, wohl der sich *oft Räuspernde*, *Alte* spricht; doch kenne ich kein sichres Beispiel dieser Einschiebung im Griech.); dazu χρέμψις, ἡ; χρέμμα, τό; ἀποχρεμπτικός, ή, όν.

Sekk. Ff. durch T-Laute: sskr. hrâd *tönen*, eig. wohl hrăd u. *rauschen*. Daher hrad-inî *ein* (*rauschender*) *Strom*, hrada (*rauschender*) *See*; hrâda *Geräusch*, hrâdin, ni-hrâda, nirhrâda; l = r: hlâd *sich freuen*, eig. hlad, wie pra-hlan-na (f. hlad-na) *freudig*, prahlanni *Glück* zeigt; dazu hlâda *Spiel*,

Freude; verwandte bei *Pott* (I, 249), wozu lat. ludo für hlûdo; griech. χλαδ: χλάζω *rauschen;* κέχλαδα *erfreut sein* (vgl. sskr. hlâd und *Pind.* Ol. IX, 2 (ob lat. laetus für hladitu = sskr. hlâd-ita?); hieher χλᾱρόν (f. χλαδ-ρό) *munter;* redupl. καχλάζω; -λασμα, τό; -σμός, ὁ; -λαίνω; (καγχλάζω zw.).

[Hypothetisch: sollte wegen des *Rauschens* des *Hagels* auch dieser von dieser Wzf. seine Bezeichnung erhalten haben; χαλαδ steht f. γλαδ, wie lat. gra(n)d-o (wo r erhalten) zeigt, sl. gradŭ (*Kop.* Gl.); vgl. jedoch auch *Pott* (II, 199): χάλαζα (ζ = δj), ἡ; -ζιον, τό; -ζαῖος, α, ον; -ζήεις, εσσα, εν; -ζίτης, ὁ; -ῖτις, ἡ; -ζώδης, ες; -ζάω; -ζόω. — Sollte ferner der *Grand* über welchen das *Wasser* rauscht, ebenfalls von dieser Wzf. her bezeichnet sein: lat. glarea f. gladrea, nhd. Grand (*Graff* IV, 330), vgl. jedoch auch *Pott* a. a. O., griech. χέραδος, τό *Kies;* dann überh. *was ein Fluss mit sich schwemmt, Schlamm* u. s. w.; χεράς, ἡ; χλῆδος, -δός, ὁ; mit χεράς tritt in innigsten begrifflichen Zshang χερμάς, ἡ *Kies am Meeresufer, Stein* überhaupt; allein wie ist die Form zu vermitteln? zu berücksichtigen ist auch slav. gromada *Steinhaufen* (*Dobr.* 201); zu χερμάς: χέρμα, τό; -μάδιον, τό; -διος, ον; -μάζω; -μαστήρ, ὁ. (Wie ist es mit χοιράς, ἡ *Klippe, Drüse?* -ραδώδης, ες? vgl. *Pott* II, 273)].

[Da ρ in Anlautgruppen gern abfällt (vgl. hesh S. 134 aa.), und χόνδ-ρος, ὁ eig. *Körnchen* heisst; das ihm entsprechende litth. zegzdras *Grand,* so könnte vielleicht auch jenes eig. *Grand* bedeutet haben, für χρονδρο stehn und hieher gehören (vgl. auch *Pott* II, 199, wo sich die in mehreren Sprachen *Graupe* bedd. WW. auch zu denen, die *Grand* bedeuten, stellen); zu χόνδρος: -ρός, ά, όν; -ρίον, τό; -ρινος, η, ον; -ρίτης, ὁ; -ῖτις, ἡ; -ρώδης, ες; -ρεύω; -ριάω; -ρεῖον, τό; -ρίλος (-ρίβος), ὁ; -ρίλη, -ίλλη, -λα, ἡ; συγχόνδρωσις, ἡ; ὑποχόνδριος, ον; -ριακός, ή, όν].

Mit Verlust des anlautenden h, aber Aspirirung des Auslauts durch dessen Einfluss: ῥαθ (f. hραδ) in ῥαθα-πυγίζω *einem einen Schlag auf den Hintern geben, dass es klatscht;* ῥαθα-γέω; -γος, ὁ. Mit ο = α: ῥόθος, ὁ *das Rauschen;* -θιον, τό; -θιος, ον; -ότης, ἡ; -θιάς, ἡ; -θέω; -θιάζω; ἀνωῤῥοθία, ἡ.

Wzf. hrî (= hrĭ) + δ: lat. rid-eo (f. hrideo), griech. χλιδ, redupl. κιχλίζω *kichern;* -ισμός, ὁ; hieher κίχλη, ἡ *Drossel;* -λίον, τό; χλ gespalten: κιχήλη (dor.), glbd.

χλ durch ε gespalten: χελῑδ-ών, ἡ *Schwalbe;* lat. hiru(n)do; litth. kregzde scheint zu Wz. κρ *tönen* (*krächzen?*) zu gehören. Sie ist nach ihrem Ton (*zwitschern*) benannt. Dazu: -δόνειος, ον; -νιος, α, ον; -νίς, ἡ; -νιδεύς, ὁ; -νίζω; -νισμα, τό; -στής, ὁ; χελιδονιάς, ἡ.

[Zu einer dieser Wzz. (γρ: κρ: χρ) gehört goth. hlah-an *lachen* (*Graff* IV, 1112), zu χρ: ahd. granon, granjan (327) und goth. grêtan *rufen*].

√γρ. Im Sskr. gṛi *verschlingen, essen* (vgl. *Pott* I, 227), belegt in den Formen: gar (vgl. *Pott* a. a. O.), garâ *das Essen;* gâr in gâritra (*essbar*) *Korn;* gir in girita *gegessen,* giri, giran'a *das Verschlingen;* gìr in gìrn'i *Verschlingen;* gil (mit l = r) in gilita *gegessen,* gila, gilana, gili; gal in gal *essen* (unbel.), gala *Kehle*; ferner, da gara *Gift* (*zerfressend*) hieher, so auch g'angula *Gift*, Intensivform (nach *Bopp* Gr. sscr. r. 569) verkürzt (nach Wzlxkon I, 204); ferner g'ângala *Fleisch* (*essbares*). — Verwandte bei *Pott* (a. a. O. Lth. Bor. Pr. 34, 56), *Bopp* (Gl. sscr. s. v. gṛi); dazu slav. glü-titĭ (*Kop.* Gl.) = lat. glu-tire; lth. go-gil-oju (redupl.) *heftig fressen*; slav. grü-lo, grü-tani *Gurgel* (*Kop.* Gl.); zu der redupl. Form lat. gur-gul-io (*Pott* a. a. O.); lth. ger-kle *Gurgel* u. s. w.; ferner ahd. gir-i (*Graff* IV, 225 ff.), goth. gair-on (ebds. 229, vgl. weiterh. sskr. gṛidh), ahd. ger-ni (232), garan (*promtus* eig. *begierig* 238), gir (237 = sskr. gṛidh-ra, lat. vultur vgl. weiterhin), reduplicirt hun-gar (ebds. 962), Celtisches vgl. bei *Diefenb.* (Celt. I, 131 nr. 194); slav. g' für g g'ïr-ón *essen* (*Kop.* Gl.), ob auch in der Bed. *opfern*? sloven. g'rèm (*Metelko* sloven. Gr. 105).

Griech. gunirt: *γάρ-ον, τό; -ος, ὁ eine Brühe* (vgl. analog in litth. gerti, lett. dsert *saufen* bei *Pott* (a. a. O.)), redupl. *γαρ-γαρ-εών, ὁ Gurgel* (vgl. oben); *-ρίζω; -σμός, ὁ.*

[Zu gṛi mit v für g (vgl. venio = sskr. gam S. 58) lat. voro, und mit β = g (vgl. βα = gâ S. 58) griech. βρ *essen* (βιβρώσκω), welches früher (I, 512) falsch].

An gṛi in der Form gra schliesst sich, durch desideratives s (√as I, 24) formirt: sskr. gras *verschlingen* (*Pott* I, 278 *Bopp* Gl. s. v. gras). Wenn oben (S. 120) *κόλλα* mit Recht zu √γλ gezogen, so ist mit gras identisch *κορες* in *κορέννυμι* (für *κορεσ-νυμι* 5te Conj. Cl.) aber mit causaler Bed. *verschlingen machen, sättigen*; für diese Etymologie spricht: *κορεσ-τός, ή, όν*; jedoch ist slav. krü-mü *Speise* (*Kop.* Gl.), vielleicht auch sskr. kravja (vgl. *κρέας*) zu bedenken [schwerlich zend. khar *essen* *Bournouf* C. Y. I, 508, 549 Nott. CXLVIII, *Bopp*, V. G. 196, Vendid. lithogr. 193, 11); dazu: *κόρος; -ρέω; -ρέσκω; -ρεία, ἡ; ἄκορος, ον; -ρία, ἡ; -ρητος, ον; διακορής, ες; αἰγικορεύς, ὁ; αἰμακορίαι, -κουρίαι* (ου ion.), *αἱ.*

Mit λ = ρ hieher wohl *γλά-νος, ὁ Hyäne* (für *γλας-νο, die gefrässige*).

Mit Verlust des *γ*, wie oft, hieher: *λᾰ-μία, ἡ, Gefrässigkeit, ein Ungeheuer* u. s. w.; *λά-μος, ὁ Schlund*; *λαμυρός, όν verschlingend*; *-ρία, ἡ*; *λά-ρυγξ* (vgl. I, 588), *ὁ Schlund*; *-γγίζω, -γισμός, ὁ; -γίτης, ὁ; -γιάω*; mit *υ* = s (vgl. *χλεύη* S. 134) *λαυκανία, λευκανία* (vgl. weiterhin), *ἡ Schlund*; *λευκανίηθεν.* — Hieher gehört auch: *λαιμός, ὁ Schlund*, obgleich die Form nicht sicher zu deuten (ob für *λαμ+ιο*? vgl. jedoch *λαιδρός* und *γλυ-κύς*); *-μός, όν; -μάω; -μώσσω; -μάσσω;* (*-μία, ἡ* zw.); *-μίζω;* und wohl *λαῖ-τμα, τό Meerschlund.*

Hieher sskr. mit Verlust des g: las-ta *gierig umschlungen*, ferner las *wünschen* (vgl. lâ-las-a (Intensiv; geformt nach *Bopp* Gr. sscr. r. 560) *brennende Begierde* und lash *wünschen* (letzteres wohl für organ. (g) la-ksh mit sh = ksh wie oft). Zu las lat. lases, lares die *Wollenden, Herrn*; ob auch lar-gus für las-gus, eig. *willig*, woraus sich alle Bedd. ergeben. Griech. *λῶ* für *λασ-jω* (4te C. C.) *wollen* (defect.); *λῆμα* (*λαῖμα* eines Wortspiels wegen vgl. *Pass.*) *τό; -ματίας, ὁ; -τιάω; -τόω; ἀνδρολήμη* (*Hes.*); *εὐληματέω*; hieher *Λῆμνος* (alt. Part. Med.) N. p.

Λατώ N. p. Λαΐς (f. λασίδ) N. p. — λωτός, ὁ (die *ersehnte* Pflanze); -τινος, η, ον; -τόεις, εσσα, εν; -τία, ἡ (*Suid.*); -τίζω; -τισμα, τό; -ταξ, ὁ *Flötenspieler* (von λωτός in der Bed. *Celtis australis*, wovon Flöten gemacht werden); κελαινόλωτα (*Hes.*). — Hieher λα-ρός, ά, όν *lieblich* (*ersehnbar*).

vriddhirt λω-ΐων (f. λωσ-ιων von einem Thema λωσυ), λῴων, ον; λωΐτερος, α, ον *erwünschter* (sl. lou-tschü *K.* G.); λώϊστος, λῷστος, η, ον.

Hieher λαις; ob für λασιτ : λαςjατ (Partic. vgl. H. A. L. Z. 1838, Ergzbl. 338 ff.)? in λαίς-καπρος, λαίς-παις; λαι (f. λασι) in λαι-σποδίας; λαί-μαργος, und λα in λά-μαχος (dagegen *Ruhnken* Ep. c. 86 ff); λι, welches eine Zszhg von λαι sein würde (vgl. λίαν), ist zw.

λίαν, λίην alt. Acc. f. λασίαν *nach brennendem Wunsch* (vgl. λελίημαι weiterh.).

λαιδρός, ά, όν (f. λασι-δρός? vgl. φαιδρός S. 103).

Intensivform ληλαν (= sskr. lâ-las in lâlasa, mit eingeschobenem Nasal.) in λήλαντος (Rhein. Mus. 1838 S. 88). Mit ι in der Redupl. λι-λα-ίομαι (für λι-λασ-jομαι); λελίημαι (f. λελαίημαι mit Verlust der Red. vgl. *Pott* II, 75, 100).

Eine sskr. Reduplform ist lal für lalas (nach I, 204), dazu wohl persisch lâleh *Lilie*; daher entlehnt: griech. λείριον, λίριον, τό (*Pott* II, 99); λείριος, ον; -ριόεις, εσσα, εν; -ρινος, η, ον; -ριώδης, ες.

[nhd. schlund ist eine, mit sskr. sa zsgstzte, zu lat. glutire gehörige, aber nasalirte, Sekundärform, nach Analogie von schleim u. s. w. (S. 122)].

Für ṛi tritt häufig ru : lu ein, so ist glu in lat. glu-tio zu fassen, und gru, glu in sskr. glu-k', gru-k' *stehlen* (vgl. ahd. girnig *Graff* IV, 236) vielleicht auch λαυ (gunirt) in λαυ-κανία (und λαι in λαιμός für λαυ). Zu dieser Wzf. ziehe ich als sekundär griech. γλυ-κ-ύς, εῖα, ύ, *was man gern verschlingt*, *süss*; ebenso heisst sskr. gul-ja *süss* von gri in der Form gul für gur (vgl. pṛi : pur : pul S. 85), litth. gard-us *wohlschmeckend*, von der Wzf. welche = sskr. gṛidh, *begehren*, und sskr. svâdu *süss* (I, 366), wie ich jetzt finde, von su + √ad *essen* (*gut zu essen*); zu γλυκ mit Umsetzung und d = g lat. dulc-is. In Bezug auf das sekundäre κ vgl. die erwähnten sskr. glu-k' : gru-k'.

Zu γλυκύς (γλυκ-ίων -ιστος; γλύσσων, ον; -κιότερος; -κύτερος, -κύτατος): -κύτης, ἡ; -κιος, α, ον; -κερός, ά, όν; -κόεις, εσσα, εν; -κος, τό; -κάζω; -καίνω; -κανσις, ἡ; -ντικός, ή, όν; -κασμα, τό; -σμός, ὁ; -κισμός, ὁ; -κυσμα, τό; -κων, ὁ; -γλύξις, ἡ; ἀγλυκής, ές; -έγγλυκος, ον; -ύσσω. — gunirt: γλεῦκος, τό; -κινος, η, ον; γλεῦξις, ἡ; -ἀγλευκής, ες; -κος, η, ον. Mit δ = γ (vgl. δραχ-μή u. aa.) und Verlust des λ = ρ (vgl. φατρία aa.): δεῦκος, τό (vgl. *Pott* II, 277 dialektisch); ἀδευκής, ες, πολυδευκής, ές; Πολυδεύκης N. p. Δευκαλίων N. p.

Da aus dem Begriff des *Verschlingens* mit Leichtigkeit der des *heftig Begehrens* hervorgehn kann, auch im Deutschen hervorgegangen ist (vgl. oben), so ziehe ich mit *Pott* (I, 227) hieher: sskr. gṛidh (vermehrt durch √dhâ) *begehren*; dazu und zwar mit der eigentlicheren Bed. slav. gladü *Hunger* (*K.* Gl. vgl.

hungar S. 136), ferner ahd. girida (*Graff* IV, 227), welches jedoch auch aus giri auf deutschem Boden gebildet sein kann; der Form nach lith. gard-us (s. oben), lett. gahrds; vgl. goróju, *ich bin lüstern*, welches der Bed. nach hieher, der Form nach zu der einfachen Wz. gehört, also unsre Verbindung vermittelt; derselbe Fall bei lth. gir-rûs, lett. dsirrohs *begehren* (*Pott*, Lth. Bor. Princ. 34). Griech. γλίχ-ομαι *begehren* (schwerlich = einem sskr. grih für gridh, sondern für γλιϑ + σκ also eig. γλίσχομαι; wegen der Verwechslung mit γλισχ (S. 120) ist vielleicht hier σ ausgestossen (wie in τετυπ + σϑον : τέτυφϑον) und γλιϑχ : γλιχ geworden; γλίχων, ὁ (auffallend). — ρα = ri (vgl. slav. gladü) in : ἀ-γρή-ϑ-ετο (wo ἀ = ἁ I, 382) *wollte* (*Hes.*)

Mit Verlust des γ : [λοίϑ-ον, *Hunger* (*Hes.*)?] λῑρός, ά, όν, für γλιϑ-ρο (= sskr. gridh-ra) *gierig, frech* u. s. w. -ραίνω; eben so λῑ-μός, ὁ *Hunger* (vgl. slav. gladü anders *Pott* I, 208, 260); -μώδης, ες; -μηρός, ά, όν; -μαίνω; -μώσσω; βούλιμος, ον; -μία, ἡ; -μιάω; -ασις, ἡ. Zur Form γραϑ : γλαϑ : λάϑ : λάρος, ὁ *ein gefrässiger Vogel.*

Dass im Lat. v dem sskr. g gegenübertritt, haben wir schon mehrfach gesehn, vgl. auch hier gridh-ra, lat. vult-ur *Geyer*; im Griech. haben wir nun γέντο für ἕλετο, oder vielmehr ϝέλετο, wo, wie sich weiterhin zeigt, griech. ϝ ebenfalls für organisches γ steht, nicht umgekehrt; dass nun auch ἐλδ *begehren, wünschen* einen Laut, wahrscheinlich ein ϝ verloren, zeigt ἐ-ελδ; wenn das *hesych.* γέτις glossirt durch ἐλπίς, würklich für γελτις steht (*Thiersch* Gr. Gr. 226), so ist es organisch γελδ + τις und entscheidet für anlautend γ in ελδ. Daher ziehe ich ϝελδ (mit δ für ϑ vgl. I, 71 u. oft) hieher; also ἔλδομαι (für ϝελδ.) ἐέλδομαι (ε = ϝ), *begehren*; ἔλδωρ (für ἐλδωρον vgl. ἐλπωρή) ἐέλδωρ, τό. —

Eine sekundäre Form durch b-Laut, in derselben Bed. ist lett. gribbeht *wollen, begehren*; zu ihr steht griech. ϝελπ *hoffen* (*wünschen*) *machen* in demselben Verhältniss fast wie ϝελδ zu sskr. gridh. Wenn in ϝελ-π (für gri + p in der Gunaform garp mit λ = r: γελπ) das p das Causale ist, so heisst es wörtlich: *begehren machen*; dass ελπ ein ϝ hat, zeigt ἄελπτος, ϝε-ϝολπ-α, ἐέλπομαι; also: ἔλπω (ἔλπομαι *wünschen, hoffen*); ἐλπίς, ἡ; -πίζω; -πισμα, τό; -στός, ή, όν; -τικός, ή, όν; ἐλπωρή, ἡ; ἄελπτος (f. αϝελπ.), ον; -τής, ές; -τία, ἡ; -τέω. ἀνέλπιστος, ον; -τέω; -τία, ἡ; ἀπελπισμός, ὁ.

Wie nahe sich die Begriffe: *verschlingen* und *gierig ergreifen* liegen, bedarf kaum einer Bemerkung, daher ziehe ich hieher sskr. gri-bh, sekundäre Form durch √ bhâ (S. 101), welches in den Veden (*Ros.* Spec. Ved. p. 11); ahd. entspricht grîfan u. s. w. (*Graff* IV, 314 ff.); mit ra = ri slav. grab-ljón (*K. G.*) lett. grahbt (vgl. oben gribbeht), lth. greb-ju *fassen* (vgl. *Pott* I, 281. II, 223); hieher sskr. (gunirt) garbh-a eig. *der Empfangende* (*concipiens*), der *uterus*; mit λ = r und δ = γ wie oft, griech. δελφ-ύς, ή, *Bärmutter* (vgl. *Pott* I, 87, 281, II, 124); ὁμόδελφος, ον; ἀδελφεός, -φειός (ἀ = ἁ I, 382 für sskr. sagarbhja vgl. sagarbha), ὁ; -εή, ἡ; zsgzg. ἀδελφός, ή, όν (vielleicht auch = sskr. sagarbha); vgl. *Pott* (II, 45, 164, 497, I,

114, 281); -φίδιον, τό; -φότης, ἡ; -φικός, ή, όν; -φιδέος, -δοῦς, ὁ; -δέη, δῆ, ἡ; -φίζω; -φιξις, ἡ. — Hieher δέλφ-αξ (Suff. ακο?), ὁ, ἡ *Schwein* (weil es so viele Junge concipirt); -άκιον, τό; -κειος, ον; -κοῦμαι; ebenso δελφ-ίς, -ίν, ὁ; -ινίσκος, ὁ; Δελφοί N. p.

[l für r auch in sskr. galbh in pra-galbh-a *frech* (eig. *gierig* vgl. lat. procax) *stolz* u. s. w.; ob dahin ags. gëlp-an (*superbire*) u. s. w. (*Grimm* II, 32, nr. 345); ebenfalls in litth. glob-oju *umfassen*].

Sskr. garbha ist ferner das *concipirte*, das *Kind*; griech. ρε = ra = ṛi und β = g wie oft βρέφ-ος, τό (*Pott* I, 87, 281); -φικός, ή, όν; -φύλλιον.

[Hieher zu garbha, setze ich jetzt auch sskr. arbha, mit Verlust des g griech. ὀρφο u. s. w., die früher (I, 103) noch nicht etymologisch erkannt].

Da anlautendes g abfällt (vgl. S. 120 und oft), so ziehe ich ferner hieher sskr. labh *ergreifen* für glabh (vgl. ltth. globoju). Im Griech. entspricht genau λαφ und mit β = φ: λαβ; aus Gael. scheint lamh (*Hand, die ergreifende*) hieher zu gehören; sonst kenne ich keine Formen der verwandten Sprachen die mit Sicherheit hieher zu ziehn wären; die bei *Pott* (I, 259) verglichenen haben wir theilweise zu andern Wzf. gestellt, theilweise sind sie unsicher. Da nun der Verlust von g in anlautender Gruppe gl so natürlich ist, so könnte er in diesen drei Sprachen unabhängig von einander eingetreten sein, so dass die Wzff. sskr. labh, griech. λαφ, gael. lamh erst nach der Sprachtrennung sich gebildet hätten. λαφ in εἴληφα (für λεληφα); λάφυρον, τό; (-ρεύω zw.); ἀμφιλαφής, ές; -φεια, ἡ; λαβ in λαμβάνω (ἔλαβον, λήψομαι); λαβή, -βίς, ἡ; -βιον, -βίδιον, τό; λῆψις, ἡ; ληπτήρ, -της, ὁ; -τός, ή, όν; -τικός, ή, όν; λῆμμα, τό; -άτιον, τό; -τικός, ή, όν; -τισμός, ὁ; ἀντιλαβεύς, ὁ; ἐπιληψία, ἡ; -ψιμος, ον; -λήπτωρ, ὁ; -τομαι, -τίζομαι, -τεύομαι; προσωποληπτέω; ἀνδρολήψιον, τό; εὐλαβής, ές; -βεια, ἡ; -βέομαι; -βίη, ἡ; ἐργολάβος, ον; -βία, ἡ; συλλαβίζω; -λήβδην; διλήμματος, ον; — ob hieher λαβ-ρώνιος, ὁ *ein grosser Becher* (vgl. ἀμφιλαφής)? Intensivform (*Bopp* Gr. s. 561, 572) ist in λαῖλαψ, ἡ (der stark erfassende) *Sturm* (and. *Pott* I, 258); -λαπώδης, ες; -πέω, -πίζω.

Hieher, mit ε = α: λέβ-ης, ὁ, *ein (Hand-) Becken* (vgl. *Pott* II, 561); -βήτιον, -τάριον, τό; -τίζω; -τώδης, ες.

[Ich erwähne hier λαβ-ύρινθος, ὁ, natürlich sehr zweifelnd; man kann es auch anders aus dem Griech. etymologisiren (ob λα *sehr* und βυριθ zu √θϝρι (q. cf.) *sehr verkrümmt?*) und vielleicht ist es fremd (*Herod.* II, 148); dazu: -θειος, ον; -θώδης, ες].

[*Pott* (I, 260) zieht auch λίμβος (-βός), ον, *naschhaft* hieher. Der Form nach liesse es sich durch σκαρ : σκιρτ und ähnliche vertheidigen. Die Bed. würde sogar zu der Grdbed. dieser Wurzel: *verschlingen* zurückkehren; allein es ist ein spätes Wort für λιχ-νός (S. 28) und hat λίμφ-ος als Nebenform; vielleicht ist es daher nur eine dialekt. Nebenform von diesem: λιχ : λιφ : λιβ mit eingeschobenem Nasal; dazu λιμβεύω, -βεία; -φεύω].

Das Desiderat. von labh ist im Sskr. lips *zu erlangen wünschen, begehren*; diesem entspricht, mit Assimilation λίσσ-ομαι, λίττομαι und Verlust des einen τ: λιτή (vgl. μέλιτα I, 500 aa.), ή. Wenn man mit *Pott* (I, 260) λίπτω mit lips identificirt, so würde sich λίσσομαι vielleicht umgekehrt aus λίττομαι für λίπτομαι deuten lassen; allein bei dieser Identificirung ist das τ in λίπτω schwer zu deuten und λίψ, βος, ή *Verlangen* scheint doch auf λιβ als Wzf. zu zeigen, daher ziehe ich λιβ in λίπτω zu sskr. gr̆ibh in der Bed. *gieren, begehren.* Zu λιτή: λιτός, ή, όν; λίτομαι; -τάζομαι, -ταίνω; -τασμός, ό; -τανος, ον; -τήσιος, ον; -τανεύω; -νευτός, ή, όν; -τικός, ή, όν; -νεία, ή; zu λισσ: λιστός, ή, όν; [ob λισσάνιος lakon. = ἀγαθός?].

[Mit lu = ru = r̆i, wie oft, gehört zu gr̆ibh sskr. lubh *begehren* (verwandte bei *Pott* I, 260), dazu lat. lib-er *einer der seinen (freien) Willen hat*; danach denn zu gr̆idh griech. ἐλυθ (ε = g, wie oft S. 120) in ἐλευθερός, ά, όν, welches oben (S. 29) noch nicht erkannt war].

Im Sskr. erscheint statt der Vedenform gr̆ibh die Form grah (mit ra = r̆i und h für bh, wie oft); diese Form war schon vor der Sprachtrennung fixirt, da ihr entsprechende fast in allen verwandten Sprachen erscheinen; hieher irisch glac *Hand* griech. mit δ = g: δραχ: δράσσω (für δραχjω 4te C. C.), -ττω; δράγμα, τό; -μός, ό; -μή, ή; -μίς, ή; -μεύω; δράξ, (κος), ό; δράγδην; περίδραξις, ή; δραχμή, ή; -μαῖος, -μήϊος, -μιαῖος, -μίδιος, α, ον; -μιον, τό; -μίς, ή; δίδραχμος, ον; πενταδραχμία, ή; τέτραχμον, τό (f. τετραδραχ.).

Mit β für g wie oft βραχ in βραχ-ίων, ό (der ergreifende) *Arm* (lat. brachium) vgl. sskr. pra-graha glbd.; anders *Pott* (I, 110), *Bopp* (V. G. 178), *Diefenb.* (Celt. I, 210); βραχιόνιον, τό; -ονιστήρ, ό.

Mit ο = α: βρόχ-ος, ό *Schlinge* (die *fassende*); -χίς, ή; -χωτός, όν *verstrickt*; ἀποβροχίζω; βράγχω (*Hes.*).

[βρόχω (I, 376) in der Bed. *verschlingen*, so wie βρό(γ)χος, βρόχθος *Schlund* (ebds. 375); βρύττω (I, 376 für βρυχ-jω ρυ = r̆i), βρύκω *verschlingen* (376), ziehe ich jetzt hieher].

[Sollte man βραχ-ύς (S. 71) für *greifbar* nehmen und hieher ziehn dürfen?]

Mit Verlust des anlautenden g slav. rónka (*K. G.*) lth. ranka *Hand*. Hieher könnte man griech. λάζομαι, -ζυμαι, wegen λάξομαι ziehn; doch liesse sich auch ξ durch Einfluss des ζ wie im Dorischen (παίζω: ξω) deuten und λαζ für λαπτ von λαβ (S. 139) wie νιζ: νιπτ: νιβ leiten.

[Ebenso jetzt hieher ῥά-ρος, nach Analogie von δελφύς (S. 138) βρέφος (S. 139), für (g) ρα (h) -ρος (vgl. S. 10)].

Das h, mit welchem grah (gr̆ih) schliesst, wird sehr oft eingebüsst; so gehört hieher lat. grā-tus (für grah-tus *annehmbar*), gre-mium (für greh-mium eig. *concipiens* vgl. sskr. garbha S. 139 aa.) und gero für gerho, (gessi für ger-si; gestum für gertum folgt falscher Analogie) *ergreifen.* Diesen Verlust erkennt man auch im Sskr., wenn man san-gar-a mit san-grah-a vergleicht (beide z. B. *Versprechen*); griech. hieher mit δ = γ und λ = ρ, wie oft: δελh: gespalten δελεh in δελεhαρτ: δέλεαρ, τό (das zum *Greifen, Fangen Dienende*) *Köder*; δελεάζω; -ασμα, τό; -μάτιον, τό; -σμός, ό; -στρεύς, (δελαστρεύς), ό; δελεάστρα, ἡ; -στρον, τό; δελέαμα, τό; δελεατ zsgzg. in δελή-τ-ιον, -τήριον, τό; von δελε: δέλετρον, τό; δέλος, τό; mit β für γ (wie oft vgl. βρέφος S. 139 βιβρώσκω): βλήρ (*Hes.*) für δεληρ = δέλεαρ.

Mit ἀ = ά zsgstzt: ἀ + γερ *zusammennehmen* (lat. con-gero); ἀγείρω (f. αγερjω 4te Conj. Cl.); ἀγέροντο; ἀγρόμενοι; ἀγηγερκώς, ἠγερέομαι, ἠγερέθομαι (vgl. *Pott* II, 80, 153, I, 219); ἀγερμός, ὁ; ἄγερσις, ἡ. θυμηγερέω (wegen θυμὸν ἀγείρειν); ὁμηγερής, ές; νεφεληγερέτης, ὁ; ἱππαγρέται, οἱ. [ob mit κ für γ (vgl. κόρος S. 136) κωλακρέται, οἱ; -τέω?] προηγορεών, πρηγορεών, ὁ. —

ἀγορά, ἡ; -ρῆθεν; -ρήνδε; -ρος, ὁ; ἀγοραῖος, α, ον; -ράζω; -ρασμα, τό; -σμός, ὁ; -σις, -σία, ἡ; -σείω; -στός, ή, όν; -τικός, ή, όν; -τής, ὁ. — ἀγοράομαι; -ρητής, ὁ; -τύς, ἡ; -ρεύω; ἀλληγορέω; -ρημα, τό; -ρία, ἡ; -ρικός, ή, όν; κακήγορος, ὁ; -ρίστερος, -τατος; -ριον, τό; λαβραγόρης, ὁ; ἀπαγόρευσις, ἡ; -ρευμα, τό; -ρευτικός, ή, όν.

Hieher ὀρθαγόρας, ὁ; fraglich ob ὀρθαγορίσκος, auch ὀρθραγορίσκος, ὁ *Ferkel*; -κειος. ob μανδραγόρας, ὁ *Alraun* (*eine einschläfernde Pflanze*, ob daher μανδρα zu sskr. mad I, 511, 513, 514, *trunken sein*); -ρίτης, ὁ.

mit α: ἀγαῤῥίς = ἀγορά; ähnlich ἀγοῤῥίς (*Hes.*).

äol. υ = ο: ἄγυρις, ἡ, durch *Homer* in die κοινή übergegangen: ἀγυρμός, ὁ; ἀγύρτης, ὁ; -τός, ή, όν; -τώδης, ες; -τικός, ή, όν; -τάζω; -τεία, ἡ; -ὁμηγυρής, ες; -ρω; -ρίζομαι; πανηγυρισμός, ὁ; -ρικός, ή, όν; -ριστής, ὁ; μητραγυρτέω. —

Indem in der Form ἀ-γερ für ρ: λ erscheint, gehört hieher: ἀγέλη, ἡ, eig. *zusammen genommen*, *getrieben* (vgl. ἀγελάζω) *Schaar*, *Heerde* (vgl. con-greg-o); lat. grex dagegen hat h erhalten, indem es sich eng an sskr. grah zu schliessen scheint, und früher auch wohl ein Präfix gehabt (schwerlich gehört ahd. kortar *Heerde* (*Graff* IV, 490) hieher); anders *Pott* (I, 184, 219); davon: -ληθεν; -ληδόν; -δά; -λήτης, ὁ; -λαιος, α, ον; -λάζω (*zusammentreiben*); ἀγελάτης, ὁ; ἀτιμαγέλης, ὁ; -λέω; συναγελασμός, ὁ; -στικός, ή, όν.

ἀ (= ά I, 382) + γρεh (= sskr. grah), eig. *zusammenfassen*, dann *fassen*, *nehmen* überhaupt; gilt für äolisch; dazu: αὐτ-άγρε-τος, ον; -εσία, ἡ; παλινάγρετος, ον. Ich erwähne hier ἄγρηνον, τό *Netz* [was aber auch zu ἀγ (für jαγ I, 150) gehören kann, so wie einiges, dahin gesetzte (z. B. ἄγρεμα, -μων, -μιος, -σία) auch hieher gehören kann; ζω-γρέ-ω (vgl. I, 151) *lebendig fangen* (vgl. II, 128), ziehe ich jetzt mit Bestimmtheit hieher] ἀγρ ferner: in βαλανάγρα, ἡ; κρεάγρα, ἡ; ὀδοντάγρα; πυράγρα; ποδάγρα, -γράω; -γριάω; -γρικός, ή, όν; -γρος, ον; (-γρίζω zw.) u. aa. [In Ζαγρεύς N. p., welches alte Tradition mit ἀγρεύς identificirt, scheint mir die für ἀγ (I, 150) angenommene Wz. (jag) vollständiger mit ζ = j, wie gewöhnlich, erhalten].

Da ἀγρέω mit αἱρέω identificirt wird, so könnte man beide für organisch identische und nur dialektisch auseinander getretene Formen halten. In diesem Fall wäre ι zwar eine sehr einzeln stehende, aber doch nicht unnatürliche Veränderung von γ und α hätte unorganischen Spir. asp., wie nicht selten, erhalten. Allein ἀγρέω : αἱρέω könnten sich auch nur in Bezug auf die Bed. dialektisch gegenüberstehn, dagegen in der Bildung verschieden und nur wurzelhaft verwandt sein. In diesem Fall bietet sich folgende Erklärung. Der Aorist (3te Pers.) von αἱρέω lautet γέν-το für γελ-το; hier liegt dieselbe Wzf. vor, wie in ἀ-γελ. Durch ϝ für γ (vgl. S. 138) entstand ϝελ (*Dawes* Misc. 259), oder mit ʽ = ϝ, wie oft, ἑλ (εἷλον = ἔϝελον ἔ ἑλον: εἷλον); ebenso würden wir für die αιρε zu Grunde liegende Form γαρ (vgl. ἀγερ : ἀγελ) nehmen; diess wird ϝαρ : ἁρ nach der 4ten C. Cl. ἁρjε : αἱρε und durch ο gemehrt (vgl. αἱρεύμενος, neben αἱρόμενος *Buttm. Lob.* Gr. G. II, 101 u. viele aa. der Art) αἱ ρέ-ω; αἵρεσις, ἡ; -σιμος, ον; αἱρετός, ή, όν; -τέος, α, ον; -της, ὁ; -τις, ἡ; -τίζω; -τιστής, ὁ; ἀφαιρετικός, -ρητικός, ή, όν; -ρεμα, -ρημα, τό; -ρεματικός, ή, όν; ὑφαιρέτρια, ἡ; ἀρχαιρεσία, ἡ; -ιακός, ή, όν; -ιάζω; -ιον, τό.

ϝα in αυ in ἀπ-αυρ-άω (*Pott* I, 226); -ρίσκομαι; ἐπ-αυρέω; -ρεσις, ἡ; -ρίσκομαι; ϝα in ου: ἀπούρας.

γελ in γέντο (vgl. φίντις S. 106); ϝελ : ἑλ : ἑλῶ u. s. w. ἑλετός, ή, όν; ἕλωρ, -ρον, τό; -ριον, τό; -ριος, ὁ *ein Wasservogel*; Ἑλένη N. p. (für ϝελένη *Daw.* 258) *die Geraubte?* εἵλως, ὁ *im Zustand des Gefangenseins*; aber lat. servus scheint davon nicht getrennt werden zu dürfen (sa + ver-vus? vgl. I, 82, 83); εἱλώτης, ὁ; -τικός, ή, όν; -τεύω; -τεία, ἡ. [Mit Erhaltung des organ. ρ: ϝερ in ἀναϝερ, alterthümlich ἀνϝερ, assimilirt, ἀϝϝερ, in ἀϝείρω, ἀείρω *aufnehmen, aufheben*, welches früher (I, 84) noch nicht erkannt war].

ἕντης (vgl. γέντο) in αὐτοέντης, αὐθέντης, ὁ; αὐτοεντεῖ; αὐθεντία, ἡ; -τικός, ή, όν; -τημα, τό.

α = ε: γαλ : ϝαλ (*Dawes* 246): ἁλίσκομαι, (ἁλώσομαι, ἑϝάλων : ἑάλων u. s. w.); ἅλωσις, ἡ; -σιμος, ον; ἁλωτός, ή, όν; ἀναλόω; -λωμα, τό; -λωτής, ὁ; -τικός, ή, όν.

β = (ϝ =) g: βερ-νώμεθα *durchs Loos erhalten* (*Hes.*) [so auch hieher (wegen sskr. gṛidhra lat. vultur S. 138) βεῖραξ, ἱέραξ (letzteres für ϝεραξ), die früher (I, 323) unsicher gelassen].

√γρ(α) Im Sskr. ghrâ *riechen* (vgl. *Pott* I, 182) kurz ă in ghrati *Nase*, dazu ahd. gor *Mist* (*Graff* IV, 236), slav. grenzü *Mist* (grenznon *K. G.*), litth. grassus *ekelig*, griech. γρᾶ-σ-ος, ὁ *Gestank*, -σων, ὁ.

Mit β = γ (vgl. S. 140) βρῶ-μος, ὁ *Bocksgestank* u. s. w.; -μώδης, -ματώδης, ες; -μέω. [Hieher βρᾶ : κινά-βρᾶ (vgl. κινα bei √κις) ἡ *Bocksgestank* und I, 265, wo -βρευμα, τό (κιναύρα, -ράω *Poll.*) vergessen)].

Das ρ weist, wie gewöhnlich, auf den Laut, welcher im Sskr. ṛi-Vokal; daher hieher gunirt βορ reduplicirt in βόρβορος, ὁ *Mist*, -ρώδης, ες; -ρύζω; -ρίζω; καταβορβόρωσις, ἡ.

Da ῡρ = ṛi oft, so ziehe ich hieher γυρ in ἀνά-γῡρ-ις, ἡ; -ρος, ὁ, ἡ; ὀνό-γῡρος, ὁ *ein übelriechendes Kraut*.

Mit α = γ (vgl. S. 131) ἀρω (für γρω) in ἄρω-μα, τό; -ματικός, ή, όν; -τώδης, ες; -τίτης, ὁ; -τίζω.

Spurloser Verlust des γ: ῥῖν, ῥῖς, ἡ = sskr. ghrân'a *Nase*, mit Verlust des thematischen Vokals und dadurch Uebergang in die dritte Declination; ῥινίον, -νάριον, τό; -νάω; [ob gael. sròn *Nase* hieher? sek. Form durch c ist lat. ra(n)c-idus vgl. weiterhin ahd. riuch-an].

Dass sskr. ghôn'a die Nase zu ghrân'a gehört, ist keine Frage; sollte es für ghrôn'a stehn? auf ghru führt auch griech. ερυ *spühren* mit ε=γ, wie schon mehrfach, für γρυ und die ahd. sekundäre Form. riu-ch-an (*Graff* II, 436), mit spurlosem Verlust des Anlauts = sskr. gh, wie oft; da dieses sowohl unser *riechen*, als *rauchen*, so erweist sich auch litth. garas *Rauch* als zu dieser √ghṛi gehörig. Zu griech. ἐρυ: ἔρευ-να, ἡ *das Auswittern der Fährte*; -νάω; -νητήρ, -τής, ὁ; -τρια, ἡ; ἀνερεύνησις, ἡ; -νητος, ον; ἐξερευνητικός, ή, όν.

(γρ) γρά-ω, γραίνω *nagen*; lett. grauschu (Prät. graud-u Inf. graus-t), litth. grauzu, grausti, slav. glod-ati lat. rôd-ere (für grôd-ere) u. aa. (vgl. *Pott* II, 199, 271) führen auf eine Wzf., der ungefähr griech. γραυδ entsprechen würde. Da aber δ gewöhnlich sekundär und αυ Vriddhi von υ, so führt diess auf eine Wzf. γρυ; diese scheint in γράω (für γραϝω 1ste Conj. Cl.) hervorzutreten, dazu πολύγραος; an γράω schliesst sich γραίνω, etwa nach falscher Analogie von δράω: δραίνω; *Pott* nimmt es für γράδ-νω (vgl. I, 115 aa.), allein diese Form, obgleich nicht unmöglich (wenn ρ=sskr. ṛi), wird wenigstens durch nichts indicirt. Eine Wz., an die sich γρυ mit einiger Sicherheit schliessen liesse, kenne ich nicht, der minder sicheren und gleich berechtigten Möglichkeiten sind viele. Zu γραίνω intensivisch reduplicirt (*Bopp* Gr. s. 569) γάγγραινα, ἡ, *ein stark (nagendes) fressendes Geschwür*; -νόομαι; -νωσις, ἡ. —

γρῦ Naturlaut das *Grunzen* nachahmend (ein andres γρύ I, 211); dazu γρύζω, lat. grunnio (sl. grüm-ljön *tönen* K. G.?), ahd. grun, grunzjan (*Graff* IV, 328 ff.); γρυσμός, ὁ; γρυκτός, ή, όν; γρύσσων (für -κίων vgl. γρυλλίων) ὁ, *Ferkel*; ἀγρυξία, ἡ; γρύλλος, ὁ; (für γρυκ-λο?), γρῦλος, ὁ; γρυλλίων, ὁ; γρυλλίζω (ῡλίζω); -ισμός, ὁ; γρύλλη, -λησις, ἡ. — Mit diesem Naturlaut hängt vielleicht Wz. γρ *tönen* zusammen (S. 129).

√γνω. Im Sskr. g'nâ *kennen*; verwandte bei *Pott* (I, 182 ff. vgl. Lth. Bor. Pr. 26), *Bopp* (Gl. sscr. s. v.), *Graff* (IV, 408, 567); mit kurzem ă sskr. g'na *weise*, gn'a-p (Causalform); Präs. von g'nâ: g'ânâ-mi u.s.w. scheint darauf zu deuten, dass g'nâ eine Contraction aus g'a-nâ; daher eine Verbindung mit √sskr. g'a-n (S. 116) nicht ganz unmöglich (*Pott* I, 253, II, 198); an diese Form goth. kun-nan *wissen* (für kun-jan? 4te Conj. Cl. *Graff* IV, 408). — griech. γνω: γιγνώ-σκω (vgl. sskr. g'ig'nâ-sa aa.), γῑνώσκω; ἔγνων u.s.w.; γνῶσις, ἡ; γνωστός, ή, όν; -τικός, ή, όν; -τήρ, -της, ὁ; γνωτός, ή, όν; γνῶμα, τό; (lat. groma *Pott* I, 101); -ματεύω; -τευμα, τό; -μη, ἡ; -μηδόν; -μίδιον, τό; -μικός, ή, όν; -μων, ὁ; -μονικός, ή, όν; -μονεύω; -μοσύνη, ἡ; — γνωρίζω (lat. gnâ-rus); -ισις, ἡ; -σμός, ὁ; -σμα, το; -στικός, ή, όν; γνώριμος, ον; -μότης, ἡ; [lat. gnarigo zu narro (*Fest.* p. 95), gnarivisso; norma für gnor(i)ma]. ἀνάγνωσμα, τό; -στήριον, τό; ἀγνωμονέω; -νως; ἀγνώς, ὁ, ἡ; -σία, ἡ; ἀγνώσσω; φυσιογνω-

μία, ἡ; δυςγνώριστος, ον; an *γνο: ἄγνοια* (durch Suff. ja); *-νοιέω, -νοέω; -νόημα, τό.*

[Da sskr. anu + g'nâ *Befehl* heisst, zieht *Pott* (I, 183 II, 151) hieher: *ἄνωγα befehlen;* allein diess ist, abgesehn von andern schwer anzunehmenden Aenderungen, ein Perfect. Ich erkläre es ähnlich wie *ἤνοχα* (S. 22), *ἤνοθα* (I, 77) und stelle es mit *ἀν-άγκ-η* (II, 22) zusammen; nur ziehe ich es zu der Wzf. *ἀγγ* (S. 18) nicht *ἀγκ;* daraus würde, nach Analogie von *ἤνογα* (eig. *ᾱνοκα*) *ᾱνογ*, oder mit Versetzung der Quantitäten *ἄνωγα* d. h. *ich zwinge;* gegen eine Verbindung mit *ἀνάσσω* (*Kühner* Gr. Gr. I, 260) spricht der Mangel des ϝ; dazu *ἄνωγμεν; ἤνογον, -γεον* u. aa. *ἀνωγή, ἡ.*]

Mit Verlust des *γ: νόος* (für *νοjος* vgl. *ἄγνοια, ἀγχίνοια*), *νοῦς, ὁ* (*Pott* a. a. O. II, 689); (Acc. *νόα*, N. *νόες* D. *νόϊ*); *νοΐδιον, τό; νοερός, ά, όν; -ρότης, ἡ;* (*-ρωτός, όν* zw.); *νοέω; νόημα, τό; -μων, ον; νόησις, ἡ; -ητός, ή, όν; -τικός, ή, όν; νοηρός, ά, όν;* (*νοόω* spät); *ἄνοια, ἡ; ἀνοητία, -ησία, ἡ; -ηταίνω* (*-ητεύω?*); *ἐπινοηματικός, ή, όν; εὐνοϊκός, ή, όν; ὁμονοεῖον, τό; προνοητής, ὁ; Θεανώ* (*Pott* II, 377), *Κρατῖνος* (ebds. 395).

o für *γ* (vgl. S. 120) *ὄνομα, τό;* (dafür entscheidet lat. co-gno-men gegenüber von nomen) für *ὀνομαν* (wie lat. no-men u. die Derivata zeigen); in den übrigen verwandten ist der Anlaut spurlos verschwunden (vgl. *Pott* I, 182); *ὀνομαίνω* (für *-μαν-jω*); *-μάζω; -μασις, -σία, ἡ;* (*-σμα, τό?*); *-στός, ή, όν; -τί; -τήρ, -τής, ὁ; -τήρια, τά; -τικός, ή, όν; ὀνομάτιον, τό; -τικός, ή, όν; ὄνυμα* (äol.), *τό; ἀντωνυμία, ἡ; -μικός, ή, όν; ἀνώνυμος, ον; -μί, -μεί; νώνυμνος* (f. *νωνυμανος* vgl. I, 530), *ον; ὁμωνυμέω; -μιος, ον; παρωνυμίζω; -ιάζω; -ίασμα, τό; παρωνυμιόω.*

Mit dem organischen sskr. g'nâ-man identificire ich auch *ση-ματ* (*ματ* = man wie in *ὀνοματ*); *σῆμα, τό Zeichen* (vgl. slav. znamenie, russ. znak *Zeichen*); wegen g' in *σ* vgl. I, 685 wegen Verlust des *ν* oben. Dazu *σημάτιον, τό; -μάδιον, τό; -μαλέος, α, ον; -ματίζομαι; -ματόεις, εσσα, εν; σημαίνω* (*σημανjω* vgl. *ὀνομαίνω*) *-μανσις, ἡ; -ντήρ, -τωρ, ὁ; -τρια, -τρίς, ἡ; -τήριον, -τρον, τό; -τικός, ή, όν; σημασία, ἡ; σημαία, ἡ; -μεία, ἡ; -μεῖον, τό; -ειώδης, ες; -ειόω; -είωσις, ἡ* (*-είωμα, τό* zw.); *-ωτός, ή, όν; -τικός, ή, όν; ἄσημος, ον; -μότης, ἡ; -μων, ον; -μαντος, ον; διοσημία, ἡ.*

Da g'ânâmi zu g'nâ im Sskr. und *δ* = *γ* oft im Griech., ziehe ich hieher *δήν-εα, τά Künste* u. s. w. *ἀδηνές* = *ἀπρονόητον; ἀδανίη, ἡ* (*Hes.*).

κ für *γ* dialektisch in *κον-νέω, κονέω*, vgl. goth. kunnan (S. 143); daraus wohl *κοέω* (ionisch); *κοάω* in *ἀμνοκῶν, εὐρυκοάς, εὐρυκόωσα*, in einer Menge Nn. pp. *Ἱπποκόων* u. aa. (*Pass.* s. v. *κοέω*); *ὀρνιθοκόος; κοάλεμος* (zu *ἠλεός* I, 63).

Wurzeln und Wzformen, welche mit *K* anlauten.

K, *κάππα* genannt, nach einem phönicischen W. = hebr. כַּף, nahm auch, als im Griech. nicht unterscheidbar, das *κόππα*, hebr. קוֹף, welches sich auf einigen Münzen in der Gestalt Q (lat.

q) erhalten hat, in sich auf. Letztres diente, Pferden eingebrannt, dazu, sie als *corinthische* zu bezeichnen, daher κοππατίας, ὁ *ein Pferd mit dem Zeichen Q.*

κ, hϝ, eig. Fragpron., dann relativisch (verbindende Frage vgl. *wer, welcher* lat. quis, qui) und *indefinit* (geschwächte Frage) (vgl. nachgesetztes lat. quis deutsches *wer* u. s. w.). Die Form hv im Deutschen erhalten (goth. hv-a-s *Graff* IV, 1183 ff.); in den meisten verwandten Sprachen (schon im Sskr.) ist hv zu k verhärtet. Für die Richtigkeit dieser Auffassung, wonach hv organisch und k phonetische Wandelung, nicht umgekehrt, vgl. man S. 63, 64 und Wz. ϑϝri : hvři : kři u. s. w.; auch spricht einigermaassen dafür griech. πο = hva. Dass der Uebergang von hv in k auch natürlicher sey, als umgekehrt, will ich in diesem Werke, wo unser Augenmerk erst Basen für die Theorie sammelt, nicht urgiren. Da hv die organische Consonanz, so wäre es nicht unmöglich, dass diess Pronomen ein Compositum aus den Pronominalstämmen h(a) und v(a) (I, 272) sey. Doch ist dabei zu bedenken, dass da der organische Consonant des Pronominalstammes h(a) sskr. gh ist (vgl. Pron. χ), die organische Consonanz des vorliegenden Pronomst. ghv sein würde, welches schon vor der Sprachtrennung zu hv geschwächt und wahrscheinlich auch zu k verhärtet sein müsste; anders *Bopp* (V. G. §. 386 ff.). Diese Pronominalconsonanz tritt, wie die meisten Pronominalstämme, mit den Hauptvokalen a : i : (u?) auf, also organisch hva : hvi : (hvu?).

1. Form hva; goth. hva; mit Verhärtung des h durch Einfluss des v: lat. quo (wovon Ff. in der Declinat.), sskr. ka; aa. Verwandte bei *Bopp* (a.a.O. insbes. S. 558), litth. kas *wer* (kame *wo* = sskr. kasmin Loc.), kad *wann* (= sskr. ka-dà), kai *wie*, lett. kas, *wer* u. s. w. griech. hv in π durch Einfluss des labialen v, ionisch in κ; also πο : κο in πῆ, κῆ, (dor. κᾶ), *wie* u. s. w., πή, κή indefinit; mit ὅ eig. ὅτ (= sskr. jat Neutr. I, 400) zsgstzt.: ὅππη für ὅτ-πη : ὅπη, ὅππα, ὅπα. Welcher Casus diess πᾱ : κᾱ ist, ist nicht so ganz sicher; wenn = lat. quâ, möchte es Ablat. sein, für quât, κᾶτ; aber fraglich ob fem. oder masc. denn griech. η lat. ā kann auch dem organischen â entsprechen und das Griechische hat sonst keine Spur der Unregelmässigkeit, die im Lat. die eigentlich nur masculinare Ablativendung ât auch auf die Feminina überträgt. Abl. msc. πώ, ion. κώ (für πω-τ = sskr. k(asm)ât), indefinit; ποῖ, ποι, welche Casusform diess sei, ist nicht ganz sicher (am wahrscheinlichsten Dativ nach Analogie von μοί für μο-bhi : μοbι vgl. lat. cubi in ali-cubi); ὅποι; πεῖ (vgl. I, 401); πόϑι, ποϑί; ὅπποϑι, ὅποϑι; πόϑεν (vgl. sskr. kuha für kudha *Windischmann* Sank. 75); ποϑέν; πόσε (vgl. I, 388) dor. πῦς; πῶς, κῶς, πῆμος, alle drei = einem sskr. hvâ-vat (vgl. I, 402).

sskr. kva heisst *wo*; griech. entspricht ποῦ, welches demnach *kein Genitiv* ist; schwerlich ist auch kva = hva mit Verhärtung des k (wie im lat. quo); ich erkläre es für eine Bildung aus ka + va (vgl. i-va u. aa.); πότε, πόκα (vgl. weiterhin Pron. k'a), κότε, ὁπόταν; ποτ-απός (ποτ = sskr. kat Neutr. in Zsstzg., lat. quod vgl. *Bopp* V. G. S. 558), ποδαπός, ή, όν (vgl. I, 127. *Pott* II, 265); ποταπῶς.

πο : κο mit Comparativsuff. sskr. ka-tara, goth. hvathar (*Graff* IV, 1217); römisch (mit Verlust des c vgl. *Bopp* V. G. S. 566): uter für cuter, griech. πό-τερος, κότερος, α, ον; ποτερός, ά, όν: -ρως, -ρωθι, -ρωσε; ὁποτέρωθε, -θεν.

πο + ιος: ιο = sskr. ija (vgl. I, 388, 404, 456) erkläre ich *jetzt* für eine Nebenform der 2ten Comparativendung, organisch ijans (vgl. S. 30, 50): ποῖος, α, ον; -ός, ά, όν; ion. κοῖος; ποιότης, ἡ; ποιόω.

πο : κο mit alter Superlativendung το (vgl. πέμπ-τος mit sskr. pank'a-ma aa.), das τ ging wie oft in σ über (vgl. πόσις S. 75), daher πόσος für ποτος, wie (ἀλλό)-κοτος, ον, (νεό)-κοτος, ον, in denen κοτος, die ionisch-organische Form von πόσος, indefinit steht und lat. quŏtus zeigen (*Pott* II, 304 *Bopp* V. G. 433); sskr. entspricht ka-ti, dessen Endung sicher verwandt; so ist nun auch ὅσος (I, 404) zu erklären. Also πόσος, η, ον; -σός, ή, όν; ποσάκις; -σότης, ἡ; -σόω; -σαχῆ (vgl. $\sqrt{}$ θα); -χῶς; -σαπλῶς; -πλάσιος (S. 97). — Von πόσος ein neuer Superlat. πόστος, η, ον (vgl. *Pott* II, 469); -σταῖος, α, ον; ποσσῆμαρ (Compos. nach sskr. Weise, *Bopp* Gr. s. r. 675).

πο mit λικο (vgl. I, 226) πηλίκος, η, ον; -κότης, ἡ.

πη oder eigentlich πει (vgl. κῆνος) mit Suff. νο (vgl. sskr. idâ : idâ-nìm; purâ : purâ-n'a S. 45) πηνι (alter Dat.) in πηνί-κα (über κα vgl. weiterhin).

Acc. Neutr. lat. quam und quum, griech. κάν (dor.), κέν, κέ mit indefiniter Bed. (vgl. ἄν S. 48 und *Pott* I, 138, II, 135, 303).

Hieher gehört auch καί (vgl. auch *Pott* II, 319, 320); ursprünglich relativisch *wie* (der *wie* der); die Form zweifelhaft; ob lth. kai *als* damit identisch? oder ob wie ναί (S. 45) zu erklären, oder ob ein Casus (etwa Dativ), oder ob = dem goth. hvaiva *wie* (*Graff* IV, 1192), welches dem sskr. kêva (in kevalam) aus ka+iva entspricht, so dass καὶ = κα + ιϝα (vgl. sskr. k'aiva *und* (*Bopp* Gr. sscr. p. 305) von k'a, s. weiter)?

[κη ion. in κῆγχος, κῆχος, *wohin* (vgl. $\sqrt{}$ θα).]

sskr. ka in Zsstzg. und ebenso in den verwandten Sprachen (vgl. *Bopp* Gr. sscr. 691. V. G. S. 558. *Pott* E. F. I, 164), griech. Beispiele vgl. I, 18, 33, 268, 291 und sonst.

2. Form hvi: sskr. ki u. aa. *Bopp* V. G. S. 566 ff. (griech.? vgl. weiterhin k'a) lth. kiek *wieviel* = sskr. kijat; lth. keli (für kieli vgl. kielets).

3. Form hvu habe ich bezweifelt; goth. heisst nämlich *wo* hvar; *wohin* (*Graff* IV, 1198) hvadre, hvath (ebds. 1200); in dre ist augenscheinlich das bekannte Localsuff. sskr. tra, die Form also hva-tra; dieser entspricht deutlich sskr. ku-tra, wo also ku = hva also u phonetisch, nicht organisch; in goth. hvar ist, wie in ahd. hvara = goth. hvadre, sskr. tra verstümmelt; dieselbe Verstümmelung in lat. quor-sum für quotra-versum; mit ahd. hvâr-umbi *warum* gleicher Bed. ist lat. cur, welches sich also auch am besten als eine Verstümmelung von quo-tra, quor nehmen lässt; ganz eben so litth. kur = sskr. kutra; eben so erweist sich sskr. ku-ha für ku-dha, verglichen mit griech. πο-θε(ν) als für hva-ha : hva-dha stehend; demnach werden wir auch sskr. ku-tas und ku als erstes Glied in Zsstzg. auf die

selbe Weise deuten; so liessen sich auch die lat. Formen mit u auffassen, allein, da lat. u sskr. a geradezu entspricht, so lässt sich deren cu auch gradezu mit quo = hva identificiren; vgl. Beispiele bei *Bopp* V. G. 563, von denen lat. us-quam für cut (= sskr. kat)-quam steht; unde ist = sskr. kuha, griech. κο-θε(ν) (wegen des eingeschobenen Nasals vgl. man aliu-n-de ἄλ-λο-θε aa.); dazu gehört wohl auch cul in pro-cul für quol = quor = sskr. kutra; cul hat hier indefinite Bedeutung: *vor wo*; [allein ul-tra und verstümmelt ul-s gehört zu ol-lus *jener*]; hieher auch wälisch: cyd, cyda, cuda.

Wie cul in pro-cul scheint mir hieher zu gehören κει in ἐ-κεῖ, dessen ε = dem Pron. a (I, 1); κει entspräche πει (S. 145); es hiesse danach wörtlich: *da wo*. Doch ist diese Verbindung unsicher, nicht bloss wegen des schwachen Zusammenhangs der Bedd., sondern auch weil neben diesem κει nicht πει, wohl aber neben κῆνος dialektisch τῆνος besteht. Vielleicht ist an den Pronst. sskr. gha (vgl. χ(ο)) zu denken, dessen gh durch k vertreten sein könnte; allein dessen stark hervortretende Bed. ist *hier* (vgl. auch *Bopp* V. G. S. 299). Jener Erklärung zufolge ist κεῖ in κεῖθι, κεῖθεν, κεῖσε Verstümmelung von ἐκεῖ in ἐκεῖθεν, -θι, -σε; ἐκεῖ-νος (vgl. S. 45), κεῖνος, νη, νο (ganz so goth. jai-na (jen-(er)), aber aus sskr. tja vgl. Pron. T), ἐκείνινος, η, ον; ἐπέ-κεινα; dialektisch äol.: κῆ-νος (vgl. πηνί-κα) und (τ für κ) τῆνος, dor. τηνόθι, -θεν; -νωθε.

Wenn aus dem Fragpronomen ἐκεῖ mit der Bed. *dort* hervorgehn konnte, so konnte auch der Begr. *unten* (letztres als ein *dorten* gefasst) hervortreten, und dann ziehe ich hieher κα-τά (über τα vgl. μετά S. 30); doch gehört auch dieses vielleicht zu Pron. sskr. gha, wo aber die Bed. ebenfalls schwierig (*Bopp* Gl. sscr. zu katham *wie*, welches der Bed. nach gar nicht passt); anders *Pott* (II, 184); dazu κάτω (alter, nach falscher Analogie gebildeter Abl. für κατωτ, oder τω = sskr. Suff. thâ); κάτωθεν, -θε; κατω-τέρω; -ρος, α, ον; -τατος, η, ον; κατωτερικός, ή, όν; κατωτέρω-θεν; καται in Zsstzg. καται-βασις aa. (alter Dativ?).

Das palatale sskr. k' steht in einem lautverwandtschaftlichen Verhältniss zu sskr. k; für das sskr. mâ-kis, nâ-kis erscheint zend. mâ-k'is, naè-k'is (*Bopp* V. G. §. 398) und überhaupt k'i, im masc. k'is, neutr. k'it als Pron. interr. (*Burn.* Comm. s. l. Yaçn. I, N. CXLII), k'vant *wie viel* für kvant = lat. quant-us (vgl. *Bopp* V. G. S. 465); eben so erscheint slav. tsche (*Kop.* Gl.) neben ko als Fragpronomen (*Bopp* V. G. S. 579). Diesemnach nehmen wir keinen Anstand das sskr. pronominale k', welches wie k mit den Vokalen a und i verbunden erscheint: k'a, k'i als Absenkung von ka, ki zu betrachten, die sich jedoch schon vor der Sprachtrennung als besondere Form fixirte. Im Sskrit ist es nur indefinit, eine Bed., die in den verwandten Sprachen auch bei den, der organischen Form hva: hvi entsprechenden, Bildungen hervortrat. In den verwandten Sprachen dagegen treten auch bei den, der Form mit k' entsprechenden, Gestalten alle drei Bedd., die *interrogative*, *indefinite*, *relative* (*copulative*), hervor.

1. k'i sskr. nur in k'it, z. B. kaç-k'it, indefinit; griech. τι in τις, τι (für τιτ), Pron. indef.; Gen. τινός u.s.w. erklärt sich

vielleicht aus einem Neutr. τιν = sskr. k'im nach Analogie von kim, dessen ν in die Declination eingedrungen wäre; vielleicht ist es aber aus einem Thema τινο entstanden (mit Verlust des thematischen ο wie im Griech. so oft). Diess τι-νο verhielte sich zu τι wie sskr. k'a-na (kaç-k'ana) zu k'a. Da neben k'i entschieden k'a besteht, so kann man zweifelhaft sein, ob die dialekt. Casusff. Gen. τέο, ep. τεῦ, τοῦ, Dat. τέῳ, τῷ, Nom. Plur. N. τα, Gen. τέων, Dat. τέοισι, aus der Form τι oder το zu erklären sind; τέο verhält sich z. B. zu sskr. k'a wie μέο zu sskr. ma; im übrigen hätte die substantivische Declination die pronominale mehrfach verdunkelt; doch lässt sich auch allenthalben τι zu Grunde legen und manches aus Einwürkung falscher pronominaler und substantivischer Declinationsanalogieen erklären. Für diese Annahme sprechen die äolischen Ff. τίῳ, τίοισιν (*Ahrens* De Graecae Ling. Diall. 127), aus denen folgen könnte, dass ε in jenen Ff. Vertreter von ι, wie so oft; ja der Nom. Plur. Neutr. -τα stimmt fast genau mit dem aus der Analogie von zend. kj-a lat. quia (*Bopp* V. G. S. 569) erschliessbaren zend. k'ja, woraus dann als organischere Form griech. τια folgt, welches uns die dorische Form des Pron. interr. σά (*Buttm.* Gr. Gr. I, S. 307*) erklärt, deren σ durch Einfluss des ι aus τ entstanden ist.

Der Form nach stimmt fast durchweg mit τι als Pron. indef. τί als Pron. interrog. überein, welches wir daher allem Bisherigen zufolge für identisch mit ihm nehmen dürfen (anders *Bopp* V. G. S. 580, *Pott* II, 319); dazu τί-η (vgl. χ(ο) Pron.); davon τίζω.

Zu τι als Pron. indef. ὅςτις, ἥτις, ὅ, τι oder ὅττι mit ὅς, ἥ, ὅ oder ὅτ (I, 400) zusammengesetzt; ὅ-τις für ὅττις mit dem Neutrum von ὁ : ὁτ als Stammform, wie ἄττα, ἅττα beide für sskr. jad + griech. τα (für τια, s. oben); ὅτι, ὅττι, eig. Acc. neutr. *dass* u. s. w.; μήτις (vgl. zend. mâ-k'is), eben so οὔτις; οὐτιδανός (Suff. sskr. tana), ή, όν.

2. sskr. k'a durch die relative Bed. zur copulativen Conjunction geworden (vgl. καί S. 146), griech. τέ (*Pott* II, 319, 264, *Bopp* Gl. sscr. s. v. k'a, V. G. S. 534); οὔτε, μήτε.

k'a als indefiniter Nachsatz im Sskr. z. B. kin-k'a u. aa. (*Windischmann* Sankarn 75, *Lassen* Pentapot. Episod. Mahâbhâr. 18 Nott.); vielleicht griech. τα, τε und (mit κ = k') κα in ὅτε: äol. dor. ὅκκα, ὅτα, ὅκα (anders *Pott* II, 257, 136, 321, *Bopp* V. G. 611, 613), gegen deren Ansicht der dialektische Wechsel entscheidet [1]), ὁτέ, für ὁτ + κα u. s. w. ἄλλοτε, -τα, -κα; πότε, -τα, -κα; ποτέ; τίπτε für τίποτε; τότε, τόκα, τοτέ; εἴτε, αἴκα; αὖτε; ἐνίοτε, -οκα; εὖτε, ἦὖτε (I, 402); ὅςτε, πάντοτε, ἔπειτα I, 136 u. aa.

π = k' (vgl. S. 88 πεπ) in ὄφρα (I, 400) für ὁτ + πε + αρα; und τόφρα = τοτ + πε + αρα.

Ausserdem vgl. k'a noch in Bildungen (I, 277, 279, 283).

Ich erwähne hier auch das suffig. κα in αὐτί-κα, πηνί-κα, ἡνί-κα, wo αὐτι u. s. w., wohl verkürzte Locativformen (für αὐτοι

1) Dieser wendet auch mich von meiner früheren (der Bed. nach viel passenderen) Erklärung ab (I, 107); sollte man dor. ὅκκα u. s. w. von ὅτε, ὅτα ganz trennen dürfen, so würde ich zu dieser zurückkehren.

u. s. w.); κα könnte auch anders, aber eben so unsicher, gedeutet werden (z. B. = sskr. kva *wo* indefin., anders vgl. *Pott* II, 305); an sskr. iha *hier* (für org. idha) denke man nicht, so sehr es der Bed. nach passte; wohin αὐτίκα, dahin auch κα in πρό-κα und ἕνεκα (I, 427); aber in ἄκασ-κα (S. 64) ist mir κα fraglich.

κοΐ *Nahahmung des Lauts der Schweine*, davon κοΐζω; vgl. nhd. quik, quiken, lett. kweekt; da alle diese Formen dem nachgeahmten Laute so nahe stehn, so könnten sie unabhängig von einander entstanden sein; allein litth. entspricht zweg-iu etymologisch richtig, welches gar nicht mehr an den Naturlaut erinnert; danach scheint mir die Verbalbildung aus diesem Naturlaut, theilweise wenigstens, vor die Sprachtrennung zu setzen; entfernt verwandt ist slav. kvak-ati *glucken* (*Dobr.* 225), ahd. quaken; davon aber unabhängig griech. κοάξ, Nachahmung des *Froschlauts*, lat. coaxo.

κόϊξ, κόϊς, ὁ *eine Palmenart* (äthiopisch?); -ΐκινος, η, ον (*Steph.* Thes. ed. Lond. CCCLXXVII).

[κῶας, τό *Vliess* nehme ich für σκωϝ-ας und ziehe es zu Wzf. σκυ (I, 611) mit Verlust des σ, wie oft (anders *Pott* I, 84); zsgzg. κῶς; κώδιον, -δάριον, τό.]

√κι. Im Sskr. çî *liegen*; einige Verwandte bei *Pott* (I, 209), *Bopp* (V. G. 705), dazu: lth. koja *das, worauf ein Gebäude liegt* (ruht); pa-kajus *Friede*, vgl. *Pott* (Lth. Bor. Princ. 52), kiemas *Dorf* (vgl. weiterh.); ahd. hi-wjan (*Graff* IV, 1063 ff.) *beilagern* (*heirathen*); hi-rat (ebds. 1066), goth. he-þjo *Lager* (*Grimm* II, 238); hieher ahd. hai-ti (*Graff* IV, 807), goth. hai-tja *Feld* (wo man *sich niederlegt Graff* IV, 809), ahd. heidan (*paganus* ebds. 810), haim (*Wohnung* 946); griech. κεῖ-μαι (gunirt vgl. *Bopp* V. G. 705), κεῖ-σαι = sskr. çê-shê, κεῖνται, κείαται, κέαται = sskr. çajatê (in den Veden, *Lassen* Ind. Bibl. III, 39), Conjunct. κέ-ωμαι für κεjωμαι (in Inschrift organischer κείωνται *Buttm.* Gr. Gr. I, 567 *), eben so κέεται, κέονται für κεj-εται: κέjονται (stets Guna ει, vor Vok. in εj); fut. κείω, κέω für κει-σj-ω: κείσω (wie κατάκειαι für κατακεισαι); κέσκετο verstümmelt für κεί-σκετο, da die Stammform κι dem griech. Sprachbewusstsein abhanden gekommen war. κειμήλιος, ον; -λιον, τό; -όω; -λίωσις, ἡ (κέμμα, τό dial. schwerlich richtig).

οι = sskr. è (Guna): κοί-τη, ἡ; -τίς, ἡ; -τος, ὁ; -ταῖος, α, ον; -τών, ὁ; -ώνιον, τό; -νίσκος, ὁ; κοιτάζω; -ασία, ἡ. ἀκοίτης, ὁ (ἀ = ἁ I, 382); -τις, ἡ; δύςκοιτος, ον; -τέω; -τία, ἡ; προκοίτιον, τό; -τεια, ἡ.

κοιμάω (wie von κοι-μη); -μέω; -μημα, τό; -μησις, ἡ; -μητήριον, τό; ἀκοίμητος, ον; (κατακοιμητής, ὁ zw.); -μητικός, ή, όν; κοιμίζω; -ιστής, ὁ; ἀκοίμιστος, ον.

κῶμα, τό *tiefer Schlaf* (die Form wie κώμη zu deuten); -ματώδης, ες; -μαίνω; (-μόω zw.).

Da goth. haims, litth. kiemas (wovon kaimynas) hieher, so auch griech. κώ-μη eig. *Wohnort, Heimath, Dorf* (vgl. *Pott* II, 290 und Lth. Bor. Pr. 44); das goth. und litth. ai gegenüber griech. *ω* deuten mir auf Vriddhi von î (sskr. âi), welches griech. *ωι : ω* ward. Dazu *κωμηδόν; -μιον, τό; -μίδιον, -μύδριον, τό; -μήτης, -τωρ, ὁ; -τις, ἡ; -τικός, ή, όν; μητροκωμία, ἡ; ἐγκώμιος, ον.*

Hieher ferner *κῶμος, ὁ Tischgelag* (vgl. *κῶμος, δαίς, χόρος* verbunden Hymn. Merc. 481), die damit verbundne *Heiterkeit* u. s. w.; daher *κωμῳδία; κωμικός, ή, όν; -κεύομαι; κωμάζω; -ασία, ἡ; -στής, -στωρ, ὁ; -στικός, ή, όν; κώμαξ, ὁ; ἐγκώμιος, ον; -ιον, τό; -ιάζω; -αστής, ὁ; -στικός, ή, όν; ἀνεγκωμίαστος, ον.*

Wir sahn aus *liegen* den Begr. *heirathen* im Deutschen hervorgehn; wie nun der *Schwiegersohn* bloss von einer Wz. in der Bed. *heirathen* den Namen erhielt (vgl. *γαμβρός*), so wohl auch das andre angeheirathete Verwandtschaftsverhältniss: *Schwägerschaft.* Daher ziehe ich zu sskr. çi : çjâla, â *Schwager, Schwägerin*, zumal da es eigentlich die Geschwister der *Geheiratheten* bezeichnet; wegen der Form vgl. sskr. çjâna eig. *anliegend, anklebend*, welches ebenfalls hieher gehört; dem sskr. çjâla entspricht slav. zïlovï (*K. G.*), welches durch Suff. vï = sskr. va (vgl. çjâla-ka = çjâla) gemehrt zu sein scheint, griech. entspricht mit *γ* = çj : *γάλοως*, sogenannt att. Declin. für *γάλοϝος* nur *ἡ Schwägerin*, zsgz. *γάλως.* Daher lat. glos (vgl. *Pott* I, 131, II, 443); mit organischerem *α* : *γαλαώνη* (*Suid.*).

Zu sskr. çi gehört ferner çĭ *Ruhe*, wo kurzes ĭ. Sollte nicht, wie gewöhnlich, i überhaupt nicht radikal, sondern der bloss lautbar machende Vokal sein und also mit Recht hieher gezogen werden dürfen, das mit çi glbd. sskr. çam *ruhen?* vgl. ähnlich sskr. dr-u : dr-am *laufen* (s. *δρ*), sskr. krî *kaufen*, ahd. kram (*Graff* IV, 603) u. aa. Çam heisst nun zwar auch *ruhen*, allein mit einer Modification: *müde sein* [ni + çam *hören* ist eigentlich *sich beruhigen, gehorchen, hören*]. Nebenform von çam ist çma in çma-çâna (letzteres für çajana) *Lager der Müden* (d. i. *Todten*, wie denn çam auch *tödten* (*Wils.*), vgl. çam-ana *Tödtung*, ganz wie çaj-atha *Tod* von çi *liegen, schlafen*); da auch griech. *καμ : κμα müde, todt*, so ist es mit sskr. çam, çma (anders *Pott* I, 119, 263, 260, II, 539, *Bopp* Gl. sscr. s. v. klam, *Höfer* Beitr. I, 243*) zu identificiren. Dahin auch lett. kam-moht *müde machen*; ahd. hamo (*todter Körper Graff* IV, 933). Also *κάμ-νω* (9te Conj. Cl.) *müde werden* u. s. w. (*κέκμηκα*); *κάματος, ὁ; -τηδόν; -τώδης, ες; -τηρός, ά, όν; -τόω; ἀκάματος, ον; -μας, ὁ; -μαντίς, ἡ; -τίδης, ὁ; ἀκμής, ὁ, ἡ; -μητος, ον; -τί, -τεί;* *todt* in *σιδηροκμής, ἀνδροκμής.* Hieher wohl auch: *ἀκμή, ἡ Nüchternheit* (wo der Magen noch nicht beruhigt?); *ἄκμηνος, ον nüchtern.*

[Leicht und schon im Sskr. geht die Bed. *ruhen* in *beruhigen, zügeln* über, daher sskr. çam-ja *the pin of the yoke*, ahd. chamo *Gebiss, Zaum* (*Graff* IV, 395, *Grimm* D. G. III, 454 cham-pritil)].

Wenn çam hieher, dann formal auch das sskr. Suff.ças; es bezeichnet adverbiell *Wiederholung eines einzelnen*, z. B. kramaças *Schritt vor Schritt*; ähnlich ist der Gebrauch des deutschen zu çi gehörenden -heit in den Abstractbildungen Dreiheit, Vier-heit u. s. w., griech. entspricht *κας*, nur in *ἀνδρακάς* erhalten; ob auch das allgemein multiplicirende *κις* : *πεν-*

τάκις u. s. w. hieher gehört, wage ich nicht zu entscheiden (vgl. H. A. L. Z. 1838, Ergzbl. S. 336).

(κυ). Im Sskr. heisst çjâ-ma *schwarz, dunkelblau, grün*, çjâ-va *braun*, çjâ-na *Rauch*, çjê-na *bleich, weiss*, çjê-ta *weiss*; schwerlich lassen sich diese Wörter von einander trennen; ihre Grbd. hat wohl das mit çjê-ta zusammenhängende lat. caesi-us (davon caeruleus) am besten erhalten: die Farbe der *stechend grauen Augen*, die nach *grün, blau, braun* und *schwarz* hinüber spielt. Eine Wz. kann ich nicht nachweisen (vielleicht zu Wzf. sskr. ç-i, mit dem Begr. der *Schärfe*, des *Stechens* I, 164; die Form çjâ-va u. s. w. betreffend vgl. çjâla S. 150). Zu çjâva ziehe ich slav. civ *caesius* (*Dobr.* 318), lth. szĕmas *aschgrau* und griech. κυα für κjαϝα, mit Verlust des j: καϝα und αϝ zu υ: κυα; davon κύανος, -νειος, -νεος, α, ον *schwarz, blau* u. s. w.; -νίζω; -νέω; -νήτης, ὁ; -νῖτις, ἡ; -νωσις, ἡ. —

καύ-ᾱξ, -ύηξ, κήξ, καύης, κάβηξ, ὁ *Seemöwe*, vgl. *Pott* I, S. LXXXII, II, 508); lett. kaija, esthn. kaiak; ähnlich ist auch russ. tschaika *Mewe* (*Dobr.* 99). Dennoch leite ich es eher von der Nachbildung eines Lautes von Vögeln: καυακ (*quak* vgl. slav. kvakati u.s.w. (S. 149)).

κάσσα, ἡ *Hure*; vgl. *Pott* (I, 40); osset. cha-thin *ich hure*, chath-age *Hure*, pers. kâ-den; allein näher liegt noch sskr. kak'kh'ura (fast ganz = κασσωρο) *wollüstig* eig. *einer, den es juckt*; diess ist aber eine Zsstzg. von kat (S. 145) und kh'ur *schneiden* eig. *schaben, jucken* von √ aç, ἀκ (I, 155 ff. vgl. I, 166, 173 insbes.); aber auch litth. kekšse *Hure* und selbst celtisches (*Diefenb.* Celt. I, 136 nr. 201) muss berücksichtigt werden; andrer Möglichkeiten will ich gar nicht gedenken; dazu κασσωρίς, κασωρίς, ἡ; κασσωρεῖον, κασωρεῖον, τό; κασσορεύω, κασσωρεύω; κάσαυρα; -ράς, ἡ; -ρεῖον, -ριον, τό; -ρίς, ἡ; κασάλβη (wohl = κασαυρα dialekt. umges. κασαρϝα: κασαλϝα, -σαλβα), ἡ; -βάς, ἡ; -βιον, τό; -βάζω.

κασσία, ἡ fremd; hebr. קְצִיעָה (vgl. *Rosenmüll.* Bibl. Archäol. IV, 267) *die arabische Cassia*; -σίζω.

κασσίτερος, ὁ *Zinn*, fremd; aus dem sskr. kastîra, eine Zsstzg. von kasa und tîra, welche beide *Zinn* bedeuten, wahrscheinlich um eine vorzüglichere Gattung desselben zu bezeichnen (vgl. genaueres in *Ersch* und *Gruber* Encyclop. II, XVII, 29, *Pott* II, 414, *A. W. v. Schlegel* in Ind. Bibl. II, 393); -τέρινος, η, ον; -ρίδες, αἱ; -ρόω.

Κάστανα, ἡ oder Κασθαναία *Stadt in Thessalien*; Etymologie, als von einem Eigennamen, ganz unsicher; davon κάστανον, -ναιον, τό *Kastanie*; -νεών, ὁ; -ναϊκός, ή, όν.

κάστωρ, ὁ *Biber*, fremd, aus dem Sskr., wo kastŭrikâ, kastûrî *Moschus* (anders *Pott* II, 237); -τόριος, α, ον; -ριον, τό; -ρειον, ον; -ρίζω.

κόστος, ὁ eine gewürzige Pflanze; fremd; von dem sskr. kusht'a.

√κις. Im Sskr. çish *scheiden*, lat. quis in quaeso (Gunaform): quaero *durch Scheiden suchen* u. s. w., cura (für quaesa), goth. quis-t in fra-quis-t-jan *delere* (vgl. sskr. çish in der Bed. *relinquo*, d. h. *abscheiden*); zu sskr. çish auch çiksh *scheiden wollen*, d. i. *lernen*; ferner wohl çiç-na (mit ç = sh, wie oft) *penis* insofern er *secernit* (vgl. ex-crementa); der Bed. nach passender wäre eine Etymol. von sik' (I, 439), vgl. vesica (für avesica); doch müsste man dazu zwei unorganische Wandlungen annehmen, deren eine noch keine sichere Analogie hat; wenn die Etymol. von çish richtig, so gehört zu çiç-na vielleicht griech. κινα für κιςνα in κινά-βρα, also eig. *penis-Gestank* (vgl. S. 142); doch wären auch andre, aber eben so unsichre Etymologieen denkbar.

κίσσηρις, ἡ *Bimstein*, ob zu κιδ = σχιδ (I, 169), oder κϝι *hohl sein* (wegen seiner Löcher?); -ρώδης, ες; -ρίζω.

κίστος, κίσθος, -θαρος, κίσσαρος, ὁ *ein strauchartiges Gewächs*; da die Erinnerung an seine Wzf. (ob κιδ = σχιδ?) ganz verloren ward, so schwankt es, wie solche (gewöhnlich ursprünglich dialektische) Wörter fast in allen Sprachen, in unsichrer Form (*Pott* II, 37); ὑποκιστίς, ἡ *eine Schmarotzerpflanze*.

κίστη, ἡ *Kiste*; Etym. sehr ungewiss (ob κι S. 149? vielleicht ein dialektisches Wort von κευθ (I, 613) für κυθ + τη, deutsch Kiste, Kasten lehren nichts, da beide Lehnwörter sind), κιστίς, ἡ.

√κυς. Im Ssskr. √kus *umarmen*, die aber sonderbarer Weise durch nichts belegbar; griech. entspricht aber deutlich κυ-νέω für κυς-νε-ω (9te Conj. Cl. und ο wie δεικνύω neben δείκνυμι u. aa.), Fut. κυσ-σω (für κυσ + σjω): κύσω *küssen* (anders *Pott* I, 64); auch ahd. chus *Kuss* (*Graff* IV, 523) gehört hieher; κυνητίνδα; θεος-κυνέω für θεοὺς κυνέω; προσκυνέω ganz lat. ad-orare; -νημα, τό; -νησις, ἡ; -νητής, ὁ; -νητός, ή, όν. —

κάλαϊς, κάλλαϊς, ἡ *Türkis*; καλάϊνος, καλλάϊνος, η, ον; fremd aus dem Sskr., wohl von der indischen Handelsstadt Kalyâna.

καλάσιρις, ἡ *eine Art Gewand*; fremd, ägyptisch, oder persisch (*Reland* Diss. Misc. II, 149).

κελ-αινός, ή, όν *schwarz*. Im Sskr. kâl-a *schwarz*; dazu mit ă: kalana, kalanka *Fleck* (vgl. kâlaka glbd.); diess führt auf Wzf. kal, die vielleicht verwandt mit kri in sskr. kri-sh-n'a *schwarz*. Zu κελαινός: -νότης, ἡ; -νιάω; κελαινεφής für κελαινονεφής. — Mit η = sskr. â: κηλίς, ἡ *Fleck*; -λῖδόω; -δωτός, ή, όν; -διάω; κηλάς, ἡ *gefleckt*; dahin lat. căl-igo.

κελεός, κολιός, ὁ *Grünspecht*.

κήλων, ὁ *Zuchthengst*, schwerlich mit sskr. carand'a *Hurer* zu vgl. (ob zu çi, κῑ S. 149?); κηλωστά, -λωτά, τά. —

(κολ: σκολ). Bei σκολ (I, 201), ist unbemerkt gelassen, dass mit σκολο identisch κόλος, ον *gestutzt*; κολερός, ά, όν (nicht mit ϝέριον *Wolle* zusgstzt, wie der Accent zeigt, vgl. auch σκόλλυς I, 201); *κόλον, τό ein Stück* u. s. w. ἄκολος, ὁ (wo ἀ = ἁ I, 381); hieher *κολούω verstümmeln* (ου ist, wegen κολοβός, όν, für οϝ zu nehmen; und Denominativ von einem Adject. auf sskr. u : κολυ gunirt κολου vor Vokal κολοϝ (ebenso ist ὀρούω I, 54 zu deuten); κόλουσμα, τό; -σις, ἡ; ῥινοκολούστης, ὁ. — κολοβός (für κολοϝος), όν; -βότης, ἡ; -βόω; -βωσις, ἡ; -βωμα, τό; -βωτής, ὁ. -βιον, τό; -βίων, ὁ. hieher *κλαμβός* (für κολαμβός), ή, όν (spät).

Hieher auch *κολάζω verstümmeln* u. s. w. -ασις, ἡ; -σία, ἡ; -σμός, ὁ; -σμα, τό; -στήρ, -στης, ὁ; -στρια, -στειρα, ἡ; -τήριος, ον; -τικός, ή, όν. ἀκόλαστος, ον; -ταίνω, -τέω; -τημα, τό; -τία, ἡ.

Zu derselben Wz., wozu σκολ, gehört, wie ich später sah (vgl. Nachtr. I p. XV, zu 205, und 209) sskr. kr̆it für skr̆it *schaben, schneiden*; diese volle Form ist erhalten in griech. σκολυτ (ολυ = r̆i vgl. σκολυπ = (s)kr̆ip I, 210 und Nachtr. zu 205, καλύπ-τω, κορυφ-ή u. aa.) in σκολυθ-ρός, ά, όν *kurz* (welches deutsche W., so wie curt-us u. aa. vgl. *Pott* I, 240 (wozu noch sl. kratiti, kratükü, *kürzen, kurz* (*K. G.*)) zu der Form ohne s gehört). Zu der ohne s auch griech. κερτ in ἀκερσε-κόμης (f. ἀκερτετ-κ. vgl. I, 201 u. H. A. L. Z. 1838 Ergzbl. S. 338); κορσ für κορτ in κόρση, ἡ *Haar*; κορσεύς, ὁ (*Hes.*); -σης, ὁ; -σόω; -σωτεύς, -τήρ, ὁ; -τήριον, τό; -τός, ή, όν (wegen κουρά vgl. I, 201, wegen γάλλος II, 115).

κολεός, ὁ (ion. κουλεός) -λεόν, τό *Scheide*, ob zu √σκ-υ (I, 611), oder eher mit dem sskr. glbd. kalaha (also für κολεhό-ς) zu vergleichen?

κόλλυβος, ὁ *eine Scheidemünze* u. s. w. wohl fremd; -βον, τό; glbd. -βιστής, ὁ; -τικός, ή, όν.

κολακ für κλακ, wie oft. Im Sskr. çlâgh, *loben, schmeicheln* (*Wils.*), çlâgha; die auslautenden, griech. κ, sskr. gh sind sicher sekundär; die Wz. unsicher (*Pott* I, 233 zu çru *hören* (vgl. ἀκροάω) vielleicht eher zu çri *delecto* (vgl. καλός u. s. w.)); κόλαξ, ὁ; -ακικός, ή, όν; -κίς, ἡ; -κεύω; -κευμα, τό; -κευτής, ὁ; -τικός, ή, όν; -κεία, -κία, ἡ; ἀκόλακος, ον; -κευτος, ον.

κολεκ. Im Sskr. Wzf. kr̆iç, kliç *dünn, mager, schlank sein* (lat. grac-ilis), vgl. verw. bei *Pott* (I, 266 II, 225); die Form sekundär; Wz. fraglich (ob κολ = hvr̆i *sich in die Höhe krümmen* vgl. κολωνός); griech. κολέκ-ανος, κολόκανος, ὁ; κολοσσός für κολοκjος, ὁ *Riesenbild*; -σικός, ή, όν; -σιαῖος, α, ον; (-σηνός, ή, όν zw., ob hieher).

κίλλος, -λης, ὁ *Esel* (dorisch); ob = sskr. khara glbd., oder zu √hvr̆i (vgl. ἐλιννύω) der *Zögerer, Langsame*? -λός, ή, όν; -λιος, α, ον.

καυλός, ὁ *Stengel*, lat. caulis, lett. kauls *Stengel, Knochen*, lth. kaulas *Knochen, Bein*, also wohl eig. das *Harte*; καυλώδης, ες; -λωτός, ή, όν; -λήδον; -λίας, ὁ; -λίον, τό; -λίσκος, ὁ; -λικός, ή, όν; -λινος, η, ον; -λέω; -λίζω; ἀπόκαυλος, ον; -λησις, λισις, ἡ; ἐκκαύλημα, τό.

√ *καρ*. Im Sskr. krî *kaufen* (*Pott* I, 206); rî aus ṙi-Vokal; ahd. kram (*Graff* IV, 608); litth. kromas (*Mielcke* II, 307) entlehnt; gael. cìur *Kaufmann*, cìura *Waare*, ciurrtha *gekauft*; griech. καρούσθαι = ὠνεῖσθαι (*Hes.*); ε = α und δ (sekundär?) κέρδος, τό (vgl. sskr. nish-kraja); -δάριον; -δόριον, τό; -δίων, ον; -διστος, η, ον; -δαλέος, α, ον; -δαλέη, λῆ, -δώ, ἡ; -δαλεότης, ἡ; -δοσύνη, ἡ; -δία, ἡ; -δῷος, ον; -δαίνω; -δαντήρ, ὁ; -δαντός, ή, όν; -δητικός, ή, όν; -αἰσχροκερδής, ές; -δέω; -δεια, ἡ.

κάρ-ος, -ρον, τό *Kümmel*, auch καρναβάδιον, τό (fremd, oder zu καρ *krümmen* Wz. ϑϝṙi)?).

κάρ-υον, τό *Nuss*; sskr. kar-aka *Schaale der Kokosnuss* (vgl. karakâmbhas bei *Wils.*), kar-anka *ein Gefäss aus Kokosnuss*, kara-mat'ta *Betelnuss* [lat. cor-ylus wenn = ahd. hasal (*Graff* IV, 1061) gehört nicht dazu (*Pott* I, 132), sondern zu sskr. √ ças (mit auslautendem s, nicht ç, wie deutsch hase zeigt) *springen*, die *kleine springende Nuss*]. Die Wz. von kara unsicher; vielleicht kar (hvṙi) in der Bed. *rund* (vgl. ϑϝṙi), oder kar in der Bed. *hart* (sskr. kar-ka-ça *hart*, ahd. hardu (*Graff* IV, 1019 u. s. w. vgl. κρυ); καρύα, ἡ; -ρυηδόν; -ρυάριον, -ρύδιον, τό; -ρυηρός, ά, όν. -ρύϊνος, η, ον; -ρυώδης, ες; -ρυωτός, ή, όν; -τις, ἡ; -τικός, ή, όν; καρυατίζω; -ρυτίζομαι; Καρύαι N. p.; καρυατίδες, αἱ; -τίζω.

κάρυβον, fälschlich πάρυβον geschrieben, aus dem pers. kâh-rub *Stroh anziehend* (*Vans Kennedy* Res. on the Lang. of As. a. Europ. 186, *Pott* II, 140).

καρύκη, ἡ *eine Brühe* mit *Blut*; fremd; lydisch (*Jablonsky* de Ling. Lyc. 86); ist lat. cruor, slav. krovï *Blut* zu vgl.?); -κινος, η, ον; -κάζω; -κεύω; -κευμα, τό; -κεία, ἡ.

κορ wohl rein onomatop, (vgl. jedoch √ κρ *tönen* S. 129 ff.) in κορ-κορ-υγή, ἡ (vgl. βορβορύζω bei φρεμ S. 113); -γέω; -γμός, ὁ.

κοράλλιον, κουράλιον, κωράλιον, τό *Coralle*, sicher fremd, wahrscheinlich von Indien her; wenn von der Röthe benannt, dann vielleicht zu sskr. kur, in welchem die Bed. *roth*, *gelb* (z. B. sskr. kurava, kuravaka (*Purpur-Amaranth*, *Barleria*,); kuruvinda, -villa (*Rubin*) u. aa.) κοραλλίζω; κοραλλεύς, ὁ.

κορίαννον, -ανον, τό, -ανδρον, κολίανδρον, τό *Coriander*, wohl aus dem Indischen; doch aber nicht von sskr. kustumbarì, glbd.; die entsprechende Form kenne ich nicht.

κεῖρις, ἡ *ciris*, ob lett. kihris *Möwe* zu vgl.? κειρύλος, κηρύλος, ὁ.

κοῦρμι, κόρμι, τό aus dem Celt.: gael. coirm, cuirm (vgl. *Diefenb.* Celt. I, 123 nr. 175).

κάῤῥον, τό aus dem Celt.: gael. cairt, carn, ahd. karra (*Graff* IV, 465).

καρβ-άζω, καρβαΐζω, *barbarisch sprechen* u. s. w. lehnt es

sich an das homer. Κᾶρες βαρβαρόφωνοι und ist von Κάρ gebildet eig. *wie ein Karer sprechen?* Dazu κάρβᾶνος, η, ον; -νίζω.

κάρπασος, ὁ *spanischer Flachs*; da dieser sicher von den Phöniciern eingefürt ward, so ist es = dem hebr. כַּרְפַּס, welches *leinenes* und *baumwollenes Zeug* bezeichnet (*Gesen.* s. v.). Dieses ist aber augenscheinlich dem sskr. karp-âsa *Baumwolle* entlehnt, von der Wzf. kṛip für skṛip (I, XV Nachtr. zu S. 205) vgl. *Schlegel* (Ind. Bibl. II, 393, Berl. Kal. 1829), *Pott* (I, 84), *Rosenmüll.* (Bibl. Archäol. IV, 1, 173); mit λ=ρ: κάλπασος; καρπάσινος, η, ον; κάρβασα, τά; -βατίνη, -πατίνη, ἡ; (-βατίων, ὁ zw.).

καρπήσιον, τό; -σία, ἡ *eine fremde Gewürzpflanze* (?).

κεαρδ. Im Sskr. hṛid *Herz*; in Bezug auf h entspricht genau: zend. zeredhaja (= sskr. hṛidaja *Burn.* C. Y. I, CXXXII u.), slav. crüdïz'e (*K. G.*), litth. szird-is, lett. ssirds, apr. siras, arm. ssird. Dagegen weichen ab: griech. κεαρδ: καρδ, lat. cord, ahd. hairt-o (*Graff* IV, 1043), gael. cridhe. Da im Griech. auch ε in εαρ aus hṛid kaum zu erklären (vgl. jedoch ἰο-χέαιρα S. 111 was aber wol eine rein-poëtische Licenz), so vermuthe ich, dass die organische Form hvṛid gewesen sey, dessen v in sskr. u.s.w. so wie auch ahd. hairto (vgl. goth. hvairnei, ahd. hirni u. aa.) verloren, in lat. griech. gael. mit h zusammen in k verhärtet ist, wie oft (vgl. ko S. 145 und √ϑϝri : hvṛi); in κεαρδ ist κ durch Einfluss des ϝ entstanden, welches selbst in ε übergegangen ist. Also κεαρδ gunirt (= org. hvard), mit Verl. des δ: κέαρ; zsgzg. κῆρ, τό; -ρόθι, -θεν; κεαρ zsgzg. in κερ in κέρ-τομος, ον.

καρδία (sskr. hrida-ja aber gunirt), κραδία (*Pott* II, 114), ἡ; καρδιακός, ή, όν; -διάω; -διᾶτις, ἡ; -διόω; -διώσσω; -διωγμός, ὁ; ἀκάρδιος, ον.

κάρδα-μον, τό *Kresse*, wohl zu σκαρδ (I, 627): *zum Brechen bitter*; -μίς, ἡ; -μίνη, ἡ; -μίζω.

καμμασῆναι, -σῆνες, -σῖνες, οἱ *eine Art Fische.*

κάμηλος, ὁ hebr. גָּמָל. Daher es als dem Semitischen, nicht dem sonst ähnlichen sskr. kramêla entlehnt zu betrachten ist (vgl. übrigens *Pott* I, LXXX); -λειος, α, ον; -λίτης, ὁ; -λωτή, ἡ.

κεμ-άς, ἡ, *Hirschkalb*; κεμμάς. — κῆμος, ὁ *eine Pflanze.*

(κομ); sskr. ksham *tragen*; griech. κ = ksh wie oft: κομ-ίζω eig. *tragen*, dann (wie sskr. bhṛi und dhṛi eig. *tragen*) *sustentare*, *über sich nehmen*, *sorgfältig behandeln*, *warten*, *pflegen* u. s. w.; κομιστός, ή, όν; -τήρ, -τής, ὁ; -τρια, ἡ; -τρον, τό; κομιδή, ἡ; -δῆ, -δῇ. Bloss in der Bed. *sustentare* u. s. w. κομ-έω; ἀκομιστία, ἡ; ἐκκομισμός, ὁ; συγκομιστήριος, α, ον; εὐκομιδής, ές; φθειροκομίδης, ὁ; ἀλσοκόμος, ον; -μία, ἡ; -μικός, ή, ον; γηροκομεῖον, τό.

[Das org. σκ = sskr. ksh vielleicht in Σκάμ-ανδρος N. p., *Männer tragend* (*ernährend* wie sskr. bhṛi?) erhalten.]

Von sskr. ksham: kshama und kshmâ (für kshamâ), *Erde* (als die *tragende* d. h. *hervorbringende* wie griech. φέρω vgl. sskr. dhara von dhṛi aa.); mit griech. χ = ksh, wie oft: χαμα (fast grade wie prakrit. khama = sskr. kshama); anders *Pott* [I, 142, wo lat. hŭmus, welches ich zu sskr. bhûmi *Erde* (S. 106) stelle, und Formen mit anlaut. z: zend. zem (zâo), slav. zem-lja u.s.w., welche ich zu γαῖα (S. 114), verglichen sind]; χαμάθεν, -μόθεν; -μάδις, -μᾶζε (über -ζε vgl. I, 388); -μαί; -μαῖθεν; χαμαίτης, ὁ; -ῖτις, ἡ; -μίτης, ὁ, -ῖτις, ἡ; -μαλός, -μηλός, ή, όν (vgl. *Pott* II, 107, 112, 309); mit stützendem T-Laut: χθαμ-αλός, ή, όν; -λότης, ἡ; -λόω; mit Verlust des themat. α, daher Uebergang in die sogen. 3te Decl. (wie oft) und μ in ν (wie in den Verbalendungen ον = sskr., lat. u. s. w. am): χθον (f. χθομα) χθών, ἡ; -όνιος, α, ον; -νήρης, ες (*Hes.*); neue Form durch Suff. υ: in Ἐρε-χθεύς N. p. (*Erdschützer* vgl. √θϝri, Wzf. ερυ u. Ἐριχθόνιος); χθοϝα: χθόα, ἡ (*Hes.*); -οῖνός, ή, όν (*Hes.*); αὐτόχθων, ον.

γ = ksh, wie oft, in γέμ-ω, wenn *tragen einer Sache* = *von einer Sache bepackt sein* sein kann; anders *Pott* (I, 255, II, 279); γεμίζω; -μιστός, ή, όν; -μος, ὁ *Last*; γόμος, ὁ; -μόω. ὑπέργομος, ον,

κόμη, ἡ *Haar*, lat. cŏma; ist slav. koca (*K.G.*), litth. kassà *Haarzopf* zu vgl.? so dass κο-μη für κος-μη stände; sehr ähnlich ist dann sskr. kêça, welches unorg. Schreibweise für kêsa, wie lat. caesaries beweist (daher *Bopps* Etymolog. (Gl. sscr. s. v.) falsch, vgl. auch sskr. kêsarin, wo s bewahrt) und dieses könnte nach manchen Anall. für kasa stehen; auffallend wäre aber dann die Uebereinstimmung des Lat. in dieser Abweichung (wozu auch vielleicht das griech. N. p. Κοισύρα, ἡ; -ρόομαι kömmt); eine Etymol. kenne ich in beiden Fällen nicht (vgl. noch *Pott* I, 84, *A. Benary* I, 241); κομάω; -μήτης, ὁ; -μωτής, -τρια (*Poll.*); ἄκομος, ον; -μία, ἡ; ἁβροκόμης, ὁ; μακροκομέω; προκόμιον, τό.

κόμμι, τό *Gummi* fremd (*Jablonsky*, Vocc. Aegypt. in *Steph.* Thes. (Lond. I, p. CCXXVII) ist aber höchst unsicher); -μις, ἡ; -μίδιον, τό; -μιώδης, -μιδώδης, ες; -μίζω. [ist κάγκαμον, τό *Baumharz* eben daher? vgl. I, 33 u. Ntr. I, XII.]

κύμῖνον, τό fremd, hebr. כַּמֹּן *Kümmel*; -μινώδης, ες.

κίμβιξ, ὁ *Knauser* gehört zu σκνιπ (I, 196) mit unorganischer Wandlung; -βία, -βεία, -βικεία, -κία, ἡ; -κεύομαι.

κιμβερικόν, -ριον, τό *ein Trauerkleid* (fremd?).

κάννα, -νη, κάνη, ἡ *Rohr*, insbes. daraus *geflochtenes*; lat. canna ist augenscheinlich entlehnt; könnte daher auch das griech. ein Lehnwort sein und eine besondre Art bedeutet haben? dann wäre es mit einem phönicischen Worte = hebr. קָנֶה *Rohr* zu identificiren. Aus dem Griech. selbst keine irgend sichre Etymol.; vielleicht √κν (vgl. unten) *krümmen* (in der Bed. *flechten* wie √θϝri); vielleicht Wzf. κνα *schaben* (I, 183) wegen der *Glätte* des Rohrs, u. aa. Dazu: καννωτός, ή, όν; κάνεον, -νοῦν, -νειον, τό (eig. *Rohrkorb*); -νης, ἡ; -νήτιον, τό; -νίας, ὁ; -νίσκιον, τό; -νιτρον, τό; κάναθρον (ob ν für λ u. zu κάλαθος); -ναστρον, -νυστρον, τό; dazu wohl wegen des rohrartigen Stengels: κάνναβος, ἡ *Hanf*; βο wohl zu √φᾱ (S. 101) also *rohrartig*, β = φ schon oft, doch ist sskr. çan'a glbd. anzumerken, obgleich ich nicht glaube, dass es verwandt; das griech. Wort ist in eine Menge Sprachen übergegangen (vgl. *Pott* I, 110, II, 232, wozu noch gael. cainb, arab. كنب); -βις, ἡ; -βινος, η, ον. Eben so κάνωπον, τό *Hollunderblüthe*, wegen der Aehnlichkeit (ωπ).

Zu Form κάνη: κανών, ὁ *Rohr, lange Stange* u. s. w.; -νόνιον, τό; -νονίς, ἡ; -νίας, ὁ; -νικός, ή, όν; -νίζω; -ισμός, ὁ; -σμα, τό; — hieher κάναβος, ὁ *Modellholz* u. s. w.; -βινος, η, ον; -βευμα, τό. Nebenform κίνναβος, ὁ; -βευμα, τό.

κόναρος, κόνναρος, ὁ *eine Art Baum.* κονίλη, ἡ *ein Kraut.* κινάρα, ἡ *eine Artischockenart.*

κιννάμωμον, τό *Zimmt*, zunächst aus einem phönic. Wort = hebr. קִנָּמוֹן. Dieses selbst rührt sicher, wie das Product, aus Indien her, wohin es von Ceylon aus gebracht ward; mancherlei, den neueren indischen u. selbst aa. Sprachen entlehnte Etymoll., die ich nicht billigen kann, sehe man bei *Ritter* (Asien IV, 2, 42; 1, 125), *Royle* (Ind. Medic. übers. v. *Wallach* 83). Wir sahn (I, 627), wie der Name καρδάμωμον aus einem sskr. Wort, mit kh' anlautend, entstand, so dass eine Aussprache desselben zu Grunde lag, wo k für kh' eintreten konnte (vgl. kh'id: κιδ I, 169). Dasselbe könnte also auch hier Statt finden. Nun heisst sskr. kh'innâ der *Gud'ûk'î-Baum*; dass dessen Name mit gud'a *Zucker* zusammenhängt, zeigt sein andrer Name gud'ak'î. gud'atvak' *Zuckerrinde habend* heisst aber ferner der *Zimmtbaum* und wir irren daher schwerlich, wenn wir annehmen, dass auch von kh'innâ die Bezeichnung des *Zimmtbaums* ausgehen konnte. kh'innâ kommt von kh'id *spalten* und auf ganz analoge Weise ist auch der hebr. Name der verwandten Cassia קְצִיעָה aus קָצַע *spalten* gebildet. Demnach ist der erste Theil von קִנָּמוֹן zu sskr. kh'innâ zu stellen. Die Endung scheint ein sskr. Suff. wohl man (Nom. mâ) zu enthalten. An diese hebr. Form lehnt sich genau griech. κίνναμον, wohl für κινναμωμ = κιννάμωμον; letztres ist jenes mehr gräcisirt [hiernach betrachte ich auch καρδάμωμον (I, 627) nicht mehr als eine Zusammensetzung mit ἄμωμον (I, 116), sondern ebenfalls für Gräcisirung einer Form καρδαμωμ]; dazu: κιννάμωμος, ὁ; -μώμινος, η, ον; -μίζω.

κιννάβαρι, auch τιγγάβαρι, τό *Zinnober*; da sskr. çringâra *Röthel* und *Ingwer* heisst, letzteres aber auch çringavêra (vgl. I, 686), so kann dieses auch *Röthel* geheissen haben, und daraus κινναβ., τιγγαβ. entstanden sein; κινναβάριος, ον; -ρινος, η, ον; -ρίζω.

κάνδυς, ὁ fremd: *ein persisches Kleid* (vgl. *Pott* I, LXXXI); -δύκη, ἡ; κανδυτάνη (τανη = pers. dân ebds.), -άλη, ἡ; -άνις, -αλις, ἡ *Kleiderschrank.*

κανδύλη, ἡ; -λος, -δαυλος, ὁ fremd, eine *lydische Speise.*

κάβος, ὁ ein *Getraidemaass*, erst bei *Hes.* aa., und wohl dem Orient entlehnt; vgl. hebr. קַב, glbd. κάβη, κάβαθος, -βαισος.

καβάλλης, ὁ ein *Arbeitspferd* (spät; *Hes. Plut.*), schwerlich mit sskr. kavâhula cig. *Lastthier* (vgl. *Pott* I, LXXX) zu vgl., sondern dem lat. caballus entlehnt; dieses letztre wohl aus dem Celt., gael. kapull, vgl. *Diefenb.* (Celt. I, 118 nr. 166); auch ahd. Gaul, slav. kovüila (*K. G.*) scheinen Lehnwörter; *καβάλλιον, τό.*

αὐτο-κάβδαλος, ον; auch *αὐτοκαύδαλος, -κάνδαλος* geschrieben; wahrscheinlich ein spät, aus der Volkssprache aufgegriffnes und daher schon sehr von seiner organ. Gestalt entferntes, Wort; eig. *leichthin gebacken* (*Suid.*). Der erste Theil ist *αὐτο* (I, 281); der zweite mir unbestimmbar.

κίβδηλος, ον, falsch; Gr. erwähnen *κίβδος, -δη, -δηλίς, ἡ Schlacke; -δης, ὁ Fälscher; -δολοί, -δωλοί, -δόνες, οἱ Bergleute;* wäre *κίβδος Schlacke* erste Bed. und an sskr. kship *werfen* zu denken, so dass *κιβδο* (für *σκιπ* + tjo (I, 388)) das *Wegzuwerfende* wäre? Zu *κίβδηλος: -λία, ἡ; -λιάω; -λεύω; -λευμα, τό; -λεία, ἡ; ἀκιβδήλευτος, ον.*

[*καπ kaufen*, lat. caup-o, slav. koupljón (*K. G.* vgl. ickoupiti), ahd. kauf-jan (*Graff*, IV, 372), litth. kupczius, lett. kuptschis (vgl. auch *Pott* II, 488) zeigen, dass in griech. *καπ* eine Zszhg. statt fand, wobei der Laut verloren ging, der in den verwandten Sprachen u : au : ou u. s. w. herbeiführte. Nach vielen Analogieen zu schliessen (vgl. insbes. I, 16 und 267 ff.) ist diess ein v, und da aus dem Begr. *begehren* der des *Kaufens* mit Leichtigkeit hervorgeht, so nehme ich als Grundform, wie im sskritischen kup (vgl. I, 269), ka + vap (I, 267 ff.), so dass *καπ* zu $\sqrt{}$ *ἀϝ* (I, 263 ff.) gehört (au ist Vriddhi): *κάπ-ηλος, ὁ; -λις, -λίς, ἡ; -λικός, ἡ, όν; -λεύω; -λευτής, ὁ; -τικός, ἡ, όν; -λεία, ἡ; -λεῖον, -λιον, τό; ἀκαπήλευτος, ον.*]

κάππαρις, ἡ Kapper; -ριον, τό; wohl fremd.

κώπη, ἡ Griff, Habe; zu vgl. lat. cap-io, goth. hafan (*heben* (*Graff* IV, 814), daneben die schwerlich zu trennenden (vgl. gefon *capere* (ebds. 108)) goth. haban (ebds. 710), lat. habeo, welche auf auslautendes sskr. bh deuten. Läge eine Wzf. von sskr. hṛi *nehmen* vor? gebildet durch bh und ṛi in a, wie oft (vgl. *χερ:χαδ* 107), also eig. habh, woraus (wegen der doppelten Aspir.) kabh : kap? Zu *κώπη: -πίον, τό; -παιον, τό; -παιώδης, ες; -πήεις, εσσα, εν; -πεύς, -πεών, ὁ; -πεύω; -πητήρ, -πωτήρ, ὁ. ἄκωπος, ον; -πητος, ον.*

κυπάρισσος, ἡ Cypresse, fremd; vgl. hebr. כֹּפֶר (*v. Bohlen*, Genesis VI, 14); *-σινος, η, ον; -σών, ὁ.*

κύπρος, ἡ, ein *Baum*, *cyprus*, fremd; vgl. ebenfalls hebr. כֹּפֶר (*Rosenm.* Bibl. Archäol. IV, 1, 142); *-ρινον, τό; -ρις, ἡ; -ρίζω; -ριάζω; -ρισμός, ὁ; σιλλικύπριον, τό.* Zu *Κύπρος* N. p. *-ρις, ἡ; -ρίδιος, α, ον.*

κύπερος, ὁ eine Pflanze, fremd; *-πειρος, ὁ; -ρίς, ἡ; -ρίζω.*

καφουρά, ἡ Kampher, aus arab. kafûr für sskr. karpûra; letztrer Form entspricht genauer *κάρπ-ιον* bei *Ctes.*; dass *Kampher* als Ehrengeschenk geschickt wurde, zeigen chinesische Berichte (Journ. of Beng. 1837 January).

κηφήν, ὁ Drohne; wenn *träg* die subjective Bed., so vgl. ich sskr. kapha *Trägheit*, -phin, -phelu, was zu √ dhvri, Wzf. kaph (in Bed. *sich hin und her drehn*) gehört. *κηφήνιον, τό; -νώδης, ες*.

κωφ-ός, ή, όν, stumpf u. s. w.; nach Analogie von *τυφλός* (I, 659) *obtusus* ist die Ableit. von *κόπτω* (I, 193) vielleicht richtig; dazu *-φότης, ἡ; -φάω; -φέω; -φησις, ἡ; -φεύω; -φόω; -φωμα, τό; -φωσις, ἡ; -φίας, ὁ*.

κακ-ός, ή, όν; schlecht u. s. w. *-κίων, ον; -κιστος, η, ον*. *Pott* (I, 232) kann ich nicht beistimmen, obgleich er noch sskr. cankura *furchtbar* anführen könnte. Obgleich ich kein sicheres Beispiel von griech. *κ* = sskr. p kenne, so stelle ich es doch zu sskr. pâp-a; *κακίων* = papîjans (*Burn.* Comm. s. l. Y. I. Nott. LXXII), lat. pêjus (für pepijus) *κάκιστος* (= papishth'a?) lat. pes-simus (für pep-timus); sskr. pâpa nehme ich für ap-âp d. h. das *Unpassende* (vgl. I, 12), *Verkehrte* (vgl. Analoges bei √ ϑ ṛri); daraus erklärt sich auch griech. *ᾰ* zu sskr. â (vgl. jedoch auch *κηκάς* u. s. w.). Zu *κακός* (*-κιότερος, -κώτερος, -ώτατος*): *-κότης, ἡ; -κη, ἡ; -κία, ἡ; -κίζω; -κισμός, ὁ; -κόω; -κωσις, ἡ; -ωτικός, ή, όν; -κύνω; κηκάς, ἡ; -κάζω; -κασμός, ὁ*; (*-καθέω* zw.); *ἀκάκης, ὁ; -κήτης, ὁ; ἀκάκωτος, -κυντος, ον; ἀνεξικακέω; ἐθελοκάκησις, ἡ*.

κάκαλον, τό Mauer (*Aesch.*?).
κακαλία, ἡ eine *Pflanze*.

κακκάζω; onomatop. *gackern*; *κακ : κακ machen*; hieher wohl *κακκάβη, ἡ Rebhuhn*; im Sskr. ist kukkubha *Phasan* u. s. w., kukkut'a *Hahn* auf ähnliche Weise entstanden, aber nicht = *κακκάβη*; dagegen ist kukkubha in der Form *κουκούφα* ins Griech. übergegangen, und diess demnach der *Phasan*. Dazu *κακκαβίς, ἡ; -βιον, τό; -βίζω, gackern*. Auf ähnliche Weise onomatop.: *κικκαβαῦ*, daher: *-βη, ἡ; -βίζω; κίκυβος = κικκάβη; κικυμίς, ἡ; -μος, ὁ; -μώττω* und endlich *κύμινδις, ὁ* aus *κικυμίς*.

κάκκη, ἡ Menschenkoth vgl. lat. cacare, nhd. kacken, lett. kakkaht, gael. cac u. s. w., wohl in allen onomatop. und unabhängig von einander formirt; *κακκάω; κακάω*; (dazu *κίκκη, κικκιδῶσαι, κικκιλουδίς Hes.*).

καῦκος, -καλίς, ἡ eine *Pflanze*.
κάκτος, ὁ, ἡ eine *Pflanze*.

κόκκος, ὁ 1. *Kern*, 2. *Beere*, insbes. *Scharlachbeere*, 3. *Zapfen*, 4. *Pille*, 5. *Hode*; im Sskr. kôça : kòsha *Ei*, kôçî, kôshi *Schuh* und kôsha ferner, wie griech. *κόκκος, Hode, Kern, Kugel* (wie im griech. *Pille*) u. s. w. Die Bedd. weisen alle auf einen Wzbegr. *rund sein*; da dieser gewöhnlich aus dem Begr. *krümmen* hervorgeht (vgl. √ ϑ ṛri), so ist eine Verbindung mit der Wzf. kuksh (S. 24) sehr möglich. Diese erklärt zugleich das erhäVltniss von griech. οκκ zu sskr. ôsh : ôç; sh wissen wir tritt im Sskr. für ksh ein, so also kôsha (und statt dessen koça, wie ebenfalls schon bemerkt) für kôksha, Guna von kuksh; neben kuksh erschien aber kaksh glbd. (S. 24); griech. κκ endlich = sskr. ksh, wie oft; also κοκκο zunächst = kaksh-a, entfernter = sskr. kôsha. Zu κόκκος: -κίον, τό; -κινος, η, ον; -καλος, η, ον (wohl -κάλια, τά auch); -κων, ὁ; -κωτή, ἡ; -κίζω; κοκκυγέα, ἡ *Scharlachbaum* (wie γεα? ob zu γαν (S. 116) = sskr. g'a in Zsstzg. *zeugend*?), -γινος, η, ον. — gehört auch κίκκος, ὁ *Kerngehäus* (vgl. auch *Müll.* ad *Fest.* p. 42) hieher?

sskr. kôsha würde in manchen Dialekten kôkha gesprochen; von dieser Form in der Bed. *Seidenkokkon* (welche kausheja *seiden*, krimikoça, eig. *Wurmball*, dann *Kokkon* zeigt) ist κουκούλιον, τό *Kokkon* entlehnt (spät); von derselben Form aber in der Bed. *Kokosnuss* (die kauçika-phala *Kokosnussfrucht* zeigt) ist κοῦκι, τό *Kokospalme* entlehnt; -κινος, η, ον. [Wenn καυκίς *Schuh* nicht neben βαυκίς stände (S. 70), so liesse es sich wohl = mit kaushi, dial. kaukhî = sskr. kôshî *Schuh* identificiren, und für fremd nehmen].

κόκκυ ein Zuruf; wohl *der des Kukkuks* (doch fraglich), welcher im Sskr. kuhûs; an eine op. Nachbildung des *Kukkukrufes* lehnt sich sskr. kôkila, lat. cuculus, gael. cuach; aa. bei *Pott* (I, 84), *Graff* (IV, 133); griech. κόκκυξ, ὁ; -κύζω; -υσμός, ὁ; -στής, ὁ; νεφελοκοκκυγία, ἡ. ob zu sskr. kôkila, griech. καυκαλίας, ὁ (*Hes.*)?

κῖκι, τό ein Baum, fremd = hebr. קִיק (*Rosenm.* Bibl. Archäol. IV, 1, 126); -ιvος, η, ον.

κίκαμα, -μα, τά eine Gemüseart.

κῖκυς, ἡ Kraft (*Hom.*, *Hes.* u. aa.), κικύω (*Suid.*); wenn die Tradition richtig, so könnte κῖκυς mit sskr. çak *können*, eig. *tragen*, zusammengehören, zumal da çik als Nebenform angeführt wird [zu çak (*Pott* I, 232) gehört, beiläufig, lat. queo für quec-jo (4te Conj. Cl. vgl. âjo S. 64) und ne-qui-nont (*Fest.*) für nequic-nont ganz wie sskr. çak-nu (5te Conj. Cl.); ferner praecox (*vorkühn*), altn. hag-r *geschickt* u. s. w. (*Grimm* II, 12, nr. 96), ahd. hengest (*potens*); dagegen ahd. hug *Geist* (*Graff* IV, 782) gehört zu sskr. ca(n)k *glauben, vermuthen, fürchten*].

Wenn sskr. ç an die Stelle von sskr. k treten konnte, was *Bopp* (V. G. 569) annimmt, und, wenn auch nicht die von ihm gegebne Etymologie von viçva (vgl. πᾶς) doch andres für sich hat, so betrachte ich çar in çar-ala *gekrümmt*, als eine Nebenf. von kar = kři = hvři = dhvři (vgl. √ϑ-ři). Da nun aus hvři auch khři hervorgeht (vgl. ebds.), ferner aus √dhvři *krumm sein* eine Menge Bezeichnungen für *Muschel*, so könnte sskr. çankha *Muschel*, aus einer (nach I, 204) verstümmelten Reduplications-Form von khar (Guna) entstanden sein. Doch diese

Etymol. mag noch dahin gestellt sein. Dem sskr. çankha (vgl. *Pott* I, 86, II, 112) entspricht griech. κόγχη, ἡ; -χος, ὁ; -χίον, -χάριον, τό; -χίτης, ὁ; -χώδης, ες; -χύλη, ἡ; -λίας, ὁ; -λιάτης, ὁ; -λιευτής, ὁ; -λιον, τό; -λιώδης, ες; -ωτός, ή, όν; ἀνακογχύζω; -χυλιάζω.

κογχο mit λ für ν (vgl. λοιδορ I, 566, λίτρον II, 57, aa.) führt κόλχος, dieses umgesetzt κόχλος, ὁ, ἡ = κόγχος herbei; möglich wäre auch, dass dieses eine Reduplicationsf. der Wzf. χλ = sskr. hvṛi (vgl. √θϝṛi) ist. Dazu: -λίον, τό; -λιάριον, -λίδιον, τό; -λίς, ἡ; -λίας, ὁ; -λιώδης, ες. Indem das organischere α erhalten, erscheint: κάλχ-η die *Purpurschnecke*; -χαίνω; Κάλχας N. p. mit Umsetzung der Spiration: χάλκη; Χαλκηδών, Καλχηδών N. p. (*Böckh* C. I. II, 663).

κῖχορα, -ρια, -ρεια, τά *Cichorien*; κιχώρη, ἡ; -ριον, τό; -ριώδης, ες.

κίχ-ητος, τό *Weihrauchfass* (kyprisch); man könnte an sskr. çigh *riechen* denken, allein mhd. stinken (*Grimm* II, 36, 399) und vielleicht auch ahd. suëhhan *stinken* (ebds. 27, 299) scheinen dafür zu sprechen, dass sskr. ç unorganisch für s steht.

κιχ in κιγχάνω, *erreichen*; es entspricht sskr. cikh (çinkh), *gehn, bewegen, sich nähren* (*Wils.*), aber unbelegt; Wörter, die dazu zu gehören scheinen, drücken das *äusserste* (Ende, Spitze) aus, z. B. çikhanda *Pfauenschweif, oberster Haarbüschel*, çikhara *Bergspitze, Spitze* überh. çikhâ u. s. w.; ich wage nicht κιχ hiervon zu trennen; doch ist auch andres denkbar, z. B. eine Verbindung mit sskr. han (vgl. θεν) *schlagen, treffen* (vgl. τυγχάνω), wovon es eine Reduplic. wäre; vgl. auch *Pott* (II, 691), engl. kick; zu κιγχάνω: κιχάνω; κίχησις, ἡ; κίξαντες (*einholende*); κιξάλης, ὁ (*Verfolger*) *Räuber*; ἀκίχητος, ον (ἔκικον, κικεῖν scheint auch hieher zu gehören; κ für χ eig. dialekt.).

κιχ: κίσσα, ἡ *der Häher*, ist, dem entsprechenden ahd. heigr (*Graff* IV, 799) gemäss, aus κιχ+ια zu deuten (vgl. ταχύ: θᾶσσον, aa.); ich stelle sie zu sskr. çîgh-ram *schnell*.

κάδ-ος, ὁ, auch κάδδος, ein *Maass*, fremd, = hebr. כַּד (vgl. κάβος S. 157); dazu slav. kadĭ (*Dobr.* 273). καδίσκος (δδ), ὁ; -διον (δδ), τό; κάδδιχος, ὁ; -δίζω.

κεδ in κεδ-νός, ή, όν, *lieb* und mit Vriddhi κηδ wo κήδ-ιστος, η, ον ebenfalls *liebste*; dazu κῆδος, τό *Liebe* und daraus hervorgehende Affecte, insbes. *ängstliche Sorgfalt, Kummer* u. s. w. κήδω (κεκαδήσω, -σομαι vgl. *Pass.*); -δέω; -δειος, ον; -δεος, ον; -δόσυνος, ον; -νη, ἡ; -δεμών, ὁ; -μονεύς, ὁ; -μονία, ἡ; -νικός, ή, όν; κηδεστής, ὁ; -τωρ, ὁ; -τρια, ἡ; -τικός, ή, όν; -τία, ἡ; κηδαίνω; -δεύω; -δευμα, τό; -δεία, ἡ; -δευτής, ὁ; -δωλός (*Suid.*); ἀκηδής, ές; -δία, ἡ; -δεστος, -δευτος, ον; ἀκαδῆσαι (ἀ = ἀ I, 382). Bei dieser Voraussetzung, dass *Liebe* die

Grdbed., ist sskr. kam *lieben* (bei *Pott* I, 260 wohin auch lat. côm-is, ca-rus für cam-rus gehört (vgl. auch *Diefenb.* Celt. I, 102, nr. 149)) zu vergleichen. Die Vermittelung betreffend ist kam entweder selbst schon sekundär (durch m vgl. 58 aa.), u. kad wäre eine andre sek. Form, wofür gael. cad *Freund* spricht, oder griech. κεδ : κηδ könnte aus kam entstanden sein, ähnlich wie κτηδών (I, 180) aus κτεν, sskr. gata : gati aus gam u. aa.; vielleicht ist diese Entstehung in κήδειος, -δεος erkennbar; wie gata aus gam, so hätte das Gerundiv durch tja, welchem die griech. Endung τεο immer entspricht, gatja heissen müssen, also nach dieser Analogie von kam : katja; griech. mit τ vor j in δ (I, 384 und sonst) κεδιο : -δεο. Diese Auffassung ist mir die wahrscheinlichste. — Legt man eine andre Bed. zu Grunde, so bieten sich andre Auffassungen, so *Bopp* zu sskr. kad und khid (Gl. sscr. s. vv.).

κέδ-ρος, ἡ Wachholder, Ceder (ob zu κεδ I, 170?); *-δρία, ἡ; -ριον, τό; -ρίς, ἡ; -ρίτης, ὁ; -ρών, ὁ; -ρινος, η, ον; -νεος, α, ον; -ρόω; -ρωτός, ή, όν; -ρωσις, ἡ.*

κοδομή, ἡ geröstete Gerste (ob eine Zsstz. von κριθή + δεμ für κριθ-δομη?); *-μεύω; -μεύς, -μευτήρ, ὁ; -τρια, ἡ; -μεῖον, τό.*

κίδαρις, ἡ fremd = hebr. כֶּתֶר auch *κίταρις, κίτταρις*; davon verschieden *κίδαρις, ἡ* (arkad.) *ein Tanz* (ob zu *κι-νέω*?).

κίνδῡνος, ὁ Wagestück subject. u. object.; *Pott* (I, 243) zu sskr. khid *in Leid sein*; Bedd. nicht stimmend; eher sskr. khit', *erschreckt sein*, aber nicht belegt, und in khêt'a u. s. w. auch nicht ganz passende Bedd.; dazu lett. kaite *Leid, Schaden* u. s. w.; am ehesten ist *κίνδυ-νος* zsgstzt; ob für κιγκ + δυ, und κιγκ = κεγκ = sskr. çanka (vgl. *Pott* I, 232 ι für ε wegen der Position wie oft ὀρεγ : ὀριγνα aa.) *Schrecken, Ungewissheit*; δυ zu S. 68, also *κίνδυνος Zustand, wo man sich Schrecken unterzieht*? *-νώδης, ες; -νεύω; -νευμα, τό; -νευτής, ὁ; -τικός, ή, όν; ἀκίνδυνος, ον; -νί; ῥιψοκινδυνέω; παρακινδύνευσις, ἡ.*

κῡδοιμός, ὁ Lärm, ob mit lat. cud-ere (sskr. kut'a *Hammer*)? *κυδοιδοπάω* (ob von *κυδοιδοπο* wie *ἐχθοδοπό-ς*?).

Κύδων, *ἡ* N. p. davon *κυδωνέα, -νία, ἡ Quittenbaum; -νιον, τό; -νίτης, ὁ; -ναῖα, τά; -νιάω;* dialekt. *κοδύ-μαλον, τό.*

κάττα, ἡ Katze (spät); lat. catus, lett. kattins, lth. katinas, kate; gael. cat; nhd. kater, katze; schwerlich mit sskr. khat't'âça *Zibetkatze* zu verbinden.

κότ-ινος, ὁ, ἡ wilder Oelbaum; κοτινάς, ἡ.

κόττυφος, κόσσυφος, ὁ Amsel (ob von *κόττα, Kopf* wegen ihrer Gestalt; lat. merula = ahd. amisala (= sskr. âmisha, *luxury*, oder âmisha *Fleisch, Begehren, Speise* u. s. w.? *κοσσυφίζω.* Nebenform *κόψιχος, ὁ.*

κίτρον, τό Citrone; wie die Frucht, so wohl auch der Name von Persien her. Im Sskr. vṙihat + k'itta; zu letztrem stimmt *κίτρον;* davon: *κιτρέα, κιτρία, ἡ; κίτριον, τό; κίτρινος, η, ον.*

(*κοθ.*) griech. *κότ-ος* neben *ἐχθ-ρός Feind:* ahd. haz, *Hass* (*Graff* IV, 1069) neben had-ara *Hader* (812); lat. odi für hod-i wie hos-tis (= *ἐχθρός*) zeigt [von welchem das alte hos-ti = gast, *ξένος* (= hospit vgl. weiterh.) zu trennen ist, so wie auch hostia = sskr. hantja, altlat. honstia, von sskr. han (vgl. sskr. man : man-tra lat. mon-s-trum), *das zu Tödtende,* wovon dann hostire (anders, aber verwirrend *A. Benary,* I, 163)], endlich sskr. çatru, *hostis* und çatera; von diesen sind *κότος*, haz, hadara, sskr. çatru, çatera in Bezug auf Anlaut regelmässig: sskr. ç = gr. *κ*, ahd. h; abweichend lat. hos-ti, odi und gr. *ἐχθρο.* In Bezug auf den Auslaut gehn sie ganz auseinander: haz setzt sskr. d, *ἐχθ-ρό* sskr. dh (lat. hod macht d u. dh möglich), *κοτ*, hadara sskr. t voraus. Mir scheint die Annahme eines ausl. sskr. dh, also Wzf. çadh so ziemlich alles zu erklären; 1) griech. *κεθ-ρο,* mit Verlust des radikalen *ε* und Vorsetzung eines phonetischen *ε: ἐχθ-ρός;* 2) sskr. çadh + tru (= tṙi) regelrecht çattru; da der Stamm im Sskr. eingebüsst ist, so folgt das wahrscheinlich späte çat-era dieser Analogie; wie çatru wäre çatra möglich; dieser Form entspricht regelrecht ahd. hadara. Griech. *κοτο* scheint für *κοθ* + *το* zu stehen, eig. *κοττο* dann *κοτο* (so erkläre ich jetzt auch *σκοτος* für *σκοδ* (= sskr. kh'ad) + *το* (I, 614); vgl. die dialekt. erhaltenen *ἴττω* für *ϝιδτω* u. aa.); das Lat. hat kein dh erhalten; allein diese Aspiration tritt auf c über, wie oft; also für organ. codh : khod woraus dann durch Schwächung hod (vgl. ajo für âkhjo S. 64) od; im Deutschen ist ç = h und diese Spirans bewirkte den Verlust der Aspiration des Auslauts, so dass haz = sskr. çadh entstand. Also *ἐχθρός, ά, όν* (= sskr. çatru); *-θίων, ον; -θρότερος, -θιστος, -θρότατος; -θίστατος; -θρώδης, ες; -θρα, ἡ* (= ahd. hadara); *-ρικός, ή, όν; -ρεύω; -ραίνω; -ρασμα, τό; ἔχθος, τό; -θω; -θάνομαι; -θημα, τό; -θιμός, ή, όν; -θαίρω; ἀπεχθής, ές; -θήμων, ον; -θεία, ἡ; -θητικός, ή, όν; φιλαπεχθημοσύνη, ἡ; θεοσεχθρία* (*θεος* = *θεοῖς*), *ἡ; φιλεχθρέω; ἐχθοδοπός* (vgl. I, 127).

Hieher *ὀχθέω,* wo aber *ὀ* = *ἀ* = *ἁ* (I, 382) eig. *mit Hass sein,* d. h. *zornig sein* u. s. w. (möglich wäre auch Verbindung mit *ϝαχ* I, 351 vgl. *ἄχθομαι* das.); *ὄχθησις, ἡ; -θίζω; -θάομαι; προσόχθισμα, τό; προσοχθισμός, ὁ.*

κότ-ος, ὁ Hass, Zorn; -τήεις, εσσα, εν; -τεινός, ή, όν; -τέω; -ταίνω; ἔγκοτος, ον; -τημα, τό; -τησις, ἡ; παλιγκοτία, ἡ.

κόθ-ουρος, ον ist in der Bed. und *κοθώ* = *βλάβη* überhaupt sehr fraglich.

κόθορνος, ὁ Kothurn, ist wohl eigentlich *Tanzschuh,* und *κοθ* = lat. quat (*die Erde stampfen*) von √*ὀθ* (vgl. I, 253).

κώθων, ὁ Becher (ob fremd = hebr. כּוֹס? oder zu *χανδάνω* Wzf. *χαδ* : *χοδ* (S. 108) mit Umsetzung der Aspiration (vgl.

χιτών : κιθών) κοθ : κωθ); -θάριον, τό; -θώνιον, τό; -νίη, ἡ; κωθωνίζω; κωθωνισμός, ὁ; κωθωνιστήριον, τό; φιλοκωθωνιστής, ὁ.

κϝι. Im Sskr. çvi *gehen*, *bewegen*, çvak glbd., çvak', mit Verlust des v (wie oft, z. B. I, 457 aa.) : çak'; çvaṭh, çun' (bei *Ros.* çôn'), alle glbd. und, wie çvi, unbelegt, endlich çuk glbd. und dazu çuk-am *schnell*; griech. hieher *κῐ-ω* (f. *κϝιjω* 6te C. C.), *gehn* (anders *Pott* I, 206, *Bopp* Gl. sscr. s. k'aj); *κιάθω; κῑνέω* (für *κινέϝω ῑ* wie in *κῖνυμαι* aa.), *gehn machen*; u. s. w.; *-νημα, τό; -νησις, ἡ; -νηθμός; ὁ; -νηθρον, -νητρον, τό; -νητήρ, -τής, ὁ; -τήριος, α, ον; -τός, ή, όν; -τικός, ή, όν; -τίνδα* (*Poll.*); *-τιάω; κινώ, ἡ; κῐνάθω; -θίζω; -ισμα, τό; κῑ-νυμαι* (5te Conj. Cl. *ῑ* statt Guna); (*κινύσσω. -νυγμα, τό* nicht ganz sicher); *ἀπόκῑνος, ὁ; ἀκινήεις, εσσα, εν; -νησία, ἡ; -νητί, -τεί; -τέω; -τίζω; ἀκίναγμα, τό* (E. M. wo *ἀ* = *ἁ* I, 382) *Erschütterung*.

τ in *κ* (natürlicher Umlaut, sonst selten, vgl. *τιν* = sskr. kim S. 147); *τῐ-νάσσω*, *stark bewegen* (vgl. *ἀκίναγμα*); *τίναγμα, τό; -μός, ὁ; τινακτήρ, -τωρ, -της, ὁ; -τειρα, -τρια, ἡ; ἀτίνακτος, ον.*

κϝι. Im Sskr. çvi, mit der Bed. *wachsen*; dass aber der Begr. *schwellen* die Grdbed. sei, zeigt: çvaja-thu, das *Anschwellen*, çû-na (Particp.) *geschwollen*, *gewachsen* (diese Bedd. zeigen auch, wie der Begr. *wachsen* aus *schwellen* hervorgegangen, vgl. anall. bei √ *σφ* I, 537 ff.); uk'kh'û-na (f. ut + çû-na) glbd.; çuṭh' in der Bed. *träg sein* (eig. *fett sein* vgl. pinguis, piger S. 76); çôtha; eben so çur in der Bed. *träg*, *dumm sein*; çô-tha, *Schwellen*; çvaj-îk'i *Krankheit* (eig. *Schwulst*), çôsha *Schwulst*, *Auszehrung* (d. i. *Wassersucht*); çiva, çêva, *der schwellende penis* (vgl. *φαλλός* I, 572 aa.), wo entweder çv durch i gespalten (vgl. I, 548), oder das rad. v verloren (wie çvak': çak' aa.); und va Suff.; ähnlich çiva, *dick* u. *die sich aufblähende Schlange*, wie auch çira, çila, çivan; zu Bed. *wachsen* çi-çu (redupl.) *Kind*; çvas *Morgen* (als *zukünftig*); çiva *Glück*, (eig. *Wachsthum*); Çiva (der indische *Gott* vgl. *Ersch* u. *Grub.* Encycl. d. K. u. W. II, XVII, 179); çûsh *schaffen*; lat. cu-mulus (ein *aufgeschwollenes* (*hohes*)) *Haufen*, slav. gomilo (*Kop.* Gl.), lat. cresco, cras (mit cr = çv); litth. czyze *Zins* (vgl. anal. *ὀφέλλω* I, 573) aa.

Griech. *κύ̆ω, κῠομαι* (für *κυιjω* 6te Conj. Cl.) *aufschwellen*, als *schwanger werden* gefasst; (*κῡσαμένη*) *κυέω* (1ste Conj. Cl. = sskr. cvaj-âmi); *κυΐσκω; κυαίνω; κῦμα, τό; -μάς, ἡ; κῦος, τό; κύησις, ἡ; -ημα, τό; -ητήριος, α, ον; -τικός, ή, όν.* sskr. vi in *οι* : *κοίημα* = *κύημα* (*Hes.*); *ἄκυτος, ον; ἄκυθος, ον; ἀκυτήριον, τό; ἀκύμων, ον; ἐγκυμονέω; ἔγκυος, ον; -κυσις, ἡ; πολυκυήματος, ον.*

Da *ἐγ-κισσ-άω* *schwanger sein* heisst, so ziehe ich hieher mit *κϝι* in *κι* : *κί-σσ-α, ἡ Gelüst der Schwangern* (*σσ* gehört einer desiderat. Bildung *κι-σ*); *-σάω; ἐγκίσσησις, ἡ Schwangerschaft.*

Der *häufig und viele Junge gebärende Hund* sskr. ç v-a-n (wegen Verlust des i vgl. I, S. 125 aa), çvâna, çuna, çuni, lat. can-is mit Verl. des v (verw. bei *Pott* I, 127 wozu gael. cù, russ. cobaka für cb.), griech. κυον (f. κϝον = sskr. çvan) Nom. κύων, Gen. κυνός (wie im Sskr. cun-as u. s. w. *Bopp* Gr. sscr. r. 225), ὁ, ἡ; κυνηδόν; -νάριον; -νίδιον, τό; -νίσκος, ὁ; -σκη, ἡ; κύντερος, -τατος; κυνικός, ή, όν; -νειος, (α), ον; -νεος, α, ον; -νέη, -νῆ, ἡ; -νάς, ἡ; -ναρος, -ρα, ἡ; -νία, ἡ; -νίας, ὁ; -νάω; -νίζω; -νισμός, ὁ; -στί; ἀπόκυνον, τό; μεσοκύνιον, τό; προκυνέω. [ob hieher ἀλ-κυών att. ἁλκυών, ἡ *Meereisvogel* (eig. *Meerhund* (ἀλ = ἁλ I, 61)? ἀλκυόνιος, ον (ἁλκ.); -νειον, -νιον, (ἁλκ.) τό; -νίς, ἡ.]

Durch Zsstzg mit σ (= sskr. sa I, 381) würde aus κυ : σκυ (vgl. σκώρ bei κρ *werfen*); also σκύ-μνος (für μενο Partcp.), ὁ (eig. *ausgetragen*), *junges Thier*; -νίον, τό; -νεύω; sodann auch σκύ-λαξ, ὁ, ἡ glbd.; -λάκιον, τό; -κώδης, ες; -κηδόν; -καινα (-κη zw.), ἡ; -κειος, α, ον; -κινός, ή, όν; -κεύς, ὁ; -κεύω; -κευμα, τό; -κεία, -κία, ἡ; -κίζω; περισκυλακισμός, ὁ.

Dieselbe Form, aber mit ζ (δ?)-Bild. in σκύζα, ἡ *Brunst* (vgl. κυνάω); σκυζάω.

Wie der Namen des *Hundes* hieher, so der der *saamenreichen* (oder von der Grdbed.: *anschwellenden?*) *Bohne*: κύ-αμος, ὁ; -μιον, τό, -μινος, η, ον; -μειος; -μιαῖος, α, ον; -μών, ὁ; -μεύω; -υτός, ή, όν; -τής, ὁ; -μίζω; -ιστός, ή, όν; (mit οι = vi (vgl. κοίημα) κοίελος *ein Thier in den Bohnen*); ὑοςκυαμάω.

π = κ (entweder gradezu (ohne sichres Beispiel; denn πο = κο S. 145 beruht auf organ. hv), oder wie die weiter folgenden Beispiele, wo π für çv eintritt): (πύαμος = κύαμος; *Poll. Eust.*) πύανος, ὁ; -νον, τό; -νιον, τό; -νιος, ον.

Zu Bed. *schwellen*: κίων, ὁ die *schwellende, sich aufthürmende Säule*; die organ. Form fragl.; ob κϝιϝον, oder κῖϝον wie sskr. çivan aa. (S. 164); κιονιδόν; -νίσκος, ὁ; -νίς, ἡ; -νιον, τό; -νικός, ή, όν; περικίων, ον; -κιόνιος, ὁ.

κῦ = çvi (vgl. S. 164) κῦμα, τό *die schwellende Woge* (vgl. analog I, 585, daher hieher (zu sek. Form vgl. sskr. çuth' für çvath): goth. hvathjan *schäumen*); -μάτιον, τό; -τίας, ὁ; -τηρός, ά, όν; -τόεις, εσσα, εν; -τώδης, ες; -τίζω; -τόω; -τωσις, ἡ; κυμαίνω (wie von Thema κυμαν vgl. ὀνοματ : ὀνομαν S. 144); -μανσις, ἡ; ἀκύμαντος, -μαστος, -ματος, -μος, ον; -μων, ον; δεκακυμία, ἡ; μετακύμιος, ον; προκυμαία, -μία, ἡ; -μάτια, -μαια, τά.

[κήλη, ἡ *Geschwulst, Kropf*, aber auch *Bruch*, könnte hieher (vgl. κῆ-τος), aber auch zu κλάω gehören, vielleicht ist es in beiden Bedd. zu trennen, zu letztrer vgl. ahd. hola (*Graff* IV, 848), litth. kuila *ein Gemächtebruch*, slav. küïla (*Dobr.* 105); κηλήτης (καλήτης) ὁ; κήλας, ὁ *Kropfvogel*.]

Aufgebläht, als *leer* (d. i. *bloss von Luft gefüllt* vgl. I, 124), sskr. çûnja für çvan (wie in çvan oben) + Suff. ja (and. *Pott* II, 474), wie griech. κενεο für κϝενjο, ags. hvôn zeigt; dazu slav. coui (*Kop.* Gl.); κενεός : κεννός : κενός, ή, όν *leer*; -νεότης, -νότης, ἡ; κενεών, ὁ *hohle Bauch* u.s.w.; -νόω; -νωσις, ἡ; -νωμα, τό; -νωτικός, ή, όν; ἀκένωτος, ον; διακενῆς; (ε in η: κηνύσσω; -υγμα, τό zw.).

Der Bed. nach hieher (der Form wegen vgl. κήλη) κηλάς, ἡ *leere* (*Wolke*), ohne Regen.

Das *Aufgeblähte* als *hohl* gefasst (vgl. κενεών), sskr. çushi, çushira *Höhlung* (neben çôsha S. 164); analog I, 548; so hieher κοῖ-λος, η, ον (wegen οι vgl. κοίημα S. 164, κοίελος S. 165), dann auch zu çvi lat. cav-us (f. cvus mit Spaltung der Anlautgruppe, falsch I, 167), vielleicht auch ahd. hol (für hval, wie κϝεν-jo = çûnja); κοιλότης, ἡ; -λάς, ἡ; -λη, ἡ; -λία, ἡ; -λίδιον, τό; -λιακός, ή, όν; -λίσκος, ὁ; -κωτός, ὁ; -λιώδης, ες; -λίωσις, ἡ; -λώδης, ες; -λόω; -λωμα, τό; -λαίνω; -λανσις, ἡ; -λασμα, τά; ἐγκοίλωσις, ἡ [vgl. καῖαρ u. s. w. I, 167].

[Mit οι ebenfalls: κοῖα, ἡ = σφαῖρα (vgl. letztres eben so aus dem Begr. *aufgebläht sein* I, 579); κοῖα = λίθος fraglich (vgl. *Pott* II, 268)].

κύλα, κοῖλα, τά eig. *Höhlung der Augen*, dann die *oberen Augenliede*, verkürzt für ἐπικυλίς, im Gegensatz von ὑποκοι-λίς, ὑπόκοιλα, τά, wie auch im Lat. super-cĭ-lia (wo ci für cvi) *über der Höhlung*; κυλάς, ἡ; -λίς, ἡ.

Zu der hier hervortretenden mit κοῖλο identischen Form κυλ gehört: κοικύλλω *ganz leer sein* (Intensivf. vgl. I, 555 sonst), κοικυλίων, ὁ. — Ferner κύλη, ἡ *hohler Becher*; -λιξ, ἡ; κυλίσκη, ἡ; -κιον, τό; κυλίκιον, τό; -κίς, ἡ; -κειος, ον; -κεῖον, τό; -κνη, ἡ; κυλίχνη (*Pott* II, 59), ἡ; -νίς, ἡ; -νιον, τό.

Hieher κύτος, τό *Höhlung*, insbes. *Bauch*; dazu goth. quithrs (*Graff* IV, 650), anders *Bopp* (Gl. sscr. s. v. g'ath'ara); κυτώδης, ες. Mit κϝα : κα für κυ (vgl. κενεός, κήλη, weiterhin καθ (in καθαρός) = sskr. çudh u. aa.): κασι für κατι *Bauch* (vgl. πόσις S. 75), in κασίγνητος, ὁ und dafür nach Vergessen der eig. Bed. κάσις, ὁ, ἡ. An diese Form schliesst sich ἔγκατα, mit der dialekt., nicht organ. Nebenf. ἔγκυτα, τά *was im Bauche ist, Eingeweide*; dazu ἐγκάς *tief innen*.

Zu κυ: κυτίς, ἡ (*hohler*) *Kasten*; -τίδιον, τό; κύτινος, ὁ der (*bauchige*) *Kelch* des *Granatbaums*; -νώδης, ες; auch wohl κύτισος, ὁ.

Zu κυ nun wohl auch κύαθος (vgl. κιάθω S. 164), ὁ ein (*bauchiger*) *Becher* (vgl. κύλη); -θειον, -θιον, τό; -θίς, ἡ; -θίσκος, ὁ; -θότης, ἡ; -θώδης, ες; -θίζω.

Zu Form κα (mit η, Vriddhi) κῆ-τος, τό, in Zsstzg. *Höhlung*, dann ein *aufgeblähtes* (grosses) *Thier* (glchs. *ein Bauch* (κῦτος)); κητώδης, ες; -τῶος, α, ον; -τώεις, εσσα, εν; -τειος, α, ον; -τημα, τό; -τόω; -τεύω; -τεία, -τία, ἡ; Κητώ N. p.; μεγακήτης, ες.

Gehört hieher κώλη *das männliche Glied* (als *anschwellendes*)? vgl. φαλλός I, 572, ψωλή I, 545 und aa., die ebenfalls aus dem Begriff *schwellen*; anders *Pott* (s. v.), *Diefenb.* (Celt. I, 241 und nr. 179).

Sich aufblähn: κυ + δ-Bildung: κῦδ-ος, τό eig. *das Brüsten* in gutem und bösem Sinn, daher *Ehre* und *Schande* (aus dem Sskr. hieher vielleicht çu-t'-ìrja, çaut'ìra *Held*, çau(n)-d'ira *sich brüstend*; çaund'arja); κυδίων, -ιστος; -δήεις, εσσα, εν;

-διμος, ον; -δάλιμος, ον; -δάζω; -δαίνω; -δάνω; -δάσσω; -δάω; -διάω; -δνός, ή, όν; -δρός, ή, όν; -ρόω; ἐπικυδής, ές; ὑπερκύδας, ὁ.

Aufschwellen vom *aufschäumenden Wasser* (vgl. hvathjan S. 165 u. $\sqrt{}$ σφ I, 585) κη-κι (redupl. Intensivf. wie çâ-çî aa. bei *Bopp* Gr. ssr. r. 527); κηκίς, ἡ; -κίδιον, τό; κηκίω.

Zu Bed. *wachsen* (vgl. S. 164) vielleicht κο-κύ-αι (*Hes.*) *die alten* (so sskr. vriddha *alt* von vrih *wachsen*).

In der Gruppe çv muss das Labiale des v sehr stark durchgeklungen haben; denn im Zend entspricht stets sp (*Bopp* V. G. 47); ebenso russ. coba-ka = sskr. çvan (S. 165) vgl. aa. weiterhin; so griech. ἱππο = sskr. açva (I, 160). Im Sskr. heisst nun sa-çvat eig. *zusammen* (I, 382)-*wachsend* (çvat Neutr. von çvant, Participialthema von çvi vgl. I, 125, çva-n S. 165 aa.), d. h. *wo eins in das andre greift, fortdauernd, immer* (dass s der organische Anlaut sei, nicht ç, wie die indische Schreibart ça-çvat hat, beweist zend. hamaçpat = sskr. sama-çvat vgl. H. A. L. Z. 1837 Ergzblätt. S. 908); so wie saçvat, bildet sich, durch Präf. vi: vi-çva eig. *aus einander wachsend, sich verbreitend*, dann *all* (anders *Bopp* V. G. 569, aber Pronom. çva existirt nicht); an diese Form zend. vîspa, slav. vĭcĭ (*Kop.* Gl.), litth. wissas, lett. wissss. Es bedarf kaum einer Bemerkung, dass sa-çvant nicht minder gut, wie vi-çva *all* hätte heissen können. Mit sa-çvant identisch ist griech. ἁπαντ (vgl. ἱππο), ἅπας, ασα, αν; dass damit πᾶς, ᾶσα, ᾶν zusammenhängt, ist keine Frage; ich glaube, dass das bedeutungslos scheinende (da die Etymologie aus dem griech. Sprachbewusstsein früh verschwunden sein musste) ἁ eingebüsst ist (anders *Pott* II, 302); Neutrum äol. πάν (*Ahrens* Diall. 119) regelrecht (nach Analogie von τιθέν); πᾶν vielleicht, weil die organische Form παντ ein älteres πανν herbeigeführt hatte. Dazu πάντοθι, -θεν; -τοσε, gleichsam wie von einem Thema παντο statt παντ (vgl. sskr. sâ-çvata und viele ähnliche); so auch πάντη (für -τητ = tât alter Abl.), -τως; πανταχῆ, -χόθεν; -χοῖ; -χόσε; -χοῦ; παντοῖος, α, ον; πάνυ (für παν + u (ganz wie im Sskr. sa + u, griech. ὁ + υ (-τος) u. aa. I, 282 ff.), oder für παν + sskr. hu, mit Verlust des h wie oft und also identisch mit), πάγ-χυ (wo h wie gewöhnlich χ ward, vgl. Pronom. χ); ἔμπᾶς (für ἐν πᾶσι), ἔμπης, verstümmelt: ἔμπᾰ; anders *Pott* (II, 311); nach falscher Ansicht über ἔμπας: ἔμπᾶν; πάμπᾰν (redupl. Neutr. mit organ. richtigem ᾰ), παμπήδην; διαμπάξ (δι + ανα + πα(-κις?)).

Das *Aufschwellen* (Grdbed.) wird Bezeichnung des *starken Athmens, Schnaufens*, weil dabei die Brust aufschwillt: sskr. çvas (sek. Form durch s vgl. oben çush = çva-s S. 164); slav. copôn *schnaufen* (*Kop.* Gl.), hieher wohl auch cpa *schlafen* (*Dobr.* 97) vom *Schnarchen* so bezeichnet. Mit Präf. â heisst sskr. âçvasaj (Caus.) eig. *recreare, einem neuen Athem geben*, dann *trösten, Muth machen* u. s. w.; daran schliesst sich slav. cŭpacajôn (*Kop.* Gl.) mit fast gleicher Bed. schon im Simplex: *retten, heilen*, und wie ich glaube griech. παιᾶον = sskr. çvasajan; die Dehnung ᾱ vielleicht wegen Verlust von j; also παιάων, παιήων, παιάν, παιών, ὁ *der Rettende, Rettungshymnus*; παιηό-

νιος, α, ον; -νίς, ἡ; παιηοσύνη, ἡ; παιανίζω; -ισμός, ὁ; -ιστής, ὁ; παιανικός, ή, όν; παιώνειος, ον; -νιος, α, ον; -νίς, ἡ; -νιάς, ἡ; -νικός, ή, όν; -νίζω; -νισμός, ὁ.

çvas mit Präf. vi (*ver*) heisst eig. *verschnaufen*, dann *ruhen*; dahin griech. *παυ* (*Pott* I, 280), wo *υ* für *σ* (vgl. *χλευ* S. 134, *καυ-λός* S. 153), und die Bed. schon auf das Simplex übergegangen, wie oben; *παύω, παύομαι* (*sich verschnaufen*) *aufhören* u.s.w.; *παῦσις, ἡ; -σωλή* (für *-τωλή*), *ἡ; παῦλα, ἡ; παυστήρ, ὁ; -τήριος, α, ον; -τικός, ή, όν; ἀνάπαυμα, τό;* (*-ύλησις, ἡ* zw.); *-υτήριος, ον; ἄπαυστος, ον; -τί; καταπαύσιμος, ον; καππώτας* (dialekt. für *καταπαύτης*).

çvas in der Bed. *schwer seufzen* (weil auch da die Brust sich hebt, *anschwillt*), lat. ques in queror; daher hieher sskr. çu-k' (sck. k' wie oft) glbd. (verw. bei *Pott* I, 234), wozu ahd. hiuf-an *klagen* (*Graff* IV, 837).

[Nachträglich. Zu dieser Wz. çvi scheint mir jetzt griech. *γυνή* zu gehören, dessen oben (118) gegebene Etymologie auf jeden Fall höchst unsicher; so wie çvan, *κϝον Hund* aus çvi (S. 165), so konnte auch *κϝανη* entstehn; durch Einfluss des *ϝ* wurde *κ* zu *γ* (vgl. jedoch auch *γάλως* S. 150), also: *γϝανη; ϝα* in *υ*: *γυνή*, dor. mit Verlust des *ϝ* (vgl. lat. canis u. aa.): *γανά*, böot. *γϝ* in *β*: *βανά*; für die hohe Wahrscheinlichkeit dieser Etymologie spricht goth. quinô (*Grimm* nr. 570) *Gemahlin*; wo q = ç und i Schwächung von a ist, beides gewöhnlich; die *Frau* ist als *concipiens* gefasst. Wenn *βινεῖν* (vgl. 59) ein eigentlich dialektisches Wort ist — und so sieht es in der That aus —, so ziehe ich es nach Analogie von *βανά* ebenfalls hieher, zu sskr. çvi: *γϝι*: *βι*, so dass es eigentlich *schwängern* hiesse].

κϝι weiss, hell, rein sein. Zunächst sskr. çvê-ta *weiss*; dieses deutet auf eine Wzf. çvi; diese erscheint in çvi-t *weiss sein* (wovon cvi-tra, çvè-tra *der* (*weisse*) *Aussatz*) und çvi-d (wovon çi-çvid-âna (eig. Part. Atmanep., 3te Conj. Cl.) *unschuldig, tugendhaft*), welches sek. Bildung durch d; entschieden wird √ çvi durch zendisch spi-ta-ma (Superl. von spi-ta, Part. von spi = çvi); wie oben çvant von çvi *wachsen* (S. 167) und *καυτο* für *παντ* (S. 167), so im Zend für spent (welches ich in speñ-ista (Vend. Lithogr. p. 80, 3) erkenne vgl. *Benfey — Stern* ü. d. Monatsnamen S. 72) spenta (welches = einem sskr. çvant-a) *weiss, rein, heilig*; dieser Form entspricht litth. szwenta-s, lett. sswehts, sl. cventü (*Kop.* G. *Dobr.* 149); vgl. *Pott* (Lth. Bor. Pr. 21). In den sekk. Ff. wird vi in u zsgzg. (wie oben S. 164); also sskr. çu-k' *rein sein*, vgl. çu-k'-i *weiss, Feuer* (aus *hell*) u.s.w.; çukta *rein*, çukla *weiss* u.s.w., çukra *Feuer* u.s.w.; çukti (die *reine* vgl. S. 41) *Perle*; çok'is *Licht*; çu-dh (mit √dhâ zsgstzt) *rein machen* u.s.w.; çundh; çu-bh (mit √bhâ S. 101) *leuchten, glänzen*, vgl. çubha, çubhra *weiss*, çôbhana, endlich çumbh = çubh.

Germanisch zu der sek. Form durch d (sscr. çvi-d), goth. hveit-s (*Graff* IV, 1242) *weiss*; sammt hvaitei (1244) *Weizen* der *helle?*); mit Verlust des v wie oft, ahd. einfache Form: hei (789) *heiss*; hai-tar (812) *hell*; sek. F. durch d: hi-za (1073);

endlich hv(=sskr. çv) in k: ahd. kûs-ci (528), eine sek. F., deren s Vertreter eines anderen, mir noch nicht sicheren, Lautes.

Slav. cvi-ta-ti *leuchten* (*Kop.* Gl.); cvjc-tü *Licht* (ebds.), *Welt* (vgl. verw. *Pott* Lth. B. Pr. 46), pro-cvïtje-cen *leuchten* (*K.* G.); mit Verl. des v: ci-ja-ti *glänzen*, cï-jeetï (*K.* G.), cjedüï (*weisslich*) *grau* (*Dobr.* 97) aa.; mit tsch = ç: tschis-tü *rein* (*K.* G.) aa.

Litth. vgl. oben u. *Pott* a. a. O.; ferner: szy-was (wo szy = sskr. çu = çvi) *weiss*; swid-us *blank* (*Mielcke* S. 284, wo szwid-us wohl), szweicz-iu *blank machen*; szwecz-iu *leuchten*, szwankus, zwake, szwẽsa, szwarus aa. (a. a. O. 283 ff.); czystas *rein*, czy-ras glbd. (vgl. verw. *Pott* Lth. B. Pr. 61); hieher mit k = ç (wenn nicht fremd) kwẽtys *Weizen* (verw. a. a. O. 45).

lett. an den aa. OO.; ferner: sswezze *Licht*, spih-deht *leuchten* aa.

griech. f. κϝα-δ, mit Verlust des ϝ: καδ, wesentlich = sskr. çvi-d, nur dass der sekund. Laut an çva gelehnt, wie oben (S. 164) çvas zu çvi u. aa. Dazu lat. ca(n)-d-ere (candidus, wo Suff. do = sskr. tja vgl. I, 388, cânus für cad-nus (vgl. sl. cjed-üï oben)), slav. mit k = sskr. ç, wie nicht selten, kad-iti (*incendere Kop.* G.): καδ eig. *leuchten*, *glänzen*: κάδ-μος (kret. *Hes.*) die (*leuchtende*) *Lanze*, *Schild*, *Helmbusch* (der *Schmuck* überhaupt vgl. weiterhin κόσμος); καδ-νυ (5te Conj. Cl.) wird (für καννυ) καινυ (vgl. I, 115), für καδ entscheidet κέκαδμαι dor. Pf.: καίνυμαι eig. *hervorleuchten* u. s. w., eben so καδ-νό: καινός, ή, όν (eig. *blank*, dann) *neu* u. s. w.; -νότης, ἡ; -νόω; -νίζω; -νισμα, τό; -σμός, ὁ; -στής, ὁ; ἀνακαίνισις, ἡ; ἐγκαίνια, τά. [Hieher Ἐπι-κάσ-τη für καδ + τη N. p.].

Zu sskr. çudh (vgl. *Pott* I, 252) steht griech. καθ für κϝαθ in demselben Verhältniss, wie oben sskr. çvas zu çush; καθαρός, ά, όν *rein* (dor. κοθαρός); -ρότης, ἡ; -ρύλλος, ον; -ρεύω; -ρίζω; -ρισμός, ὁ; -στήριον, τό; -ριος, ον; -ριότης, ἡ; -ριεύω; -ρειος, ον; -ότης, ἡ; καθαίρω (für -αρjω, Denom.); -αρμα, τό; -ρμός, ὁ; -ρσις, ἡ; -σιος, ον; -ρτής, -τήρ, ὁ; -τήριος, ον; -τικός, ή, όν; ἀκάθαρτος, ον; -ρσία, ἡ.

Zu den sekk. Ff. durch T-Laut (aber fraglich ob δ, τ oder ϑ, wahrscheinlich mit δ) gehört, mit σ für T-Laut vor μ: κόσ-μος, ὁ (*Zustand des Leuchtens*) *Anstand*, *Schmuck*, *Ordnung* u. s. w.; ist bei der Bed. *Welt* slav. cvjetü (oben) u. s. w. aus dieser Wurzel zu vergleichen? κόσμιον, -μάριον, τό; -μιος, -μιαῖος, α, ον; -μιότης, ἡ; -μικός, ή, όν; -μέω; -μημα, τό; -μησις, ἡ; -μητήρ, -τωρ, -της, ὁ; -τειρα, -τρια, ἡ; -τρον, τό; -τός, ή, όν; -τικός, ή, όν; ἄκοσμος, ον; -μία, ἡ; -μήεις, εσσα, εν.

σ in μ: κομμός, ὁ *Putz*; -μώ, ἡ; -μόω; -μωμα, τό; -μωσις, ἡ; -μωτής, -τήρ, ὁ; -τρια, ἡ; -τρίδιον, τό; κομμωτικός, ή, όν; κομμωτίζω.

[ob κάτωρ, fraglich; Ναυσικάα (für καδjα: καjjα?) N. p. *Pott* II, 271].

Wie κοθ(-αρός) zu sskr. çudh so κο(μ)φ (für κϝομφ) zu sskr. çu(m)bh; davon κομψός (für κομφ-τό vgl. Καλυψώ von καλυφ (υπτω) u. viele aa.), ή, όν *schmuck* u. s. w. (ganz verschieden von lat. côm-cre = co + emere (sskr. nam)), -ψότης, ἡ; -ψεύω; -ψευτός, ή, όν; -ψευμα, τό; -ψεία, ἡ; ὑποκομψίας, ὁ.

κλόνις, ἡ *Steissbein*, lat. clû-nis; dieses ist = sskr. ç rô-n'i *die Hauptkrümmung des Körpers*, ohne Zweifel verw. mit ç rôn'a *verkrümmt* und wenn ç = k (vgl. S. 160), zu √dhvṛi in der Form kru : çru; danach ist κλόνις wohl dialekt. (*Antim.*) für κλου-νι; dazu κλόνιον *Hüfte* u. s. w. (*Hes.*); κλονιστήριον *Dolch an der Hüfte* (*Hes.*). Da die Wzf. κλου und für κ oft γ erscheint (vgl. √ϑϝri), so ziehe ich hieher γλου-τός, ὁ (Partic. wie sskr. çrô-n'a) die (*gewölbten*, vgl. √ϑϝr̆i) *Hinterbacken*; -τια, τά; ἀπόγλουτος, ον; ὑπογλουτίς, ἡ.

κλέπ-τω *stehlen*, lat. clepo, goth. hlifan *stehlen* (*Grimm* I, 850), gael. cluip-idh *betrügen*; ich kenne keine irgend zu billigende Etymologie (*Ag. Benary* I, 196, *Giese* ü. d. äol. D. 238); der Begr. *betrügen* geht vielfach aus *verkrümmen* hervor; daher vielleicht zu √ϑϝr̆i, wo viele Formen vorkommen werden, zu denen diese passt (κλε + sek. p.). Dazu: κλέπος, τό; κλέμμα, -μάτιον, τό; -μαδόν; -διος, α, ον; -ματικός, ή, όν; -ματιστής, ὁ; κλεψιμαῖος, α, ον; κλέπτης, -τήρ, ὁ; -τις, -τρια, ἡ; -τίδης, ὁ; -τίστατος, η, ον; κλεπτός, ή, όν; -τικός, ή, όν; -τοσύνη, ἡ (κλαπείς u. s. w.); κλοπή, ἡ; -πός, ὁ; -πία, ἡ; -παῖος, α, ον; -πιος, ον; -πιμος, ον; (-πέω zw.); -πεύω; -πεύς, ὁ; -πεία, ἡ; -πεῖον, τό; κλώψ, ὁ; -ωπικός, ή, όν; -πήϊος, α, ον; -πάομαι; -πεύω; -πεία, ἡ; [ich erwähne hier κλοτοπεύω (ἅπ. λεγ.; Bed. ungewiss)].

κλυδ in κλύζω vom *Benetzen des Meers* u. s. w. Im Sskr. klid (li u. griech. λυ beide, wie oft, = r̆i); vgl. *Pott* (E. F. I, 243, 9); κλύσις, ἡ; κλύσμα, τό; -μάτιον, τό; -μός, ὁ; κλυστήρ, ὁ; -τήριον, τό; κλύδιος, α, ον; -δάζομαι; -ασμός, ὁ; κλύδων, ὁ (δα Acc. *Nic.*); -δώνιον, τό; -νίζομαι; ἀμφίκλυστος, ον; ἀκλυδώνιστος, ον. [Κέλυδνος *Pott* II, 225]; σύγκλυς, ὁ, ἡ; -υδος, ον.

√κρ *machen*. Im Sskr. kr̆i (in der Flex. kr̆i, kar, kur), gunirte Form mit l = r in kal-ja *gemacht* u. s. w.; verwandte bei *Pott* (I, 219), *Bopp* (Gl. s. s. v.); dazu lth. kurru (für kar-jâ-mi 4te Conj. Cl.); griech. κραιαίνω (Denom. von einem Thema κρα-ιαν; vgl. κρέων, κρείων : κραίνω weiterhin), zsgzg. κραίνω *machen* (aber nicht in der Bed. *herrschen*); κραντήρ, -της, -τωρ, ὁ; -τειρα, ἡ; -τήριος, α, ον; ἀκράαντος, ἄκραντος (die Perfectendung κα für καρα betreff. vgl. I, 371, wegen kr̆it I, 381). — sskr. kr̆i mit Präf. upas *antworten*, eig. *eins an die Stelle des andern machen, setzen* (vgl. upa + kr̆i *mutare, rependere*), grade wie griech. ἀπαμείβομαι (S. 33); ferner sskr. kr̆i mit Präf. anu, prati, pra *nachmachen* u. s. w.; so griech. ὑποκρίνομαι *antworten* (*nachmachen, simulare* dann) *dissimulare*; ἀποκρίνομαι (κρῖνο könnte man auf den ersten Anblick mit kr̆i-nô-mi (5te Conj. Cl.), welches in den Veden, vergleichen, allein die Dehnung des ι im Präs. u. s. w. bei der Kürze im Futur u. s. w., die Verdoppelung des ν in vielen ähnlichen Formen im äolischen Dialekt (κρίννω, κλίννω, ὀρίννω *Ahrens* Diall. 53) macht es mir wahrscheinlicher, dass wir hier das Classenzeichen der 9ten Conj. vor uns haben, also κρι-νῦ; diese Form wurde wie im Griechischen gewöhnlich (vgl. δείκνυμι, δεικνύω) in die o-Conjugation übergeführt; so entstand κρινιο, äol. κριννο, gewöhnlich κρῖνο; das Classenzeichen ν drang dann auch in andre Formen) *antworten* (wie ἀπ-αμειβ.); ἀπόκρισις, ὑπόκ., ἡ; ἀπόκριμα, τό; ὑποκρισία, ἡ; -κριτήρ, -τής, ὁ; -τικός, ή, όν; ἀνυπόκριτος, ον. sskr. san + kṛi *zusammenmachen*; so könnte hieher (aber auch zu κρ *werfen* s. weiterhin) συγκρίνω gehören: -κριμα, -μάτιον, τό; -κρισις, ἡ; -κριτός, ή, όν; -τικός, ή, όν; ἰδιοσυγκρισία, ἡ.

Causalf. mit p. sskr. klṛip *machen* (hier ist lṛi erhalten, ein Laut, der zwischen vokalischem r und l schwebt und auf dem der stete Wechsel von l : r beruht); dazu kalpa *Gestalt* (auch *Schöpfung*, I, XV falsch); lat. (mit r) corp-us, zend. keref, ahd. hrêf (*Graff* IV, 1153).

κρ. Im Sskr. kṛi *werfen* (*Pott* I, 226); Nebenform, gunirt, u. l = r: kal glbd.; *werfen* als *zusammenwerfen*, *mischen*, sskr. kal-ila *gemischt*, griech. κερ: (κέραμαι: -ρωνται), κεράω, -ραίω, -ράννυμι (κεράσω, ἐκρασάμην, κέκρᾱκα aa.), κιρ-νάω, -νημι (ιρ = ṛi vgl. sskr. kìr-n'a *sparsus*, kìr-ti *Verbreitung*, *Ruhm*); κέρασμα, τό; -στής, ὁ; -τός, ή, όν; κρᾶσις, ἡ; κρᾶμα, τό; κρατήρ (κρητήρ), ὁ; -ριον, τό; -ρία, ἡ; -ρίζω; reduplicirt κικράω, -ρημι; ἀκέραιος, ον; -ότης, -οσύνη, ἡ; αὐτοκέρᾶς (ᾶτος); ἐπικεραστικός, ή, όν; κατακέρασις, ἡ; μετάκερᾶς (ᾶτος); σύγκρατος, ον; ἐπικρατικός, ή, όν; ἀκρατότης, ἡ; ἀκρατίζομαι; -τιστος, ον; -τισμα, τό; -σμός, ὁ; ἀκρασία, ἡ; φιλάκρατος, ον; χαλίκραιος, α, ον; -κρος (*Lobeck* Paral. Gr. gr. I, 42); ἁλίκρας, ὁ, ἡ; ἰσοκραής, ές; (κάροινον?) ἀκήρατος, ον; -ράσιος, ον; beide auch in der Bed. *unversehrt*, die vielleicht zu κήρ *Parze*. Hieher wohl ἐγκρίς, ἡ *eine Art Kuchen* (wegen der Form vgl. das Folgende).

Der Begr. *werfen*, als *auseinanderwerfen* (schon sskr. kìr-n'a *zerstreut*), *würfeln*, so *sichten*, *scheiden*, *unterscheiden* (kṛi *dignoscere*, *Ros.* Radd., aber nicht belegt); lat. cri-brum (*worin man sichtet*), gael. cria-thar, lat. cerno, cer-to u. s. w., griech. κρῖνω (κρῖνῶ u. s. w. vgl. oben) *sichten* u. s. w.; κρίμα, τό; κρίσις, ἡ; κρίσιμος, ον; κριτής, ὁ; -τίς, ἡ; -τός, ή, όν; -τικός, ή, όν; -τήριον, τό; ἀνακρίνω (*excutere*); ἀποκρίνω *absondern*; -κριδόν; εἰλικρινής, ές; -νεια, ἡ; -νέω; διευκρίνησις, ἡ; ἀκριτί, ἀκρισία, ἡ.

κρίμνον, τό (für κριμενο) *geschroten*; -νώδης, ες.

κρησέρα, ἡ *Sieb*, wohl wie gael. cria-thar, durch Suff. sskr. tṛi formirt, also für κρη-τερ(ια?); -κρησέριον, τό; -ρίτης, ὁ.

Da lat. excrementum *Koth*, *Auswurf*, so gehören wohl zu sskr. kṛi in der Bed. *werfen* (formell könnten sie auch zu kṛi *machen* S. 170 gehören): karìsha *Kuhdünger*, kìrtti *Mist*; apas + kara *Excremente*, avas + kara glbd.; ava + kara *Kehricht*; sankâra glbd. und endlich sa + kṛit (zsgstzt mit sa I, 382); dass diess — nicht çakṛit wie der indische Gebrauch schreibt — organisch richtig ist, beweisen die verwandten Sprachen; diesem entspricht mit Verlust des a und ṛi gunirt griech. σκαρτ

Nom. σκώρ (vgl. ὕδωρ), Gen. σκατός (vgl. ὕδατος), τό *Koth*; σκωρία, ἡ; -ραμις, ἡ; σκερτ für σκαρτ: in σκέρβολος (vgl. βάλλω bei √ϑϝṛi), ὁ; -βολέω; -βόλλω; [dazu σκύβαλον I, 628 mit Verlust des ρ für σκεβαλ, υ wegen β]; mit diminut. φο (vgl. φα II, 101) σκέραφος, τό (anders *Pott* II, 295); att. wegen σ: σχέραφος, mit Verlust des σ, wie oft, κέραφος.

Hieher ags. skearn *Mist* (*Grimm* II, 61, nr. 612), und sskr. kṛit entsprechend, lat. cerda in su-cerda, bu-cerda, mucerda; dem griech. σκερτ entspricht mit nicht seltner Umsetzung (vgl. σκεπ: spec I, 236) lat. sterc-us; daraus vielleicht, oder ebenso umgesetzt, griech. στέργ-ανος, ὁ (*Hes.*).

Da π für sskr. k eintritt (vgl. I, 140 ἧπαρ) und ελε = sskr. ṛi nicht selten, so kann hieher gehören: σπέλεϑ-ος, πέλεϑος, ὁ *Menschenkoth*; mit υρ = ṛi, σπύραϑος, ὁ *Schaafmist*; (vgl. jedoch litth. spirras *Schaafmist*); -ϑώδης, ες; -ϑιον, τό; (-ϑια zw.); σπυράς, ἡ; att. σφυράς (φ wegen σ); σπύρδανον, τό; [σπυρϑίζω (den lakon. Tanz tanzen, wo man an den Hintern schlug) wohl zu I, 584]

Indem für σκατ (σκαρτ) σπατ eintritt: σπατ-ίλη, ἡ *Menschenkoth*; wie ὑσπέλεϑος so endlich vielleicht ὕ-σκυϑα (sucerda), ἡ (f. ὑ-σκερτ-α ϑ wie in σπελεϑος, υ für ṛi wie in σκύβαλον?), ὕσχυϑα (*Hes.*); oder ist an κεύϑω (I, 613) zu denken?

Das *Würfeln*, *Sichten* (vgl. κιρ S. 171) kann als *theilen* gefasst werden; sskr. kal-ita *getrennt*, wie kir-na und *gezählt*, kala in vi-kala, (*ohne Theil*) *mangelhaft*, sa-kala *ganz* (d. h. *mit den Theilen*); dazu wohl gael. clair-idh *theilen*, claireadh u. s. w., welches Denom. von clár (cla + r) zu sein scheint, dessen Bed. vielleicht *ein Stück*; sollte dahin griech. κλῆ-ρος, ὁ *Loos* (*Pott* II, 597 zu κλάω vgl. weiterh.) eig. *Theil* gehören (vgl. noch gael. crann *Loos*, crannchur u. s. w.)? λα = ρα (vgl. κραρο weiterhin) = ṛi wie oft; doch ist auch ahd. hluz *Loos* (*Graff* IV, 1122) zu berücksichtigen, dessen u schwer mit griech. η zu vermitteln; z ist minder auffallend und sekundär; hl ganz = κλ; slav. g'rebii *Loos* (*Dobr.* 142) ist ganz unverwandt. Zu κλῆρος: -ρίον, τό; -ρικός, ή, όν; -ρόω; -ρωσις, ἡ; -ρωτήρ, -τής, ὁ; -τρίς, -τίς, ἡ; -τήριον, τό; -τός, ή, όν; -τικός, ή, όν; -τί; ἄκληρος, ον; -ρέω; -ρημα, τό; -ρία, ἡ; -ρωτεί; ἐπικληρίτης, ὁ; -ῖτις, ἡ; ναυκλήριον, τό; -ρώσιμος, ον. Neben ναυκλῆρος die organischere Form ναύ-κρα-ρος (-κλαρος), ὁ; -ραρικός, ή, όν; -ρία, ἡ; -ρια, τά.

Sollte zu Begr. *theilen* κήρ, ἡ *die Zutheilende* (vgl. Μοῖρα S. 40) gehören? (*Pott* II, 601 an sskr. kâla, welches wohl ursprünglich *Eintheilung* heissend, auch hieher); κηρέσιος, ον; -ραίνω; ἀκήριος, ον; ἐπίκηρος, ον (vgl. S. 171).

Aus der Bed. *werfen* war in sskr. kîr-n'a, vi-kîr-na, kal-ita die Bed. *zerstreut*, *zertheilt* hervorgegangen; sollte sich damit sl. kol-jón, kla-ti *spalten*, *schlachten* (*Kop.* G.) verbinden? von letzterem wage ich nicht zu trennen: griech. κλά-ω (*spalten*), *brechen* (vielleicht beide zu sskr. çṛi (vgl. weiterhin) in der Bed. *zerstossen* (oder ist wegen κλαδαρός κλαδ Wzf.?); κλάσις, ἡ; κλάσμα, τό; -μός, ὁ; κλαστός, ή, όν; -της, -τήρ, ὁ; -τήριον, τό; -τάω, -τάζω; κλαδ-αρός, ά, όν.

√*κρ*. Im Sskr. √çrĭ *gehen* (vgl. *Pott* I, 205), wo rĭ für ursprüngl. ṛi, wie çar-an'i (Guna von ṛi) *Weg* u. aa. zeigen; dazu lat. pro-cer (vgl. sskr. ut + çrĭ *erhaben sein*), procerus (anders *Pott*, I, 128); griech. vielleicht, mit Verlust des Anlauts, wie oft, λίτη, ἡ *Thür* (*wo man hineingeht* vgl. vêça I, 350 aa.), λιτ (*gegangen*) -αργός (I, 104) und ahd. li-d-an (für hlidan) *gehn* u.s.w. (*Graff* II, 168).

Ferner wird çrĭ die Bed. *venerari*, *col-ere* gegeben; als Verb. unbel. aber çrĭ-ta *geliebt*, *bedient*, *verehrt*, *geschützt*; dass auch hier rĭ = ṛi zeigt çar-aṅa, *Schutz*, *Hülfe* u. s. w.; mit ra = ṛi wie oft çrajaṅa *Schutz* u. s. w.; çrâja glbd. u. s. w.; so auch çrî *vergnügen* (bel. durch *Râmâj.* II, 76, 18), ferner çrî *die Göttin des Glückes* (wohl in sofern sie *Schutz*, *Heil* giebt) çrî-mat (eig. *Schutz-begabt*) *glücklich*, çrî-la glbd., çrê-jas (vgl. weiterhin) *Tugend* u. s. w. endlich çîl-a (îl = îr = ṛi wie oft) glbd. Uebersehn wir die hier hervortretenden Bedd., so scheint ihre Basis zu sein: *ein auf Schutz beruhendes Heil*, *Glück*. Ob diese Bed. *Schutz* aus *gehn* hervortreten kann, wage ich nicht zu entscheiden; vielleicht ist çrĭ—ta *geschützt*, *geliebt* eig. einer um den herumgegangen wird, vgl. z. B. ἀμφιβαίνω bei *Homer*, lat. col-ere (weiterhin). Hieher: goth. hail, *glücklich*, *Glück* u. s. w. (*Graff* IV, 861 ff.); vielleicht ahd. hel-id *Held* (*Schützer* ebds. 844); goth. hulth, (schützend) *geneigt* (ebds. 913 vgl. lat. cle-mens); hil-p-an *helfen* (918) Causalform, hleibjan (1110) glbd. — lith. passt zu organ. çrĭ + p genau szelp-ju (sz = ç wie gewöhnlich el = ar Guna) *besorgen*, *helfen*, *erhalten*, aber es scheint auch mit anlautendem g dazu zu gehören: gelb-mi *helfen*, dahin dann apr. galbimai (*wir helfen*), lett. gelbeht, glahbt, glabbaht (*retten*, *helfen*, *schützen*); lth. pa-gilb-stu *gesund* (*heil*) *werden*; lat. colere (eig. *um etwas herumgehn*?); clemens (= cle (= çrî?) + Suff. mant) *huld*; ob lĭ-tare eig. (lit-u = çrita) *glücklich sein*?

griech.: ist *herrschen* als *schützen* gefasst und zu Form sskr. çraj (vgl. çrajaná, çrâja) κρεί-ων (für κρε-j-ων), κρέων, ὁ, -ουσα, ἡ *Herrscher* u. s. w. zu ziehn? (κραjαν in) κραιαίνω, κραίνω *herrschen* (vgl. S. 170); κραντήρ, -τῆς, -τωρ, ὁ; -τειρα, ἡ.

Bed. *helfen* in ἐπί-κουρ-ος, ον, *helfend* (ου wohl Dehnung für äolische Verdoppelung des ρ und diese für ρι); -ρέω; -ρημα, τό; -ρησις, ἡ; -ρικός, ή, όν; -ρία, ἡ; ἀνεπικούρητος, ον.

Sskr. çrêjas ist schon erwähnt; es ist zugleich Comparativ (Thema çrêja(n)s eig. *heilbegabter*, dann *besser*, *sehr gut*, *glücklich* u. s. w. Superlat. çrêshth'a. Ein dazu gehöriger Positiv existirt nicht (nach der von *Burnouf* Jour. as. 1834, Janv. 69 gegebnen Reg. ist im sskr. Gebrauch eig. çrî-mat dafür anzusehn). Neben crêja(n)s erscheint çrâjasa, welches auf çrâjas weist. Dieses ist seiner Form nach identisch mit sskr. prâjas; in beiden ist das Comparativsuffix îja(n)s an die Wzf. getreten, î verschlungen und a gedehnt; in crê-jans dagegen ist a+i wie gewöhnlich in ê übergegangen. Wie nun crâja(n)s : crêja(n)s neben einander, so steht neben sskr. prâja(n)s griech. πλειον(ς), eig. einem sskr. prêja(n)s entsprechend; dieses ist Comparativ von πολύ = sskr. pur-u (S. 85); wie hier puru : prâjas, so liesse sich çur-u: crâjas (çrêjas) denken; jenem würde nach Analogie von πολύ griech. (κολυ) καλυ entsprechen; dazu verhält sich κᾱλός für κᾰλλός, wie καλλίων und die ganze Reihe der Derivata zeigt, wie πολλή, -λοῦ u. s. w. zu πολύ (S. 85); also κᾰλός, ή, όν, eig. *heilbegabt, schön* u. s. w.; καλλίων (für καλϝίων?), ον; -λιστος; -λιώτερος; κάλλος, τό; -λονή, ή; -λόσυνος, ον; -νη, ή; κάλλιμος, ον; -λύνω; -υντήρ, -τής, ὁ; -τήριος, ον; -τρον, τό; (καλλιόω zw.); καλλιστεύω; -τευμα, τό; -τεῖον, τό; κάλλαια, τά; ἀκαλλής, ές; ἀπειροκαλία, ή; φιλοκαλέω; ἡμεροκαλλίς, ή; -λές, τό: hieher αἰ-κάλλω (wo αἰ = sskr. abhi S. 104) *schönthun, schmeicheln*; αἰκάλος, ὁ; — hieher wohl καλλίας, ὁ *Affe*; ob καλλαρίας, ὁ *Kabeljau*.

κρήγυον, höchst seltnes Wort, bei *Homer* einmal, wo τό κρήγυον augenscheinlich ungefähr *das Angenehme* heisst (Il. I, 106), bei *Plato* κρήγυος, wohl gesucht (vgl. *Buttm.* Lexil. I, 25), scheint ebenfalls hieher zu gehören; vielleicht lehnt es sich an ein sskr. çrâju (vgl. çrâja oben); γ = j hat übrigens keine ganz gleiche Analogie.

çrĭta hiess *die geliebte*, ob hieher κρί-νον, τό *die Lilie*, etwa die *liebliche*? -νεα, τά; -νών, ὁ; -νωνιά, ή.

√κρ. Im Sskr. çrĭ *zerstören, spalten*, aber eig. *stossen*, wie die Derivata zeigen z. B. sskr. çûr (ûr = rĭ = rî, wie oft) *stossen* (*Wils.*), çûla (ûl = ûr = rĭ) *eiserne Spitze, Stosswaffe* (vgl. çûlja *angespiesst*) und aa. weiterhin.

Hieher zunächst mit rĭ, welches der Urform des, sich in r mit fast allen Vokalen in dieser Wurz. darstellenden, Lautes am nächsten liegt (vgl. çrĭ-nâmi Praes. von çrĭ): sskr. çrĭ in çrĭn-ga eig. *stossgehend* d. i. *stossend* (çrin = çrim alter Acc. vgl. turan-ga *schnell gehend, Pferd* aa.), *das Horn*; die verwandten Sprachen guniren: slav. rog-ü (*K. G.*) wo ç und der Nasal eingebüsst, litth. rág-as, lett. rags. Griech. hat dieselbe Wz. aber nicht dieselbe Bild. κερ-ατ, altes Partic. Neutr. *stossend*; κέρας, τό *Horn* (τος, ος im Gen., letzteres wie von Thema κέρας); -άτιον, τό; -ατώδης, ες; -τίας, ὁ; -τινος, η, ον; -τίτης, ὁ, -ῖτις, ή; -τίζω; -τιστής, ὁ; -τόω; -τών, ὁ; κεραός (für κεραϝός, lat. cer-vus, ähnlich ahd. hir-uz (*Graff* IV, 1017) celt. cy. carw u. s. w. (*Diefenb.* Celt. I, 104 nr. 153)) ά, όν; -ρόεις, εσσα, εν; -ραία, ή; -ραΐς, ή; -ραξ, ὁ; -ράς, ή; -ράστης, ὁ; -τις, ή; -ρατᾶς, ὁ; -ρουτίας (ob κερ(ο) + ϝετ + ια?) ὁ; -ουτιάω. αἰγοκερεύς, -ρως, ὁ; ἀκέρατος, ον; λευκοκέρατες, οἱ; ὑπερκεράω; -ρασις, ή; χρυσοκέρειος, ον; -ρως (ρωτ), ων; hieher: κεραΐτις, ή; κερατέα, -τεια, -τία, -τωνία, ή; -τιον, τό; [ob auch κέρ-ασος (vgl. lat. cor-nus : cornu), ὁ, ή *Kirsche*, wegen irgend einer Aehnlichkeit; -σία, -σέα, ή; -σιον, τό; αἰγόκερας, τό. Dann aber auch wohl κράνον, τό *Hartriegel*; -νος, ή; -νεια, ή; -νεϊνος, -νινος, -νειος, η, ον; θηλυκρανία, ή; vielleicht aber zu κραναός *steinig* oder κρ(υ) *hart sein*].

κρ = κερ: δί-κραιος (für κεραιος), δίκροος, -κρος, ον; *zwei (hörnig)-endig* u. s. w. -κραιότης, ή; δικραιόω. κρασβόλος, ον.

Eine andre Form. lat. cor-nu goth. haur-n (*Graff* IV, 1035) gael. còrn. In welch sonderbarem Verhältniss steht dazu hebr. קֶרֶן, welches kein sicheres Etymon im Semitischen hat. Eben dieses hebr. zeigt, wie nahe der Begr. *Horn* (*Spitze*) und *Haupt* sich liegen, daher ziehe ich hieher sskr. çir-as [mit ir = ṛi wie oft; vgl. ebenso çir-i *Schwerdt* (goth. hair-us) und l = r: çila *Lanze* (lat. quir-is, welches jedoch auch zu der Form mit ur gehören kann, aber sicher zu dieser Wz. (und *Pott* I, 263)), und *Fels* (von der Bed. *gespalten*)] vgl. anderes über κέρας, çiras bei *Pott* (I, 129, 128); zu çir-as, çîr-sha *Haupt* (îr = ṛî in çîr-ṇa und aa.).

Im Sskr. gunirt: çar-ishjâmi Fut. u. aa.; zu çṛî ferner çara *Pfeil* u. s. w. çarana *das Erschlagen* u. aa. çar-u *Donnerkeil*; zu letzterem griech. κερυ in κεραυνός, ὁ (*der spaltende*); -νιον, τό; -νειος, ον; -νιος, α, ον; -νίας, ὁ; -νόω; -νωσις, ἡ; ἀκεραύνωτος, ον.

[Hieher κεραΐζω I, 201 wozu noch ἀκέραιος, ον].

Mit l = r sskr. çala, çalja *Speer, Pfeil*, griech. κῆλον, τό *Pfeil*. Hieher ahd. bi-hal *Beil* (*Graff* III, 43), bi = *zwei* (vgl. lat. bi-pennis für pes-ni = sskr. paksha *Seite*).

Lat. cel-lo (cel-er) *stossen* und griech. κέλλω f. κελ-jω 4te Conj. Cl. (welches I, 199 falsch) sammt κέλ-ης, ὁ; -ήτιον, τό; -ητίζω; anders *Bopp* (Gl. sscr. s. k'al), *Pott* (I, 206, 277); eben so auch κολ-ετράω *stossen, treten* (Denom. von einem Nom. κολε-τηρ).

Wegen çûla *Keule* könnte man auch κορύ-νη, ἡ als die *zerspaltende* hieherziehn; doch bin ich wegen lat. cla-va, welches ich nicht von κλάω zu trennen wage, zweifelhaft; wenn κορ-ύνη eig. *Kolbe*, so könnte es auch zu κορ = hvṛi = ϑϝri gehören (vgl. κορ-δ-ύλη). — Dazu: κορυνίτης, ὁ; -ῖτις, ἡ; -νώδης, ες; -νάω; -νησις, ἡ; -νήτης, ὁ; -νιάω; -νιόεις, εσσα, εν.

[über sskr. çṛî vgl. *Pott* I, 229; dazu noch lth. kirsti, lett. zirst *spalten*, lth. kirwes lett. zirwis *Axt* (vgl. sskr. çar-v *stossen* wozu çarva *der Vernichter* und aa.) gael. ciurr-aidh *stossen*].

Ferner hieher mit ûr = ṛi sskr. çûra *der* (*zerreissende*) *Löwe* und so auch çûra *der* (*vernichtende*) *Held*; ahd. helid könnte damit verbunden werden (vgl. jedoch S. 173). Leicht konnte aber der Begr. *Herrscher* aus *Held* hervorgehn, daher ich hypothetisch (man kann auch an aa. denken vgl. κρέων (S. 173 *Bopp* Gl. sscr. îçvara), dazu ziehe: κῦρ-ος, τό ganz das lat. autoritas *Herrschaft*; -ρόω; -ρωσις, ἡ; -ρεία, ἡ; -ριος, α, ον; -ότης, ἡ; -ριεύω; -ευσις, ἡ; -ριακός, ή, όν; ἄκυρος, ον; -ρία, ἡ; -ριευτος, ον; ἀγ-κυρίττω (ἀνακ.) *ungültig machen wollen* = μεταμέλεται (kret.) [hieher gälisch cur *Macht*].

οι = ῡ wie oft, κοίρα-νος, ὁ; -νειος, -νῆος, α, ον; -νία, ἡ; -νικός, ή, όν; -νίδης, ὁ; -νέω.

çŭra = çûra in der Bed. *Löwe*, wie √çŭr = çûr; daher hieher cŭra in sva-çura (im Sskr. çva-çura geschrieben, durch Assimilation und die grosse Hinneigung des Sskrits zu ç; dass in çva, ç für organisch s stehe, zeigen die Ff. aller verwandten Sprachen vgl. H. A. L. Z. 1837 Ergzbl. S. 907). Hier ist die Bed.

Held zu *Mann* geschwächt, grade wie in lat. vir (vgl. I, 455); sva (vgl. I, 455) bed. *verwandt*, sva-çura ist also der *Verwandte* κατ' ἐξοχήν, im Sskr. *Schwiegervater*; sva-çrû (vgl. *Pott* II, 150) *Schwiegermutter*; çva-çurja *Schwager*; verwandte s. bei *Pott* (I, 127), wozu slav. cvekrüï, cvekrovï (*Dobr.* 150), lth. usswis *Schwiegervater*; -we -*mutter*, sammt osswis neben dem organisch richtigeren szessurs; celt. vgl. bei *Diefenb.* (Celt. I, 39, wo vieles falsch); griech. mit Verlust des σ: ϝεκυρο: ἑκυρός, ὁ; ἑκυρά, ἡ.

[*Held* kann *Jüngling* bezeichnen (vgl. analog εἴρην, πάλλαξ I, 316), daher vielleicht hieher κόρος; doch scheint mir jetzt κορσ die Hauptform und daraus κοῤῥο in κουρο: κωρο: κορο übergegangen zu sein und υ in κυρσίον dialektisch; dann könnte κορσ für κορτ = sskr. kṛit (S. 153) stehn, und der Jüngling der sein, der sich den Bart *abscheert* (vgl. σκύρθαξ) also: κόρος, ὁ (anders *Bopp* V. G. 433); -ρη, ἡ; -ριον, -ράσιον (*Pott* II, 110), -ρίδιον, -ρσίδιον, τό; -ρσιώδης, ες; κορίσκη, ἡ; -ρίσκιον, τό; -ριώδης, ες; -ρειος, α, ον; -ρικός, ή, όν; -ρεύομαι; -ρευμα, τό; -ρεία, ἡ; -ρίζομαι. Mit ου: κοῦρος, ὁ; -ρη, ἡ; -ρόσυνος, ον; -ροσύνη, ἡ; -ρήϊος, α, ον; -ριος, ον; -ρότερος, α, ον; -ρίδιος, α, ον; -ρίζω; -ρητες, ἡ-ρῆτες, οἱ; -τις, ἡ; -τίζω; -τισμός, ὁ; κουρεώτης (zw.), ὁ; -τις, ἡ. Mit ω (dor.) = ου: κῶρος u. s. w. Mit υ: κυρσίον, τό; -σάνιος, ὁ; ἀγλαόκουρος, ον; διακορέω; -ρίζω; -ρησις, -ρευσις, ἡ; ὑποκόρισμα, τό; -σμός, ὁ; -στικός, ή, όν; διακουράζομαι (*E. M.*).

[Ich trage hier σκύρ-θαξ (dialekt.), -θάλιος, ὁ *Jüngling* nach, welches zu sskr. kshar (I, 201) in der Bed. *scheeren* (der einen Bart bekömmt) gehört für σκόρ-θ-αξ (vgl. ὄνυμα = ὄνομα aa.)].

Zur Form mit ûr mit d. eig. Bed. *stossen*: κῡρ-έω = sskr. cûrjâmi (4te Conj. Cl.), gael. cuir-idh *stossen* (litth. kullu, kul-ti *schlagen*, kal-ti glbd., lett. kult glbd., vielleicht zu κρ *werfen* S. 171), vgl. auch *Pott* (I, 227, 118, wo lett. klût *gelangen*, *werden* verglichen, welches vielleicht hieher) und *Bopp* (Gl. sscr. s. k'ar). κύρμα, τό; -ρημα, τό; ἀκυρής, ές; συγκύρησις, ἡ; -ρία, ἡ. (ῡ missbräuchlich).

κυρ-ίσσω (vgl. *Pott* II, 30), -ρίζω; -ριξις, ἡ; -ρίττιλος, ὁ.

Mit ῠ, wohl missbräuchlich, κῠρη-βά-ζω (mit βαίνω S. 58 componirt), κῠριβάζω; κῠρηβασία, ἡ; -βάτης, -βος, ὁ.

Wzf. durch p: lett. klu-p-t (*anstossen*), *straucheln*; griech. ορυ = ṛi (vgl. κορυφή aa.): κορυπ in κορύπτω; -τίλος, ὁ; -τιάω; κορυττίλος (πτ in ττ).

[Aus dem celt. corn (S. 175) u. aa. (*Diefenb.* Celt. I, 104 nr. 153) entlehnt: griech. κάρνον, τό; -νυξ, ὁ. —]

Aus dem Begr. *zerstossen* geht sskr. çar-ka-râ hervor: *steiniger Boden*, *Kies* (*Zucker*), vgl. noch çarkarâvat, -rika, -rila, çârka, çârkaka, -kara *kiesig*; -karaka, -rîja; dazu mit l = r lat. cal-cu-lus *Kies* (saccarum *Zucker* = çarkarâ ist spät entlehnt); griech. κρόκη = çarka, ἡ *Kiesel*, -κάλη, ἡ, -καλός, ή, όν; κάχληξ, ὁ *Kieselchen* u. s. w., umgesetzt für καρκακο = sskr. çârkaka und dann κ vor ρ: λ durch dessen Einfluss aspirirt (vgl. ἡ κάχρυς aa.); κάχλιξ glbd.; mit ο = α: κόχλαξ, ὁ; -λακώδης, ες. Da lat. calx *Kalk* der Form nach ganz hieher gehört (= sskr. çarka), griech. χάλιξ, ὁ, ἡ aber, wie κάχληξ *Kies* und dann *Kalkstein* heisst, so ziehe ich auch diess hieher; χαλικ für χαλκ : καλκ. Die Verwandlung des κ in χ ist mir noch unerklärlich (anders *A. Benary* R. Llhre I, 180); die hieher gehörigen Ff. in den verwandten Spr. ahd. calc, lett. kalkis, gael. cailc u. s. w. (vgl. *Diefenb.* Celt. I, 108 nr. 156) scheinen mir Lehnwörter.

κρ *kochen, backen* u. s. w. Im Sskr. (çr̆i in) çr̆i-ta *gekocht*; çrâ in çrâ-ta (*Burn.* C. s. l. Y. I, 359 n), çrân'a *gekocht*; çrai (bei *Ros.* unorg. srai geschrieben), wohl für çrâ-j 4te Conj. Cl., çrî (Präs. çrî-nâmi unbel.); (çru in) çrô-n'a *gekocht*; (çră in çra-p (Causalf.)), çrapita *gekocht*; (çri, çli in) çrish, çlish *brennen*; wir sehn, wie alle Ff. sich auf çr̆i reduciren; verwandte bei *Pott* (I, 197), ob dazu ahd. hrôst (*Graff* IV, 552 vgl. S. 13)? griech. gunirt κερ in κέρ-αμος, ὁ (*terra coctilis* vgl. I, 36) *Töpferthon* u. s. w.; -μον, τό; -μίον, τό; -μειος, α, ον; -μεος, α; -μιος, α, ον; -μήϊος, η, ον; -μηΐς, ἡ; -μεικός, ή, όν; -μικός, ή, όν; -μινος, η, ον; -μίς, ἡ; -μιδόω; -μίτης, ὁ; -ῖτις, ἡ; -μεύς, ὁ; -μεύω; -μευτικός, ή, όν; -μεία, -μία, ἡ; -μεῖον, τό; -μόω; -μωτός, ή, όν. — Hieher κέρ-νον, τό, -νος, ὁ, *τό irdene Schüssel*.

Gehört, mit ο = ε u. λ = ρ, hieher: κολλύρα, ἡ *grobes Brod* (vgl. weiterhin κριβάνη u. s. w.)? Dazu: -ρίς, ἡ; -ριον, τό; -ρίτης, ὁ; -ρίζω. Dann auch κόλλιξ, ἡ *ein länglich rundes Brod* (wenn von der Gestalt benannt, so könnten sie zu κολ *rund sein*, Wzf. von √ϑϝr̆i, gehören).

kochen = *durch Hitze trocknen* (vgl. weiterhin), so zu F. κρι = sskr. çr̆i: πρό-κρις, -ίς; πρόκνις, -ίς, ἡ *getrocknete Feige*.

Zu sskr. F. çru: κραῦ-ρος (αυ Guna), α, ον *trocken, hart* (*gedörrt* wie κραῦρα zeigt); -ρότης, ἡ; -ρόω; -ρα, ἡ *hitziges Fieber*; -ράω.

redupl. (mit Nasal für ρ nach *Bopp* Gr. sscr. r. 569) u. κ vor ρ aspirirt: κα-χρυ in κάχρυς: κάγχρυς, ἡ; κάγχρυ, τό *geröstete Gerste*; καχρύδιον, καγχ., τό; καχρυώδης, καγχ., ες; καχρυόεις, καγχ., εσσα, εν; καχρυδίας, καγχ., ὁ.

sek. Form durch P-Laute vgl. sskr. çrap (oben), griech. mit β (vgl. lat. carbo bei *Pott*) κρῖβανος, κλίβανος, ὁ *eine Art Backofen*; κρίβανον, τό; -νη, ἡ *eine Art Brod*; κριβανίτης, κλιβ., ὁ; κριβανωτός, ὁ; κλιβανωτόν, τό; κλιβανεύς, ὁ.

Hieher goth. hlaibs (*Graff* IV, 1111), sl. chljebü (*K. G.*), lett. klaips, lat. mit Verl. des c: libum, griech. λίβον, τό (entlehnt).

Begr. *trocken, dürr* (vgl. oben): κρα(μ)β in κράμβος, η, ον; -βαλέος, α, ον; -λίζω; -λιάζω; -αστύς, ἡ; κράμβος, ὁ *der Brand* [sollte κράμβη, ἡ *Kohl* hieher gehören? -βιον, -βίδιον, τό; -βίς, ἡ; -βεῖον, τό; -βήεις, εσσα, εν].

Das *Kochen* als *reifen*; sskr. çrô-n'a (vgl. oben) auch *reif* (vgl. auch πεπ S. 89); danach hieher ahd. her-b-ist *Zeit der Reife* (*Graff* IV, 1018), und ahd. rîf-i (für hrîfi) *reif* (II, 497); griech. καρπ-ός, ὁ *die reife Frucht*; καρπώδης, ες; -πιμος, ον; -πόω; -πωσις, ἡ; -σιμος, ον; -πωμα, τό; -πίζω; -πισμός, ὁ; -πεύω; -πευμα, τό; -πεία, ἡ; ἀκάρπιστος, -πωτος, ον; -πέω;

-πία, ἡ; ἐπικάρπιος, ον; -πίδιος, ον; πανακαρπής, ές; δρύκαρπον, τό.

reifen bis zum *dürr werden*: κάρφ-ω *dörren*; -φος, τό *Stoppel*; -φίς, ἡ; -φη, ἡ; -φεῖον, -φίον, τό; -φίτης, ὁ; -φαλέος, α, ον; -φηρός (-φυρός zw.), ά, όν; -φώδης, ες; -φόω; -φύνω; ἀκαρφής, ές; περικαρφισμός, ὁ.

καρπίς = καρφίς, ἡ; -πίζω; -ισμός, ὁ; -στής, ὁ; -τεία, ἡ.

zu καρ *backen* endlich κάρ-δοπος, ἡ *Backtrog* (δοπ zu δεφ *kneten* S. 68 *Backkneter*? vgl. *Pott* II, 225).

κρα-ναός, ή, όν *steinig*, wohl mit gael. carn *Steinhaufen*, carraig *Fels*, clach *Stein* u.s.w. (vgl. auch *Pott* II, 272, *Diefenb.* Celt. I, 105), sabin. hernae *Felsen*, slav. kremenï *Kiesel* (*Kop.* Gl.) zu vergleichen. Die Wz. fraglich (ist an κρυ *hart* zu denken?). Dazu: κρώ-μαξ, ὁ *Steinhaufe* (wie gael. carn), worin mehr die Bed. des *Steinigen* als des *Gehäuften* hervortritt; daher ich es nicht zu sskr. krî *werfen* (S. 171) ziehn kann (wie *Pott* II, 169); κρωμακόεις, εσσα, εν; -μακωτός, ή, όν; mit λ = ρ : κλῶμαξ glbd.; κλωμακόεις, εσσα, εν. Da die Wz. nicht bekannt, so ist nicht sicher, aber doch (nach Anal. von καλινδ : ἑλίσσω vgl. √ϑϝri) möglich, dass das glbd. ἕρμαξ, ἡ auch hieher gehört; dazu ἑρμάς, ἡ.

κρ(υ). Im Sskr. krû-ra *hart*, dann *grausam*, daher hierzu krudh aus kru + dh (von √dhâ) eig. *hart sein* (geistig), d. i. *zürnen*; die eig. Bed. tritt in lat. crû-d-us *hart*, *unverdaulich* ein, woneben crûdelis = krûra; sskr. kru-dh zeigt kurzes u, eben so lat. ru-d-is (f. crudis) *roh*. Hieher auch ahd. raw-er, ags. hreov *roh*, (*Graff* II, 553), gael. cruas *Härte*, cruaidh *hart*. griech. κρύ-ος, τό eig. *Verhärtung* insbes. *durch Gerinnen* (ob daher cruor hieher, eig. *geronnenes Blut* vgl. jedoch slav. krvï, krovï *Blut* (*Dobr.* 238), lth. kraujas aa.); κρυόεις, εσσα, εν; κρυερός, ά, όν auch *schrecklich*, wie sskr. krûra; κρυώδης, ες; κρυόομαι; ὀκρυόεις, εσσα, εν (ὀ = ἀ = ἁ I, 382); mit langem υ (crûdus u.s.w.): κρῦμός, ὁ; -μαλέος, α, ον; -μώδης, ες; (-μνος, ὁ zw.).

Hieher sicher (vgl. κρυόομαι u. s. w.): κρυσταίνω *gefrieren* (von κρυστο Partic. einer sek. Form durch T-Laut, wie litth. grod-as *gefrorne Erdscholle*); κρύσταλλος, ὁ; -λώδης, ες; -λινος, η, ον; -λίζω; -λόω. Nach dieser Analogie hieher durch p-Bildung: ahd. hrî-f-o *Reif* (*Graff* IV, 1154), vgl. ags. hrîm glbd. (ebds.).

Wir sahn in den behandelten Wzff. rû, rî eintreten; sollte ihnen nicht, wie gewöhnlich, sskr. ṙi zu Grunde liegen? Dafür spricht 1. sskr. kal-a = lat. crûdus, wo al = ar Guna wäre, und 2. lassen sich alsdann hieherziehn, ebenfalls als gunirte, oder nach anderweitigen bekannten Analogieen aus ṙi hervortretende Ff. goth. har-du *hart* (*Graff* IV, 1018), serb. krt *hart*, griech. κρά-τος (Suff. τος = sskr. tas in crô-tas aa.), κάρ-τος, τό *Härte, Stärke, Kraft, Gewalt* u. s. w.; κραταιός, α, ον; -ότης, ἡ; -ιόω; -ίωμα, τό; -ίωσις, ἡ; (κραταιΐς, ἡ fraglich vgl. *Pass.*); (κραταίνω zw.); κρατάνιον, τό; -τερός, ά, όν; (-ρόω zw.); -ρωμα, τό;

κρατέω; -τημα, τό; -τησις, ἡ; -τητικός, ή, όν; κρατύς, ὁ; κρατύνω; -υντήρ, ὁ; -τήριος, α, ον; -τικός, ή, όν; κρατυσμός, ὁ; zu κρατυ als Comp. κρέσσων, κρείσσων (für κρετ-ίων vgl. μέσσων, μείζων = lat. mag-is für magius), κρείττων (κρέττον *Lehrs* Arist. 123), ον; (anders *Höfer* Beitr. I, 77, *Pott* II, 38); κρειττόω, -τωσις, ἡ; Superl. κράτιστος, η, ον; -τίνδην; -τεύω; κρατευταί, αἱ (eig. *Halter*); -ευτήρια, τά. Zu καρ-τ: κάρτα (wie ὦκα (I, 161) zuerklären?), Comp. (καρτ-ίων wird καρσων, dann) κάῤῥων, ον; κάρτιστος, η, ον; καρτάζω; -ταίνω; -τύνω; -τερός, ά, όν; -ρικός, ή, όν; -ρέω; -ρησις, ἡ; -ρημα, τό; -ρία, ἡ; -ριάζομαι; ἀκρατής, ές; -τωρ, ὁ; -τητος, ον; ἀκρατί; -τεια, -τία, -σία, ἡ; -τεύομαι; -τευτικός, ή, όν; ἀριστοκρατικός, ή, όν; αὐτοκράτειρα, ἡ; -τορία, ἡ; -ρικός, ή, όν; -ρίς, ἡ; -ρεύω; δημιοκρατίζω; παγκράτιον, τό; -τησία, ἡ; -τιάζω; -αστής, ὁ; -τικός, ή, όν; Παγκρατώ (*Pott* II, 487); ἀκαρτέρητος, ον.

[Hieher μάκαρς für μα-hâ (vgl. I, 91) + καρτος *grossmächtig* (I, 92 falsch) und vielleicht καρ in κάρυον S. 154].

√κρ(υ) (kri). Im Sskr. çru *hören* (*Pott* I, 213); in der Flexion erscheint auch çri, wodurch, wie gewöhnlich, ri als ursprünglich angedeutet wird, daher auch dazu çrat Partikel, welche *Glauben* (*Gehör*) ausdrückt; çrad + dhâ, lat. credo eig. *Gehör geben* (vgl. I, 43), gael. creid *Glauben*; mit l = r hieher: sskr. clô-ka *Gehörtes* und *eine Versart* (vgl. Gött. Gel. Anz. 1840 S. 1096); zu den von *Pott* (a. a. O.) verglichenen noch slav. clovo *Rede* (*Kop.* Gl.), gael. cluinn-idh (Prät. chuala) *hören*; ahd. Desiderativf. hlô-s-en *lauschen*, eig. *hören wollen* (*Graff* IV, 1098); slav. po-cloush-ajôn (*Kop.* G.), clüïsh-ôn *hören* (ebds.), cloug-a *Diener* (vgl. lat. clu-ens) aa.; ahd. Causalf. hrôf-an (*hören machen, rufen Graff* IV, 1132) aa., griech. κλύ-ω (f. κλύϝω 6te Conj. Cl., κλῦθι; κέκλυθι 3te Conj. Cl.); κλυτός, ή, όν (= sskr. çruta); κλύμενος, η, ον; θεοκλυτέω; -τησις, ἡ.

Da sskr. çru-ti *Ruf*; çlôka *Ruf, Berühmtheit*; slav. po-clav-iti *rühmen*; clava *Ruhm* (*Kop.* G.) u. s. w. (vgl. *Pott* I, 214), gael. cliu *Ruhm*, ahd. hruom *Ruhm*, hrôf *Ruf* (*Graff* IV, 1137); nord. hrôdhr (der F. nach = sskr. çrô-tra), alle hieher gehören, so auch κλεϝος (= sl. clava), κλέος, κλεῖος (ι = ϝ), τό *Ruf* u. s. w.; κλεϝες-νο: κλεεννός, κλεεινός, κλεαινός, κλεινός, ή, όν; κλείω (für κλεϝω oder κλεϝjω, vgl. sl. po-claviti); κλέομαι; κλειτός, ή, όν; Κλειώ N. p.; κλεΐζω; κληΐζω; κλήζω; κλεϝηδον: κλεηδών; κληηδών; κληδών, κληδών, ἡ; κληδονίζω; -νισμός, ὁ; -νισμα, τό; ἀκλειής, ἀκλεής, ές; ἀκλεΐα, ἡ; εὔκλεια, -εία, ἡ; πολυκλήϊστος, ον; -κλήεις, εσσα, εν; δυςκληδόνιστος, ον. [Hieher lat. lau-d-o (vgl. claudo, gau-deo (S. 114), aud-eo) für clau-d-o *Ruf machen* [gael. cliuthaich-idh *rühmen*]; wohl auch cele-ber in der Bed. *berühmt* (aber nicht cre-ber *dicht*, welches ich zu cre-sco ziehe: *zusammengewachsen*, dahin wohl auch cele-ber in der gleichen Bed.); fraglich ferner ob glo-ria hieher, da *Glanz*, clarus in der Bed. *hell* (S. 124) eben so nahe liegt, als das wohl hieher gehörige clarus in der Bed. *hörbar, laut*; hieher dagegen nhd. ruch-bar, Ge-rüch-t].

Wzf. κρυ mit Präf. ἀ = ἁ (I, 382) in der Bed. *sehr:* ἀ-κροϝ-αομαι; für ϝ entscheidet ἀκροβᾶσθαι (*Hes.*); die Form ist Denom. (von einem Thema ἀκροϝα = ἀκουή); ἀκροάομαι, eig. *sorgsam hören*; -ασις, ἡ; -ατής, ὁ; -τικός, ή, όν; -τήριον, τό; ἀκρόαμα, τό; -ματικός, ή, όν; ἀξιακρόατος, ον; φιλακροάμων, ον.

Indem ρ im Gruppenanlaut eingebüsst wird, wie oft (S. 98), entsteht ἀκοϝα in ἀκοή, mit υ = ϝ: ἀκουή, ἡ; ἀκοαστῆρες (*Hes.*); ἀκουάζομαι; eben so ἀκόϝω (1ste Conj. Cl.) in ἀκούω, (ἀκ-ηκοϝα); ἄκουσις, ἡ; -σιμος, ον; -σείω; -σμα, -σμάτιον, τό; -στός, ή, όν; -τής, ὁ; -τικός, ή, όν; -τιάω; ἐνήκο(ϝ)ος, ον; ἐπακουός, όν; ἀνηκουστέω; -τία, ἡ; δυςηκοέω; -οΐα, ἡ.

κρεϝ. Im Sskr. krav-ja (vgl. κόρος S. 136) *Fleisch* (vgl. *Pott* (I, 85, II, 611), wozu ahd. hraiv (*Graff* IV, 1131)); griech. κρέ(ϝ)-ἄς (ς für τ, κρέως att.; κρειῶν mit ι = ϝ), τό glbd.; κρεάδιον, κρεύλλιον, τό; κρεώδης, ες; κρεῖον (ι = ϝ), τό; ἄκρεος, ον.

(κρωγ?): ahd. krôg *Krug*, nord. krûs *ein irdner Krug* (*Graff* IV, 590), slav. krtschag (*Dobr.* 248), lth. kragas, lett. kruhse, gael. cragan, griech. κρωσσός (nach den angeff. für κρωγ-ιο), ὁ glbd. [ob zu √κρ *backen* S. 177 vgl. κέραμος ebds.?].

κρόκος, ὁ, ἡ *Safran*, fremd, hebr. כַּרְכֹּם *indischer Safran* (*Gesen.* H.W.); dieses selbst aus dem Ind., wo Safran kun-kuma, welches eine redupl. Form, wo n für r (nach *Bopp* Gr.s.r. 569, 570); also von einer Wzf. kur (nach Wzlex. I, 204); daher eine alte (diess Wort ist schon homerisch und Beweis der alten Handelsverbindung mit Indien) sskr. Form kur-ku-ma denkbar, oder ohne Suff. ma, kurk (a?), zu welcher hebr. כַּרְכֹּם = κρόκος passen würde. Dazu: κρόκον, τό; -κεος, ον; -κιος, α, ον; -κίας, ὁ; -κινος, η, ον; -κόεις, εσσα, εν; -κώδης, ες; -ίζω; -κόω; -κωτός, ή, όν; -τιον, -τίδιον, τό; -τινος, η, ον.

Wie der *Safran*, dient auch der *Saflor* (*Carthamus tinctorius*) als *Färbemittel*; er kommt ebenfalls aus Ostindien; in dem griech. Namen desselben κνῆκ-ος, ὁ ist, meiner Ansicht nach, die sskr. Form des Namens des *Safran:* kun-ku-ma erhalten; dazu: -κός, ή, όν; -κώδης, ες; -κινος, η, ον; -κίας, ὁ; -κίς, ἡ; -κων, ὁ.

√κν (χ). Im Sskr. Wzf. nah, *knüpfen* (*Pott* I, 282), lat. mit c = h: nec-to; von sskr. nah heisst das Part. naddha (für nah + ta); dieses wird lat. mit s für d vor dh: nesdus = *nodus*, nesdate = *nodum facite* (*Placid.* Gl.) und mit Verlust des einen d: nodus. Diesem entspricht aber ahd. knodo *Knoten*, wozu nord. hnyta *necto* (*Graff* IV, 581). Das hier an der Spitze stehende k würde sskr. h entsprechen und da dieses an und für sich leicht abfällt (vgl. weiterhin κνυ: sskr. hnu: nu), aber kein Beispiel eines solchen Zusatzes vorkömmt, so ist es schon hieraus (vgl. weiterhin noch mehr) so gut wie gewiss, dass die sskr. Wzf. vorn verstümmelt, also hnah fürs erste anzusetzen ist; ferner aber steht das schliessende h für dh, wie gewöhnlich und hier die Flexion von nah beweist (vgl. *Bopp* Gr. sscr. u. kurze Gramm., Index der Anomall.); die eig. Wzf. ist also sskr. hnadh;

ihr entspricht gael. cnod-aidh *nähen* (eig. *zusammenbinden* vgl. wegen der Bed. weiterhin), cneatas *das Verknüpfen*; cnotadh, *Knoten* griech. mit λ für ν wie oft (vgl. λαγχάνω S. 27 aa.) und unorganischem κ (ob wegen des folgenden ν?): κλώθ-ω (ω Vriddhi, doch könnte die Dehnung und das θ hier wie vielleicht in νήθω : νέω auf griech. Boden entstanden sein; unsicher), eig. *verbinden, knitten,* dann) *spinnen* (die wesentliche Identität mit νέω (vgl. weiterhin) zeigt *Hom.* Od. VII, 197); κλῶσις, ἡ; -σκω (*Hes.*); -σμα, -μάτιον, τό; -στός, ή, όν; -τήρ, -τής, ὁ; κατακλῶθες, αἱ.

Verlust des anlautenden Gutturals: gael. nasgadh *das Binden* (s = dh); und wohl griech. Νέσ-τωρ N. p. (für Νεθ + τορ) *der Verbinder*; ferner h für dh: sskr. nah; dazu lat. nec-essum (vgl. nec-to), *nöthig* eig. *bindend,* vgl. slav. nondontĭ (wo d = org. dh) *nöthigen,* nondĭ (*Noth* otŭ nondĭ *überhaupt,* eig. *aus Noth, Kop.* G.); goth. naudi-bandi und nauth-jan *nöthigen* (*Graff* IV, 1032), welche auf eine Wzf. sskr. hnu (vgl. weiterhin) führen; ferner lat. nex-us (für nec-tus), *ein Gebundener* (vgl. das eben so, aber mit erhaltenem k gebildete, ahd. kneht *Graff* IV, 576, welches nach dieser Analogie wohl hieher); eigenthümlich ist sskr. nêdîjas, *näher* (Comp.), -ishth'a (Superl.); der im Zend entsprechende Superl. nazd-ista (*Burn.* C. s. l. Y. I, 340, 560) setzt sskr. naddh-íshth'a voraus (vgl. sskr. dè-hi = zend. dazdi für regelrecht sskr. daddhi von dâ nach der 3ten Conj. Cl., wo auch sskr. ê für a; in nêd-îjas steht dagegen d für org. ddh ganz ohne sichre Analogie); dieses lehnt sich an naddha (Part. von nah) *verbunden* und so *nah*; so auch hieher goth. neh-va, *nahe* (*Graff* II, 999).

Endlich Verlust des sskr. schliessenden h; ahd. na-wan, na-an *nähen* (*Graff* IV, 997) für nahvan vgl. snaivs (S. 54); dazu: nâ-dal (dal = sskr. Suff. tra *Instrument zum Nähen*); lat. nê-re, slav. ni-tĭ *Faden* (ni-jon obsolet, *Kop.* Gl.); litth. ny-tys, lett. nahtens *von Zwirn,* oder *Leinen*; griech. νέ-ω (für νέh-ω), *spinnen*; νῆμα, τό; νῆσις, ἡ; νητός, ή, όν; νῆτρον, τό (= ahd. nâdal); νήθω; -θίς, ἡ; νηστικός, ή, όν.

Lett. nahtens hiess *leinen* (*das was genäht wird*); da l = n (vgl. oben), ziehe ich hieher lat. lint-eum, griech. λῖτ in λιτί, τῷ, λῖτα, τά *Gewebe* (gesponnen), wohl für λῖντο = sskr. naddha (eig. nadh + ta) mit eingeschobenem Nasal (vgl. lat. ventu = sskr. vâ-ta u. aa.), ι wegen ντ (vgl. ὀρεγ : ὄριγνα aa.); sodann aber auch: λί-νον, τό *Faden* u. s. w. (ι für â, wie z. B. in μίτος S. 31; νο Suff. des Partic., die Bed. *Netz* hat auch sskr. naddha); -νάριον, τό; -νίσκος, ὁ; -νέος, -νεος (-ναῖος zw.), α, ον; -ναία, ἡ; -νάω; νεύς, ὁ; -νεύω; -νευτής, ὁ; -νόω; -νωσις, ἡ; ἄλινος, ον; (vgl. auch *Pott* II, 146, *Diefenb.* Celt. I, 61, nr. 94); [hieher (zu Form nec = sskr. nah) auch lat. lic-ium; und zu sskr. nadh mit Verlust des n lett. addiht *knitten* u. s. w.]

Bisher legten wir eine Form, die im Sskr. hnadh lauten würde, zu Grunde; allein dh ist wie gewöhnlich sekundär (√ dhâ); daher statt dessen auch aa. sekk. Elem. eintreten können; hieher ahd. kne-b-il (*Graff* IV, 576) Begr.: *bindend, verbindend,* gael. cneap *Knopf*; diess führt auf Wzf. sskr. hna;

allein a ist, wie gewöhnlich, nicht radikal; es kann ein andrer Vokal eintreten; u sahn wir schon oben angedeutet (goth. naudi u. s. w.); es erscheint ferner in ahd. knu-ph-jan *knüpfen*, wo ph sekundär; dazu mit Verlust des anlautenden Gutturals, wie oft, lat. nŭb in pro-nŭbus, nûb in nûb-o *sich verknüpfen, heirathen* (daher alicui), slav. mit Präf. c.: c-noub-iti *pronubere*; griech. mit eingeschobenem Nasal, wie oft: νύμφ-η, ἡ *eine (Verknüpfungs-) Heirathsfähige*; νύμφᾰ, ἡ; -φίς, ἡ; -φιος, ον; -φειος, α, ον; -φικός, ή, όν; -φίδιος, α, ον; -φίος, ὁ; -φών, ὁ; -φεύω; -φευμα, το; -φευσις, ἡ; -φευτήρ, -τῆς, ὁ; -τρια, ἡ; -τήριος, α, ον; νυμφαῖος, α, ον; -φάς, ἡ; -φαῖον, τό; -φιάω; -φαία, ἡ; ἄνυμφος, ον; -φευτος, ον.

[Da hier Wzf. hnu nachgewiesen, diese aber in nu verstümmelt werden, und aus ihr durch Präf. s: sskr. snu hervortreten kann, so ist jetzt I, 292 von Z. 22 v. u. «*Diese erscheint*» bis S. 293 Z. 22 v. o. hieherzusetzen, und aus *Bhag*. Pur. III, 12, 45 sskr. snu *Muskel* hinzuzufügen und nach dem hier Gegebnen zu rectificiren; z. B.: die sskr. Form sna-sa lehnt sich an hna: (in hna-dh u. s. w.): na : s + na.] Da nun Wzf. hn-a : hnu gefunden, nu : na aber, wie oft, höchst wahrscheinlich aus den Charakteren der 5ten u. 9ten Conj. Cl. eingedrungen sind, so bleibt als Rest der Wurzel der hier behandelten Ff. bloss das ahd. k, gael. c, griech. κ, von denen wir nicht einmal mit Bestimmtheit wissen, welcher Laut ihnen im Sskr. entsprechen würde; im Sskr., Lateinischen, Slavischen, Litthauischen, Lettischen erscheint keine Spur der eigentlichen Wurzel.

κν (organ. gh?). Im Sskr. wird √hnu mit der Bed. *to take away, to withdraw, or secrete* angeführt (bei *Wils*. u. bei *Delius* Radd. Pracr. wo *tollere*, nicht bei *Ros*.). Im Sskr. kenne ich nichts zu dieser Form gehöriges, aber im Prakrit erscheinen Ff. = sskr. ni + hnu, in der Bed. ab-nu-ere, griech. ἀνα-νεύ-ω (ευ Guna); hiernach ist, zumal da wir wissen, dass sskr. h vor n eingebüsst wird (S. 181), sehr wahrscheinlich, dass lat. nu, griech. νυ = sskr. hnu ist; dann würde hnu *nicken, neigen* heissen; dafür spricht schon die sskr. Wzf. nu (mit Verlust des h wie oben S. 181) *verehren* (vgl. eben so sskr. nam eigentlich *neigen*, dann *dadurch seine Verehrung bezeugen*). Entscheidend für diese Zsstllg. ist nord. gnu, nu, ahd. nu-an *stossen* (*Graff* IV, 1125, eig. *neigen machen*, wie das Dazugehörige zeigt), hnutten *schütteln* (1126), engl. nod (= nu-ere), womit wieder sskr. nu-d ebenfalls *stossen* (secund. Form durch d) gleich ist; ferner goth. hnei-van (ahd. hnîg-an, 1172), für hneih-van (wie snaivan S. 54, nawan S. 181 aa.); ebenso lat. ni-veo (für nih-veo, wie con-nixi und nicto zeigen), *nicken, neigen, beugen*; mit sek. Guttur. (h); eben hieher ahd. hnach der sich *neigende Nacken* (1126, vgl. νῶτος). In den angeführten deutschen Ff. erscheint u : i (ei), a; der anlautende Guttural ist aber auch im Lat. erhalten; denn ni-tor für nih-tor, wie nixus zeigt, heisst *sich stemmen* (d. i. *sich neigen* zu grösserer Kraftanstrengung, vgl. ahd. hnêgên in dieser Bed. *Graff* 1129), [daran schliessen sich auch die für sskr. hnu angegebnen Bedd.

heben, eig. *sich unter etwas stemmen, nehmen*]; dass ni-ti aber für gniti steht, überliefert *Fest*. (p. 96) und zeigt se-gnis (*einer der sich nicht anstrengt*); dieses ist aber identisch mit i-gnav-us, wodurch wir in gnavus Wzf. gnu = sskr. hnu (vriddhirt gnāv) erhalten. Demnach ist die Grdbed. dieser Wzf. *neigen*. Da wir aber hnu : hna : hni finden, nu, na, ni aber die Kennzeichen der 5ten und 9ten Conj. Cl. sind, so bleibt uns als Rest der Wz. nur sskr. h. Dieses ferner ist schwerlich organisch, sondern wohl Vertreter von gh (insbesondre wegen lat. gnu in gnavus). Hieher noch ahd. hnol, nuila (also zu Wzf. hnu) *der Vorderkopf* (der sich *neigende*?) und zu hnach slav. nak *Nacken* (*Dobr*. 90); gael. gniomh-ach = lat. gnavus. Wenn zu ahd. hnikjan *knicken*, auch nhd. knacken gehört, lett. knacksseh, so gehört hieher auch gael. cnò und lat. nux (für cnux), beide *Nuss*; aa. weiterhin.

griech. νυ (für hνυ): νεύω (gunirt 1ste Conj. Cl.) *nicken* u. s. w.: νεῦμα, τό; νεῦσις, ἡ; νευστός, ή, όν; -τικός, ή, όν; νευστάζω; an die nicht gunirte (regelrechte) Form νυστάζω (im Schlaf) *nicken*; νύσταγμα, τό; -μός, ὁ; νυστακτής, ὁ; -τικός, ή, όν; νύσταλος, ον; -λέος, α, ον.

Hieher νυ-θ-ός, ή, όν *heimlich*, *unvermerkt* (d. h. *nur nickend*); -θής, ές; -θώδης, ες (Gramm.). νύρω (= νύσσω); -ρίζω. ναύω *flehn* (eig. *sich jemanden neigen*).

νῶ-τος, ὁ *der Nacken* (vgl. hnach oben); ob ω Guna von u, oder Wzf. hna zu Grunde liegt, fraglich; -τον, τό; -ταῖος, -τιαῖος, α, ον; -τεύς, ὁ; -τίζω; -τισμα, τό; -τιδανός, ὁ; ἐπινωτίδιος, ον; -δεύς, ὁ. [hieher wohl mit γ = anlautendem gh: ἀ-γνύ-ς (I, 155) eig. *zusammen* (ἀ = ἁ I, 382) *-krümmend, zusammenziehend*.]

Zu Wzf. mit a (ghna) ziehe ich (mit κ = gh, sskr. h, wegen ν vgl. S. 181 und auch κνώσσω weiterhin u. aa.): κνή-μη, ἡ die (sich *krümmende* (Bed. *krumm* s. weiter)) *Wade*; ebenso hieher illyr. gna-t (*Dobr*. 195) glbd., mit g wie in lat. gni-ti u. s. w. (oben); -μίς, ἡ; -μαῖος, α, ον [hieher κνημίς u. s. w., die I, 185 fälschlich hiervon getrennt; *die Speiche* am Rade ist als die *sich krümmende* gefasst]; αἰγίκνημος, ον; ἀντικνήμιον, τό; -μίζω; γαστροκνημία, ἡ.

Hieher auch κνη-μός, ὁ eig. *Neige, Bergabhang, Schlucht* u. s. w.

Sekk. Ff.: Wie sskr. dram zu dru, verhält sich nam zu nu; Bedeutung: *neigen, beugen, krümmen* (vgl. nam-ra *krumm*), ferner *sich jemand neigen*; wie aber hnu schon *tollo*, so ut + nam *aufheben* (durch *Neigen, Stemmen*, vgl. oben), daher goth. nim-an (*Graff* II, 1054) eig. *heben*, dann *nehmen* überhaupt; ebenso slav. c-nim-ati, c-nja-ti (*Dobr*. 407) und mit Verlust des n (vgl. slav. imen = nomen, lett. addiht (S. 181)) im-ati, lett. nemt und jemt und wohl mit demselben Verlust lat. em-ere, eig. *nehmen* (vgl. demere); auch in premo, wo die Grdbed. eig. pra + nam *sich über etwas beugen*, so *drücken* hervortritt; vgl. *Diefenb*. (Celt. I, 83 nr. 119); daraus endlich: *in Besitz nehmen* sskr. upa + nam (*Raghuv*. VIII, 7), slav. im-amï *ich habe* (*Kop*. Gl.).

Griech. *νέμ-ω* 1. *nehmen, besitzen, beherrschen*; 2. *zutheilen*; ist diess *nehmen um zu geben*, oder geht es vielmehr aus dem Begriff *verehren* (einem wodurch *Ehre erweisen*) hervor, letztres ist bei sskr. nam-as *Verehrung, Gabe* der Fall. 3. *weiden* vom Vieh; diese Bed. ist der griech. Sprache individuell (denn lat. nem-us ist wie *κνημός* S. 183 *Bergneige*); ich weiss sie nicht mit Sicherheit aus der Grdbed. zu entwickeln, glaube aber doch, dass sie hieher gehört; geht sie aus dem *Neigen des Kopfes* beim Fressen der Thiere hervor, oder ist *νέμω* in dieser Bed. Denom. von *νέμ-ος, τό Weideplatz* und wäre diess eigentlich wie nem-us *Bergneige*, als besonders günstig zum Weiden? Hieher *νεμέτωρ, ὁ* (2. Bed.); *νέμεσις, ἡ* (2. Bed.); *-σεια, -σια, τά*; *-σάω* (*σσάω* für *σιάω*); *-σήμων, ον*; *-σητός, η, όν*; *-τικός, ή, όν*; *-σίζομαι*; *νέμησις, ἡ* (2. 3.); *-ητής, ὁ* (2.); *νέμος, τό* (Bed. 3.); *-μέθω*; o = ε: *νομ-ός, ὁ* (3. 2.); *-μή, ἡ* (3. 2.); *-μεύς, ὁ*, Bed. 2. 3, aber auch *die Schiffsrippen*; beruht diese Bed. auf Grdbgr. *sich neigen: die krummen?* *-μεύω* (3.); (*-μέω* 3 zw.); *-μευμα, τό*; *-υτής, ὁ*; *-τικός, ή, όν*; *-μέας, ὁ*; *-μαῖος, α, ον*; *-μάζω*; *-μάς, ὁ, ἡ*; *-αδικός, ή, όν*; *-αδίτης, ὁ*, *-ῖτις, ἡ*; *-άδειος, ον*; *-διαῖος, α, ον*; *-δία, ἡ*; *νομώδης, ες*. *νόμος, ὁ* (Bed. 1. *was angenommen ist, Sitte, Gesetz* u. s. w.); *-μαιος, α, ον*; *-μικός, ή, όν*; *-μιος, α, ον*; *-μιμος, η, ον*; *-μότης, ἡ*; *νομίζω*; *-ισις, ἡ*; *-ισμα, τό*; *-μάτιον, τό*; *-τικός, ή, όν*; *νομιστί*; *-τεύω*; *νομήματα, τά* (*Hes.*); ω (Vriddhi): *νωμάω*, hier kehrt zunächst die Grdbed. *neigen, beugen, bewegen* wieder; dann Bed. 2.; *νωμεύς, ὁ*; *-μητήρ, ὁ*; *-μησις, ἡ*; *-σιμος, ον*. *χειρονόμος, ον* (Grdbed. *beugen, bewegen*); *-μέω*; *-μία, ἡ*; *-μησείω*. *ἀνέμητος, ον* (Bed. 2.); *διανεμητικός, ή, όν*; *ἀνοικονόμητος, ον* (Bed. 2., in der Modif. *verwalten*); *ἀποικονόμησις, ἡ*; *δευτερονόμιον, τό*; *ἐπινομίς, ἡ*; *προνομεία, ἡ* (3); *-μαία, ἡ*; *ἀπρονόμευτος, ον*; *ὑπονομηδόν* (Bed. 2., in der Modif. *Zugetheiltes, Wohnort*).

Zu sskr. nam in der Bed. *verehren*, redupl. nâ-nam (nach *Bopp* Gr. s. r. 560) verkürzt nach oben (I, 204) ziehe ich: *νηνία, ἡ*, wenn es würklich griech. ist, sonst lat. nenia; eben so zu sskr. nu *preisen* ahd. niu-mo (*Graff* II, 1089).

[*νάννας* und *νάννος* vgl. S. 56]

Sek. F. durch P-Laut: ags. hnappian, ahd. nafizon (*Graff* II, 1053) *nippen, einnicken, einschlafen* (vgl. *νυστάζω* S. 183), hieher (mit *σσ* für *πτ*, wie (äol.) *νίσσω*: *νίπτω* aa.) (oder zu den sekk. Ff. durch K-Laut, vgl. *νῶκαρ, νωχελής*): *κνώσσω schlafen*.

Ferner nord. hneppa *krümmen* (vgl. nam S. 183), sammt hnappa *conglobare*, hnappr *globulus* (vgl. globus bei √ ϑϝri *krümmen*) und ahd. hnapf (alles bei *Graff* IV, 1130); sollte nun auch *κνώψ, ὁ, ἡ* und mit *κιν* = *κν* (wie oft): *κῐνώπ-ετον, τό ein* (*sich krümmendes*) *schlangenartiges Unthier* hieher gehören (vgl. analog *πέλωρ, βέλλερο* u. aa. bei √ ϑϝri vom Begr. *krümmen*)? *κινωπηστής, ὁ*.

Endlich mit Verlust des Gutturals *νάπ-ος* (wie *κνημός* S. 183), *τό Bergneige, Schlucht*; *-πη, ἡ*; *-παῖος, α, ον*.

[Zu Begr. *verehren* wohl ahd. knabo *der Diener* (*Graff* IV, 576) und sskr. nap-trĭ u. s. w. (S. 56), mit Verlust des Anlauts, eig. wohl auch der *ehrende* (vgl. noch S. 20 ancilla aa.)]

Sek. F. durch K-Laut: an goth. hneih-van, lat. nīh-veo (S. 182) u. s. w. griech. νῑκ, eig. *einknicken*, so *jemand besiegen* (anders *Pott* I, 106, *Bopp* V. G. 728**); νίκη, ἡ (wohl für νῑκϝη) *Sieg* (lat. vinco heisst eig. *binden* und gehört zu I, 288); -κάω, -κημι; -κημα, τό; -κητήρ, -τωρ, -τής, ὁ; -τρια, ἡ; -τήριος, α, ον; -τικός, ή, ον; ἀνικεί; -κητος, ον; ἀξιόνικος, ον; ἐκνίκησις, ἡ; ἐπινίκιος, ον.

νῶκ-αρ, τό *Schlaf* (vgl. κνώσσω).

νω-χ (ob zu κνώσσω für κνωχ-jω): νωχελής, ές (*schläfrig*) *träg*; -λία, -λεία, ἡ; -λίζω; -λεύομαι.

Mit T- oder K-Laut: da sskr. nud *stossen* (*nicken machen*), so könnte νυσσ mit derselben Bed. zu dieser Form gezogen werden: νύσσω etwa = sskr. nud-jâ-mi (4te Conj. Cl.); doch kann es auch eine sek. F. durch Guttural νυ-χ(?) + jω sein; dazu: νύγμα, τό; -ματώδης, ες; -γμός, ὁ; -γμή, ἡ; -γδην; νύξις, ἡ; (νυκτάζω = νυστάζω S. 183 zw.); νύσσα, ἡ *Ziel* (wonach man *wirft*? nud im Sskr. auch *werfen*), νῦσος, νῦσσος, ὁ das *Stechen* vom *Zorn* (vgl. pungere) syrak.)

Gehört hieher: κνώδ-αλον, τό *Unthier* (wie κινώπετον S. 184)? doch kann man auch an sskr. kund'-alin (*ringelnde*) *Schlange* von Wzf. kund' (von θϝri welches vgl.) denken [ob hieher κνώδων, ὁ, wohl *ein gekrümmter Widerhaken am Spiess* (Zsstzg mit ὀδούς ist schwerlich anzunehmen) und κνώδαξ *Kegel* (*rund ausgekrümmt*, vgl. oben sskr. namra, nord. hnappr und Analog. bei √θϝri) die früher (I, 190) falsch.]

κνυζόω *hässlich machen*; ob eig. *krätzig, schäbig machen* und zu κνῦζα (I, 190 vgl. *Pass.*)?

√κτι (σκ u. s. w.). Im Sskr. √kshi *wohnen* (*Pott* I, 203, vgl. *Diefenb.* Celt. I, 107), belegt durch kshi-ti *Wohnung*, kshi *Residenz*, kshê-tra, zend. shoi-tra *Provinz*, *Stadt* (*Burn.* C. Y. I, 545. N. XLV, LV, CXIII); ferner im Zend als Verbum, aber mit sk = sskr. ksh: ski (*Burn.* Journ. d. Sav. Mai 1837 S. 274); griech. κτ = sskr. ksh, wie oft: κτι *wohnen* in ἐΰ-κτῐ-τος, ον; ἐϋκτῐ́μενος, η, ον; ὀρι-κτίτης, ὁ; ἀμφι-κτῐ́-ων, ὁ; wenn hier κτι-ων für κτι-ϝον (Suff. ϝον = sskr. van), so ist ἀμφι-κτύ-ων leicht damit zu identificiren (ιϝ: ιυ: υ); hieher auch κτῐ́-λος, ον (*mitwohnend, Hausthier*) *zahm*; -λόω; -λεύω.

κτίζω *wohnen machen* (Causale?); κτίσις, ἡ; -σμα, τό; -στης, -τήρ, -τωρ, ὁ; -τός, ή, όν; -τύς, ἡ; κτίτης, -τωρ, ὁ begriffl. = κτίστης u. s. w., der Form nach wie von κτῐ.

σκ = sskr. ksh wie oft: sskr. kshê-tra heisst auch *Körper*, die Wohnung der Seele; gehört nach dieser Anal. σκί-ναρ, τό *Leib* hieher? vgl. auch σκῆνος weiterhin; ferner: σκ-ηνή, ἡ [wegen η vgl. sskr. ksch-atři von kshi und die Regel (I, 175), die auch für Themenbildung gilt; doch liesse sich σκηνή vielleicht eher zu σκαδ = sskr. kh'ad (I, 614) ziehn (σκηνη für σκαννα = σκαδνα; vgl. κρήνη = äol. κράννα für κραδ-να S. 133), vgl. litth. czĕtrà *Hütte* und *Pott* (I, 243)] *Zelt, Wohnung* u. s. w. σκηνίδιον; -νύδριον, τό; σκῆνος, τό, auch *Leib*; -νίς, ἡ; -νίτης, ὁ; -νικός, ή, όν; -κεύομαι; -νάω; -νέω; -νημα, τό; -νήτης (-νεύτης zw.), ὁ; -νόω; -νωμα, τό; -νωσις, ἡ; -νωτής, ὁ; ἄσκηνος, ον; προσκήνιος, ον; -ον, τό; ὁμοσκηνία, ἡ.

[σκ gespalten würde σηκ, wie oft (vgl. z. B. κήρυξ S. 131); daher könnte hieher σηκ-ός, ὁ *Hürde* gehören; wegen lat. sep-es ist mir jedoch eine Verbindung mit sskr. sak' *binden*, *umfassen* wahrscheinlicher (I, 429, wo jedoch die neuen Nachträge zu vergleichen); anders *Pott* (I, 256); κ = sskr. k' (S. 148 aa.); zu σηκός: κίς, ἡ; -κύλη, ἡ; -κώδης, ες; -κίτης, ὁ; -κάζω; -κίζω; -κωμα, τό; ἀποσηκόω.]

σκι gunirt wird σκοjo in ὀρέσκοιος (zw.), -κοος, -κῷος (Dehnung ion.), ον; (ein σ verloren); ὀρεσκεύω.

Der Begr. *bewohnen* geht in *besitzen* über (vgl. kshi in der Bed. *herrschen* weiterh.); κτ = sskr. ksh; κτι gunirt (1ste Conj. Cl.) κτα-jομαι: κτάομαι *besitzen* (anders *Pott* I, 280, II, 69): κτῆμα, τό; -μάτιον, τό; -ματικός, ή, όν; -τίτης, ὁ; κτῆσις, ἡ; -σίδιον, τό; -σιος, α, ον; κτητός, ή, όν; -τικός; κτήτωρ, ὁ; κτεjανο: κτέανον, τό; κτέαρ (Thema -αρτ), τό; κτεάτηρ, ὁ; -τειρα, ἡ; -τίζω; -τιστός, ή, όν; ἀκτήμων, ον; -μοσύνη, ἡ; ἀκτησία, ἡ; ἀκτέανος, ον; hieher auch κτῆ-νος, τό *Vieh* (als eig. *Besitzstand*); -νηδόν; -νίτης, ὁ; -νώδης, ες; -δία, ἡ; κτηνόομαι.

Begr. *besitzen* in *beherrschen*: sskr. kshi, davon kshatři, -tra u. s. w. (*Ersch* und *Gruber* Enc. d. K. u. W. II, xvii, 214, wonach die I, 156 gegebne Etymologie falsch) zend. csi *herrschen* und ksaja *König* (*Bopp* V. G. 46). Mit Präf. pari daher sskr. pari-kshi-t (Nominalbild. durch t *Bopp* Gr. sscr. r. 643); ganz eben so bildet sich griech. ἀνα + κτιτ *oberherrschend*. Nom. ἄνακτις zsgzg. ἄναξ, ὁ *König*. Zweifelhaft wird diese Erklärung nur durch das entschieden anlautende ϝ: ϝάναξ (*Thiersch* Gr. Gr. 225 belegt durch βάναξ und ἑάνασσε *Ahr.* Diall. 35); im Hom. durchgängig; allein so wie wir unorganisch antretendes ʽ oft annehmen mussten, so scheint auch ein unorganisches ϝ als Anlaut nicht abzuweisen zu sein, so hat auch ἀνερ, dessen Etymol. (I, p. XIII zu S. 429) entschieden zeigt, dass es vokalisch anlautete, ϝ (*Thiersch* Gr. Gr. a. a. O.); ϝάναξ kann übrigens ein Dialekt. Wort sein. Dazu: ἄνασσα (für κja), ἡ; ἀνάσσω; ἀναξία, ἡ; (-ξεία, ἡ zw.) ἀνάκτωρ, ὁ; -τόριος, -ρεος, α, ον; -ρία, ἡ; -ρον, τό; ἀνακῶς; ἄνακες, οἱ; ἀμφιανακτίζω; χειρῶναξ, ὁ (für χειρῶν + ἄναξ); -άξιον, τό; -άκτης, ὁ; -τικός, ή, όν.

[sa + kshi wird, indem, wie so oft, kh für ksh eintritt: sakhi eig. *zusammenwohnend*, *Genosse*, davon sakhja, lat. so-ciu-s.]

κτυπ, γδουπ (sicher nicht zu trennen, daher *Pott* II, 295 nicht zu billigen) *tönen*; p-Bildungen, wie mir scheint von den sskr. Wzff. ku, gu (S. 61, 63) *tönen*, mit stützendem T-Laut im Griech., wie so oft (S. 86 πτόλις): κτύπος, ὁ; -πέω; -πημα, τό; -πία, ἡ; -πια, τά. ἀπερικτύπητος, ον;

γδουπ bewahrt in ἀλί-γδουπος, ον; ἐρί-γδουπος, ον; und ἐγδούπησε, sonst γ eingebüsst: δοῦπος, ὁ; δουπέω (δέδουπα); δουπήτωρ, ὁ; ἀδούπητος, ον.

Wurzeln und Wzformen, welche mit *X* anlauten.

χ, der dritte der, von den Griechen zum phönicischen Alphabet gefügten, Buchstaben, nach Analogie von *φῖ* (S. 100), *χῖ* genannt; davon *χιάζω*; *-ασμός, ὁ*; *-αστός, ή, όν*; ion.: *χιέζω*; *χιεσμός, ὁ*.

χ Pronomst. Im Sskr. gh und dieses, wie gewöhnlich, in h (vgl. weiterh.); Bed.: rein demonstrativisch: das *hier Seiende*; erscheint entschieden mit Vokal a und i, zweifelhafter ist u; 1. gha; erscheint in den Veden an der Stelle des spätren ha (*Lassen* Anth. sscr. 134, 137); grade wie in den Upanischaden ha (*Windischm.* Sank. 73), als Suffix nach Pron. 3te Pers. z. B. tam ha, jâ ha, ganz ebenso griech., dor. und böot. *γά* (*Ahrens* Diall. 178), gew. *γέ* (*τόν γε* = sskr. tam gha, *ἥ γε* = sskr. jâ gha) *hier*; *γε* + *ουν* : *γοῦν*; dazu lat. ce, ebenfalls suffig. hi-*ce*, iis-*ce*, istis-*ce*, sic-*ce* mit Verlust des Vokals in hui-*c* (vgl. cui), hi-c (vgl. qui), hac-*c* (vgl. quae), ho-*c* (für hot + ce), hun-*c*, han-*c*; ho-*c*, ha-*c*, hin-*c*, wo hin für hinde, hinc für hind-ce (vgl. hincce); endlich si-*c* (wo si formal = si *wenn*, vom Pronominalstamm sskr. sva I, 452 ff.); hieher ahd. ha (*Graff* IV, 693, vgl. die dazu gehörigen Ff. bei *Grimm* D. G. I, 794). Das sskr. Neutr. von gha würde gham lauten; dieses mit Pronomst. der 1sten Pers. ma, verstümmelt a, griech. *ε*, bildet *ἔ-γον* u. s. w. (vgl. I, 151, 152 und Nachtr. dazu, XIV); im Sskr. ist im entsprechenden a-ham schon h für gh; dieses h ist ganz eingebüsst in sskr. tu + am, wie die Veden noch haben, vgl. lat. tu, im spätren Sskr. durch Sandhi *tvam*, in tubhi + am, *tubhjam* (vgl. lat. tibi); eben so in id-am (vgl. lat. id) u. aa. (I, 151). Derselbe Verlust des h (vgl. I, 154) in griech. *ἔ-ε* (vgl. I, 458).

Mit Verlust des h und Dehnung des Vokals gehört hieher das suffigirte *η*, z. B. *ἐγών-η*; *ἐμίνη* (vgl. I, 152); nach dieser Analogie *τύνη*; hieher *τί-η*, *ὁτιή*, *ἐπειή*, wo *η hier* (and. *Pott* II, 323); zu sskr. ha sl. g'e (enclit.).

Spuren der Declination dieses Pronomst.: sskr. ha: im Sskrit (*Burn.* in der Stelle aus *Vrihadaranj.* in Comm. s. l. Y. I, Nott. CLXXI); fast ganz in lat. (hi-c) hae-c, ho-c, wo hac, ho von Thema ha = sskr. ha, und im Germ. (vgl. *Grimm* a. a. O.).

Mit Pronomst. a zsgstzt in sskr. aha (in den Veden suffig. *Lassen* a. a. O.).

2. mit Vokal i; im Sskr. hi (für organischeres ghi) *denn*, suffig. z. B. na-hi; hir in hir-uk (*ausser, inmitten, nah*, mit der gewöhnlichen Bedeutungsweitschichtigkeit der pronom. Derivata), wegen der Form hir für his vgl. nir für nis von ni (S. 50), uk steht für vank von vank' wie ank' gebraucht, mit der Bed. *wärts* (S. 21, 22). Der organischeren Form ghi entspricht lat. ci in ci-tra (tra Localsuffix), dagegen der geschwächten sskr. hi, lat. hi in hi-c; der org. germ. hi (*Graff* IV, 693, *Grimm* a. a. O., *Bopp* V. G. 575), wozu auch ahd. *hi*-na (697 vgl. fo-na u. aa. S. 45), ahd. *hiar* (696 = lat. ci-tra vgl. hvâr = organischerem hva-tra S. 146); litth. gi enclit. *denn* u. s. w. (vgl. bau (= *ϝη* I, 273) + gi *ob denn*; kas (= hva S. 145) + gi aa.; der ge-

schwächten (hi): szis *dieser*, wozu szen *hieher*; der organischeren ghi, griech. γι *denn* in γάρ (für γι (wie sskr. hi, litth. gi zeigt) + ἄρ(α); suffigirt in τουτο-γί, ταυτα-γί (ῑ gedehnt wegen des Tons vgl. jedoch oben η). — Da die geschwächte Form neben der organ. im Sskr., Lat., Lith. bestand, so ziehe ich zu ihr (sskr. hi) griech. χι in ἤ-χι; οὐ-χί (vgl. I, 275); ναί-χι (vgl. S. 45). — Verlust des h (wie oben) ί-ωροί (I, XI zu S. 3); νῶι u. s. w. (vgl. I, 154); οὑτοσ-ί (vgl. τουτο-γί oben und I, 282); ὁδί (für ὅδε + ῑ); μεν-ί; ἐν-ί (? vgl. S. 48); ob hieher die Ff. der Präpos. auf ι: ὕπα-ί, δια-ί, ἀπα-ί, παρα-ί u. s. w., ist fraglich. Mit ephelkyst. ν: οὑτοσ-ίν u. s. w., τουτίν für τουτο + ῑν.

3. Mit Vokal u, nicht unwahrscheinlich in litth. gu: (in ass-gu = ἔγωγε), schwerlich in lat. hui-c (vgl. S. 146); eher in griech. πάγ-χυ und mit Verlust des h (= χ) πάνυ (vgl. S. 167).

4. Endlich sskr. h, mit Verlust des Vokals (fraglich, ob a : i : u) in h-jas für h (?) + djas, griech. χθές (vgl. √ διϝ).

χα (θα): *klaffen, gähnen*; ahd. gi-en, gi-nen, gei-non, gi-wen, ge-won, ge-scon alle *gähnen* (*Graff* IV, 106 ff.); lat. hi-o (ha-lare für hialare), hi-sco; ob ci in os-ci-to (*mundklaffen*)? slav. z'i-nòn, z'jeïjòn u.s.w. *gähnen* (*Kop*. Gl.), poln. ziać; litth. zowauju, zogauju *gähnen*; zoju (inhiare), zotis *Riss* (hiatus); zop-snu, zėpsa (Causalf. durch p) *offen stehn*; lett. schahwas *das Gähnen* u. s. w., griech. χαίνω u. s. w. Allen diesen Formen (etwa lat. (os)-ci-(to) ausgenommen) würde eine sskr. Wzf. mit anlautendem h regelrecht entsprechen, und im Sskr. begegnet: har-man das *Gähnen*; allein hier macht das r die Vglchung sehr unsicher; es müsste sekundär sein, und die Wzf. hă. Diese könnte auch in ha-s *lachen* liegen; denn das *Lachen* könnte vom *Maulaufsperren* ausgehn und dass has weniger die Bed. des *freudigen Lachens*, als die des *Maulaufsperrens* hat, scheint aus has-ra *Narr* (*einer der Maulaffen feil hat?*) und aus dem wenigstens der Form nach dazu passenden sskr. hansa *Gans (die stets den Schnabel aufsperrende)* hervorzugehn. Die Wzf. ha-s wäre durch sekund. s gemehrt, wie oft (vgl. z. B. bhâ, bhăs S. 102 aa.). In diesem Fall wäre, da griech. θας = has (vgl. weiter), die org. Form für h: dh und h eine Schwächung von dh, wie oft (vgl. z. B. I, S. 73, 379 aa.). *Pott* (I, 200) verbindet diese *gähnen* bedeutenden Wzff. mit sskr. hâ, dessen Bedeutung *im Zustand des Verlassens* ist; für diese Verbindung spricht, dass, wie wir für jene Wzformen statt des sskr. h organischeres dh annehmen zu müssen glaubten, so auch für diese Wzf. hâ in den Veden dhâ erscheint (*Lassen* Inst. L. Pracr. 199); allein damit fällt auch, beiläufig bemerkt, *Pott's* Grund für diese Verbindung weg, den ihm eben der Laut h giebt, welchen er von phonetischer Seite für Bezeichnung dieser Begriffe so passend findet. Wir, die wir an unzähligen Beispielen erkannt haben, welch eine ungeheure, die verschiedensten phonetischen Veränderungen herbeiführende Geschichte die Sanskritsprachen schon vor ihrer Trennung durchgemacht haben, werden übrigens überhaupt aus dem subjectiven Eindruck der Laute nicht leicht uns zu einem Schluss berechtigt glauben, zumal, wo wir nicht entschieden die primigene Wurzelgestalt gefunden zu haben glauben (wie etwa √*ἀϝ*, √*σφ* und wenige andre). Dagegen scheinen uns die Bedd. der Wurzeln, für welche wir: dha : ha in der Bed. *im Zustand des Klaffens* und dhâ, hâ *im Zustand des Verlassens* erkannt zu haben glauben, begrifflich zusammenzuhängen. In letzterer konnte der Begriff *verlassen* aus *klaffen, sich trennen, auseinandergehn, spalten* hervorgegangen sein; dafür spricht, dass hâ durch gatau (*Ros.* Radd. sscr. 24) glossirt wird; ferner ug'-g'ihâna (Partic. Atmanep. *Bhattik.* III, 47) glossirt durch ûrdhvanajana *aufwärts blickend*, wo die eig. Bed. *mit offnem Mund nach oben hin (suspiciens* hiante ore), dann griech. *χωρέω* (welches man vgl.), und endlich die Analogie von sskr. gr̆imbh *gähnen*, welches, wie wir erst später erkannt haben, eine sekundäre Bildung von dr̆i *spalten* ist, in welcher, wie in dam, g'am (vgl. *γαμέω*) u. aa., d in g' geschwächt ist. Danach könnte die primäre Bed. der √dha *trennen* sein. — Unsre Annahme, dass in ha *klaffen* h für dh stehe, beruhte nur auf der Verbindung mit griech. *θα* (vgl. weiterhin); allein wegen des prakritischen vikkhado für sskr. vi-khjâtas, welches durch vi-g'r̆imbhamâna *gähnend* glossirt wird (*Mal. Madh.* 167, 7, *Delius* Radd. Pracr. 15), könnte man für sskr. khjâ (S. 64), dessen einfachere Form sich in kha *Mund* (ebds.) zeigte, die Bed. *klaffen, gähnen* annehmen, und die vorliegende Wzf. ha *klaffen* für eine Schwächung von kha halten; dann liesse sich auch lat. ci in oscito damit verbinden. Wir durften diess Bedenken nicht übergehn, halten aber hypothetisch an unsrer oben gegebenen Entwickelung von khjâ fest, da ein so einzeln stehender, dichterischer und später Gebrauch, wie hier im Prakrit uns wenig zu entscheiden scheint und die Deutung von oscito noch sehr unsicher.

Wir verbinden also hier die Ff., welche 1. einem sskr. h(a) organischeren dh(a) — denn der Vokal gehört wohl, wie gewöhnlich, nicht zu der Wurzel — in der Bed. *gähnen* (eig. *klaffen* oder *trennen*) und 2. sskr. dhâ geschwächt hâ *verlassen* entsprechen.

Zu 1., in der geschwächten Form ha griech. *χᾰ-σις, ἡ Spalt*; *χή-μη, ἡ das Gähnen*; *-μιον, -μίον, τό*; *χήμωσις, ἡ*; *χά-σκω* (vgl. lat. hisco, ahd. ge-scon S. 188); *-κάζω*; *-καξ, ὁ*; *-κανον, τό*; *χαν* (vgl. ahd. ginen u.s.w. S. 188): *χάνος, τό*; *χανάομαι*; *-νόομαι*; *-νύω*; *-νύσσω*; *-νυστέω*; *χανδόν*; (*-δόθεν* zw.); *χάννος* (für *-νjος*?), *ὁ*; *-ννη* (*χάνη*), *ἡ*; *χαίνω* (ist ahd. gei-non S. 188 zu vgl.? die Formation ist nicht ganz sicher zu ermitteln); *χάσμα, τό*; *-ματίας, ὁ*; *-τικός, ή, όν*; *χασμάομαι, -μέομαι*; *-μημα, τό*; *-μησις, ἡ*; *-μη, ἡ*; (*-μός, ὁ* zw.); *-μώδης, ες*; *-δέω*; *-δία, ἡ*; (*χηνέω* zw.); *χήνημα, τό*; *χηνύω*; *-νύσσω*; *-νυστέω*; *-νύστρα, ἡ*; *-τράω*; *καταχήνη, ἡ*; *ἀχανής, ες* (mit *ἀ* priv. und *ἀ* epitat. I, 382); *-νεια, ἡ*.

Hieher *χή-λη, ἡ*; alles *Klaffende, Gespaltene*: *Spalte, Hufe, Klaue, Scheere* u. s. w. (schwerlich mit ahd. klawa (*Graff* IV, 541) verwandt); *-λίον, τό*; *-λόω*; *-λωμα, τό*; *-λωτός, ή, όν*;

-τιον, τό; χηλεύω; -λευμα, τό; -λευσις, ἡ; -υτής, ὁ; -τός, ή, όν. χηλάς, ὁ; δίχηλος, ον; -λέω.

χη-ρα-μός, ὁ *Kluft*; -μόθεν; -μύς, -μίς (= χήμη), ἡ; χηραμών, ὁ.

χα-λο würde *klaffend* heissen, dann *offen* (vgl. oben Analogieen); davon χα-λάω, transit.: *offen machen* in der Modification: *lösen*, *loslassen* und intrans. *aufgehn*, *auseinandergehn*, *sich auflösen*, *erschlaffen* u. s. w.; χαλαίνω; -λασμα, τό; -σμός, ὁ; -σις, ἡ; -στός, ή, όν; -τικός, ή, όν; -τήρια, τά; χαλαρός, ά, όν; -ρότης, ἡ. χάλις, ὁ *ein* (*aufgelöster*) *leichtsinniger Mensch*; hieher: χάλις, ὁ (*auflösender*, *trunkenmachender*,) *ungemischter Wein*; χάλιμος, η, ον *trunken*; -μάς, ἡ; -μάζω; χαλαίπους, ὁ.

Dieselbe Begriffsentwickelung wie in χαλάω tritt in χαῦνος, (η), ον hervor; ist die Wzf. χαυ = ahd. gew-on (S. 188), oder ist φαυος : φαος : φαυ-σκω (Ntr. zu II, 102) zu vergleichen? -νότης, ἡ; -νόω; -νωσις, ἡ; -νωμα, τό; -νωτικός, ή, όν; -ναξ, ὁ; -νιάζω; ähnliche Bed. in χήτη, ἡ = κενεών.

Hieher: (χαῦ-λος, η, ον; -λιος, ον Gr.) χαυλι-όδων, ὁ. Gehört zu dieser Form χαυ : χάος für χάϝος, τό *der Urspalt* (*Kluft*)? χαόω. Mit ει für αυ (vgl. παρειά für organischeres παραυα (vgl. Neue Ntr. zu I, 43), ὄνειαρ für organischeres ὄναυαρ (vgl. N. Ntr. zu I, 335) u. aa.: χει-ράς, mit ῑ für ει (vgl. χίλιοι für χείλιοι äol. χέλλιοι): χῑ-ράς, ἡ *Spalte*, *Riss* u. s. w.; χειριάω; χιραλέος, ά, όν; χειρόπους. — χειά, χιά, ἡ *Spalt*, *Loch* u. s. w. (vgl. χηραμός).

Mit ω = η und Suff. ρο: χωρο : χωρέω heisst *klaffen* (γαῖα ἔνερθεν χώρησε *Pass.*), *sich trennen*, in der Modif. *weichen* (vgl. χάζομαι), und *gehn* (vgl. sskr. hâ, glossirt gatau); davon ist aber χῶρος, ὁ *Raum* nicht zu trennen, da es ohne Zweifel das Nomen ist, aus welchem χωρέω hervortrat, woher letztres auch noch die Bed. hat: *Raum geben*, *in sich fassen können*. Ich vermuthe daher, dass χῶρος sich an die Bed. *klaffen* lehnt und eig. *einen offnen Raum* (*id*, *quod vacat alicui rei*) bedeutet; ähnlich *Pott* (I, 200), anders *Bopp* (V. G. 304). Sollte man nach andern Etym. suchen, so mache ich auf sskr. agra-hâra *Hauptstadt* (*Rådj'ataranġ*. I, 87–100 u. sonst mehrfach) aufmerksam, welches nach Analogie von vi-hâra zu √hṛi (vihṛi *ambulare*) zu gehören scheint. Zu χῶρος: -ρα, ἡ; -ρίον, -ρίδιον, -ράφιον, τό; -ρικός, ή, όν; -ρίτης (-ρήτης zw.), ὁ; -ρῖτις, ἡ; -τικός, ή, όν; -ρίζω; -ριάζω; (χωράσμιος, ὁ zw.); ἐγχώριος, α, ον; στενόχωρος, ον; -ρής, ές; -ρέω; -ρία, ἡ. zu χωρέω: -ρημα, τό; -ρησις, ἡ; -ρητός, ή, όν; -τικός, η, όν; ἀναχωρητής, ὁ.

2. Bed. *sich trennen* (aus *spalten*), *verlassen* (sskr. hâ, urspr. dhâ, s. oben, vgl. *Pott* I, 199): χῆ-ρος, α, ον *im Zustand der Verlassenheit*, *Mangels von etwas*, u. s. w.; -ρα, ἡ; -ροσύνη, ἡ; (-ράζω zw.); -ράσκω; -ρεύω; -ρευσις, -ρεία, -ρία, ἡ; -ρειος, -ρήϊος, α, ον; -ρόω; -ρωσις, ἡ; -ρωστής, ὁ.

ω = η = â: χωρα Zustand der Verlassenheit in χῶρι, χωρίς (alter Abl. eig. *in Mängeln einer Sache*), *ohne*; -ρίζω; -ισις, ἡ; -σμός, ὁ; -στός, ή, όν; -τής, ὁ; διαχώρισμα, τό; -ιστικός, ή, όν.

An die Form χᾰ schliesst sich Thema χα-τυ; davon χατεύω

(für χατεϝω) und χατέω (für χατεϝω) *ermangeln, begehren*; vielleicht zu dieser Wzf., auf jeden Fall zu dieser Wurzel, in der Form ha: goth. gaidv *Mangel*, ahd. git *Geiz* (*Graff* IV, 145), slav. g'adajón, g'dajón (= hiare *begehren*, *Kop*. G.), litth. geidziu *begehren*, gudas *Geiz*. — χατίζω; χατίς, ἡ; χά-τος, τό (Suff. τες = sskr. tas, vgl. çró-tas); χῆτος (η Vriddhi?), τό; -τις, ἡ; -τοσύνη, ἡ; -τίζω; -τεύω; -τεία, ἡ.

ἀχήν, ὁ = ĕgēnus (egeo) und egēnus = sskr. g'ahâna (Part. Atm. 3te Conj. Cl.) mit Verlust des Redupl.-Conson. (vgl. ἐγείρω S. 128) und im Griechischen ausserdem des, das Thema schliessenden Vokals, wie oft; dazu ἀχηνία, ἡ.

Indem χα durch ρ-Bildung (vgl. I, 197 ψαλ ff. I, 478 μολ ff. I, 566 φολ ff. aa.) gemehrt (χαρ) und dann, wie so oft, zusammengezogen wird, entsteht Wzf. χαρα : χρα mit den progressiv sich fortentwickelnden Bedd. (eig. *verlassen*, *mangeln*, dann *nöthig haben*, *gebrauchen*, *zum Gebrauch nehmen* (*borgen*) und *geben* (*leihen*), *verlangen*, *wünschen* (vgl. χατέω und völlig dieselbe Entwickelung bei δεῖ): χρή; χράομαι, κιχράω; κίχρημι; dazu χρεῖος (ist ι = sskr. j von der 4ten Conj. Cl. oder für ϝ (vgl. φα : φάϝος N. Ntr. zu 102)?), τό; χρεῖος, ον; χρειακός, ἡ, όν; χρεία, ἡ; χρειόω; χρειώ, ἡ; χρείως, τό; -ώδης, ες; χρέος (mit Verl. des ι) = χρεῖος, τό; χρεώ, ἡ; χρέως, τό; χρεών, τό (*Nothwendigkeit* u. s. w.); χρεώστης, ὁ; -τέω; -τεύω; -τικός, ἡ, όν; χρῆος, τό; -ηΐα, ἡ; -ῄζω, χρῄζω; χρῄσκομαι, (χρήννυμι zw.); χρήμη, ἡ; -μοσύνη, ἡ; χρῆσις, ἡ; -σιμος, ον; -μότης, ἡ; -μεύω; χρηστός, ἡ, όν; -τότης, ἡ; χρηστικός, ἡ, όν; -τεύομαι; -της, -τήρ, ὁ; -τήριος, α, ον; χρησμοσύνη, ἡ; ἄχρεος, ἀχρήϊος, -ήϊστος, ον; -ήεις, εσσα, εν; ἀξιόχρεως, ων; ἀχρησία, ἡ; -στία, ἡ; -τέω; δυςχρήστημα, τό; κακοχράσμων, ον.

Wie χρέος schon zur Bed. *Sache* (eig. *brauchbares*) verallgemeinert, so auch hieher: χρῆμα, τό; -ματίας, -τίτης, ὁ; -τικός, ἡ, όν; -ματίζω; -τισις, ἡ; -σμός, ὁ; -στήρ, -στής, ὁ; -τήριον, τό; -τικός, ἡ, όν; ἀχρήματος, ον; -τία, ἡ; -τιστος, ον; ἀχρήμων, ον; -μοσύνη, ἡ; -μονέω.

[Zu χρήσιμος wird: χραίσμη, ἡ *Abwehr* u. s. w. *Nutzen* (in den Derivaten) gezogen. Die letzte Bed. müsste in diesem Fall für die erste genommen werden; aber auch die Form des Worts ist kaum aus χρήσιμος zu erklären. Doch kenne ich nichts sichereres. Dazu ἔχραισμον u. s. w. (*Pass.* unt. χραισμέω); χραίσμησις, ἡ; -μήτωρ, ὁ; -μήεις, εσσα, εν.]

Zu Bed. *sich trennen*, *weichen* (vgl. χωρέω): χαδ (D-Bild. od. denominat.?): χάζομαι (lat. cedo?); gehört hieher σ-χάζω, σ-χάω (σ = σα I, 382 oder = ἐς wie S. 132 σκορακίζω?), in den Bedd. *loslassen* (χαλάω), *klaffen* u. s. w., welche alle in den bisher behandelten ihre Analogieen finden? σχαστηρία, ἡ. [dazu auch σχάζω *klaffen machen*, *öffnen*, welches I, 188 falsch.]

Oben (S. 188) ist die Vermuthung ausgesprochen, dass sskr. has *lachen* hieher und dazu hansa gehört (vgl. verwandte bei *Pott* (E. F. I, 141 (slav. gensï *Kop*. Gl.), Lth. Bor. Pr. 22, Zeitschr. f. d. Kunde d. Morgenl. IV, 1, 30 (wo kurd. chass u. s. w. wohl Lehnwörter), *Diefenb.* Celt. I, 135); dazu griech.: χήν (nach äol. μῆννος (*Ahrens* Diall. 51) für μηνός, ist auch bei χην

= hansa vorhergehende Assimilation von ns in νν (ebenso bei μήν oben S. 32) anzunehmen; dann trat aber in χην an die Stelle der doppelten ν Dehnung des vorhergehenden Vokals, während in μην der Vokal von Natur lang war; das thematische ο = sskr. a ging, wie in μην = mâ(n)sa und wie gewöhnlich verloren, wodurch das Wort in die dritte Declinat. übertrat), ὁ, ἡ *Gans*; -νίον, τό; -νίσκος, ὁ; -νειος, -νεος, -νιος, α, ον; -νιδεύς (-νιδῆς zw.), ὁ; -νίζω; ἀγριοχηνάριον, τό.

Sskr. has steht für organisch dhas (S. 188); diesem entspricht griech. θας. Intensivform (nach *Bopp* Gr. s. r. 560): τωθας, nach I, 204 verkürzt: τωθ in: τωθάζω *höhnen* (vgl. χήνημα S. 189 aa. *Bopp* bei *Pott* I, 280); -ασμός, ὁ; -στής, ὁ; -τί; -τικός, ή, όν; τωθεία, ἡ. Causalform durch p (vgl. zop-snu, zep-sa S. 188) in θωπ: (θώπτω, θώπω Gr.) θωπεύω *verspotten, betrügen, schmeicheln*; θώψ, ὁ; θωπικός, ή, όν; θώπευμα, τό; -μάτιον, τό; θωπευτικός, ή, όν; -πεία, ἡ; ἀθώπευτος, ον.

[Zu Form has wohl lat. his-trio *Lachenmacher, Lustigmacher*, wenn diess Wort, wie mir wahrscheinlich, altitalisch und nicht etruskisch.]

(χι). Im Sskr. hi-ma, Adjectiv *kalt*, Nomen *Frost*; zend. zima (Vend. lithogr. 130, 1); sl. z'i-ma *Winter*; ferner zend. zjâo *Winter* (*Burn*. C. Y. Av. Prop. LXXXI, Nott. CXXXII n.). Daran lehnt sich litth. ziema, lat. hie-ms (für hie-mus), andre verw. bei *Pott* (I, 141, Litt. Ros. Pr. 22); griech. χι-ον, wohl für χι-ϝον (Suff. ϝον = sskr. van); χιών, ἡ *Frost, Schnee*; χιονώδης, ες; -νεος, ον; -νικός, ή, όν; -νινος, η, ον; -νιος, α, ον; -νόεις, εσσα, εν; -νίζω; -νόω; -νωτός, ή, όν. Hieher Χίος N. p. für χι-jος (*kalt*); χῖος, α, ον; χῖον, τό *ein Chiisches Weingefäss*.

Sskr. hi, gunirt hê, mit Suff. ma(n)t; im Sskr. durch a erweitert: hê-manta *Winter*, im Griech. organischer, aber mit Verlust des auch im Sskr. in vielen Casus ausfallenden n: χει-ματ, Nom. χεῖμα, τό *Winter*; χείμερος, ον; -ριος, α, ον; -ρινός, ή, όν; -ρίζω; -ρεύω; -ρεία, ἡ; χειμάς, ἡ; -μάδιος, ον; -διον, τό; -δίζω; -δεύω; χειμάζω; -μασία, ἡ; -στρον, τό; χειμαίνω; (-ματίζω zw.); -μάω; -μέω; χειμών, ὁ; -μίη, ἡ; -μιέω; -μετλον, τό; -τλη, ἡ; -τλιάω; -μεθλον, τό; -θλιάω; χίμετλον (ι für ει vgl. S. 190), τό; -τλιάω; ἐπιχείμασις, ἡ; ἀχείμαστος, -αντος, -ατος, ον; δύςχειμιος, -μων, ον.

(χαλεπ). Da λ oft aspirirende Kraft äussert (vgl. χειμε-θλο für -τλο = sskr. tra; oben), anlautende Gruppen aber durch α gespalten werden (vgl. ταράσσω aa.), so nehme ich χαλεπ für χλεπ und setze diess = sskr. glap (I, 523 vgl. II, 10), so dass es eig. *müde machen* heisst: daher χαλεπός, ή, όν *mühevoll* u. s. w.; -πότης, ἡ; -παίνω; -πτω; -πτύς, ἡ.

χαλβάνη, ἡ, von hebr. חֶלְבְּנָה, *galbanum*; -νίς, ἡ; -νόεις, εσσα, εν.

χῑλ-ιοι, αι, α, *tausend*; das äol. χέλλιοι (*Ahrens* Diall. 58) zeigt, dass κοινῶς: χείλιοι entsprechen müsste, welches auch zwei Inschriften haben (a. a. O.); ῑ ist unorganisch für ει; ob χελ zu der Wzf. χϝελ (√dhvṙi) gehört, und eigentlich bloss aus dem Begriff *Menge*, der dort mehrfach hervortreten wird, hervorgegangen ist, wage ich nicht zu entscheiden; dazu: χιλιάς, ἡ; -λιάκις; -λιασμός, ὁ; -σταί, οἱ; χιλιοστός, ή, όν; -τύς, ἡ; χιλιοντάς, ἡ; χιλιοπλάσιος, α, ον; -σίων, ον; χιλιόω; ἐννεάχιλοι, αι, α.

(χερ). χέρηϊ, τῷ; -ρηες, οἱ u. s. w. (*Pass.* s. v. χέρης), *geringer* (comparat. Bed.); Compar. χερείων, ον; -ρήων, ον, äol. χέῤῥον (*Ahrens* Diall. 54) gewöhnlich (mit Dehnung statt doppelter ρ): χείρων, ον, nach falschen Analogieen: χερειότερος, χειρότερος; Superl. χείριστος, η, ον; der Comp. u. Superl. lässt sich leicht mit sskr. hras-îja-(n)s, hras-ishth'a vermitteln; genau entspräche χρεσ-ἰjον(ς), umges. χερσ-ἰjων, daraus χερ-ειον, χεῤῥ-ἰjον, χέῤῥjον, äol. χέῤῥον: χειρ-ον, nach letzterem auch χείρ-ιστος. Die sskr. Ff. gehören zu hras-va *kurz* (wohl v. hṙi, einer Nebenf. von √dhvṙi (vgl. θϝṙi) und dann eig. *verkrümmt*), *klein*. Wenn man für hras-va: hras-u (einen sehr gewöhnlichen Wechsel) annimmt, so lassen sich die Ff. des gr. Positiv (denn der Form nach scheint χέρ-ηϊ u. s. w. zu einem solchen zu gehören) damit leicht verbinden χρεσυ (= sskr. hrasu) in χερσ-υ: χερ-υ; auffallend, dass nicht υ, wie in diesen Bildd. durchweg den Accent hat; vielleicht nur durch Unkenntniss des eig. nur *homerischen*, und insofern durch eine breite Kluft von dem späteren Wortschatz getrennten Wortes. Die Bed. *gering* für *klein* bedarf keiner Bemerkung. Hieher noch: χειριστότερος, α, ον (zw.).

[Ich erwähne hier das, mir etymologisch ganz unbekannte, ἀραιός, ά, όν (mehrfach mit anl. ϝ (*Thiersch* Gr. Gr. 232), att. mit anl. ʽ) *dünn, zart, schwach* (schwerlich zu rarus, sl. rjedĭkŭ); ἀραιά, ἡ; ἀραιότης, ἡ; ἀραιόω; -ίωμα, τό; -ωσις, ἡ; -ωτικός, ή, όν; μεσάραιον, τό].

χάρτης, ὁ *Papierblatt*, fremd, zunächst von Phoeniciern, durch welche das ägypt. Papier wohl nach Griechenland kam; entsprechend dem hebr. חרט in חַרְטֻמִּים *Schreiber* (vgl. חֶרֶט *Griffel*); χαρτίον, -τίδιον, -τάριον, τό.

√χεδ; im Sskr. had (verwandte bei *Pott* I, 149 (ahd. chot gehört zu sskr. √gu bei *Pott* I, 210)): χέζω (für χεδjω 4te Conj. Cl.); χεσείω; χεζητιάω; χεσᾶς, ὁ; χόδος, ὁ; -δανος, ὁ; -διτεύω; μεσσηγυδορποχέστης, ὁ; μυόχοδος, ὁ; -δον, τό.

χέδροψ; -ρωψ, ὁ; -ροποι, οἱ; -πα, τά *Hülsenfrüchte*; -πώδης, ες; κέδροπα, κέρδοπα = χέδροπα (*Hes.*).

χιδ. i gunirt in lat. haed-us, ahd. geiz-i (*Graff* IV, 286), nicht gunirt in ahd. kizi (537), griech. χί-μαρος (für χιδ-μαρο), ὁ *Ziegenbock*; χίμαιρα (für μαρί + α), ἡ.

χίδ-ρον, τό *Graupe* (ob zu χονδρο S. 135 oder χιδ für σχιδ I, 168); -ρίας, ὁ.

χιτών, ion. *κιθών, ὁ* fremd = hebr. כְּתֹנֶת; *χιτώνιον, -νάριον, τό; -νίσκος, ὁ; -νία, ἡ; -νίζω; χιτώνη, ἡ.*

χῠ = dem durch D-Bild. gemehrten goth. giu-t-an (*Graff* IV, 281) *giessen, schütten*. Aus dem Sskr. kenne ich nichts sicher entsprechendes; hu *projicere* ist unbel. und würde — belegt — wohl zu hu *opfern* gehören. *Bopp* zieht *χυ* zu k'ut (Gl. sscr. s. v.), dessen k' weder zu gr. *χ* noch zu goth. g stimmt; allein mit k'ut ist ident. k'jut, mit beiden ç k'ut, ç k'jut, und ç k' hat in den verw. Spr. gewöhnlich dieselben Repräsentanten, wie sskr. ksh, also auch griech. *χ*, goth. g. Die Bed. von allen ist aber *benetzen, tropfen* (k'ju auch *fallen*); kann man *giessen* damit identificiren? wäre die Grdbed. *schütten*, diese aus *häufen, sammeln* √ sskr. k'i (vgl. *τίνω*)? daraus würde sekundär: k'j-u-t, oder, nach alter Sitte zsgzgen: k'ut, mit Präf. sa (I, 381) *zusammen*: sa + k'jut: çk'jut: çk'ut? dann gehört auch ahd. schütten dazu. *Pott* (I, 230) denkt an sskr. hvê vgl. auch *Diefenb.* (Celt. I, 154): *χεϝω* (1ste Conj. Cl.), *χέω* (*χείω* mit *ι* = *ϝ*, Fut. *χεύσω* : *χεύω*, Aor. *ἔχεα* (für *ἔχευσα* : *ἔχευα*), nach dieser Analogie das anomale *ἐχέθην*; Pf. *κέχῠκα* u. s. w.); *χύμα, τό; -ματίζω; χύσις, ἡ; χυτός, ή, όν; -τικός, ή, όν, -τήρ, -της, ὁ; χύδην; -δαῖος, ον; -δαΐζω; -ϊστί; -δαιότης, ἡ; -όω; χύ-τρος, ὁ* (eig. *Giesskanne*, Suff. *τρο* = sskr. tra); ion. *κύθρος*, auch *κύτρος; -ρα, ἡ; χυτρίον, τό; -ρίς, ἡ; -ρίδιον, τό; -ραῖος, -ρειος, -ρεος, α, ον; -ροῦς, -ρεοῦς, ῆ, οῦν; -ρινος, η, ον; -ρινος*, ion. *κύθρινος, ὁ; χυτρίτης, ὁ; -ῖτις, ἡ; -ρεύς, ὁ; -ρίζω; -ρισμός, ὁ; -ρίνδα; λ = ρ: χύτλον, τό; -λόω; -λάζω; χύνω* (spät); *υ* gunirt, *χεῦμα, τό; ευ* in *εϝ* u. *ι* = *ϝ*: *χείμαρος, ὁ Zapfen* (*zum Abgiessen des Wassers*); Guna *ου* in *οϝ*: *χοϝη* : *χοή, ἡ; χόος, χοῦς, ὁ Schutt*, und *Giessgefäss* (Maass); *χοΐδιον, χοίδιον, τό; χοεύς, ὁ; χόες, οἱ; χοϊκός, ή, όν; χοάνη, ἡ; -νος, ὁ; -νον, τό;* zsgz. *χώνη, -νος, -νον; χοάνιον* (*χών.*), *τό; -νεύω* (*χων.*); *χώνευμα, τό; χώνευσις, ἡ; χωνεύτης, -τήρ, ὁ; -τήριον, τό; -τός, ή, όν; -τικός, ή, όν; -νεία, ἡ; -νεῖον, τό.* Ist, wie hier *ω* aus *οϝ*, so auch *χών-νυμι* für *χοϝαν-νυμι* zu nehmen? oder läge eine sek. Form *χυδ* = goth. giut-an zu Grunde, also *χωδ-νυμι* (*ω* statt Guna)? Dazu *χωννύω* : *χῶμα, τό; -μάτιον, τό; -τίας, ὁ; χῶσις, ἡ; -σμα, τό; -στός, ή, όν; -στρίς, ἡ.* Hieher *χόνος, χόννος, ὁ* (kret.); fraglich ob auch (*οι* = *οϝ* = *ου*, vgl. *χείμαρος*): *χοῖνιξ, ἡ ein Getreidemaass* (ob zu *χανδάνω*?); *-νικαῖος, α, ον*; — redupl. Form *κοχύω; κοχυδέω; κόχος, ὁ.* — *ἐγχυματισμός, ὁ; κατάχυσμα, -μάτιον, τό;* (*προχύτιος, α, ον* zw.); *ῥινεγχυτέω; -υσία, ἡ; ἀχύνετος, ον* (*ἀ* epit.); *ἐγχυτρίστρια, ἡ; ἀποχεύω; αὐτοχό(ϝ)ωνος, ον* (altes Part. Med. *ωνο* = sskr. âna); *οἰνοχοέω* (für *εϝω* vgl. *-ευω*); *-χόημα, τό; -χοεία, -οΐα, ἡ; οὐλοχοεῖον, -χόϊον, τό; προχοΐς, ἡ;* — *ἡμιχοαῖος, τριχουνιαῖος, α, ον;* — *διχοίνικος, ον.*

χῡ feucht sein, lat. hū in hū-mor, u. s. w. (schwerlich sskr. havis *Wasser*, eig. wohl *Wasseropfer* von √ sskr. hu); ob mit *χῠ giessen* verwandt, ist fraglich. Dazu *χῡμός, ὁ Flüssigkeit, Saft, Geschmack; -μιον, τό; -μώδης, ες; -μικός, ή, όν;* (*χημεία, ἡ; -μευτική*); *χῡμίζω; -μεύω; -μευσις, ἡ; -μόω; ἐγχύμωμα, τό; -ωσις, ἡ; κακοχυμία, ἡ.* — *χῡλός, ὁ; -λάριον, τό; -λώδης, ες; -λόω; -λωσις, ἡ; -λίζω; -ισμα, τό; -σμός, ὁ; δυσχυλία, ἡ.*

χαυῶνες, χαβῶνες, χαμῶνες, (χαυνῶνες, χανῶνες, χαυνῶες?) aus dem hebr. כַּוָּן.

(χρ). Im Sskr. Wz. ghṙi *spargere, lucere, stillare, fluere*, als Verb. mit Präf. vi + â in der Bed. *conspergo* (*Bopp* Gl. sscr. ed. 2da s. v.) belegt; dazu ghṙi-ta *sparsus, lucidus*, ghṙi-n'i *Strahl* (wofür Wzf. ghṙin' aufgestellt), ghṙi-ta *geschmolzene Butter*, ghar-ma *Hitze*; nach diesem zu urtheilen, könnte 1. *sprützen (tröpfeln, fliessen)* die Grdbed., dann 2. *das Ausstrahlen* des Lichtes als ein *Aussprützen* gefasst, 3. aus *Licht* die Bezeichnung der *Wärme* und aus dieser 4. die Bed. *schmelzen* (in ghṙi-ta) hervorgegangen sein. Doch lässt sich diess nicht genauer verfolgen, da die Repräsentanten dieser Wz. in den verwandten Sprachen nur Bed. 3. 4 haben. Die meisten dieser Verwandten s. bei *Bopp* (a. a. O.), wozu noch sl. grje-jón, gunirt gor-jón *wärmen* (*Kop*. Gl.), sloven. gre-jem *wärmen* und mit anlautendem v (vgl. ahd. waram *Graff* I, 976) vräm *sieden* (*Metelko* slov. Gr. 105); sehr zweifelhaft, ob lith. kurru, kurti, lett. kurru, kurt *heizen*, aber sicher lett. gars *Hitze* (vgl. auch *Diefenb*. Celt. I, 234). Dass wir in sskr. gh den organischen Anlaut besitzen, ist keinesweges ganz sicher; sskr. grì-sh-ma *Hitze* scheint wenigstens verwandt; und da gh und g oft aus hv hervorgehn (vgl. S. 61, 62), so könnte statt beider hv zu Grunde liegen, daraus würde sich ahd. waram und sloven. vräm deuten durch Verlust des h, wie oft (vgl. βοή S. 60 u. aa., nhd. wurm u. aa. bei √ϑϝṙi); doch könnten letztre Formen auch so entstanden sein, dass sie zuerst den sskr. Guttural durch einen ihm entsprechenden Laut + v repräsentirten und dann jenen einbüssten.

griech. χ = gh wie oft und λ für r: χλι in χλῐ-αίνω (wohl für χλι-ϝαν-jω Denominat.) *erwärmen, schmelzen* (vgl. oben sskr. ghṙi-ta); χλίανσις, ἡ; χλίασμα, τό; χλιάω; χλιόω; χλίω; χλιόεις, εσσα, εν; χλιαρός, -ιερός, ά, όν; mit Verlust des χ, wie oft (vgl. S. 111): λίασμα, τό; λιαρός.

Wie schon in χλίω der Begr. *foveo* in *verweichlichen* übergeht, so noch mehr in dem sekund. χλῐδ: χλιδή, ἡ; -δανός, ή, όν; -δαίνω; -δάω; -δημα, τό; χλίδος, χλῖδος, τό; -δών, ὁ; (-δειος, α, ον zw.).

[Wenn hvṙi die organischere Form wäre (s. oben), so könnte vielleicht μαρ-ίω u. s. w. (die I, 480 so unsicher blieben) für hϝαρ-ίω stehn (vgl. analog. μέλλω u. aa. bei √ϑϝṙi, Wzf. hϝṙi)].

Der sskr. Gunaform (ghar-ma) würde griech. χερ-μο entsprechen; statt dessen finden wir ϑερ-μο; dass es hieher gehört ist keine Frage, allein der Wechsel von χ: ϑ ist auf griech. Boden eingetreten (vgl. ὀρνιϑ: ὀρνιχ I, 333 und bei √τϝαρ): ϑέρ-ω *wärmen* u. s. w., ϑερείω (ob für -ρέϝω?); εἰληϑερής, ες (vgl. I, 460). — ϑέρ-ος, τό *Sommer*; ϑέρ-σος, τό glbd. (vgl. τέλ-σον aa. bei τέλος); -ρειος, α, ον; -ρείτατος; -ρικός, -ρινός, ή, όν; -ριος, α, ον; -ρετρον, τό: -ρίζω; -ρισμός, ὁ; -σις, ἡ; -στήρ, -τής, ὁ; -τρια, ἡ; -τριον, τό; -τός, ή, όν; -τος, ὁ; -τήριος, α, ον; -τικός, ή, όν; ϑρίζω = ϑερίζω; βουϑερής, ές; ϑερήγανον, ϑέρηγνον (zu ἄγω I, 67 wie ἅμαξα), τό.

ϑερ-μός, ή, όν; -μότης, ἡ; -μη, ἡ; -μα, τό; -μωλή, ἡ;

-μώδης, ες; -μω; (-μόω zw.); -μαίνω; -μανσις, ἡ; -ντός, ή, όν; -τήρ, ὁ; -τήριος, α, ον; -τικός, ή, όν; θερμασία, ἡ; -σμα, τό; -στιον, τό; -στίς, -στρίς, -στρα, ἡ; θέρμαυστρα, -στρίς, ἡ (ob dialekt. für θέρμαστρα, -ρίς oder mit √αυς (I, 26) zsgstzt?); ἀθέρμαντος, ον. [zu θερ lat. fer-vor und dazu for-nax (welches I, 32 falsch) und wohl auch fur-vus (welches I, 31 falsch)].

Mit Erhaltung des α und λ für r: θαλ [in θαλ-ύω, θαλύνω, θαλύσσω, θαλύζω, θαλύπτω *wärmen* Gr.] reduplicirt (nach *Bopp* Gr. sscr. r. 569) eig. ταν θαλ, mit Schwächung des α (vor νθ) in ι und verkürzt (nach I, 204) τινθ in τινθός, ον: τινθαλέος, α, ον *kochend* [gehört hieher lat. tĭtĭo *Feuerbrand?*].

Sekundäre Ff. 1. durch π: θάλ-πω [beiläufig, das causale p betrachte ich jetzt als die Wz. sskr. pâ (S. 72) in der Bed. *nähren, herrschen, vermögen*]; -πημι; -πος, τό; -πνός, ή, όν; -πωρός, ά, όν; -ρή, ἡ; -πιάω; θάλψις, ἡ; θαλπτήριος, ον; δυςθαλπής, ές.

mit ε: Θέλπουσα (*Pott* II, 124) mit Umsetzung der Aspiration (vgl. τελχ): Τελφ-οῦσσα (*die warme*; *Pott* II, 124); und dazu auch mit Schwächung des ε zu ι Τιλφ-ῶσσα.

θιβρ-ός, ά, όν (= θερμός (dor.)) scheint für θιλπ-ρός (= θελπ-ρός, θαλπρός) zu stehn; mit Nasal für λ (wie sonst in der Reduplication vgl. τινθός aa.): θιμβρός.

2. durch γ: θελγ eig. *schmelzen*, dann *erweichen* u. s. w.: θέλγω; -γμα, τό; -γητρον, τό; θελκτήρ, ὁ; -τωρ, ὁ, (-τις, ἡ zw.); -τικός, ή, όν; -τήριος, α, ον; -τύς, -τώ, ἡ; -τήριον, -τρον, τό; θέλκαρ (*Hes.*), τό; πανθελγής, ές; -λκτειρα, ἡ; (ἀθέλγω (*Hipp.*) für ἀμέλγω, aus der Bed. *streicheln*, die sich in θέλγω entwickelte; ἀ = ἁ I, 382)) [ob θάλικτρον, τό *ein Kraut?*].

θελγίν und mit Versetzung der Aspiration (vgl. Τελφοῦσσα): τελχίν, ὁ eig. wohl *Schmelzer* (von der in Kreta alten Metallurgie) u. s. w.; τελχίνιος, α, ον; -χιταίνω.

Mit Erhaltung des ρ: θαργ-ήλια, τά als *ein in den heissen Sommer fallendes Fest* oder als *Sühnfest* (*Pott* II, 99); -λιών, ὁ.

Mit κ: θαλυκ-ρός, ά, όν *warm* (wegen αλυ vgl. καλύπτω u. a. bei √θϝrĭ).

[sskr. ghrĭ konnte sich schon vor der Sprachtrennung in hrĭ (vgl. χ Pron. S. 187), wie oft, geschwächt haben; dann liesse sich damit verbinden: lth. szyl-u (sz = h, wie gewöhnlich) *ich werde warm*, szil-tas *warm* u. s. w. (*Mielcke* unter szillumà)].

χρ. Auf eine Wzf., die im Sskr. hrĭ lauten würde, reduciren sich: sskr. har-it, hari *grün*, harit *Grass*, hari *goldgelb, Gold, Sonnenstrahl, dunkelfarbig* u. s. w.; harin'a *gelblich weiss, weiss* u. s. w.; haritâla *Auripigment*; harin'a-hrĭdaja *bleichherzig, furchtsam*; hâr-idra *gelblich*; mit ir = rĭ: hir-ana *Gold, Saamen* u. a. mit ir; mit îl für ir: hîl-a *Saamen* (*Grünes* eig.); mit rî = rĭ: hrî-ta *schaamvoll* (*bleich vor Schaam*), hrîn'îjâ; mit rî = rĭ: hrî *sich schämen* u. s. w. Diese Wz. bezeichnet demnach eine Reihe von Farben, die von *bleichgelb* bis *dunkelgrün* gehn, und Gegenstände, an denen sie sich besonders zeigen; ahd. entspricht grô-ên *grünen* (*Graff* IV, 298) u. s. w.; Gras (334), wohl auch graw *grau* (297), gelo (181); zu sskr.

hrî in der Bed. *sich schämen* ahd. hriuwan (1142); sl. g'lü-tü *gilvus* (*Kop.* Gl., *Dobr.* 142), g'elknön (*Dobr.* 142), z'lak *Grünes* (140), zrjejön *grünen* (*Kop.* Gl., *Dobr.* 94), zjelie (*Kop.* Gl.) *Kräuter*; litth. z'alias *grün*, zaloju *grünen*, zole *Gras* u.s.w.; lett. salsch *grün* u.s.w.; lat. hol-us, olus und f = h folus *Grünes*, gil-vus, li-vor für gli-vor (vgl. auch *Pott* I, 141); griech. χαρι = sskr. hari *grün* in χαροπός, ή, όν (von *Löwen*) *grünaugig* (für χαρj-οπ-ο = sskr. harjaksha, welches *Löwe* heisst; όπο zu I, 229); -πότης, ἡ; χάροψ, -ρωψ, ὁ, ἡ; -ρωπός, όν.

Mit ο = α u. λ = ρ: χόλη, ἡ *die grüne Galle*; slav. g'lü-tschï (*Kop.* Gl.), ahd. galla (*Graff* IV, 180), lett. schults, lat. (f = h) fel (vgl. *Pott* I, 143, II, 52, 277) und bîl-is (b = f (vgl. ruber: rufus) = h zu Form: sskr. hîl vgl. weiterh.); zu χόλη: -λίον, τό; -λος, ὁ; -λόεις, εσσα, εν; -λικός, ή, όν; -λαῖος, α, ον; -λιος, α, ον; -λώδης, ες; -λάω; -λαίνω; -λόω; -λωτός, ή, όν; (χολά-φι-νος, η, ον zw.); μελαγχολία, ἡ.

Da lat. g = sskr. h in gilvus erschien, so ziehe ich (nach Analogie von sskr. harit u.s.w. und ahd. gras) hieher: lat. gramen und griech. γράστις (*Grünes*), ἡ; daneben mit κ = γ (wegen ρ?) κράστις, ἡ; -τίζω; -τήριον, τό.

Nach denselben Anall., der Form nach = sskr. hîla: griech. χῖλ-ός, ὁ *Grünes*; -λόω; -λωτήρ, ὁ; -λεύω.

Bed. *gelblich, bleich* (vgl. oben) mit Präf. ω (= sskr. â *ein wenig* I, 1?) ὠχρός, ά, όν *bleich*; -ρος, ὁ; -ρα, ἡ; -ρότης, ἡ; -ρία, ἡ; -ρίας, ὁ; -ράω, -ραίνω, -ραντικός, ή, όν; -ριάω; -ρίασις, ἡ; -ρόω; -ρωμα, τό.

χλο-ϝη (*Grünes*), vgl. oben ahd. graw, lat. gil-vus; mit Verl. des ϝ: χλόα, χλόη; ι = ϝ: χλοίη, ἡ (ob hieher ahd. klê? *Graff* IV, 540); χλόος, οῦς, ὁ; χλοώδης, ες; χλοανός, ή, όν (für χλοϝανος, daher ident. mit) χλουνός Beinamen des *Goldes*; χλοάω; -άζω; -ασμα, τό; χλοερός, -ηρός, zsgzg. χλωρός, ά, όν; -ρηΐς, ἡ; -ρότης, ἡ; -ρίτης, ὁ; -ράζω; -ραίνω; -ρασμα, τό; -ράω, -ρέω; -ριάω; -ριάζω; -ίασις, ἡ; -ρίζω; -ρεύς, ὁ; -ρίς, ἡ; -ρίων, ὁ.

Da so viele Thiere von dieser Wzf. her Namen erhalten haben (im Sskr. z.B. *Löwe, Eule* u. aa.), so mag auch griech. χλούνης, ὁ *Eber* (f. χλοϝαν. vgl. oben) hieher gehören: -νειος, -νιος, α, ον. [Wohin gehört χλοῦνις, ἡ *das Verschneiden*? ist es eine Bildung von χλούνης, aus demselben Grunde formirt, aus welchem *Aristot.* χλούνης vom Begr. *Verschneiden* ableitet (s. *Pass.* u.d.W.), oder ist an sskr. klîva *ein Verschnittener*, gael. coillte (S. 115, 153), zu denken?].

Hieher passen ferner formell (D-Bildung) und begrifflich (wegen der Farbe): lat. hor-d-eum (fordeum), ahd. gersta (*Graff* IV, 265), und dann auch griech. κριθ-ή, ἡ (mit umgesetzter Aspiration für χριθ-ή und ρῖ = ṙi, wie oft) glbd.; abgekürzt: κρῖ; κριθίον, -θίδιον, -θάριον, τό; -θινος, η, ον; -θώδης, ες; -θίζω; -θιάω; -θίασις, ἡ; -θάω; -θαία, ἡ; -θανίας, ὁ; -θάμινος, η, ον; εὔκριθος, ον.

Von dieser Wz. war das *Gold* im Sskr. benannt: hir-anja u. aa.; eben so in den verwandten Sprachen: goth. gulth (*Graff* IV, 194), sl. z'lato, lett. selts (vgl. *Pott* I, 143); so ziehe ich auch *χρῦσός, ὁ* hieher; die Bild. ist jedoch fraglich; *ρυ* = ṛi, wie oft (II, 13 aa.), *σ* wohl für *τj*; *-σίον, -σάφιον, -σίδιον; -δάριον, τό; χρύσειος, -σεος, η, ον (-σοῦς, ῆ, οῦν); -σινος, η, ον; -σιαῖος, α, ον; -σίς, ἡ; -σίτης, ὁ; -ῖτις, ἡ; χρυσαΐζω; -σίζω; -σόω; -σωμα, τό; -σωσις, ἡ; -σωτής, ὁ; -τός, ή, όν; χρυσών, ὁ; -σεῖον, τό; φιλόχρυσος, ον; -σία, ἡ;* vgl. *Pott* I, 140.

So gut wie Gold bloss nach seiner Farbe benannt ist und hieher gehört, mag es auch mit den Namen andrer Metalle der Fall sein können; so mit den, der Form nach hieher passenden, sskr. hri-ku, hli-ku *Zinn* (auch *Lack*); ob so auch griech. *χαλκός, ὁ Erz?* sl. entspricht g'eljezo *Eisen* (*Kop.* Gl.), lth. gelezis, lett. dselse. Das anlautende slav. g' entspricht gewöhnlich sskr. h; allein litth. g lett. ds gewöhnlich sskr. g, welchem auch sl. g' oft entspricht. Das die folgende Sylbe beginnende slav. u. litth. z, lett. s entspricht durchgängig sskr. h, so dass hiernach ihnen ein sskr. galha entsprechen würde, griech. *χαλκο* für *γαλχο* stände und eine Transposition der Aspiration erlitten hätte. Eine sichre Wz. kann ich in diesem Fall nicht nachweisen. Dafür, dass auch litth. g lett. ds sskr. h entspreche, konnte man vielleicht litth. geltonas u. s. w. lett. dseltens *gelb* anführen, indem man diese mit sskr. harit, lat. gilvus identificirte; allein diese Zsstllg. ist unsicher (vgl. jedoch weiterhin *χάλυψ*). Zu *χαλκός: -κόφι; -κειος, -κεος, α, ον (οῦς, ῆ, οῦν); -κήϊος, α, ον; -κεών, ὁ; -κίον, τό; -κίνδα; (-κικός, ή, όν* zw.); *-κίτης, ὁ; -ῖτις, ἡ; -κώδης, ες; -κίζω; -κισμός, ὁ; -κόω; -κωμα, -μάτιον, τό; -κεύς, ὁ; -κεύω; -κευμα, τό; -κευτής, -τήρ, ὁ; -τήριον, το; -τός, ή, όν; -τικός, ή, όν; χαλκεία, ἡ; -κεῖον, -κήϊον, τό;* [ob hieher *χαλκίς, ἡ eine Vogelart?*] *ἀχαλκής, ές; -κέω.*

Wohin *χαλκός*, dahin scheint auch *χάλυψ, -υβος, ὁ Stahl* zu gehören; allein hier entspricht litth. pa-zlebetyti (*verstahlen*) mit z, welches = sskr. h, was die Zsstllg. mit der Wz. sskr. hṛi wahrscheinlich macht (vgl. noch *Diefenb.* Celt. I, 108 nr. 156); *χάλυβος, ὁ; -βικός, -βδικός* (mit stützendem *δ*, wie oft), *ή, όν; -βήϊς, ἡ.*

χρ. Im Sskr. erscheint Wzf. ghṛish in der Bed. *schaben, reiben, zerreiben* u. s. w. (vgl. *Bopp* Gl. ssc. s. v.), slav. mit ch = sskr. sh, wie oft grachü *contritum* (*Kop.* Gl.), lat. mit f = gh (vgl. ghar-ma, fer-vor u. aa.) und c = sskr. sh (weil dieses für ksh II, 5), frĭc-o; daneben erscheint glbd. frĭo (beide I, 580 falsch) und dieses erhebt zu ziemlicher Gewissheit, was ohnediess nach vielfach erkannten Analogg. höchst wahrscheinlich, dass sskr. sh sekundäres Element ist; so dass nur ghṛi als Wzf. bleibt; dazu griech. *χρῖ* (*ῐ* selten), *χρίω*; die Bed. *schaben* geht in *kratzen, ritzen* u. s. w. und andererseits in *reiben, einreiben, färben* über; *χρῖμα, τό; χρῖσις, ἡ; -σιάζω; χρῖσμα, τό; χρίστης, ὁ; -τήριον, τό; -τός, ή, όν; -τιανός, ὁ; -νικός, ή, όν; -νίζω; -νισμός, ὁ; ἐλαιοχριστία, ἡ; ἀγ-χριάν-ασθαι* (lokrisch *Hes.*). Ich erwähne sogleich die hieher gehörige sek. F. durch p: (*χρί-πτω* zw.) mit eingeschobenem Nasal *χρίμπτω* (verhält sich zu sskr. ghṛish wie *χρέμπτομαι* zu hrêsh S. 134), *περίχριμπτος, ον*; hieher ahd. hrimfan *reiben* (*Graff* IV, 1156).

Zur einfachen Wzf. ferner *χραύω, χράω* für *χράϝω*, [das Verhältniss zu sskr. **ghṛi** ist = dem von *χλοϝη* zu sskr. **hṛi** (S. 197), also der Zshang nicht zu bezweifeln; vielleicht liegt aber Wzf. *χρυ* mit *ρυ* = **ṛi**, wie oft, zu Grunde, dafür spricht ahd. **hruf** (sek. Bild. durch p, Caus. eig. *reiben machen*) *Räute, Aussatz* (*Graff* IV, 1155)], *schaben, reiben, kratzen, ritzen*; *χραῦσις, ἡ*; *ἀχραής, ές*; hieher *ἐπιχράω* und *ζαχρηής, ές* (für *ζαχρηϝής*) *sehr reibend, reizend, heftig*.

ο = α: *χροϝ* Bed. *reiben, färben*: in *χρόα* (für *χροϝα*) und mit ι = ϝ, wie oft: *χροιά, χροία, ἡ der Teint des Körpers, die Oberfläche, Haut*; *χροιέω*; *χροΐζω*; *χροΐζω* (f. *χροϝίζω*); *χρώζω*; *χρῶσις, ἡ*; *χρωστήρ, ὁ*; *χρωτίζω*; *χρώννυμι*; *χρωννύω*; *χρῶμα, -μάτιον, τό*; *-τινος, η, ον*; *-τικός, ή, όν*; *-τίζω*; *-τισμός, ὁ*; *-τεύω*; *χρώς, ὁ* (*χρωτός, χροός, τοῦ*) = *χρόα*; *χρωτίδιον, τό*; *ἀερόχροος* (*ους*), *ον*; *ἑτερόχρως, -χρωμος, ον*; *-χροιότης, ἡ*; *εὐχροής, ές*; *-χρόαστος, ον*; *ἄχρωστος, ἀχρωμάτιστος, ον*.

Hieher ferner: *χραίνω* (vgl. *κραίνω herrschen* S. 173), *schaben, reiben, färben*; *ἀχρανής, ές*; *ἄχραντος, ον*.

[Sehr zweifelhaft bin ich über das, sehr einsam im Griech. stehende *χόριον, -ρίον, τό Haut* u. s. w.; gehört es mit *χροιά* zusammen? dann könnte es die Gunaform der Wz. (*χορ* = sskr. **ghar** vgl. sskr. **sangharsha** aa.) enthalten; oder gehört es zu lat. **corium** (I, 611)? oder zu Wzf. sskr. **hvṛi** in der Bed. *umhüllen* (vgl. √ *θϝṛi*)?].

Im Sskr. kömmt von **ghṛish**: **ghrish-ṭi, ghṛish-vi** *der kratzende, wühlende Eber* (vgl. I, 208), eine gunirte Form würde **gharsh** haben, griech. *χορσ-ο*: *χοῤῥο*: *χοῖρος* (vgl. *μοῖρα* S. 40 aa.), *ὁ Schwein* (vgl. *Pott* II, 290); *-ρίλος, ὁ*; *-ρίον, -ρίδιον, τό*; *-ρίσκος, ὁ*; *-ρειος, -ρεος, -ριος, α, ον*; *-ρινος, η, ον*; *-ρίνη, ἡ*; *-ρώδης, ες*; *ἀκανθόχοιρος, ὁ*; *ὑποχοιρίς, ἡ*.

Indem in **ghṛish**, wie oft, der gutturale Anlaut eingebüsst wird, entsteht *ρις* in *ῥῖνη* (für *ρισνη*), *ἡ Feile* (*womit man abschabt*); mit l: lat. **lima** (für **lis-ma**; anders *Pott* I, 182, II, 206, 272, der an *πρίω* (vgl. I, 580) denkt); dazu: *ῥινίον, τό*; *-νάω*; *-νέω, -νημα, τό*; *-νητής, ὁ*; *-τήριον, τό*; *ῥινίζω*.

Wurzeln und Wzformen, welche mit *Δ* anlauten.

Δ genannt *δέλτα* Gen. *δέλτατος*, von einem phönicischen W. = hebr. דֶּלֶת; wegen der Aehnlichkeit mit der Form dieses Buchstaben ist nach ihm benannt: *δέλτος, ἡ Schreibtafel*; *-τίον, -τάριον, τό*; *δέλτα, τό*; *-τόω*; *-τωτός, ή, όν*.

√ *δ(ε) binden*. Im Sskr. mit â: **dâ-man, dâ-manî, dâ-mâ** *Band, Strick* u. s. w.; **ud-dâ-na** *das Binden*, **ni-dâna** *Strick*; **san-dâ-na** u. s. w. *Strick*; mit i: **ud-di-ta** (**dita** verhält sich zu **dâ** wie **sthi-ta** zu **sthâ** u. a.), **san-di-ta** *gebunden*; für das kurze i könnte langes eintreten (wie oft); daher entsteht die Frage, ob hieher **di-na** *unglücklich* (ich setze es jedoch zu **div** 205) *arm*; wie wir a mit i als Wzvokal wechseln sahn, so kann nach vielen

Analogieen auch u eintreten. Weiterhin werden wir sehn, dass eben in dieser Wz. j für d eintritt (S. 201). Daher hieher die Wz. ju für du *binden*, welche schon früher (I, 679 ff.) behandelt ist; allein auch die Wzff. du, dû erscheinen, jedoch in den Bedd. *angi, vexari* (*Pott* I, 210), vielleicht aus dem Begr. constringi, vgl. ἄγχω S. 23.

Zu sskr. dâ *binden*, griech. δε (ε für â wie in δο = sskr. dâ *geben*), ob auch engl. tie? δίδημι (redupl. vgl. *Buttm. Lob.* Gr. Gr. II, 1, 149) *binden*; δέμα, -μάτιον, τό; δέσις, ἡ; δετός, ή, όν; ἀμαλλοδετήρ; κρή-δε-μνον (für δε-μενο Partcp.), τό *Kopfbinde* (vgl. *Pott* I, 186); λιπαροκρήδεμνος, ον; ἀδεία, ἡ *Ungebundenheit* (*Aesop.*).

Sekk. Ff. durch ς; wie griech. δμώς, lat. nexus von *binden* (vgl. δαμ und nexus S. 181), so wohl auch sskr. dâsa *Sclav* von einer Wzf. da + s *binden* (vgl. weiterhin jas für das); dafür spricht sskr. das-ju *ein Unterdrücker* (*constrictor*?) u. s. w. und griech. δοῦ-λος, welches ohne Zweifel zu sskr. dâs-a, nur dass bei δου sskr. dăs zu Grunde liegt. Zu dieser Wzf. vielleicht eher als zu dem einfachen δε (wozu es jedoch auch gehören kann) griech. δέ-ω (für δεσω?); δεσμός, ὁ; -μόω; -μωμα, τό; -μωτήρ; -της, ὁ; -τήριον, τό; δεσμεύω; -μευτικός, ή, όν; δέσμα, τό; -μη, -μίς, ἡ; -μιος, (α), ον; ἀμφίδεα, τά, -δέαι, αἱ; -δεες, αἱ; ὑνάδημα, τό; ὑπόδησις, ἡ; ἄδεσμος, -μιος, ον; στηθόδεσμον, τό; κυνοδέσμιον, τό.

υ = sskr. s (vgl. S. 134), oder für δοσ-υλο (vgl. δαυλός): δοῦλος (vgl. *Pott* I, 189), ὁ *Sclav*; -λη, ἡ; -λάριον, τό; -λίς, ἡ; -λειος, -λιος, (α), ον; -λικός, ή, όν; -λόσυνος, ον; -σύνη, ἡ; δουλόω; -λωσις, ἡ; -λεύω; -λευσις, ἡ; -λευμα, τό; -λεία, -λία, ἡ; ἀδούλευτος, -λωτος, ον.

[Sehr zweifelhaft ob hieher δασ-ύς, εῖα, ύ, lat. de(n)s-us *dicht*; gael. dos (*Dickicht*), dosrach; die Bed. könnte sich aus *constringere* entwickelt haben; [an goth. thinsan (*Graff* V, 196), welches zu sskr. dham (dhmâ) in der Bed. *blähen* gehört, ist nicht zu denken, eben so wenig an ahd. diko *dick* (*Graff* V, 113), von goth. thei-han (vgl. τύλος), welches zu sskr. tîv *gross, stark sein* (aber unbel.) passen würde, wenn diess nicht bloss tîv-ra u. s. w. zu gefallen erfunden wäre]; zu berücksichtigen ist slav. gons-tü *densus* (*Kop.* Gl.), da wenigstens griech. δ oft = g (S. 114, 138 aa.), vielleicht aber auch tjec *dicht*. Zu δασυ: -σος, τό; -σύτης, ἡ; -σύνω; -συσμός, ὁ; -σύντης, ὁ. δαῦλος (für δασ-λο oder δασυλο vgl. δοῦλος), oder -λός, όν].

Sek. F. durch m: sskr. da-m; Bed. *binden*, modificirt zu *bändigen*; verwandte bei *Pott* (I, 261); hieher gael. daimh, eig. *Verbindung*, dann *Verwandtschaft* u. s. w. (vgl. weiterhin), griech. δάμ-νημι (9te Conj. Cl.); δαμνάω; δαμάω; (δαμάσω, δαμ-είς, δέ-δμηκα u. s. w.); δαμάζω; -μασις, ἡ; -στήρ, ὁ; -ήριος, ον; δαμάλης, ὁ; -λη, -λις, ἡ; -λίζω; δμῆσις, ἡ; δμητήρ, ὁ; -τειρα, ἡ; -τός, ή, όν; δμώς (für δμωϝός?), ὁ, -μωή (für δμωϝή), ἡ; -ωΐς, ἡ; -ώϊος, ον; -ϊάς, ἡ. ἀδάμαστος, ον; -τί; -μας, ὁ; -μνος, -μος, -ματος, ον; ἀδμής, ὁ, ἡ; ἡμιδαμής, ές; πανδαμάτωρ, -τήρ, ὁ; -τειρα, ἡ; κεκραξιδάμας, ὁ; πωλοδάμνης, ὁ; -μνέω; -μάστης, ὁ; -τικός, ή, όν. Hieher ἀδμενίδες (ἀ = ὡ I, 382), αἱ (Etym.)

Sclavinnen; ob *ἄδμωες, ἄδμωνες, οἱ* ***eine Fischart***, ist fraglich.

Binden, verbinden modif. zu ***bauen***: sskr. dama (in den Veden) ***Haus***, slav. domü (*Kop.* Gl.), gael. daimh (aa. bei *Pott* I, 261), griech. *δέμω (δέδμημαι); δομή, ἡ; -μαῖος, α, ον; -μέω; -μησις, ἡ; -μήτωρ, ὁ; δόμος, ὁ; -μονδε; δῶμα* (für org. *δομ-ματ*), *τό*, verk. *δῶ; δωμάτιον, τό; -ματίτης, ὁ; -ῖτις, ἡ; -ματόω, -μάω; -μησις, ἡ; -μητύς, ἡ; -τωρ, ὁ; αἰπύδμητος, ον; μεσόδμη, ἡ; οἰκοδομικός, ή, όν; -μία, ἡ; -μέω; -μησις, ἡ; -μημα, τό; -μητός, ή, όν; -τικός, ή, όν; βυσσοδομεύω; ἀδώμητος, ον.* Hieher *δέμνιον, τό* [eig. ***Zimmer***, wie dieses nhd. Wort zu goth. tim (= *δεμ*)-rjan (Denomin.) *Pott* I, 261] ***Schlafzimmer, Lager***; *ἀδέμνιος, ον; ὀροδεμνιάδες, αἱ*; und *δέμ-ας, τό* (***Körper-)Bau***.

Begr. ***verbinden***, modif. zu ***heirathen*** (vgl. weiterhin), sskr. dam ***Gattin*** (vgl. auch *νεόδμητος* u. aa. von *δαμ* in schon hieher passender Bed.), griech. *δαμαρτ : δάμαρ, ἡ* ***Gattin*** (über *αρτ* vgl. I, 449).

D geht in sskr. g' über (vgl. (weiterhin) div : djô und daneben glbd. g'jô in g'jôtis, ferner g'ih-va für organisch dih-va, g'ambhôli neben dambhôli aa. H. A. L. Z. 1837 Ergzbl. 909), so sskr. g'am glbd. mit dam. Demnach auch hieher sskr. g'âm-âtri ***Schwiegersohn*** u. s. w., g'âm-i, g'âm-êja von der eben erkannten Bed. ***sich verbinden*** (***durch Ehe***), vgl. sskr. upa+jam ***heirathen***, von jam, welches ebenfalls hieher (vgl. weiterhin). Dem sskr. g'âm-âtri u. s. w. entspricht der Bed. nach griech. *γαμβρός* für *γαμ-ρός*, lat. gener (für gamra : gamara vgl. wegen n für m weiterhin janitrix). Daher hieher *γαμ-έω* ***sich verbinden*** (durch Ehe), litth. zeniju ***heirathen*** (n wie in lat. gener), zentas ***Schwiegersohn***, sl. z'entï ***gener*** (*Kop.* Gl.), hieher ferner ahd. gat (*Graff* IV, 143) ***gatten*** (lehnt sich an sskr. Partic. vgl. weiterhin jam wovon ja-ta, wegen g für sskr. g' vgl. (I, 681) gesan, jesan, wo im Sskr. g' und j, wie auch hier, wie sich gleich zeigen wird). Die eig. Bed. ***verbinden, paaren*** tritt in dem zu dieser Wzf. (sskr. g'am) gehörigen lat. gem-ini hervor (vgl. sskr. jama u. s. w. von jam weiterh.). Zu *γαμέω* (für *γαμ-jω*, 4te Conj. Cl., nicht denominat., daher *γαμέσω, ἔγημα* u. s. w.): *γάμος, ὁ; -μικός, ή, όν; -μιος, ον; -μίζω; -μίσκω; -μήλιος, ον; -λιών, ὁ; -λευμα, τό; γαμετή, ἡ; -της, ὁ; -μησείω; ἀγαμία, ἡ; -μητος, ον; πρόγαμος, ον; -μειος, ον; -μαῖος, α, ον.*

γαμ-β-ρός, ὁ (s. oben); *-βριος, ον; -βρεύω; ἐπιγαμβρεία, -βρία, ἡ.*

Sskr. g' in j, jâmâtri = g'âmâtri; jâmi ***Schwiegertochter, Schwester*** = g'âmi; jâmeja = g'âmeja (oben); ferner jama, jamaka, jâmala mit der Bed. des lat. geminus (oben); endlich Verbalwurzel jam = dam; upajam; upajama, upajantři mit der Bed. von *γαμ* u. s. w.; zuletzt jamana, sanjata, jati mit Rückkehr zur Grdbed. ***binden***. Hieher mit u: sskr. ju ***binden*** (vgl. II, 200 u. I, 679) und jas für das (eig. ***zu binden suchen***, s desiderativisch, dann) ***sich anstrengen*** (wie auch sskr. jam). Dazu sskr. ajas ***was nicht zu bändigen*** (vgl. *ἀδάμας : δαμ* S. 200), ***Eisen***, wovon lat. aes, goth. eis-arn (*Graff* I, 488) u. s. w. vgl. *Diefenb.* Celt. (I, nr. 28). [Aus dieser Entwickelung folgt, dass sskr. jaç-as = lat. dec-us, so dass griech. *δόξα* mit ihnen eines Stammes ist (vgl. I, 236, 237), und das anlautende j für org. d steht]; zu sskr. jam griech., mit ζ = sskr. j, wie gewöhnlich (I, 679 ff.), *ζεμ* *bändigen* in der Modif. *strafen* u. s. w. (vgl. sskr. dam-atha *Strafe*, lat. dam-no): *ζημία* (η Vriddhi), *ἡ; -μιώδης, ες; -μιόω; -ίωμα, τό; -ωσις, ἡ; -ώτης, ὁ; ἀζήμιος, ον.* [zu jam, so wie lat. jejunus (*Bopp* bei *Pott* I, 261), für jejumenus (vgl. Neptunus = *νιπτόμενος*), wofür sskr. prâja *fasten* (Begr. *sich bändigen*, vgl. sskr. jati *ein Ascet*) entscheidet, auch jenta-culum *eine kleine Entnüchterung*, ferner wohl emo in peremere = *cohibere* (*Fest.* p. 214) und per-imere, obgleich beide Bedd. vielleicht mit emo = sskr. nam (S. 183) sich vermitteln lassen].

Mit ʽ = j, wie oft (vgl. *ὅς* = jas I, 400, aa.) *ἥμ-ερος* (η Vriddhi), *ον* *gebändigt, gezähmt*; *-ρότης, ἡ; -ρόω; -ρωμα, τό; -ρωσις, ἡ; -ρίς, ἡ; -ρίδης, ὁ.* [So auch hieher *ὅμ-ηρος* (ohne Vriddhi), *ὁ* *Geissel*, eig. *Gebundener* (I, 57 falsch) und *ἕσις* (= sskr. ja-ti von jam *nisus*), *ἕστωρ* (I, 392 falsch)].

Hieher ferner *ἡνία* (für jâm-ja oder jămja *bändigend*, vgl. sskr. jan-tři *Fuhrmann*; wegen ν vgl. weiterh. *εἰνατήρ*), *τά* *Zügel* (lat. fraena aus pra + jamja); *ἡνία, ἡ; -νιάζω; δυσήνιος, ον; -νίαστος, ον; ἀφηνιασμός, ὁ; -στής, ὁ.* [Sollte auch *ἁμάνα, ἡ* *Wagen* (Part. Atman. = sskr. jam-âna *der gefahrene* wie jantři *der Fahrende*) hieher gehören (vgl. jedoch auch *Pott* II, 515, I, 196 und *Diefenb.* Celt. I, 204)?]

Zu sskr. jâmâtři (S. 201) *Schwiegersohn* gehört lat. janitrix (vgl. *Pott* I, 114, 132) und griech. *εἰνατέρες* (jâ in ει und, wie im Lat. m in ν), *αἱ* *die Schwägerinnen*; ganz eben so hat im Nhd. die dem sskr. svaçura (S. 176) *Schwiegervater* entsprechende Form schwager ihre Bedeutung geändert und nur in der Zusammensetzung mit vater und in einer lautlich etwas abweichenden (sich aber aus der Zsstzg. erklärenden) Form die eigentliche bewahrt.

Eben so wird im Sskr. aus jam: jâ-tři (die Inder setzen jat, die Nebenf. von jam, als dessen Wurzel; dagegen entscheidet Suff. tři; ähnlich ist g'âta (g'an) im Gegensatz von tata (tan)) gebildet und heisst ebenfalls *Schwägerin*; diesem entspricht slav. jentrüï glbd. (*Kop.* Gl.), und ahd., im Masculinum, und mit anderm Suffix: eidum (wegen ei vgl. eid) *Schwiegersohn* (*Graff* I, 156), mit demselben Verhältniss der Bedd. wie oben jâmâtři und griech. *εἰνατερ*.

[Da *της* für *τηρ* (= sskr. tři) nicht ungewöhnlich, so könnte man mit diesen, insbesondre sskr. jâ-tři, identificiren: griech. *ἔ-της, ὁ*; es würde wie schon im Sskr. g'âmâtři *Verwandter, Lieber* überhaupt bedeuten und hätte j, wie oft spurlos eingebüsst; allein im *Homer* zeigt es Spuren anlautenden ϝ und wird so in einer *heräischen* Inschrift (*ϝέτας* *Ahrens* Diall. 181, vgl. 126) geschrieben); wenn dieses nicht unorganisch, etwa ʽ, für j, vertritt, so ist *ϝέτης* von jâtři zu trennen. In diesem Fall könnte es vielleicht zu Pron. *σϝα* (I, 452) gehören; vgl. sskr. sva *Verwandter*; doch wäre die Formation ohne Analogieen. Zu *ἔτης* ziehe ich *τᾶν* in *ὦ'τᾶν* (and. *Pott* I, 92 (vgl. *τϝα*), II, 309, *Passow*). Der Bed. nach scheint zu *ἔτης*: *ἕταρος, ὁ, -ρη, ἡ* Ge-

führte, Freund zu gehören; ἑταῖρος (für ϱιο?), ὁ; -ϱα, ἡ; der Anlaut ʽ liesse sich aus ἔτης in beiden Fällen, mag es für jετης oder ϝέτης genommen werden, deuten. Spuren eines anlautenden ϝ zeigt es aber fast gar nicht (einige sehr wenige Stellen im *Homer* liessen zwar Digamma zu; die bei weitem grössre Mehrzahl aber nicht); diess könnte vielleicht dafür angeführt werden, dass ϝ in ϝέτης unorganisch (dialekt. wie, unsrer Annahme nach, in ἀνήϱ, ἄναξ) sei. Der Form nach würde sich ἑταϱ-ο : ἑταιϱο am besten aus ετης für ετηϱ : Thema εταϱ = sskr. jâtri oder organischer jă-tri, mit Guna: jătar (vgl. griech. γε-το (S. 117) = sskr. g'â-ta) deuten. Dazu: ἑταίϱειος, -ϱήϊος, α, ον; -ϱιος, ον; -ϱικός, ἡ, όν; -ϱίς, ἡ; -ϱίδιον, τό; -ϱίδια, τά; -ϱόσυνος, η, ον; -ϱεύω; -ϱεία, ἡ; -ϱία, ἡ; -ϱέω; -ϱησις, ἡ; ἑταϱίζω; ἑταιϱίζω; -ϱισμός, ὁ; -στής, ὁ; -τϱια, ἡ; πϱοςεταιϱιστός, όν].

[Zu sskr. jâmâtri, im Nomin. jâmâtâ ziehe ich ferner lat. amita, obgleich es in der Bed. abweicht, da derartige Abweichungen grade in diesen WW. schon mehrfach vorgekommen.]

[Sskr. jam mit Präf. â heisst *spannen* (eig. *anbinden, anziehn*); sollte man dazu ἄ-εμμα, τό *Bogensehne* ziehn (ἀ könnte auch = sa (I, 382) sein)? wahrscheinlicher aber steht es für ἀϝ-εσ-μα und gehört zu √as *werfen* mit Präf. ἀϝα (vgl. I, 392); in diesem Fall liesse sich damit ὀϊστός, welches sicher für ὀϝιστός steht, verbinden (ὀϝιστο für ὀϝεστο, vgl. πετ : πίτναμαι aa.); doch könnte man auch bei der (I, 14) gegebnen Etymol. (von ish) stehn bleiben, nur müsste man ὀϝ-ισ-το zu Grunde legen und = sskr. av(a) + ish + ta setzen.]

Das Particip von sskr. jam heisst jata, mit Präf. â: âjata *gross*; wäre dazu αἴητος, ἄητος, η, ον zu ziehn, oder ἀ privat. und die Bed. *nicht zu bändigen*? hieher wohl auch Αἴας (ἀ = ἁ I, 382 + jant Part. Act.) N. p. — gehört hieher ἀ-αμινϑ (I, 22) für ἀϝι + jαμ-ινϑ *vogel-bändigend*?

Mit ο = sskr. a und spurlosem Verlust des j. ὀμ *schwören* (vgl. I, 422 u. sskr. ni-jam-a *Eid*, ni-jata *Gelübde*); ebendahin goth. aiths (= sskr. jati) *Eid* (*Graff* I, 151); ὄμνυμι (5te Conj. Cl.), ὀμνύω (ὀμοῦμαι = sskr. jamsjâmi, ὤμοσα, ὀμώμοκα u. s. w.); (πϱοομοσία, ἡ zw.) ἀπώμοσις, -σία, ἡ (ω eine Art Vriddhi? vgl. ἐνωμοτία, ἡ); ἀπώμοτος, ον; -τικός, ἡ, όν; ἀνωμοτί; ὁϱκωμότης, ὁ; -οτέω; -όσιος, α, ον; -όσια, τά; -σιάζω.

Sskr. Nebenform von jam ist jat, belegt in der Bed. *arbeiten, sich anstrengen*; eig. eine sek. Form von ja (= da) durch t (ursprüngl. denominativisch); [dazu wohl griech. ἀτ mit spurlosem Verlust des anlautenden j in ἀτ-μήν, ὁ *Sclav, Arbeiter* (könnte aber auch aus der Grdbed. *binden* hervorgeg. sein); vgl. I, 251.]

√δο. Im Sskr. dâ *geben* (erinnert an den Gebrauch des da: da in der Kindersprache); verwandte bei *Pott* (I, 186); δίδωμι (= sskr. dadâmi); δόμα, τό; δόσις, ἡ; δοτήϱ, ὁ; -τειϱα, ἡ; -τός, ἡ, όν; -τικός, ἡ, όν; δώς, ἡ; δωσείω; δωτήϱ, -τωϱ, -της, ὁ; -τειϱα, ἡ; -τύς, -τίνη, ἡ; -νάζω; ἀποδόσιμος, ον; μισϑαποδότης, ὁ; -δοσία, ἡ; χϱησμοδοτέω; -τημα, τό; — Hieher δῶ-ϱον, τό (sl. darü *Kop. Gl.*) *Gabe*; -ϱεά, ἡ; -ϱίτης, ὁ; -ϱέω; -ϱημα, τό; -ματικός, ἡ, όν; -ϱητήϱ, -τής, ὁ; -τός, ἡ, όν; -τικός, ἡ, όν; δωϱύττο-

μαι; *ἄδωρος, ον*. — Ferner in *δᾰ* (=*δο*) *δάνος* (vgl. sskr. dâ-na), *τό*; *-νειον, τό*; (*-νειακός, ή, όν* zw.) *-νείζω*; *-νεισμα, τό*; *-σμός, ὁ*; *-στής, ὁ*; *-τικός, ή, όν*; *δανίζω*; *καταδάνειος, ον*.

δα durch p-Bildung gemehrt *δαπ* (zu sskr. dâp wie *δᾰ*: sskr. dâ); müsste eig. Causalbed. haben, *δαπ-άνη, ἡ* *Ausgabe, Aufwand* (vgl. auch *Pott* in H. A. L. Z. 1838 Sept. 97), *-ανος, ον*; *-νάω*; *-νημα, τό*; *-νηρός, α, ον*; *-νητικός, ή, όν*; *ἀδάπανος, -νητος, ον*. — Hieher *δαψ* (*π*+*σ* Desiderativum?): *δαψ-ιλής, ές* *aufwendend* u. s. w.; *-λεια, ἡ*; *-λεύομαι*.

Im Sskr. wird dâ, dô in der Bed. *schneiden, theilen* (*Pott* 1, 186) angeführt; allein an die Form dô lehnt sich keine einzige Bildung, sondern dâ-na *das Theilen, Schneiden*; dâ-ta *geschnitten, getheilt*; dâ-ja *Theil, das Theilen, Brechen*; dâtra *Sichel*; di-ta *getheilt, geschnitten*, und di-ti lehnen sich alle an eine Wzf. dâ (di-ta, wie sthi-ta zu sthâ aa.). Wie nahe sich die Begr. *theilen, geben* liegen, bedarf keiner Bemerkung; sollten sie zusammengehören und der Begr. *geben* aus *zutheilen* hervorgegangen sein? Zu dâ *theilen* gehört wohl griech. *δα-ί-ω* (4te Conj. Cl., vgl. sskr. dâ-ja), Futur. *δά-σομαι* regelrecht ohne Classenzeichen *ι* = sskr. j., Pf. *δε-δαί-αται* nach falscher Analogie (vom Präsens S. 116) mit *ι*; *δαίομαι κρέα* *Fleisch zutheilen*; *δαίω* (*Portion* (vgl. *δαιτρόν*) *geben*) *bewirthen*; *δαιτρός, ὁ* (*ι* erhalten); *-ρόν*; *-ροσύνη, ἡ*; *-ρεύω*; *δαΐζω* (Denominat.?); *δαϊκτήρ, -τής, -τωρ, ὁ*; *-τός, ή, όν*; *δαί-νυμι* *Portion geben*, *-μαι* *schmausen*; *δαῖς, ἡ* (eig. *Portion*, wie sskr. dâja-s) *Mahl* (aus äol. *δάϊς* *Ahrens* Diall. 105 möchte ich auf *δαϝις* schliessen); *δαίσιμος, ον*; *δαίτη, ἡ*; *-τηθεν*; *-τύς, ἡ*; *-ταλεύς, ὁ*; *-λόω*; *δαιτυμών, ὁ*; ohne *ι* = sskr. j (regelrecht): *δατήρ, ὁ*; *-τήριος, α, ον*; *-τέομαι*; *-τησις, ἡ*; *-τητής, ὁ*. *δασμός, ὁ*; *-μα, τό*; *-μευσις, ἡ*; *ἀδαίετος, ον*. *κρεωδαίτης, ὁ*; *-ισία, ἡ*; *ἐπιδαίσιος, ον*; *ἄδαιτος, -τρος, -τρευτος, ον*; *ψυχοδαΐκτης, ὁ*; *ἡμιδαής, ές*; *ἀναδάζομαι*; *ἄδαστος, ον*; *ἀποδαστύς, ἡ*; *-σμιος, ον*.

Hieher mit p-Bildung (vgl. *δαπάνη*, oben) *δαπ*, lat. daps (ep-ulae für dep-ulae, vgl. ignis), *δάπτω* *zertheilen* und *δαίνυμαι*; *δάπτης, ὁ*; *-τρια, ἡ*; vielleicht hieher (vgl. jedoch *δέπας*) mit *ε*=*α* und anomaler Dehnung von *ε* zu *ει* (etwa dialekt., da diess ein Wort ist, welches aus einem Dialekt in die *κοινή* übergenommen werden kann): *δεῖπνον, τό* *Morgenmahl*; *-νίδιον, -νάριον, τό*; *-νος, ὁ*; *-νοσύνη, ἡ*; *-νίτης, ὁ*; *-ῖτις, ἡ*; *-νίζω*; *-νέω*; *-νησείω*; *-νηστος, ὁ* (*-τός, -τύς*); *-νήτης, ὁ*; *-νητος, ὁ*; *-νιστός, ὁ*; *-τικός, ή, όν*; *ἐπιδείπνιος, ον*; *-νίς, ἡ*; *φιλοδειπνιστής, ὁ*.

(*δυ*). Wir haben im Sskr. √ du und dav (dessen Guna) *gehn*, als Verba unbel., nur dû-na *gehend*; dagegen passt formell eine Reihe von WW., in denen *entfernt sein, entfernen* als Grdbed. hervortritt: dû-ra *fern*, Comp. dav-îjas (Guna), Superl. dav-ishtha; dû-ta *gesandt* u. s. w.; san-dâv-a *Entfernung, Flucht*; diese Bed. passt augenscheinlich auch für dû-na, und für die allen diesen Formationen zu Grunde liegende Form kann *Zustand der Entfernung* als Grdbed. gelten. Griech. entspricht *δυ*, eig. *verlassen*, dann, mit fast völlig derselben progressiven

Bed.-Entwickelung, wie bei χρή (S. 191), *mangeln, nöthig sein, wünschen, bitten.* Hieher 1. δέϝω (1ste Conj. Cl.) in δεϝει : δέει : δεῖ *es verlässt* (einen), *mangelt, ist nöthig*; 2. δεύομαι und daneben δέ-ομαι (für δεϝομαι), die für ϝ entscheiden, *ich bin im Zustande des Verlassenseins, ermangle, bedarf*; 3. δεύω, δέω (Futur. δε(ϝ)ήσω δευήσω) *ich ermangle* u. s. w.; und 4. δέ(ϝ)ομαι *wünschen, bitten*; dazu: δέον, τό *das Nothwendige*; δεόντως; δέημα, τό *Bedürfniss, Bitte*; δέησις, ἡ *das Bedürfen, Bitten*; δεητικός, ή, όν *bittend*; ἀδεής, ές; -ητος, ον; ἐπιδευής, ές; ἐνδειής (ι = ϝ wie oft), ές; ἔνδεια, ἡ; (ὀλιγοδεΐα, zw.).

Die hier zu Grunde liegende als Verb. in dahin gehörigen Bedd. unbel. sskr. Wzf. war du; dieselbe Form und auch dû ist in der Bed. *angi, vexari* (*Pott* I, 210) als Verbum und durch Derivata belegt. Es wäre nicht unmöglich, dass diese allgemeinere Bed. aus der im Griech. speciell hervorgetretenen: *in Noth sein* sich entwickelt hätte; aber es ist auch schon früher (S. 199 ff.) hervorgehoben, dass diese Bed. aus dem Begr. *constringi* hervorgegangen und diese Wzf. also zu δε *binden* gehören könne (ebds.); eigenthümlich, fast vermitteln wollend, erscheint gael. dith *Mangel* (zu δεῖ), und dith-idh *comprimere* (zu δε *binden*). — Zu du in der Bed. *angi*: δύη (f. δυϝη), ἡ *Unglück*; δυερός, ά, όν; δυΐος, α, ον; δυάω.

[Neben ὀδύνη erscheint äol. ἐδύνη, ἡ *Schmerz*, also dasselbe Verhältniss wie ὀδούς zu ἔδω (I, 249), daher ich beide dazu ziehe (anders *Ahr.* Diall. 80; allein sskr. vêd-ana (von vid) in der Bed. *Schmerz* ist wie smar-an'a *Bedauern* u. s. w. von smṙi zu fassen); ὀδύνη der *nagende* (verzehrende) *Schmerz*; dazu: ὀδυνηρός, ά, όν; -νώδης, ες; -νάω; -ναμα, -νημα, τό; ἀνώδυνος, ον; -νής, ές; -νία, ἡ; περιόδυνος, ον; -νέω; περιωδυνέω.]

Ganz wie sskr. sêv zu *su (I, 405), verhält sich zu sskr. du: dêv *klagen, jammern* (*Pott* I, 266), wozu litth. deja *Wehklage*. Der Bed. nach passt hiezu, der Form nach aber zu dem, wahrscheinlich organischeren sskr. du, griech. δῡ-ρομαι, ὀδῡρομαι (wo ὀ = ἀ = ἁ I, 382 *sehr*) *klagen*; ὀδυρμός, ὁ; -μα, τό; ὀδυρτός, ή, όν; -τικός, ή, όν.

(δι : διϝ). Im Sskr. div *torquere, vexare, rogare* (*Ros.*), als Verbum unbelegt, aber dazu dû-na (eig. djûna, vgl. wegen Verlust des j dô-stha *Spieler* von div *spielen*) *geschüttelt*, so dass *hin und her drehn* (*torquere*) die Grdbed. scheint, ferner dî-na (199, mit Verlust des v, vgl. dîp und sogar dĭ-na *Tag* von dĭv *leuchten*) *ein Geplagter* (die Wz. dî *extenuari* ist durch nichts belegt und alle von den Ind. Gr. daraus erklärten WW. passen nicht dazu, z. B. di-na *Tag* u. aa.). Griech. scheint hieher zu gehören: 1. δῑ-νη (äol. δίννα *Ahrens* Diall. p. 59; ob für δινιο, oder ist die Form mit Hülfe von δεινο (vgl. weiterh.) zu erklären?), ἡ *sich Herumdrehendes, Kreis, Wirbel* u. s. w.; -νος, ὁ; -νώδης, ες; -νήεις, -νώεις, εσσα, εν; -νάζω; -νέω; -νημα, τό; -νησις, ἡ; -νηθμός, ὁ; -νητός, ή, όν; -νεύω; -νευμα, τό; -νόω; -νωτός, ή, όν; -νω; ἁλιδινής, ές; ποικιλοδίνης; -νος, ον; παλινδινία, ἡ; σκορδινάομαι (vgl. I, 627); -νημα (auch κορδίνημα, vgl. a. a. O.), τό; -νισμός, (-νιασμός zw.) ὁ.

[2. διϜ oder διϜι in δει, oder δινι in δειν? (δεῖνος, ὁ zw. = δῖνος); (δεινόω = δινόω zw.); δεινωτός, ή, όν = δινωτός wohl auch nicht sicher.]

3. Zu sskr. dîna gehört â-dî-nava mit Präf. â. Zu dieser Composition (âdîna) ziehe ich griech. ὠδίν (für ωδινο wie oft S. 192), ὠδίς, ἡ (*die zusammendrehenden*) *Geburtskrämpfe*; -ινηρός, ά, όν; -ίνω; -νάω; -νημα, τό; -νησις, ἡ.

4. Dass δονέω *schütteln* (*hin und her drehn*) zu δίνη gehört, ist keine Frage; mir ist wahrscheinlich, dass δον für διϜον (daher vielleicht äol. δύνει = δονεῖ *Ahrens* Diall. 82): δjον steht (vgl. sskr. div-as in: djas, griech. ΔιϜαν in Δjαν: Ζαν und διϜην in δjην weiterhin); dazu: δόνημα, τό; -νησις, ἡ; -νεύω; ἀδόνητος, -νευτος, ον; πολύδονος, ον; — Dazu δόν-αξ, ὁ *das* (sich hin und her drehende) *Rohr*; -νακώδης, ες; -κίτης, ὁ; -ῖτις, ἡ; -κόεις, εσσα, εν; -κεύς, ὁ; -κεῖον, τό; -κών, ὁ.

5. Zszhg von δῖνο oder δονο ist δνο in δνοπαλίζω (vgl. πέλομαι).

(δυ). δύ-να-μαι *ich kann*; ahd. entspricht tug-an (*Grimm* II, 23, *Graff* V, 369, wegen t = d vgl. tag von sskr. dah, aa.) *valere*, sl. do(n)g' *stark*, ne-dongü (Kraftlosigkeit) *Krankheit* (*Kop*. Gl. s. dongü; *Dobr*. 92); danach lässt sich vermuthen, dass δυh die Wzf. ist und h in δύναμαι wie oft (vgl. δέλετρον, διαίνω aa.) verloren. (Ist diese Form aus ad + vah (I, 351) *tragen* entstanden? wegen ad *Neue Ntr*. zu I, 1) Dazu: δύναμις, ἡ; -μικός, ή, όν; -νασις, ἡ; -νατός, ή, όν; -τέω; δυνηρός, ά, όν; δυνάστης, ὁ; -τις, ἡ; -τωρ, ὁ; -τικός, ή, όν; -τεύω; -τεία, ἡ; -τευτικός, ή, όν; ἀδύναμος, ον; -μέω; -μία, -σία, -τία, ἡ; ἐνδυναμόω. — Hieher ziehe ich ἐν-δυκ-έως *eindringlich* (*kräftiglich*); κ für das in δύναμαι verlorene h?

√ διϜ *glänzen*. Im Sskr. div *glänzen* (vgl. *Pott* I, 265), *heiter sein, spielen* u. s. w.; in der Flexion dîv; mit √ dhâ zsgstzt: dî-dhî *scheinen* (vgl. di-di-hi für dîdivhi I, 406); dî-p *leuchten* (causales p); di-na *der* (leuchtende) *Tag*, vgl. div-a aa. glbd.; div in dju zsgzgen: dju *Himmel, Tag*; dju-ti *Licht, Schönheit*; dju-van *Sonne*; djû-ta *Spiel*; aa.; u gunirt: djô *Himmel*; djô-ta *Sonnenlicht* u. s. w.; u vriddhirt: djau-tra *Licht*; djau *sich über jemand lustig machen* (*ihm mitspielen*, oder *sich erheitern*); d vor j eingebüsst: jut (= djut) *scheinen*; jô-tu *das Reinigen* (*leuchtend machen*), juvân (vgl. djuvan), *der* (in Jugend *glänzende*, oder *das spielende Kind*) *Jüngling* (vgl. dêva von der Form div *Kind*); jav-îjas *jünger*; juv-an *gut* (eig. *strahlend, schön*). Mit g' für d (vgl. S. 201) g'iv *lieben* (eig. *erheitern*); g'jô-tis *Glanz*; g'jâ-jas (für g'javîjas) *besser* (vgl. juvan *gut*), g'jêshth'a (für g'javishth'a); aa. weiterh. slav. dïnï = sskr. dina *Tag* (*Kop*. Gl.), lth. diena, lett. deena; slav. djeva = sskr. dêvî *Mädchen*, aa. litth. jaunas (= sskr. juvan), lett. jauns, slav. junü (*Kop*. Gl.), lat. juvenis, goth. jugg (*Graff* I, 601); lett. jautrs *munter*; jakt *Scherz*, lth.

jukas *das Scherzen*, ap-jokiu *verspotten*; lat. Di-ana (für Divâna (vgl. sub dio weiterhin) = sskr. div-âna Ptcp. Atmanep.) *die Glänzende*; ferner duonus (ebenfalls = divâna), später bo-nus *gut* (vgl. juvan aa.), bene, belle (für benule); du-b-enus *Herr* (vgl. sskr. dêva *Herr*), später dominus; an die sskr. Form dju für ju : juba-r : juvare *erheitern*; jocus und mit Verlust des j (sonst selten; wahrscheinlich jedoch auch in peremo (S. 202), u-tor von sskr. ju (vgl. lth. junksstu *sich angewöhnen* = sskr. jug', sskr. jukti *Gewohnheit* u. s. w.): ovare, aa.

Griech. zu Bed. *glänzen, scheinen* [δέαται, δέατο für διϝj-αται 4te Conj. Cl., διϝj-ατο, sammt δοά-σσατο für διϝα-σσατο (vgl. weiterh. δοαν = δϝαν : διϝαν (δην)), die früher (I, 371) falsch und δῆλος für διϝηλο zsgzg. δϝῆλο, welches I, 370 falsch].

Begr. *Himmel, Tag*, sskr. div, diva u. s. w. (vgl. *Pott* I, 95 ff.), lat. (sub) dio, griech. ἔν-δῐ(ϝ)ος, ον; ἔνδιον, τό; ἐνδιάω, εὐδῐανός, ή, όν; sskr. divja in διϝιο: διιο, zsgzg. δῖο in εὔδῑος, ον *schön strahlend, heiter*; εὐδιεινός, -εϊνός, ή, όν; εὐδιάω [εὐδίαιος, ὁ *Zapfen* im Schiff, *um Wasser durchzulassen*, gehört sicher nicht hieher; es ist entweder von εὐ + δια + √ας (I, 392) oder + √ι (I, 9)]; ἀδῆ (maked.), vgl. *Pott* (II, 167).

Himmel zu *Gott* personificirt: Διϝ (vgl. *Ersch* und *Gruber* Encycl. d. K. u. W. II, xvii, 159 ff. 162 ff. *Bopp* V. G. 143, *Pott* I, 99) in Διός, τοῦ u. s. w., διόθεν; Διάσια, τά; διαστί; διϝιος, δίϊος, δῖος, α, ον; δῑπόλια (für διϝιπ.), τά; Διώνη (= διϝ-ωνη altes Ptcp. Med.); hieher Δωδώνη (wohl für διϝω (= sskr. div-â alter Instrum.) + δωνη (= sskr. dâ-na altes Ptcp. von dâ *geben*), ἡ; Διόνῡσος (vgl. *Pott* I, 102), äol. Ζόννυξος (*Ahrens* Diall. I, 59). Daher wohl ῡσ für ὑσσ (vgl. Νάξος für νῆσος), und dieses für υσι; auch die νν, verglichen mit Διώνυσος, zeigen eine Assimilation; -νύσιος, α, ον; -σίσκος, ὁ; -ύσιον, τό; -σιάζω; -σιάς, ἡ; -σιακός, ή, όν.

Den Nomin. zu Διϝ-ός bildet Ζεύς = sskr. djau-s; könnte jedoch auch aus Thema Διϝα = sskr. diva für Διϝ = div entsprungen sein: διϝας würde, ϝα in ευ, wie oft, verändert: Διευς und δι in ζ, wie so oft: Ζεύς; so scheint auch Ζάν, Ζήν (*Ahrens* Diall. 88) aus Διϝᾶν, Διαν : Ζαν zu deuten zu sein; böot. ward es Δάν (a. a. O.), Δεύς (a. a. O. 175).

ι gunirt: sskr. dêv, oder vriddhirt daiv, mit Suff. man: griech. δαί-μων (mit Verl. des ϝ und αι = sskr. ê : ai), ὁ, ἡ *Gott, Göttin*; -μόνιος, α, ον; -μόνιον, τό; -νικός, ή, όν; -νιακός, ή, όν; -νιώδης, ες; -νάω; -νιάω, -νίζομαι; -νιάζω; δεισιδαιμονέω; -νία, ἡ; εὐδαίμων, ον; -ονέστερος, -τατος; -μόνημα, τό; -νισμός, ὁ; -σμα, τό; εὐδαιμοσύνη, ἡ; κακοδαιμονάω.

Sskr. dêva (gunirt) heisst *Gott*; griech. würde δειϝος entsprechen, oder mit Verlust des ι (vgl. δα-ήρ): δεϝος; der Einfluss des ϝ aspirirt den Anlaut (vgl. φιάλη S. 74); also θεϝος : θεός (lat. deus), ά, ό, ἡ; θεόθεν; θεόφιν; θεότης, ἡ; θεόω; θέωσις, ἡ; θεϊκός, ή, όν; θεάζω; θεαστί; -τικός, ή, όν; θέαινα (wie von einem Msc. θεϝαν), ἡ; θεῖος, α, ον (= sskr. daivja?); θεῖον, τό; θειότης, ἡ; θειάζω; -ασμός, ὁ; θειαστί; θειόω; (θεινός, ή, όν zw.); θήϊος, α, ον. — ἄθεος, ον; ἀθεεί; ἀθείαστος, ον;

ἐκθεωτικός, ή, όν; ἔνθεος, ον zsgzg. ἔνθους, ουν; ἐνθουσιώδης, ες; -σιάζω; -ασμός, ὁ; -σις, ἡ; -στής, ὁ; -στικός, ή, όν; ἀνενθουσίαστος, ον; ἐπιθείασις, ἡ; τριθεΐτης, ὁ; θεος für θεοις: θεόςδοτος (S. 203); θες für θεοις: θέσφατος (S. 103); θέςκελος (I, S. 235, vgl. *Pott* II, 391); θέσπρωτος (*Pott* I, XXXIX); θεϝο + ϝεσπι (I, 338) wird θέσπις (= θεόπροπος (I, 336), vgl. *Pott* (a. a. O.)), ὁ, ἡ *prophetisch*; θέσπιος, α, ον; -πίζω; -πισμα, τό; -πιστής, ὁ; -πέσιος (σιο = sskr. tja), α, ον; ἐπιθεσπισμός, ὁ. θεούδης, ες (zu αἰδ I, 372).

Hieher θε in εἴ-θε (wollte *Gott*) für θεϝε (Vocat.) (*Pott* II, 323); ebds. wird auch θήν (bei *Gott, gewiss*) Acc. (= sskr. dêvam) hieher gezogen (vgl. jedoch δήν).

Dialektisch, wohl nicht bloss dorisch σιός = θεός; dazu (nach *Lactant.* I, 6, 7, vgl. jedoch *Ahrens* Diall. 59) Σίβυλλα (βύλλα = βόλλα = βουλή I, 320), ἡ *Gottes Wille habend*; -λειος, α, ον; -λίζω; -λιστής, ὁ; -λιάω; -λαίνω.

Begriff: *Tag*. Daraus entwickelt sich eine Menge einfacher Formen, Zsstzgen und Partikeln; so im Sskr. mit den Pronominalst. a (I, 1), sa (I, 379): a-dja *dieses Tages, heut*; sa-djas eig. *dieses Tages, sogleich* (vgl. I, 8 u. Nachtr.; die Form djas kann auch eine Zszhg von djav-as (alter Genit. von djô für das spätere djôs) sein (vgl. sah aus savah (I, 357) aa.)); eine andre Genitivform ist sskr. djus entweder für div-as, oder auch für djavas, in sskr. ubhaja-djus *morgen und übermorgen*, pûrvê-djus = griech. πρωΐ-ζος, ον (I, 140), wo πρῶζος (att.) hinzuzufügen.

Indem die Form djas ihr d verliert (vgl. S. 206) und mit Pronomst. h (S. 188) zsgstzt wird, entsteht sskr. h-jas (eig. *jenes Tages*) *gestern*, lat. heri, hes-ter-nus, goth. gistra (*Graff* IV, 273 vgl. *Bopp* V. G. 568), griech. χθές (mit stützendem T-Laut, vgl. πτόλις S. 86 und sonst oft), mit vorschlagendem ε: ἐχθές; χθεσινός (ἐχθεσινός), ή, όν; nach Analogie von πρωΐ-ζος: χθι-ζός, ή, όν; -ζά; -ζινός, ή, όν.

sskr. divas + para würde *der zweite Theil des Tages heissen* (vgl. I, 129); griech. entspräche διϝες-περα, oder cj. ι (vgl. S. 207): δϝεσπερα und mit Verlust des δ: ϝεσπερα (vgl. *Ahrens* Gr. L. Diall. p. 32, wo auch wegen φέσπερε), lat. vesper, sl. vetscherü (*K.* G.), lith. wakkaras (kk = sp) u. s. w. (*Pott* I, 121 Lth. Bor. Pr. 58, *Bopp* V. G. 541), gael. feasgar; griech. ῾ = ϝ: ἑσπέρα, ἡ; -ρος, ὁ; -ρόθεν; -ριος, α, ον; -ρίς, ἡ; -ρία, ἡ; -ρινός, ή, όν; -ρίζω; -ρισμα, τό; ἀκρέσπερος, ον; ἐφεσπερεύω.

Dass hieher gehört ἦμαρτ, ἡμέρα *Tag* ist keine Frage, allein die organ. Form sehr zweifelhaft; zunächst ist fraglich, ob sie mit δj, oder δϝ organischer anlautet, da wir aus div Formen, mit beiden Gruppen anlautend, hervorgehn sehn; noch zweifelhafter ist das auslautende μαρτ, μερα: ich vgl. δαμ-αρτ (S. 201) und verbinde ἦμ-αρτ, ἡμ-ερα mit einem sskr. djâv(a) von djô; μ für v wie oft (vgl. πιμέλη S. 76 aa.); anders *Bopp* (V. G. 505 n. Vokalism. 166), also ἦμαρτ für δjηϝ-αρτ, ἥμερα = δjηϝέρα: ἦμαρ, τό, (-ματος); ἡμάτιος, α, ον; ἡμέρα, ἡ; -ρίδιον, τό; -ριος, ον; -ρήσιος, α, ον; -ρινός, ή, όν; -ρία, ἡ; -ρεύω; ἀμφήμερος, ον; αὔτημαρ, τῆμερον, τήμερα, σήμερον (Beispiel einer Adverbialcomposition, sskr. avjajîbhâva, *Bopp* Gr. sscr. r. 675); *αὐθημερίζω; δυςημερέω; -ρημα, τό; συνημέρευσις, ἡ; -υτής, ὁ; μεσημ-β-ρία, ἡ; -ρινός, ἡ, όν; -ρίζω; -ριάω; -ριάζω.*

Partikeln (vgl. *Pott* I, 97): sskr. sa-djas hiess *sogleich;* so auch lth. jau *schon*, ahd. ju (*Graff* I, 577), goth. jam, ja (*Grimm* D. G. III, 250), lat. jam, die daher ohne Zweifel ebenfalls hieher gehören, trotz dem dass der Grdbegriff *Tag* als Zeitbestimmung mancherlei Modificationen in der Bed. erlitten hat (vgl. weiterhin griech. *δή*). Der äusseren Form nach scheinen sie zu dem sskr. Thema djô zu gehören, welches zwar im Sskr. nur *Himmel* bedeutet, aber so gut wie die aus derselben Wz. hervorgegangenen: diva und — das mit djô aufs engste verknüpfte — dju *Himmel* u. *Tag* zugleich bezeichnen, ebenfalls, wenn auch nicht im Sskrit, doch in den verwandten Sprachen *Tag* bedeuten konnte (so wird im Sskr. selbst für div ebenfalls nur *Himmel* als Bed. angegeben und doch heisst div-â (dessen adverbiell gebrauchter Instrumental) *bei Tag*). Mir ist es auch in der That keine Frage, dass lat. dies eigentlich dieu = sskr. djô (organischer geschrieben djău) zum Thema hat, grade wie in lat. res das eig. Thema rèi = sskr. râi (für organischeres râhi von rĭh für rĭdh *wachsen* vgl. vriddhi *Vermögen* von vrĭh *wachsen*) ist. Das anlautende d haben sie, wie in mehreren Formen von dieser Wz., eingebüsst. jam identificire ich mit sskr. djâm (Acc. von djô), so jedoch, dass die Zszhung, wodurch jam aus organischerem djavam oder javam entstand (vgl. lat. bovem gegenüber von sskr. gâm), erst nach der Sprachtrennung Statt fand.

Mit lat. jam ist griech. *δήν* so nahe verwandt, dass es vielen identisch schien. Es ist daher wohl keine Frage, dass es ebenfalls in diese Wurzel gehört; da es aber 1. Position macht, 2. eine Nebenform *δοάν* hat (vgl. *Buttm.* Gr. Gr. §. 7 Anm. 21 u. Zusätze); welche beide Erscheinungen sich am besten durch Annahme einer organischeren Form *δϝήν* erklären, 3. das ebenfalls Position machende und aufs innigste bedeutungs- und laut-verwandte *δῆρος* entschieden mit organischerem *δϝ* anlautet (vgl. sogleich), so ist es keine Frage, dass *δϝην* und zwar wie in *δῆρος* u. aa. schon vorgekommenen Beispielen, für *διϝην* zu Grunde zu legen ist. Dieses *διϝην* ist wahrscheinlich Accusativ eines femininalen Themas, welches im Sskr. divâ lauten würde, und neben dem sskr. diva (neutr.) keinesweges undenkbar ist; vielleicht ist damit identisch lat. dûm (für divâm, oder Nebenform von jam = djâm, was ich nicht zu entscheiden wage; auf jeden Fall gehört es hieher); zu *δήν: δηναιός, ή, όν.* [Zu dum: dōn-icum, verkürzt dōn-ec (*Grotefend* Umbr. II, 12, anders *Bopp* V. G. 501, 505)].

Da organisches *δϝ* auch in *θύρα* in *θ* übergeht, so identificire ich mit *δϝην* : *θήν* (vgl. jedoch S. 208).

Sskr. diva-tanâ, eig. *täglich*, aus divâ (eig. Instrumental von div *Tag*) u. Suff. tana (von √tan *dehnen*), ist ganz das lat. diū-tĭnus; es ist demnach keine Frage, dass diu = sskr. divâ; von diu kommt aber diu-t-ius; dieser Comparativ setzt eine Form diu-t(o) voraus, mit der Bed. *lang*, welche für organisch. divâ-t(o) steht; griech. würde ihr *διϝη-τ(ο)*, wie *δϝεσπέρα* zsgzgen, *δϝῆτ(ο)* gegenüberstehn; dieses erscheint deutlich in δῆτα ebenfalls *lang*, worin demnach δη für δϝη = sskr. divâ, lat. diu (anders *Pott* II, 321) ist. Dass diess aber das griech. δή *schon*, *lang* sei, bedarf keiner Bemerkung: δηλα-δή, εἰ-δή; dazu δηρός (für δϝηρος, wie denn auch dessen δ Position macht), ά, όν; ferner durch Suff. θα, θε (nach falscher Analogie), δῆ-θα, δῆθε eig. *lange her*; δηθάκι, δηθάκις; δῆθεν; δηθύνω. Ferner ἤδη *schon*; das anlautende η ist zweifelhaft; schwerlich = sskr. a in adja (*Pott* I, 97 nach *Kennedy*); eher ist ἠ-δη eine Zsstzg von η für δϝη (wie in ἦ-μαρ S. 208) = διϝη und δη = δϝη = διϝη, so dass ἤδη eine Reduplication von divâ ist, fast ganz wie lat. du-dum (= sskr. divâ + divâm oder djâm).

Endlich ziehe ich hieher, vielleicht = sskr. djavi (Locat. von djô *Tag*): griech. δαί; wegen der Bed. vgl. δῆθεν (anders *Pott* II, 162).

Begr. *jung* (vgl. S. 206); mit der sskr. Form * javan (juvan) scheint zusammenzuhängen: Ἰᾱϝον (für diese Form entscheidet die Art, wie dieser Name im Orient wiedergegeben wird, z. B. hebr. יָוָן, sskr. javana; Ἰᾱϝον hat Vriddhi, vielleicht für ἰᾱϝονο, patronymisch von ἴαϝον *Jüngling*), Ἰάων, Ἰάν, Ἴων, ὁ *Ionier*; ἰαωνίζω; -νιστί; Ἰωνία, ἡ; -νίς, ἡ; -νιος, α, ον; -νικός, ή, όν; -νίζω; -νιστί; Ἰάς (für Ἰαϝίδ + ς), ἡ; ἰάζω; ἰαστί; ἰακός, ή, όν.

An sskr. java (in javîjas u. s. w.) mit Vriddhi: griech. ἥβη (ʽ = j, β = ϝ oft), ἡ *Jugend*; ἡβηδόν; ἡβάω; ἡβάσκω; ἡβητήρ, -τής, -της, -τωρ, ὁ; -τήριον, -τριον, τό; -τικός, ή, όν; ἡβυλλιάω; ἔφηβος, ον; -βοσύνη, -βότης, ἡ; -βαιος, α, ον; -βικός, ή, όν; -βεύω; -βεία, -βία, ἡ; -βεῖον, τό; λαθήβης, ὁ; ἀνηβητήριος, α, ον.

An die organischere Form ζᾱϝα = djâva lehnt sich mit Präf. αἰ = sskr. abhi (vgl. S. 104): αἰζη(ϝ)ός (= abhijâva = ἔφηβος) mit ι = ϝ, αἰζήϊος, ὁ *Jüngling*.

δεσ. Im Sskr. heisst ghas *essen* (*Pott* I, 278, *Bopp* Gl. sscr. s. v. ghas). Dazu slav. gocтï (*Kop.* Gl.), goth. gasts *der Gespeiste*, *Gast* (*Graff* IV, 268); hiermit hängt poln. gospoda *Gasthof* u. seine Derivata zusammen, unter aa. gospodarz *Hauswirth*; letzterem entspricht genau litth. gaspadorus *Wirth*, *Hausherr*; diesem wiederum serb. gospodâr *Gebieter*; diesem aber russ. gocudarj *Herr* und mit diesen allen eng verwandt ist slav. gocpodï *Herr*. Wir sehn also hier aus dem Begr. des *Gastwirths*, den wir als *Gastfreund* nehmen dürfen, die Bezeichnung *Herr* entstehn; wie natürlich, bedarf keiner Bemerkung. Der letzten Form würde griech. γοσποτ entsprechen; da wir aber wissen, dass δ im Griech. (wohl mehr dialektisch) für γ eintritt (z. B. δελφύς S. 139 aa.), ε = ο aber bekannt, so entspricht δεσπότ-ης, ὁ *Herr*, eig. also soviel als *Gastfreund*, wie ξένος bei *Homer* in der Anrede gebraucht und Ehrentitel geworden. Da lat. h = gh oft, so gehört hieher auch hospit(pes) und als einfache Ableitung von ghas: her-us für hesus (*Wirth*:) *Herr* (anders *Pott* I, 189). So sicher diese Etymologieen im Allgemeinen sind, so unsicher bleibt doch noch die detaillirte Erklärung der Form. Mit Ausnahmen des russ. gocudarj haben alle übrigen Formen p, so dass der russ. Form serb. gospodâr u. s. w. entgegentritt, also po = u; ich vermuthe daher, dass po und u für va stehe, welches sich durch die Nähe des s in dem Litth. Slav. Griech. u. Lat. verhärtet hat; ich verkenne dabei nicht die Schwierigkeit, die mit der Annahme einer gleichartigen, unorganischen (zufälligen) Aenderung in verschiednen Sprachen verbunden ist. Doch treibt auch der Zufall bisweilen in den Sprachen sein Spiel. Demnach liegt allen diesen Formen ein sskr. ghas-va (Suff. va S. 193) zu Grunde, woraus gospo : gosu : δεσϝο : δεσπο entstanden wären; daraus dann durch neues Suff. ta (vgl. πολι-τα, ἱππο-τα aa.): δεσπό-της; daneben wäre für das griech. eine Nebenf. (ghas-van) δεσπον anzunehmen, um δέσποινα (für δεσπον-ι + α), ἡ zu erklären. Davon: δεσποτίδιον, τό; -τειρα, -τις, ἡ; -τίσκος, ὁ; δεσπόζω; (-πόσιος zw.); -όσυνος, η, ον; -νη, ἡ; (-δεσποτός zw.); δεσποστός, ή, όν; -ποτικός, ή, όν; -τειος, α, ον; -τεύω; -τεία, ἡ.

[zu ghas: sskr. g'aksh für g'agh(a)s und dazu lat. quercus (vgl. I, 221, wogegen *Pott* Berl. Jahrbb. 1840 S. 652)].

δανάκη, ἡ kleine pers. Münze, neupers. dâneg, 1/4 Drachme (*Klaproth* Reise in den Kaukasus I, 76), deren Namen sich überhaupt in einem weiten Umfange erhalten und ausgebreitet hat, russ. denjga.

δακ beissen; im Sskr. daç, vielleicht aus √aç *essen* durch Präf. ad (vgl. I, 221, 223, 220 u. 251, *Pott* I, 266); δάκνω (9te Conj. Cl.); -νάζω; -νώδης, ες; (δαγκάνω Gr.); δάκος, τό; -κετον, τό; δῆγμα, τό; -μός, ὁ; δῆξ, ὁ; δῆξις, ἡ; δηκτήρ, -της, ὁ; -τήριος, α, ον; -τικός, ή, όν; ἄδηκτος, ον; λαθροδάκνης, ὁ; ὀρσοδάκνη, ἡ; θυμοδακής, ες; πανδακέτης, ὁ; ὠκυδήκτωρ, ὁ; ὀδάξ (Präf. ὀ = ἀ I, 382); ὀδάζω, -αξέω; -ξάω; -ξω; ὀδακτάζω, (-κτίζω zw.); ὀδαγμός, ὁ; ὀδαξησμός, ὁ; -ξηστικός, -ξητικός, ή, όν; -ξώδης, ες. Mit Präf. ἀ = ἁ (I, 382) ἀδαξέω, -ξάω, -ξω; -ξησμός, ὁ; ἀδαγμός, ὁ; ἀδαχέω (χ = sskr. ksh = (da)ç + s (Desid.?) [dazu sskr. dâdh'a, dialekt. für dasht'â von dasht'ri].

δάκ-ρυ, τό die beissende (salzige) *Zähre*, wie denn auch ahd. zah-ar (*Grimm* D. G. II, 53, nr. 557) hieher; im Sskr. ist das anlautende d eingebüsst aç-ru (eben so lth. assara u. s. w. *Pott* I, 94, woraus folgt, dass dieser Verlust schon vor der Sprachtrennung eintrat) = δάκρυ (vgl. weiterhin ahan bei πρών); im Lat. mit l für d, wie oft (vgl. auch levir bei δαήρ): lacru-ma (vgl. aa. bei *Pott* I, 94, 164); δάκρυον, τό; -νόφι; -ύδιον, τό; -νώδης, ες; -νόεις, εσσα, εν; -ύω; -υμα, τό; -υτός, ή, όν; -υντός, ή, όν; ἄδακρυς, υ; -υτί; ἀριδάκρυος, ον.

δέκα zehn; im Sskr. daçan; verwandte bei *Pott* (II, 216-219), *Bopp* (V. G. 449), wozu gael. deich (deug in der Verbindung). Wenn die Benennung der Zahlen vom Abzählen an den Händen ausgegangen ist (vgl. alle Namen der einfachen Zahlen), so ist sskr. daç-an wahrscheinlich aus der Wzf. daç *zeigen* (I, 237 ff.) entsprungen, in so fern *beide Hände* zur Bezeichnung von *zehn aufgezeigt* wurden. *Lepsius* (zwei sprachvergleichende Abhandlungen S. 125) leitet daçan von daksha *rechts*, welches letztre aber, schon weiter entfernt, aus einer sekundären Form von daç (daç + s Desider.) gebildet ist (vgl. I, 240).

Die organische Form von sskr. daçan u. s. w. wird wegen lat. decem [derselbe Fall tritt bei sskr. sapt-an: lat. sept-em (I, 431), nav-an: lat. nov-em (II, S. 51) ein] zweifelhaft, zumal da auch litth. desz-im-t (*decem*), sl. sedmj (*septem*) hinzutritt. *Bopp* glaubt, dass dieses m von den Ordnungszahlen her eingedrungen sei (V. G. 443); dafür liesse sich griech. ἑβδομή-κοντα, ὀγδοή-κοντα, ἐνενή-κοντα anführen (vgl. weiterhin); allein dieser Fall wäre dennoch sehr verschieden: *der siebente Zehner* für *sieben Zehner* wäre sehr natürlich; allein *der siebente* für *sieben* zu sagen ist ganz sprachgeistwidrig, und selbst zugegeben, dass eine solche Sprachgeistwidrigkeit sich in eine Sprache eingeschlichen hätte, wie käme es, dass mehrere sie theilen? Wenn demnach nothwendig zwischen organisch auslautendem m und n zu *wählen* wäre, so würde ich mich kurz entscheiden, das m, wie es im Lat. u. s. w. erscheint, für organisch zu halten, und sskr. n für die unorganische Form (n für m wie oft). Allein ich glaube, wir haben hier nicht zu wählen, sondern beide Formen: lat. decem u. s. w., sskr. daçan u. s. w. für thematisch verschieden, aber wahrscheinlich gleich ursprünglich zu nehmen; es wiederholt sich hier dieselbe Erscheinung im Verhältniss von Latein u. s. w. zum Sskr., welche sich in Bezug auf das Zahlwort für *acht* im Sskrit selbst zeigt; hier schliesst sich die Form asht'-au, mit der die meisten der verwandten Sprachen übereinstimmen, an ein Thema asht'a (I, 243); neben diesem besteht aber im Sskrit noch ashtan. Dass diese Formen auf an alt sind, dafür spricht insbesondre die Uebereinstimmung des German.: goth. taihun, sibun, niun, ja selbst der Repräsentant des sskr. asht'an erscheint in altfries. ahtun-da (*Grimm* D. Gr. III, 637), u. so auch litth. asstun-tas. Das Germanische hat aber grade bei den Zahlwörtern die organische Form am treusten bewahrt. Diesemnach erkennen wir also als vor der Sprachtrennung bestehend eine Form, welcher sskr. daça-m entsprechen würde, und eine Form, welcher daçan entspricht. Die Entstehung der letzteren betreffend, so wird uns, als weiteren hieher gehörigen Bildungen zu Grunde liegend, eine thematische Form entgegentreten, welcher sskr. daç-ant, das Thema eines Particips, entsprechen würde. An dieses Thema schliesst sich daçan; der Form nach würde es ein Mscul. sein und da wir im sskr. trajô-daçan *dreizehn* u. aa., im griech. τεσσαρες-καί-δεκα u. aa. ganz deutlich die Masculinarform, nicht die neutrale in den Zahlen walten sehn, so ist diese Annahme keineswegs unwahrscheinlich. In der Flexion von daçan im Sskr. scheint zwar die Ansicht zu herrschen, dass daçan Neutrum sei (daher N. A. daça), allein hierbei ist zu bemerken, dass die Flexion der Zahlen von *fünf* an nicht vor der Sprachtrennung fixirt gewesen zu sein scheint; denn die verwandten Sprachen, welche eine Flexion haben, stimmen in Beziehung auf sie nicht überein, scheinen sie also auf eigne Faust weiter gebildet zu haben. Nachträglich bemerke ich, dass mir die Formation: sskr. navan gegen lat. novem, saptan gegen septem und ashtan neben asht'au erst nach Analogie von daçan (jedoch schon vor der Sprachtrennung) gebildet zu sein scheint. Diese Analogie ergriff im Sskr. sogar pank'a, wo sie jedoch keine der verwandten Sprachen theilt (vgl. noch *Pott* II, 333 u. oben I, 543). Ob griech. δέκα, οἱ, αἱ, τά = lat. decem, oder = sskr. daçan zu setzen sei, dafür kenne ich kein ganz entscheidendes Moment. Ich neige mich dazu, schon wegen der innigeren Verwandtschaft des Griech. mit dem Lat. δέκα = decem zu setzen. Die allgemeine Analogie würde zwar für sskr. daç-am = lat. decem griech. δεκον fordern, allein dieselbe postulirt eigentlich für lat. decem : decum; griech. α für sskr. am zeigt auch die Endung des 1sten Aorists, und nach Analogie der 3ten Plur. des 1sten Aor. αν = sskr. an (vielförmiges Augment-Prät., Bild. II.) möchte man sogar annehmen, dass, wenn δέκα = sskr. daçan sein sollte, das auslautende ν nicht hätte verloren werden können. Ist man, um diesem Einwand abzuhelfen, geneigt δέκα mit dem sskr. Nom. Acc. daça zu identificiren, so mache ich dagegen geltend 1. dass die Flexion, wie bemerkt, nicht vor der Sprachtrennung fixirt gewesen ist und 2. dass sich das ungeschützte α im Griech. schwerlich ungetrübt würde erhalten haben. Zu δέκα (äol. Gen. δέκων (?) *Ahrens* Diall. 128): δεκάκις, δεκαχῇ; ἕν-δεκα, δώδεκα (= sskr. dvâ-daça), τρις (für τρεῖς) -καίδεκα, τεσσαρεςκαίδεκα, πεντεκαίδ. ἑπτακ. ὀκτωκ. ἐννεακ.; δεκάς, ἡ; δεκαδεύς, ὁ; -δικός, ή, όν; δέκατος, η, ον (το Superlatsuff; im Sskr. und Lat. ma : mu : decimus); -ταῖος, α, ον; -τεύω; -τευσις, ἡ; -τευμα, τό; -τευτήρ, -τής, ὁ; δεκατευτήριον, τό; δεκατεία, ἡ; δεκατόω; δεκαπλόος (οῦς), ον; -πλάσιος, ον (S. 96); ἀδεκάτευτος, ον; ἀποδεκάτωσις, ἡ.

Dass die Formen, durch welche die Zehner im Sskrit bezeichnet werden, mit sskr. u. s. w. daçan u. s. w. zusammenhängen, ist schon von *Bopp* (V. G. 454) vermuthet, und wenn wir auch mit ihm die goth. Formen: tvai-tigjus (Pur. Nom. wörtlich *zwei Zehner*, formal = sskr. dvau daçâ-(s?)), thrins-tiguns (Plur. Acc. wörtlich *drei Zehner*) u. s. w., ferner die Zusammensetzung mit der, noch bestimmter der schon bemerkten Form sskr. daçant (vgl. weiterhin κοντα) entsprechenden, Bildung: goth. tèhund in sibun-têhund u. s. w., so wie die litth. und slav. Bildungsweise der Zehner, welche sich eng an ihre Formen für *zehn* schliessen (z. B. litth. deszimt *zehn*, dwi-deszimti *zwanzig*, slav. decènti *zehn*, tschetüïri-decenti *vier-zig*), für verhältnissmässig jung halten wollen, — was übrigens für das Goth. zweifelhaft ist — so zeigen sie doch, welche Anschauung der Bildung der Zehner zu Grunde lag. Wir nehmen demnach mit *Bopp* das çat, welches im Sskr. bei der Formation von 20, 30, 40, 50 zu Grunde liegt, für ein verstümmeltes daçat, weichen jedoch, um diess beiläufig zu bemerken, in Bezug auf das Suff. ti, welches die Wörter für 60, 70, 80, 90 bildet, von ihm ab (vgl. *Pott* II, 461). So wie nun hier çat verkürztes daçat ist, so lässt sich mit *Bopp* (an demselben O.) ferner annehmen, dass die Bezeichnung von *hundert*, im Sskr. çata-m ebenfalls Verstümmelung von daçata sei. Für diese Ansicht spricht ebenfalls das aus solcher Anschauung gebildete goth. taihun-têhund *zehn Zehner* und das im Sskr., ganz nach Analogie von nava-ti *neunzig* aus nava *neun* gebildete, daçati *hundert* (eig. *zehnzig*) aus daça *zehn* (*Pott* II, 162).

Aus diesem verstümmelten sskr. çat geht hervor 1. çati in vin-çati *zwanzig*, 2. çat in trin-çat, k'atvârin-çat, pank'â-çat *dreissig*, *vierzig*, *funfzig* und çata-m *hundert*. Im Zend keine wesentliche Abweichung in çaiti = sskr. çati, dagegen çata = çat, im Griech. dialektisch 1. κατι = sskr. çati, aber in der κοινή: κοσι, von dem es zweifelhaft, ob es unmittelbarer Vertreter von dialekt. κατι ist, 2. κοντα für sskr. çat, zend. cata, 3. κατον = sskr. çatam, daneben aber in den weitern Hunderten κοσιο, von dem es, wie bei κοσι, zweifelhaft, ob es unmittelbar aus κατο hervorgehn konnte; lat. endlich 1. ginti für sskr. çati, 2. analog ginta = griech. κοντα für sskr. çat, endlich centum für sskr. çata; hier zieht sich eine entschiedene Analogie durch, und wir wollen sogleich bemerken, dass sich auch das griech. κοσι, κοσιοι für eine Umänderung von κοντι, κοντιοι nehmen lässt, was jedoch nicht zu sichern; ferner goth. têhund, welches mit dem lat. gint identisch, nur dass hier tê = sskr. da erhalten ist; und hunda (in tvahunda *zweihundert* u. s. w.) = lat. centu-m; endlich gael. chead (in fi-chead) *zwanzig*, wälisch cant = lat. centu, wodurch sich gael. ceud als für organ. cend stehend erweist.

So sehn wir, dass mehrere und grade die das Alterthümliche treu bewahrenden Sprachen nicht dem sskr. çat, sondern einem sskr. çant entsprechen würden. Dieses könnte aber seiner Form nach ein Participialthema (für daç-ant) sein; nun wissen wir, dass im Sskr. grade diese Themen häufig das n einbüssen (*Bopp* Gr. sscr. 185) und von derselben Eigenthümlichkeit zeigen sich Spuren im Griechischen (z. B. in den Neutris auf ας, Gen. ατος, wie σέλας aa., die alte Neutral-Participia sind u. aa.), aber keine im Lat. und Germanischen. Demnach nehmen wir als die organische Themenform für alle diese Zehnerbildungen sskr. çant an.

Daraus zunächst sskr. vinçati für dvi + çati (vgl. δϝι); der Verlust des d auch im Griech., orchomen. Inschrift ϝί-κατι, dor. βείκατι, gewöhnlich εἴκοσι, für ϝείκοσι, wie episch ἐείκοσι zeigt (κοσι vielleicht für κοντι nach Analogie von lat. ginti u. s. w.); lat. vi-ginti, gael. fichead; da keine der verwandten Sprachen das sskr. n vor ç hat, so werden wir als organische Form dvi-çanti fürs erste aufstellen; und ich halte diese für eine ursprüngliche Dualform des Neutrums, also für dvi-çantî *zwei Zehner*. Die im Sskrit für vinçati nach Analogie von shashṭi eingeführte Femininalflexion, die sich dann auch auf trinçat u. s. w. erstreckte, ist relativ neu, wie auch der Umstand zeigt, dass im Zend die trinçat u.s.w. entsprechenden Formen thri-çata u.s.w. lauten und für Neutra gelten. Dass das schliessende î in einem Worte, bei welchem, häufig gebraucht, rasch seine organische Bildung vergessen werden musste, verkürzt sei, wird niemand auffallen.

Zu εἴκοσι: εἰκάς, ἡ; εἰκαδισταί, οἱ; εἰκοσάκις (ἐεικ.); (εἰκοσάς, ἡ zw.); εἰκοστός (ἐεικ.), ή, όν; -ταῖος, η, ον.

Wenn wir hier mit Recht als organische Form çantî nahmen und für den Neutr.-Dual von çant erklärten, so dürfen wir griech. κοντα, in der Bildung der Zehner von *dreissig* an, lat.

ginta, goth. (tê)hund, denen sskr. çanta entsprechen würde, für ein altes Neutrum im Plur. nehmen (über die alte im Zend, Lat., Griech. erhaltene Neutralendung a vgl. *Bopp* V. G. S. 264 ff.). Dafür entscheidet der Umstand, dass im Griechischen und Lat., die mit κοντα zusammengesetzten *Einer* die neutrale Pluralform haben τριᾱ-κοντα, τεσσαρᾰ-κοντα (vgl. weiterhin); die Dehnung des α in τριακοντα, quadrāginta, darf nicht irren, sie rührt von der Zusammenrückung her (vgl. sskr. ekâ-daça aus ekă+daça u. aa.). Demnach hat das zendische çata n eingebüsst, wie oben sskr. çati und im sskr. çat ist auch das schliessende a verloren, da es dem Sprachgeist bedeutungslos erscheinen musste, nachdem diese Bildung in die femininale Flexion hinübergezogen war. Dass diese nicht organisch sei, zeigt das Zend, welches diese Formen als Neutra behandelt.

Also τριάκοντα, lat. triginta (für tria-ginta); declinirt τριηκόντων; -τεσσιν; τριακοντάκις; τριακοστός (für κοντατος: κοντ́τος), ή, όν; -ταῖος, α, ον; -τεσσαρᾰ-κοντα, lat. quadrā (für quatvora)-ginta, τεσσαρακοντάς, ἡ; τεσσαρακοντάκις; τεσσαρακοστός, ή, όν; -ταῖος, α, ον; ion. τεσσερήκοντα und dor. τετρώ-κοντα (ganz wie lat. quadra, eig. für τετϝαρᾱ, vgl. τέσσαρα, und dann ω = ᾱ); -κοστός, ή, όν. Nach Analogie von τριᾱ, τεσσερη, wird aus πεντε: πεντή-κοντα gebildet; eben so lat. quinquā-ginta (vgl. I, 543); aus ἑξ (I, 419) ἑξή-κοντα; lat. sexā-ginta; bei den folgenden drei Zehnern wagte man diese anomale Bildung nicht. [Beachtenswerth ist, dass im Sskrit, Zend mit 60 eine neue Bildung, die durch Suff. ti beginnt, im Goth. mit 70 — wobei jedoch zu bemerken, dass das Zahlwort für 60 fehlt — im Gaelischen überhaupt nur das Zahlwort für *zwanzig* fichead existirt und die folgenden Zehner durch Addition von 10 (z. B. 10 + 20 = 30) und Multiplication mit 2 . 3 . 4 (z. B. 2 × 20 = 40 : 10 + (2 × 20) = 50; 3 × 20 = 60 u. s. w.) gebildet werden]. Im Griech. und Lat. bedient man sich zur Bildung der Zahlwörter für 70. 80. 90. der Ordinalformen der Einer, welche nach Analogie von τεσσερη, πεντη, quadrā, quinquā gestaltet werden; also griech. ἑβδομή-κοντα (vgl. I, 431, II, 212), lat. septuā, wo sich eine sonst nicht erscheinende Cardinalform septuo, nach Analogie von octavo (vgl. ὄγδοο-ς) zeigt; ὀγδοή-κοντα (vgl. I, 244); ion. ὀγδώκοντα, ähnlich lat. octoginta; endlich ἐνενή-κοντα, wo ἐνενο = lat. nono, nonāginta, als Ordinalform zu Grunde liegt (vgl. II, S. 51), ἐννενήκοντα (zw.), ἐννήκοντα; ἐνενηκοστός, ή, όν.

Aus dem verstümmelten Thema, welches sskr. çant lauten würde, bildete sich nach Obigem ein Thema çant-a, mit Verlust des n, sskr. çata *hundert*. Dieses ist im Sskr. deklinables Neutrum Singul.; im Zend erscheint auch dessen Dual çatê *zweihundert* (*Burn.* Comm. s. l. Y. I, 442, 443 n.), im Griech. κατο-ν und lat. centu-m ist es indeklinabel; im Griechischen wird ihm stets ἑ für ἕν (I, 6) vorgesetzt; also ἑκατόν, οἱ, αἱ, τά; ἑκατομπλασίων, ον; ἑκατοντα-πλάσιος, α, ον, wo ἑκατοντα die organische Ordinalform enthält; ἑκατοντάς, ἡ; -τάκις; ἑκατοστός (für ἑκατοντατος), ή, όν; -τύς, ἡ; ἑκατόμβη, ἡ (vgl. βοῦς S. 62).

Bei Bildung der folgenden Hunderte tritt im Lat. das in centu-m zum Substantiv erhobene Thema in seine adjectivische Natur zurück; also du-centi, ae, a; im Griechischen wird an das Thema das Suff. *ιο* gehängt, dorisch *δια-κάτιοι*, gewöhnlich *διᾱ-κόσιοι* (wie *εἴκοσι* vielleicht für *δια-κόντιοι* u. s. w.), *αι*, *α* mit demselben Gegensatz, wie *εἴκοσι* zu *ϝίκατι* (S. 214); *ᾱ* wie in *τριᾱκοντα*; *διακοσιάκις*; *διακοσιοστός*, *ή*, *όν* (nach Analogie von *ἑκατοστός*); *τριᾱκόσιοι*; *τεσσαρᾰκόσιοι*, *τετρακόσιοι*; *πεντᾰκόσιοι* nach Analogie von *τεσσαρᾰκοσ.*, daneben *πεντηκόσιοι*; *ἑξᾰκόσιοι*, *ἐννακόσιοι*.

δαh. Im Sskr. dah *brennen*; h steht für gh, wie oft; Beweis ni-dâgh-a *Hitze* u. s. w.; h im Sskr. eingebüsst in da-va für dah-va *Brand* (vgl. ar-ja für arhja I, 113, Wzf. sskr. niv *befeuchten*, welche ganz = lat. niv für nihv (S. 54) u. viele aa.); verwandte vgl. bei *Pott* (I, 282 u. Lth. Bor. Pr. 41, *Graff* V, 379); dazu noch slav. deg in russ. degotj, böhm. dehet *Theer* (*Dobr.* 92), und russ. g'etschj *brennen* (g'g-u = dagh-âmi, der organischen Form; g' = sskr. d in g' geschwächt S. 201; wegen des im Infinitiv schliessenden tshj vgl. le-tschj mit griech. *λέγ-ομαι legen*); ferner, jedoch fraglich, ahd. dâha *gebrannte Erde* (*Graff* V, 104) sammt dehil *Tiegel* (*Grimm* III, 380), tegel (*Graff* V, 378) und wahrscheinlich dahhazjan (vgl. *Graff* ebds. 123), ags. dhecele *Fackel*; es liegt wohl eine Form mit Wechsel der Aspiration (vgl. drih *θρίξ*) zu Grunde, gleichsam sskr. dhag für dagh, wie in dem ebenfalls hieher gehörigen lat. fac-s, mit f für dh wie oft.

Hieher (zu sskr. dagh mit *γ* = gh vgl. S. 187): *δᾱγ-ύς* (*ᾱ* vgl. sskr. ni-dâgh-a), *ἡ eine Wachspuppe* (vgl. *κηρός* I, 34); ferner könnte zu sskr. dah mit Verlust des h: *δέ-λετρον*, *τό*, in der Bed. *Laterne* gehören; allein wahrscheinlich heisst die *Laterne* so als eine besondre Art Fische zu ködern, wo dann dieses *δέλετρον* nicht verschieden von *δέλετρον* (S. 141) ist.

Dagegen scheint mir das *Fett* als das *in Feuer schmelzende* (vgl. Schmalz von schmelzen) gefasst zu sein und *δη-μός* für *δηh-μός*, *ὁ* hieher zu gehören [oder ist es mit litth. duz-as, à *fett* zu verbinden? und hängt dieses mit slav. toukü *fett*, tüïjön *fett werden* (*Kop*. Gl.) zusammen? und dieses mit sskr. tu(n)ga *hoch, dick* (vgl. *τύλος*)?]

Alt war der Verlust von anlautendem d (vgl. açru u. s. w. S. 211); daher zu dah sskr. ahan *Tag*, wie zu der unverstümmelten Form goth. dags (*Pott* I, 282). Diese verstümmelte Form in sskr. prâhnê (für pra + ahnê *am Vormittag*, griech. *πράν*, mit Verlust des Casuszeichens und erweiterter Bed. *vorher* u. s. w.; dasselbe Wort mit sskr. pûrva zsgstzt bildet pûrvâhnê = prâhnê, diesem entspricht griech. *πρώ-ην* (vgl. I, 141 wo nicht so genau).

Da hier d eingebüsst ist, so werden wir nun auch keinen Anstand nehmen hieherzuziehn: sskr. ag-ni für dag-ni *Feuer*, lat. ig-nis, slav. ognï (*Kop*. Gl.), litth. ug-nis; sskr. g für gh ist uns ein Zeugniss, dass sowohl g als gh nicht radikal, sondern sekundär, was sich ohnediess nach der allgemeinen Analogie vermuthen lässt. Dann auch hieher sskr. a(n)g-âra *Kohle*, slav. onglï (*Kop.* Gl.), litth. anglis.

Indem an die Wzf. dah eine mit v anlautende Affirmation eintritt, geht, wie in niv (für nih + v S. 216), miv (= mih (für migh S. 43) + v, vgl. neue Ntr. zu I, 476) das h verloren; daher hieher sskr. dava und dâva *Feuer, Hitze*; wie nun die so entstandene Form miv auch im griech. μιϝ-αίνω μιαίνω sich wiederfindet (vgl. Neue Ntr. zu I, 476 am Ende dieses Bandes), so erkenne ich jetzt, dass der sskr. Form dav entspricht: δαϝ in δαίω (für δάϝω), welches früher (I, 35) falsch behandelt; die Richtigkeit dieser Erklärung beruht auf δᾱ́ϝιος (bei *Alkman*, vgl. *Ahrens* Diall. I, 35 n. 10), für δάϊος, δήϊος, welches zu δᾰΐς in der Bed. *Kriegsbrand* gehört (ᾱ Vriddhi); dazu: δηϊότης, ἡ; δηϊόω, δηόω, δηΐω (eig. *verbrennen?*); ἀδῄωτος, ον; δᾰΐφρων, ον.

[Wenn in dagh : dah das schliessende gh : h, wie vermuthet, sekundär ist, so ist auch eine Wzf. dath denkbar; davon käme ath (I, 260) nach derselben Analogie wie ag-ni, ah-an eben erklärt sind.]

διh. Im Sskr. dih *benetzen* u. s. w.; vgl. *Pott* (I, 282, II, 677), dem ich nur in Vergleichung von lat. pol-lingo und griech. δι-αίνω (mit Verl. des h, wie oft, vgl. oben) beitrete; dazu ἀδίαντος, ον. — Ob διερός, ά, όν, welches bei *Homer kräftig* zu heissen scheint, und später erst mit Bedd., die sich an *feucht* lehnen können, auftritt, hieher gehört, ist fraglich. Dagegen ziehe ich hieher: διέρα (*Suid.*) *Ufer* und nun wohl auch ἄν-δηρον (für ἀνά + διερον?), vgl. I, 125. — [Hieher: ahd. digna *madescere* (*Grimm* II, 47, 514, anders *Pott* I, 282), wohl auch teig (*Graff* V, 377 vgl. dehil : tegel S. 216; t ebenfalls wegen Einflusses des sskr. h); gael. dig *Teich*, lat. dingua, lingua, sskr. g'ihva (g' für d S. 000) u. s. w. vgl. H. A. L. Z. (1837 Ergzbl. S. 909), *Pott* (Ztschr. f. d. Kde d. Mgldes III, 32, 2), *Diefenb.* (Celt. I, p. 31)].

So wie die Bez. des *Schwiegersohns* u. ähnlicher Verhältnisse bloss aus dem Begr. *heirathen* floss (γαμβρός u. s. w. S. 201), ferner das *Benetzen* als ein *coire* gefasst wird (vgl. μοιχός S. 43, ἄρσην I, 330, ὕ I, 410), so gehört hieher ahd. zeihh-ur *Schwager* (*Grimm* D. Gr. III, 321); da wir wissen, dass im Sskr. wurzelauslautendes h eingebüsst wird (vor v in dava oben, niv, mîv ebds. aa.), so entspricht dem ahd. zeihhur genau das gleichbedeutende sskr. dè-vṛi für organisches dêh-vṛi, eig. *Beflecker, Heirather*, speciell *Schwager* (verwandte bei *Pott* I, 94, wozu noch slav. deverü (*Kop.* Gl.)), griech. würde, ebenfalls mit Verlust des h, δαιϝήρ entsprechen; durch Verlust des ϝ δαιηρ : δαήρ, ὁ. — Im Sskr. besteht neben dêvṛi auch die Form dêva und dêvala; letztrer entspräche griech. δαιϝελο; wie nun in griech. ϖραν (S. 216) eine Form zu Grunde liegt, die anlautendes d eingebüsst, so konnte diess auch hier verloren gehn; so entspräche αἰϝελο mit Verlust des ϝ: αἰελο; daran schliesst sich durch Suff. ιο : αιέλιοι (*Eust.*), oder mit Verlust des ι (vgl. δαήρ): ἀέλιοι *Schwäger* (anders *Pott* I, 131).

δϝ, im Sskr. dv, mit Vokal a und i im Wechsel, wie oft (vgl. insbes. Pron. hv S. 145); dva : dvi *zwei* (verwandte bei *Bopp* V. G. 433); an dva, mit griech. ο = sskr. a : δϝο, im Dual. eig. δϝω (= sskr. dvâ in den Veden), mit υ für ϝ: δύω; daneben δύο = dem zendischen dvă, ebenfalls Dualform (vgl. *Bopp* V. G. S. 240 und Gr. sscr. Addend. ad r. 137), und zwar im Griech. auf jeden Fall so alt, wie δύω, wie die Uebereinstimmung mit dem Zend zeigt; ja ich vermuthe sogar, dass wir hier eine Dualbildung aus dem Thema δϝ (oder du?) selbst haben. Darüber hier nur wenige Worte; genaueres an einem andern Orte dieser Grammatik: die Entwickelung der Bildung des Nomin. Accus. Vokat. Dual., wie sie *Bopp* (V. G. 237 ff.) giebt, lässt sich schwerlich halten; doch würde eine Widerlegung derselben hier zu weit führen; anstatt nämlich, wie er thut, sskr. au als Primärform zu nehmen, daraus das â der Veden und des Zends, aus diesem das ă des Zends und das ε der Griechen entstehn zu lassen — wogegen, um nur eins zu erwähnen, der Umstand spricht, dass im Zend statt des langen â in den Themen auf ă kein kurzes ă erscheint (wie *Bopp* selbst a. a. O. S. 245* sich zu bemerken gedrungen fühlt), man müsste denn dva so ansehn wollen — muss man grade umgekehrt verfahren. 1. Die Dualendung ist, um die Resultate meiner Untersuchungen kurz anzudeuten, *kurzes ă*, wie es in den consonantischen Stämmen im Zend und im Griechischen erscheint, z. B. zend. vâk'-a, griech. ὄπ-ε; wenn sich nun die Stammform des Zahlworts *zwei* auf organisches du zurückführen lässt, wie diess wohl höchst wahrscheinlich mit Recht geschehn darf, so lässt sich auch dvă so fassen; darauf führt auch genauere Betrachtung der zend. Dualformen a., von bazu, welche bazv-âo lautet (vgl. weiterh.), und b., von ĕrĕzŭ, welche ĕrĕzŭ, meiner Ansicht nach für ĕrĕzv-a (*Bopp* a. a. O. S. 241). Im Griech. hätte sich in δύο = zend. dvă ο im Gegensatze von organischem a erhalten: δϝο = δύο, daher es denn auch für *nicht flexibel* galt (weil es sich an kein, im griech. Sprachschatz erhaltnes, Analogon lehnt); 2. indem dieses kurze a an die Themen auf a trat, entsteht a + a, also â, so in den Veden, Zend, Griech., Litth.; z. B. sskr. (Veden) vrikâ, zend. vĕhrkâ, griech. λύκω, litth. wilkù; 3. die sskr. u. zend. Endung au, âo ist â + angehängtes u; über u, für Pronom. va, vgl. I, 281, 282. In die übrigen Fragen einzugehn, würde hier zu weit führen (vgl. II, 214). — Dass, um diess noch zu bemerken, griech. δύω = sskr. dvâ (Dual der Veden), nicht dvau (dem späteren Dual) gleich ist, zeigt δώδεκα (für δϝωδεκα), δυώδεκα = sskr. dvâ-daça; δυοκαίδεκα erweist sich danach als den Griechen eigne Bildung.

Gen. Dat. δυοῖν, att. δυεῖν; beide gleich = sskr. dvâbhjâm (Instrum. Dat. Abl.); das griech. ο, ε scheint auf eine organischere Form dvă-bhjâm zu deuten; das sskr. bh, welches schon vor der Sprachtrennung in h sich schwächte (vgl. sskr. mahi (+ am) = lat. mihi gegenüber von tubhi(+ am) = tibi), ist auch schon in sskr. çivais (für çivê-bhis) = λόγοις für λογο-(bh)-ις ausgefallen (u. sonst vgl. I, 453).

Unorganisch ist die plurale Declination: δυῶν : δυοί (vgl. jedoch *Buttm.* Gr. Gr. I, S. 283) und sogar δυοῖσιν.

Zu δύο: δυάκις; δυάς, ἡ; δυαδικός, ή, όν; δυάζω *zweifeln* u. s. w.; δυασμός, ὁ; συνδυαστικός, ή, όν; ἀσυνδύαστος, ον. — δυϊκός, ή, όν; δυοστός, ή, όν (nach falscher Analogie von εἰκοστός u. s. w. formirt); συνδυαίνω, ἔνδυο (*Suid.*).

Durch Suff. ja entsteht sskr. dvaja (Neutr. Fem.) *ein Paar, zwei*; daran schliesst sich griech. δϝοjο : δϝοιο mit Verlust des ϝ: δοιο in δοιός, δοιώ, δοιοί, αί, ά, eig. wohl: *zwiefach, doppelt,* dann verallgemeinert *beide* und endlich *zwei*. Dazu: δοιή, ἡ *Zweifel*; δοιάζω; ἐνδοίασις, ἡ; -σιμος, ον; -σμός, ὁ; -στός, ή, όν; -τής, ὁ; -τικός, ή, όν.

Für dva: δϝε mit Verlust des ϝ: δέ (vgl. δίς aa.), eig. *zweitens*, dann *andrerseits* (Gegensatz von μέν I, 4); vgl. *Pott* (II, 137); οὐδέ, μηδέ aa.

Durch das comparative Suff. sskr. tara (vgl. ἕτερος II, 49 aa.), würde sskr. dvatara entstehn; diese Form erscheint mit Verlust des d in slav. vütorüïi *zweiter* (*Kop*. Gl.), griech. mit ϝε in ευ (vgl. εὔχος aa.): δεύτερος, α, ον; ganz nach derselben Analogie nhd. zweiter, welches sonderbarer Weise erst sehr jung (*J. Grimm* D. Gr. III, 637); zu δεύτερος: -ρόω; -ρωμα, τό; -ρωσις, ἡ; -ρωτής, ὁ; δευτεραῖος, α, ον; -ρεῖα, τά; -ρεύω; -ριάζω; -ριος, α, ον; -ρίας, ὁ; δεύτατος, η, ον; δευτάτιος, α, ον.

Zu sskr. dvi gehört sskr. dvis *zweimal* (verwandte bei *Bopp* V. G. 464, wozu noch goth. tvis u. s. w. *Grimm* D. G. III, 227 [1])); meiner Ansicht nach verkürzt aus dvi + su, alter Locat. Plur., also eig. *in zweien*; [so vielleicht auch sskr. nis im Verhältniss zu ni für ni + su u. aa.]; griech. δίς mit Verlust des ϝ; lat. bis (dv = b). Der Begriff: *in zweien* wird *auseinander*, daher hieher auch lat. Präf. dis (neben bis, wie duellum neben bellum) und eben so goth. dis (*Grimm* D. G. III, 723, 865), neben tvis, wo (nämlich in dis) d wegen des folgenden v statt t.

Sskr. dvi mit √dhâ zsgstzt, woraus sich ein adjectivisches Compos. bildete (vgl. √θε), aus welchem sskr. Adverb. (alter Instrumental? vgl. S. 49 ἄτερ): dvi-dhâ eig. *in zwei gelegt*; sskr. dh ward schon vor der Sprachtrennung in h geschwächt, wie oft (vgl. puru-ha aa. bei √θε), daher griech. χ entspricht: διχο (für δϝι + χο) in δίχα (Acc. Plur. Neutr.?); διχῆ (Ablat. für χᾱτ?); διχόθεν; διχῶς (für χωτ Abl.); διχάς, ἡ; διχάω; διχάζω; δίχασις, ἡ; διχαστήρ, ὁ; διχόω; ἄνδιχα (für ἀνά + δίχα); διάνδιχα (für διά + ἄνδιχα).

δίχα mit stützendem θ (vgl. χθές II, 208 aa.): διχθά; διχθάς, ἡ; διχθάδιος, α, ον (διο = sskr. tja I, 384, 385).

διχο + Suff. jo: διχιο in δισσός (vgl. θᾶσσον für ταχ-ιον aa., anders *Bopp* V. G. 461), ή, όν; διττός; διξός, ή, όν (ξ = σσ vgl. Νάξος II, 53); dazu: δισσαχῆ; δισσάκις, -κι; δισσεύω; διτταχοῦ; -χῶς; διξάς, ὁ.

---

1) Davon verschieden ist ahd. zui-ro = einem sskr. dvi + sva (vgl. zend. thri-shva u. s. w. I, 389); damit würde auch das von *Grimm* (II, 957) gemuthmasste goth. tvi-zva von Laut zu Laut stimmen; würde aber ganz verschieden sein von dem von *Grimm* fälschlich damit identificirten altnord. tvis-var, thris-var, dessen tvis = sskr. dvis, var = sskr. vâra u. s. w. (vgl. I, 381), so dass es wörtlich hiesse *in zwei* (= *zwei mal*) + *mal*.

δι für δϝι in einer Menge Zsstzgen: z. B. δί-τυλος, ον u. aa.; da vor τ ein σ sich gern hält, so schliesse ich hieraus, dass in allen diesen Zsstzgen, wenn sie nur *zwei-habend* bezeichnen, δι nicht δις anzunehmen ist, also nicht σ z. B. in δί-λοφος aa. ausgefallen ist.

Hieher δίζημαι (vgl. I, 686); ferner lat. du-bius = dvi + baja (= sskr. bha + ja von √bhâ II, 101) *zwiefach scheinend*; eben so lat. bi-farius = griech. δι-φάσιος, α, ον und δίφατος, ον; διφασία, ἡ; letztre beide Formen entscheiden, dass φας = sskr. bhâsh *sprechen* (II, 103).

Ferner διστάζω, mit στα (I, 628 ff.) zsgstzt, *zweifeln* (vgl. dubius), verschieden von lat. dis-stare goth. tvis-stass, tvis-standan (*Grimm* D. Gr. III, 227); dazu: δίστασμα, τό; -σις, ἡ; διστακτικός, ή, όν; ἀδίστακτος, ον.

δις dagegen in δις-ταφής, ές, δις-άρπαγος, δις-έγγονος, δίς-εκτος, δίς-ευνος, δις-εξάδελφος, δίς-εφθος, δίς-ηβος, δισθανής, δισκάλαμος, δισμύριοι, δίςπαππος u. s. w., wo die Bedd. *zweimal — habend* ist. Bei einigen ist es fraglich, ob δι oder δις der erste Theil ist, z. B. wo der folgende Theil mit σ anlautet, und der Unterschied zwischen *zwei* und *zweimal* (*doppelt*) nicht scharf hervortritt.

Wie aus der Pronominalform sskr. ki (II, 148) im Zend. das Neutr. Plur. kja (für ki-a), lat. qui-a entspringt, so aus dvi: griech. δϝι-ά: διά, eig. *zwei*, aber nur Adverb. und Präfix *in zwei, durch, durch und durch, sehr* u. s. w.; dazu διαί nach Analogie von ἀπαί aa. Mit διά, oder δι gsgstzt ist διάζομαι *Gewebe aufziehn*, dessen zweiter Theil wahrscheinlich zu √ϝι, gunirt ϝαj, mit ζ = sskr. j, *weben* (I, 285) gehört, also διάζομαι entweder δι + sskr. vaj-ê oder δια + vajê mit Zszhg wie oft (vgl. I, 357 sonst); dazu δίασμα, τό.

δια in δα (vgl. I, 388), Präf. *sehr* in δά-σκιος, δα-φοινός, und, wie ich glaube, in δά-σπλης, ὁ, ἡ *schrecklich*, dessen zweiten Theil ich zu σπλήν (I, 602) ziehe, aber statt der nominalen Form splihan, welche dort zu Grunde liegt, hier die participielle splihat zu Grunde lege, also eig. *sehr zornig* (vgl. die Bedd. von σπλάγχνον a. a. O.); δασπλῆτις, ἡ (anders *Pott* II, 601).

δι in ζ (vgl. I, 388): ζα = δα: in ζᾱ-ής (ζᾰ + ἄϝ-ής I, 262, daher ᾱ), ζάθεος, ζαθερής, ζακαλλής, ζάκοτος, ζαμερίτας (dor. zu μέρος II, 40) u. aa. (vgl. noch I, 574).

δϝι: δι auf jeden Fall in: δί-δυμος, η, ον *zwiefach, doppelt*; zweifelhaft ist δυμο; auch hierin könnte δϝι, in δυι, δυ übergegangen liegen, so dass dvi reduplicirt wäre, wie dva in sskr. dvandva, und μο Suffix; τρί-δυμος, τετράδυμος sprechen nicht dagegen; denn sie sind nur nach Analogie von δίδυμος formirt; allein δυμο könnte = sskr. jama, lat. gemi-nus *Paar* (II, 201) sein, mit Erhaltung des ursprünglichen δ (vgl. S. 200); in diesem Fall stände δυμο für δομο, mit υ entweder äol. wie in ὄνυμα (S. 144), oder durch assimilirenden Einfluss des ursprünglichen ϝ in δϝι: δι [1]). Zu δίδυμος: -μότης, ἡ; -μάων, ὁ; -μεύς, ὁ; -μεύω; -μαῖος, ὁ; -μιον, τό; -μη, ἡ; ἐπιδιδυμίς, ἡ; διδυμᾱτόκος, ον (nach

1) Das *Böckhische* δίδυμνος verdient keine Beachtung.

Pott (II, 377) διδυμᾶ Dual.; doch ist Dehnung in der Composition nicht selten).

Eine verbale Bildung von δϝι, ähnlich wie nhd. zwei-feln von zwei, ist δίζω *zweifeln*, wo ϝ eingebüsst; eine andre von δϝι, in δυι : δυ verwandelt, und κ angehängt, erscheint in δοι-δυκ (Intensivf. nach Analogie von ποιφύσσω aa. I, 555); davon δοίδυξ, ὁ *Mörserkeule* (womit man *in zwey* macht), διαδοιδυκίζω.

[Vielleicht gehört auch hieher: διξ (etwa zu διξός S. 219) in ἄδ-διξ, ἡ *ein Maass* (I, 250) von *vier* und in δά-διξ, ἡ ein Maass von *sechs* χοίνικες; allein die Anlautsylben ἀδ : δα verstehe ich nicht ganz; ob ἄδδιξ für ἀναδιξ *doppelt zwei*, und δάδιξ für δϝαδιξ?].

Aelter, als die Sprachtrennung, ist der Verlust des d (in dvi) in dem Zahlwort für *zwanzig*; griech., orchomenisch ϝι-κατι; dor. und gewöhnlich, ι zu ει gedehnt (vgl. zend. vî-çaiti), ϝει (-κατι), ϝεί-κοσι, ἐείκοσι (vgl. S. 214). [Danach kann man mit *Pott* (I, 221, II, 321) εἰ in εἶ-τα, εἶ-τεν (I, 9) eben so erklären; allein τα, τεν ist = sskr. tas, eig. also *vom zweiten*; dann liesse sich auch εἶθαρ für εἰ-θε (welches aber verschieden v. εἴθε S. 208) + ἀρ nehmen und das hier erscheinende εἰθε für δϝι + θε (vgl. das suffixale θε bei √θε) ebenfalls: *vom zweiten*]. Ganz eben so entsteht das sskr. Präf. vi aus dvi, welches sich jedoch nur im sskritischen Sprachbewusstsein erhalten hat, in den verwandten Sprachen aber nur in Wortbildungen bewahrt ist, die aus der, der Sprachtrennung vorhergegangenen, Periode stammen. Deren ist aber eine überaus grosse Anzahl (vgl. I, 15, 16 (Nachtr. XI); 78; 81, 82, 83, 84, 85, 88, 93 (Nachtr. XIII), 94; 111; 115; 176; 233; 257; 323; 340; 355; II, 19; 20; 21; 22 und sonst) im Griech. bemerkt.

Aus demselben Verlust des d erklärt sich das Charakteristikum des Suff. der 1sten Pers. Dual. in den Verben (sskr. v z. B. va für dva (Potent. Präter.), vas (Präs.) u. s. w.).

Diese Verstümmelung erscheint auch im Lat. u. Germanischen, wovon vielfache Beispiele vorgekommen (vgl. auch di-*vi*-de-re bei *Pott* I, 248, der jedoch *de* mit Unrecht an da-re (= sskr. dâ) knüpft; es ist = de in cre-de-re (II, 179) = griech. √θε, sskr. √dhâ, also sskr. vi + dhâ *in zwei legen* und davor wieder lat. dis: damit stimmt genau goth. dis-vinth-jan (*Grimm* D. G. II, 240) *dissipare*, mit eingeschobenem Nasal und schwach).

[Da wir hier d in der Form dvi schon vor der Sprachtrennung verloren sehn, so konnte dasselbe auch schon bei dva statt finden; va mit dem aus √bhâ (II, 101) hervortretenden Suff. bha, welches Aehnlichkeit ausdrückt: va-bha, würde *zweiartig* sein; da nun va im Sskr. überaus häufig u wird (*Bopp* Gr. sscr. r. 455 u. sonst), so ist damit identisch ubha *beide* (was I, 117 noch nicht ganz erkannt war); dass damit ἀμφο (a. a. O.) und die Formen der übrigen verwandten Sprachen wesentlich identisch seien, ist keine Frage; allein weil lat. ambo kein v hat, vermuthe ich, dass sie sich an die organischere Form dva + bha lehnen, dass hier v verloren sei (wie in δις u. aa.) und dann d eingebüsst ward (wie S. 216; vgl. noch *Pott* (I, 127, 128))].

Indem an die Form vi für dvi der Pronominalstamm sva (I,

452) tritt, wodurch Zahladjective, durch welche das Zahlwort als Bruchtheil bezeichnet wird, entstehn (vgl. I, 389), bildet sich die Form griech. ϝι-σϝο, eig. nach Analogie von zend. thri-shva *Drit-theil: Zwie-theil*; die organische Form goth. tvi-zva ist oben (S. 220 Anm.) bemerkt; indem va in u übergeht, wie in griech. *ἥμι-συ*, zend. thri-shû-m (I, 389), wird aus vi-sva sskr. vishu (sh wegen des vorhergehenden i). Da *zwei Zwietheile* sich gleich sind, so heisst vishu und griech. *ϝισϝο gleich*; diese organischere Form folgt aus *γισγον* (*Hes.* vgl. *Thiersch* (Gr. Gr. S. 226), *Pott* (I, 123, 272, 273, II, 46)), *ἀΐσος* für *ἀϝισος*, dem homerischen *ϝῖσον*, wo vielleicht statt des langen *ι* Position durch *σϝ* noch anzunehmen, und *ἐΐσον*, wo *ε* für *ϝ* [1]); äol., durch Assimilation: *ἴσσος* (*Ahrens* Diall. 66 der es für *ϝιδ-ιο* nimmt; diess hiesse aber *ähnlich*, wie zwar *ἴσος* auch heissen *kann* aber nicht *eigentlich* heisst; ferner entscheidet *γισγον* dagegen); bei *Hesiod.* und Attikern spurloser Verlust des zweiten *ϝ* (daher *ἶσος*) und natürlich auch des ersten. Also *ἴσος, ἶσος, ἐΐσος, η, ον; ἰσότης, ἡ; ἰσάκις; ἰσαχῶς; ἰσόω; ἴσωσις, ἡ; ἰσάζω (ἰσάσκετο); ἰσαίω; ἴσαιος, α, ον; παρισώδης, ες; -σωμα, τό; -σωτικός, ή, όν.*

Die eben behandelte Form sskr. vishu hiess eig. *Zwietheil*; wie nahe diesem der Begr. *theilen* überhaupt liege, bedarf keiner Bemerk. Dieser heisst aber im Sskr. vish und wir dürfen daher diese Wzf. gradezu hieherziehn; das gleich zu erwähnende griech. *αἰσυ-μνο* (wenn *υ* nicht dialekt. für *ο* steht) entscheidet dafür, dass sskr. vish, mit welchem es eng zusammenhängt, Denom. von vishu ist; das schliessende u ist auf ähnliche Weise verloren, wie das u der 5ten Conj. Cl. so oft (vgl. II, 34 man u. sonst). Zu sskr. vish vgl. *Pott* (I, 272, II, 46); griech. *ϝισυ* (= sskr. vishu für organisch vi-sva (vgl. oben)), gunirt: *ϝαισυ*; davon würde Partic. Med. *αἰσυ-μ(ε)νο* zsgzg. *αἰσυμνο* heissen, mit der eig. Bed. *gleiches*, dann, wie lat. *aequum*, das *ziemliche* (vgl. *αἴσιος*); davon denominativisch: *αἰσυμνάω* eig. *ausgleichen*, daher *richten*, *herrschen* u. s. w. *-νήτης, -τήρ, ὁ; -τις, ἡ; -τεία, ἡ.* Eine andre denominat. Bildung von *αἰσυ* wäre *αἰσυα*, davon: *αἰσυητήρ, ὁ*, dessen *η* noch nicht ganz klar. — An die Form mit Verlust des *υ*: sskr. vish, im Griech. ebenfalls gunirt *ϝαισ* in: *αἶσα, ἡ Theil* (anlautend *ϝ* im *Homer*); *αἴσιος, (α), ον; -όω; αἴσιμος, (η), ον; -μία, ἡ; -μόω; ἀναισίμωμα, τό. ϝαίσυλος, ον ziemlich* (*Hymn. Hom.* in Mercur. 164 *φρεσὶ ϝαίσυλα*); in *Ilias* u. *Odyss.* wäre, wenn die Lesarten richtig sind, *ἀϝαίσυλος unziemlich* in *αἴσυλος, ον* contrahirt; allein *ἀϝαίσυλος* erkenne ich zunächst in *ἀήσυλος* für *ἀϝήσυλος*, wo *η* für *αι* dialektisch sein müsste, aber, wie ich überzeugt bin, nur graphisch und *ἀϝαίσυλα* zu ändern ist; ferner ist *ἀϝαίσυλος* für *αἴσυλος* sicher *Od.* II, 232; V, 10 herzustellen: *εἴη καὶ ἀϝαίσυλα*; Il. XXI, 214 lässt sich aber *ϝαΐσυλα* (*περὶ δ' ϝαίσυλα*) lesen und erklären, so dass nur *ὅθετ' αἴσυλα* bleibt

1) Bemerken muss ich, dass man statt *ἐΐσο* zwar allenthalben *ϝῖσο* schreiben könnte, allein es entständen dadurch eine grosse Menge *Spondiaci*; daher diess unzulässig; aber diess *ε* scheint mit einem geschwächten *ϝ* verbunden gewesen zu sein, und ähnlich dem englischen w (vgl. auch I, 336).

(Il. V, 103), wo, wenn keine andre Hülfe erlaubt ist, *αἴσυλα* wirklich für eine Zszlıg von *ἀϝαίσυλα*, die übrigens an und für sich nicht undenkbar ist, zu nehmen wäre.

Gehört zu *ϝις theilen* noch *ἰσ-θ μός, ὁ der Hals, die Erdenge von Corinth*, so dass die eig. Bed. wäre: der Theil, welcher grössere Massen, wie dort Rumpf und Kopf, hier das eig. *Hellas* und den *Peloponnes* (bei *Hom.* Argos: *ἀν' Ἑλλάδα καὶ μέσον Ἄργος*) trennt, *theilt?* Dazu: *ἰσθμόθι; -μοῖ; -μιον, τό; -μιος, α, ον; -μικός, ή, όν; -μιακός, ή, όν; -μιάς, ἡ; -μώδης, ες; -μιάζω; -μιαστής, ὁ; διϊσθμέω; -μίζω.*

Mit **vish** *theilen* könnte das sskr. **vish** zusammenhängen, welchem die Bed. *durchdringen* gegeben wird; allein dieses könnte auch aus dem Präf. **vi** etwa mit **ish** (I, 13, 14), aber mit der Grdbed. *gehn* zsgstzt, also eig. *durch* (**vi** = *διά*) *gehn*, entstanden sein. Dafür spräche **vishâ** *mit Verstand*, **âvis(h)** *deutlich*; denn grade aus Wurzeln, welche *gehn* bedeuten, entwickeln sich Bezeichnungen des *geistigen Durchdringens* (vgl. (*α*) *ϝο* + *ι* (I, 10) sskr. **adhi + i, adhi + gam** (ebd.)); an sskr. **â + vish** schliesse ich griech. *ἀΐω*; denn dass es ursprünglich kein sensuelles *Hören*, sondern ein *geistiges Erkennen* bezeichnete, beweist unter andern *αἰσθάνομαι* (vgl. weiterh.); *ἀΐω* also für *ᾱ* + *ϝισ-ω(μι)*; die Annahme des, im Griech. selten sicher erkannten Präf. *ᾱ* = sskr. **â** (natürlich nur in vor der Sprachtrennung gebildeten Formen) hat seit Erkenntniss des lat. **â-jo** = sskr. **â-khjâmi** (S. 64) nichts auffallendes. Dazu *ἀΐτας, ὁ der Geliebte* (eig. *der Vernehmende* im Gegens. von *εἴσπνηλος*); *ἠΐων, ἡ Gerücht* (?); *ἄετε* (= *ἀκούετε* zsgzgen aus *ἀΐετε Hes.*).

ᾱϝις zsgzg. *αις + σθ* wird *αἰσθ* in *αἰσθάνομαι* (vgl. I, 266) *wahrnehmen; αἴσθημα, τό; -ησις, ἡ; -ητός, ή, όν; -τικός, ή, όν; -τής, ὁ; -τήριον, τό; ἀναισθησία, ἡ; -ητέω; -τεύω.*

So wie aus der verstümmelten Form **vi** (für **dvi**) **vish** entstand, so kann aus der organischen **dvi : dvi-sh** entstehn. In derselben Bed. wie **vish** erscheint diess in **prâdus**, welches der Bed. nach identisch mit **âvis** (oben), und aus **pra + â + dvish** entstanden ist. Wegen des Uebergangs von **dvish** in **dush** vgl. weiterhin. Aus dem Begr. *zwei* kann aber ferner mit Leichtigkeit *entzweit sein* u. s. w. hervortreten (vgl. **duellum : bellum** wahrscheinlich aus **dui-lium**, und **proelium** aus **pro-vilium** (**vi** für **dvi** wie in **viginti** u. aa.)). So ziehn wir denn hicher sskr. **dvish** *hassen;* die Entstehung des **sh** betreffend, so vermuthe ich, dass es von √**as** *sein* (I, 29) herrühre, so dass **dvi-sh** wörtlich: *zwiefach sein* bedeutet.

Griech. würde *δϝις* entsprechen; dieses, in der Bed. *hassen*, mit *ὀ* = *ἁ* (I, 382) zsgstzt, wird *ὀ* + *δϝις* : *ὀ* + *δυις* : *ὀδυσ sehr hassen, zürnen* u. s. w., in *ὀδυσ-σάμενος, ὠδυσ-άμην, ὀδώδυσται* bei *ὀδύσσομαι* (für *ὀδυσjομαι* 4te Conj. Cl.); davon *Ὀδυσσεύς*, N. p.; *ὤδυσις, -σίη, ἡ.*

Aus sskr. **dvish** wird **dush** (**v** in **u** und **i** verschlungen), als Verbum eig. *Hass verdienend werden, sündigen*, u. s. w. Ferner sskr. Präf. **dus** *Hass erregend, unangenehm, schlecht* (*Lass.* Anthol. sscr. 136), goth. **tuz** (*Grimm* II, 768), griech. *δύς* (vgl

Pott I, 94, *Bopp* V. G. 500); davon δύσ-χιμος, ον (wie μελάγ-χιμος, wo χ diminutivisch von der Wzf. sskr. îksh vgl. bei √θε).

[Zu der verstümmelten Form von dvish : vish in der Bed. *hassen*, lat. in-vīs-us *verhasst*, und sskr. visha *Gift* (das *Verhasste*), welches früher (I, 314) noch nicht erkannt war.]

Gehört zu der Form sskr. dush : dôshâ *am Abend, in der Nacht*, so dass die *Nacht* als die *hässliche* oder *feindliche* gefasst wäre? Dazu zend. daoshastarem (*Burn.* C. s. I. Y. I, Nott. CXV, CXIX); in diesem Fall gehört zu der organischeren Form δϝις (= sskr. dvish), oder der Gunagestalt δϝεις (vgl. weiterh. ἔδϝεισε aa.), griech. δείελος, ον *abendlich* (entweder für δϝισ-ελο, mit ϝ in ε, oder für δϝεισ-ελο); davon δειελινός, ή, όν; -λιάω; δειελη, zsgzgen, wird δείλη, ἡ *Abend*; δειλινός, ή, όν; δείλομαι.

Wie *Hass* und *Abscheu* begrifflich verwandt, so *hassen* und *scheuen*; so erhält griech. δϝις (= sskr. dvish) die Bed. *fürchten*; dass die zu dieser Wzf. gehörigen WW. mit δϝ anlauten müssen, ist schon früher bemerkt (*Buttm.* Gr. Gr. §. 7 Anm. 21, Lexil. I, 171); hieher δίω (für δϝισω) *fürchten, fliehn*; δίεμαι *fliehn*; δε-δϝισ-α : δέδια (δεδιέναι, δεδιώς u. s. w.); gunirt: δϝεισ in δεῖσαι (für δεισ-σαι), *homer.* ἔδϝεισε, περιδϝείσας, wo sehr inconsequent ἔδδεισε geschrieben wird (denn dann müsste man auch δδέος, δδεινός schreiben; in allen diesen Fällen ist δϝ zu restituiren); δεδεῖσθαι (*Hes.*); δεδϝοικα : δέδοικα, δεδοίκω; Intensivform nach sskrit. Regel (*Bopp* Gr. sscr. r. 560) würde δϝειδϝις lauten, verkürzt (nach Wzlex. I, 204) δϝειδ, daher δείδω; dazu gehört aber weder δείδια noch δείδοικα u. s. w.; dieses sind blosse Nebenformen von δε-δϝια, δεδϝοικα : δέδια, δέδοικα, dass aber ει für ε wegen des wirklichen Ausfalls des ϝ zum Ersatz eingetreten sei, glaube ich kaum, wenigstens kenne ich keine Analogie dafür; mir scheinen diese Formen im *Homer* bloss graphisch zu bestehn, weil man sich die Positionslänge des ε in δέδϝοικα u. s. w. nicht erklären konnte; das ει entnahm man dem organisch richtigen δείδω (die übrigen Ff. vgl. bei *Buttm. Lob.* Gr. Gr. II, 144 ff.). Dazu mit Suff. ος (= sskr. as, welches Guna fordert): δϝεισ-ος, ej. σ : δϝειος (Thema δϝειες): δεῖος, δέος, τό; δέαρ (Thema δεαρτ), τό; (δέομαι zw.); δϝειμα : δεῖμα, τό; δειματώδης, ες; -τόεις, εσσα, εν; -τόω; δειμός, ὁ; -μαλέος, α, ον; -μαίνω; δεδίσσομαι (4te Conj. Cl. redupl. für δεδϝισ-jομαι); δειδίσσομαι; δειδιάω, δειδήμων, ον; ἀδϝεής, ἀδεής, ἀδδεής, ἀδειής, ές; ἄδεια, ἡ; περιδέεια, ἡ; ἄδειμος, -μαντος, ον; δεισ-ήνωρ; δεισι-δαίμων.

Hieher δϝεες + λο: δειλός, ή, όν *furchtsam* u. s. w., *unglücklich*; -λότης, ἡ; -λαιος, α, ον; -ότης, ἡ; δειλαίνω; δειλία, ἡ; -λιάω; -λίασις, ἡ; -λιαίνω; -λόομαι.

[Aus dem Begr. *fürchten* ging das causative *schrecken* schon in δειδίσσομαι hervor; dieselbe Bed. in slav. djec *schrecken* (*Dobr.* 92), wo je Guna und v, wie oft, eingebüsst (also = sskr. dvèsh)].

Hieher ferner zu gr. δϝεες : δεες : δϝεες-νο : δϝεεννο : δϝεινός : δεινός, ή, όν *schrecklich* u. s. w.; δεινότης, ἡ; -νόω; -νωσις, ἡ; -νωτικός, ή, όν.

Dieselbe Formation δϝεες + νο erscheint in δέννος (für δϝεεννο, wahrscheinlich dialektisch), ὁ *Schimpf*, dessen Bed. sich jedoch eher an den Begr. *feind sein*, *hassen* schliesst; davon: *δεννάζω; -αστός, ή, όν.*

Indem ι durch Guna in αι übergeht, entsteht δϝαισ, vorn verstümmelt (wie oft) ϝαις; davon ϝαινός (wegen ϝ vgl. *Thiersch* Gr. Gr. 224), ή, όν = δεινός; αἰνόθεν; -ότης, ή.

[So wie wir ἔδδεισα für ἔδϝεισα u. s. w. fanden, so finden wir auch ἀδδηκότες; es heisst *unlustig sein*; und diese Bed. lässt sich sehr gut aus ἀ (= ἁ I, 382) + δϝις *sehr hassen*, deuten; daher ziehe ich hieher ἄδος (zsgzg. aus ἀ + δϝισος?), τό *Unlust*; ἀδϝηκότες, ἀδϝήσειε (*Pass.* unter ἀδέω); ἀδεῖ = λυπεῖ (*Hes.*); ἀδϝαιος, ἄδαῖος, ἄδαιος, ον; ἀδήμων, ον; -μονέω; -ονία, -οσύνη, ή; und endlich ἀδϝην: ἄδδην, ἄδην *bis zum Ueberdruss* (vgl. I, 249, wo unsicher); anders *Pott* (I, 242)].

Die causale Bed. *schrecken* wird zu *scheuchen* modificirt (vgl. *scheuchen* im Verhältniss zu *scheuen* = *fürchten*, δεῖσαι); δίομαι (für δϝισομαι) *vor sich her scheuchen*; ἐνδίημι *scheuchen*. Wie δεδοίκω von δέδοικα, so von einem regelmässigen Pf. δεδϝίωκα, mit Verlust der Redupl., Präsens δϝιώκω, διώκω *verfolgen*; für das ϝ entscheidet die verstümmelte Form ϝιωκή, ἰωκή, ή (*Thiersch* Gr. Gr. 233 vgl. Wzlx. I, 150); zu διώκω: -κάθω; -κτός, ή, όν; -κτωρ, -κτήρ, -κτης, ὁ; -κτρια, ή; -κτύς, ή; διωγμός, ὁ; -μα, τό; δίωξις, ή; zu ϝιωκή: ἰῶκα, τήν; ἴωξις, ή; ἰωγμός, ὁ.

Wie zu der verstümmelten sskr. Form vish: vish *Mist* (das *Hässliche*) gehört, so auch zu der vollen dvish griech. δεῖσα, ή *Schmutz*; δεισαλέος (Gramm.).

√δρ. Im Sskr. dṛi 1. *beschädigen*, sicher identisch mit dṛi *zerreissen*, *zerspalten* (vgl. *Pott* I, 229); in der Flexion bis jetzt Ff., wo ìr und âr statt ṛi erscheint, belegt; ferner ar in dar-ita *zerrissen*; dara *ein Riss*, daran'i *reissender Strom*; dâran'a u. s. w.; reduplicirt: dar-dara *zerbröckelt*; dardura *Klippe* (*Berg*); darad *Klippe* (nach I, 204 verkürzt); dardru, dar-drû *Hautausbrüche*, dardrun'a, dardû glbd. (vgl. I, 204); drâd' *zerspalten* (unbel.); mit l für r wie oft: dal *zerreissen*, *theilen*; dalita *zerbrochen* u. s. w.; dala *Theil*; dalmi *der* (*zerschmetternde*) *Donnerkeil*. [Mit rû = ṛi, wie oft, drû *verletzen* fraglich, ob hieher].

2. dṛi und dṛi heissen ferner *fürchten*. Diese Bed. erklärt sich aus dem sskr. Gebrauch, wo dri auch *geistige Zerrissenheit* bezeichnet, z. B. dìrn'a hṛidaja *zerrissenes Herzens*. Dazu dar-ita *erschreckt*, dara *Furcht*; darad, darada *Schrecken*, dârun'a *schrecklich* u. s. w.

Eine Intensivbildung (nach *Bopp* Gr. sscr. r. 563) von dṛi ist daridṛi in daridra *arm*, daridrâ *arm sein*; ob diese Bed. aus dem Begr. *zerrissen*, oder *in Furcht sein* hervorgeht, will ich nicht entscheiden.

Als sekundäre Bildungen: wahrscheinlich dṛi-p, dṛimp, dṛi-ph, dṛimph, dṛi-bh (wozu drinbhu, sonderbarer Weise mit n geschrieben, *Donnerkeil* u. s. w. vgl. oben dalmi) *verletzen* (zu dṛi *verletzen*); gewiss dṛi-bh *fürchten* (zu dṛi *fürchten*); gunirt und mit l für r gehört hieher dalbh-a *Trug*, *Unredlichkeit*; diese Bed. scheint aus dem Begr. *verletzen* hervorgegangen zu sein; dass das Wort hieher gehört, zeigt Folgendes: wir wissen aus unzähligen Beispielen, dass r oft ausfällt und statt dessen alsdann gern Nasal eintritt; so erscheint dambh = darbh und hat einerseits die Grdbed. von dṛi *zersplittern*, andrerseits aber auch *betrügen*, und dambha, in seinen Bedd. gleich dalbha; dambha heisst ferner auch *Stolz* und beweist damit, dass auch dṛip in der Bed. *stolz* (wahrscheinlich *übermüthig*, *verletzend*) *sein* hieher gehört; zu dambh gehört dambh-ra (zerstückelt) *klein* und dambhôli *Donnerkeil* (vgl. oben dṛinbhu und da'lmi); mit dambholi identisch ist g'ambhòli (vgl. S. 201). [Da wir endlich für ṛi oft rŭ eintreten sehn, vielleicht hieher dru-n' (vgl. oben drû) *verletzen*, wozu dru-n'a *Scorpion (zerreissend, stechend)*, *Betrüger* (vgl. dalbha, dambha) u.s.w.]; wahrscheinlich endlich hieher: dru-h, wo h für gh, wie dru-gh-ana *der (zerschmetternde) Hammer*, zeigt (vgl. *Burn.* Y. Not. XXVIII. n. 6.).

Verwandte betreffend vgl. *Pott* (I, 229), dem nicht in allem beizustimmen; dazu slav. darjön *percutio*; mit l = r: djelü (= sskr. dala) *Theil* (*Kop.* Gl.), litth. dur-ru (für durju 4te Conj. Cl.), -ti, lett. dur-ru, duhrt *stechen*; litth. dalis *Theil* (vgl. *Pott* a. a. O.); lett. dilt *verschleissen*, litth. dal-gis *Sense* (?); goth. tairan (vgl. *Pott* a. a. O.), woher ahd. zorn.

r hat aber ferner einen aspirirenden Einfluss, daher Lauten, welche r vorhergehn, in den verwandten Sprachen, oft solche entsprechen, welche einer sskr. Aspirate correspondiren; dieser Einfluss bleibt auch, wenn die Gruppe zersprengt ist; daher hieher goth. dail-s *Theil* (*Graff* V, 401 als ob die sskr. Wz. dhṛi lautete) u. s. w. (*Grimm* nr. 492); ahd. dorn (*Graff* V, 226) [schwerlich von dusmus: dumus; gehört aber dieses mit sskr. dhustů̊ra *Dornapfel* zusammen?]; endlich sekund. tol-g *Wunde* (*Graff* V, 420); gael. dail, dala *Theil*; dalbh *Trug* (vgl. sskr. dalbha); wie lat. dolor (*der zerreissende Schmerz*), so auch gael. duilich *dolens*, dorr *ira* u. aa. (vgl. auch *Diefenb.* Celt. I, 153).

Griech.; Grdbed. *zerspalten*; ob in δωρ (vriddhirt = sskr. dàr), wovon δῶρ-ον, τό *die gespaltene offene Hand? ein Maass*; ἑκκαιδεκάδωρος, ον (vgl. *Diefenb.* Celt. I, 155, *Pott* II, 604).

Begr. *stechen* (vgl. oben litth. durru): δέλλῖς (Wzf. δελ Guna; λ = ρ; λλ assimilirt, ob für δελϝι?), ῖθος, ἡ *Wespe* (*die stechende*); δελλίθιον, τό.

vriddhirt: διά-δηλος (äol. ζάδηλος) zerrissen; vgl. *Ahrens* (Diall. 88.).

Aus Begr. *zerspalten*, *beschädigen* überh. in δηλ (vriddhirt mit λ = ρ): δηλέομαι; ob in ὅρκια δηλεῖσθαι die Grdbed. *brechen* sich tropisch erhalten hat? auch *verletzen* durch *Betrug* (vgl. sskr. dalbha, dambha oben) [dazu lat. dēl-eo, ahd. tara *Verletzung* (*Graff* V, 438 ff.), til-on *tilgen* (*Grimm* II, 44, nr. 492, *Graff* V, 398), lett. deldeht *tilgen* (von dilt, oben); vgl. *Pott* (I, 208, II, 607)]: δηλαίνω; δηλήεις, εσσα, εν; δήλημα, τό; -ήμων, ὁ; -ησις, ἡ; -ητήρ, ὁ; -τήριος, ον; -τηριώδης, ες. ξιφοδήλητος, ον.

Begr. *verletzen durch Betrug* (vgl. δηλέομαι sskr. dalbha, dambha): δολ (Guna, λ = ρ), lat. dol-us, ahd. zâla *Trug*

(*Grimm* II, 54 nr. 562, von wo auch zal zu dieser Wz. in der Bed. *zertheilen* gehört); anders, aber, wie die verwandten zeigen, falsch *Bopp* (Gl. sscr. s. kh'ala); δόλος, ὁ; -λόεις, εσσα, εν; -λόω; -λωμα, τό; -λωσις, ἡ; -λερός, ά, όν; -λιος, α, ον; -λιότης, ἡ; -λίζω; -λιεύομαι; δόλων, ὁ; δόλοψ, ὁ (Gr., mit ὀπ zsgstzt.).

Begr. *stechen*: δρῖ-μύς (ρῖ = ři wie oft), εῖα, ύ *stechend, beissend, scharf* u. s. w.; -μύτης, ἡ; -μύλος, ον; -μύσσω; Δριμώ N. p.

Wie von dři sskr. vi-dâra, vi-dâr-an'a *Krieg*, ahd. zorn (S. 226), so hieher griech.: δῆρ-ις, ἡ *Streit* (ηρ = sskr. âr, Vriddhi); δηρίομαι; -ριάομαι; ἀδήριτος, ον; λογοδηρία, ἡ (spät).

Sek. Formen durch p (vgl. sskr. dřip u. s. w. S. 225), lett. drupt *zerbrechen* (neutral), griech. δρέπω (brechen) *pflücken* (ρε = sskr. ři : ra, wie oft); δρεπτός, ή, όν; -της, ὁ; -τω; δρέπανον, τό; -νη, -νίς, ἡ; -νιον, τό; -νώδης, ες; δροπά (*Hes.*); δροπίς (*Hes.*); βατοδρόπος, ον; ἀδρέπανος, ον.

Reduplication von δρεπ, oder genauer Intensivform, nach Analogie von sskr. dřiç : dardřiç (*Bopp* Gr. sscr. r. 562), ist δαρ-δαπ für δαρ-δραπ (ein ρ ausgestossen, wie oft (vgl. S. 98), hier der Dissimilation wegen): δαρδάπτω *zerreissen* (Grdbed.); anders *Pott* (I, 186, II, 175, aber δαίρω heisst gar nicht *zerreissen*).

Dem sskr. dřip, in der gunirten Form, entspricht griech. δορπ : δόρπον, τό aus dem Begr. *theilen*, eig. *Portion*, dann *Mahl* (wie δαίς S. 204); δόρπη, ἡ; -πήϊον, τό; -πία, -πεια, ἡ; -πέω; -πηστος, -πιστος, -ός, ὁ; σύνδορπος, ον; ἐπιδόρπιος, ον; -πίς, ἡ; -πίδιος, ον; -πίζομαι; -πισμός, ὁ; -σμα, τό; ζοφοδορπίδας, ὁ.

δρώπαξ, ὁ (ρω = sskr. râ); -πακίζω; -κισμός, ὁ.

Sek. Form mit φ (vgl. sskr. dřibh S. 225 und mit g' für d: g'ři(m)bh (S. 189) *spalten*, mit Verlust des ři und statt dessen a: g'ambh, wozu griech. γαμφ u. s. w. (S. 115), welches früher noch nicht erkannt war): δρυφ (ρυ = ři wie oft); δρύπτω *zerreissen, zerkratzen*; δρυπίς, ἡ; δρυφή, ἡ; -φος, ὁ; -φάζω; δρύψις, ἡ; δρύψιλον, τό; ἀμφίδρυπτος, ον; -ρυφής, ές; (ἀποδρύφω zw.); κατάδρυμμα, τό.

Im Sskr. war aus dieser Wz. in der Bed. *zerrissen, geklüftet sein* [vgl. nhd. klippe, ags. clëofu, von ahd. kliub-an *spalten* (*Grimm* II, 18, 208, *Graff* IV, 546) für skliub = lat. scrûp-us (I, 310)] die Bezeichnung von *Klippe* und (*felsichter*) *Berg* hervorgegangen. Aus Begr. *felsig* kann leicht *rauh* überhaupt werden und so ziehe ich hieher als:

sek. Form durch χ: τρᾶχ; wegen τ für δ vgl. πυθ = sskr. budh aa.; ρᾶ = sskr. râ, wie oft: τραχύς, εῖα, ύ; -χύτης, ἡ; -χύνω; -χυσμα, τό; -σμός, ὁ; τραχυντικός, ή, όν; -χώδης, ες; -χόω; -χωμα, τό; -χωματικός, ή, όν; -χών, ὁ; -χωνίτης, ὁ; -ῖτις, ἡ; Τραχίν N. p.; τρηχύς (ion.); -χαλέος, α, ον; -χύνω; -χυσμα; -σμός; -χώ, ἡ; -χώδης.

[Eine sek. Form durch nhd. k = griech. χ ist vielleicht Wzf. truk, mit ru = sskr. ři (triuku), mit der Bed. *betrügen*, wie oben mehrfach (vgl. *Grimm* D. Gr. nr. 265)].

(δρ). Im Sskr. heisst dar-vî, dârvì *die Haut einer Schlange*;

die Wz. erscheint als Verbum in slav. der-ôn, drje-ti *abhäuten* (*Kop.* Gl.), lett. dihr-aht *schinden*, griech. δαρ : δερ. *Pott* (I, 229) zieht letzteres zu dem eben besprochenen sskr. dṛi *zerfleischen*; vielleicht geht die Bed. aus dem Begr. *spalten* durch Vermittelung von *trennen, lostrennen* hervor: δέρω; δείρω; δαίρω; δέρτρον, τό; δάρσις, ἡ; δαρτός, ή, όν; δρατός (δρετός), ή, όν; δορά, ἡ; δορίς, ἡ; δόριλλος (aber auch δορίαλος, δορύαλος (vgl. *Schneider* Gr. Wb.) *weibliche Schaam*, eig. wohl *Häutchen* (vgl. ἐπίδεῤῥις=κλείτορις); δορός, ὁ; ἀμφίδορος, ον; ἄδορος, ὁ *Schlauch* (vgl. *Pott* II, 129, der es mit *Suid.* für *ungegerbt* nimmt); ἐκδόριος, ον.

δέρ-μα, τό (*das Abgehäutete*) *Haut*; -μάτιον, τό; -ματώδης, ες; -μάτινος, η, ον; -ματικός, ή, όν; δερμύλλω (*Hes. Etym.*); δερμηστής, ὁ (zu √ἐδ I, 246 *essen*) *Pelzwurm*. ἀποδερματόω; λεπτόδερμος, ον; -μία, ἡ; -ματος, ον; ποικιλοδέρμων, ον; ἐπιδερμίς, -ματίς, ἡ;

δέρας, τό; δέρος, τό.

Identisch mit sskr. dârvi (s. oben) ist griech. δέῤῥις für δερϝις, wie δερβιστήρ = δέρμα zeigt (*Suid.*); δέῤῥιον, -ρίδιον, τό; δέρις, ἡ.

[βύρσ-α (welches S. 65 sehr unsicher behandelt) ist ein dialektisches Wort (*E. M.* 217, 10), in welchem β und υ für δ und ο stehn (vgl. äol. βλήρ = δέλεαρ und ὄνυμα = ὄνομα aa.), also für δορσα (= lat. dorsum) = δέρμα].

δρ. So verschieden die Begriffe *schlafen* und *laufen* sind, so scheint die Bezeichnung derselben doch aus einer Wurzel hervorgegangen zu sein.

Im Sskr. heisst Wurzelform drai *schlafen*; in der Flexion drâ-jâmi, drâ-ṇa; wie gewöhnlich wird hier als eigentliche Wurzel blosses dr (sskr. dṛi) zu Grunde zu legen sein. Für den Begriff *laufen* erscheint sskr. Wzf. drâ in drâ-ṇa *entlaufen*, √dr-u *laufen*, vielfach belegt, und dr-a-m, sek. Form, belegt in der Intensivform (*Bopp* Gr. sscr. r. 569) dan-dram (*Kath. Upan.* IV, 19). Auch diese Wzformen reduciren sich auf dr (sskr. dṛi). Beide Begriffe vermitteln sich durch Folgendes: ahd. drâhjan (*Graff* V, 292) und dras-jan (ebds.) heissen beide *schnauben*; diese entsprechen beide (h = ksh und s = ksh, wie oft) dem sskr. drâksh, neben welchem die durch den aspirirenden Einfluss des r entstandene Nebenform: dhrâksh erscheint; beide: *unangenehm tönen, begehren*. Beide Bedd. reduciren sich auf die im Ahd. erhaltene *schnauben*; in der Bed. *unangenehm tönen* ist jene verallgemeinert und die zweite *begehren* entstand daraus, dass das *Schnauben* ein Zeichen heftigen Begehrens ist; für solche Bedeutungsentwickelungen erscheinen vielfache Analogieen, z. B. ἐρυθριάω *erröthen* aa; sskr. ksh ist aber fast durchgehends tertiär; so bleibt als Wzf. drâ, welches, wie gewöhnlich, eine Repräsentation von dṛi; aus dem Begr. *schnauben* geht aber leicht der des *Laufens* sowohl (heftige mit *Schnauben* begleitete Bewegung), als des *Schlafens* (durch Vermittelung von *Schnarchen*) aus. In Beziehung auf *Laufen* beachte man noch ahd. drâ-ti *Eile* (von drâhjan *schnauben Graff* V, 256) und sskr. drâk *schnell*, welches vielleicht eine Mittelform zwischen drâ *laufen* u. drâksh *schnauben* bildet.

1. sskr. drai *schlafen* (vgl. *Pott* I, 230, wo ausser sl. drjemati (sek. Form durch m, vgl. lat. dor-mire, ahd. trou-m) noch dren-b-nón (sek. Form durch b = sskr. bh) *torpeo* (*Kop.* Gl.) hinzuzufügen; ob danach auch lat. tor-p-eo hieher? t wäre unorganisch; vielleicht auch sskr. tan-drâ *torpor*, welches abgesehn vom anlautenden t eine regelrechte (nach *Bopp* Gr. sscr. r. 569) Intensivform von drai sein könnte. Durch Einwirkung des r konnte d in der Wz. dr aspirirt werden (vgl. sskr. dhrâksh oben); daher entspricht griech. *θϱ*; dieses reduplicirt und zwar mit *δ* für *θ* in der Reduplicationssylbe nach dem Gesetz des Sanskrits, würde die Intensivform (*Bopp* Gr. sscr. r. 562) *δαϱθϱ* entstehn; verkürzt (nach I, 204) *δαϱθ*; dazu *δαϱθάνω* (*ἔδαϱθον, ἔδϱαθον*).

2. sskr. dr-u u. s. w. (s. oben) *laufen* (vgl. *Pott* I, 211, *Bopp* V. G. 124); daneben, wie bemerkt, drâ; dazu: griech. *δϱᾶ* in *διδϱά-σκω* (*ἔδϱαν, δέδϱᾶκα* u. s. w.); *δϱασμός, ὁ; δϱησμοσύνη, ἡ* (spät); *δϱασκάζω; ἀπόδϱασις, ἡ; ἄδϱαστος* (*ϱησ.*), *ον; ἀδϱάστεια, ἡ*.

An sskr. dram (welches nicht = drav, wie *Bopp*, V. G. 503, annimmt), griech. *δϱαμ* in *ἔδϱαμον, δϱαμοῦμαι* (vgl. *ὀμοῦμαι* S. 203) u. s. w.; *δϱάμημα, τό; δϱόμος, ὁ; -μάδην; -μαῖος, α, ον; -μάς, ὁ, ἡ; -μάασκε* (*-μάω* verloren); *-μεύς, ὁ; -μημα, τό, -μίας, ὁ; -μικός, ή, όν; -μων, ὁ; ἀναδϱομή, ἡ; -μέω; ἐπίδϱομος, ον; -μία, ἡ*.

Durch die so gewöhnliche p-Bildung entsteht *δϱᾶ-π* (ob dahin nhd. traben? t wegen des aspirirenden Einflusses von r vgl. dails u. s. w. S. 226); dazu: *δϱαπέτης, ὁ; -τις, ἡ* *Flüchtling* (vgl. sskr. drân'a *entflohn*), anders *Pott* (I, 229); *δϱαπετίδης, ὁ; -τικός, ή, όν; -τίσκος, ὁ; -τίνδα; -τεύω; -τευσις, ἡ*.

δϱύππα, ἡ fremd = lat. druppa.

Wurzeln und Wzformen, welche mit *T* anlauten.

T genannt Ταῦ von einem phönicischen W. = hebr. תָּו

(*τ*) Pronomst. Im Sskr. t mit a und u, fraglicher, ob mit i. 1., mit a : ta (tat vgl. *Bopp* V. G. S. 489 ff. 496), mit einfacher Demonstrativbed. *er, dieser, jener*; griech. *το*, im *Hom.* noch pronominal, später zum Artikel abgeschwächt; verwandte bei *Bopp* (a. a. O.), vgl. *Graff* (V, 2). *το* bildet alle obliquen Casus *τοῦ, τῆς, τοῦ* u. s. w., und folgende Nomin. 1., des Sing. Neutr. *τό* für *τοτ* (= sskr. tat); 2., der Duale; 3., des Plur. Neutr. *τά* und des Msc. u. Fem., jedoch nur dialektisch (*τοί, ταί*). Den Nom. Sing. Msc. Fem. *ὁ, ἁ,* (*ἡ*) Plur, *οἱ, αἱ* betreffend vgl. I, 381; über sskr. sa (= *ὁ*) vgl. I, 379 und über sskr. sô I, 282; sskr. sah' ist durch Einwirkung falscher Analogieen entstanden.

Zu *το*: *τόθι* (vgl. *θε*); *τόθεν; τῇ; τεῖν-δε* (vgl. I, 401, *Pott* II, 162); *τυΐ; τῷ*; organ. *τᾶϝατ* (= sskr. tâvat vgl. I, 401) wird *τῆμος* (*μ* = *ϝ* und *ς* = *τ* vgl. I, 402), *τέως* (für *τᾶος*, vgl.

a. a. O.), τείως (mit ι = ϝ wie oft); τάως (vgl. a. a. O.); τώς; dasselbe τᾶϝατ declinirt, aber anomal, in ταῦς, ταΰς (eig. *so gross*) = μέγας; τᾶϝατ mit Suff. sskr. ja würde τᾶϝατιο, daraus ταύσιος (Gr.), τηΰσιος, α, ον, eig. *eben so vielig* (ähnlich gebraucht wie des *Terenz*: *Aeque quidquam nunc quidem* (*Andr.* II, 6, 3) und unser: das ist man *eben so viel* d. h.) *nichtig*; anders *Geist* (Disquisitt. Hom. in *Jahn* Jahrbb. für Philol. Supplem. I, 4); an diese org. Form schliesst sich vielleicht auch τυτθός, ή, όν für ταϝατ + θο (vgl. θε und μίνυ(ν)θα), dann eig. *so grossfach*, durch den Gebrauch *so klein* (mit Demonstration verbunden vgl. eben so lat. tantillus). Wenn τυτθός hieher, dann auch τυννός, ή, όν (dor.) *klein*; die eig. organische Form von τᾶϝατ ist nämlich ταϝαντ, daraus lat. tantus (I, 401); eben so würde aber, υ durch Einwirkung des organ. ϝ, griech. τυντος entstehn und mit der, grade im Dorischen vorherrschenden rückwirkenden Assimilation (vgl. ὄππα für ὄπ-μα aa.) τυννός; dazu τυννοῦτος. [Zu sskr. tâvat auch lett. tapat *eben so*, litth. taip, taipo, taipojau glbd. tapatti *eben derselbe*].

τοῖος (vgl. S. 146), α, ον; τοιοῦτος.

τόσος (vgl. a. a. O., allein wegen der dialektisch und sonst erscheinenden doppelten σ in diesen Formen (ὅσσος, τόσσος *Ahrens* (Diall. 65), ὁπόσσος) scheint mir die dort gegebene Deutung dieser Bildung unrichtig; wäre das Suff. τjο = sskr. ti (welches die gleichbedeutenden ka-ti, ja-ti, ta-ti bildet *Bopp* Gr. sscr. r. 286) + ο (= sskr. a)? vgl. lat. tantu = tavant + u = sskr. tâvant + a; man kann auch an anderes, aber nicht sichereres denken), η, ον; τοσάτιος (σσ), α, ον; τοσάκις (σσ), -κι; τοσοῦτος; τοσαυτάκις; τοσαυταχῶς; -ταπλάσιος; τοσσῆνος (dor.).

τηλίκος (vgl. I, 226), wozu sl. toliků (*Kop.* Gl.). — Hieher ziehe ich τῆ-νος, α, ο (dor. wie κη-νο für κει-νο vgl. über die Bildung S. 147, *Pott* II, 161, 167) *jener*; τηνόθι; -θεν; τηνῶθε; τηνεί (*Pott* II, 162); τηνίκα (vgl. πηνίκα S. 146 u. 148).

τότε, τόκα, τοτέ (vgl. S. 148).

Die Zsstzg. mit Pron. υ betreffend το + υ + το (οὗτος, αὕτη, τοῦτο) vgl. I, 282; eben so über die mit ἀ + υ: (αὐ-τός) I, 281. —

Zsstzg nach sskr. Regel (*Bopp* Gr. sscr. r. 675) τήμερον (τα + ἦμαρ), τήμερα; mit σ für τ: σήμερον; -ρινός, ή, όν. — eben so: τῆτες (τα + ϝετες vgl. I, 311 und die in diesem Bd. zu gebenden Nachträge), σῆτες; τήτινος (σητ.), η, ον; τήτειος (σητ.), ον, τητάνειος (σητ.), ον; σητάνιος, α, ον (vgl. *Bopp* V. G. 493, *Pott* I, 92); τημελέω (vgl. S. 39).

[An diese Pronomform schliessen sich mehrere Suffixe; so sskr. ta (griech. το), Suff. des Ptcp. Pf. Pass. und, nach dieser Analogie, dessen Nebenform sskr. na (griech. νο) an den Pronomst. ν (S. 44 ff.); Genaueres an einem andern Ort. — Ferner wohl das alte Suff. des Superlat. griech. το, lat. tu (vgl. S. 146), wofür sich die Bildung des Superlativs in den romanischen Sprachen durch Vorsetzung des Artikels anführen lässt. — Gehört endlich hieher Suff. sskr. tas, lat. tus, griech. τος, τεν, τα in sskr. a-tas *von hier*, an-tas, lat. in-tus, griech. ἐντός (vgl. S. 48), εἶ-τεν, εἶτα (S. 221)? zu letztrem ἔπ-ειτα (I, 136 falsch); aa. an einem a. O.].

Wenn diese Suff. mit einiger Wahrscheinlichkeit hieher gezogen werden dürfen, so können auch mehrere mit t und Vokal i hieher gehören, in denen wir alsdann 2. den Pronomst. t mit i: ti erkennen dürften; so ti in den Zsstzgen mit den Pronst. a : i, sskr. a-ti, griech. ἔτι (I, 251), sskr. i-ti, ferner pra-ti, griech. προ-τί (I, 141); und das superlat. sskr. ti (in ka-ti u. s. w. *Bopp* Gr. sscr. r. 286) begrifflich = dem erwähnten griech. το, lat. tu (sskr. ka-ti = κο-το, quo-tu S. 146); aa. a. einem a. O.

3. t mit u sskr.: tu; verhält sich zu ta, wie nu zu na (S. 50); es hat, wie die meisten aus der Demonstration abgeschwächten Begriffsbezeichnungen, eine kaum greifbare Bed.; im Gebrauch stimmt so ziemlich damit überein griech. τοί geschwächtes *da*, und da οι für sskr. u oft erscheint, so könnte τοι mit sskr. tu identificirt werden; doch liesse es sich auch an το schliessen wie οἷ von ὁ, ποῖ von πο u. s. w. Dazu τοίνυν, τοιγάρ u. s. w. — An den Pronst. sskr. tu schliesse ich auch lat. tum (vgl. S. 50 num u. s. w., wozu nun-c; S. 187 zu vgl.).

Dass mit dem sskr. Pronomst. t zusammenhängt: sskr. tja (*Bopp* V. G. S. 506), ist kaum fraglich; nach Analogie von madh-ja (S. 30), an-ja (S. 49) ist mir auch hier wahrscheinlich, dass die Endung ja mit dem comparativen Suff.: sskr. îja(n)s verwandt sei. Da sskr. tja in dja übergeht und ihm griech. δο entspricht (vgl. I, 388), so lässt sich die griech. Pronomform δε in ὅ-δε, ἥ-δε, τό-δε (nur in τοῖς-δεσι, -δεσσι, -δεσσιν (*Hom.*) und τῶν-δεων (*Ahrens* Gr. L. Diall. 126) flectirt) dazu ziehn. Allein wir dürfen nicht bergen, dass sich auch Spuren eines demonstrativen Pronomstamms d zu zeigen scheinen, der sich jedoch (nach Analogie von Suff. dja = tja) auch als Schwächung von t fassen lässt.

Im Sskrit erscheinen solche und zwar sehr unsichre Spuren nur in Suffixen und es ist natürlich sehr zweifelhaft, ob diese zur Annahme eines Pronominalstamms d berechtigen; in Pronominibus gar nicht. Denn sskr. idam ist nicht, wie *Bopp* (V. G. 500) annimmt, i-dam, sondern id (Neutrum des Pronomstamms i) + am (für ham, gham S. 187), und ebenso ad-as, ad [Neutr. von a = zend. aṭ (*Burn.* C. s. l. Y. I, N. LXX), lat. ad (welches I, 251 falsch)] + as; letztres ist dunkel. Jene Suffixe könnten dâ und di sein; allein dâ in sskr. ta-dâ, i-dâ (in idâ-nim), kadâ, sadâ u. s. w. nähert sich der Bed. nach so sehr dem sskr. Suff. tja (vgl. weiterhin), dass es hypothetisch für eine Ableitung von der Nebenform desselben dja (I, 388) gelten kann (alter Instrumental); und dass di in ja-di entschieden eine Veränderung von dja = tja ist, zeigt sskr. â-di im Verhältniss zu â-dja, dem es bedeutungsgleich ist; denn letzteres ist grade so aus der Partikel â formirt, wie sskr. ava-dja aus ava, und ava-dja steht für avatja (anders über jadi *Lassen*, Gîtâ Govinda, Epimetr. de jadi). — Im Zend dagegen erscheint dem, dim (*Bopp* V. G. 489, 254*, *Burn.* C. Y. I, 464) als Pronomen und eben so könnte lat. dem in i-dem, dam in qui-dam gefasst werden zu müssen scheinen. Ich gestehe, dass ich auch diese hypothetisch nur für phonetische Nebenformen von sskr. tja (durch Vermittelung von dja) halte.

Zu δε = sskr. tja ziehe ich ferner griech. δει in δεῖ-να,

gebildet wie *κει-νο* (S. 147) und ursprünglich wohl Neutr. Plur. mit der Bed. *dort*; dann bisweilen anomal formirt: *δεῖνος, νι, να, νες* u. s. w. *jener*.

Wenn unsre Erklärung von *δεῖνα* aus sskr. tja richtig ist, so ist *δεῖνα* auch formell identisch mit dem glbd. goth. jains *jener* (*Graff* I, 598); dieses hätte seinen T-Laut vorn, wie oft (vgl. jung S. 206), und das schliessende thematische a, wie immer, eingebüsst [ganz so lässt sich *εἶν* fassen, dessen frühere (I, 2) Erklärung, wegen Nichtübereinstimmung der Bed. (*κεῖνος jener*) unsicher].

Zu sskr. tja ziehe ich das gleichlautende Suff., welches insbesondre an Adverbia tritt, z. B. sskr. iha *hier*: iha-tja *hiesig*, d. h. eig. *hier der*; dazu lat. tim in viri-tim (tim = sskr. tjam). Diess Suff. hat im Sskr., wie bemerkt, schon die Nebenform dja (vgl. I, 388). Im Griech. entspricht diesem zunächst Suff. *-διο*, ferner mit Verlust des *ι*: *-δο*, zu Adverbialbildungen dienend; als Acc. Neutr. z. B. *ὀρχη-δόν* (vgl. viritim oben); Acc. Plur.: *ἀποστα-δά*; Acc. Sing. fem. *ἱπποτροχά-δην*; Abl. Plur. *ἄλλυ-δις, ὠμα-δίς, ἄμυ-δις*.

Die eig. Bed. dieses Suff. ist, wie der sskr. Gebrauch zeigt, Bezeichnung der Oertlichkeit; daher im Griech., der organ. Form dja (im Instrumental (? I, 388, vgl. jedoch auch (S. 231) sskr. ja-di für ja-dja eig. *wo-ig* wie *hie-sig*)) entsprechend: *-ζε, -δε, -σε* ***Bewegung wohin*** bezeichnen (vgl. I, 388); *ζε* in: *Ἀθήνα-ζε, θύρα-ζε, Θήβα-ζε*; *-δε*: *ἀγρό-δε, ἴ-δε* (*dazu*; *ι* Pronst. vgl. I, 3, wo *δε* falsch genommen), *ὧ-δε hieher* (wo *ὡ* gedehntes *ὁ* (= sskr. sa?), wie die Pronomst. in manchen Bildungen gedehnt werden, z. B. *ἑτέρωθι* u. aa.), *so*; aa. Adverbia (wie im Sskr.) *τημόςδε*; *τηνικάδε*; *σε* in *πό-σε, ἄλλο-σε, ὁμό-σε* (I, 388); (*ἔνσε*), *ἐς, εἰς* (S. 48); *δε* an Casus als nachtretende Partikel gehängt: *δόμον-δε, οἴκα-δε, τεῖν-δε* (S. 229), *τυῖ-δε* (S. 229).

Zu *ὧδε hieher* zieht ***Pott*** (II, 44, 215) das glbd. *δεῦρο*, indem er es für *ὧδε ὅρσο* nimmt; *δευρί* (mit *ι* für hi S. 188); (*δεύρω* Gr.) vgl. auch ***Hartung*** (Casus 203); dazu auch *δεῦτε* (*δηῦτε* ***Hartung*** Partik. I, 322, ***Ahrens*** Diall. 104) für *ὧδε + αὖτε* (***Buttm.*** Gr. Gr. II, 268). [Da oben (S. 231) sskr. idânîm *jetzt, eben* angeführt ist, so bemerke ich, dass dazu lat. deni-que gehört mit Verlust des anl. i und Hinzutritt des indefiniten que; anders ***Bopp*** V. G. 501.]

√*τι*. Im Sskr. heisst √k'i 1. *sammeln, zusammenbringen*, vgl. k'aja, k'iti, k'itja u. s. w. ***Haufen***, u. s. w.; ob damit *πι-νος* vereinigt werden könne, darüber oben (S. 77), ob *χέω* (vgl. S. 194). Aus dem Begr. *zusammenbringen, sammeln* geht 2. die Bed. *zählen* hervor; im Sskr. vi + k'i *zählen* (***Raghuv.*** III, 2); diese Bed. schon im Simpl. im sl. tschü-tön *zählen* (***Kop.*** Gl. s. v. tschütenie), cärnth. tschtjeti glbd. (ebds.), sloven. schtejem glbd. (***Metelko*** sloven. Gr. S. 105); dazu slav. tschi-clo ***Zahl***, tschinü ***Reihe*** (***Kop.*** Gl.); pri-tschi-tajön *zuzählen* (***Kop.*** Gl.). Gehört dazu lth. skaityti, lett. skaitiht *zählen* (oder zu sskr. kh'id *scheiden* I, 168)? — Aus dem Begr. *zählen* 3. die Bed. *zahlen*; im Sskr. apa-k'i-ta *ausgegeben*, griech. mit *τ* = k' wie gewöhnlich, τι (s. weiterh.). Aus *zahlen* endlich 4. *jedem das Gebührende geben* und zwar sowohl *Strafe*, wie *Ehre*; a. beides in griech. τι-μή, oder b. durch Gebrauch auf das eine fixirt und zwar α. *Strafe* im zend. k'i-ta (*Bopp* V. G. 127, *Burn.* C. Y. I, 508), β. *Ehre* im sskr. apa-k'i-ti *Ehre*, apa-k'ita *geehrt*, apa-k'â-jita glbd. und k'i im Simplex: *dienen*, d. h. *verehren* (*Kath.* Upan. V, 10); ebenso slav. tschĭ-stĭ *Ehre* (*Kop.* Gl.), tschü-tomü *geehrt* (ebds.); russ. tschi-tatj, ltth. czestis *Ehre*. Das e, welches hier erscheint, können wir nur für eine Trübung von i ansehn, wie denn auch einige slav. Hdschr. statt des richtigen tschĭ-stĭ tschectĭ schreiben (*Dobr.* 191), so dass wir bis hieher lauter Ff. haben, welche dem sskr. k'i mit Vokal i entsprechen. Allein, wen auch nicht die Masse der in diesen Untersuchungen gehäuften Thatsachen von meiner Ansicht überzeugt hat, dass die Vokale nicht *radikal* sind, folglich statt des Vokals i auch a, u erscheinen können, der wird doch in Folge der sskr. Regel (*Bopp* Gr. sscr. r. 416, vgl. I, 175) die Möglichkeit zugeben, dass Ff. erscheinen dürfen, welche nicht sskr. k'i, sondern k'a entsprechen würden, und diese Annahme wird bestätigt durch slav. Ff., welche sich an die erste Bed. *sammeln*, *häufen* lehnen, so tsche-ta *Haufen* (*K.* G.); tschactü *dicht* (ebds.), tschec-ti *lesen* (*Dobr.* 542). — Aus der Bed. *sammeln* geht endlich mit Präf. sskr. nis: sskr. niç + k'i *mentem colligere*, *denken* und die sek. Wzf. k'it *denken* hervor, wozu slav. tshjo-jón *sentire*, *audire* (*Kop.* Gl.). Zu k'i vgl. noch *Pott* (I, 204), wo jedoch Zusammenstellungen, denen ich grösstentheils nicht beistimmen kann.

[Da für k'i sskr. k'a eintreten kann, so ziehe ich hieher und zwar zu Bed. 2. *zählen* das k'a in pan-k'a(n) (I, 543), vorausgesetzt dass die Etymol. von pan (vgl. jedoch Neue Ntr.) richtig ist. Denn die Deutung von k'a durch *und* lässt sich in einem einzeln stehenden Wort nicht halten; wörtlich hiesse pank'a(n) dann: die *Hand* (Spann)-*Zahl*, d. h. die *Zahl*, *welche durch Ausspannung der Hand bezeichnet ward.*

Das sskr. Suff. vara wird an Wzeln mit kurzen Vokalen durch Einschiebung eines t geknüpft (vgl. g'i-t-vara, ga-t-vara und *Bopp* Gr. sscr. p. 265); da sich k'a für k'i annehmen lässt, so erklärt sich so vielleicht k'a-tvar, die sskr. Grdform des Zahlworts, welches *vier* bezeichnet. Das Suff. vara ist etymol. noch nicht mit Sicherheit zu deuten; identisch ist es wohl mit vṛi (vgl. devṛi S. 217); nach Analogie von gatvara *gehend* u. s. w. hiesse k'atvara, der eben gegebnen Etymol. zufolge, *zählend*. Uebrigens bleiben noch bedeutende Schwierigkeiten; das Fem. Plur. hat im Sskr. k'a-tasṛi zur Grdform; daraus — verglichen mit der Grdf. des Fem. von tri *drei*, welche tisṛi lautet — zu schliessen, dass k'a-tvar aus k'a(*und*) + tri zusammengesetzt sei (*Bopp* Denkschrift. der Berl. Akad. 1835 histor. phil. Cl. 163, V. G. S. 439), verbietet, abgesehn vom ganz anomalen Voranstehn des k'a, das v in tvar, welches, nach einer Menge Analogieen in tasṛi verloren (vgl. √ τϝα, τϝαϱ u. sonst), aber nach keiner in tvar eingeschoben sein kann; mir ist sowohl die Form k'a-tasṛi als tisṛi unerklärbar [1]), wobei aber zu bemerken ist, dass keine der ver-

1) Wäre tisras und k'atasras aus einer Pluralform tir-asas,

wandten Sprachen eine Spur derselben hat. Die verwandten Ff. vgl. man bei *Bopp* (a. a. O.), *Pott* (I, 9, 77, 87, De Lth. Bor. Princ. 58, wo man gael. ceithir hinzufüge); griech. würde dem sskr. k'atvar entsprechen *τετϝαρ*, daraus durch Assimilation: *τέτ-ταρ-ες, -ρα*, gewöhnl., mit *σσ* für *ττ*, *τέσσαρες, -ρα*; ion. *τέσ-σερες, α*; mit ο *τέττορες, τέτορες, α*; mit Verlust der Sylbe *ϝα*: *τετρ* in *τέτρασι*; äol. wird sskr. k' zu *π*; daher *πέσσυρες* (*Ahrens* Gr. L. Dial. p. 40), *πέσυρες, πίσυρες* (mit *ι* für *ε*, *υ* für dor. o). An diese Grdformen schliesst sich, ausser den schon (S. 215) angeführten: *τεσσαρεςκαίδεκα, τεσσαρακαίδεκα, τέταρτος, η, ον* (für *τετϝαρτος* = sskr. k'aturtha, also *τ* = th); *-ταῖος, α, ον*; *-ταΐζω*; *-ταϊκός, ή, όν*; *τετράς, ἡ* (vgl. *Pott* II, 465); *-ράδιον, -δεῖον, τό*; *-δισταί, οἱ*; *τετράδυμος* (vgl. *δίδυμος* S. 220), *ον*; *τετράκις, -κι*; *τέτραχα* (vgl. S. 219); *-χῆ*; *-χθα*; *-χῶς*; *-χίζω*; *τετραξός, ή, όν* (vgl. *διξός* S. 219); *τετρακτύς, ἡ*; *τέτρατος, η, ον*; *τετρᾶς, ὁ*; *τε-τραντιαῖος, α, ον*; hieher *τράπεζα* für *τετραπ.* (vgl. *Pott* II, 215 u. oben II S. 92; ähnlich geht k'a im sskr. turja, turîja für k'aturja *der vierte* (eig. comparative Bildung vgl. dvitîja S. 219), verloren); *τέτραχμον, τό* (für *τετραδραχ.* vgl. *Pott* II, 215) [lat. quadro für quatvaro]].

Sskr. Form k'i, Bed. 2. *zählen*; dazu mit gr. *κ* = sskr. k' (vgl. *-κα* S. 148), *κοῖος* (maced.) *Zahl* = sskr. k'aja.

griech. *τ* = sskr. k', wie gewöhnlich: *τί-νω* (9te Conj. Cl.), Bed. 3. *zahlen* (*poenam luere*), Med. *zahlen lassen, strafen, rächen* u. s. w.; *τί-νυμι* (wie im Sskr. k'i-nu) 5te Conj. Cl.; *ῑ* statt des im Griech. in dieser Form gewöhnlichen Guna; att. *ῐ* würde dem Sskr. entsprechen; Bed. 4. *das Gebührende erweisen*, in der Modific. a: *strafen, rächen*; *τί-ω* (6te Conj. Cl. für *τι-jω*), Bed. 3. *zahlen, büssen* (nur im Fut. u. Aor. Act.); Med. *zahlen machen; sich bezahlen machen, rächen*; Bed. 4. in der Modif. *β* *ehren*; *τίσις, ἡ*; *τίτας, ὁ*; *ἀτίω* (füge man mit *ἀμείρω* zu S. 47 als Beispiele des, nach Analogie von ne-scio u. s. w., mit Verben verbundnen privat. Präfixes *Pott* II, 127, 129); *ἀτίτης, ὁ*; *ἄτιτος, ον*; *ἀτιτέω*; *ἀτισία, ἡ*; *ἀτίετος, ον*; *ἔκτισμα, τό*; *ἐκτιστής, ὁ* (*Steph.*).

Hieher *τῑμή, ἡ* Bed. 4.: *Strafe, Ehre*; *τιμηϝεις*: *τιμήεις, εσσα, εν*; *-μιος, α, ον*; *-μιότης, ἡ*; *τῖμος, ὁ*; *-μάζω*; *-μάω*; *-μημα, τό*; *-ησις, ἡ*; *-ήσιος, ον*; *-ητής, -τήρ, ὁ*; *-τός, ή, όν*; *-τικός, ή, όν*; *-τήριος, α, ον*; *-τεύω*; *-τεία, -τία, ἡ*; *Τίμων* N. p.; *-ώνιον, τό*; *ἄτιμος, ον*; *-μία, ἡ*; *-μόω*; *-μωσις, ἡ*; *-μωτικός, ή, όν*; *-μασμός, ὁ*; *-στήρ, -τής, ὁ*; *-τός, ή, όν*; *ἐντιμότης, ἡ*; *ἐπιτιμία, ἡ*; *-μήτωρ, ὁ*; *πολυτιμητίζω*.

---

k'at(v)arasas durch Ausstossung des a tirsas, katarsas und dann Umsetzung entstanden? jene Nominativformen schlössen sich einigermaassen an die Vedennominative âs-as für âs (*Bopp* Gr. sscr. Add. ad r. 142); tir für tri ist gewöhnlich. Aus tisras, k'atasras hätte man dann nach andern Analogieen eine Flexion formirt. Dass in diesen Formen individuell Sanskritisches vorliegt, zeigt, wie im Text bemerkt wird, der Mangel jeder Spur von ihnen in den verwandten Sprachen.

[Hieher lat. aes-tim-are; ob Lehnwort, da ich kein sichres Beispiel kenne, wo lat. t = sskr. k' (vgl. *Pott* II, 163)?].

Reduplic. τιτίω = τιμάω (*Hes.*); dazu τίταξ, ὁ *König* (*Hes.*); τιτήνη, ἡ *Königin* (*Hes.* vgl. *Pott* II, 586); sollte man nun auch Τῑτᾱν, ὁ hieherziehn, oder gehört es zu der sskr. √ tan (vgl. τείνω) eig. *strecken*, dann im Sskr. *schaffen*, so dass es die *Schaffenden wären*? (vgl. auch *Pott* II, 272); -νίς, ἡ; τιτώ, ἡ; τιτάνιος, α, ον; -νιάς, ἡ; -νώδης, ες.

[Sehr fraglich ist, ob hieher gehört τετίημαι *betrübt sein*; die Form würde sich mit τιε in ἀτίετος verbinden und eben so erklären lassen. Die Bed. aber liesse sich aus 4ª· nur sehr unsicher deuten: (*strafen, im Zustand sein, als ob man gestraft wäre, betrübt sein*). Doch kenne ich keine sichrere Etym. Wäre an sskr. tig' *stechen* (vielleicht für stig' = στιγ I, 647) zu denken? dass diess die eig. Bed. sei, zeigt tig-ma *stechend, scharf*; davon ti-vra (ob von einer Wzf. tiv für tig' + v vgl. niv, miv für nih + v, mih + v (vgl. Ntr. zu II, 43, 54)?), dazu vielleicht τετίϝημαι *ich bin in einem Zustand, wie gestochen, verwundet*].

τυ; in τύ-λος, ὁ: die eig. Bed. scheint *Schwulst, etwas sich Aufblähendes, Knäuel, Wulst*; dazu lat. tŭ-mor, tu-meo, tŭ-mulus, und tū-ber (welche I, 659, 660 falsch), mit ū; so griech. τῡ-λη mit ῡ; verwandt scheint, aber eine sekundäre Form durch g': sskr. tug' *dick sein*, als Verbum unbel., aber in tu(n)g-a *hoch, Hügel* (vgl. tumulus) erscheinend; diesem entspricht gael. tiugh *dick*: hieher ferner, aber mit sekk. Lauten, welche wohl sskr. k' entsprechen würden: poln. tyc', russ. tutsch in tutschnyi *fett*; lett. tuhk-t *schwellen*; tuk-t *fett werden*; tu(n)k-u *werde fett*; tuk-rus *mästend*, tauk-ai (gunirt) *fett*; hiermit ist wiederum slav. touk-ü *fett* verwandt und dieses kommt von tüï-jon *fett werden*, worin also tüï = gr. τῡ, lat. tů (schwerlich verwandt ist lth. duzas *fett* und goth. theihan (S. 200). Mit diesen letzten Ff. tüï, τυ, tu ist vielleicht zu vgl. sskr. tu *zunehmen, voll sein* (*Wils.*), aber unbel. und Sautrawurzel. Aus dem Begr. *aufgebläht*, d. i. *luftvoll*, geht die Bez. des Begr. *leer* hervor (vgl. I, 565 u. II, 165); so kann zu lett. tuk lett. tuksch *hohl, leer* gehören; damit ist aber identisch slav. tüsch-tü und sskr. tu-k'hh'a, wo k'hh' die so häufig vorkommenden sekundären Elemente sind (vgl. II, 58 aa.); gehört dazu noch lith. tystu *schwellen* und twysta glbd.? vgl. noch *Pott* (I, 170) u. *Diefenb.* (Celt. I, 146). Zu τύλος noch: τύλαρος, ὁ; -ρόω; -λεία, -λία, ἡ; -λεῖον, τό; -λόεις, εσσα, εν; -λώδης, ες; -λόω; -λωμα, τό; -λωσις, ἡ; -λωτός, ή, όν; -λίσσω (ττ): hieher τυλάς, ἡ eine *Drosselart*, die auch ἰλλάς (von ϑϝρι *drehn*) heisst; der Begr. *drehn* tritt in τυλίσσω hervor.

Wir sahn sekundäre Wzformen aus τυ hervortreten, sskr. tu-g', tu-k'hh' u. s. w.; so gehört wohl zu einer sek. F. durch φ: τύ-φ-η, ἡ *eine Pflanze*, die zum *Polstern* gebraucht ward (vgl. τύλη *Polster* u. s. w.).

τά: ταϝ. Hebräisch תַּיָּבִים und תּוֹבִים, welches von den Phöniciern überkommen war, scheint mir dem sskr. çikhin (Nom. çikhi) *Pfau* zu entsprechen, mit dem ich malabarisch togeï, wo sich grade t = sskr. ç zeigt, identificire. Von Malabar her brachten aber grade die Phönicier diese Vögel (vgl. *Ersch* u. *Gruber* Encycl. der K. u. W. II, xvii, 26); das hebr. כ entspricht hier dem sskr. kh, und im Phönic. wurde es wohl *noch* gelinder gesprochen; daher ist nicht zu verwundern, dass das Wort, indem es von den Phöniciern zu den Griechen überging, statt des sskr. kh, hebr. כ, den Spiritus erhielt, also attisch ταὼς, ὁ ward (*Athen.* IX, 397), welches *Pfau* heisst. Einen Spiritus inmitten eines Worts duldete die griechische Sprache im Allgemeinen nicht; daher er auch in diesem Wort verloren ging: ταώς, ταών; dialektisch scheint sich an dessen Stelle ϝ gesetzt zu haben: τάϝως; daran lehnt sich arab. طاوس (*Pott* in Ztschrift für die Kde des Morgenlandes IV, 1, 28) und lat. pavus, pavo, deren p vielleicht durch die Assimilationskraft des v herbeigeführt sind; vgl. *Pott* a. a. O. und E. F. II, 443).

τερέβ-ινθος, τέρβινθος, τέρμινθος, τρέμιθος, τρίμιθος. ἡ *Terebinthe*; τερεβίνθινος, η, ον; -θίζω; -θώδης, ες.

[(k'ṛi.) Von der S. 82, 83 behandelten Wz., welche sskr. k'ṛi bezeichnet werden würde und *reiben* bedeutet, ging der Begriff *zögernd, lang* hervor. Aus *zögernd* kann mit Leichtigkeit in einer Superlativform die Bed. *der letzte* hervortreten, so dass wir das formal genau dazu passende sskr. k'ar-ama der *letzte* nicht davon trennen dürfen. Insofern der *letzte* der *entfernteste* ist, kann der Begriff *fern* ebenfalls sich daraus entwickeln. Nun erscheint griech. τηλο mit dieser Bed., und der Form τηλυ in τηλύγετος (über γετος vgl. S. 117) entspricht äol. πήλυι (*Ahrens* Diall. I, 41); in letzterer Entsprechung liegt eine zwingende Nothwendigkeit, dies Wort auf eine Wz. zurückzuführen, welche im Sskr. k' statt der griechischen τ : π hätte (vgl. *Ahrens* a. a. O.); ich nehme daher keinen Anstand sie mit k'ṛi zu verbinden; in lat. pro-tel-are (vgl. *Pott* II, 281) und in lith. toli (Compar. toliaus), lett. tahlsoh, altpr. tals *fern, wenn* sie dazu gehören, ist daher auch t = sskr. k', was mir in diesen Sprachen sonst nicht mit Sicherheit nachzuweisen ist; zu τηλο: τηλόθεν; -θε; -θι; τηλόσε; -λοῦ; -λοῖ; τηλεδ-απός, ή, όν, wo τηλεδ Ablativ; daher ich auch τῆλε für τηλετ (Abl.) nehme; anders *Pott* (I, 228); τηλοτέρω; -τάτω; τήλιστος, η, ον; τηλύγετος setze ich = äol. πηλυ (*Ahrens* Diall. p. 155) + γετος, so dass die Form nicht ganz der κοινὴ angeeignet ist, sondern nur in Bezug auf den Anlaut; in πηλυ ist υ dialekt. für ω (böot. *Ahrens* 193); die vollere Form πήλυι ist in äolischen Adverbialformen erhalten (ebds. 154); hieher Τήλεφος N. p.; τηλέφιλον, oder mit Verlust des λ: τηλέφιον, τό *eine Pflanze* (vgl. S. 106).

Da nhd. rupfen mit reiben zusammenhängt, so ziehe ich nach dieser Analogie zu dieser Wz. (k'ṛi) in der Form k'ir (vgl. S. 83) hypothetisch griech. τίλλω (für τιλjω 4te Conj. Cl.); mit demselben Recht könnte es jedoch auch zu τρ *reiben* (vgl. weiterhin) gezogen werden; ganz anders *Pott* (II, 295). Davon: τίλμα, τό; -μάτιον, τό; -μός, ὁ; τίλσις, ἡ; -λτός, ή, όν; τίλλων, τίλων, ὁ; -λαι, αἱ; νακοτίλτης, ὁ; -τέω; παρατίλτρια, ἡ.

τήνελλα, ein dem Klang der Cither nachgebildetes Wort, womit *Archilochus* einen Siegesgesang begann, daher τήνελλος, ὁ (vgl. *Passow*).

τύβιον, τό (ägypt.) *Handtuch* u. s. w.; ἡμιτύβ. ἡμιτύμβιον, τό.

τύβαρις (dor.), ὁ *Nachtisch* von Eppich in Essig.

√τεπ. Im Sskr. tap; drückt die activen Erscheinungen des Feuers, *strahlen* (*leuchten*) und *wärmen* aus; verwandte bei *Pott* (I, 257 vgl. De Lth. Bor. Pr. 60), wozu noch lat. te(m)p in temp-lum *der strahlende Himmel*, dann das von den Augurn mit dem, ihnen eigenthümlichen Verfahren, gleichsam auf die Erde übertragene Stück Himmel, *Tempel*; ferner *strahlen* in *blicken* in con-temp-lor; dazu auch ex-temp-ulo (-plo) wörtlich *aus* (einem) *Blick*, *im Augenblick*; damit identisch ist ex tempore ebenfalls eig. *augenblicklich* (aus dem Stegreif); daraus folgt wiederum, dass auch temp-us hieher gehört, also eig. *Augen-Blick*, dann *Moment*, dann *Zeit* heisst, so dass die Bezeichnung des Begriffs *Zeit*, aus der kleinsten sichtbaren Theilung derselben — dem *Blinzen der Augen* (wie auch bei den Indern von dem nimêsha glbd., vgl. *Ersch* u. *Gruber* Encyclop. d. W. u. K. II, XVII, 310) — ausgegangen ist. Dass dazu temp-es-tas gehört, ist keine Frage; ohne Zweifel aber auch temp-ero (Denominat. vom Thema temp-es wohl eig. *Zeitmaass setzen*, dann *Maass* überhaupt). Griech. τεπ in τέφρα (wo φ durch den aspirirenden Einfluss des ρ), ἡ *Asche* (glühend); -ρός, ά, όν; -ρώδης, ες; -ρήεις, εσσα, εν; -ρινός, ή, όν; -ραῖος, α, ον; -ράς, ἡ; -ριον, τό; -ρίζω; -ρόω; -ρωσις, ἡ; ἔντεφρος, ον.

Mit eingeschobenem Nasal τε(μ)π in Τέμπεα, τά N. p. (eig. *die warmen Quellen*); -πίς, ἡ; -πώδης, ες.

Zu sskr. tap gehört Tâpasa Namen eines Volkes, in dessen Land sich die Edelsteine fanden; daher wahrscheinlich der Namen des Topas: τοπάζιον, τό; -ζιος, ὁ; -ζος, ὁ; vielleicht = einem sskr. tâpasja (vgl. *Ersch* u. *Gruber* a. a. O. 92, v. *Bohlen* in den Abhandl. der Königsb. Gesellsch. I, 80 (1830)).

[τόφ-ος, ὁ eine lockere Steinart, *Tuff*, im Griech. unbel., davon] τοφ-ιών, ὁ *Steinbruch* (*Tab. Heracl.*), sicher fremd (italisch).

τῖφ-ος, τό *Sumpf* (selten, vielleicht dialekt., ob verwandt mit den Wzff. ἰκ, σικ, στικ I, 439, 440?); dazu: τίφιος, α, ον; -φώδης, ες; τίφυον, τό *eine* (*Sumpf*?) *Pflanze*; ob identisch mit ἴφυον, τό? ob hieher auch τίφη, ἡ *ein Insekt* (vgl. lat. tippula ein Insekt, das auf Sümpfen lebt); *eine Getreideart*?

[τῖφ-υς, ὁ der *Alp* gehört zu στιφ *drücken* (I, 647), mit dem so häufigen Verlust des anlautenden σ].

ταγγ-ός, ή, όν ranzig; ist ags. dung *Mist*, ahd. tunga (*Graff* V, 434) zu vergleichen? *ταγγή, ή; -γος, τό; -γίζω; -γιασις, ή.*

Τίγ-ρης, -ρις, ὁ N. p. des Flusses *Tigris* von einem wahrscheinlichen zend. tigh-ra (√ sskr. tig' *schärfen* S. 235) *scharf, Pfeil*, so benannt von seinem pfeilgeschwinden Sturz (schon nach den Alten, vgl. *Rosenmüller* Bibl. Archäol. I, 1, 196, *Benfey — Stern* Monatsnamen 202). Aus demselben Wort ist die Bezeichnung des pfeilgeschwinden *Tigers* im Armenischen gebildet (vgl. *Balbi* Atlas ethnographique, Discours prélim. LXVII); damit stimmt griech. *τίγρις* (aus dem Orient entlehnt), ή; *τιγροειδής, ές.*

τάτα, τέττα Väterchen; wie *πάππας* (S. 71), *μάμμα* (S. 31), aus dem zu den ersten Kinderlauten gehörigen ta : ta hervorgegangen; vgl. sskr. tâ-ta *Vater*; dialekt.-teutsch. tatte, lith. tetis, taitis u. s. w. *Väterchen*. Aus jenem Kinderlaut wohl auch sl. tetta, lith. tetta *Tante*; ob auch litth. tëwas *Vater, Grossvater*? Eine andre Form aus ta : ta ist griech. *ἄττα* (vgl. *ἄππα* : *πάππας* S. 71), wozu sskr. attâ *Mutter*, lat. atta (vgl. I, 251) zu vergleichen. — [Eben so aus dem Kinderlaut da : da: slav. djedü, lth. dëdas *Grossvater*].

ταΰρας, -ρος, ὁ Phasan, fremd, zunächst wohl aus dem Pers. tedsrew; letzteres verwandt mit sskr. tittiri, -ra (*francoline partridge*), ein onmtp. Wort, aus den Tönen tit : tit gebildet. Da sskr. tittira, -ri durch *Birkhuhn-Rebhuhn* (ich weiss nicht, ob diess eine besondre Art bedeuten soll) ausgelegt wird, so werden wir auch griech. *τετράων, -ράδων, ὁ; -ραῖον Auerhahn, Birkhahn* (? nach *Athen*. p. 654 *τετράωνας* = *φασιανούς*) für ein Lehnwort aus pers. tedsrew erklären; *τετράων* steht für *τετραϝων*, wie diess auch litth. teterwinnis *Birkhahn, Trappe* höchst wahrscheinlich macht; Nebenformen von *τετράων* u. s. w. sind endlich *τέτραξ, αγος (ακος), ὁ*, und *τέτριξ, ιγος, ὁ Auerhahn, Birkhahn, Trappe* (vgl. verwandte bei *Pott* I, LXXX, Zeitschrift für die Kunde des Morgenlandes IV, 1, 30).

τεῦτλον, τό att. *σεῦτλον Mangold*; *τεύτλιόν, -λίον, τό; τευτλίς*, att. *σευτλίς, ή.*

τευθ-ίς, ή; -θός, -θος, ὁ Dintenfisch; *-θίδιον, τό; -θώδης, τευθιδώδης, ες.*

τϝα Pronominalst. der zweiten Person; im Sskr. tva und mit der so häufigen Contraction von va in u : tu (vgl. noch *Bopp* V. G. 467 ff. 486, 473, *Pott* I, 115, 123, *Giese* üb. d. äol. Dial. 256). Nom. altsskr. tu, wozu das steigernde ham, mit Verlust des h : am (vgl. I, Nachtr. zu 152 u. II, 187), daher in den Veden tu-am, später tvam; griech, lat., goth., litth., lett., slav., gael. ohne angehängte Steigerung: *τύ* (dialekt.), mit *σ* für *τ* : *σύ* (gewöhnl.); tu : thu : tù : tu : tuï : tu; allein im Griech. scheint dialektisch auch die gesteigerte Form bewahrt zu sein, nämlich in böot. τούν (*Ahrens* Diall. 207) und in τυν in τίν-η (S. 187); beide Formen folgen jedoch mehr der Analogie des vedischen tu-am woraus τούν, τυν grade wie zendisch tûm.

[Ueber τᾶν vgl. S. 202; dagegen, dass es hieher gehöre und dem sskr. tvam entspreche, scheint die unorganische Dehnung des α geltend gemacht werden zu können und der anzunehmende Uebergang des nominativischen u in v, welcher in dieser Form noch nicht einmal in den Veden erscheint; man müsste, um τᾶν zu dem Pronom. 2ter Pers. zu ziehn, es entweder für eine noch ältere Form als tu + am nehmen, nämlich τϝα (Stamm) + αν (für ham S. 187), die aber wieder *das* gegen sich hätte, dass alle verwandten Sprachen im Nominativ tu als Grundlage zeigen, oder es dem sskr. Accusativ tvâm gleichsetzen, der in der That tva + am ist; allein passt in letzterm Fall die Bedeutung?].

Accusativ. Im Griechischen der reine Stamm (vgl. μέ, ἕ): τϝε, mit Verlust des ϝ: τέ (dialekt. dorisch) und σ für τ, σέ; dorische Nebenformen sind 1. τυ, welches eine Zszhg von τϝα sein könnte, aber auch ein anomaler Gebrauch des Nominativs; 2. τεί (τεΐ? *Ahrens* Diall. 207 n. 5); dieses nehme ich nach Analogie von ἐμεΐ (ἐμεί? a. a. O.) für τϝε + ι (wie in οὑτοσ-ί S. 188 νῶϊ ebds.); böot. τίν (*Ahr.* a. a. O.), ebenso für τϝε + ιν (wie in οὑτοσ-ίν S. 188, νῶ-ϊν I, 154, vgl. jedoch weiterhin). Indem an den Pronominalstamm tva das verstärkende gha (S. 187) tritt, entsteht goth. thu-k (vgl. I, Ntr. zu 152); indem dasselbe in seiner geschwächten Form, ha (S. 187), antritt tva + ha, entsteht nach, wie gewöhnlich, ausgestossenem h: sskr. tvâ; dazu würde lat. tê (mit Verlust des v, wie in can(is) = sskr. çvan, sê = sskr. sva) passen, wenn die Dehnung des ê organisch wäre; sie ist aber zufällig und tê = τϝε. Indem endlich die Neutralform des verstärkenden gha in der geschwächten Form: ham antritt, entsteht ej. h: sskr. tva + (h)am : tvâm, welcher Form die zend. und ltth. entspricht (lett. hat m zufällig eingebüsst, sl. tén ist sehr zusammengezogen).

Genitiv. Wie die Genitive: sskr. asmâkam, jushmâkam, lat. nostri, nostrum, vestri, vestrum, goth. unsara, izvara, alle anerkannt eigentlich Possessivformen sind (*Bopp* V. G. 485), so halte ich auch das sskr. tava (Genitiv von tva) für das, ursprünglich zum Pronomen possessivum destinirte, Thema; dafür spricht das griech. Possessivum τέος (für τεϝος), ltth. tawas glbd., lat. tuus für tuvos u. aa.; lat. tui verhält sich zu dem verlornen tuu (= τεϝο) fast wie vestri zu vestrum; dem sskr. tava entspricht griech.: τεϝο : τέο : τεῦ, gewöhnlich σ für τ : σέο, zsgzg. σοῦ : σεῦ, ι für ϝ, wie so oft, σεῖο (nach dieser Analogie ist ἐμέο u. s. w. Gen. von ἐγώ (I, 152) und ἕο u. s. w. Gen. von ἕ (I, 452) formirt, so dass hier der umgekehrte Fall wie im Germanischen eingetreten ist, wo der Genit. der ersten Person: goth. meina nach seiner Analogie: thei-na : sei-na herbeiführte).

Eigenthümliche Ff. durch die Aehnlichkeit der zweiten Declination herbeigeführt sind τε-οῖο, τεοῖ, die sich zu τεϝο ganz so verhalten, wie lat. tui zu dem verlornen tuu (= τεϝο); dazu dialekt. (mit ι = ε, ω = ου) τίω. Endlich: (dialekt.) Formen: τεῦς, τεοῦς (nach derselben Analogie ἐμεῦς : ἐμοῦς : ἑοῦς), τιοῦς, τίος, τίως (ι = ε); vgl. *Hartung* (Cass. 162), *Ahrens* (Gr. L. Diall. 207). Diese Endung gehört zunächst mit der lateinischen īus in ill-īus u.s.w. zusammen, welche *Bopp* (V. G. S. 220), *Pott* (II, 633) und *Höfer* (Beitr. I, S. 297 und früher §. 10) auf eine zu missbilligende Weise zu erklären suchen. Wie lat. vestrum : nostrum augenscheinlich ursprüngliche Possessive, durch das comparative Suff. sskr. tara gebildet (vgl. griech. ἡμε-τερο : ὑμε-τερο u.s.w.) und dann als Genitive der Pronom. verwandt sind, so sind ill-îus, cu-jus (für cu-îjus) u.s.w. ebenfalls durch das zweite comparative Suff. sskr. îja(n)s, lat. ius (vgl. mel-ius) formirt (daher î, welches sich hier gewöhnlich erhielt, während es im Comparativ der Regel vocalis ante vocalem corrip. folgt) und wie asmâkam, vestrum u.s.w. erstarrte Neutra mit ursprünglich possessiver Bedeutung, die als Genitive fungiren. Da wir nach oben (S. 219) wissen, dass sskr. îja nur eine Nebenform dieses Suffixes îja(n)s, so erkennen wir, dass auch die sskr. possessivischen mad+îja (aus mat Ablat. und Thema von Pronomst. ma *ich*) *mein*, tvad-îja *dein* u.s.w. auf dieselbe Weise gebildet sind. Diesem îja entspricht aber das griech. Suff. ιο (in οἷος u.s.w. I, 388, 404 sonst). So steht also griech. τεοῦς für org. τϝε + îjas; eig. müsste diess τϝε-ιος werden, aber grade vor ο findet sich ι oft in ε getrübt (z.B. Fut. Med. org. sja-me, eig. σιο-μαι, dann σεο-μαι, σομαι). Die übrigen dialekt. Ff. bedürfen keiner Bemerkung.

Dativ: eig. im Sskr. tva-bhi (vgl. I, 453, II, 104, 187), lat. ti-bi (ti mit i durch Assimilation); indem das Sskr. an diese Form am (für gham : ham S. 187) hängt, entsteht tu-bhj-am (für tvabhi + am). Schon vor der Sprachtrennung wurde aber bh oft in h geschwächt (vgl. lat. mi-hi = sskr. mahj + am für mabhi + (gh)am); so würde für tva-bhi die Form tvahi entstehn; aber schon vor der Sprachtrennung fiel auch h aus (vgl. ausser den oben vielfach vorgekommenen Fällen als genauer hieher passend sskr. çivais für sskr. civê-h-is : civê-bhis (vgl. civê-bhjas): organisch (civ)-a-bhis (vgl. S. 104)); so entsteht aus tvahi : tvai, zsgzg. nach sskr. Regel (*Bopp* Gr. sscr. r. 36) tvê; da endlich v im Sskr. oft eingebüsst wird (vgl. tahuh weiterhin u. aa. oft), so entsteht tê; diese beiden Ff. tvê, tê sind die Nebenformen von tubhjam im Sskr.; missbräuchlich sind sie auch auf den Genitiv übertragen, und diese Uebertragung findet sonderbarer Weise in den griech. Casussuffixen -φι : φιν ihre Analogie [1]). Griech. τοί (= tva + hi), σοί; wie nun neben φι : φιν (mit ν ἐφελκ.) erscheint (S. 104), so lässt sich als eine Nebenform für tva-hi auch τϝε-ΐν denken, welches im dor. τεΐν erhalten wäre (eben so ist böot. ἑΐν (*Ahrens* Diall. 208) von sva (I, 403), und ἐμιν in ἐμίν-η (II, 187) zu fassen); doch kann man diese auch an die Form tvahi + am (nach Analogie von sskr. mahjam) u.s.w. schliessen.

An σε noch σέθεν (vgl. θε).

Hierzu das schon erwähnte Possessiv. τεϝος : τεός, ά, όν mit σ und zusammengezogen : σός, ή, όν.

---

1) Beiläufig bemerke ich, dass δεξιόφιν und ähnliche fälschlich für Accusative genommen werden (*Thiersch* Gr. Gr. §. 182, 4); sie sind mit ἐτέρηφι (S. 104) identisch, nur Neutra.

Dual: tva + a (Dualzeichen vgl. S. 218) würde tvâ werden; indem das verstärkende am (für gham S. 187 vgl. das Vorhergehende) daran tritt, würde tvâ + am entstehn; mit dem gewöhnlichen Uebergang von tvâ in tû und dem individuell-sanskrit. Vokal-Conglutinat j (vgl. *Bopp* Gr. sscr. r. 310, 265, 271 u. aa. hier nicht aufzählbare Fälle) tû-j-am; dieses ist die Vedenform (*Lassen* Anthol. sscr. 142); die gewöhnliche sskr. Form wird aus dem Stamm des Pluralis (vgl. weiterhin) ju gebildet; an dieses Thema tritt vâm, welches ich, nach Analogie von goth. vi-t (Dual des Pronomens der ersten P.) und litth. ju-du (Dual der zweiten P.), jum dwiem (Dativ. *euch zweien*), jumû dviejû (Gen. *euer zwei*), ebenfalls für Ueberbleibsel von dvâm (mit eingebüsstem d wie in vinçati für dvinçati) halte (über goth. u. litth. vgl. *Bopp* V. G. 483, 3), so dass sskr. juvâm für ju-dvâm steht; letztres ist aus dva (S. 218) + am (= gham S. 187) zsgstzt. An letztre sskr. Form schliesst sich litth. ju-du u. s. w. und slav. vama (= sskr. juvâbhjâm), vajû (= sskr. juvajôs), mit Verlust des anlautenden ju; vgl. *Bopp* (a. a. O.). Nach dieser Analogie kann man nun auch die sskr. Nebenform (im Acc. Dat. Gen.): vâm für eine Verstümmelung von juvâm ansehn; doch ist es wahrscheinlicher, dass sie, wie vas für tvas (vgl. weiterhin), für tvâm stehe und tvâ + am (für gham), also wesentlich identisch mit dem vedischen tû-j-am, sei.

Der organischen Dualform tvâ würde griech. τϝω (so ist auch griech. νω in νῶ-(ι) = organischem nâ, nicht dem sskr. nau vgl. S. 218) entsprechen; indem τ, wie oft, zu σ ward: entstände σϝω und, ϝ durch Einfluss des σ aspirirt (vgl. I, 453, 461 aa.), entsteht σφώ (Nom. Acc.); an diese Form tritt die verstärkende Pronominalform sskr. hi, griech. ι (vgl. I, 154, II, 188); so entsteht: σφῶϊ (für σφωhι), Nebenform von σφώ; und mit ν ἐφελκ. σφῶϊν (Gen. Dat.), σφῷν, (oder wäre diese Form die Zszhung des org. Dativs tvâ-bhjam: σφω-h-ιν? denn σφῶϊν tritt nicht für Nom. u. Accus. ein (vgl. Buttm. Lexil. I, 54); dasselbe würde alsdann von νῶϊν (I, 154) gelten). Dazu σφωΐτερος, α, ον; und σφέτερος (in der Bed. *euer*).

Plural: Im Sskr. dient als Nebenform im Acc. Dat. Gen. vas, welches augenscheinlich eine Verstümmelung von tvas ist (ob regelrechter Plural von tu, oder (wegen nas) mit *Bopp* (V. G. 477) zu erklären, will ich nicht entscheiden); die sskr. Hauptform schliesst sich an den schon erwähnten Stamm ju. *Bopp* hält diesen für eine Schwächung von tu (V. G. S. 475, vgl. *Höfer* Beitr. I, 270, wo aber verwirrende Fehler stören), wofür ich keine schlagende Analogie kenne, und er auch keine anführt; denn den von mir nachgewiesenen Uebergang von d in j (S. 201) wage ich nicht für t zu vergleichen. Ju erhält im gewöhnlichen Sskr. sma' (vgl. I, 153, 387) als Zusatz in allen Casus, ausgenommen im Nominativ; in den Veden auch in diesen: ju-shmê (*Bopp* V. G. 475). Wie oben (I, 153, II, 169 κομμός) wird im Griech. σμ (= sskr. sm) zu μμ (dialekt.); ferner dann ein μ eingebüsst, und zum Ersatz der vorhergehende Vokal gedehnt; dialekt. geht anlautend j spurlos verloren, in der κοινή tritt, wie sehr oft, ʽ dafür ein; so entspricht dem sskr. Thema jushma: griech.

ὑμμ(α) (dialekt.) und ὑμ(α). *Ganz sicher* hat sich nur von einem Casus die organische Form erhalten, aber nicht als Casus, sondern in der Composition. Der sskr. Ablativ lautet jushmat, und dient zugleich als Thema dieses Stammes (vertritt z. B. alle Personen des Plur. in Zsstzgen u. s. w.); ihm entspräche griech. (κοιν.) ὑμετ und diese Form hat sich in ὑμεδ-απός (I, 127) erhalten, sogar mit Bewahrung des sskrit. Gesetzes, wonach t vor Vokal in d übergehn muss. Zweifelhafter, mir jedoch wahrscheinlich, ist: dass der Dat. ὑμῖν, dem sskr. jushmabhjam (zuerst in υμμεhjam dann υμμεhιν : υμμιν : ὑμῖν vgl. oben vielfach) gleich sei; dieser ist jushma-bhi (bhi = bhi im Sing.) + am (für gham), grade wie tu-bhi + am (tubhjam) = lat. tibi; wegen h = bh vgl. sskr. mahjam für mahi + am; für die übrigen Casus ist das Thema ὑμμε : ὑμε = jushma auf anom. Weise mehr nach der dritten Declination flectirt ὑμέ-ες (ion.) : ὑμεῖς (κοιν.), ὑμέ-ων : ὑμῶν : ὑμέ-ας : ὑμᾶς. Die Verkürzung in ὑμας, ὑμάς, ὑμιν, ὑμίν, ὕμμιν selbst ὕμμι bewegt mich nicht von dieser Auseinandersetzung abzugehn, da sie bei einem so sehr nach Enklisis strebenden Worte natürlich ist; eben so nehme ich auch dialekt. ὕμμες, ὑμές und ὕμμε für so herbeigeführte Verkürzung. Eben so wenig bewegt mich die epische Zerdehnung ὑμε-ί-ων (für ὑμέων) an einen Stamm ὑμι im Griechischen zu denken, für den es gar keinen vernünftigen Grund giebt; diese Einschiebung erkläre ich aus vielfach vorliegenden falschen Analogieen. [Diese Darstellung gilt auch für ἀμμε (I, 153) und σφε (I, 453)]. Dazu ὕμμος, ὑμός, ή, όν; ὑμέτερος, α, ον.

(τϝα). Im Sskr. erscheint die Wzf. tvaksh *dünn machen, dünn sein, reiben, abhäuten (Wils. Rosen)*; identisch mit tvaksh ist taksh (*Ros. Wils.*), wo jedoch die Bed. *schaben* (ava + taksh *Lassen* Episod. Mahâbh. 87 in der Pentapotam.) stärker hervortritt, und ferner aus *schaben* der Begr. *schneiden* hervorgeht (vgl. analog I, 468 σμίλη u. ff.); so sehn wir hier, wie oft (vgl. tê für tvê u. aa. S. 240), die Wzf. durch Verlust des v sich umändern. Das auslautende ksh, wissen wir aus unzähligen Beispielen, ist selten, oder wohl nie, radikal; am gewöhnlichsten entstand es durch Verbindung von s mit einem Guttural oder Palatal. Nun heisst tvaksh *häuten*, ferner tvak' *die Haut*; es ist also keine Frage, dass wir in tvak' die einfachere Wzf. von tvaksh haben; um das Maass der Uebereinstimmung voll zu machen wird nun tvak', als Verbalwurzel, *bedecken* ausgelegt (eig. *überhäuten, mit einer Haut überziehn*) und dieselbe Bedeutung wird taksh und tvaksh (*Ros. Wils.*) gegeben; beide sind jedoch in dieser Bed. unbelegt. An den Begr. *reiben* lehnt sich leicht die Bed. *gehn* (vgl. I, 497 u. lat. *terere*) und diese wird den sskr. Wzff. tva(n)k' und mit Verlust des v: tank' gegeben (*Ros.*). Die bisher gegebenen Bedd. ordnen sich mit Leichtigkeit, wenn wir als Grdbed. *schaben* nehmen. Daraus tritt hervor 1. *Haut*, als das *Schabbare, Sitz des Gefühls* (vgl. S. 82); woraus die noch nicht belegten: *überhäuten, bedecken* und *abhäuten, schinden*; 2. *abschaben*, d. h. *dünn machen*; 3. (*abschaben*, d. h.) *schneiden*; 4. *schaben* in *reiben*. — Die Bed. *schaben* tritt nun mit Sicherheit wieder hervor in dem entschieden hieher gehörigen gael. tach-as *scabies, actio scabendi, scalpendi*; dieselbe Wzf. erscheint aber in tach-airidh und tach-raidh, dessen eig. Bed. die mit Leichtigkeit aus *schaben* hervortretende *berühren, treffen*, dann überhaupt *begegnen* (vgl. weiterhin *τυγχάνω* aa.); so tritt also zu den bisher gegebnen Bedd. 5. *schaben* zu *berühren* modificirt. Die weitern Belege für diese Entwickelung giebt die folgende Darstellung durch sich selbst.

Die einfachste Wzf., welche bisher hervorgetreten war, ist sskr. tvak': tak'; allein auch k', wissen wir aus unzähligen Beispielen, ist fast immer sekundär; so werden wir schon hypothetisch auf eine Wz. tva : ta geführt; allein diese Hypothese wird zur entschiedenen Sicherheit durch die sskr. Wzf. tan, welche wie tvaksh, taksh *dünn machen* (aus *abschaben*), *dehnen* heisst. Sie wird nach Conj. Cl. 8 (tan-u) formirt; wir fassen sie aber als ta-nu (Conj. Cl. 5), und sind der Ansicht, dass, wie so oft, das Classenzeichen n nach und nach in die Wzf. eingedrungen ist, so dass die thematische Form tan ward. Ein andrer Beweis — dessen es jedoch an diesem Ort kaum bedürfte — ist die durch sekundäres (ursprünglich nominales, worüber Genaueres a. einem a. O.) m gebildete Wzf. ta-m (für tva + m vgl. sskr. gà : gam aa.), in welcher die Bed. *schneiden* (Bed. 3), *berühren* (Bed. 5), und endlich *quälen* (entweder Modification von *schneiden* oder *dünn machen, abhärmen* (vgl. sskr. tan *cruciare* und *dolorem pati*)) hervortritt (vgl. weiterhin *τέμνω*).

Also Wz. *τϝα*, oder mit Verlust des *ϝ*: *τα* sskr. ta, in sskr. ta-nu : tan (vgl. oben), eig. *schaben*, dann *dünn machen, dehnen*, vgl. *Pott* (I, 254), wo verwandte, wozu noch *Graff* (V, 145), sl. ten-tiva *Nerv* (*Kop.* Gl.), tün-ïkü = tenuis (ebds.), gael. tana, *dünn*, dazu teann-aidh mit der aus *dünn machen* hervortretenden Bed. *zusammendrücken* (vgl. analoges weiterhin); teinne *tensio* und teinn-e *Zustand des Gedrückt-seins, Krankheit* (vgl. sskr. tam und tan, *dolorem pati*) u. s. w. An sskr. tan lehnt sich sskr. ava-tans-a eig. *herabdehnend, herabhängend, Ohrring* (wegen dessen die indischen Gr. Wz. tans *schmücken* annehmen); zu der Form tansa von ta vgl. lat. mensi u. s. w. von √me (S. 32); an tans schliesst sich litth. tasau *dehnen*, tēs-iu eig. *strecken* (vgl. *Mielcke* Littauisch-d. W. I, 292 Derivata und Compos.) und tais-au, tes-iu *dehnen, richten* (zu jenem, in der Bed. *grade, recht* gehört tēs-a *Wahrheit* u. s. w. (*Mielcke* a. a. O.)).

Griech. *τα*, vielleicht erhalten in *τῆ* Imperat. für *ταε* eig. *streck*, dann *nimm*; vielleicht auch, wie lat. ten-ere aus der Bed. *berühren* und insofern *nehmen* (vgl. lat. ten-t-are eig. *häufig berühren*); der Form wegen vgl. *ἐκ-τά-θην*; schwerlich ist es mit Pron. *το* (S. 229) zusammenzubringen.

τα nach der 5ten Conj. Cl. *τά-νυμαι* (vgl. sskr. tanômi) *τανύω* (vgl. *δεικνύω: -νυμι*); Bed. *dehnen* (aus *dünn machen*) u. s. w.; *τανύσκω*; dazu *τανυστύς, ἡ*; ferner *τανυ* in Zsstzgen, welches = sskr. tanu (Adj. 3) *dünn, schlank*; im Griech. hat es nur die Bed. *gedehnt* z. B. *τανύ-γλωσσος*; gunirt würde sskr. tanu : tanava; diese Form im griech. *τανα ός, ή, όν*, für *τανα-*

ϝός, wie *ταναύπους* (für ταναϝ(ο)πους) zeigt; gewöhnlich fällt ϝο ganz aus; daher *ταναχαλκος* u. s. w.

An die sskr. Femininalform von tanu, welche tanvî lautet, schliesst sich griech. *ταν*ε*ῖα* ἡ für ταυϝια (vgl. ἡδεῖα = sskr. svâdvî) *Balken*; die Bed. betreffend, so ist es *der abgeschabte, behauene* (vgl. weiterhin τεκταίνω, sskr. taksh *zimmern*).

Zu τα, oder ταν *dehnen* ferner: *τάσις*, ἡ; zu Wzf. *ταν*: *τετανός* (redupl.), ή, όν; τέτανος, ὁ; -νικός, ή, όν; -νόω; -νωμα, τό; -νωθρον, τό; im Sskr. heisst das Prtcp. von tan : tata (vgl. mata S. 34); ebenso griech. *τατο* (in *ἐκτατός*, ή, όν), wovon *τατικός*, ή, όν; *ταν* redupl. (nach Art von sskr. sthâ : tishth' u.s.w. *Bopp* Gr. sscr. r. 327) *τιταν*; und dieses nach der 4ten Conj. Cl. eig. τι-ταν-jω (vgl. τείνω), welches, wie gewöhnlich, *τιταίνω* wird (τῑταίνω vgl. *Passow*); zu sskr. tanvì ferner: *ταινία*, ἡ eig. *Gedehntes, Streif, Band* u. s. w. (τενία Gr.; dialekt., wenn ächt); ταινίον, -νίδιον (τενίδιον Gr.), τό; ταινιώδης, ες; -νιόω; -νιάζω; Ταίναρος N. p. (vgl. ὑποταίνιος). — Mit ε = α : τεν, nach der 4ten Conj. Cl. (vgl. goth. thanjan), eig. τενjω; wird *τείνω* (hierzu wird τέ-τᾰ-κα, τέ-τα-μαι u.s.w. gerechnet, die den organ. Stamm enthalten); τεινεσμός, ὁ; -μώδης, ες; τένων, ὁ; (τένος, τέννος, τό Gr.). — Mit ο = ε (α): *τόνος*, ὁ (vgl. I, 675); -ναῖος, α, ον; (τονιαῖος, α, ον); -νικός, ή, όν; -νέω (*Eust.*); -νόω; -νωσις, ἡ; -νωτικός, ή, όν. — ἔκταμα, τό; ἐκτάδην; -δόν; -διος, α, ον; τριτάνυστος, ον; ὑποταίνιος, ον; ἰθυτενής, ές; (εἰλιτενής, ές, vgl. εἰλ bei $\sqrt{}$ θϝri); ἰθυτένεια, ἡ; ἐνατενίζω; ἀτενισμός, ὁ; ἀνάτονος, ον; ἀτονέω; -νία, ἡ; περιτόνιος, ον; -νειος, α, ον; -νιον, τό; προτονίζω.

Zu Form *τόταν* gehört *τίτανος*, ἡ, *der* (sich leicht *verdünnende*) *Gyps*; -νόω; -νωτός, ή, όν.

Hieher *πι-τάνα* (für ἐπιτάνα vgl. πιτίμια für ἐπιτίμια *Steph. Th.*) ἡ eig. *eine gedehnte Linie, Cohorte* (*Hes.* vgl. τάσσω weiterh.); πιτανάτης (*Hes.*).

Durch Wz. do (= sskr. dhâ, griech. θε) entsteht lat. ten-do *spannen* und ton-de-re (eig. Grdbed. *schaben* dann) *scheeren*; eben so griech. *τέν-θω* (att.), eig. *schaben, abschaben* u. so *nagen*; dazu: -θης, ὁ; -θεύω; -θεία, ἡ. glbd. *τένδω*, wo δ wohl dialekt. (vgl. ἀβυδόν S. 67).

Wie κτηδών zu κταν (I, 180) u.aa., so könnte zu *ταν*: *τηδ-ες* in *ἐπιτηδές* (wenn gleich etwas anomal) gehören; auch die Bedd. *genügend, mit Vorbedacht* (ἐπίτηδες) finden ihre Analogieen im lat. contentus, intentus (von ten). Dennoch würde ich, im Fall sich annehmen liesse, dass, etwa wegen des vorhergehenden π in ἐπι, oder aus irgend einem andern Grunde, hier τ in τηδ für organisch π (ähnliches vgl. I, 590, 591, 563) stände, wegen des Gebrauchs von sskr. pad, griech. παδ, lat. ped (vgl. sskr. pratipad u. aa. ἐμπάζω, lat. suppeditare S. 92), ἐπιτηδές für ἐπιπηδ-ές in der (entschieden passendsten) Bed. sup-ped-itans nehmen; dazu: ἐπιτηδεύω; -δευμα, τό; -δευσις, ἡ; -δευτός, ή, όν; -δειος, α, ον; -διότης, ἡ; -όω; -δεώτατος, η, ον.

Sekundäre Form durch m (ursprüngl. nominal); sskr. tam, mit Bed. *schneiden* (aus *schaben* Bed. 3.) in tam-âla *Messer, Schwerdt*; ferner tam im *Zustand des Zerschabt- Zerrieben-seins* (*contritum esse*), wie die causale Bed. von tam *zerreiben* zeigt, (vgl. auch tan *cruciare*); daher die Bezeichnung mehrerer aufreibender Zustände, z. B. tama, *Kummer*, tamata, *heftige Sehnsucht habend*; gehört hieher auch sskr. tami, tamas *Nacht* (als unangenehm afficirend, Furcht machend)? Dazu slav. tüm-a und tïm-a *Finsterniss* (*Kop.* Gl.) u. s. w. (*Pott* I, 260 *Graff* V, 428). — Aus dem Slav. hieher: tom-ljön *macerare* (*Kop.* Gl.) [zu dieser Wz. gehört auch ten-ti Präs. tnön *schneiden* (*Dobr.* 349), allein fraglich, zu welcher Wzf.]. — Aus dem Lat. hieher wahrscheinlich tem in con-tem-nere (wohl aus dem Begr. *berühren*, ähnlich wie con-tam-inare von ta(n)g-o vgl. weiterhin, jedoch auch *Pott* I, 254, 261), sicher in tim-co (= sskr. tam *contritum esse*). — Aus dem Griech. ταμ, τεμ mit der Bed. *schneiden* (Bed. 3) und *berühren* (Bed. 5.). Also: τάμνω (ion.), τέμνω (9te Conj. Cl.); ἔταμον, τέτμηκα (cj. ε); zu ταμ: ταμίας, ὁ; -ία, ἡ; -μιείας (ob aus ταμιεϝιας von ταμιευ?); -μείας, ὁ; -μιεύω; -ευσις, ἡ; -εύτωρ, ὁ; -τήριον, τό; -τικός, ή, όν; ταμιεία, ἡ; -μιεῖον, -μεῖον, τό; ἀταμίευτος, ον.

Hierzu ohne Zweifel: τάμ-ισος, ὁ *Laab*; doch ist mir der begriffliche Zusammenhang nicht klar; davon: -μισίνης, ὁ.

Hieher ἄρ-ταμος, ὁ *Metzger*, wo ich ἀρ für ἀρτ (wie S. 92 ἀρ-πεδής) nehme, also eig. ein *Recht-schneider* (etwa *handwerksgerecht*, doch lässt sich auch anderes vergleichen); dazu: ἀρταμέω.

Mit ε für α: τέμ-ενος, τό; -νίζω; -νισμα, τό; -νιος, α, ον; -νικός, ή, όν; -νίτης, ὁ; -νῖτις, ἡ; τέμ-αχος (wie von τεμαχ, diminutivisch vgl. weiterhin), τό; -χιον, τό; -χίτης, ὁ; -χίζω; -χιστός, ή, όν.

Mit ο = ε (α): τομή, ἡ; -μος, ὁ; -μός, ή, όν; -μάριον, τό; -μιος, ον; -μικός, ή, όν; -μίας, ὁ; -μίς, ἡ; -μαῖος, (α), ον; -μεῖον, τό; -μάω; -μεύς, ὁ; ἀποτομάς, ἡ; -μία, ἡ; ἀκροτομέω; διχοτόμημα, τό; -τόμησις, ἡ; ἡμιτόμης, ὁ; (κερτόμιος vgl. S. 155 und *Pott* II, 248).

Hieher wohl τόμ-αρος, τόμουρος, ὁ (*Priester* eig. wohl *Schlächter* vgl. anderes in den Lexicc.); ob für τομ-οριο?

Verlust des Vokals (vgl. πετ : πιπτ S. 93 aa.): τέτμον (vgl. *Pass.* unter τέτμω) *berühren*, *treffen* (vgl. weiterhin τυγχάνω).

τμ mit Vokal (wie nach der 1sten Conj. Cl.) in τμῆσις, ἡ; τμήδην; τμῆμα, τό; -ματώδης, ες; τμητός, ή, όν; -τήρ, -τής, ὁ; -τικός, ή, όν.

τμ durch γ Bildung weiter formirt: τμαγ : τμήγω (η Vriddhi), ἔτμαγον u.s.w. *schneiden*; τμῆγος, τό; τμήγης, ὁ; ἀπότμηγμα, τό; -μηξις, ἡ; -μήξ, ὁ, ἡ.

Sekund. Form durch sskr. k' tvak' : tak' u. s. w. (vgl. oben S. 242 ff.).

Tertiäre Form durch Zutritt von s (√ as *sein* I, 24) zu tvak' : tak'; also tvaksh : taksh (vgl. S. 242 *Pott* I, 270); zu sskr. tvaksh, taksh, Bed. 2 *dünn machen* tvash-t'a, tash-t'a, (sh = ksh wie häufig), *dünn gemacht* u.s.w.; ferner mit k (ob für ksh, oder für k', zur sekundären Form tak' gehörig, will ich nicht entscheiden) und Nasal (wie oft) tanka, t'anka, *Axt* (ob als die *scharfe* (vgl. I, 164), oder die *zerschneidende*, Bed. 3?). — Im Griechischen entspricht:

1. mit griech. ξ = sskr. ksh (wie oft): τοξ (= sskr. taksh oder tvaksh, im letztern Fall für τϝοξ) Bed. *dehnen, spannen* (wie τϝα S. 243 ff.); dazu τόξον, τό der (*zu spannende*) **Bogen**; τοξάριον, τό; τοξοσύνη, ἡ; τοξότης, ὁ; τοξότις, ἡ; τοξικός, ή, όν; τοξάζομαι; τοξασμός, ὁ; τοξεύω; τόξευσις, ἡ; τόξευμα, τό; τοξευτής, -τήρ, ὁ; -τειρα, ἡ; -τός, ή, όν; -τικός, η, ον; τοξεία, ἡ; τοξεύς, ὁ; τοξόω; ἀγκυλότοξος, ον; ἐπιτοξίς, ἡ; εὐτοξία, ἡ.

2. griech. σσ = ksh (wie oft); Bed. 5 *berühren, treffen* (vgl. τυγχάνω, tango): τόσσ-ας, *treffend* (hieher sskr. Wzf. tas *treffen, werfen*, mit s für sh = ksh, wie oft).

3. griech. γ = sskr. ksh, wie oft; hieher ταγ in der Grdbed. *schaben, nagen* (vgl. τένθω S. 244) in ταγ-ύριον, τό *Krümchen*, τάγυρι glbd. [Begr. *zerschaben* wird *zerkauen* (vgl. mordere, μασ-άομαι I, 511); daher hieher, zu sskr. tvaksh: ὑάγ-ων und σιάγ-ων, wo τ in σ, wie oft, für τϝαγ-ων die früher (I, 414) unsicher.]

Bed. 2., *dehnen, in Linie* (vgl. ἐπιτάξ) *stellen* u. so *ordnen*: τάσσω (für ταγjω 4te Conj. Cl.); τάττω; τάξις, ἡ; ταξείδιον, τό; ταξεώτης, ὁ; -τικός, ή, όν; ταξιόω; τᾱγός (wo ᾱ Vriddhi?), ὁ; ταγή, ἡ; ταγαῖος, α, ον; ταγεύω; ταγεία, ἡ; ταγέω; τάγμα, τό; -ματικός, ή, όν; τακτός, ή, όν; -τικός, ή, όν; ὁμοταγής, ές; διατάκτης, -τωρ, ὁ; ἐπιτακτήρ, ὁ; συντακτήριος, α, ον; συνταγμάτιον, τό; ἀτακτέω; -τημα, τό; ἐπιτάξ; ἀσυνταξία, ἡ; λειποτάξιος, -ίας, ὁ; -ίου, τοῦ.

Bed. 5 *berühren* in τε-ταγ-ών, *fassend*; hieher lat. ta(n)g-o, con-tāg-io, tam-inare (= *violare, Fest.* für tagminare); goth. têka (*Grimm*, D. Gr. n. 64; t ist hier durch Einfluss des eig. folgenden v erhalten, als ob im Griech. δ stände vgl. weiterh. δέχ-ομαι, δοκός wo organ. tv in griech. δ übergegangen ist); slav. (cü)-tengajón (*attingere Kop.* Gl.); litth. te(n)ku, *contingere*; vgl. *Pott* (I, 235).

Die organische Anlautgruppe tv wird griech. ϑ (vgl. ϑήγω aa., und ähnlich ϑύρα); so würde ϑαγ entsprechen; mit eingeschobenem Nasal ϑαγγ, aber wie τεκ : τίκτω wird (vgl. σκαρ : σκιρτ, ὀρεγ : οριγν aa.), so wird diese Wzf. zu ϑιγγ : ϑιγ : ϑιγγάνω (ἔϑιγον); (ϑίγω zw.); ϑίγμα, τό; ϑίξις, ἡ; ἀϑιγής, ές; ἄϑικτος, ον.

Grdbed. *schaben*; in der Mod. *wetzen* mit ϑ = tv (wie oben) ϑήγω (anders *Pott* I, 235, II, 281); ϑῆξις, ἡ; ϑηκτός, ή, όν; ϑηγαλέος, -άνεος, α, ον; ϑήγανος, η, ον; -νη, ἡ; -νον, τό; -νω; εὐϑηγής, ές. [Hieher litth. tek-inu *schleifen*; tick-ēlis *Schleifstein*; ahd. dehsa (wo hs = sskr. ksh) *Beil* (*Graff* V, 124 vgl. sskr. taksh-an'i und tanka glbd.); ferner dihs-ila (*die abgeschabte*) *Deichsel* (*Graff* a. a. O. vgl. *Pott* I, 270), vgl. weiterhin lat. temo; endlich auch ahd. deg-an jedoch in seiner nhd. Bed. (*der geschärfte*) *Degen* (*Graff* V, 119), endlich lat. tē-lum (*der geschärfte*) *Pfeil*; vor l ist ein Laut eingebüsst, vielleicht x (= sskr. ksh), wie in tē-la von texo.]

Aus dem Begr. *dünn machen* kann die Bed. *schmelzen* hervorgehn (vgl. weiterhin sskr. tush-âra) so hieher: ταγ und mit κ = sskr. ksh, wie oft (vgl. auch weiterhin) τακ *schmelzen*, doch wäre wenigstens für ταγ in der Bed. *schmelzen* auch die Möglichkeit einer Verbindung mit Wzf. dagh (S. 216) *brennen*, dann *durch Feuer schmelzen* (vgl. θημός S. 216 und ahd. dehil S. 216 = τήγανον); denn ταγ verhielte sich zu θagh wie griech. ποθ zu sskr. budh (S. 95, γ für sskr. gh ist gewöhnlich). Schwieriger wäre diese Annahme schon in Bezug auf τακ, da κ eine höchst unorganische Vertretung von gh wäre (vgl. jedoch 183).

Zu ταγ *schmelzen* τάγ-ηνον (altes Ptcp. Med.), τό *Tiegel* u. s. w.; -νίζω; -νιστός, ή, όν; -νίτης, -νίας, ό; mit umgesetzter Quantität: τήγανον, τό; -νιον, τό; -νίτης, ό; -νίζω; -νιστός, ή, όν; -σμός, ό; mit Verlust des anlautenden τ: ἤγανον, τό.

Zu τακ: τήκω (vgl. θήγω; η Vriddhi); ἐτάκην; τακερός, ά, όν; -ρόω; τῆξις, ή; τηκτός, ή, όν; -τικός, ή, όν; τηκεδανός, ή, όν; -δών, ή; -δονικός, ή όν; γυιοτακής, ές; σύντηγμα, τό.

5. Griech. κτ = sskr. ksh, wie oft; aus dem Begr. *schaben* geht die Bed. *behauen* (s. oben) hervor; aus dieser, als Bezeichnung der Hauptthätigkeit des *Zimmermanns* die Bed. *zimmern*; daher sskr. takshaṅi *Zimmeraxt*; takshan, takshaka *Zimmermann*; ferner (mit sh = ksh, wie oft) tashtři glbd.; mit dem organischeren tv: tvashtři glbd.; dem sskr. takshan entspricht genau griech. τεκτον glbd. (vgl. *Pott* I, 270, 118); also τέκτων, ό; τέκταινα (für τεκτανῖ + α), ή; τεκτονικός, ή, όν; τεκτοσύνη, ή; -συνος, η, ον; τεκτονεύω; -νεία, -νία, ή; -νεῖον, τό; τεκταίνομαι (für τεκταν-jομαι Denominat.); ἀρχιτεκτονέω; -νημα, τό.

[Wie dem sskr. çvas lat. cras, dem sscr. çvi lat. cre-sco entspricht, so kann auch in tvaksh v in r übergehn; daher hieher trabs, *Baubalken* (die Etym. von τράπηξ ist nicht haltbar; vgl. δοκός weiterhin); zu der sskr. Form taksh, mit spurlosem Verlust des schliessenden Consonanten (vgl. telum S. 246), gehört tālus, talea (beide aus Begriff: *abgeschabt*), ta-bula (*abgeglättet*), tā-beo (*dünn werden, abzehren*), tă-berna (Begr. *bauen*) *Gebäude*; tē-mo *Deichsel* (vgl. S. 246); hieher ahd. dahs (*Graff* V, 123) *Dachs*, wegen seiner künstlich *gebauten Höhle*, also gleichsam der *Zimmermann*; aus lat. tabula griech. τάβλα ή (entlehnt); -λίζω; -λιστής, ό.]

6. κ = sskr. ksh, wie oft; sscr. tvaksh wird zu griech. τυκ, mit ϝα in υ, wie oft; Bed. *schaben*, *glätten*, dann *behauen*: τύκ-ος, ό *Axt des Steinmetzen* (vgl. oben sskr. takshaṅi, tanka, ahd. dehsa); τυκίζω; -κισμα, τό; (-κάνη, oder τυτάνη, ή, zw.).

Bed. 5. *berühren, treffen* τυκ, reduplic. τιτυκ mit den inchoativen (gleichsam diminutiven) σκ (Wzf. sskr. îksh I, 235): τιτύσκω, *zu treffen versuchen* [wenn man annimmt, dass die sekund. Form. sskr. tvak' in der Bed. *berühren* ins Griech. übergegangen wäre, so könnte τιτυσκ = sskr. ti-tvaksh, einer ächten Desiderativform von tvak' (*Bopp* Gr. sscr. r. 539) entsprechen].

υ gunirt in Τεῦ-κρος N. p. eig. *der Treffende* (ein Name, der, wie im *Homer* bei den Personen *durchweg*, zu seinem Charakter passt).

An die Form sskr. taksh griech. τεκ Bed. *berühren, treffen*; τέκ-μαρ, -μωρ, τό, *Ziel* (welches man zu *berühren*, zu *treffen sucht*) u. s. w.; -μήριον, τό; -μηριώδης, ες; -ριόω; -ρίωσις, ή; τεκμαίρω (für τεκμαρ-jω Denomin.); -μαρσις, ή; -ρτός, ή, όν.

Es ist mir keinem Zweifel unterworfen, dass hieher gehört:

gr. τεκ *zeugen, gebären*; diese Bed. zeigt sich auch schon im Sskr. in tôka *Kind*, wo die Wzf. tvaksh zunächst in tuksh übergegangen, dann u gunirt und k für ksh (wie in tanka S. 245) eingetreten ist. Da hier tvaksh zu Grunde liegt, so kann man auch vielleicht als griech. Wzf. τϝεκ annehmen. Aus welchem Begriff diese Bed. (*zur Welt bringen*) hervorgegangen ist, wage ich nicht zu entscheiden, vielleicht unmittelbar aus *zimmern*, *bauen* (vgl. den Gebrauch des hebr. בנה *bauen, erschaffen, Nachkommenschaft erwecken*), oder mittelbar durch den Begriff *bereiten* (vgl. τεύχω weiterhin); zu beachten ist auch, dass im Sskr. vi+tan (S. 243) eig. *ausdehnen* die Bed. *schaffen* hat, und dass eben daher schon tan-aja *Sohn* kommt, so dass nach dieser Analogie der Begr. *dehnen, strecken* zu Grunde liegen könnte. Zu dem Begr. *zeugen, bilden, schaffen* ziehe ich auch das aus der Form tan hervortretende sskr. tan-u, und aus tas (für taksh, mit s = sh = ksh wie oft) zend. tas-nu, beide mit der Bed. *Körper*, eig. *Geschöpf*; hieher ahd. egi-dehsa (*Graff* I, 129) *Eidechse*, wörtlich: *den Körper* (dehsa = sskr. taksha) *einer Schlange* (egi = sskr. ahi oben 1, 144) *habend, schlangenförmig*. Zu griech. τεκ, oder τϝεκ: τίκτω (ι wegen κτ vgl. σκαρ : σκιρτ u. s. w. S. 93 u. sonst), ἔτεκον u. s. w. τικτικός, ή, όν; τέκος, τό; τέξις, ἡ; τέκνον (altes Prtcp. Perf. Pass.), τό; -νόφι; -νίον, -νίδιον, τό; -νόω; -νωμα, τό; -νωσις, ἡ. Mit ο = ε: τοκάς, ἡ; -κάριον, -ρίδιον, -ρύδιον, τό; τοκάω; -κετός, ὁ; -κεύς, ὁ; -κήεσσα, ἡ; -κίζω; -κισμός; -κιστής, ὁ; -κος, ὁ; ἄτεκνος, ον; -νέω; -νία, ἡ; ἐπίτεξ, ἡ (vgl. *Pott* II, 481); ἀγχίτοκος, ον; ἀῤῥενοτοκέω; δυσαριστοτόκεια, ἡ; διδυμοτοκία, ἡ; ἀτοκεί; -κιος, ον; πρωτοτοκεύω; -κεία, -κία, ἡ.

Durch Einfluss des v geht tv in δ über (vgl. weiterhin δέχομαι); daher hieher δο-κός, ἡ *Balken* (vgl. lat. trabs S. 247 und tignum von tag = sskr. taksh, mit g = ksh, wie oft, *Pott* I, 270); δοκίς, ἡ; -κίδιον, τό; δόκωσις, ἡ. [Sollte auch im lat. tv in d haben übergehn können? dann hieher, zu Begr. *schaben*: dŏlare (für dox-lare vgl. telum S. 246 und tă-berna u. s. w. S. 247); anders *Pott* (I, 229); dann auch hieher ahd. di-li (*Graff* V, 133).]

7. griech. χ = sskr. ksh, wie oft, also τϝαχ = sskr. tvaksh. Mit ϝα in υ (vgl. S. 247): τυχ, Bed. 5. *berühren, treffen* (vgl. τοσσ S. 246 aa.): τυγχάνω (ἔτυχον u. s. w. Pf. τέτευχα (ευ Guna)); τύχη, ἡ; -χόν; -χόντως; -χαιος, α, ον; -χαιον, τό; -χηρός, ά, όν; -χεῖον, τό; -χων, ὁ; -χάζω; ἀτυχής, ές; -χέω; -χημα, τό; -χησις, ἡ; -χία, ἡ. — Mit Guna (ευ für υ): τεῦξις, ἡ das (*Berühren*) *Erlangen*; τευκτικός, ή, όν; δυσέντευκτος, ον; -ευξία, ἡ; κατευτευκτής, ὁ (vielleicht zu τεύχω *bereiten*); ἀτευκτέω; ἀπότευγμα, τό.

Bed. *behauen* (vgl. τύκος S. 245) τύχ-ος, ὁ (= τύκος); τυχίζω.

Aus Begr. *bauen* (S. 247) geht die allgemeine Bed. *bereiten, machen* hervor; τυχ gunirt: τεύχ-ω (1ste Conj. Cl.); τετυκεῖν ist ion. (vgl. δέκομαι für δέχομαι); hieher: τεῦξις, ἡ; τεῦγμα, τό; τευκτήρ, -τωρ, ὁ; τευκτός, ή, όν; -τικός, ή, όν: τεῦκρος (*Hes.*); ohne Guna: τύξις (*Hes.*), ἡ; τυκτός, ή, όν; mit Verlust des χ: τεῦμα (vgl. temo S. 247), τό; τευμάω (*Pott* II, 287).

Hieher τεῦχος, τό (*Gemachtes*) *Geräth* u. s. w.; -χήεις,

εσσα, εν; -χέω; -χήτης, -χήτωρ, -χηστής, -τήρ, ὁ; ἀτευχής, ές; -χητος, ον; πεντάτευχος, ον; παντευχία, ἡ.

Mit Verlust des ϝ also: τϝεχ : τεχ (= sskr. tvaksh), mit derselben Bed., wie τυχ (*bereiten*): **τέχ-νη**, ἡ *Kunst*; -νιον, -νίδιον, -νύδριον, -νύφιον, τό; -νήεις, εσσα, εν; -νικός, ή, όν; -νίτης, ὁ; -νῖτις, ἡ; -τεύω; -τευμα, τό; -τεία, ἡ; -νοσύνη, ἡ; -νόω; -νάω; -νημα, τό; -νήμων, ον; -νητός, ή, όν; -τικός, ή, όν; τεχνάζω; -νασμα, τό; -σμός, ὁ; -στής, ὁ; -τός, ή, όν; ἀντίτεχνος, ον; -νέω; -νησις, ἡ; ἀτεχνής, ες; -νία, ἡ; -νίτευτος, ον; φιλοτέχνης, ὁ.

Begr. *bauen* (S. 247); dazu τοιχ : τειχ; beide Formen scheinen mir aus τϝαχ = sskr. tvaksh hervorgegangen zu sein, und zwar τοιχ aus τυχ (mit οι für υ wie oft), τειχ aber aus τϝεχ (mit ε für ϝ: τεεχ und dann Zszhg.); doch lässt sich der Hergang auch anders denken; dass sie aber *zusammen* und *hieher* gehören, ist nicht zu bezweifeln; τοῖχ-ος, ὁ (*Gebautes*) *Wand, Mauer*; τοιχόομαι; ἀνατοιχέω; ἄτοιχος, ον; μεσότοιχον, τό.

τεῖχ-ος, τό *Mauer*; -χίον, -χύδριον, τό; -χήεις, -χιόεις, εσσα, εν; -χικός, ή, όν; -χέω; -χίζω; -χισμα, τό; -σμός, ὁ; -στής, ὁ; -σις, ἡ; (τείχωμα?); εὐαποτείχιστος, ον; ἐντείχιος, -χίδιος, ον; εὐτειχής, ές; -χεος, -χος, -χητος, ον.

Mit δ für τϝ (vgl. δοκός S. 248) Bed. *berühren*, im Med. *für sich berühren, nehmen*: **δέχ-ομαι** (δέγ-μενος); δέξις, ἡ; δεξομένη, ἡ; δεκτός, ή, όν; -τικός, ή, όν; -τήρ, -της, -τωρ, ὁ; -τρια, ἡ; mit ο=ε: δοχός, ή, όν; -χή, ἡ; -χαῖος, α, ον; -χεύς, ὁ; -χεῖον, -χήϊον, τό; δοχμή, ἡ; -μαῖος, α, ον; ion. (mit κ für χ) δέκομαι [ob hieher **δεκ-άζω** *bestechen* eig. *nehmen machen* (Causale), oder mit *Passow* zu δέκα (S. 211) ist zweif.; dazu: -ασμός, ὁ;]; δόκη, ἡ (Gr.); -κάνη, ἡ; πρόςδεγμα, τό; θεοδέγμων, ον; ξενοδοχία, ἡ; -χέω (ion. -δοκέω; -κεῖον, τό); -δόχημα, τό; πανδοχίς, ἡ; -χεύω (-δοκεύω; -κεύς, ὁ; -κευτής, ὁ; -τρια, ἡ; -κευσις, ἡ; πανδόκιον, τό; -κισσα (für κιδια), ἡ); συνεκδοχικός, ή, όν; ὑποδέξιος, α, ον (δωροδοκέω; -κία, ἡ; -κημα, τό; -κηστί; ἀδωροδόκητος, ον); [ἀδέκαστος, ον].

Hierzu altn. thiggja *annehmen* u. s. w. (*Grimm* D. G. II, 28 nr. 306); ahd. dig-jan (*Graff* V, 114) gehört zu Bed. *berühren* (*erlangen*, wie τυγχάνω); dazu ahd. ding (*Graff* V, 176 ff.), aus der Bed. *erlangen* (vgl. ahd. dingjan *hoffen* ebds. 186 u. aa.); ob auch ahd. dihan, goth. theihan, sehr fraglich (*Graff* V, 105 vgl. oben S. 235).

8. zu sskr. Wzf. tvaksh ziehe ich endlich griech. τυξ in ἄντυξ, ἡ, ohne jedoch die griech. Grdform und die begriffliche Quelle der Bed. genau zu bestimmen; ist es ἀνα + τϝαγ, mit der Bed. *aufspannen* (Bed. *spannen* S. 243)? Ferner **καταῖ-τυξ**, ἡ *Sturmhaube* (vielleicht *niederwärts sich spannend*?).

[Im Sskr. hat die Wzf. tan (S. 243) eig. *strecken*, die Bed. *weben* (vgl. tan-ti); daher zu sskr. taksh auch lat. tex-ere (tēla, sub-temen), sl. tka-ti *weben* (Dobr. 94.); in Verbindung mit lat. tex, als Lehnwörter, setzt *Pott* (II, 395): **τή-μενος**, -νίς, ἡ; τήβεννα (vgl. oben tabula S. 247 aa.), -νις, -νος, ὁ; *Gewand* u. s. w.; -νειος, ον; -νικός, ή, όν.]

[Aus den verwandten Sprachen gehören noch zu bisher entwickelten Bedd.: zend. tash (*Burn.* Comm. s. l. Y. I, 143) *schaffen*; slav. tecati, Präs. teschön *behauen* (*Kop.* Gl. vgl. taksh S. 247), wo c = sskr. sh (= ksh); ticü der (*abgeschabte, glatte*) *Taxusbaum* und eben so lat. taxus glbd.; ferner slav. tüïk-ajön, *berühren* (vgl. τυχ S. 248); tka-ti *terere* (*schaben Kop.* Gl.); tenz-ati (Praes. tengön) *contendo* (*Kop.* Gl.); teng'-ajön *arbeiten* eig. *sich anspannen*; teng'-ï *Gewicht* (Begr. *dehnen*), vgl. *Kop.* (Gl.) *Dobr.* (94). — litth. tass-au *behauen* (*schaben*), tess-lyczia *Zimmer-Beil* (vgl. sskr. takshan'i aa. S. 247); taikau eig. *berühren* (vgl. i-taikau *das Ziel treffen* = τυχ S. 248) dann *fügen* u. s. w.; tink-u eig. *berühren, treffen* (vgl. nusi-tink-a = contingit, su-tinku aa.), *sich schicken* u. s. w. (vgl. *Pott* Lth. Bor. Pr. 48); tenku *zu Theil werden* (vgl. τυχ S. 248); lett. hieher teews *dünn*, doch weiss ich nicht, zu welcher Wzf., vielleicht zur primären (tva S. 242); tahst *abschaben, abrinden*, (vgl. sskr. tvak' S. 243, welches auch *Rinde* heisst); damit identisch ist tahrst, wo r eingeschoben (vgl. *Pott* Berl. Jahrb. 1840 S. 630 vgl. oben S. 70); nach dieser Analogie könnte zend. thwerec *schaffen* hieher gehören (vgl. jedoch weiterhin S. 251); ferner lith. tahss-is *Birkenrinde*, taiss-iht *machen* (vgl. τευχ S. 248); taissns *recht* (Begr. *dehnen* vgl. litth. tês-a S. 243); teess, *recht* u. s. w.; tehst, *abrinden*; tihk-oht eig. *berühren, treffen*, dann *zielen* (vgl. is-tihk-aht *wonach zielen* und τιτύσκω S. 247 aa.); tikt eig. *berühren, treffen* dann *geschehn* (vgl. τυχ S. 248); teekt *treffen*. vgl. *Pott* (Lth. Bor. Pr. 24), wo sich die flexivischen Ff. eines Theils der hier erwähnten litth. u. lett. Wzff. finden. — Goth. thwah-an *waschen* (*Graff* V, 267) eig. *abschaben* vgl. waschen I, 215; goth. thank-jan eig. (animum) intendere (Begr. *dehnen, strecken*), mit allen daraus hervorgehenden Formen und Bedd. (*Graff* V, 150 ff.); lth. dèka, poln. dzięka *Dank*, altpr. dinkaut *danken* scheinen mir fast dem Deutschen entlehnt; doch ist auch lett. tenz-inaht *mit vielen Worten danken* und litth. tik-iu, *dünken* zu beachten; wenn hieher mhd. dehsen (*linum frangere Pott* I, 270), so lehnt es sich wohl an den Begr. *zerschaben, behauen* (?). — Gael. thig, *berühren, treffen, kommen*; teachd *Ankunft*. — Endlich, da sskr. va in u übergeht, entsteht die Frage, ob wir in den Wzff. tu-h, tu-g', die ihrer Bed. nach (*treffen* u. s. w.) sehr gut hieher passen (vgl. auch tug' = tôka S. 248) Glieder der Wz. tva haben.

Es bilden sich in den verwandten Sprachen endlich Bedd., die im Griech. nicht vorkommen: aus *dünn machen*, wird *eng machen, zusammendrücken* slav. tjecï-nü, *eng* (*Kop.* Gl.); dazu vielleicht δασ-ύ (S. 200), mit δ = tv (vgl. δέχομαι S. 249 δοκός S. 249), und σ = s = sh für ksh (vgl. weiterhin sskr. tus); ferner sl. tick-ati *drücken* (*Dobr.* 136), ahd. dûh-jan *drücken* (*Graff* V, 117), und dving-an *zusammendrücken, constringo* (*Graff* V, 269); identisch damit ist zwingan, daher die Möglichkeit, dass nhd. zeugen zu τϝεκ sskr. tôk-a (S. 248) gehört; d vielleicht durch Einfluss des v und dafür weiter z; am stärksten tritt diese Bed. im Gael. auf: teann-aidh (= sskr. tan S. 243) u. s. w., *constringere*; ferner tachd-aidh (= sskr. taksh) *constringere* (*gulam*), *stranguliren* u. viele Derivaten. Hier entsteht die Frage:

konnte aus *constringere* auch die Bed. *contorquere, zusammenwinden* entstehn? Dann ziehe ich das formell hierher passende gael. tach-rais u.s.w. *filum conglomerare* hicher; doch diess mag noch dahin gestellt bleiben.

Dagegen geht aus der Bed. *comprimere* hervor: *labia comprimere, schweigen* und zwar schon im sskr. tush für tvaksh (u für va, sh = ksh, wie oft), wie die verwandten Sprachen zeigen lat. tac-eo (für tvac-eo); ahd. dag-en (*Graff* V, 98), slav. tich-ü (*Kop.* Gl.), tisch-iti, tjeschiti (vgl. *Dobr.* 94), litth. tyk-a *Stille*, ty-lu (vgl. lat. tē-la S. 249) *schweigen*; ticz *still* (vgl. aa. bei *Pott* Lth. Bor. Pr. 17 und *Diefenb.* Celt. I, 225 nr. 9); im Sskr. erscheint diese Bed. nur in tûsh-nîm *still* u. Derivaten, mit û (vgl. tusta : tûsta glbd. und die vielfach vorkommenden Vokaldehnungen).

Aus dem Begr. *schweigen* geht endlich im Sskr. die Bed. *still, zufrieden sein*, allgemein *sich freuen* hervor, in welcher Wzf. tush als Verbum und sonst erscheint; in dieser Bed. entspricht auch litth. têss-iju *zufrieden sein*.

Von der Wzf. tush kommen aber auch andre sskr. Wörter, deren Bed. sich an die früher entwickelten lehnen; zu Begr. *schaben* tusha *Hülse* (vgl. tvak' *Rinde* S. 242); zu Begr. *dünn werden, schmelzen* (S. 246) tush-âra *dünner Regen, Nebel, Schnee, Frost*; die Hptbed. ist wohl *Schnee* (dessen Name oben (S. 54) nach derselben Analogie entstanden); dazu gehört slav. tontscha *Hagel, Regen* (*Kop.* Gl.). Identisch mit tush-âra ist tus-ta, tûs-ta *Nebel*, wo endlich Wzf. tus (s = sh = ksh) erscheint].

τϝαρ. Im Sskr. tvar *eilen*, mit va in u: tur glbd.; mit û: tûr glbd.; letztre beide Ff. nur in Derivatis (tura-ga, turan-ga eig. *eilig gehend, Pferd*; tûr-ni *Eile*, -n'a *schnell*); sskr. tvar wird ferner die Bed. *schnell machen* gegeben; dazu slav. tvor-iti, cü-tvor-iti *thun* überhaupt, tvarï *Geschöpf* (*Dobrowsky* 133, *Kop.* Gl. s. vv.), tvorïz'ï *Schöpfer* (*Kop.* Gl.); nach dieser Analogie ziehn wir hieher (vgl. jedoch S. 250), als sekundäre Form zend. thwereç *schaffen* (*Burn.* C. s. l. Y. I, Nott. XLVI), welches einem sskr. tvṛi-(ç?) entsprechen würde; zu sskr. tûr ziehe ich zend. aiwi-thûra (*Burn.* C. I, 564) = abhi-tûra *überkräftig*. Griech. ϑ für τϝ (vgl. ϑήγω S. 246, ϑιγγάνω S. 246): ϑορ *springen*, welches wohl die erste Bed. ϑόρ-νυμι, -νύω; ϑορός, ὁ (*der springende*) *Saamen*, oder von ϑόρνυμι *bespringen*; -ρή, ἡ; -ρικός, ή, όν; -ραῖος, α, ον; -ρόεις, εσσα, εν; -ρέω; ο in ου wegen der folgenden Liquida (ρ), oder ουρ für organischeres ορ-jo: ϑορjο: ϑοῤῥο, wohl ionisch: ϑουράς = ϑουραία; ϑούρης, ὁ; nun auch ϑοῦρος, ὁ *der springende* (*stürmende*); -ραῖος, α, ον; -ρήεις, εσσα, εν; -ρίς, ἡ; -ριος, α, ον; -ρόω; über ϑουριανός = ϑυρσίων, ὁ vgl. *Pott* (II, 188); ἱπποϑόρος, ὁ.

Verlust des Vokals und neuer Vokal ω: ϑρω (vgl. τμη S. 245) in ϑρώσκω (ἔϑορον u. s. w.); ϑρω-σμός, ὁ; hieher lat. red-antruare (= ἀναϑρω).

[Dem sskr. turan-ga eig. *schnell gehend*, in seiner organischeren Form, tvaran-ga identificire ich jetzt lat. (co)-turnix, griech. (τ)ϝορνιχ : (τ)ϝορνιϑ (vgl. I, 333) für τϝορ(ε)νιγος; das thematisch-schliessende ο ist, wie oft, verloren, daher, durch Einfluss des σ, τϝορνιχς (ιξ) und dann ϑ für χ, wie bei ϑερμός aa. S. 195].

Sskr. tvar wird wie im Sskr., so auch im griech. τυρ; tur geht im Sskr. nach Conj. Cl. 3: tutur: ähnlich griech. τῑ-τυρ: τίτυρος, ὁ *der (springende) Bock; Satyr* (dor.) u. s. w.; anders *Pott* (I, 225); τιτύρινος, ὁ; -ριστής, ὁ.

Dor. τίτυρος entspricht gewöhnlich σάτυρος; demnach gehört diess sicher hieher; letztres steht höchst wahrscheinlich für organisch τϝα-τϝαρ-ος : τϝα-τυρος : τατυρος (mit der Nebenform τίτυρος): σάτυρος, ὁ; -ρίσκος, ὁ; -ρίδιον, τό; -ρικός, ή, όν; -ρώδης, ες; -ρίζω; -ρισμός, ὁ; -ριάω; -ριασμός, ὁ; -ρίασις, ἡ; -ρίας, ὁ; -ριστής, ὁ; -ριον, τό.

Zu tvar, mit ϑ = tv ferner ϑῡρ, dessen υ durch nachwirkenden Einfluss des v (vgl. ϑυρα = sskr. dvâr); wegen der Länge des υ vgl. sskr. tûr; ἀϑύρω (ἀ = ἁ I, 382 *sehr*) *sehr springen, lustig sein, spielen*; ἄϑυρμα (ἄϑυρμα), τό; ἀϑυρόνομος; hieher vielleicht (vgl. jedoch ϑρίαμβος), als eine alte Reduplicationsform: διϑύραμβος (vgl. sskr. turan-ga) *sehr-hüpfend gehend* (δ in der Reduplicationssylbe wie im Sskrit, vgl. φεβ S. 105, φοιβ S. 102, δαρϑ S. 229; αμβα zu ἀναβαίνω S. 58), ὁ; -βικός, ή, όν; -βέω.

Sek. Form durch β; zu τυρ: τύρ-β-η, ἡ *Gewühl* u. s. w., eig. *wo viele durcheinander eilen*; dazu lat. tur-ba und nun auch zu der einfachen Form: tur-ma (vgl. *Diefenb.* Celt. I, 147 nr. 228); τύρβα; -βάζω; -βασμα, τό; -σία, ἡ; mit ἐς zsgstzt. στυρβάζω (*Pott* II, 295).

Mit σ für τ: σύρβη, ἡ; -βα; -βηνός, ή, όν; -νεύς, ὁ.

Zu Form: ϑορ : ϑορυβ (vgl. weiterhin) ϑόρυβος, ὁ; -βή, ἡ; -βώδης, ες; -βέω; -βητικός, ή, όν; ἀϑόρυβος, -βητος, ον.

Das υ in ϑορυβ vergleicht sich mit κορ-υφή und vielen aa. (καλ-ύπτω u. s. w.), welche bei √ϑϝr̆i vorkommen, aber genau doch nur, wenn man annimmt, dass das bei ϑορ zu Grunde liegende organ. tvar, für ursprünglicheres tvr̆i steht, was ohnediess schon wahrscheinlich und durch das zend. thwerĕ-ç ziemlich sicher ist. Nun wissen wir ferner, dass v leicht eingebüsst wird (vgl. √τϝα S. 242 ff.); da nun im Sskr. u. s. w. Formen, die sich auf tar und tra reduciren, mit der Bed. *sich schnell hin und her bewegen*, erscheinen, diese Bed. aber fast identisch mit der von tvar (*springen*), *eilen* ist, sskr. tar-as aber ganz wie tvar-â *Eile* heisst, so ist es mir gewiss, dass auch diese zu tvar, tv(r̆i) gehören.

Sskr. tar in tar-as *Eile*, tar-ala *zitternd* u.s.w. [hieher wohl auch taran-ga (vgl. turan-ga) *Welle* (eig. *springend-gehend*) und manche aa. minder sichere]. Zu sskr. tar, gael. tar-tar u. s. w. *Verwirrung* u. s. w. (vgl. oben ϑόρυβος turba), tair-idh *fliehn* (aus Begr. *eilen*), *erreichen* (ebendaher). — Mit sskr. tar hängt entschieden zusammen sskr. tra-s, wo s sekundär, wie oft; wenn s von √as *sein* (I, 24), wie höchst wahrscheinlich, so heisst tras wörtlich: *im Zustand des Zitterns sein*, womit die sskr. Bed. *fürchten* augenscheinlich identisch ist.

Zu sskr. tar, für welches wir nach Obigem tr̆i als Wzf. nehmen, griech. ταρ: in ταρ-ταρ (redupl. vgl. oben die gael. Form), wovon ταρ-ταρί-ζω *vor Kälte zittern*; hieher ἀ-ταρ-τηρός, ά, όν (wo ἀ = ἀ I, 382) *mit starkem Zittern*, d. h. *Zittern erregend*; anders *Pott* (II, 78); hieher ziehe ich τάρταρος, ὁ *der Furchtbare*; anders *Pott* (H. A. L. Z. 1838 Sept. 99, Etym. F. II, 78, 116); -ρειος, -ριος, α, ον; -ρόω.

Indem in ταρ der Vokal eingebüsst wird, wie so oft, gewinnt ρ seine aspirirende Einwirkung auf τ (wie oft vgl. weiterh. θράσσω aa.); so würde θρ entstehn; diese Gruppe nach sanskritischer (*Bopp* Gr. sscr. r. 569) im Griech. schon oft vorgekommner Weise, reduplicirt (Intensivform), entstände ταυθρ; indem hier θρ durch Vokal (α), wie oft, gespalten wird: ταυθαρ in ταυθαρύζω, -ρίζω *sehr zittern*; -ρυστός, ὁ; -τρια, ἡ; mit λ für ρ: ταυθαλύζω [κανθαρύζω ist mir zweifelhaft].

[Gehört hieher ahd. trâ-t (*Graff* V, 522) *fürchten*? (t, als ob die Wz. durch Einfluss des r aspirirt wäre, wie oft)].

Sekundd. Formen 1. durch s; sskr. tras (vgl. *Pott* I, 279), kurd. tersinum (*Pott* Zeitschr. f. d. Kde des Mgldes III, 27), slav. trens-ón (*Kop.* Gl.) *tremo*; sloven. tres-em *schütteln* (*Metelko* slov. Gr. 103), eig. *sich schnell bewegen machen*; lat. terr-eo *zittern machen* (für ters-eo, mit Metathesis); griech., mit Verlust des ς zwischen Vokalen: τρέ-ω (bei *Hom.* *fugere* (*Lehrs* Aristarch. 9), wie gael. tair-idh s. oben) für organischeres τρείω (für τρεσjω 4te Conj. Cl., wie tras-jâ-mi im Sskr.); τρεσᾶς, ὁ; τρέστης, ὁ (τρηρός, ά, όν zw.); τρήρων, ὁ, ἡ; ἄτρεστος, ον; ἀτρῆες (ἀτρεῖες).

[Hieher ziehe ich jetzt ὀ-τρη-ρός (wo ὀ = ἀ I, 382) *sehr eilend*, und ὀτραλέος (I, 54 falsch) u. ὀτρ-ύνω (Denominativf.), wie von ὀτρυ *schnell*, mit Causalbed. *schnell machen*, *incito*, welches I, 53 falsch].

Mit aspirirender Einwirkung des ρ (wie oft): θρε in θρεοκάρδιος, ον für organ. θρεσοτκαρδίας.

2. durch m (wie oft) lat. tre-mo; litth. trem-ju, lett. tremmu, eig. *bewegen machen*, *stossen*, *verstossen* (vgl. *Pott* Lth. Bor. Pr. 35); griech. τρέ-μ-ω, redupl. τε-τρεμ-αίνω; mit ο = ε: τρόμος, ὁ; -μώδης, ες; -μικός, ή, όν; -μερός, ά, όν; -μέω; -μητός, ή, όν; ἀτρεμής, ές; -μα; -μας; -μαῖος, α, ον; -μεότης, ἡ; -μέω; -μία, ἡ; -μίζω; ἄτρομος, ον; [wenn ταρμύζομαι, oben (49) falsch erklärt, so gehört es mit ἀτάρμυκτος hieher].

3. durch p. lat. tre-p-idus; slav. tre-p-etü (*Kop.* Gl.) *tremor* (vgl. vüe-trep-etschehôn *contremisco* ebds.).

4. durch β: ταρ-β.; dazu lith. drè-b-u *zittern*, lett. drebbeht (d vielleicht wegen r): τάρβος, τό; (-βής, ές zw.); -βη, ἡ (*Suid.*); -βαλέος, α, ον; -βόσυνος, η, ον; -νη, ἡ; ταρβέω; -βύζω; ἀταρβής, ές; -βητος, ον; -βακτος, ον.

5. durch γ: ταραχ, wo α Bindevokal (vgl. τέμαχ-ος S. 245, τάρχη); vgl. slov. c-trach-ü *timor* (*Kop.* Gl.); ταράσσω (für -χjω vgl. ταχ. θάσσων für ταχίων u. aa.) *in zitternde (eilende, heftige) Bewegung setzen*; τέτρηχα *wogen*; τάραχος, ὁ; -χή, ἡ; -χώδης, ες; τάραξις, ἡ; -ξίας, ὁ; ταραγμός, ὁ; -γμα, τό; ταράκτης, -τωρ, ὁ; -τός, ή, όν; -τικός, ή, όν; -τρον, τό; ἀτάραχος, ον; ἀτάρακτος, ον; -ραξία, ἡ; — mit Verlust des α: τάρχη.

[Zu dieser Wzf. ziehe ich jetzt τρέ-χ-ω *eilen* und goth. thrag-jan, die I, 673 falsch].

Durch aspirirenden Einfluss des ρ (vgl. θρεο u. andere): θ ρ ά σ σ ω = ταράσσω (*Pott* II, 120, 123).

Durch Spaltung der Anlautgruppe u. λ = ρ: θ ά λ - α σ σ - α, (ττ), ἡ *das* (*wogende* vgl. τέτρηχα) *Meer* (vgl. auch *Pott* II, 56, 123); diese Bed. auch im Sskr. taran-ga *die* (*wogende*) *Welle* (vgl. oben), taranta, tarîsha *Ocean*; zu derselben Bed. gehört auch tara *der* (*wogende*) *Rauch*; θαλάσσιος, (α), ον; -σαῖος, α, ον; -σίδιος, ον; -σίτης, -σίας, ὁ; -σώδης, ες; -σεύς, ὁ; -σεύω; -σίζω; -σόω; -σωσις, ἡ; ἀθάλασσος, -σευτος, -σωτος, ον.

[Da das *wogende Meer* von dieser Wz. her mehrfach bezeichnet ist, so gehört vielleicht hieher, zu Wzf. τρῐ (mit ρῐ = ṛi, wie oft): 'Α μ φ ι - τ ρ ί τ η N. p. und Τρίτων; wozu auch Τ ρ ῑ τ ο- γ έ ν ε ι α, Τριτώ; anders *Pott* (I, 228)].

6. Durch γ: τ α ρ γ α ί ν ω = ταράσσω; τόργανον, τό; ταργανόω.

(τρ: ε-το). Nach meiner früher (I, 126 ff.) gegebnen, und wie die folgende, fast ganz analoge Entwickelung mich jetzt überzeugt, mit Unrecht von mir angezweifelten (I Ntr. zu 131) Auseinandersetzung, trat aus dem Pronominalstamm a (I, 1), durch pa weiter formirt (II, 71, I, 126): sskr. apa, durch das comparative Suff. ra: apara, vorn verstümmelt: para hervor und zeugte eine Menge Verbal- und andre Bildungen. Diese treffen in ihrer Bildung und ihren Bedd., wie sich im Verfolg ergeben wird, auf eine überraschende Weise mit denen zusammen, welche sich an die sskr. Wz. tṛî lehnen lassen. Wie ich nun dieser Uebereinstimmung ein Zeugniss für die früher gegebne und selbst noch weiter zu führende (vgl. Neue Ntr. zu I, 129 ff.) Entwickelung von apa entnehme, so entnehme ich dieser das Recht die Wzf. tṛî und was damit zusammenhängt, auf eine ähnliche Weise zu deuten. Den Beweis für diese Ansicht muss ich der Entwickelung selbst anvertrauen; wollte ich jeden einzelnen Punkt beweisen, so müsste ich zu weitläuftig werden.

Wie a-pa durch pa aus Pronomst. a formirt ist, so sskr. a-ti aus demselben durch ti (I, 251, II, 231), welches wir für eine Form des Pronominalstammes ta und für wesentlich identisch mit dem superlativen Suff. ta nahmen (II, 230); wie sskr. u-ta, zend. u-ta vom Pronomst. va (I, 272), in der Form u (I, 281), so wäre auch statt a-ti: a-ta denkbar. Durch Annahme dieser Form, die wir aber auch sogleich in der verstümmelten Gestalt: zend. tarô (für atarô) angedeutet finden werden, erklärt sich uns das comparative und superlative Suff.: sskr. tara, griech. τερο u. s. w., sskr. tama, griech. τατο: sskr. ati heisst *über*; eben so, nehme ich an, würde a-ta heissen können; indem daran die alte Comparativendung ra (vgl. sskr. adha(s) (siehe θε): adha-ra: adhama) tritt, entsteht a-ta-ra, oder mit Verlust des anlautenden a, wie in para für apara: tara: τερο, wörtlich *mehr über*. Die Superlativendung wird durch Zufügung des superlativen Suff. formirt: griech. τα-το für ein sskr. a-ta-ta, so dass hier die Superlativendung ta (S. 230) gleichsam verdoppelt ist; im Sskr.

tritt die alte Superlativendung ma (vgl. oben adha-ma, lat. infi-mus aa.) an, also ta-ma für a-ta-ma; ähnlich werden in sskr. pra-tha-ma *der erste*, zwei Superlativsuffixe 1. tha (vgl. weiterhin am Schluss von $\sqrt{\vartheta\iota}$; ferner sskr. k'athur-tha (S. 234) und die sskr. Superlativendung ishtha aus der Comparativendung îjas, zsgzgen is, + tha, wie lat. primus aus dem Comparativ prius und dem Superlativsuff. mo = sskr. ma) und 2. ma verbunden (anders *Bopp* V. G. S. 389).

Wie hier ta-ra für atara, so entstände auch ein Thema tara für atara eig. *einer der mehr über*, wie apara eig. *einer der mehr von* (apa). Zu dieser Form gehört zend. tarô, Adverb. *über*, welches einem sskr. taras entsprechen würde, grade wie von para zend. parô für ein sskr. paras = griech. πάρος (I, 136); wie wir dvis (II, 219) für eine Verkürzung des Locativs dvi + su nahmen, so ist vielleicht auch paras, taras und ähnliche (z. B. apas, avas u. s. w.) für para-su, tara-su zu nehmen; denn das, im Locativ des Sskrits statt a in den Themen auf a erscheinende, ê ist auf jeden Fall unorganisch (zunächst für â). Statt des dem zend. tarô entsprechen müssenden taras erscheint im Sskr. tiras; man könnte dieses, stände es allein, für eine Ableitung von a-ti + ra halten; allein wegen zend. tarô und gael. thar (vgl. weiterhin) halte ich das sskr. i für eine unorganische Vertretung von a; ähnlich erscheint im Gegensatz von zend. parô u. s. w. sskr. puras nicht paras (I, 136).

Dieses tiras eig. *mehr über* heisst *quer, krumm* u. s. w.; wie sich nun pari (I, 130) zu para verhält, so sskr. tiri zu tira für tara in tirjank' für tiri + ank' (S. 22). An sskr. tiras, oder eher an die organischere Form taras schliesst sich zunächt lat. trans mit Verlust des ersten Vokals und eingeschobenem Nasal; ferner gael. thar u. s. w. *trans*, thairis glbd., tar-suinne *quer* u. s. w.; trasdan = lat. transtrum, welches letztre ebenfalls zu einer der Verbalbildungen, welche hieher gehören, gezogen werden könnte (vgl. monstrum von ma S. 30 und weiterhin Wzf. t̯râ), allein es ist ein Lehnwort, von griech. ϑρᾶνος formirt; gael. tre *durch*; tri-d glbd.; troimh glbd.

Aus der Bed. *quer, über* in zend. tarô, sskr. tiras u. s. w., geht die Bed. *quer-(über-) thun (-machen)* hervor; dieses ist die Grdbed. der sskr. Wz. welche tr̆i geschrieben wird, und ich betrachte sie demnach als eine Bildung von dem organischen tara mit Verlust des schliessenden a: tar; dieses ar ging alsdann in den Laut über, welcher im Sskr. r̆i, r̄i geschrieben wird (vgl. dazu I, 483, 538) und ist aller der Aenderungen fähig, welche sich bei diesem zeigen; so erscheinen tar, târ, tul, tur u. s. w. als Nebenformen von tr̆i; denselben Fortgang der Formentwickelung nehme ich nun auch für para an, so dass sich die meisten Formen, welche damit in Zusammenhang gebracht sind (I, 129 ff. vgl. Neue Ntr.), an eine Wzf. lehnen, welche sskr. pr̆i oder pr̄i lauten und eig. *mehr von machen* heissen würde. Diese Form erscheint auch in zend. pĕrĕ, welches einem sskr. pr̆i correspondiren würde, dessen Entwickelung man bei *Burnouf* (Comment s. l. Y. I, 490 ff.) vgl., dem ich jedoch nicht in allem beistimmen kann.

Ueber tr̆i vgl. *Pott* (I, 228, 176), *Bopp* (Vokalismus 174);

daher kommt zunächst sskr. tîra (*was über einem Fluss ist, jenseits*) *Ufer*, wie von par: pâra (I, 131) u. s. w.

Aus *quer machen* wird *quer durch machen*, *durchbohren*; zu vergleichen ist von apara griech. πρίω (I, 580 Neue Ntr.) sammt ahd. bòrjan, lat. per-for-are, welche früher falsch behandelt sind (ahd. b und lat. f beruhen auf dem aspirirenden Einfluss des r (vgl. φιλ II, S. 106 aa.)); ferner πείρω (I, 132), περάω (I, 131) aa.; ferner πῶρος (II, 75 eig. *durchbohrt*, ωρ Vriddhi), vielleicht auch πρῖνος (II, 105); zu dieser Begriffsentwickelung gehört vielleicht auch sskr. prî *füllen*, dann eig. *ganz* (*durch und durch*) *durchdringen*; auf jeden Fall ziehe ich es jetzt, mit allem (S. 85, 96) dazu gestellten zu apara, ohne jedoch die Quelle der Bed. ganz sichern zu können.

Zu sskr. trî in der Bed. *durchbohren* lat. tere-bro, gael. toll-aidh glbd.; vgl. *Grimm* (D. G. II, 63 nr. 625); griech. τερ-έω, welches zu τερο = organ. tara, sskr. tir-a fast in demselben Verhältniss, wie περάω zu περα (I, 131); τέρετρον, -τριον, τό; τερηδών, ὁ *der durchbohrende* (vielleicht aber zu τείρω *reiben*, *schaben*, *der schabende*) *Holzwurm*; -δονίζομαι.

[Nicht hieher, sondern zu τορ (I, 664) κυκλο-τερής, ές, wörtl. *eines Kreises Drehung hebend*, mit ε für ο, wie oft].

Dagegen hieher, mit ο für ε: τορ-ός, ά, όν; τόρ-ος, ὁ (eig. *Bohr - Messer*); τόρ-μος, ὁ (*ein gebohrtes Loch*); τορέω (ἔτορον); τορητός, ή, όν; τορεύς, ὁ (vgl. τόρος); τορεύω; τόρευσις, ἡ; τόρευμα, τό; τορευτός, ή, όν; -τής, ὁ; -τικός, ή, όν; τορεία, ἡ.

Verlust des Vokals, Antritt eines neuen, hier α (vgl. θρώ-σκω S. 251), und Redupl. τι-τρά-ω, τετραίνω (ἔτρησα, ἐτέτρηνα u. s. w.); τρῆμα, τό; τρηματόεις, εσσα, εν; -τώδης, ες; -τίζω; -τιστής; -τικτής (dor.), ὁ; (τρήμη, ἡ zw.); τρῆσις, ἡ; τρητός, ή, όν; τρᾱ-νής, ές; -νός, ή, όν; -νότης, ἡ; (-νέω zw.); -νόω; -νωσις, ἡ; -νωμα, τό; -νωτικός, ή, όν; ἀμφιτρής, ὁ, ἡ; ἀτράνωτος, ον.

Zu dem Begr. *quer*: τρά-μις, -μη, ἡ *der Raum zwischen After und Schaam*.

Für r̄i (denn diesen Laut r̄i zu schreiben, ist eigentlich fast unnütz) tritt oft ru ein; so hieher sskr. tru in trô-tra *Waffe* (eig. Instrument zum *Durchbohren*), und in den sekk. Ff. tru-p, tru-ph, tru-t', deren eig. Bed. wohl *durchbohren* ist; hieher griech. τρῦ-μα, τό *Loch*; -μη, ἡ glbd.; -μάτιον, τό; -μαλιά, ἡ.

Ferner τρυ gunirt oder vriddhirt in τρω (vgl. ζώννυμι (√ ζυ I, 679), χώννυμι (√ χυ II, S. 194)): τι-τρώ-σκω (τρώσω); τιτρωσμός, ὁ; τρώω; τρωννύω; -ννυμι; τρώμη, ἡ; τρῶμα, τό; τρωματίης, ὁ; -τίζω; τρωτός, ή, όν; τρῶσις, ἡ; ἀτρώς; -ωσία, ἡ; ἐκτρωματαῖος, α, ον.

Mit αυ als Guna, oder Vriddhi von υ: τραῦ-μα, ion. τρῶϋμα, τό; τραυματίας, ὁ; -τικός, ή, όν; -τίζω; ατραυμάτιστος, ον.

Sek. Form durch π: τρυ-π (vgl. oben sskr. tru-p); τρυπάω *bohren*; -πη, -πᾰ, ἡ; -πησις, ἡ; -πητήρ, -τής, ὁ; -πημα, τό; -πανον, τό; -νιον, τό; -νη, ἡ; -νίζω; -νία, ἡ; αὐλοτρύπης, ὁ; -πητικός, ή, όν; ἀτρύπητος, ον.

Aus *quer durch* (von einer Seite bis zur andern) entsteht die Bezeichnung von *Ende* (vgl. analog πέρας u. s. w. I, 132, zend.

pĕrĕ *vollenden* (*Burn.* C. s. l. Y. I, 525, sskr. pâr *enden*); so schon im Sskr. tṝi *transigere, perficere* (*Ros.* Radd. sscr. 70. 1. 6.); ferner gunirt und mit l für r: tal *finire* (vgl. *Pott* I, 228, wo ahd. drum (*Graff* V, 260) = gr. τέϱ-μα hinzuzufügen); griech. gunirt: τέϱ-μα, τό; -ματίζω; -μάζω; -μις, ὁ; -μιος, α, ον; -μιόεις, εσσα, εν; -μιεύς, ὁ; -μων, ὁ; -μόνιος, α, ον; ἀγχιτέϱμων, ον; ἀποτεϱματισμός, ὁ; ἀτεϱμάτιστος, ον.

Ferner: τέϱθϱον, τό; -ϱος, ὁ; -ϱιος, ὁ; -ϱωτήϱ, ὁ; -ϱηδών, ὁ.

Mit ο = ε: τόϱμος, ὁ *Ziel*; -μα, -μη, ἡ; ἐκτοϱμέω.

Mit ε, und λ für ϱ (vgl. oben sskr. tal *enden*): τέλ-ος, τό *Ende*, und was mit dieser Bed. zusammenhängt; fraglicher, jedoch wahrscheinlich, auch in der Bed. *Schaar*, etwa aus dem Begr. *Linie*, u. dieser aus *quer-durch-machen, sich von einem Punkt zum andern dehnen*; wahrscheinlich auch in der Bed. *Mysterien* (*Ziel, Ende, Höchstes*); dazu: τελόϱδε; -λικός, ή, όν; -λειος, -λεος, α, ον; -λειότης, ἡ; -λειόω; -ίωμα, τό; -ίωσις, ἡ; -ωτής, ὁ; -τικός, ή, όν; τελεόω; (-λεωτικός, ή, όν zw.); -λήεις, -λέεις, εσσα, εν; τέλθος, τό; τέλσον (wegen σ vgl. ποϱσύνω I, 133), τό; von einer Form τελυ, mit Guna von υ: τελευ (vgl. τελευτή): τελεϝω, τελέω, mit ι für ϝ, wie oft: τελείω; τέλεσις, ἡ; -σιος, ον; -σιάζω; -σμός, ὁ; -στής, -τήϱ, -τωϱ, ὁ; -τός, ή, όν; -τικός, ή, όν; -τήϱιος, α, ον; -τήϱιον, τό; τελετή, ἡ; -λίσκω; -λισμα, τό; τελευτή, ἡ; -ταῖος, α, ον; -τάω; ἀποτέλεσμα, τό; -ματικός, ή, όν; ἀτελής, ές; -λεια, ἡ; -λεστος, -λείωτος, ον; ὑποτελίς, ἡ; πϱοτελίζω; ἀτελεύτητος, ον; ἀποτελεύτησις, ἡ; zu ἐντελής, ές *vollendet*: ἐντελεχής, ές (mit ἔχω (I, 357) zsgstzt vgl. *Pott* II, 392, 378); -χεια, ἡ; πασστείλη, ἡ (von πᾶς S. 167 u. τέλος) *letzte Tag im Jahr* (*E. M.*); ἐντελόμισθος.

Hieher τέλλω, eig. *vollenden*, allgemein: *machen*, Med. *werden*; τελ-έθω [zu dieser Begriffsentwickelung gehört das sskr. Futur.-Suff. tṛi, lat. tûrus (vgl. das 2te sskr. Futurum s-jâmi von √as *sein*)].

Bed. *überschreiten* (d. h. *quer*, von einem Punkte bis zum entgegengesetzten *gelangen* vgl. analog πεϱαιόω u. s. w. I, 132, dahin unter andern zend. pere-thu *Brücke*); im Sskr. tṝi; hieher griech. τελ-έω (εἰς τόπον u. s. w.) in der Bed. *wohin gelangen*; τέλλω (für τελjω 4te Conj. Cl.?), vom *Aufschreiten* der *Sonne*, gewöhnlich ἀνατέλλω, ἀντέλλω; ἀνατολή, ἀντολή, ἡ; ἀντολίη, ἡ; -λίηθε; ἀνατολικός, ή, όν; [hieher ἐπιτέλλω in der Bed. *aufgehn*; ἐπιτολή, ἡ; ὑπεϱτέλλω].

Die Causalform von tṝi heisst im Sskr. târaj, könnte aber, nach Analogie von g'ṝi u. aa. (*Bopp* Gr. sscr. r. 518), tăraj heissen; sie hat wörtlich die Bed.: *überschreiten machen* (eine Gefahr), aber dann allgemein *retten, bewahren*. Wie oft, wird sie durch Ausstossung des Vokals (ă) in traj zusammengezogen, welches von den Grammatikern als Wz. trâ und trai (Präs. trâjê) angeführt wird, beide mit der Bedeut. *retten, befreien* (*Pott* I, 186); ganz analog wird aus para: pâr-aj (*Ros.* Radd. sscr. 281) mit Präf. ati *befreien* (*Bhagav.* Pur. III, 25, 40), welches nicht zu II, 84 gehört; diese Bed. erscheint auch in dem hieher gehörigen gael. teàrn-aidh; griech. erscheint der sskr. Causalf. târaj entsprechend: τηϱεjω: τηϱέω *schützen* u. s. w.; τηϱός, όν; τήϱησις, ἡ;

τηρήμων, ον; τηρητής, ὁ; -τικός, ή, όν; δεμνιοτήρης, ὁ; δυστήρητος, ον; παρατήρημα, τό.

Sskr. trai, mit Präf. pari heisst *helfen* (*Vicramorvasî* I, 16); dazu griech. ταρ in ἐπι-τάῤῥο-θος, ὁ *Helfer* (für ταρjo? wegen -θος vgl. βοηθός bei θέω), zsgzg. ἐπίῤῥοθος, ον.

[Hieher wohl τέρ-εμνος, mit der eig. Bed. *bewahrt* (Ptcp. Medii für -μενος), also I, 667 falsch].

Zu Bed. *schützen, abwehren* νέκ-ταρ, τό *Tod* (νεκ S. 57) *abwehrend* (*Pott* I, 228), für Thema νεκταρο, mit Verlust des thematischen ο, wie oft; dazu: νεκτάρεος, α, ον; -ρίτης, ὁ; -ρώδης, ες; -ριον, τό.

Gehört hieher zu Bed. *schützen*: τέρ-ας (Thema: -ρατ), τό *Wunder* (schutzverheissendes Zeichen), oder wäre es zu τεῖρος (I, 662) zu ziehn? τεράστιος, ον; -ράτειος, ον; -ράστειος, α, ον; -ρατίας, ὁ; -τικός, ή, όν; -τώδης, ες; -δία, ἡ; τερατόω; -τεύω; -τευμα, τό; -τεία, ἡ.

Aus Begr. *schützen* wird *nähren*, lat. nu (für novo)-trire (*Pott* I, 186); dazu mit α, und λ für ρ: griech. ἀ-ταλ (ἀ = ἁ I, 382), ἀτάλλω (sehr) *nähren* (vgl. jedoch ἀταλός S. 261); redupl. ἀ-τιτάλλω.

[Zu Wzf. sskr. tīr = trî (vgl. tîra, tîrn'a aa.) wohl Τίρυνς N. p.].

Aus Begr. *übersetzen: von einem Ort zum andern bringen*, allgem. *tragen* (vgl. lat. porto u. s. w. I, 134 von sskr. para); zunächst in sskr. tul (ul = ur = ṛi wie oft); vgl. verwandte bei *Pott* (I, 170, 265), *Graff* (V, 133), wozu noch mit erhaltenem r lth. ltt. tur-ru (4te Conj. Cl. für tur-ju) *halten, haben* (vgl. ἔχω, von vah *tragen* I, 357), lth. tri-woju *tragen*; gael. trom *schwer*; griech. ταλ-άω (für ταλάϝω Denomin. aus ταλ-υ); ταλαϝος, ταλαός, ή, όν; τάλασις, ἡ; τάλᾱς, αινα, αν; ταλανίζω.

Mit Verlust des Vokals: τλ-α (vgl. S. 251) in τλήσομαι u. s. w. (*Passow* unter τλάω); τλῆσις, ἡ; τλητός, ή, όν; τλητικός, ή, όν; τλήμων, ὁ, ἡ; -μόνως; -μοσύνη, ἡ; ταλασίφρων; ταλαίφρων; ταλάεργος; τλησίμοχθος; τλημαθής; τλάθυμος; τλαιπαθής; τλαισίφρων; πολύτλας, ὁ; Ἄτλας N. p. (ἀ = ἁ I, 382 *sehr tragend*); ἀνάτλημι; -μα, τό; ἀτλητέω.

ταλ zur Intensivform reduplicirt, wie oft (nach *Bopp* Gr. sscr. r. 569); ταντάλ in Τάνταλος N. p. (*der Vielduldende*).

Zu ταλ: τάλαρος, ὁ *Korb* (worin man trägt) u. s. w.; -ρίς, ἡ; -ριον, τό; -ρίσκος, ὁ; ἐπιταλάριος, ον.

Zu τλ: ἀν-τλέω (für ἀνά + τλεϝω?) *herauf-tragen, -ziehn, ausschöpfen*; ἄντλησις, ἡ; -ημα, τό; -ητήρ, -τής, ὁ; -τήριος, α, ον; ἄντλος, ὁ; -λη, ἡ; -λον, τό; -λίον, τό; -λεία; -λία, ἡ; φρεάντλης, ὁ.

Mit Präf. ὀ (= ἀ I, 382): ὄτλος, ὁ (vgl. *Pott* II, 167); -λέω (für λεϝω, wie ὀτλεύω zeigt); -λήμων, ον; -μα, τό.

Wzf. τελ: τελ-αμών, ὁ *Tragriemen* u. s. w.; -μώνιος, α, ον; -νίζω.

Hieher τέλ-ος (vgl. S. 257), τό, in der Bed. *Amt* (was jemand *trägt, über sich genommen*), τέλλω (vgl. S. 257); ἐντέλλω; ἔνταλμα, τό; ἐντολή, ἡ; ἐπιτέλλω. — τελάσσαι (*Hes.*) *über sich nehmen, wagen*.

Wzf. τολ: τόλ-μα, ἡ *das Ueber-sich-nehmen, Unternehmen, Wagen* u. s. w.; -μήεις, εσσα, εν; -μίστατος; -μηρός, ά, όν; -ρία, ἡ; -μάω; -μησις, ἡ; -μημα, τό; -μητής, ὁ; -τίας, ὁ; -τός, ή, όν; ἄτολμος, ον; -μία, ἡ; -μέω.

Tragen wird zu *hängen*: lat. ti-tul-us die (*angehängte*) *Inschrift* u. s. w.; griech. τίτλαρια, τά, entlehnt.

Bed. *tragen* von der *Wage*, im sskr. tulâ *Wage*, griech. zu Wzf. ταλ: τάλαντον, τό glbd., *Gewicht* u. s. w.; -ταῖος, α, ον; -τιαῖος, α, ον; -τάω; -τεύω; -τίζω; -τόω; -τωσις, ἡ; ἀτάλαντος (ἀ = ἁ I, 382), ον *gleiches Gewicht habend* (= sskr. satulja); δεκαταλαντία, ἡ.

Wzf. τρῡ (vgl. τιτρώσκω S. 256, τρῦπ-άω S. 256): τρῡ-τάνη, ἡ *Wage* (anders *Pott* II, 571); trutina, Lehnwort; τρυτανεύω. [Dieselbe Wzf. in zend. thru, aber mit der Bed. *schützen*, *Burn.* Comm. s. l. Y. I, 145].

Wzf. τλι, ρι für r̄i wie oft, λίτρα für τλι-τρα (vgl. lat. latum für tlatum), ἡ *Wage* (Suff. -τρα: *Instrument zum Tragen, Wägen*) u. s. w.; anders *Bopp* (Vokalism. 62); λιτραῖος, -ριαῖος, α, ον; ἐξάλιτρος, ον.

Aus Bed. *wägen*: *zahlen* (vgl. lat. pendere): τέλος, τό (vgl. S. 257, 258) in der Bed. *Zahlung* u. s. w.; τελέω (vgl. S. 257) *zahlen* u. s. w; τέλεσμα, τό; ἀτελής, ές; -λεια, ἡ; εὐτελίζω (eig. für *wohlfeil halten*); -λισμός, ὁ; λεία, -λέη, ἡ; hieher λυσιτελής, ές.

Hieher, zu Wzf. τλα: λά-τρον (für τλατρον vgl. λίτρα), τό *Zahlung, Sold*; λάτρις, ὁ; anders *Pott* (I, 209); (λάτρης, -ρος zw.); -ρεύς, ὁ; -ριος, α, ον; -ρεύω; -ρευτής, ὁ; -ρευμα, τό; -ρεία, ἡ; εἰδωλολάτρης, ὁ.

Wie lat. pensum von pendere die Tagarbeit im *Wollespinnen* bezeichnet, so scheint aus dieser Wz. mit dem Begr. *wägen* auch im Sskr. einiges auf *Spinnen* Bezügliches hervorgetreten zu sein, so tûli *Spindel*; tûla *Baumwolle* (woher unser Tüll); danach vielleicht hieher auch griech. ταλ-άσιος, ον; -σειος, α, ον, -σήϊος, η, ον *zum Wollespinnen gehörig* (vgl. τάλαρος S. 258); -σία, ἡ; in diesem Fall gehört wohl auch hieher τολῦπ sekundäre Form durch π (vgl. θορυβ S. 252), τολύπη, ἡ *ein Knäuel gekrempelter Wolle*; (oder wäre an τυλίττω S. 235 zu denken? wo wir dann neben der Wzf. τυ auch το aufstellen müssten, wofür wir sonst keine Spur fanden); τολυπεύω; -πευμα, τό; -πευτικός, ή, όν.

Gehört zu der behandelten Wurzel, entweder zur Form (a)t-(a)-ra *mehr über*, oder zur Verbalwurzelform sskr. tr̄i *überschreiten* u. s. w. die Bezeichnung der Zahl *drei* sskr. tri? (verwandte bei *Bopp* V. G. S. 437, *Pott* I, 90, 117, 128, vgl. noch oben S. 233 u., wo aber das zend. tisaro (*Bopp* V. G. 437 u. 265) unbemerkt gelassen). Die Zahl *drei* könnte so bezeichnet sein, entweder insofern sie *mehr* als das erste eigentliche Zahlwort (*zwei*, denn *eins* wurde nur durch eine pronominale Formbildung ausgedrückt vgl. I, 3 ff.) enthielt, oder, wenn die Bezeichnung der Zahlen durch Wörter von der Bezeichnung durch Zählen an den Fingern ausgegangen ist (vgl. die Etymologieen aller einfachen Zahlwörter von τέσσαρες bis δέκα), insofern man den mittleren

Finger *überschreitend*, sie durch Berührung des vierten Fingers (vgl. S. 51 u. *Bopp* (V. G. S. 438)) andeutete. — Dem sskr. tri entspricht griech. τρι; davon τρεῖς (für τρεjες = sskr. trajas), τρία: τρις (für τρεῖς) -καίδεκα (vgl. S. 212, 213); τριάκοντα (vgl. S. 214, 215); τριακόσιοι (S. 215, 216); τριάς, ἡ; τριᾶς, ὁ; τριάζω; τριάσσω; τριαγμός, ὁ; τριακτήρ, ὁ; τριακτός, ή, όν; τρίαινα (Femininalbild. von einem Msc. τριαν), ἡ; τριαινόω; τριαινατήρ, τριαινωτήρ, ὁ; ὀρσοτριαίνης, ὁ; τρίς (= sskr. tris alter Locativ, wie ich oben S. 225 für δίς annahm) *in dreien, dreimal*; τριάκις (κις nehme ich ebenfalls für alten Locativ, aber für τριακοις (vgl. ἅνις u. aa. oft); der Form und Bed. nach gleich ist die Bildung sskr. shat'ka *sechsfach*, nur der Form nach saptaka *sieben, der siebente*); τρίχα (vgl. S. 225 δίχα); τριχᾶ; τριχῆ; τριχοῦ; τριχόθεν; τριχῶς; τριχά-ϊκες (wo wohl ϝικ angetreten, welches ich jedoch nicht sicher zu deuten weiss; ist es √ ϝικ *gehn* (I, 350) mit ῑ für Guna? *dreifach gehend*); τρίχακτον, τό *Kamm* (wohl eig. *Dreizack*); τρίχθα (vgl. δίχθα S. 225); τριχθάδιος, α, ον; τρισσός (vgl. S. 225); τριττός, ή, όν; τρισσάκις; τρισσάτιος, α, ον; τρισσαχῆ; τρισσόθεν; τρισσεύω; τρισσόω; τριξός (S. 225), ή, όν; τριξᾶς, ὁ; τριττύς, ἡ (vgl. *Bopp* V. G. S. 433); τριττύα, ἡ; τρίτος (äol. τέρτος (*Ahrens* Diall. 128, wo ερ Guna); beide, so wie lat. tertius = sskr. tritîja (eine Art Comparativbildung vgl. S. 50), also τρίτος wohl für τριτjος, vgl. goth. thridja *Höfer* Beiträge I, 71), η, ον; τρίτατος (durch griech. Superlativsuff.), η, ον; τριταῖος, α, ον; τριταΐζω; τριταϊκός, ή, όν; τριτάω; τριτεῖος, α, ον; τριτεύς, ὁ; τριτεύω; τριτόω.

τρι in τρί-γλα, ἡ (vgl. S. 117).

τρί-ναξ, mit θ, wegen des aspirirenden Einflusses des ρ (vgl. S. 254 u. oft), θρῖναξ, ὁ *Dreizack*; (von τρι + Suff. νο); θρινάκη, ἡ; Θρινακρία, -κρίς, -κίη, Τρινακρία, Τρινάκη, ἡ N. p. *das drei Spitzen, Vorgebirge habende (Sicilien)*.

Ebenfalls mit θ: θρῖον, τό *das (dreifach ausgeschnittene) Feigenblatt*; θριάζω; ἐνθριόω.

Hieher θρῖδαξ, ὁ (ob für τρι + θα *dreifach* (vgl. S. 219, 268), durch Umsetzung θριδα?) *Lattig* (dreiblätterig); θριδακίσκη, ἡ; θριδακηΐς, ἡ; -κώδης, ες; -κίνη, -νίς, ἡ; -νος, η, ον.

Zu Form θρι mit αμβο = ἀναβα (vgl. διθύραμβος S. 252) wohl θρίαμβος, ὁ, nach Analogie des lat. tri-pud-ium (pud zu √ pad S. 91) *Dreischritt*, wohl eine Art feierlicher pas. Dazu: θριαμβικός, ή, όν; -βίς, ἡ; -βεύω; -βευτής, ὁ; wäre θυρ-αμβος eine dialektische Nebenform von θρίαμβος und in διθύραμβος (S. 252) mit δι (= δϝι S. 218) componirt, also eig. *Doppeldreischritt?*

ἀ-τρά-φαξις (vgl. S. 91); τρι mit Verlust des ρ (vgl. φατρία S. 107) in τι-βήν, ὁ = τρίπους (βην zu βα S. 58).

τρυφάλεια (vgl. S. 103), wo υ wegen des labialen φ für ι (vgl. *Pott* II, 510).

τρ *reiben*; lat. ter-o, redupl. und mit l = r: ti-tillo; aa. Verwandte bei *Pott* (I, 228, vgl. Lth. Bor. Pr. 25), wozu ahd. tre-tan (*Graff* V, 520), sl. trón (*Kop.* Gl.), vgl. cü-treni (ebds.);

sloven. tárem, térem (*Metelko* sloven. Gr. 105); im Sskr. erscheint entsprechend tar in tar-un'a (vgl. τέρ-ην) *zart, weich* (eig. *abgeschabt*); mit ur für r̆i, wie oft: turî *Bürste* (*die reibende?*); mit l für r: tal-una; tal-ina *dünn* (abgeschabt) u.s.w., tul̆i = tur̆i; tr̆i, diesem Wechsel gemäss, als Wurzelform angenommen, gehört ferner hieher, mit il für ir = r̆i, wie so oft: til *eingerieben, fettig sein* (wozu til-aka *Fleck* u.s.w.) und til *gehn* (*terram terere*).

Hieher griech. I. mit Guna von r̆i, zunächst: ερ in τερ: davon: τείρω (4te Conj. Cl. für τερ-jω); ἀτειρής, ες. — τερύσκω; τέρυς, -ύνης, ὁ; τερ-άμων, ον; -μότης (-μνότης zw.), ἡ; ἀτέραμνος, ον (τερ-αμνος synkopirtes Ptcp.); -νία, ἡ; -νότης, ἡ; -νώδης, ες; ἀτέρεμνος, ον.

τέρην, εινα, εν = sskr. tarun'a; sskr. tarun'i heisst *ein junges Mädchen*; eben so das entsprechende zend. tauruna *Jüngling* (*Bopp* V. G. 28); ist daher hieher vielleicht ahd. diorna (*Graff* V, 90) *junges Mädchen* und nach dieser Analogie auch τᾶλ-ις (ᾶ Vriddhi und λ = ρ), ἡ *mannbares Mädchen*, oder letzteres eher zu ταλ *sustinere* (S. 258) zu ziehn (vgl. *Pott* II, 558)? Dagegen sicher hieher mit λ = ρ: ἀ-ταλ-ός (wo ἀ = ἀ I, 382), ἡ, όν *sehr zart, kindlich*; ἀτάλλω *kindlich sein* (vgl. ἀτάλλω S. 258).

[Mit η (Vriddhi) vielleicht τῆλ-ις, ἡ *ein Hülsengewächs* (was *zerrieben wird?* vgl. lat. triticum von tero); τήλινος, η, ον].

Der hier behandelten Wzf. liegt, wie schon bemerkt, eine Form, welche sskr. r̆i haben würde, zum Grunde; diesem gegenüber erscheint II. oft, ρῠ (vgl. S. 259): τρύ-ω; [zu dieser Form lett. truh-deht *modern* und trunneht glbd.]; dazu: τρύος, τό; τρύμη, ἡ *ein geriebener, durchtriebener Mensch*; τρῦσις, ἡ; ἀλίτρυτος, (η), ον; ἀτρύμων, ον; Ἀτρυτώνη N. p.; τρυσίβιος, ον.

Hieher: τρυ-ήλα, ἡ (lat. trua: trulla) *Geräth zum Zerreiben* u.s.w.; τρυήλης, ὁ; τρύηλις, ἡ.

Ich erwähne sogleich die zu dieser Wzf. (τρυ) gehörigen sekk. Ff. 1. τρύ-σκω; 2. durch χ: τρῦ-χ-ω; τρυχόω; -χος, τό; -χίον, τό; -χηρός, ά, όν; -χηλός, ή, όν; -χινος, η, ον; τρυχνόω; ἀμφιτρυχής, ές; hieher τρυσσός (für χjος vgl. θᾶσσον aa. S. 219), η, όν.

[Zu dieser Wzf. ziehe ich ahd. druk-jan (vgl. weiterhin θλά-ω) eig. *reiben, quetschen, drücken* (*Graff* V, 253), druh (ebds. 254), mit Verlust des h (vgl. oben S. 54) druen (ebds. 244), lett. truhkt *zerbrechen* (*sich zerreiben* vgl. θραύω)].

3. durch γ: [hieher: τρυγ-ονάω und mit θ vor ρ: θρυγανάω (*schaben*) *klopfen*, die I, 671 falsch].

4. durch φ: τρυφ, mit Vertauschung der Aspiration: θρύπτω *zerreiben* u.s.w.; [dazu (jedoch mit p, Causale) ltth. truppu *zerkrümeln*]; θρύψις, ἡ; θρυπτικός, ή, όν; θρύμμα, τό; -ματίς, ἡ; τρύφος, τό; -φή, ἡ; -φαλίς, ἡ; -φάω; -φημα, τό; -φητής, ὁ; -τικός, ή, όν; -τίας, ὁ; -τιάω; τρυφερός, ά, όν; -ρότης, -ρία, ἡ; -ρεύομαι; -ραίνομαι; -ρώδης, ες; τρυφηλός, ή, όν; -φαξ, ὁ; ἄθρυπτος, ον; -υψία, ἡ; ἄτρυφος, -φητος, ον (vgl. noch *Pott* II, 122, 506, *Diefenb.* Celt. I, 151 nr. 234).

Indem τ durch Einfluss des ρ aspirirt wird (vgl. S. 260), wird aus Wzf. τρυ: θρυ; gunirt: θρευ; reduplicirt τερ-θρεύς, ὁ *ein durchtriebener Mensch* (vgl. τρύμη S. 261, weiterhin τρίμμα aa.), *Gaukler*; τερθρεύω; -ρευμα, τό; -ρεία, ἡ.

Mit α für ε: θραύω *zerreiben* u.s.w.; θραῦσις, ἡ; θραυστός, ή, όν; -σμα, τό; θραυλός, ή, όν; θραυρός (*Hes.*); [vgl. anders *Pott* II, 61; wenn lat. frus-tum mit der hier behandelten Wz. verwandt, so wäre organ. tṙi im Altlat. wie im Griech. dhṙi geworden und für dh, wie oft, im Lat. f eingetreten].

Dass hieher (συν)θρα-νόω, -νύσσω gehört, ist keine Frage; mir scheint αυ unorganisch in α geschwächt; dasselbe nehme ich für θρᾶγ-μα, τό (sek. Wzf. θρα(υ)γ) an (vgl. τεθλαγμένος weiterhin); doch könnten sich diese Formen auch an die Wzf. τρα mit ρα = ṙi schliessen.

Zu θρυ noch: θρυλλίσσω *zerbrechen* (wo λλ mir auf eine Assimilation deutet, ob für θρυσ-λίζω u. θρυς = lat. frus(-tum)?); θρύλλιγμα, τό.

[III. dem organ. ṙi gegenüber erscheint im Sskr. il (vgl. til S. 261); so könnte auch formal griech. τῖλ in τῖλ-ος, ὁ *Koth* hieher gehören; begrifflich ist analog sskr. tûr-n'i (mit ûr = ṙi wie oft) *Koth* (*beschmierendes* vgl. I, 508); doch könnte man auch, aber mit nicht grösserer Gewissheit, an τίλλω (S. 236) denken; zu τῖλος: τιλάω; τίλημα, τό; σπα-τίλη, ἡ. Nach dieser Analogie mag zu dieser Wz. (etwa τυλ = tṙi) auch τύν-τλ-ος, ὁ (redupl. nach *Bopp* Gr. sscr. 569 und Verlust des Vokals: beides oft) *Koth, Schlamm* gehören; τυντλώδης, ες; τυντλάζω — und (zu Wzf. τελ = τερ S. 261): τέλ-μα, τό *Moder, Schlamm* u. s. w.; τελμίς, (ῖνος), ἡ; τελματώδης, ες; τελματιαῖος, α, ον; τελματόω].

IV. mit ρα = ṙi, wie oft; nur in sekk. Ff.; mit γ: τρᾶγ *abschaben, nagen* (ist poln. trawic' *verzehren* zu vgl.?, vielleicht gehört es zu dieser Wz. (tṙi), aber schwerlich zu dieser Wzf. (τραγ)); τρώγω (ω Vriddhi); ἔτρᾶγον; τρῶξις, ἡ; τρώξιμος, η, ον; τρώξ, ὁ; -ξανον, τό; -ξαλλίς, ἡ; τρώκτης, ὁ (*Pott* II, 188); τρωκτός, ή, όν; τρωκταΐζω; τρωγάλιος, ον; τρώγλη, ἡ; τρωγλήτης, -λίτης, ὁ; -ῖτις, ἡ; τράγημα, τό; τραγηματίζω; -τισμός, ὁ; τραγαλίζω; θερμοτραγέω; κοτινοτράγος, ον; φιλοτραγήμων, ον; φθειροτρωκτέω.

Mit θ durch Einfluss des folgenden λ entsteht: θλα; dazu kömmt ein sekundärer Laut, welcher nicht mit Entschiedenheit festzustellen, da θλαδ-ίας, τεθλαγμένος, θλάω augenscheinlich im innigsten Zusammenhang stehn; wenn δ anzunehmen, so könnte θλάω für θλαδjω, durch Assimilation: θλαjω, cj. j: stehn: τεθλαγμένο würde sich durch den so häufigen (oft *dorisch* genannten) Wechsel von Gutturalen und Dentalen bei charakteristischem δ erklären; also θλάω *reiben, quetschen* (vgl. noch *Pott* I, 200, 187, 239, *Bopp* V. G. 20; wegen lat. flamen in suf-flamen vgl. φλάω, frustum (oben), ferveo u. s. w. (S. 196)); θλάσμα, τό; θλάσις, ἡ; θλαδίας, θλασίας, ὁ; θλάστης, ὁ; θλαστός, ή, όν; θλαστικός, ή, όν; ἀποθλασμός, ὁ. Hieher θλάσ-πις, ἡ (ob λίσπος S. 123 zu vgl.?); θλασπί-διον, τό. — Mit dialekt. φ = θ (bekannt): φλάω = θλάω; φλαδάω; φλάσις, ἡ; φλαστός; φλάσμα, τό.

V., mit ρι = ṙi, wie oft; nur in sekk. Ff.; mit τρῖβ identificire ich und ziehe hieher ahd. rib-an (*Graff* II, 355) mit Verl.

des anlautenden Dentals, ob auch gael. rub-aidh *reiben* (welches vielleicht dem German. entlehnt)? τρῖβω (ῑ eine Art Guna, vgl. H. A. L. Z. 1837 S. 918); τρίμμα, τό; -μάτιον, τό; τριμμός, ὁ; τρίψις, ἡ; τριπτήρ, -της, ὁ; -τός, ή, όν; -τήριον, τό; τριβακός, ή, όν; τριβαλλοί, οἱ; (τρίβανον, τό zw.); τρίβανος, ὁ; τρίβαξ, ὁ; τριβάς, ἡ; τριβεύς, ὁ; τριβή, ἡ; τριβικός, ή, όν; -βος, ὁ; -βων, ὁ; -βώνιον, -νάριον, τό; -νικῶς; -νώδης, -νιώδης, ες; -νεύομαι; ἐντριβής, ές; ἀλοτρίψ, ὁ; ἀτρίβαστος, ον; ἀτριβί; -βων, ον; ἀτριψία, ἡ; ἐλαιοτριβεῖον, τό; ξηροτριβέω; -βία, ἡ; οἰκοτρίβης, ὁ; -βαιος, α, ον; ἀπαιδοτρίβητος, ον.

τ in ϑ (wegen ρ): ϑρῖψ, ὁ *Holzwurm* (*Schabe*).

λ für ρ: ϑλῖβω *reiben*, *quetschen* (vgl. S. 261); ϑλῖψις, ἡ (die Betonung ῑ ist wohl falsch, wie ϑλίμμα und die Analogie von τρίβω zeigt); ϑλίμμα, τό; -μός, ὁ; ϑλιβερός, ά, όν; -βίας, ὁ (vgl. ϑλαδίας S. 262); νεοϑλιβής, ές; -λιπτος, ον. φ = ϑ (dialekt. vgl. φλάω u. s. w.); φλίβω. [mit β (dialekt.) für φ: βλι-μάζω (welches I, 524 falsch). Ob hieher φλῖά, ἡ (die *Thür* als *terens*, oder die *Schwelle* als *trita* gefasst)?].

[Aus den verwandten Sprachen noch zu dieser Wz.: ahd. drasc (*Graff* V, 264) *dreschen* (vgl. terere *Getreide austreten*); ob auch drang (ebds. 261) eig. *quetschen* (vgl. ϑλάω, ϑλίβω); sl. tla-tsch-iti eig. *quetschen*; lth. trotiju (vgl. ahd. tretan S. 260) eig. *zerreiben*, dann *verderben*; tress-tu (pa-trekss-tu) *vermodern* (vgl. oben S. 261), traiss-us, trassk-us *zerrieben*, *mürbe*].

τρυ; ist es die Nachahmung eines Naturlautes (vgl. unser trillern)? ist es mit τρύ-ζω (I, 676) verwandt? Dazu: τρυ-λίζω, *tönen*, *schwirren* (vgl. ϑρύλλιζω, dem es = ist), insbes. vom *Ton der Wachteln*.

Dazu τραυ-λός (αυ Guna von υ), ά, όν (eig. *zwitschernd*, dann) *lispelnd*; τραυλότης, ἡ; τραυλίζω; τραυλισμός, ὁ.

Wir sahn ρ oft eine aspirirende Kraft auf vorhergehende Laute, und insbes. τ (S. 262) entwickeln; daher kann mit τρυ identisch sein ϑρυ. [Da wir zu dieser Wzf. τεν-ϑρή-νη ziehn werden (S. 264), so ist jedoch zu berücksichtigen lett. dun-dur-is *Horniss*, wo d erscheint; daneben aber wieder slav. trôntü *Drohne* (*Kop*. Gl.), wo t; neben diesem wieder sskr. dru-n'a *Drohne*, und da in ϑρυ u. s. w. die Bed. *unangenehm tönen* hervortritt, selbst das formell sich dru-n'a anschliessende sskr. drâksh sammt dhrâksh eig. *schnauben*, welche wir schon früher auf eine Wzf. dṛi, dhṛi zurückführten (S. 228); ob diese Formen ebenfalls hieher gehören und in welchem Verhältniss sie zu τρυ: ϑρυ stehn, wage ich nicht zu entscheiden; vgl. auch *Pott* (II, 565, 690)].

Zu ϑρυ ziehe ich: ϑρύλλος (wo λλ in Folge einer Assimilation vielleicht für ϑρυ-λιο und für dieses auch), ϑρῦ-λος, ὁ (wohl eig. *unangenehmer Ton*, dann überhaupt) *Lärm*; ϑρυλλίζω, ϑρυλίζω, *misstönen*; ϑρυλλιγμός, ϑρῦλιγμός, ὁ; ϑρυλλέω, ϑρυλέω, ϑρύλλημα, τό; πολυϑρύλλητος, ον.

ϑρυ redupliciert mit ο wie πορφύρω (S. 82) und mit ν für ρ *Bopp* Gr. sscr. r. 569 wie oft) τον-ϑρυ: τον-ϑρύς, ἡ *das undeut-*

liche Reden, Murmeln u. s. w.; τονθρύζω; τονθρυστής, ὁ: τονθρίζω; mit eingeschobenem ο: τονθορύ-ζω (vgl. τανθαρύζω (S. 253)); -ρίζω; τονθορυγέω; mit λ für ρ: τονθολυγέω (vgl. *Pass.* s. v. τονθορύζω).

θρυ nach der 1sten Conj. Cl. wird θρεϝω: θρέω (weder zu flere (welches ich zu fluo = sskr. plu nach Analogie von ploro plango (S. 96) stelle) noch zu ahd. trahan (*Pott* I, 213; anders *A. Benary* R. L. I, 147)), eig. *unangenehm tönen* überhaupt, dann *heulen* u. s. w. θρῆνος, ὁ, θρηνώδης, ες; θρηνέω; -νημα, τό; -νητής, -τήρ, -τωρ, ὁ; -τρια, ἡ; -τικός, ή, όν; ἀθρηνί; πολύθρηνος, -νητος, ον; φιλοθρηνής, ές.

mit ο für ε: θροϝος: θρόος, θροῦς, ὁ (eig. *Summen*, dann) *Lärm* u. s. w.; θροέω; ἄθροϝος, ἄθροος, (α,) ον, ἄθρους, ουν, eig. *zusammensummend* (ἀ I, 382); ἀθροότης, ἡ; ἀθροΐζω (für ἀθροϝίζω); ἀθροίζω; ἄθροισις, ἡ; -σιμος, ον; -σμός, ὁ; -σμα, τό; -στής, ὁ; -τήριον, τό; -τικός, ή, όν; ἀλλόθροος, ον.

θρη wie in θρῆνος reduplicirt nach Analogie von τονθρυ, wird τενθρη-δών, ἡ *Wespe* (die *stark summende* vgl. oben); τενθρήνη, ἡ; -νιον, τό; -νώδης, νιώδης, ες.

mit α für ε würde τανθρη, ob daraus mit Verlust des τ: ἀνθρηδών, ἀνθρήνη, ἡ; -νίον, τό; -νιώδης, ες, oder ἀν für ἀνά, will ich nicht entscheiden.

τερσ. Im Sskr. tṙish *dursten*; nach dem entsprechenden litth. trokss-ti (u. aa. vgl. weiterhin) zu schliessen, steht sskr. sh hier, wie oft, für organ. ksh; das, das organ. ksh schliessende, sh ist wahrscheinlich desiderat., und tri-(ksh)sh hiess wohl eig. *trinken wollen*; die Wzf. würde danach *trinken* heissen und tṙi + irgend einen Guttural lauten. Aus der Bed. *dursten* tritt im German. die Bed. *trocken sein* (eig. *Wasser nöthig haben*) hervor in goth. thairsan (*Graff* V. 199, *Pott* I, 270, wo die meisten Verw.); mit derselben Bed. gehört hieher ahd. truk-an (*Graff* V, 512), wo t, als ob im Sskr. dh stände, wegen des folgenden aspirirenden r (vgl. S. 263); k = dem organ. ksh; eben so hieher: trank (*Graff* V, 515); truh (V, 511); ferner gael. tìor-aidh *trocknen*; tar-t (= sskr. tṙish-ti, ahd. durs-t). Dem sskr. tṙish entspricht griech. τέρσ-ομαι (ερ Guna; eig. *durstig*, dann) *trocken werden*; τερσαίνω *abtrocknen* (nicht mit terg-o verwandt, welches zu ter-ere gehört vgl. pur-us (von √ sskr. pû I, 270): pur-go); τερσιά, ἡ; α für ε: ταρσός (-ῤῥος), ὁ; ταῤῥίον, τό; ταρσώδης, ταῤῥώδης, ες; ταρσόω, ταῤῥόω; τάρσωμα, τάῤῥωμα, τό; ταρσιά, ἡ; εὔταρσος, ον; ρα = sskr. ṙi, oder Metathesis auf griech. Boden: τρασιά, ἡ.

Da *Käse* auf ταρσοῖς gedörrt wurden (ταρσοὶ μὲν τυρῶν βρῖθον *Hom.*), υρ für ṙi oft eintritt und σ eingebüsst wird, ziehe ich hieher τυρ-ός (anders *Pott* I, 170) ὁ *Käse* (*gedörrt*); τυρίσκος, ὁ; τυρίδιον, τό; τυρώδης, ες; τυρόεις, εσσα, εν; τυρόω; τυρωτός, ή, όν; τυρεύω; τύρευμα, τό; τύρευσις, ἡ; τυρευτής, -τήρ, ὁ; τυρεία, ἡ; τυρέω; ὑποτυρίς, ἡ.

Hieher, trotz der Angabe, dass es scythisch sei, das Wort: βού-τυρον, τό (eig. *Kuhkäse*) *Butter*; -ρινος, η, ον.

ρυ = ṙi: τρύσκω (?).

τερσ : τελσ : τελλ in τέλλη (vgl. testu-do von tes-ta (*gedörrt*) *Pott* I, 270 II, 48 und ὄστρακον oben I, 36), ἡ; τελλίνη, ἡ.

Der organ. Form, welche (nach oben) sskr. trikshlauten würde, entspricht griech. — mit χ = ksh, wie oft — τάριχ-ος (ρῐ = ri und α eingeschoben), ὁ eig. *das Trocknen*, dann *Einmachen, Einbalsamiren*; -χιον, τό; -χηρός, ά, όν; -χεύω; -χευσις, ἡ; -χευτής, ὁ; -χευτός, ή, όν; -χεία, ἡ; -χεῖον, τό.

(triksh gunirt oder) Synkope von ταριχ: τάρχ-ος, τό *Einbalsamirung*; -χύω; -χεύω; ἀτάρχευτος, ον.

[Zu sskr. trish lth. dirss-tu *verdorren* (vgl. wegen d: drebu S. 253); ob dazu dirsè *Trespe*? dann auch wohl ahd. trespe hieher].

(τρπ) Im Sskr. trip eig. *sättigen*, wie trip-ra *satt* u. die zu erwähnenden Verwandten zeigen; wahrscheinlich ist tri-p eine p-Bildung der Wzf. tri (vgl. S. 258 ἀτιτάλλω), so dass es eig. *nähren* hiesse, grade wie das entsprechende griech. τρέφω. (ρε = ri; φ für p, wie nicht selten, oder eine sek. Bildung durch φ = bh.) Weiter geht aus *sich sättigen* im sskr. *sich erfreuen* hervor; dazu griech. τέρπ-ω gunirt (vgl. *Pott* I, 257, wo zu den verwandten noch lett. tahr-p-inah t *erziehen*, tehrpt *schmecken*). Zu τρέφω: θρέψις (mit Metathesis der Aspiration), ἡ; θρεπτήρ, ὁ; -τειρα, -τρια, ἡ; -τήριος, α, ον; θρέπτρα, θρέπτα, τά; -τός, ή, όν; -τικός, ή, όν; θρέμμα, -μάτιον, τό; τρέφος, τό; mit ο = ε: τροφός, ή, όν; -φή, ἡ; τρόφις, φι; -φιος, α, ον; -φίας, ὁ; -φιώδης, ες; -φιμος, η, ον; -μότης, ἡ; -μαῖος, α, ον; -φόεις, εσσα, εν; -φώδης, ες; -φέω; -φημα, τό; -φεύς, ὁ; -φεύω; -φεῖον, τό; mit α = ε: τραφερός, ά, όν; ἀλιοτρεφής, ές; πολυθρέμματος, ον; -μων, ον; ζωοτροφικός, ή, όν; -φία, ἡ; hieher τροφαλίς (auch τροφαλλίς, τραφαλίς, -λός, -φαλλίς und äol. τρυφαλίς), ἡ *frischer Käse* (etwa von τρεφ in der Bed. *dick* vgl. τρόφις, τραφερός aa.); [da aus *dick* die Bed. *dicht* entstehn kann, so scheint mir ταρφ-ύς jetzt hieher zu gehören (vgl. I, 667)].

Zu τέρπω (ἐτάρπην): τέρψις, ἡ; τερπωλή, ἡ; τερπνός, ή, όν; -νίστατος; -νότης, ἡ; ἀτερπής, ές; -ρπος, ον; -ρψία, ἡ; Εὐτέρπη N. p.

Wurzeln und Wzformen, welche mit Θ anlauten.

Θ genannt θῆτα, Gen. θήτατος, von einem phönicischen Wort = hebr. טֵית.

√θ(ε). Im Sskr. √dhâ *setzen, legen* u. s. w.; wird im Präsensstamm u. s. w. redupl., wobei der schliessende Vokal vielfach verloren geht: sskr. da-dh, welche letztre Form auch als besondre Wzf. angeführt wird (in Conj. Cl. 1 dadh-ê und mit Nasal da-n-dh-âmi); statt â tritt ferner ă ein in dhă-na (vgl. weiterh.), vi-dha, vi-dhas (vgl. vidhâtri aa.); i im Ptcp., wo zugleich, wie oft, h für dh: hi-ta (für dhi-ta vgl. san-dhi-ta *verbunden*), daher Wzf. dhi (Präs dhi-j-âmi 6te Conj. Cl.)

angeführt wird; ava-dhi u. aa.; î im Passiv. dhî-j-ê; daher Wzf. dhî (4te Conj. Cl.) angeführt wird; wie nun schon so oft gesehn, scheint auch hier der Vokal von keiner wesentlichen Bed. zu sein. Da dh in hi-ta h ward, so ist die Möglichkeit vorhanden, dass das begrifflich nah verwandte hâ (*lassen* vgl. lat. pono: für po-sino u. S. 188. 189) hieher gehört. Verwandte bei *Pott* (I, 186), wozu noch sl. dje-jón (*Kop.* Gl.) *thuen* (aus Begr. *setzen*: *festsetzen*: vgl. *Pott* I, 187), lett. deh-deht *verliegen*; ahd. tòn *thuen* (*Graff* V, 284); griech. τί-θη-μι (θήσω; τέ-θει-κα, wo ει höchst wahrscheinlich der alten zusammengesetzten Perfect-Form zuzuschreiben ist, nämlich der, deren Thema einem sskr. auf ajâ (vgl. die Vedenformen des Aoristes ram-ajâm akah' u. s. w. *Pânini* III, 1, 42) entspricht; die Reduplication ist dem Griech. eigen und, nach Vergessen der eigentl. Bildung, nach Analogie der ächten Perfectbildungen, hinzugesetzt; übrigens kann τεθει nach Analogie von Aor.-End. σα = sskr. sam das schliessende m (sskr. -ajâm) eingebüsst haben, oder ein andrer Casus des Themas sein, was ich hier nicht erörtern will; die Endung κα identificire ich mit dem sskr. Aor. (5te Bild.), welcher in den Veden zum Ausdruck dieser periphrastischen Formen dient (vgl. a-kr-an (3te P. Plur.), akar (3te P. Sing. bei *Pân.* a. a. O. von √kri *thun* S. 170)); die erste Person Singul. kann ich nicht nachweisen, sie würde aber wohl (nach Analogie von akran) im Altgriech. ἔκραμι mit Verlust des μι (wie in -σαμι : σα), ἔκρα haben lauten können, und mit Einbüssung des Augments (wie im Zend. u. Lat. u. aa. immer) und des ρ in Anlautgruppen (wie im Griech. so oft) κα; diese Formation dient auch zur Bildung des Aorists im Sskrit und davon sind ἔ-θη-κα und ἔ-δω-κα zwei Ueberbleibsel, bei denen jedoch nicht, wie bei τέθεικα, Thema θεjâ zu Grunde liegt, sondern bloss θᾱ (vgl. sskr. içâ-m); das Augment ist hier, wie im Perfect, nach falscher Analogie, hinzugetreten; κα erkläre ich wie im Perfect); τιθέω; θετός, ή, όν; θέτης, ὁ; θετικός, ή, όν; θέσις, ἡ; θέμα, τό; θεματικός, ή, όν; -τίζω; -τισμός, ὁ; θῆμα, τό (*Hes.*); θήκη, ἡ (vgl. sskr. dhâ-ka); θηκίον, τό; θηκαῖος, α, ον; [hieher vielleicht θημών (I, 644) Begr. *zusammenlegen*]; διατεθήρ, ὁ; ἐνθέμιον, τό; ἀθετέω; ἀθέτημα, τό; -τησις, ἡ; εὐθεσία, ἡ; εὐθετίζω; νουθετεία, ἡ; -τησμός, -τισμός, ὁ; -τητής, ὁ; -τητικός, ή, όν; ὁροθέσια, τά; ἐπιθηματικός, ή, όν; -τόω; συνθημάτιον, τό; -τιαῖος, α, ον; εὐθήμων, ον; -μοσύνη, ἡ; -μονέω; ἐνδιάθηκος (*Hes.*).

θε-μός (*Hes.*) *Satzung*; vgl. sskr. vidhi glbd.; θεμόω; θεμίζω; θεμιστός, ή, όν; davon θέμις Gen. u. s. w., μιστος, ἡ; daraus könnte man auf ein Thema θεμιστ schliessen, allein aus Gen. Plur. θεμιστεων (vgl. πολεων Thema πολι) schliesse ich auf θεμιστι, worin ich Ueberbleibsel der alten Femininalbildung von Themen auf ο (= sskr. a) durch ι = sskr. î erkenne; der regelm. Nomin. θεμιστις ward durch die sich häufenden ähnlichen Laute θέμις, der Genit. θεμιστιος in θεμιστος u. s. w. zsgzgen. θεμιστι, Fem. von θεμιστο ist die Abstraction, Personification des *Gesetzten*, *Recht* u. s. w.; θεμιτός, ή, όν (für ιστός dorische Assimilation für θεμιττός (vgl. ἴττω für ἴστω aa.) und Verlust des einen τ wie in λιτή S. 140 u. oft); θεμίστιος, ον; θεμιστοσύνη, ἡ; θεμιστεῖος, α, ον; θεμιστεύω; θεμιστευτός, ή, όν; ἀθεμιστία, ἡ.

Hieher: θεμερός, όν *gesetzt*; θεμερύνομαι.

θέ-με-θλον, τό (wie von einer Verbalwurzel θεμε; Suff. θλο = sskr. tra; θ für τ wegen des aspirirenden Einflusses des λ [= r), wörtl. *Instrument, damit etwas liegt, Grundlage*; θλ zu λλ assimilirt und ein λ eingebüsst θεμελο in θεμέλιος, ον; -ον, τό; -όθεν; -όω; -λίωσις, ἡ; -ωτής, ὁ; -λιακός, ή, όν; ε zu ει gedehnt (vgl. φθερρω : φθείρω aa.): θέμειλον, τό; zu η: (θέμηλον, τό zw.): ἀθέμηλος, ον.

Hieher: zu Begr. *thun*: θής, τός, ὁ (Arbeiter) *Leibeigne* (vgl. *Pott* II, 561); θῆσσα (für θητια), ἡ; θητικός, ή, όν; θητεύω; θητεία, ἡ.

[Zu demselben Begr. θο in ἔρι-θος (vgl. I, 56)].

Dass zu dieser Wz. θᾶκος, ὁ *Sitz* gehört, ist keine Frage; schwieriger die genauere Bestimmung; wie θᾰ-άσσω für θάσσω; θόωκος für θῶκος zeigt, steht es für θᾰ-ᾱκος, wahrscheinlich organ. θᾰ-j-ακος; θα-άσσω alsdann für θᾰᾱκjω (κj in σσ vgl. μᾶσσον für μακ-ἰjον aa.); θακέω für θακεϝω, wie θακεύω zeigt; θάκημα, τό; eben so θῶκος, θο-ωκ-ος für θοjωκος, ὁ; θοάζω *sitzen* für θο-j-ᾱ-κjω (ζ = σσ wie oft, vgl. z. B. ὀλίζων neben ὀλίσσων für ολιγίων); θωκέω.

Die reduplicirte Wzf. hiess im Sskr. dadh; goth. dêd-s (*Pott* I, 187); im Griech. entspricht ihr (da τ für θ eintritt) τεθ; dazu τεθ-μός (dorisch), indem θ vor μ zu σ wird, geht die Aspiration auf τ über; daher θεσμός, ὁ *Satzung* (vgl. auch *Pott* II, 124); θέσμιος, α, ον; ἄθεσμος, ον; -μία, ἡ; ἐκπροθεσμέω.

Gehört hieher θέσ-σασθαι *flehn* (für τεθ-j-ασθαι Begr. *anliegen*, aus *legen*)? ἀπόθεστος, πολύθεστος, ον; ob Θέσσαλος N. p.?

Zu θη: Θη-σεύς N. p. für Θητεύς (eig. *Festsetzer*).

θησ-αυρός *Schatz* (vgl. sskr. ni-dhi eig. *Niederlage, Aufbewahrungsort*, glbd. und I, 27, *Pott* I, 132, vielleicht aber ist θη-σαυρο zu trennen und σαυρο für σωρός (vgl. I, 27 N. Ntr.) zu nehmen.

Wie ni-dhi *Schatz*, so hieher sskr. dhana *Reichthum* (vgl. κειμήλια), dhanavat *reich*, lat. di-vit (für dinvit *Bopp* V. G. 328); [zu dhana griech. θενες und θηνες in εὐ-θενής, εὐθηνής *reich*, die ich früher (I, 631) falsch genommen (*Bopp* Vokalism. 207); vielleicht auch θήν u. s. w. *Haufen* (I, 644)]. — Indem dialekt. φ für θ eintritt (vgl. φλάω, φλίβω S. 262 ff.), wird θενες: φενες mit Präf. ἀ (= ἁ I, 382) eig. *Reichthum habend*: ἄφενος, τό (*grosser*) *Reichthum*; zsgzg. ἄφνος; dazu ἀφνειός (f. ἀφενεσιος), (ἡ), όν; ἀφνειόομαι; ἀφνεός, όν; ἀφνέω; ἀφνήμων, ον; ἀφνύνω; ῥυηφενής, ές; -νεια, -νία, ἡ.

[Hieher, vielleicht zu einer sek. Wzf., gehört ahd. ta-sca (*Graff* V, 460) vgl. θήκη].

Hieher das, so häufig als sekundäres Element antretende, sskr. dh (z. B. kru + dh S. 178), zend. und lat. d, griech. θ (z. B. πλή-θω aa.), vgl. *Pott* (II, 699, I, 187); die Bed. scheint *machen* zu sein. Eben so hieher θη in der Bildung des Aorist-Pass. (ἐτύφ-θην), grade wie im deutschen Präter. (*Pott* I, 187).

Aus dem Begr. *legen*, scheint mir das sskr. separirende Suff. dhâ in dvi-dhâ *in zwei gelegt*, gebildet (vgl. κας, ças,-heit bei çi *liegen* S. 150); dhâ ist ein alter Instrumental (vgl. S. 49), von einem Thema dha. Wie nun in hi-ta (für dhi-ta S. 265) geht auch hier dh in h über, daher sskr. puru-ha; diesem entspricht griech. πολλα-χο (S. 85); und so dient auch χο in der Bildung der Zahladverbien, welche den, im Sskr. durch dhâ gebildeten, demnach der Form und Bed. nach gleich sind δίχα = dvi-dhâ (vgl. S. 219 und I, 471), τρίχα = tridhâ u. s. w. (anders *Bopp* V. G. 466). Im Griech. treten aber aus diesem Suff. χο viel mehr Adverbialformen hervor als im Sskr. aus dha : ha : χως (Abl. für χωτ,) χῃ, χου, χοι, χοθι, χοθεν (vgl. z. B. S. 85, 219, 233 u. sonst); es dient als adjectivisches (z. B. μονα-χός (wohin auch μουνυχία, wo ου und υ dialektisch I, 4), νηπία-χος, οὐρία-χος, wo οὐρια als *letzte Zahl* gefasst ist). [Suff. χες in τέμαχος u. aa. scheint mir dagegen diminutivisch gefasst werden zu müssen (wie (ι)χο in πυῤῥι-χος, äol. Diminut. von πυῤῥος, u. aa. *Ahrens* Diall. 215, 216); ιχ ist hier = sskr. îksh (I, 235) mit χ = sskr. ksh wie oft, so dass es, wie die Diminutivsuff. grösstentheils, *Aehnlichkeit* ausdrückt; sind eben so viele der verbalen σσ-Bildungen (mit Guttural als Charakteristikum) zu fassen?]

[Da hier dh *neben* ϑ, wie wir gleich sehn werden, durch gr. χ repräsentirt ist, so entsteht die Frage, ob nicht auch *oft* das, so häufig Verbalwurzeln weiter formirende, χ (vgl. ταραχ, S. 253) = ϑ = sskr. dh(â) ist; dass in den verwandten Sprachen Laute entsprechen, welche sskr. h fordern, entscheidet nicht dagegen, da wir an dem eben behandelten Beispiel sehn, dass sich h neben dh schon vor der Sprachtrennung stabilirt hatte; so gehört auch sskr. sekund. h in vielen Fällen hieher, vgl. z. B. gridh : grih aa.]

ϑα = sskr. dha scheint mir erhalten in τυτϑός (S. 230), μίνυνϑα (vgl. I, 472).

Hieher (zu Suff. sskr. dha) ziehe ich nun auch mehrere, zur Bildung von Adverbien aus Pronominalstämmen dienende, Endungen mit sskr. dh und ebenfalls dafür eintretendem h. 1. sskr. dha in sa-dha, später sa-ha (vgl. I, 383, *Windischmann* Sankara, 75), *mit*, i-dha, später i-ha (Pron. i I, 1) *hier*; a-dha (Pron. a I, 1, *Lassen* Anthol. sscr. Gloss. s. v.; die würkliche Existenz dieser Form habe ich oben (S. 48), wo ich sie vermuthungsweise annahm, übersehn) *hier*; endlich ku-ha (für ursprünglich ku-dha, *Windischm.* a. a. O., von Pron. hva S. 145) *wo*; das hypothetische ma-dha (oben S. 30). — dha drückt in allen diesen Ff. eine *Oertlichkeit* im Allgemeinen aus; die Form dha betreffend, so vergleicht sich sskr. apa, ava, upa, pra, in denen ich (nach S. 215, 220) jetzt die alte Form des Acc. Plur. Neutr. erkenne.

2. dhas: in sskr. a-dhas *von da*; sa-has (für sadhas I, 384); die Form dhas ist vielleicht aus dha wie apas u. s. w. aus apa entstanden (S. 255); sie drückt *die Bewegung von einer Oertlichkeit her* aus.

3. dhi: in a-dhi *über*, drückt *eine Oertlichkeit in Ruhe* aus; hieher ziehe ich sskr. kar-hi, tar-hi (für dhi, anders *Bopp* V. G. 550); die Form dhi verhält sich zu dha, wie api zu apa u. aa.

4. dhis, mit h für dh: in va-his *aus* (I, 279 wo falsch), also ähnlich wie dhas *die Bewegung von einer Oertlichkeit heraus*; dhis verhält sich zu dhi, wie nis zu ni (S. 219), dhas zu dha.

1. Da dem sskr. a-dha griech. ἔν-θα der Form und dem Begriff nach entspricht (vgl. S. 48), so ist dessen θα = dem sskr. dha; dasselbe θα erscheint dann auch δῆ-θα (II, S. 210) in αὖ-θα, welches in der Zsstzg ἐνθα + αυθα : ἐνταῦθα bildet (vgl. I, 274); ὕπαι-θα [hieher sl. de in kü-de *wo* (*Kop.* Gl.)].

2. Dem sskr. a-dhas entspricht der Form und Bed. nach griech. ἔν-θεν (wie ἔνθα = adha, vgl. S. 48); so also hieher θεν = dhas; θεν verhält sich zu dhas wie (τυπτο)-μεν zu sskr. -mas; ferner ist mit θεν identisch äol. θα (*Ahrens* Diall. 153), κοινῶς: θε (σ eingebüsst wie (τυπτε)-τε zu sskr. thas); also hieher auch ἔνθε, δῆθεν, οὐρανό-θεν u. s. w. (anders *Bopp* V. G. 618) τόθε, τόθεν u. aa. (vgl. I, 274); wie lat. in-du = sskr. adha (S. 48), so inde = sskr. adhas (ebenfalls mit Verlust des s), eben so (ali)-cunde (= einem sskr. ku-dhas und dem sl. kón-dou, in kóndoug'eli πόθεν δέ (*Kop.* Gl.)), unde mit Verlust des c; aus Pronomst. ha (S. 187) müsste eben so hinde werden, dieses wird durch Hinzutritt von ce (S. 187) verstümmelt: hind(e) + ce: hincce: hinc (vgl. 187); eben so ist istinc, illinc zu deuten; endlich ist auch hieher zu ziehn lat. de für a-de = sskr. adhas. Ob hieher griech. mit χ = h = dh: χος = has = dhas (I, 385) in κῆχος, κῆγχος (S. 146), will ich noch nicht entscheiden.

3. Dem sskr. dhi entspricht griech. θι, vgl. πόθι, τόθι, αὖθι (I, 274). οὐρανό-θι u. aa.

4. Dem sskr. dhis entspricht θις in αὖ-θις (I, 175, wie αὖθι (I, 274) zu Pron. ava); mit χ = h (für dh) ἐξ (vgl. I, 279).

Die Griechen bilden ferner noch θοι (alter Locativ), αὖθοι in ἐνθα + αυθοι : ἐνταυθοῖ.

Aus den so gebildeten Adverbien entstehn neue Formationen (vgl. σχεδιο I, 383, μεσο II, 30, wo unbemerkt gelassen, dass die Bildung dhja aus dh(â) durch Suff. ja im Sskrit entschieden erscheint (vgl. sskr. êka-dhâ : aika-dhja-m *Bopp* Gr. sscr. r. 262); ferner σχερο I, 385, ἐνερο II, 48 [zu letzterem gehört ahd. tal (*Graff* V, 396), eig. das *Untere* (für a-tala = sskr. adhara mit Verlust des anlautenden a, wie in lat. de)].

Wir haben sskr. ha in puru-ha mit dha identificirt (S. 268); so gehört denn auch hieher puru-hu für puru-dhu, Adjectiv dreier Endungen, *viel* (so dass dha : dhi : dhu erschien); an diese Form schliesse ich jetzt ξύν für σεχυν = einem sskr. sa-hu (+ unorg. m) (I, 385, wo noch nicht genau genug); wäre aber zu der organischeren mit θυ = dhu zu ziehen ἰ-θύ (von Pron. i (I, 1), oder wegen goth. wi-thra (vgl. I, 85), von ϝι für δϝι (II, 221)) und das gleichbedeutende εὐ-θύ (wo ευ = sskr. ava I, 273, vgl. zend. ava-dha I, 274 und wegen der Bed. αὖθι ebds.)? Die früher (I, 85 ff.) gegebne Etymol. ist höchst unsicher; θυ würde in diesem Fall die Richtung *wohin* (wie θεν *woher*, θι *wo*) bezeichnen. Dann ist ἰθαρός, ἴθαρ (I, 86) auch vielleicht als Comparativ von ἴθα = sskr. idha : iha *hier* (S. 268) zu fassen (wie adhara von adha S. 48).

[Ueber Suff. *θε* u. s. w. vgl. anders *Pott* II, 264, 266, *Bopp* V. G. S. 257, 393, 394 (wo slav. Verwandte) 400, 618, *Hartung* Casus 170, Partikeln, I, 316.]

[Hier will ich das sskr. th anmerken, welches ebenfalls in mehreren zur Bildung von Adverbien dienenden Suffixen erscheint: -thâ (alter Instrum.) in ta-thâ *so*, ka-thâ *wie* (interrog.), ja-thâ *wie* (relativ) u. s. w. (*Bopp* Gr. sscr. p. 277); hieher lat. i-tă (= einem sskr. i-thâ); *ἅ-τε* könnte = sskr. ja-thâ (vgl. I, 404) sein, da jedoch sskr. thă (wohl Acc. Plur. Neutr. vgl. S. 268) in a-tha (lat. at) erscheint, so könnte lat. ta, griech. *τε* auch dazu gehören; tha erkannte ich in *με-τά* (S. 30), *κα-τά* (S. 147), ferner sskr. tham in ka-tham. — Hierzu ziehe ich das superlat. sskr. tha in k'atur-tha *vierte* u. s. w. (vgl. S. 234, *Bopp* a. a. O.), und in ish-th'a (vgl. S. 255).]

(*θι*). Im Sskr. dhê *trinken*, eher wohl, wie die Derivata u. s. w. zeigen, ursprünglich *säugen, Kinder tränken* (vgl. *Pott* I, 229); im Sskr. ist die letzte erkennbare Wzf. dhi, zunächst in di-dhi-shû, welches wörtlich: *zu stillen begierig* heisst (*eine jungfräuliche Wittwe, die sich zum zweitenmal verheirathet hat*), da-dhi *Milch*; ferner dhî in dhî-ta *einer der getrunken hat*, dhî-ti *Durst*, dhî-dâ *Mädchen*; dhê (Gunaform) erscheint in dhê-nu *Milchkuh*, dhajâ *ein Saugkind*, â (für ê) in dhâ-tṛi *Nährerin*; sskr. dhê hat im Präs. dhaj-âmi; dazu slav. doj-ón *stillen* (*Kop.* Gl. *Dobr.* 92); denten *Säugling, Kind*; an die Wzf. dhi lett. dihle *Säugling* u. s. w.; hieher mit Verlust des j: ahd. ta-an (*Graff* V, 284 taant = sskr. dhaj-anti) *säugen*; an die reduplicirte Form (sskr. da-dhi): goth. daddjan *lactare* (ebds.); ahd. tutta (*Graff* V, 381) *Zitze*; an die Form mit â (für ê): ahd. tila, tili (*Graff* V, 397) *Brustwarze* (vgl. noch *Diefenb.* Celt. I, 23, nr. 24).

Griech. (*θάω* für *θαjω*), *θῆσαι säugen*, *θῆσθαι* u. s. w. *saugen, melken*; hieher *γαλα-θηνός, όν* (vgl. I, 480); *Θαΐς* N. p. (*Pott* II, 570); ferner: *θήλη* (= ahd. tila s. oben), *ἡ Brustwarze*; *θηλάζω*; *θηλασμός, ὁ*; *θηλάστρια, ἡ*; *θηλαμινός, ὁ*; *θηλαμών, ὁ*; *θηλώ, ἡ*; (*θηλωτίς, θηλόνη, ἡ Steph.*); *ἄθηλος, ον*; *αἰγοθήλης, ὁ*.

θῆ-λυς, εια, υ eig. *säugend* u. s. w. (schwerlich ist *λυ* Suff., sondern *λ* steht für *ν*, wie oft, so dass *θηλυ* = sskr. dhênu s. ob.); *θηλύτερος*; *θηλύτης, ἡ*; *θηλυδρίας, ὁ*; *θηλυδριώδης, ες*; *θηλυκός, ή, όν*; *θηλυκεύομαι*; *θηλύνω*; *ἀθήλυντος, ον*; *ἐκθήλυνσις, ἡ*.

Reduplicirte Form (mit *ι* wie in *τίθημι* und Verlust des radikalen Vokals, wie in sskr. dadh-i und goth. daddjan, oben) *τιθ* in *τιθ-ός* (mit *τθ* vgl. *'Αθ-ῆναι 'Ατθ-ίς* I, 78 u. aa.), *τιτθός, ὁ Zitze* (*Pott* II, 258); *τιθή, τίτθη, τιτθή, ἡ*; *τιτθίον, τό*; *τιτθίς, ἡ*; *τιτθίζω*; *τιτθεύω*; *τιτθεία, ἡ*; *τιθεύω*; *τιθευτήρ, ὁ*; *ἀπότιθος, ον*; *ἐπιτίτθιος, ον*. — Wzf. *τιθε*: *τιθηνός, όν nährend, wartend*; *τιθήνη, ἡ*; *-νέω*; *-νημα, τό*; *-νησις, ἡ*; *-νητήρ, ὁ*; *-τειρα, ἡ*; *-τήριος, α, ον*; *τιθηνεύω*; *-νεία, -νία, ἡ*.

Aus Bed. *nähren*: *τιθ-ός, ή, όν im Hause genährt*: *τιθάς, ἡ*; hieher *τιθα-σσός* (vgl. *μετασσο* S. 30 *νεοσσο* S. 51), *τιθασός, ή, όν zahm* (nach dieser Analogie vielleicht hieher lett. dihdiht *zähmen*); τιθάσσω; τιθασσεύω (-ασεύω); -άσσευμα, τό; -ασσευτής (ασε), ὁ; -ασεύτωρ, ὁ; -ασσευτήρ, ὁ; -τός, ή, όν; -τικός, ή, όν.

[Hieher zieht man τιθαι-βώσσω *bauen* und *nisten* von *Bienen und Hühnern*; sehr fraglich.]

Wie sskr. dadh-i *Milch*, so hieher τιθ-υ in τιθ-ύ-μᾱλος, ὁ, -μαλλος, ὁ, -μαλα, τά (wörtlich: *Milchapfel habend*); -μᾱλίς, ἡ.

Durch Redupl. entsteht (nach *Bopp* Gr. sscr. r. 565) im Sanskrit die Intensivform dàdhaj, deren Thema dâdh; diesem entspricht griech. regelrecht: τηθ in τήθη, ἡ *Amme*, *Grossmutter*; τηθίς, ἡ *Tante*; τηθία, τηθίβιος, ή. Τηθύς N. p. τηθ-έλης, -λᾶς, -λαδῦς, τηθαλλαδοῦς, -λωδούς, ὁ *Muttersöhnchen* (*Pott* II, 258). [Hieher gehört ahd. tôto, tôta *Gevatter*, *-rin* (eig. *Nährerin*); wie das entsprechende griech. Wort *Grossmutter*, *Tante* bezeichnet, so entsprang aus ahd. tota franz. tante.]

Hieher ziehe ich — aber zur Bed. *Milch* (vgl. der Form wegen oben τηθύς *Amme*) —: τῆθος, τὸ *Auster* (wegen des milchartigen Körpers); τήθυα, τά; τηθυνάκιον, τό (?).

Wir haben bis jetzt im Griech. nur den Begr. *säugen*, *nähren* hervortreten sehn; zu Begr. *trinken* (vgl. sskr. dhî-ti *Durst*) ziehe ich griech. θοι (= dhê) in: θοί-νη (and. *Pott* I, 278), ἡ *Trinkgelag*, *Gastmahl*; äol. φοίνη; θοινάω; θοίναμα (-νημα), τό; θοινατήρ (-νητήρ), ὁ; θοινάτωρ, ὁ; θοινατήριος, α, ον; -τός, ή, όν; -τικός, ή, όν; θοινάζω.

Mit ω = sskr. â = ê (s. oben sskr. dhâ-trĭ): θῶ-σθαι, θώσασθαι *trinken*.

[Häufig sind die p-Bildungen; als eine solche ist zu erkennen irisch daif *Trank*, gael. dibhe, dibh (Gen. u. Dat. von deoch *Trank*); sollte zu einer solchen sekundären Form δέπ-ας, τό *Becher* zu ziehn sein? stände es für δειπ (ει Guna von ι, vgl. δεκ, ionisch für δεικ in δείκνυμι)? gehört aber dann auch δεῖπνον (S. 204) eig. *Trinkgelag* hieher? Ich wage nicht zu entscheiden; will jedoch δέπας hieher stellen; griech. δ für sskr. θ wäre nicht unmöglich (obgleich die I, 71 angeführten Ff. keine Analogie bilden, da sskr. dh in ihnen sekundär ist und griech. δ gar nicht ihm zu entsprechen braucht, sondern vielleicht eine sskr. sek. F. durch d voraussetzt; eher ist II, 95 zu vgl., doch ist auch da sskr. dh und griech. δ vielleicht sekundär); zu δέπας: δέπαστρον, τό; -τραῖος, α, ον.

Eher noch als δέπας scheint hieher zu gehören δίψᾰ, ἡ *Durst* von διψ aus δι (= θι) + π + σ (Desiderat.) *zu trinken begierig*; δίψος, τό; δίψιος, α, ον; διψάς, ἡ; διψήρης, ες; διψηρός, ά, όν; διψηλός; διψαλέος, α, ον; διψαλόεις, εσσα, εν; διψώδης, ες; δίψακος, ὁ; διψάω; δίψησις, ἡ; -ητικός, ή, όν; ἄδιψος, ον.]

√θυ. Im Sskr. dhû. Die folgende Entwickelung wird von selbst klar herausstellen — so dass wir uns eines weitläuftigeren Beweises überheben dürfen (vgl. jedoch die Reihenfolge in den Bedd. von θυμός, eig. *Hauch*, τύφω (*hauchen machen*), sskr. dhûp *räuchern* (θύω *opfern*), θύω *schnauben*, θέω *laufen*, θίασ-ος (dhwans dhû) eig. *sich rasch bewegend*) —, dass die Grdbed. der Wz. *stark hauchen* ist; daraus tritt 2. *riechen* hervor, 3. *rauchen*, *räuchern*, *opfern*. 4. *schnauben*, *in heftiger Be-*

wegung sein, in heftige Bewegung setzen u. s. w. (vgl. die ziemlich analoge Entwickelung der Wz. ἀϝ (I, 262 ff.)). Die Wzf. betreffend, so wird uns vorwiegend sskr. dhu als zu Grunde liegend entgegentreten; nur in sskr. dham, welches das Präs. u. s. w. der Wzf. dhmâ bildet, tritt uns der Vokal a entgegen; allein er ist höchst wahrscheinlich unorganisch; dhmâ ist zsgzogen aus dhu-mâ (vgl. weiterh. griech. θυ-μός und sl. (na)-düï-ma-jón *aufblähn*), und dann phonetisch in dhamâ gespalten, ähnlich wie dhm in dieser Wzf. im Prakrit durch u zu dhum gespalten wird (*Lass.* I. L. Pr. 126, 182, 188).

1. Einfache Wzf. sskr. dhŭ : dhû (vgl. *Pott* I, 103, 126, 211, II, 687); diese haben schon Bed. 4. *in heftige Bewegung setzen, concutere*; die 1ste Bed. tritt nur in slav. dou-nón (= sskr. dhû-nômi 5te Conj. Cl.) *spiro, flo* (*Kop.* Gl.) hervor; die 2te Bed. in lat. (suf)-fi-(re), wo i für u wie in fio von sskr. bhû und f für dh, wie oft (*Pott* I, 211); die 3te Bed. in sskr. dhû-ma *Rauch*, lat. fu-mus (*Pott* a. a. O.), ahd. tum (*Graff* V, 423, 424), sl. düïmü (*Kop.* Gl.), aa.

Griech. Bed. 1. *hauchen*, Wz. θῡ = sskr. dhû: θῡ-μός, ὁ, ursprünglich *Athem*, dann ähnlich wie φρήν, ψυχή *Geist* u. s. w. Dieselbe Entwickelung der Bed. auch in litth. dumóti, lett. dohmâht *denken*, russ. dyma *Meinung* (u. aa. *Pott* I, 211, Lth. Bor. Pr. 26, 27); ob auch engl. deem hieher? zu θυμός: θυμίδιον, τό; θυμικός, ή, όν; θυμώδης, ες; θυμαίνω; θυμόω; θύμωσις, ἡ; θύμωμα, τό; ἄθυμος, ον; -μία, ἡ; -μέω; ἐνθύμημα, τό; -μάτιον, τό; -τικός, ή, όν; -τώδης, ες; ἐνθύμησις, ἡ; -μίζομαι; -μιστός, ή, όν; -μιος, ον; ἐπιθυμητός, όν; -τικός, ή, όν; -τής, ὁ; ὀξυθυμίας, ὁ; ὁμοθυμαδόν.

Form θῠ, Bed. 2. in der Modif. *stinken* (vgl. fi-mus *Pott* I, 211): θῠ-άω (Denominat. für θυ-jάω) *ranzen* (von Schweinen in der Brunst); θύαρος, ὁ *Trespe*.

θῠ-μος, ὁ (vielleicht zu Wzf. sskr. dhmâ vgl. weiterhin) *der* (starkriechende) *Thymian* (*Pott* II, 593); θύμον, τό; θύμιον, τό; θύμινος, η, ον; θυμίτης, ὁ; θυμώδης, ες: ὀξυθύμια, τά; — ferner θυῖ-ον (ι = ϝ), θύ-ον, τό *ein wohlriechender Baum*; θυῖα, θυία (für θυϝί + α Femininalform, vgl. ἀγυιά S. 18), θύα, ἡ, glbd.

Bed. 3., in der Modif. *räuchern*: θύος (f. θῠϝ-ος), τό; θύον, τό *Räucherwerk*; θυήεις, θυόεις, θυώεις, εσσα, εν; θυώδης, ες; θυόω; θύωμα, τό.

Bed. 3. in der Modif. *opfern*; im Griech. greifen die Bedd. *räuchern* und *opfern* so ineinander, dass man kaum das Recht hat, sie zu scheiden. Die Bed. *opfern* tritt auch schon im Sskr. hervor: dhav-itra (u gunirt) *ein Wedel um Opferfeuer anzuzünden*, steht gleichsam als Mittelglied, sonst tritt diese Bed. in der Verbalform hu (mit h für dh wie oft, vgl. S. 265) hervor (vgl. weiterhin dhava); die Form mit dh ist erhalten in dhâv eig. *reinigen* (durch *Opfer*), dann überhaupt (belegt *Schütz* Kritische u. erklär. Anmerkk. zu *v. Bohlen* Chaurapanchâsikâ u.s.w. S. 20), θύω (f. θυϝω 6te Conj. Cl., daher ῡ) *opfern*; θυάζω; θύσιμος, ον; θυσία, ἡ; θυσιάζω; θυσίασμα, τό; θυσιαστήριον, τό; θυτήρ, θύτης, ὁ; θυτήριος, α, ον; θυτικός, ή, όν; θυωρός, ὁ; -ρίς, ἡ; -ρίτης, ὁ; θύημα, τό; θυητής, ὁ; -τός, ή, όν; θυηλή, ἡ; -λίσιον, τό (Poll.); -λέομαι; -λημα, τό; θύλημα, τό; θυμέλη, ἡ; -λικός, ή, όν; θυΐσκη, θύσκη, ἡ; -κάριον, τό; θύκος; θύσθλα, τά; mit ῡ: θῦμα, τό; θυμάτιον, τό; θῡμιάω (-άζω) *räuchern*; -αμα, τό; -ασις, ἡ; -ατήρ, ὁ; -τήριος, α, ον; -τικός, ή, όν; -τίζω; ὑποθῡμιάς, -μίς, ἡ (zu Bed. 2. *riechen*). ἄθῠτος, ἄθυστος, ον; βουθῠτέω; ἔκθυσις, ἡ; ἀποθυσάνιον, -θυστάνιον, τό; βουθύσιον, τό; θυος-κόος (wohl zu κοάω (S. 144)); θυηκόος.

[Zu der organischeren sskr. Form dhu in der Bed. *opfern*, ziehe ich sskr. dhava *Mann*, so dass es eigentlich der *Opfrer* ist, insofern das *Opfern* wohl ursprünglich das Amt des Hausherrn war; zu dhava sskr. vi-dhavâ (wörtl. *eine mannlose*) *Wittwe*, lat. vidua (= *virgo* Digestorr. XLVIII, 5), goth. viduvo (*Graff* I, 780), sl. vdova (*Kop.* Gl.); daraus, nach Vergessen der eigentlichen Bed., lat. viduus, ahd. wituo (*Graff* a. a. O.) und griech. ἠΐ-θεος für ἠ-ϝιθεϝος (η scheint mir für ἀ = ἁ I, 382 zu stehn; die Dehnung tritt gern vor ϝ ein, vgl. z. B. βασι-λῃα für βασι-ληϝα: βασιλεϝα, wie βασιλεα zeigt, θῄϊον = θεῖον); ϝιθεϝος heisst *Jüngling*, *jung* (vgl. vidua = *virgo*) und ἠ-ϝιθεϝο *sehr jung*; att. ᾔθεος, auch ἠΐθεος, ὁ, ἡ; und ἠϊθέη, ἡ.

Aber auch eine Form = sskr. dhava (*Mann*) glaube ich zu erkennen; wenn nämlich dhava *Hausherr* weiter dann *Vater* hiess, so möchte ihm bei dem so häufig eintretenden Wechsel der Bedd. in Verwandtschaftsnamen (vgl. z. B. die dem sskr. nap-tṛi entsprechenden Ff. in den verwandten Sprachen, theilweis II, 56; die dem sskr. çvaçura S. 176, tâta S. 238, endlich τήθη S. 271), griech. θεῖος (mit ι für ϝ), ὁ *Onkel* entsprechen; θεία, ἡ. *Pott* (II, 258, 276) zieht es zu √ sskr. dhê, in welchem Fall die Bed. wohl *Nährer* (vgl. τηθίς *Tante* S. 271), und θειο = einem sskr. dhaja wäre. Diese Etymologie ist an und für sich gefälliger, als die meinige; mich bestimmte lat. avus : avunculus, welches ich für havus nehme, so dass hier die Form sskr. hu, welche wir schon oben erkannt haben und weiterhin auch im Griech. finden werden, zu Grunde liegt (dh und h erscheinen schon vor der Sprachtrennung oft nebeneinander, vgl. S. 268 u. sonst).

Zu θεῖος, mag man es nun zu Wz. dhu oder dhê stellen, wohl ἠ-θεῖος, α, ον (wegen ἠ vgl. ἠβαιός S. 80). Eben so gehört mit θεῖος zusammen νό-θος, η, ον (nach meiner Etymologie für νο-θεϝος) *ohne Opfrer* (νο zu sskr. na S. 46), *unehelich* u. s. w.; wegen der Zszhg. von νοϝεθ in νοθ vgl. προπ von προϝεπ (I, 336) aa.; zu νόθος: νόθειος, α, ον; νοθεύω; νοθευτής, ὁ; νόθευσις, ἡ; νοθεία, ἡ; ἀνόθευτος, ον; νοθηγενής].

Zu Bed. 2 od. 3 *riechen* (*stinken*), oder *rauchen*: θεῖον (für θεϝjον vgl. θῄϊον), τό *Schwefel* (der *stinkende*, oder *rauchende*); θέειον (für θεϝιον), θῄϊον, τό; θέαφος, ὁ; -φιον, τό; θεειόω; θειόω.

Zu Bed. 4, θύω (f. θυϝω 6te Conj. Cl.), θυίω (mit ι für ϝ wie oft, oder 4te Conj. Cl.) eig. *stark hauchen* (Bed. 1), *schnauben*, *wüthen*, *in heftiger Bewegung sein* u. s. w.; hieher der Bed. nach lat. fŭ-r-o (der Form nach wohl zu dhu + s vgl. weiterhin, also eig. fus-o); *θῡ-νω* (9te Conj. Cl. ῡ statt Guna); *θυνέω*; *θῠσις, ἡ*; *θύος, τό*; *θυιάς* (ι = ϝ), *θυάς, ἡ*; *θυῖαι, αἱ*; *θυστάς, ἡ*; *θύσαι* (ῠ?), *αἱ* (*Lycophr.*); *θυάζω*; *θυόομαι*; *ἔκθῡμα, τό*; *ἐκθῠσία, ἡ*; *θύελλα* (vgl. √ *θϝ*r̆i).

Mit Präf. *αἰ* (= sskr. abhi *auf* S. 104) *αἴθυια, ἡ* (der *auf etwas stürzende* vgl. *ἅρπυια* S. 3) *ein Wasservogel.*

Bed. *in Bewegung setzen* (wie im Sskr.), *concutere*: *θυεία* (für *θυϝί* + *α* vgl. *ἡδεῖα* = sskr. svâdvî aa.), *θυΐα, θυία, ἡ Mörser* (*Stösser*); *θυείδιον, θυΐδιον, τό*; *θυέστης, ὁ*; *θύεστος, ὁ*; hieher wohl *θυΐτης, ὁ ein äthiop. Fossil.*

Hier erwähne ich sogleich die auf griech. Boden durch σσ formirte sek. Form: *θύσσω* (ob zu Wzf. *θυσ* vgl. weiterhin; also etwa für *θυσ-jω*?) *concutere* (*Hes.*); mit Präf. *αἰ* (wie eben): *αἰθύσσω*; *αἴθυγμα, τό*; *αἰθυκτήρ, ὁ*.

Bed. *in heftiger Bewegung sein*: *θυ* nach der ersten Conj. Cl. *θεϝω*: *θέω, θείω* (ι = ϝ), Fut. *θεύσομαι laufen*; so auch im Sskr. dhâv (vgl. *Pott* I, 866), mit Vriddhi; *θοός* (für *θοϝος*), *ή, όν*; wie ist es mit der Bed. *spitz*; gehört diese zu √ *τϝα* (S. 242 ff.) mit *θ* für *τϝ* (wie S. 246 u. oft)? vgl. lett. teews (S. 250); dazu *θοόω*; dagegen zu Bed. *schnell*: *θοάζω*; hieher *βοη-θέω* (vgl. *βοή* S. 60); *βοήθημα, τό*; *-ματικός, ή, όν*; *βοηθήσιμος, ον*; *βοηθητικός, ή, όν*; *βοηθεία, ἡ*; *βοηθόος, ον*; *βοηθός, όν* (vgl. *Pott* I, 115, II, 497); *ἀβοήθητος, ον*; *-ησία, ἡ*; wie *βοηθός* so hieher *θος* in *ἐπιτάῤῥο-θος* (vgl. S. 258).

Hieher: *νω-θής, ές träg* (*νω* für *νη* S. 46), *nicht sich rasch bewegend*; *νώθεια, ἡ*; *νωθρός, ά, όν*; *νωθρότης, ἡ*; *νωθρεύω*; *νωθρεία, -ρία, ἡ*; *νωθριάω*; *νοθρώδης, ες*.

Indem für dh schon vor der Sprachtrennung h eintrat (vgl. S. 268), diesem aber griech. χ entspricht, gehört hieher: *χώ-ομαι* (für *χωϝ-ομαι* vgl. sskr. Wzf. dhâv) eig. *in heftiger Bewegung sein*, modificirt zu *zürnen* (vgl. furere und *θυ-μός* unter andern *Zorn*, *θυμαίνω* u. s. w.); anders *Pott* (I, 253).

[Zu der einfachen Wzf. dhu : dhav noch lat. (mit f = dh): fov-eo eig. *durch Hauchen wärmen* (I, 546 u. II, 61 falsch); fo-cus *der Heerd* (*der wärmende*), ferner suf-foc-are *würgen* (vgl. *πνίγω*, welches in demselben Verhältniss zu *πνέω* I, 608) und poln. dawić *sticken* u. s. w. (*Pott* I, 211)].

2. sek. Form. a. durch m: sskr. dhmâ (vgl. S. 272) *hauchen* (Bed. 1); z. B. in â-dhmâ-ta *angezündet* (*angehaucht*), *geblasen*; als Substantiv: *Aufgeschwollenheit* (*gebläht*), *Schlacht* (vom Begr. *heftige Bewegung* Bed. 4); vgl. *Pott* (I, 187); hieher *σμώνη* (mit σ für θ vor μ), und *σμῶδιξ, μώλωψ* (mit Verlust des σ, wie oft) und *σμῆ-νος* (*der* sich heftig bewegende *Bienenschwarm*), die schon früher (I, 466, 467) besprochen; [goth. thinsan eig. *aufblähn* (*Graff* V, 196), davon tunst (ebds. 430) *Wind* (*Dunst?*), lth. dussus *Dunst*; goth. dauns *Geruch* (Bed. 2, *Pott* I, 211); verwandt, und zu Wz. sskr. dhu, aber nicht Wzf. dhmâ gehörig, sind ahd. daisc, dost (*Graff* V, 231, 232) *Mist* (vgl. lat. fi-mus); eben so wohl deismo (ebds.) *Hefen* (*das in Bewegung Setzende* (Bed. 4), *gähren Machende*); gehört ahd. düster auch hieher (*dunstig*)? auffallend ist in allen diesen Ff. d statt des regelrech-

ten t; vielleicht durch Einfluss der sekundären Elemente, vgl. noch dau-m *Duft*, welches auch zu dhu (*Graff* V, 140) und damf (weiterhin)].

b. Bildung durch s; aus der Bed. *sich heftig bewegen* (Bed. 4) geht im Sskr. *stürzen* hervor (dhû *decidere*); dieselbe Bed. erscheint in dhvas (dhu + as vgl. dhvag'), mit eingeschobenem Nasal dhvans (apa-dhvas-ta hat unter andern die Bed. *zerstossen* vgl. θυεία S. 274); formell entspricht (mit Verlust des v, wie oft) nord. dans, ahd. tanz (*Graff* V, 438) *heftige Bewegung*; griech. mit ι für ϝ (wie oft) θιασ in θίασος, ὁ ursprünglich: *Chortanz* u. s. w. (anders *Pott* I, 266); θιασώδης, ες; θιασών, ὁ; θιασίτης, θιασώτης, ὁ; θιασωτικός, ή, όν; θιασεύω; θιασεία, ἡ.

Indem va in υ übergeht, hieher (lat. fus in furo S. 273) griech. θυσ in θύσ-αμος, ὁ *die (sich (heftig) hin und her bewegende) Troddel* (vgl. *Pott* II, 571); θυσανηδόν; θυσανώδης, ες; θυσανόεις, εσσα, εν; θυσανωτός, ή, όν.

c. durch p: sskr. dhû-p, wörtlich: *hauchen machen*, *räuchern* (auch in der Bed. *sprechen* aus Begr. *hauchen*); vgl. *Pott* (I, 257); griech. θυπ; mit Umsetzung der Aspiration τύφω (ἐτύφην) *räuchern* (θύψω); τῦφος, ὁ (auch in der Bed. *Dummheit*, eig. *Benebelt-heit* nicht zu trennen, wie I, 659 fälschlich geschehn ist); τυφόω; τυφώδης, ες; τυφεδανός, ὁ; τυφεδών, ἡ; τυφήρης, ες; θύψις, ἡ; Τυφώς, Τυφωεύς, Τυφάων, Τυφῶν N. p. (*Pott* II, 449); τυφαόνιος, -φώνιος, α, ον; τυφαονίς, ἡ; τυφωνικός, ή, όν; ἄτυφος, ον; -φία, ἡ. θυμάλωψ, ὁ *Feuerbrand*, kann auch zu der einfachen Wzf. θυ gehören.

[Sollte τυφ-λός eig. *blödsichtig*, dem das Auge gleichsam *umnebelt* ist, sein und hieher gehören? die früher gegebene Etymologie (I, 659) ist sehr vag].

Mit β für π: Bed. 2 *riechen* θύμβρα, ἡ *ein gewürziges Kraut*; θυμβρίτης, ὁ. Θύμβρη N. p. Θύμβρις N. p.

[Hieher nhd. duften; einer p-Bildung aus der Form sskr. dham (aus dhmâ) entspricht ahd. damf (*Graff* V, 141); in beiden Fällen wieder d statt des regelrechten t; litth. dump-lês *Blasebalg*].

[Eine sek. Bildung durch g' scheint mir sskr. dhvag' in dhvag'a *die (sich hin und her bewegende, flatternde) Fahne* u. s. w.; ferner ahd. tunga (welches oben (S. 238) mit Unrecht zu ταγγός gestellt ist) *Dünger* (*stinkend* vgl. fimus u. aa.) (*Graff* V, 434), ob auch tungol (ebds.) *der Hammer* (Bed. *concutiens*)? sl. mit ch: douchŭ *Geist* (*Kop.* Gl.) vgl. θυμός (S. 272), douscha *Seele* (ebds.), dŭichati *hauchen* (ebds.)].

(√θυ). Da wir nun eine Menge Beispiele erkannt haben, in denen h für ursprüngliches dh schon vor der Sprachtrennung eingetreten war und beide Formen dann neben einander fortbestanden, so ist sehr wahrscheinlich, dass die Wzf. hu, welche oben (S. 60) erkannt und verfolgt wurde, ursprünglich dhu lautete; dafür spricht sskr. dhvan *tönen* (vgl. oben dhu : dhva(n)s : dhvag') und dhvâksh *schreien* (bei *Wils.*; fehlt bei *Ros.*), woher dhvânksha *Krähe* u. s. w., welche sehr gut sekk. und tertiäre Formen von dhu sein können. Da ferner aus dem Begr. *hauchen* mit Leichtigkeit *sprechen* hervortritt und in dhûp (S. 275) hervorgetreten ist, so ist es sehr wahrscheinlich, dass diese Wzf. ebenfalls zu der vorherbehandelten gehört und in ihr das *Hauchen, Blasen* allgemein als *Tönen*, dann *Schreien* gefasst ist; zu ihr ziehe ich *θώς, ὁ Schakall* (wegen seines heulenden Lautes, grade wie es im Sskr. krôshtři *Schreier* (vgl. S. 131) heisst); vgl. jedoch *Pott* (I, 52, LXXXII); ferner: *θωΰσσω* (ob von dhvê = hvê S. 60, also eig. *θϝω-jυσσω*? *σσ* ist griech. Bildung), *schreien*; *θωΰκτήρ, ὁ*.

Θάσ-ος N. p.; -σιος, α, ον.

Θάψος N. p.; *θαψ-ος, θαψία, ἡ ein Kraut*; *θάψινος, η, ον*.

(*θυρ: δϝορ*). Im Sskr. dvâr, dvâra *Thür* (*Pott* I, 225 von dva + ři (*gehn*) *zwei Gänge habend*); verwandte bei *Pott* (I, 95), *Graff* (V, 445); slav. dvorü (*Kop.* Gl.) zeigt den organischeren kurzen Vokal; griech. wird *δϝ*: *θ*, also eig. *θορα*; dieser Form entspricht auch lat. fŏra (aus der Zeit, wo Griech. u. Lat. eine Sprache bildeten) in foras, foris (fores, ium durch Verlust des thematisch-schliessenden a, nicht = sskr. dvâr); indem griech. *ο* (vgl. *ἀθύρω* S. 252) *υ* ward: *θύρα*, äol. *θούρα, ἡ*; *θύρα-ζε* (I, 388, II, 232); *θύρᾱθεν, θύρηθε, θύρηφι, θύρασι*; *θυρίον, τό*; *θυρίς, ἡ*; *θυρίδιον, τό*; *θυραῖος, α, ον*; *θύρετρον, τό*; *θυρών, ὁ*; *θυράζω*; *θυρόω*: *θύρωμα, τό*; *θυρεός, ὁ* (vgl. *Pott* II, 533, *Diefenb.* Celt. I, 151 nr. 238); *θουρήτρα* (*Hes.*); *ἄθυρος, ον*; *-ρωτος, ον*; *περιθυρέω*.

Indem organ. a erhalten wird, würde sskr. dvar griech. *θαρ* entsprechen; daraus durch Suff. *jo*: *θαρjo*: *θαριο*: *θαιρός* (wie *φθερjω, φθείρω* aa.), *ὁ Thürangel*.

√*θαν*. Da wir nun sehr oft organisch dh schon vor der Sprachtrennung in (sskr.) h übergehn sahn, so nehmen wir die sskr. Wz. han *schlagen, tödten* für spätre Form des organ. dhan. Diese Form erscheint in sskr. ni-dhan-a *Tod*; pra-dhan-a *Kampf*, und auch in dhan-ush *Bogen* (*der tödtende*); an die zweite Wzf. han lehnt sich mit s und Schwächung des a in i: hins *schlagen* u. s. w. In der Wzf. han wird im Sskrit h oft zu gh: ni-ghna-ti, g'a-ghân-a, prati-gha, g'an-gha, vi-ghna, u. aa.; an dieser Wandelung nimmt der treuste Begleiter des Sskr., das Zend, ebenfalls Antheil (z. B. verethrazan = sskr. vřitrahan, zend. verethraghna = sskr. vřitraghna, Ized des *Sieges*, auf den indoscythischen Münzen, um diess beiläufig zu bemerken, Ὀρδαγνο [wie, abgesehn von Δ statt Λ, nr. 224 bei *C. L. Grotefend*: die Münzen der griechischen u. s. w. Könige in Bactrien S. 48 hat], bei den Parsen Bahram); ob die andern verwandten Sprachen, ist zweifelhaft (vgl. weiterh. nr. 2. 3. 4.).

1. Wzf. (sskr.) dhan; ahd. ten-ni *area* (*Graff* V, 429), worin das Getreide *geschlagen* (gedroschen) wird; tin-ne (ebds.), sicher die *Dinne, Schläfe* vgl. *κρόταφος* (S. 133), wo die Schlagader; zu Bed. *tödten* (vgl. *θνήσκω*) ahd. tôt, goth. dawths (*Graff*

V, 340 und alles dazu Gehörige 339 ff.); wegen der Form vgl. z. B. môds, wo auch a gedehnt; griech. μῆτι gegenüber von sskr. mati (S. 33); lat. mit f = dh, wie oft, fen in fendo (do = sskr. dhâ S. 266); vgl. *Pott* (I, 255), *Bopp* (V. G. 13); griech. θεν in θέν-αρ (Thema: θεναρτ), τό *die flache Hand, womit man schlägt* (vgl. *Pott* II, 110); damit identisch ist slav. dlanï (*Kop.* Gl.), ob entlehnt, oder alt, wage ich nicht zu entscheiden; auf jeden Fall umgesetzt und l für r; θεναρίζω; ὀπίσθεναρ, τό (für ὄπισθεν + θεναρ).

θεν + jω (4te Conj. Cl.): θείνω *schlagen*; mit Verlust des Vokals θν (vgl. die sskr. Conjug. von han (*Bopp* Gr. sscr. r. 357) z. B. ghn-anti) *im Zustand des Geschlagen-seins* (vgl. sskr. ni-ghna-ti *er fällt Râg'atar.* I, 68): θνήσκω (ἔ-θαν-ον); äol. θναίσκω, alte Schreibart θνήσκω (*Ahrens* Diall. 96) scheinen die Formation aus θνα + ισκ (I, 235) noch entschieden anzudeuten; θνησιμαῖος, α, ον; θνησείδιος, ον; θνητός, ή, όν; ἡμιθνής. Wzf. θαν: θάνατος, ὁ; θανατώδης, ες; θανατόεις, εσσα, εν; θανατικός, ή, όν; θανατηρός, ά, όν; θανατήσιμος, ον; θανατάω; θανατιάω; θανατόω; θανάτωσις, ἡ; θανατούσια, τά; θανάσιμος, ον; ἡμιθανής, ές; ἀθάνατος, ον; ἀθανασία, ἡ; ἀθανατίζω; -τισμός, ὁ; ἐπιθανάτιος, ον; δυςθανατέω.

Da im Griech. φ für θ eintritt (vgl. φλάω, φλίβω S. 262 ff.), so hieher φαν: φόν-ος (welche I, 183 falsch), und dazu vielleicht φήνη, ἡ *eine Adlerart* (wobei sskr. bhâsa *Geier* schwerlich zu berücksichtigen).

2. Wzf. sskr. han; dazu sl. zïn-ü (*Kop.* Gl. s. v. pra-zdïn-oujón), sloven. g'enem mit Infin. gnatï (fast wie im Sskr. ghn); ob dahin griech. ὑπ-ήνη (vgl. S. 118), ist nicht ganz sicher [ἀγαθίς I, 149 ebenfalls fraglich].

3. Wzf. sskr. ghan; ob dazu griech. γένυ (vgl. S. 118)?

4. unorganisch sskr. g in gand'a, wozu γνάθος (vgl. S. 118).

5. sollte endlich für g unorgan. g' eingetreten sein in sskr. g'nap *tödten?*

θύννος, θῦνος, ὁ *Thunfisch* (ob zu θύνω S. 274, *von der Beweglichkeit dieses Fisches?*); unorganische oder durch Assimilation (etwa θυνjο) entstandene Verdoppelung des ν; θύννη, ἡ; θυννίον, τό; θυννάς, θυννίς, ἡ; θύνναξ, ὁ; θυνναῖος, θύννειος, α, ον; θυννώδης, ες; θυννάζω; θυννίζω; θυννεύω.

(θυγ: δυh) θυγ-άτηρ, ἡ *Tochter*; im Sskr. duh-i-tṛi; (verwandte bei *Pott* (I, 95 vgl. 144, II, 631), *Graff* (V, 380), wozu slav. düschtï (*Kop.* Gl.), armen. tŏusdr und in Zsstzgen tŏukhd); die Wz. ist sskr. duh eig. *ziehen* (*Pott* I, 282), dann *melken* (wie mulier von mulgo vgl. *Lassen* Gita Gov. Praef. p. xviii); davon ist im Sskr. duh-i-tṛi durch Suff. tṛi mit Bindevokal formirt; dieser Form entspricht die slav. und erste armenische, wo s = h, wie gewöhnlich. In den andern in den verwandten Sprachen erscheinenden Formen liegt eine Bildung zu Grunde, in welcher das Suffix ohne Bindevokal angeknüpft ist, so dass ihnen sskr. dugdhṛi entsprechen würde; so litth. duktē u. s. w.; mit dieser Form, aber organischer δυχ + τερ, mit umgesetzter Aspiration ϑυγ + τερ identificire ich ϑυγ-ατερ, so dass α auf griech. Boden entstanden ist; in goth. dauh-tar ist u gunirt; so wohl auch in der zweiten armenischen Form. Zu ϑυγάτηρ: ϑυγάτριον, τό; ϑυγατριδοῦς, ὁ; -δῆ, ἡ; ϑυγατρίζω.

√ϑϝr̆i. Im Sskr. heisst dhvr̆i *gekrümmt, gedreht sein* (*Rosen* Radd. sscr. s. v., *Lassen* Anthol. sscr. 136); indem vr̆i in ûr übergeht, wie oft (vgl. im Folgenden eine Menge Beispiele, so ûrn'â *Wolle*), gehört hieher sskr. dhûrta (eig. ein *Verkrümmter*, dann *Schlechter*, wie per-versus, vgl. weiterhin pravus aa.); hieher ferner, mit Guna des r̆i und Verlust der Schlusssylbe: prâdhva für prâdhvara (pra + â + dhvar-a), *geneigt, gekrümmt* u. s. w. eben so prâdhvan für prâdhvana (vgl. prahva und pravana weiterhin) ungefähr glbd.; vr̆i geht in ur oder ûr über und u wird gunirt; zu dieser Bildung höchst wahrscheinlich dhôr (eig. *sich drehn*) *gallopiren* (vgl. weiterhin Analogieen).

Hieher ahd. dvar, aber auch mit t (regelrechter, d vielleicht wegen des organischen v, also für dhv), vgl. *Graff* (V, 278), dem ich auch folgende entnehme: ags. dhver (*perversus, pravus*, vgl. sskr. dhûrta oben), altn. thver (*transversus, contumax*, thvers, *transverse*, *Grimm* d. G. III, 93); ahd. dweran heisst *versare, confundere, miscere* (*wirren*, welches ebenfalls zu dieser Wz. gestellt werden wird); ahd. twarôn *misceri*; twer, tweri *quer* (*Graff* V, 279), hieher ferner altn. dvali (*deliquium*, vgl. lat. Wzf. liq in obliquus u. s. w. weiterhin), dvöl (*mora*, das *Zögern* als ein *Hin-und-Her-drehn* gefasst, vgl. ἐλιννύω, mora u. aa. analoge weiterhin) u. die übrigen bei *Grimm* d. G. II, 29 nr. 316.

Wie im Sskr. dhvr̆i zu dhûr ward, so kann im Griech. ϑῦρ, und mit λ = ρ, ϑῦλ entsprechen (vgl. weiterhin sskr. dhûli). Diese Wzf. erkenne ich in ϑύλακος, ὁ *Sack*, eig. *wie eine Schnecke gedreht*, nach Analogie von κώρυκος (vgl. weiterhin). Zu ϑύλακος: ϑυλάκιον, τό; ϑυλακίσκος, ὁ; -σκη, ἡ; -σκιον, τό; ϑυλακίς, ἡ; ϑῦλαξ, ὁ; ϑυλάς, ἡ; ϑῦλιξ, ϑῦλις, ἡ; ϑυλακώδης, ες; ϑυλακίτης, ὁ; ϑυλακόεις, εσσα, εν; ϑυλακίζω.

Ahd. dweran hiess *untereinanderwirren* (eig. *untereinandrehen*); das *Untereinanderwirren* wird als Bezeichnung des *Schmutzigen* benutzt (vgl. weiterhin ἕλος aa.); so ziehe ich hieher sskr. dhûli (mit ûl = ûr) *Schmutz*. Dazu steht, abgesehn vom Mangel des ϝ = sskr. v und dass ο statt ε (= sskr. a) erscheint, griech. ϑολ-ός in demselben Verhältniss wie ερ in ἔρ-ιον zu sskr. ûr in ûr-n'â (vgl. weiterhin). Dass aber dieses ϑολ-ός für organischeres ϑϝολ-ός steht, zeigt das attische, statt ϑολός erscheinende, ὀλός welches für ϝολός steht, indem ϑ vor ϝ, wie δ in ϝαινός (S. 225), ϝαῖσα (S. 222), abfiel. Zu ϑολός, ὀλός, ὁ: ϑολόω; ϑόλωσις, ἡ; ϑολώδης, ὀλώδης, ες; ϑολερός, ὀλερός, ά, όν; ϑολερώδης, ες; ἀϑόλωτος, ον.

Im Sskr. und in den verwandten Sprachen fällt v oft in Gruppen aus (vgl. tê S. 240 √tva. S. 242 ff. u. sonst); so erscheint sskr. dhr̆i = dhvr̆i *contortum, distortum esse* (*Ros.* Radd.). Davon dhara in der Bed. *Schildkröte* (vgl. engl. tortoise = tortuosa *gedrehte, gewölbte*, und weiterhin χελώνη u. aa.) und auch in den meisten übrigen Bedd., für welche sich im Folgenden Analogieen finden werden. Dieser Wzf. entspricht ahd. tol (gunirt und l = r) *verkehrt, toll* (*Graff* V, 401), turn *drehn* (ebds. 458); ferner dara *schief* (*Graff* V, 198), darm (ebds. 226 *der gedrehte*, vgl. Analoga weiterhin), in denen jedoch d auch dem sskr. dhv entsprechen könnte. Da im Griech. ϝ (= sskr. v) eingebüsst wird, so kann man zweifelhaft sein, ob die folgenden Formen im Griech. ursprünglich mit ϑϝ anlauteten, oder schon bei der Individualisirung des Griechischen ihr v eingebüsst hatten.

Hieher griech. ϑολ (vielleicht für ϑϝολ gunirt und λ = ϱ) mit der Bed. *wölben* (vgl. dieses selbst weiterhin, ferner ἐϱέφω, καμάϱα aa. in denen die Bed. *wölben*, aus *krümmen* hervorgegangen, zu Grunde liegt) in ϑόλος, ὁ rundes *Gewölbe* (vgl. *K. O. Müller* Hall. Allg. Litt. Ztg. 1835 S. 160); ϑολία, ἡ.

Aus *Gewölbe* geht der Begriff *Gemach* hervor (vgl. weiterhin καμάϱα, μέλαϑϱον); daher ferner hieher ϑάλαμος (vielleicht organisch ϑϝάλαμος), ὁ; auch wenn *Loch, Schlupfwinkel, bedeckter Ort* seine erste Bed. ist, gehört es nach mehreren, weiterhin folgenden, Analogieen hieher. Dazu: ϑαλάμη, ἡ; -μιος, -μήϊος, α, ον; -μαξ, -μίτης, ὁ; -μεύω; -μευμα, τό; -μεύτϱια, ἡ; hieher ϑαλάμη, ἡ *Nasenloch* (technisch, *Poll.*).

[Hieher stelle ich jetzt hypothetisch, mit ϱο = ṛi, wie oft, ϑϱόνον, mit ϱι: ϑϱίος, mit ϱυ: ϑϱύον, ϑϱυαλλίς, welche früher (I, 665, 666) wohl falsch angesetzt sind. Sie sind als *Gedrehtes, Geflecht* gefasst].

Als sekundäre, oder durch Suffixe weiter gebildete Formen gehören zu diesen Wzff. und zwar zu sskr. dhvṛi: ahd. dwer-h, dwerih auch twerhe *transversus*, ags. dhveorh *flexuosus*; daraus mit unregelmässigem Fortwalten des germanischen Laut-Verschiebungs-Gesetzes nhd. zwerch (*Graff* V, 279); nach dieser Analogie ferner nhd. zwerg *ein Verkrümmter, Verkrüppelter* (vgl. weiterhin analoge); ferner zwirbel(-drüse); wegen der Bed. vgl. weiterhin wirbel und κάϱυνον; nach derselben lautlichen Analogie zu der einfachen Wzf. nhd. zwirn eig. *Gedrehtes*; sekundär dagegen ist mhd. tuërhen *obliquari* u. s. w. (*Grimm* d. Gr. II, 39 nr. 447); zu der Form ohne v (sskr. dhṛi): ahd. drâjan für drâhjan *drehn* (*Graff* V, 238) u. s. w., welche ich früher (I, 672) falsch angesetzt habe. d vielleicht für sskr. dhv. Hieher ziehe ich nun auch das, selbst S. 254 noch verkannte, griech. τϱέχ-ω für organischeres ϑϱεχ aus ϑϱε (= sskr. dhṛi oder dhvṛi) + sek. χ (vgl. sskr. dṛih: griech. ϑϱίξ: τϱίχ-ες u. aa.). Die eigentliche Bed., wie diess entschieden das dazu gehörige τϱοχ-ός (I, 672), *alles Gedrehte* u. s. w. zeigt, ist *drehn, in drehender Bewegung sein* (vgl. sskr. dhôr S. 278); [von τϱέχω zu trennen ist aber das, früher (I, 673) fälschlich dazu gezogene, ταχ-ύ und zwar wegen sloven. tek *laufen* (*Metelko* sloven. Gr. 104), slav. tekön, teschtschi *laufen* (*Kop.* Gl.), gael. doich *schnell*, wozu wohl auch zend. takshtra *laufend* (*Burn.* Comm. s. l. Y. I, 411 n.) gehört. Für dieses letzte erscheint aber als wahrscheinliche Wz. tak' (z. B. apa-tak'-it Vend. lith. p. 42, 7. *Anq. d. Perr.* I, 2, 109); wenn dieses mit sskr. tak' *gehn* identisch, so würden diese Formen zu √tva (S. 242) gehören, dessen Grdbed schaben (terere) in die Bed. leise über etwas hingleiten übergegangen wäre, wie denn die nasalirte Form tank' im Zend zur Bezeichnung des Fliessens dient (Burn. a. a. O. 412 n.); griech ταχ würde sich an die Wzf. taksh schliessen, welche auch in zend. takshtra erscheint, mit χ für ksh wie oft (vgl. τυχ S. 248 δεχ S. 249 aa.); in θάσσων wäre die Aspiration des χ auf τ übergegangen].

Ferner kann durch χ: θρο-χ entstehn; daraus würde durch den so häufigen Verlust des ρ (vgl. φατρία aa.) θοχ und indem θ wegen der folgenden Aspirata, seine Aspiration einbüsst: δοχ. Daher gehört wohl hieher δοχ-μός, ή, όν schief (quer, krumm); δόχμιος, α, ον; δοχμιακός, δοχμαϊκός, ή, όν; δοχμόω.

[Aus dem Gael. gehört noch hieher droich-e Zwerg (verkrümmt).]

Indem dh, wie so oft, in h geschwächt wird (vgl. I, 79, 383, II, 265, 268, 276 aa.), tritt für sskr. dhvři sskr. hvři ein, welches wie dhvři ausgelegt wird: distortum esse; daher hvři-ti Krümmung (Glosse von knas bei Ros. Radd.). Indem ři gunirt wird und für r: l eintritt, entsteht sskr. hval (Pott I, 265) sich drehn, wanken; vi-hval-a verwirrt (vgl. wirren weiterhin); hieher goth. hvair-nei Hirn (wegen der Windungen vgl. weiterhin); altn., mit l: hvel (Graff I, 840) gekrümmt u. so rund (vgl. κύκλος aa. weiterhin); ahd. hwer (Graff IV, 1228) ein (rundes) Gefäss (vgl. analoge weiterhin u. ἄγγος S. 18); goth. hveila Weile (ebds. 1224, vgl. dwöl S. 278 und weiterhin analoge); altn. hvîla lectus (wo man concumbit, sich zusammen krümmt s. weiterhin); ahd. kawel (Kugel) u. s. w. (Graff I, 794); aa. weiterhin (bei sckk. Ff.). russ. chvoryi krank (vgl. krank weiterhin).

va geht im Sskr. in u über; daher hieher sskr. hul gehn (vgl. sskr. dhôr S. 278, τρέχω S. 279, hval sich bewegen, nhd. wallen weiterhin aa.), bedecken (aus umkrümmen, umringen (vgl. hring Graff IV, 1165), umgeben, vgl. καλύπτω aa. weiterhin).

Wie dhři neben dhvři (S. 270), konnte auch für hvři sskr. hři eintreten. Diese Form erkenne ich in har-mut'a Schildkröte (vgl. dhara S. 278 und analoge sogleich); ferner in hal-lana (mit l = r) das Hin- und Her-wälzen (vgl. volvo u. aa. weiterh.), hallîsha Tanz (Dreher); hal-a Pflug (qui terram vertit, vgl. sskr. urvarâ aa. weiterhin); hal-ja, hal-in, hal-iglbd.; halâhala eine Schlange, die kringelnde (Reduplication), hâla Pflug; und endlich eine eigenthümliche Reduplication hillôl für hil-hval hin und her drehn, wälzen. Da im Griech. ϝ = sskr. v verloren geht, so ist es wie bei θαλ oder θϝαλ u. s. w. oben (S. 279), zweifelhaft, ob einige der folgenden Formen sich an ursprünglich-griechisches χϝρι, oder χρι schliessen.

Wie sskr. dhara, harmut'a Schildkröte, so gehört zu der Wzf., welche sskr. hal lauten würde, slav. g'el-vï Schildkröte (K. Gl.) (vgl. verwandte bei Pott (I, 142)) und ebenso griech. χέλ-υς, ή; nach Analogie von slav. g'el-vï dürfen wir χελ für die Wzf. nehmen, nicht χϝελ. Zu χέλυς: χέλυον, τό; χελύω (lakon. χελούω); anders *Pott* (II, 278); χελύσσω; χέλυσμα, τό; χελύσκιον, τό; χελεύς, ὁ; χέλειον, τό.

Dazu äol. χελύνη, ἡ, gewöhnlich χελ-ώνη (ob für χελϝ-ονη aus χελυ+ονη?); χελώνιον, -νειον, τό, auch *Wölbung* (eig. *Krümmung* überhaupt); χελωνίς, ἡ; χελωνίτης, ὁ; -νῖτις, ἡ; -νιάς, ἡ; καλλιχέλωνος, ον.

χέλυς heisst auch *Brust*, indem die Brust von ihrer *Wölbung* her bezeichnet wird (vgl. weiterhin noch mehr Analoga); so gehört denn vielleicht auch zu der sskr. Wzf. dhṛi für dhvṛi (S. 279): sskr. dharaṇa *Brust* (da es jedoch die *weibliche* Brust insbesondre, so könnte es auch zu sskr. dhṛi *tenere, sustentare* gehören, wenn dieses wie bhṛi auch *nutrire* bedeuten könnte). Mit grosser Ueberzeugung ziehe ich aber zu griech. θϝri oder θṛi in der vriddhirten Form θωρ: θώρ-αξ (Thema eig. θωρακο, welches aber, wie oft, das schliessende ο einbüsst), ὁ eig. *Brust* und dann *Brustpanzer*; ganz zu trennen von lat. lorica, welches ich zu lorum ziehe, *Riemenpanzer* (*Diefenbach* Celt. I, 65 nr. 97 hält es für celtischen Ursprungs). Zu θώραξ: θωράκιον, τό; θωρακεῖον, τό; θωρακίτης, ὁ; θωρακίζω; -κισμός, ὁ; θωρήσσω (Denomin. für θωρη-κjω); θώρηξις, ἡ; θωρηκτής, ὁ; ἀθωράκιστος, ἀθώρηκτος, ον; περιθωρακίδιον, τό.

χέλυς hiess *Schildkröte*, *Brustwölbung* und *die* der Sage nach *aus der Schildkröte gefertigte Leier*. Zwei dieser Bedd. *Brust* und *Leier* treten in der Wzf. κιθαρ hervor und da sich deren Form aus der Wzf. χαρ (= der Gunaform von sskr. hṛi oder hvṛi) sehr gut erklären lässt, so ziehe ich sie nach dieser Analogie hieher. Da aber in dieser Wzf. κιθαρ die Bed. *Schildkröte* nicht hervortritt, so möchte ich glauben, dass χέλυς nicht desswegen *Leier* hiess, weil sie aus einer Schildkröte gemacht wurde, sondern wegen ihres gewölbten Baus überhaupt (also unmittelbar von χελ in der Bed. *krümmen*, *wölben*) ihre Bezeichnung erhielt und erst daraus, dass χέλυς auch Schildkröte hiess, die Sage von der Erfindung der Leier entstand.

Die Ableitung der Form κιθαρ aus χαρ betreffend, so konnte letztere, wie χθών neben χαμαί (S. 156), χθές (S. 208) einen stützenden T-Laut erhalten; so würde die Form χθαρ entstehn; indem hier die Anlautgruppe durch den leichtesten Vokal gespalten wird, entsteht χιθαρ und χ wegen der folgenden Aspirata θ in die Tenuis verwandelt: κιθαρ. Davon: κίθαρος, ὁ *Brust*; κιθάρα, ἡ *Brust*, *Cither*; κίθαρις, ἡ; -ριον, τό; -ρίζω; -ρισις, ἡ; -ρισμα, τό; -σμός, ὁ; -στήρ, ὁ; -τής, ὁ; -τρίς, -τρια, ἡ; -τήριος, α, ον; -τικός, ἡ, όν; -τύς, ἡ.

χελ-ύνη, ἡ heisst ausser andern auch die *Lippe*, und auch diese liess sich als die *gewölbte* fassen; daher wir es auch in dieser Bed. hieher ziehn. Dazu χελύνιον, -νεῖον, τό; χελυνάζω (die Nebenform σχελυνάζω scheint mir zw., sonst wäre sie mit ἐς zsgsetzt wie στυρβάζω S. 252 aa.).

Nach dieser Analogie gehört nun aber auch χεῖλος, τό *Lippe* hieher; ει ist hier an die Stelle zweier äolischer λ getreten (äol. χέλλος, vgl. *Ahrens* Diall. 58); aus χελύνη dürfen wir schliessen, dass auch bei χεῖλος die Form χελυ (vgl. χέλυς) zu Grunde liegt; wäre das neutrale Suff. ος an χελυ getreten, so hätte eig. χελϝος entstehn müssen, dieses wäre durch Assimilation (wie πολύ: πολλή für πολϝή) χελλος (äol., aber auch in der κοινή: χελλών, neben welchem mit Verlust des einen λ: χελών) geworden; für diese Erklärung spräche lat. hêlu-o, wenn es mit Recht dazu gezogen werden darf, was ausser der Bed. auch ê zweifelhaft macht (vgl. jedoch *Pott* I, 142). Zu χεῖλος: χειλάριον, τό; χειλόω; (-λωμα, τό zw.); χειλών, χελλών, χελών, χελμών, ὁ; χελλάρης (= μύλλος, der ebenfalls von μύλλον *Lippe* (I, 533) seinen Namen hat (vgl. χειλών und *Passow*)), ὁ; ἰσόχειλος, ον; -λής, ές; προχειλίδιον, τό.

Zu χελ endlich χελ-ῑδών, ἡ in der Bed. *Höhlung*.

Mit α statt ε (= sskr. a) χαλ; hieher ziehe ich jetzt χαλ-ῖνός, ὁ, äol. χάλιννος, also wahrscheinlich organ. χαλ-ῖνιος eig. *der drehende, lenkende*, welches früher (I, 678) wegen einer grellen Aehnlichkeit mit sskr. khalîna verkannt ward.

Mit ο = ε: χόλιξ, ἡ *Darm* (vgl. S. 279 und χορδή aa. weiterhin), χολίκιον, τό; χολάς, ἡ (χολλάδες, αἱ); hieher lat. hir-a (ir = ri) *Darm* und hirudo (*A. Benary* R. Ll. I, 165).

Mit ρ: χορ in χορ-ός, ὁ *Tanz* (eig. *Dreher* oder *Ring*); χορόνδε; χορικός, ή, όν; χορεῖος, α, ον; χόριος, ὁ; χορεῖον, τό; χορεύω; χόρευμα, τό; χορευτής, ὁ; χόρευσις, ἡ; χορεία, ἡ; χορίτης, ὁ; χορῖτις, ἡ; ἀντιχορία, ἡ; ἡμιχόριον, τό; συγχορεύτρια, ἡ; Τερψιχόρη, ἡ; ἀχόρευτος, ον.

Bed. *umringen* (S. 280 u. weiterhin oft): griech. χόρ-τος, ὁ, lat. hortus, goth. gard-s *Haus* u. s. w. (*Graff* IV, 248 ff.); vgl. auch ahd. hurt (ebds. 1030), nord. hirda *schützen* (aus Begr. *umringen* vgl. Analoges weiterhin), goth. hair-da (1028), wo h für hv, deren v erst auf deutschem Boden eingebüsst sein konnte (vgl. hvairnei : hirni), lth. gardas (*Hürde*), slav. gradü (*K. G.*); χορτάριον, τό; -τώδης, ες; -ταῖος, α, ον; -τινος, η, ον; -τάζω; -τασμός, ὁ; -σμα, τό; -στικός, ή, όν; -σία, ἡ; ἀχόρταστος, ον.

Begr. *Zeit* (vgl. hveila S. 280 aus *zögern* (*sich hin und her drehn*), oder *umdrehn* (vgl. περιπλομένων ἐνιαυτῶν bei *Homer*, ganz eben so im Sskr. pari-vart-ini (vgl. vṛit weiterhin), sansârê wörtl. *im umdrehenden Jahr* (*Bhartrih.* II, 28) und paridhâv-in (*umlaufend*) das 41ste Jahr des Cyclus): χρό-νος (ρο = ṛi oft), ὁ; ob sskr. har-iman *Zeit* hieher, fraglich (eher hṛi *nehmen, die verzehrende*), wohl aber gael. cròn *Zeit* (mit c = hv vgl. viele Anall. weiterhin); χρόνιος, α, ον; -ότης, ἡ; (-νία, ἡ zw.); (-νιαῖος, α, ον zw.); -νικός, ή, όν; -νίζω (-νέω zw.); -νισμός, ὁ; -στός, ή, όν; ἰσόχρονος, ον; -νέω.

χρο reduplicirt, mit Nasal für ρ in der Reduplication (wie im Sskr. nach *Bopp* Gr. sscr. r. 569 und im Griech. oft): κέγχρος, ὁ, ἡ *Hirse* (*rund*, aus *krümmen*, vgl. ci-cer, ὄροβος u. aa. weiterhin, oder *gewölbt* vgl. κεγχρώματα), (κεγχρείοισι); κεγχρώδης, ες; -ρίτης, ὁ; -ρῖτις, ἡ; -ρίας, -ριδίας, ὁ; -ρίνης, ὁ; -ριαῖος, α, ον; -ρινος, η, ον; -ρεών, ὁ; -ρωμα, τό; -ραμίς, ἡ; -μιδώδης, ες; mit Umsetzung κέρχνος (*Pass. Pott* II, 112); κερχίνη, ἡ.

So wohl auch κα-χρύ-ω (*Hes.*) *verwirren* (vgl. S. 278).

Mit gewöhnlicherer Red. wohl κόρ-χορ-ος, ὁ *eine Gemüseart* (ob auch *rund*?), auch κόρ-κορ-ος (letzteres zur Form κορ vgl. weiterhin).

Mit α: καρ-χαρ, verkürzt (nach I, 204) in καρχ; dazu wohl καρχήσιον, τό ein (gekrümmter) Becher (vgl. ἄλεισον aa.); καρχήσιοι, οἱ (vgl. κάλως aa.).

[Zu dieser Form ohne v goth. hair-thra *Därme* (*Graff* IV, 1030); ob ahd. hrîs (ebds. 1178) nebst goth. hris-jan (*hin und her bewegen* ebds.), hrô-rjan (Denom. von hrô-ra *Bewegung* ebds. 1172. 1178)?].

[Zu sskr. hvar gael. cuar in cuairt *Kreis* (vgl. κύκλος aa.), cuairtich-idh u. s. w., cuartach (vgl. vortex), cuartalan (*Umkreis*); cuairsg *rollen* (*zusammendrehn* vgl. volvo); cuarsgag *Locke* (vgl. sskr. kurala, lat. crinis u. aa.); mit l = r. cual in cuailcan *Locke*, cuaile *Colbe* (vgl. *Colbe*), cual *ein Bündel* (*zusammengedreht*) u. aa.].

Hieher wohl, aber mit κ für sskr. h (vgl. weiterhin κάβειροι): καυαρός: καυρός *schlecht* vielleicht = κϝαρ-ός eig. *verkrümmt* (vgl. z. B. perversus, pravus u. a. Analoga im Folgenden).

v kann in m, wie sehr oft, übergehn; so entsteht für hval sskr. hmal, welches ganz wie hval in der Bed. *bewegen* (*Ros. Wils.*) und *erschüttern* (*Wils.*), d. i. *krümmen* in der Bed. *hin und her drehn* angeführt wird, aber noch nicht belegt ist; dazu reduplicirt und hinten verkürzt (vgl. analog. prâdhva S. 278, weiterhin prahva und I, 204) g'i-hma *krumm, träg* (vgl. ἐλινύω); der Form hvar würde auf dieselbe Weise hmar entsprechen; indem k für h eintritt, eine Wandlung, welche wir bis jetzt für zufällig nehmen müssen, aber mehrere Analogieen im Folgenden bestätigen, entsteht kmar *gekrümmt sein* (*Ros.*), *verkrümmt im Geiste sein* (vgl. lat. pravus, perversus weiterhin), *betrügerisch sein* (vgl. lat. prae-var-icare u. a. weiterhin). Dazu gehört zend. kamĕrĕ (dass a eingeschoben, folgre ich aus der Identität von griech. κμελ (μελ) und καμαρ (vgl. weiterhin), die sicher nicht getrennt werden dürfen) in kamĕrĕ-dhem *Gürtel* (vgl. eine Menge Wzff. mit dieser Bed. innerhalb dieser Wz.). Da alle diese Bedd. mit den aus dhvṙi, hvṙi hervorgehenden stimmen, so wage ich nicht kmar von hmal zu trennen. Zend. kamĕrĕ würde sskr. kamṙi, oder ohne eingeschobenes a: kmṙi = hmṙi = hvṙi = dhvṙi entsprechen. Dagegen *Pott* (Zeitschrift für die Kde des Morgenlandes III, 59), welcher aus pers. کمان, kurd. kevàna (*Portikus, Halle*) auf eine kürzere Wurzel ohne r schliesst; ich wage aus solchen neuen, gewöhnlich sehr verstümmelten Formen nicht leicht auf die organische Gestalt einer Wurzel zu schliessen; weiterhin werden wir jedoch Formen mit Verlust des r schon im Sanskrit begegnen (vgl. prahva, lat. pravus u. aa. und oben S. 278 prâdhva, so wie eben g'ihma). Da aus dem Begr. *krümmen* die Bed. *wölben* mehrfach hervortreten wird (vgl. weiterhin wölben selbst u. aa.), so identificire ich mit sskr. kmar (welches zwar noch nicht belegt, aber schon nach dem Bisherigen schwerlich zu bezweifeln und durch das Folgende noch mehr bestätigt wird), griech. καμαρ mit eingeschobenem α wie in zend. kamĕrĕ (vgl. noch H. A. L. Z. 1838 S. 332): *wölben.* Davon: καμάρα, ἡ; -ριον, τό; -ρόω; -ρωμα, τό; -ρωσις, ἡ; -ρωτός, ή, όν; lat. camera u. s. w. ist entlehnt.

[An zend. kamĕrĕdhem (welches aber Vend. Lithogr. 41, 1 (*Anquetil du Perron* I, 2, 108) nicht *Gürtel* heisst (wie *Anq.* übersetzt), sondern *Windung*, und zwar so viel als *gewundenen Schlangenkörper* bedeutet) schliesst sich pers. كمر *Gürtel*; daher entlehnt griech. καμάραι, ζῶναι στρατιωτικαί (*Hes.*, *Pott* a. a. O.].

Zu derselben Wzf. griech. καμαρ wohl ferner: κάμαρ-ος, κάμμαρος (dessen μμ mir dunkel und daher die Etymol. noch nicht ganz sicher), ὁ *Krebs* (vgl. κάρις u. s. w. weiterhin); gehört hieher: κόμαρος, ὁ, ἡ der (*sich krümmende, kriechende*) *Erdbeerbaum?* -ρον, τό.

[Gehört hieher (α = κ vgl. S. 131) ἀμάρα (I, 116) *ein gekrümmter Graben* (vgl. χολ-έρα weiterhin)? allein gael. amar *alveus*, amarach (*in Kanäle gezogen*) macht vielleicht eine Entlehnung wahrscheinlich.]

Zu der Form ohne eingeschobenes α, mit λ für ρ: κμελ in κμέλε-θρον, τό (eig. *Wölbungsinstrument*: Suff. θρο = sskr. tra) *Dachbalken*, *Kammer* (wie καμάρα); mit Verl. des κ: μέλαθρον, τό; -θρόω. μέλεθρον, τό; πολυμέλαθρος, ον.

[Hieher redupl. lat. cu-cumer für cucmer: cu-cver (Nom. cucumis) *sehr gekrümmt*, *Gurke* (vgl. ἀγγούριον) und mit Verlust des r (vgl. sskr. g'ihma oben), wie cucumella zeigt, cu-cuma *Kessel* (vgl. γαυλός u. aa. Anall. weiterhin)].

Mit κ = hv (S. 145): sskr. kṛi = hvṛi in kṛi-mi, *der* (sich krümmende) *Wurm* (vgl. *Pott* I, 84 u. weiterhin); gunirt: kar: kar-a *die* (sich krümmende) *Hand* (vgl. κυλλή S. 289), karanka *Kopf* (vgl. κάρη) [wahrscheinlich karan'a, in einigen Bedd. und karâla *gross*]; karô-t'a *Wirbelknochen* (für kara + asthi *Knochen*); redupl. kar-kar-âla *Locke* (vgl. kurala S. 283) [karka-ra, *ein Gefäss* vgl. hwer S. 280]; kar-kar-êta *die gekrümmte Hand*; kar-kar-u (*Gurke* vgl. cucumer oben u. aa.); kar-kar-uka *eine ähnliche Pflanze* (*Convolvulus paniculatus*); verkürzte Reduplic.-Form (nach I, 204) kark-at'i *Gurke*, kark-a, kark-at'a *Krebs* (vgl. κάρ-ις u. aa.). [Hieher auch wohl kar-n'a *das* (*gekrümmte*) *Ohr*.] — Mit l = r redupl. kal-ân-kura *Hirn* (eig. *Wirbel*); kalankura *Wirbelwind* (vgl. wirbeln). Mit Vriddhi: kâr-a *Gefängniss*, *Binden* (vgl. γοργύρη aa.) kâl-inga (*Gurke*) u. viele aa.

Ahd. hâr (*Graff* IV, 981) [ob harra *Sack* (*Graff* IV, 982) vgl. θύλακος S. 278 u. aa.], haru *Flachs* (ebds. 983 vgl. zwirn S. 279 aa.); horo *Sumpf* (*Graff* IV, 1000 vgl. θολός S. 278 ἕλος aa.); ahd. quer (*gekrümmt* vgl. zwerch S. 279); redupl. altn. kei-kr *krumm* (*Grimm* II, 17, 186 [nhd. harren = *zögern?* vgl. ἐλιννύω]. Mit l = r ahd. hel-an (*Graff* IV, 839 *umringen*, *bedecken*, *verbergen* vgl. καλύπτω aa.), hal-a, hal-da *krümmen*, *neigen* (*clivus* (vgl. κλί-νω) *Graff* IV, 849), hald *geneigt*, haldên aa.; slav. korno *krumm* (*Dobr.* 251), kolo *Rad* (*Kop.* Gl.), kolü *Sumpf* (*K. G.*); sloven. kri-jem, -tî *decken* (*Metelko* sloven. Gr. 106). slav. mit k' (tsch) für k wie oft: tschrïvï *Wurm*, tschrümnüïi (= sskr. kṛimi *K. G.*), glava *Kopf* (*Wirbel*) aa. gael. car *Drehung* u. s. w. car-ach *listig* (*verkrümmt* vgl. praevaricator) cair-cheas; carachaidh *bewegen* (*drehn*); car-lag *Locke*; mit o: cor, *Drehung* u.s.w.; corranta, *gekrümmt*; coire *Wirbelwind* (vgl. sskr. kalankura), coir-nei-neach *gelockt*; mit ea = a (?) cearr *krumm* u.s.w.; mit eil: ceileadh (celo); mit io und l: ciol *Abhang* (vgl. κλί-νω) aa.; ui: cruinn *rund*. — lat. cel-o (vgl. ahd. helan), zsgzogen cla-m; co-r-usco (*sich schnell hin und her bewegen*); cella (vgl. S. 283 καμάρα u. s. w.); redupl. ci-cer (vgl. κέγχρος S. 282 aa.); car-cer (vgl. sskr. kâra) eig. *sehr umringend* u. aa.

griech. κορ-ωνός, ή, όν *gekrümmt* (altes Part. Praes. Med.); χορ-ωνός glbd. ist dialekt., nicht zu Wzf. χορ (S. 282); κορώνιος, ον; -νιάω; -νίς, ή; -νη, ή (in allen Bedd. ausser *Krähe* (dialekt. χορώνη).

Das *Hirn* ist aus dieser Wz. benannt wegen der *wirbelartigen* (gedrehten) Form des kleinen Hirns, des *Wirbels*, goth. hvairnei (*das gedrehte*), ahd. hirni *Hirn* (*Graff* IV, 1035), (vgl. zirbel (S. 279), sskr. karanka, karôt'a oben) griech. κάρ-ηνον (wesentlich = κορ-ωνο-ν Part. Präs. Med.), τό (anders *Pott* I, 128 vgl. auch *Diefenb*. Celt. I, 128); ἀμφικάρηνος, ον; — damit identisch κάρᾱνος, ὁ *Haupt* u.s.w.; -νόω (wie κεφαλαιόω); -νιστήρ; -τής, ὁ.

καρ-ανον zsgzg. (wie lat. clam) κρᾱ-νον, τό; -νίον, τό; vgl. slav. c-kranien *Schläfen* (Plur. *Dobr*. I. L. S. 165 durch Präf. c bedeutet es *was am — ist*); δίκρανος, ον; -νόω; ἀποκρανίζω; ἡμικρανία, ἡ; -νικός, ή, όν; ἐπικρανίς, ἡ; -νιος, ον; μαλακοκρανεύς, ὁ; ὠλέκρανον (ωλε für ὠλένη vgl. weiterh. und *Pott* II, 249), τό; -νίζω.

Hieher nun auch lat. cere- in cere-brum (über brum vgl. *Pott* II, 556); eben so griech. καρ(ᾰ) in καρηϝαρτ; dass dieses das Thema von καρη, καρα ist, schliesse ich aus den Ff. καρή-ατος (vgl. ὕδατος von ὑδαρτ u. aa. viele), ἀντι-κρύς, und ἡμί-κραιρα (κραιρα für καραϝαρjα vgl. weiterhin); die Endung ηϝαρτ ist zweifelhaft; nach Analogie von sskr. karanatrâna *Haupt* von karana (hier *Hirnwirbelknochen*) und trâ (*schützen*) ziehe ich ηϝαρτ zu sskr. vři (für hvři) in der Bed. *decken* (vgl. weiterhin) mit *Präf*. â (I, 1) und suffixalem t (nach *Bopp* Gr. sscr. r. 643), so dass καρηϝαρτ = einem sskr. karâvřit (*Hirnwirbel deckend* d. i. *Kopf*) wäre. Also καρηϝαρτ, καρᾱϝαρτ mit Verlust des ρ καρηϝατ zsgzg. καρατ : καρητ, N. κάρη, κάρα, τό; ferner καρᾱϝατ, zsgzgen κρᾱϝατ : κρᾱατ (: Gen. κράατος u. s. w.): κρᾱτ (Nom. κρᾱς, ὁ in einem Frgm., spät ἡ), κρατός Gen. u. s. w. Plur. κράτ-ες-φι; unregelmässige (d. h. falschen Analogieen folgende) Formen sind zu κάρη Gen. κάρης u. s. w. κάρα aber scheint mir zu κάρα, τό (nach Anal. von κεραϊ κερα zu κερατ) zu gehören. Zu καρη: κρή-δεμνον (für καρητ-δεμνον), κρῆθεν (für καρηατ + θεν S. 269); καραδοκέω (für καρατ); ἀμφικαρής, ές; λευκόκρας (*Hes*.); ἐπικρατίδες, αἱ; δικραής, ές (für καραϝ-ής); ἀντι-κρύς (κρυς für καραϝατ zssgz. καρυτ : κρυτ : κρυς); ἀντικρύ (*Pott* II, 312). κραῖρα (*Hes*. für κ(α)ραϝαρjα), vgl. ἡμίκραιρα, ἡ; δίκραιρος, ον.

Bed. *drehn*: κάρ-ος, ὁ *Schwindel* (vgl. vertigo von verto, weiterhin ἴλιγγος, wirr aa.); καρώδης, ες; καρόω; κάρωσις, ἡ; καρωτικός, ή, όν; καρωτίς, ἡ (*Ader an der Schläfe*); [καρωτόν, τό *Pastinak*].

κᾱρ-ίς (ᾱρ Vriddhi), ἡ der (*sich krümmende* vgl. καριδόω *sich wie ein Krebs krümmen*) *Krebs*; καρίδιον, καριδάριον, τό.

Reduplicirt und mit n statt r in der Redplctsylbe (S. 282): lat. can-cer; mit r, aber Verstümmelung (nach I, 204): sskr. kar-k-a, kar-ka-t'a (die ich nicht (mit *Stuhr* Hall. Jahrb. 1838 Intell. Bl. nr. 10 S. 93) für fremd nehme) *Krebs*, griech. καρκ-ῖ-νος, ὁ; so erkläre ich diese Formen wegen lat. cancer, sie liessen sich sonst auch als kar + Suff. ka u. s. w. fassen, oder aus der sek. Wzf. mit k erklären (vgl. z. B. sskr. kurak'-illa *Krebs* weiterhin u. aa.); die Endung ῖνος nehme ich wie in χαλῖνος (S. 282) für ἴνιος. — καρκινάς, ἡ; -νιον, τό; -νώδης, ες; -νόω, -νωμα, τό; -νευτής, ὁ. (vgl. κάραβος u. aa.)

Da ich sskr. karkat'a erwähnt habe, so will ich hier gleich κροκόδ-ειλος, ὁ bemerken, welches eig. *Eidechse* hiess und vielleicht ein ächt griech. Wort, zu dieser Wz. (ρο = ṙi) gehörig, und aus κρο-κοτ und ειλ = ϝελ (*sich drehn* vgl. ἑλ-αύνω aa.) zsgstzt sein kann; dazu: κροκοδείλιον, τό; -λιάς, ἡ; -λινος, η, ον; -λίτης, ὁ; -λέα, ἡ.

κάβειροι *Krebse* (*Hes.*) würde zu κβαρ = κϝαρ = sskr. hvar (S. 283) passen.

κέρ-νος, ὁ; κέρνος, τό; κέρνον, τό *eine gekrümmte Schüssel*; κέρναι, αἱ; κέρνα, τά *zwey Hervorragungen am Rückenwirbel* (vgl. wirbel).

Reduplicirt καρ-καρ in καρκαίρω (4te Conj. Cl. für -ρjω), *wanken, zittern* (d. h. *sich hin und her drehn* vgl. slav. koljekljon *hin und her bewegen* (*Kop.* Gl.)).

Aus lat. car-cer (S. 285) entlehnt griech. κάρ-καρον, τό *Kerker*.

λ = r: κάλ-ως, κάλος, ὁ der (*gedrehte*) *Strick* (vgl. εἰλάς, ἰλλάς, sskr. gala *Strick*, varât'a weiterhin), dazu ahd. halam in joh-halam (*J. Grimm* D. Gr. II, 147); ganz verschieden aber ist sskr. çulva, çullas, slav. cil (*Dobr.* 97, 280); zu κάλως, καλώδιον, τό; κάλαϊς *Seegel* (*Hes.*); hieher (mit Vriddhi) κήλων, ὁ *Brunnenschwängel*; κηλώνειον, -νιον, τό; κηλόνειον, -νιον, τό.

κάλιος, -ός, ὁ *krumm, Gefängniss* (vgl. carcer).

Gehört hieher καλ-ιά, ἡ *Nest* (vgl. γωλεός weiterhin und celo S. 285) etwa eig. *Schlupfwinkel*? καλιάς, ἡ; καλίδιον, τό.

Reduplicirt und mit Nasal: κίγ-καλ-ος, zsgzg. κίγκλος, ὁ, *ein Vogel* der den Schwanz (vgl. mota-cilla, κίλλουρος) *oft hin u. her dreht*; κιγκλίζω, κιγκλισμός, ὁ; κίγκλισις, ἡ.

lat. can-cel-li (vgl. car-cer) u. so griech. κιγ-κλίς (für κιγ-καλ-ις), ἡ *Schranke*.

Gehört hieher καρά-καλλον (καλ = celo *bedecken, Kopfbedeckend*?), τό *Kappe*?

Mit ε = α: κελέ-οντες, οἱ *Webebäume* (vgl. weiterhin eine Menge aus dieser Wz. hervorgegangene, sich auf *Weben* beziehende Ww.).

Mit ο: ob κολ-ωνός, ὁ *Hügel*, als der *sich neigende* (vgl. weiterhin sskr. val-mîka, aber auch die von *Pott* (I, 227) verglichenen, in denen die Bed. *heben, sich erheben* hervortritt, so wie κολοφών (wo *Hügel* als *Wirbel*, *Spitze*) und λόφος (wo er als *runder Kegel* wie altn. hvel (*Graff* I, 844) gefasst ist); ich wage keine Entscheidung); dazu: κολώνη, ἡ; -νία, ἡ; τρικόλωνος, ον.

κόλ-α, κολέα, κολία, ἡ (*Hes.*) *Dreher*, *Tanz* (vgl. χορός S. 282); κολεάζω; κολέω *gehn* (*Hes.* vgl. amb-ulo, wallen weiterhin).

κολο in δύς-κολος, ον, *qui male versatur* (vgl. εὐηπελής, κακη-πελής *qui bene*, *male*, *versatur*); δυςκολία, ἡ; δυςκολαίνω; εὔκολος, ον; -λίνη, ἡ (*Callim.*).

θεη-κόλος, ὁ, wo κολο = col-ere (eig. *hin und her drehn*, dann *fleissig um etwas herum sein* u. s. w. vgl. noch wegen θεηκόλος, θεη-πόλος), θεηκολεών, ὁ.

κολο in βου-κόλος, ὁ *Stiertreiber* (vgl. αἰπολος Begr. *drehn* zu *treiben*), verstümmelt βοῦκος, βουκαῖος, ὁ; βουκόλιον, τό; -λίς, ἡ; -λικός, ή, όν; -λέω; -λημα, τό; -λησις, ἡ; -λία, ἡ; -λιάζω; -λιασμός, ὁ; -στής, ὁ.

κολ-οιτία, -τέα, -λωτέα, -λουτέα, ἡ (*Erbse*? vgl. sskr. kalâja, *Erbse* κέγχρος S. 282 und ὄροβος u. aa. weiterhin).

Hieher scheint zu gehören: κολο in κολό-κυμα, κολο-συρτός, ὁ (wo *verwirrt*? oder *gross* vgl. sskr. karâla S. 284).

Mit Vriddhi: κῶλον, τό *Darm* (vgl. χόλ-ιξ S. 282 aa.); χολικός, ή, όν; -κεύομαι.

κωλ-ήν ὁ *Knochen des Oberarms* (*der gekrümmt werden kann*; vgl. weiterhin Analoga), dann *der Hüftknochen*; auch κωλεός, -λεά, -λῆ, -λία, ἡ.

So auch κῶλ-ον, τό *Glied* (eig. *der Theil, an dem sich eine Drehung befindet*, vgl. weiterhin ar-tus, lac-erti und ὑποκώλιον *Hüftbein*); auch κόλον, τό; κωλάριον, τό; κώλυμα, τό (*Poll.*); ἄκωλος, ον; ἀκροκώλιον, τό; -λία, ἡ.

κωλ-ύω eig. *verkrümmen* und so *stören*, *hindern* (gael. col, colaidh glbd.); κώλυμα, τό; κωλύμη, ἡ; -μάτιον, τό; κώλυσις, ἡ; κωλυτήρ, -τής, ὁ; -τήριος, α, ον; -τός, ή, όν; -τικός, ή, όν.

κωλ-ώτης, ὁ *Eidechse* (vgl. κροκόδειλος S. 286); -ωτώδης, ες.

[Hieher lat. cal-v-ere *täuschen* (*verkrümmen* vgl. praevaricator weiterh.), calumnia u. s. w. sammt ahd. huoljan glbd. (*Graff* IV, 849)].

Wegen lat. cir-cul-us nehme ich hypothetisch (dieses, so wie κιρκ-ος könnten auch durch Suff. κο formirt sein, oder selbst zu der sek. Wzf. κιρκ gehören) circus für eine verkürzte Red.-Form (I, 204) und eben so griech. κίρ-κ-ος, ὁ (anders *Pott* II, 274) *Kreis*; -κόω; -κινος, ὁ; (-κήσια, τά fremd aus circenses). Κίρκη N. p. *die Gekrümmte* (*Pott* II, 500); κίρκος, ὁ *der* (*kreisende*?) *Falke* (nach *Reland* Diss. misc. II, 163 fremd); -κη, ἡ; durch Metathesis: κρίκος, ὁ; -κίον, -κέλλιον, -κίλλιον, -κύλλιον, τό; -κόω; -κωτός, ή, όν (vgl. übrigens ahd. hring weiterh.).

ṙi in ra, wie oft, also kra; hieher sskr. k'a-kra (redupl.) *runde Scheibe*, gael. crò *Kreis* (vgl. sekk. Ff.); griech. κρα in κρᾰ-νος, τό *Helm* (vgl. ahd. helm von helan *Graff* IV, 845).

λ = ρ: κλανίον, τό *Armband*; κλό-νος, ὁ *Verwirrung* (anders *Pott* Berl. Jahrb. 1839 S. 657); -νόεις, εσσα, εν; -νώδης, ες; -νέω; -νησις, ἡ; ἄκλονος, -νητος, ον. [Ist Κρόνος N. p. die organischere Form mit ρ und bezeichnet die uranfängliche *Verwirrung*, *Chaos* oder wäre es mit χρόνος (S. 282) bedeutungsgleich?].

ři in rĭ; sskr. krĭ-mi = křimi ist nur verschiedene Schreibung, vgl. aber sekk. Ff. z. B. ahd. hring (*Graff* IV, 1185); griech. mit λ für ρ: κλῐ in κλῑ-νω (für κλῐνjω äol. κλίννω *Ahrens* Diall. 53 vgl. oben S. 170 ff.), κλῐνῶ, κέκλῐμαι u. s. w. (*sich krümmen*), *biegen*, *neigen* (vgl. ῥέπω und vergo weiterhin), dazu ahd. hli-nan (*Graff* IV, 1094 vgl. hali u. s. w. 854, 849), lat. clī-vus, proclivis, slav. klje-tï (*K. G.* cubile vgl. λέχ-ος), und (lo = ro = ři) klonjón (*K. G. inclino*), ltth. klonojus (*ich neige mich*); vgl. auch *Pott* (I, 264); κλῐ́μα, τό; κλῐ́σις, ἡ; -σία, ἡ; -σίηνδε; -ηθεν; κλισιάς, ἡ; -σιον, τό; -σμός, ὁ; κλῐτός, ή, όν; -τικός, ή, όν; κλίτος, ὁ; κλίτυς, ἡ; κλῖτος, ὁ; κλῑνη, ἡ; -νάριον, -νίδιον, τό; -νίς, ἡ; -νικός, ή, όν; -νειος, α, ον; κλιματίας, ὁ; κλιντήρ, ὁ; -τήριον, τό; -ριος, α, ον; κλιδόν; ἐπικλινής, ές; -κλίντης, ὁ; -τρον, τό; παρακλίντωρ, -κλίτης, ὁ; γονυκλινέω; τρίκλινος, ον.

κλῑ-μαξ, ὁ (vgl. ahd. hli-na *Leiter Graff* IV, 489, *die Lehne*); -μακηδόν; -μακίς, ἡ; -κιον, -κειον, τό; -κίσκος, ὁ; -κώδης, ες; -κόεις, εσσα, εν; -κίζω; -κισμός, ὁ; κλιμάζω; -μακτήρ, ὁ; -τηρικός, ή, όν; κλιμακωτός, ή, όν. —

rī für ři (vgl. sekk. Ff. z. B. sskr. krì-d'), in lat. crī-nis (*Haar* vgl. S. 284 u. oft), griech. κρῑ-ός, ὁ *Widder* (vgl. weiterhin μῆλον u. viele aa.), *Muschel*, (*gedreht*), *Kichererbse* (vgl. cicer S. 285, weiterhin ὄροβος), *Schnecke* (*gedreht*); κριηδόν.

ĭr für ři in sskr. kir-âta *Zwerg* (vgl. S. 279), kir-îta *Diadem* (vgl. κορ-ώνη S. 285), mit l = r sskr. kil *werfen* (vgl. weiterhin βάλλω, ῥίπτω); hieher lat. os-cil-lo (os = obs vgl. ostendo für obs-tendo) *sich hin und her drehn*, griech. κιλλ in κίλλ-ουρος, ὁ (= κίγκαλος S. 286); κίλ-ιξ, κίλλιξ, ὁ *krummhörnig*.

Hieher lat. cir-ri *Locken* (*Gedrehtes*) und griech. (redupl.): κί-κιν-νος (für κί-κιλ-νος vgl. sskr. k'ikura glbd. und wegen λλ für λν: ὄλλυμι für ὄλνυμι), ὁ; anders *Pott* (I, 59).

īr = ři sskr. kìr-n'a *bedeckt* (vgl. καλύπτω, celo aa.); mit l = r: kîl-a *Elnbogen* (*die Krümmung* vgl. S. 287 u. weiterhin), kil *binden* (d. i. *zusammenkrümmen*, *con-stringo* vgl. Anall. weiterhin), belegt durch kîl-ita; gunirt sskr. kêl *tanzen* (vgl. χορός S. 282, κόλα S. 287), wovon kêli *Spiel*. Zu dieser Form, aber mit r, gehört griech. καιρός (= sskr. vêla (für hvêla vgl. weiterhin) = goth. hveila; slav. chvila (*Dobr.* 211) ist entlehnt; vgl. χρό-νος S. 282 und noch sskr. kâl-a von Wzf. kal S. 284 und vâra weiterhin, beide *Zeit*)), ὁ; καίριος, α, ον; -ρικός, ή, όν; (-ριμος, η, ον zw.); ἀκαιρία, ἡ; -ρέω; -ριμος, ον.

Zu ders. F. καῖρ-ος, ὁ *Schnur* (*gedrehtes* vgl. Zwirn S. 279 und das auch zu dieser Wz. gehörige ahd. gar-n *Graff* IV, 264); -ρόω; -ρώσις, ἡ; -ρωμα, τό; καιρωστίς, -στρίς, ἡ; καιροσέων, τῶν (*Homer*); ε = α: κειρία, ἡ *Binde*, *Strick* (*gedreht*); κηρίαι, κηρεία dialekt. Nbff.

ur = ři sskr. kurala, kurula (*Locke* vgl. crinis, hâr u. aa), kur-asa *eine Kriech-Pflanze*; kur-îra (*Verbindung* eig. *Ver-*

wirrung), redupl. k'i-kura *Haar*; l = r: kul (*zusammenwirren, aufhäufen*), kul-i *die gekrümmte, hohle Hand*; gunirt kôl-a *Umarmung* u. s. w. mit û: kûr-ma *Schildkröte* (vgl. χελ-ώνη S. 281 aa.), kûl *bedecken*, kukûla u. s. w.; griech. (wo sich jedoch κυ auch als Vertreter von hva fassen lässt, vgl. καλ(ι)δ: κυλ(ι)δ = ahd. walz-en (woraus hvalz folgt), κυρβ = goth. hvairb (vgl. weiterh.) u.aa.): κυρ-τός, ή, όν *krumm*; -τότης, ἡ; -τόω; -τωσις, ἡ; -τωμα, τό; -τιάω; -των, ὁ; κύρτος, ὁ (*zusammengekrümmt*) *Flechtwerk* (vgl. lat. crates weiterhin); -τη, ἡ; -τίδιον, τό; -τεύς; -τευτής, ὁ; -τεία, -τία, ἡ; ob hieher κυρίλλιον, τό *ein enghalsiges Gefäss*?

lat. cur-vu-s (vgl. slav. kri-vü (ri = ṛi), lth. kreiwas, *Pott* I, 121, Lth. Bor. Pr. 48); danach griech. κυλ-λός für κυλϝο-ς (vgl. πολλή für πολϝή) = κυρϝός, ή, όν; κυλλόω; -λωσις, ἡ; -λωμα, τό; -λή, ἡ (vgl. sskr. kuli); κυλλοί-πους; Κυλλήνη (*hohles Thal* vgl. vallis); -ήνιος, ὁ [lat. cu-cullus redupl. *sehr bedeckend, hüllend*].

κυλ reduplicirt κυ-κυλ, zsgzg. κυκλ in κύκλος, ὁ *Kreis*; -λοθεν; -λόσε; -λωθεν; -ληδόν; -λίσκος, ὁ; -λάς, ἡ; -λιος, α, ον; -λικός, ή, όν; -λιάς, ἡ; -λόεις, εσσα, εν; -λώδης, ες; -λάζω; -λαίνω; -λέω; -λησις, ἡ; -λεύω; -λόω; -λωμα, τό; -λωσις, ἡ; -λωτός, ή, όν; -λάμῑνος (ῑνος für ινο S. 282), ὁ; -κον, τό; -μίς, ἡ; Κύκλωψ N. p.; ἐκκύκλημα, τό (vgl. *Diefenb.* Celt. I, 119).

[Hicher die redupl. Intensivformen mit Guna (*Bopp* Gr. s. 560) lth. kaukura *Hügel* (vgl. κολωνός S. 286 aa.) und kaukolas *Hirnschädel* (vgl. κάρη S. 285 aa.)].

ru = ṛi; im Sskr. nur in sekk. Ff. z.B. kru-(n)k' *gekrümmt sein*. [Zu dieser Wzf. ahd. cliu-wa *Kugel* (*Graff* IV, 566), ferner slav. klju-ka *Haken*, wovon klju-tschï *Schlüssel*, der wohl ursprünglich ein blosser *Haken* war (*Kop.* Gl. vgl. *Dobr.* 251, verwandte bei *Pott* II, 274).] Dieselbe Wzf., auch in der Bed. *schliessen*, in griech. κλυ, lat. clu (woher auch clav-us *Haken, Nagel*); von griech. κλυ: κλεϝ-ίς (durch Guna, ebenso lat. clavis), κλείς, ἡ *Schlüssel*; κλειδίον, τό; -δόω; -δωμα, τό; -δωσις, ἡ; κλαϝις in κλάξ, ὁ; κλᾶϝις, κλῄς, κλής, ἡ; κληΐζω [ob für κληϊδ-jω Denominativ? auf ähnliche Weise ist dann auch lat. claud-o von clavi-s zu fassen, obgleich man hier auch an eine Zsstzg mit √do = sskr. dhâ, wie credo, laudo, audiō denken kann; doch spricht für die erste Annahme auch ahd. s-cliu-z-an, wo s = sskr. sa, wie oft, vgl. S. 122 aa.], κλῄζω; κλείω (für κλεϝω 1ste Conj. Cl.?); κληΐω, κλήω; κλειστός, κληϊστός, κληστός, ή, όν; κλεῖστρον, τό; κλεῖθρον, κλήϊθρον, κλῆθρον, τό; κλειθρία, ἡ; κλειθρίδιον, τό; -ριώδης, ες; κλειτορίς, ἡ; κλῆσις, ἡ; σύγκλεισμα, τό; -μός, ὁ; δικλίς (f. δικλεϝίς), ἡ; hieher wohl κλῆθρα, -ρος, ἡ *Erle* (vgl. *Pass.*).

mit ο = ε: κλοιός (f. κλοϝός), att. κλῳός, ὁ *Halsband für Hunde*; κλοιόω; κλοιωτός, ή, όν; -ώτης, ὁ; κλοῖστρον (*Hes.*), τό; κλωβός (f. κλωϝο-ς vgl. att. κλῳός oben).

kh = hv (vgl. S. 64) ṛi gunirt: in sskr. khar-va *Zwerg* (vgl. S. 279, 280), khal (*wirren*), vielleicht khalla (*Kanal* vgl. ἀμάρα S. 284); eine unregelmässig redupl. Form (mit n = r *Bopp* Gr. s.

569) ist khan-kar-a *Locke* (vgl. κίκιννος S. 288 aa.); hieher ahd. kêr-jan (*drehn Graff* IV, 466); goth. (redupl. nach I, 204) gal-ga (*wo ein Balken in die Quere gelegt ist* vgl. crux weiterhin), ahd. galgo (mit unregelmässiger Erhaltung des goth. g *Graff* IV, 185) u. so auch ahd. garn (vgl. S. 288). Hieher wohl griech. χολ-έρα, ἡ *Rinne* (wegen sskr. khalla, sonst könnte es auch zu χολ = sskr. hal S. 280 gehören), vgl. übrigens auch slav. g'lab glbd. (*Dobr.* 142), dessen g', wenn das Wort hieher gehört, sskr. h entsprechen würde. Zu χολέρα: -ρώδης, ες; -ρικός, ή, όν; -ριάω; (χολέδρα zw.).

[ur = ṙi, gunirt in sskr. khôla (*verkrümmt, lahm*) u. s. w., die ich jetzt sammt griech. χωλ-ός hieher ziehe (vgl. I, 625, wo falsch)].

g = hv (vgl. S. 61 und sekk. Ff.), ob sskr. gala *Strick* (vgl. κάλως S. 286) redupl. gar-gar-a *Butterfass* (*worin man hin und her dreht?*), gael. greann *Haar* (vgl. viele schon vorgekommene Analogieen). Griech. reduplicirt: γάρ-γαρ-α, τά *Gewimmel* (eig. *Gewirr* vgl. wirren, ἀλία aa.); anders *Pott* (I, 219); γαργαίρω (Denom. für -γαρjω).

Redupl. mit Verlust eines Vokals und Nasal statt ρ: γόγγρ-ος, ὁ (*sehr gekrümmt* vgl. Bed. *Knorren*) *Meeraal* (conger Lehnwort); γογγρώνη, ἡ.

λ für ρ: γαλ in γαλιάγκων, τό *mit verkrümmtem Arm.* [Hieher ziehe ich jetzt ἀ-γαλ-λίς (ἀ = ἁ I, 382) von der fast *schraubenartig zusammengedrehten Zwiebel*; zsgzg. ἀγλίς, ἡ; vgl. I, 148; wohl auch ἀ-γαρ-ικόν I, 149, wo jedoch noch ρ;] ferner redupl. und verkürzt (nach I, 204) γελ-γίς, ἡ *Knoblauch*; γελγιδόομαι: ob eben so γέλγη, τά (ἡ, zw.) *Verkrümmtes* (*kurze Waare*)? [γάλλιξ (*Steph.* CCCLXXXIII), γέλλαι (*Thiersch* 225), γελλίξαι (*Hes.*) *zusammenkrümmen* (vgl. εἰλέω); γέλουτρον (*Hes.*) vgl. ἔλυτρον, wenn hier nicht immer das γ für ϝ.]

Redupl., Nasal für r und Form verkürzt (nach I, 204) in γαγγ-άμη, ἡ *Netz* (*geflochten* vgl. κύρτος aa.); -μον, τό; (-μών, ὁ zw.) -μεύς, ὁ.

γάγγλιον (redupl., ob γλι = einer F. grĭ?), τό *Ueberbein* (eig. *Verkrümmung*); γαγγλιώδης, ες.

γλή-νη (γλα = gra), ἡ *Gelenkfuge* (vgl. κῶλον S. 287 aa.). [Hieher cymr. grain *Kreis* (*Diefenb.* Celt. I, 138. nr. 209.)]

Ob zu Form gir (ir = rĭ) sskr. gir-i *Berg* (vgl. κολωνός S. 286)? Mit λ für ρ griech. γίλλικα *Hülle* (*Steph.* CCCLXXXIII), wenn γ nicht für ϝ.

Form mit rî für rĭ in sskr. grî-va *der Nacken, der sich krümmende* (vgl. griech. νῶτος S. 183 u. weiterhin ahd. Rücken u. aa.); anders *Pott* (I, 227); dazu gunirt u. mit δ = g (vgl. δελφύς S. 138 δράσσω S. 140 u. aa.): δερϝη (für ϝ entscheidet äol. δέῤῥη (*Ahr.* Diall. 59), δεῤῥιστήρ (vgl. δέῤῥις für δερϝις S. 228) = περιδέραιον ἵππου (*Hes.*); δεῤῥιστής = κυνάγχη περιαυχένιος (*Hes.*)); assimilirt (äol.) δέῤῥη dafür κοινῶς: δείρη, δέρη, ἡ *Nacken* u. s. w.; δέρις, ἡ; δέραιον, τό; δειράς, ἡ; -ράδιον, τό; -ραῖος, α, ον; ἀγκυλόδειρος, ον; περιδέραιος, ον; -ρίς, ἡ; -δειρον, τό.

Sskr. ur für rĭ: gur in sskr. gur-u (vgl. βαρύς), gula *Ku-*

gelartiges (vgl. κύκλος aa.), **gul-ma** *Klumpen*; gunirt: **gôla** *Kreis*; ùr in sckk. Ff. griech.: γῦρ-ός, ά, όν, *rund*; γῦρος, ὁ; -ρόθεν; -ρωθεν; -ραλέος, α, ον; -ριος, α, ον; -ρῖνος, ὁ; -νώδης, ες; -γυρόω; -ρωμα, τό; -ρεύω; -ρεία, ἡ. περιγυρίς, ἡ; hicher περίγρα, ἡ *Cirkel* für περίγυρα (vgl. κύκλος aa.).

redupl. γορ-γύρ-η (vgl. πορφύρω S. 82), ἡ *Gefängniss* (vgl. **car-cer** S. 285 aa.).

redupl. Form γυργυρ, verkürzt nach I, 204 in γύργ-αθος, ὁ *Reuse* (vgl. κύρτος S. 289) [hieher, der Form nach, aber zu Bed. *drehn* lat. **gur-g-es** vgl. **vortex** weiterhin].

Hieher mit ουρ wohl dialekt. für ορj (vgl. τόμουρος S. 245) ἄγ-γουρ-ος (für ανα+γ.) *ein (runder) Kuchen* (*Hes.*); ἀγγούριον, τό *Gurke* (vgl. **cu-cumis** S. 284 aa.).

Sskr. **gur-u** *schwer* ist schon beiläufig erwähnt; die Bed. tritt aus Begr. *herabkrümmen*, *drücken* hervor (vgl. weiterhin **schwer**, σύρω, ἕλκω aa.); die verwandten: lat. **gravi**, lett. **gruts**, goth. **kauris** (*Pott* I, 86) zeigen auf g als Anlaut; daher wir in griech. βαρ-ύ (vgl. sskr. **garîjas**, Comp. von **guru** und wegen des sskr. u noch **puru** = πολύ) β als Vertreter von g betrachten (vgl. βρέφος S. 139 u. aa. S. 140); nun auch hieher sskr. **gal** *tragen*. Aus ursprünglichem g erklärt sich wohl auch am besten die griech. dial. (*Ahrens* Diall. 228) Nebenform mit ζ (ἐπιζαρέω); also βαρύς, εῖα, ύ; -ύτης, ἡ; -ύω, -ύνω; -υνέω; -ύθω; βαρέω; βάρημα, τό; -ρος, τό; -ρύλλιον, τό; ἀβαρής, ες; καρηβαρησις, -ρία, -ρεία, ἡ; -ριάω; -ρικός, ή, όν; -ρίτης, ὁ [βρῖ-θω, wo βρῖ = **grî**, mit **rî** = **rî** wie oft, vgl. I, 318; anders *Pott* (II, 168)].

[Nach derselben begrifflichen Analogie zu Wzf. sskr. **vak** *krumm sein* (II, 21) ὄγκος *Gewicht* (I, 438, II, 22) mit Präf. sskr. **sa** eig. σαγακ zsgzgen σηκός (I, 439) und eben so ahd. **suangar** (vgl. lat. **gravida**), litth. **sunkus** (I, 438).]

Wie **gravitas**, zu **gravis**, *Ernst*, *Würde*, so wohl sskr. **garva** *Stolz* zu **guru** (**garvara**, **-vita**); dazu verhält sich, wie παῦρο zu lat. **parvu** (S. 79), griech. γαῦρος, ον *stolz*; -ρόω; -ρωμα, τό; -ριάω; -ίαμα, τό; -ιότης, ἡ; -ραξ, ὁ (*Pott* II, 311); ἀγαυρός, ά, όν (ἀ = ἀ I, 382). [Hieher γαυριᾶν vgl. sskr. **garvara**]. Zu sskr. **garva** passt noch genauer γερϝο für γερϝο in ἀ-γέρ-ωχος, ον (vgl. *Pott* I, 183 wo ἀ = ἀ I, 382); ἀγερώσατο (*Hes.*); so nun auch: γέρας, τό *Ehre*; vgl. lett. **garbe** glbd.; anders *Pott* (I, 219 II, 590); γεράσμιος, ων; γεραρός (vgl. sskr. **garvara** oben), ά, όν; γεραίρω (für -ραρjω Denom.); ἀγέραστος, ον.

Da neben βάλλω (*schleudern*, *hin und her drehn* vgl. weiterhin ἑλίσσω, **werfen**, ῥίπτω aa.) auch dialekt. ζέλλω (*Ahrens* Diall. 228) erscheint, so vermuthe ich, dass auch hier β : ζ = sskr. g. Hieher sskr. **gal** in der Bed. *fallen*, aus *geworfen*, *geschleudert sein*. βάλλω (ζέλλω), 4te Conj. Cl. für βαλjω; ἔβαλον u.s.w.; βαλλητύς, ἡ; -λίζω; -ισμός, ὁ; βολή, ἡ; -λος, ὁ; -λίς, ἡ; -λαῖος, -λαιος, α, ον; -λεών, ὁ; -λίζω; [-λέω]; βλήδην; βλῆμα, τό; βλητός, ή, όν; -τήρ, ὁ; -τειρα, ἡ; -τρον, τό; βληστρίζω; -ισμός, ὁ (βλωμός, ὁ fraglich ob hieher); (συμβαλλωτά?); ἄβολος, ον; -λέω (ἀ = ἀ I, 382); -λητύς, ἡ; -τωρ, ὁ; ἀμφιβολεύς, ὁ; -λία, ἡ; ἀναβολάς, ἡ; -λάδην, -δίς; ἀντιβόλησις, ἡ; (ἀποσυμβολάω zw.); ἀποβολιμαῖος, ον; ἐκβόλιος, ον; -λιμος, ον; ἐμβόλισμα, τό; -σμός, ὁ; παρεμβολικός, ή, όν; ἀκροβολίς, ἡ; [-λής, ές zw.]; -λισις, ἡ; -λιστής, ὁ; ἀστροβόλητος, ον; -λία, ἡ; ἐλαφηβολιών, ὁ; λαγωβολεῖον, τό; πετροβολικός, ή, όν; σκερβόλλω; ἀνάβλησις, ἡ; -ητικῶς; -ηδόν; ἐπιβλής, ὁ; καταβλητικός, ή, όν; τειχεσιβλήτης, ὁ; ἀμεταβλησία, ἡ; ἀμφιβληστρικός, ή, όν; -ρεύω; -ρευτικός, ή, όν; ἑκατηβελέτης, ὁ (vgl. wegen ε ζέλλω, βέλος).

βέλος, τό *Wurfgeschoss*, *Spiess*; -λεμνον, τό (alt. Partcp. Med.); -μνίτης, ὁ; βελόνη, ἡ; -νίς, ἡ; ἀλεξιβέλεμνος, ον; ἀκροβελής, ές; -λίς, ἡ. ὀβελός (ὀ = ἀ = ἁ I, 382), ὁ *Spitze habend* (vgl. βέλος), *Spiess* u. s. w.; -λίας, ὁ; (-λαῖος zw.); -λιαῖος, α. ον; -λίτης, ὁ; -λίσκος, ὁ; -λίζω; -ισμός, ὁ; (dial. ὀδελός).

ὀβολός, *Spitze habend* (s. *Passow*.), ὁ; (-λαῖος zw.); -λιαῖος, α, ον; -λιμαῖος, α, ον; διώβολον, -λιον, τό; τετρώβολος, ον; -λίζω; mit ε: ἐπωβελία, ἡ; dial. ὀδελός.

[Wegen desselben, vielleicht jedoch in einem umgekehrten Verhältnisse stehenden (β dialekt.), Wechsels von β : δ erwähne ich hier: σάνδαλον, σάμβαλον, τό, welches, wenn es hieher zu ziehen, zur Bed. *umhüllen* gehört (vgl. ἀνήλιπος); vgl. übrigens *Pott* (I, 143); σανδάλιον, τό; -λίσκος, -λόω; ἀσάνδαλος, ον; σαμβαλίσκον, τό.]

[Wegen βάραθρον vgl. S. 70 und zu ζέρεθρον noch *Ahrens* Diall. 228.]

ῠλ für υρ; ob hieher γῠλ-ιός, ὁ *der lange geflochtene Tornister* (vgl. auch θύλακος S. 278)? γυλιαύχην.

redupl. mit Nasal statt λ: γογ-γύλος (vgl. γογγύρη), η, ον, *rund*; -λιος, α, ον; -λώδης, ες; -λη, -λίς, ἡ; -λιον, -λίδιον, τό; -λέω; -λίζω; -λεύω.

αυ (Vriddhi oder Guna von υ vgl. sskr. gôla S. 291) in: γαῦλος, ὁ *ein rundes Schiff*; γαυλός, ὁ wohl eig. ein *rundes Gefäss*, *Melkeimer* (vgl. sskr. gôla *Wassergefäss* u. weiterhin ahd. gellida (*Graff* IV, 184)); γαυλίς, ἡ; -λικός, ή, όν; -λιτικός, ή, όν.

Ob hieher γωλεός (ω Vriddhi, oder Guna), ὁ *Nest* (vgl. sskr. kulâja glbd. welches zu Wzf. kul gehören könnte u. S. 105); die Bed. könnte aus Begr. *umhüllen*, *bedecken* hervorgegangen sein.

Form mit ρυ = ṙi (vgl. S. 256 u. sonst) ob in γρυ-μαία, -μέα, ἡ *Beutel* (vgl. θύλακος aa.); oder ist es fremd, lat. cru-mena??

λ für ρ: γλυ, redupl. γίγ-γλυ-μος (vgl. κίγκλος S. 286) *Gelenk* (d. i. *Krümmung*); anders *Pott* (II, 75); γιγγλυμώδης, ες; γιγγλυμόω.

gh = hv (vgl. S. 64 u. *Pott* I, 170) in sskr. ghur-ghur-a *Wurm* (vgl. kṙimi S. 284 aa.) ghûrn'a *das Rollen*, ghûrn'ita; (wegen ghṙi-n'â vgl. I, 319).

hv in griech. π (vgl. πο S. 145): πέλομαι (πέλω) *sich drehn* u. s. w., *hin und her bewegen*, *existiren*, nach Analogie von versari (ἔπλετο u. s. w.); ὀλιγηπελής, ές eben so εὐηπελής, ές; -λία, ἡ; ὀλιγηπελέω.

πόλος, ὁ *Wirbel* u. s. w. πολέω; πολεύω. ἀμφίπολος, ον (vgl. κολ. S. 287); ἀναπόλησις, ἡ; -λητικός, ή, όν; -λίζω; ἐπιπολητς (*Hes.*), *Spange* (womit man zudreht, zuschnürt); προπόλευμα, τό; πολο in Zsstzg. αἰπόλος (für αἰγ(ο)-πολος), ὁ (vgl. κολ S. 287); -λικός, ή, όν; -λέω; -λιον, τό; δικασ-πόλος (πολ in der Bed. des lat. colere S. 287 δικας Acc. Plur., Zusammenrückung), ὁ; ἀγνοπόλος, ον; ἀοιδο-, θαλαμη-, θεμιστο-, θεο-, θεη-, θυη-, ἱππο-, μετεωρο-, μουσο-, νηο-, οἰο-, ὀνειρο-, πυρ-, ταυρο-, ὑμνο-, ὑμνη-, ὑο-, ὑς- (Acc. Plur. vgl. δικας-) πόλος, ον.

[Hieher πάλ-λω (für παλ-jω 4te Conj. Cl.) *schwingen* (d. h. *hin und her drehn* vgl. ἑλ-ίσσω, βάλλω (S. 291), ῥίπτω aa.), welches früher (I, 568, wo παλ-άσσω *das Loos schwingen*, nachzutragen) falsch; πάλ-ιν *umdrehend* (vgl. I, 130 u. Nachtr. I, XIV); wohl auch πἄλ-εύω (I, 570) eine Denominativform von einem Wort (παλ-υ?) in der Bed. *umringend, Netz, Garn: umgarnen*; πάλ-η (I, 569) *Ringen* (vgl. weiterhin deutsch hringan und wringan (*Graff* II, 528) für ursprüngliches hwringan), nun auch πόλ-εμος (I, 570) *ein Ringen* eig.; vielleicht πέ-πλ-ος *der sich schwingende, Falten werfende Mantel* (I, 570); auch πέμπω (I, 570, 571) für πεμ-πελ (I, 204) könnte man hieher ziehen, also wie *mitto* (*schmeissen*) eig. *schleudern*, doch ziehe ich es jetzt eher zu sskr. k'al *bewegen* (= sskr. k'ank' vgl. I, 571)].

[Auch lat. p = hv (vgl. pe, piam (osc. pis = quid S. 145) *Bopp* V. G. S. 572); so hieher pel-lo *drängen* (vgl. εἰλέω aa.) u. s. w., pollit (*schleudert Fest.* 243 vgl. πάλλω aa.), pila u. s. w.].

Hieher noch: ἀπελλαί (ἀ = sa I, 382), αἱ *Zusammendrängung, Versammlung* (vgl. ἁλία); ἀπελλάζω.

Aus dem Begr. *hin und her drehn* geht wohl *zu Brei machen* hervor in πέλ-ανος, ὁ *Brei*; und nun auch πόλτος (I, 569, 570 falsch) hieher.

Reduplicirt: παιπάλλω, welches I, 569 falsch; ob παιπαλάω (ebds.) zu παιπάλη (welches zu πάλη vgl. II, 84) *fein sein*, oder auch hieher (*verkrümmt* u. so *listig sein* vgl. calvere S. 287 aa.), ist zw.; ich ziehe es zu παιπάλη.

Mit Vriddhi: πωλ-έομαι (-λεσκ-); -πωρος in der Zsstz. mit ταλαι *sich in Duldung* (*Unglück*) *befindend* (vgl. εὐη-πελής S. 292 aa.): ταλαίπωρος, ον; -ρέω; -ρημα, τό; -ρία, ἡ.

Gehört hieher πηρ-ός, ά, όν *verstümmelt* (also eig. *verkrümmt* vgl. χωλ-ός S. 290), dann insbes. *blind*? πηρόω; πήρωμα, τό; πήρωσις, ἡ; ἀπηρής, ές; -ρος, ον; -ρωτος, ον; ἀναπηρία, ἡ; mit ω: πωρός, ά, όν (Gr.) fast glbd.; πωρητύς, ἡ (-ρη, ἡ; -ρος, ὁ zw.).

Wie nord. und ags. hvalr, ahd. walira (*Pott* I, 112, *Graff* I, 839) *Wallfisch* (*der gekrümmte, grosse*) hieher, zu Wzf. hval (S. 280) gehört, so mit π = hv griech. πέλ-ωρ-ον, verkürzt πέλωρ, τό *Seeungeheuer* (vgl. noch βελλερο aa.); πελωρίς, ἡ; -ριάς, ἡ; -ρος, α, ον; -ριος, α, ον.

Durch nachklingenden Einfluss des h entsteht φ = hv in [φάλ-η (falsch I, 573)] φάλ-ος, ὁ *Knopf* (*rund* vgl. κύκλος aa.); anders *Pott* (II, 510); τετράφαλος, ον, τρυφάλεια, ἡ (vgl. S. 260, wo Z. 4 v. u. die Verweisung auf S. 103 zu streichen).

Beiläufig sind schon Beispiele vorgekommen, in denen bei den, der Wzf. sskr. hvṛi entsprechenden, Ff. das anlautende h eingebüsst ist (z. B. altn. hwal, ahd. wal u. aa.); wo diesem sskr. h

Laute entsprechen, die den individuellen Sprachgesetzen gemäss verloren werden können (wie sskr. german. und lat. h), kann man die so entstehenden Ff. (obgleich äusserlich = einem sskr. vṙi) als unabhängig von einander entstanden betrachten; allein wo dem sskr. h Laute entsprechen die sich nicht verlieren (z. B. griech. χ, zend. und slav. z), während sich dennoch der verstümmelten Wzf. vṙi entsprechende Ff. zeigen, muss man annehmen, dass die Verstümmelung schon *vor* der Sprachtrennung statt fand; hieraus folgt denn, dass auch jene erste Classe von Sprachen derartige Verstümmelungen schon überkommen haben; u. diese muss man von den in ihnen individuell entstandenen genau trennen*; z. B. die allgemeine Uebereinstimmung in Bezug auf das Wort, welches dem nhd. wolle entspricht (vgl. weiterhin), zeigt, dass dieses schon vor der Sprachtrennung h eingebüsst hatte; bei wurm, lat. vermis, ist durch griech. ϝελ-μινθ (vgl. weiterhin) der schon alte Verlust des h gewiss (denn hätte griech. χϝελ-μινθ schon innerhalb der *griech.* Sprache bestanden, so würde es χελ-μινθ geworden sein); doch zeigt sskr. kṙimi (für hvṙimi), wozu pers. kirm, litth. kirminis und slav. tshrïvï gehört, dass die organischere Form sich in dieser Bildung erhalten hatte, und deutsch und lat. könnten unabhängig von jenem, vor Fixirung der griechischen Spr. eingetretenem Verlust, ihr h erst auf eignem Boden eingebüsst haben. Doch diese Detailuntersuchungen führen hier zu weit.

Hieher sskr. vṙi (für hvṙi) eig. *umringen*, dann *einhüllen*, *bedecken* u. s. w. [bei *Ros.* Radd. sscr. ist dieses mit √vṙi *wählen* (I, 319) störend untereinander gemischt]; für die Bed. sind schon mehrere Analoga früher vorgekommen und werden sich noch vielfach wiederholen; gunirt: var-a *Umringen*, varaka, varańa auch *Schutz* u. s. w., varatra *Gurt* (ob varânga *Kopf* u.s.w. (vgl. kalânkura S. 284)), varât'a *Strick* (vgl. κάλως S. 286 aa.), *Muschel* (*gedreht* vgl. S. 288); varâçi *ein Gewand*; variçi *eine Angel* (*gekrümmt* vgl. ἄγκιστρον S. 22), var-u-tram *Gewand*, varûtha *Rüstung* (beides von Begr. *bedeckend*), var-man *Rüstung*, varvara, -rika (redupl.) *gekräuselt*, *wollig*, vâra *Menge* (*Gewirr* vgl. S. 287), vâranà *Rüstung*, *Abwehr*, *Hinderniss* (vgl. κωλύω S. 287, ob diess aus dieser Begriffsverbindung zu erklären?); vâra *Zeit* (varêńa *oft*); mit l = r: val *bewegen* (d. i. *drehn*), *umringen*, *bedecken*, valaja *Armband*, *Gränze* (Begr. *umringen*); vgl. valajita *umringt*; valiça *Angel* (vgl. variçi); valika (*Dachgränze*); valmika *ein Hügel* (vgl. κολωνός S. 286); vâlaka *Ring*; vall *bedecken*, *drehn*; valla *Kornwürfeln* (vgl. *werfen* aa.); valli, vallari *eine Kriechpflanze* (vgl. S. 288), vallûra; vgl. sekk. Ff.; gael. mit f = v, wie gewöhnlich: fâl *Kreis*, falach *Bedeckung* (vgl. velum u. sekk. Ff.); ahd. war (aus Begr. *umringen*, *schützen*, *wahren* u. s. w. *Graff* I, 906 ff.), vgl. goth. varjan (ebds. 924), ahd. wari (929) [wer-alti (933) *Welt*, eig. also *Kreis*, πόλος], werran *wirren* (944, d. i. *untereinander* krümmen), werna *Hinderniss* (946, vgl. sskr. varańa), war-non (947), wir-t *gedreht* (1025), wur-m (1043, vgl. ἕλμινς); l = r: ahd. wil-on (i = a *bedecken* 795), wuoljan (*wühlen*, d. i. *hin und her drehn* ebds.); ahd.

sin-wel *rund* (*Graff* I, 840); wallon (799, vgl. amb-ulo *sich herumbewegen*); redupl. und verstümmelt (nach I, 204) goth. valv-jan (vgl. lat. volvo) *wälzen* (*Graff* I, 789). — Slav.: redupl. vrï-vï *Strick* (*K.* Gl. vgl. *κάλως* S. 286, lth. wirwe glbd.); valjön, val-iti (*K.* G.) *wälzen*. — Ltth. waran *treiben*, warinėju (vgl. iss-warinėju *in die Quere Furchen ziehn*, vgl. noch hali u. s. w. (S. 280), sskr. krish, lat. urvare aa.); weru *einfädmen* (ob *eindrehn* vgl. übrigens at-wer-u = lat. ap-erio (schwerlich mit armen. apr-el zu vergleichen, wie *Petermann* Gr. arm. 34), uz-weru = op-erio); ltt. wellu *wälzen*, lth. woloju *wälzen*, lth. welu *walken* (vgl. walken weiterh.); ltth. ap-wallas *rund*; wilnis *Welle* (vgl. *Graff* I, 739); lat. văr-us *Blatter* (*rund*); varix (*verkrümmt*); vărius (*untereinandergewirrt* vgl. *αἰόλος*)' veru *Drehspiess*; ap-erio (für apa + ver-io vgl. amarunt für amaverunt), op-erio (*ab-, zu-, decken*); verv-ago (vgl. I, 204, oben u. urvarâ weiterhin), vārus *krumm*, obvaro, vâricus, prae-varicare, verum (vgl. wahr *Graff* I, 913), verro (für verjo *zusammendrehn, wirren, kehren*; [so dann auch ahd. kerjan (*Graff* IV, 466) zu Wzf. kar (S. 284) und dann wohl auch griech. *κόρ-ος* *Besen* hieher (also I, 216 falsch, vgl. auch *σύρω* weiterhin)]; vellus für velnus (= sskr. ŭr-n'â, ûr-n'â, sl. vlna (*Dobr.* 112), lth. wilna, lett. wilna : willa u. so auch goth. vulla (*Graff* I, 794) für vul-na (vgl. *Pott* I, 120); im Sskr. ist vṛi zu ur geworden, in den übrigen Spr. gunirt); vallum (vgl. *Pott* II, 603); velum; velites (die sich drehenden, *leichten* vgl. velitare), vola (die gekrümmte, hohle, Hand u. s. w.), volare (sich hin und her drehn, *fliegen*); velox; wenn aber velox dann auch wohl ahd. wilih (*Graff* I, 821) *schnell*, celt. cymr. gwyllt (*Diefenb.* Celt. I, 50); ferner lat. vallus, valva, val-vol-i (*Fest.*), volvo (vgl. noch *Pott* I, 221 ff., weiterhin, u. sekk. Ff.).

Griech. ϝr̆i, nach der 8ten Conj. Cl. ϝερυ: (vgl. sskr. kr̆i : kar-u), mit ο der 1sten Conj. Cl. ἐρυο (vgl. *δεικ-νυ* : *δεικ-νυ-ο* aa.) in ϝερυω, ἐρύω *schleppen* (aus *wälzen* = *fortbewegen* vgl. ἕλκω), *ziehen*, *wehren* (*abwehren*), *schützen*, *retten* (aus dem Begr. *umhüllen*, *bedecken*); vgl. auch *Buttmann* (Lexil. I, 63 ff.); ε in ει (durch Einfluss der Liquida?) ϝειρύω (vgl. ϝελ): εἰρύω; ἐρυτήρ, ὁ; ἐρυστός, ή, όν; ἐρυσμός, ὁ; ἔρυμα, τό; -μάτιον, τό; ἐρυσιάζω (*Eust.*); αὐϝερύω (vgl. I, 274 für ἀϝα-ϝερύω, ἀϝϝερύω *A. Benary* R. Ll. I, 73); Λαέρτης (*Pott* I, 224); ἐρυσίπολις; ἐρυσί-χθων (vgl. *Pott* I, 90); ob ἐρύσιμον auch ῥύσιμον, τό (vgl. Wzf. ρυ weiterh.)? Hieher ἐρυμνός, ή, όν (für -μενος Part.), -ότης, ἡ; -όω.

Zu Begr. *wehren*, *abwehren* (vgl. ausser ἐρύω aa. goth. warjan (*Graff* I, 924), ahd. werna (*obstaculum* ebds. 946) aa.), griech. ϝαρ-νέομαι, ἀρνέομαι eig. *wehren* (*verbieten*), *abschlagen* (Denominat.); ἄρνησις, ἡ; -ήσιμος, ον; -ητικός, ή, όν; ἄπαρνος, ον.

[Zu Begr. *drehn* ϝαρίς, ἀρίς, welches I, 101 nicht erkannt war].

Ueberaus oft kamen uns schon Ff. vor, die durch Zusammensetzung mit dem Präf. sa schon *vor der Sprachtrennung* gebildet sind (z. B. I, 37, 290, ἀλιφ II, 122 u. viele aa.); so zu Wzf. vrĭ in der Bed. *schwer sein* (eig. *herabkrümmen* vgl. βαρύ aa.): ahd. s-uâr-i (*schwer*), ltth. swer-ti (*wiegen*) u. s. w. (*Pott* I, 127, II, 508, Lth. Bor. Pr. 34); ferner zur Bed. *zusammengewirrt* (vgl. ἕλος, θολός S. 278): lat. sor-des, nhd. schwarz, wo v erhalten (vgl. sekk. Ff. mit B-Laut); so griech. σα + ϝερ: σῦρω (wohl für σύρjω 4te Conj. Cl.) *schleppen* (vgl. ἐρύω), *fegen* (vgl. κόρος S. 295), von Flüssen: *wälzen*; σῦρμα, τό; -ματίτης, ὁ; -ῖτις, ἡ; συρμός, ὁ; -μάς, ἡ; -μαία, ἡ; -μαΐζω; -ϊσμός, ὁ; σύρσις, ἡ; σύρτης, ὁ; -τός, ή, όν; σύρδην; (σύρτις, ἡ wohl fremd); ἀσυρής, ές; κολοσυρτός, ὁ; -τέω (*Hes.*).

Hieher ἀήσυρος, ον (ἀη = αει), *Aesch.* (Prom. 452, anders *Blomf.*) ῠ auch in σύρμα.

für σ: ὑρ-άξ *zusammengewirrt*.

Indem in der Wzf. ϝερυ durch Synkope ε ausfällt, entsteht: ϝρυ (mit β = ϝ: βρυ: βρύτηρ, βρύτις äol. *Ahrens* Dial. I, 34, 35) mit Verlust des ϝ: ῥυ: ῥύομαι in allen Bedd. von ἐρύω, ausserdem: *hindern, zurückhalten* (vgl. κωλύω S. 287 aa.) und *durch ein schwereres Gewicht niederziehn, aufwiegen* (vgl. ahd. suâri u. aa.); ῥῦμα, τό; ῥύμη, ἡ (*Schwung* von *drehn, schwingen* vgl. ἑλίσσω aa.); ῥυμηδόν; ῥυμός, ὁ; ῥῦσις, ἡ; ῥύσιος, α, ον; ῥύσιον, τό; ῥυσιάζω; ῥυστάζω; ῥύσταγμα, τό; ῥυστακτύς, ἡ; ῥυστήρ, -τῆς, ὁ; ῥυτήρ, ὁ; ῥύτωρ, ὁ; -τρον, τό; -τός, ή, όν; ῥύσκ(ω); ἀκροῤῥύμιον, τό.

Hieher ἀ-ρύ-ω (wo ἀ für ἀν = ἀνά *Pott* II, 153, I, 126) *heraufziehn*; ἀρύτω; ἀρυτήρ, ὁ; ἄρυστις, ἡ; ἀρυσάνη, ἡ; ἀρύστιχος, ἀρυστήρ, ὁ; ἀρυστρίς, ἡ; ἀρύταινα (*Pott* II, 516); ἀρυτήσιμος, ον; ἀρύσω; ἀρύσσω; [ἀρητύω poët. passt nicht ganz]; ἀρυβαλίς, ἡ, -βαλος, -βαλλος, ὁ (β = ϝ?); ἐξάρυσις, ἡ.

ϝερῦκω: ἐρύκω scheint mir ein Pf.-Präs. von ϝερυ (vgl. ῥύομαι); vgl. I, 339, II, 225 διώκω.

[Hieher ϝερ-ωή *Schwung* u. s. w. (vgl. ἑλίσσω, βάλλω aa.), welches I, 102 falsch; vgl. Neue Nträge zu I, 102].

Zur Bed. *gekräuselt sein* ϝερ-ιον, ἔριον, ἔρι, τό *Wolle* (vgl. lat. vellus S. 295); verhält sich zu sskr. ura glbd. (vgl. weiterhin), wie lat. vellus zu ŭr-n'â; ἐρίδιον, τό; ἐριώδης, ες; ἐρέα, ἡ; ἐρεοῦς, α, οῦν; ἐρεοῦς, οῦσσα, οῦν; ε in ει (vgl. S. 295): εἶρος, τό; εἴριον, τό; εἰρεσιώνη, ἡ; εὔερος, εὔειρος, ον; εὐερία, ἡ.

[Indem Präf. σα + ϝερ: συρ werden kann (oben), gehört wohl hieher: σύρα, σισύρα u. s. w. (I, 400) eig. *die wollige*].

[Hieher ϝε-ϝερ-μένος, ἑερμένος eig. *umringt* (*umkrümmt*) dann *eingefasst Hom.*; oben (I, 58) nicht erkannt; ob auch εἴρερος *Gefangenschaft* (I, 59), vgl. servus weiterhin?].

ει für ε (ει vertritt hier wohl, wie oft, die Stelle einer äolischen Assimilirung (vgl. *Ahrens* Diall. 58); doch wage ich hier nicht zu entscheiden, ob ρϝ oder ρj organisch sind): ϝείρη, εἴρη (vgl. βεῖλα) ἡ *Versammlung* (vgl. sskr. vâra S. 94, ἁλία).

ϝείρων, εἴρων, ὁ (vgl. sskr. vakra S. 21 vakrôkti *krumme* (*nicht grade, versteckte*) *Rede, Ironie*), *krumm, einer der krumm redet*; εἰρωνικός, ή, όν; -νεύομαι; -νευτής, ὁ; -τικός, ή, όν.

ϝορ in ϝορυα, ὀρύα, ἡ *Darm* (vgl. χόλιξ S. 282 κῶλον S. 287 aa).

ϝόρομαι: ὅρομαι *wahren* (aus *umringen*, *schützen*); dazu τιμά-ϝορ-ος (die τιμή (vgl. S. 234) *wahrend*), τιμήορος, zusgzgen τιμωρός, όν; -ρέω; -ρία, ἡ; -ρημα, τό; -ρησις, ἡ; -ρητήρ, -τής, ὁ; -τικός, ή, όν; ἀτιμώρητος, ον; -τεί, -τί. ὀρεύω.

Mit Vriddhi: ὥρα, ἡ; ὠρέω, ὤρημα, τό; ὠρεύω; ἄϝωρος, ἄωρος, ον; εὐωρία, -ριάζω; -ρέω; πολυωρητικός, ή, όν; ἀσκευώρητος, ον; ὀλίγωρος, σκευωρός; (πυλα-ϝωρός) πυλαωρός, -λωρός; -ριον, τό; οὐδενός-ωρος, ον; πυρσωρίς, ἡ. ἰωροί (vgl. Nachtr. zu I, 3, II, 188).

Wahren wird zu *gewahren*, verallgemeinert zu *sehen* (vgl. lat. tueor *wahren* und *gewahren*); ϝορ-άω, ὁράω *sehen* (vgl. *Pott* I, 123, 223, 131. *Ahrens* (Diall. I, 25) setzt es = servo, weil der Spiritus im Aeolischen erscheint; selbst in diesem Fall würde es hieher gehören (vgl. servo sogleich); allein die Ff. ἑόρακα, ἑώρακα, ἑώρων weisen auf ἐϝόρακα, also anlautend ϝ), Denominat. von ὁρ-υ (vgl. lat. servo); ὅραμα, τό; ὅρασις, ἡ; ὁρατής, ὁ; -τός, ή, όν, -τικός, ή, όν; ἔφορος, ον; -ρικός, ή, όν, -ρεία, ἡ, -ρεῖον, τό; -ρεύω, -ρέω; ἀϝορασια, ἀορασία, ἀορία, ἡ; ['Εφύρα N. p., *K. O. Müller* Progr. 1837 z. Prorectorwechsel, *Pott* I, 218).

Hieher β = ϝ: βῶρ-οι = ὀφθαλμοί (*Hes.*).

[Mit sa: lat. sa + ver: servo hieher ser-vus, welches (S. 142) falsch: der *beobachtende*, *ehrende*, observo.

Dazu wohl zend. haurva in paçus haurva *Thierwächter* vie haurva *Hauswächter* vom *Hund*; anders *Burnouf* Comm. Y. Nott. XXXVI, n. 11].

[Vielleicht hieher ὁρμή eig. *Schwung* (I, S. 60), ἕρμα und ὅρμος (I, 59) in der Bed. *quod arcet* (ἐρύεται?).].

ϝωρ (Vriddhi in der Bed. *krümmen*) in κατ-ωρής, ές; -ρίς *sich niederkrümmend* (*Hes.*).

ὠρακιάω *in Ohnmacht fallen* (*schwindeln*, *drehn* vgl. κάρος (S. 285)).

[ϝωρα, ὥρα (= sskr. vâra *Zeit*, anders *Ahrens* Diall. 25 wogegen ἄωρος entscheidet), welches früher falsch (I, 328 vgl. Nachtr., *Pott* Berl. Jahrb. 1840 S. 659, *Bopp* V. G. 617); dazu vâra u. s. w. I, 381 und ωρο in μινύ-ωρος (I, 471); ferner zur Bed. *krümmen* in der Modification *wärts*, versus (vgl. weiterhin Wzf. hvři + t) ωρο in εὐθύ-ωρος (I, 87) *gradwärts*, σκαιωρία (I, 619)].

[Hieher mit Präf. sa (I, 381) σωρακίς (σα + ϝωρ in der Bed. = ϝεριον *Wolle*, vgl. σισύρα, σέλλω, σόλος weiterhin), ἡ, welches früher (I, 400) falsch.]

ϝα in ευ, wie oft (z. B. I, 17): εὐρ-άξ *krumm* (vgl. Anall. in Menge weiterhin); εὐρ-αί, αἱ *eiserne Beschlag der Achse*, um den die Räder sich *drehn*; εὐρώς, ὁ *Schimmel* (*bedeckend*, vgl. squalor I, 610); εὐρώεις, εσσα, εν; εὐρωτιάω.

Mit unorganischem ʽ, wie oft, εὑρ *gewahren* (vgl. ὁράω): εὑρίσκω *anfangen zu gewahren* (εὑρήσω); anders *Pott* (I, 127, 226, 246); εὕρημα, εὕρεμα, τό; εὑρήτωρ, εὑρέτης, ὁ; -τις, ἡ; -τός, ή, όν; -τικός, ή, όν; -τρια, ἡ; -τρον, τό; εὕρησις, εὕρεσις, ἡ; -σιος, ὁ.

ϝο in ου, oft (z. B. I, 324 ff.): οὖρ-ος, ὁ *Wahrer* u. s. w. (vgl. ϝορ S. 297); οὖριον, τό; οὐρεύς, ὁ; -ρέω; κηπουρικός, ή, όν; -ρία, ἡ; (ὀδούρης, ὁ zw.); οἰκούριος, ον; -ρημα, τό; -ρότης, ἡ.

Hieher φρουρός (φρο = προ, vgl. *Pott* I, 123), ὁ; -ριον, τό; -ρά, ἡ; -ρίς, ἡ; -ρικός, ή, όν; -ρέω; -ρημα, τό; -ρήσις, ἡ; -ρήτωρ, -τήρ, ὁ; -τός, ή, όν; -τικός, ή, όν.

Zu Bed. *pflügen* (aus Begr. *terram vertere*, oder wegen der *Krümmung*, die man beim Pflügen macht vgl. lat. urvare, auch ὄγμος S. 20): οὐρός, ὁ *Furche* (vgl. sskr. hali u. s. w. *Furche* S. 230, lth. warineju *Furchen ziehn*, sskr. křish *pflügen*, αὖλαξ u. s. w. sulcus, ὁλκός u. aa.).

[Hieher wohl οὐρ-ανός der *gewölbte* (vgl. in dieser Wz. viele mit der Bed. *wölben* z. B. S. 278) Himmel (vgl. weiterhin γρίντις), welches früher (I, 324) anders].

ϝαλ *krümmen* in προϝαλ-ης, προαλής, ες (vgl. proclivis und πρηνής aa.). ϝαλ in der Bed. *zusammendrehn*, = *drängen*, *sammeln*, daher *Gedränge*, *Haufen* (vgl. S. 287 und sskr. vâra *Haufen*); ἀλέω; ἀλίζω; ἀλεότης, ἡ; ἀλής, ές; ἀλέως; ἀληδόν (*Hes.*); ἀλέϊος, ἀλεῖος (*Galen.*), ον; ἀλία, ἡ; ἅλις (f. αλιαις *in Haufen*, *genug*, ϝαλις *Thiersch* 232); dazu ἡλιαία (Vriddhi), ἡ *Versammlungsplatz*; ἡλιάζομαι; -ασις, ἡ; -αστής, ὁ; -τήριον, τό; -τικός, ή, όν. [ϝαλήμεναι (*Thiersch* 232), ἐϝάλη, ϝαλείς zu ϝελ].

ϝαλυ (vgl. ϝερυ S. 295) *sich zusammenkrümmen*, *ducken* und so *ausweichen*, *vermeiden*: ἀλεύω, ἀλέϝομαι, ἀλέομαι; ἀλύ-σκω (-ξομαι); ἀλυσκάνω, -σκάζω; ἄλυξις, ἡ; δυσάλυκτος, ον. ἀλέϝα, ἀλέα, ἡ; ἀλεϝείνω, ἀλεείνω, ἀλεϝαίνω, ἀλεαίνω; ἀλεϝωρή, ἀλεωρή, ἡ.

ϝαλϝας: ἀλλᾶς, ὁ (ob ϝαλϝ = lat. volv-o od. ϝαλ + Suff. ϝαντ = sskr. vant?) *Wurst* (*gedreht*, vgl. weiterhin wurst (*Graff* I, 1048), engl. wristle).

Hieher ἄλη, ἡ *Schmutz* (*Eustath.*, vgl. sordes S. 296, θολός S. 278 aa.); ἄλιξ = χόνδρος (spät), cartilago (vgl. letzteres); ἄλεισον, τό, -σος, ὁ *ein* (*gekrümmter, runder?*) *Becher*.

Hieher ϝάλ-ως, ἅλως, ἡ *Tenne*, nach *Pass.* weil sie *rund war* (vgl. κύκλος S. 289, κίρκος S. 287 aa.), dafur spricht die Bed. *Hof um den Mond*; doch kann diese auch aus der Aehnlichkeit entnommen und die eig. Bed. von ἅλως *Dreschplatz* sein, und da ἀλοιάω *dreschen*, *schlagen*, *herumtreiben* heisst, die Bed. *dreschen* gradezu aus *schlagen* (vgl. verb-ero weiterhin, Bed. *schlagen* aus Begr. *schleudern*, *schwingen*, *werfen*), oder *herumtreiben* (*drehn*, vom Herumtreiben der zum Dreschen dienenden Thiere) hervorgegangen sein. Zu Grunde liegt die Form ϝαλυ, wie ϝαλοϝάω, ἀλοάω, ἀλοιάω aa. zeigen; daraus ἅλως vielleicht für ἁλοϝος; ἁλωεινός, ή, όν; ἁλώϊος, α, ον; ἁλωά, ἀλωή, ἡ; ἁλωαῖος, α, ον; Ἁλωάς, -ίς, ἡ Bein. der Ceres; Ἁλῶα, τά; ἁλωεύς, ὁ; ἅλων, ἡ; -ώνιος, α, ον; -νία, ἡ; -νίζω; εὐρύαλως; -λος, ον; εὐαλωσία, ἡ (*Hes.*). Zu ϝαλο: ϝαλοϝάω in ἀλοάω, ἀλοιάω, ἁλοάω; ἁλοιάω; ἀλόησις, ἡ; -ητός, ή, όν; ἀλοιητήρ, ὁ; πατραλοίας, -λῴας, ὁ; ἐπαλώστης, ὁ.

Das *Mahlen* geschah durch *Handmühlen*, also durch *Drehn*, daher kann hierher ϝαλυ: ἀλυ *mahlen* gehören (oder wäre es zu

I, 496 zu stellen und das anlautende μ eingebüsst? vgl. *Buttm.* Lexil. I, 195, dafür spräche μάλευρον = ἄλευρον, wenn diese Angabe des *Helladius* (bei *Buttm.* a. a. O.) aus der Sprache entlehnt und nicht eine Erfindung der Gramm. ist). ϝαλεϝω, ἀλέω, ἄλεσις, ἡ; ἀλέτης, ὁ; -τος, ὁ; -τός, ὁ; -τών, ὁ; -τρίς, ἡ; -τρεύω; ἄλητον, τό; -ήσιος; ἄλευρον, τό; -ρίτης, ὁ; ἄλειαρ, (organ. Thema ἀλεϝαρτ); νε-ήλατος, ον; ἀλε-τρίβανος. Mit √ θε (S. 266): ἀλέθω, ἀλήθω (ἀληλεσμένος *Pott* II, 81); ἀλεστής, ὁ.

ϝελ: ϝείλω (*Thiersch*, Gr. Gr. 232, ϝείλω = lat. volvo also für ϝελϝω: ϝέλλω (vgl. πολλή für πολϝη aa.), εἴλω, εἰλέω, att. εἱλέω, (ϝέλσαι: ἐέλσαι, ἔϝελμαι, ἐϝάλην u. s. w.), *drehn, zusammendrehn* (*-drängen*), *umringen, umhüllen* u. s. w. εἴλημα, τό; εἴλησις (εἵ.) ἡ; εἰληδόν, -δά; εἰλητός, ή, όν; -τικός, ή, όν; εἶλαρ, τό.

ϝελ-ύω, ἐλύω (ist auch diess = lat. volvo, od. die Bildung = ϝερυ S. 293?), ἐλύω; (*umringen*), *umwickeln, bedecken*; (ἐλύσθη *rollte* kann auch zu einer sekund. Form durch T-Laut gehören, vgl. z. B. sskr. lu-th' und *Pott* I, 240); ἔλυμος, ὁ; ἔλυτρον, τό; -τρόω; ἀνέλυτρος, ον.

ἔλυμα, τό *Krummholz* am Pflug.

ϝειλύω, εἰλύω, εἱλύω, εἴλυμαι *drehn, wälzen* u. s. w. εἴλυμα, τό; εἴλυσις, ἡ; εἰλυθμός, ὁ; εἰλυός, ὁ; εἰλύσσω; εἰλυσπάομαι (vgl. I, 541).

[ϝελ Bed. *wahren* (vgl. εἴργω aa. weiterhin) ἀπέλλω = ἀπείργω für ἀπο + ϝελλω; gehört hieher: äol. ἀπέλλω = ἀπείλω, ἀπέλλα = ἀπειλή (*Ahrens* Diall. 58), so dass *Drohung* eig. *Abwehr* wäre? die früher gegebnen Etymologieen (I, 320, II, 7) sind auf jeden Fall noch unsichrer].

ϝελ-ισσ-ω, ἑλίσσω (vielleicht zu den K-Bildungen für ϝελικjω), *drehn, schleudern, laufen* u. s. w.; ἕλιγμα, τό; ἑλιγματώδης, ες; ἑλιγμός, ὁ; ἑλίγδην; ἕλιξις, ἡ; ἑλικτός, ή, όν; -τήρ, ὁ; ἑλίκη, ἡ; -κηδόν; -κίας, ὁ; ἑλική, ἡ; -κόεις, εσσα, εν; -κός, ή, όν; -κώδης, ες; -κών, ὁ; ἕλιξ, ὁ, ἡ; ἀμφιέλισσος, ον; ἱμαντελικτεύς.

Mit ει: ϝειλίσσω, εἱλίσσω; εἴλιγμα; -ματώδης; -γμός; εἱλικτός; εἵλιξ; εἱλικόεις; εἴλιγγος, ὁ; -γιάω.

ϝελ reduplicirt ϝελϝελίζω: ἐλελίζω, ἐλελίχθημα, τό.

ϝέλ-ος (vgl. *Thiersch* 223), ἕλος, τό *Sumpf* (vgl. θολός S. 278); dazu lat. velabrum; ἕλειος, ον; ἑλώδης, ες; ἑλεσ-πίς, ἡ (zu πο *trinken* S. 74); ἑλεόθρεπτος, ον; ἑλειογενής, ές.

Nach Analogie von προπηλακίζω (S. 81) hieher: προυσελέω für προςϝελέω (vgl. *Daw.* Misc. cr. 163); ob nach dieser Analogie auch ἀλισγέω *beschmutzen* u. s. w. mit der Wzf. ϝαλ zusammenhängt? dazu: -γημα, τό.

Mit ει: εἰλύς, ἡ *Schlamm*; εἰλιτενής, ές.

ϝελ in ἐλίτροχος, ἐλίχρυσος (vgl. *Pott* II, 29); ϝειλ in εἰλίπους, εἰλισκότωσις, ἡ *Schwindel* (vgl. κάρος S. 287 aa.).

ϝελ: ἕλινος, ὁ *Geranke* (was sich *krümmt, dreht*); mit ἀμπι = ἀμφί, ἀμπελ (vgl. ἀμφι + ϝεχ = ἀμπέχω, ἤμπισχον, ob daher π durch Einfluss des ϝ): ἄμπελος, ἡ der (*rankende*) *Weinstock* (vgl. I, 288, *Pott* I, 120); -λιον, τό; -λίς, ἡ; -λινος, -λειος, ον; -λικός, ή, όν; -λόεις, εσσα, εν; -λῖτις, ἡ; -λεῖον, τό; -λεών, -λών, ὁ; -λώδης, ες; -λίων, ὁ.

ϝελ: ἑλένη, ἡ geflochtener (gedrehter) Korb (vgl. cor-b-is weiterhin).

[ob ἑλένιον, τό ein Kraut hieher?] über ϝέλεος vgl. I, 319.

ϝελ-μινθ, ἕλμινς, ἡ Wurm = lat. ver-mis = sskr. kṙimi vermittelt durch hvṙi-mi (S. 284, *Pott* I, 84, Ztschr. f. d. Kde des Mgldes IV, 1, 41; H. A. L. Z. 1838 Ergzbl. S. 320; *Pott* Lth. Bor. Princ. 58); wegen μινθ in welchem μι = sskr. mi, lat. mi und νθ noch fraglich vgl. *Pott* (Berl. Jahrbb. 1840 S. 630), dem ich in der Ansicht, dass die griech. Wörter auf ινθ fremd sind, nicht beistimmen kann, worüber im Fortgang dieses Werks. ἑλμίνθιον, τό; -θώδης, ες; -θιάω; für ἕλμινς: ἕλμιγξ und daraus ἕλμιγγες.

ϝελυ: ἐλαύνω (vielleicht ähnlich ἐρευνάω (S. 143), ϝελ in ἐλάσω, ἐλήλακα [ἐλ-ηλάδ-ατο zu ϝελαδ, sekundäre δ-Bildung vgl. weiterhin, vielleicht stände aber ἐλαύνω selbst für ϝελάδνω, auffallend ist wenigstens Fut. ἐλάσσω; doch kenne ich für αδν in αυν keine Analogie, während die Verbindung verwandter, selbst nur sinnverwandter, Verbalthemen zu einer Conjugation in den Sprachen sehr gewöhnlich]); ἐλατός, ή, όν; ἔλασις, -σία, ἡ; -σιος, α, ον; -σείω; -σᾶς, ὁ; ἐλατήρ, ὁ; -τειρα, ἡ; -της, ὁ; -τήριος, α, ον; -τικός, ή, όν; -τρεύς, ὁ; ἔλασμα (könnte auch zu ϝελαδ gehören), τό; -μάτιον, τό; -μός, ὁ; ἐλαστής, ὁ; -στρέω; ἀγήλατος, ον; -τέω; βοηλάτις, ἡ. [ob ἐλάτη hieher (I, 101) die sich (*in die Höhe*) *schwingende*?].

[ob ἔλινος, ὁ *Webegesang* (*weben* aus *drehn* vgl. κερκίς, κρέκω].

ϝειλ: εἴλη (βεῖλα mit β = ϝ), ἡ *Haufe* (vgl. sskr. vâra aa.); εἰλαδόν; εἰλα-πίνη (S. 75); εἰλεός, ὁ *Darmverwickelung* u. s. w.; -λεώδης, ες. εἰλαμίς, ἡ (*Poll.*); κροκόδειλος (S. 286); Εἰλισσός (*Pott* II, 43); εἰλάς, ἡ *Schnur* (womit man *zudreht*).

ϝελλ wohl für ϝελϝ = lat. volv. (S. 295, 299); ἐλλάς, ἡ = εἰλάς; ἐλλεδανός, ὁ (Suff. δανο = sskr. tana; anders *Pott* II, 563); ἔλλερος *verkrümmt, schlecht* (*Eust.*), ἀνελλίπους *lahm* (*Hes.* ἄνα + ϝελλ.).

[Hieher ἀϝελϝα oder ἀϝελ-ja: ἀϝελλα, wo ἀ = ἁ (I, 382); das ϝ erweist äol. αὔελλα (*Ahrens* Diall. 37); also *zusammenwirbelnd* (falsch I, 263]; so auch θύϝελλα, θύελλα, ἡ; zsgstzt mit θυο (vgl. √ θυ S. 272) *Sturmwirbel*; θυελλήεις, εσσα, εν; -λειος, α, ον; -λώδης, ες.

ἀϝελ (ἀ = ἁ a. a. O.), ἀελλέω *schmeicheln* (vgl. ad-ulor weiterhin).

Gehört hieher ἐλλέ-βορος (ἐλλο *Verwirrung, Wahnsinn*, βορ S. 136 *verzehrend*), ἐλλέβορος, ὁ *Niesswurz*, Mittel gegen den Wahnsinn; ἐλλεβορίτης, ὁ; -ρίνη, ἡ; -ριάω; -ρίζω; -ρισμός, ὁ.

[Mit sskr. sa (I, 380) zsgstzt hieher: σέλλω für σα + ϝελ (vgl. S. 296) *drehn, schleudern*, welches I, 400 falsch].

(mit ει: εἴλλω; -λάς, ἡ zw.).

Mit Vriddhi η: ἠλίβατος, ον (vgl. pro-clivis aa.) [ob hieher ἀλίβας = ὄρος (*Hes.*)?]; ἧλος (für ϝῆλος vgl. γάλλοι = ἧλοι *Hes.*, *Ahrens* Diall. I, 58), ὁ *Buckel, Knopf* (*rund*, dann) *Nagel*; ἡλίσκος, ὁ; ἡλίτης, -τις, ὁ, ἡ; ἡλόω; ἔφηλις, ἔπηλις (π wegen des organischen Anlautes ϝ), -λίς, ἡ; καθήλωσις, ἡ; -ωτής, ὁ; -τός, ή, όν. [Hieher vielleicht ἠλός also eig. *wirr* (I, 63 ff.) und dann zu ϝαλ: ἀλύω *wirr sein* (ebds.)] hieher ηλι (*bedecken* aus *umringen*) in ἀνήλιπος, ον; νηλίπους, -πος, ον (vgl. S. 92) *unbedeckten Fusses*; (ἀνέλιπος zw.); dorisch ἧλιψ, ὁ *Schuh* (zsgzg. aus ἥλιπος?).

ϝολ [ἐϝόλητο zu ϝειλω: ϝελ]; ὀλοοί-τροχος, ὀλοίτρ., ὀλοίτρ., ὀλότρ., ὁ *sich wälzend* (vgl. *Pott* II, 683); ὀλοοι Locat. von ὀλοο für ϝολϝο (= lat. volv.).

ὅλ-μος, ὁ *runder Stein, Walze* u. s. w. [die Rundung folgt aus *Hom.* ὅλμον δ' ὡς ἔσσευε κυλίνδεσθαι]; ὁλμίσκος, ὁλμειός, ὁ; ὑφόλμιον, τό.

Mit ἀ = sa (I, 382): ἀϝελ und ι = ϝ (wie oft): αἰόλος, η, ον *beweglich* (vgl. velox S. 295 aa.), *zusammengewirrt, bunt* (vgl. sskr. san-val-ita, lat. varius S. 295 aa.); (Αἴολος N. p. *zusammenwirbelnd* (vgl. ἄελλα S. 300)); αἰόλλω, -λησις, ἡ; αἰολάω, -λέω (dorisch ἐϝολέω: ἑολέω); αἰολίζω; -λίας, ὁ; ἀ + ϝολλ *zusammendrängen*: ἀολλής, ες; -λήδην; -λέω; -λίζω.

ὅλλιξ, ὁ *ein Becher* (vgl. ἄλεισον S. 298, καρχήσιον S. 283).

Hieher ὀλή, ἡ (wegen lat. mola salsa zu ϝαλ *mahlen* S. 298); ὀλῦρα, ἡ; -ρίτης, ὁ.

Mit Vriddhi ω: ἐριϝώλη, ἐριώλη, ἡ (entweder ἐρι *sehr wirbelnd*, oder Intensivf. (nach *Bopp* Gr. sscr. r. 563 varivarj ϝεριϝορj. N. Ntr. zu I, 224, 4 v. u.)

[σα + ϝολ in σόλ-ος (falsch I, 400) vgl. S. 300].

ϝα in αυ, wie oft [hieher vielleicht αὐλή, wenn es zuerst *Hof* bedeutete (vgl. I, 299), *der umringende*, wahrscheinlich αὐλός, da *Röhre* seine erste Bed., nicht (wie I, 263 falsch) *Flöte*; die *Röhren* sind als die *gewölbten* oder *wurmähnlichen* (vgl. εὐλή) gefasst (vgl. die Bedd. von δίαυλος); dazu (ausser den I, 264): δίαυλος, ὁ (wörtl. *zwei Krümmungen, Läufe habend, Engpass* (von *zusammengekrümmt* vgl. ἀγυιά S. 18 aa.)], αὐλ-ών, ὁ *Schlucht* (*Bergkrümmung*; hieher lat. vallis), *Hohlweg* u.s.w.; -ωνίσκος, ὁ; διαυλωνίζω, -νισμός, ὁ; -νία, ἡ; αὐλῶπις, ἡ (nach Analogie von αὐλωπός, -πίας, ὁ *ein hohläugiger Fisch*, obgleich diess später), wohl *hohläugig*, d. i. *mit Höhlungen in der Gegend der Augen*.

ευ für ϝα (S. 297): εὐλή, ἡ *Wurm* (vgl. ἕλμινς S. 299), *Röhre*; εὐλάζω. — εὔληρα, τά *Zügel* (analog χαλινός S. 282, sskr. val-g-â, -gita weiterhin), eig. nur *Strick* (vgl. αὐλ-ηρόν, wo α für ε, *Strick, Zügel* und = σπεῖρα (*Hes.*) also die Bed. *drehn*).

ου (S. 298) od. vielmehr ϝουλ für ϝολϝ (wegen ϝοῦλος, ϝουλαμός *Thiersch* 233, vgl. I, 324): οὖλ-ος, η, ον in den Bedd. *gekräuselt* (vgl. varvara S. 294 aa.), *wollig* (vgl. S. 296), *weich*; οὐλότης, ἡ; οὐλάς, ἡ.

οὖλος, ὁ *Aehrenbündel* (Bed. *zusammenschnüren*, vgl. lith. wal-yti *zusammenbringen, ärndten*, und *Diefenb.* Celt. I, 44, *Pott* II, 487); οὐλώ, ἡ. — οὐλαί (vgl. ὀλή oben), οὐλοχύται, αἱ (vgl. *Buttm.* Lexil. I, 191); [ob οὖλιος neben ἀστήρ bloss *rund*? vgl. a. a. O. 188]; οὐλαμός, ὁ (vgl. εἴλη S. 300 aa.); [hieher auch οὖλον (I, 52 falsch) das sich *Krümmende* (vgl. βάρηκες) und οὐλή (I, 48 falsch) sammt ἄπελος (I, 49) *die sich zusammenkrümmende, -ziehende Narbe*].

[Gehört hicher ἐξ-ούλη (vgl. ἀποείργω von ϝεργ (weiterh.))?].

ἴουλος, ὁ (*krauses*) *Milchhaar* u. s. w. (vgl. ϝοῦλος und Ἰουλώ = Οὐλώ, wonach ι = ϝ); ἰουλώδης, ες; -λίζω; -λίς, ἡ.

ři in ir : il (vgl. S. 288): sskr. vil (*drehn*, *schleudern*) *werfen* (umringen), *bedecken*; vila *Höhle* [wo sich im Deutschen i zeigt, ist es oft *Schwächung* von org. a, wilon s. S. 294], ltth. willoju *berücken* (Begr. *betrügen* von *krumm*, wie oft), ltt. willaht; lat. vil-lus (vgl. ἔριον S. 296 aa.); im Griech. stimmen die Ff. mit ϝιλ oft so sehr mit Ff. mit ϝελ : ϝειλ überein, dass man sie zum Theil für Nebenformen von letztern halten darf (vgl. χίλιοι S. 192); [da ϝῖρ-ις (I, 334) ohne Zweifel zuerst *Regenbogen* hiess (*Götterbote*, weil der Regenbogen eine Brücke vom Himmel zur Erde zu bilden scheint), so ist es hieher zu ziehen: *der gekrümmte Bogen* (vgl. arc-us weiterh.)]; mit λ=ρ: ϝῖλη (wie πρύλις zeigt): ἴλη, ἡ (vgl. εἴλη S. 300) *Schaar*; ἰληδόν, ἰλαδόν; ὅμῖλος (ὁμ = sskr. sam I, 385, äol. ὅμιλλος *Ahrens* Diall. 58, wohl für ὁμῖλϝος); -λαδόν; -ληδόν; -λία, ἡ; -λέω; -λησις, ἡ; -λημα, τό; -λητής, ὁ; -τός, ἡ, όν; -τικός, ἡ, όν; πανομιλεί. προ + ϝιλ: πρῦλις, ὁ (*an der Spitze der Schaar*, vgl. auch *G. Hermann* Opuscc. IV, 288) *dichtgeschaart*; ἡ *Waffentanz*; ἀρχιλλάς (*Hes.*).

ἰλύς, ἡ (vgl. εἰλύς S. 299); ἰλυόεις, εσσα, εν; ἰλυώδης, ες; ἰλύω.

ἴλιγξ, ἡ (vgl. εἴλιγγος S. 299); ἴλιγγος, ὁ; ἰλιγγιάω.

ἶλαρ (*Hes.* vgl. εἶλαρ S. 299); ἰλύω (vgl. εἰλύω S. 299); ἰλυός (εἰλυός); ἰλεός (= εἰλεός). Ἰλισσός (= Εἰλισσός *Pott* II, 43).

ἴλλω (= ϝελϝ S. 299), ἴλλωσις, ἡ; ἰλλάς, ἡ (= εἰλάς S. 300); [hieher ἰλλός ((die Augen) *verdrehend*), welches I, 233 falsch].

σα + ϝιλ wird σιλ (vgl. S. 296); ἀνά-σιλλος, ὁ *aufwärts* (*gekräuseltes?*) *stehendes Haar*; -λάομαι; [hieher ziehe ich jetzt σίλλος (welches I, 527 falsch) *Verdrehung*, *Hohn* (vgl. εἴρων S. 296); σιλλόω = τοὺς ὀφθαλμοὺς ἠρέμα περιφέρειν, wo die eig. Bed. *drehn*]. Hieher σίλλυβος, ὁ; -βα, τά (*Zusammengedrehtes*) *Troddel*; wahrscheinlich σίλ-ουρος, ὁ *ein Fisch* (vgl. κιλλ- (S. 288) αἴλ-ουρος); σιλουρισμός, ὁ.

ra = ri; sskr. in sekk. Ff. wie sskr. vrag'a *Menge* (ob auch vrag' *gehn* (vgl. oben S. 25) vgl. amb-ulo, wallen aa. (S. 295), vrâg'i *Wirbelwind* (vgl. S. 284) aa. Griech. ϝρε in περιῤ-ῥηδην hieher? für περι-ϝρήδην eig. *umwälzend*; daraus anomal. περιῤῥηδής, ές und nach dieser Analog. ἀμφιῤῥηδής, ές. ϝρο in ῥόμοξ (= vermis = sskr. krimi, vgl. S. 284), ῥόμος, ὁ *Holzwurm*.

Die Form vil (oben), gunirt, wird: sskr. vel *bewegen* (d. i. *drehn*), vêla *Zeit* (vgl. S. 282), vêll = vêl: vêllana *das Wälzen*, vellita *gekrümmt* aa. [Hieher die Ff. ϝειρ, ϝειλ, ϝειλλ, wenn sie nicht, wie wir angenommen, individuell griech. Mutationen von ϝερ : ϝελ : ϝελλ (für ϝερϝ, ϝελϝ?)]; griech. αι = ê (oder Vriddhi = sskr. âi?): ϝαιλ: αἴλουρος, ὁ *Kater* (*der den Schwanz drehende*, sonderbar ist aber das Zusammentreffen mit sskr. virâla, vid'âla glbd.); -ριος, ὁ.

rî = ři sskr. vlî *bedecken*, *gehn*; griech. ϝρῖ-νός (wie καλα-ύρινος zeigt, *Giese* üb. d. äol. Dial. 192, *Pott* I, 223, 304), ῥινός, ἡ (*bedeckend*) *Fell*, *Schild* (γρῖνος *Giese* 192, wo γ = ϝ).

ûr = ṛi, also eig. sskr. vur : vul; allein v geht wegen des folgenden u oft verloren; vgl. lat. vul-va = sskr. ulva, und (mit b = v) bul-i; goth. vulla (für vulna, vgl. S. 295) = sskr. ûr-n'â; also hieher sskr. ŭr in ŭr-a *Wolle* (erhalten in ura-bhra *wolletragend*, *Schaaf*), ŭr-n'â *Wolle*; uran'a *Schaaf*; ur-varâ *pflügbar* (vgl. S. 280 u. weiterhin ἄρουρα), ur-vat'a *Jahr* (vgl. περιπλομένων ἐνιαυτῶν), urvàra *Gurke* (vgl. S. 280); höchst wahrscheinlich uras (*die sich wölbende Brust*, vgl. S. 281), wobei jedoch zend. urvan *Seele* (*Burn.* Comm. s. l. Y. I, 169, 570) zu berücksichtigen; [ob auch sskr. ur-u eig. *sich wölbend* hiess und dann erst *breit* (vgl. S. 284)? dann auch hieher ϝ ὐρύ (anders I, 79)]. Mit û: ûr-n'â = ŭr-n'â; ûr-nâju = urabhra; ûr-n'u = vṛi; ûr-mi (die sich *krümmende*) *Welle* (vgl. κῦμα *die schwellende* S. 165), ûrmika *Ring*, *Welle* u. s. w., ûr-varâ = ŭrvara; [ob auch ûru (das sich *wölbende*) *Dickbein*, I, 81, welches aber wegen μηρός für vâr-u stehn müsste?] l = r: ulva = lat. vulva (vgl. *Bopp* Gl. s. s. v., wo die Verwandten); eigenthümliche Redupl. hillôl (S. 280); vgl. sekk. Ff.; lat. urvum (vgl. sskr. urvarà), urvare; amb-ulo (vgl. ahd. wallon *Graff* I, 799), adulor (*sich an jemand krümmen*), adulter (*verkrümmend*, *verführend* (vgl. lith. willoju S. 302), *falsch* u. s. w.), aa. griech. ὕννις (für ϝυλ-νις, vgl. ὄλλυμι), ὕννη, ὕνη, ὕνις, ἡ *Pflugschaar* (vgl. S. 280 u. sskr. hali, hâla, halja, halin aa.).

rû = ṛi (S. 296 und sekk. Ff.) griech. γω-ρῦ-τός, ὁ (vgl. S. 114); ob auch ῥώ-ομαι (vgl. ῥωή S. 296, ῥύμη S. 296) aus Begr. *schwingen* (Vriddhi? vielleicht jedoch lat. ruo für gruo (wie in-gruo zeigt) zu berücksichtigen, vgl. darüber *Pott* II, 226) *sich drehn* u. s. w. ταχύῤῥωστος, ον.

β = ϝ, wie oft: sskr. buli (oben): ob βάρηκες und (redupl.) βάβρικες (*Hes.*, *Etym.*, aa. Gramm.) = οὖλα (S. 301) und aa. (vgl. *Steph.*)? — Im Sskr. heisst varvara (-rika) eig. *krausgelockt*, bezeichnet alsdann die dem Sskritvolk *unverwandten* Völker überhaupt, ohne Zweifel, weil das Sskritvolk mit *krausgelockten* (den Vorfahren der heutigen *Papuahs* (vgl. *W. v. Humboldt*, *Kavi* I, 195), die sich bis nach Central-Asien hin erstreckten) in seinen Ursitzen zusammenstiess (vgl. *Ersch* und *Gruber* Encyclop. d. K. u. W. II, XVII, 10, 11); dem sskr. varvara entspricht in der 2ten Bed.: *die den Hellenen unverwandten Völker* bezeichnend, griech. βάρ-βαρ-ος, ον, mit β = v (redupl. F. von vṛi); anders *Pott* (H. A. L. Z. 1838 Sept. nr. 99); βαρβαρικός, ή, όν; -ρίζω; -ρόω; -ρισμός, ὁ; -στί. [Hieher lat. barba (der *gelockte Bart*, vgl. ἴουλος S. 302, I, 204); anders *A. Benary* (R. Ll. I, 218); aber slav. brada (*Dobr.* 115), lith. barzda u. s. w. deuten auf sskr. bh als Anlaut, wodurch man auch über ahd. bart (*Graff* III, 111) unsicher wird].

βειρόν *wollig* (*Hes.*, vgl. S. 296).

Ich erwähne hier: βρι für ϝρι, worauf mir die Nebenform ὑῤῥι zu deuten scheint; ich setze diese Formen zusammen hieher: ὑῤῥίς, ἡ *geflochtener Korb* (vgl. **corbis** aa.), ὑῤῥίσκος, ὑῤῥίσχος, daneben βρίσχος, ὑῤῥίσσος, ῥίσκος (für ϝρι-σκος? vielleicht fremd), ob auch ἄῤῥιχος, und selbst συρίσκος, ὁ?

Mit l = r sskr. **bali** *Runzel* (vgl. weiterhin), **bâla** *Haar* (vgl. S. 288 u. oft) aa.; alle vielleicht nur graphisch verschieden, da sskr. b für v oft nur graphisch eingetreten ist; lat. **bulla** *Buckel* (vgl. ἧλος S. 300); griech. βάλιος, α, ον; -ός, ά, όν (vgl. αἰόλος S. 301, *Diefenb.* Celt. I, 193).

βῶλος, ὁ (*zusammengekrümmt*, vgl. **globus**, **gleba** weiterhin) *Scholle* u. s. w.; βωλίον, βωλάριον, τό; βωληδόν; βωλίτης, ὁ; βωλώδης, ες; βώλινος, η, ον; βῶλαξ, ὁ; -άκιον, τό; -κιος, α, ον; ἐρίβωλος, ον; -λαξ. ob βαλάντιον zu Bed. *wahren* S. 297), τό *Beutel*; -τίδιον, τό.

βείλα (*Giese* üb. d. äol. Dial. 192, vgl. εἴλη S. 300).

λλ = λϝ (S. 300) Βελλερο *Drache* (ein *gedrehtes*, *schlangenförmiges Ungethüm*, vgl. πέλωρ S. 293) in Βελλεροφόντης u. s. w. βελλερά *schlecht* (vgl. ἔλλερος S. 300); βελλίαι *beweglich* (*Hes.*). [Gehört hieher βουβάλιον = **vulva**, *Armband* (sskr. **valaja**) und *Gurke* (vgl. S. 291 aa.)? ist es eine Art Redupl.?]. mit ἀ = **sa** (I, 382): ἀβέλλω *bekränzen* (*Hes.*, vgl. κορώνη S. 285).

redupl. mit Nasal lett. **bumbuls** *Knolle*. Verkürzte Redupl. (nach I, 204): βαλβίς, ἡ (vgl. **valva** S. 295 u. κιγκλίς S. 286): βολβός, ὁ *Knolle*, *Bolle* (*sehr verkrümmt*); βολβίον, βολβάριον, τό; βολβίσκος, ὁ; βολβώδης, ες; βόλβιτον, τό; -τος, ὁ; βόλιτον, τό; -τος, ὁ. — Davon der Namen des *Tintenfisches*, als *stinkenden* (vgl. ὄζολις), oder als *verkrümmten*, *knolligen* Polyps: βολβάριον, τό; -βίνη, ἡ; -βίδιον, -βίτιον, τό; -τίνη, ἡ; βολβοτίνη, ἡ; -βῖτος, ὁ; -ιτον, τό; βολίταινα, ἡ.

μ = ϝ (vgl. S. 283); (μάρ-η, ἡ *Hand* zweifelhaft, vgl. sskr. **kara** S. 284 aa.); εὐμαρής, ές *leicht zu drehn* (vgl. εὔκολος S. 287); -ρεια, -ρία, ἡ; -ρίζω; (εὐμαρίς, ἡ *eine orientalische Fussbedeckung*, wohl fremd). Mit Vriddhi μηρ-ύ-ω *zusammendrehn*, *ziehn* u. s. w. (vgl. ἐρύω S. 295, ἕλκω aa.); μήρυμα, τό; -μάτιον, τό; μήρυσμα, μήρυγμα, τό; ἀμήρυτος, ον; wegen μηρυκάω vgl. oben S. 39; [ob μήρινθος? vgl. I, 534].

redupl. und nach I, 204 verstümmelt μέρμ-ῑς, ἡ *Schnur* (= slav. **vrïvï** S. 295), vgl. κάλως aa.; μέρμιθος, ὁ.

[Zu dieser Wzf. vielleicht sskr. **murv** *binden*, **mûrn'a** *gebunden*, **mûrvâ**].

Mit λ für ρ: μαλλός, ὁ *Wolle*, nehme ich für ϝαλνος = sskr. **ŭr-n'â** (vgl. S. 295 u. ὄλλυμι aus ὄλνυμι aa.); -λόω; -λωσις, ἡ; -λωτός, ή, όν; dazu ziehe ich: μῆλον, τό (für ϝαλλ-ον *wollig*, anders *Pott* in Ztschr. für die Kde des Morgenlandes IV, 1, 6) *Schaaf* (vgl. sskr. **urabhra** aa. S. 303), μηλάτων, τῶν; (schwerlich celt. **molt** (*Diefenb.* Celt. I, 78 nr. 110) zu vgl.); μήλειος, ον; μηλατάς, -λωτής, ὁ; -λωτή, ἡ; εὔμηλος, ον. — μελίνη, ἡ (die *runde*) *Hirse* (vgl. ἔλυμος S. 299 aa.).

Gehört hieher sskr. **malla** ein *Ringer* (vgl. πάλη S. 293 und **ringen**) u. s. w.? griech. ἄ-μαλλα auch ἀμάλη, ἡ *Garbe* u. s. w.

(vgl. οὖλος S. 301) mit ἀ = sa (I, 382); kann aber auch ἀμ = ἅμ (I, 385) + ϝαλ (S. 298 ff.) sein; ἀμάλλιον, τό; -λεύω; -λίζω; ἀμαλευω, -λίζω.

μέλλω, hieher wegen der Nebenform βέλλω: *sich hin und her drehn, zögern* (vgl. ὄκνος S. 22 mora, ἐλιννύω aa.); lat. promellere (*Fest.*) wohl entlehnt, dagegen mora eigen und für sskr. hvāra. μελλήσω u. s. w. (anders *Pott* I, 135, 195); -λημα, τό; -λησις, ἡ; -λησμός, ὁ; -λητής, ὁ; -τικός, ή, όν; -τιάω; ἀμέλλητος, ον; -τί.

Die Wzf. hvři (S. 280) verlor ihr v (S. 280), also blieb hři; auch h fiel ab (S. 293) und kann überhaupt leicht verloren gehn; so können hieher gehörige Ff. entstehn, welche sich auf blosses ři reduciren; der Art ist unter den sekk. Ff. lat. or-b-is, ur-b-s (vgl. weiterhin) aa. Zur primären Form (ři für dhvři) gehört: sskr. ar-àla *gekrümmt* u. s. w.; ři-tu *Glied* (vgl. γίγγλυμος S. 292 aa.); ara *Rad*; àrâlika (Vriddhi); ali u. s. w. *Schaar* (vgl. vàra S. 294 aa.). — arâla heisst insbes. der *gekrümmte Arm*; damit verbindet sich ara-tnì, eine *Elle, gerechnet vom Elnbogen bis zur Spitze des Mittelfingers* (vgl. zend. frâratni, *Vend.* lithogr. p. 238, 7); tnì gehört zu √tan *strecken*, und ara-tnì ist also eig. *Krümmungs-Länge*; dass hier *Krümmung* für *Arm* überhaupt stehe, liesse sich schon aus der Analogie von ἀγκών (S. 21) schliessen, wird aber entschieden durch das, augenscheinlich zu ara gehörige, goth. arm-s (*Graff* I, 425), lat. armus. Mit l = r gehört hieher ahd. elina (*Graff* I, 239, bloss goth. aleina hat doppeltes l, sonst keine der verwandten Sprachen, vgl. bei *Pott* I, 117, *Diefenb.* Celt. I, 94 ff.), griech. ὠλ-ένη, ἡ eig. *die gekrümmte* (über ω vgl. sskr. àrâlika; Vriddhi?); -νίς, ἡ; -νιος, α, ον; -νίτης, ὁ; εὐώλενος, ον; ἀκρωλένιον, τό (ὠλέκρανον S. 285).

Dieselbe Wzf. wie in ar-a-tnì erscheint in sskr. ar-i-tra (durch tra Suff. Instrumenti) *Ruder*, d. h. ein *Instrument zum Drehn, Wälzen* (*Bewegen des Schiffes*, vgl. ἐλαύνειν νῆα). Durch Suff. actoris: sskr. tři, würde ar-i-tři gebildet; diesem entspricht fast ganz genau griech. ἐρετα: ἐρέτης, ὁ *Ruderer* (της mit τηρ im Wechsel, wie oft, und Bindevokal ε statt sskr. i wie gewöhnlich); ahd. ruo-dar (*Graff* II, 493, wo dar = sskr. tra) hat den Anlaut a eingebüsst; lith. irru (irrûs), lett. irru (vgl. *Pott* Lth. Bor. Princ. 34) steht für ir-ju (4te Conj. Cl.), oder eher irnu (9te Conj. Cl. vgl. κυβ-ερνά-ω); hieher lett. airis *Ruder* (vgl. noch *Pott* II, 30, 167, 279). Aus ἐρέτης: -τικός, ή, όν; ἐρεσία, εἰρεσία (für -τία), ἡ: ἐρέσσω (für τjω Denom.), Fut. ἐρέσω; ἐρετμός, ὁ (lat. resmus in triresmes (*Col. Rosc.*), rêmus (mit Verlust des e und s)); ἐρετμόν, τό; -μόω. ὑπηρέτης, ὁ; -τις, ἡ; -τέω; -τησις, ἡ; -τημα, τό; -τικός, ή, όν; ἀνυπηρέτητος, ον; ὑπηρεσία, ἡ; -σιον, τό; δολιχήρετμος, ον; συνηρετμέω. Mit der eig. Wzf. ερ: ἁλιήρης, ες; ἀμφήρης, ες; -ρικός, ή, όν; τριήρης, ες; -ρίτης, ὁ aa. κυβ-ερ-νά-ω (wo κυβη entweder *der Kopf*, das *Hauptstück* des Schiffes, oder eher für κύμβη *Schiff*) *steuern* (eig. *steuerrudern* ερ-να 9te Conj. Cl.); -νησις, ἡ; -νήσια, τά; -νητήρ, -της, ὁ; -τειρα, ἡ; -τήριος, α, ον; -τικός, ή, όν; κυβερνισμός, ὁ; ἀκυβέρνητος, ον. Mit ορ = ερ: πεντηκόντορος, ἡ aa. (auch -τερος).

Wie sskr. ři-tu *Glied*, lat. ar-tu-s, so hieher griech. ἄρθρον (θρο = sskr. tra Suff. Instrum.), τό (vgl. S. 305 und wegen θ: κμέλεθρον S. 284 aa.; αρ Guna); anders *A. Benary* (R. Ll. I, 263); ἀρθρίδιον, τό; ἀρθρικός, ή, όν; ἀρθρίτης, ὁ; -ῖτις, ἡ; -τικός, ή, όν; ἀρθρώδης, ες; ἀρθρόω; ἄναρθρος, ον; διάρθρωσις, ἡ; -ωτικός, ή, όν; ἐξάρθρωμα, τό; -θρέω; -θρημα, τό; -θρησις, ἡ. [Hieher nun auch sskr. ratha sammt griech. ῥέθος (I, 55 falsch), lat. rota (das *runde Rad* vgl. rotare), nhd. rund, lett. rattiski *rollend* (vgl. *Pott* II, 103, *Diefenb.* Celt. I, 58 nr. 79 a), ahd. rado (die *runde Kniescheibe Graff* II, 469); ferner, da sskr. ratha der *rollende Wagen*, vielleicht griech. ἅρμα (I, 59) für ϝαρμα zu S. 295; endlich vielleicht lat. alvus (der *gekrümmte Bauch* (vgl. ahd. bûh S. 20) und ī l-e *Darm* (vgl. S. 279, 282).

Die Bed. *pflügen* (vgl. S. 19 aa. und sskr. křish, lith. warineju *Furchen machen* S. 295 aa.); daher hieher lat. ar-are, ahd. aran (*Graff* I, 402); lith. aru, lett. arru (*Pott* Lth. Bor. Pr. 34), slav. orjòn (*K. G.*), celt. àr (*Diefenb.* Celt. I, 11, 13); griech. ἀρο: ἀρόω (Denom.); ἄροτος, -τός, ὁ; -τός, ή, όν; ἄροσις, ἡ; -σιμος, ον; ἄρομα, ἄρωμα, τό; ἀροτήρ, -της, ὁ; -τήριος, -τήσιος, ον; ἄροτρον, τό (altn. arđr, *Grimm* D. Gr. II, 231); -τραῖος, α, ον; -τρεύς, ὁ; -τρεύω; -τρευτήρ, ὁ; -τρητής, ὁ; ἀρότριος, ον; -τριάω; -τριάζω; -τριασμός, ὁ; -τρίωσις, ἡ; -τρίωμα, τό. ἀνήροτος, ον; ὀλιγηροσίη, ἡ; προηρόσιος, α, ον.

Ich erwähne hier lat. ar-vum und griech. ἄρουρα, ἡ, welches ganz identisch mit sskr. urvarâ (S. 303) scheint, so dass hier ur für ar steht (vgl. urdhva = lat. arduu I, S. 79); ἀρούριον, τό; -ραῖος, α, ον; ἐπάρουρος, ον. Eine Form = lat. ar-vo scheint in πολύηρος, ον erhalten [danach hieher sskr. urvî, griech. ἔρα (für ἐρϝί + α, wie πολλή für organisches πολϝί + α) in ἔρα-ζε (für ἐρα-δjε I, 388, II, 232), die früher (I, 80) falsch].

Mit λ: ἀλύη, ἡ *Krummholz am Pflug*; lat. alveus (vgl. οὐρός S. 298).

rê Guna von ři (vgl. S. 302); hieher vielleicht sskr. rêv *sich schnell bewegen*, aber sicher revata *Wirbelwind* und eine *Schnecke mit Spiralen, die sich von der rechten zur linken Seite drehn* (*Wils.*); an diese Form lehnt sich mit l für r lat. lae-v-us, slav. ljevü, griech. λαιϝός: λαιός, ά, όν und engl. lee-ward. Denn die *linke* Seite wird als die *verkehrte, unrechte* gefasst, und hat daher auch noch von andern Wzff. der Wz. dhvři ihre Bezeichnung erhalten, so gael. clì, clè (zu Wzf. sskr. křì S. 284), ahd. link (*Grimm* D. G. II, 60 nr. 598, *Graff* II, 231 vgl. weiterhin); lith. kaire *linke Hand* (zu Wzf. sskr. kar S. 284), lett. kreisss (ob zu Wzf. sskr. křish? vgl. weiterhin), slav. krchui (*Dobr.* 250 zu Wzf. mit K-Laut vgl. weiterhin); zu λαιός: λαίδιος, ον (*Hes.*).

Sekundäre Formen: durch sskr. sh, wie oft: sskr. křish (von křì S. 284) *ziehen* (vgl. ἐρύω aa. S. 295), *pflügen* (vgl. ἀρόω oben, aa.). Hieher lat. ad-cers-o *herbeiziehn*; ob daher auch ahd. halon *holen* (*Graff* IV, 850) zu dieser Wz.? Die eig. Bed.

hat das der Form nach entsprechende (aber gunirte) griech. *καρσ* bewahrt, *κάρσιος, α, ον gekrümmt, schief*. [Hieher pers. کشن u. s. w., litth. karssu *kräuseln, krämpeln*, klissus = vârus (S. 295), lat. cârere (vgl. *Pott* I, 229, nhd. kraus, kräuseln, gael. clais *Furche* (ob nhd. gleis (vgl. orbita)?); gael. crios *Gurt*]. Zu Bed. *pflügen, ackern*: ahd. kars-t (*Graff* IV, 497), lat. rastrum (für crastr.), rus für crus; ahd. rios-tar *Pflugschaar* (*Graff* II, 553), mit l = r lat. lì-ra *Furche* (anders *Pott* II, 280), griech. *λίσ-τρον, τό* (vgl. H. A. L. Z. 1838 Ergzbl. 319); *-τριον, τό; -τραίνω, -τρεύω; -τρόω; -τρωτός, ή, όν*. Hieher wohl *λίσγος, ὁ* (spät); *λίσχροι, οἱ*. Zu Bed. *wegdrehn* (vgl. *ἀλεύω* u. s. w. S. 298) *λι-άζομαι* (mit Verlust des σ), *ἀλίαστος, ον* (*nicht zu krümmen*).

[Gehört hieher *κρισσός, κριξός, κιρσός, ὁ Erweiterung* (*Verkrümmung?*) *eines Blutgefässes*? *κιρσώδης, ες; κίρσιον, τό*].

[Bekannt ist der Verlust des ρ in anlautenden Gruppen (*φατρία* aa.); so ziehe ich zu kři sh in der Bed. *sich drehn κισσός, ὁ Epheu* (für *κρισσός* vielleicht im N. p. *Κρίσσα* erhalten), *der sich windende* (vgl. lat. hed-era; anders *Pott* II, 43); *κισσίον, τό; -σινος, η, ον; -σήεις, εσσα, εν; -σώδης, ες; -σήρης, ες; -σεύς, ὁ; -σόω; -σωτός, ή, όν; κισσύβιον, τό* (*Pott* II, 110 für *κισσοκύμβιον*): *ἐγκισσεύομαι*].

[Der Form nach passt zu sskr. křish: sskr. křishn'a, welches unter andern *dunkelfarbig* heisst, welche Bed. ich nicht mit *krümmen* zu verbinden weiss (wäre es eig. *αἰόλος* S. 301?); ist damit griech. *κιῤῥός* (für *κρισ-ρός* vgl. *κισσός*), *ά, όν gelblich* zusammenzustellen?]. [Zu dieser Wzf. noch slav. krest *im Kreis herum* (*Dobr.* 245), lett. grees-t *drehn*, greesa; greiss *gekrümmt*; — zu F. vři (S. 294), goth. vairs *verkehrt* (*Graff* I, 1046), ahd. wurst (1048 *gedreht* vgl. *ἀλλᾶς* S. 298 aa.), engl. wris-t-le *ringen*, lat. curro für curso, gael. cursa *Lauf*, vgl. gael. cursach *sich windend* u. s. w.]. Endlich wenn sskr. ç für k (vgl. S. 160, 170), çlish *umkrümmen, schliessen* u. s. w.

Sekk. Ff. durch m: (vgl. gam S. 58, dram S. 229 aa.); hieher sskr. kram sich *drehn, bewegen, gehn* (vgl. ambulo S. 303 sa.); goth. hramjan (*crucifigere Graff* IV, 1155, vgl. crux weiterh.), slav. chrom *lahm* (*Dobr.* 212); gael. crom-aidh *krümmen*. Aus *sich hin und her drehn* entsteht die Bed. *schweben* (vgl. I, 288 vibro, schweben), *hangen, hängen* (lith. kar-u, lett. kahr-t *hängen* schon zu kři S. 294); griech. *κρεμ-άννυμι* (*-άω* zw.), auch = *ὀκλάζω* (S. 320), wo die eig. Bed. mehr erhalten wäre; *κρεμασμός, ὁ; κρέμασις, ἡ; -στήρ, -τής, ὁ; τήριος, ον; -τός, ή, όν; -τρα, κρεμάθρα, ἡ; ἀμφικρέμαμαι; ἀμφικρεμής, ές. Hängend* d. i. *steil* (lett. karrams, kahrens) griech. *κρημνός* (vgl. sskr. krâm = kram *Ros.* Radd. sscr. p. 256 n.), *ὁ; κρημνόθεν; -νώδης, ες; -νάω* (*κρεμνάω* zw.); *κρημνέω; -νημι; -νίζω; -νισις, ἡ*.

[Hier ist zu bemerken, dass zu sskr. kram *gehn* kra-tu (vgl. gam: ga-ti u. aa.) gehört. Es heisst eigentlich (wie ři-tu von ři *gehn*) *Caerimonie, Hergang*, dann in specie *Opfer*, und ist wesentlich identisch mit kram-a, *a sacred precept or practice pre-*

scribed by the Vedas, order, method, also eig. *Hergang.* In kratu tritt in den Veden die Bed. *Weisheit* hervor (*Burn.* Comm. Y. I, p. 403), nach einer schon oft erkannten Analogie, indem aus *gehn, durchgehn* sich die Bezeichnung von *verstehn* entwickelt (vgl. adhi + i, adhi + gam aa.); ähnlich im spätern Sskr. kram-aka *a student, who goes through a regular course of study.* Mit diesem kratu identisch ist zend. khratu (*Burn.* a. a. O. 136); sskr. vi + kram heisst nun *fortem esse,* durch Vermittelung von â + kram (*Raghuw.* IV, 34), adhi + krama, eig. *über-schreiten, über-treffen.* Diese Bed. *Stärke* ist aber auch schon dem Simplex eigen geworden, daher sskr. kram-a *overcoming, surpassing* und ganz allgemein: *power, strength* (*Wils.*). Dieselbe Bed. hat nun auch in den Veden kratu (vgl. *Bopp* Gl. sscr. s. v.), und damit identisch ist griech. κρά-τος, welches oben (S. 178) falsch behandelt; dasselbe kra-tu heisst auch in den Veden *perfector,* wohl eigentlich potens und damit ganz identisch ist griech. κρα-τύ-ς (ebds.). Im *Zend-Avesta* heisst der Superlativ von khratu: khratviçta (*Burn.* a. a. O.) und nach dieser Analogie haben wir κράτιστο-ς für κρατ-ϳιστο-ς zu nehmen, und dann eben so κρείσσων u. s. w. für κρατ-ϳιον u. s. w.; wäre zu diesem κρα-τυ nun selbst κρείων (II, 173) zu ziehn? eine sichre Vermittelung der Formen kenne ich jedoch nicht].

κρόμ-υον, τό *Zwiebel* (vgl. γελγίς S. 290); κρόμμυον, τό; κρομυόεις, εσσα, εν; -μυών, ὁ.

Mit l = r: κλέμμυς, ἡ *Schildkröte* (vgl. kûrma S. 289 aa.); mit Spaltung der Anlautgruppe: sskr. kalama der sich *krümmende, wogende Fruchthalm,* lat. calamus, ahd. halam (*Graff* IV, 926) u. aa. (vgl. *Pott* I, 119, 227); griech. κάλαμος, ὁ *Rohr, Halm* u. s. w.; -μη, ἡ; -μιον, -μάριον, τό; -μίσκος, ὁ; -μίς, ἡ; -μαῖος, α, ον; -μινος, η, ον; -μίτης, ὁ; -ῖτις, ἡ; -μόεις, εσσα, εν; -μώδης, ες; -μών, ὁ; -μαδίας, ὁ; -μάομαι; -μητρίς, -τρια, ἡ; -μίζω; -μόω; -μωτή, ἡ; -μεύς, ὁ; -μεύω; -μευτής, ὁ; ὀλιγοκάλαμος, ον.

[Hieher mit sa zsgstzt nhd. schlimm eig. *verkrümmt*].

Der Begriff: *umringend* kann sehr gut zur Bezeichnung des *Randes* dienen; daher ziehe ich hieher ahd. ramft (mit Verlust des anlautenden Gutturals, wofür ltth. krantas (s. weiterh.) zeugt, und eingeschobenem f, um m vor t zu halten) und rant (*Graff* II, 512, 531), wo m vor t, wie natürlich, in n übergegangen ist, *Rand* und ltth. krantas *Ufer,* aber, wie das eng verbundene krasstas *Ufer und Rand* zeigt, auch wohl eigentlich *Rand;* daher krassczausas *der letzte* (vgl. auch pa-krutė: pa-krussis). Sollte nach dieser Analogie nicht auch λῶμα (für λομ: κλομ: κρομ + μα) hieher gehören (II, 10)? Wie im Sskr. m vor Suffixen, welche mit t anlauten, eingebüsst wird (vgl. gam: ga-ti aa.), so könnte vielleicht auch im griech. κρας geschehn sein und dieses für κρα-τ(ι, ο?) = ahd. rant, lth. krantas stehn; die Bed. ist ebenfalls *umgebend;* doch könnte es auch Ptcp. der Wzf. κρα (S. 286 ff.) sein; es erscheint mit πεδον zsgstzt in κράσπεδον, τό (*Randfläche,* oder *Fläche umringend*) *Rand* u. s. w.; κρασπεδίτης, ὁ; κρασπεδόω.

Sekund. Ff. durch sskr. P-Laute: sskr. krip-an'a *Wurm* (vgl. křimi S. 284 aa.), [křip, vgl. I, 319]; kripit'a *Bauch* (vgl. alvus S. 306 aa.); karpara *Hirn* (vgl. κάρηνον S. 285 aa.), krap (= křip und *gehn*); kurp-ara *Elbogen* (ὠλένη S. 305 aa.) (kûrp-a *die Krümmung?* zwischen den Augenbrauen); kulph-a *Ankel* (vgl. anchal S. 18 von ἀγκ *krümmen*); (ob karb *gehn*); karb-ura *bunt* (vgl. αἰόλος S. 301 aa.); karbûra *Gurke* (vgl. cucumis S. 284 aa.); kalamba (*convolvulus repens*); karabha *Handwurzel* (vgl. weiterhin κάρπος); kh (S. 289): kharp-ara *Hirn* (oben); kharb-a *Zwerg* (S. 279); mit g (S. 290): gulpha (vgl. kulpha); mit Verlust des h: (varp-as *Form?*) (varph *gehn, tödten* (von *werfen*)?); vârbh-at'a *der* (gekrümmte) *Alligator*; valabh-i (eig. *Wölbung*) *Dach* (H. A. L. Z. 1838 Ergzbl. 333); ulapa, ulupa (vgl. S. 302) *Kriechpflanze* (rabh in parirabh *umarmen*, rabhasa *Eile* (vgl. τρέχω S. 279 aa.)?). Hicher goth. mit hv (S. 280): hvairban *drehn*, hvarbon *umherschweifen* (*Graff* IV, 1229 ff. *J. Grimm* d. G. II, 38 nr. 435), ags. hvealf, ahd. walb *gekrümmt*, *gewölbt* u.s.w. (*Graff* IV, 1227, I, 844): mit h = sskr. k, goth. hlaupan *laufen* (ebds. IV, 1116), (ob ahd. h: lb-a *Seite*, *Gegend* (für *Drehung*, vgl. ausserhalb u. aa. wo halb = wärts, welches weiterhin, und ahd. umbihalbon *umringen* u. aa. bei *Graff* IV, 882—89)); ahd. k (= sskr. h, gr. χ): krapho (*gekrümmter Haken*, *Graff* IV, 596 ff.), krif-an *kriechen* (eig. sich *krümmen*, ebds. 598; hier kann f = sskr. k' sein), kroph (ebds.) *der* (*gekrümmte*, *runde*) *Kropf*; crupel (588) *Krüppel*; mit eingeschobenem Nasal (nach Art der 7ten Conj. Cl.) ahd. krumb *krumm* (ebds. 609), krimfan (611), kramf (ebds.), nhd. krämpeln aa. (ob kolb-o gleichsam *Kugel*, ebds. 392), altn. klumbr *Kugel* (565); nord. klambra, ahd. klamjan (557), nhd. klumpen aa. weiterhin; ahd. g = sskr. k: garba (247, vgl. οὖλος S. 301); die, welche früher noch h hatten, verlieren es, vgl. ahd. wirbel, andre haben es schon im Goth. eingebüsst: wairp-an (*Graff* I, 1026) *werfen* (vgl. βάλλω S. 291 aa.); ohne hv (S. 305): ahd. râf-o *Dach* (*Wölbung* *Graff* II, 494); goth. raip-s *Strick* (ebds. 496, vgl. κάλως aa.); ahd. rimf-an *runzeln* (ebds. 512).

Slav. (g' = sskr. h) g'lab *Rinne* (*Dobr.* 142, vgl. χολέρα S. 290), (k = sskr. k) kolebati (*Dobr.* 229) *drehn*, *bewegen*, klъb *Knäul* (ebds., vgl. glomus); klobъk *Kappe* (ebds.), klapiti (ebds.) *Kopf neigen*; koliba *Hütte* (vgl. καλύβη); klobaca *Wurst* (vgl. S. 307), ob klepeto *Krebsscheere* (ebds. 230, vgl. S. 284) aa.; russ. chljabatj *wanken*, slav. grübü *Hocker* (*Kop.* Gl.), grebu *rudern* (ebds., vgl. S. 305) aa; lth. klaup-ju *niederknieen* (vgl. ὀκλάζω S. 320); klumpu *sinke nieder*; karbutas *schrumpfelicht* (zusammengekrümmt, vgl. ahd. rimfan aa.); krappinu *kriechen*; kulbokas *das Krummholz*; grubbus *höckerig*; garbanoju *kräuseln*; ohne h: werp-ju *spinnen* (von *drehn*, vgl. κρεκ); lett. krophls *krumm*; krupt *verschrumpfen*; grumbt *Runzel*; mit Verlust des hv (vgl. S. 305): rippe *Kreisel*; altpr. garb *Berg* (*Pott* II, 206, vgl. κολωνός S. 286 aa.).

gael. cairb *Sattelkrümmung*; corb-adh *Wurf* (vgl. ῥίπτω); corbaidhe *Krampf*; corbhadh *kerben* (auskrümmen?);

cramp-adh *Ringen*; criopag *Runzel*; cripleach *Krüppel*; crup-aidh *krümmen*; crub-aidh u. s. w. *hocken* u. s. w.; cruibte *verkrüppelt* (vgl. *Diefenb.* Celt. I, 125 nr. 182); mit f = v (S. 294): falbh-aidh (ambulare S. 303).

lat. corb-is (*geflochtener Korb*), cu-curb-ita, redupl., daher ahd. curbis (*Graff* IV, 487); dass crisp-us zu dieser Wz. gehört, ist keine Frage, aber die Wzf. unsicher (ob cris (= kr̆ish S. 306) + po?); glob-us, glomus (für globmus), glomero, gleb-a; ohne h: verb-ero (vgl. *ῥαπίζω, ἀλοιάω* S. 298), orbis, orb-ita, urb-s (S. 305).

griech. mit *π* (gunirt u. anl. *κ* S. 284): *καρπ drehn, wirbeln* (vgl. *τρέχω* S. 279, *κάλπη*, ahd. hlaufan S. 309, lat. curr-o S. 307), *καρπ-άλιμος, ον schnell* (*Pott* II, 603). Ferner *κάρ-π-ος, ὁ wo die Drehung der Hand* (vgl. sskr. karabha S. 309); *ἐπικάρπιος, ον*. — *κάρπαι, αἱ Würmer* (vgl. sskr. kr̆ip-aṅa S. 309); *καρπαία, ἡ ein Tanz* (vgl. *κόλα* S. 287, *χορός* S. 282); *κάλπ-η, ἡ Trab*; *-πάζω*; *κάλπ-η, -πις, ἡ ein* (*rundes*, vgl. hwer S. 280) *Gefäss*; *-πιον, τό*; *κόλπ-ος, ὁ die Krümmung des Busens*; *-πώδης, ες*; *-πόω*; *-πωσις, ἡ*; *-πωμα, τό*; *-πωτός, ή, όν*; *-πίας, ὁ*; *-πίτης, ὁ*; *-πίζω*. *προκόλπιον, τό*; *ἐπικόλπιος, -πίδιος, ον*; *κατακόλπισις, ἡ*.

Verlust des h und *μ* für *ϝ* (S. 304): *μάρπ-τω wirbeln, fassen, werfen* (vgl. *βάλλω* S. 291 aa.); *μέμαρπον*; *ἔμαπον* (vgl. *ὕδαρτ* : *ὕδατος* aa.)

ρα = r̆i und *α* in *η*; gehört hieher *κρηπ-ίς, ἡ Schuh* (der *bedeckende*, vgl. S. 301, lat. caliga, auch litth. u. lett. kurp-e *Schuh*)? *-πιδόω*; *-δωμα, τό*; so auch wohl zu *ϝαρ* (S. 294 ff.) + *π*: *ἁρπίς, ἀρπίς, ἡ*, glbd.; mit *β*: *ἀρβ-ύλη, -λίς, ἡ* glbd. (oder gehört diess zu Begr. *rund*, vgl. *ἄρβ-ηλος*).

ohne h u. *ϝ* (S. 305): *ῥαπ-ίς, ἡ die* (*sich hin und her drehende*) *Ruthe* (vgl. virga, vergo); *ῥαπίζω*; *ῥάπισμα, τό*; *ἐπιῤῥάπισις, ἡ*; *-σμός, ὁ*; hieher *ῥάβ-δος* (*δο* = sskr. tja S. 231; vgl. *γράβ-δην* u. I, 388, II, 232, *Pott* I, 143), *ἡ*; *-δίον, -διον, τό*; *-δινος, η, ον*; *-δεύω*; *-δίζω*; *-δωσις, ἡ*; *-δωτός, ή, όν*.

ϝρέπ-ω (*ϝ* wegen *καλα-ῦ-ροψ*), *ῥέπω sich krümmen, neigen* u. s. w. (vgl. nhd. sich werfen in der Bed. von *sich krümmen*, lat. vergo); *ῥοπή, ἡ*; *ἐπιῤῥεπής, ές*; *-πεια, ἡ*; *κατάῤῥοπος, ον*; *-πία, ἡ*; *ἀῤῥεψία, ἡ*; *ἑτεροῤῥεπέω*; *-ροπέω*; *καλα-ῦροψ* für *καλαϝροψ* (vgl. *ταλαύρινος* S. 303); mit *η*: *ῥηπαί* (*Stützbalken?*);

ῥοπ (für *ϝροπ*): in *ῥόπ-αλον, ῥόπτρον, τό* (*etwas was gedreht, geschwenkt wird*) *Keule, Ring, Tambourin* u. s. w.; *ῥοπαλίζω*; *-ισμός, ὁ*.

ε = *ϝ* (s. N. Ntr. zu I, 102, 31) *ἐρῖπ*: *ἐρείπω* (vgl. *ἐρείκω*) *umstürzen* (*aus umwälzen, wirbeln*, vgl. *ἀνηρείψαντο aufwirbeln*); *ἔρειψις, ἡ*; *-ψιμος, ον*; *ἐρείπιον, τό*; *-πιών, ὁ*; *ἐριπόω*; *ἐρίπνη, ἡ*. — *ρῑ* in *ῥῑπή, ἡ Schwinge, Wurf* u. s. w. (nicht zu *ῥιφ werfen*); *-πίς, ἡ*; *-πίδιον, τό*; *-πίζω*; *-πισις, ἡ*; *-σμα, τό*; *-σμός, ὁ*; *-στός, ή, όν*. —

ρῡ = r̆i (S. 289. 303): *γρῡπ-ός* (vgl. ahd. krumb S. 309), *ή, όν*; *-πότης, ἡ*; *-πόω*; *-πωσις, ἡ*; *-παίνω*; *-πάνιος, ον*. hieher *γρύψ, ὁ* (wegen des *krummen* Adlerschnabels); [ob mit Verlust des ρ (vgl. φατρία aa.) γῦψ, ὁ *Geier* hieher? γυπάριον, τό; -πη, ἡ; -πιάς, ἡ; -πινος, η, ον; -πώδης, ες; ἱππόγυπος, ὁ;] ob dazu αἰγυπιός, ὁ glbd.? aber ῦ? über αἰ s. S. 104.

ραι (Guna von ρι = ṙi S. 306) = κραιπ-νός, ή, όν *wirbelnd, reissend*; κραιπ-άλη, ἡ *Wirbel, Schwindel, Weinrausch*; -λώδης, ες; -λάω; -λίζω; ἀκραίπαλος, ον; ἀποκραιπαλισμός, ὁ.

Als eine P-Bildung betrachte ich auch κωλη π in κώληψ, ἡ *Kniebeugung* (vgl. κωλ S. 287); -ήπιον, -ήφιον, τό (die Bildung noch zw., vgl. ἐγκοληβάζω bei κολαβ-έω).

durch φ: [hieher πολφ-ός (vgl. πόλτος S. 293), welches früher (I, 570) falsch; ferner ἄλφ-ιτον (vgl. ἀλέω S. 298) u.s.w., welches ebenfalls früher (I, 75) falsch]; κολοφ (vgl. sskr. karabh-a, wo ara aus ṙi aa.) in κολοφ-ών, ὁ *Wirbel* (ganz wie das deutsche, vgl. κορυφ-ή und κρανίον S. 285).

ϝερεφ, ἐρέφω, ἐρέπτω *wölben, bedecken* (vgl. sskr. valabh-i, wo auch ala für ṙi, nord. hvelfa *wölben Graff* I, 845 aa.); ἔρεψις, ἡ; -ψιμος, ον; ὀροφή, ἡ; -φος, ὁ; -φίας, ὁ; -φικός, ή, όν; -φινος, η, ον; -φόω; -φωμα, τό; -ωσις, ἡ; -ωτός, ή, όν. συνηρεφής, ές; -φεια, -φία, ἡ; -φέω; αὐτόροφος, ον; ὁμωρόφιος, ον; παρωροφίς, ἡ. Hieher ϝορφ-νος (ϝ wegen μόρφνος, welches vgl.), ὀρφ-νός (ορ Guna), ή, όν (eig. *bedeckt* und insofern) *finster* (vgl. σκότος I, 614, *Pott* I, 112, II, 570); ὄρφνη, ἡ; -νηθεν; -νήεις, εσσα, εν; -νινος, η, ον; ὄρφνιος, ον; -ναῖος, α, ον; -νώδης, ες; -νίς, ἡ; Ὀρφ-εύς N. p. — Mit μ = ϝ (S. 304): μόρφνος, ον (Bed. nicht ganz sicher). [Wenn sskr. varp-as (S. 309), so könnte auch μορφ-ή (*gedreht, geformt*) hieher u. sskr. mûr-ti zu mur (S. 304) gehören; die (I, 495) gegebne Etym. ist sehr unwahrscheinlich].

εἰλυφάω (vgl. S. 299); -φάζω; συρ (S. 296) + φ: σύρφος, τό; -φαξ, ὁ; -φετός, ὁ; [eben so mhd. s-wir-b-e *sich wälzen*, nord. sorp (*Pott* I, 127), nhd. schraub-en (d. i. *zusammendrehn, Grimm* d. G. II, 19 nr. 214), schrumpf-en.]

ρα (S. 302) + φ mit eingeschobenem Nasal, wie oft: ῥαμφ: ῥαμφός *gekrümmt* (*Hes.*); -φος (ῥέμφος), τό *krumme Schnabel*; ῥάμφιον, τό; -φώδης, ες; -φάζω; -φίς, ἡ; -ῥαμφή, ἡ; [auch ῥομφαία, ῥάμφη (I, 214 falsch)].

λόφ-ος, ὁ halte ich = lat. glob-us, also für γλόφ-ος, es ist eig. das *Gewölbte*; *der* (sich wölbende) *Nacken, Hügel* u. s. w. (vgl. auch *Pott* II, 206); (λόφη, ἡ zw.); λοφιά, ἡ; -φίδιον, τό; -φίον, -φιον, τό; -φεῖον, τό; -φίς, ἡ; -φόεις, εσσα, εν; -φώδης, ες; -φίας, ὁ; -φιήτης, ὁ; -φάω; -φίζω; -φωσις, ἡ; -φωτός, ή, όν; ἀκρολοφία, ἡ; -ίτης, ὁ; γοργολόφας, ὁ; -φα, ἡ; καταλοφάδια.

ρῐ (S. 303), ϝριφ (ϝ vgl. *Daw.* Misc., goth. vairpan): ῥίπτω (anders *Pott* I, 257, II, 167, 245, 286) *werfen* (vgl. βάλλω S. 291 aa.); ῥίψις, ἡ; ῥίμμα, τό; -μός, ὁ; ῥιφή, ἡ; ῥιπτός, ή, όν; -τάζω; -ασμός, ὁ; -αστικός, ή, όν; ῥιπτέω. ῥίμφα (im Wurf, *schnell*); πετροῤῥιπής, ές; χαμαιῤῥιφής, ές.

ρυ (S. 303), κρυφ und mit β: κρυβ: κρύπτω *umhüllen* u.s.w. (ἐκρύβην, κρυφεὶς u. s. w.) [wie verhält sich slav. po-krüivati glbd. (*Kop.* Gl.) dazu? litth. slēpju *verhehlen* ist schwerlich zu vergleichen]; κρύψις, ἡ; κρυπτός, ή, όν; -τη, ἡ; -τικός, ή, όν; -τήριος, α, ον; -τάδιος, α, ον; -τεία, -τία, ἡ; -τάζω; -τεύω.

κρύφα; -φῆ; -φηδόν; -φανδόν; -φαῖος, -φιαῖος, α, ον; -φιμαῖος, α, ον; -φιος, α, ον; -φιότης, ἡ; κρύφος, ὁ; -φω (spät); κεκρύφαλος, ὁ; κρύβδα; -δην; κρύβω (spät); -βάζω (*Hes.*); κρύβηλος, ον; -βήτης, ὁ. ἀπόκρυφος, ον; -φή, ἡ; ἔγκρυμμα, τό; -υφιάζω; -φίας, ὁ. [ob hieher **crumena** *die bergende?* aber lth. **karmonas** glbd].

Nebenform mit λ und eingeschobenem α: καλυφ: καλυβ (vgl. περικαλυφή, woneben καλύβη): καλύπτω, altpr. **au-klipts** *verborgen* (*Pott* II, 163, 226); entlehnt lat. **clup-eus**; κάλυμμα, -μάτιον, τό; καλυπτός, ἡ, όν; -τήρ, ὁ; -τειρα, -τρα, ἡ; -τήριον, τό; καλύβη (slav. **koliba** (*K. G.*) entlehnt), ἡ; -βος, ὁ; -βιον, τό; -βίτης, ὁ; ἀποκάλυψις, ἡ; -υπτικός, ή, όν.

κρ durch ο gespalten: κορυφή, ἡ *Wirbel* (vgl. S. 285, auch lat. **vert-ex** aa.); -φάς, ἡ; -φαῖος, α, ον; -αῖον, τό; -αία, ἡ; -φιστήρ, -τής, ὁ; -φόω; -φωσις, ἡ; κόρυφος, ὁ.

Mit Verlust des organ. Anlauts (hv): ῥυφόν *krumm* (äol.) λαῖφος (vgl. S. 311), τό; -φη, ἡ *Hülle, Gewand.*

Mit β (wohl vielfach für φ, vgl. κρύπτω, καλύπτω): (καρβ-ατιών, ὁ *Wurfmaschine* (vgl. ῥίπτω S. 311 aa.) zw.); ferner wohl κέρβ-ερος, ὁ (*Unthier* wie βελλερο S. 304, πέλωρ S. 293; anders *A. Benary* R. Ll. I, 233). zu συρ (S. 296): σύρβη, ἡ (= σύρφος S. 311, *Pott* II, 508); [ἀμορβής u. s. w. vgl. I, 481 (wo ἀ = ἁ I, 382 und μορβ = μορφ S. 311].

Altn. **krabbi**, ahd. **krebazo** *Krebs* (vgl. S. 286 κάρις); danach scheint mir griech. κάραβος, ὁ *Meerkrebs, Feuerschröter* (wegen *der Aehnlichkeit*) u. s. w. aus Wzf. κραβ durch Spaltung von κρ in καρ entstanden; wegen der Bed. *Schiff* vgl. *Pott* (II, 172); dazu sl. **korablĭ** (*K. G.*); (wie verhält sich dazu hebr. עַקְרָב? wäre κάραβος von da entlehnt?) καράβιον, τό; -βίς, ἡ; -βώδης, ες; mit Nasal: καράμβιος, ὁ *Feuerschröter*; κεράμβυξ, -βηλος, ὁ glbd.; — κηραφίς, ἡ, χηραφίς, ἡ; χήραψ, ὁ = κάραβος mögen nur dialekt. verschieden sein.

Zu dieser Wzf. vielleicht καραβ-αία (*Hes.*) *Gabel* (vgl. **furca**); κεράμβ-ηλον, τό *Vogelscheuche* (*was sich hin und her dreht*).

Ob hieher mit λ = ρ: κελέβ-η, ἡ *ein* (*gekrümmter*) *Becher?* -βειον, τό.

κολαβ-ρίζω (sich drehn) *tanzen*; -βρος, ὁ; -ρισμός, ὁ; -ρεύομαι; (κολαβ-έω, ἐγκοληβάζω, deren Bed. noch nicht sicher; dazu κόλαβρος in der Bed. *Ferkel*).

κόλαβος, κόλλαβος, ὁ *Wirbel* (vgl. **wirbel** S. 309 aa.) *an der Leier*; so auch κόλλοψ, ὁ, glbd.; -οπίζω. καλαβίς, ἡ *ein Tanz* (vgl. κόλα S. 287 aa.); -βίδια, τά; -βόομαι.

Gehört zu Form κραβ: maced. κράβ-ατος, ὁ *Ruhebett* (wo man sich zusammenkrümmt, niederlegt, vgl. λέχ-ος, **concumbo** κλίνω S. 288)? -τιον, τό; vgl. russ. **krowatj** *Bettstelle* (Lehnwort?), aber auch gael. **carbad** glbd.

Gehört hieher, mit λ = ρ und Nasal: κλαμβ-ός, ή, όν *verstümmelt* (*eig. verkrümmt*)?

Mit Vriddhi κρωβ in κρωβ-ύλος, ὁ *Haarflechte auf dem Wirbel* (vgl. κόρυμβος, **Wirbel** aa.); -λώδης, ες.

ἐρεβ (für ϝερεβ?) ἐρέβινθος, ὁ die (*runde*) *Kichererbse*

(vgl. cicer S. 282, κέγχρος S. 282, *Pott* I, 117); -θινος, η, ον; -θειος, ον; -θιαῖος, α, ον; -θώδης, ες. Nebenf. λέβινθος (*Hes.*). ορο für ερε: ὄροβ-ος, ὁ glbd. (davon unser Erbse *Graff* I, 465); -βιον, τό; -βίας, ὁ; -βίτης, ὁ; -βῖτις, ἡ; -βινος, η, ον; -βιαῖος, α, ον; -βίζω. πεντόροβος, ἡ; -ον, τό.

Gehört hieher ἔρεβ-ος, τό *der Finstre* (vgl. ὀρφνός, Ὀρφεύς, der in das *Erebos* Hinabgestiegene), oder ist es fremd (hebr. ערב, vgl. *Pott* I, 112)? -βόθεν; βόςδε; -βώδης, ες; -βεννός, ή, όν (für βεσ-νο); ἐρεμνός, ή, όν (für ἐρεβ-νός).

Mit Nasal: ῥέμβω *drehn* u. s. w. (vgl. *Pott* II, 206, 118); ῥέμβη, ἡ; ῥεμβός, ή, όν; ῥέμβος, ὁ; ῥεμβίη, ἡ; ῥεμβών, ὁ; ῥεμβονάω; ῥεμβώδης, ες; ῥεμβάζω; ῥεμβασμός, ὁ; ῥόμβος, ὁ; ῥομβηδόν; ῥομβέω; ῥομβητής, ὁ; -τός, ή, όν; ῥομβωτός, ή, όν; ῥομβώδης, ες; mit υ (att.): ῥύμβος; -βιον; -βέω; -βών, ὁ; -βονάω.

λι = ṙi (S. 288); gehört dahin κλιβ-άδιον, τό = ἐλξίνη (vgl. κλύβατις)?

Durch Spaltung von κλ in κιλ: κιλλίβ-ας, ὁ *Gestell* (wenn es eig. eine *Walze* ist, eine sichrere Etym. kenne ich nicht, doch liesse sich die Form auch anders, aber ebenfalls nicht sicherer erklären).

υρ für ṙi: κύρβ-εις, οἱ, αἱ *Walze* (vgl. goth. hvairb S. 309, *Pott* II, 206); κύρβ-ασις, -σία, ἡ *eine spitze Mütze*, (vom Begr. *Wirbel*, oder *walzenförmig*); κυρβάδωμεν (*Hes.*) = κρύψωμεν, vielleicht durch Metath. aus κρυβ-άζω (S. 312); ich erwähne hier κυρήβ-ιον, τό *Hülse* (aus Begr. *bedeckend*).

ρυ in λυ ob κλύβ-ατις = ἐλξίνη (vgl. ἕλκω).

κρ durch ο gespalten (S. 312) wohl κορύβ-ας, ὁ eig. *Tänzer* (vgl. S. 287); Nebenf. κύρβας; κορυβάντιον, τό; -τικός, ή, όν; -τειος, α, ον; -τίς, ἡ; -τιώδης, ες; -τιάω; -τιασμός, ὁ; -τίζω; -τισμός, ὁ.

[Mit χ (= sskr. hv oder h S. 280) und α zwischen χρ: wohl χάρυβδις, für χαρυβ-ις (mit stützendem T-Laut, wie oft, vgl. χαλυβδικός für χαλυβικός), ἡ, eig. *Wirbel*, *Strudel* (vgl. sskr. â-vart-ana, lat. vortex aa.); χαρυβδίζω].

κορυβ mit Nasal: κόρυμβ-ος, ὁ (-βα, τά); -βη, ἡ *Wirbel* (vgl. κορυφή aa.); -βίας, ὁ; -βηλός, ὁ; -βήθρα, ἡ; -βόω.

mit λ: κολύβ-ριον, τό *das* (*sich wälzende*) *Ferkel*. — κολύβ-δαινα (für κολυβαινα s. oben χάρυβδις), ἡ *Krebs* (vgl. κάρις S. 286, κάραβος S. 312). — Mit Nasal: κόλυμβ-ος, ὁ *Schwimmer*, *Taucher* (der sich hin und her drehende?); -βάς, ἡ; -βίς, ἡ; -βάω; -βησις, ἡ; -βητήρ, -τής, ὁ; -τικός, ή, όν; -βήθρα, ἡ.

Ohne hv (S. 305): ob ἀρύβ-αλλος, -βαλος, ὁ; -λίς, ἡ *Beutel* (*worin man birgt*, s. θύλακος S. 287 aa.)?

ραι (S. 311) ῥαιβ-ός, ή, όν *krumm*; -βόω.

Sekk. Ff. durch sskr. Palatal- und Guttural-Consonanten und ksh: sskr. hur-kh' *krumm sein* (in hûrk'kh'ana); wohl hra-g *bedecken*; ferner mlêk'kh' eig. *die Rede verkrümmen*, *radbrechen*, daher mlêk'kh'a *ein Barbar*, ähnlich wie poln. niemiec *ein Deutscher*, eig. *ein Stummer*; zu mlêkh' gehört auch mlaksh u. s. w., welche alle früher (I, 487 ff.) ganz falsch behandelt; sollte nicht dazu auch slav. mlük-nón *conticesco* gezogen werden müssen? Ferner zu den sekk. Ff. sskr. kri-k-an'a *Wurm* (vgl. S. 309); kark-at'i, kar-k'-ûra *Gurke* (S. 309); kurak'-illa *Krebs* (vgl. S. 311); kûr-k'k'a *Krümmung der Nase* u. s. w.; kûrk'k'ikâ; kru(n)k' *gekrümmt sein*; (ob khalug' *Finsterniss*, vgl. καλυφ S. 312?); glu(n)k' *bewegen* (vgl. krunk'); guluk'-kh'a, gulunk'kh'a *Blumen-Bouquet*; vři-k' *bedecken*; vři-g'-ana, vři-g'-ina *krumm* u. s. w.; vři-ksh *bedecken*; val-k-a, val-kuta u. s. w. *Rinde* (*bedeckend*); val-g-â *Ziegel* (vgl. χαλινός S. 282); val-gita *Trott* (vgl. κάλπη S. 310), valg *sich bewegen*; val-h *bedecken*; ob ferner rak' *flechten* (rak'ana u.s.w.); rag'g'u *Strick* (vgl. S. 286); rug-na *gekrümmt* (vgl. S. 309), ling *umarmen*.

Nord. ags. ahd. hring *Kreis* (*Graff* IV, 1165) neben ags. vringan (ebds. II, 528, *Grimm* II, 37, nr. 417, 419, 433, 426, *ringen, sich hin und her drehn*, vgl. πάλη S. 293, wristle S. 307) deutet auf organisch hvri(n)g; an. hröckva u. s. w., nhd. ränke (*Grimm* II, 36, nr. 400); ahd. kla(n)k-jan *umschlingen* (*Graff* IV, 563); krank (614, vgl. sskr. vi-hval-a und ahd. krankolon, s-krankolon *straucheln*, ebds.); hlinkan (*J. Grimm* II, 60, nr. 598) *krümmen*, wozu nhd. links (vgl. λαιός); ahd. kriuchan (*Graff* IV, 590) = sskr. kru(n)k' *kriechen*; ahd. clung-a (*Kugel* ebds. 565); ahd. gleif *schief* (293 wo f = sskr. k' lat. q, vgl. ob-liq-uus); nhd. gurke (fremd?); engl. crank-le *sich krümmen*; crook; nhd. ranken, ranke: mittelndl. runken *zusammenrunzeln*; mit s (S. 295 ff.): ags. scrinkan u. s. w. (*Grimm* II, 36, nr. 402), nhd. schranke (verschränken), schrank u. s. w.: ob schlingen in der Bed. *umringen*? aber die Bed. *essen*; ob schleich-en, wozu ltth. slenku glbd. — nord. velkia, ahd. walchan (ebds. I, 795); ob ahd. wolch-an (die *bedeckende Wolke*, ebds. 797 (vgl. jedoch oben I, 361)); goth. valug-jan *volvi, ambulare* (*Graff* I, 800), vark-jan (*wehren, prohibere*, *Pott* Berl. Jahrb. 1840 S. 654); ahd. walg in anawalg (*unverkrümmt*? ebds. 846); engl. walk; ahd. wurg-jan (*Graff* I, 980, vgl. ἄγχω S. 23); warag (ebds. 962); nhd. lenken; gelenk; slav. krehui (*Dobr*. 250) *links* (vgl. *Grimm* II, 60, 598); krongü *Kreis* (*K*. G.); kljeknón *Knie beugen* (*K*. G. *Dobr*. 236).

ltth. krauk-le *Schnecke*; kulka *Kugel*; welkuziehn (vgl. ἐρύω, ἕλκω); ap-lenk-iu *biegen*; raukiu *runzeln* (*Pott* Lth. B. P. 40).

lett. krunka *Runzel*; rukt *einkrümpfen* (ruzzis); raukt *einziehn*; rinkis *Kreis*, lohkaht *biegen*, lihkt *sich krümmen*; leekt glbd.

gael. coircheann-aidh *rund machen*; cròcan *Krümmung*, croich *Kreuz* (mit *Querbalken*), cliuch-dach *krumm*; mit b (S. 305) ob ballach *bunt* (vgl. αἰόλος S. 301), ballag *Hirn* (vgl. S. 285); spurloser Verlust von hv: roc, rug *Runzel*; loirc *wälzen*, loirc-can *krummbeinig* (= varus S. 295); aa.

lat. clingo (*Fest*.), später cingo (= germ. hvringan oben), caliga, crux; valg-us, vergo (anders *Pott* I, 238), virga (die *schwanke* Ruthe); ob-liquus u. s. w., ruga *Runzel*;

lig-arc *constringo*; arc-us (*der gekrümmte Bogen*); anders *Pott* (I, 271); aa.

Griech. mit κ. Einige der folgenden Ff. lassen sich als verkürzte Redupl. fassen (wie S. 286 ff.); aber von *dort* können einige auch als sekk. Ff. durch κ gefasst, *hieher* gehören: wohl κέρκ-ος, ἡ *der sich ringelnde Schwanz*; (κέρκωσις, ἡ) hieher κέρκωψ, ὁ (*die Schwanzmenschen*, mythisch); -ώπειος, ον; -πίζω; -πη, ἡ. Κέρκυρα, Κόρκυρα, N. p. *die runde*; κερκ-έτης, ὁ *kleine Anker* (vgl. ἄγκυρα von ἀγκ *krümmen* S. 22); κερκ-ίς, ἡ *die Spuhle* (wo sich der Faden am Gewebe *dreht* vom Begr. *zwirnen* S. 279) u. s. w.; vgl. gael. coircheann *Spindel*; slav. krocna *eine Webemaschine* (*Dobr.* 244); κερκίδιον, τό; -κίζω; -κισις, ἡ; κέρκω = κρέκ-ω, welches in der Bed. *weben* (aus *zwirnen*) hieher (vgl. jedoch κρέκω S. 132): κρεκάδια, τά; εὔκρεκτος, ον; κρόκη, ἡ *Einschlag* und κρόκα, τήν; κρόκες, αἱ (vgl. *Pott* II, 480); -κίς, ἡ (unter andern: *Knäul*); (-κίζω zw.); -κισμός, ὁ; -κιδίζω; -δισμός, ὁ; κροκύς, ἡ; -κυδίζω; -δισμός, ὁ; κροκόω; -κώδης, ες; hieher κρόσσοι (für κροκ-ιοι, vgl. θάσσων für ταχιον und *Pott* II, 42), οἱ *Troddeln* (eig. *gezwirnt*); κροσσόω; -σωτός, ή, όν; gehört dazu κρόσσαι, αἱ *die* (etwa troddelartig geformten) *Zinnen*? πρόκροσσος, ον.

Gehört zu κερκ: κερκίων, κερκορώνη, ἡ *eine Art Vogel*?

Mit φ = hv (S. 293): φολκ-ός, ὁ *schielend* (vgl. li-mis (für liq-mis von liq *krümmen*) oculis): ob φάλκης, -κις, φόλκις, ὁ *ein rundes* (wie ἐμφαλκόω *umringen* (*Suid.* bei *Buttm.* Lexil. I, 246) wahrscheinlich macht) *Stück am Schiff* (vgl. *Buttm.* Lexil. I, 246 u. φάλαγξ weiterhin)? schwerlich ahd. balcho *Balken* (*Graff* III, 108) zu vgl., anders *Pott* (I, 236). [zu dieser Wzf. lat. furca, forceps (= furca + cap?) flec-to].

ἕλκω (eig. *wälzen*, so *fortbewegen*, s. ἐρύω S. 295) für ϝελκω, wie lett. wilkt (vgl. walkaht), lith. welku u. s. w. (*Pott* I, 122, 127) zeigen: ἕλξις, ἡ; ἑλξίνη, ἡ; ἑλκτός, ή, όν; -τικός, ή, όν; ὁλκός, ή, ον; -κός, ὁ; -κή, ἡ; -καῖος, α, ον; -κιμος, ον; -κήρης, ες; -κήεις, εσσα, εν; -κεῖον, -κήϊον, τό; -κεύς, ὁ; -κίον, τό; -κάς, ἡ; -κάδιον, τό; -δικός, ή, όν; -κέω; -κάζω; ἑλκέω; ἑλκηθμός, ὁ; ἕλκηθρον, τό; ἕλκημα, τό; ἑλκητήρ, ὁ; ἑλκηδόν; ἑλκύω; ἕλκυσις, ἡ; ἑλκυστός, ή, όν; ἑλκυστικός, ή, όν; -τήρ, ὁ; -τίνδα; -τάζω; ἑλκυθμός, ὁ; ἕλκυσμα, τό; ἀνθελκόντως; ἐφολκίς, ή, -κιον, τό; νεωλκός, όν; -κία, ἡ; -κιον, τό; βελουλκός, όν; -κικός, ή, όν. [Sollte ἕλκος eig. *Wurf*, und so *Wunde* hieher gehören (vgl. I, 51)?]

ϝολκ vriddhirt ϝωλκ: ϝωλξ (*Thiersch* Gr. Gr. 233), ὦλξ, ἡ *Furche* (vgl. S. 306, *Pott* I, 123), die Schlussgruppe durch Vokal gespalten ὦλιγξ, ἡ; ὠλίγγη, ἡ; -γία, ἡ; -γιάω. Mit Erhaltung des ρ: ὦριγξ, ἡ. Mit Erhaltung des α: ϝαλκ und Einschiebung von ο in der Schluss-Gruppe ἄλοξ, ἡ; ἀλοκίζω.

ϝα in αυ wie oft: αὖλαξ, ἡ; -ακίζω; -κισμός, ὁ; -κόεις, εσσα, εν; dialekt. ὦλαξ; hieher αὔλαχα = ὕννις (*Hes.*) [hieher mit sa (vgl. S. 296) lat. sulc-us (sa + ϝελκ)].

ϝελακ in εὐλάκα, ἡ *Pflugschaar*; -λάζω. [zu dieser Form, in der Bed. von κρεκ (oben) ϝηλακάτη (I, 286 falsch)].

Mit Einschiebung von ο: κολοκ in κολόκ-υνθος, -ντος, ὁ;

-νθα, -νθη, -ντη, ἡ *Kürbiss* (vgl. **cucurbita** S. 310); -ντιον, τό; -νθίς, ἡ; -θιάς, ἡ; ob κολοκᾶ-σία, ἡ; -σιον, τό *ägyptische Bohne* (oder fremd)? κολωκώνας = βαλβίδας (*Hes.*).

Mit ε und β: βερεκ-ύνθαι = ῥόμβοι (*Hes.*).

ρα = ri: βράκαλον = ῥόπαλον (*Hes.*); spurloser Verlust der Wurzel-Anlautgruppe: λέκ-ροι, οἱ *die krummen Hirschgeweihe* [hieher lat. **lac-ertus** *Arm* (vgl. S. 305) und wohl auch **lacerta** *die sich krümmende, schlangenartige*, vgl. κορδύλος weiterhin].

Die *Ferse* heisst wegen ihrer Rundung engl. **heel** (von Wzf. **hval** S. 280), litth. **kulnis** (von Wzf. **kul** S. 289); daher hieher lat. **calc** in **calx** und griech. λάξ für κλαξ: λακτίζω (vgl. **calco**, κολετράω); -τισμός, ὁ; -σμα, τό; -στής, ὁ; -τικός, ή, όν; λακτικός, ή, όν; -τις, ἡ; λάγδην; λαχμός, ὁ; λακπατέω.

[Zu nhd. **ranken** (S. 314) gehört lat. **rac-emus** und griech. ῥάξ u. s. w., welches oben (II, 14) noch nicht erkannt war].

ρι (S. 311): ῥικ-νός, ή, όν *verkrümmt* u. s. w.; -νότης, ἡ; -νώδης, ες; -νήεις, -νόεις, εσσα, εν; -νόομαι; -νωσις, ἡ.

λ = ρ: λικ, da ahd. **gleif**, lat. **liq-uus** (S. 314, wozu **delicia** (S. 278) für **deliquia** bei *Fest.*) gegenübertritt, q aber sskr. k' häufiger als k entspricht, so liegt hier vielleicht eine Wzf. auf k' zu Grunde: λικ-ροί = λέκροι (oben); λικριφίς (alter Instrument. Plur., vgl. S. 104); vgl. auch *Pott* (II, 274, 597).

λίκ-νον, λῖκνον, λεῖκνον, τό *Schwinge* (vgl. ἑλίσσω u. viele aa. mit Bedd. dieser Art in dieser Wz.); -νάριον, τό; -νίτης, ὁ; -νίζω; λεικνίζω.

λικ-μός, ὁ *Wurfschaufel* (vgl. βάλλω, ῥίπτω aa.); -μάς, ἡ; -μαῖος, α, ον; -μάω; -μαίνω; -μίζω; -μητός, ή, όν; -τικός, ή, όν; -της, -τήρ, -τωρ, ὁ; -τηρίς, ἡ; -ριον, τό.

ροι (Guna von ρι S. 302) ῥοικ-ός, ή, όν *krumm*.

υρ: ob κυρκ-ανάω *verwirren*? (vgl. jedoch κυκάω).

καλυκ (ob für κλυκ? vgl. καλυφ S. 312): κάλυξ, ὁ *die (gewundene) Blüthenknospe*, vgl. sskr. **kalikâ** glbd. mit dem es jedoch der Form nach nicht identisch ist; καλύκιον, τό; -κώδης, ες.

Zu litth. **kraukle** *Meerschnecke* (S. 314) passt ganz κώρυκ-ος (vgl. S. 278), ὁ *Muschelart*, ferner *ein (schneckenartig gedrehter) Beutel*; dazu aber gael. **cuarag** *Sack* (vgl. auch *Pott* Berl. Jahrbb. 1840 S. 630); κωρυκίς, ἡ; -κίδιον, τό; -κιον, τό; -κώδης, ες.

Sekk. Ff. mit χ: ist der *Rücken*, als der *gewölbte*, oder *gekrümmte* (wie νῶτος S. 183) gefasst, dann hieher ahd. **hrucki** (*Graff* IV, 1148), griech. ῥάχ-ις, ἡ *Rücken*; ῥαχάς, ἡ; ῥαχάδην; ῥαχιαῖος, α, ον; ῥάχετρον, τό; -τρίζω; ῥαχίτης, ὁ; ῥαχίζω; -ιστήρ, -της, ὁ; -τός, ή, όν.

λέχ-ριος, α, ον *schief*; -ρίς (alter Dativ).

Aus dem Begr. sich *zusammenkrümmen* geht die Bed. *sich nieder, zur Ruhe legen* hervor (vgl. lat. **concumbo**), daher ich hieher λεχ: λεγ ziehe. Der Wechsel zwischen χ und γ, so wie die, diesen in den verwandten Sprachen entsprechenden, Laute deuten auf einen zu Grunde liegenden Auslaut, welcher sskr. **ksh** sein würde, oder **k'kh'**, da wir **k'kh'** im Sskr. selbst oft mit **ksh** wechseln sahn, und es in den verwandten Sprachen vielfach grade, wie sskr. ksh vertreten wird; in diesem Fall kann man die folgenden Ff. mit sskr. hurkh' (S. 313) identificiren; lat. lectus (lŏc-are wegen stlocus unsicher); goth. lig-an (*Graff* II, 81); slav. po-lag-ajón, lengón, leg'on, log'e (*K.* G.); lett. likt *liegen*, leekams; litth. liekmi (*Pott* Lth. Bor. Princ. 40), pa-lĕg-is *bettlägerig*; gael. leag; griech. λέγομαι; λέξον; mit α: λαγρός, -όν (*Hes.*) *Lager*; mit εχ: λέχος, τό; λεχόςδε; λεχαῖος, α, ον; λεχήρης, ες; λεχήρια, τά; (λεχαίνω zw.); λεχόω; λεχώ, ἡ; λεχώϊος, ον; -ϊάς, -ΐς, ἡ; (-χῶσα zw.); λέκτρον, τό; λέκτριος, ον; -ρίτης, ὁ; τανηλεγής, ες (ob für ταναϝα-λεγ s. 244 Z. 1, oder ist ηλεγ, λεγ mit Präf. ἠ = sskr. â (I, 1 N. Ntr.)? nach dieser Analogie δυς-η-λεγής, ές); ἀπειρολεχής, ες; ἄλοχος, ἡ (ἀ = sa I, 382). Hieher βωμολόχος, ον (*umlagernd*); -χία, ἡ; -χικός, ή, όν; -χεύομαι; -χευμα, τό.

λόχος, ὁ, 1. (in der Bed. *Lager* von Menschen überhaupt) *Haufen*, 2. (*in feindlicher Absicht*) *Hinterhalt*; 3. (das ins Wochenbett Legen) *Niederkunft*; vgl. übrigens für *Hinterhalt* ahd. lâga, lagôn (*Graff* II, 94); für *Niederkunft* slav. log'eena *uterus* (*Dobr.* 302); λοχίτης, ὁ, -ῖτις, ἡ (zu 1. 2.); λοχίζω (zu 1. 2. 3.); λοχισμός, ὁ (2.); λοχάδην (1. 2.); λοχάζω; λοχάω (2.); λόχησις, ἡ (2.); λοχαῖος, α, ον (3.); λόχιος, α, ον (3.); λοχεῖος, α, ον (3.); λοχεύω (3. 2.); λόχευμα, τό (3.); λοχεύτρια, ἡ (3.); λοχεία, ἡ (3.); λοχεός, ὁ (2.); ἄλοχος, ἡ (3.); -χευτος, ον (3.); ἀριστολοχία, ἡ (3.); καταλόχεια, ἡ (2.); -χισμός, ὁ (2.).

λόχμη, ἡ *Wildlager*; λοχμαῖος, α, ον; λόχμιος, ον; -μώδης, ες; -μόομαι.

υρ ob hieher ὕρχη = furca (S. 315, *Lobeck* Paralip. Gr. Gr. p. 34 n. 36) [zu ὕρχη I, 325 füge *Diefenb.* Celt. I, 41].

Sekk. Ff. mit γ: φ = hv (S. 295) φάλαγξ (ob aus φλαγγ?), ἡ *Walze*, *Rolle*, ähnliche *Schlachtreihe* u. s. w.; φαλάγγιον, τό; φαλαγγηδόν; -γίτης, ὁ; -τικός, ή, όν; φαλαγγόω; -γωμα, τό; -γωσις, ἡ; -γιάω (-γάω zw.); φάλαγγαι, αἱ *runde Planken*; διφαλαγγία, ἡ; ὑπερφαλαγγέω; -γίασις, -γίωσις, ἡ.

[Hieher ziehe ich jetzt ϝεργ, ἔργω eig. *zusammendrängen* (vgl. ähnliche in dieser Wz. oft z. B. S. 299), welches I, 110 falsch, eben so ϝερκ, ἕρκος, ἄρκυς Begr. *umringen* (I, 111) mit κ-Laut (zu S. 315), ὅρκος (I, 423, *Pott* B. J. 1840 S. 654, dessen varkjan oben (S. 314) erwähnt); vgl. ahd. wurgjan, ltth. werzu *zusammendrücken* (*Pott* I, 238)].

ρυ; wegen lat. rug-a (S. 314) nehme ich ῥυσσός, ή, όν *zusammengeschrumpft* (vgl. eine Menge Verwandte S. 314 und weiterhin) für ῥυγ-ιος; ῥυσός, ή, όν; ῥυσότης, ἡ; ῥυσώδης, ες; ῥυσόω; ῥύσωσις, ἡ; ῥυσωτός, ή, όν; ῥυσαλέος, α, ον; ῥυσαίνω; ῥυσάω; ῥύσημα, τό; mit ττ für σσ: ῥυττο und Verlust des einen τ (vgl. λιτή S. 140) ῥυτίς, ἡ; ῥυτιδώδης, ες; (ῥυτίζω zw.); ῥυτιδόω; -δωμα, τό; ἀῤῥυτίδωτος, ον.

Mit λ für ρ: λύγ-ος, ὁ, ἡ *biegsam*, *Schraube* u. s. w. (vgl. sskr. rugna S. 314); anders *Pott* (I, 231); λυγώδης, ες; λύγινος, η, ον; λυγηρός, ά, όν; λυγίζω; λυγισμός, ὁ; λύγισμα, τό; -στός, ή, όν; -τής, ὁ; -τικός, ή, όν.

Mit ξ (ob für σσ (δισσός : διξός aa.) und dann für einen der

K-Laute mit ι (vgl. ῥυσσός aa.)?): λοξ-ός, ά, όν *schief*; λοξότης, ἡ; λοξιάς, ἡ; λοξεύω; λόξευμα, τό; λοξόω; λόξωσις, ἡ.

Sckk. Ff. durch sskr. T-Laute: kr̆i-t *umgeben* (*Wils.*); ob kard-a *Lehm* (vgl. ἕλος S. 299 aa.); (ob krad, klad *verwirren*); karand'a *Korb* (vgl. S. 310); wenn das *Spielen* als ein *muntres Sich- hin- u. her Drehen* gefasst ist (vgl. kèl, kèli S. 288), so mag krid', kůrd, mit kh (S. 289): khůrd, mit g (S. 290), gůrd, mit Verlust des h v (S. 305), ŭrd hieher gehören, zumal da der Wechsel der Anlaute sich kaum anders, als aus ursprünglichem h v deuten lässt; ferner kirît'a *Diadem* (vgl. κορώνη S. 285 aa.); wohl auch krath *spielen* und *tödten* (vgl. βάλλω S. 291 aa.); klath; kruth (in krôtha), krunth *schlagen*, *eingefügt sein* (*eingeschraubt* vgl. schrauben S. 311, λύγος S. 317); krôd'a *Seite* (vgl. halba S. 309); ob garta *eine Krümmung am Körper*, *Höhle*; gartikâ *Weberwerkstätte* (vgl. κρέκω S. 315); grath, granth *zusammenziehn*, *binden*, wie granthi *Verkrümmtheit* zeigt; gôrda *Hirn* (vgl. κάρηνον S. 285); mit Verlust des h: vr̆it *drehn* (vgl. *Pott* I, 241); vr̆itta *Schildkröte* (vgl. S. 281 aa.); vartaka *Huf* (vgl. χελιδών S. 282); varttana *Ball*, *Weg*; vartarùka; vartikâ; varttula *rund*; vartman; varand'aka *Ball*, *Kugel*; vârddara *Muschel*; ôlad' *schleudern*; vrud' *bedecken*; ohne h v: lud', lut', luth' *wälzen*; [ich erwähne hier rudh *coercere*, eig. *umringen*, *umarmen* (vgl. ling S. 315), *lieben*, welches ru + dh (√ dhâ S. 267); dazu zend. rudh (*Vend.* lith. p. 198, *Burn.* C. s. Y. I, Nott. xxxiv), wo ich übersetze: *Wenn die Mazdaverehrer Land einzäunen wollen zum Bewässern*, *Pflügen und Graben* (d. h. *zum Anbau*), *was* u. s. w. — In rudh treten im Sskr. u. Zend dieselben Bedd. wie in sskr. vr̆i, nhd. wehren u. s. w. hervor].

germ.: ob ahd. hert-a *Wechsel* (*Graff* IV, 1027), so dass es eig. *drehn*, *ändern* wäre? hurt *Hürde* (ebds. 1030, vgl. crat-es); ob ahd. horsc *hurtig* (1039 t in s), hald (vgl. S. 289), ob hlad-an (1113 vgl. russ. kladj *Last*, klactj (kladu) *legen*); sicher cholz *Kreisel* (395); kranz (614); creiz (623); goth. gaird-an (248); ahd. gellida (184 vgl. γαυλός S. 292); warton (I, 940, 957, vgl. ὁράω S. 297 aa.), wart *wärts* (998 vgl. versus); goth. vairths (1012 *Tauschpreis* vgl. 1011); ahd. warz-a (1049); walzan (791); wulsta (794), ags. vridhan *drehn*, *binden*, ahd. ridan (*J. Grimm* D. G. II, 16 nr. 167, *Graff* II, 474), altn. lûta *krümmen* (*J. Grimm* II, 21 nr. 233), ahd. runza (*Graff* II, 532), vgl. ῥυσσός S. 317.

slav. krȣt-iti *drehn* (*Dobr.* 242), grad-iti *umgeben*.

litth. glaudziu, glausti *krümmen*, lett. glauschu (*Pott* Lth. B. Pr. 36); ltth. werczju, wersti *drehn*, *wälzen*; lendu *kriechen* (*Pott* a. a. O. 51).

lett. gredsens *Ring*; wahrtiht, wahrstiht, wehrtiht, wehrst (welt, wahloht) *wälzen* u. s. w.; rittinaht *rollen*; rittinssch *Kreis*.

gael. caird *mora* (S. 305); cord *Strick*; crath (= κραδάω); croit *Krümmung*; crodhan *Hufe* (χελιδών S. 282); croidh *umringen*; falt (wegen f S. 294) *Haar* aa.

lat. cart-ilago *Knorpel* (*verkrümmt*), crat-es (*geflochten*); verto, vortex, vertebrae, vertex (vgl. *Wirbel*), verticula (vgl. *Pott* I, 241), versus (vgl. sskr. vřit *Wilkins* Sanskr. Gramm. 88).

griech. κάρτ-αλος, -αλλος, ὁ *Korb* (vgl. S. 310), oder fremd? καρταλάμιον, τό.

κροτώνη, ἡ = γόγγρος (S. 290) in der Bed. *Knorren*; ob auch κροτών, ὁ *eine Pflanze*? ob κηλάστρα (Wzf. κηλα (τ?) = lat. crat vgl. weiterhin: καλαθ), ἡ *eine Art Gefäss* (*Hes.*) und *ein Baum*, der auch κήλαστρος, ἡ; -ρον, τό.

γρίντ-ις = οὐρανός (vgl. πόλος S. 292 *der sich umdreht*, vielleicht γ = ϝ *Etym. M*). — ἐρητ-ύω (vgl. ἐρύκω S. 296). — ob ὑρτάνα, ἡ *Deckel*.

Hieher die Nn. pp. Γόρτ-υν, oder Γόρτ-υνα Stadt in Kreta und Γύρτ-ων, oder Γυρτώνη Stadt in Thessalien, beide wohl eig. die *umgürtete, ummauerte*; υνα und ωνη stehn hier vielleicht in demselben Verhältniss wie oben (S. 281) in χελ-ύνη und χελ-ώνη.

βρίτ-ος, τό *Jahr* (vgl. περιπλόμενοι ἐνιαυτοί S. 282).

Sekk. Ff. durch θ: ob κόρθ-υς, ἡ *Haufen* (vom Begr. *aufwölben*: für die Bed. *Haufen* auch sskr. kul, khul, khal aa.)? κορθύω, -θύνω.

κάλαθ-ος, ὁ *geflochtener Korb* (vgl. auch *Pott* II, 275, 453), -θιον, τό; -θίς, ἡ; -θίσκος, ὁ; γρόνθος, ὁ *gekrümmte Faust*; ob γρόνθων, ὁ?

κορυθ (vgl. κορυφ S. 312) *sich aufwölben*: κόρυς, ἡ *Helm*, *Schädel* (lat. crista von Wzf. crit = vert-ex?), vgl. *Pott* (II, 226); κορύσσω (für θjω vgl. *Pott* II, 30); -στός, ή, όν; -τής, ὁ; εὐκόρυθος, ον.

κελυθ (vgl. wallon S. 295, ambulo S. 303 aa., so auch zu dieser Wz. lth. kelas *Weg* (zu S. 284) und lat. callis); κέλευθος, ὁ (gunirt); -θειος, α, ον; -θείω (-θω zw.); -θήτης, ὁ; -θιάω; ἀκέλευθος, ον; ἀκόλουθος (ἀ = sa I, 382), ον; -θέω; -θημα, τό; -θησις, ἡ; -θητικός, ή, όν; -θία, ἡ; δυςπαρακολούθητος, ον.

[Hieher nun auch ϝελυθ, welches (I, 64) falsch].

Mit δ: χορδ-ή (vgl. S. 282), ἡ *Darm* (*gedreht*, vgl. ὀρύα, κῶλον S. 287, darm S. 279 aa.); χορδάριον, τό; χορδόω; χορδεύω; χόρδευμα, τό; ἀκροχορδών, ὁ; -δονώδης, ες; ἄχορδος, ον; ἐπιχορδίς, ἡ; ὀλιγοχορδία; παραχορδίζω.

κορδ: κορδ-ύλη, ἡ *Keule* (vgl. ῥόπαλον S. 310), und *eine Binde*; ἐγκορδυλέω; κορδύλος, ὁ *Eidechse* (aber auch σκορδύλος); κόρδ-αξ, ὁ ein Tanz, wobei ein *Seil* gebraucht ward (vgl. *Terent.* Ad. IV, 7, 34 *Reinh.*); κορδακικός, ή, όν; -κίζω; -κισμα, τό; -σμός, ὁ. — γορδελίζω (*Hes.*) *spielen* (vgl. S. 318).

ὀρδ (S. 305) ὀρδέω (vgl. κρέκω S. 315); ὄρδημα, τό; ὀρδυλεύω. Ob ὄρδειλον, τό *eine Pflanze*?

κραδ *hin und her drehn* (vgl. ἑλίσσω S. 299 aa.): κραδάω; κραδαίνω; κραδεύω; κράδασις, ἡ; -σμός, ὁ; κραδαλός, ή, όν; κράδαλος, ὁ *ein Feigenzweig*; ἀκράδαντος, ον; mit λ = ρ: κλαδάω; κλαδάσσω; so nun auch κράδ-η, ἡ (sich hin und her drehend) *Gerte, Zweig* u. s. w.; κράδος, ὁ; ἀποκράδιος, ον; -δίζω.

Zweifelhaft (vgl. sloven. kli-tĭ *sprossen*, *Metelko* Slov. Gr. 106), ob nun auch κλάδ-ος (vgl. *Pott* II, 223, 275), ὁ *Zweig* u. s. w.; κλαδίον, τό; κλαδίσκος, ὁ; -δεών, -δών, ὁ; -δώδης, ες; -δάω; -δεύω; -δευσις, ἡ; -ευτήρ, -τήριον, τό; κλαδεία, ἡ; αὐτόκλαδος, ον; περικλαδής, ές.

Von κλάδος aber wage ich nicht zu trennen κλῆμα (für κλαδμα?), τό; -μάτιον, τό; -ματίς, ἡ; -τίτης, ὁ; -ῖτις, ἡ; -τικός, ή, όν; -τινος, η, ον; -τόεις, εσσα, εν; -τώδης, ες; -τόω; eben so wenig κλών, ὁ; -νίον, -νάριον, τό; -ναξ, ὁ; -νίζω. ἀκλώνητος, ον.

κλαδ, sich *krümmen*, *biegen*, ὀκλάζω (ὀ = ἀ = ἁ I, 382, also eig. *zusammenkrümmen*); vgl. *Pott* (II, 274); ὄκλασμα, τό; -σις, ἡ; -στί; ὀκλάξ; ὄκλαξ, ἡ; ὀκλαδόν; -δία, ἡ; -δίας, ὁ; -διάω.

ϝραδ in ῥαδανός, ή, όν *schwank*; -νίζω *schwenken* (vgl. κραδάω); ῥαδαλός, ή, όν [nun auch hieher ϝραδινός (welches I, 79 falsch)]; ῥοδανός, ή, όν; -άνη, ἡ *gedrehte Faden* (vgl. zwirn S. 279 aa.); -νίζω.

καλιδ = (h)walzan (S. 318) mit zwischen λδ eingeschobenem ι: καλινδέομαι; -δησις, ἡ; -δήθρα, ἡ; τρικαλίνδητος, ον; mit Verlust des h: ϝαλιδ: ἀλινδέω; -δησις, -δήθρα, ἡ; ἀλίνδω (sp.); (ἐξαλίζω) ἐξαλίσας (aa. vgl. *Pass.* unter ἐξαλίω); ἐξαλίστρα, ἡ.

Hieher ἐλιννύω für ϝελιδ-νύω *zögern* (vgl. 305 u. *tergiversari den Rücken hin und her kehren*) u. s. w.; ἐλῑνύω (etymol. falsche Schreibart); ἐλιννύες, αἱ.

ϝελαδ in ἐληλάδατο u. s. w. (zu ἐλαύνω S. 300).

hv in κυ (S. 289): κυλιδ: κυλίνδω; -δέω; -δησις; -δήθρα, ἡ; -δρος, ὁ; -ρικός, ή, όν; -ρώδης, ες; -ρόω; -ρωτός, ή, όν; κύλισις, ἡ; -σμα, τό; -στός, ή, όν; -τικός, ή, όν; -τρα, ἡ; πολυκυλίνδητος, ον; προκυλίνδημα, τό; ἡμικυλίνδριον, τό; πετροκυλιστής, ὁ. Die F. κυλίω scheint mir aus κυλιδjω entstanden; ἐκκυλίσιος, ον.

κορυδ (vgl. κορυθ S. 319) κόρυδ-ος, -ός *Haubenlerche* (vgl. die vielen *Kopf* bedd. Ww. aus dieser Wz.); κορυδαλός, -αλλός, ὁ; -αλίς, -αλλίς, ἡ.

[über vrîd': αἰδώς, vgl. I, 372].

Hieher endlich λορδός, ή, όν *vorwärts gekrümmt*; die Formation fraglich; ob für λοδ-ρός (vgl. gael. ludragan *krummbeinig*); λορδόω; λόρδωσις, ἡ; λόρδωμα, τό; λορδαίνω.

Erst hier am Schluss der sekk. Ff. erwähne ich eine verkürzte Form der zweiten Primärf. (sskr. hvṛi S. 280), die in ihren Repräsentanten sonst schwer zu verstehn sein würde. Wie sskr. prâdhva für prâdhvara (S. 278), g'ihma f. g'ihmara, od. g'ihmala (S. 283), so sskr. pra-hva für pra-hvara (eig. *vorgekrümmt*, dann im Sskr.) *gekrümmt, achtsam über etwas, intentus*. Wie sskr. prâdhva aus pra + â + dhva, so ist auch prâhva denkbar. Diesem (oder vielleicht eher einem parâ-hva (parâ = unserm ver lat. per) ver-kehrt, per-versus) entspricht zunächst lat. prâvu-s für prâ-hvus d. h. *verkrümmt* (= perverş-us von vert (S. 319); vgl. *Pott* (I, 265); anders *Höfer* (Beitr. I, 149), *Diefenb.* (Celt. I, 209); zu prâhva in der eig.

Bed., aber geistig genommen: *vorwärts geneigt* d. i. *zugeneigt* (vgl. eben so lat. pronus weiterhin): griech. πρᾱϝο (cj. h, wie in pravus) in πρᾶος (*Phot.* Lex. p. 330), ον; πραότης, ἡ; dessen ο ward durch Einfluss des ϝ (I, 281 sonst) in υ gewandelt, so entstand πρᾱϝυ: πρᾱΰς, εῖα, ύ, welche Form die organ. πραο grösstentheils verdrängte; anders *Pott* (I, 208, II, 329); also eig. *geneigt, freundlich* u.s.w.; πραΰτης, ἡ; πραΰνω; πραϋντικός, ή, όν; ἀκαταπραΰντος, ον; ion. πρηΰς u.s.w.; theils dieser Form analog, theils als ob ein Thema πρηϝες existirte (vgl. βαθ-υ: βαθ-ες (ος)), wurde mit Präf. ἐν: ἐν-ηϝες: ἐνηής, ές *geneigt*, gebildet.

Wie ferner die Formation prâdhvan (S. 278), im Sskrit nur adverbial, d. h. als Neutrum erhalten, erscheint, so ist auch prâhvan denkbar; daran lehnt sich griech. πραϝον, im Msc. erhalten, aber mit att. Umlaut von ᾱο in εω: πρεών (vgl. λᾱό: λεώ aa.), ὁ *vorneigend, Vorsprung*; daraus ion. πρηών, ῶνος; zsgz. πρών, zerdehnt πρωών (πρήν zw.); an πρᾶον in der Bed. *geneigt* lehne ich πραόνως.

Endlich mit Verlust des h (vgl. S. 54 u. aa. oft) und suff. na lehnt sich an sskr. prava für prahva sskr. pravana, mit den Bedd. (*vor-*)*gekrümmt, geneigt* (in sinnl. u. geist. Bez.); dazu lat. prônus (für prŏvŏnus); griech., indem, wie oft, Suff. (ν)-ες an die Stelle von νο tritt, πρανής (für πρᾱϝᾰνης), πρηνής, ές; πρηνηδόν; πρηνίζω; πρηνισμός, ὁ; καταπρηνόω (in dessen Form ein Anklang an das organ. πρᾱνο-ς).

Nach dieser Analogie ist προς-ηνής, ές gebildet (ob für προς-ἐν + νης, wie ἐν-ηής oben?); προςήνεια, -νίη, ἡ und ἀπηνής, ές; anders *Pott* (I, 255); [eine höchst unorgan. (vielleicht dialekt.), aber doch wohl hieher gehörige Form scheint das *hesych.* ἀ-ειψέους *ungeneigt*; ob ειψεο = ηνο?].

Ohne Präf. u. mit f = v (S. 294 u. im Fgd. oft) gael. fàn (= sskr. van in pravana) *abhängig, Abhang*; so auch griech. an hva (in prahva), mit Spaltung der Anlautgruppe χϝ in χαϝ: χαϝος, wofür, mit ι = ϝ (wie oft): χαῖος, ὁ *der krumme Hirtenstab*, mit β = ϝ (S. 303 ff. oft): χαβός, mit μ = ϝ χαμός, ὁ; die letzte Form lässt sich auch an sskr. hma in gi-hma (vgl. S. 283) schliessen, wozu lat. ham-us, griech. χαμός, ὁ in der Bed. *Angelhaken*; und gael. cam *krumm*, camadh-aidh u.s.w., caime u.s.w. vgl. *Diefenb.* (Celt. I, 109 nr. 157 ff.).

Gehört hieher καμ-άσσω *schwingen* (vgl. κραδάω S. 319 aa.)? schwerlich zu καμ *tragen* (S. 155); καμάζω; καμασσύω; dazu κάμαξ, ὁ (*schwingbar*) *Wurfspiess, Stange* u. s. w.; καμάκινος, ον.

Ich erwähne hier κῶμυς, υθος, ἡ *Bündel* (= οὖλος S. 301) und = κορυδαλός (S. 320); κῶμυς, ὁ *Röhrigt* (vgl. κάλαμος S. 303); vgl. *Pott* (II, 111).

Ueberaus häufig ist uns der Verlust von ṛi in Wzz. u. Wzff. vorgekommen. Diese Erfahrung berücksichtigt, lassen sich noch eine Menge aa. Wzff. hieherziehn. Ich stelle sie hier zusammen, ohne jedoch die Möglichkeit in Abrede zu stellen, dass sie vielleicht anders anzusehn sind. Zu den einfachen Wzz. sskr.

kû-n'i *Krüppel* (vgl. crupel 309 aa.), kôn'a *Fiedelbogen, Winkel, Keule* (vgl. anall. oben); kôn'i *mit krummem Arm*; kan'alâbha *Wirbelwind*; ghun' *wälzen* (vgl. ghûrn' S. 292); das in allen diesen Ff. erscheinende n' scheint auf Verlust eines r mit Sicherheit zu deuten. Zu sekk. Wzff.: (ob ku-ça *Strick* u. s. w. und kus *umarmen* (s. κυνέω S. 152)?); mit n, wo r stand, wie sehr oft (vgl. ἀνθ I, 77 sskr. banh I, 87 aa.): kna-s *krumm sein*; ka-p in der Bed. *erschüttern (hin und her drehn,* vgl. κάμπτω), früher (I, 270) falsch; dazu ausser kap-i (I, 270) kap-at'a *Trug* (*praevaricatio* u. aa.); kap-ala *Hirn* (vgl. S. 285); kap-ola *die runde Kniescheibe, gekrümmte Wange* (vgl. ahd. wanga S. 21); kampila u. s. w. (sich drehend) *zitternd*; kupinî *Netz* (vgl. κύρτος S. 289 aa.); kupind'a *Weber* (vgl. κρεκ S. 315 aa.), kumpa *krummarmig*; kûpa (*Krümmung*) *Höhlung*; gup *hehlen* (vgl. celo S. 285 aa.), *verwirren* (vgl. wirren S. 294 aa.); ka-phan'i, ka-phon'i *Elbogen* (vgl. S. 305 und κηφήν S. 159); gu-ph *constringo*, vgl. gumpha *Armband*; kambara = αἰόλος (S. 301); kambala *Wurm*; kambu *Muschel, Ring, bunt*; kambû *Armband*; kub *bedecken*; kub-g'a *krumm*; kumbâ *Einschluss*; ubg'a = kubg'a; kubh *bedecken*; kakubha (redupl.) *ein gekrümmtes Stück an der Leier, Raum*; kumbha *Kugel* u. s. w.; kumbhin, -bhîra, -bhîla *Krokodil* (vgl. S. 286); gabhôlika *ein rundes Kissen*; kank-an'a *Armband* (kann auch als Redupl. (S. 286) gefasst werden); kak'a *Haar* (S. 307) u. s. w.; kâk'ana *Einschluss*; kâk'-ita *hängend* (vgl. κρεμ S. 284); kânk'î *Gürtel* (vgl. gaird-an S. 318); kunk'ita *krumm*; kang'a *Haar*; kung'ara glbd. aa.; kuh-ara *Höhlung* u. s. w.; khang'a *lahm* (I, 624 falsch, vgl. oben S. 290); guk'kha = gulukk'h'a (S. 314); gung'a; guh *bedecken*, vgl. guhja *Schildkröte* (analoge S. 281) u. s. w.; gôh-ira *Ferse* (vgl. S. 316); hath' *laufen, hinken, constringere*; (had'-ika *Feger*, analoge S. 295); hind-ana *Wandern* (vgl. ambulo S. 303 aa.); hêth' *hindern* u. s. w. (vgl. vrĭ und κωλύω S. 287); hêd' *umringen*; kat' *umringen*; kat'a *Hauptkrümmung des Körpers*; kat'aka *Neigung eines Hügels* u. s. w.; kat'-âksha *Seitenblick* (vgl. limis oculis); kat'âha *Muschel* u. s. w.; kat'i = kat'a u. s. w.; kat'i, -tîra, kat'îtala *krummes Schwerdt*, kanth'a *nahe* u. s. w. (vgl. anga S. 18); kut' *krümmen*, mit Derivv. vgl. kut'-ila, kut'-ita, kut'a; kut'ara, kut'ala; kut'i; kut'îra; kut'unkaka; kut'umba (eig. *Haus* u. s. w.); ut-kut'-a (wo kut'a *Wirbel, Kopf*) *mit dem Kopf aufrecht*; kut't'ima; kunt'aka (rund) *fett*; kût'a *Haus*; kût'aka *Pflugschaar* (vgl. ἀρ S. 306); kôt'ara *Höhlung*; kôt'i *Bogenende*; kôt'ika *Wurm*; kôt'ira *Wurm*; kôt'iça *Karst* (vgl. S. 307); kuth' *umgeben*; kuth'ara = kut'ara: kud' *häufen* (ἀλ S. 298), *spielen* (S. 313); kûd'ja *ein Wall*; kund'a *Höhlung*; kund'ala *Ring*; kund'ikâ *Topf*; kunt-ala *Haar, Pflug* u. s. w.; mit n = r (oben): knath = krath (S. 318) *stossen* (βάλλω S. 291); kuth, kunth (*sich um etwas krümmen*) *anhängen* u. s. w.; kud (*krumm sprechen*, vgl. εἴρων S. 296); kudr *lügen*; kudja *Wall*; kakud *Klumpen, Wirbel, Spitze* u. s. w.; ku-kundara = kat'a. — khat'a, khat'ika *gekrümmte Faust* (vgl. γρόνθος S. 319); khat't'ana, khat't'eraka

Zwerg (vgl. S. 279); (khôḍ'a (vgl. S. 290), wo jedoch ḍ' für l stehn kann = khôla); gut' *umgeben*; gut'ikâ *Ball*; gaḍ'u *Buckel*; gaḍ'ura, -ula *gekrümmt*; gaḍ'ḍ'ûka *Gefäss*; ganḍ'u *Knoten*; guḍ'a *Ball*; guḍ' *umgeben*; goḍ'umba *Gurke*; gôḍ'u, gônḍ'a *Fleischklumpen*; genḍ'u *Ball*; gutsa = guk'kh'a; guḍ *spielen* (vgl. gurd S. 318); gudr = kudr; gudh *umringen*; gôdha *Alligator*; ghat'-ika *Ankel* (vgl. kulpha 309); ghat't'ana *verbergen*; ghut' *umkehren*; ghut'a, ghut'i, ghut'ika = ghat'a; vat' (= vřit S. 318) *umgeben*; vat'a *Kreis*; vat'aka, vat'ara, vat'âkara; vath'ara theilweis = vat'ara; vanth'a *Zwerg* (vgl. S. 322); vanth'ara *Seil* (vgl. κάλως S. 286 aa.); vaḍ' = vat'; vaḍ'a = vat'a; [vaḍ'abhi = valabhi (S. 309); vaḍ'iça = variçi (S. 294)]; vanḍ'a *Krüppel*; mit m für v: manḍ' *umgeben* (welches oben S. 44).

[Hieher ziehe ich jetzt (vgl. βρίτ-ος = ϝέτος, ἔτος S. 319) sskr. vat (I, 310) in samvat *Jahr*, pari-vat'-sara glbd. (d. h. περιπλομένως ἰών, sara von √sřî *gehn*), vatsa glbd. entweder Abkürzung von vatsara, od. aus vat formirt, wie oben gut-sa aus gut' u. aa.; amâvasî ist alsdann entweder aus amâvatsî durch Assimilation entstanden (ts = ss = s), oder von jenen zu trennen. So gehört denn hieher: ϝέτος u. s. w. (I, 311—313); (ἐνι)αυτός (I, 310, vgl. II, 30 Ntr.); über ἔαρ vgl. N. Ntr. zu I, 309.]

german. altn. hampa *wälzen* (*Grimm* nr. 585); ahd. hof, ags. hop *Kreis* (*Graff* IV, 828), ahd. hofar *Höcker* (838); goth. hups *Hüfte* (wo sich der Körper krümmt, vgl. sskr. kut'a aa., *Graff* ebds. 832), ahd. hufo (833), vgl. *Grimm* d. Gr. II, 40, nr. 524); huof (837, vgl. χελιδών S. 282); hafan (ebds.), goth. hanf *verkrüppelt* (ebds. 955); engl. hump; ahd. huba (ebds. 753, vgl. κόρυς S. 319); ob ahd. kappa (ebds. 355); kuppa (ebds.); kubisi *Zelt* (ebds. 359), kipha (370, vgl. lat. gibbus); kuofa (377, vgl. sskr. kûpa S. 322); geb-ita *ein Gefäss* (126); gabala (127, vgl. furca S. 315); gebal *Schädel* (ebds., vgl. κεφαλή); gibil u. s. w. (128), goffa (176); gaufan (177); gump (207, vgl. gurges S. 291); hinkan (962, früher (I, 624 Anm.) falsch (vgl. χωλός S. 299)); hagan (761, vgl. hag = urbs S. 310); hako (763), hangjan (766, vgl. κρεμ S. 307); kegil (362); hutta (806, vgl. sskr. kut' S. 322); koz *Kutte* (538); nord. gadda *constringo* (ebds. 143); ahd. gadam *septum* (175). goth. kati (*Graff* IV, 537) *Kessel* (vgl. sskr. gaḍ'ḍ'ûka; litth. katilas, lett. katls, slav. kotĭlŭ sind dem Deutschen entlehnt).

slav. koupŭ *Haufen* (*K. G.*, vgl. ahd. hufo).

litth. kuprà *Höcker*; kupka *Becher*; kumpas *krumm*; kumbrys *krummhälsig*; kabu *hangen* (vgl. κρεμ S. 307); kablys *runde Gabel* (fremd?); gembe *Nagel* (vgl. ἧλος S. 300); kniauklė = kraukle (S. 314); lett. gusa *Kropf*; gusums *Höcker*; gubt *bücken*; knuhpt *zusammengekrümmt liegen* (vgl. γνάμπτω 324).

gael. cub *Krümmung* u. s. w.; cuibhle *Kreis*; cupa *Becher*; copach *bucklig*; copan; cuag *Krümmung*; cuach = cupa; cuidheall *Rad*.

lat. cub (b = sskr. bh); in cubare, cumbere, cubitus (vgl. S. 305); ob campus (vgl. ἄρουρα S. 306. schwerlich = κῆπος (I, 193)); gibbus; cacumen *Wirbel, Spitze* (= sskr. kakud + min in *Bhag.* Pur. III, 3, 4); ob vag-us (*sich hin und her drehend*)? aa.

griech. κα(μ)π (vgl. oben (S. 322) sskr. kamp, altn. hampa (*Pott* I, 256)): κάμπτω *krümmen*; καμπτός, ή, όν; -τήρ, ὁ; -τρα, ἡ; (καπτήρ, ὁ zw.); κάμπη, ἡ; κάμπιμος, ον, (-πιος, -πειος Gr.); καμπαλέος, α, ον; καμπύλος, η, ον; καμπυλότης, ἡ; -λη, ἡ; -λόεις, εσσα, εν; -λλω; -υλίζω; (-λέω zw.); κάμψις, ἡ; καμψός, ή, όν; κάμψα, κάψα, (Suff. sa, bei *Bopp* ausgelassen, vgl. gutsa), κάμπτρα, ἡ *geflochtener Korb* (daher entlehnt slav. kovütschegü (*K. G.*)); καμψίον, τό; καμψάκης, καψάκης, ὁ; -κιον, τό; καμψικίζω; γ für κ: γαμψός, ή, όν; -ψότης, ἡ; -ψωλή, ἡ; ν (wie in sskr. knas, knath (S. 322), litth. kniauklē, lett. knuhpt) eingeschoben: κνάμπτω, γνάμπτω; -τός, ή, όν; [hieher gehört nun auch nach Analogie von walchan (S. 314) aa. κνάπτω u.s.w., welches früher (I, 196) falsch]; ἐπικαμπής, ές; -πιος, ον; πιτυοκάμπτης, ὁ; ἀκαμψία, ἡ; εὔκναμπτος, ον. Hieher κάμπος, τό (vgl. φάλη S. 293, βελλερο S. 304).

καπάνη, ἡ *Querholz am Wagen* u. s. w.; -ναξ, ὁ; -νικός, ή, όν.

κεφαλή (mit ᾱ in Compos. *Spitzner* Pros. 107), ἡ (= sskr. kap-âla, lat. cap-ut, ahd. haubit (*Graff* IV, 755), vgl. aber auch gibil u. s. w. (ebds. 127 ff.)) *der Wirbel* (vgl. κάρη S. 285, κορυφή S. 312 aa.); hieher auch lat. ap-ex für capex (wie amo für camo); κεφαλίς, ἡ; -λιον, τό; -λικός, ή, όν; -λαῖος, α, ον; -αία, ἡ; -αιώδης, ες; -αιόω; -αίωμα, τό; κεφαλήτης, -ίτης, ὁ; -λώδης, ες; -λωτός, ή, όν; -λίζω; -λισμός, ὁ; -λιῶται, οἱ; -λος, -λῖνος, ὁ; -λίνη, ἡ; ἀκέφαλος, ον; ἀνακεφαλαίωσις, ἡ; -ωτικός, ή, όν; ἀποκεφαλιστής, ὁ; mit β = φ: dialekt. κεβλή = κεφαλή.

κόττα, ἡ, -τος, ὁ, -τίς, ἡ *Kopf* scheint mir nicht mit κόρση (vgl. S. 133) zusammenzuhängen, sondern = der organ. Form von lat. caput, welches ich für Veränderung einer Participialf. cap-to (*gerundet*) nehme, die, in capt verstümmelt, cap-ut (durch Einfluss des p) ward (in capitis ist i durch Assimilation); also κόττα für κοπ + τα.

κόφ-ινος, ὁ *geflochtener Korb*, vgl. *Diefenb.* (Celt. I, 206); ob slav. koschï (*K. G.*) zu vgl.? κοφινώδης, ες; κοφινόω.

γομφ (vgl. litth. gembe S. 323); γόμφος, ὁ *Nagel*; γομφόω; γόμφωμα, τό; γόμφωσις, ἡ; γομφωτήρ, ὁ; -τήριος, α, ον; -τικός, ή, όν; -τός, ή, όν; πολύγομφος, ον.

[Der Name der *zwerghaften* (vgl. S. 322) Κάβειροι könnte zu der Form sskr. hvar (S. 283) gehören (s. κάβειροι S. 286); eben so κόβαλ-ος (κώβαλος), ὁ zu hval; denn auch diese *Kobolde* sind *verkrüppelt* gedacht; -λεύω; -λεία, -λία, ἡ; -λικεύω; -κευμα, τό.]

Gehört dagegen hieher κόμβ-ος, ὁ *womit man constringit* (vgl. sskr. gumph)? ἐγκομβόομαι; -βωμα, τό; ἐπικόμβιον, τό. κίβ-ισις (wegen F. vgl. lat. gibbus), ἡ, auch κύβισις, κίβυσις, κύβησις, κίββα, ἡ *Beutel* (vgl. κώρυκος, aber auch κύμβη weiterhin und lett. kabbats *Tasche*; aa.); κιβωτός, ὁ *Kasten*

u. s. w.; -ώτιον, -τάριον, τό; ob auch *κιβώριον, τό* (vielleicht fremd). Sollte hieher gehören: *κιμβ-άζω hucken (sich niederkrümmen*, vgl. S. 320 ὀκλάζω aa.)? aber auch σκιμβάζω, ὀκιμβάζω (wäre hier σ = ὁ = ἀ = ἁ I, 382, vgl. ὀκλάζω S. 320?).

κυπ (vgl. verw. Sprr. oben S. 322 ff., die alle analoge Ff. mit anall. Bedd. haben): *κύπελλον, τό Becher*; -λίς, ἡ; ob hieher *κυπάς, ἡ*; -ασσίς, ἡ; -σίσκος, ὁ *ein Kleidungsstück* (vielleicht fremd)? *κύπαρος*, κύτταρος (für κύπταρος, vgl. κόττα S. 324), ὁ *Krümmung des Himmels* u. s. w.; κύτταρον, τό, -ριον, τό. — *κύπη, ἡ*; -πόω; *γύπη* = κύπη, ἡ.

κυφ (vgl. verw. Sprr. oben und *Pott* I, 112): *κυφός, ή, όν gekrümmt*; κυφότης, ἡ; κυφαλέος, α, ον; κύφελλον (spät), τό; κύφων, ὁ; κυφωνισμός, ὁ; κυφόω; κύφωμα, τό; κύφωσις, ἡ; *κυπτός, ή, όν*; κύπτω; κυπτάζω; κυπόω; συγκύπτης, ὁ; *κύφερον*; κύφην, τήν *Kopf* (kret.); κύβδα.

κυψέλη (vgl. κάψα), ἡ; -λιον, τό; -λίς, ἡ; -λίζω; -λος, ὁ.

Wie sskr. **ubg'a** zu **kubg'a** (S. 322), so *ὑφός, ή, όν* zu κυφός; ὑφηλός (*Aesch.* Pers. 467). [ähnlich verhält sich ὁπ-λή zu dem glbd. ahd. **huof** (*Graff* IV, 837), welches nach oben aus einer Wzf. **hvap** entsprungen wäre, also ὁπλή für ϝοπλή, welches früher (I, 431) noch nicht erkannt; wegen der Bed. vgl. χελιδών (S. 282)].

β = φ (vgl. κρυφ S. 311 aa.): *κύβος, ὁ Wirbel des Rückenmarks* (*Poll.*), *Höhlung an der Hüfte, Würfel* (rund?); κύβιον, τό; κυβικός, ή, όν; κυβίζω; κυβεύω; κυβευτήρ, -τής, ὁ; -τήριος, α, ον; -τικός, ή, όν; -βεία, ἡ; -βεῖον, τό; δυςκυβέω.

κύβη, ἡ Kopf u. s. w.; κυβιστάω; -τησις, ἡ; -τημα, τό; κυβιστητήρ, ὁ; κυβιστίνδα; hieher κυβ in κυβερνάω (S. 305).

κύβ-ιτον, τό (= **cubitus** S. 323); κυβιτίζω; κύβωλον, τό; κύβλα, τά.

Wie ὑφό zu κυφό, so *ὑβός, ή, όν krumm* zu κυβο; *ὕβος, τό*; ὑβόω; ὕβωσις, ἡ; ὕβωμα, τό; ὑβάζω. hieher Ὕβλη, N. p., *ὑβλιόν* (*Hes.*); *ὑβώατα* = κυρτώματα (*Hes.*).

Gehört vielleicht hieher: *κωβ-ιός* (ω Guna) *eine Art Fisch* (etwa wegen *gekrümmter* Gestalt)? κωβίδιον, -δάριον, τό; -βίτης, ὁ; -ῖτις, ἡ; κωβιώδης, ες.

κύμβος, ὁ Becher u. s. w.; κυμβίον, -βεῖον, τό; κύμβη, ἡ; κύμβαχος, ον; (Bed. *Kopf*, vgl. II, 268). — Ob *κύμβ-αλον, τό* (*hohles Becken*? (ob zu κρεμβ S. 131 mit υ = ρε?)); κυμβαλίζω; -ισμός, ὁ; -στής, ὁ; -τρια, ἡ; ἀνακυμβαλιάζω *umschlagen* (zu der eig. Bed.).

Ob hieher mit sek. κ: *κυκ-άω verwirren* und dann *mischen* (vgl. κυρκανάω S. 316, aber auch lett. **kuhki** *zusammengekochte Weizen und Erbsen*); κυκεία, ἡ; κύκημα, τό; κύκησις, ἡ; κυκητής, ὁ; κύκηθρον, τό; κυκήθρα, ἡ; κυκεών, ὁ.

[Gehört hieher zend. **kath-vâ** *Eselin* (*die zögernde*, vgl. ἐλινύω S. 320 aa., κίλλος S. 153)? dazu (als fremd?): *κάνθος, ὁ Esel*; κανθίς, ἡ; κάνθων, ὁ; κανθήλιος, ὁ; -λια, τά; κανθίαι, αἱ; vgl. jedoch *Pott* (Ztschr. f. d. Kunde des Morgenl. IV, 1, 11)]. Ferner *κανθός, ὁ Winkel, runder Reif* (*Krümmung*, vgl. γῶνος S. 19), auch zu vgl. ahd. **kant** (*Graff* IV, 455), lett. **kante** *Ecke* und *Diefenb.* (Celt. I, 112 nr. 159) u. oben S. 308; ἐγκαν-

θίς, ἡ; endlich *κάνθαρος, ὁ eine Käferart* (vgl. *κάραβος* S. 312, vielleicht dann auch ahd. cevaro (*Graff* IV, 378) hieher zu S. 323; wäre der *Käfer* als gekrümmtes Thierchen gefasst?), *ein Gefäss* u. s. w.; *κανθάριον, τό; -ρίς, ἡ;* ob hieher *κανθάρεος, -ριος, -ρίτης, ὁ eine Rebenart?*

Wohl *κοτ-ύλη, ἡ etwas Ausgehöhltes, Vertieftes* u. s. w.; *κοτυλίς, ἡ; -λος, ὁ; -λίσκος, ὁ; -κη, ἡ; -κιον, τό; κοτυλαῖος, α, ον; -λιαῖος, α, ον; -λώδης, ες; -ληδών, ἡ; -λίζω; -λων, ὁ; ἡμι-κοτύλιον, τό.*

κώδεια, ἡ Kopf (vgl. sskr. ut-kuťa, kakud S. 322), *Kreis* (*Et. M.*), *Mohnkopf* (aber gael. codalan *Mohn* von codal *schlafen!*); *κώδη, -δία, -διξ, ἡ; -δύα, ἡ; -δυον, τό;* hierzu wegen der Aehnlichkeit *κώδ-ων die gewölbte* (gekrümmte) *Glocke; κωδωνίζω; ἀκωδώνιστος, ον.*

κόνδ-υλος, ὁ Gelenkbuckel u. s. w.; *-λιον, τό; -λη, ἡ; -λώδης, ες; -λίζω; -λισμός, ὁ; -λόομαι; -λωμα, τό.*

Ob endlich *γαυσ-ός, ή, όν krumm* für *γαυδ-* (vgl. sskr. gôd'a gud' aa., aber auch lett. gusums). [wegen sskr. mand' (S. 323), auch *μάνδαλος* u. s. w. (oben S. 44)].

θρ. Im Sskr. heisst √dhři 1. *tragen* (vgl. *Pott* I, 219), 2. *halten.* [Da auch in der Wz. dhâ (S. 265) die Bed. *tenere* im Sskr. insbesondre hervortritt (vgl. dhâ, dhî bei *Ros.* Radd.), so wäre nicht unmöglich, dass dhři aus dha + ra entstanden wäre, wofür eine Menge Analogieen schon vorgekommen sind, z. B. sphři aus spha (I, 537 ff.), tři aus ta-ra (II, 254 ff.) u. aa.]; zu dhři: mit ŭr = ři, wie oft: sskr. dhŭr *Last*, dhur-in'a, dhur-ja *Lastthier;* mit û: dhûr *bewegen;* dhûrvi, dhûr = dhur (*Wils.* s. v. dhûrdhara); mit îr = ři: dhîra *fest* (eig. *haltend*); mit rû = ři: dhrû *fest sein* in dhru-va aa. Aus der Bed. *sustinere* geht im Sskr. 3. *perdurare* hervor; eben so lat. dūr-us *fest, hart* und dūro *dauern* (zu Wzf. sskr. dhûr), neben fir-mus mit f = dh, wie oft (zu Wzf. sskr. dhîr) und fer-me (zu Wzf. sskr. dhři, gunirt dhar); litth. drû-tas *hart* (Wzf. sskr. dhru); lat. for-ma könnte eben so gut, wie zu fer-o (= sskr. bhři), auch hieher gehören; in beiden Fällen drückt es eigentlich *Gebärde* (welches deutsche Wort ebenfalls vom Begr. *tragen*) aus; zu sskr. dhru ahd. triu (*Graff* V, 464). — Aus Bed. *halten* geht im Sskr. 4. die Bed. *würdigen* hervor in der Form dhîr (ava-dhîr *herabwürdigen, verachten*, auch diese Bed. wird im Sskr. der Wzf. dhî gegeben); diese Bed. in ahd. tiur (*Graff* V, 450), Gunaform von sskr. Wzf. dhur.

Zu Bed. 1. griech. *θελ* in *θέλ-υμνον, τό,* wenn diess, welches nur Gr. haben, wirklich eig. *Grundlage* (*was ein Gebäude trägt*) heisst; es erscheint in *προ-θέλυμνος, ον; τετρα-θέλυμνος, ον.*

Hieher wohl *ἀ-θαρ-ής fest* (*Hes.*), *jungfräulich;* vgl. firmus, sskr. dhîra, dhruva; *ἀ* vorn = *ἀ* (I, 382) *sehr; αρ* Guna von ři; *ἀθάριος jungfräulich; ἀθαρέως genau;* mit *ε* für *α: ἀθερής genau; ἀθειρέως.*

[Hieher οὖθαρ (I, 260); vielleicht mit ρο = ri θρό-νος u.s.w. und mit ρᾶ = ri θρᾶ-ομαι u.s.w., die I, 665 behandelt].

[Zu Bed. 4. *würdigen* könnte ἀ-θερίζω = sskr. ava + dhri *herabwürdigen, verachten* (*Pott* II, 129), ἀθαρίζω (*Hes.*) gehören; doch wäre eine Ableitung von ἀθήρ (I, 78) nicht ganz unmöglich (*Ahrens* Diall. 135 n. 3)].

dhri mit Präf. upa heisst *intelligere*, aus Begr. *memoriâ tenere*; sollte so auch ἀ-θρέ-ω, att. ἁ-θρέω (ἀ = ἁ I, 382) hieher gehören, so dass es ursprünglich das geistige Erkennen wäre? aber sskr. (prati + â +) dri heisst *sehn* (vgl. *Pott* I, 219 und N. Ntr. zu I, 224); d konnte hier durch Einfluss des folgenden r aspirirt werden; ganz unmöglich wäre auch nicht die Entstehung aus ἀ-θεωρ-έω; dazu ἀθρήματα, τά; περιάθρησις, ἡ.

sskr. dhri heisst *teneri, addictum esse*; dazu wohl θρῆ-σκος, ον *fromm* (*an etwas haltend*); doch könnte man auch hier an sskr. dri in der Bed. *colere* (vgl. N. Ntr. zu I, 224) denken; θρησκεύω; -κεία, -κία, ἡ; -κευμα, τό; -κεύσιμος, ον; -κευτής, ὁ; -τήριον, τό; ἐθελοθρησκέω.

Aus der Bed. *addictum esse* könnte auch der Begriff *dienen* hervorgehn und in so fern θεραπ hieher gehören (π-Bildung); aber auch hier könnte an dri *colere* und viele andre Möglichkeiten, deren Aufzählung wenig fördern würde, zu denken sein; θεράπ-ων, ὁ; θέραψ, ὁ; θεράπαινα, -νίς, ἡ; -νίδιον, τό; θεραπίς, -πνίς, ἡ; -νίδιον, τό; -νη, ἡ; θεραποντίς, ἡ; -πήϊος, α, ον; -πεύω; -πευμα, τό; -πευσία, ἡ; -σιμος, ον; -πευτός, ή, όν; -τικός, ή, όν; -τήρ, -τής, ὁ; -τίς, -τρια, -τρίς, ἡ; -πεία, -πηΐη, ἡ.

[Hieher mit sekundärem g zu Bed. 1. *tragen*: ahd. trag-an (*Graff* V, 492), griech. mit Versetzung der Aspiration (vgl. θελγ-ίν : τελχίν (S. 196)): τράχ-ηλος (welches I, 96 falsch) der *tragende* wie αὐχήν (I, 352), slav. drg'-ati *tragen* und drag *theuer*, Bed. 3. (*Dobr.* 92); traho dagegen scheint zu trennen (*A. Benary* R. Ll. I, 131)].

(θρσ). Wir sahn aus dem Begr. *tragen, über sich nehmen*, die Bed. *wagen* hervorgehn (τόλμα S. 259); sollte eben so aus sskr. dhri *sustinere* sskr. dhri-sh hervorgegangen sein; denn dass *wagen* die Grdbed. sei, zeigt ausser den Verwandten auch sskr. dhrish-jamâna *kühn*, dhrisht'a, dhrishmag', dhrishnu, da-dhrik' (wo k' höchst auffallender Vertreter von sh ist) *frech, schaamlos*; das sh scheint mir, wie gewöhnlich, Vertreter von organischem ksh, wofür lat. forc-tis (alt für fortis vgl. *Pott* I, 270), lett. drihksteht *sich unterstehn* spricht; zu diesen und den Verwandten bei *Pott* (a. a. O.), *Bopp* (Vokalism. 171), *Diefenb.* (Celt. I, 159), *Graff* (V, 441), slav. drüz-non (*Kop.* Gl.), lett. drohsssch *kühn*, gael. treis-e = fortitudo; griech. θάρσ-ος, θράσος, τό; θαρσύς, θρασύς, εῖα, ύ; θρασύτης, ἡ; θαρσαλέος, θαῤῥαλέος, α, ον; θαρσαλεότης (ῤῥ), ἡ; θαρσήεις, εσσα, εν; θαρσέω (ῤῥ); θάρσησις, ἡ; θαρσητικός (ῤῥ), ή, όν; θάρσυνος (ῤῥ), ον; θαρσύνω (ῤῥ); θρασύνω; Θρασώ, ἡ N. p.; ἀθαρσής, ές; εὐθάρσεια, ἡ.

Mit φ für θ, wie oft (vgl. φλάω, φλίβω): φάρ-υμιος, φαρ-υνός *kühn* (äol. *Ahrens* Diall. I, 42); ρ für ῤῥ.

[Hieher φέϱ-τεϱος (= lat. for-tior), α, ον *kühner, tapfrer* (falsch I, 321)].

Wie lat. fĕrus *wild*, so hieher griech. ϑήϱ (für ϑεϱο mit Verlust des themat. ο und dann Dehnung des ε, wie oft), äol. (thessalisch *Ahr.* Diall. 219), φήϱ, ὁ *wildes Thier*; ähnlich goth. diuz für diurz (*Graff* V, 447); vgl. *Pott* (I, 270, II, 278, Lth. Bor. Pr. 65); ϑηϱίον, τό; ϑηϱίδιον, τό; ϑήϱειος, (α), ον; ϑηϱιακός, ή, όν; (ϑήϱιος, ον zw.); ϑηϱιότης, ἡ; ϑηϱιώδης, ες; -δία, ἡ; ϑηϱιόω; ϑηϱίωμα, τό; -ίωσις, ἡ; ϑήϱα, ἡ; ϑηϱάω; ϑήϱαμα, τό; ϑηϱάσιμος, ον; ϑηϱατής, -τωϱ, ὁ; ϑηϱατήϱιος, α, ον; -τός, -τικός, ή, όν; -τϱον, τό; ϑηϱέω; ϑήϱημα; ϑηϱητήϱ, -τωϱ, ὁ; ϑηϱοσύνη, ἡ; ϑηϱεύω; ϑήϱευμα, τό; ϑήϱευσις, ἡ; -σιμος, ον; ϑηϱευτής, -τήϱ, ὁ; -τός, -τικός, ή, όν; ἄϑηϱος, ον; -ϱία, ἡ; ϑυννοϑήϱας, ὁ; -ϱαῖος, α, ον; σκιάϑηϱον, τό; φιλοϑηϱεία, -ϱία, ἡ.

Zu φήϱ in der Bed. *Satyr* φήϱεα, τά (vgl. *Pass.*).

Aus dem Begr. sich *erkühnen* geht der Begr. *wollen* mit Leichtigkeit hervor; vielleicht daher zu sskr. dhrĭsh gael. toil-e *Wille* (mit Verlust des s und l für r); im Sskr. erschien eine reduplicirte Form von dhrĭsh in dadhrĭk' *frech*; ihr (in der organischeren F. dadhrĭsh) entspräche mit λ für r in der Gunaform: δεϑελσ; indem das anlautende δ, in der Reduplicationssylbe, ähnlich wie γ in ἐγείϱω (S. 128), abfällt, ἐϑελσ; ohne σ (vgl. φέϱ-τεϱος, μέϱος S. 40): ἐϑέλω (anders *Pott* I, 220); ἐϑελημός, όν; -μων, ον; ἐϑελοντήϱ, -τής, ὁ; -τί, -τήν; -τηδόν; ἐϑελούσιος, ον; mit Verlust des ε: ϑέλω; ϑέλημα, τό; -ματαίνω; ϑέλεος, ον; ϑέλησις, ἡ; -ητός, ή, όν; -τής, ὁ; ϑελοντής, ὁ; αὐτοϑελής, ές; -λεί.

ϑϱασκίας, ὁ *Nord-Nord-West-Wind*, wohl als von *Thracien* her wehend (*Pass.*, *Pott* II, 499).

ϑϱαυπίς, ἡ *eine Vogelart.*

ϑϱαύπαλος, ὁ *eine Baumart.*

Nachträge.

Neue Nachträge zu Bd. I.

VIII, 3 v. u. l. φυγ statt σπυδ und φευγο (φεύγω) st. σπευδ (σπεύδω).

IX, 2 v. o. nach "*Wzform*" hinzuzusetzen: "(über die Erscheinung, dass sie im Sskr. vielfach neutrale Bed. herbeiführt, vgl. man *Haughton* Manusanhitâ I, 329, *Lassen* Ind. Bibl. III, 1, 95)."

IX, 8 ff. Bezüglich die Conjug.-Classen mit charakteristischem n (5, 7, 9) vgl. man *Bopp* (V. G. S. 714-718), *Pott* (E. F. II, 688). Da lat. sta-tu-o deutlich eine Bild. aus dem Part. Prät. sta-tu zeigt und sicher die griech. und lat. Verstärkung in den Specialtemporibus durch τ : t (τύπ-τ-ω flec-t-o) eben so zu erklären ist, so deute ich auch das na der 9ten Conj. Cl. (im Sskr. nâ, geschwächt nî) aus dem sskr. Suff. na, welches ebenfalls Part. Prät. bildet. Das nu der 5ten Conj. Cl. identificire ich mit dem sskr. Nomin.-Suff. nu, so dass also diese beiden Conj. Cl. in den Specialtemporibus gewissermassen Denominativa sind [eben so erkläre ich das u der 8ten Conj. Cl. für identisch mit dem suffixalen u (vgl. die Menge Denominativa aus Adjectiven auf *υ* im Griechischen)]. Insofern nun jenes Participialsuff. na sicher aus dem Pronominalstamm n (vgl. II, 230) und dieses Nominalsuff. höchst wahrscheinlich (vgl. Pronomform nu II, 50) hervorgegangen ist, trifft meine Ansicht in letzter Instanz mit der von *Bopp* zusammen, welcher dieses n gradezu aus dem Pronominalstamm erklärt; diese unmittelbare Ableitung kann ich aber nicht billigen; denn es ist nicht denkbar, dass durch Hinzufügung eines, die *dritte* Pers. bed., Elements ein Verbum eine Steigerung oder Verstärkung erhalten konnte, welche auch für die *erste* und *zweite* Person Geltung hätte; dass z. B. ju-nâ-mi, wörtlich: *in Verbindung seiend — er — ich* heisse *ich verbinde*. Dagegen ist nichts natürlicher als, dass (wie in lat. sta-tu-o, in-ten-t-o, gr. τύπ-τ-ω) eine Participialbildung des Präter. — dieses in der Bed. des griech. Pfects aufgefasst (man vgl. z. B. die Präsentia, welche sich aus dem Pfect im Griechischen bilden), oder in der des Aorists — eine, eine Dauer ausdrückende, frequentative, oder die Momentanität insbesondere hervorhebende, und weiter dann allgemein gesteigerte Verbalform bilden kann, z. B. τυπ (einfache Bed.) *schlagen*: τυπτο *im Zustand der häufigen* (frequentativ) *oder dauernden Schlagung*; τυπτω(μι) *ich im Zustand* u. s. w. daher *ich schlage*. Welche *bestimmte* Bed. das na der 9ten Conjug. Cl., das nu der 5ten Conj. Cl. ursprünglich gehabt habe, wage ich noch nicht zu entscheiden. Nach Analogie der 2ten slav. Conjug. (bei *Dobr.*), deren nón = sskr. nâmi, scheint die Bed.

eine Steigerung des Aoristbegriffs, des Momentanen, ursprünglich zu sein. In den verwandten Sprachen haben sich die aus den Charakteren der Conjugat.-Classen hervorgehenden Bedeutungsmodificationen zum grössten Theil fast ganz verwischt (darüber Genaueres im Fortgang dieses Werks). — Den Nasal der 7ten Conj. Cl. betreffend, so erklärt ihn *Bopp* (V. G. S. 717 §. 496) so, dass er annimmt, dass die 9te Conj. Cl.-Bildung zu Grunde liege und dann der Nasal von dieser den wurzelschliessenden Consonanten gleichsam übersprungen habe, z. B. in bhid (in der 7ten Conj. Cl. bhind) sei Präs. 1 bhi-na-d-mi aus bhidnâmi (Präs. d. 9ten Conj. Cl.) hervorgegangen. Solche zufällige phonetische Erscheinungen treten aber in der Sprache wohl ein und das andremal ein, aber nicht so unter gleichartigen Umständen, dass sie ein so umfassendes Gesetz bilden können, wie das der 7ten Conj. Cl.; man müsste annehmen, dass wenige — man kann wohl sagen — rein zufällige Beispiele, nach vollständigem Vergessen ihrer Entstehung, eine grosse Menge, eigentlich ganz und gar nicht zu ihnen passender, Bildungen in ihre falsche Analogie hineingerissen hatten; um nur eins zu erwähnen, wäre Wzf. jug' nach *Bopp's* Ansicht jug-nâmi geworden; allein wie konnte daraus ju-na-g'-mi, ju-n-g'-vas werden? — Mir ergiebt sich eine andre Erklärung der 7ten Conj. Cl. aus der Bemerkung, welche ich weiterhin ziemlich fest stellen werde, *dass die Wurzelformen, welche nach der 7ten Conjug. Cl. flectirt werden, alle mit einem sekundären Laut schliessen*; z. B. eben jug'; dessen primärere Wzf. ist ju (vgl. I, 679, II, 200). In diesen Formen war die primärere Wzf. nach der 9ten Conj. Cl. flectirt und der sekundäre Laut trat an die Wzf. sammt dem Classenzeichen; für diese Erklärung spricht wiederum grade jug', dessen primärere Form ju-nâ, organ. jună ist; an diese trat das sekundäre g' also im Präs. 1 P. junăg'-mi; vor den, Synkope bedingenden, Endungen fiel das a aus, also jung'-vas u. s. w. Bei dieser Annahme erklärt sich das einzige griech. Beispiel mit einem auf diese Weise zu deutenden *να*: *τέναγος* (I, 422) viel einfacher, als wenn man blosses n als Zeichen der 7ten Conj. Cl. nimmt und dieses sich in na erweitern lässt. Durch dieses enge Verwachsen des na in die Wurzelform geschah es, dass im Griech., wenn, wie fast in allen Conj.-Classen, das *ο* der 1sten und 6ten Conj. Cl. hinzugefügt ward, der nicht wurzelhafte Charakter jenes Nasals vergessen wurde und derselbe auch in den allgemeinen Temporibb. blieb; dagegen blieb er nicht, wo in den Specialtemporibus noch *ανο* antrat. Von diesem *ανο* glaubt *Bopp* eine Spur im Sskr. zu entdecken (V. G. 716); ich kann sie in dem einzelnstehenden Imperativ nicht erkennen; vielleicht ist dieser eher auf dieselbe Weise zu erklären, wie griech. *ν-ανο* von mir hypothetisch gedeutet wird. Wie *τυπτο* aus Part. Prät., so glaube ich ist diese Bildung aus einem alten Partic. Medii zu deuten, welches in der 7ten Conj. Cl. regelrecht (*Bopp* Gr. sscr. 598), z. B. von jug': jung'âna, n-âna zur Wzf. fügt. Wie nun aber neben der sskr. Participialend. mâna das organischere griech. *μενο* erscheint, so ist auch für âna als organischere Form ăna zu nehmen. Mit dieser würde Ptcp. Med. von *λαχ*: *λα-γ-χ-ἄνο*, woher dann Präs. λαγχάνω. Etymologisch ganz verschieden — um, diess beiläufig anzumerken — ist dieses ᾰνο von ᾰνο in ἱκ-ᾱνω, μελᾰνο für μελαινο u. aa., in denen sich der Nasal der 7ten Conj. Cl. nicht findet. Dieses ist wesentlich identisch mit *αινο* (beide für organ. *ανjο*, *ᾰννο* : *ᾱνο*, *ᾰνο*) und eine individuell-griechische Denominativform. Ueber Spuren von **n î** der 9ten Conj. Cl. vgl. man II, 171.

xɪ (zu S. 3); über *ἱωροί* vgl. II, 188 und 297.

xɪv (zu 134); **porto** scheint mir jetzt (nach II, 258) zu **para** in der Wzform, welche sskr. **pṛi** lauten würde, und in der Bed. *von einem Ort zum andern bringen* zu gehören; es ist ein Denominativ von einer Nominalbildung durch Suff. **to**; über zend. **perethu** vgl. II, 257, über **porta** II, 86.

xɪv (zu 148); über -*χο* s. II, 268.

xv (S. 205) über **kalpa** II, 171.

xv (S. 209) zu lat. **gradior** zunächst sl. **grénd-ón** (*K.* G.), sloven. **gred-em** (*Metelko* slov. Gr. 103); neben nhd. **schreiten**, **schrit** auch ahd. **grit** (*Graff* IV, 312, II, 716) in **grìt-mali** *passus* = **scrit-mali** und **crit-mali**, wo das Verhältniss von **skr** = **gr** sich im Deutschen wiederholt.

xv Z. 3 v. u. l. "271" st. 291.

xvɪ (S. 305) vgl. *Pott* Berl. Jahrb. 1840 S. 660.

xvɪ Z. 11—13 von "*Für — sollen*" streiche man und vgl. *Pott* a. a. O. 659.

xvɪ (S. 362) zu **vas** und **praes** vielleicht eher ltth. **vad-oju** *auslösen*; ob **vind-ex** nicht vielleicht zu Wzf. **vid**, goth. **vithan** *ligare* I, 288 (vgl. lat. **vitta** für **vid**+**ta** (die *Umgewundene*) u. I, 285 *ϝιδ*), von $\sqrt{}$**vi** eig. *winden*, dann aber, wie **vinc-ire** u. s. w. (I, 289) *binden*, vgl. **fes-tuca** von sskr. **ba(n)dh** *binden*, **hasta** von **had** (**prehendo**); alles wegen der kriegerischen Form der Besitzergreifung.

xvɪ (S. 386) **omnes** leitet *Pott* (Ztschr. f. d. Kde des Mgldes III, 43) von sskr. **amâ** *mit* (vgl. **purâ** : **purâ-n'â** : **idâ-nim** (II, 231); dafür spräche armen. **amên**, Partikel, welche zur Bildung des Superlativs dient (vgl. *Peterm.* Gr. L. Armen. 34); — über **communis** u. s. w. s. Ntr. zu II, 36, 7.

xvɪɪ Z. 1—3 statt "*oder* — **coitus**" setze man: "diess war auch die alte Bed., wie *Fest.* s. v. zeigt (**stupru'm**: pro turpitudine antiquos dixisse apparet cett.)."

S. 1, Z. 1 zu Pronominalstamm *ἀ*: Nach Analogie des, im Deutschen zur Bildung des Präteriti dienenden **ge** = sskr. **saha** (I, 227 Anm.), vom Pronominalst. **sa** (I, 379 ff. vgl. II, 268) identificire ich jetzt das sskr. Augment **a** mit dem Pronominalstamm **a**; mit diesem identisch ist das griech. Augment *ἐ*; anderes s. bei *Pott* (II, 72 ff.). — Ueber das Neutr. dieses Pronomst. **at** vgl. Wzllex. II, 231; dieses erkenne ich auch in dem Präf. **at** in sskr. **ad-bhuta** (I, 251 falsch), **ad-ri** (I, 96) und in mehreren andern Formen, wo der Anlautvokal eingebüsst ist, wie **d-ṛih** (I, 96, wo die Identificirung von **ad** mit **ati** falsch), **d-ṛiç** (I, 224). — Zu diesem Pronomst. gehört auch sskr. **â**, griech. Präf. *ἠ* (I, 1, 30, vgl. II, 231), dessen Form *α* mir als Verbalpräfix insbesondre in *ἀΐω* erhalten zu sein schien (II, 223); mit at zsgstzt erscheint es in âat *alsdann, sondern* [1]) im Zend.

2, 29: *εἶν* s. II, 232. — 2, 38 *ἶν* s. I, 453.

2, Anm. wegen am vgl. II, 187. — 3, 9: *ἴγνητες* vgl. II, 48.

3, 11: *ἰδέ* s. II, 232. — 3, 35: *οἶος* s. I, 285.

4, 28 *μόνος;* die Etymol. zweifelhaft wegen gael. mhain, doch kann hier auch mh (welches wie w gesprochen wird) für w stehn (ähnlich lamh = griech. *λαφ* (*λαβ*)).

4, 32 l. *μοναχός* u. vgl. II, 268. — 4, 38 *μουνυχία* ebds.

5, 4 *οἶνο* vgl. II, 45. — 5, 31 l. *οἴνη*.

6, 17 die ep. F. *ἕεις* entscheidet für anlautendes *ϝ*; vgl. zu *ἕν* noch *ἕνδεκα* II, 213.

6, 25 *ἑκατόν* vgl. II, 215.

6, 37 *ἕκαστος* hat in dem boöt. Dialekt kein Digamma (*Ahrens* Diall. 170, der es auch dem *Hom.* abspricht). In diesem Fall wäre die Etym. von êkatara vorzuziehen, aber *ἑκατ.* stände für *εἰκατερος*, *ἕκαστος* für *ἑκατατος*, vgl. *ἑκατοστός* II, 215.

7, 20 dieselbe Lautänderung, welche ich zur Erklärung der Entstehung von âjush aus aiva annahm, und welche sich eng an r. 41 (*Bopp* Gr. sscr.) schliesst, so jedoch, dass va erst, oder zugleich in u überging, zeigt zend. vidôjum für vidaêvam (im Vend. lithogr. oft, z. B. 14, 5); denn ô steht hier für organischeres â; âju erscheint im Zend in perenâju *volljährig*; vgl. auch noch gael. aos *Alter*.

8, 7 füge man äol. *ἄϊ* hinzu (*Ahrens* Diall. 17).

9, 11 ff. über *εἶτα*, *εἶτεν* s. II, 221, 230.

9, 32 *εἶθαρ* s. II, 221. — 9, 35 über *θε* vgl. II, 269.

10, 23 *ὕβρις* wohl onomatop. vgl. II, 62, *βύας*.

11, 5 *οἰδάω*; *Bopp* (Gl. sscr. s. v. êdh) zu êdh (welches Nebenform von r̆idh vgl. Wzllex. I, 72); wegen *ὕδ-νον* = *οἶδνον* kann ich dieser Ansicht nicht beitreten.

11, 30 *ἀντάω* vgl. II, 49.

12 zu âp vgl. *Bopp* Gl. sscr. s. v. âp.

14, 3 *ὀϊστός* vgl. II, 203. — 14, 33 *βάλλω* s. II, 291.

15, 3 pat s. II, 93. — 15, 5 sad s. I, 444.

---

1) Da letztere Bed. noch nicht angegeben ist, aber eine Menge Stellen erklärt, so will ich ein Beispiel dafür anführen; *Vend.* lithogr. p. 55 Z. 5 heisst es (ich schreibe die Stelle genau, wie sie die Lithographie hat): nôit ahmi namânê zaiti âthrava naêdha rathaêstâo naêdha vâçtrjo fshujanç âat dahakâk'a mûrakâk'a pôuru çaredhô vâreçnâk'a. *Anquetil du Perron* übersetzt sie ganz falsch: Le lieu où ni l'Athorne, ni le militaire, ni le Laboureur, principe de l'abondance ne me feront (Daroun), sera maudit. Es heisst, so weit ich es verstehe, wörtlich: *Non hoc loco nascitur sacerdos, neque* (*naêdha* = sskr. *na iha*) *miles, neque agricola terram colens, sed* — die drei folgenden Gegenstände entsprechen jenen drei Casten und sind wahrscheinlich schädliche Ungethüme; dahakâ gehört gewiss zu dahâk-em (V. l. 41, 1), Beiname der von Feridun (wie ihn die Perser nennen) besiegten Schlange; das Wort gehört wohl zu sskr. √dâs *verletzen* (in den Veden *Wils.* s. v.), also eig. *schädigende*, vielleicht aber Bezeichnung eines bestimmten schädlichen Geschöpfs; mûraka fraglich; ob zu sskr. mûla *Eidechse*? vareçnâ ob zu vr̆isha *Bulle*?

16, Anm. vgl. noch bhikshâ *Lohn* und stip-(p)endium, stipu-lari (eig. *für sich bitten*, dieser Etymol. gemäss).

21, 14 ist zu οἰωνός gael. eun *Vogel* zu vgl.?

21, 23. 24 streiche man von "ἄκμηνος — καμ und." Dieser Beispiele sind eine überaus grosse Menge vorgekommen und werden später combinirt werden.

22, 7 v. u. ἀάμινς vgl. *Pott*, B. J. 1840 S. 630 und weiterhin Wzllex. II, 203.

23, 15 v. u. ἀσάμινθος vgl. I, 477.

23, 6 v. u.; ist eine Wz. ans *tragen* anzunehmen? vgl. lat. ansa, ltth. asá *Handhabe*, lett. ohsa u. s. w. (*Pott* Lth. Bor. Princ. 22); gehört auch lett. kammessis *Schulter* dazu?

24, 11 zu Wz. as ziehe ich sowohl das desiderative (*eine fortdauernde Zuständlichkeit* bezeichnende) s, als auch das, sonstige sekk. Wzff. bildende, s (vgl. z. B. dvish II, 223, tras II, 252 aa.).

25, 9 οὐσία ziehe ich zu Wzf. vas (I, 297, vgl. nhd. wesen u. ahd. wesan *sein* (*Graff* I, 1053 ff.)), welche ich aber jetzt entschieden (zumal da ihr deutscher Vertreter das Verbum sein (= as) completirt) für ein Compositum von as halte; ob mit Präf. ava oder vi will ich nicht entscheiden. Ihre Bed. ist *dauernd sein*.

25, 14 sentio nicht hieher, sondern mit deutsch sinnen zusammen. Lat. s-en-tire *riechen* scheint mir darauf zu deuten, dass beide zu √ sskr. an (I, 118) gehören und mit Präf. sskr. sa componirt sind, wie oft; wegen der Bed. *Sinn* vgl. φρήν, animus.

26, 1 ἕτοιμο eher für ἑτϝο (= sskr. satva) + ιμο; ist aber vielleicht sl. gotovü *paratus* zu vgl.? oder ist an ϝέντεα, ἐντύνω (I, 286) zu denken? das ν ist in letzterem eingeschoben, also die Primärform ϝετυ *Rüstzeug*; vielleicht mit Suff. μιο (ϝετυμιο u. so) ϝετοιμο.

26, 7 ἰσάτις, vgl. I, 289 u. ahd. wata (*Graff* I, 768), weit (773); danach ϝισάτις.

26, 11 Neben ush erscheint glbd. ukh' (in den Veden, *Lassen* Anthol. sscr. Gloss. s. v.), wie řish, řik'kh' (I, 63), ish, ik'kh' (I, 15). Aus derartigem Wechsel glaubten wir vielfach auf eine organischere Form schliessen zu dürfen, in welcher organ.-sskr. ksh statt sh und k'kh' (k'kh' prakr. für sskr. ksh *Lassen* I. L. Pr. 263) erscheinen würde, also hier uksh; wurzelauslautendes ksh ist aber gewöhnlich sekundär, oder tertiär (vgl. II, 242 ff.); eine primärere Wzf. würde wahrscheinlich auf einen Guttural oder Palatal auslauten; läge eine solche für das hypothetische uksh = ush *brennen* in ôg'-as *Licht* (I, 148 wo N. Ntr.), *Glanz*, dessen ungunirte Form ug' sein würde? Da g' gewöhnlich sekundär ist und u Zszhg von va sein kann, so ist ug' vielleicht zu Wz. av (I, 262 ff.) zu ziehen. Dafür spricht vielleicht sskr. av-i *Wind*, *Sonne*, av-asa *Sonne*. Dann wäre der Begr. *brennen* aus *anfachen*, *hauchen* hervorgegangen, grade wie anala *Feuer* von an (I, 118) *hauchen*.

27, 11 θησαυρος, vgl. II, 267.

27, 20 füge man hinzu: "Zu aus: ein altitalischer Name

der *Sonne*, von welchem Aus-elius, Aurelius, N. p. (vgl. *Fest.* p. 23).

27, 13 v. u. Ganz wie ἀώς u. s. w. zu dem äol. organischeren αὔως verhält sich παρά-α zu dem äol. (organischeren) παραύα (vgl. N. Ntr. zu I, 43), wodurch die gegebne Etymol. von αὔως u. s. w. fixirt wird; über αὔως vgl. noch *Ahrens* Diall. 364. — Eben so ist nun auch ἄας (böot. *Ahr.* Diall. 206) für αὔ-ας (für organ. αὔσας) zu nehmen; diess fassen wir mit *Ahrens* als Gen. einer Form ἀα, lesbisch αὔα, wovon auch αὔαν (*Ahrens* p. 121); diese Form entspricht dem sskr. ushâ, aber wie die übrigen Formen und auch lat. aurora (= sskr. ushâsâ) gunirt; eben so ist ἄρι-στον (I, 28) für αὔ(α)ρι + εστον (von √ ἐδ); ἦρι für αὔαρι (vgl. παρήϊον im Verhältniss zu παραύα, N. Ntr. zu 43); und αὖρο für αὔ(α)ρο zu nehmen. Endlich gehört hieher ἀήριος (I, 263) für αὔηριος.

27, 6 v. u. l. ὄγδοϝος.

27 zu ush mit dem Begr. *tagen*: ltth. aussta, lett. austu, ltth. aussra *Morgenröthe*, lett. austrums *Osten*, ausseklis *Morgenstern* aa.

29, 15 Ἀσία nehme ich als aus αὔσια entstanden vom Thema αὔσα = sskr. ushâ (vgl. ἄας u. s. w. N. N. 27, 13).

30, 27 zu Wzf. sskr. prush, griech. πρη wohl auch sl. pal-iti, pol-jeti, pla-ti *brennen* (*Kop.* Gl.), lett. prau-ls *Brand*; fraglicher ob lett. braulums *Brunst*; auch in diesen erscheint kein die Wz. schliessender Sibilant.

31, 6 furvus, vgl. II, 196.

31, 15 v. u. zu πῦρ füge armen. hŏur mit h für p, wie im Armen. oft.

32, 8 fornax, vgl. II, 196.

33 καίω für καυσjω (4te Conj. Cl.), ej. σ: καυιω, ej. υ: καίω (vgl. παρειά für παραυια N. Ntr. zu 43); anders *Bopp* (Gl. sscr. s. v. k'ur); ltth. kaicziu, kaistu, lett. kaistu ungefähr glbd. gehören wohl hieher, doch kann ich die Formen nicht vermitteln; ein sekund. T-Laut scheint hinzugetreten.

33, 20 v. u. θυοσκόος s. II, 273. 144.

34, 8 v. u. κήρινθος, vgl. *Pott* B. J. 1840 S. 630. Die Verbindung mit ἄνθος gebe ich auf; über das Suff. ινθ : ινθο a. einem a. O.

35, 20 δαίω s. II, 217.

37, 7 zu Wzf. sush noch sl. couchü (*Kop.* Gl.), gael. sughaidh *trocknen* (vgl. auch *Diefenb.* Celt. I, 101, *Pott* Lth. Bor. Pr. 38).

37, 16 v. u. σαχνός, vgl. *Pott* B. J. 1840 S. 651; dazu ἰσχνός I, 217.

40, 18 ff. ξ für σ hat keine sichere Analogie (vgl. über ξύν I, 385, II, 269). Daher die Etymol. von ξερός und alles, darauf sich Stützende, schwerlich haltbar. Wenn aber sush für organischeres suksh (vgl. N. Ntr. zu I, 26, 11), so könnte ξε-ρός für ὕξ-ερός stehn, und durch Verlust des anlautenden ὕ (vgl. ähnlich παστάς, πόσθη I, 632) ξερ geworden sein. Diese Form im Griech. für die Bed. *trocken, hart*, stabilirt, hätte sich in σκερ umgesetzt und dann weitre Zweige in σκέλ-λω, σκληρός u. s. w. (I, 40, 41) getrieben.

41,23 ff. Gemäss dem eben Gegebnen fällt auch die Etym. von ξανθ-ό, ξουθ-ό; doch sind beide Formen nicht zu trennen; der letzteren liegt wohl ξονθ-ο zu Grunde, dessen ν sich vokalisirte, ähnlich wie in der ionischen Form -αται für -νται; wäre ξανθ : ξονθ mit sskr. kh'at'-â *Licht, Glanz* zu vergleichen?

42 zu ghush vgl. II, 62.

43,9 zu audio, in welchem s verloren, ist noch surdus anzumerken für se+ur-du-s, wo r für s steht und us für hus = sskr. ghush *nicht hörend* (anders *Diefenb.* Celt. I, 139).

43,21 παρειά gehört zu οὖς wie äol. παρ-αυα für παραυσια (vgl. αὖως N. Ntr. zu S. 27) entscheidend zeigt; daneben dorisch παράα mit Verlust des υ (vgl. ἆας S. 334 N. Ntr. zu 27), vgl. *Ahrens* (Diall. 36 u. 191, 5); αυ gegenüber von sskr. ô wie in lat. aur-is; für α tritt ε ein und daran Suff. ιο in παρειά für παρεϝια u. s. w.; analog ist litth. ant-ausis (wörtlich *am Ohr*) *Wange*.

43,38 zu sskr. âs-ja bemerke man ăs-ika *der Gesichtstheil zwischen der Unterlippe und dem Kinn*, also augenscheinlich zu âs-ja gehörig; gehört dazu auch sasja *Speise* (vgl. N. Ntr. zu 683) aus sa+as? Eine Wzf. kann ich noch nicht nachweisen. Zu ostium füge man sl. oucta *Mund* (*Kop.* Gl.), russ. yctje *Mündung*.

44,3 ἴασπις ist aus dem Aegyptischen; vgl. σσπου (*Champoll.* Gr. égypt. p. 100).

44,7 ἄσφαλτος scheint mir von einem phönicischen Worte zu kommen, welches aus einer Wz. = hebr. שָׁפֵל *niedrig sein* gebildet wäre, da der Asphalt in Niederungen gefunden wird. Das Nomen hatte wahrscheinlich eine, durch einen dem hebr. ת entsprechenden Laut geformte, Femininalbildung; der Gruppe שפ ist, wie in fremden Wörtern natürlich, ein, die Aussprache erleichternder, Vokal vorgesetzt.

44,14 ἄψινθος, vgl. *Pott* B. J. 1840 S. 630.

45,20 vankshana s. II, 23. Dazu scheint mir jetzt ἰξύς und ἰσχίς zu gehören.

45,32 αἰ-σχ. Zu berücksichtigen ist noch mhd. schë-men (*Grimm* D. G. II, 30 nr. 323) und vielleicht gael. aisg *macula*. Wenn goth. aivi in aivi-sk-jis dem zend. aiwi gleichgesetzt werden dürfte, und gael. ai = dem griech. αἰ, so könnten diese Formen — da zend. aiwi = sskr. abhi (*Burn.* C. s. l. Y. I, N. CVI, *Bopp* V. G. 44, 266) und griech. αἰ ebenfalls = abhi (vgl. II, 104) — mit lat. ob-scoe-nus ihren Bestandtheilen nach — da auch ob = sskr. abhi — identificirt werden. Dann gehörten sie zu √sk (I, 609, insbes. 611) *bedecken*; αἰσχύνομαι wäre eig. *sich das Gesicht zuhalten* (vor Schaam); derartige Begriffsentwickelungen aus den natürlichen Erscheinungen, oder auch Gesten, welche bei bestimmten Zuständen eintreten, zeigen sich oft (vgl. z. B. ἐρυθριᾶν, ἀλαζών, sskr. hrî II, 197 aa.).

46,16 ὀλολύζω, vgl. II, 6.

46,27 ἐλέφας, vgl. *Pott* in Ztschr. f. d. Kde d. Mgld. IV, 1, 13—15, wo das Coptische εβου insbesondre zu beachten, welches mit dem Artikel ρ, den das Coptische verliert (*Champoll.* Gr. égypt. 63, § 81), versehn, augenscheinlich lat. ebur ist.

47, 1 *ὀλ*, vgl. II, 9 und N. Ntr. zu I, 102.

47, 1 v. u. l. «ři+p» für i+př.

48, 11 zu ὀλοφῡρομαι bemerke äol. ὀλοφύῤῥω (*Ahrens* Diall. 20), wohl für ὀλοφυρjω Denominat.; daher ῡ.

48, 24—49, 17 οὐλή u. s. w. s. II, 301.

50, 5 ἀ-ϝατ s. II, 22; das anlautende ἀ = ἁ (I, 382) also eig. *sehr täuschen*.

50, 10 v. u. 'ᾰτέω für ϝᾰτέω ohne ἀ epitat.; eben so S. 51, Z. 12 v. u. ϝατύζομαι.

51, 27 ἕλκος, s. II, 315.

51, 10 v. u. *διωλύγιος*, vgl. II, 6 ὠρυγή.

51, 5 v. u. οὖλον, vgl. II, 301. — 52, 6 v. o. ἀλπνός s. II, 126.

52, 19 ἀλφός s. II, 127. — 52, 37 ἀλάβαστρος s. II, 127.

52, 43 ἀλκή, vgl. *Diefenb.* Celt. I, 17 nr. 11.

53, 1 ορ. Alle Bedd. der Medialform ὄρ-νυμαι (5te Conj. Cl.) basiren sich auf den Begr. *sich erheben*, grade wie das ebenfalls dem Begriff nach mediale lat. ori-or (4te Conj. Cl.). Der Beweis dafür würde hier zu weit führen, aber nicht schwer zu geben sein. Diese Bed. ist verallgemeinert zu *sich bewegen* und nach falscher Analogie alsdann der Activform die active Bed. *bewegen* gegeben. Die Bed. *sich erheben* hat nun sskr. ruh, wo sie aus *wachsen* hervorgegangen ist (vgl. S. 73); dass hier h, wie oft, für organisches dh steht, zeigt das entsprechende zend. rudh (vgl. *Burn.* C. s. l. Y. I, N. XXXII ff.), welches wie orior vom *Aufgehn des Mondes* gebraucht wird [1]). Dieses rudh und ruh *wachsen, aufgehn* (an rudh in der Bed. *wachsen* schliesst sich λαός u. s. w., vgl. II, 28) ist wesentlich identisch mit sskr. řidh *wachsen* (S. 69, vgl. 72); wie rudh zu ruh schon vor der Sprachtrennung ward, so konnte auch neben řidh řih eintreten, wie dieses denn auch in vřih für organisches vřidh erscheint. Im Griech. werden die Wzff., wenn sie nach der 5ten Conj. Cl. flectirt werden, durchgängig wider die sskr. Regel gunirt; so würde die Wzf. řih nach der 5ten Conj. Cl. (vgl. řidh nach derselben: řidh-nu in *Vrihadaranj.* bei *Burn.* C. s. l. Y. I N. CLXXXVIII Dist. 10), griech. ὀρh-νυ werden; im Griech. fällt wurzelauslautendes h, und h überhaupt, sehr häufig aus; so entsteht ὀρνυ; im Lat. eben so nach der 4ten Conj. Cl. or-io für orh-io. Demnach gehört diese Wzf. ὀρ, eig. ὀρh, zu řidh (S. 60). Damit fällt aber auch das Mittelglied weg, welches mir die Verbindung von sskr. ři *gelangen* (S. 53) und sskr. řidh *wachsen* (S. 63) wahrscheinlich machte. Letztre Wz. ist demnach von jener fürs erste zu trennen. Zu ορ für ορh gehört ὄρνυμι u. s. w. (S. 53), ὄρθρος (S. 54), wo die ganz eig. Bed. erscheint; vielleicht liegt in ὀρθ selbst die organischere Form sskr. řidh vor; ὀρέ-οντο (*Buttm.* Gr. Gr. II, 1, 261), ὀρούω (vgl. lat. surgo wegen der Bed.); ὀροθύνω

1) *Vend.* lith. 48, 18 staômi garajô berezantô jathra haôma urûrudhush; *Anq. du Perr.* 113 ziemlich genau: *j'adresse ma prière au sommet des montagnes sur lesquelles Hom paroît;* wörtlich heisst es aber: *ich preise die hohen Berge wo der Mond aufgegangen ist;* haoma ist nicht = haômô, sondern entspricht eher sskr. sômâ vom Thema sôman *Mond;* da aber ur-ûrudh-ush Part. Praet. in der neutralen Form, so ist vielleicht haôman Neutr.

(S. 54); ὀρίνω (S. 53; äol. ὀρίννω (*Ahr*. Diall. 53), also wohl für ὀρίνjω Denominativ).

53, 9 v. u. ὀτρύνω s. II, 253.

54, 1 ὀτραλέος, ὀτρηρός s. II, 253.

54, 24 ff. Die gegebne Vergleichung von ῥᾴστος mit sskr. rajishth'a wird sehr zweifelhaft durch äol. βρᾶ = ῥέα, βραΐδιος (*Ahrens* Diall. 34) und heräisch βρατάνει (ebds. 226).

55, 9 ff. ratha ff. s. II, 306.

55, 14 v. u. zu μισθαρνέω vgl. II, 11.

56, 1 ἔριθος, vgl. II, 267. — 56, 11 l. ἐριθακίς.

57, 26 ὅμηρος s. II, 202.

58, 3 ἀριθμός schwerlich richtig; wäre es durch Verbindung mit lat. ra-tio u. s. w. (II, 127, wo diese jedoch anders zu fassen wären) zu erklären? ist ahd. ratan (*Graff* II, 457) noch in Betracht zu ziehn? oder wäre an sskr. arddha *halb* zu denken? Wenn man nämlich arddha mit sskr. ři-te *ohne*, eig. *im Weggegangen*, von ři in der Bed. *gehn* zusammenhält, so könnte man arddha auf eine Wzf. ři-dh von ři + dhâ *gehn machen* in der Modif. *abgehn machen, trennen, theilen* beziehen; letzterer Begriff konnte sich leicht zu *zählen* modificiren, und dazu würde ριθ in ἀ-ριθ-μός gehören; ἀ könnte = ἁ (I, 382 *zusammen*), oder ἀν für ἀνά sein. — sskr. sârddha, eig. *mit den Theilen*, heisst *ganz* und diesem entspricht lat. solidus.

58, 1 ἐέρμενος u. s. w. vgl. II, 296.

59, 15 εἴρερος, vgl. II, 296. — 59, 6 εἴλως s. II, 142.

59, 17 ἅρμα, vgl. II, 306.

59, 23 ὅρμος u. 33 ἕρμα, vgl. II, 297.

59, 1 v. u. füge hinzu: armen. ag' (*Petermann* Gr. l. arm. 29).

60, 16 v. u. ὁρμή s. II, 297.

60, 2 v. u. füge hinzu: φιάλλω u. vgl. II, 74.

62, 1 v. u. σέσελι, vgl. I, 420.

62, 11 v. u. zu řish noch gael. arraid *Irrthum*.

62, 5 v. u. l. δραπετεύειν. — 63, 1 v. o. ἄψοῤῥος s. II, 8.

63 vgl. λιπ II, 11. — 63, 5 zu ἄλη: ἄλησις, ἡ.

63, 12 ἡλός, vgl. II, 301. — 63, 20 νενίηλος, vgl. II, 56.

63, 24 ἀλύω, vgl. II, 301. — 63, 26 ἀλύσσω, vgl. II, 5.

64, 3 ff. ἐλυθ, vgl. II, 319.

65, 12 in ὀρέγω scheint mir ὀ eher = sa (I, 382); vgl. auch II, 99. — 65 vgl. II, 27, 28.

66, 23 ἡγέομαι ist eher ἁ (I, 382) + αγ; dazu θερήγανον II, 195.

66, 1 v. u. aksha, vgl. *Bopp* Gl. sscr. (ed. 2da) s. v.

68, 6 v. o. ἑσμός vielleicht sl. tschmelï (*Kop*. Gl.) zu vergleichen.

68 ἄξιος; ist slav. vag'-ón *schätzen*, vaga *Wage* (*Kop*. Gl.) zu berücksichtigen; vgl. ahd. waga u. s. w. (*Graff* I, 664 ff.) von √ sskr. vah (Wzllex. I, 351), wohin dann auch ἄξιος, eig. ϝάξ-ιος gehören würde.

69, 17 řidh ff. vgl. N. Ntr. zu I, 53, wonach řidh Suff. von Wz. ři zu trennen.

69, 28 ὀρθός nehme ich jetzt — wegen βωρθία = ὀρθία

(*Hes.*) und eleisch βόρσον = ὀρθόν (*Ahrens* Diall. 228) — für ϝορθ-ός und ziehe es zu Wzf. vṙih, org. vṙidh (I, 78).

70 Anm. füge man al-ma für ald-ma hinzu.

72, 26 Wegen sskr. bradh-na (für vradh-na von Wzf. vṙidh S. 78) und (mit u für ra) budhna *Baumwurzel* möchte ῥάδιξ, ῥάδαμνος für ϝράδιξ, ϝράδαμνος zu nehmen sein und wegen des letzteren ὀρόδαμνος (S. 72 Z. 11) für ϝρόδαμνος. Anlautendes v wäre dann auch in lat. radix eingebüsst.

72, 4 v. u. zu ṙidh : ṙih vgl. N. Ntr. zu I, 53; dazu Wzf. ῥιχ in ἀριχάομαι (S. 73); ferner mit sskr. ra für ṙi, wie sehr oft (vgl. bradh-na so eben), rah wovon râi für râhi, lat. rês (vgl. II, 209); rähi(rê) scheint mir in sskr. rê-vat, zend. raêvat (*Burn.* C. s. l. Y. I, 124) erhalten, welche ich durch *reich* übersetze; ganz analog ist sskr. tvê aus organ. tvahi (II, 240).

73, 19 ῥώψ s. II, 11.

74 zu ἀλώπηξ vgl. armen. ag'ouês (*Peterm.* Gr. l. arm. 22).

75, 8 ἄλφιτον s. II, 311.

75, 11 v. u. ὄλβος; anders *Pott* I, 259.

76 ῥωννυ. Da die Wzf. rudh nachgewiesen (N. Ntr. zu I, 53) und das Gr. u. Lat. in der 5ten Conj. Cl. stets den Wzvokal gunirt, dürfen wir ῥωννυ entschieden für org. ῥωθ-νυ nehmen. ῥωβ-ίδας steht dialekt. für ῥωφ-ίδας, in welchem φ für θ, wie im Griech. so oft (vgl. z. B. II, 262, 263).

77, 9 v. u. ἴονθος nehme ich nach Analogie von ἴουλος (II, 302) für ϝόνθος und setze es zu vṙidh (78) mit gewöhnlicher Wandelung in vandh (vgl. I, 87).

78, 22 v. o. ἄνηθον wohl zu ἀνθ (I, 125); vgl. *Pott* (I, 212).

79, 14 ῥαδινός s. II, 320. — 79, 7 v. u. εὐρύ, vgl. II, 303.

80, 16 v. o. ἔρα-ζε, vgl. II, 306, I, 388, II, 232.

81, 21 ûru, vgl. II, 303.

83, 26 zu zend. verez *thun* gehört das *herodotische* Ὀροσάγγαι = εὐεργέται (*Herod.* VIII, 85); es entspricht genau einem zend. Plural hvarezanghô aus hu (*gut*) und varezô, welches *That* heissen würde; die Endung ist gräcisirt (wegen der *herod.* Stelle vgl. man übrigens *Burn.* C. s. l. Y. I, Nott. XCIX ff.).

84, 12 v. u. — 85, 16 v. u. ἀείρω s. II, 142.

85, 15 v. u. — 87, 7 v. o. ἰθύ : εὐθύ s. II, 269.

86, 10 v. u. ἴθαρ s. II, 269.

87, 1 v. o. εὐθύωρος s. II, 297.

88, 21 zu sskr. vahu, bahu zieht man sskr. bhûri *viel*; bh für vah, oder bah zeigt sich entschieden in bhû-jas, Compar. von vah-u, für bah-îjas; û durch Einfluss des bh. Von bhûri wage ich aber nicht zu trennen zend. baêvare; das anlautende b zeigt, dass die Zszhg. von vah od. bah in bh schon vorlag; aus aê schliesse ich, dass nicht Thema vahu, sondern etwa vahi zu Grunde lag; das schliessende vare identificire ich mit dem sskr. var in k'at-var (II, 233), dem nord. var (I, 381, II, 219), lat. mel für var (I, 381) — halte es für verwandt mit sskr. vâra, und ziehe diese Suffixe demnach zu Wzf., sskr. vṙi (vgl. II, 294), aber in der Bed. *drehn*, so dass z. B. nord. tvis-vas eig. *in zweien Drehung*, d. h. *zweimal* u. s. w. heisst (vgl. ganz eben so ital. una volta, due volte u. s. w. eig. *eine, zwei Drehungen*

= *einmal*, *zweimal* und ähnlich sskr. sa-kṙit *diess machend* für *einmal*). Wie var neben vâra (in k'atvar), so ist eine Bild. vari wahrscheinlich, diese, mit bhi (= bahi) zsgstzt, würde wörtlich *vielmal* heissen. Im Sskr. wird iva in û zsgzgen, im Zend i in aè gunirt. Es ist nun sehr natürlich, dass eine solche allgemeine Zahlangabe auf eine bestimmte grössre Zahl sich nach und nach fixirt. Im Zend bedeutet baèvare und im Armen. das entsprechende piur *zehntausend*. Ganz eben so heisst griech. μύρι-οι, welches, wie sskr. bhûri zugleich die Bed. *sehr viel* (μυρίος) erhalten hat, und da wir in μύρμηξ (II, 113) μ für organ. sskr. bh eintreten sahn, so identificiren wir für jetzt μυρι mit sskr. bhûri (falsch II, 43), ohne jedoch die Schwierigkeiten verbergen zu wollen, welche in dem nahen Anklang des lat. mili (mille, mile), gael. mile *tausend* und selbst griech. χίλιοι (vgl. II, 193) liegen, für die es noch keine sichre Etym. giebt (vgl. auch *Pott* II, 221). — Zu sskr. bhûri gehört auch bhṙi-çam *viel*; bhûri zsgzgen bhṙi und çam zu ças (II, 150).

88, 22 zu ϝόχλος; gael. fochla (f = sskr. v wie gewöhnlich), *plebs* scheint ganz identisch; anders *Bopp* Gl. sscr. s. v. ôgha.

90, 15—91, 9 v. u. s. I, 353 u. II, 41.

91, 10 v. o. μέγεθος ist eine der interessantesten Bildungen. Die Wzf. mah für magh (II, 41) würde durch das neutr. Suff.: sskr. tas (vgl. çrôtas *Ohr* aa.) im Sskr. magdhas werden *Macht*, *Grösse* (vgl. mugdha von muh u. *Bopp* Gr. sscr. r. 83 d α); damit ist μέγεθος für μεγθος ganz identisch; auf griech. Boden formirt, hätte es μεκτος werden müssen.

91, 30 μαλεῖν zu mah *wachsen* S. 90, 3 v. u.

91, 8 v. u. μακ werden wir wohl ebenfalls = magh (II, 41) setzen müssen, obgleich für κ = sskr. gh keine ganz sichren Analogieen vorliegen.

92, 5 v. o. ff. μήκων u. s. w. verbinde ich jetzt mit ltt. meega sahles eig. *Schlafkraut*, dann *Mohnsaat*, von lett. meegs, lth. mëgas *Schlaf* (vgl. κώδεια II, 326). Verwandte dieser WW. in der Bed. *schlafen* kann ich sonst noch nicht erkennen.

92, 17 μάκαρ s. II, 179.

93, Anm. vakshas s. II, 23. uras II, 303.

94, 11 ἀκμηνός ziehe ich jetzt zu ἀκμή (I, 157), in der Bed. *Blüthe*, obgleich die Formation auffallend.

94, 26 μεστός s. II, 32. — 96, 15 τράχηλος s. II, 327.

96, 28 dṙih vgl. N. Ntr. zu I, 1.

98, 9 v. u. — 99, 14 v. u. δρα u. s. w. Die Wz. δρα mit ihren Verwandten ist für sich zu stellen. Zu den Verwandten füge man noch lett. darriba *Arbeit*, gael. deilbh-idh *formare*, und vgl. *Pott* (Lth. Bor. Pr. 28, 48 ff.).

99, 8 u. 3 v. u. ἔμ-βρυον, ὄβρια u. s. w. vielleicht eher dialekt. und zu Wz. sskr. bhṙi *tragen* (II, 107); ὀ wäre = sskr. sa (I, 382); vgl. jedoch *Diefenb.* Celt. I, 200.

100, 26 βρῦτον ff. s. N. Ntr. zu I, 598.

100, 16 v. u. ὀφρύς, gael. abhra vgl. *Diefenb.* Celt. I, 236.

101, 24 ἐλάτη vgl. II, 300. — 101, 32 ἀρίς s. II, 295.

101, 10 v. u. ἀράχνη s. II, 111. — 102, 13 ἐρωή s. II, 298.

102, 14 ἐρωέω in der Bed. *strömen* scheint mir von ἐρωή auf jeden Fall getrennt werden zu müssen; ob zu sru (II, 8) *fliessen, strömen*, welches für den Gebrauch am passendsten sein würde? Von beiden wiederum zu trennen scheint mir ἐρωέω *ablassen, ruhn* (vgl. ἐρωάζω, ἡσυχάζω *Hes.*) u. s. w. Diess ziehe ich zu sskr. rah u. s. w. (II, 24), obgleich mir das anlautende ε noch nicht ganz klar; vgl. aber grade hier ἐρῆμος (II, 25).

102, 31 ἐριδ stelle ich jetzt zunächst zu goth. vrit-an, ahd. reizjan (*Graff* I, 1130, II, 557), mit griech. ε für ϝ. Dafür entscheidet griech. βρινδεῖν (*Hes., Steph.*) mit β = ϝ und Nasal, wie oft. Beide, die griech. u. deutsche Ff., betrachte ich alsdann als sek. Bildung durch sskr. d aus sskr. vṛi in vṛi-tra *Feind*; dieses vṛi ziehe ich zu ṛi (I, 47) *schädigen*; v ist Rest eines Präfixes vi oder ava. Zu vrid auch lat. ri-valis für rid-valis; zu vṛi in der Form vra, griech. ἐρε für ϝρε in ἐρέ-θω (S. 103, 4); θ zu √θε (II, 266); zu letzterem ἐρεθ+σκ in ἐρεσχελέω (vgl. παθ : παθ+σκ = πάσχω). — Hieher auch lat. irrito für in-vrito. Dagegen stlis, strît u. s. w. (102, 32) zu sskr. sṛi-n'i u. s. w. (102, 35 u. 36), welches von √ṛi (I, 47) mit Präf. sa stammt (vgl. I, 674).

103, 6 ἐριδ, ἐρείδω kann nach der eben gegebnen Analogie von ἔρις auch für ϝριδ genommen werden. Darf man es mit sskr. vṛind in vṛinda *Aufhäufung*, vrindâra *erhaben* zusammenstellen?

103, 23 ἐρίθακος u. s. w.; wohl ι dialekt. für υ wie in διφή (II, 68).

103, 10 v. u. ὀρφός s. II, 139; ob dazu ὄρφος, ὀρφῶς, ὀρφακίνης, ὁ *ein Fisch*?

104, 8 ἀργός s. II, 26. — 104, 22 λίταργος s. II, 173.

104, 28 √ ΑΡΓ s. II, 125.

105, 7 ἀργεννός für ἀργεσ-νός vgl. κλεεννός II, 179; ἀργες in ἐναργής; ἀργινόεις für ἀργεινο (= αργεννο) + ϝεντς.

105, 29 ἄργῖλος für ἀργιλλος: ἀργιλιος.

105, 32 ff. vgl. λογγεύω II, 25, λάγνος, λαικάζω II, 27.

106, 2 λέγνον; ist sskr. lang'a *the end of the lower garment tucked into the waistband* zu berücksichtigen?

106, 19 dazu noch ahd. berht (*Graff* III, 209), blanch (III, 254) u. lat. flamen für flagmen *der das Opferfeuer Besorgende*.

107, 1 φέγγω s. II, 103. — 107, 11 -τε s. II, 148.

107, 17 lasg' ff. s. II, 125. — 109, 12 ulciscor s. II, 25.

109, 9 v. u.; vgl. ῥόγ-ος II, 25.

110, 11 ἀλέγω; anders *Höfer* Beiträge I, 108.

110, 27 εἴργω s. II, 317. — 111, 3 ὄργατος u. 4 ὄρχος s. II, 15.

111, 10 ἄρκυς u. s. w. u. 17 ἕρκος s. II, 317.

111, 31 φράσσω steht für φραγ-jω (4te Conj. Cl.); vgl. dazu sl. brjeg-ón *custodio* (*Kop.* Gl.).

112, 27 ἄρκτος s. II, 9. — 116, 5 ἀμάρα s. II, 284.

116, 23 ἄμωμον, arab. حماما *Pott* (Ztschr. f. d. Kde des Morgenlandes IV, 1, 22 nach *Sprengel*).

116, 25 αμνός s. N. zu I, 23 (I, XII). — 117, 10 ἄμφος s. II, 221.

117, 11 v. u. ὄμβρος ist = sskr. abhra von ap (II, 75) + bhri (II, 107).

118, 16 ὀμφαλός vgl. I, 124, II, 23; sollte es zu √κν *krümmen* (II, 182 ff.) gehören, zu einer Wzf. (k)nabh (vgl. Wzf. (k)nap II, 284)? *der Nabel als der wie eine Schnecke gekrümmte gefasst.*

121, 4 ἄνω ff. s. II, 52; ἀνύ-ω Denominat. von sskr. anu; ἄνω für ἄνϝω?

123, 9 ἀνία; nach Analogie von κόπος ziehe ich es zu ἀν (I, 117), also eig. *Zustand, wo man verschnauft, Erschöpfung.*

123, 22 ἐνεός s. II, 61. — 123, 37 Ἐνυώ s. II, 61.

123, 39 ὄνος vgl. noch armen. êš (*Peterm.* Gr. l. arm. 22).

124, 12 ὄνυξ s. II, 23.

124, 39 ἰνέω; zu √van *abnehmen* (II, 52), Causalform: *abnehmen machen;* ι erklärt sich aus σινέομαι für σινjομαι (s. Ntr. zu II, 52, 30) durch Umlaut in Folge des j in der Flexionssylbe.

125, 4 εὖνις s. II, 52. — 125, 11 ἄνθηρον s. II, 217.

125, 28 ἄβαξ; ist ἀ Präf. (= sa I, 382) und βακ zu ahd. bancha (*Graff* III, 131) zu stellen. Die Wzf. vielleicht sskr. bhag' *brechen* (II, 14), oder bhag' *krümmen* (II, 20).

126, 16 ἄπιος ob aus ἀ (= sa I, 382) und πιο für πισο (II, 78 ff.) *Mehl,* also *mehlreich?*

126, 29 ἀπό s. II, 71 und 254. — 127, 6 ἐνδαπός s. II, 48.

127, 21 über k'a in paç-kât s. Ntr. zu II, 148.

127, 23 zu apa aber nicht zu pōne: pĕni-tus, pĕnates, ahd. fo-na (*Graff* III, 523); vgl. II, 45; zu apas (Z. 25) lat. pos-teru (wie sskr. vas-tar *morgens* (*Lassen* Anthol. sscr. Gl. s. v.) von avas); über apas s. II, 255; postremus für posterimu (vgl. analog primu II, 255). Zu paçk'a (Z. 21) vgl. noch litth. paskuy *hernach,* paskiaus u. s. w., lett. pehz, pastara, pakkal; dahin wohl das, ohne Zweifel dialekt., βεκκε in βεκκεσέληνος (II, 69): *den Mond hinter sich habend,* d. i. *vor dem Monde.*

129, 13 über apara ff. vgl. II, 254 ff.

130, 24 πάλι s. II, 293; der Form nach wohl alter Dativ; ι für âja und ν in πάλιν ephelkystisch.

130; s. πελεκυ I, 164. zu sskr. para ziehe ich lat. păr mit Verlust des, das Thema schliessenden, Vokals, und daher Uebergang in die consonantische Declination, wie oft; wörtlich also der *andre;* par alicui *einem der andre* (seiend), d. h. *dessen Gegenstück, gleich;* ahd. u. nord. par (*Graff* III, 344) scheinen mir wegen ahd. p statt f entlehnt; dasselbe gilt dann auch von ltth. porà *Paar.*

131, 20 πέριξ wie διάμπαξ II, 167 zu deuten.

131, 25 ff. vgl. II, 255 ff. u. *Pott* II, 328.

132, 25 πεῖρας, äol. πέῤῥας (*Ahrens* Diall. 60), also wohl ῤῥ durch Assimilation (von ρj?) und ειρ für εῤῥ; eben so in πέρας (Z. 9) ερ für εῤῥ; vgl. begrifflich analog τέλος II, 257. — περαιόω vgl. II, 257.

133,8 vjâpâra II, 84, vgl. aber II, 257.

133,24 πόρος, vgl. tři *übersetzen* II, 256 ff., zend. perethu (II, 257); aber eine andre Etym. II, 84 u. *Pott* I, 264, welche ich jedoch nicht für richtig halte.

133, 8 v. u. aperio s. II, 295.

133, 3 v. u. πορσύνω; vgl. analog τέλσον II, 257; wohl σ für τ.

135, 5 πείρινς wohl eher zu περ = sskr. k'ar (II, 83, 84) *fahren* (π = k' äol. u. wohl pelasgisch; altes Wort; wegen ινϑ *Pott* B. J. 1840 S. 630).

135,8 ἤπειρος, äol. ἄπεῤῥος (vgl. N. Ntr. zu 132).

135,24 πρύμνον u. s. w. s. II, 37; danach zu προ (I, 137); wegen υ vgl. πρύτανις (139).

136, 1 ἐπί; s. II, 71. — 136,25 ἔπειτα; s. II, 230.

136,26 dazu ἔπισσαι; s. II, 30.

136, 9 v. u. füge purâ hinzu u. πύλη II, 86; ebds. zu puras vgl. II, 255.

137, 15 s. προμνηστῖνοι II, 36.

137, 16 πρόσσω; anders *Bopp* (Gl. sscr. s. v. adhitjaka), allein lat. porro.

137, 5 v. u. ff. vgl. noch lth. pirm, lett. pirms und wegen Superlat.-Suff. ma II, 255.

138, 15 πρώρα steht für πρωΐ-ρα und πρωΐ gehört zu πρωΐ = sskr. pûrvê (I, 140).

138, 36 πρέσβυς s. II, 106. — 139,5 πρειγευτής s. II, 59.

139, 12 v. u. πάλαι s. II, 83. — 140, 2 s. ποταίνιος I, 362.

140, 18 dazu zieht man πληγενής *Halbbruder*, welches formal schwerlich zu vermitteln; πλησιογενής kann kaum πληγενής werden; sollte es zu πλήν (II, 86) gehören: *ein Uebergeborner* gleichsam?

140, 38 pûrvêdjus ff. s. II, 208.

141, 13 πρώην ff. s. II, 216. — 141, 20 πρώξ s. II, 80.

141, 23 prati s. II, 231. — 141, 33 ἔποψ s. II, 88.

141, 35 Zu ἧπαρ u. s. w. noch ahd. libara, altn. lifr (*Graff* II, 80), armen. léart (*Peterm.* Gr. l. arm. 20); griech. π : τ deuten auf sskr. k'; dazu stimmt auch altn. f und ahd. b (libara für organischeres libra); der sskr. u. lat. Anlaut j vereinigt sich mit dem ahd. u. arm. l durch Annahme eines ursprünglichen d; sskr. lat. u. s. w. j nach Analogie von dam : g'am (II, 201); deutsch u. arm. l nach Analogie von dingua : lingua u. aa. (II, 217); so erhalten wir als Wzf. eine Form, welche im jetzigen Sskr. organisch dak' lauten müsste; Suff. ist řit : řint (vgl. δαμαρτ II, 201). Daher sskr. jak + řit. Die Wzf. dak' kann ich übrigens noch nicht weiter nachweisen.

142, 32 ἤπιος, vgl. N. Ntr. zu I, 429.

142, 1 v. u. zu sugo noch gael. such-aidh, suchta, sug, sugh, sugaidh, nhd. saugen, saufen, ltth. sunkiu, lett. ssuhkstu, schuhpis *Säufer* (vgl. *Pott* Lth. Bor. Pr. 25).

144, 5 ὀπάλλιον s. II, 100. — 144, 11 abhi s. II, 104.

145, 14 in ἔχιδνα ist δνα Suff. und = sskr. tana.

145, 36 ἀγαϑός s. II, 64.

146, 15 v. u. — 148, 16 v. o. ἀγάλλω (S. 147, 5 v. u.) ist ἀ (= sa

I, 382) + γαλ (= sskr. g'val I, 683) *sehr glühen*; ἀγάλλω (λjω 4te Conj. Cl.); — ἀγλαός (S. 148, 7) s. II, 124. αἴγλη (S. 148, 13) s. II, 124.

148, 17 zu sskr. ôg'as scheint lat. augus-tus (*der Glänzende*) zu gehören; über ôg'as s. N. Nachtr. zu I, 26, 11.

148, 38 ff. ἀγαλλίς, ἀγλίς s. II, 290.

149, 3 ἀγαρικόν s. II, 290.

149, 4 zu ἄγος vgl. auch sskr. anhas wohl für organ. anghas (*Bopp* Gl. sscr. s. v.) und wegen ῥεγ (Z. 15) II, 14.

149, 34 ἀγαθίς vgl. II, 277. — 149, 8 ff. ἄγρα s. II, 141.

151, 5 ζωγρέω s. II, 141. — 151, 12 vgl. Ζαγρεύς II, 141.

151, 13 ἐγώ ff. s. II, 187, 239, 240.

152 den sskr. Ablat. mat, welcher nach Analogie der übrigen Pronominalff. dem Thema gleich ist, entspricht lat. met in ego-met, vgl. tu-te, se-se.

153 ἡμεῖς u. s. w. s. II, 242. — 154 νώ u. s. w. s. II, 241.

155, 30 ἀγνύς s. II, 183.

155, 41 ὤγ-ανον, ob zu ag *krümmen* (II, 18)?

155, 9 v. u. Bei Wz. ἀκ betrachte ich sskr. aç als Primärform; daraus durch Hinzutritt der Vokale a, i, u und Verlust des anlautenden a: ça : çi : çu 2. aus aç durch Hinzutritt von s: aksh (S. 161 ff.); durch Hinzutritt der Vokale a, i, u und Verlust des anlautenden a: ksha, kshi, kshu; als Nebenform von aksh betrachte ich ak'kh' (vgl. I, 15, 63 und N. Ntr. zu I, 26 aa.), daraus durch Antritt der Vokale a, i, u und Verlust des anlautenden a: kh'a, kh'i, kh'u. — Hiernach wird man den Artikel über √ἀκ leicht modificiren können (z. B. S. 166).

156 Anm. kshatři u. s. w. s. II, 185.

157, 34 füge man hinzu πάναξ.

159 zu Wz. ἀκ gehört wohl auch ἀκ-οστή, ἡ *die spitzige Gerste*, obgleich diese Etymologie durch ltth. akotai *Gersten-Spreu* zweifelhaft wird. Wenn dennoch, dann vielleicht zu Wzf. κοντ (κεντ S. 199), und ἀ epitatisch (I, 382); für letzteres spräche κοσταί (*Hes.*); κοστή vielleicht für κονταтη, vgl. ἑκατοστός (II, 215), andre.

160 ἵππος, vgl. *Pott* Ztschr. f. d. Kde des Morgenl. IV, 1, 9.

161 ὠκεανός, ὠγενός ziehe ich jetzt zu sskr. ap, âp-as *Wasser* (II, 73); wie sskr. nâr-â-jana von nâra (für snâra *Wasser* II, 52), so wäre auch âpâjana denkbar, welchem ὠκεανός (mit κ für sskr. p, vgl. κακός II, 159) fast genau entspricht; ὠγενός ist dialekt.; ὠγύγης mir ganz unsicher (II, 59).

163, 4 füge man hinzu: φοξότης, ἡ.

163, 14 ob zu Wzf. ἀχ auch ἀχ-ίλλετος, -λητς, ἡ *eine edle Gerstenart* (nach Analogie von ἀκοστή N. Ntr. zu 159); oder wäre sie von Ἀχιλλεύς benannt? dazu ἀχίλλειον, τό.

163, 34 ἀχράς s. II, 24.

164, 21 sěco, vgl. *Pott* (B. J. 1840 S. 651); ich nehme es jetzt wegen ě und der dazu gehörigen sl. cjek-ón (*Kop.* Gl.) *caedo*, sl. cjek-üira = sěcūris, sl. cjetschï *caedes*, ltth. sykis *Hieb*, nhd. sägen für eine Zsstzg. der Wzf. çu mit Präf. sa, also eig. *zusammenschaben*.

164, 22 zu culex gael. cuileag.

167,31 cavus, s. II, 166 und so auch *καλαρ* (Z. 42), *καιάδας* (Z. 45), *κύαρ* (Z. 47) und *κῶς* (S. 168 Z. 4), alle zu *κϝ* (II, 166 in der Bed. *hohl sein*).

170,26 *α* in *ἄκιδνος* kann epitat. sein (I, 382).

174,19 zu calvus füge man sskr. khal-vâťa, khal-ati, khall-i̊ťa *kahl*, in denen kh für ksh, also Wzf. kshal = kshar (s. S. 200) *schaben*; ferner gael. calbh, lett. kails *kahl*.

176,1 ff. zu *κίς* füge man *ἄκιος, ον*.

176,27 *ἴψ* s. N. Ntr. zu I, 429.

177,17 *σίνος* s. Ntr. zu II, 52.

178 wegen *σ* für *ξ*, *ψ* (in *σαύνιον, σαῦλος, σαῦρος, σής*), vgl. *σύν* für *ξύν* (I, 386 N. Ntr.), *σώχω* für *ψώχω* (I, 191); zu *σής* (Z. 23) vergleicht *Petermann* (Gr. ling. armen. 35) arm. zéz.

179,5 v. u. vgl. *Pott* B. J. 1840 S. 650, der mit Recht gael. sgad u. s. w. vergleicht; aber alle diese Formen ziehe ich als sekundäre Bildungen zu der Wzf. ksha (s. N. Ntr. zu I, 155, 9).

181,20 *σανίς* (vgl. N. Ntr. zu 178); ist ltth. sēna *Wand*, sĕnojas *Bauholz* zu berücksichtigen? aber zu *σαίνω* (Z. 25) auch vielleicht ltth. suntu *schäbig werden* und s auch im Ltth. für sskr. ksh.

182,3 *φον : φαν* s. II, 277; danach *φα-τός* für *θα-τός* von √*θαν*, wie *τατο* (II, 244) aa.

183,18 *φοινός* s. II, 109.

183,4 v. u. gnâvus s. II, 183.

184,12 *κνύω*, vgl. nord. nua *reiben* (*schaben*) *Graff* IV, 1225.

185,33 *κνημίς* s. II, 183, wo statt *Speiche* zu schreiben: *Schiene*.

186,24 *ψαιδρός*, vgl. *φαιδρός* II, 103, *λαιδρός* II, 137.

188,21 *σχάζω* s. II, 191.

188,38 *φάσγανον* u. Z. 49 *σχάζω* ist gael. spad-aidh *tödten* zu berücksichtigen, wodurch die gegebene Etymol. sehr unsicher wird.

189,18 *σφήξ*: gael. speach, coin-speach; vgl. *Pott* B. J. 1840 S. 650 und s. N. Ntr. zu 540, 12 v. u.

189,19 *σφαδ-ών* zu *σχάζω* und von *σφήξ* zu trennen.

190,38 gladius, vgl. gael. claideamh (*Diefenb.* Celt. I, 128); ob mit ahd. glat u. s. w. (II, 124) zu verbinden?

190,41 *κνώδων* u. s. w. s. II, 185.

191,8 *γνύθος* s. II, 119.

192,7 *ψῆφος* ziehe ich jetzt zu *ψειά* (I, 661), *φο* diminutivisch, wie oft.

192,34 *ὀσκάπτω* ist dialekt., daher *ὀ* für *ἀνά*.

193,31 *κάπ-ετος* u. s. w. vgl. lett. kappaht *hacken*.

195,20 *σήπω*, vgl. I, 546.

196,13 vgl. *Pott* B. J. 1840 S. 651, wo man noch russ. skypuii *geizig* hinzufüge. — *κίμβιξ* II, 156.

196,30 hniupa fraglich; dis-hniup-an *perrumpo* könnte mit ahd. knuphjan (II, 182) verwandt sein; zu dessen Wz. (II, 180) könnte auch nhd. kneifen (I, 196, 28) gehören, wozu litth. knĕbju, gnybju, lett. knĕbt *kneifen*, lth. knaibau *zusammendrücken* (vgl. ahd. knebil II, 181).

196, 15 v. u. κνάπτω u. s. w. s. II, 324; das *Walken* wird als ein *Krümpeln, Krümpfen* (von Begr. *krumm* √ ϑϝri) gefasst.

197, 10 v. u. ὀσκάλλω ist dialektisch; daher ὀ = ἀνά (vgl. N. Ntr. zu 192, 34).

198, 25 cuniculus, vgl. *Pott* B. J. 1840 S. 629.

198, 3 v. u. han, vgl. II, 276.

199, 7 v. u. κέλλω s. II, 175. — ὀκέλλω (Z. 4 v. u.) dialekt., also ὀ = ἀνά (vgl. N. Ntr. zu 197, 10).

201, 4 κεραΐζω s. II, 175.

203, 19 χαράσσω für χραγ + jω (4te Conj. Cl.), vgl. χαράδρα.

203, 4 v. u. χαράδρα für χραδρα mit eingeschobenem α, wie oft (vgl. καμάρα II, 283); zu rado nhd. kratzen (I, 209), vgl. nhd. klippe, kluft aa. (II, 227).

205, 20 καρχαλέος ff. κέρχω s. II, 132.

206, 5 v. u. ἀσπάλαξ, Z. 2 v. u. ἀσκάλαβος; Z. 11 v. u. ἀσκάλωψ u. s. w. ist ἀ für ἀνά.

209, 26 v. o. vgl. Ntr. zu II, 135, 7.

209, 11 v. u. gladius s. N. Ntr. zu 190, 38.

210, 3 füge man hinzu: κολλαβίζω (β für φ): -ισμός, ὁ.

210, 17 zu scrupus ahd. kliupan (*Graff* III, 51) und lat. rūpes für crupes = scrupes *Klippen* (vgl. II, 227).

210, 3 v. u. γρῶνος; ltth. grauzu, lett. graust *nagen*, wohl zu γρ (II, 128) *reiben* (eig. *schaben*?); vgl. aber auch *Pott* II, 199, 271.

214, 22 ῥομφαία und Z. 26 ῥάμφη s. II, 311.

215, 1 füge man zu wascan: gael. uisg *Wasser* u. s. w. (ob zu sskr. uksh I, 438), lett. masgaht, ltth. mazgóti *waschen*; daher vielleicht ἀσκέω davon zu trennen.

216, 15 κόρος s. II, 295.

216, 22 σάρος nach Analogie von κόρος zu Wzf. σϝαρ für σαϝαρ = sa + lat. verro, also Nebenform von σύρω (II, 296), aber in der Bed. *fegen*; dazu gehört: russ. cor *Kehricht* und coritj *mit Kehricht beschmutzen*.

216, 28 σαίρω gehört wohl zu √ smi *lachen* für σμαιρω von sskr. smêra s. I, 528 Z. 4 v. u. ff.

217, 9 v. u. ἰσχνός s. N. Ntr. zu I, 37.

217, 1 v. u. σπινός s. N. Ntr. zu I, 540.

218, 13 ἵπτομαι s. N. Ntr. zu I, 429.

218, 31 σκώπτω vgl. *Pott* B. J. 1840 S. 651.

221, 14 v. u. aç; gehört es zu √ aç (S. 155 ff.), in der Bed. *schaben*, also eig. *nagen*? vgl. analog. mandere (I, 511) und τραγ (II, 262). — Z. 15 v. u. zu esca auch ci-bus für (e)scibus; bu diminutivisch = griech. φ(ο) (von √ sskr. bhâ vgl. II, 101); — Z. 20 v. u. quercus vgl. *Pott* B. J. 1840 S. 652. — Z. 5 v. u. g'aksh s. II, 211 und streiche desshalb Z. 6 v. u. — 222 Z. 1 v. o. von den Worten: "*Eben dahin — Wurzel.*"

222, 6 ff. vgl. *Pott* B. J. 1840 S. 652.

223, 2 füge man zu φακῆ: ἀφάκη (ἀ = sa I, 382).

223, 11 ff. ἀκτίν und Z. 30 'Ακ ff. s. II, 125 u. I, 224, 227; zu Wzf. sskr. aç (für ṙiç): zend. aç-na *Tag, Himmel* (*Burn.* C. s. l. Y. I, 33), aç-an (*Burn.* Nott. XV), sskr. aç-ma *Wolke*, zend. aç-man (*Burn.* C. N. V) *Himmel* und diesem = griech. ἄκ-μων *Himmel.*

224,3: ad s. N. Ntr. zu I, 1.

224, 4 v. u. s. II, 125. sskr. prati + â + dṙi *conspicere* zeigt, dass die eig. Bed. der Wzf. dṙi bloss *su-spicio*, dann *colo* ist; dazu mit ιλ = ṙi, wie oft, und reduplicirt (nach *Bopp* Gr. sscr. r. 569) δεν-δίλ-λω (λλω für λjω, das j gehört ebenfalls der Intensivform (s. a. a. O. 560), was in einigen Fällen dieser Art Intensive nicht bemerkt; daher erklärt sich z. B. πορφύρω für πορφῠρjω (II, 82)).

225, 25, 26 ζ und ι in ζόρξ u. ἴορκος erklären sich durch j für d vgl. II, 202.

225, 1 v. u. ṙiç-ja s. II, 9.

226, 30 ff. zu λικο noch ltth. lygus *gleich*, lett. lihgt *sich vergleichen* und sl. to-likü u. s. w. formal = griech. τη-λίκος u. s. w.

227, 21 akshin u. s. w.; zend. ars-na (*Burn*. C. s. l. Y. I, 437 n.) *Auge* ziehe ich jetzt zur Wzf. ṙiç (S. 224). Zu Wzf. aksh, mit k'kh' für ksh (vgl. N. Ntr. I, 26), ziehe ich sskr. ak'kh'a eig. *glänzend*, dann *rein*; daher erklärt sich vielleicht aus zend. arçna = sskr. aksh-(na), arça bei *Nairjoçangha* und arda (im Pazend) für zend. asha (*Benfey — Stern* Monatsnamen S. 46) = sskr. ak'kh'a (*Burn*. C. s. l. Y. I, 16).

ebds. zu sskr. aksh mit Präf. sa, goth. saihvan (I, 220) wozu saivala *die Seele* (eig. *die sehende*, mit Verlust des h vgl. N. Ntr. zu I, 408, 21), lat. sag in sag-ax, slav. cêng-ati *sehn* (*Dobr*. 97).

231, 23 ὕσσωπος *Pott* B. J. 1840 S. 629, hebr. אזוב.

232, 42 zu k'aksh vgl. *Pott* Ztschr. f. d. Kde des Mgld. III, 30 nr. 13.

232, 3 v. u. Dazu mhd. schi-nen (für sskr. îksh-na, 9te Conj. Cl.) *Grimm* II, 12, 112 und skeiman ebds. II, 45, 496.

233, 6 ἰλλός *schielend* s. II, 302; dazu noch ἰλλίς.

233, 11 δενδίλλω s. N. Ntr. I, 224, 4.

234, 2 aequum zu aç *theilen* (I, 243); ae unorganisch.

235, 8 ff. vgl. II, 268 Suff. -χες, -ιχο u. verbales -σσω.

236, 12 neben paç erscheint piç (*leuchten* im Zend [*Burn*. C. s. l. Y. I, 410 nr. 264], in den Veden [pêças *Gestalt* ebds. Add. p. cxci zu p. lxvi], im spätern Sskr. piç-una *Spion*; vgl. spaç-a; celt. Verwandte bei *Diefenb*. (Celt. I, 61 nr. 94)). Mit spaç identisch scheint sskr. skaç in prati-shkaç-a, pratishka *Spion* (= spaça).

236, 5 v. u. vgl. armen. tes-anel = driç (*Peterm*. Gr. a. 35).

236, 3 v. u. zu daç sskr. jaç-as = lat. decus (II, 202).

238, 27 διδάσκω ist δι-δακ (= doc-eo) + σκω.

239, 13 δάκτυλος ist δακ + τυ + λο (υ wegen λ).

240, 3 daksha vgl. *Diefenb*. Celt. I, 232.

240, 22 diç zu daç, wie piç zu paç (N. Ntr. zu I, 236).

241, 16 δειδίσκομαι ist δειδικ + σκ (vgl. N. Ntr. 238).

242, 25 δίσκος ist δικ + σκο. — 242, 37 δικεῖν; δικ = sskr. diç.

242, 45 δικτυ ist δικ (vgl. sskr. diç) + Suff. τυ ff. u. s. w.

243, 46 ὄγδοϝος s. N. Ntr. zu I, 431, 43.

244, 7 vgl. II, 213, 215.

244, 8 v. u. füge man hinzu nach "*Anm. 13*": *und Pott* I, 243.

245, 5 ἰχθύς s. II, 43. — 249, 18 ἄδην u. s. w. s. II, 225.

249, 30 ὀδ vgl. armen, hôt; lat. odefacit für olfacit (*Fest.*), also auch olere hieher; oletum = *stercus humanum* (*Fest.*), dazu ex-oletus.

250, 14 v. u. ἄδδιξ s. II, 221. — 251, 3 ἀτμήν s. II, 203.

251, 21 ἄττα s. II, 238.

251, 25 ἄττηγος *Pott* B. J. 1840 S. 629, Ztschr. f. d. Kde des Mglandes IV, 1, 6.

251, 26 ἔτι s. II, 231. — 251, 32 at s. N. Ntr. I, 1.

251, 3 v. u. ὄτοβος; ist es ὁ = sa (I, 382) + τοβ = toben (*Graff* V, 348)?

252, 41 sskr. gh'at'â scheint mir zu sskr. kh'ad (√sk I, 609 ff. *bedecken*) zu gehören; kh' wechselt, wie in andren Fällen, auch in dieser Wz. mit ksh (vgl. 610, 615); gh' und g' (in g'at'â = gh'at'â) scheinen mir unorganische, vielleicht von Dialekten her ins Sskrit aufgenommene, Nebenformen; s in sat'a könnte Schwächung von ksh sein. Doch bleibt hier noch vieles dunkel.

253, 19 ff. ὀϑ die Wzff. = sskr. adh und die = ath sind zu trennen.

254, 28 zu ϝωϑ wohl litth. bad-au, lett. baddiht *mit den Hörnern stossen.*

255, 6 v. u. ff. παϑ s. II, 95.

256, 2 v. u. bitjan s. II, 95, peto s. II, 94.

257, 15 v. u. μέταλλον s. II, 50. — 257, 4 v. u. mithjâ s. II, 33.

258, 2 v. o. mentiri s. II, 33. — 258, 11 μαϑ: μανϑάνω II, 36.

258, 2 v. u. μόϑος vgl. sskr. mâth-a, math-ana *Bewegung* u. s. w., slav. mentetï *turbari* (*Kop.* Gl.).

260, 5 gehört zu αἰϑ lat. aed-es eig. *Heerd?*

260, 21 sskr. ath s. II, 217; zu ath lat. a-ter.

260, 30 ἄνϑραξ s. *Pott* II, 506. — 260, 5 v. u. οὖϑαρ s. II, 326.

262, 4 vanus s. II, 52. — 262, 2 v. u. l. ἄϝημι für ἄϝημι.

263, 10 vanus s. N. Ntr. 262. — 263, 12 ἄελλα s. II, 300.

263, 9 v. u. ἀήριος s. N. Ntr. zu I, 27.

264, 24 αὐλός s. II, 301.

265, 1 κινάβρα s. II, 142, 152; allein ich ziehe es vor, es zu der Wzf. knû-j (I, 271) zu stellen, also für κναυ-ρα zu nehmen (vgl. κιναύρα = κινάβρα); ι ist, wie oft, eingeschoben.

267, 1 ff. vâp; dazu mit Präf. = sskr. sa (I, 382): lett. sswehpe *Dampf*, sswehpeht *räuchern*, nhd. Schwefel, wovon sl. g'oupelü (*Kop.* Gl.), g'weplo (*Dobr.* 140) entlehnt; dazu würde lat. sulfur nur dann gehören können, wenn es eine Metathesis für sup-lur wäre, in welchem Fall Suff. lur ganz anomal; ich stelle es daher zu Wzf. σϝελ (I, 456 ff.), wo man noch ltth. swel-u *sengen* anmerke, so dass man fast auf die von *Doederlein* gegebne Etymologie, welche sul-fur = σελας-φόρος setzt, zurückkommt, nur dass man, da σελασφόρος nicht *Schwefel* heisst, nur eine zufällige Uebereinstimmung in den radikalen Theilen des Compositum zu erkennen hat; anders *A. Benary* (R. Ll. I, 144).

268, 7 dazu slav. koprü *der stark riechende Anies* (*Dobr.* 225).

268, 29 dazu: καπέτις, καπίϑη, ἡ *ein Maass*; κάπητον, τό.

270, 5 kapi s. II, 322.

270, 18 *κέπφος* u. s. w. vgl. man sl. (poln. mähr.) kvap *Flaumfeder*, kvapiti (böhm.), kwapić (poln.) *schreiben* (*Dobr.* 223) und füge hinzu: *κέμφος, κέμπφος.*

270, 3 v. u. *πῦος* in der Bed. *Milch* s. II, 75; ob auch die Bed. *Eiter* sich von daher erklären lasse, ist fraglich.

271, 23, 24 streiche man: "*und bei — snu*" und vgl. II, 52.

271, 28 die Etymol. von *κνῖσα* u. s. w. macht slav. gnjetitĭ *Feuer anzünden* (*Kop.* Gl.) ungewiss.

272, 14 vâ zu va, wie â zu a (N. Ntr. I, 1).

272, 12 v. u. va-his für organ. va-dhis s. II, 269, 1.

274, 2 *αὖθα* ff. s. II, 269. — 277, 27 ak': ank' s. II, 23.

277, 36 *ἐξάντης*, wohl = ahd. ki-sunti (I, 360, 11 v. u.) = sskr. saha-sahant(a?), also für *σεχε-σεχαντ* : *ἐξαντ* : *ἐξαντα.*

279, 35 *ἐξ* s. II, 269 u. daselbst vahis.

281, 6 vâhja wie aika-dhja II, 269.

281, 27 *αὐτίκα* s. II, 148.

284, 6 ff. *ὑπό* u. s. w. für sa (I, 382) + upa, da auch äol. ʽ anlautet (*Ahr.* Diall. 75, vgl. 25); diese Zsstzg vergleicht sich mit den romanischen, z. B. avant = ab + ante, davanti = de + ab + ante.

284, 10 *ὑπέρ*; das *ι* erhalten in *ἰπερί* (*Ahrens* Diall. 150), assimilirt in *ὑπεῤῥ* (ebds. 57), dafür, wie gewöhnlich, *homer.* *ὑπείρ.*

285, 9 √FI; als Wzf. ist wohl v mit a u. i: va : vi aufzustellen.

285, 10 l. I, 230 u. vgl. noch: ltth. udis *Gewebe*, audziu, austi *würken*, audeklas *Gewebe* u. s. w., lett. aust *weben*, welche sekundär, durch sskr. d; und sl. po-vĭ-jejóncen *obvolvor* (*Kop.* Gl.).

285, 4 v. u. *ἐπήτριμος* s. I, 312. — 286, 14 *ἠλακάτη* s. II, 315.

286, 3 v. u. *ὀθόνη* s. *Diefenb.* Celt. I, 151 nr. 237.

287, 12 *ὅπλον* s. N. Ntr. zu I, 429.

289, 11 *ἴασμη* fremd, arab. يَاسَمِين; im Sskr. heisst gh'ât'â und jûthikâ *Jasmin.*

289, 13 *ϝίτυς*; wegen *ϝ* s. *Ahr.* Diall. 32.

289, 27 ff. zu sa + vê in si vgl. noch (ausser *Pott* I, 230) lett. ssaistiht *binden*, ssaite *Schnur* (womit nhd. saite verwandt), sseet *binden*, gael. sïoman *Seil.*

290, 30 füge man hinzu: ltth. sulë *Naht* u. s. w.

291, 29 *σί-συβ-ος* ziehe ich jetzt zu S. 342 Z. 2 v. u. zu *σϝοβ*, mit *ϝο* in *υ*, wie oft, in der redupl. Form: *die sich häufig* (hin und her) *bewegende Troddel* (vgl. *θύσανος* II, 275); eben dahin wohl *κό-συμβ-ος* (Z. 39) (mit *κο* = sskr. ka (II, 146, 34) *wie sich bewegend*).

291, 34 *σίλλυβος* zu II, 302.

291, 35 *σισόη* kenne ich keine Etymol.

292, 25 ff.; s. II, 182.

292, 27 streiche man: "*vgl.* sskr. — 230" und vgl. II, 52.

293, 23 ff. *ποιέω* vgl. *Pott* B. J. 1840 S. 659. Ich ziehe es jetzt zu pâ (II, 75) in der Bed. *vermögen* (vgl. lat. potis : possum), wie deutsch machen von sskr. magh (II, 41); es ist ein Denominativ, wie φαίνω von φαεννο = φαες + νο (s. Ntr. zu II, 102); welches Nomen zu Grunde liegt, wage ich nicht zu entscheiden; ob πο + Suff. ju ποjν und so ποjεϝω : ποιέω? wegen Suff. ju s. I, 410 und vgl. pâju II, 73.

295, 7: ϝισχύς ziehe ich jetzt zu ϝαχ *tragen*, ϝαχ + σκ wird ϝισχ (ι Schwächung von α, wegen der folgenden Gruppe, wie oft) *Fähigkeit zum Tragen* und so *Stärke*.

295, 22 viridis, virco gehören wohl zu sskr. harit II, 196 ff.

297, 7 vas s. N. Ntr. zu I, 25, 9.

297, 15 streiche "*sskr. — locus.*"

298, 2 ἄ-εσα; hier ist ἀ = sa (I, 382); ebenso Z. 16 in ἄ-ωρος.

299, 22 v. u. ff. αὐλή s. II, 301.

300, 5 βαυνο s. II, 65.

300, 10 v. u. εὕδω vgl. *Ahr.* (Diall. 25).

301, 14 ναός ist äol. ναυος (*Ahr.* Diall. 36); daher das Verhältniss zu sskr. ni + vas so zu fassen, dass va, wie oft, in αυ überging, also ni + vas zu ni + αυς : ναυς ward; ναυος, νᾶος für ναυσος (wie αὔως, ἠώς für αὔσως N. Ntr. I, 27); ebenso ναίω (Z. 16) für organisch ναυσjω (4te Conj. Cl.), vgl. παρειά für παρ-αυσj-α (N. Ntr. I, 43).

301, 2 v. u. venio s. II, 58.

303, 11 snushâ u. s. w. s. II, 52; vgl. arm. nŏu (*Peterm.* 30).

303, 32 vas-u und alles Folgende gehört zu vas in vas-na (S. 313 u. N. Ntr.) *preiswerth* u. so *gut* (vgl. arh : arghja, arja I, 113). Nach dieser Etymol. ist 304, 32 ϝεσ-λος (*schätzbar*) die Hauptform (vgl. auch *Ahr.* Diall. 74) und ϑ in ϝεσϑλός eingeschoben.

305, 17 sam-vat-sara ff.; s. II, 323.

306, 28 Da die Etymol. von sam-vat-sara aufgegeben (s. II, 323), so fällt auch die von vas-anta und was dazu gehört (309, 11 v. u.); ich ziehe dieses jetzt hypothetisch zu Wzf. vas *schätzen* (I, 313 vgl. N. Ntr. I, 303; 304, 32), so dass *Frühling* die *zu schätzende Zeit* heisst.

307, 31 ἔνη vgl. II, 30 Ntr.

309, 11 v. u. vgl. N. Ntr. zu 306, 28; wegen ἔαρ für ϝεσαρο vgl. γίαρος bei *Ahrens* (Diall. 171).

310, 18 sam-vad; vad für vat in vat-sara s. II, 323.

310, 45 ἐνι-αυτ-ός: αυτ = sskr. vat s. II, 323; ἐνι = amâ II, 30; dagegen *Pott* B. J. 1840 S. 660.

311, 18 ἔτος u. Z. 20 annus vgl. II, 30; lat. amo-sio (= annuo (*Fest.*)) = einem sskr. âmâ-tja scheint mir die gegebne Etym. zu sichern.

311, 12 v. u. — 313, 2 v. o. ϝέτος s. II, 323.

313, 22 vas-na. Diese Wzf. auch in sskr. vas-tika, in eig. Bed. *käuflich, wofür man einen Preis bezahlt*, in weiter entwickelter Bed. vas *amare* eig. *schätzen*, vâs *venerari*, wozu lat. ver-cor für ves-cor; dazu zend. vah in vah-ma, vah-mya, wo die Bed. *verehren* zu Grunde liegt; vgl. auch N. Ntr. zu 303, 32; 306, 28; 309, 11 v. u.

314, 7 visha ἰός ff. s. II, 224.

314, 11 v. u. ϝιξός vgl. cymr. gwi *Mispel* (*Diefenb.* Celt. I,

140); liegt die Wz. vielleicht in ahd. weich (*Graff* I, 710)? vgl. gael. bìgh *viscus*.

314, 10 v. u. l. "*Mispel*" st. Mistel.

315, 1 ϝαλ ff. dazu slav. vel-iǐ, vel-ikü *gross* (*Kop*. Gl.) eig. *mächtig*, wie μέγας von magh (II, 41).

315, 14 füge nach "*zunächst*" hinzu: ϝαλ in νε-ϝαλής, νεαλής, ές (wo νε für νεο) *neukräftig*.

317, 5 v. u. βρίθω s. II, 291, 25.

318, 3 v. u. ἔλεος für anlautendes ϝ entscheidet βλεέρει = ἐλεαίρει (*Ahr*. Diall. 174), vgl. II, 300.

319, 14 v. u. sskr. vrisha u. s. w. wohl zu vrick' *spalten* (II, 16); ck' in ksh und sh für ksh, beides nicht selten.

320, 11 v. o. ἀπειλή s. II, 299, so dann wohl auch ἀρειά u. s. w. 320 Z. 7 zu ϝαρ *abwehren* (ἀρνέομαι) II, 295.

320, 35 ὄαρ s. II, 7.

320, 4 v. u. βόλλομαι u. βούλομαι für βολ-joμαι (4te Conj. Cl.); vgl. goth. vil-ja-n, ahd. wellan (*Graff* I, 815), sl. vel-jön (*Kop*. Gl.), so auch προ-βέ-βουλα anomal, wie γέγαα, μέμαα II, 116; eben so 321, 3 v. o. βουλή, äol. βόλλα (*Ahr*. Diall. 59, 291) für βολ-jâ; vgl. goth. vil-ja, ahd. willo (*Graff* I, 822).

321, 24—30 streiche von "*Im Sskr. — verfolgen.*"

321, 2 v. u. φέρτερος s. II, 327.

322, 10 v. u. ἔρανος wohl eig. *angenehme Gesellschaft*.

323, 16 ἱέραξ s. II, 142. — 324, 17 v. u. οὐρανός s. II, 298.

325, 19 ὀργή vgl. II, 317.

325, 29 mari vgl. *Diefenb*. Celt. I, 80 nr. 114.

327, 19 v. u. δρόσος ff. ist, wegen gael. druchd, driuchd glbd., von sskr. vrish zu sondern; eben so ist δρῖλ-ος zu gael. dril *Thautropfen* zu stellen; ferner zu vgl. gael. dùr *Wasser*, driob-aidh *Tropfen*, vgl. drobhlas *profuseness*; dazu ferner ahd. triuf-an (*Graff* IV, 528), wo t wegen r; endlich lett. drehgns *feucht*; — alle diese führen auf eine Wzf., welche sskr. dri lauten würde; ob diese ad + ri (ad Präf. (I, 1) u. √ri (I, 326, 5 v. u.)) und mit vri zusammenzustellen sei, wage ich nicht zu entscheiden; sskr. rasa (I, 326, 7 v. u.) nehmen wir jetzt für drasa = δρόσος, wie sskr. râtri von drai (*Pott* I, 230); zu rasa: lth. rasa, lett. rassssa.

328, 2 zu rigare: rîvus für rigvus.

328, 19 ὥρα s. II, 297.

329, 3 jâre s. N. Ntr. zu I, 422.

332, 15 ὄρνις ff. s. II, 252; ϝόρτυξ (S. 333, 1 v. u.) und ϝορταλίς (S. 334, 9 v. u.) sind wohl davon zu trennen (vgl. dazu *Pott* Ztschr. f. Kd. d. Mld. IV, 1, 30).

334, 13 Ἶρις s. II, 302. — 334, 10 v. u. l. ἄϊρος.

335, 10 v. o. sskr. van betreffend s. II, 52; davon ist aber zunächst entschieden ὄνειαρ (335, 40) zu *trennen*; dieses steht für äol. ὄναυαρ (*Ahr*. Diall. 92, 191); letzteres verbindet sich aufs beste mit goth. niu-tan *geniessen* (*Graff* II, 1118), ltth. nauda *Nutzen*; ὀ ist = sa (I, 382) = nhd. ge (in ge-niessen vgl. I, 227 Anm.); goth. niut, litth. naud könnten sich zu ναυ (Guna von νυ) verhalten wie goth. giu-t-an zu griech. χευ (√χυ II,

194), also der T-laut sekundär sein, oder es könnte in ὄναναρ das δ von Wzf. ναυδ eingebüsst sein; mit ὄνειαρ glaube ich aber ὀνίνημι (335, 20) verbinden zu müssen; dass ονυ zsgstzt sei, musste, da ὀ seinem eigentlichen Wesen nach nicht im Bewusstsein des griech. Sprachgeistes blieb, vergessen werden, so schien ον die Wz. Diese nach den Z. 25 angegebenen Regeln, die nun besser passen, reduplicirt, ward ὀνῖν.

336, 14 ϝεπ s. II, 62. — 337, 22 ἔλλοψ s. II, 3.

337, 24 zu sskr. vaksh ahd. wah-an *erwähnen* (*Graff* I, 697); mit Präf. sa eig. savaksh zsgzg., wie oft (z. B. I, 357 sah): saksh: lat. sag in praesagire, nhd. sag-en, ltth. sakau, lett. ssakku *sagen*; Spur des organ. v in lett. ssaukt *nennen*; eben so aus sa + vak' sskr. sûk' *narrare* und ohne Spur des v lat. (in)-seq(-ue), in-sexit (*Fest.* p. 82).

338, 19 vâk'ja s. *Pott* B. J. 1840 S. 636.

338, 31 ἐνίπτω vielleicht zu sskr. vap *schaben* (s. N. Ntr. zu I, 429); vgl. ψέγω vom Begr. *schaben* (I, 191).

340, 3 füge man hinzu: ἀστρόβακος (*Suid.*).

340, 8 βάττος; ist ltth. buczius *stammelnd* zu berücksichtigen? vgl. auch βαμβαίνω ff. II, 62.

340, 26 ἰάχω u. s. w. anders *Ahr.* (Diall. 78); dagegen Βακχ. = Ἰακχ.

340, 6 v. u. ϝοπ ff. s. II, 59.

342, 27 papilio s. *Diefenb.* Celt. I, 200.

342, 19 v. u. zu σϝοβ; vgl. ltth. saub-aus *treiben*, swambaloja *sich hin und her bewegen*, gael. siubh-al *bewegend*, siubh-lach *schnell* u. s. w. (vgl. N. Ntr. zu I, 291, 29.)

343, 26 bĕgu s. II, 20.

344, 18 v. u. ἀΐσσω; ἀ = sa (I, 382) *sehr*.

344, 7 v. u. ἀΐσσω: σσ für γj (4te Conj. Cl.).

345, 9 v. u. αἴγιθος; vgl. *Pott* B. J. 1840 S. 630.

346, 17 sskr. vaç *wollen* eig. *wünschen* gehört zu vakh' (I, 17) und beide stehn für organischeres vaksh; da griech. ϝεκ entspricht, so ist der Uebergang von ksh in sskr. ç wahrscheinlich schon vor der Sprachtrennung eingetreten; zu vaç *wollen, herrschen* zend. vaça *mächtig* (Vend. lith. 43, 18 *Anq. d. P.* I, 2, 110 u. öfter).

347, 2 v. u.; zu ϝεκ: ϝηκ in der Bed. *willig, unterwürfig*. vgl. sskr. vaçi-kri *unterwürfig machen*.

348, 7 v. o. ff. s. II, 64.

348, 22 ϝείκω vgl. γίξαι (*Ahr.* Diall. 171).

350, 6 ϝικ; anders *Ahr.* (Diall. 27), dagegen: ἄϊκτος.

350, 11 Zu ϝικ wird ἄϊκλον, ἄϊκνον, τό (lakon.) *Abendessen* gestellt; diess gehört aber zunächst zu αἶκλος *abendlich*; ob diess hierher gehören könne, *die Zeit wo man heimgeht* (ἀ = sskr. â od. sa), wage ich nicht zu entscheiden.

350, 26 ἥ-κω eher zu sskr. jâ gehn Perfect Praes. (vgl. διώκω und II, 266).

350, 34 zu οἶκος *Ahr.* (Diall. 192 n.): ὁμωχέτας.

351, 6 füge man hinzu: ἀγροικεύομαι.

352, 18 μασχάλη aus μαχ (= ϝαχ) + σκ.

353, 23 v. u. μόχθος s. II, 42 u. Ntr.

356,19 v. u.; vado gehört zu ahd. wantal, wantalôn. (*Graff* I, 763 ff.), vom Begr. *drehn, sich hin und her drehn*; ob beide zu sskr. vat', der Nebenform von vṛit, die sich II, 323 findet, oder zu sskr. vê (wie *Graff* 738), will ich noch nicht entscheiden.

356,23 füge man hinzu: οἰστός, όν; πρόςοισμα, τό; vgl. *Buttm.-Lob.* Gr. Gr. II, 1, 313 ff. u. *Pott* II, 272.

356,34 ἀνάϝεδνος s. II, 45. — 360, 1-3 s. N. Ntr. I, 102, 31.

360,10 v. u. Hieher lat. sonticus = *justus* (*Naev.*), eig. *kräftig*; auch sontes aber zu Begr. *gewaltthätig* vgl. sskr. prasah-ja glbd.

361,29 wolchan vgl. II, 314. — 361, 4 v. u. ϝαδ s. II, 62.

362,26 αἶνος; ist sl. ganati (Räthsel) *aufgeben*, cärnt. oygni-ti *Räthsel lösen*, oy-ganìka *Räthsel* (*Kop.* Gl.) zu berücksichtigen?

362, 32 u. 42 ἀναίνομαι ziehe ich jetzt zu Wzf. hnu griech. νυ (II, 182) ff. Mit αἰ = abhi (II, 104) würde αἰνυ *zunicken* heissen; ἀν (= ἀνά) + αἰνυ ist = ἀνα-νεύω abnuo (vgl. II, 182); die Wzf. ἀναινυ wird nach Vergessen der organ. Bild. ἀναιν.

363,15 v. u. ist noch zu berücksichtigen lith. prót-as, lett. prahts (auch lith. su-prant-u) *Verstand*, altpr. is-prett-ingi *scilicet*, die mir jedoch eher zu lat. pret in inter-pret-ari zu gehören scheinen; dieses, so wie jene, passen der Form nach zu sskr. prath in prath-ita *made known, declared*, prath-â *Ruf*, prath-aj (Causale) *manifestum facere, prodere*; allein dieses ist nicht von prath *verbreiten* (II, 98) zu trennen; *verbreiten* ist hier zur Bed. *bekannt machen* modificirt. Sollten sich daher nicht auch jene Wzformen mit ihren Bedd. hieraus erklären lassen?

364,18 ἀείδω; ist es = dem zend. â-vid *anrufen*? dann zu vid (I, 369) und von ἀηδών (I, 365) entweder zu trennen, oder letzteres dialektisch.

365, 39 ὀνιδ; ὀ ist = sa (I, 382); ist bei νιδ lett. naids *Hass*, nihst *neiden* zu berücksichtigen? dann aber auch trotz der Nichtbeachtung des Lautverschiebungsgesetzes, goth. neiths (*Graff* II, 1031).

365, 3 v. u. ὄνομαι eher vielleicht zu lett. waina *Schuld*, wainoht *tadeln*, russ. vinitj *tadeln*.

367, 6 ff. svad ist aus su+ad (I, 246) zsgstzt, wie auch svadana (Z. 9.) zeigt; s. II, 137. Dazu analog kurd quosca (*angenehm*) von sskr. su + âçita *gut essbar* (vgl. *Pott* Ztschr. f. K. d. Mgld. III, 45).

370, 3 s. II, 207.

371, 13 ff. δέαται, δέατο, δοάσσατο s. II, 207. Dadurch werden auch δήω (Z. 11), δάημι (Z. 28) ff., unsicher; sollten sie zu sskr. g'nâ zu ziehen sein? vgl. δήνεα II, 144; ν eingebüsst wie in μοῦσα aa. II, 35; über διδάσκω (Z. 14 v. u.) s. N. Ntr. zu I, 238.

372, 1 vrîd s. II, 320.

372, 5 v. u. ff. meine Etymol. von ϝέθος aus sva + dhâ erhält durch pers. خوی consuetudo, kurd. ubu glbd. von sskr. sva + bhû (*Pott* Ztschr. f. die Kde des Mgldes III, 41) bestätigende Analogieen.

372, 34 κίναιδος ob eher zu κνιδ (I, 190)? mit Spaltung, wie oft, κινιδ, vielleicht dialekt.; vgl. κνήθω u. z. B. böot. αι für η; dann hiesse es *pruriens*.

372, 3 v. u. streiche man: "*slav.* — 174)" vgl. *Pott* B. J. 1840 S. 659.

373, 18 v. u. ἦτρον s. II, 117 u. Ntr.

374, 4 v. u. βράχω; ist lett. brehkt *schreien* zu berücksichtigen?

375, 3 v. u. βρόχθος s. II, 140. — 376, 7 v. o. βρόχω s. II, 140.

376, 30 βρύττω s. II, 140. — 376, 33 βρύκω s. ebds.

377, 13 v. u. ὀρεχθέω; ὀ = sa (I, 382).

377, 5 v. u. ῥέγχω s. II, 132 u. vgl. lett. krahkt *schnarchen* (ebds.).

378, 4; ῥύζω ob bloss onomatop. von der Littera canina (vgl. I, 101), oder zu ru (II, 7)?

381, 11 v. u. se-mel ff. s. N. Ntr. zu I, 88, 21.

381, 1 v. u. ἅπαξ s. II, 91. — 382, 1 v. o. ἁπλόος s. II, 96.

383, 22 ἄθροος und mit ἁ: ἄθρους s. II, 264.

383, 9 v. u. ἅβρα, ἁπαλός s. N. Ntr. zu I, 429.

383, 9 v. u. ἅμιλλα s. I, 509. — 383, 8 v. u. saha s. II, 268.

385, 7 v. u. ἐνοχερῶ s. II, 48.

385, 9 füge man hinzu: ὁλο-σχερής, ές wörtl. *ganz zusammenhängend*; -ρεια, ἡ.

385, 19 χέρσος ff. s. II, 111.

385, 4 v. u. ff. σύν s. II, 269, vgl. *Ahrens* (Diall. 57), der συνι für die organ. Form nimmt; diess wäre ein Casus von einer Weiterbildung durch Suff. na, welches zu hu (für dhu) gefügt wäre; dafür spricht sskr. a-dhu-nâ Instrument. von a-dhu-nă von a-dhu + na; a-dhu neben a-dha, a-dhi zeigt das Suff. dhu (vgl. II, 269) in seiner organ. Form.

392, 15 ἕσις s. II, 202. — 392, 17 ἕστωρ s. II, 202.

392, 17; ἕκτωρ zu ἔχω I, 357.

397, 5 καυνάκη s. *Diefenb.* Celt. I, 134 nr. 199.

397, 17 σεύω die Wzf. mit u zeigt auch zend. sû-tem (Vend. lith. 48, 3 vgl. *Burn.* C. s. l. Y. I, 115 wo chû-tem geschrieben) *bewegt, geschüttelt*.

398, 25 v. u. σάω vgl. lith. sĕtas, lett. ssccts *Sieb*, lith. sauczíu, lett. ssijaht *sieben*, slav. cito *Sieb* (*Kop.* Gl.).

398, 1 v. u. att. διαττάω (für διασσάω, sollten diese beiden σσ für organ. σjάω (Z. 15 v. u.) sprechen?); dazu: διαττος, ὁ; διαττησις, ἡ.

399, 9 v. u. ἤθω; das *Seihen* ist ein *abtropfen Lassen von Flüssigem* (vgl. *destilliren*); daher in mehreren verwandten Sprachen seine Bezeichnung in entschiedenem Zusammenhang mit sskr. sik' steht (vgl. *Pott* I, 234); da nun sskr. sjand *tropfen* heisst, n eingeschoben (wie sjada zeigt) ist, so identificire ich damit ηθ für σjεδ : ʽjεδ : ʽεδ mit Umsetzung der Aspiration ἑθ, vriddhirt ἠθ; sskr. d ist wahrscheinlich sekundär und eben so k' in sskr. sik'; dass letztres für sjak' steht, macht zend. stak' (für organ. sak') u. die damit zusammenhängenden Ff. (I, 439, 440) höchst wahrscheinlich; j ist hier nach s eingebüsst, dagegen in sskr. sik'ja in i, wie oft, übergegangen. Dagegen würde ϝικ-

μάς (I, 439, 17 v. u.) sprechen; allein der Anlaut des *ϝ* ist noch nicht ganz sicher u. könnte unorganisch sein. Die Zusammenstellung von sik' mit vik'-i *Welle* (I, 440, 7) ist aber ganz verfehlt, da die Grdbed. von sik' *tröpfeln* ist.

400, 22 *σωρακίς* s. II, 297.

400, 26 *σόλος* ff. s. II, 300 u. 301.

400, 31 *ἐπίσειον* u. s. w.; ob für *ἐπι-σικ-ιον* und *σικ-ιο* = *penis* zu sik' (I, 439)? vgl. lat. ve-sic-a (von derselben Wz.).

401, 3 *εἰ* zu *σϝο* s. II, 45. — 403, 11 *ἡνίκα* s. II, 148.

403, 11 v. u. *δεῖνα* s. II, 231. — 403, 1 v. u. *ἅτε* s. II, 270.

404, 6 *οἷος* vgl. II, 146. — 404, 7 *ὅσος* vgl. II, 230.

404, 10 v. u. *ἄλλο* s. II, 50. — 404, 3 v. u. *σισύρα* s. II, 296.

405, 8 füge man hinzu: sskr. su vielleicht in sskr. sû-ta *Lobsänger*.

406, 11 v. u. streiche man das Eingeklammerte.

408, 10 *στόμαχος*, vgl. Suff. -*χο* II, 269.

408, 21 goth. saivs steht für saihvs (vgl. II, 54) und gehört zu sik' (I, 439).

409, 7 v. u. *ημεκτέω* zu sskr. am *krank sein* s. II, 89, 31.

412, 14 saivala s. N. Ntr. I, 227.

412, 4 v. u. sûkara vgl. *Pott* Ztschr. f. d. Kde des Mld. IV, 1, 21.

413, 19 *ὑάκινθος*, *Pott* B. J. 1840 S. 630.

413, 26 *ὕστριξ*; *ὗς* für *ὑός* Genit.; *Zusammenrückung* statt *Zsstzung*; vgl. jedoch *Diefenb.* Celt. I, 98.

414, 11 saliva u. s. w. s. II, 122.

414, 20 *σιαγών* ff. s. II, 246.

415, 11 v. u. *σπῖλος* könnte auch Wzf. *σπιλ* enthalten und zu II, 81 gehören, vgl. sper-no ebds.; vielleicht für *σπῖλλο* : *σπῖλιο*.

416, 16 *πτάρνυμι*, Z. 18 kshu u. Z. 37 sternuto scheinen mir jetzt von *σιϝ* (413 ff.) getrennt werden zu müssen; kshu ist die organischere Form; augenscheinlich onomatopoietische Nachahmung des *Niesens*. Dazu lat. ster-nu-to für scer-nuto und *πτάρνυμι* für *παρνυμι* (vgl. *ὀπ* = aksh I, 228 ff. u. sonst *π* = ksh), ster und *παρ* scheinen einer durch r gemehrten Form zu entsprechen, um dem Naturlaut noch näher zu kommen (vgl. ähnlich *σναρκ* u. s. w. II, 55). Dagegen *πτύω* (415, 3 v. u.) sammt *ψύττω*, *φθύζω* gehören zu *σιϝ* in der Form *σπιϝ*, lat. spuo (415, 13 v. u.).

417, 28 *πτύον* ziehe ich jetzt entschieden zu pû (vgl. Z. 33), wovon sskr. pava und pavana *das Kornwürfeln*; vgl. I, 270.

418, 21 *ἥσυ-χος*; Suff. -*χο* s. II, 268.

418, 6 v. u. *ὕσγη* s. *Diefenb.* Celt. I, 97 nr. 116.

420, 10 zu *ἕξ* vgl. II, 213, 215.

420, 22 sarva; oscisch sollo; dazu lat. soll-ennis *alljährlich* (*Fest.* s. v.), soll-ers (vgl. sskr. sarvârtha und *Fest.* s. v. der fast ganz der Etymol. gemäss *in omni re prudens*).

420, 7 v. u. *σιλίγνιον* *Diefenb.* Celt. I, 86 nr. 130.

422, 14 *ἵλαος* äol. *ἴλλαος* (*Ahr.* Diall. 58).

422, 32 *σήρ*, *Pott* Ztschr. f. d. Kde des Mgldes IV, 1, 39.

422, 41 *ὥρος*, dazu sskr. parâri (für parajâri (vgl. parut) woraus als Thema jâr folgt) und slav. jaro *Frühling*, welches die Grdbed., indem, wie oft, eine Jahreszeit zur Bez. des Begriffs *Jahr* diente (vgl. *Benfey* — *Stern* Monatsnamen S. 224).

423,3 *σάρξ* nach *Ahrens* (Diall. 79) für *σϝάρξ*.

423,26 *ὄρκος* *Pott* B. J. 1840 S. 654, s. II, 317.

424,23 *σαρ-δάνιος*; ob zu *σαίρω*? s. N. Ntr. zu I, 216.

424,11 v. u. *σιμίκιον* *Pott* B. J. 1840 S. 630.

424,10 *ἄμμος*; samad, organischeres *ἅμαθο*, *ψαμαθο* scheinen mir jetzt zu √sm (I, 467) *schaben* zu gehören; *ἁμαθ*, samad für *σμαθ*, mit unorgan. eingeschobenem *α*, wie oft; *ἅμαθο* ward alsdann *ἅμυθο* : *ἅμμο*.

425,14 v. u. zu "vgl. S. 177" s. N. Ntr. das.

427,1 v. o. *σάμψυχον* ägyptisch s. *Pott* B. J. 1840 S. 629; anders *Diefenb*. Celt. I, 91 nr. 141.

427,3 *σίμβλος* vgl. II, 75.

427,18 *ἕνεκα*, äol. *ἕννεκα* (*Ahr.* Diall. 58) scheint mir jetzt mit lat. vĕn-ia verbunden werden zu dürfen; dieses gehört zu sskr. van (II, 52, I, 335 wo jedoch N. Ntr.) also *zu Lieb, zu Gefallen von jemand*; ob das schliessende *κα* : *κε* : *κεν* = sskr. ças (II, 150)?

428,17 v. u. *σαβοῖ* s. II, 65 u. Ntr.

429,8 füge man hinzu *σάπων*, *ὁ* *Seife* fremd; gael. siopunn.

429,9—431,33 *ἀφ* *Pott* B. J. 1840 S. 653. — Ich ändre jetzt so:

I. Wz. sskr. vap *schaben*, als Verb. in dieser Bed. unbelegt, aber erwiesen durch vâp-a, vap-ana *das Schaben*, vap-anî *Barbierhaus*, vâp-ita *geschabt* u. aa.

Dazu 1. *ϝάπτω*, *ἅπτω* eig. *schaben*, in der Modification *leicht berühren* (vgl. analog II, 82); das anlautende *ϝ* folgt aus *ἐϝάφθη*, *ἄϝαπτος*, obgleich *ἅπτω* allein im *Hom.* keine Spur von *ϝ* zeigt (vgl. Il. XVI, 9, 577; XVII, 631, Od. IV, 522), welches aber nicht gegen organ. *ϝ* entscheidet; das *φ* in *ϝαφ* nehme ich für unorganischen Vertreter von *π*, ohne es jedoch sicher deuten zu können. Derivata von *ἅπτω* s. I, 430 Z. 1—27; wo jedoch *ἀψίς* *Gewölbe* (Z. 1), *ἅψος* *Gelenk* (Z. 2) u. *ἅπτω* in der Bed. *befestigen*, fraglich, ob hieher; über *χόρδαψος* (Z. 12) s. II, 89. Nach Anal. von *ἅψασθαι ἔπεσι* *schelten* ziehe ich auch hieher *απτοεπής* (*Hom.* Il. VIII, 209) *die Keifende*; ob man nicht dennoch *ἁπτοεπής* schreiben dürfe, will ich nicht entscheiden; in diesem einzeln stehenden Wort scheint eine Spur des anlautenden *ϝ* erhalten zu sein: *Ἥρη ϝαπτοϝεπής*; die jetzt cursirende Leseart *ἀπτοεπής* mit der Erklärung aus *ἀ* priv., *πτο-έω* u. *ἔπος* passt nicht in den Charakter der Stelle und die Formation lässt sich grammatisch kaum vertheidigen.

2. *ϝεπ* in *ἕπω* (S. 431 Z. 22—33) *etwas oft betasten*; die ganz eig. Bed. *schaben* tritt hervor: *Hom.* Il. VI, 321 *τὸν δ' εὗρ' — τεύχε' ἕποντα* *die Waffen schabend, putzend* (vgl. *ἕπω* bei *Pass.*).

3. Begr. *schaben*, modific. zu *wetzen*, *schärfen* (vgl. analog *θήγω* II, 246 von sskr. tvaksh); daher hieher ahd. wâf-an, goth. wêp-n, im Sing. *Schwerdt, Dolch, Messer* u. s. w., kurz alles *Gewetzte* (wêpn = einem sskr. vap-na Partcp. Pass.); im Plur. *arma* s. *Graff* (I, 785); damit stimmt der Gebrauch von Plur. *ϝοπ-λα*, *ὅπλα*, *τά*, wo *λ* für organisch *ν* (vgl. *θῆλυ* II, 270) *Waffen*; dadurch ging die eig. Bed. ganz verloren

und die Bed. des Plur. wird, jedoch selten, auch dem Singul. gegeben; *ὅπλον Tau* ist davon zu trennen (s. weiterh.); vgl. I, 287 wo die Derivata.

4. zu *schaben*: *ϝαπ-αλός, ἁπαλός zart* (vgl. analog *τέρην* II, 261), welches I, 493 falsch.

5. eben so *ϝαβρός, ἁβ-ρός*, welches I, 493 falsch; *β* wegen *ρ*.

6. eben so *ϝαβ-λαδέως*: *ἀβλαδέως*, welches I, 509 falsch; *λ* vielleicht für *ν*, wie bei *ὅπλα*.

7. *ϝήπ-ιος, ἤπιος sanft berührend*; I, 142 falsch; *η* Vriddhi.

8. *ϝηπε-δανός, ἠπε-δανός* eig. *zerschabt, zerrieben* (Suff. *δανο* = sskr. tana).

9. Begr. *scheeren* aus *schaben* (vgl. ton-d-ere II, 244 und ebenso nhd. schaaf (von Wzf. sskr. kshap I, 191 aber in der Bed. *schaben, scheeren*) *das zu scheerende*. Dahin griech. *υπ*, mit *υ* für *ϝα*, in *οἴς-υπ-ος* aus *οἰός* (Genitiv) u. *υπ-ος* (Zusammenrückung vgl. N. Ntr. zu 413, 26 aa.) *ὁ* eig. *Schaafschur*, dann *Schaafschmutz* überhaupt. Dazu *οἰσύπη, -πίς, ἡ; -πηρός, ά, όν; -πειος, ον; -πόεις, εσσα, εν*; zsgzgen: *οἴσπη*; dazu *οἰσπάτη, οἰσπότη, οἰσπώτη, ὀϊσπάτη, ὀϊσπώτη* u. s. w.: unorganische Nebenformen.

10. Durch Schwächung des Vokals vor Doppelconsonanz (vgl. *σκαρ : σκιρτ, ὀρεγ : ὀριγν* aa.) entsteht *ϝίπτ-ομαι, ἴπτομαι schädigen* (durch *abschaben* vgl. atterere von tr II, 260 u. I, 179, 5 v. u. u. N. Ntr., wo Begr. *schaden* aus aç *schaben*); falsch I, 218; dazu *ϝίψ : ἴψ Schabe* (falsch I, 176); vielleicht dazu *ἐν-ϝίπτω* (I, 338, 31 N. Ntr.).

11. sskr. sak' (429 Z. 9) *knüpfen*, entschieden belegt durch zend. hak' (ebds. Z. 14, wozu man *Lassen* Keil-Inschriften 118 und hak'i-manô (*Vend.* lith. 54, 5 u. 15) füge). Dazu:

1. *ἕπ-ομαι* (S. 430 Z. 28—46). — 2. *ἄοζος* (S. 431 Z. 5—21), aber für *ἀ + οπ(k')jo* (vgl. a. a. O.). — 3. *ὀπ-λό-τερος* (S. 430 Z. 47 — S. 431, 4) *der folgende*; — 4. vielleicht *ἅπτομαι* in der Bed. *befestigen* (*ἁψαμένη βρόχον* Od. XI, 278) s. oben S. 355 Z. 32. — 5. *ὅπ-λον Tau* (*das bindende* vgl. nhd. tau: engl. die) s. I, 287). — 6. vielleicht *ἁψίς* u. *ἅψος* (s. oben S. 355 Z. 32).

431, 34 *ὁπλή* s. II, 325.

431, 35 saptan scheint zu Wzf. sskr. sap (429 Z. 18, 17 v. u.) zu gehören; dieses ist sa + Wzf. ap (I, 12 vgl. lat. cop aus saha + ap); die Bed. wäre *verbindend*; zu *ἑπτά* vgl. II, 213, 215.

431, 43 *ἕβδομος*; *μο* ist das alte Superlativsuff. (vgl. II, 255); die Form *ἑβ-δο* und daneben *ὀγδο* (in *ὀγδο-ϝος*) erklärt sich vielleicht, wie zend. pukh-dho aus sskr. pank'a + Suff. ta, wie *Burn.* C. s. l. Y. I, N. XLIV annimmt; sollte man aber nicht eher an sskr. tha in k'atur-tha u. a. denken dürfen? wenn an letzteres, so ist *ἑβδομο* der Bildung nach ganz = sskr. pra-tha-ma und dann betrachte ich *ὀγδοϝο* als Schwächung von *ὀγδομο* = *ὀκ* + sskr. tha + *μο*; für diese Ansicht spricht, dass keine der verwandten Sprachen, ausser Lat., welches lange mit dem Griech. identisch war, eine Endung = griech. *ϝο* in ähnlichem Gebrauch zeigt.

432, 1 s. II, 102.

432, 26 σαγ vgl. *Pott* B. J. 1840 S. 654; wegen sarc zu sskr. sasg' (S. 433 Z. 12) vgl. man merg-o zu sskr. masg' (I, 515 u. *Pott* E. F. I, 236).

434, 11 σάκτας s. *Pott* B. J. a. a. O.

434, 17 σάκκος s. *Pott* a. a. O.

434, 23 σάγος, *Diefenb.* Celt. I, 85 nr. 126.

434, 31 σαγήνη s. *Pott* a. a. O. — 434, 8 v. u. bhag' s. II, 20.

435, 18—21 streiche man: "*und den — würde*" u. vgl. *Pott* a. a. O.

435, 23 ak'kh'a s. N. Ntr. zu I, 227, 21; organ. ʽϝαγιο hat, wie lat. sac-er, ϝ eingebüsst, daher äol. ἀγ (*Ahr.* Diall. 25).

437, 10 ἅγνος s. II, 18.

437, 19 ὑγιής; anders *Bopp* (Gl. sscr. s. v. ôg'a).

438, 6 σάν, σῖγμα s. II, 101.

438, 15 uksh; dazu ltth. uksta *regnen*, uk-anà *Regenwetter*; dazu auch lat. u-vidus (für u(g?) vidus) sammt uva (I, 447 und 550 falsch).

438, 26 ff. σϝογκ s. II, 291, 27.

439, 77 ἰκ s. N. Ntr. I, 399, 9 v. u. und vgl. II, 80.

442, 4 τέναγος s. II, 330, 34. — 443, 13 ἀφόρδιον s. II, 88.

447, 17 sjand s. N. Ntr. I, 399, 9 v. u.; daher die Etymol. falsch.

447, 24 ὑδ s. II, 67. — 447, 6 v. u. uvere s. N. Ntr. I, 438.

452, 21 ff. σϝε s. II, 45, 239, 240, I, 401, 285.

453, 17 ἕε s. II, 187 — σφεῖς s. II, 242.

454, 24 ἑός vgl. *Ahr.* (Diall. 171).

456, 6 ff. ϝίδιος ist durch Suff. διο = sskr. dja : tja (II, 232) formirt, also eig. sva + dja, griech. ϝεδιο, durch Assimilation ϝίδιο.

460, 17 Ἑλένη s. II, 142. — 460, 9 v. u. σϝαρ vgl. II, 6.

461, 13 ὕραξ dazu auch μύραξ glbd. für ϝύραξ = σϝαραξ (vgl. wegen υ I, 464 und wegen μ I, 463, *Lobeck* Phryn. 356).

461, 31 ψάλλω vgl. *Pott* B. J. 1840 S. 653, *Hupfeldt* Ztschr. f. d. Kde des Mgldes III, 395; es bed. ursprünglich *zupfen* und gehört zu ψα *schaben*; die Bed. *spielen* erhielt es von der Art, wie das *Plectrum* gebraucht wurde.

462, 29 ψελλός anders *Pott* a. a. O.

463, 29 πλημμελής hier falsch; s. II, 39 und vgl. dazu II, 86 und sskr. prâjaç-k'itta, wo prâjas = πλήν.

466, 10 v. u. σμώνη u. s. w. s. II, 274, aber auch N. Ntr. zu I, 534, 24.

467, 1 σμῶδιξ s. an denselben Stellen.

467, 8 μώλωψ an dslben St. — 467, 11 σμῆνος an dslben St.

468, 4 smikan falsch s. *Pott* II, 270, wozu zunächst noch ltth. smag-us *wohlschmeckend*, vgl. N. Ntr. zu I, 534, 24.

469, 25 μικκός s. *Ahr.* (Diall. 171). — vgl. II, 35.

470, 23 über ak' II, 22.

470, 44 μανο vgl. noch sl. manón *minuo*, ma-lü *klein* (*Kop.* Gl.), gael. mean *klein*; danach auch μα-νο zu sm(a).

471, 25 μινύ-ωρος s. II, 297.

471, 32 μίνυνθα, vgl. II, 268.

474, 7 μανός s. N. Ntr. zu 470, 44 und vgl. II, 41 u. 44.

476, 18 μιαίνω ist = sskr. miv u. dieses steht für mihv aus mih für migh (II, 43) vgl. II, 217 u. 54.

477, 9 v. u. σμίνθος; wegen ν ähnlich sskr. mêndha neben mêdha (II, 43); vgl. aber auch *Pott* B. J. 1840 S. 630.

477 Anm. Z. 10 mêda s. II, 37.

478, 6 μίνθος zu sskr. migh II, 43; wegen ϑ = sskr. gh vgl. ϑερμός II, 195.

478, 22 μολ-ύνω vgl. sl. cmola *Pech* (*Schmier*), cmrjeka (*Fichte*), molï *Schabe* (*Kop*. Gl.), lith. molis (*Lehm*), lett. mahls.

478, 28 βρο s. N. Ntr. zu I, 512. — 480, 24 μορόεις s. II, 40.

480, 41 μαρίω s. II, 195. — 481, 24 ἀμορβής ff. vgl. II, 312.

481, 4 v. u. mud' gehört zu miv (s. N. Ntr. zu 476), vgl. mû-tra *Pisse*, eben daher.

484, 28 ὀμόργνυμι; ὀ wohl = ἀϝα (vgl. Z. 14).

485, 31 ἀμολγός vielleicht zu sl. mrak-ü *Dämmerung* (*Kop*. Gl.), mrük-nôn *sich verfinstern*; ἀ = sa (I, 382).

485, 7 v. u. γάλα. *Pott* B. J. 1840 S. 660 sucht den Anlaut aus den gael. Ff. zu erklären, die mit bl beginnen; allein im Griech. erscheint keine Form mit βλ und für den Uebergang von βλ in γλ kenne ich nur *ein* Beispiel γλήχων (I, 577 s. N. Ntr.). Ich erkläre die Formen γαλακτ jetzt so; zunächst steht sie für γαλακτο nach unzähligen Analogieen; dieses ist Partic. Gen. Neutr.: *das Gemelkte* und erklärt sich aus Wzf. γαλαγ + το ganz regelrecht; γαλαγ ist = γλαγ in γλαγ-ος mit durch α gespaltner Anlautgruppe, wie oft; γλαγ aber ist unmittelbar = μλαγ Metathesis von μελγ, wie auch lat. lact für mlact zeigt; da anlautend μλ ungriechisch, so ging es durch Assimilation an das folgende γ in γλ über.

487, 19 ff. mlêk'kh' s. II, 313.

488, 2 v. u. βλέφαρον; hier steht β für γ; nicht umgekehrt; s. II, 125.

489, 19 glai trenne ich jetzt trotz der Bedeutungsgleichheit von mlai; zu glai vgl. I, 500, 1 v. u. u. N. Ntr., 524, II, 10, 11, 292.

490, 10 v. u. γαλα-θηνός s. II, 270.

493, 8 ἁβρός, Z. 24 ἁπαλός s. N. Ntr. zu I, 429.

495, 35 μορφή s. II, 311.

497, 12 μολ vgl. sskr. mlu-k', mru-k' *gehn* (*Ros*. Radd.), ni-mlôk'a *Sonnenuntergang*.

497, 3 v. u. — 498, 2 v. o.; wohl falsch und zu βάλλω II, 291, 2 v. u.

498, 11 μέλος; ob eig. *Theil* und zu μερσ : μερ : μελ (II, 40)?

500, 21 die Wandlung von ε in ει erklärt sich aus äol. μελλ-ιχο (*Ahr*. Diall. 58) und dieses hat λλ wie lat. mell-is (Gen. u. s. w.) für μελτ statt μελιτ (= einem sskr. mři-t nach *Bopp* Gr. sscr. r. 643?); dazu, nicht zu sskr. madhu, armen. meg'-i (*Peterm*. Gr. l. arm. 29).

500, 1 v. u. füge man hinzu: γλαυίς, γλαυός (*Hes*.) eig. *schwach*, dann *unnütz* (vgl. βλάπτω 524).

504, 4 v. u. βλάξ und } wird die Etymol. zweifelhaft durch
505, 14 v. o. βληχρός } lith. blogas *schwach*.

508, 24 ἀμέρδω vgl. *Pott* II, 127.

509, 16 ἀβλαδέως s. N. Ntr. zu I, 429.

509,18 blandus vgl. gael. bladh, bladar, blanndar, *flattery*; letztres und franz. flatter vielleicht daher.

512,23 v. u. βρω : βιβρώσκω s. II,136.

513,12 βορέας s. *Pott* B. J. 1840 S. 659.

515,15 zu masg' noch sl. mac-lo *Butter*, *Oel* (von mazati *Pott* I,236), mactĭ *Fett* (*Kop*. Gl.), woher nhd. mast (*Graff* II, 282) entlehnt.

516,3 μαγεριο vgl. äol. μάγεῤῥος (*Ahr*. Diall. 59); s. auch II, 38.

516,12 μάγγανον; anders *Diefenb*. (Celt. I,75 nr. 103).

517 15 ff. μύσσω ist für μυγ + jω (4te Conj. Cl.) zu nehmen.

521,9—25 ἀμύσσω s. II,42; das anlautende ἀ ist = sskr. sa (I,382); dadurch wird 521,26—41 die Etymol. von ἀμυγδάλη, μύκηρος unsicher; doch liessen sie sich zu Wzf. μυγ (S. 517 vgl. N. Ntr.) ziehen, aber in der Bed. *schaben*; κ in μύκηρος dialektisch.

523,5 v. u. lăb-e-facio gehört zu lat. lâb-i (II,123,3 v. u. vielleicht aber eher aus Begr. *gleiten* II,120,6 v. u.); wegen ă vgl. sskr. lămb a. a. O. — Dagegen: 523,4 v. u. lăb-or zunächst zu sl. rab-ü *Sclav* (*Kop*. Gl.), russ. rab-ota *Arbeit*, goth. arb-aiths (*Graff* I,407); diese führen auf sskr. rabh, welches mit â zsgstzt: â + rabh *se applicare* heisst; dessen organischere Form ist sskr. grabh (II,138) indem es wie labh (II,139) u. aa. (II,137 ff.) seinen Anlaut eingebüsst hat; seine eig. Bed. ist *nehmen*, wie labh; â-rabh heisst *anfangen* eig. *unternehmen* u. so labor u. s. w. eig. *das Unternehmen* (vgl. Ntr. zu II, 139,16).

524,10 v. u. βλιμάζω s. II,263.

524,8 v. u. ῥόδον fremd; *Pott* B. J. 1840 S. 629, wo kopt. ουρτ u. s. w. (*Peyr*. L. C. 151) hinzuzufügen.

526,18 v. u. zu smi sskr. çman *Gesicht* für sman mit unorganischem ç, dazu çmaçru *Bart* mit zwei unorgan. ç für organisch. sma-n-s-ru(h) *was am Gesicht wächst*.

527,12 v. u. σίλλος s. II,302.

530,18 bei ἡμύω vielleicht gael. aom *sich neigen* zu berücksichtigen.

532,2 v. u. μύσσω ist, wie gewöhnlich, für μυ + Guttural + jω (4te Conj. Cl.) zu nehmen.

533,14 v. u. σμάραγδος entlehnt und = einem sskr. açman *Stein*, rakta *roth* (*Bopp* Gl. sscr. p. 23).

534,10 v. o. μήρινθος vgl. *Pott* B. J. 1840 S. 630 u. Wzllex. II,304.

534,23 σμύραινα s. II,39.

534,24 σμύχω; die zunächst entsprechenden Ff. sind ags. smuc *schmauchen* und ltth. smaugu *würgen* eig. *ersticken* (vgl. analog II,274). Nach den bei *Pott* II,270 damit verbundenen Wzff. (vgl. auch N. Ntr. zu I,468,4) ist, wie bei θυ (II,271), *hauchen* als Grdbed. der Wz. aufzustellen, woraus *rauchen*, *riechen*, *schmecken*; die primäre Wzf. scheint mit σμ anzulauten und liegt vielleicht in griech. σμ-ώνη u. aa., die ich wohl vorschnell zu θυ (II,274) gestellt habe.

534,13 v. u. σπίζω s. II, 88,16 v. u., und *Pott* J. B. 1840 S. 656; ob σπίζα (Z. 3 v. u.) u. s. w. als *pfeifende Vögel* gefasst, oder nach der Farbe bezeichnet sind, wage ich nicht zu entscheiden; dass aber finco mit σπίζα (also für σπιγ-ια, vgl. ὀλίζων f. organ. ὀλιγιων) und specht mit sskr. pika zu σιττη (536 also für ψικ-ια: ψισσα (vgl. μασσων für org. μακ-ιων) ψιττα) gehört, scheint mir höchst wahrscheinlich.

534, 12 v. u. πιππίζω s. II, 88 a. a. O.

540, 12 v. u. ff. σπα; dass der Begr. *spannen* aus *schwellen* habe entstehn können, glaube ich nicht. σπάω gehört zunächst zu goth. spannan, sl. penti *spannen*, pendï *Spann* (*Kop.* Gl.), slov. na-pnem (*Metelko* sloven. Gr. 106), lat. spatium (eig. *Ausdehnung*) und wahrscheinlich sskr. pân'i *Hand*, eig. *Spann*; wie goth. spannan ohne Zweifel für span-jan (4te Conj. Cl.), so auch griech. σπάω für σπανjω: σπαjω, σπάω (vgl. sskr. g'an Pass. g'âjê für g'anjè, griech. γέγαα, μέμαα II, 116); so ist also auch im Griech. Wzf. σπαν; doch könnte ν, wie häufig, sekundär sein. Zu dieser Wzf.: ἀσπάζομαι (I, 541, 25 ff.), mit der Grdbed. *sich anspannen*, d. h. wohl *drücken* (mit der Hand), dann überhaupt *begrüssen*; eben so ἐμπάζομαι (ebds. Z. 2 v. u. ff.), wörtlich *intentum esse*; ἀγαπάω (542, 9 v. u.); ἄσπαλος, ἀσπάλαθος (542, 20 u. 26); ferner σπινός *angespannt, gedehnt, dünn* für σπεvjο (217, 1 v. u.); eben so σπανός für σπανjος (642) und, mit στ für σπ: στενιο: στεινός (642 s. N. Ntr.) *gespannt, dünn, enge*; πόνος *intentio* (I, 607 Z. 5 v. o. — 1 v. u.) und redupl. ποιπνύω (I, 606, 7 v. u. — 607 Z. 7 v. o.); wegen πέντε (I, 543) s. II, 233. πῆνος (S. 544) steht für σπανν-ος: σπαν-jος (s. II, 88); ferner σπάδιξ (I, 561, 10 v. u.), Begr. *spannen* durch *ziehen* in *reissen*; wegen der Form vgl. κταν: κτηδών aa.; dann σπατίζω (562, 1 v. o.), wegen der Form vgl. τατο von ταν (II, 244); auch σπάθη (562, 4 ff.), dessen ϑ mir noch nicht klar; eben so σπιθαμή (566), dessen Formation mir auch noch nicht ganz klar; endlich σπιδ in σπίζω (565, 6 v. u.) Begr. *ausspannen*; S. 566 Z. 7 v. u. haben wir damit lat. spid verglichen u. aus *spannen, dehnen* könnte durch *dünn machen* der Begriff *spitzen* hervortreten; dann gehört nhd. spitzen, spiess, ferner lat. spic-ulum u. s. w. (bei *Pott* B. J. 1840 S. 650) bis zu gael. speach = griech. σφήξ hieher; in letzterem wäre φ durch Einfluss des σ zu erklären; die übrige Formation ist noch schwierig.

543, 10 pank'a s. II, 233. — πέντε s. N. Ntr. zu 540 u. vgl. II, 213, 215, 80.

544 πῆνος s. N. Ntr. zu 540 u. II, 88.

544, 30 πατάνη zu πετ-άννυμι (II, 98) nach Analogie von λεκάνη u. s. w. (II, 99).

544, 8 v. u. pandus s. II, 95.

545, 2 v. o. spatium s. N. Ntr. zu 540; schliesst sich ebenfalls an eine Ptcpialform spa-tu von span wie τατο von ταν.

546, 19 foveo s. II, 274.

546, 27 φεῦ ist zu trennen.

549, 11 vgl. sskr. çiva von çvi.

550, 14 uva s. N. Ntr. zu 438, 15.

552 s. man II, 79, 80, 100, 105 und füge hinzu: σφυ in σφω (Vriddhi): φω in φῶτιγξ, ἡ *Pfeife*; φωτίγγιον, τό; φωτιγγιστής, ὁ; vgl. *Pott* II, 508.

553, 21 *βύω;* ist lett. bahst *stopfen* zu berücksichtigen? vgl. II, 65.

554, 1 *βδέω*; lat. ped-ere und ltth. bodzius *sich ekeln* sind in Betracht zu ziehn.

556, 5—9 *σάμψυχον* ff. s. 427 u. N. Ntr.

556, 17 *σπόγγος* vgl. gael. bochdan *Schwamm* von boc *schwellen;* ob auch dieses zu Wz. sskr. sph?

557, 2 *παιφάσσω* s. II, 103. — 557, 23 figo s. II, 90.

559, 13 *σπεύδω* s. *Pott* B. J. 657, wo man zu slav. cpjejòn (sloven. spèm *Metelko* sl.Gr.105) *festino* litth. spéju *Zeit haben, müssig sein* fügen muss; die Bedd. vermitteln sich durch prispéju *ich komme zeitig;* daneben das ebenfalls von *Pott* angemerkte sl. cpjeschiti *prosperari;* ganz dasselbe Begriffsverhältniss zeigt sich in griech. *σπέρχομαι eilen*, lat. spes (für sperhes), prospero (vgl. I, 595 und *Pott* a. d. daselbst angef. OO.), welche ich ebenfalls zu Wz. *σφ* gestellt habe.

559, 11 v. u. *πυδαρίζω* vgl. *Lobeck* Paralip. Gr. Gr. 34.

561, 1 v. o. *ψαίνυθος* vgl. *ψαινύζω* 545.

561, 15 v. u. *σφαδάζω* und ⎫ Vgl. *Pott* a. a. O.
563, 19 v. u. *σφενδόνη*, Z. 2 v. u. *σφεδανός* ⎬ 655; sskr. spad
564, 3 v. o. *σφοδρός* ⎭ ziehe ich in der That zu √sph; sowohl für die Form als die Bed. treten eine Menge Analogien in √sph hervor.

561, 10 v. u. *σπάδιξ* s. N. Ntr. zu 540.

562, 1 v. o. *σπατίζω*, Z. 6 *σπάθη* ff. s. ebds. Zu *σπάθη* vgl. *Diefenb.* Celt. I, 92.

563, 6 *σβέννυμι* vielleicht zu ahd. dwesbjan (*Graff* V, 280) *auslöschen.*

564, 18 v. u. ff. *σπένδω* vgl. *Pott* a. a. O.; ich ziehe es jetzt zu Wzf. spři (II, 81). Daraus durch sekund. d: *σπρι-δ* (der Form nach = nhd. sprud-eln (II, 81 mit ru für ři, wie oft), wozu ahd. spruzza (*Graff* Diutiska III, 149), wovon nhd. sprützen, welches auch begrifflich = *σπένδω*. Mit dem so häufigen Wechsel von ři und an (griech. *εν*): *σπένδω*; eben so vielleicht fundo zu sprudeln (II, 81); zu letzterm auf jeden Fall lett. ssplaut, ssplaudiht *sprützen, speien.*

565, 9 v. u. *σπάω* ff. s. N. Ntr. zu 540.

566, 12 v. o. *σπινθήρ* vgl. *Pott* a. a. O. 655.

566, 18 v. u. *πομφόλυξ* ff. vgl. *Pott* a. a. O. 656.

567, 11—9 v. u. streiche man „*Zu—ziehn.*"

568, 23—569, 24 *πάλλω* s. II, 293; 569, 15 *πάλη* s. ebds.

569, 25 *πάλη* s. II, 84.

569, 30 *παιπάλλω* II, 293; Z. 31 *παιπάλη* ff. s. II, 84 und 293.

570, 1 *πόλτος* II, 293. — 570, 8 *πολφός* II, 311.

570, 20 *πόλεμος* II, 293. — 570, 34 *παλεύω* II, 293.

570, 41 *πέπλος* II, 293.

570, 49 *πέμπω* s. II, 293, wonach es zu Wzf. k'al von k'ř *reiben* (s. II, 83).

572, 2 füge man hinzu: *ἐπισφελίτης.*

573, 5 v. u. *φάλη* s. II, 293. — 577, 17 *γλέφαρον* s. II, 125.

578, 19 ff. *σπείρω* s. II, 81 u. Ntr.

578, 29 sperno s. II, 81. — Z. 53 spargo II, 81.

578, 48 σπαρ-νός gehört zunächst zu lith. spar-us u. s. w. vgl. II, 79, 27.

579, 11 πηρίν gehört zu lat. penis für pers-nis II, 80; πηριν für περσ-ιν : περῥιν?

579, 13 ὄ-σπριον; ist ὁ = sa (I, 382) und σπρι gehört zu σπείρω (vgl. N. Ntr. 578, 19): *Saamen habend.*

579, 21 σφαῖρα. Die Bed. betreffend vgl. man lett. pumpa *Knauf, Beule* von pumpt *schwellen* (= πομφό S. 566) und ähnliche bei *Pott* B. J. 656, 657.

580, 11 πρίω s. II, 256. — 580, 18 frio, frico s. II, 198.

581, 9 vgl. lat. porcae = sulci (*Fest.* p. 218 M.).

582, 8 v. u. lat. privi-gnus entspricht den Theilen nach sskr. přithag-g'ana.

584, 19 πέρθω, zunächst zu russ. po-port-atj *zerstören*; ich ziehe beide zu Wzf. zend. pěrě (*Burn.* C. Y. I, 490 ff. insbes. 534) von para (s. N. Ntr. zu I, 129 ff.), in der Bed. *vollenden*; πέρθω fast genau wie τελέ-θ-ω (von tara, tři II, 257), durch Wz. θε (II, 265).

584 vgl. II, 172, II, 100.

587, 6 v. u. σπαργ; sollte dazu zend. fra-çpareghe (*Vend.* I. 49, 7. *Anq. d. P.* I, 2, 114) gehören? Die Stelle ist mir jedoch noch nicht ganz klar.

289, 18 v. u. πύργος; dazu noch gael. brig u. s. w. (*Diefenb.* Celt. I, 213); armen. pŏurkn (*Peterm.* 25) vielleicht entlehnt; dazu noch griech. φύρ-κος dor. φοῦρκος = τεῖχος (*Hes.*).

590, 12 v. u. πρωκτός; dagegen *Pott* B. J. 656; für meine Etymol. lett. ssprahkle *Hintere* von ssprahgt *knallen, platzen* = σφαραγ (I, 587); lat. pōd-ex von pēd-o; lett. p'urkssch *Ton eines Furzes* ist wohl onomatopoietisch.

591, 5 v. u. ff. τύῤῥις ff. Dagegen *Pott* a. a. O. 657, 658; στ für σπ noch in στεινός (s. N. Ntr. 642). Lat. und Griech. sind lange eine Sprache gewesen, daher sie mehrere unorganische Wurzelformen gemeinschaftlich haben. Darüber genauer in der 2ten Abtheil. dieses Werks.

592, 30 dorsum s. II, 228.

596, 10 v. u. sprudeln vgl. II, 81.

596, 9 v. u. strudeln, wohl eher zu √θϝři (II, 278 ff.) und zwar zu den skk. Ff. durch T-Laut (II, 317) mit Präf. sskr. sa (I, 382), wie oft (vgl. z. B. II, 296 u. aa.).

597, 5 v. o. s. N. Ntr. 596, 10 v. u.

597, 16, 15, 14 v. u. sprudeln, sprützen, strudeln, s. N. Ntr. zu 596 und II, 81.

598, 13 βρῦτον vgl. *Diefenb.* Celt. I, 211; ob zu deutsch brauen (*Graff* III, 316) *adurere?*

598, 25 βρύον vgl. *Diefenb.* Celt. I, 219.

598, 27 βρύτεα ebds. 112.

598, 29 ἔμβρυον s. N. Ntr. zu I, 99.

599, 2 v. u. θάλλω u. s. w. Dagegen *Pott* B. J. 1040 S. 657.

600, 3 füge man hinzu: θάλος, τό; θάλεα, τά; θαλεία, ἡ.

602 vgl. II, 220. — 605, 7 v. u. ἀνάπνευστος s. II, 45.

606, 7 v. u. ποιπνύω s. N. Ntr. zu I, 540.

607, 5 πόνος ff. s. N. Ntr. zu I, 540. — 611 vgl. II, 149.

613, 27 κεύθω Wzf. κυθ dazu lat. cus-tos; vgl. II, 120.

614, 2 füge man hinzu: ἀρισκυδής.

614, 12 σκότος s. II, 163. — 614, 6 v. u. s. II, 18.

614, 1 v. u. σπολάς; dagegen *Pott* B. J. 653; allein in den von ihm angeführten tritt die Bed. *Fell* nicht hervor.

615, 4 vgl. *Pott* B. J. 653.

616, 12 kshapas ff., dagegen *Pott* 647.

617, 1 gegen Herbeiziehung von lat. creperus, crepusculum u.s.w. scheint gael. clap-scholus *Zwielicht* zu sprechen.

619, 8 v. u. σκαιωρία s. II, 697.

621, 1 σκαρ ff. dazu lat. scur-ra (für scur-ja) eig. wohl *ein Springer*.

622, 1 v. u. σκαληνός
623, 10 v. o. skersas
623, 12 ff. σκελλός, σκολιός, σκώληξ, σκῶλον — Z. 37
} alle zu Wzf. sskr. kři von θϝři (II, 284) mit Präf. sa (I, 382), wie oft: *zusammengekrümmt.*

623, 24 σκολόπενδρα s. II, 92.

623, 13 v. u. — 625, 3 v. u. gehört χωλός u. alle *lahm*, eig. *verkrümmt* bedd. WW. zu θϝři (vgl. insbes. II, 290).

623, 4 v. u. khang'a s. II, 322.

624 Anm. hinkan s. II, 323.

626, 1 füge man hinzu ltth. su-śkastu (*Mielcke* 262) *aufspringen.*

626, 13 v. u. σκινθός s. *Pott* B. J. 660.

627, 19 v. u. σκορδινάομαι s. II, 206.

627, 15 v. u. καρδάμωμον s. II, 157 und vgl. II, 155.

628, 4 v. o. σκίγγος *Pott* B. J. 629.

628, 6 σκύβαλον s. II, 172.

628, 24 sthâ; ist es √as (I, 24) + sekund. thâ? vgl. wegen der Form asthi (I, 640), wegen der Bed. franz. être (stare) u. den Gebrauch des Begriffs *stehn* für *sein* in vielen Sprachen. Zu sskr. stha gehört das gr. sekundäre σθ z. B. in βιβά-σθω, ἀΐ-σθω aa.

630, 23 v. u. sthavi vgl. lett. stahwe *Webebaum.*

631, 13 v. o. δύστηνος vgl. sskr. duh'stha glbd.

631, 19 v. u. εὐθηνής s. II, 267.

633, 16 v. u. διστάζω s. II, 220.

642, 14 στενός stimmt nicht in der Bed. zu stjâna und äol. erscheint στέννος (*Ahr.* Diall. 55.), κοινῶς: στεινός; demnach ist es eher für στενjo zu nehmen; ich erkannte schon, dass es mit σπανιο zu identificiren sei; nur nehme ich jetzt σπ für organisch und στ für Umlaut; als Wzf. betrachte ich σπαν *spannen* hier *zusammenziehn*, *tenuis* (vgl. N. Ntr. zu 540); dazu auch ἠπανία (640 Z. 5 v. u.) u. ff., πένης *tenuis*, πεῖνα für πενι + α, wie gewöhnlich; so erklärt sich nun auch das Verhältniss von pen-uria (643, 15 v. u.) für spen-uria zu jenen.

643, 25 v. o. πένισσα *Pott* B. J. 661.

643, 7 v. u. ἠπεδανός s. N. Ntr. zu I, 429.

644, 12 θήν s. II, 267; anders *Diefenb.* Celt. I, 157, wozu man ahd. duno (*Graff* V, 148) bemerke.

645, 2 v. u. ἴβδη s. II, 123.

646, 29 στίβι ägypt. *Pott* B. J. 629.

646 vgl. II, 237. — 647 vgl. II, 235.

649, 11 lese man sl. ctonpiti (*K.* G.) = nhd. stampfen u. füge hinzu: tonpiti *obtundo* (*Kop.* Gl.).

652, 5 Die Etymol. von θυ in θαῦμα u. s. w. wird durch sl. divü *res mira* unsicher; wie ist es mit lat. tueor, intueor *wahren* und *gewahren*? schwerlich gehören sie hieher; ob zu dem tav der Veden und im Zend? dessen bis jetzt erkannte Bed. *kräftig sein* (sskr. tavisha *Stärke*; zend. vgl. bei *Burn.* C. s. l. Y. I, N. CXLVIII) passt aber nicht.

654, 7 v. o. — 3 v. u. θάπτω ff. s. II, 69.

655 sskr. skabh hat selbst die Bed. *firmare, ligare* und ist jetzt in der ersten belegt (*Bhagav.* Pur. III, 7, 40).

656, 7 σκηρίπτω; anders *Pott* B. J. 634.

656, 14 — 12 v. u. streiche man: „slav. — obtusus)", füge dagegen hinzu: deutsch stump (*Grimm* II, 58 nr. 586) und ahd. tûf-ar (*Graff* V, 394), tofsjan (595) mit Verlust des anlautenden s.

656, 7 v. u. στύπη; ob für στῦπjη und daher auch στύππη?

657, 3 στυφ; dazu ahd. daubon (*Graff* V, 96), goth. stiopan (*Grimm* II, 19, 212).

658, 23 stautan: ltth. dauzu *stossen.*

658, 35 θυανία zu ltth. twoniju *schlagen*; dazu θυανεία, συανία; in θωή u. s. w. liegt wohl die eigentliche, noch nicht ganz kenntliche, Wzf.

658, 9 v. u. τύμβος s. II, 69 u. dazu ltth. dōbe *Grube.*

659, 13 τυφλός s. II, 275. — 659, 32 ff. τυφώδης ff. s. II, 275.

659, 2 v. u. — 660, 1 v. o. s. II, 235.

660, 6 v. u. σῦλον für σῦλ-ιον, lat. spŏl-ium, ebenso

661, 11 σκῦλον für σκῦλιον.

661, 17 ἀτέμβω; ob gradezu für ἀτέλβω, mit μ für λ wegen β?

662, 14 v. u. τεῖρος, äol. τεῤῥος, also Assimilation ob von j, wie in lat. trion (Z. 1 v. o.), oder eher n, wie in goth. stairno?

663, 27 strĭ; Grdbed. ist *drehn* vgl. S. 670 und zend. çtĕrĕ (z. B. Vend. lith. 13, 18 *Burn* C. Y. I, N. LXXXVIII).

664 vgl. II, 256.

665, 25 θρόνον, Z. 31 θρύον, Z. 33 θρυαλλίς s. II, 279.

665, 14 v. u. θρόνος ff. vgl. II, 326.

666, 4 θρίος II, 279.

667, 15 στέρφος s. *Diefenb.* Celt. I, 152 nr. 238.

667, 24 ταρφύς s. II, 265. — 667, 30 τέρεμνος s. II, 258.

667, 34 στρυφνός vgl. *Pott* B. J. 634.

669 hieher ταρπάνη, τάρπη, ἡ; ταρπός, ὁ eig. *Gedrehtes.*

670, 27 θριαί; dazu θριᾶσθαι, θριάσιον, ἐκθριάζω.

671, 2 zu στελγ sl. ctrig-on *tondere* (vgl. lat. stringo, nhd. streichen).

671, 15 θρυγανάω s. II, 261.

672, 16 v. u. — 673, 29 τροχός, τρέχω s. II, 279 u. dazu τρωχάω.

673, 33 ταχύ s. ebds., vgl. analog âçu von aç *schaben* (I, 160) u. aa., wie citus.

674, 11 τρακτός ob ltth. drĕkẽs, drikka *Faden* (*Mielcke* 54) zu vgl.? wegen d im Verhältniss zu τ vgl. drĕbu (II, 253).

676, 19 τρύζω s. II, 263.

677, 16 v. u. στρουθός; ist nhd. Sper-(ling), Sper-(ber) zu vgl.?

678, 1 psâ *Pott* B. J. 646; psu in den Veden, fschu im Zend (*Burn.* Journ. asiat. 1840 Oct. 327).

678, 18 v. u. χαλινός s. II, 282 u. II, 64.

678, 6 v. u. φάλαρα s. II, 103.

679, 1 ζυ s. II, 200.

679, 6 ζώννυμι; ob für ζώγνυμι? ζωγ Guna von ζυγ = sskr. jug' vor νυ (5te Conj. Cl.), wie fast immer, oder wäre g' in s verwandelt, also etwa ζωσ-νυμι anzunehmen (*Ahrens*), wie ltth. jôs-mi?

680, 22 ὑσμίνη für ὑσμινιη; ist goth. gundh (*Graff* IV, 219) *Schlacht* zu vgl.? g für j s. 681, 3 v. o.

680, 28 ὑσσός s. *Diefenb.* Celt. I, 98; vgl. Wzllex. II, 114.

682, 7 v. u. ἰχώρ s. II, 43.

683, 17 g'val dazu ahd. quel-an (*Graff* IV, 651).

683, 12 v. u. εἶα ff. vielleicht eher zu sskr. sasja *Speise* (s. N. Ntr. zu I, 43, 38).

684, 9 v. u. διαιτητής s. II, 61.

686, 12 ζόμβρος *Pott* B. J. 629.

686, 17 jâk' dazu slav. isk: ischtschón, ltth. jesskau *suchen*; jâk' ist eine sek. Form von von jâ *gehn*; vgl. i *gehn*: i-sh, i-k'kh' *wünschen*, eig. *zu ergehn suchen*; gehört zu jâk' auch jagen u. s. w. (I, 150)?

686, 22 ζητρεῖον zu ζεμ (II, 202) *strafen*; ζητρ-ειον zu ζεμ wie βη-τρ (ἐπιβήτωρ) zu βαμ (II, 58).

686, 32 δίζημαι s. II, 220.

Nachträge zu Bd. II.

1, 18 *λέων*; ist ägypt. *λαβο* *Löwe* (*Champoll.* Gr. ég. 83) zu vgl.?

3, 3 *ἀνηρείψαντο* vgl. II, 310.

4, 6 v. u. ff. *λοβός* s. II, 123, wohin *λοβός* sammt 5, 8 v. u. *λεβίας*.

5, 4 v. u. ras s. II, 134.

6, 5 füge man hinzu: "slav. rüik-nón, rüik-ajón (*Kop.* Gl.) *brüllen* und vgl. II, 131. 134.

6, 17 *κορώνη* s. II, 131; eben so Z. 21: *κολοιός* von Wzf. *κλυ* für *κρυ* (II, 131).

7, 17 *ἐρέω* äol. *ἐρεύω* (*Ahr.* Diall. 37), also für *ἐρέϝω*, also Wzf. *ἐρυ* wohl = sskr. brû (vgl. 6, 8 v. u.).

7, 10 v. u. *ἀπειλή* ff. s. II, 299 und vgl. N. Ntr. zu I, 320, 11 v. u.

8, 1 sru; gehört dazu zend. rudh *fliessen* (*Burn.* C. Y. N. XXXII ff.)?

9, 6 *λαξεύω* I, 172.

9, 7 ṙish zu √ṙi I, 47, sekundäre Form.

9, 23 ṙishja vgl. I, 225, 1 v. u.

9, 34; hebr. אַיָּל scheint von koptisch *αλ, ειουλ* (*Champ.* Gr. ég. 51) *Antilope* entlehnt zu sein.

10, 1 *ῥάρος* s. II, 140. — 10, 11 Rand s. II, 308.

10, 17 *λῶμα* s. II, 308.

10, 31 füge man hinzu *ῥυνδάκη, ἡ* fremd, *Pott* Ztschr. f. K. d. Mgld. III, 42.

11, 13 *ἔλαιον* s. II, 122. — 11, 20 v. u. *λιπ* ff. vgl. II, 99.

11, 18 v. u. l. lischiti. — 12, 8 v. u. l. tschripón.

13, 18 l. bhṙig'g'; Z. 19 bhṙisg', Z. 20 bhṙig'g'ana, Z. 25 prèschiti, Z. 38 bhṙig'.

14, 3 *ῥάξ* ff. s. II, 316.

14, 6 *ῥαγ*; da äol. *ἀ-ὐρηκτος, ἐ-υράγη* erscheint (*Ahrens* Diall. 37), für *ἀ-ϝρηκτος, ἐ-ϝράγη*, so ist die Wzf. *ϝρεγ* und also wohl = sskr. vṙick' *spalten* (I, 16, I, 16, 16; 18).

14, 28 Wie sskr. bhag' : lat. frango u. s. w. so zu sskr. bhug' (von rug') (eig. *abbrechen* dann *geniessen*), lat. fru-or für frug-or *für sich abbrechen* (vgl. fruc-tus), *geniessen*, aber auch ohne das organ. r (ganz = sskr. bhug'): fu(n)g-or (beide wie vescor construirt, *abessen von einer Sache*).

14, 11 v. u. wenn man *ὀρυχ* nicht = sskr. ud+rug' setzen will, so identificire man es mit *ὀρχ* (15, 7 v. o.), zu dem es sich ungefähr verhält, wie *ὀνυχ* zu sskr. nakha.

14, 8 v. u. *ὄρυξ*. Diese Gazellenart (oder vielmehr Antilope) erscheint oft in den ägyptischen Hieroglyphen abgebildet (z. B. *Champoll.* Gr. ég. 120) und ist Symbol des *Typhon* (cϑ). Die Gestalt derselben könnte die Etymol. bestätigen; doch kann das Wort fremd sein.

15, 9 *ἀράσσω* s. II, 132. — 15, 24 l. otü-rüig-nón.

16, 16 l. louscha.

18, 12 μεσηγύς für μεσα + ἔγυς (organischere Form f. ἔγγυς).
18, 31 ἄγνος s. I, 437.
22, zu Wzf. ak vgl. noch I, 438, 26 N. Ntr. und II, 291.
22, 1 v. u. zu ak' das sekund. sskr. k', welches also etymolog. der Grundwurzel die Bed. *einer Bewegung wohin* (*wärts*) giebt.
23, 21 nakha armen. ég'ŏunkn (*Peterm.* Gr. l. arm. 33).
24 vgl. κόκκος II, 159, 160. — 24, 9 v. u. l. rah.
24, 9 v. u. zu sskr. rah-as sl. raz (Präf.) *besonders.*
25, 5 v. u. caligo s. II, 152; wegen fuligo scheint mir jedoch auch lig darin zu liegen.
26, 4 v. o. ὀλίγος; ist ὀ = sa (I, 382) *sehr?*
26, 13 λύκος vgl. *Pott* Ztschr. f. d. Kde des Mgldes IV, 1, 24; υ durch Einwürkung des organ. Anlauts v (ähnlich λύγ-ος *biegsam* u. aa. II, 317).
26, 3 v. u. ἐλέγχω hat die Bed. *überweisen* und ich ziehe es jetzt zu Wzf. glaksh (II, 12) mit ε für g wie in ἔλαιον aa.; lat. arg-uo (I, 105) ist wurzelhaft auf jeden Fall identisch; vielleicht gehört es auch zu derselben Wzform, aber in ihrer unorganischen Gestalt: sskr. laksh (II, 125); denn lat. g vertritt sskr. ksh oft. — Dagegen 27, 10 v. o. λάσθη zu ahd. lahan u. s. w.; die Form noch nicht ganz klar.
27, 14 λαγωός für λαγωϝός (vgl. γάλως II, 150).
28, 26 vgl. λίμβος II, 139.
28, 4 v. u. rudh vgl. N. Ntr. zu I, 53, wo rudh, als im Zend existirend, angemerkt ist.
29, 2 λαϝο in Λαϝοκοϝων (*Ahr.* Diall. 35).
29, 12 ἐλεύθερος s. II, 140.
30, 14 amâ vgl. I, 305 ff. u. N. Ntr. dazu; die Identificirung von ἐνη mit sskr. amâ wird durch äol. ἔννη (*Ahr.* Diall. 64; auch κοινῶς) etwas schwierig, da νν gewöhnlich eine Assimilation präsumiren lassen.
30, 27 πέδα ist entschieden dialekt. Vertreter von μετά; nicht davon zu trennen (wie *Ahr.* 152, 214 u. andre); dafür entscheidet der Gebrauch; ich erkläre mir den Uebergang durch die sonst vor ρ und λ (vgl. I, 501, II, 41 u. sonst) vorkommende, sicher insbesondre äolische, Verstärkung des labialen Theils des Nasals m, so dass μ fast wie μβ : μπ klang (vgl. ἀ-μ(π)λα-κίσκω, ἤ-μ(β)ροτον); dadurch wurde der labiale Theil so vorherrschend, dass der nasale, wo er nicht durch vorhergehenden Vokal geschützt ward, verloren ging (z. B. μροτος, μβροτος: βροτός), ja selbst bei diesem Schutz (z. B. βέ-βραται II, 41); auf diese Weise ward μετά äol. μπεδα, dann πεδά: dialekt. δ für τ hat nichts Auffallendes. — Vgl. zu μετά noch II, 270.
30, 32 wegen madh-ja vgl. II, 269 sskr. aikadhja; dazu armen. mêg' (*Peterm.* Gr. 35).
31, 6 v. u. ματάξα vgl. *Pott* Ztschr. f. d. K. d. Mgld. IV, 1, 40.
33, 10 ff. s. II, 64.
33, 17 mith; im Zend. paiti + mith *ermessen* (*Burn.* C. Y. 547), *antworten* (ebds. N. X) vgl. προς-α-μειβ. (33, 4); upamaith-ana *Lohn* (*Vend.* l. 49, 18 vgl. goth. maith-ms 33, 22); maeth-ana *Haus* von Begr. *bleiben* (vgl. zend. nmâna *Haus* von ni + man).

33, 3 v. u. ἀμείνων setzt, wenn die gegebne Etym. richtig, einen Positiv ἀ-μενυ voraus, daher eher zu Wzf. μαν: μεν (II, 34 ff.).

34, 7 v. u. wegen mein in der Bed. *nefas* vgl. man griech. μέρμερος *etwas woran man stets denken muss, was das Gewissen aufregt.*

35, 26 μοῦσα vgl. *Ahr.* Diall. 71.

35, 34 μέμαα s. II, 116.

35, 2 v. u. μαυλίς streiche man "(vgl. — aa.)" und vgl. statt dessen χλεύη II, 134.

36, 7 mûnus eher zu Begr. *nehmen*, welcher in sskr. mâna *das Nehmen* hervortritt; dazu auch im-munis, communis, goth. ga-main vgl. auch sskr. sâmânja *communis* von samâna (anders *Pott* II, 562, 563).

36, 26 Begr. *bleiben* eher aus *denken* in der Modif. *expectare, erwarten;* vgl. noch kurd. mînum u. s. w. (*Pott* Ztschr. f. Kde d. Mgld. III, 27), arm. mnal (*Peterm.* Gr. 30).

36, 13 v. u. l. 137 st. 157.

38, 1 mush; dazu russ. moschennik *Betrüger.*

38, 15 füge man hinzu: μόσχος, ὁ *Moschus* fremd; sskr. mushka *Hode* (*von Schlegel* in *Vullers* Fragmente über die Relig. Zoroasters 117 vgl. *Pott* Ztschr. f. d. Kd. d. Mgld. IV, 1, 16).

38, 16 μίσχος eher vielleicht zu ϝαχ (I, 351) *tragen* (Wzf. μασχ für μαχ + σκ s. N. Ntr. zu I, 352 u. 295, 7), mit ι für α, wie oft, vor doppelter Consonanz.

39, 23 τημελέω vgl. II, 230.

39, 15 v. u. μηρυκάω vgl. μηρύω II, 304.

41, 7 μάργαρον vgl. *Pott* Ztschr. f. Kde d. Mgld. IV, 1, 40, 41.

41, 32 zu μαγ, sskr. magh *vermögen*, noch: zend. maga *Grösse* (*Burn.* C. Y. I, 72), lat. mac-te (sc. esto) *sei mächtig, reich;* magmentum; litth. mace *Macht;* vgl. noch *Pott* I, 282; dazu μάγος aber fremd, aus dem Persischen; falsch *Ahr.* (Diall. 107).

41, 34 l. *mõjan* für mâjan. — 41, 36 μοχ-θος aus μοχ + το.

42, 2 v. o. l. mjeschòn.

43, 18 μυῖα s. *Pott* Ztschr. f. d. Kde des Mgldes IV, 1, 36.

43, 25 μύριοι, μυρίοι falsch; s. N. Ntr. zu I, 88, 21.

43, 28 μιχ u. s. w. vgl. N. Ntr. zu I, 476, 18 u. 478, 6.

44, 12 μαδ vgl. II, 326.

44, 28 μνᾶ ist ursprünglich ägypt.; in Hieroglyphen μνα, μνο, kopt. εμνα (*Champoll.* Gr. ég. 80).

45, 14 l. ναίχι f. ναιχί. — 45, 26 vgl. man Suff. -νο II, 230.

47, 12 v. u. vgl. man ἀμείρω II, 30, ἀτίω II, 234.

48, 23. Nicht unwahrscheinlich ist *Ahrens* (Diall. 57) Annahme, dass ἐν, εἰν aus ἐνι entstanden sei; dann gehört ἐν zwar mit ἐν-τός = sskr. antas u. s. w. zusammen, ist aber ein Casus der unverkürzten Form ἐνο (= ana), vgl. sskr. api zu apa u. aa.; danach ist Z. 32 zu ändern; auffallend ist äol.-dor. ἐνό = ἔνι (ἔνεστι) bei *Ahrens* (Diall. 151).

48, 10 v. u. adha s. II, 268.

49, 37 v. o. äol. ἔτερος (*Ahr.* Diall. 26).

49, 7 v. u. vgl. I, 129, 10 v. u. und 130, 9 v. o.

49, 4 v. u. ἄτερ; der Form nach gleich sskr. antar, prâtar,

vastar (*Lassen* Anthol. sscr. Gr. s. v.), welche ebenfalls ihr Casussuffix eingebüsst haben.

49,4 v. u. ἀτάρμυκτος u. s. w. vgl. II, 253.

50,10 v. o. vgl. armen. ahl (*Peterm.* Gr. l. arm. 30).

51,1 v. u. ἔννατος durch Suff. το = sskr. tha vgl. N. Ntr. I, 431, 43, II, 212, 215 Ntr., *Burn.* C. s. l. Y. I, 508.

52,4 vgl. Ntr. zu II, 212, 26. — 52,6 v. o. l. 121 statt 127.

52,22 zu "I, 335" vgl. N. Ntr. daselbst u. N. Ntr. zu I, 124, 29.

52,30 zu suinan: σίνομαι für σϝινjομαι (4te Conj. Cl.), wie äol. σίννω (*Ahrens* Diall. 53) und σίνος zeigt; wörtlich: *zusammenschwinden*; I, 177 falsch; vgl. N. Ntr. zu I, 124, 39.

52,36 √ν: σν, sskr. snâ, snu ziehe ich jetzt zu √su (I, 408) *befeuchten*; wie oft, ist durch Antritt des n (der 5ten, 7ten, 9ten Conj. Cl.) eine neue Wurzel entstanden, indem das radikale u, wie ebenfalls nicht selten (vgl. z. B. dhmâ II, 272), ausgestossen ward; daher die beiden Wzff.: snâ für su-nâ (9te Conj. Cl.), snu für su-nu (5te Conj. Cl.).

53,5 v. o. zu snu zend. çnu in â-çnao-iti eig. *heranschwimmen* vom Aufgehn eines Sterns (anders *Burn.* C. s. l. Y. I, N. LXVI, *Bopp* V. G. 447 n.).

53,29 l. αἰονάω für αἰοναίω.

54,30 zu lat. niv füge man das wurzelförmig ganz gleiche sskr. niv und vgl. II, 216.

56,3 νάννας u. s. w. s. II, 184. — 56,10 νάννος ebds.

56,12 νεννός vielleicht eig. *geistig verkrümmt* und ebenfalls zu II, 184 (vgl. sskr. kmar II, 283 u. aa. bei √dhvṛi (II, 278 ff.)).

56,16 ἀνεψιός s. II, 184.

57,25 ang' s. II, 91; allein bei νύξ ist vielleicht eher an goth. wak-jan *wachen* zu denken; sskr. nakta u. griech. νύξ könnten eine Compos. mit negativem n (na?) sein; dann würde sich griech. υ erklären; im Sskr. wurde v spurlos verloren, im Griech. hätte es υ herbeigeführt; ähnliche Erscheinungen sind oft (vgl. z. B. I, 18 und umgekehrt I, 357).

59,11 ff. πρόβατον — βόσκω s. II, 72.

59,21 βινέω vgl. II, 168.

59,3 v. u. βάϊς ist aus dem Aegypt. entlehnt; kopt. βητ.

60,1 βήζω, dazu βηβήν, *Pott* Ztschr. f. d. K. d. M. IV, 1, 6.

60,7 hu vgl. II, 275, 5 v. u.

60,29 zu lat. havere *fordern* füge man avidus, davon audeo *nach etwas streben*, ausus (vgl. gaudeo, gavisus II, 114, 5 v. u.).

61,7 foveo s. II, 274. — 61,10 l. "382".

61,7 füge man hinzu: *Pott* Ztschr. f. d. Kde d. Mgld. IV, 1, 4.

62,13 l. βουγάϊος. — 62,14 v. u. "340" s. N. Ntr.

62,3 v. u. βύας ist eher onomatop. vgl. N. Ntr. I, 10 u. *Pott* (Ztschr. a. a. O. 31).

63,1 βῦζα ebenfalls eher onomat. — 64,17 khjâ vgl. II, 189.

64,23 âh vgl. *Bopp* (Gl. sscr. s. v. ah).

65,7 σαβός vgl. I, 428, σαβοῖ u. s. w. sind fremd; wahrscheinlich zunächst aus Phrygien gekommen, aber weiter von

Persien und dem Mithrasdienst herstammend (darüber an einem and. Ort).

65, 24 בֹּשֶׁן ist ägyptisch vgl. *β*sch*ν grüner Basalt* (*Champoll.* Gr. égypt. 100).

65, 4 v. u. *βύρσα* falsch, s. II, 228.

67, 14 *βῆσσα* zu *βαθ* und } für *βαθ-jo* } vgl. *μέσσος* für
67, 31 *βυσσο* zu *βυθ* } *βυθjo* } *μεθjo* II, 30.

67, 18 bodam s. II, 92.

69, 14 daupjan vgl. *Graff* V, 385.

69, 20 tauchen vgl. *Graff* V, 367; dazu ahd. tunkal von tünchen, tunken (*Graff* V, 435), taugal *verborgen* (373), vgl. sskr. gûdh'a von guh *immersus, verborgen.*

69, 13 v. u. *βέκκε* vgl. N. Ntr. zu I, 127.

70, 3 v. u. l. "*lett.*" für "celt." — 70, 14 *καυκίς* s. II, 160.

70, 16—17 *βαυκός—καυκίζομαι*; ob onomatop. vom Ton gewisser *Schuh?*

70, 32 *βάραθρον* s. II, 292. — 71, 3 *βραχύς* s. II, 140.

72, 12 *πατάνη* s. N. Ntr. zu I, 544, 30.

73, 26 *πάϊς* vgl. *Ahr.* (Diall. 105).

74, 24 zu *πω* äol. *πώνω* (*Ahr.* Diall. 131 vgl. *πῶ, πῶθι* ebds. 140).

75, 5 *σίμβλος* s. I, 427. — 75, 10 *εἰλαπίνη* vgl. II, 300.

75, 11 füge man abhra hinzu und vgl. I, 117 N. Ntr.

75, 29 vgl. N. Ntr. zu I, 293, 23; ob auch wohl lat. patrare (in pater patratus ein mit Autorität *versehener* pater)? über impetro s. II, 93.

75, 2 v. u. *πῶρος* s. II, 256. — 77, 15 *πίνος* vgl. II, 232.

78, 30 *πνύξ* scheint mir jetzt für *πναξ* zu stehn (vgl. *πίναξ* = *πλάξ* (II, 99)) dialekt. mit *υ* für *α*; also eigentlich: *Bergplateau.*

79, 26 zu ltth. sparus auch ltth. spullus glbd.

80, 8 l. "547" statt 540. — 80, 15 penis zu II, 81.

80, 18 *πρώξ* zu II, 82.

81, 28 *σπείρω* für *σπερῥω* = *σπερσω* = sprish (vgl. mrish: *μείρομαι* II, 40).

82, 11 porcus vgl. *Pott* Ztschr. f. d. Kde d. Mgld. IV, 1, 20.

82, 3 v. u. k'ri ff. vgl. II, 236.

84, 2 *πόρος* s. N. Ntr. I, 133, 24.

84, 17 atipâraje s. II, 257, 3 v. u.

84, 17 v. u. *πόρνος*; armen. bŏrnig (*Peterm.* Gr. arm. 38) ist entlehnt.

85, 11 pri ff. s. II, 256.

87, 8 *κόρνωψ* ist thessalisch, *Ahrens* Diall. 219, 220.

88, 4 pridâku vgl. *Pott* Ztschr. f. d. Kde des Mgld. IV, 1, 23, wonach der *Leopard* würklich der *Stinkende*; danach vielleicht auch 88, 12 *πέρδιξ* von *πέρδω.*

88, 34 vgl. I, 534 und N. Ntr. dazu.

89, 31 l. amata für amatâ.

89, 1 v. u. ptak zu ptiz'a II, 93. — 91, 5 *ἅπαξ* vgl. I, 381.

92, 10 *πέδιλον* für äol. *πεδιλλον* (*Ahr.* Diall. 58) für organ. *πεδίλιον.*

93, 1 *ἀδεῖν* ähnlich arm. otn = sskr. pad (*Peterm.* 38).

93, 20 *πετ* vgl. *Ahr.* Diall. 44.— 93, 30 für sich l. *sich.*

94, 2 v. u. vgl. I, 356, wo badhû besser etymologisirt.

96, 19 *πλύνω* armen. lŏuanal (*Peterm.* 29).

96, 32 zu Wzf. *λοϝ* gehört Ἀπόλλων für Ἀπο-λϝων zusammengezogen aus Ἀπο-λοϝ-ων *der Reinigende*, welche Etymologie ganz dem Wesen dieses Gottes entspricht (vgl. *K. O. Müllers* Abschn. *Apollon*, in den *Doriern* I, 199 ff.), wie denn auch der ihm heilige Lorbeer, *δάφνη* u. laurus, beide vom Begr. *waschen, reinigen* her bezeichnet sind (s. II, 68). Formal sichert meine Etym. die Form Ἀπλουνι (*Müller* a. a. O. 202), wo *ου* aus *οϝω* entstanden ist und mit Entschiedenheit *ϝ* indicirt.

97, 26 ist hinzuzufügen: *δίπλαξ, ἡ* und *ἁπληγίς, ἡ; ἁπλήγιος, ον.*

98, 1 v. u. l. "544" statt 584.

100, 16 *πρῖνος* s. II, 256 vgl. I, 580 N. Ntr.

100, 5 v. u. l. *πῶϋγξ.*

101 Anm., 10 Sain; auch זי genannt (*Gesen.* Thes. I, 2, 399), welches genau = *σττ.*

102, 25 ff. *φάος* für *φάϝος*, wie *φαῦος* (*Ahr.* Diall. 36), pamphylisch *φάβος* zeigt; Suff. *ϝας* s. Ntr. zu II, 128, 30; davon *φαύω* (ebds. 36), *Δημοφοϝων* (ebds. 35*) u. s. w.

102, 33 *φαεννός* für *φαϝες-νός*, ob nun auch 103, 12 *φαιδρός* für *φαϝιδρός*? s. Ntr. zu 102, 136, 137.

103, 15 v. u. *διφάσιος* s. II, 220.

104, 17 *αἰ;* vgl. II, 240 u. zend. aiwi = sskr. abhi, zend. garewa = garbha.

105, 13 *φύω* äol. *φυίω* (*Ahr.* Diall. 98), also wohl 4te Conj. Cl.

105, 11 v. u. *φύστη* s. I, 552.

106, 11 v. u. *Πρίαμος* falsch, wohl für *περι-αμος* (vgl. *Ahr.* Diall. 55, *Pott* II, 53).

108, 2; *χειρ* steht für *χερρ* (äol. *Ahr.* Diall. 60): *χερτ* : *χεριτ*, wie *μειλ-ιχος* für *μελλ* : *μελτ* : *μελιτ* (N. Ntr. zu I, 500, 21); zu *χείρ* arm. ţern (t = ts = sskr. h), aber nicht hanel (wo statt h Zischlaut erscheinen müsste; h steht hier für f = sskr. bh); s. *Peterm.* 23, 30.

108, 16 hortor falsch; horc-tus = forc-tus = bonus (*Fest.*) gehört zu sskr. dhrĭsh (II, 327), *θαρσ-ύς* u. so hortor für horc-tor eig. *θαρσύνω muthig machen.*

109, 18 v. u. l. "175" st. 174.

111, 12 v. u. sskr. bhrĭsh, dazu zend. aibî-bairec-tem (Vend. lith. 60, 4, *Anq. d. P.* I, 2, 123) = einem sskr. abhi — hrĭsht'am.

113, 11 *μύρμηξ;* anders *Pott* Zschr. f. d. K. des M. IV, 1, 37.

114, 3 l. "LV" st. 48.

114, 6 v. u. l. "*γαϝι-ω* 4te Conj. Cl."; *ϝιω* für ujâ, worüber an einem a. O.

115, 7 ff. g'ambh u. s. w. s. II, 227.

117, 4 v. u. füge man hinzu: "sammt *γέντα* u. s. w. I, 373."

118, 3 ff. *γυνή* s. II, 168.

118, 5 l. ghenâ st. genâ und vgl. noch *Burn.* C. s. l. Y. N. CXXI, wo anders.

118,20 ff. γέννυ ff. vgl. II, 277.

119,5 γόνυ vgl. *Ahr.* Diall. 57.

119,16 βλεφυρα vgl. *Ahr.* a. a. O. 174.

119,7 v. u. γλοίης; schwerlich ist lith. szlajus *stetig* (von *Pferden* von lith. szleju) zu vgl. s. *Pott* I, 264 Z. 11 v. u.

119,5 v. u. γλοιάζω *spotten* steht eher für γελοιάζω (von γέλοιος? II, 134).

120,7 v. o. ἔλαιον; arm. iugʽ scheint entlehnt.

120,3 v. u. γλίττον; ob eher für γλίσσον = γλιϑ + ιον? vgl. μεσσο für μεϑjo, βυσσο für βυϑjo aa.

122,33 Schlitten ist entlehnt; es passt zunächst zu lith. slid-us *schlüpfrig*, welches aber auch hieher gehört.

123,4 v. u. s. Ntr. zu II, 4, 6; 5, 8 und N. Ntr. zu I, 523, 5.

124,17 γρ ff. vgl. *Pott* I, 264, 2 v. u. ff.

124,38 gloria, clarus vgl. II, 179.

125,2 v. u. wegen ρυϑιο vgl. N. Ntr. zu II, 67, 14 u. 31; 120, 3.

126,2 v. o. Wzf. λυ im Zend ru in rawâh *Licht* (*Burn.* Com. Y. N. XXVIII).

126,6 ῥοϝά scheint mir fast eher fremd, vgl. hebr. רִמּוֹן u. kopt. ερμαν, welches Wort ich zwar noch nicht mit phonetischen Hieroglyphen gefunden habe, aber doch für altägyptisch nehmen darf; griech. ϝ für m ist eine sehr natürliche Umwandlung.

126,16 füge man hinzu arm. lohs (*Peterm.* 29) und Wzf. ruksh in zend. raokshna *leuchtend* (*Burn.* C. Y. N. V).

126,24 λεύσσω ist eher Denominativ von λευκο für λευκjω.

126,27 ἀλυστᾶται; Präf. ἀ ist eher = ἀν = ἀνά.

126,41 λύγξ; dazu zend. raog'em (Vend. l. 208, 10).

127,20 v. u. l. låkh'.

128,30 g'ṙi dazu zend. zaourvâh *Alter* (Vend. lith. 40, 5, *Anq. d. P.* I, 2, 108); diese Form erklärt γῆρας (129, 13); der zendischen würde, nach bekannten Gesetzen, sskr. g'ar-vas, also mit einem Suff. vas (s. Ntr. zu II, 102, 25) entsprechen; diesem, neutral gebraucht, griech. γερϝας, τό assimilirt γέῤῥας; dafür κοινῶς γῆρ-ας. Dazu ferner das zend. zarvan *Zeit* (eig. Alter), verbunden mit akarana (z. B. Vend. lith. 479, 5) das bekannte *Zeroane akerene* wörtlich: *die ungeschaffne* (*ewige*) *Zeit.* Vgl. auch Ntr. zu II, 143, 13.

128,11 v. u. granum; ob eher zu gra(n)d-o II, 135?

129,10 γραΐς, methymnäisch καραβίδες (*Ahr.* Diall. 36, 37).

129,13 s. Ntr. zu 128, 30. — 129,15 vgl. Ntr. zu 143.

130,8 γέρανος vgl. *Pott* Ztschr. f. d. Kde des Mgld. IV, 1, 31.

130,6 v. u. κλάω; äol. κλαΐω (*Ahr.* Diall. 105) deutet eher auf organ. κλαϝjω.

132,24 v. o. κρέκω vgl. II, 315.

133,7 κραδνη in äol. κράννα (*Ahr.* Diall. 59).

135,7 χαλαδ ff.; ob zu der Wzf., welche organ. kshrad lauten müsste (von √aç I, 209 vgl. lith. skrodziu *schnitzen, aushauen*, wozu γλαδ in γλάδις) in der Bed. *scharf sein*? dann dazu auch κραναός (für κραδ-ναός?), κρώμαξ II, 178 und vielleicht ahd. grioz, grud (*Graff* IV, 344); die Uebergänge sind den bei √aç vorgekommenen Analogieen gemäss.

135, 36 zu **rideo** theban. κρίδδω (für κρίδjω 4te Conj. Cl.) *lachen* (vgl. *Ahr.* Diall. 175).

136, 15 v. u. λαυκανία, λαιμός, λαῖτμα fasse ich, wie 137, 30 vorgeschlagen; ι für υ wie in ὄνειαρ (N. Ntr. zu I, 335, 10); eben so nun auch 137, 16 λαιδρός für λαϝιδρός.

139, 16 wegen sskr. **rabh** vgl. N. Ntr. zu I, 523, 4; wegen der Bed. *freuen* vgl. **lubh**, wegen *anfassen, umschlingen* (wie **labh**) *Burn.* Y. I, 140, und *Pott* I, 259.

139, 22 aus λίσσομαι (Z. 1 v. u.) folgt, dass der anlautende Guttur. schon vor der Individualisirung des Griech. eingebüsst war.

141, 3 βλήρ vgl. *Ahr.* Diall. 42.

141, 17 v. u. l. "**grah**) ἀγρέω eig." u. vgl. *Ahr.* Diall. 25; 74.

142, 20 **servus** falsch; s. II, 297.

142, 28 ἁλίσκ. wegen ϝ vgl. äol. ἐϝάλωκεν (*Ahr.* Diall. 36).

142, 12 v. u. κινάβρα falsch s. N. Ntr. zu I, 265.

143, 13 γράω, gehört zu **g'r̄** (128) eig. *schaben*, dann *abschaben, abnagen.*

143, 16 v. u. zu **g'nâ**, armen. **ḍanac'em** = γιγνώσκω (*Petermann* 26).

144, 18 ὄνομα arm. **anŏun** (*Peterm.* 33).

144, 41 κοέω für κοϝω wie Λαϝοκοϝων zeigt (*Ahr.* Diall. 35).

146, 11 πόσος s. II, 230; man füge hinzu ὁπόττα (*Ahr.* Diall. 177).

146, 33 κῆγχος vgl. II, 269.

147, 27 κατά vgl. II, 270; **kathâ** in den Veden, *Burn.* (Y. I, 532 n.).

148, 14 der Schluss aus τίω ist falsch.

148, 27 ὅςτις u. s. w.; ganz anders aber entschieden falsch und keiner Widerlegung bedürftig *Ahr.* (Diall. 26, 68, 127).

148, 36 füge man hinzu: **k'a** in **paç-k'a** u. s. w. und vgl. N. Ntr. zu I, 127, 23.

148, 11 v. u. τα äol. vgl. *Ahr.* Diall. 74.

148, 2 v. u.; ob κα zu sskr. **ças** (vgl. II, 150, 2 v. u.)? wegen Verlust des schliessenden s vgl. -φι (II, 104) -θε (II, 269); oder ob αὐτικα für αὐθι + **gha** (II, 187)?

150, 1 v. u. -κις, s. II, 260.

151, 3 l. "(κι)" für (κυ), da die Wz. sicher **çi**.

151, 12 füge man zu sskr. **çjâma**: lith. **szěmas** *aschgrau.*

151, 4 v. u. καστουρί bei *Cosm.* Indicopl. vgl. *Pott* Ztschr. f. d. Kde des Mgldes IV, 1, 16.

152, 11 κινάβρα s. N. Ntr. zu I, 265.

152, 21 κίστη wohl zu √κϝι (vgl. II, 166 κυτίς), also zu Wzf. κϝι + T-Laut, vielleicht κϝιδ (vgl. κῦδος ebds.), mit spurlosem Verlust des ϝ, wie oft.

152, 24 **kus** vgl. II, 322.

152, 34 καλάσιρις aus kopt. νικhελschιρι, *Rosellini* (Elem. ling. copt. p. 3).

153, 16 die organ. Form **scurt-iu**, **scurz** neben der verstümmelten **kurz** ist im Ahd. bewahrt (*Graff* IV, 498); vgl. noch zu sskr. **kr̆it** *Pott* a. a. O. III, 41 u. 52.

153, 8 v. u. κίλλος; ob zu **θϝri**, Wzf. κιλ (II, 288) in der Bed. *zögern*, von *sich hin und her drehn*? vgl. *Pott* a. a. O. IV, 1, 9

154, 12 v. o. κάρυον s. II, 179.

155, 17 v. u. κάμηλος; kopt. γαμουλ; aus dem Semit. entlehnt?

156, 3; zem vgl. *Burn.* C. Y. N. CXXXI ff.; ich stelle zem u. s. w. zu sskr. gmâ (vgl. S. 114); fast eben so wird sskr. gam im Zend g'am und g' und z sind im Zend in stetem Wechsel.

156, 18 zu sskr. keça arm. kès-k' (*Peterm.* 35), welches, wenn es kein Lehnwort, was nicht wahrscheinlich, für organisches ç entscheidet, so dass also lat. caesaries, griech. κόμη nicht damit verbunden werden können.

156, 30 κόμμι, im Sskr. gôsa, aber schwerlich verwandt.

158, 30 goth. haban zu einer Wzf. kabh; eben dahin lat. hab-eo, aber für khab-eo mit Umsetzung der Aspiration für cabh-eo (vgl. odi für hodi : khodi : codhi II, 163).

159, 10 çankura vgl. II, 162.

159, 27 κούκουφος *Pott* Ztschr. a. a. O. IV, 1, 29.

160, 3 koça vgl. *Pott* a. a. O. IV, 1, 40.

160, 6 v. u. çarala vgl. II, 170, 3 çron'a.

162, 28 zu sskr. çank lat. per-conc-tari eig. *furchtsam untersuchen.*

162, 37 κάττα vgl. *Pott* a. a. O. 20, und noch ägypt. schαυ-τ (*Champoll.* Gr. égypt. 61, 72, 83).

164, 3 çvi; dazu sl. küi-nón *bewegen Dobr.* 104.

164, 20 çvi; zu Begr. *schwellen* zend. sûta (Vend. lith. 48, 4, *Anq. d. P.* I, 2, 112).

165, 1 çvan vgl. *Pott* Ztschr. a. a. O. IV, 1, 17.

165, 19 σκύζα ist I, 186 anders erklärt, und vielleicht richtiger.

166, 12 v. u. zu κῆτος arm. gêd (*Peterm.* 35), aber entlehnt.

167, 6 κοκύαι; ionisch; etymolog. unbekannt, vielleicht Kinderwort; vgl. κοὐκα = πάππον; κουκοίας = προγόνους (*Hes.*).

168, 5 v. u. dazu noch Wzf. sskr. çush in çush-ira *Feuer*, çush-na *Sonne*, çush-ma *Feuer, Sonne, Licht, Glanz, Stärke*, çush-man; dazu zend. f-shusho aus api + çusha *rein* (vgl. fshusho manthro *das reine Wort* Vend. lith. 83, 1; 20, 7 u. oft), pera-shaoç-tra *das Reinigen* (Vend. lith. 64, 6).

170, 10 über Perfectendung κα genauer II, 266.

172, 13 v. u. κρᾶρος arkad. (*Ahrens* Diall. 232).

173, 9 zu çrĭ-ta arm. sireal, sirel (*Peterm.* 35, 37, der es fälschlich = ἔραμαι setzt).

173, 18 v. u. κρέων vgl. II, 308.

175, 13 noch sskr. çarv *laedere* zend. car-vara (V. lith. 41, 19).

178, 10 vgl. Ntr. zu II, 135, 7. — 178, 4 v. u. κράτος s. II, 308.

181, 21 nach Analogie von nazd-ista ist zend. khraojda = sskr. kruddha (anders *Burn.* Y. I, 132); wegen des Guna vgl. noch raoçta (Vend. lith. 45, 18) = sskr. rush'ta und griech. φευκτο von φυγ; eben so ist nun zend. aokhta = sskr. ukta zu setzen; das interessanteste Beispiel ist aber vivarezdavato = sskr. vivrĭddhavatas. — Den Guna werde ich an einer andern Stelle dieser Grammatik genauer behandeln und daselbst die in den Gött. Gel. Anz. 1841 St. 112 S. 1119 angedeutete Ansicht, dass derselbe, ursprünglich ein rein phonetisches Element, sich nach und nach begriffliche Geltung erworben hat, beweisen. Daher erscheint er dann an vielen Orten, wo die phonetischen Bedingungen, welche ihn ursprünglich hervorriefen, fehlen. Bei allen diesen Untersuchungen muss man über den Zustand, in welchem eine der einzelnen Sprachen des Sanskritstamms erscheint, höher hinaufsteigen; sonst sind deren Erscheinungen nicht erklärbar. Darin fehlt *A. Holtzmann* in seiner Darstellung der Guna-Lehre in den Heidelberger Jahrbüchern (Rec. von *Grimms* D. Gr.). — sskr. nèdìjas für naddhìjas trat durch Umlaut in Folge von ì und Verlust des dh nach dem Diphthong ein.

183 vgl. N. Ntr. zu I, 362, 32 u. 42.

183, 18 *νυστάζω*; zu Wzf. sskr. nud (II, 185, 11).

183, 18 v. u. l. *die Schiene am*"; vgl. N. Ntr. I, 185, 33.

185, 20 v. u. l. „*shoithra.*"

186, 28 füge man *βάννας* (eleïsch, *Ahr.* 228) hinzu.

188, 7 vgl. *θευρί* II, 232.

189, 10 v. u. *χαίνω* für *χάννω* : *χάθνω* (vgl. *χάζω* 191, *καίνυμαι* II, 169, *ῥαίνω* I, 115 aa.)

192, 1 v. u. *χίλιοι* vgl. *Pott.* E. F. II, 221 u. oben II, 339.

194, 3 zu giutan lat. gutta. — 194, 8 k'jut vgl. II, 232 k'i.

196, 2 v. u. grôên u. s. w. scheinen denominativische Formen von einem Thema mit Suff. sskr. va zu sein.

198, 9 v. u. *χρίω* nehme ich jetzt für *χρισjω* : *χρΐω* : *χρΐω* also von Wzf. *χρις* = sskr. ghrish.

200, 18 v. u. theihan vgl. II, 235.

200, 14 v. u. *δασύ* s. II, 250.

201, 6 v. u. zwischen das und jas erscheint sskr. g'as (*Wils. Ros.*), jedoch als Wz. unbelegt und mit Bedd., die nicht genau passen; aber g'as-uri ist wieder = dambholi, g'ambholi; zu jas in der Bed. *binden* zend. jañh in aivi-jâon-ajañhua = einem sskr. abhi-jâsaja-sva *umgürte dich* (*Burn.* C. Y. I, N. XVII) und aivjâonhanem = sskr. abhijâsanam Namen des *Barsombandes* (Vend. lith. oft z. B. 13, 18 und *Anq. d. P.* I, 2, 90 n.)

202, 2 v. u. *τᾶν* s. II, 239.

204, 10 dô in zend. vidôtus (*Burn.* Y. I, 465 n.).

204, 15 v. u. *δεῖπνον* vgl. II, 271.

207, 25 *Διώνη* eher patronymisch von *Διϝ*.

208, 5 *θέσπρωτος*, *πρωτος* zu *πέπρωται* I, 336.

210, 29 *αἰζήϊος* durch Suff. -*ιο* weiter formirt.

211, 8 vielleicht eher ghas(a) + Suff. vat; vgl., wegen lat. hospit, sospit (sospes), welches sahas + vat (*kraftbegabt*) *gesund* zu sein scheint (vgl. I, 360, 15 v. u. ff.).

211, 4 v. u. füge man hinzu nach „*wurden*" „und dann mit dieser auf Wz. *γρ* (II, 124) zu reduciren."

212, 26 die Form navan auch im Griech. u. Lat.: lat. nonus für novon-us und griech. *ἐνεϝο* für *ενεϝονο* in *ἐνενή-κοντα* (II, 215, 13 v. u.).

215, 13 v. u. s. Ntr. zu II, 212, 26.

216, 5 v. o. *δια-κόσιοι*; *δια* ist Neutrum, also liegt wie im

Sskr. und Zend., (215, 10 v. u. ff.) eine Neutralform zu Grunde und δια-κόσιοι ist adjectivisch.

217, 30, l. „201" f. 000.

217, 30 füge man armen. lézou *Zunge* hinzu (= dihva mit l = d wie im Lat.) und N. Ntr. I, 141, 35; z = h ist regelrecht.

217, 36 füge man hinzu: armen. dakr, wo aber k = sskr. v. *Peterm.* 25).

221, 17 εἶτα u. s. w. s. II, 230.

223, 11 v. u. l. „I, 24" st. 29.

224, 5 v. u. δεινός eher für δεϝες + νο, zsgzogen: δϝεςνο: δϝεννό.

225, 5 l. 224) αἰνός, ή, όν.

226, 12 drun'a vgl. II, 263, 14 v. u.

228, 24 dorsum I, 592 falsch.

229, 9 ff. δαρϑ eher Wzf. δαρ (= lat. dor) + √ϑε, wie oft.

230, 30 τῆνος eher identisch mit δεῖνα (II, 231, 1 v. u. ff.), jains (232, 5) für tja + na (vgl. a. a. O.).

232, 13 viritim für viritjam vgl. lat. sim für siem für sskr. sjam (im Conditionalis).

233, 18 v. u. Suff. vare, vars. N. Ntr. zu I, 88, 21.

233, 1 v. u. u. 234, 1 v. o. s. II, 259; allein das Zend hat die meisten Eigenthümlichkeiten des Sanskrits mit ihm gemein, indem es mit ihm am längsten vereint war.

235, 32 zu sskr. tu vgl. tava in den Veden *Wachsthum, Zunahme*, zend. tav (*Burn.* C. Y. I, N. CXLVIII. n. 27, *Bopp* V. G. 244, 246 n.) vgl. N. Ntr. zu I, 652, 5.

235, 44 vgl. τολύπη II, 259.

237, 11 dazu zend. tap *Bopp* V. G. 41, taf-nu 39, 276 und tav-cat *erhitzend* Vend. lith. 42, 4 *Anq. d. P.* I, 2, 109.

238, 1 v. o. dung s. II, 275, 13 v. u.

239, 14 v. u. l. τεός. — 243, 11 tan; anders *Bopp* V. G. 716.

244, 18 dazu sskr. tâj für tan + j (vgl. g'an: g'âje aa.).

248, 16 l. tasna.

249, 14 v. u. zu ahd. dihan lett. dihgt *keimen*.

252, 20 v. o. διϑύραμβος s. II, 260.

253, 21 v. u. l. ϑρεαστκάρδιος. — 253, 6 v. u. l. "slav." st. sluv.

254, 1 τρέχω s. II, 279.

255, 11 dazu ahd. durh (*Graff* V, 221).

256, 9 l. "100" st. 105. — 260, 23 l. thrithja.

260, 5 v. u. streiche man "(vgl. S. 103)" und vgl. II, 293.

263, 14 v. u. dru'na vgl. 226, 12. — 265, 11 v. o. l. "nhd."

269, 13 v. u. s. a-dhu-nâ N. Ntr. I, 385, 4 v. u.

273, 32 zu avus vgl. litth. awynas *Oheim*, armen. h'au (*Peterm.* 26) = avus, wo h' unorganisch.

274, 27 l. "νωϑρώδης."

274, 17 v. u. suf-foc-are zu faux (sscr. bhug) zu stellen; dagegen suf-fŏc-are *räuchern* hieher.

274, 11 v. u. σμώνη u. s. w. s. N. Ntr. zu I, 534, 24.

274, 4 v. u. l. "nhd." — 275, 14 v. o. l. ϑύσανος.

278, 5 ϑϝri; die S. 320, 12 v. u. ff. und insbesondre 321, 30 v. o. ff. — 326, 18 damit verbundenen Wzff. erklären sich, ihrer Formation nach, viel einfacher, wenn wir als erste Wzf. dhv, mit den Variationen hv u.s.w., welche wir auch für ϑϝr̆i geltend gemacht haben, setzen, und dhvr̆i selbst als eine sekundäre Formation betrachten. Bei dem entschiedenen Ausfalle von r̆i wird man alsdann in Bezug auf viele — insbesondre die mit cerebralen Lauten schliessenden Wzff. — noch zweifelhaft bleiben müssen, ob sie für sekundäre Formen aus dhv:hv:k u.s.w., oder aus dhvr̆i:hvr̆i:kr̆i u.s.w. zu nehmen sind.

286, 26 l. man statt "(4te Conj. Cl.)": "(ächte Intensivform für *καρκαρjω*)" und vgl. N. Ntr. zu I, 294.

295, 1 sin-wel ist höchst interessant, indem mir hier sskr. sam bewahrt zu sein scheint; ich identificire es mit sskr. samvalita, *surrounded*.

296, 28 ff. *ἀρυβαλίς* s. II, 313.

296, 38 *εἶρος* nehme ich jetzt für *ϝερ-νος* = lat. vellus u. s. w. (II, 295 vgl. *ὄλλυμι* für *ὄλνυμι*); überhaupt wird sich bei der Lehre von der Formation herausstellen, dass die meisten, dem *ρ* oder *λ* vorhergehenden Längen durch Vereinfachung einer durch Assimilation entstandnen Liquida-Verdoppelung entstanden sind, so z. B. nehme ich *γελλίξαι* (I, 291) für organ. *ϝελϝιξαι*, *εἱλίσσω* für *ϝελϝικ-jω* u. s. w.; so ist vielleicht auch *ω* in *ὠλένη* (II, 305) aus goth. aleina zu erklären; doch diese Lehre muss im Zusammenhang entwickelt werden; aus demselben nach I, 204 zu deutenden *ϝ* erklären sich mir auch mehrere *υ*, z. B. *ὀρύα* (II, 297) für *ὀρϝ-α*.

296, 40 l. man "I, 404." — 301, 3 v. u. l. "I, 51."

309, 15 v. u. rabh falsch; s. N. Ntr. zu I, 523, 4 v. u., und Ntr. zu II, 139, 16,

310, 8 *ἀνηρείψαντο* vgl. II, 3, 3.

312, 5 v. u. *κλαμβός* ist besser II, 153 erklärt.

325, 3 *σκιμβάζω* u.s.w. gehört zu *σκιμβός* I, 656; *ὀκιμβάζω* ist dialektisch, für *ἀνα-κιμβάζω* zu nehmen und *κιμβάζω* = *σκιμβάζω*, mit dem, so oft vorgekommnen, Verlust des anlautenden *σ*.

330, 20 hätte ich möglichen Missverständnisses wegen bei jug-nâmi hinzufügen sollen: "nach Analogie von bhug-na (√ bhug'), rug-na (√ rug') u. aa."

330, 34 l. man "442." — 338, 3 v. u. l. tvis-var.

367 zu 33, 10 l. man "74" statt 64.

I n d i c e s.

I. Griechischer Index.

1. Wörter [1]).

1) Ein Strich hinten bedeutet, dass die Form nur zu Anfang, ein Strich vorn, dass sie nur zu Ende einer Zsstzg vorkömmt. Uebrigens enthält dieser Index eigentlich nur solche Wörter, in denen die Wzform zunächst hervortritt; die damit zusammenhängenden Derivata finden sich am angeführten Orte; ausserdem sind noch einige aufgenommen, deren Auffindung schwierig gewesen sein würde, oder zu denen besondre Bemerkungen a. a. O. gemacht sind.

2. Verzeichniss einiger Eigennamen.

3. Verzeichniss der digammirten Wörter [1]).

---

1) Die citirten Stellen möge man stets nachsehn, weil in diesem Index auch die zweifelhaften Fälle zum grössern Theil aufgenommen sind, worüber das Genauere an den citirten OO. bemerkt: eben daselbst finden sich auch die zu den im Ind. aufgeführten WW. gehörigen Derivata.

4. Verzeichniss einiger Bemerkungen in Bezug auf griechische Suffixe und anderes griechische Sprachelemente Betreffende.

II. Sanskrit-Index.

1. Wörter.

2. Suffixe und einige andere Formationselemente.

---

1) Man bemerke, dass das an den aa. OO. erwähnte ê durch Einfluss des i in bhis und des j in bhjas entstanden ist.

Anhang.

III. Zend-Index.

Persisch.

Kurdisch.

Ossetisch.

Armenisch.

IV. Lateinischer Index.

1. Wörter.

2. Eigennamen.

3. Einiges die grammatische Form Betreffende.

Anhang.

Französisch.

V. Deutscher Index.

1. Gothisch.

2. Althochdeutsch.

3. Mittelhochdeutsch.

4. Neuhochdeutsch.

5. Nordisch.

6. Angelsächsisch.

7. Englisch.

VI. Slavisch [1] - Litthauischer Index.

A. Slavisch.

1. Kirchenslavisch.

1) In Bezug auf Wiedergabe der slavischen Buchstaben folge ich — bei dem Mangel slavischer Typen — im Allgemeinen Kopitar (Glagol. 48); nur bezeichne ich nr. 7 (a. a. O.) durch g', nr. 27 durch z', nr. 30 durch ü, nr. 32 durch ï, nr. 37 durch èn, nr. 39 durch ón; die Punkte der beiden letzten sind jedoch bisweilen vergessen; allein die Wörter sind dennoch leicht wieder zu erkennen. Was ich aus *Dobrowsky's* Inst. L. Sl. entlehnt, habe ich, indem ich jedoch seiner Schreibweise folgte, eben so repräsentirt.

2. Russisch.

3. Polnisch.

4. Slovenisch.

B. Litthauisch-Preussisch.

1. Litthauisch.

2. Lettisch.

3. Altpreussisch.

VII. Celtischer Index.

1. Gaelisch.

2. Andere celtische Dialekte.

Wälisch.

Cymrisch.

Irisch.

VIII. Hebräischer Index.

IX. Koptischer Index.

Göttingen,
gedruckt in der Dieterichschen Univ. - Buchdruckerei.

FSC
www.fsc.org
MIX
Papier | Fördert gute Waldnutzung
FSC® C083411

Kolibri 360 GmbH
Ferdinand-Jühlke-Straße 7
99095 Erfurt, Deutschland
produktsicherheit@kolibri360.de